长白山药用植物图鉴及DNA条形码

宋经元　于俊林　等　著

科学出版社
北　京

内 容 简 介

长白山是我国北方药用植物资源较为集中的地区之一，也是东北亚药用植物种质基因的代表性保存区域。本书收录了长白山 640 种野生和栽培药用植物，并对其中文名、拉丁名、别名、形态特征、生境、药用价值、材料来源、ITS2 序列特征和（或）*psbA-trnH* 序列特征进行了记录与描述，每种药用植物配备 2～6 张具有形态鉴别特征的彩色照片和相应的 DNA 条形码，实现了传统形态鉴别和现代分子鉴定的结合。

全书图文并茂，注重科学性和实用性，可为从事药用植物学、中药资源学、中药鉴定学等学科教学和研究的人员、中医药院校相关专业的本科生和研究生提供参考与借鉴。

图书在版编目（CIP）数据

长白山药用植物图鉴及 DNA 条形码 / 宋经元等著. —北京：科学出版社，2021.3

ISBN 978-7-03-066898-1

Ⅰ. ①长… Ⅱ. ①宋… Ⅲ. ①长白山—药用植物—图集 ②长白山—药用植物—脱氧核糖核酸—条形码 Ⅳ. ①Q949.95

中国版本图书馆 CIP 数据核字（2020）第 223668 号

责任编辑：陈 新 闫小敏 / 责任校对：郑金红

责任印制：肖 兴 / 封面设计：金舵手世纪

科 学 出 版 社 出版

北京东黄城根北街16号

邮政编码：100717

http://www.sciencep.com

北京九天鸿程印刷有限责任公司 印刷

科学出版社发行 各地新华书店经销

*

2021年3月第 一 版 开本：889 × 1194 1/16

2021年3月第一次印刷 印张：43

字数：1 235 000

定价：598.00元

（如有印装质量问题，我社负责调换）

• 主要著者简介 •

宋经元

中国医学科学院药用植物研究所研究员，博士生导师，享受国务院政府特殊津贴，入选国家百千万人才工程、国家人力资源和社会保障部有突出贡献中青年专家、国家卫生和计划生育委员会有突出贡献中青年专家，中国医学科学院“本草基因组协同创新团队”首席专家，中药资源教育部工程研究中心主任。1991年毕业于中国农业大学（原北京农业大学）植物生理生化专业并获学士学位，1998年和2002年分别获北京协和医学院（原中国协和医科大学）生药学专业硕士学位和博士学位。2004～2006年在美国北卡罗来纳州立大学从事博士后研究，2016～2017年在美国哈佛大学医学院作为高级研究学者（CSC资助）从事基因组编辑研究。作为主创人，在国际上提出并验证核基因组序列ITS2作为植物通用DNA条形码的理论，创建了“本草基因组学”学科及中草药DNA条形码鉴定技术，该技术列入《中华人民共和国药典》(后简称《中国药典》)指导原则，入选2016年中国十大医学进展；“本草基因组学”列为普通高等教育“十三五”规划教材，该课程2018年被评为北京协和医学院精品建设课程。以第二完成人获国家科学技术进步奖二等奖1项、省部级一等奖3项、省部级三等奖1项。培养的研究生8人次获得国家奖学金、北京市优秀毕业生和北京协和医学院优秀毕业生称号。承担国家自然科学基金面上项目和重点项目、“重大新药创制”国家科技重大专项、“十二五”国家科技支撑计划、863计划、濒危药材繁育国家工程实验室建设、国家中药标准化项目等。兼任《药学学报》等5种期刊编委，*Molecular Plant*、*Biotechnology Advances*、*APSB* 等期刊审稿专家，中国野生植物保护协会药用植物保育委员会秘书长和副主任委员、中国质量协会中药分会副会长。

• 主要著者简介 •

于俊林

通化师范学院医药学院二级教授，吉林省高等学校教学名师，吉林省中医药管理局中药资源专家委员会委员，吉林省中药材标准及中药饮片炮制规范评审专家，中国植物学会药用植物及植物药专业委员会委员。1982年毕业于吉林农业大学中药材学院，工作38年来一直从事药用植物学及中药资源学教学与科研工作，在第四次全国中药资源普查中承担了多个县（市、区）的普查任务。主编学术著作2部，参编学术著作6部。主编教材1部，参编教材3部。发表学术论文30余篇。

《长白山药用植物图鉴及DNA条形码》

• 著者名单 •

主要著者：

宋经元　于俊林　孙　超　韩建萍　姚　辉
张立秋　刘金欣　辛天怡　庞晓慧　谢彩香

其他著者（以姓名汉语拼音为序）：

曹　佩　陈　俊　陈晓辰　陈新连　陈　杨
崔英贤　高梓童　顾　哲　郭梦月　郝利军
姜汶君　匡雪君　李明玥　李　益　李　滢
廖保生　梁彤彤　林余霖　刘旭朝　刘　杨
马双姣　马晓冲　莫秀芬　聂丽萍　任　莉
石林春　宋洁洁　王　刚　王　航　王　黎
王丽丽　王晓玥　韦学敏　魏妙洁　武立伟
杨楚虹　杨　培　杨沁文　张改霞　张红印
张娜娜　赵　莎　周　红　周建国

· 序 ·

FOREWORD

风景秀丽的长白山地处中朝边境，是我国北方地区著名的历史文化名山，也是联合国“人与生物圈”自然保留地和国际A级自然保护区。长白山属于受季风影响的温带大陆性山地气候，除具有一般山地气候的特点外，还具有明显的垂直气候变化。独特的气候特征使得长白山地区成为我国北方药用植物资源最集中的地区之一，也是东北亚地区最大的药用植物种质基因库。随着人类对生态环境认识的深入和国家对野生植物资源保护政策的重视，长白山地区野生药用植物资源的种类和结构虽然一直处于动态变化中，但对长白山药用植物资源进行调查并开展资源的合理开发、利用及保护具有可持续发展的重要现实意义。作为一种创新性的分子鉴定技术，DNA条形码技术自2003年提出以来，被广泛应用于动植物的分类鉴定研究，我国在药用植物DNA条形码鉴定领域已走在世界前列，中药材DNA条形码分子鉴定法指导原则已被《中国药典》收载，为中药质量鉴定提供了有效方法。

《长白山药用植物图鉴及DNA条形码》的作者对长白山地区的野生和栽培药用植物进行了广泛考察与DNA条形码采集工作，考察和采集范围包括东北三省三十多个县（市、区），基本覆盖长白山。对每种药用植物的生态环境、植物形态等进行详细的记录与拍照，并采集和制作相应的腊叶标本，获得具有可靠DNA条形码序列的药用植物共计640种。该书作者长期活跃在药用植物资源考察和DNA条形码研究一线，书中所有物种均由权威植物分类学专家进行鉴定和复核，DNA条形码的获取按照《中国药典》的操作规范进行，保证数据准确、可靠。该书将每个物种的形态描述和DNA条形码序列结合在一起，图文并茂，增加了物种鉴定的准确性和实用性。

长白山药用植物资源考察和DNA条形码采集工作为保护濒危珍稀药用植物、合理开发利用药用植物资源提供了可靠依据，为政府决策部门制定相关的政策法规提供了重要参考资料，为东北医药经济可持续发展奠定了重要基础，对于振兴东北“老工业基地”和建立“中药现代化科技产业基地”等均具有重要意义。

有感于此，欣然为序。

肖培根

中国工程院院士

中国医学科学院药用植物研究所名誉所长

2021年3月16日

·前　言·

PREFACE

随着生态文明建设的发展，保护生物多样性已成为全社会共识。长白山作为我国知名的生物多样性保护地之一，其药用植物种质资源的调查和保护得到国家高度重视，成为践行“绿水青山就是金山银山”理念的代表性地区。本书共收录长白山药用植物640种，参照“物种2000中国节点”（http://www.sp2000.org.cn/）2019版对各物种名称进行校正。每个物种记录内容包含中文名、拉丁名、别名、形态特征、生境、药用价值、材料来源、ITS2序列特征和（或）*psbA-trnH*序列特征。每个物种文字描述200字左右，配备形态特征图2～6张，选图原则为突出形态鉴别特征，同时考虑到本书读者具有一定的植物学专业知识，一个物种的图文印在一个页面上，每个图片不另加图序和图题。其中，拉丁名以“物种2000中国节点”收录名称为准，未被该网站收录的物种则参考*Flora of China*及《中国植物志》，对于《中国药典》（2015年版一部）收载物种，若本书所列拉丁名与《中国药典》不一致，则将《中国药典》收载的拉丁名作为异名列出，以Syn.表示；别名主要收录《东北植物检索表》《辽宁省植物志》《黑龙江省植物志》等地方专业著作使用的中文名及长白山广泛使用的民间称呼；形态特征与生境描述参照《中国植物志》，并根据作者野外观察结果进行适当修改和删减；药用价值包括入药部位及功效等，主要参考《药用植物辞典》《吉林省中药资源名录》等书籍；ITS2和*psbA-trnH*序列特征包括序列长度、种内变异位点等，序列信息以条形码和二维码形式展现，以便于DNA条形码序列信息跨平台转换。在科级水平，蕨类植物采用中国蕨类植物分类系统（秦仁昌，1978），裸子植物采用《中国植物志》中的裸子植物分类系统（郑万均，1978），被子植物采用《中国植物志》中的恩格勒系统，同时基于最新研究进展对该系统科级分类单元进行适当调整。书后附有中文名和拉丁名索引，方便读者查找。

本书前言及概述由宋经元、于俊林、孙超、韩建萍、姚辉、张立秋、辛天怡、庞晓慧、谢彩香、石林春、李滢共同撰写；样品采集及鉴定由于俊林、张立秋、林余霖共同完成；植物形态图片由于俊林拍摄；实验室工作及各物种撰写完成情况如下：宋经元、辛天怡、陈杨、顾哲、郝利军、马晓冲、宋洁洁、王黎、杨沁文、张娜娜、赵莎完成173种，韩建萍、曹佩、陈晓辰、高梓童、廖保生、刘杨、王刚、王丽丽、王晓玥、韦学敏完成150种，姚辉、陈新连、崔英贤、马双姣、聂丽萍、武立伟、杨楚虹、杨培、周红、周建国完成143种，刘金欣、石林春、陈俊、李明玥、刘旭朝、莫秀芬、魏妙洁、张改霞、张红印完成138种，庞晓慧、郭梦月、姜汶君、任莉、王航完成36种；孙超、匡雪君、梁彤彤、李益参与物种和DNA条形码对应关系的复核。

中国医学科学院药用植物研究所、通化师范学院和承德医学院的作者参阅了大量资料，限于篇幅，书后仅列出部分参考文献，感谢所有参考文献的作者为本书做出的贡献！特别感谢通化师范学院周繇教授为本书所收录药用植物的考察和鉴别给予的指导与帮助，并无偿提供35张很难拍摄的药用植物特征照片；感谢通化师范学院制药与食品科学学院的王明爽、臧皓、孙海涛三位老师为本书收录图片的组合处理所付出的辛勤努力！感谢肖培根院士为本书作序！感谢陈士林、周世良、蔡少青、张辉、杨利民、张本刚、齐耀东等知名学者对本书的指导！

感谢国家自然科学基金项目（81874339）、国家科技基础性工作专项（2014FY130400）、中国医学科学院医学与健康科技创新工程（2016-I2M-3-016）等资金支持！

由于著者水平有限，书中难免有不足或疏漏之处，敬请读者批评指正！

著 者

2019 年 12 月

·目　录·

CONTENTS

第一章　概述

第二章　蕨类植物门

第三章 裸子植物门

第四章 被子植物门

第一章 概述

长白山是我国东北东部和朝鲜北部山地、高原的总称，北起黑龙江省三江平原南缘，向西南延伸至辽东半岛，是欧亚大陆东岸的最高山脉。长白山气候属于受季风影响的温带大陆性山地气候，冬季漫长寒冷，夏季短暂温凉，春季风大干燥，秋季多雾凉爽。受日本海吹来的东南季风、江淮气旋、华北气旋、台风等降水系统的影响，由山下至山上年平均降水量为700～1400mm，是我国黄河以北降水最多的地区。

长白山植被随着气候、地势、海拔不同，形成包括5种类型的垂直分布带，分别为阔叶林带、针阔混交林带、针叶林带、岳桦林带、高山苔原带，浓缩了从中温带到寒温带的生物多样性景观，是北半球同纬度地区生态系统保存最完整、生物物种最丰富的地区。由于其独特的地理及气候优势，长白山区拥有丰富的药用植物资源，是我国北方药用植物资源最集中的地区，也是东北亚药用植物种质基因的代表性保存区域。

一、长白山药用植物资源考察

长白山丰富的药用植物资源及其应用开发价值，吸引了大批科学家对其进行研究，并有多本专著出版。例如，1982年吉林省中医中药研究所等编写的《长白山植物药志》（吉林人民出版社）是第一本全面记录长白山药用植物的专业著作，共收录药用植物875种，附墨线图648幅，彩色生态图58幅。1997年严仲铠、李万林等编写的《中国长白山药用植物彩色图志》（人民卫生出版社）收录药用植物932种，附有彩色照片844幅。此外，祝廷成、严仲铠等编写的《中国长白山植物》（北京科学技术出版社）和周繇编著的《中国长白山植物资源志》（中国林业出版社），对研究长白山药用植物具有重要参考价值。

由于气候变化和人类活动，长白山药用植物资源的种类和结构一直处于动态变化中，持续的考察和研究可为该地区药用植物资源的保护、开发与利用提供科学依据。笔者通过对长白山药用植物资源进行重点考察和建设DNA条形码数据库，不仅对当前长白山药用植物资源进行了详细记录和描述，而且采用了形态鉴别和分子鉴定相结合的方法，有效提高了物种鉴定的效率和准确性。

笔者结合30余年长白山野生植物考察工作经验，为本书工作历时5年，累计野外工作300余天，平均每年野外考察采集60多天。考察范围跨越吉林、辽宁和黑龙江三省，共计34个县（市、区），包括吉林省的通化县、集安市、柳河县、梅河口市、辉南县、通化市东昌区和二道江区、长白县、抚松县、靖宇县、临江市、白山市浑江区和江源区、敦化市、安图县、汪清县、珲春市、图们市、延吉市、龙井市、和龙市、桦甸市、磐石市、永吉县、吉林市丰满区和龙潭区、东丰县、伊通县，辽宁省的桓仁县、新宾县、宽甸县、丹东市元宝区、凤城市，黑龙江省的五常市。共采集植物样本890种，制作腊叶标本2500余份，参考《药用植物辞典》等资料，筛选出775种药用植物进行

DNA 条形码分子鉴定实验，结果显示：经 DNA 条形码分子鉴定、形态学鉴定、植物拉丁名校对等多次核准后，22 个物种为重复采样，所得序列归并到相应物种并保留同一物种编号；81 个物种 DNA 条形码分子鉴定结果与形态学鉴定结果不一致，为保证数据准确和可靠，这些物种未纳入本书；另有 32 个物种未获得可用的 DNA 条形码序列；综上，共计 640 种药用植物纳入本书。

通过此次中药资源考察，在踏查过的地区发现，作为长白山区传统的野生道地药材，人参、北柴胡、龙胆、防风、平贝母、天麻、桔梗、党参、黄耆、蒙古黄耆等数量均较少。同时在野外调查中发现，像山兰、吉林延龄草、红毛七等传统药用价值不大、无人问津的野草，近几年突然火爆，收购价格从每千克十几元上涨到几百元，野生资源被山民大量采挖，资源量锐减，已成为长白山濒危植物。长白山道地药材如五味子、辽细辛、汉城细辛等，由于人工栽培获得很大成功，野生资源很少有人采集，其野生资源有恢复增长的趋势。

通过样方调查，草本植物按照多度排名前 10 位的是黑水银莲花、荨麻叶龙头草、多被银莲花、荷青花、木贼、猪牙花、东北羊角芹、朝鲜淫羊藿、山茄子、牡丹草，后 10 位的是山丹、山兰、牛蒡、北重楼、紫草、山芥、类叶升麻、远志、瓜子金、两色鹿药。木本植物按照多度排名前 10 位的是卫矛、五味子、蒙古栎、牛叠肚、紫花槭、刺五加、胡桃楸、胡枝子、黄檗、五角枫，后 10 位的是刺楸、小楷槭、春榆、白檀、东北杏、花楸树、大青杨、土庄绣线菊、东北土当归、东北蛇葡萄。在调查中，发现两色鹿药［*Maianthemum bicolor* (Nakai) Cubey］中国新纪录种，在多处发现《东北植物检索表》未记录的药用植物款冬（*Tussilago farfara* L.）。

1. 优势物种

长白山当地老百姓常采蕨、东北蹄盖蕨、荚果蕨、短果茴芹、笃斯越橘、山葡萄、软枣猕猴桃、狗枣猕猴桃、树舌灵芝等在市场上出售，这些是长白山普遍分布的优势药材物种。除了以上物种，木贼、槲寄生、粗茎鳞毛蕨、穿龙薯蓣、辣蓼铁线莲、刺五加等分布也较广泛。分布稍广的物种有野豌豆、朝鲜一枝黄花、朝鲜白头翁、朝鲜当归、唐松草、白屈菜、问荆、红蓼、香蒲、蒲公英、车前等。黄檗、接骨木、卷柏、吉林景天、夏枯草、山芍药、玉竹、桔梗、紫菀、云芝等有一定量分布。

2. 保护物种

长白山不仅植物类型复杂多样，而且种类十分丰富。目前，已知野生植物 2357 种，分属于 73 目 246 科，其中：真菌类植物 15 目 37 科 430 种，地衣类植物 2 目 22 科 200 种，苔藓类植物 14 目 57 科 311 种，蕨类植物 7 目 19 科 80 种，裸子植物 2 目 3 科 11 种，被子植物 33 目 108 科 1325 种（李文生，1990；中国科学院中国植物志编辑委员会，1995—2002）。根据国务院环境保护委员会 1999 年公布的《国家重点保护野生植物名录》，在 2357 种野生植物中，有国家重点保护植物 25 种，其中：野生人参、东北红豆杉、长白松为国家一级保护植物；刺人参、黄檗、水曲柳、紫椴、钻天柳、朝鲜崖柏、野大豆、岩高兰、对开蕨、山楂海棠、狭叶瓶耳小草为国家二级保护植物；天麻、玫瑰、黄耆、刺五加、草苁蓉、平贝母、天女花、牛皮杜鹃为国家三级保护植物。红松、偃松、杜松、长白松、钻天柳、东北红豆杉、西伯利亚刺柏为吉林省一级保护植物（李文生，1990）。根据长期野外观察记录总结及药用价值整理，长白山最需要保护的野生药用植物包括草苁蓉、野生人参、天麻、平贝母、手参、库页红景天、刺参、党参。同时，长白山植物区系成分复杂，有生存衍化几千万年的冰期孑遗物种，如红松、云杉、冷杉、紫杉、水曲柳、黄檗、胡桃楸、椴、榆等；有新近纪末第四纪初随大陆冰川南移而滞留的极地和西伯利亚植物种，如高山笃斯越橘、倒根蓼、东北桤木等；有在冰期自欧洲东移的植物种，如石松；有间冰期随暖温带北移而遗存的植物种，如天女花、五味子、山葡萄、软枣猕猴桃等；长白山特有的植物种包括挺拔秀丽、婀娜多姿的长白松，被人们誉为“爬山冠军”，一直分布到长白山最上部的长白山罂粟。这些孑遗的“本地种”与南下的、北上的、东进的、特有的众多植物种类及各区系成分交汇在一起，构成了长白山特有的绿色植物世界，使其成为难得的生物遗传基因储存库。

长白山绝大多数中药材处于野生状态，人工栽培的不超过 50 种。从栽培模式上看，有新林土栽培（即毁林栽培）、老参地栽培、农田栽培、林下原生态栽培等多种模式。栽培面积和产量最多的是人参与西洋参。此外，规模化栽培并形成产业优势的还有平贝母、五味子、天麻、辽细辛、穿龙薯蓣、单麻叶千里光（返魂草）等。少量栽培品种包括蒲公英、玉竹、朝鲜淫羊藿、朝鲜白头翁、蒙古黄耆、刺五加、北柴胡、龙胆、黄芩、桔梗、东北红豆杉、朝鲜当归、缬草、山兰等。引种栽培的有菘蓝、东当归、唐古特大黄等。

二、DNA 条形码及其应用

传统鉴定方法通过花、果、叶等的形态学特征来识别药用植物，要求分类学家必须具备深厚的专业知识和丰富的经验，而现状是分类学家队伍正逐渐缩减。对于器官、组织等形态学上难以区分的样品，形态学的鉴定受限，不同人依据的分类性状不同，结果也不尽相同。形态学鉴定的局限性和不断缩减的分类学家队伍，使分类学的发展面临巨大挑战，急需一种快捷方便的物种鉴定方法。2003 年，DNA 条形码技术（DNA barcoding）应运而生（Hebert et al.，2003），即通过比较一段通用 DNA 片段，对物种进行快速、准确的识别和鉴定。这个概念一经提出，受到国内外分类学家的广泛关注（Gregory，2005；陈士林等，2007；CBOL Plant Working Group，2009；Chase and Fay，2009；China Plant BOL Group，2011）。2005 年，*Nature* 上发表了题为 *DNA barcoding, a useful tool for taxonomists* 一文，该文指出“DNA 条形码是国际上近年来发展起来的物种鉴定新技术”（Schindel and Miller，2005），Miller（2007）则认为 DNA 条形码鉴定技术正在推动分类学的“文艺复兴”。该技术摆脱了传统形态学鉴定方法依赖长期经验的局限，通过建立鉴定数据库，容易数字化，是中药分子鉴定方法学上的一个创新（陈士林等，2012）。DNA 条形码技术鉴定准确率高，检测对象无生活周期和组织材料特异性要求，能与全球相关数据库建立信息共享（杨朝晖，2014；Chen et al.，2014），是分类专家和非专业人士进行物种鉴定的有力工具（Koetschan et al.，2010）。运用 DNA 条形码技术鉴定物种可极大缓解经典分类学家缺乏的现状，分类学家新的研究成果不断加入数据库，也可使 DNA 条形码数据库更趋完善（Lou et al.，2010）。

DNA 条形码技术已在中药基原物种及中药材鉴定等方面取得了突出成绩（Chen et al.，2014；陈士林等，2015），将 DNA 条形码技术应用于长白山药用植物资源考察，既能快速准确实现物种鉴定，还能进一步摸清长白山野生药用植物资源家底，研究药用植物多样性特征，为长白山药用植物资源的保护和系统研究提供科学依据。此外，通过建立长白山药用植物 DNA 条形码数据库，结合其分布区信息、物种的蕴藏量和年增长量，可实现物种的现代化管理，促进对长白山药用植物，尤其是珍稀濒危药用植物的监控与管理，为药用资源的合理开发和保护措施的制定提供依据。

本书采集的所有物种均由权威植物分类学专家鉴定和复核，实验材料按照《中国药典》（2015 年版四部）收载的“中药材 DNA 条形码分子鉴定法指导原则”规范操作，共获得 3038 条 DNA 条形码序列，涵盖 640 种药用植物，可丰富我国药用植物 DNA 条形码数据库，对长白山和东北地区药用植物的分子鉴定研究具有重要的推动作用。在此基础上，我们建立了长白山药用植物 DNA 条形码数据库平台，包括鉴定数据库的构建、BLAST 鉴定模块的开发和网络平台的搭建。鉴定数据库以 ITS2+*psbA-trnH* 为主体，通过数据库格式化和索引化实现数据库的快速访问，同时通过关系数据库管理系统与药用植物的样品信息、DNA 条形码实验信息和 DNA 条形码序列信息进行交互链接。将未知样品的 DNA 条形码序列（ITS2、*psbA-trnH*）作为查询序列，利用 BLAST 鉴定方法在长白山药用植物 DNA 条形码数据库中可以实现对未知样品的物种鉴定。长白山药用植物 DNA 条形码数据库平台是储存长白山药用植物样品信息及其 DNA 条形码序列的工具，也是长白山药用植物科研、教学、生产及其他资源利用者的交流服务平台，将有利于从整体上掌握长白山药用植物资源情况，以便政府部门提出保护策略，为产业经济可持续发展提供依据。

第二章 蕨类植物门

蕨类植物是地球上出现最早、进化水平最高、不产生种子的维管植物，也是高等植物中唯一的孢子体和配子体均能独立生活的植物类群，孢子体发达，有真正的根、茎、叶的分化，大多数蕨类植物为多年生草本，仅少数为一年生草本或木本。多数蕨类植物生长在温带和热带隐蔽潮湿的环境里，某些种类生长在岩石上、附生或气生于树干上；大多数种类生长在林下、山野溪旁或沼泽地等，是森林草本层的主体。

我国有蕨类植物 52 科 204 属 2600 种，药用蕨类资源分属 49 科 117 属 455 种。长白山分布有蕨类植物门药用植物 24 科 44 属 111 种 16 变种 3 变型，代表性的药用蕨类植物有粗茎鳞毛蕨、有柄石韦、木贼等。

石松科 Lycopodiaceae

1 小杉兰 **Huperzia selago** (L.) Bernh. ex Schrank et Mart.

【别 名】石杉，小杉叶石松，卷柏状石松

【形态特征】多年生草本，高 3～25cm。茎直立或斜生；一至四回二叉分枝，枝上部常有芽孢。叶斜向上或平伸，披针形，全缘。孢子叶与不育叶同形；孢子囊生于孢子叶腋，不外露或两端露出，肾形，黄色。

【生 境】生于高山苔原带、岳桦林及针叶林下。

【药用价值】全草入药。祛风除湿，续筋止血，消肿止痛。

【材料来源】吉林省延边朝鲜族自治州安图县，共 3 份，样本号 CBS920MT01～03。

【ITS2 序列特征】获得 ITS2 序列 2 条，比对后长度为 255bp，无变异位点。序列特征如下：

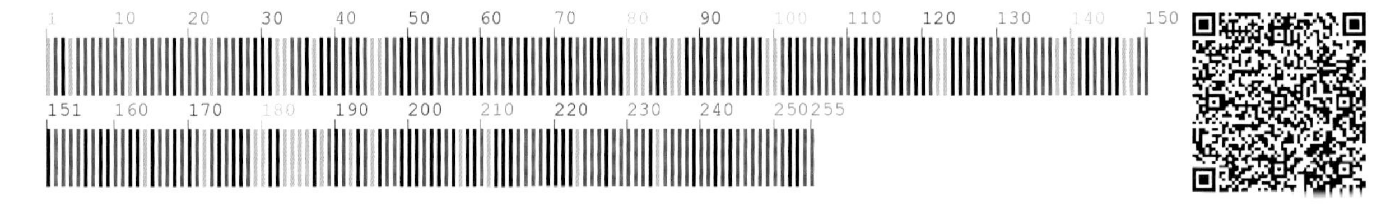

【*psbA-trnH* 序列特征】获得 *psbA-trnH* 序列 3 条，比对后长度为 242bp，无变异位点。序列特征如下：

2　蛇足石杉　**Huperzia serrata** (Thunb.) Trevis.

【别　　名】蛇足草，千层塔

【形态特征】多年生草本。茎直立或斜生，二叉分枝。叶螺旋状排列，基部楔形，下延有柄，先端急尖或渐尖，边缘有不整齐的尖齿。孢子叶与不育叶同形；孢子囊生于孢子叶腋，两端露出，肾形，黄色。

【生　　境】生于山顶岩石上或针阔混交林下阴湿处。

【药用价值】全草入药。清热解毒，生肌止血，散瘀消肿。

【材料来源】吉林省白山市临江市，共3份，样本号CBS058MT01～03。

【ITS2序列特征】获得ITS2序列3条，比对后长度为254bp，有1个变异位点，为194位点G-T变异。序列特征如下：

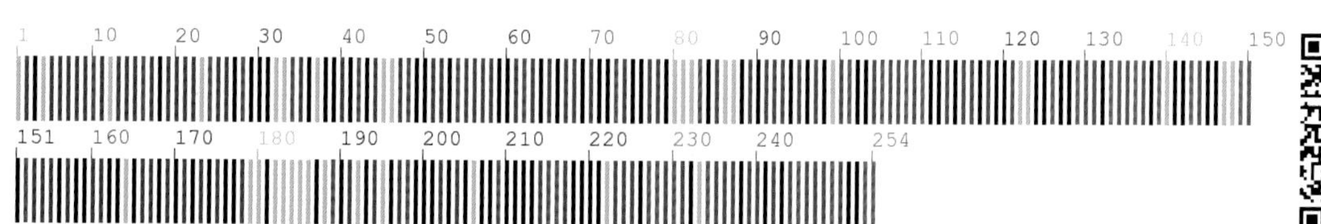

【*psbA-trnH*序列特征】获得*psbA-trnH*序列3条，比对后长度为311bp，无变异位点。序列特征如下：

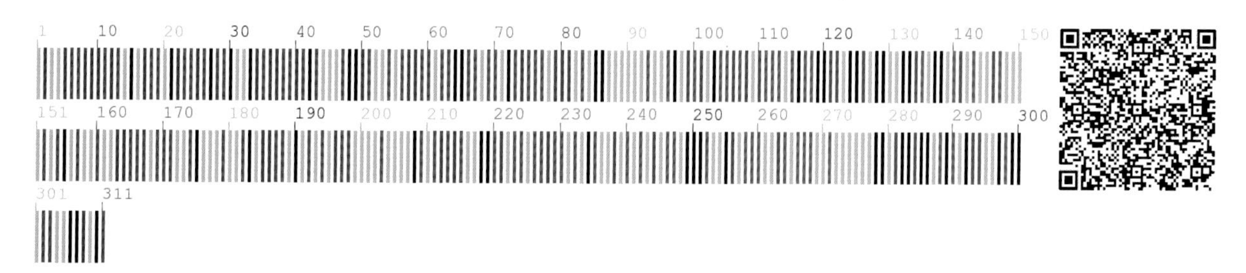

3 高山扁枝石松 **Lycopodium alpinum** L.

【别　　名】高山石松

【形态特征】多年生草本。根茎匍匐生根，枝倾斜上升，具多数二歧束生的分枝，植物黄绿色。叶 4 列，2 列对生，稍肉质，尖锐，全缘，两侧叶卷向枝腹面，卵状披针形，背面叶披针形，腹面叶较窄小，叶均贴附于枝，枝连叶稍呈扁形。孢子囊穗圆柱形，无柄；孢子叶广卵形，先端长渐尖，稍膜质，边缘具微锯齿；孢子囊生于孢子叶腋，肾形；孢子四面体球形。

【生　　境】生于高山草原、苔原地，形成小群落。

【药用价值】全草入药。活血止痛。

【材料来源】吉林省延边朝鲜族自治州安图县，共 3 份，样本号 CBS783MT01～03。

【*psbA-trnH* 序列特征】获得 *psbA-trnH* 序列 3 条，比对后长度为 295bp，无变异位点。序列特征如下：

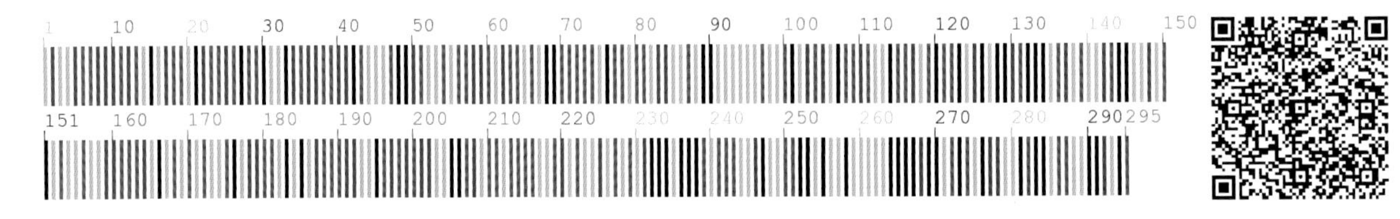

4　单穗石松　Lycopodium annotinum L.

【别　　名】杉叶蔓石松，多穗石松，分筋草，伸筋草

【形态特征】多年生草本。匍匐茎细长横走，长达2m，绿色，被稀疏的叶；侧枝斜立，高8～20cm，一至三回二叉分枝，稀疏，圆柱状，枝连叶直径10～15mm。叶螺旋状排列，密集，平伸或近平伸，披针形，长4～8mm，宽1.0～1.5mm，基部楔形，下延，无柄，先端渐尖，不具透明发丝，边缘有锯齿，革质，中脉腹面可见，背面不明显。孢子囊穗单生于小枝，直立，圆柱形，无柄，长2.5～4.0cm，直径约5mm；孢子叶阔卵状，长约3mm，宽约2mm，先端急尖，边缘膜质，啮蚀状，纸质；孢子囊生于孢子叶腋，内藏，圆肾形，黄色。

【生　　境】生于海拔700～2000m的针叶林、针阔混交林下、林缘。

【药用价值】全草入药。舒筋活络，祛风除湿，解热镇痛。

【材料来源】吉林省白山市长白朝鲜族自治县，共2份，样本号CBS525MT02、CBS525MT03。

【*psbA-trnH*序列特征】获得*psbA-trnH*序列2条，比对后长度为340bp，无变异位点。序列特征如下：

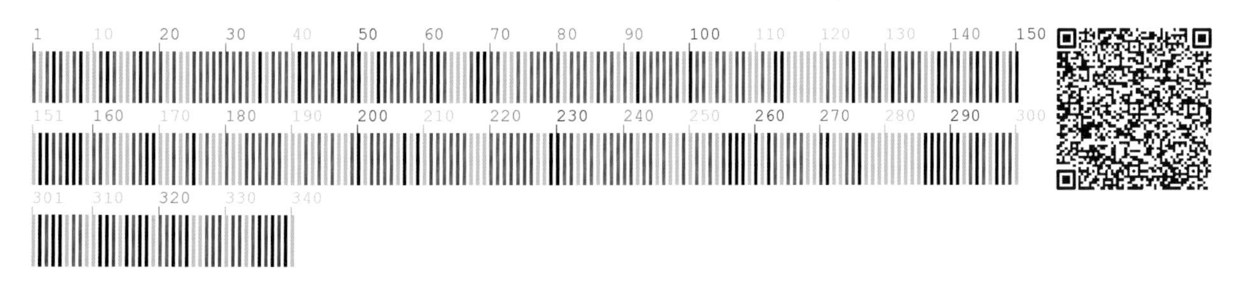

5 玉柏 **Lycopodium obscurum** L.

【别　　名】玉柏石松，中华玉柏，树状石松，万年松，千年柏

【形态特征】多年生草本。地下茎细弱，蔓生；根稍匍匐；地上茎直立，稍呈木质，上部分枝繁密，多回扇状分叉呈树冠状。侧枝叶密生，通常6列，钻状披针形，先端渐锐尖，稍呈镰刀样；质硬，有光泽，全缘；叶脉明显，连同叶肉延生于茎上；两侧叶扭转展开，中间叶贴生；枝叶腹背扁平。孢子囊穗圆柱状，单生于末回小枝的顶端；孢子叶阔卵圆状，先端锐尖，有短柄；孢子四面体球形。

【生　　境】生于海拔 800～2000m 的山地林下。

【药用价值】全草入药。祛风除湿，舒筋活络，散寒，生津止渴，补肾益气。

【材料来源】辽宁省丹东市宽甸满族自治县，共 2 份，样本号 CBS524MT01、CBS524MT03。

【ITS2序列特征】获得 ITS2 序列 2 条，比对后长度为 391bp，无变异位点。序列特征如下：

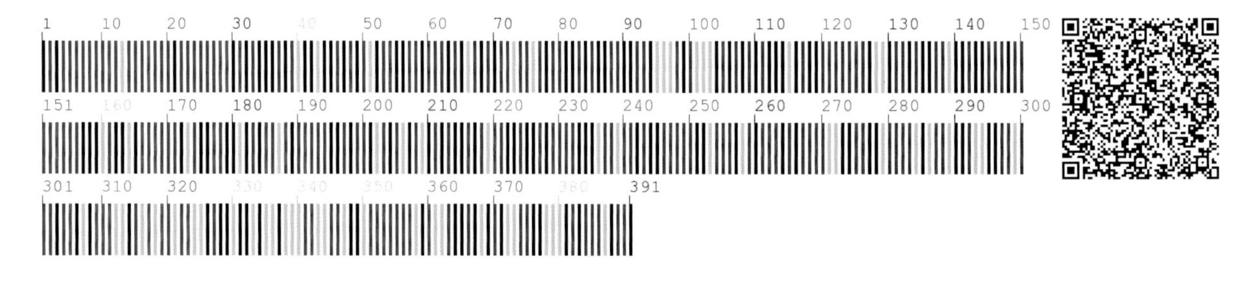

【*psbA-trnH* 序列特征】获得 *psbA-trnH* 序列 2 条，比对后长度为 322bp，无变异位点。序列特征如下：

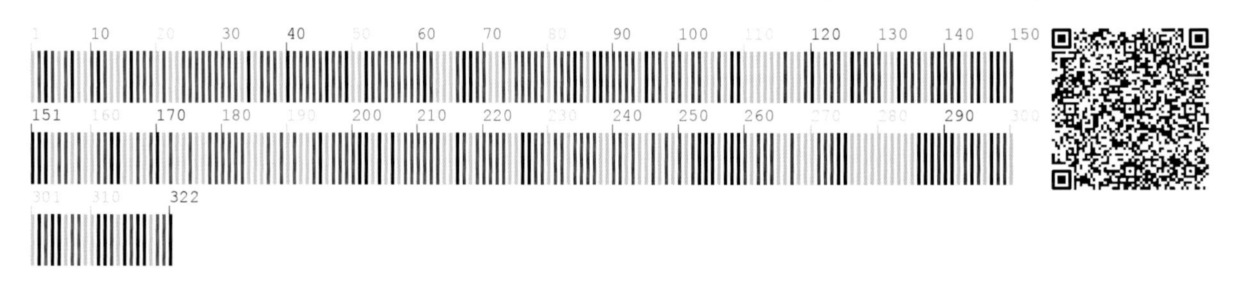

卷柏科　Selaginellaceae

6　旱生卷柏　**Selaginella stauntoniana** Spring

【别　　名】长生不死草，还魂草

【形态特征】多年生草本。主茎长而匍匐，密被灰棕色至棕色鳞片状叶，上部三至四回分枝。主茎及老枝基部的叶广卵形，长渐尖头，边缘灰白色，膜质，叶背上部呈隆脊状，螺旋状互生；小枝上的营养叶二型；2 行侧叶较大。孢子叶三角状卵形至广卵形，背面中部隆起，锐尖头，细锯齿缘，4 行密覆瓦状排列成孢子囊穗；孢子囊穗四棱柱状；孢子囊二型，大小孢子囊各排列成 2 纵列。

【生　　境】生于干旱山坡岩石上。

【药用价值】全草入药。活血散瘀，凉血止血。

【材料来源】吉林省通化市集安市，共 3 份，样本号 CBS493MT01～03。

【ITS2 序列特征】获得 ITS2 序列 3 条，比对后长度为 172bp，无变异位点。序列特征如下：

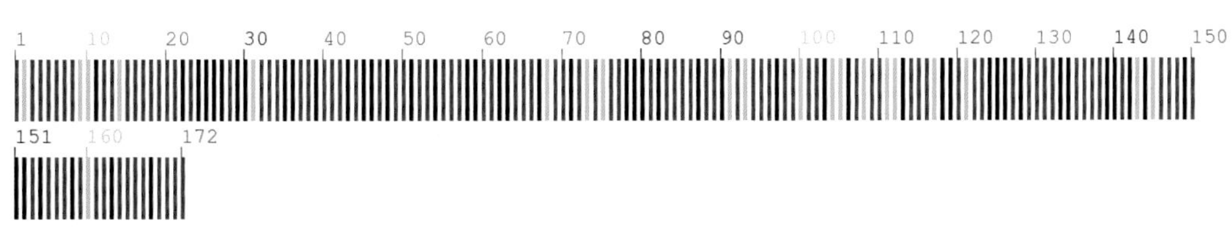

【*psbA-trnH* 序列特征】获得 *psbA-trnH* 序列 3 条，比对后长度为 352bp，有 1 处插入 / 缺失，为 10 位点。序列特征如下：

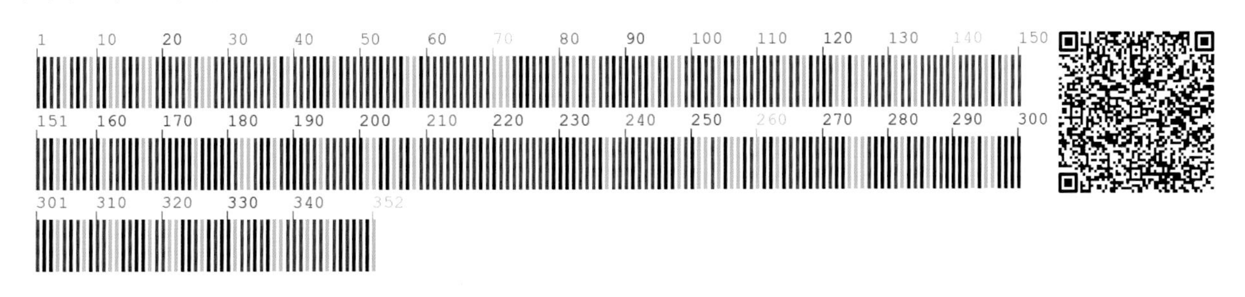

7 卷柏 **Selaginella tamariscina** (P. Beauv.) Spring

【别　　名】万年青，佛手，还阳草，还魂草

【形态特征】多年生常绿草本，高 4～15cm。须根细而多。主茎不明显，单一或少有分枝；顶端丛生小枝，莲座状或辐射状排列，干时向内拳卷。营养叶二型，覆瓦状密生，背腹各 2 列，交互着生。孢子囊穗着生于枝顶，无柄，四棱形；孢子叶卵状三角形，先端长渐尖，具芒，边缘宽，膜质，有微齿；孢子囊圆肾形，单生，雌雄同株；孢子异型，黄色或橙黄色。

【生　　境】生于向阳干燥裸露岩石上或石缝中。常聚生成片。

【药用价值】全草入药。破血（生用）止血（炒碳），祛痰，通经。

【材料来源】吉林省通化市东昌区，共 3 份，样本号 CBS784MT01～03。

【ITS2 序列特征】获得 ITS2 序列 3 条，比对后长度为 174bp，有 3 个变异位点，分别为 20 位点 T-C 变异、99 位点 A-G 变异、159 位点 A-C 变异。序列特征如下：

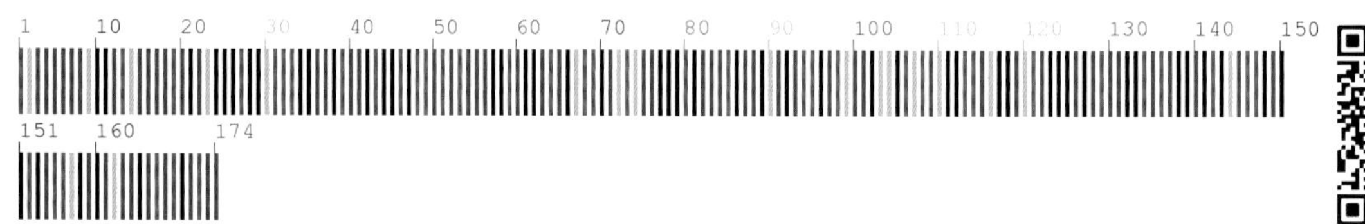

【*psbA-trnH* 序列特征】获得 *psbA-trnH* 序列 3 条，比对后长度为 337bp，无变异位点。序列特征如下：

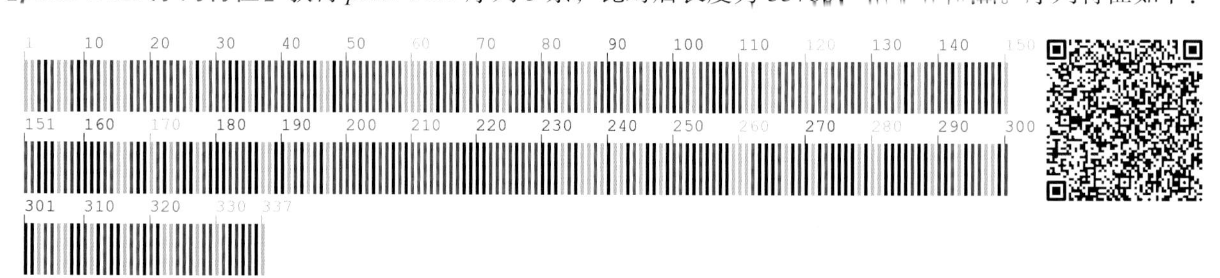

木贼科 Equisetaceae

8 问荆 Equisetum arvense L.

【别　　名】笔头菜，节节草，节骨草

【形态特征】多年生草本。根状茎长而横走；地上茎直立，二型。营养茎于孢子茎枯萎后生出，有棱脊；节上轮生小枝，实心，下部联合成鞘。孢子囊茎春季自根状茎发出，常为棕褐色；孢子囊穗顶生，具花序梗，钝头，黑色。

【生　　境】生于草地、河边、沟渠旁、耕地、撂荒地等沙质土壤中。常聚生成片。

【药用价值】全草入药。清热利尿，止血，平肝明目，止咳平喘。

【材料来源】吉林省通化市通化县，共2份，样本号CBS417MT02、CBS417MT03。

【ITS2序列特征】获得ITS2序列2条，比对后长度为235bp，有2个变异位点，分别为71位点C-T变异、142位点C-G变异。序列特征如下：

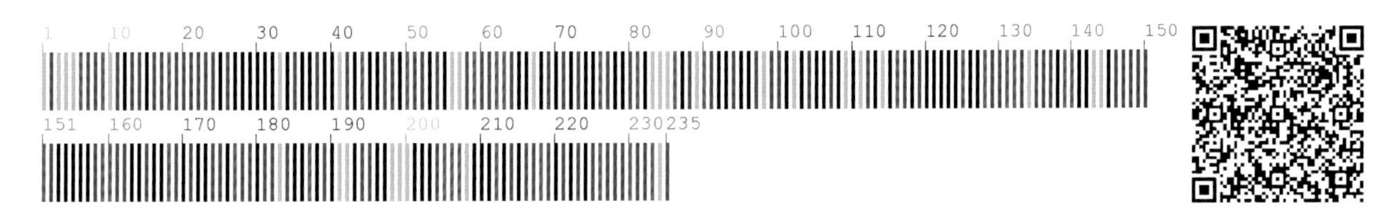

【*psbA-trnH*序列特征】获得*psbA-trnH*序列2条，比对后长度为215bp，有2个变异位点，分别为19位点A-C变异、190位点C-G变异。序列特征如下：

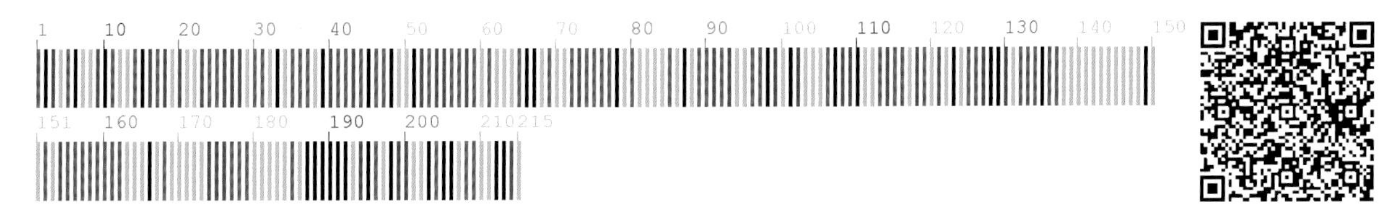

9　木贼　**Equisetum hyemale** L.

【别　　名】锉草，木贼草，节节草，节骨草

【形态特征】多年生草本。根状茎粗短，斜向横走，黑褐色，节上轮生黑褐色根。地上茎直立，坚硬，单一或基部分枝，中空，有纵棱脊，极粗糙；有营养茎和孢子囊茎之分。叶鞘基部和鞘齿呈黑色 2 圈。孢子囊穗初夏着生于茎顶，紧密，长圆形，无柄，尖头；孢子一型。

【生　　境】生于针阔混交林、针叶林下阴湿地及潮湿的林间草地等处。常聚生成片。

【药用价值】地上部分入药。疏风散热，解肌，明目退翳。

【材料来源】辽宁省本溪市桓仁满族自治县，共 3 份，样本号 CBS038MT01～03。

【ITS2 序列特征】获得 ITS2 序列 3 条，比对后长度为 243bp，无变异位点。序列特征如下：

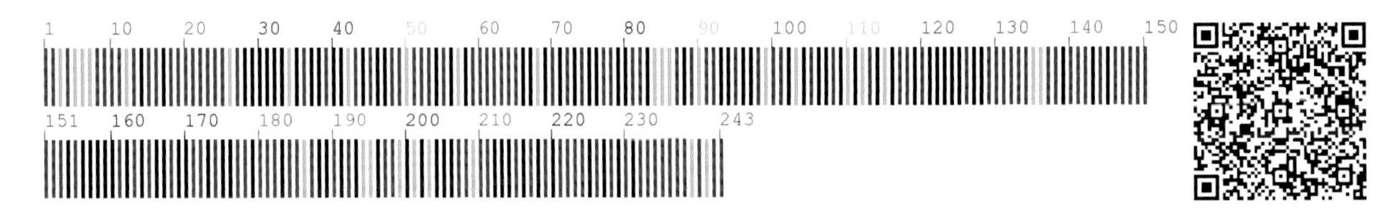

【*psbA-trnH* 序列特征】获得 *psbA-trnH* 序列 3 条，比对后长度为 146bp，无变异位点。序列特征如下：

10 犬问荆 Equisetum palustre L.

【别　　名】水问荆，骨节草，节节菜

【形态特征】多年生草本。根状茎匍匐，黑褐色，常具块茎。茎常丛生，常有轮生分枝，秋季枯萎。叶鞘齿三角状卵形，先端棕褐色，边缘膜质。孢子囊穗状圆形，有梗，单生于茎顶；孢子囊生于盾状孢子叶下面；孢子同型。

【生　　境】生于针阔混交林、针叶林下阴湿地、沼泽、池塘等处。常聚生成片。

【药用价值】全草入药。清热利尿，舒筋活血，明目。

【材料来源】吉林省通化市二道江区，共 3 份，样本号 CBS235MT01～03。

【ITS2 序列特征】获得 ITS2 序列 2 条，比对后长度为 243bp，有 1 个变异位点，为 154 位点 C-T 变异；有 1 处插入 / 缺失，为 231 位点。序列特征如下：

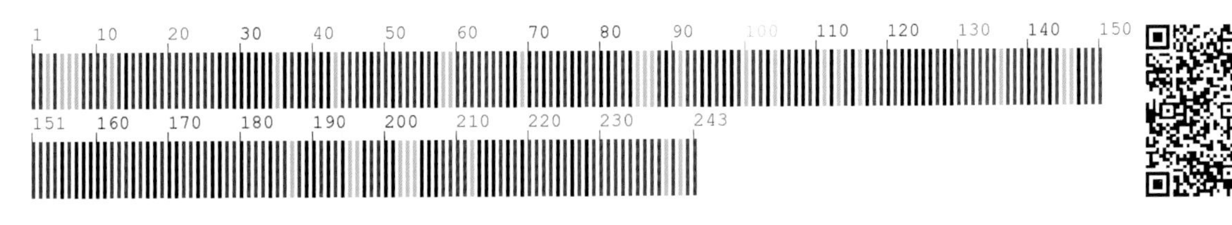

【*psbA-trnH* 序列特征】获得 *psbA-trnH* 序列 3 条，比对后长度为 132bp，无变异位点。序列特征如下：

11 林木贼 Equisetum sylvaticum L.

【别　　名】林问荆

【形态特征】多年生草本。根状茎黑褐色。茎二型，春季孢子囊穗的茎褐色，不分枝，有轮生钟形叶鞘，膜质红褐色；孢子囊穗长椭圆形，有柄；孢子成熟后，茎上又生出多数绿色轮生分枝，很细弱，绿色，开展，茎轮生分枝多，主枝中部以下无分枝，主枝有脊 10～16 条。

【生　　境】生于林缘、林间草地、灌丛及林间湿地等处。

【药用价值】茎入药。止血，利尿，收敛止痛。

【材料来源】吉林省通化市柳河县，共 2 份，样本号 CBS272MT02、CBS272MT03。

【ITS2 序列特征】获得 ITS2 序列 2 条，比对后长度为 242bp，无变异位点。序列特征如下：

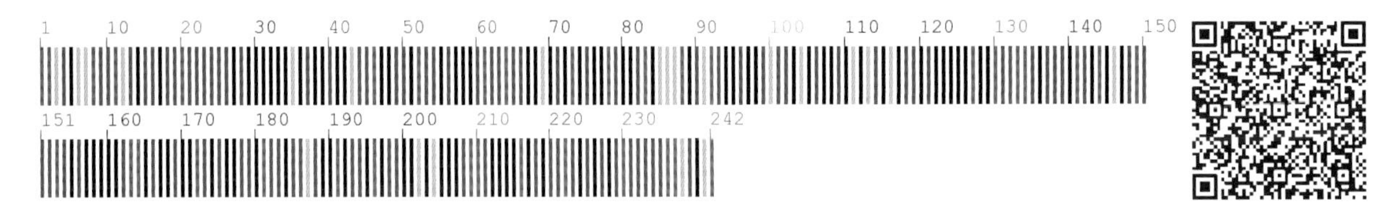

【*psbA-trnH* 序列特征】获得 *psbA-trnH* 序列 2 条，比对后长度为 219bp，无变异位点。序列特征如下：

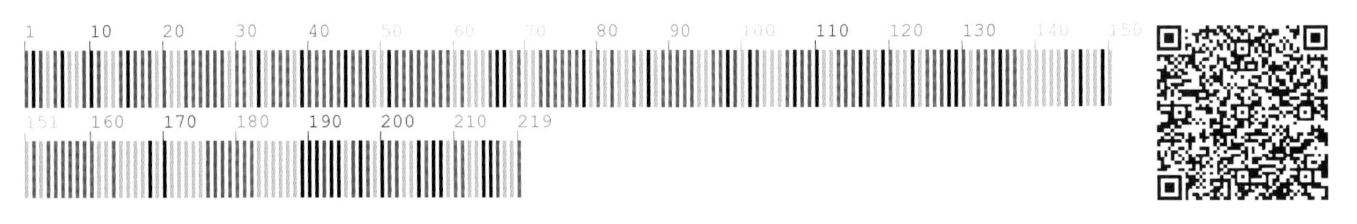

瓶尔小草科　Ophioglossaceae

12　劲直阴地蕨　**Botrychium strictum** Underw.

【别　　名】穗状假阴地蕨，劲直蕨萁，抓地虎

【形态特征】多年生草本，高 40～60cm。根状茎直立，须根长而肉质。叶二型，营养叶无柄，三回羽状分裂，第二对及其以上羽片渐变小；孢子叶于营养叶基部抽出。

【生　　境】生于针阔混交林、针叶林下等土质较肥沃的地方。

【药用价值】茎入药。清热解毒。

【材料来源】吉林省通化市二道江区，共 1 份，样本号 CBS529MT01。

【*psbA-trnH* 序列特征】获得 *psbA-trnH* 序列 1 条，长度为 613bp。序列特征如下：

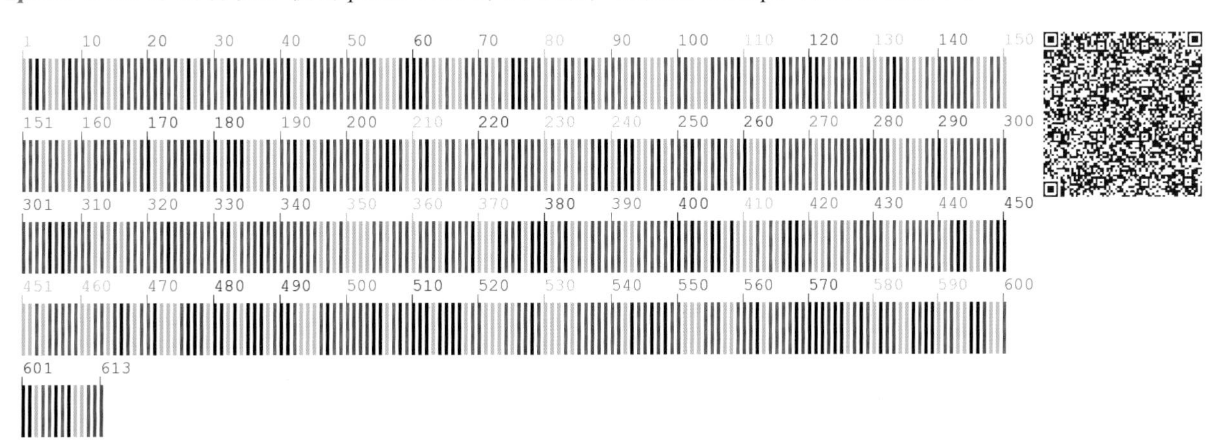

凤尾蕨科 Pteridaceae

13 掌叶铁线蕨 **Adiantum pedatum** L.

【别　　名】铁线草，铁丝七，鬼扇草，铜丝草

【形态特征】多年生草本。根状茎粗短，顶部有褐棕色阔披针形鳞片。叶近簇生，叶柄黑紫色，有光泽，柄基部有鳞片；叶掌状阔扇形，二叉分枝，小羽片斜长方形，上缘有数个钝齿，淡绿色，互生，具短柄；叶脉扇叶分叉直达叶缘。孢子囊群生于由裂片顶部反折形成的囊群盖下面；囊群盖（假盖）肾形或矩圆形，黄绿色，近膜质，全缘。

【生　　境】生于土质肥沃的阔叶林或针阔混交林下及林缘。

【药用价值】全草入药。除湿利水，调经止痛，清热解毒。

【材料来源】吉林省通化市东昌区，共 3 份，样本号 CBS167MT01～03。

【ITS2 序列特征】获得 ITS2 序列 2 条，比对后长度为 231bp，无变异位点。序列特征如下：

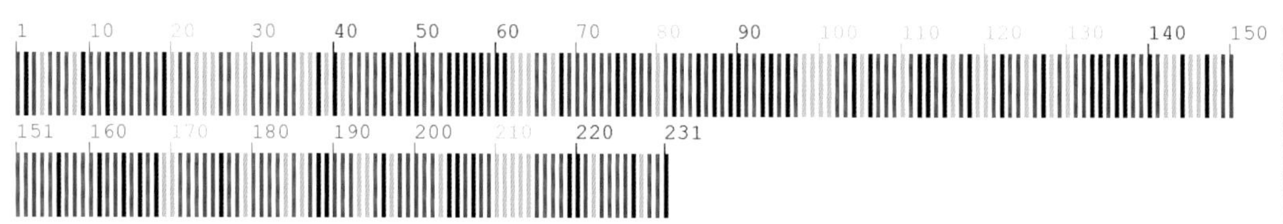

【*psbA-trnH* 序列特征】获得 *psbA-trnH* 序列 3 条，比对后长度为 423bp，无变异位点。序列特征如下：

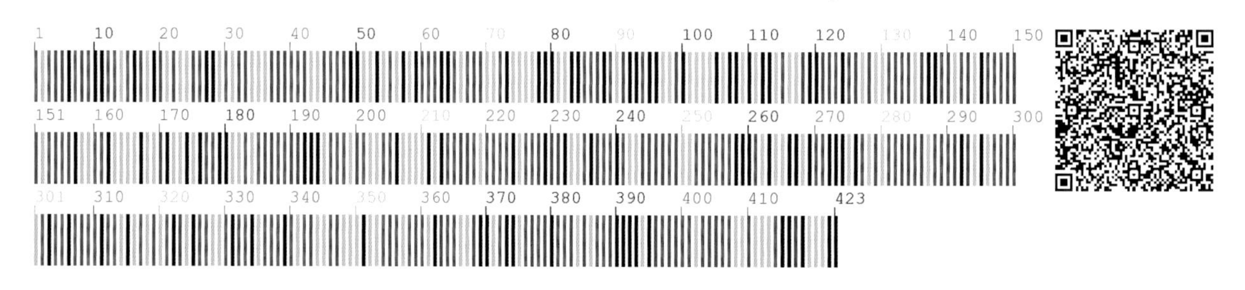

蹄盖蕨科 Athyriaceae

14 东北蹄盖蕨 **Athyrium brevifrons** Nakai ex Tagawa

【别　　名】猴腿蹄盖蕨，猴腿儿，猴子腿

【形态特征】多年生草本，高可达1m。根状茎短，直立或斜升，密生黑褐色披针形鳞片。叶簇生，叶柄红褐色，基部具褐色鳞片；叶厚革质，二回羽裂，羽片密集，基部对称，有短柄，裂片边缘有长尖齿。孢子囊群生于裂片基部的上侧小脉，长圆形，囊群盖啮蚀状。

【生　　境】生于杂木林、针阔混交林下及林缘湿润处。

【药用价值】根状茎入药。清热解毒，杀虫。

【材料来源】吉林省通化市二道江区，共2份，样本号CBS532MT01、CBS532MT02。

【*psbA-trnH*序列特征】获得*psbA-trnH*序列2条，比对后长度为548bp，有1处插入/缺失，为540位点。序列特征如下：

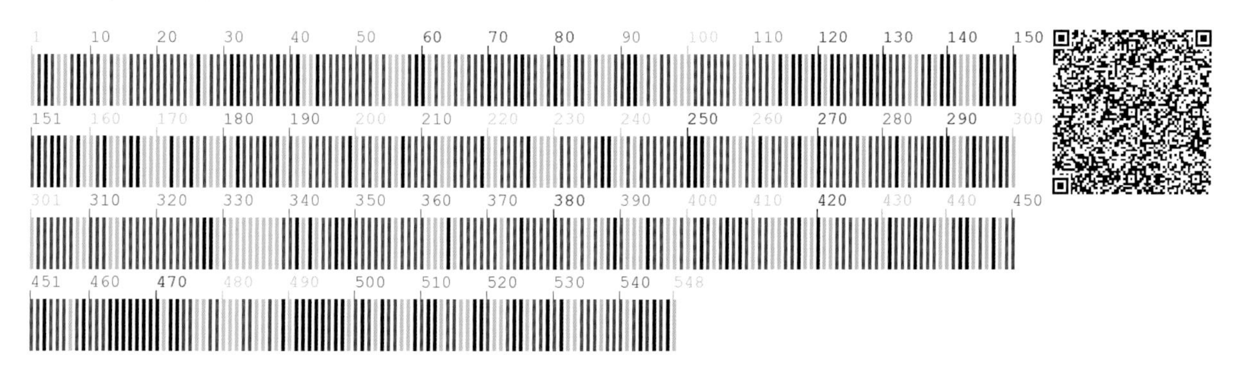

15 东北对囊蕨 **Deparia pycnosora** (Christ) M. Kato

【别　　名】东北蛾眉蕨，亚美蹄盖蕨，亚美峨眉蕨，峨眉蕨

【形态特征】多年生草本，高30～90cm。根状茎粗短，直立或斜升，有较多坚硬的叶柄残基，先端有阔披针形鳞片。叶簇生，禾秆色，草质，先端渐尖，沿叶轴、羽轴和主脉有棕色短毛，二回羽状全裂和深裂，羽裂几达羽轴。孢子囊群狭长圆形，囊群盖新月形，全缘，质厚。

【生　　境】生于山谷林下或灌丛中。

【药用价值】根状茎入药。清热解毒，杀虫，止血。

【材料来源】吉林省通化市二道江区，共2份，样本号CBS531MT01、CBS531MT02。

【*psbA-trnH* 序列特征】获得 *psbA-trnH* 序列2条，比对后长度为533bp，无变异位点。序列特征如下：

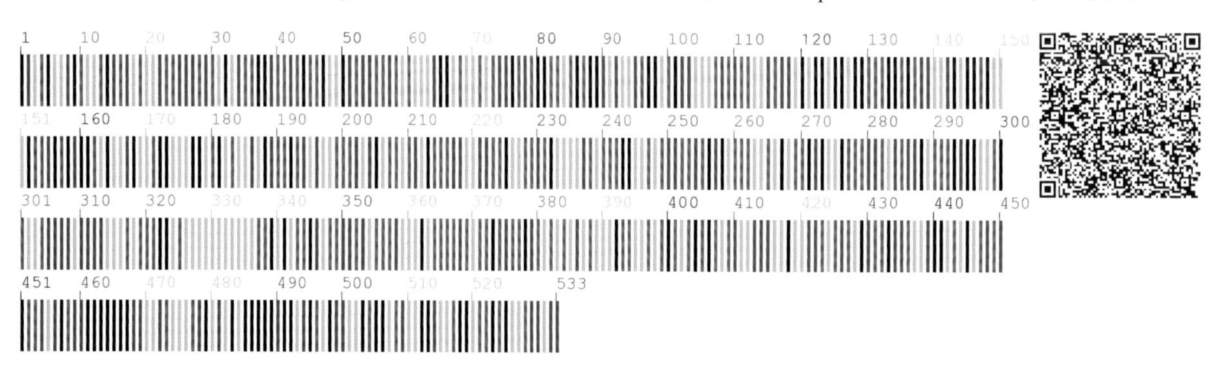

铁角蕨科　Aspleniaceae

16　对开蕨　**Asplenium komarovii** Akasawa

【别　　名】日本对开蕨，东亚对开蕨

【形态特征】多年生常绿草本，高 25～70cm。根状茎短。叶簇生，具长柄，一型，条状披针形，先端渐尖，基部耳垂状，全缘。孢子囊群条形，着生于叶背中上部。

【生　　境】生于土质肥沃的杂木林下、林缘。

【药用价值】全草入药。清热解毒，利尿，止血。

【材料来源】吉林省白山市临江市，共 2 份，样本号 CBS056MT01、CBS056MT02。

【**ITS2 序列特征**】获得 ITS2 序列 2 条，比对后长度为 352bp，有 17 个变异位点，分别为 97 位点 T-C 变异，117 位点 T-G 变异，121 位点 G-T 变异，150 位点、239 位点 G-C 变异，157 位点、167 位点 C-G 变异，168 位点、271 位点、295 位点、297 位点 A-G 变异，213 位点 C-T 变异，95 位点、151 位点、156 位点、243 位点、258 位点为简并碱基；有 2 处插入 / 缺失，分别为 107 位点、139 位点。序列特征如下：

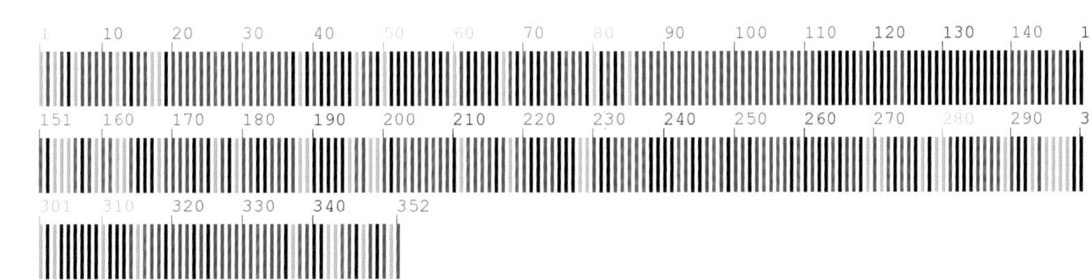

【***psbA-trnH* 序列特征**】获得 *psbA-trnH* 序列 2 条，比对后长度为 521bp，无变异位点。序列特征如下：

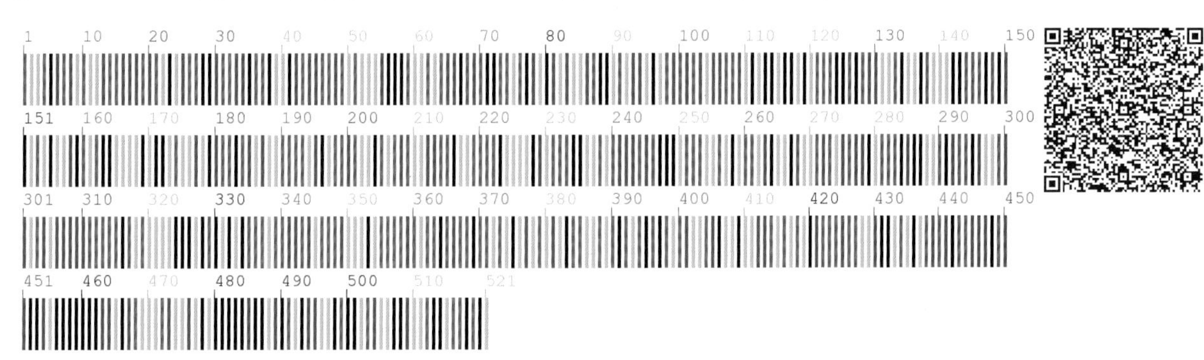

球子蕨科 Onocleaceae

17 球子蕨 **Onoclea sensibilis** var. **interrupta** Maxim.

【别　　名】间断球子蕨

【形态特征】多年生草本，高 30～70cm。根状茎长而横走，黑褐色，疏被鳞片。叶疏生，二型，不育叶柄长 20～50cm；叶阔卵状三角形或阔卵形，长宽相等或长略过于宽，先端羽状半裂，向下为一回羽状，羽片 5～8 对，有短柄，边缘波状或近全缘，叶轴两侧具狭翅；能育叶低于不育叶，二回羽状，羽片狭线形，与叶轴成锐角而极斜向上，小羽片紧缩成小球形，包被孢子囊群，彼此分离。孢子囊群圆形，着生于由小脉先端形成的囊托上，囊群盖膜质，紧包孢子囊群。

【生　　境】生于草甸或湿灌丛中。常聚生成片。

【药用价值】根状茎入药。清热解毒，祛风止血。

【材料来源】吉林省通化市通化县，共 3 份，样本号 CBS406MT01～03。

【ITS2 序列特征】获得 ITS2 序列 3 条，比对后长度为 469bp，有 1 个变异位点，为 183 位点 G-C 变异；有 1 处插入 / 缺失，为 451 位点。序列特征如下：

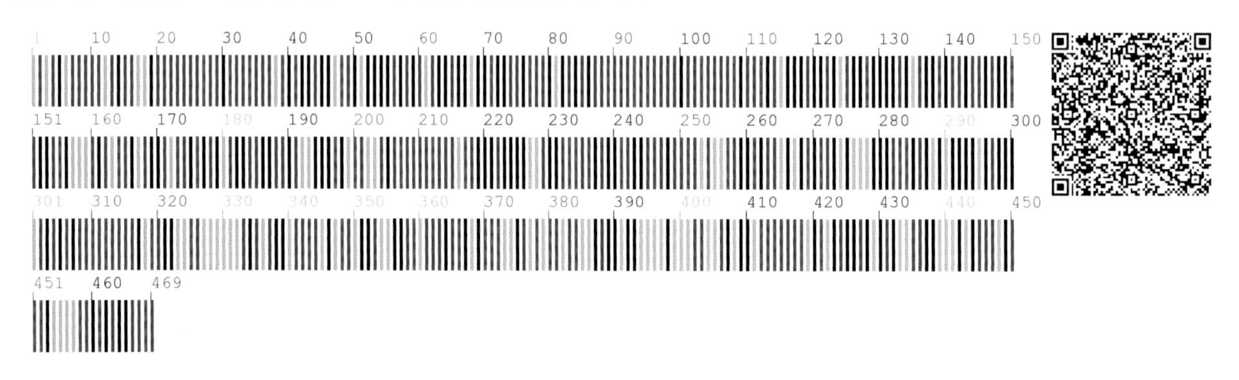

【*psbA-trnH* 序列特征】获得 *psbA-trnH* 序列 3 条，比对后长度为 511bp，有 2 个变异位点，分别为 38 位点 C-T 变异、502 位点 G-A 变异；有 2 处插入 /缺失，分别为 44 位点、497 位点。序列特征如下：

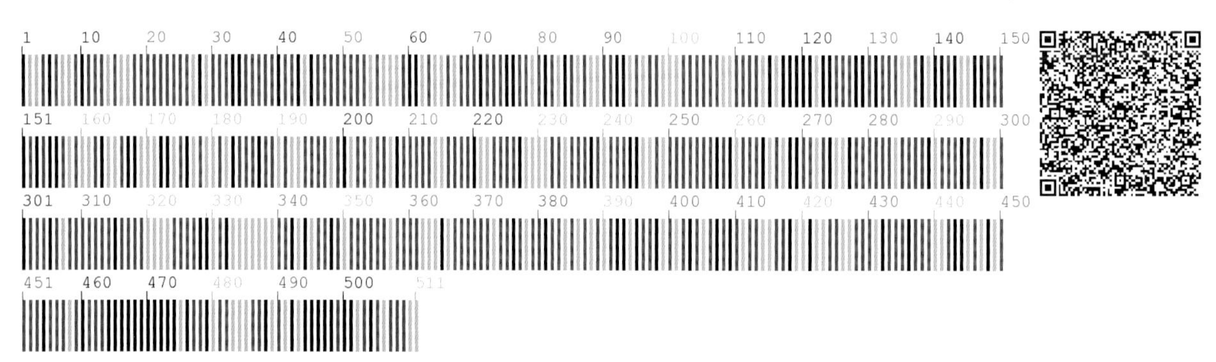

岩蕨科 Woodsiaceae

18 耳羽岩蕨 **Woodsia polystichoides** D. C. Eaton

【形态特征】多年生草本，高15～35cm。根状茎短而直立，顶部及叶柄基部密生鳞片，鳞片棕红色，卵状披针形，边缘有毛。叶簇生，叶柄深禾秆色，顶端或近顶端有一斜关节，叶柄及叶轴有密长毛和小鳞片混生；叶纸质，长圆状披针形，羽状分裂，羽片镰刀状长圆形，钝头，无柄，基部斜楔形，上方呈耳状，全缘或微波状；叶两面有毛，叶脉羽状。孢子囊群圆形，生于叶缘细脉顶端。

【生　　境】生于林中阴湿岩壁或裸露岩石上。

【药用价值】根状茎入药。清热解毒，活血散瘀，通络止痛。

【材料来源】吉林省通化市通化县，共3份，样本号CBS526MT01～03。

【*psbA-trnH* 序列特征】获得 *psbA-trnH* 序列3条，比对后长度为528bp，无变异位点。序列特征如下：

鳞毛蕨科　Dryopteridaceae

19　粗茎鳞毛蕨　**Dryopteris crassirhizoma** Nakai

【别　　名】绵马鳞毛蕨，绵马贯众，东北贯众，野鸡膀子

【形态特征】多年生草本，植株较高大。根状茎粗大，呈块状，斜升或直立，连同叶柄基部密生具棕褐色光泽的卵状披针形大鳞片。叶簇生，二回羽状分裂，近全缘或有微钝锯齿；孢子囊群着生于叶中部以上的羽片上，囊群盖圆肾形，棕紫色。

【生　　境】生于混交林、阔叶林下、林缘和灌木丛等土壤肥沃湿润处。

【药用价值】根状茎及叶柄残基入药。清热解毒，生肌止血，散瘀消肿。

【材料来源】吉林省通化市东昌区，共 3 份，样本号 CBS941MT01～03。

【ITS2 序列特征】获得 ITS2 序列 3 条，比对后长度为 337bp，有 1 个变异位点，为 308 位点 T-C 变异。序列特征如下：

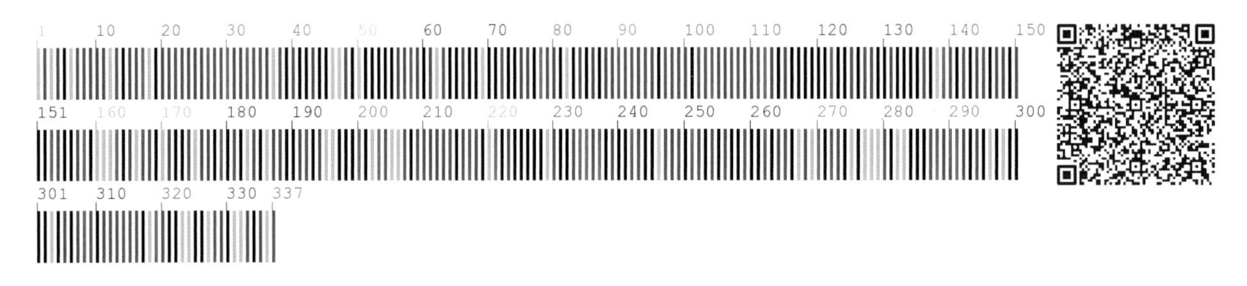

【*psbA-trnH* 序列特征】获得 *psbA-trnH* 序列 3 条，比对后长度为 419bp，无变异位点。序列特征如下：

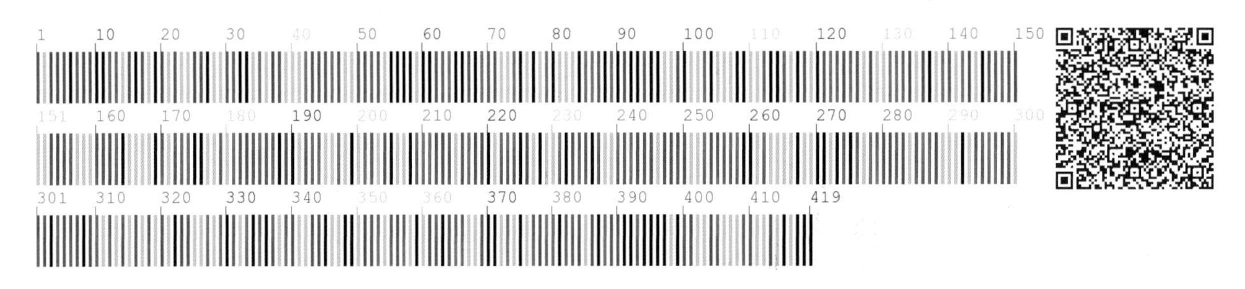

20 香鳞毛蕨 Dryopteris fragrans (L.) Schott

【别　　名】野鸡膀子

【形态特征】多年生草本，高 20～30cm。根状茎短粗直立或稍斜升。叶簇生，具柄，叶柄显著短于叶，常为叶长的 1/6～1/4，密被红棕色至棕褐色鳞片；叶长圆状披针形至倒披针形，基部略狭缩，先端渐尖，二回羽状全裂，羽片通常 20 对以上。孢子囊群圆形，背生于小脉上，沿裂片中脉排成 2 行，囊群盖盾状或圆肾形。

【生　　境】生于石海等岩石缝中。

【药用价值】根状茎入药。清热解毒，驱虫。

【材料来源】吉林省通化市东昌区，共 3 份，样本号 CBS440MT01～03。

【*psbA-trnH* 序列特征】获得 *psbA-trnH* 序列 3 条，比对后长度为 533bp，无变异位点。序列特征如下：

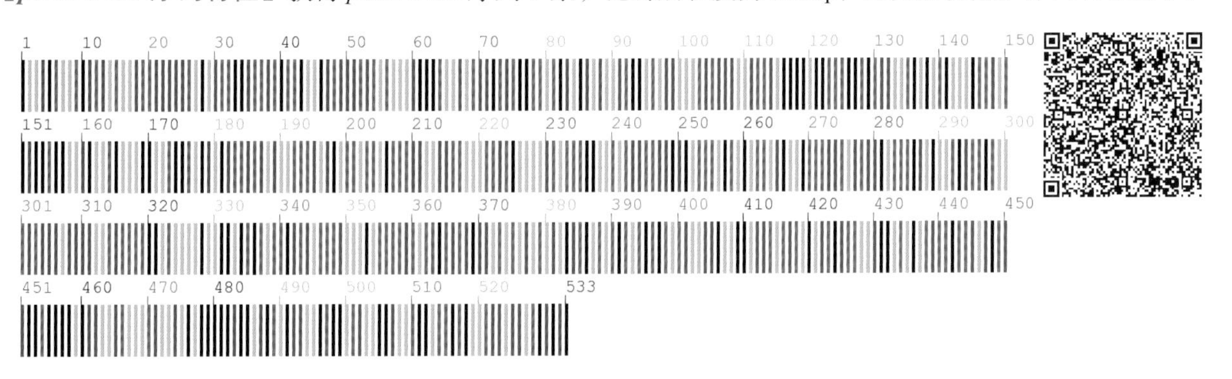

21 戟叶耳蕨 **Polystichum tripteron** (Kunze) C. Presl

【别　　名】三叉耳蕨，三叶耳蕨，蛇舌草

【形态特征】多年生草本，高 40～65cm。根状茎短而直立。叶簇生，基部以上禾秆色，叶轴下部密生鳞片，叶轴上部疏生鳞片或近光滑；叶戟状披针形，掌状三出，羽片 3 枚，中间一片最大，侧生羽片互生，近平展，小羽片镰状披针形，中部稍大，基部不对称，上侧凸起呈三角耳形，下侧斜切，边缘浅裂并具尖刺头，基部 1 对小叶较小，叶脉羽状，侧脉二叉分枝，背沿叶脉疏生钻形鳞片。孢子囊群生于近主脉的支脉上，圆形，沿主脉两侧各成一行，囊群盖圆盾形，深棕色，近膜质，易脱落。

【生　　境】生于林下、林缘及灌木丛中阴湿处。

【药用价值】根状茎及叶入药。清热解毒，利尿通淋，活血调经，止痛，补肾。

【材料来源】吉林省通化市二道江区，共 3 份，样本号 CBS536MT01～03。

【*psbA-trnH* 序列特征】获得 *psbA-trnH* 序列 3 条，比对后长度为 541bp，无变异位点。序列特征如下：

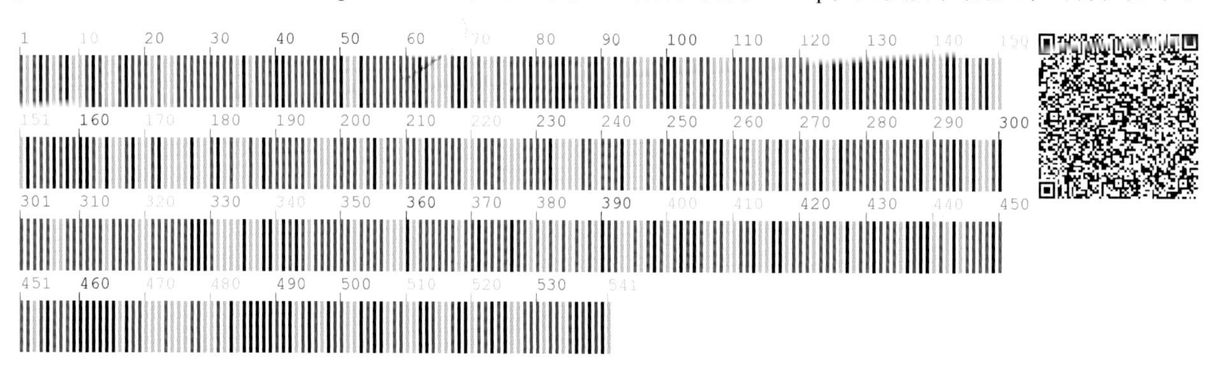

水龙骨科 Polypodiaceae

22 乌苏里瓦韦 **Lepisorus ussuriensis** (Regel et Maack) Ching

【别　　名】石韦，七星草，小石韦，石茶

【形态特征】多年生草本，高 3～10cm。根状茎细长而横走，密被黑色或黑褐色披针形鳞片及褐色鳞毛，边缘有不整齐牙齿。叶疏生，狭披针形，基部渐狭，沿叶柄下延先端长渐尖，全缘，革质，主脉两面隆起，小脉不明显；无毛。孢子囊群圆形或椭圆形，锈褐色，着生于中肋两侧与边缘之间，各排成一行，彼此远分离，幼时有盾状隔丝覆盖；囊群内聚生多数孢子囊。

【生　　境】生于岩石上、石缝中或枯木及树皮上。

【药用价值】全草入药。祛风，利尿，止咳，活血。

【材料来源】吉林省通化市东昌区，共 2 份，样本号 CBS786MT01、CBS786MT02。

【*psbA-trnH* 序列特征】获得 *psbA-trnH* 序列 2 条，比对后长度为 538bp，无变异位点。序列特征如下：

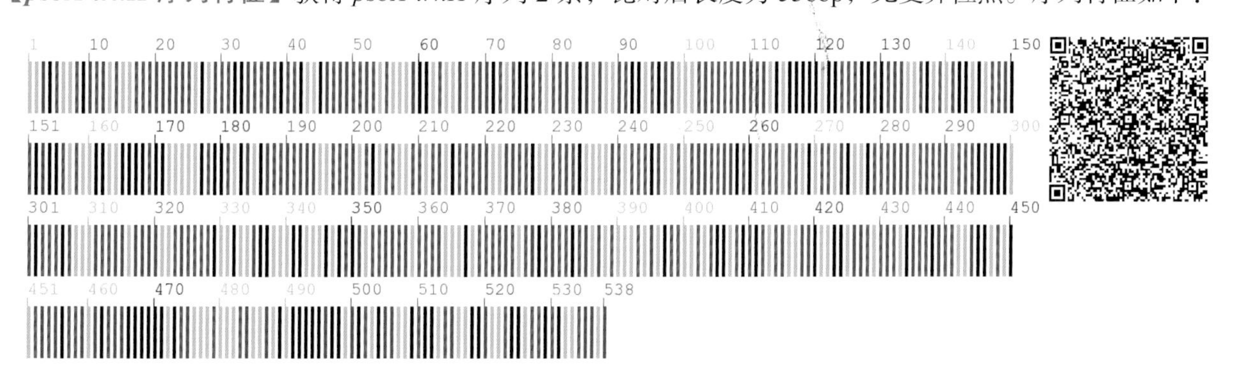

23 东北多足蕨 **Polypodium sibiricum** Sipliv.

【别　　名】东北水龙骨，小水龙骨，欧亚水龙骨

【形态特征】多年生草本，高 10～25cm。根状茎长，匍匐横走，被暗褐色鳞片，密生须根，其上有褐色鳞毛。叶密生于根状茎上，叶柄细，光滑，无毛，基部有关节；叶羽状深裂，羽片长圆形或线状长圆形，先端钝圆，边缘有微齿或近全缘，无毛；叶脉明显。孢子囊群圆点状，暗褐色，着生于小羽片的边缘，在每一小羽片上排成 2 行。

【生　　境】生于针阔混交林下或石缝中的腐殖质土中。

【药用价值】全草入药。解毒退热，祛风利湿，止血破血，止咳止痛。

【材料来源】吉林省白山市长白朝鲜族自治县，共 3 份，样本号 CBS539MT01～03。

【*psbA-trnH* 序列特征】获得 *psbA-trnH* 序列 3 条，比对后长度为 534bp，有 1 处插入 / 缺失，为 524 位点。序列特征如下：

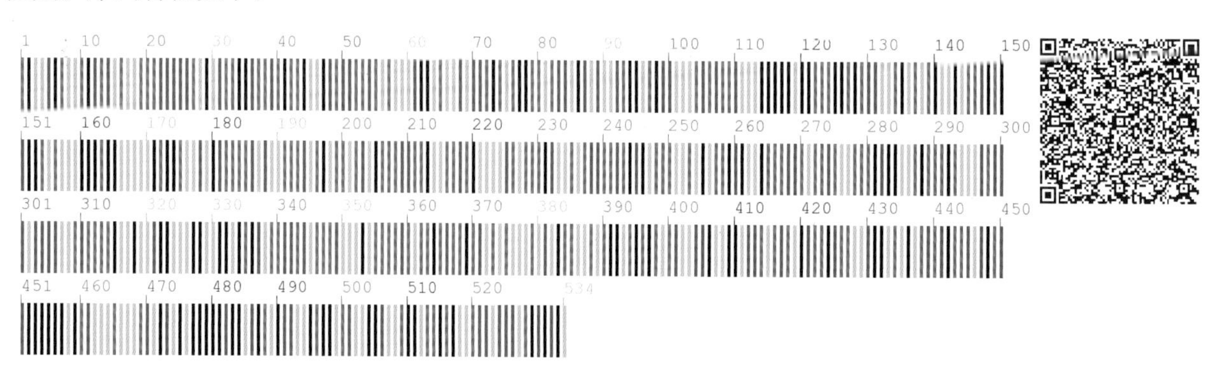

24 有柄石韦 **Pyrrosia petiolosa** (Christ) Ching

【别　　名】石韦，石茶，小石韦

【形态特征】多年生草本，高5～15cm。根状茎长而横走，密生棕褐色鳞片，鳞片卵状披针形，边缘有锯齿，覆瓦状排列。叶远生，二型，厚革质，表面无毛，背面密被深灰棕色星状毛，干后通常向上内卷，有时呈圆筒状；营养叶较小，为孢子叶的1/3～2/3，具短柄，叶长卵状披针形，顶部钝尖，基部略下延；孢子叶与营养叶同形，具长柄，叶脉不明显。孢子囊群点状，深棕色，几满布叶背而隐没于灰棕色星状毛中。

【生　　境】生于向阳干燥的裸露岩石上或石缝中。

【药用价值】叶入药。利水通淋，清热止血，清肺泄热。

【材料来源】吉林省延边朝鲜族自治州龙井市，共3份，样本号CBS538MT01～03。

【*psbA-trnH* 序列特征】获得 *psbA-trnH* 序列3条，比对后长度为546bp，无变异位点。序列特征如下：

第三章

裸子植物门

裸子植物是介于蕨类植物和被子植物之间的维管植物，能用种子繁殖，但是没有真正的花，仍然保留有颈卵器结构。裸子植物胚珠裸露，全木本，多常绿，广泛分布于世界各地，特别是在北半球亚热带高山地区及温带至寒温带地区分布广泛，常组成大面积森林，是重要的木材来源。

我国有裸子植物 11 科 41 属 236 种，其中的药用植物有 10 科 27 属 126 种，另有 13 个变种、4 个变型。长白山分布有裸子植物门药用植物 3 科 8 属 15 种 1 变种，代表药用植物有东北红豆杉、红松等。

松科 Pinaceae

25 长白鱼鳞云杉 **Picea jezoensis** var. **komarovii** (V. N. Vassil.) W. C. Cheng et L. K. Fu

【别　　名】鱼鳞头，白松

【形态特征】常绿乔木，高20～40m，胸径达1m。树皮灰色，裂成鳞状块片。枝条短，近平展，树冠尖塔形。小枝上面之叶覆瓦状向前伸展，下面及两侧的叶向两边弯伸，上面有2条淡白色气孔带，下面无气孔带。球果卵圆形或卵状椭圆形，成熟前绿色，熟时淡褐色或褐色，下垂；种子近倒卵圆形。花期4～5月，球果9～10月成熟。

【生　　境】生于海拔800m左右的阴湿针叶林或针阔混交林内。

【药用价值】枝、叶入药。祛痰止咳，泻热降火，通经下乳。

【材料来源】辽宁省本溪市桓仁满族自治县，共3份，样本号CBS540MT01～03。

【**ITS2序列特征**】获得ITS2序列3条，比对后长度为240bp，无变异位点。序列特征如下：

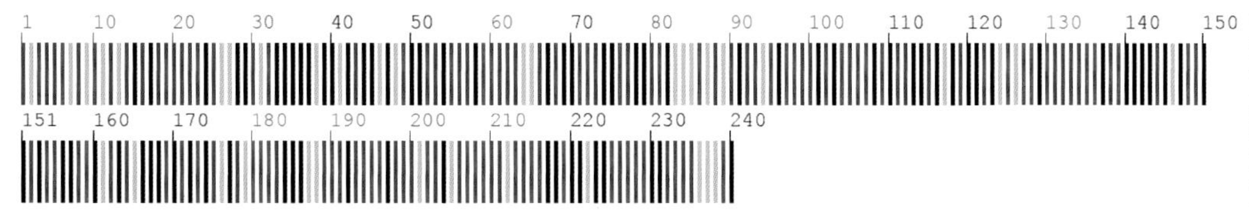

【***psbA-trnH*** **序列特征**】获得*psbA-trnH*序列3条，比对后长度为632bp，无变异位点。序列特征如下：

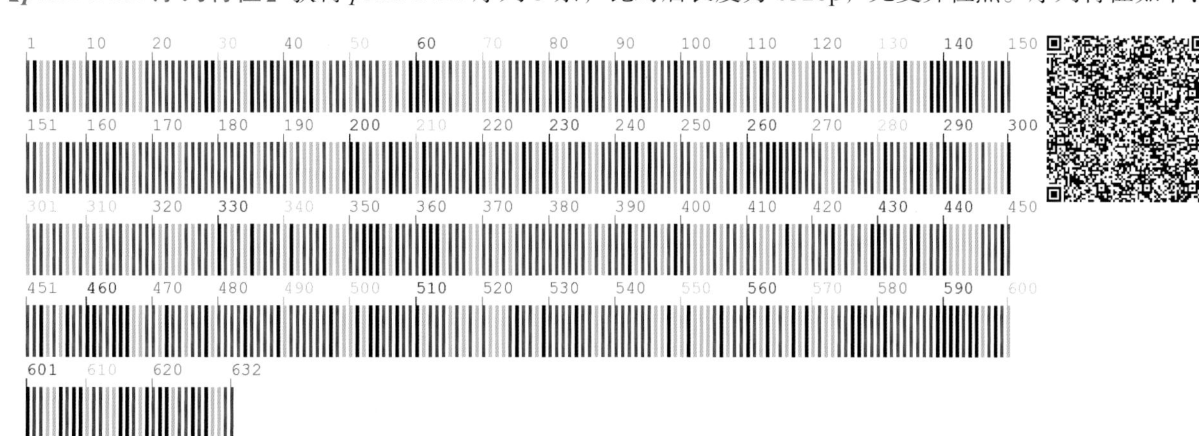

26　赤松　**Pinus densiflora** Siebold et Zucc.

【别　　名】辽东赤松，短叶赤松，日本赤松，油松蛋子

【形态特征】常绿乔木。树皮橘红色，裂成不规则的鳞片状块片脱落。枝平展形成伞状树冠，一年生枝淡黄色或红黄色。针叶 2 针一束，不扭曲。雄球花淡红黄色；雌球花淡红紫色，单生或 2～3 个聚生。种子倒卵状椭圆形或卵圆形；子叶 5～8 枚。花期 5 月，球果翌年 9 月下旬至 10 月成熟。

【生　　境】生于向阳干燥山坡和裸露岩石的石缝中。

【药用价值】花粉入药。润肺，益气，除风，收敛，止血。

【材料来源】辽宁省本溪市桓仁满族自治县，共 1 份，样本号 CBS542MT01。

【ITS2 序列特征】获得 ITS2 序列 1 条，长度为 247bp。序列特征如下：

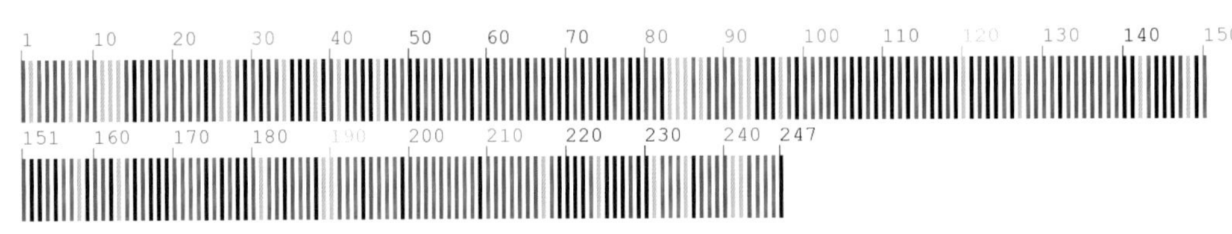

【*psbA-trnH* 序列特征】获得 *psbA-trnH* 序列 1 条，长度为 651bp。序列特征如下：

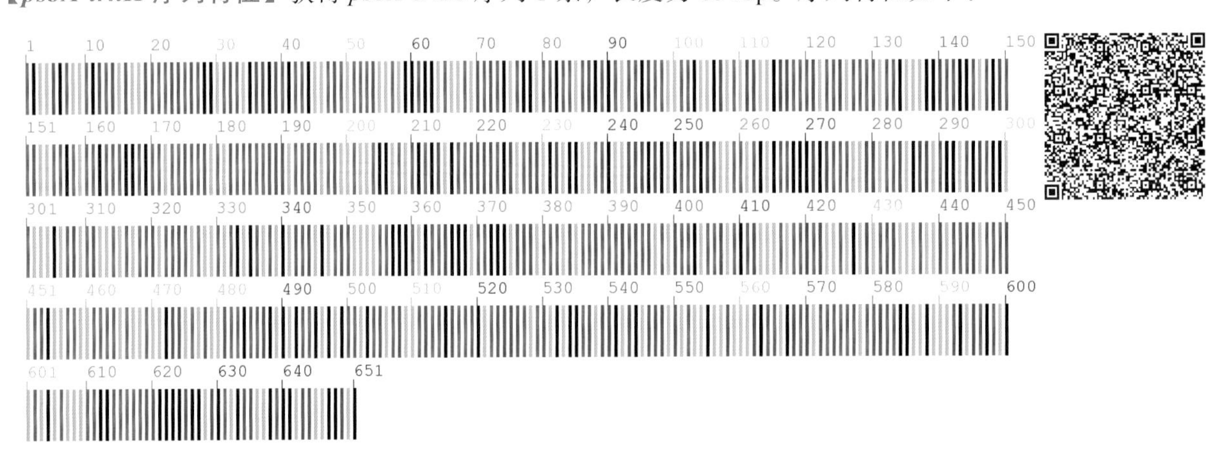

27 红松 **Pinus koraiensis** Siebold et Zucc.

【别　　名】朝鲜松，朝鲜五叶松，新罗松，海松，果松

【形态特征】常绿乔木，高达50m，胸径1m，树干上部常分叉。针叶5针一束，树脂道3个，中生。雄球花椭圆状圆柱形，多数密集于新枝下部呈穗状；雌球花绿褐色，单生或数个集生于新枝近顶端。花期6月，球果翌年9～10月成熟。

【生　　境】生于海拔500～800m的针阔混交林内。

【药用价值】种子入药。滋补强壮，润肺滑肠，熄风镇咳。

【材料来源】吉林省通化市柳河县，共1份，样本号CBS541MT01。

【ITS2序列特征】获得ITS2序列1条，长度为246bp。序列特征如下：

【*psbA-trnH*序列特征】获得*psbA-trnH*序列1条，长度为641bp。序列特征如下：

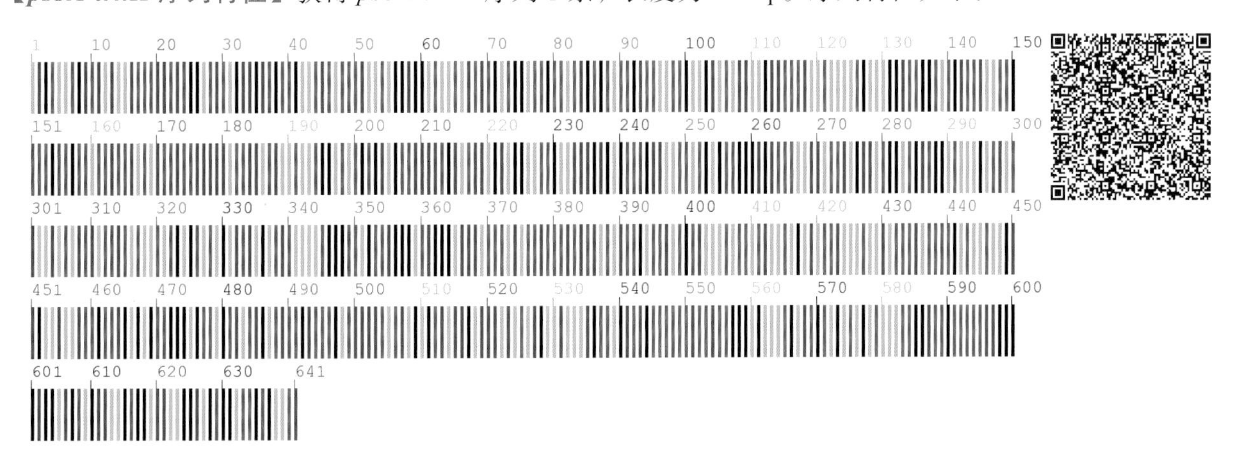

28 偃松 **Pinus pumila** (Pall.) Regel

【别　　名】矮松，千叠松，爬地松，爬松

【形态特征】常绿灌木，树干通常伏卧状、匍匐。树皮灰褐色，裂成片状脱落。针叶 5 针一束；横切面近梯形，树脂道通常 2 个。雄球花椭圆形，黄色；雌球花及小球果单生或 2～3 个集生。球果直立；种子三角形倒卵圆形。花期 6～7 月，球果翌年 9 月成熟。

【生　　境】生于海拔较高的山顶。常成片。

【药用价值】花粉入药。燥湿，收敛，止血。

【材料来源】吉林省白山市临江市，共 3 份，样本号 CBS297MT01～03。

【ITS2 序列特征】获得 ITS2 序列 3 条，比对后长度为 246bp，无变异位点。序列特征如下：

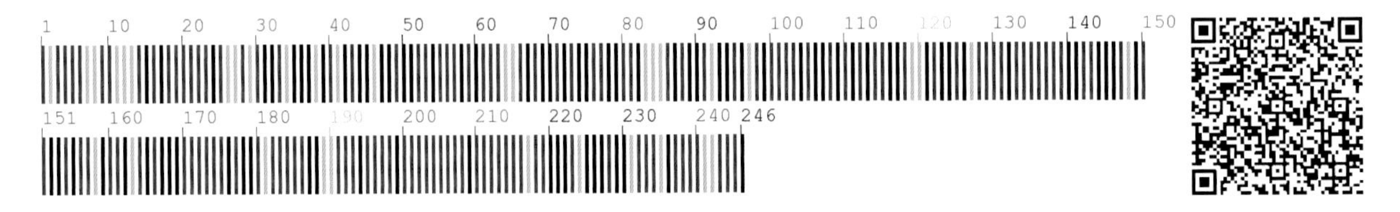

【*psbA-trnH* 序列特征】获得 *psbA-trnH* 序列 3 条，比对后长度为 624bp，有 1 处插入 / 缺失，为 32 位点。序列特征如下：

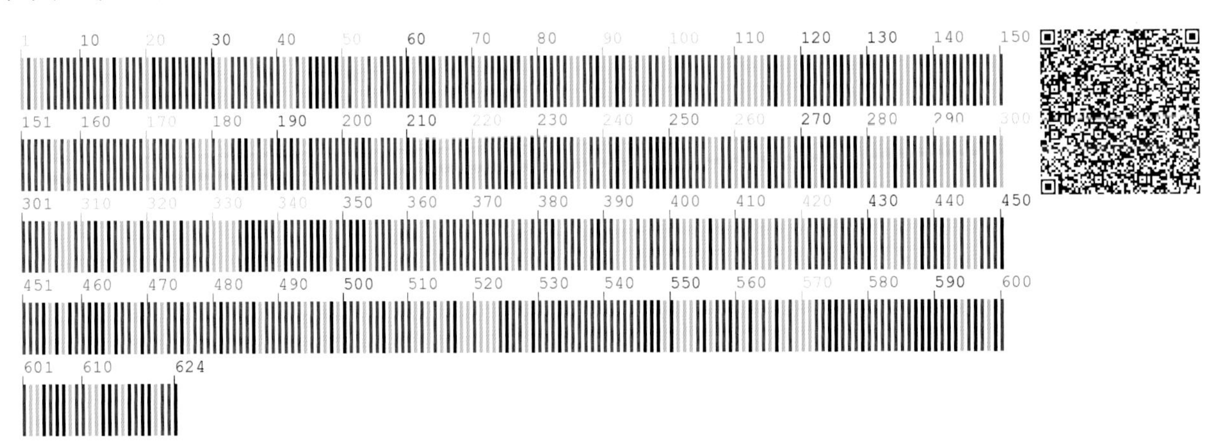

柏科 Cupressaceae

29 西北刺柏 **Juniperus communis** var. **saxatilis** Pall.

【别　　名】西伯利亚刺柏，高山桧，西伯利亚圆柏，山桧，矮桧

【形态特征】常绿匍匐灌木。树皮暗灰紫褐色，不规则浅裂，可剥离。针叶3枚轮生，通常呈镰刀状弯曲，披针形或卵状披针形，先端锐尖或上部渐窄或锐尖头，中间有较宽的白粉带。花单生叶腋，雌雄同株，雌、雄球生于去年生枝的叶腋。球果浆果状，暗红褐色，有白粉，熟时蓝黑色，顶部3条浅沟内有黄褐色种子1～3枚。花期6月，果期7～8月。

【生　　境】生于高山冻原带和石砾山地或疏林下等处。常聚生成片。

【药用价值】果实入药。祛风，止痛，利尿。

【材料来源】吉林省延边朝鲜族自治州安图县，共3份，样本号CBS543MT01～03。

【ITS2序列特征】获得ITS2序列3条，比对后长度为220bp，无变异位点。序列特征如下：

【*psbA-trnH*序列特征】获得*psbA-trnH*序列3条，比对后长度为450bp，有1个变异位点，为443位点G-C变异；有2处插入/缺失，分别为41位点、430位点。序列特征如下：

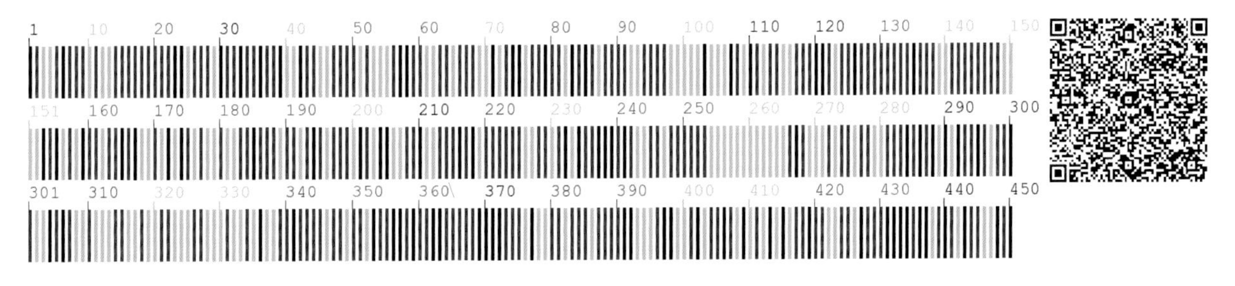

30 朝鲜崖柏 **Thuja koraiensis** Nakai

【别　　名】长白侧柏，朝鲜柏，偃侧柏

【形态特征】常绿乔木，高达10m，胸径30～75cm。枝条平展或下垂，树冠圆锥形。叶鳞形；小枝上面的鳞叶绿色，下面的鳞叶被或多或少的白粉。雄球花卵圆形，黄色。球果椭圆状球形，熟时深褐色；种鳞4对；种子椭圆形，扁平，两侧有翅。花期5月，果期8～9月。

【生　　境】生于湿润肥沃的山谷、山坡、山顶、路旁、林内及林缘。

【药用价值】枝叶入药。凉血止血，祛痰止咳，止痢，生发乌发。

【材料来源】吉林省白山市长白朝鲜族自治县，共3份，样本号 CBS544MT01～03。

【ITS2 序列特征】获得 ITS2 序列 3 条，比对后长度为 219bp，无变异位点。序列特征如下：

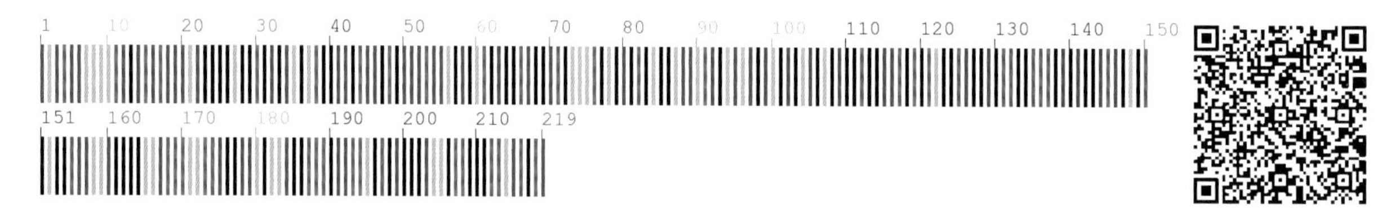

【*psbA-trnH* 序列特征】获得 *psbA-trnH* 序列 3 条，比对后长度为 587bp，无变异位点。序列特征如下：

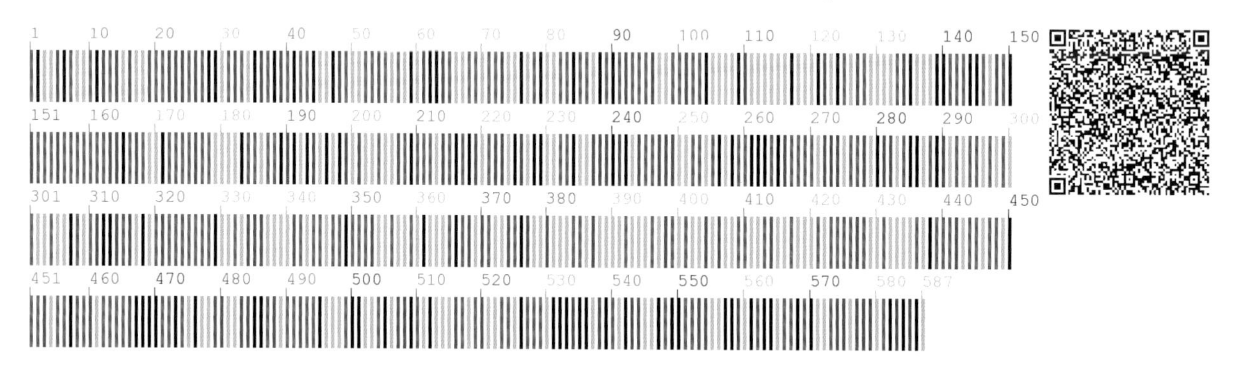

红豆杉科　Taxaceae

31　东北红豆杉　**Taxus cuspidata** Siebold et Zucc.

【别　　名】紫杉，宽叶紫杉，中国紫衫，赤板松

【形态特征】常绿乔木。树皮红褐色或灰红褐色，片状剥裂。叶条形，有短柄。一年生枝绿色，秋后呈淡红褐色，二年生、三年生枝红褐色或黄褐色。冬芽淡黄褐色，芽鳞先端渐尖，背面有纵脊。雌雄异株。种子坚果状卵圆形，紫褐色；假种皮杯形，深红色，肉质，富浆汁。花期5～6月，种子9～10月成熟。

【生　　境】生于湿润肥沃的谷地、漫岗林下。

【药用价值】枝叶、树皮入药。利尿，通经。现代研究具有抗癌作用。

【材料来源】吉林省通化市通化县，共1份，样本号CBS076MT01。

【ITS2序列特征】获得ITS2序列1条，长度为230bp。序列特征如下：

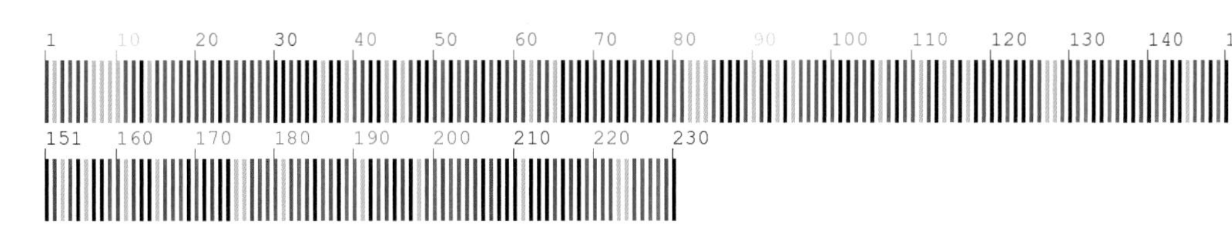

【*psbA-trnH*序列特征】获得*psbA-trnH*序列1条，长度为804bp。序列特征如下：

第四章 被子植物门

被子植物是植物界进化层次最高、结构最为复杂、适应性最强、种类最多、分布最广的植物类群。被子植物的胚珠被封闭的子房保护，子房壁发育成果皮，对种子传播起到重要作用。被子植物广布于各个气候带，热带、亚热带最多。温带地区因气温降低，雨量减少，种类渐减。

我国现存被子植物共 226 科 2946 属约 25 500 种，其中药用植物有 213 科 1957 属 10 027 种（含 1063 个种以下等级），包括双子叶植物 179 科 1606 属 8598 种、单子叶植物 34 科 351 属 1429 种。长白山分布有被子植物 116 科 577 属 1674 种 173 变种 44 变型，代表的药用植物有人参、五味子、辽细辛、平贝母等。

胡桃科　Juglandaceae

32　枫杨　**Pterocarya stenoptera** C. DC.

【别　　名】水麻柳，蜈蚣柳，枫柳

【形态特征】大型乔木，高达30m。小枝灰色，有灰黄色皮孔，髓部薄片状。芽裸出，有柄。双数或少有单数羽状复叶，叶轴有翅。花单性，雌雄同株。果序下垂，果序轴常有宿存的毛；果实长椭圆形，果翅2片，矩圆形至条状矩圆形。

【生　　境】生于山坡、林缘及杂木林中等处。

【药用价值】树皮、叶、根、根皮、果实入药。树皮、叶、根、根皮：杀虫止痒，祛风止痛，利尿消肿；果实：散寒止痛。

【材料来源】辽宁省本溪市桓仁满族自治县，共3份，样本号CBS545MT01～03。

【**ITS2序列特征**】获得ITS2序列3条，比对后长度为227bp，无变异位点。序列特征如下：

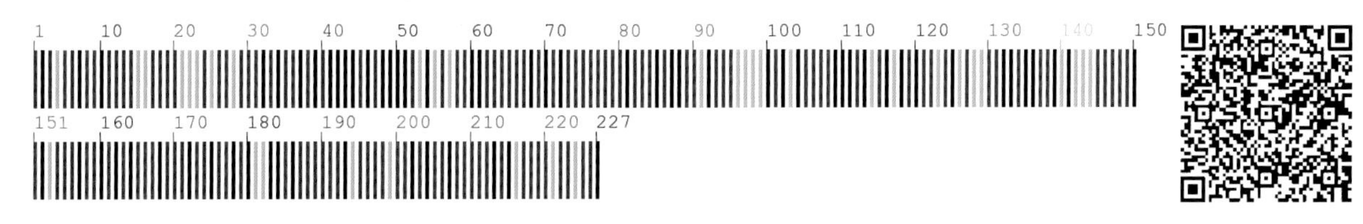

【*psbA-trnH* 序列特征】获得 *psbA-trnH* 序列3条，比对后长度为316bp，无变异位点。序列特征如下：

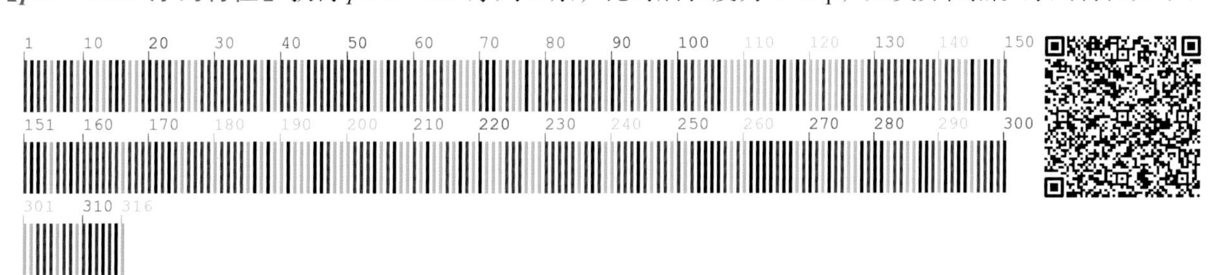

杨柳科 Salicaceae

33 钻天柳 **Salix arbutifolia** Pall.

【别　　名】朝鲜柳，顺河柳，红毛柳，红梢柳

【形态特征】落叶乔木，高 10～30m。树皮浅褐灰色，不规则纵裂。小枝黄色或红色，有白粉。芽长椭圆状卵形，有光泽，有 1 枚鳞片。单叶互生；叶长圆状披针形至披针形，先端渐尖，基部楔形，边缘有不明显的锯齿或近全缘，有白粉；叶柄无托叶。花序先叶开放，雌雄异株，葇荑花序；雄花序下垂，雄蕊 5 枚；雌花序生在叶的短枝上；子房近卵状长圆形，花柱 2，分离，柱头 2 裂。蒴果稀疏排在果序轴上。种子长圆形，成熟时有毛。

【生　　境】生于山区沿河岸的石砾质地带。

【药用价值】叶入药。清热平喘，止咳化痰，强心镇静。

【材料来源】吉林省白山市长白朝鲜族自治县，共 3 份，样本号 CBS546MT01～03。

【*psbA-trnH* 序列特征】获得 *psbA-trnH* 序列 3 条，比对后长度为 265bp，无变异位点。序列特征如下：

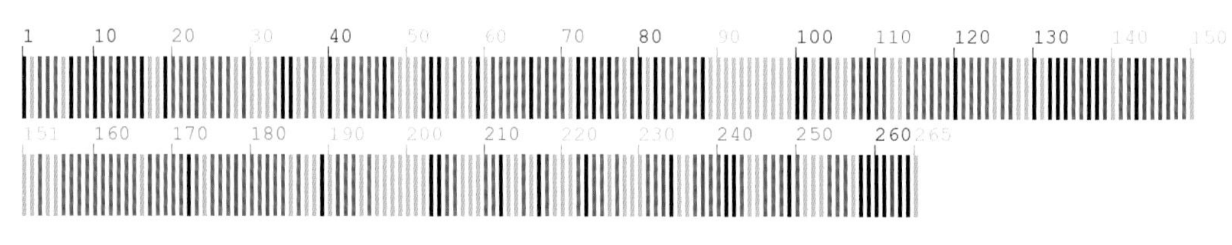

桦木科 Betulaceae

34 东北桤木 **Alnus mandshurica** (Callier ex C. K. Schneid.) Hand.-Mazz.

【别　　名】东北赤杨，矮赤杨

【形态特征】落叶小乔木，高3～8m；具根瘤。芽长卵形，暗紫褐色，具黏质，芽鳞3～6片。叶柄较粗壮；叶较厚，广卵形，侧脉7～13对。果穗椭圆状或卵状球形。小坚果卵状椭圆形，具膜质宽翅，翅宽与果宽近相等。

【生　　境】生于亚高山岳桦林带及高山苔原带上。常聚生成片。

【药用价值】果实、树皮入药。清热解毒，收敛。

【材料来源】吉林省延边朝鲜族自治州安图县，共3份，样本号CBS552MT01～03。

【ITS2序列特征】获得ITS2序列3条，比对后长度为229bp，无变异位点。序列特征如下：

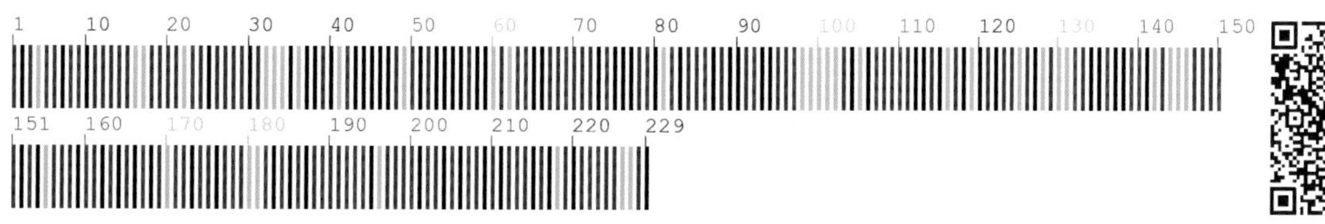

【*psbA-trnH*序列特征】获得*psbA-trnH*序列2条，比对后长度为536bp，无变异位点。序列特征如下：

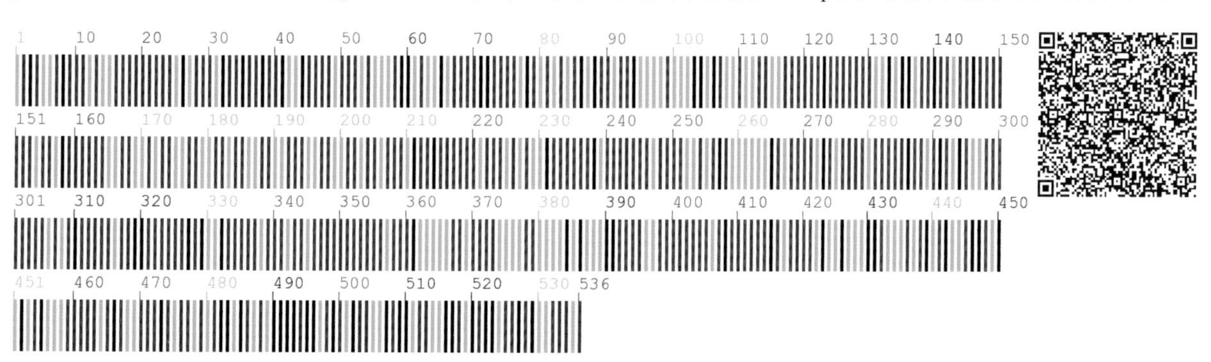

35　岳桦　**Betula ermanii** Cham.

【别　　名】绒毛岳桦

【形态特征】落叶乔木。树皮灰白色，成层、大片剥裂。枝条红褐色，无毛。幼枝暗绿色，密被长柔毛，稍有树脂腺体。叶三角状卵形、宽卵形或卵形，顶端锐尖、渐尖，边缘具规则或不规则的锐尖重锯齿。果序单生，直立，矩圆形；序梗短，密被白色长柔毛。小坚果倒卵形或长卵形，膜质翅宽为果的 1/2 或 1/3。花期 6～7 月，果期 8～9 月。

【生　　境】生于亚高山林带。常形成纯林。

【药用价值】树皮入药。清热解毒，化痰利湿。

【材料来源】吉林省延边朝鲜族自治州安图县，共 3 份，样本号 CBS550MT01～03。

【ITS2 序列特征】获得 ITS2 序列 3 条，比对后长度为 227bp，无变异位点。序列特征如下：

【*psbA-trnH* 序列特征】获得 *psbA-trnH* 序列 3 条，比对后长度为 460bp，有 1 处插入 / 缺失，为 296 位点。序列特征如下：

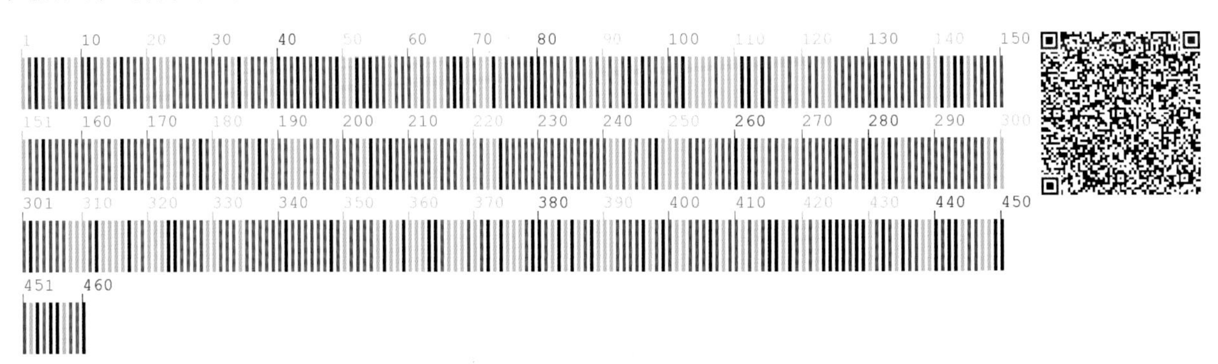

36 白桦 **Betula platyphylla** Sukaczev

【别 名】疣枝桦，粉桦，桦树，桦皮树

【形态特征】落叶乔木。树皮幼时暗赤褐色，老时白色，有白粉，光滑，纸状分层剥落，内皮赤褐色。叶三角状卵形，先端渐尖或呈尾状尖，边缘有不整齐重锯齿，侧脉5～8对。雄花序常成对顶生于短枝上，近无梗。果序单生，圆柱形。小坚果宽椭圆形或椭圆形。

【生 境】生于向阳或半阴的山坡、阔叶林和针阔混交林中。常成小片纯林。

【药用价值】树皮入药。清热利湿，祛痰止咳，解毒消肿。

【材料来源】辽宁省本溪市桓仁满族自治县，共2份，样本号CBS554MT01、CBS554MT02。

【ITS2序列特征】获得ITS2序列2条，比对后长度为227bp，有2个变异位点，分别为147位点A-T变异、190位点T-C变异。序列特征如下：

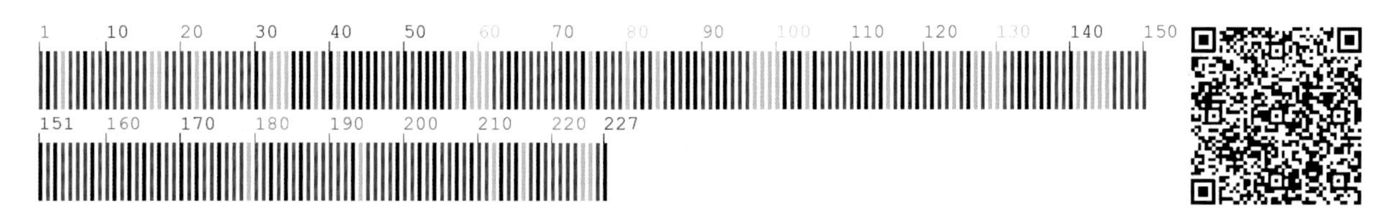

【*psbA-trnH*序列特征】获得*psbA-trnH*序列2条，比对后长度为454bp，无变异位点。序列特征如下：

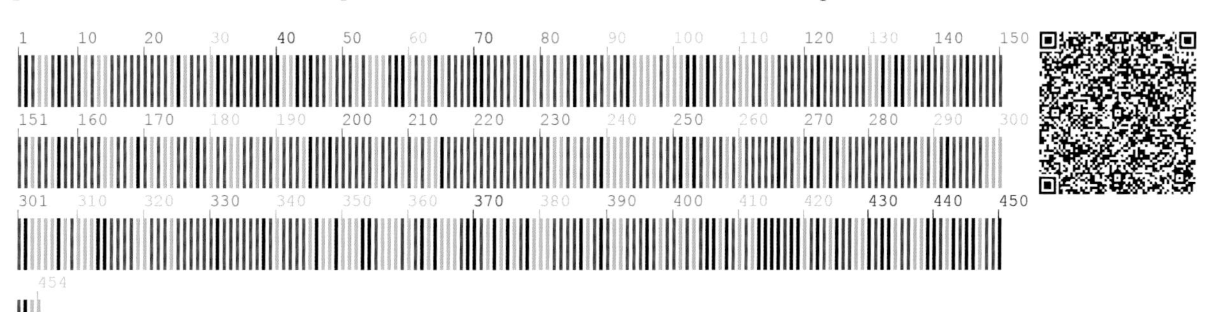

37 千金榆 **Carpinus cordata** Blume

【别　　名】千金鹅耳枥，鹅耳枥，千斤榆，半拉子

【形态特征】落叶乔木，高约 15m。树皮灰色；小枝棕色或橘黄色，具沟槽。叶厚纸质，卵形或矩圆状卵形。果序长 5～12cm，直径约 4cm；果苞宽卵状矩圆形，无毛，外侧的基部无裂片，内侧的基部具一矩圆形内折的裂片，全部遮盖着小坚果。小坚果矩圆形，无毛，具不明显的细肋。花期 5 月，果期 9～10 月。

【生　　境】生于山坡、沟谷、山区路旁混交林或杂木林内。

【药用价值】果穗入药。健胃消食。

【材料来源】吉林省白山市临江市，共 1 份，样本号 CBS158MT01。

【ITS2 序列特征】获得 ITS2 序列 1 条，长度为 229bp。序列特征如下：

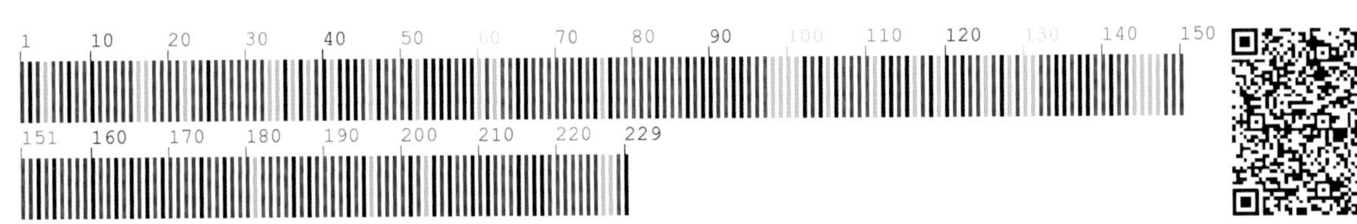

38 榛 **Corylus heterophylla** Fisch. ex Trautv.

【别　　名】平榛，榛子

【形态特征】落叶灌木。叶的轮廓为矩圆形或宽倒卵形，顶端凹缺或截形，中央具三角状凸尖，基部心形，边缘具不规则的重锯齿，中部以上具浅裂，上面无毛，下面幼时疏被短柔毛。花单生，雌雄同株，先叶开放，果簇生；总苞钟状，坚果近球形。

【生　　境】生于向阳较干燥的山坡、岗地、林缘、路旁及灌丛中。

【药用价值】果实入药。开胃，明目。

【材料来源】吉林省通化市东昌区，共3份，样本号CBS788MT01～03。

【ITS2 序列特征】获得ITS2序列3条，比对后长度为231bp，有1个变异位点，为186位点A-T变异。序列特征如下：

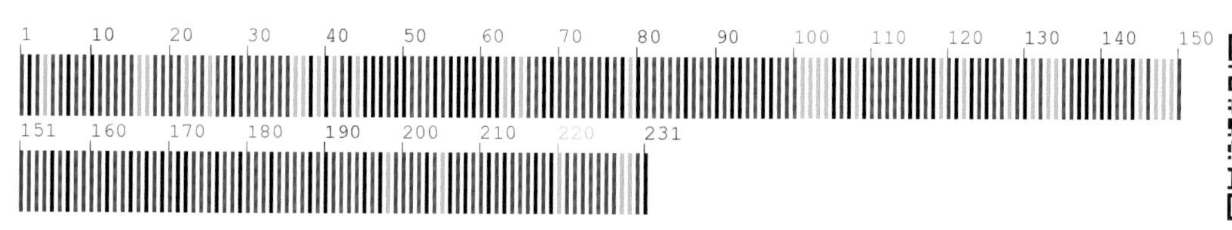

【*psbA-trnH* 序列特征】获得*psbA-trnH*序列3条，比对后长度为547bp，无变异位点。序列特征如下：

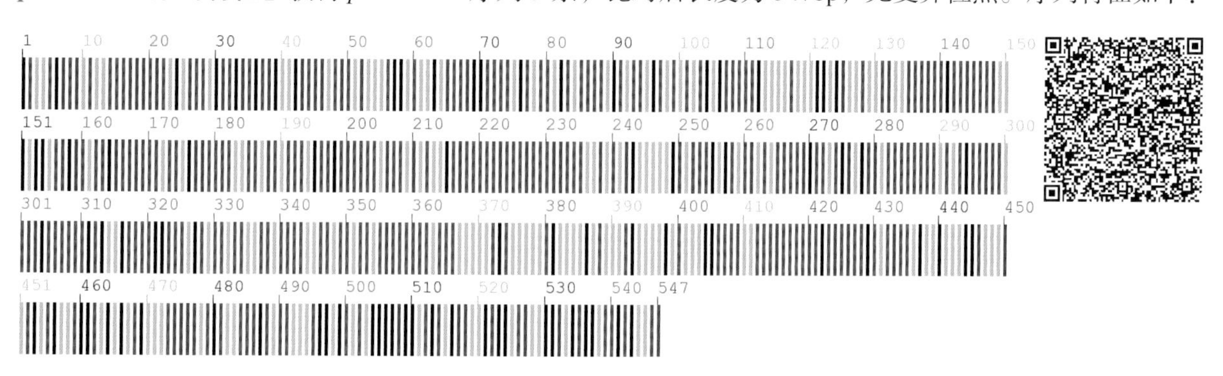

39 毛榛 **Corylus mandshurica** Maxim.

【别　　名】小榛树，胡榛子，毛榛子，火榛子

【形态特征】灌木，高 3～5m。幼枝密生淡褐色绒毛，老枝灰褐色，芽卵圆形，叶柄细。花单生，雌雄同株，先叶开放，果 2～6 枚簇生，稀单生；总苞在坚果上部缢缩成管状，外面密生黄色刚毛和白色短柔毛；坚果近球形。

【生　　境】生于山坡阔叶林、针阔混交林内、林缘、沟谷及灌丛中。

【药用价值】果实入药。益气开胃，明目。

【材料来源】吉林省通化市集安市，共 2 份，样本号 CBS551MT01、CBS551MT02。

【ITS2 序列特征】获得 ITS2 序列 2 条，比对后长度为 228bp，无变异位点。序列特征如下：

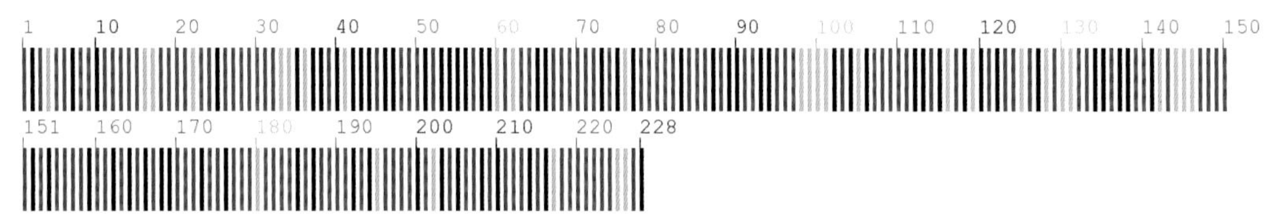

【*psbA-trnH* 序列特征】获得 *psbA-trnH* 序列 2 条，比对后长度为 561bp，无变异位点。序列特征如下：

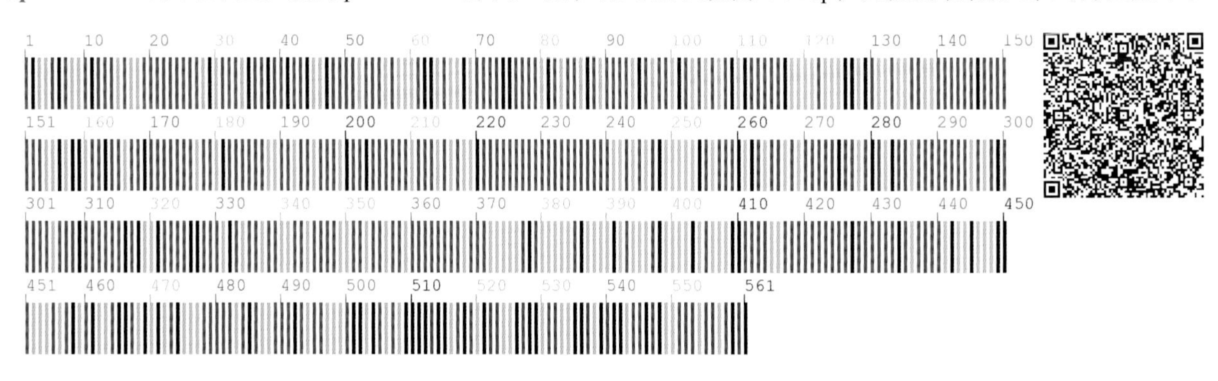

壳斗科 Fagaceae

40 槲树 **Quercus dentata** Thunb.

【别　　名】槲栎，橡树，柞栎，菠萝叶

【形态特征】落叶乔木，高达20m。树皮暗灰色，深纵裂。单叶互生，叶倒卵形或倒卵状长圆形，先端钝圆，基部耳形或楔形。花雌雄同株；花序穗状，下垂，花梗有灰白色绒毛。壳斗杯形，鳞片线状披针形，红棕色。坚果近球形或椭圆形。

【生　　境】生于向阳干燥山坡的杂木林中。

【药用价值】树皮、叶、种子入药。树皮：利湿，清热解毒；叶：清热利尿，活血止血；种子：健脾止泻，收敛止血，涩肠固脱。

【材料来源】吉林省通化市二道江区，共3份，样本号CBS556MT01～03。

【ITS2序列特征】获得ITS2序列3条，比对后长度为211bp，有1个变异位点，为67位点T-C变异。序列特征如下：

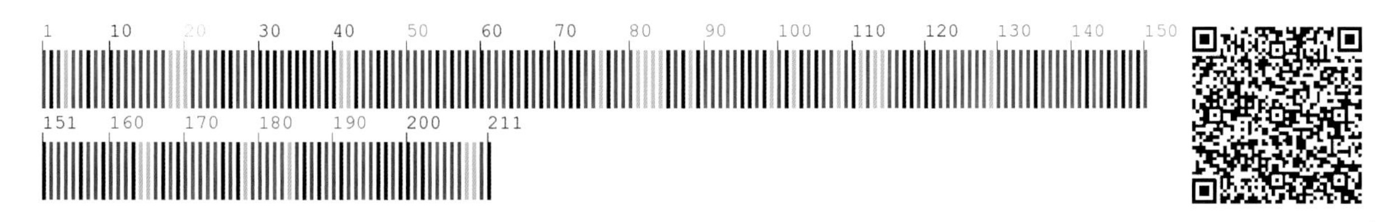

【*psbA-trnH*序列特征】获得*psbA-trnH*序列3条，比对后长度为549bp，无变异位点。序列特征如下：

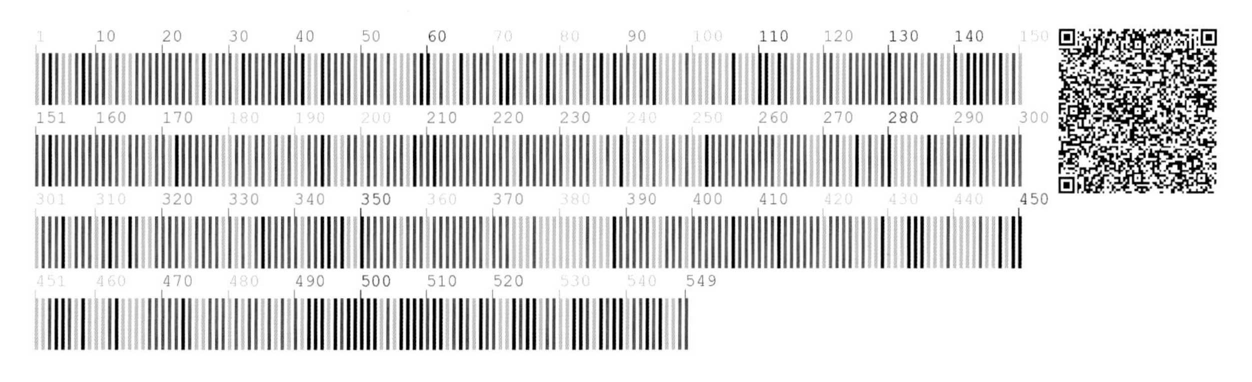

41 蒙古栎 **Quercus mongolica** Fisch. ex Ledeb.

【别　　名】蒙栎，青冈栎，柞栎，柞树，波罗棵子

【形态特征】落叶乔木，高达30m。树皮灰褐色，纵裂。幼枝紫褐色。叶倒卵形至长倒卵形，无毛。雄花序生于新枝下部，葇荑花序；雌花序生于新枝上端叶腋；花被6裂，花柱短，柱头3裂。壳斗杯形，边缘整齐。坚果卵形至长卵形，无毛。花期4～5月，果期9月。

【生　　境】生于山地、山坡、草地、灌丛等处。

【药用价值】树皮、种子入药。树皮：利湿，清热解毒，收敛；种子：健脾止泻，涩肠固脱。

【材料来源】吉林省通化市东昌区，共3份，样本号CBS089MT01～03。

【**ITS2序列特征**】获得ITS2序列3条，比对后长度为211bp，有2个变异位点，分别为30位点T-G变异、183位点T-C变异；有1处插入/缺失，为190位点。序列特征如下：

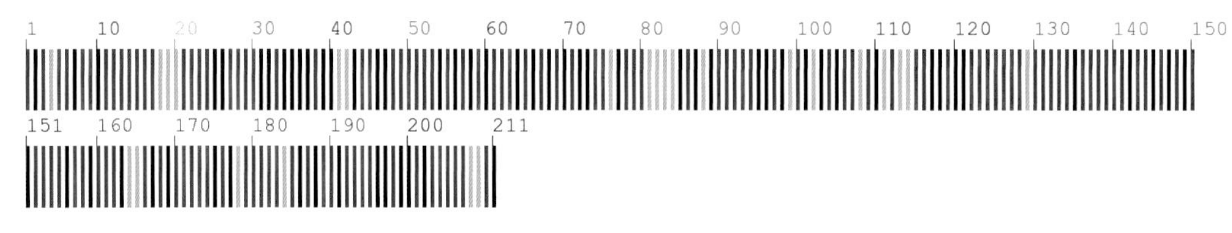

【***psbA-trnH*** **序列特征**】获得*psbA-trnH*序列3条，比对后长度为546bp，有1个变异位点，为463位点G-T变异；有3处插入/缺失，分别为261位点、361位点、382位点。序列特征如下：

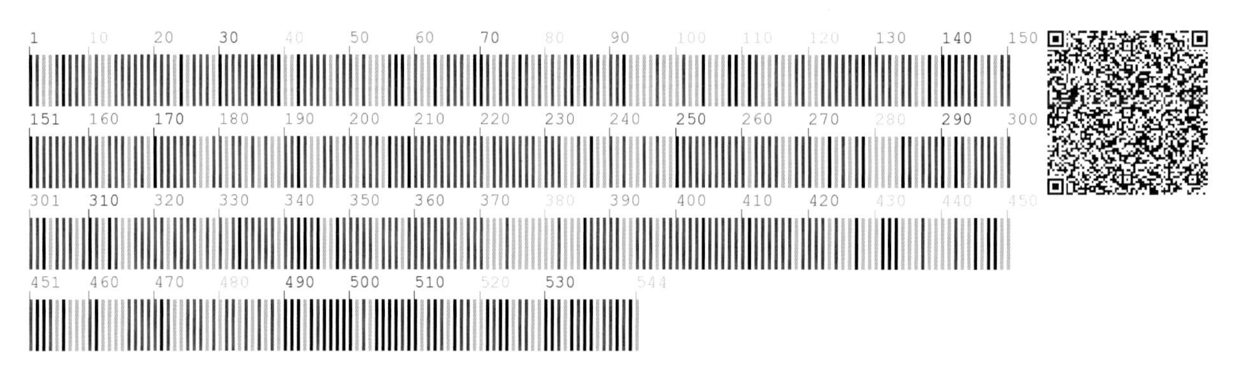

榆科 Ulmaceae

42 裂叶榆 **Ulmus laciniata** (Trautv.) Mayr

【别　　名】大叶榆，青榆，山榆，瓜子榆

【形态特征】落叶乔木。树皮浅灰褐色，浅纵裂，呈薄片状剥落。叶互生，倒卵形或倒卵状椭圆形，先端长渐尖或尾状尖，常不规则3～7裂，基部斜形，边缘有不重锯齿，叶两面密生粗糙短硬毛，侧脉8～16对。花先叶开放，5～9朵生于去年枝上或散生于当年生枝的基部；花被钟形，5～6裂，棕色，有缘毛；雄蕊4；雌蕊绿色；花柱2。翅果大，倒卵形，有短柔毛，果柄短。种子位于中央，花被宿存。

【生　　境】生于杂木林或针阔混交林中。

【药用价值】果实入药。消积杀虫。

【材料来源】吉林省通化市东昌区，共3份，样本号CBS107MT01～03。

【ITS2序列特征】获得ITS2序列3条，比对后长度为215bp，无变异位点。序列特征如下：

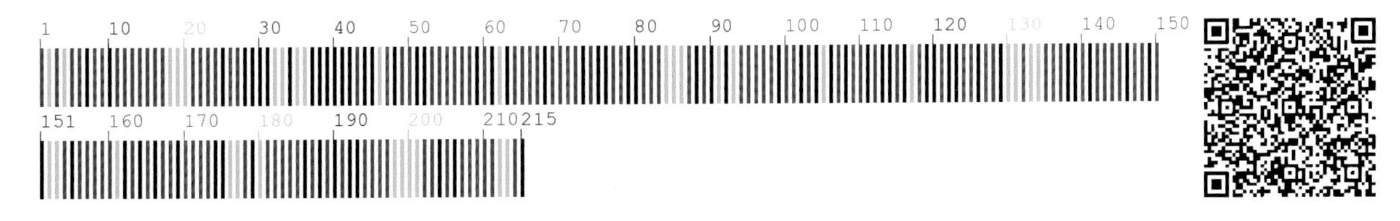

【*psbA-trnH*序列特征】获得*psbA-trnH*序列1条，长度为330bp。序列特征如下：

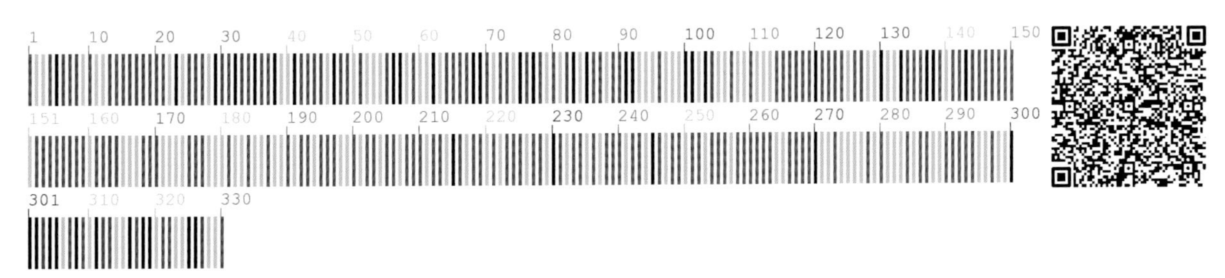

桑科 Moraceae

43 桑 **Morus alba** L.

【别　　名】桑树，野桑

【形态特征】落叶灌木或小乔木，高 3～7m，通常灌木状，植物体含乳液。树皮黄褐色，有条状浅裂。根黄棕色或黄白色，纤维性强。枝灰白色或灰黄色，细长疏生，嫩时稍有柔毛。叶互生，卵圆形或宽卵形，基部圆形或近心形，稍歪斜，边缘有粗糙齿或圆齿，脉上有短毛；托叶披针形，早落。花单性，雌雄异株，黄绿色，与叶同时开放；花序腋生。瘦果卵圆形，外包肉质花被。种子小。

【生　　境】生于山地、村旁、田野等处。

【药用价值】果实、叶、嫩枝、根皮入药。果实（桑葚）：补肝，益肾；叶（桑叶）：祛风，清热凉血，明目；嫩枝（桑枝）：祛风湿，利关节，行气水；根皮（桑白皮）：泻肺平喘，行水消肿。

【材料来源】辽宁省本溪市桓仁满族自治县，共 1 份，样品号 CBS557MT01。

【ITS2 序列特征】获得 ITS2 序列 1 条，长度为 236bp。序列特征如下：

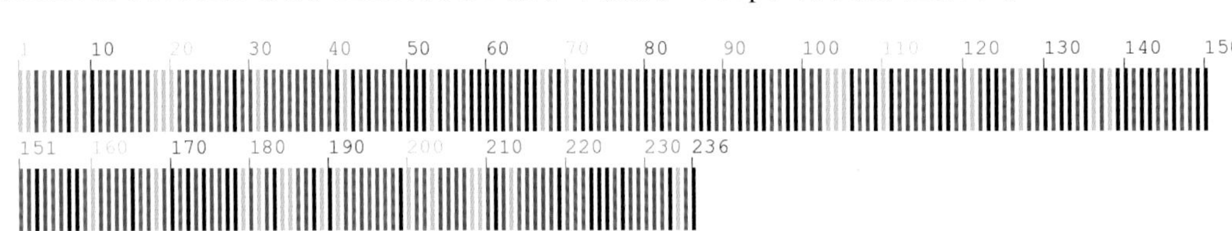

【*psbA-trnH* 序列特征】获得 *psbA-trnH* 序列 1 条，长度为 447bp。序列特征如下：

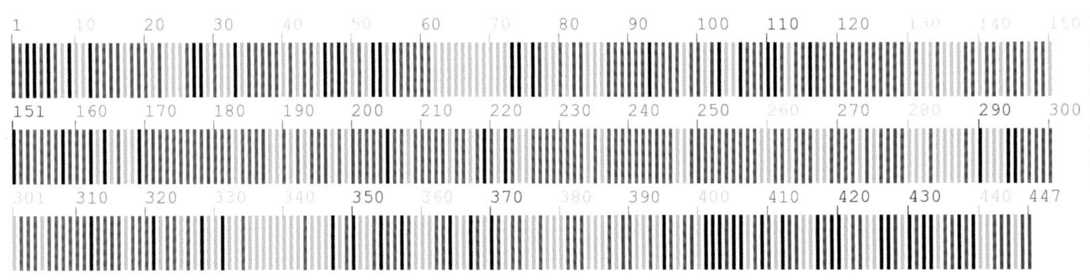

大麻科 Cannabaceae

44 大麻 **Cannabis sativa** L.

【别　　名】线麻，籽麻

【形态特征】一年生草本，高1～2m。茎直立，粗壮，有纵沟，有分枝，密生细柔毛。掌状复叶，叶柄有沟槽；小叶披针形，两端渐尖，边缘有粗锯齿。花单生，雌雄异株；花序生叶腋。花期5～6月，果期7月。

【生　　境】生于山坡草地、阴坡阔叶林、针阔混交林下等处。常聚集成片。

【药用价值】果实入药。润燥滑肠，通便。

【材料来源】吉林省通化市东昌区，共3份，样品号CBS558MT01～03。

【ITS2序列特征】获得ITS2序列3条，比对后长度为221bp，无变异位点。序列特征如下：

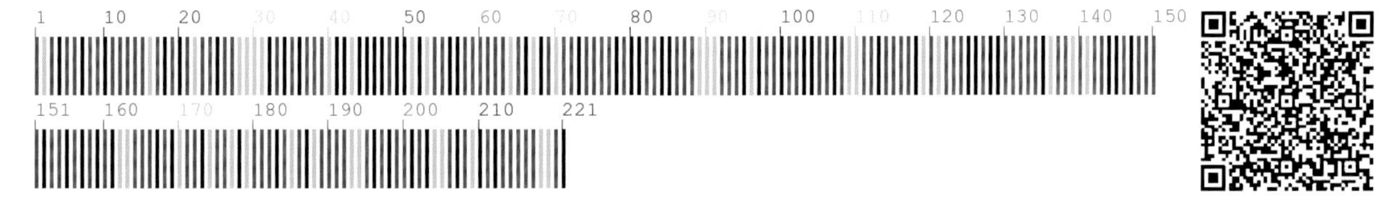

【*psbA-trnH*序列特征】获得*psbA-trnH*序列3条，比对后长度为384bp，有1个变异位点，为12位点C-A变异；有3处插入/缺失，分别为167位点、361位点、371位点。序列特征如下：

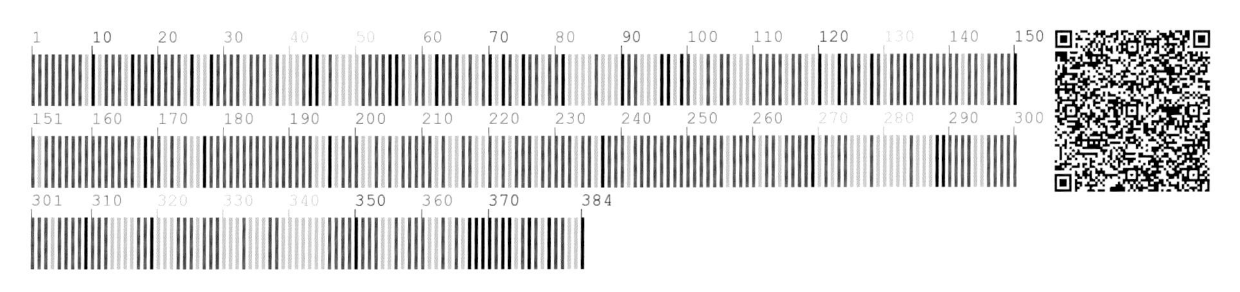

45 葎草 **Humulus scandens** (Lour.) Merr.

【别　　名】拉拉秧，勒草，锯锯藤，拉狗蛋

【形态特征】一年生或多年生蔓生草本。茎长数米，有纵条棱，棱上有短倒钩刺。单叶对生；叶掌状 5～7 深裂，边缘有锯齿，叶上有粗刚毛。雌雄异株，花序腋生。果穗绿色，苞片先端短尾尖，外侧有暗紫色斑及长白毛，球形。瘦果球形，微扁。花期 7～8 月，果期 8～9 月。

【生　　境】生于田野、荒地、路旁及居住区附近。

【药用价值】全草入药。清热解毒，利尿消肿。

【材料来源】吉林省通化市通化县，共 3 份，样本号 CBS408MT01～03。

【ITS2 序列特征】获得 ITS2 序列 3 条，比对后长度为 234bp，无变异位点。序列特征如下：

【*psbA-trnH* 序列特征】获得 *psbA-trnH* 序列 3 条，比对后长度为 406bp，无变异位点。序列特征如下：

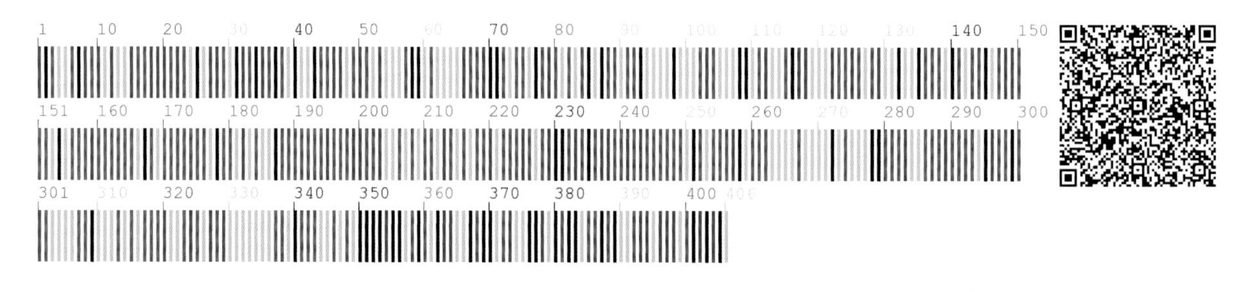

荨麻科　Urticaceae

46　细野麻　**Boehmeria spicata** (Thunb.) Thunb.

【别　　名】细穗苎麻，东北苎麻，猫尾巴蒿

【形态特征】多年生草本，高60～90cm。茎有棱。叶对生；托叶狭披针形，叶柄长1～8cm，疏被短毛；叶卵圆形或广卵形，基部圆形或广楔形，基出3脉，先端渐尖或骤尖，边缘具正三角状锯齿。花单性，雌雄同株；雄花序穗状，位于茎下部叶腋；雌花序1～2个生于茎上部叶腋，花柱线形，宿存。瘦果倒卵形或菱状倒卵形，上部疏生短毛。

【生　　境】生于林缘、路旁、山坡等处。常聚生成片。

【药用价值】全草入药。清热解毒，除风止痒，利湿。

【材料来源】吉林省通化市集安市，共1份，样本号CBS560MT03。

【**ITS2序列特征**】获得ITS2序列1条，长度为233bp。序列特征如下：

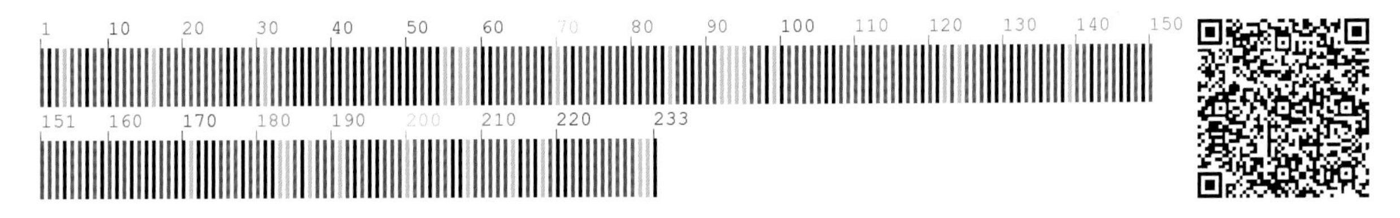

【***psbA-trnH*** **序列特征**】获得*psbA-trnH*序列1条，长度为393bp。序列特征如下：

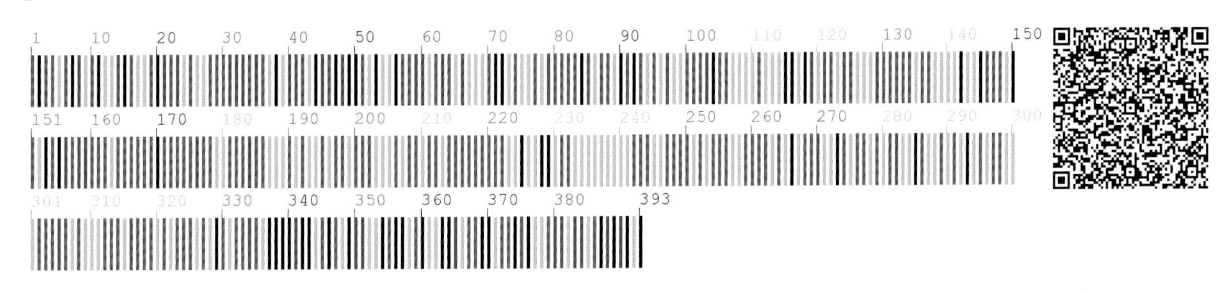

47 珠芽艾麻 **Laportea bulbifera** (Sieb. et Zucc.) Wedd.

【别　　名】艾麻，野绿麻，珠芽螫麻，螫麻子

【形态特征】多年生草本。根纺锤状，黑褐色。茎直立，有棱，有蛰刺。叶互生，卵状椭圆形，前端渐尖，基部阔楔形，边缘有圆齿状粗锯齿，生短伏毛及螫毛，脉上尤多，主脉上生有短毛及长螫毛；通常在叶腋生1～3个肉质珠芽。花雌雄同株。瘦果扁平，近圆形，淡黄色，侧生花柱宿存。

【生　　境】生于山坡草地、阴坡阔叶林内、针阔混交林下等处。常聚生成片。

【药用价值】根入药。祛风除湿，活血调经，消肿。

【材料来源】吉林省通化市集安市，共3份，样本号CBS467MT01～03。

【ITS2序列特征】获得ITS2序列3条，比对后长度为227bp，无变异位点。序列特征如下：

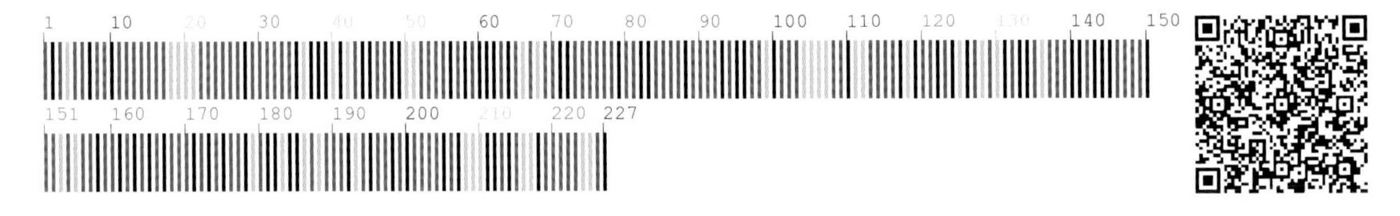

【*psbA-trnH*序列特征】获得*psbA-trnH*序列2条，比对后长度为328bp，无变异位点。序列特征如下：

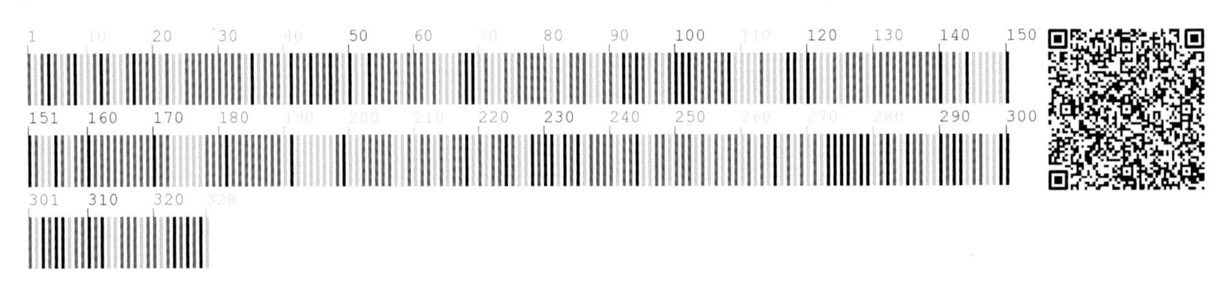

48 蝎子草 **Girardinia diversifolia** subsp. **suborbiculata** (C. J. Chen) C. J. Chen et Friis

【别　　名】艾麻，野绿麻，螫麻子

【形态特征】一年生草本。叶膜质，宽卵形或近圆形，先端短尾状或短渐尖，基部近圆形，边缘有8～13枚缺刻状的粗牙齿或重牙齿，基出3脉，侧脉3～5对；叶柄疏生刺毛和细糙伏毛；托叶披针形或三角状披针形。花雌雄同株，雌花序单个或雌雄花序成对生于叶腋；雄花序穗状，雌花序短穗状，团伞花序枝密生刺毛。雄花具梗；花被片4深裂，卵形；退化雌蕊杯状。雌花近无梗，花被片大的1枚近盔状。瘦果宽卵形，双凸透镜状。

【生　　境】生于林下沟边或住宅旁阴湿处。

【药用价值】全草入药。祛风除湿。

【材料来源】吉林省通化市集安市，共3份，样品号CBS789MT01～03。

【ITS2序列特征】获得ITS2序列3条，比对后长度为242bp，无变异位点。序列特征如下：

【*psbA-trnH*序列特征】获得*psbA-trnH*序列3条，比对后长度为284bp，无变异位点。序列特征如下：

49 山冷水花 **Pilea japonica** (Maxim.) Hand.-Mazz

【别　　名】山美豆，苔水花，华东冷水花

【形态特征】一年生草本。茎肉质。叶对生，在茎顶部的密集成近轮生，菱状卵形或卵形，先端常锐尖。花单性，雌雄同株，常混生，或异株；雄聚伞花序具细梗，常紧缩成头状或近头状，雌聚伞花序具纤细的长梗，团伞花簇常紧缩成头状或近头状，苞片卵形。雄花具梗，花被片 5；雄蕊 5。雌花具梗；花被片 5，长圆状披针形。瘦果卵形。

【生　　境】生于山坡林下、山谷溪旁草丛或石缝中、树干长苔藓的阴湿处。常成片生长。

【药用价值】全草入药。清热解毒，渗湿利尿。

【材料来源】吉林省通化市集安市，共 2 份，样本号 CBS464MT01、CBS464MT02。

【**ITS2 序列特征**】获得 ITS2 序列 2 条，比对后长度为 242bp，无变异位点。序列特征如下：

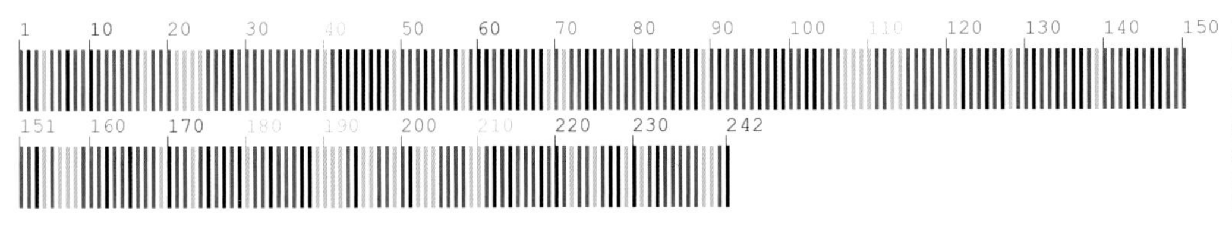

【***psbA-trnH*** **序列特征**】获得 *psbA-trnH* 序列 1 条，长度为 302bp。序列特征如下：

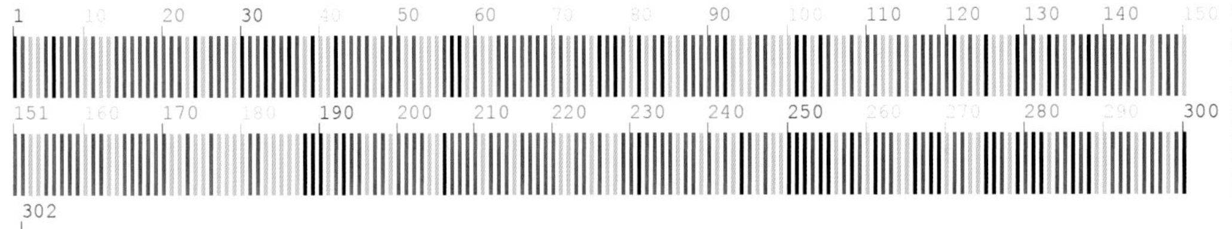

50 透茎冷水花 Pilea pumila (L.) A. Gray

【别　　名】荫地冷水花，美豆

【形态特征】一年生草本。茎肉质，透明状。叶菱状卵形或宽卵形，基部常宽楔形。花雌雄同株并常同序，雄花常生于花序的下部；花序蝎尾状，密集，生于几乎每个叶腋；雌花枝在果时增长。雄花具短梗或无梗；花被片常2，近船形，雌花花被片3。瘦果三角状卵形，扁。

【生　　境】生于山坡、林缘、林内、路旁等阴湿处。常聚生成片。

【药用价值】根茎、叶入药。清热利尿，消肿解毒，安胎。

【材料来源】吉林省通化市东昌区，共3份，样本号CBS371MT01～03。

【ITS2序列特征】获得ITS2序列3条，比对后长度为247bp，无变异位点。序列特征如下：

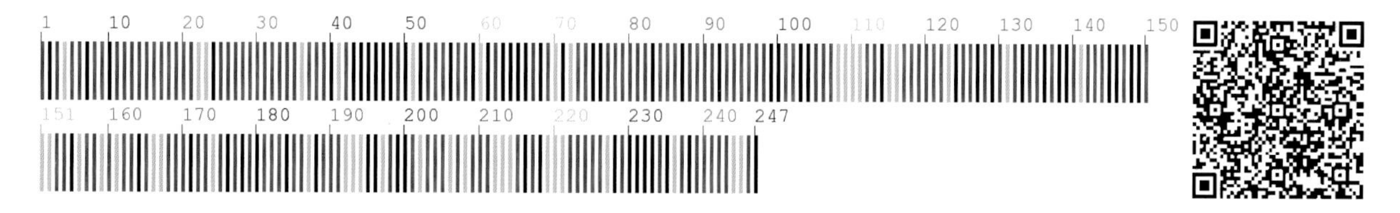

【*psbA-trnH*序列特征】获得*psbA-trnH*序列3条，比对后长度为280bp，有1处插入/缺失，为59～62位点。序列特征如下：

51 狭叶荨麻 **Urtica angustifolia** Fisch. ex Hornem.

【别　　名】窄叶荨麻，螯麻子

【形态特征】多年生草本，高 40～150cm。根状茎匍匐。茎直立，四棱形，单一或分歧，有螯毛。叶对生，披针形或狭卵形，边缘有缺刻状粗锯齿，齿尖朝向叶尖或内弯，触人刺痛，沿叶脉疏生短毛；托叶条形；叶柄有螯毛。花单性，雌雄异株；圆锥状花序狭长，分歧，生伏毛及螯毛。瘦果卵形，黄色。

【生　　境】生于沟边、路旁、阴坡阔叶林内、针阔混交林下或林下稍湿地。常聚生成片。

【药用价值】全草和根入药。全草：祛风定惊，消积通便，解毒；根：祛风，活血止痛。

【材料来源】吉林省通化市二道江区，共 2 份，样品号 CBS559MT01、CBS559MT02。

【*psbA-trnH* 序列特征】获得 *psbA-trnH* 序列 2 条，比对后长度为 299bp，无变异位点。序列特征如下：

檀香科 Santalaceae

52 百蕊草 Thesium chinense Turcz.

【别　　名】百乳草，中华百蕊草

【形态特征】多年生柔弱草本，高15～40cm，全株多少被白粉，无毛。茎细长，簇生，基部以上疏分枝，斜升，有纵沟。叶线形，顶端急尖或渐尖，具单脉。花单一，5数，腋生；花梗短或很短；苞片1枚，线状披针形；小苞片2枚，线形，边缘粗糙；花被绿白色，花被管呈管状，花被裂片顶端锐尖；雄蕊不外伸；子房无柄，花柱很短。坚果椭圆状或近球形，淡绿色，表面有明显隆起的网脉，顶端的宿存花被近球形；果柄长3.5mm。花期4～5月，果期6～7月。

【生　　境】生于干燥石质山坡的林缘、灌丛、荒地及草地。

【药用价值】全草入药。补肾涩精，清热解毒。

【材料来源】吉林省通化市东昌区，共3份，样品号CBS790MT01～03。

【ITS2序列特征】获得ITS2序列3条，比对后长度为215bp，无变异位点。序列特征如下：

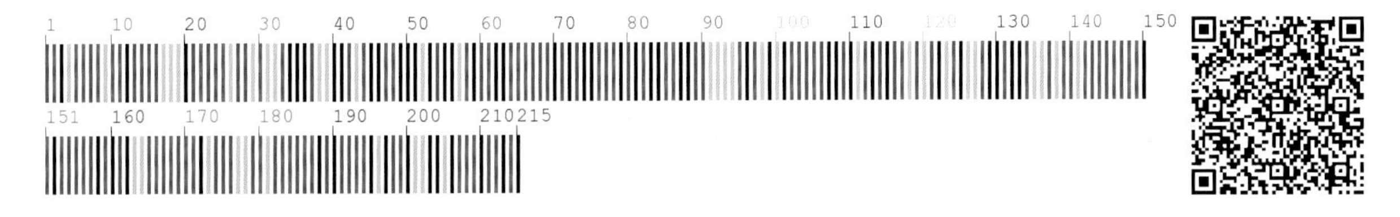

【*psbA-trnH*序列特征】获得*psbA-trnH*序列3条，比对后长度为577bp，无变异位点。序列特征如下：

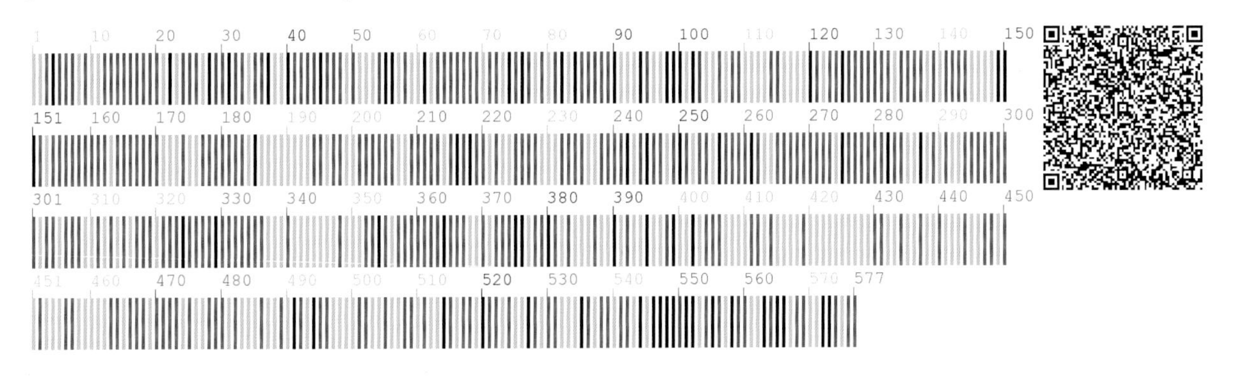

53 槲寄生　**Viscum coloratum** (Kom.) Nakai

【别　　名】冬青，冻青

【形态特征】常绿寄生小灌木，高 30～50cm。枝圆柱形，略带肉质，二至三回叉状分枝，分枝点膨大成节。叶对生，无柄，长圆形或倒披针形，革质，有光泽，基部楔形，全缘。花单性，雌雄异株，着生于枝端两叶之间；花被钟形。浆果圆球形，淡黄色，熟时淡红色。

【生　　境】寄生于杨属、桦属、柳属、椴属等阔叶树的树枝或树干上。

【药用价值】茎叶入药。补肝肾，祛风湿，强筋骨，安胎。

【材料来源】吉林省通化市柳河县，共 2 份，样本号 CBS109MT01、CBS109MT02。

【**ITS2 序列特征**】获得 ITS2 序列 2 条，比对后长度为 243bp，无变异位点。序列特征如下：

【*psbA-trnH* 序列特征】获得 *psbA-trnH* 序列 2 条，比对后长度为 336bp，无变异位点。序列特征如下：

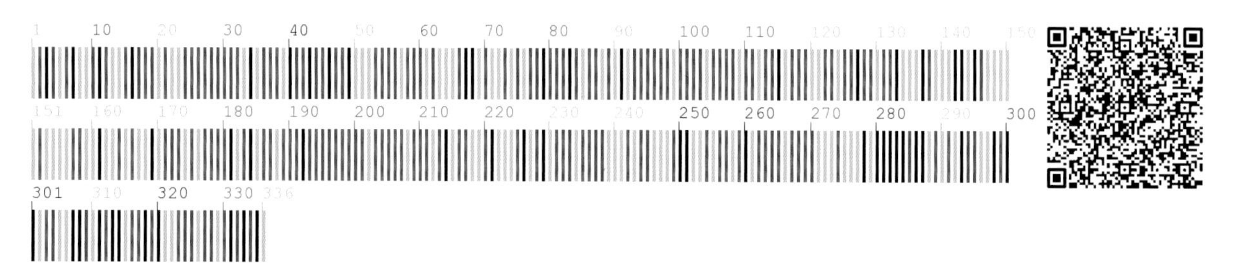

蓼科　Polygonaceae

54　齿翅蓼　**Fallopia dentatoalata** (Fr. Schm.) Holub

【别　　名】乌麦

【形态特征】一年生草本。茎缠绕。叶卵形或心形，顶端渐尖，基部心形，两面无毛，边缘全缘；叶柄具纵棱及小凸起；托叶鞘短，膜质。花序总状，腋生或顶生，花排列稀疏，间断；苞片漏斗状，无缘毛，每苞内具4～5花；花被5深裂，红色；花被片外面3片背部具翅，翅通常具齿，基部沿花梗明显下延；花被果时外形呈倒卵形；花梗细弱，果后延长，中下部具关节。瘦果椭圆形，具3棱，黑色，密被小颗粒，微有光泽，包于宿存花被内。花期7～8月，果期9～10月。

【生　　境】生于山坡草丛、山谷湿地。

【药用价值】全草入药。健脾消食。

【材料来源】吉林省白山市长白朝鲜族自治县，共3份，样品号CBS792MT01～03。

【ITS2 序列特征】获得ITS2序列3条，比对后长度为194bp，无变异位点。序列特征如下：

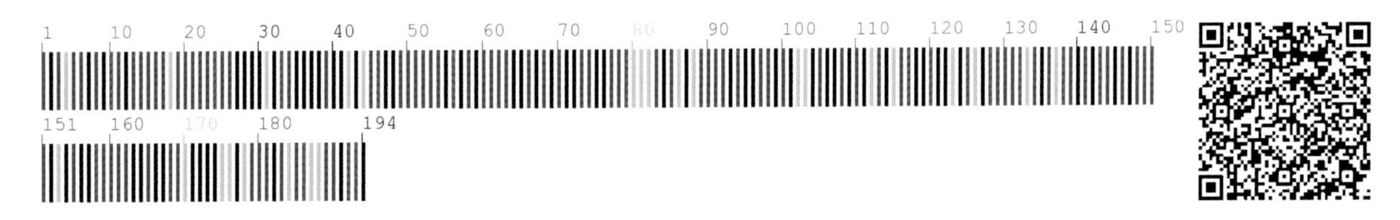

【*psbA-trnH* 序列特征】获得*psbA-trnH*序列3条，比对后长度为332bp，无变异位点。序列特征如下：

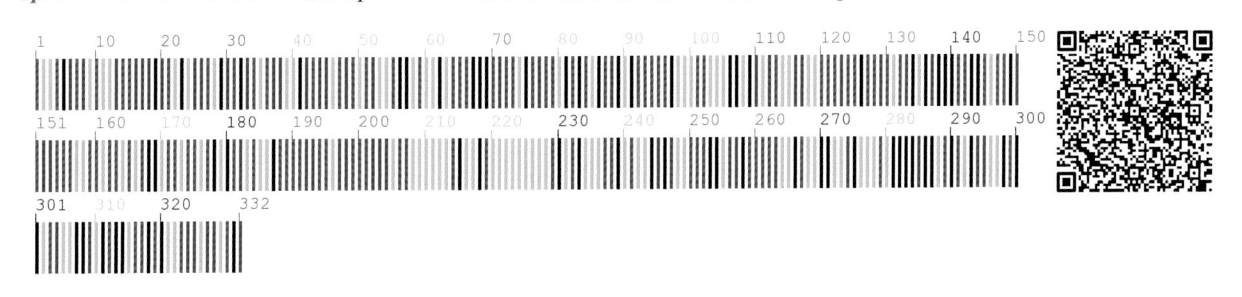

55 萹蓄 Polygonum aviculare L.

【别　　名】萹蓄蓼，扁竹，乌蓼，猪牙草，扁猪牙

【形态特征】一年生草本，全株有白色粉霜。茎平卧或斜升，基部分枝多，具明显的节和纵沟纹。茎上托叶鞘宽，小枝上托叶膜质，抱茎，透明有光泽；叶互生，狭椭圆形，灰白色。花小，花被绿色，边缘白色，结果后白色边缘变为粉红色。小坚果黑色或褐色，有3棱，大部为宿存花萼所包被。

【生　　境】生于田野、荒地、路旁及乡镇住宅附近。

【药用价值】地上部分入药。利尿通淋，杀虫，止痒。

【材料来源】吉林省通化市东昌区，共3份，样本号CBS931MT01～03。

【ITS2序列特征】获得ITS2序列3条，比对后长度为201bp，无变异位点。序列特征如下：

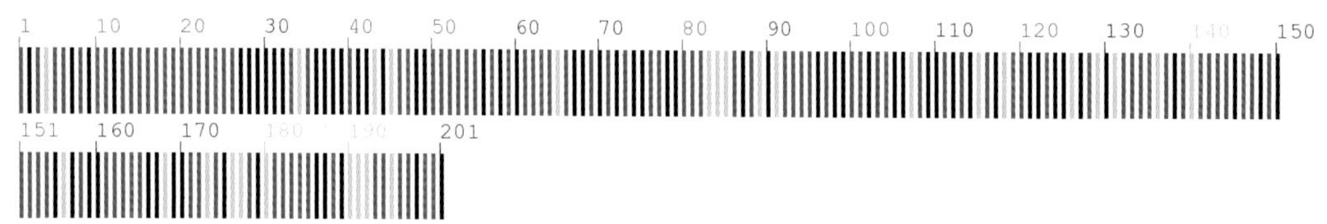

【*psbA-trnH*序列特征】获得*psbA-trnH*序列3条，比对后长度为335bp，无变异位点。序列特征如下：

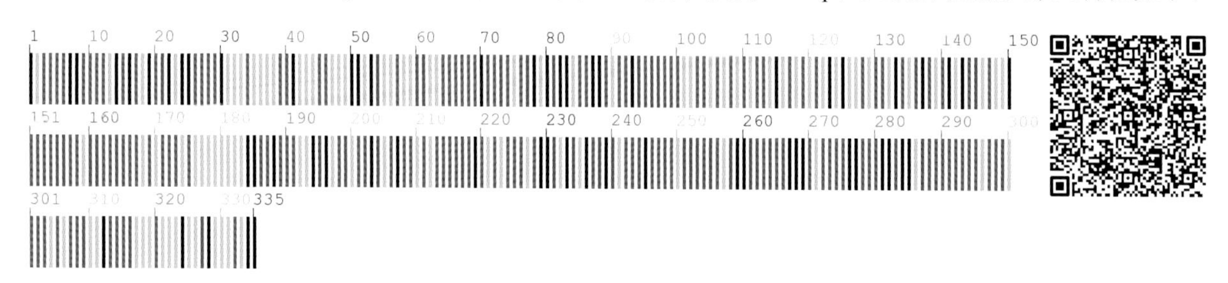

56 稀花蓼 **Polygonum dissitiflorum** Hemsl.

【形态特征】一年生草本。茎具稀疏的倒生短皮刺。叶卵状椭圆形，顶端渐尖，基部戟形或心形，边缘具短缘毛；叶柄通常具星状毛及倒生皮刺；托叶鞘膜质。花序圆锥状，花稀疏，间断，花序梗紫红色，密被紫红色腺毛；苞片漏斗状，绿色，具缘毛，每苞内具1～2花；花被5深裂，淡红色；雄蕊7～8，比花被短；花柱3，中下部合生。瘦果近球形，顶端微具3棱，暗褐色，包于宿存花被内。

【生　　境】生于河边湿地、林缘。

【药用价值】全草入药。清热解毒，利尿。

【材料来源】吉林省通化市通化县，共3份，样本号CBS410MT01～03。

【ITS2序列特征】获得ITS2序列3条，比对后长度为246bp，无变异位点。序列特征如下：

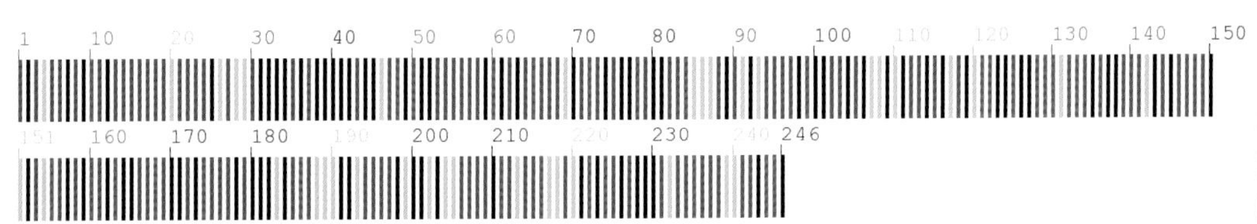

【*psbA-trnH*序列特征】获得*psbA-trnH*序列3条，比对后长度为524bp，有1个变异位点，为485位点C-A变异；有1处插入/缺失，为448位点。序列特征如下：

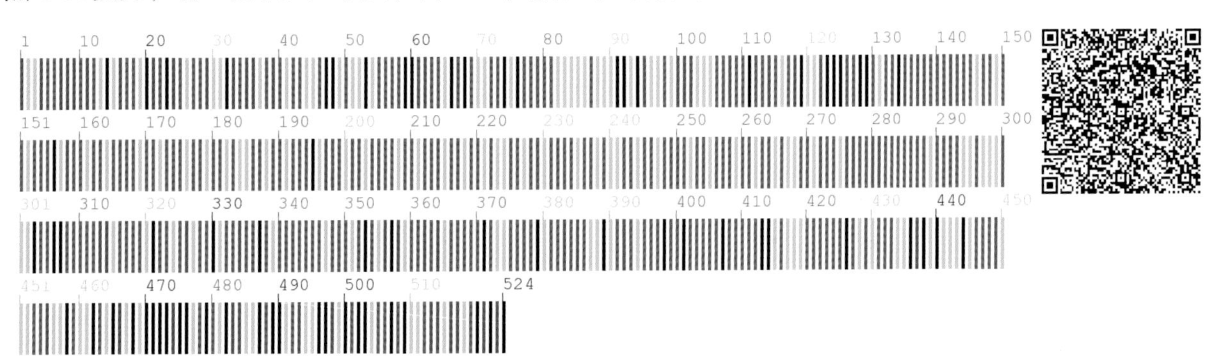

57 叉分蓼 Polygonum divaricatum L.

【别　　名】分叉蓼，叉枝蓼，酸不溜，酸姜，酸浆

【形态特征】多年生草本，高1.5m左右。茎直立，从基部开始出现很多叉状分枝。托叶鞘膜质，通常无毛；叶互生，长圆状条形、长圆形或披针形，全缘。穗状圆锥花序开展；苞片膜质，内着生2～3花；小花梗无毛，花被白色，5深裂；雄蕊7～8；子房无毛，花柱3，柱头头状。小坚果有3锐棱，黄褐色，有光泽。

【生　　境】生于山坡、草地、林缘、灌丛、沟谷等处。

【药用价值】全草、根入药。全草：清热，消积，止泻；根：祛寒，温肾。

【材料来源】林省通化市东昌区，共3份，样本号CBS370MT01～03。

【ITS2序列特征】获得ITS2序列3条，比对后长度为246bp，无变异位点。序列特征如下：

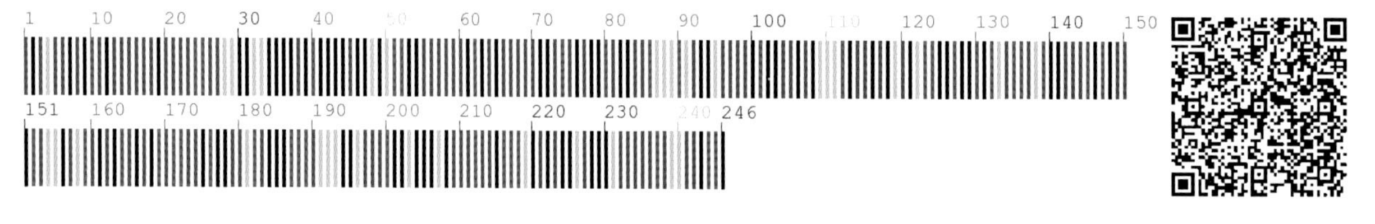

【*psbA-trnH*序列特征】获得*psbA-trnH*序列3条，比对后长度为398bp，无变异位点。序列特征如下：

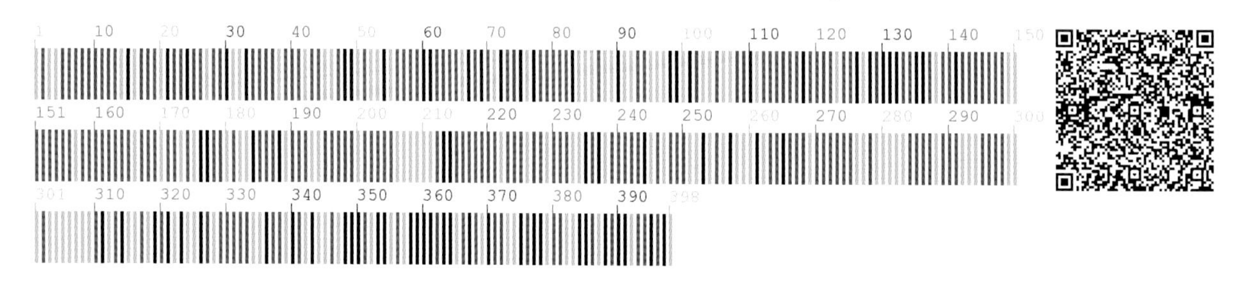

58 长鬃蓼 **Polygonum longisetum** Bruijn

【别　　名】假长尾蓼

【形态特征】一年生草本。茎直立上升，自基部分枝，高30～60cm，无毛，节部稍膨大。叶披针形或宽披针形，长5～13cm，宽1～2cm，顶端急尖或狭尖，基部楔形，上面近无毛，下面沿叶脉具短伏毛，边缘具缘毛；叶柄短或近无柄；托叶鞘筒状，边缘疏生长棕毛，长6～7mm。总状花序呈穗状，顶生或腋生，细弱，下部间断，直立，长2～4cm；苞片漏斗状，无毛，边缘具长缘毛，每苞内具5～6花；花梗长2～2.5mm，与苞片近等长；花被5深裂，淡红色或紫红色，花被片椭圆形，长1.5～2mm；雄蕊6～8；花柱3，中下部合生，柱头头状。瘦果宽卵形，具3棱，黑色，有光泽，长约2mm，包于宿存花被内。花期6～8，果期7～9月。

【生　　境】生于草地、沟边、河岸湿地及山谷水边等处。

【药用价值】全草入药。解毒，除湿。

【材料来源】吉林省通化市通化县，共1份，样品号CBS563MT01。

【*psbA-trnH* 序列特征】获得 *psbA-trnH* 序列1条，长度为390bp。序列特征如下：

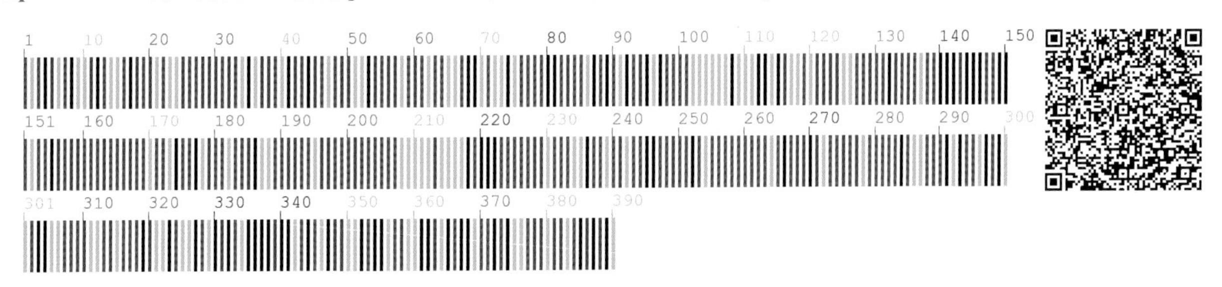

59 尼泊尔蓼 **Polygonum nepalense** Meisn.

【别　　名】头状蓼，野荞麦草，野荞子

【形态特征】一年生草本，高30～50cm。茎直立或倾斜，有分枝，有纵棱槽。单叶互生，下部叶有叶柄，上部叶近无柄，抱茎；托叶鞘筒状，膜质，基部疏生长毛。花序球形，顶生或腋生；花序梗上部有腺毛；总苞卵状披针形；花白色或粉红色，密集；雄蕊6～7；花柱2，下部合生，柱头头状。小坚果扁卵圆形，包于宿存的花被内。

【生　　境】生于路旁、荒地、田间、田边及住宅附近。

【药用价值】全草入药。清热解毒，收敛固肠。

【材料来源】吉林省通化市东昌区，共3份，样品号CBS469MT01～03。

【ITS2序列特征】获得ITS2序列3条，比对后长度为259bp，无变异位点。序列特征如下：

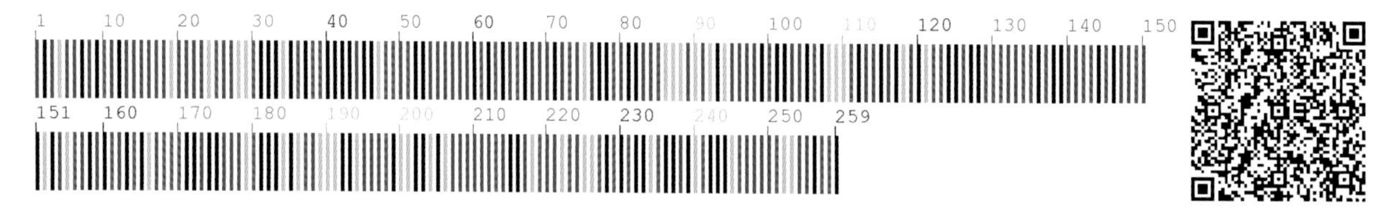

【*psbA-trnH*序列特征】获得*psbA-trnH*序列3条，比对后长度为420bp，无变异位点。序列特征如下：

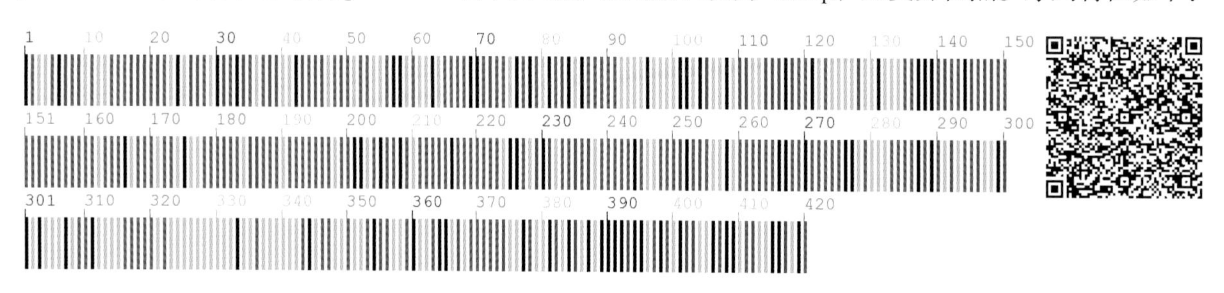

60　倒根蓼　**Polygonum ochotense** Petrov ex Kom.

【别　　名】白山拳蓼，倒根草

【形态特征】多年生草本。根状茎粗壮，呈钩状弯曲，须根多。托叶鞘膜质，褐色或褐绿色，圆筒状，上部稍宽；茎生叶有长柄，叶柄上部具下延的叶翼；叶狭卵状披针形或长圆状披针形，近革质，先端渐尖，全缘或微波状缘，背面密被短柔毛；上部叶呈三角状披针形，无柄，基部心形，抱茎，最上部叶甚小或无。穗状花序单生于茎顶，粉红色，花密生；苞片褐色，干膜质状；花被5深裂，裂片长圆形或椭圆形；雄蕊8，花药紫褐色；雌蕊1，花柱3。小坚果三棱形。

【生　　境】生于高山苔原带。

【药用价值】根茎入药。清热解毒，凉血止血。

【材料来源】吉林省延边朝鲜族自治州安图县，共3份，样品号CBS564MT01～03。

【**ITS2** 序列特征】获得ITS2序列3条，比对后长度为237bp，无变异位点。序列特征如下：

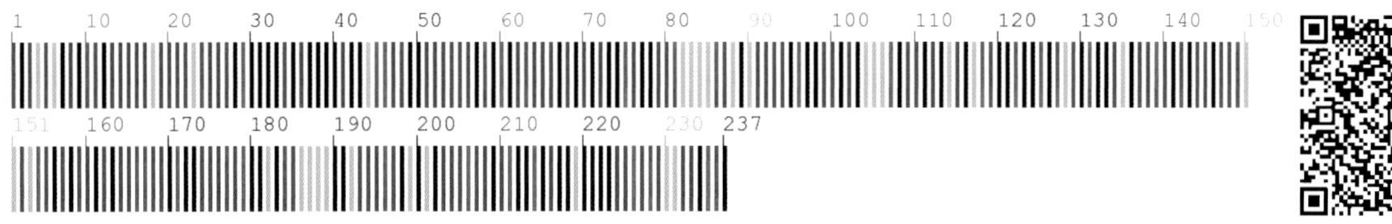

【***psbA-trnH*** 序列特征】获得*psbA-trnH*序列2条，比对后长度为441bp，无变异位点。序列特征如下：

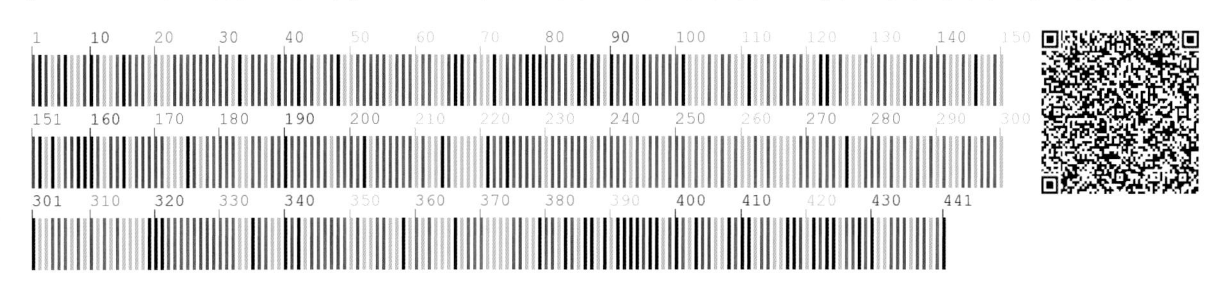

61 红蓼 Polygonum orientale L.

【别　　名】东方蓼，荭草，红蓼，大红蓼，狗尾巴吊，水红花子

【形态特征】一年生草本。茎直立，中空，被开展或伏生的长毛。叶卵形或宽卵形，全缘；托叶鞘杯状或筒状，具缘毛。穗状花序圆柱形，下垂，顶生和腋生；花被紫红色、粉红色；雄蕊 7，花药外露；花柱 2。小坚果近圆形，黑色，有光泽。花期 7～8 月，果期 8～9 月。

【生　　境】生于荒地、沟边、路旁及住宅附近。常聚生成片。

【药用价值】种子或全草入药。消瘀破积，健脾利湿，祛风利湿，活血止痛。

【材料来源】吉林省通化市通化县，共 3 份，样本号 CBS460MT01～03。

【ITS2 序列特征】获得 ITS2 序列 3 条，比对后长度为 245bp，无变异位点。序列特征如下：

【*psbA-trnH* 序列特征】获得 *psbA-trnH* 序列 3 条，比对后长度为 461bp，有 1 处插入 / 缺失，为 40 位点。序列特征如下：

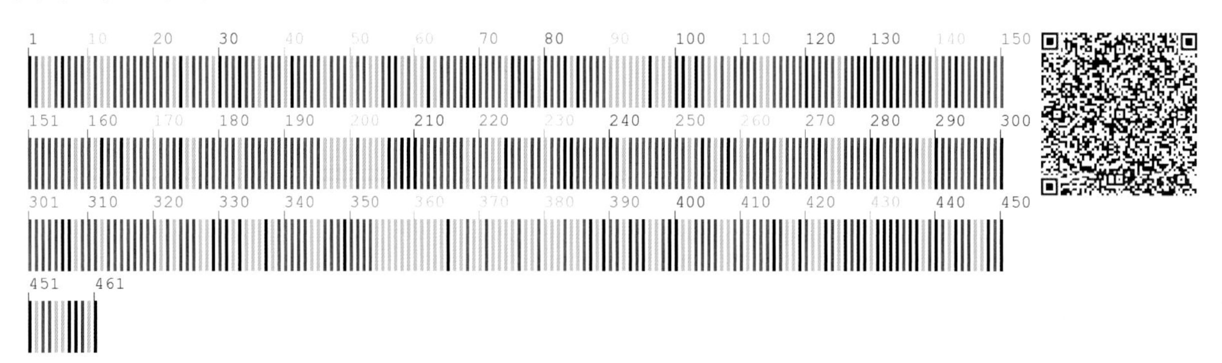

62　杠板归　Polygonum perfoliatum L.

【别　　名】贯叶蓼，刺犁头，穿叶蓼

【形态特征】多年生蔓性草本，长1～2m。茎有棱角，有倒生钩刺。叶互生，疏生倒钩刺，盾状着生，正三角形，下面沿叶脉疏生钩刺；托叶鞘叶状，穿茎。花序短穗状，顶生或腋生，包在叶鞘内；花梗短；花被5深裂，白色或粉红色，果期稍增大，肉质，变为深蓝色；雄蕊8；花柱3。小坚果球形，黑色，有光泽。花期6～8个月，果期8～9月。

【生　　境】生于山坡、草地、沟边、灌丛及湿草甸等处。

【药用价值】全草入药。利水消肿，清热解毒，止咳。

【材料来源】吉林省通化市东昌区，共3份，样本号CBS386MT01～03。

【ITS2序列特征】获得ITS2序列3条，比对后长度为246bp，无变异位点。序列特征如下：

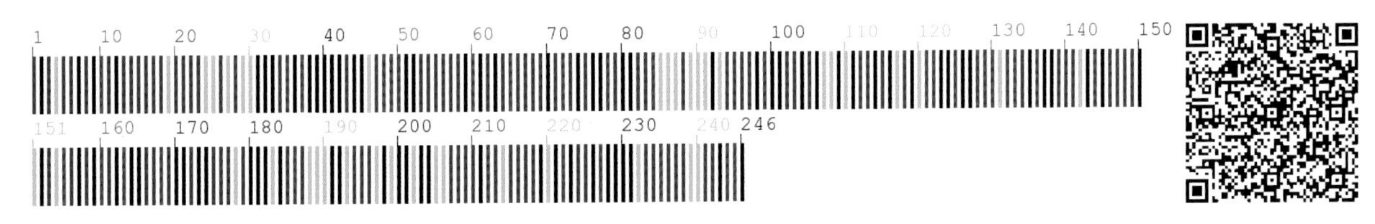

【*psbA-trnH*序列特征】获得*psbA-trnH*序列3条，比对后长度为396bp，无变异位点。序列特征如下：

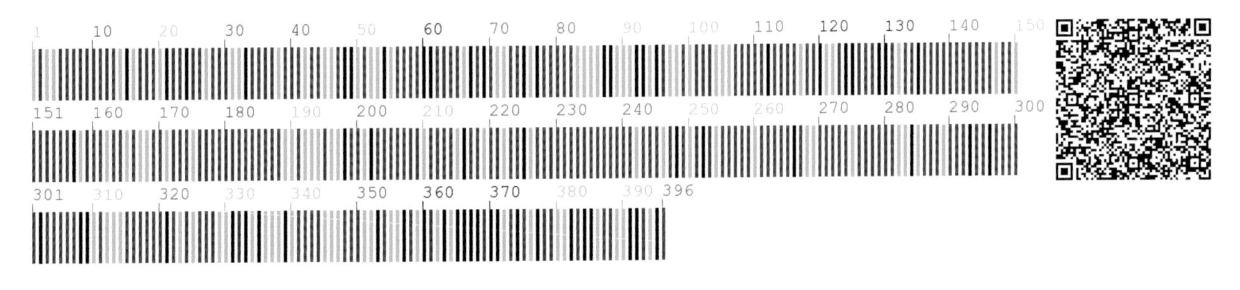

63 春蓼 Polygonum persicaria L.

【别　　名】马蓼，桃叶蓼

【形态特征】一年生草本，高 40～80cm。主根弯曲。茎上部直立，单一或分枝。叶互生，有短柄，有硬刺毛，披针形或狭披针形，有褐色斑点或缺，干后绿色；托叶鞘管状，膜质，紧紧抱茎，有稀疏柔毛。花多数，集成圆锥花序，顶生或腋生；花穗梗微有腺，花密生，通常直立；苞片漏斗状，紫红色；花被粉红色或白色，通常 5 深裂，覆瓦状排列；雄蕊 6～7 枚；花柱 2，稀 3。小长坚果广卵形，稀三棱形，黑褐色，有光泽。花期 7～8 月，果期 8～9 月。

【生　　境】生于河岸水湿地等处。

【药用价值】全草入药。发汗除湿，消食止泻，疗伤。

【材料来源】吉林省延边朝鲜族自治州龙井市，共 1 份，样品号 CBS562MT01。

【ITS2 序列特征】获得 ITS2 序列 1 条，长度为 250bp。序列特征如下：

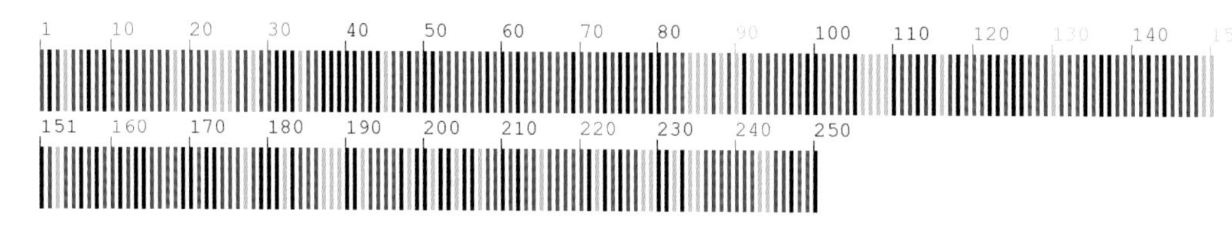

【*psbA-trnH* 序列特征】获得 *psbA-trnH* 序列 1 条，长度为 470bp。序列特征如下：

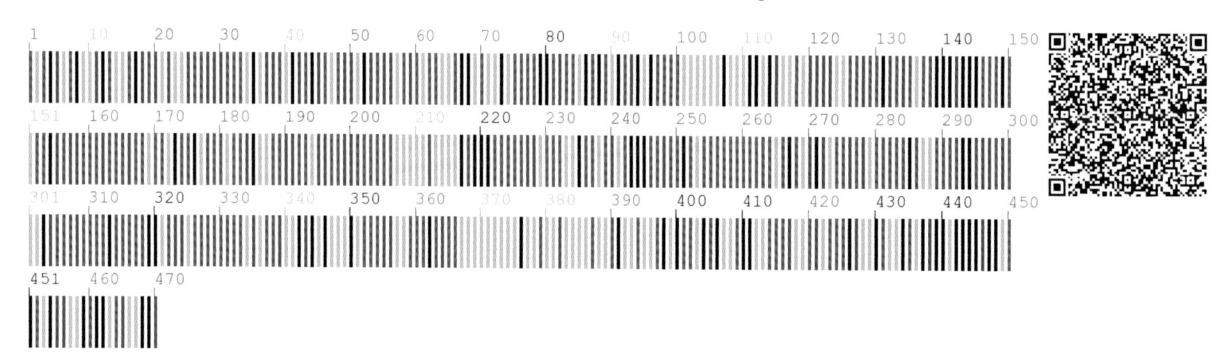

64 刺蓼 **Polygonum senticosum** (Meisn.) Franch. et Sav.

【别　　名】廊茵蛇不钻

【形态特征】多年生草本。茎蔓延或上升，四棱形，有倒生钩刺。叶有长柄；叶三角形或三角状戟形，基部心形，通常两面无毛或生稀疏细毛，下面沿叶脉有倒生钩刺；托叶鞘短筒状。花序头状，顶生或腋生；花淡红色；花被5深裂，裂片矩圆形；雄蕊8；花柱3，下部合生，柱头头状。瘦果近球形，黑色。花期7～8月，果期8～9月。

【生　　境】生于山坡、草地、沟边、灌丛及林缘等处。

【药用价值】全草入药。清热解毒，理气止痛，固脱。

【材料来源】吉林省通化市东昌区，共3份，样本号CBS346MT01～03。

【ITS2序列特征】获得ITS2序列3条，比对后长度为245bp，有1个变异位点，为102位点C-A变异。序列特征如下：

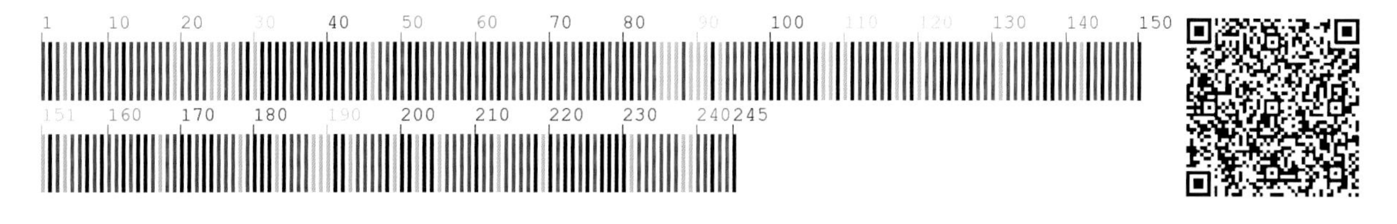

【*psbA-trnH*序列特征】获得*psbA-trnH*序列3条，比对后长度为391bp，无变异位点。序列特征如下：

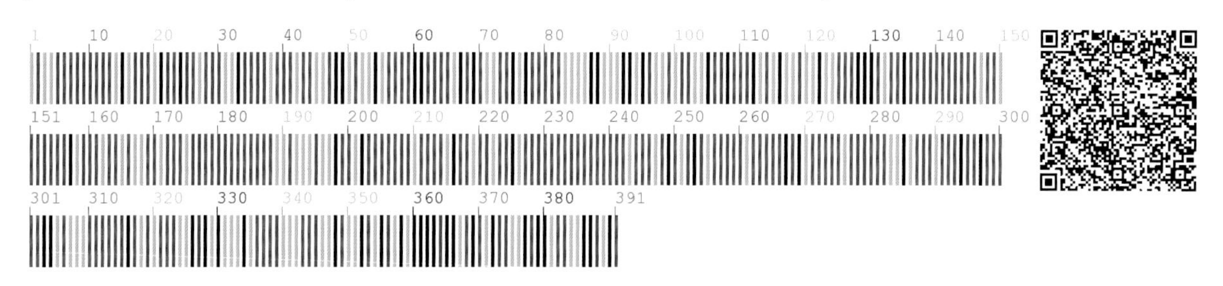

65 戟叶蓼 **Polygonum thunbergii** Sieb. et Zucc.

【别　　名】小青草，藏氏蓼

【形态特征】一年生草本。茎直立或上升，下部有时平卧，具细长的匍匐枝，四棱形，沿棱具倒生小钩刺。叶基部截形或微心形；托叶鞘筒状，被糙伏毛。聚伞状圆锥花序顶生；花序梗及分枝具小刺毛和腺毛，分枝末端着生头状总状花序；花被白色或粉红色，5 深裂；雄蕊 8，内藏；花柱 3，柱头头状。小坚果卵形。花期 7～8 月，果期 8～9 月。

【生　　境】生于湿草地及水边。常聚生成片。

【药用价值】全草入药。祛风镇痛，渗湿辟秽，利水消肿，清热解毒，活血止咳。

【材料来源】吉林省通化市东昌区，共 3 份，样本号 CBS363MT01～03。

【**ITS2 序列特征**】获得 ITS2 序列 3 条，比对后长度为 250bp，无变异位点。序列特征如下：

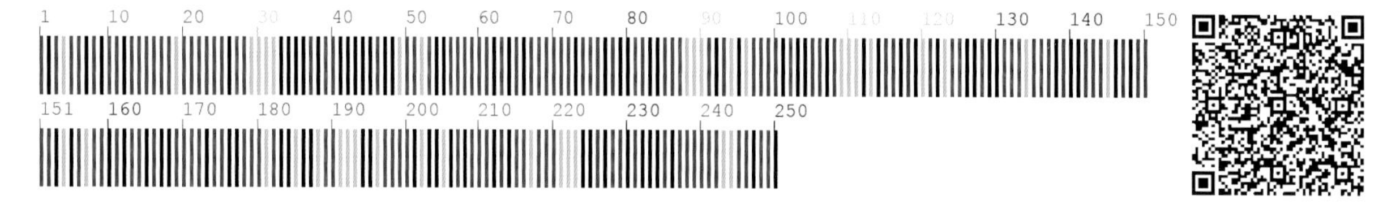

【***psbA-trnH*** **序列特征**】获得 *psbA-trnH* 序列 3 条，比对后长度为 390bp，无变异位点。序列特征如下：

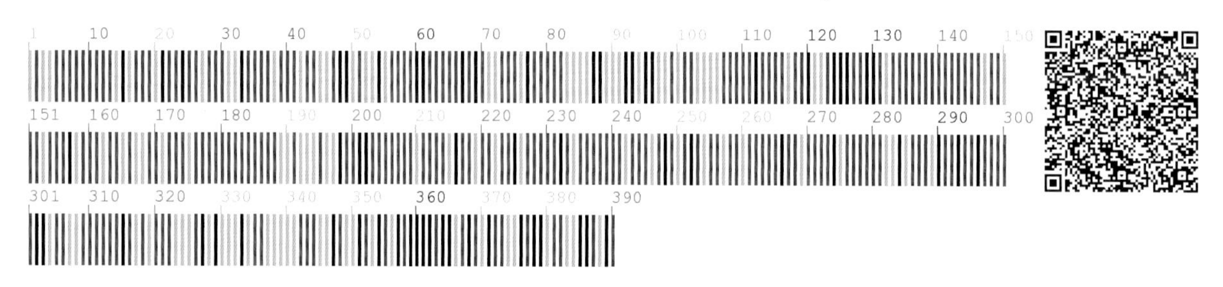

66 珠芽蓼 Polygonum viviparum L.

【别　　名】石凤丹，零余子蓼，珠芽拳蓼

【形态特征】多年生草本。根状茎粗壮肥厚，紫褐色。茎直立不分枝。基生叶有长柄，矩圆形或披针形；茎生叶有短柄或近无柄，披针形，较小；托叶鞘筒状，膜质。穗状花序单生于茎顶，中下部生珠芽；花淡红色；花被5深裂，裂片宽卵形；雄蕊通常8；花柱3，基部合生。瘦果卵形，有3棱，深褐色，有光泽。花期7～8月，果期8～9月。

【生　　境】生于高山带火山灰质石砾荒原或高山石缝间。常聚生成片。

【药用价值】根茎入药。清热解毒，散瘀止血，止泻。

【材料来源】吉林省延边朝鲜族自治州安图县，共2份，样品号CBS561MT01、CBS561MT02。

【ITS2序列特征】获得ITS2序列2条，比对后长度为236bp，无变异位点。序列特征如下：

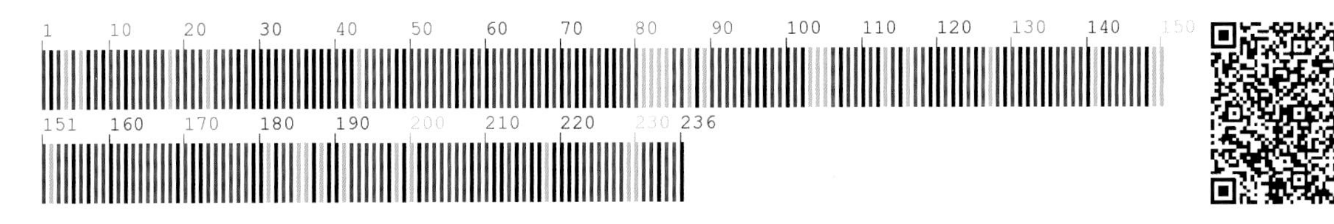

【*psbA-trnH*序列特征】获得*psbA-trnH*序列2条，比对后长度为416bp，无变异位点。序列特征如下：

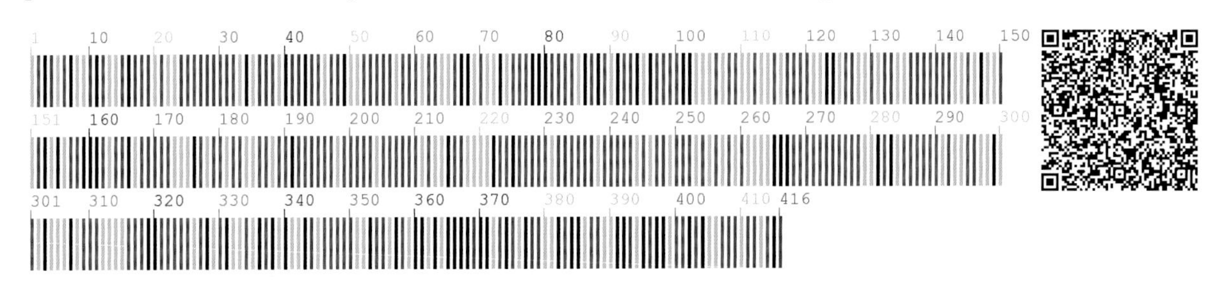

67 酸模 Rumex acetosa L.

【别　　名】酸鸡溜，酸不溜

【形态特征】多年生草本。须根。茎直立，有沟纹，通常不分枝。叶长圆状披针形或卵状长圆形；茎上部叶狭小；托叶鞘膜质，后则破裂。由总状花序构成疏松的顶生圆锥花序；花单性，雌雄异株；花被片 6，二轮排列；雄花外轮花被片狭小，直立；雄蕊 6，花丝短；雌花外轮花被片椭圆形，反折；子房三棱形，紫红色。瘦果卵状三棱形，黑色，有光泽。花期 6～8 月，果期 7～9 月。

【生　　境】生于山坡、湿地、草甸、林缘、灌丛、路旁等处。

【药用价值】全草及根入药。清热解毒，凉血，利尿，健胃，杀虫。

【材料来源】吉林省通化市东昌区，共 3 份，样本号 CBS201MT01～03。

【ITS2 序列特征】获得 ITS2 序列 3 条，比对后长度为 239bp，有 3 个变异位点，分别为 17 位点 C-A 变异、59 位点 T-C 变异、212 位点 G-C 变异；有 1 处插入 / 缺失，为 22～58 位点。序列特征如下：

【*psbA-trnH* 序列特征】获得 *psbA-trnH* 序列 3 条，比对后长度为 279bp，无变异位点。序列特征如下：

68 巴天酸模 Rumex patientia L.

【别　　名】洋铁酸模，牛西西，羊蹄叶

【形态特征】多年生草本。根肥厚。茎直立，粗壮，上部分枝，具深沟槽。基生叶长圆形或长圆状披针形，边缘波状；叶柄粗壮；茎上部叶披针形，较小，具短叶柄或近无柄；托叶鞘筒状，膜质，易破裂。花序圆锥状，大型；花两性；花梗细弱，中下部具关节，关节有时稍膨大；外花被片长圆形，内花被片果时增大，宽心形，顶端圆钝，基部深心形，边缘近全缘，具网脉，全部或一部分具小瘤。瘦果卵形，具3锐棱，顶端渐尖，褐色，有光泽。花期5～6月，果期6～7月。

【生　　境】生于沟边湿地、水边。

【药用价值】根入药。清热解毒，活血止血，通便，杀虫。

【材料来源】吉林省通化市东昌区，共3份，样本号CBS226MT01～03。

【*psbA-trnH* 序列特征】获得 *psbA-trnH* 序列3条，比对后长度为253bp，无变异位点。序列特征如下：

马齿苋科 Portulacaceae

69 马齿苋 Portulaca oleracea L.

【别　　名】蚂蚱菜，马齿菜，马蛇子，菜瓜子，五行菜

【形态特征】一年生肉质草本，全株光滑，无毛。茎平卧或斜升，向阳面淡绿色带淡红褐色或紫色。叶互生或近对生，肉质肥厚，倒卵形或匙形，先端钝圆或微凹，基部阔楔形，全缘，上面深绿色，下面暗红色；叶柄极短。花两性，较小，通常3～5朵簇生于枝端；总苞片4～5，三角状倒卵形；萼片2，对生，卵形，基部与子房连合；花瓣5，黄色，倒卵状长圆形；雄蕊8～12，花药黄色；雌蕊1，子房半下位，1室，花柱顶端4～6裂，柱头条形。蒴果短圆锥形，棕色，盖裂。种子多数，黑褐色，表面有细点。花期6～8月，果期7～9月。

【生　　境】生于路旁、荒地、田间、田边及住宅附近。

【药用价值】全草入药。清热解毒，凉血止血，散血消肿。

【材料来源】吉林省通化市集安市，共3份，样本号CBS507MT01～03。

【ITS2序列特征】获得ITS2序列3条，比对后长度为221bp，无变异位点。序列特征如下：

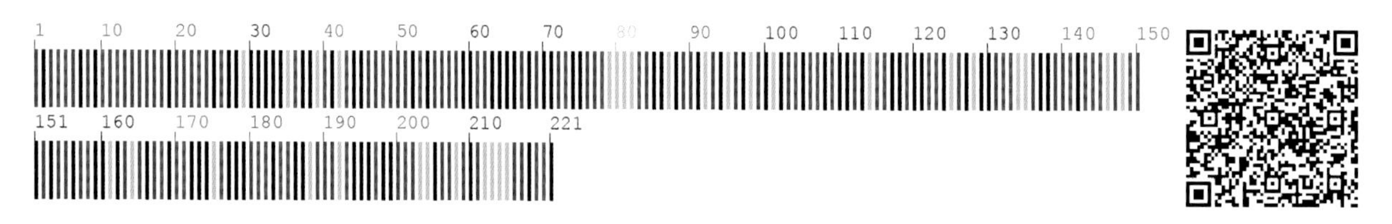

【*psbA-trnH*序列特征】获得*psbA-trnH*序列3条，比对后长度为391bp，无变异位点。序列特征如下：

石竹科　Caryophyllaceae

70　老牛筋　**Arenaria juncea** Bieb.

【别　　名】毛轴鹅不食

【形态特征】多年生草本，高30～60cm。茎基部宿存较硬的淡褐色枯萎叶茎，硬而直立。叶细线形，具1脉。聚伞花序；苞片卵形，顶端尖；花梗密被腺柔毛；萼片5，具1～3脉，外面无毛或被腺柔毛；花瓣5，白色；雄蕊10，花丝线形，花药黄色；子房卵圆形。蒴果卵圆形，黄色，稍长于宿存花萼或与宿存花萼等长。种子三角状肾形，褐色或黑色，背部具疣状凸起。花果期7～9月。

【生　　境】生于海拔800～2200m的草原、荒漠化草原、山地疏林边缘、山坡草地、石隙间。

【药用价值】根入药。清热凉血。

【材料来源】吉林省延边朝鲜族自治州龙井市，共3份，样品号CBS566MT01～03。

【**ITS2序列特征**】获得ITS2序列3条，比对后长度为227bp，无变异位点。序列特征如下：

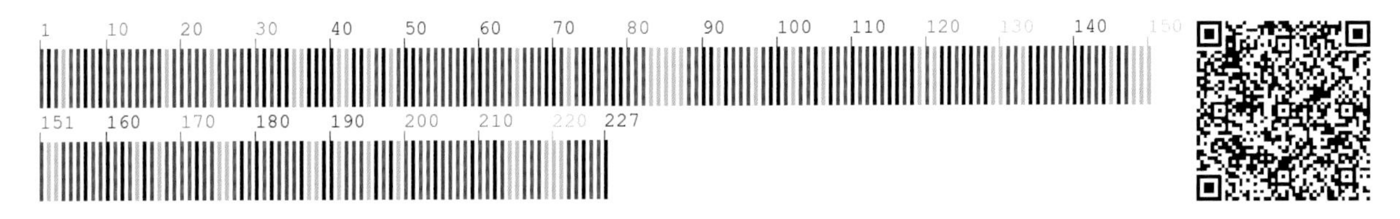

【*psbA-trnH*序列特征】获得*psbA-trnH*序列3条，比对后长度为381bp，无变异位点。序列特征如下：

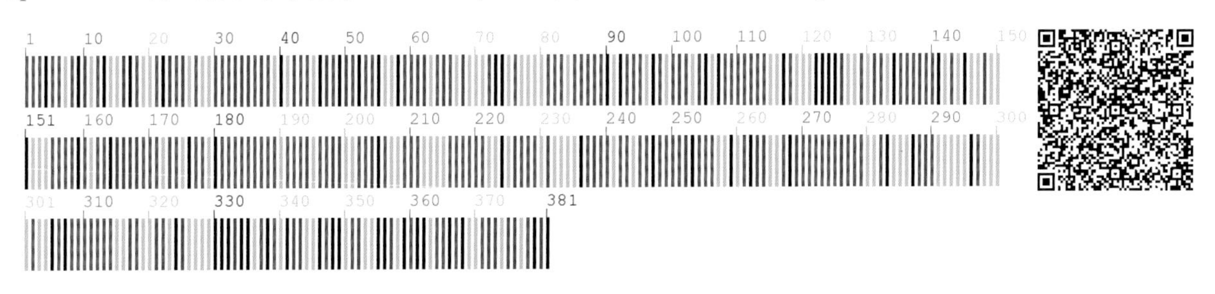

71 簇生泉卷耳 **Cerastium fontanum** subsp. **vulgare** (Hartm.) Greuter et Burdet.

【别　　名】簇生卷耳，卷耳

【形态特征】多年生或一年生、二年生草本，高15～30cm。茎单生或丛生，近直立，被白色短柔毛和腺毛。基生叶近匙形或倒卵状披针形；茎生叶近无柄，两面均被短柔毛，边缘具缘毛。聚伞花序顶生；萼片5，长圆状披针形，外面密被长腺毛；花瓣5，白色，倒卵状长圆形，等长或微短于萼片，顶端2浅裂，基部渐狭，无毛；雄蕊短于花瓣，花丝扁线形，无毛；花柱5，短线形。蒴果圆柱形，长为宿存萼的2倍，顶端10齿裂。种子褐色，具瘤状凸起。花期5～6月，果期6～7月。

【生　　境】生于海拔600～2000m的山地林缘杂草间或疏松沙质土壤中。

【药用价值】全草入药。清热解毒，消肿止痛。

【材料来源】吉林省白山市临江市，共3份，样本号CBS163MT01～03。

【*psbA-trnH* 序列特征】获得 *psbA-trnH* 序列3条，比对后长度为199bp，无变异位点。序列特征如下：

72　毛蕊卷耳　Cerastium pauciflorum var. oxalidiflorum (Makino) Ohwi

【别　　名】寄奴花

【形态特征】多年生草本，高20～60cm。根细长，有分枝。茎丛生，直立，被短柔毛，上部被腺柔毛。基生叶小而狭，匙形；中部茎生叶披针形或卵状长圆形。聚伞花序顶生，具5～15朵花；苞片草质，卵状披针形；花梗细，长5～30mm，密被腺柔毛；花瓣比花萼长1.5～2倍，花瓣与花丝基部均被疏柔毛。蒴果圆柱形，比宿存萼长1～1.5倍，顶端10裂齿。种子三角状扁肾形，淡黄褐色，具疣状凸起。花期5～7月，果期7～8月。

【生　　境】生于海拔250～800m的林下、山区路旁湿润处及草甸中。

【药用价值】全草入药。清热解毒。

【材料来源】吉林省通化市通化县，共2份，样本号CBS172MT01、CBS172MT02。

【ITS2序列特征】获得ITS2序列2条，比对后长度为223bp，无变异位点。序列特征如下：

【*psbA-trnH*序列特征】获得*psbA-trnH*序列2条，比对后长度为197bp，无变异位点。序列特征如下：

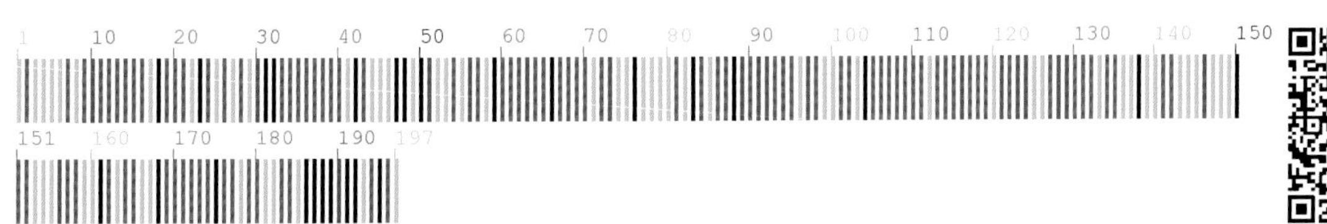

73 石竹 **Dianthus chinensis** L.

【别　　名】东北石竹，洛阳花

【形态特征】多年生草本，高 30～60cm，节部膨大。叶披针形或线状披针形，叶脉 3 或 5 条，中脉明显。花顶生，单一或 2～3 朵簇生，集成聚伞状花序，花梗长；花萼下苞片 2～3 对；瓣片通常红紫色或粉紫色，基部楔形，上缘具不规则牙齿。蒴果长圆状筒形。种子广椭圆状倒卵形。花期 6～8 月，果期 7～9 月。

【生　　境】生于山坡、疏林下、草甸等处。

【药用价值】根、全草入药。清热凉血，利尿通淋，破血通经，散瘀消肿。

【材料来源】吉林省通化市通化县，共 3 份，样本号 CBS412MT01～03。

【ITS2 序列特征】获得 ITS2 序列 3 条，比对后长度为 217bp，无变异位点。序列特征如下：

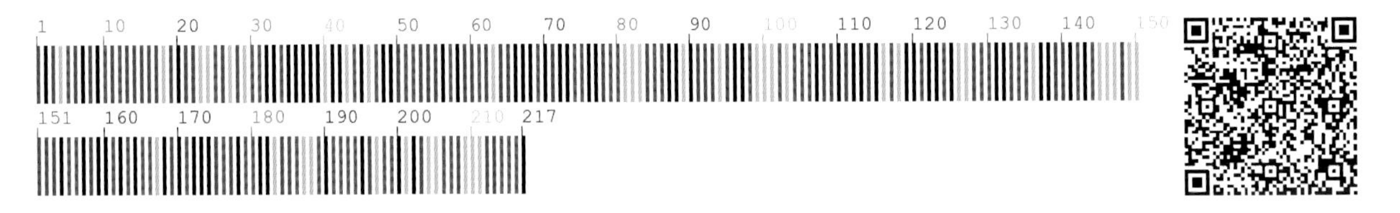

【*psbA-trnH* 序列特征】获得 *psbA-trnH* 序列 3 条，比对后长度为 251bp，有 1 个变异位点，为 16 位点 A-C 变异。序列特征如下：

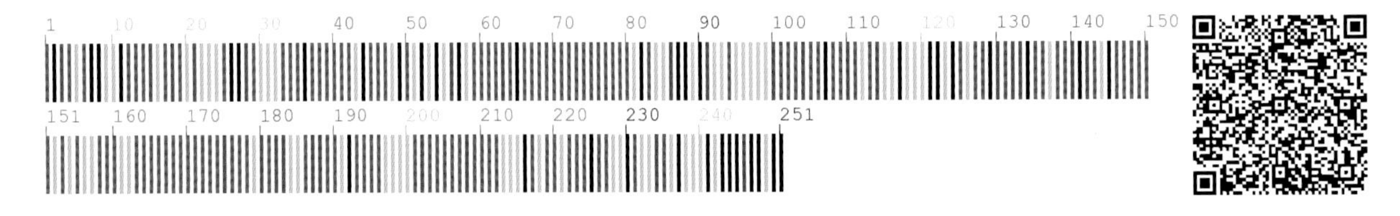

74 高山石竹 **Dianthus chinensis** L. var. **morii** (Nakai) Y. C. Chu

【形态特征】多年生草本，高10cm。丛生，茎节间短。叶密生，线状披针形或线状倒披针形，中脉较明显。花单一，顶生；苞片4，卵形，先端渐尖、长渐尖或呈叶状；花萼圆筒状，有纵条纹，萼齿5，披针形，直伸，先端尖，有缘毛；花瓣5，瓣片红紫色或粉紫色，广椭圆形、广倒卵形或菱状广倒卵形，顶缘有不整齐的齿裂，喉部有须毛；雄蕊10；子房长圆形，花柱条形。蒴果圆筒形，包于宿存萼内，先端4裂。种子多数，黑色，扁圆形。花期7～8月，果期8～9月。

【生　　境】生于林缘、草地及高山苔原带。

【药用价值】全草入药。清热凉血，利尿通淋，破血通经，散瘀消肿。

【材料来源】吉林省延边朝鲜族自治州安图县，共3份，样品号CBS567MT01～03。

【ITS2序列特征】获得ITS2序列3条，比对后长度为217bp，有1个变异位点，为186位C-T变异。序列特征如下：

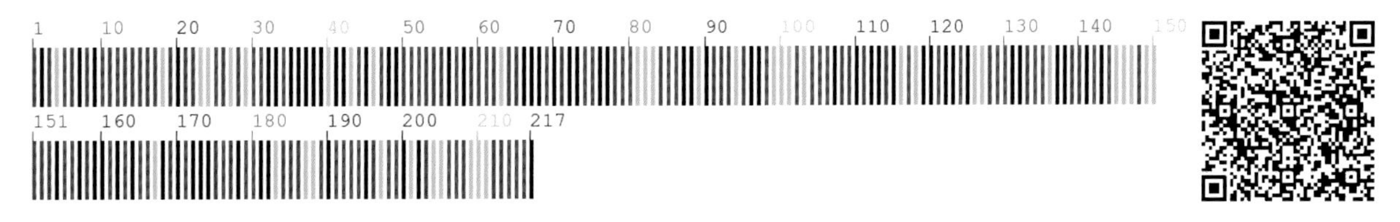

【*psbA-trnH*序列特征】获得*psbA-trnH*序列3条，比对后长度为246bp，有2个变异位点，分别为11位A-T变异，114位为简并碱基。序列特征如下：

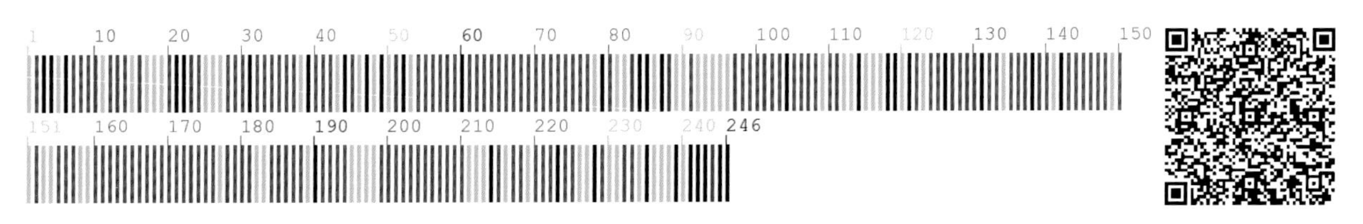

75 高山瞿麦 **Dianthus superbus** subsp. **alpestris** Kablík. ex Celak.

【别　　名】洛阳花

【形态特征】多年生草本，高约 10cm。茎丛生。叶对生。花较大，单生或成对生于枝端；苞片 2～3 对；花瓣长约 5cm；爪长 1.5～3cm；雄蕊 10；花柱条形。蒴果圆筒状，与宿存萼等长或微长，顶端 4 裂。种子多数，扁卵形，黑色，有光泽。花期 7～8 月，果期 8～9 月。

【生　　境】生于土质贫瘠的高山苔原带、林缘、路边等处。

【药用价值】全草入药。清热利水，破血通经。

【材料来源】吉林省延边朝鲜族自治州安图县，共 2 份，样本号 CBS286MT01、CBS286MT02。

【ITS2 序列特征】获得 ITS2 序列 2 条，比对后长度为 217bp，无变异位点。序列特征如下：

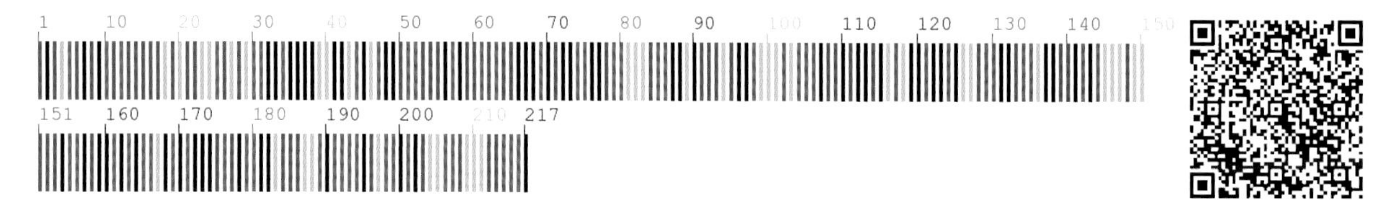

【*psbA-trnH* 序列特征】获得 *psbA-trnH* 序列 2 条，比对后长度为 235bp，无变异位点。序列特征如下：

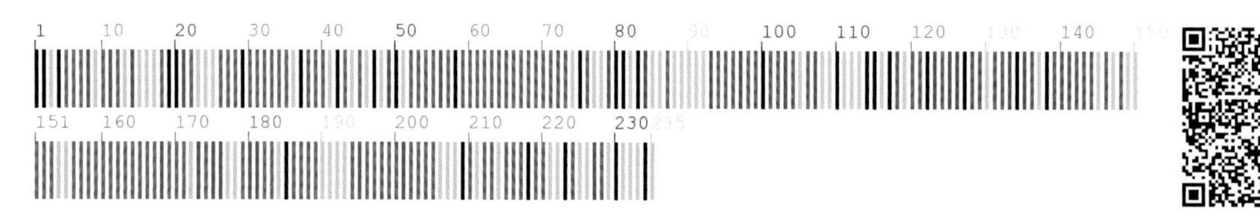

76 大叶石头花　**Gypsophila pacifica** Kom.

【别　　名】细梗石头花，细梗丝石竹，豆瓣菜

【形态特征】多年生草本，高60～80cm。根粗大，灰黑褐色；根状茎分歧，木质化。茎数个丛生，节部稍膨大。叶卵形、卵状披针形或长圆状披针形，无柄，基部稍抱茎。聚伞花序顶生，花序的分枝开展，呈圆锥状；小花梗长5～10mm；苞片卵状披针形，膜质；花萼漏斗状钟形；花瓣淡粉紫色或粉红色，倒卵状披针形，顶端微凹；雄蕊比花瓣短；子房卵形，花柱不超出花瓣。蒴果卵状球形。种子圆肾形。花期7～8月，果期9～10月。

【生　　境】生于石砾质山坡、石砬子、开阔的山地阳坡及丘陵地的柞林内。

【药用价值】根入药。清虚热，清疳热，镇咳，祛痰，强心，逐水利尿。

【材料来源】吉林省通化市东昌区，共3份，样本号CBS465MT01～03。

【ITS2序列特征】获得ITS2序列3条，比对后长度为222bp，无变异位点。序列特征如下：

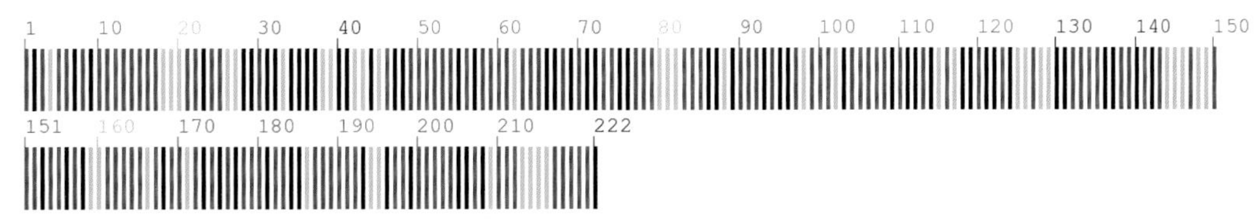

【*psbA-trnH*序列特征】获得*psbA-trnH*序列3条，比对后长度为376bp，无变异位点。序列特征如下：

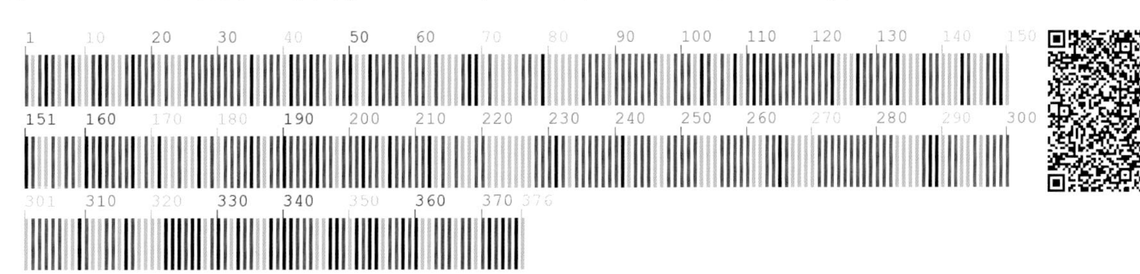

77　浅裂剪秋罗　**Lychnis cognata** Maxim.

【别　　名】剪秋罗，毛缘剪秋罗，山红花

【形态特征】多年生草本，全株被较长的柔毛。根多数，肥厚，呈纺锤形。茎直立，单一或稍有分枝。叶无柄，广披针形或长圆状披针形。花通常 2～7 朵，基部具苞叶 2；花梗被短柔毛；花萼筒状棍棒形，具 10 条脉，萼齿三角状；花直径 3.5～5cm，瓣片橙红色或淡红色，二叉状浅裂或微缺；雄蕊 10。蒴果长卵形。种子近圆肾形。花期 7～8 月，果期 8～9 月。

【生　　境】生于林下、林缘灌丛间、山沟路边及草甸。

【药用价值】全草入药。清热解毒，止痛。

【材料来源】吉林省通化市通化县，共 3 份，样本号 CBS394MT01～03。

【ITS2 序列特征】获得 ITS2 序列 3 条，比对后长度为 223bp，有 1 个变异位点，为 186 位点 G-A 变异。序列特征如下：

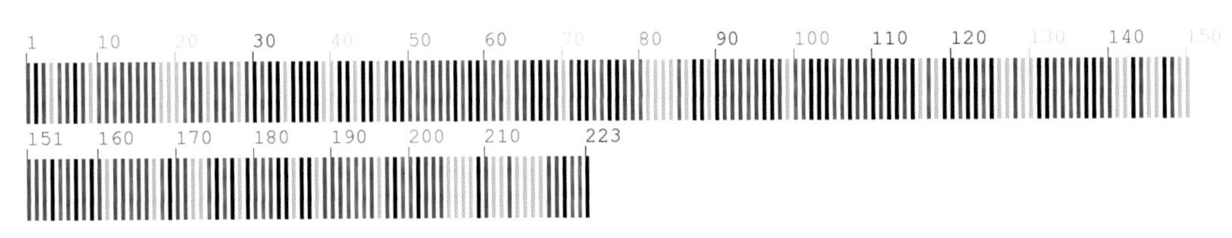

【*psbA-trnH* 序列特征】获得 *psbA-trnH* 序列 3 条，比对后长度为 355bp，无变异位点。序列特征如下：

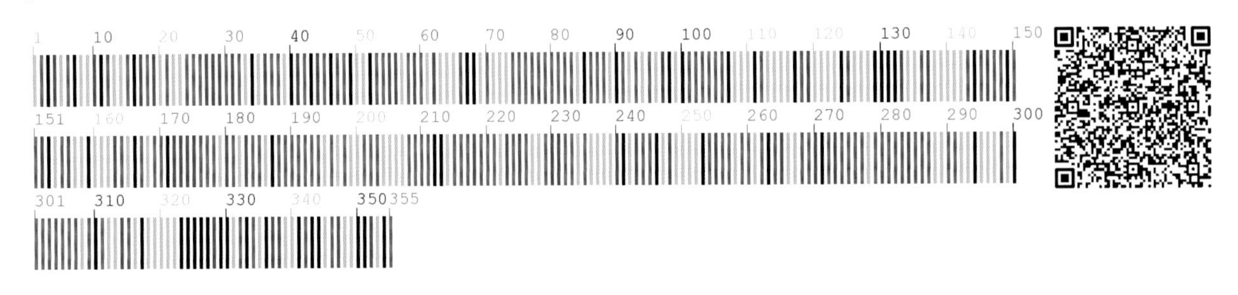

78 剪秋罗 **Lychnis fulgens** Fisch. ex Sprengel

【别　　名】大花剪秋罗

【形态特征】多年生草本，高50～80cm。根簇生，纺锤形。茎直立，不分枝或上部分枝。叶卵状长圆形或卵状披针形。二歧聚伞花序具数花，稀多数花，紧缩成伞房状；花萼筒状棒形；花瓣深红色，爪不露出花萼，狭披针形，具缘毛，深2裂，达瓣片的1/2；副花冠片长椭圆形，暗红色，呈流苏状；雄蕊微外露。蒴果长椭圆状卵形。种子肾形，长约1.2mm，肥厚，黑褐色，具乳凸。花期6～7月，果期8～9月。

【生　　境】生于林下、林缘灌丛间、草甸及山坡湿草地。

【药用价值】全草入药。消积止痛。

【材料来源】吉林省白山市长白朝鲜族自治县，共3份，样本号CBS285MT01～03。

【ITS2序列特征】获得ITS2序列3条，比对后长度为223bp，无变异位点。序列特征如下：

【*psbA-trnH*序列特征】获得*psbA-trnH*序列3条，比对后长度为336bp，无变异位点。序列特征如下：

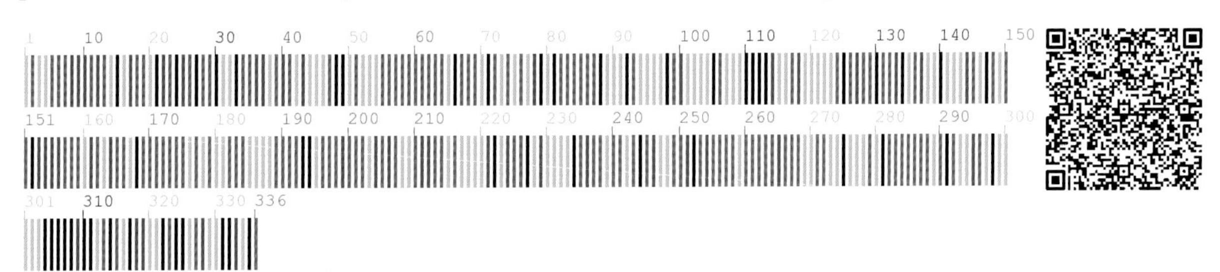

79 丝瓣剪秋罗 **Lychnis wilfordii** (Regel) Maxim.

【形态特征】多年生草本，高45～80cm。茎直立。具较多的须根。叶长圆状披针形或长圆形。花7～20朵集生成二歧聚伞花序；花梗长3～22mm，基部具线状披针形或披针形小苞片2；花萼筒状棍棒形，具10条脉，通常无毛，萼齿三角形，尖锐，边缘膜质；花瓣5，瓣片鲜红色；雄蕊10；子房长圆形，花柱5，细长。蒴果长卵形，顶端5齿裂，齿片反卷。种子圆肾形。花期8～9月，果期9～10月。

【生　　境】生于湿草甸、河边水湿地、林缘及林下。常聚生成片。

【药用价值】全草入药。发汗，生津。

【材料来源】吉林省通化市集安市，共2份，样本号CBS472MT01、CBS472MT02。

【ITS2 序列特征】获得ITS2序列2条，比对后长度为223bp，无变异位点。序列特征如下：

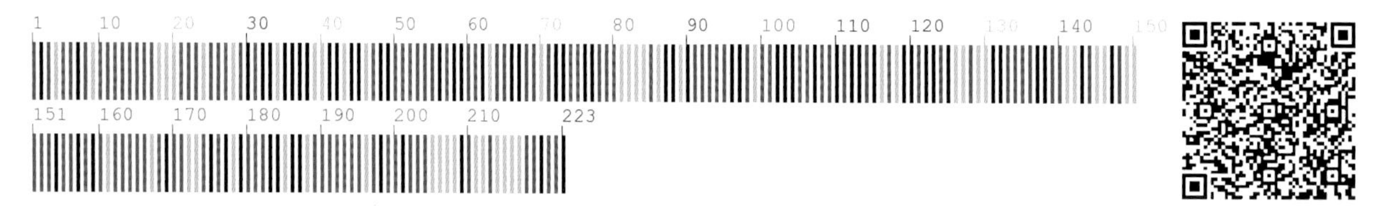

【*psbA-trnH*序列特征】获得*psbA-trnH*序列2条，比对后长度为374bp，无变异位点。序列特征如下：

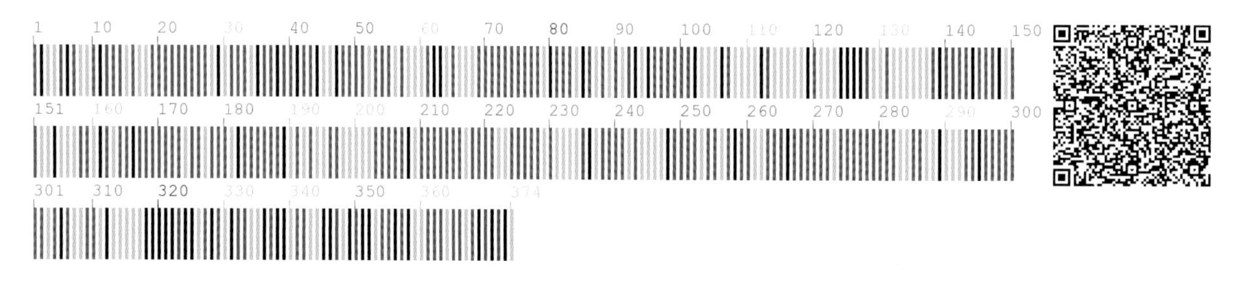

80 种阜草 **Moehringia lateriflora** (L.) Fenzl

【别　　名】莫石竹

【形态特征】多年生草本。具匍匐根状茎。茎直立，纤细。叶近无柄，椭圆形或长圆形，下面沿中脉被短毛。聚伞花序顶生或腋生，具1～3朵花；苞片针状；萼片卵形或椭圆形；花瓣白色；雄蕊短于花瓣，花药白色；花柱3。蒴果长卵圆形。种子近肾形，种脐旁具白色种阜。花期6月，果期7～8月。

【生　　境】生于林缘、路旁、荒地等处。

【药用价值】全草入药。清热解毒。

【材料来源】吉林省通化市东昌区，共3份，样本号CBS190MT01～03。

【ITS2序列特征】获得ITS2序列3条，比对后长度为226bp，无变异位点。序列特征如下：

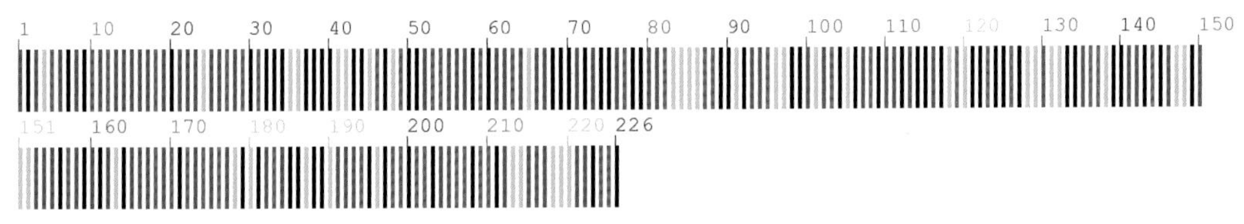

【*psbA-trnH*序列特征】获得*psbA-trnH*序列3条，比对后长度为303bp，无变异位点。序列特征如下：

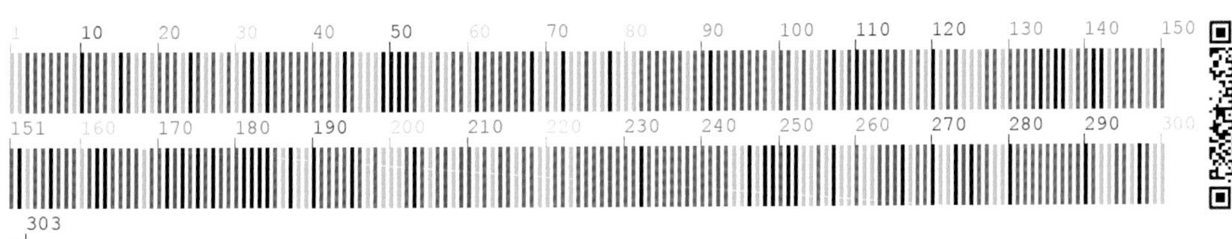

81 蔓孩儿参 **Pseudostellaria davidii** (Franch.) Pax

【别　　名】蔓假繁缕

【形态特征】多年生草本。块根短纺锤形，单生。茎细弱，上升或伏卧，花后先端渐细成鞭状匍匐枝。下部叶长圆形或匙形，基部渐狭成柄。开花受精的花通常单一，生于茎中部以上的叶腋；花梗细弱，比叶长；花瓣白色，长倒卵形或椭圆状倒卵形，基部稍狭，顶端钝，全缘，比萼片稍长；雄蕊 10 或 8，花丝基部稍连生，与花瓣互生者基部突然加宽，其背部肥厚，花药紫色；子房卵形，花柱 2～3；闭花受精的花生于茎基部附近。蒴果广椭圆形。种子圆肾形。花期 5～6 月，果期 6～7 月。

【生　　境】生于山地针阔混交林下湿润地、杂木林下岩石旁阴湿地、林下山溪旁、林缘向阳石质坡地。常聚生成片。

【药用价值】全草入药。清热解毒。

【材料来源】吉林省通化市东昌区，共 3 份，样本号 CBS100MT01～03。

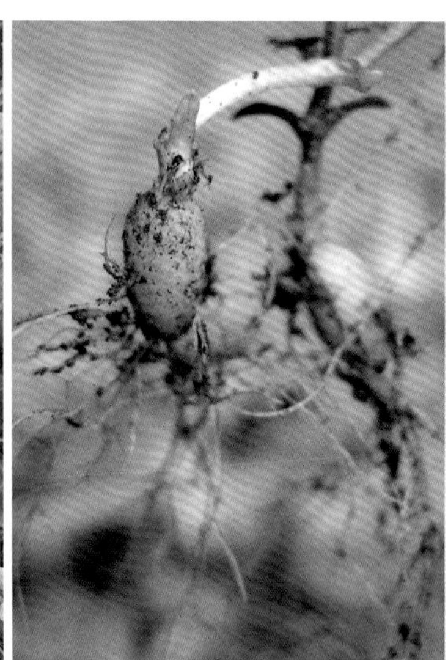

【**ITS2** 序列特征】获得 ITS2 序列 3 条，比对后长度为 228bp，有 1 个变异位点，为 95 位点 T-C 变异。序列特征如下：

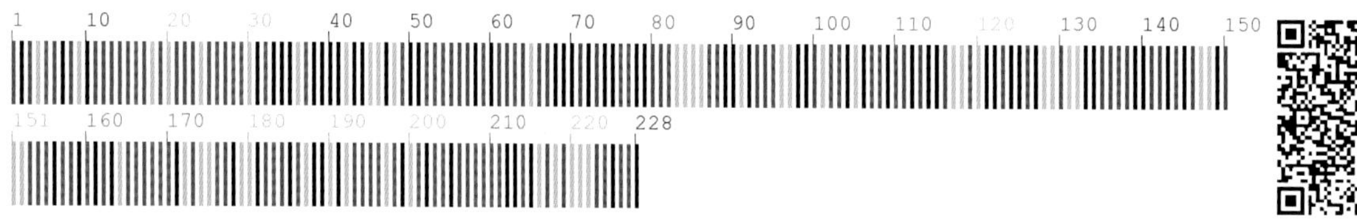

【*psbA-trnH* 序列特征】获得 *psbA-trnH* 序列 3 条，比对后长度为 303bp，无变异位点。序列特征如下：

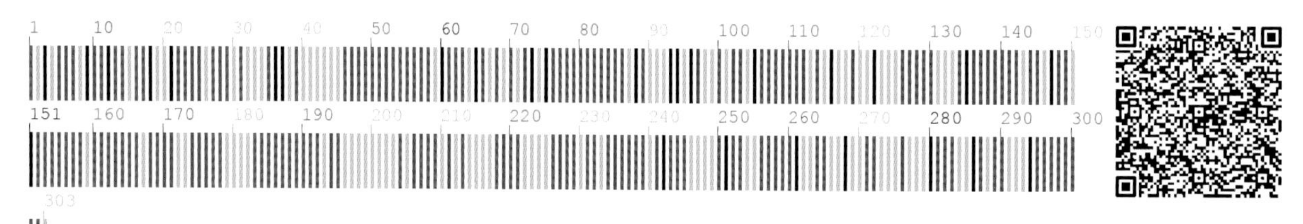

82　孩儿参　**Pseudostellaria heterophylla** (Miq.) Pax

【别　　名】异叶假繁缕，太子参

【形态特征】多年生草本。块根长纺锤形，肥厚，生细根。茎直立。下部叶匙形或倒披针形，基部渐狭；上部叶卵状披针形、长卵形或菱状卵形；茎顶部2对叶稍密集，较大，呈十字形排列。花二型，普通花顶生，白色；萼片5，披针形；花瓣5，顶端2齿裂；雄蕊10；子房卵形，花柱条形；闭锁花生于茎下部叶腋；萼片4；无花瓣。蒴果卵形。种子褐色，扁圆形或长圆状肾形，有疣状凸起。花期4～5月，果期7～9月。

【生　　境】生于林下、林缘灌丛中。常聚生成片。

【药用价值】根入药。补肺，生津，健脾。

【材料来源】采自吉林省通化市二道江区，共3份，样本号CBS024MT01～03。

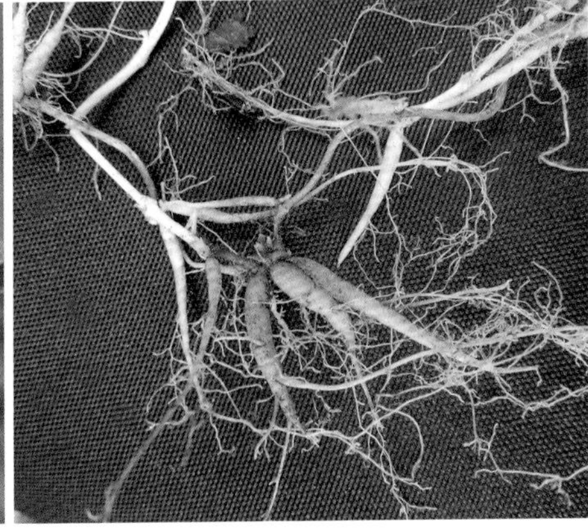

【ITS2序列特征】获得ITS2序列3条，比对后长度为229bp，无变异位点。序列特征如下：

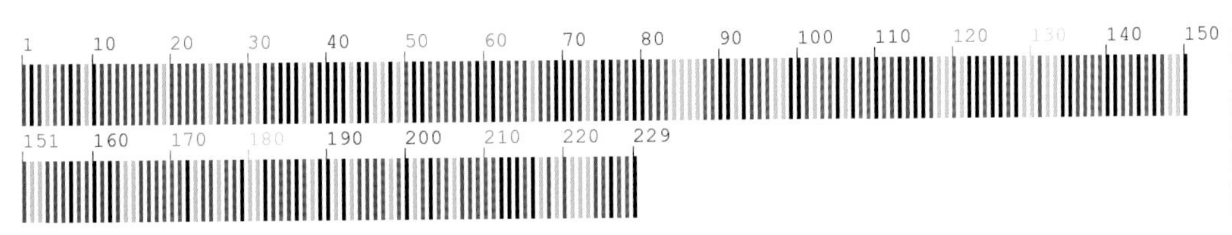

【*psbA-trnH*序列特征】获得*psbA-trnH*序列3条，比对后长度为360bp，有1处插入/缺失，为340位点。序列特征如下：

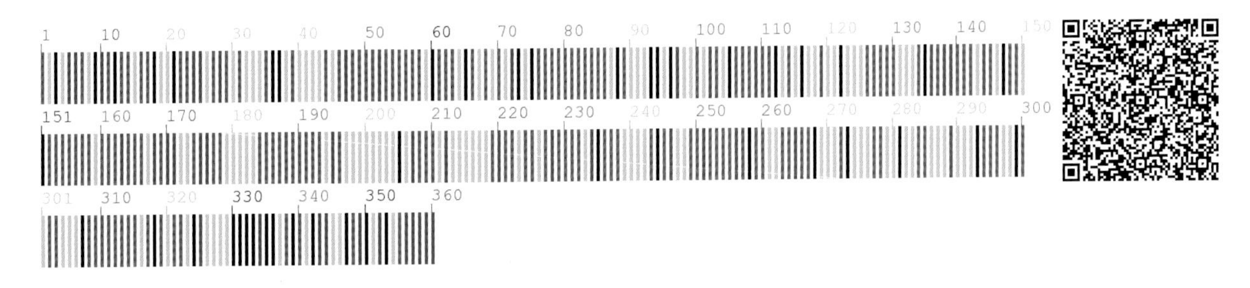

83 肥皂草 **Saponaria officinalis** L.

【形态特征】多年生草本，高 30～70cm。主根肥厚，肉质；根茎细，多分枝。叶椭圆形或椭圆状披针形，两面均无毛。聚伞圆锥花序，小聚伞花序有 3～7 花；苞片披针形，长渐尖，边缘和中脉被稀疏短粗毛；雌、雄蕊柄长约 1mm；花瓣白色或淡红色，爪狭长，瓣片楔状倒卵形，长 10～15mm，顶端微凹缺；副花冠片线形；雄蕊和花柱外露。蒴果长圆状卵形，长约 15mm。种子圆肾形，长 1.8～2mm，黑褐色，具小瘤。花期 6～9 月。

【生　　境】生于路旁、荒地、田间、田边及住宅附近。

【药用价值】种子入药。活血通经，催生下乳，消肿敛疮。

【材料来源】吉林省通化市东昌区，共 3 份，样本号 CBS359MT01～03。

【ITS2 序列特征】获得 ITS2 序列 3 条，比对后长度为 225bp，无变异位点。序列特征如下：

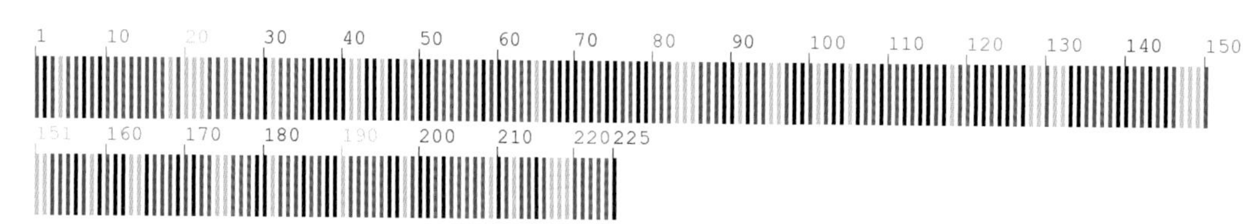

【*psbA-trnH* 序列特征】获得 *psbA-trnH* 序列 3 条，比对后长度为 254bp，无变异位点。序列特征如下：

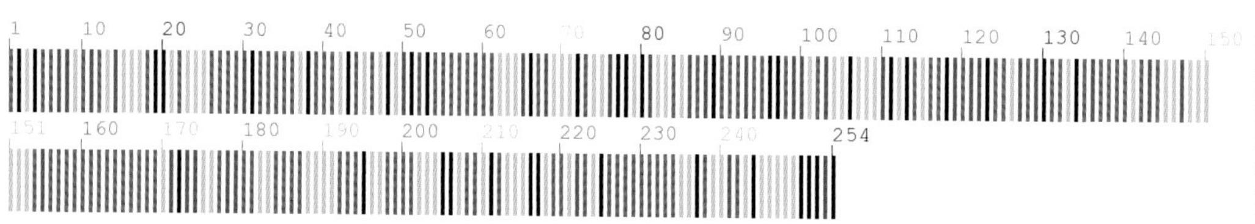

84 坚硬女娄菜 **Silene firma** Siebold et Zuccarini

【别　　名】光萼女娄菜，疏毛女娄菜

【形态特征】一年生或二年生草本，高50～100cm，全株无毛。茎单生或疏丛生，粗壮，有时下部暗紫色。叶椭圆状披针形或卵状倒披针形。假轮伞状间断式总状花序；苞片狭披针形；花瓣白色，不露出花萼，爪倒披针形，无毛和耳，瓣片轮廓倒卵形，2裂；雄蕊内藏，花丝无毛；花柱不外露。蒴果长卵形，比宿存萼短。种子圆肾形，灰褐色，具棘凸。花期6～7月，果期7～8月。

【生　　境】生于海拔300～2500m的草坡、灌丛或林缘草地。

【药用价值】全草入药。清热解毒，凉血止血，散血消肿。

【材料来源】吉林省四平市伊通满族自治县，共2份，样本号CBS185MT01、CBS185MT02。

【ITS2序列特征】获得ITS2序列2条，比对后长度为223bp，无变异位点。序列特征如下：

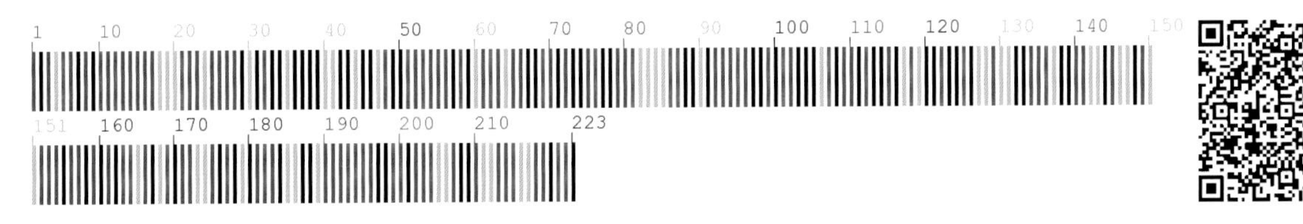

【*psbA-trnH*序列特征】获得*psbA-trnH*序列2条，比对后长度为290bp，无变异位点。序列特征如下：

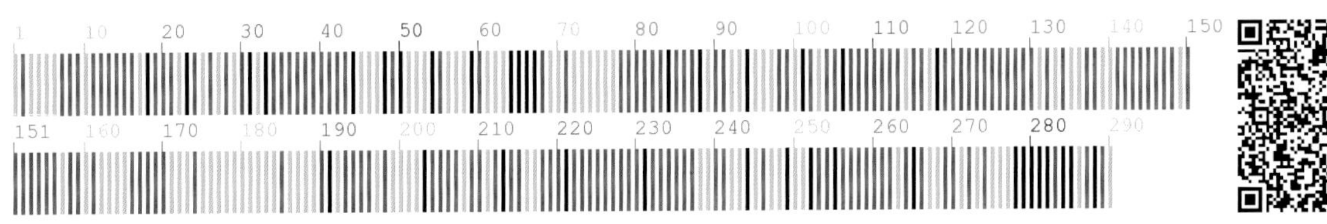

85 山蚂蚱草 **Silene jenisseensis** Willdenow

【别　　名】长白旱麦瓶草，长白山蚂蚱草

【形态特征】多年生草本。根粗直。茎数个，直立或上升，不分枝。基生叶多数，簇生，狭倒披针形或倒披针条形，中脉明显；茎生叶对生。花序总状或狭圆锥状；雌、雄蕊柄长约 3mm；花白色或淡绿白色，比萼片长 1/3～1/2，瓣片叉状 2 中裂，爪倒披针形，无毛；雄蕊稍比花冠超出；子房长圆形，花柱 3，超出花冠。蒴果卵形，长 6～7mm，6 齿裂，齿片外弯。种子肾形。花期 7～8 月，果期 8～9 月。

【生　　境】生于山坡草地、石质山坡等处。

【药用价值】全草入药。清热凉血。

【材料来源】吉林省延边朝鲜族自治州敦化市，共 3 份，样本号 CBS328MT01～03。

【ITS2 序列特征】获得 ITS2 序列 3 条，比对后长度为 225bp，有 1 个变异位点，为 59 位点 T-C 变异。序列特征如下：

【*psbA-trnH* 序列特征】获得 *psbA-trnH* 序列 3 条，比对后长度为 457bp，无变异位点。序列特征如下：

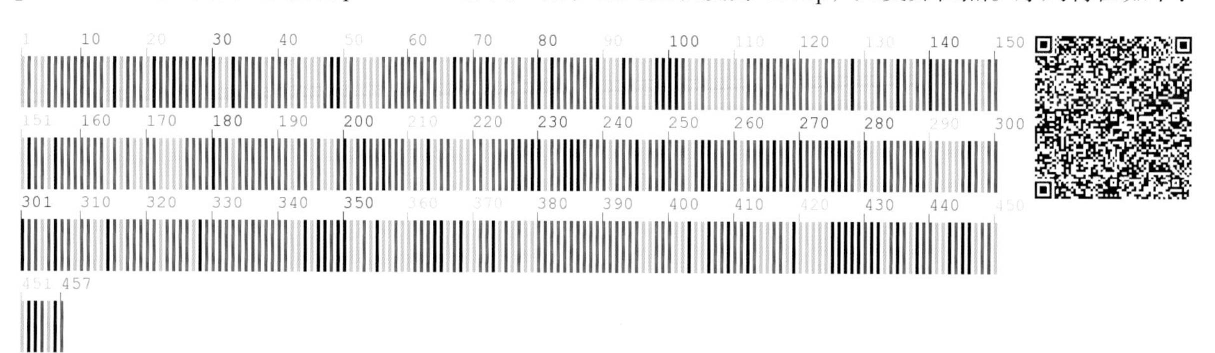

86　长柱蝇子草　**Silene macrostyla** Maxim.

【别　　名】长柱麦瓶草

【形态特征】多年生草本。根粗壮，木质，具多头根颈。茎单生或丛生，不分枝或上部分枝。基生叶花期枯萎；茎生叶狭披针形。假轮伞状圆锥花序，具多数花；花萼宽钟形，有时淡紫色；雌、雄蕊柄被短毛；花瓣白色，近楔形，瓣片叉状2浅裂，达瓣片的1/3，裂片长圆形；雄蕊明显外露，花丝无毛；花柱明显外露。蒴果卵形，比宿存萼短。种子肾形，黑褐色。花期7～8月，果期8～9月。

【生　　境】生于多砾石的草坡、草原或林下。

【药用价值】根入药。退虚热，清疳热。

【材料来源】吉林省延边朝鲜族自治州和龙市，共3份，样品号CBS568MT01～03。

【ITS2序列特征】获得ITS2序列3条，比对后长度为225bp，无变异位点。序列特征如下：

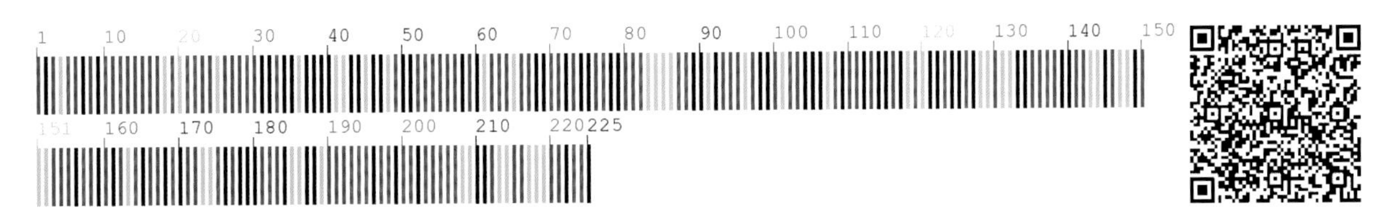

【*psbA-trnH*序列特征】获得*psbA-trnH*序列3条，比对后长度为477bp，无变异位点。序列特征如下：

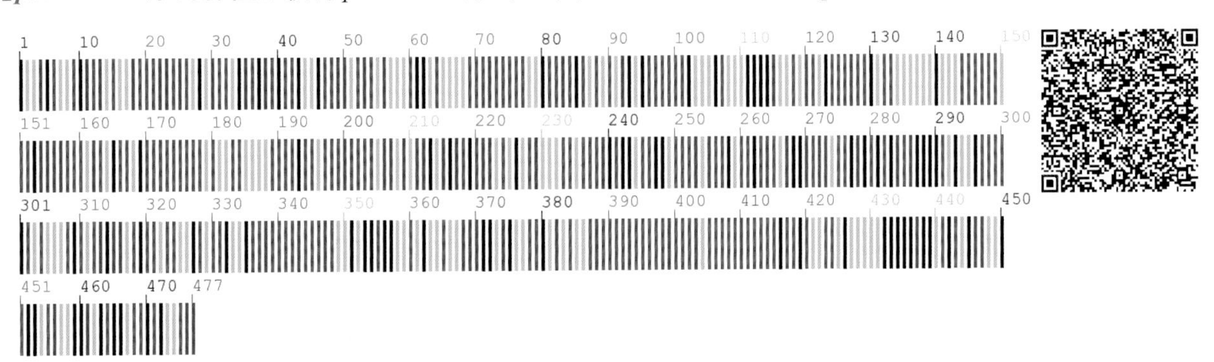

87 繸瓣繁缕 Stellaria radians L.

【别　　名】瘰瓣繁缕，垂梗繁缕，鸭子嘴，豆嘴儿

【形态特征】多年生草本，高 40～60cm。根状茎细，匍匐，分枝。茎直立或上升，四棱形。叶平展，广披针形或长圆状披针形。二歧聚伞花序顶生；苞片革质，小型，叶状；雄蕊 10，比花瓣短，花丝基部稍连生；子房广椭圆状卵形，花柱 3。蒴果卵形，带光泽，比花萼稍长或长出半倍左右。种子肾形。花期 6～9 月，果期 7～9 月。

【生　　境】生于草甸、林缘、林下及灌丛间等处。常聚生成片。

【药用价值】全草入药。清热解毒，祛瘀止痛，催乳。

【材料来源】吉林省通化市东昌区，共 3 份，样本号 CBS128MT01～03。

【ITS2 序列特征】获得 ITS2 序列 3 条，比对后长度为 224bp，无变异位点。序列特征如下：

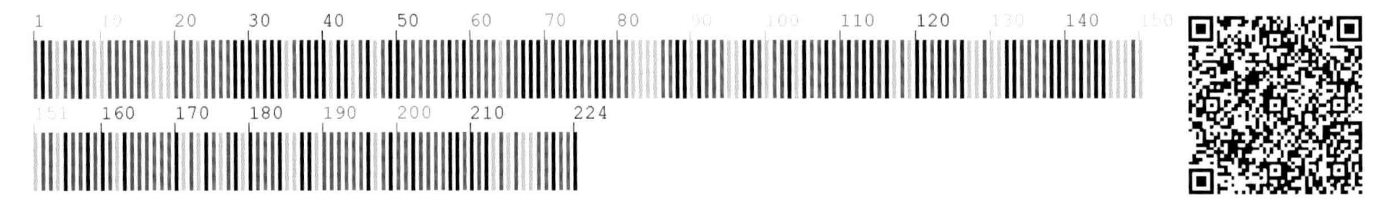

【*psbA-trnH* 序列特征】获得 *psbA-trnH* 序列 3 条，比对后长度为 361bp，无变异位点。序列特征如下：

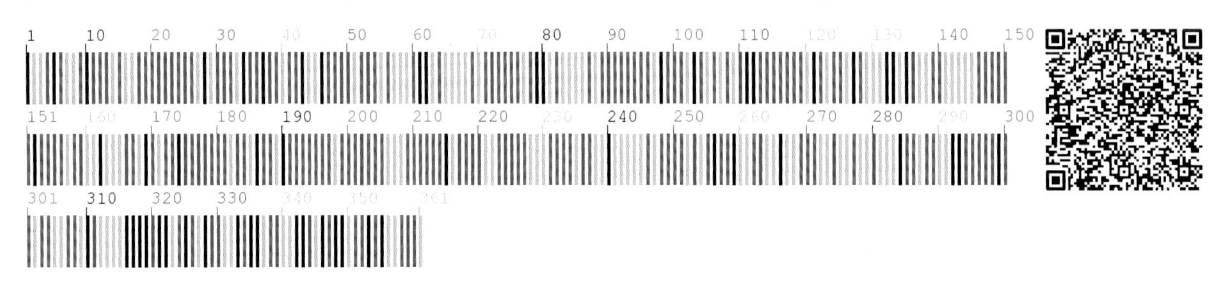

苋科　Amaranthaceae

88　反枝苋　Amaranthus retroflexus L.

【别　　名】野苋，野苋菜，西风谷

【形态特征】一年生草本，高20～80cm。茎直立。单叶互生；叶卵形或菱状卵形。花单性或杂性，绿白色，集成稠密的顶生和腋生圆锥花序；苞片披针状锥形，细尖头，比花被长；花被片5，长圆形或倒披针形，透膜状，具一中脉；雄蕊5；雌花的花被长圆状披针形，柱头2～3。胞果球形，环裂。种子扁球形，黑色或褐色，有光泽。花期6～8月，果期8～9月。

【生　　境】生于路旁、荒地、山坡、田边及住宅附近。

【药用价值】全草入药。清热解毒，利湿消肿，凉血止血。

【材料来源】吉林省通化市东昌区，共3份，样品号CBS802MT01～03。

【ITS2序列特征】获得ITS2序列3条，比对后长度为224bp，有1个变异位点，为104位点C-T变异。序列特征如下：

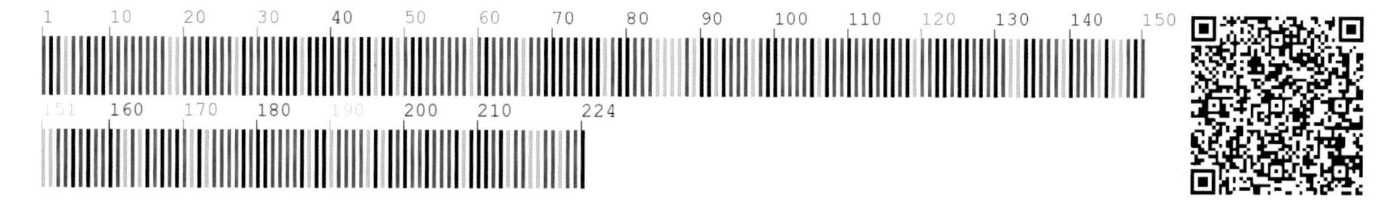

【*psbA-trnH*序列特征】获得*psbA-trnH*序列3条，比对后长度为301bp，无变异位点。序列特征如下：

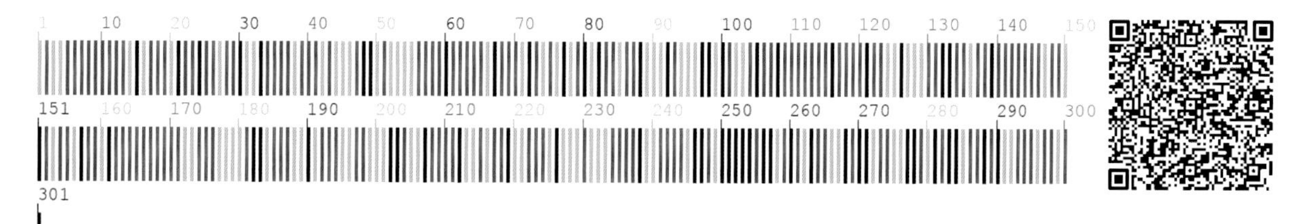

89 轴藜 **Axyris amaranthoides** L.

【形态特征】高 20～80cm。茎直立，粗壮，毛后期大部脱落，分枝多集中于中部以上。叶具短柄，顶部渐尖，具小尖头，全缘，背部密被星状毛，后期秃净。雄花序穗状；花被裂片 3，狭矩圆形，背部密被毛，后期脱落；雄蕊 3，与裂片对生，伸出花被外；雌花花被片 3，白膜质，背部密被毛。果实长椭圆状倒卵形，侧扁，灰黑色，有时具浅色斑纹，光滑，顶端具一附属物；附属物冠状，其中央微凹，有时亦有发育极好的果实但其附属物不显。花果期 8～9 月。

【生　　境】喜生于沙质地，常见于山坡、草地、荒地、河边、田间或路旁。

【药用价值】成熟果穗入药。清肝明目，祛风消肿。

【材料来源】吉林省白山市长白朝鲜族自治县，共 3份，样品号 CBS573MT01 ～03。

【ITS2 序列特征】获得 ITS2 序列 3 条，比对后长度为 228bp，无变异位点。序列特征如下：

90　藜　Chenopodium album L.

【别　　名】白藜，灰菜，灰灰菜

【形态特征】一年生草本，高30～150cm。茎直立，具条棱及绿色或红紫色色条。单叶互生，有长柄；叶菱状卵形至披针形，有时嫩叶上面有紫红色粉，下面多少有粉；叶柄与叶近等长，或为叶长的1/2。花两性，小，数个集成团伞花簇，多数花簇排成腋生或顶生的圆锥状花序；花轴有白粉；花被宽卵形或椭圆形，有纵隆脊和膜质的边缘，先端钝或微凹；雄蕊5；柱头2。胞果扁球形，包于花被内，熟时花被张开，露出果实。种子扁圆形，黑色，光亮，胚环形。花期8～9月，果期9～10月。

【生　　境】生于林缘、荒地、山坡及灌丛等处。

【药用价值】全草入药。清热解毒，收敛，止痢，利湿，透疹止痒，杀虫。

【材料来源】吉林省通化市东昌区，共3份，样品号CBS800MT01～03。

【ITS2 序列特征】获得ITS2序列3条，比对后长度为229bp，无变异位点。序列特征如下：

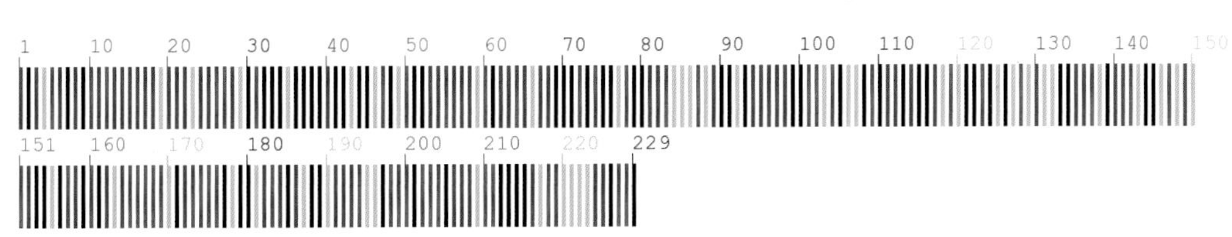

【*psbA-trnH* 序列特征】获得*psbA-trnH*序列3条，比对后长度为253bp，无变异位点。序列特征如下：

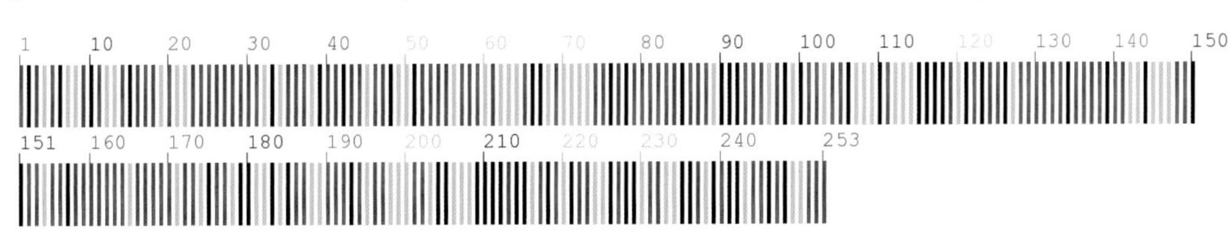

91 小藜 **Chenopodium ficifolium** Sm.

【别　　名】灰藜，小灰菜

【形态特征】一年生草本，高 20～50cm。茎直立，具条棱及绿色色条。叶卵状矩圆形，通常 3 浅裂；中裂片两边近平行，先端钝或急尖并具短尖头，边缘具深波状锯齿；侧裂片位于中部以下，通常各具 2 浅裂齿。花两性；花被近球形，5 深裂，背面具微纵隆脊并有蜜粉；雄蕊 5，开花时外伸；柱头 2，丝状。胞果包在花被内，果皮与种子贴生。种子双凸镜状，胚环形。花期 8～9 月，果期 9～10 月。

【生　　境】生于林缘、荒地、山坡及村屯附近。

【药用价值】全草入药。清热解毒。

【材料来源】吉林省通化市二道江区，共 2 份，样品号 CBS571MT01、CBS571MT02。

【ITS2 序列特征】获得 ITS2 序列 2 条，比对后长度为 229bp，无变异位点。序列特征如下：

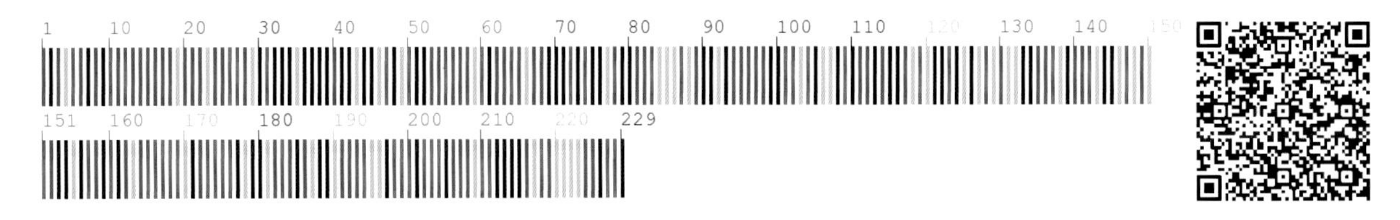

【*psbA-trnH* 序列特征】获得 *psbA-trnH* 序列 2 条，比对后长度为 266bp，无变异位点。序列特征如下：

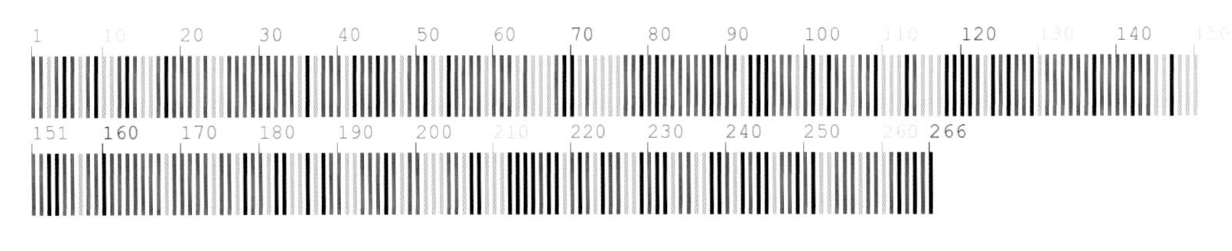

92 灰绿藜 Chenopodium glaucum L.

【别　　名】灰菜，小灰菜，白灰

【形态特征】一年生草本。茎平卧或外倾，具条棱及绿色或紫红色色条。叶矩圆状卵形至披针形，上面无粉，平滑，下面有粉而呈灰白色，或稍带紫红色。花两性，间有雌性。通常数花聚成团伞花序，花被通常无粉；雄蕊1～2，花丝不伸出花被，花药球形；柱头2，极短。薪果顶端露出花被外，果皮膜质，黄白色。种子扁球形，直径0.75mm，暗褐色，表面有细点纹。花期8～9月，果期9～10月。

【生　　境】生于田边、路边和荒地。

【药用价值】全草入药。清热，利湿，杀虫。

【材料来源】吉林省白山市长白朝鲜族自治县，共2份，样品号CBS572MT01、CBS572MT02。

【ITS2序列特征】获得ITS2序列2条，比对后长度为227bp，无变异位点。序列特征如下：

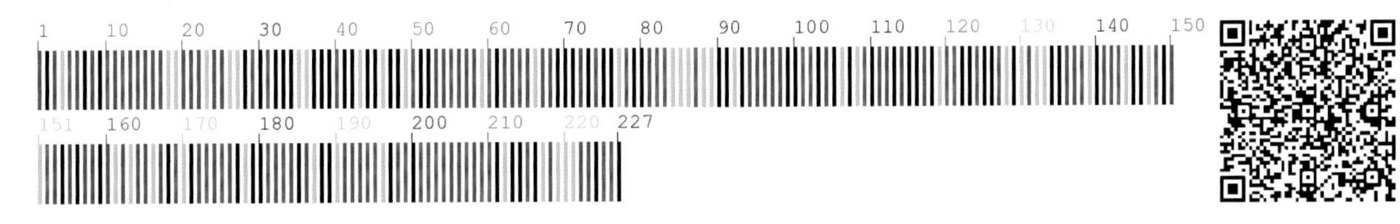

【*psbA-trnH*序列特征】获得*psbA-trnH*序列2条，比对后长度为242bp，无变异位点。序列特征如下：

93 地肤 **Kochia scoparia** (L.) Schrad.

【别　　名】地白草，扫帚菜

【形态特征】一年生草本。根略呈纺锤形。茎直立，多分枝，生短柔毛。叶互生，披针形或条状披针形，无毛或有稀疏短毛，全缘。花两性或雌性，穗状花序；花被片 5，基部合生，果期由背部生出三角状横凸起或翅。胞果球形，包于宿存花被片内，不开裂。种子横生，黑色或黄褐色。

【生　　境】生于路旁、荒地、山坡及住宅附近。

【药用价值】果实入药。清热利湿，祛风止痒。

【材料来源】吉林省延边朝鲜族自治州敦化市，共 3 份，样本号 CBS946MT01～03。

【ITS2 序列特征】获得 ITS2 序列 3 条，比对后长度为 229bp，无变异位点。序列特征如下：

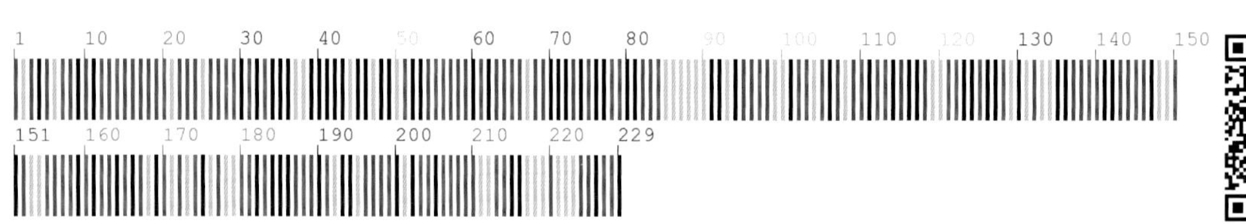

【*psbA-trnH* 序列特征】获得 *psbA-trnH* 序列 3 条，比对后长度为 288bp，无变异位点。序列特征如下：

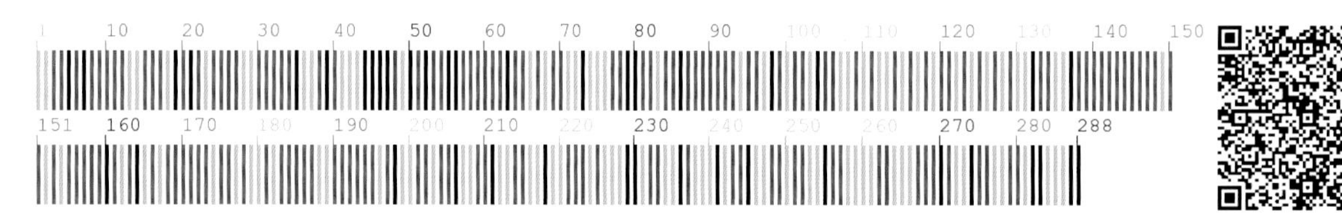

五味子科 Schisandraceae

94 五味子 **Schisandra chinensis** (Turcz.) Baill.

【别　　名】北五味子，辽五味，山花椒

【形态特征】落叶木质藤本。枝上密布圆形凸出皮孔。单叶互生。花单性，雌雄同株或异株；花单生或簇生于叶腋；花梗细；花被片乳白色；雄蕊5；心皮多数，离生，排在凸起的花托上，集成雌蕊群呈椭圆形，子房卵形或卵状椭圆形，柱头鸡冠状。聚合果，浆果近球形，红色，肉质。种子肾形，淡橘黄色。花期5月，果期8～9月。

【生　　境】生于土壤肥沃湿润的林中、林缘、山沟灌丛间及山野路旁等处。

【药用价值】果实入药。收敛固涩，益气生津，补肾宁心。

【材料来源】吉林省通化市二道江区，共1份，样本号CBS137MT01。

【ITS2序列特征】获得ITS2序列1条，长度为231bp。序列特征如下：

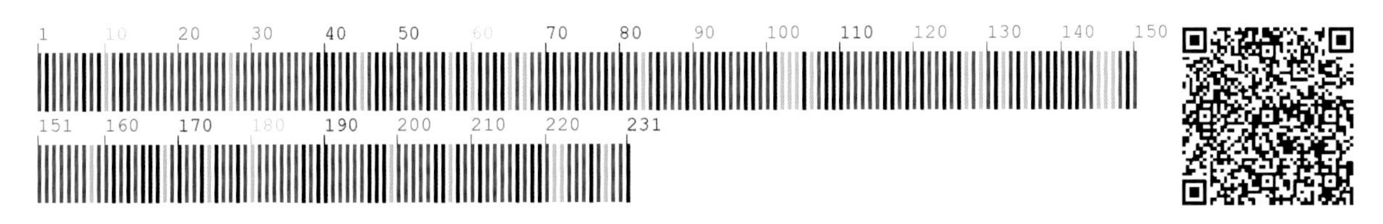

【*psbA-trnH*序列特征】获得*psbA-trnH*序列1条，长度为411bp。序列特征如下：

毛茛科 Ranunculaceae

95 两色乌头 **Aconitum alboviolaceum** Kom.

【形态特征】多年生缠绕草本。无块根。叶五角状肾形，3 深裂，中裂片菱形，侧裂片不等 2 浅裂。总状花序或圆锥花序，花枝具 3～8 花；花轴及花梗具伸展的短柔毛；小苞片条形，生于花梗基部或中部；萼片 5，通常淡紫色，稀近白色，外侧密被伸展柔毛，上萼片圆筒状，喙稍向下弯；花瓣 2，具长爪，距细，拳卷，比唇长；雄蕊多数；心皮 3，子房被伸展短毛或无毛。蓇葖果疏生长毛。花期 7～8 月，果期 8～9 月。

【生　　境】生于疏林下、灌丛、林缘、沟谷等处。

【药用价值】块根入药。祛风止痛。

【材料来源】吉林省白山市长白朝鲜族自治县，共 3 份，样本号 CBS281MT01～03。

【ITS2 序列特征】获得 ITS2 序列 3 条，比对后长度为 221bp，有 2 个变异位点，分别为 26 位点 T-A 变异，59 位点为简并碱基。序列特征如下：

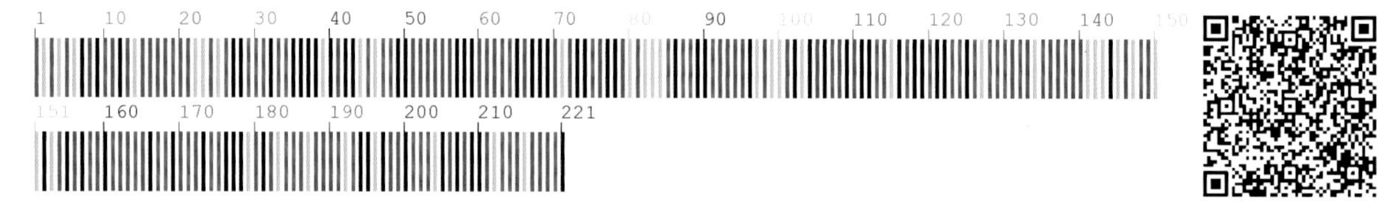

【*psbA-trnH* 序列特征】获得 *psbA-trnH* 序列 3 条，比对后长度为 324bp，无变异位点。序列特征如下：

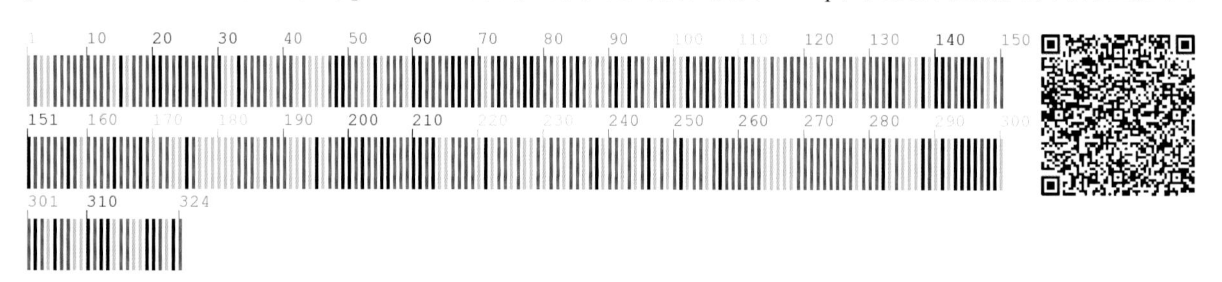

96 黄花乌头 **Aconitum coreanum** (H. Lév.) Rapaics

【别　　名】白附子，关白附，黄乌拉花

【形态特征】多年生草本，高 50～150cm。块根肥厚，倒卵状球形或纺锤形。叶宽菱状卵形，掌状全裂，各裂片细裂成条形或线状披针形。总状花序；萼片淡黄色，上萼片船状盔形；花瓣无毛，爪细，距极短，头形；雄蕊多数，花丝全缘，疏被短毛；心皮 3。蓇葖果。种子椭圆形，具 3 纵棱，表面稍皱，沿棱具狭翅。花期 8～9 月，果期 9～10 月。

【生　　境】生于干燥荒草甸子、石砾质山坡、山坡草丛、疏林或灌木丛间。

【药用价值】块根入药。祛风痰，逐寒湿。

【材料来源】吉林省延边朝鲜族自治州安图县，共 2 份，样品号 CBS579MT01、CBS579MT02。

【ITS2 序列特征】获得 ITS2 序列 2 条，比对后长度为 222bp，有 2 个变异位点，分别为 35 位点 A-G 变异、118 位点 C-T 变异。序列特征如下：

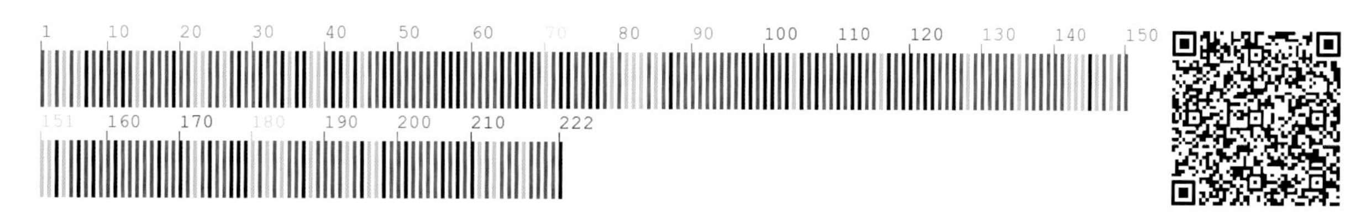

【*psbA-trnH* 序列特征】获得 *psbA-trnH* 序列 2 条，比对后长度为 364bp，无变异位点。序列特征如下：

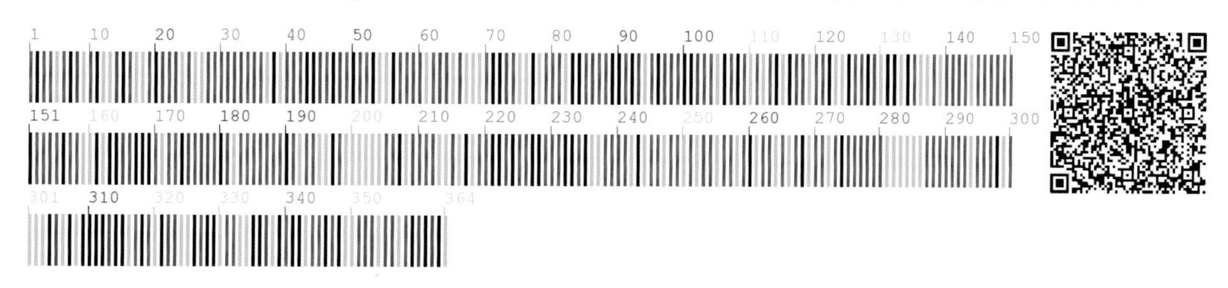

97 弯枝乌头 **Aconitum fischeri** var. **arcuatum** (Maxim.) Regel

【别　　名】弯枝薄叶乌头，大花乌头

【形态特征】多年生草本，高达 1m 以上。块根倒圆锥形。茎呈“之”字形弯曲，有时茎上部缠绕。叶较厚，掌状 3～5 深裂，裂片狭卵形，中裂片 3 浅裂，侧裂片 2 浅裂。疏圆锥花序，分枝不整齐，花轴与花梗呈弓形；花蓝紫色，盔瓣圆锥形，具伸长的长嘴，侧瓣倒卵形，下瓣不等形，披针形或广条形；蜜叶具稍弯曲的爪，距较长，呈钩状弯曲；雄蕊多数；心皮 3。蓇葖果沿腹缝线疏被毛。种子多数。花期 7～8月，果期 8 ～9 月。

【生　　境】生于杂木林内、灌丛、林缘、沟谷等处。常聚生成片。

【药用价值】块根入药。祛风散寒，止痛消肿。

【材料来源】吉林省白山市江源区，共 2 份，样本号 CBS455MT01、CBS455MT02。

【ITS2 序列特征】获得 ITS2 序列 2 条，比对后长度为 220bp，无变异位点。序列特征如下：

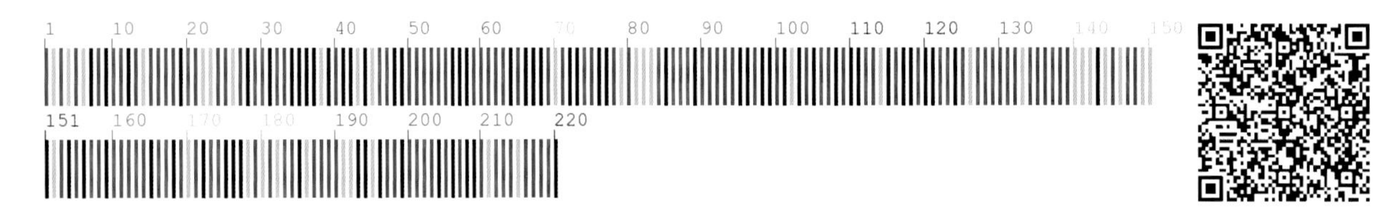

【*psbA-trnH* 序列特征】获得 *psbA-trnH* 序列 2 条，比对后长度为 364bp，无变异位点。序列特征如下：

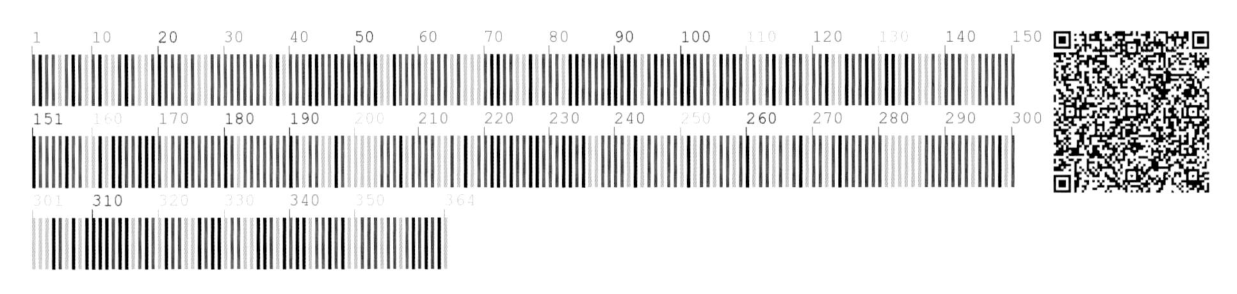

98 吉林乌头 **Aconitum kirinense** Nakai

【别　　名】靰鞡花

【形态特征】多年生草本，高80～120cm。无块根。基生叶与茎下部叶均具长柄；叶肾状五角形，3深裂。顶生总状花序长18～22cm；小苞片生于花梗中部或下部，钻形；萼片黄色，上萼片圆筒形，喙短，下缘稍凹，侧萼片宽倒卵形，长约8mm，下萼片狭椭圆形；花瓣无毛，唇长约3mm，舌状，微凹，距与唇近等长或稍短，顶端膨大，直或向后弯曲；花丝全缘；心皮3。种子三棱形，长约2.5mm，密生波状横狭翅。花期8～9月，果期9～10月。

【生　　境】生于杂木林内、灌丛、林缘、沟谷等处。

【药用价值】块根入药。行气止痛。

【材料来源】吉林省通化市东昌区，共2份，样本号CBS423MT01、CBS423MT02。

【ITS2序列特征】获得ITS2序列2条，比对后长度为221bp，无变异位点。序列特征如下：

【*psbA-trnH*序列特征】获得*psbA-trnH*序列2条，比对后长度为367bp，无变异位点。序列特征如下：

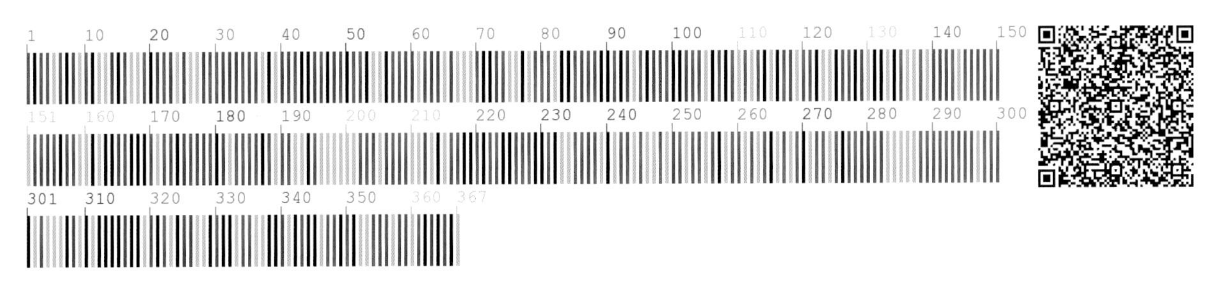

99 北乌头 **Aconitum kusnezoffii** Rehder

【别　　名】草乌头，草乌，蓝乌拉花，百步草

【形态特征】多年生草本，高 0.5～1.5m。块根较大，倒圆锥形。茎直立。叶近五角形，掌状 3 深裂，基部心形，中央裂片菱形，羽状深裂，小裂片披针形。顶生总状花序，花序下部有分枝；萼片紫蓝色，上萼片盔形或高盔形，下缘长约 2cm，具喙，侧萼片长约 1.5cm，下萼片长圆形；花瓣较大；雄蕊无毛，花丝上部细丝状，中下部加宽；心皮 5。蓇葖果直立。种子扁椭圆状球形。花期 8～9 月，果期 9～10 月。

【生　　境】生于山地阔叶林下、灌丛间、林缘及草甸。

【药用价值】块根入药。散寒止痛，开窍，消肿。

【材料来源】吉林省白山市江源区，共 2 份，样本号 CBS456MT01、CBS456MT02。

【**ITS2 序列特征**】获得 ITS2 序列 2 条，比对后长度为 220bp，无变异位点。序列特征如下：

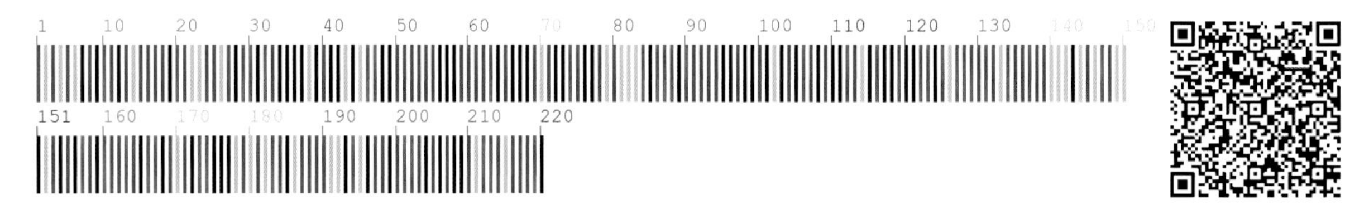

【***psbA-trnH*** **序列特征**】获得 *psbA-trnH* 序列 2 条，比对后长度为 344bp，无变异位点。序列特征如下：

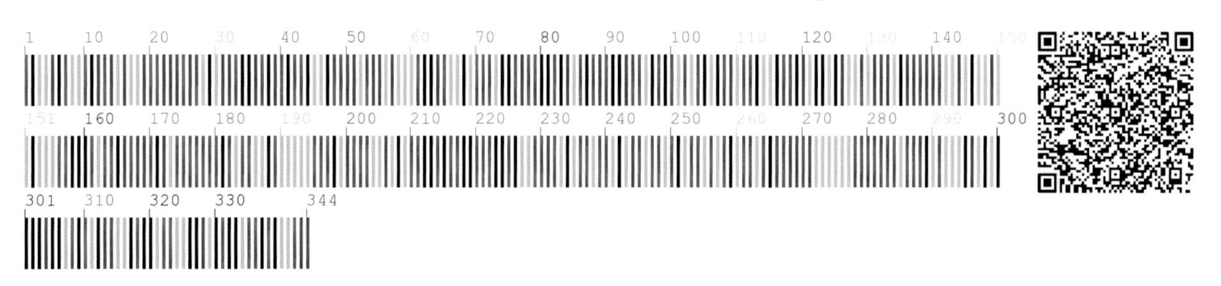

100 宽裂北乌头 **Aconitum kusnezoffii** var. **gibbiferum** (Rchb.) Regel

【别　　名】草乌头，草乌蓝，百步草，山喇叭花，靰鞡花

【形态特征】多年生草本，高65～150cm。块根圆锥形或胡萝卜形。茎通常分枝。茎下部叶有长柄，在开花时枯萎。茎中部叶有稍长柄或短柄，基部心形，3全裂，中央全裂片菱形，近羽状分裂，小裂片较宽，浅裂。顶生总状花序具9～22朵花，通常与其下的腋生花序形成圆锥花序。

【生　　境】生于山地阔叶林下、林缘及草甸等处。

【药用价值】根入药。散寒止痛，消肿。

【材料来源】吉林省通化市集安市，共2份，样本号CBS482MT01、CBS482MT02。

【ITS2序列特征】获得ITS2序列2条，比对后长度为220bp，无变异位点。序列特征如下：

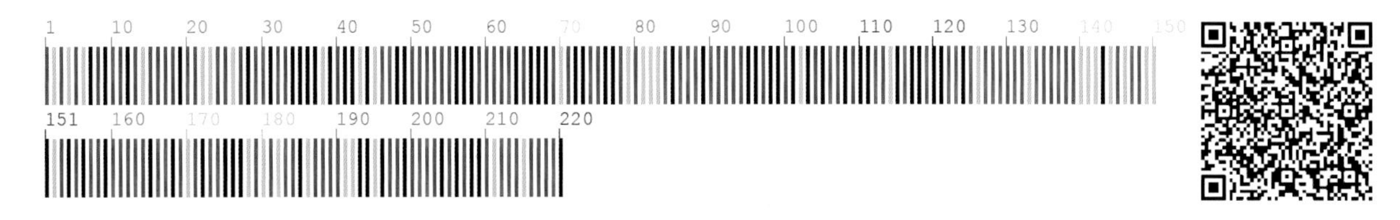

【*psbA-trnH*序列特征】获得*psbA-trnH*序列2条，比对后长度为317bp，无变异位点。序列特征如下：

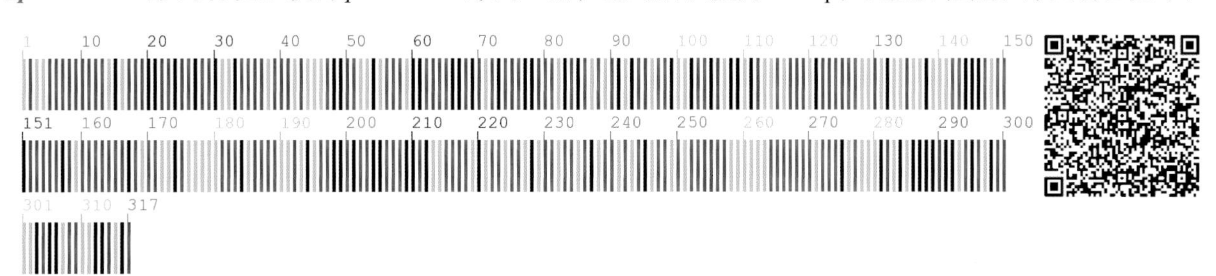

101 细叶乌头 **Aconitum macrorhynchum** Turcz. ex Ledeb.

【形态特征】多年生草本。块根胡萝卜形。茎下部叶有长柄，在开花时枯萎；茎中部叶有稍长柄；叶圆卵形，3 全裂，中央全裂片三角状卵形，近羽状全裂，末回小裂片线形，干时稍反卷，两面疏被短柔毛。总状花序生于茎及分枝顶端，有5～15 朵花；下部苞片叶状，上部苞片线形；萼片紫蓝色，外面疏被短柔毛，上萼片高盔形，侧萼片圆倒卵形；花瓣的爪疏被短毛，瓣片无毛，微凹，向后弯曲；花丝全缘或有 2 小齿，疏生短毛；子房被短柔毛。种子沿纵棱生狭翅，只在一面密生横膜翅。8～9 月开花。

【生　　境】生于山地草甸、湿地。

【药用价值】块根入药。祛风散寒，止痛消肿，通经活络。

【材料来源】吉林省通化市柳河县，共 3 份，样本号 CBS511MT01～03。

【ITS2 序列特征】获得 ITS2 序列 3 条，比对后长度为 220bp，无变异位点。序列特征如下：

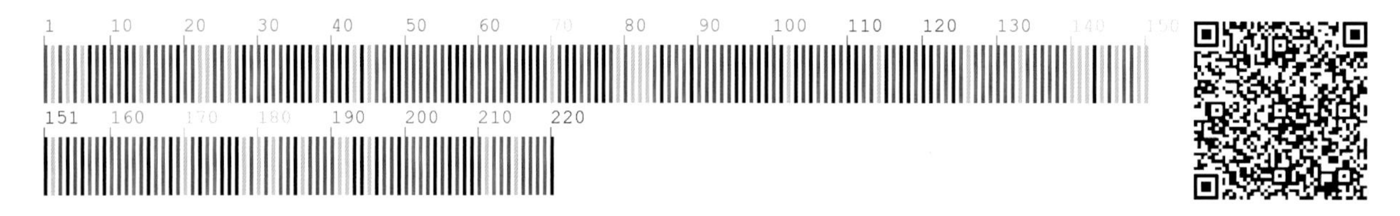

【*psbA-trnH* 序列特征】获 *psbA-trnH* 序列 3 条，比对后长度为 365bp，无变异位点。序列特征如下：

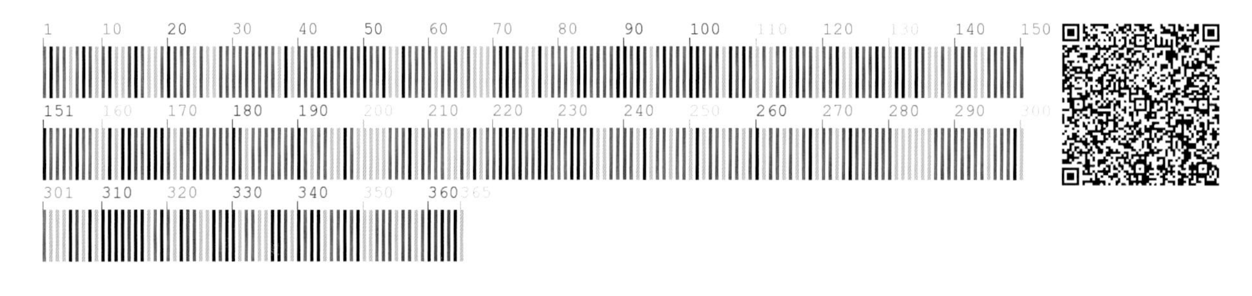

102　宽叶蔓乌头　Aconitum sczukinii Turcz.

【别　　名】鸡头草

【形态特征】多年生草质藤本。块根倒圆锥形。叶三出全裂，茎中部叶有短柄，中央全裂片菱形或菱状卵形，渐尖，在中部之下3裂；叶柄长约为叶长之半，疏被短柔毛，无鞘。花序顶生或腋生，有少数花；苞片小，线形；花梗通常在花序的一侧，向下弯曲；小苞片生于花梗中部附近，钻形；萼片蓝色；花瓣无毛；花丝全缘，无毛或疏生短毛；子房疏生短柔毛。蓇葖直。种子三棱形，沿棱生狭翅，在两面密生横膜翅。8～9月开花。

【生　　境】生于海拔350～1900m的山地草坡或林中。

【药用价值】全草入药。祛风除湿，温经止痛。

【材料来源】吉林省通化市通化县，共3份，样本号CBS402MT01～03。

【ITS2序列特征】获得ITS2序列3条，比对后长度为220bp，无变异位点。序列特征如下：

【*psbA-trnH*序列特征】获得*psbA-trnH*序列3条，比对后长度为425bp，有3个变异位点，分别为121位点A-G变异、122位点和123位点T-C变异；有1处插入/缺失，为226～232位点。序列特征如下：

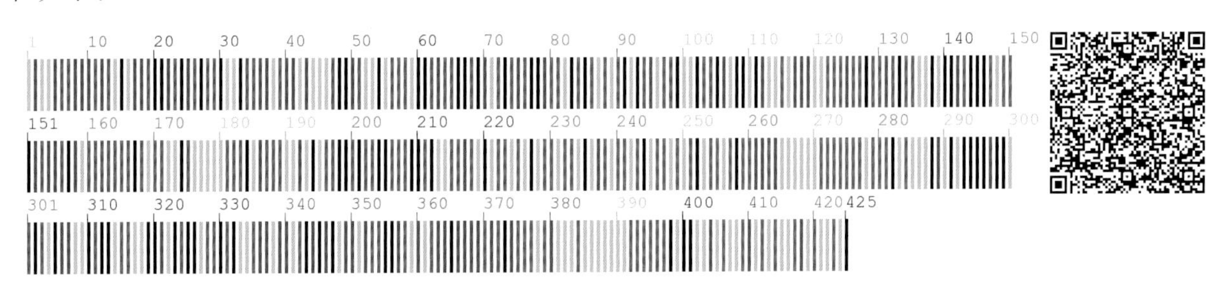

103 草地乌头 **Aconitum umbrosum** (Korsh.) Kom.

【别　　名】阴地乌头，白山乌头

【形态特征】多年生草本。高 90～110cm。直根。茎近直立，有光泽。基生叶有长柄，圆状肾形，掌状 5 深裂，裂片广卵形或菱形；茎生叶与基生叶形似。总状花序，花轴、花梗密生细卷毛；花黄色，盔瓣圆筒形，咀向下弯，边缘有纤毛；蜜叶有条形的爪，距呈螺旋状弯曲，唇短而直，先端微缺；雄蕊多数，花丝中下部加宽。蓇葖果。种子椭圆形，黑色，被膜质的鳞片。花期 8～9 月，果期 9～10 月。

【生　　境】生于林下、灌丛、林缘、沟谷、林间草地等处。常聚生成片。

【药用价值】块根入药。祛风除湿，散寒止痛。

【材料来源】吉林省通化市长白山，共 3 份，样本号 CBS280MT01～03。

【ITS2 序列特征】获得 ITS2 序列 3 条，比对后长度为 221bp，无变异位点。序列特征如下：

【*psbA-trnH* 序列特征】获得 *psbA-trnH* 序列 3 条，比对后长度为 325bp，无变异位点。序列特征如下：

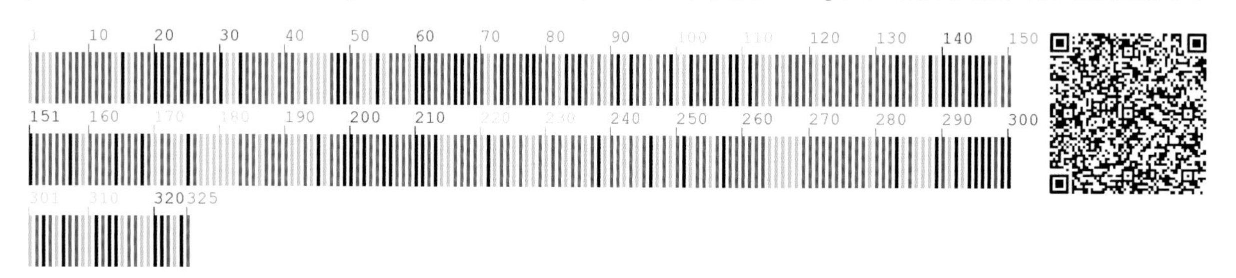

104 类叶升麻 **Actaea asiatica** H. Hara

【别　　名】绿豆升麻

【形态特征】多年生草本，高40～70cm。茎不分枝，基部具鳞片。茎生叶2～3，大型二至四回三出羽状复叶。顶生总状花序，花序轴上有短柔毛，开花时花序长约5cm，果熟时长约10cm，花梗水平伸出；苞片狭披针形；花小，白色；萼片4，匙形；雄蕊多数，花丝丝状；雌蕊1，子房狭卵形。浆果近球形，熟时黑色，直径6～7mm。花期5～6月，果期7～8月。

【生　　境】生于石质山坡、林下、杂木林缘等处。

【药用价值】根茎入药。祛风止咳，清热解毒。

【材料来源】吉林省通化市通化县，共3份，样本号CBS081MT01～03。

【ITS2序列特征】获得ITS2序列3条，比对后长度为221bp，无变异位点。序列特征如下：

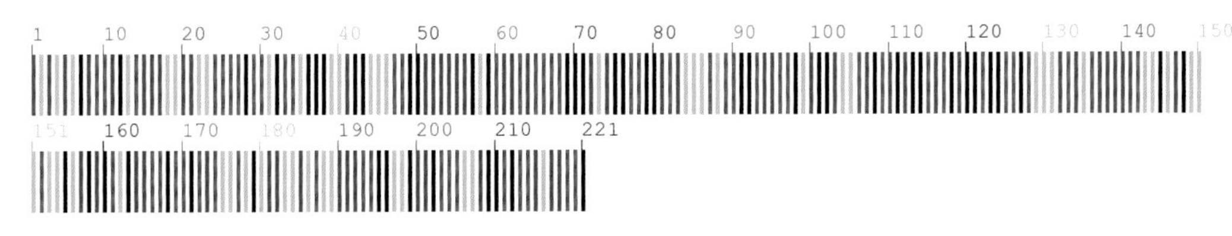

【*psbA-trnH*序列特征】获得*psbA-trnH*序列3条，比对后长度为515bp，有10个变异位点，分别为144位点、253位点G-A变异，191位点C-T变异，192位点T-G变异，323位点、454位点C-A变异，231位点、325位点、326位点、435位点为简并碱基；有2处插入/缺失，分别为319位点、321位点。序列特征如下：

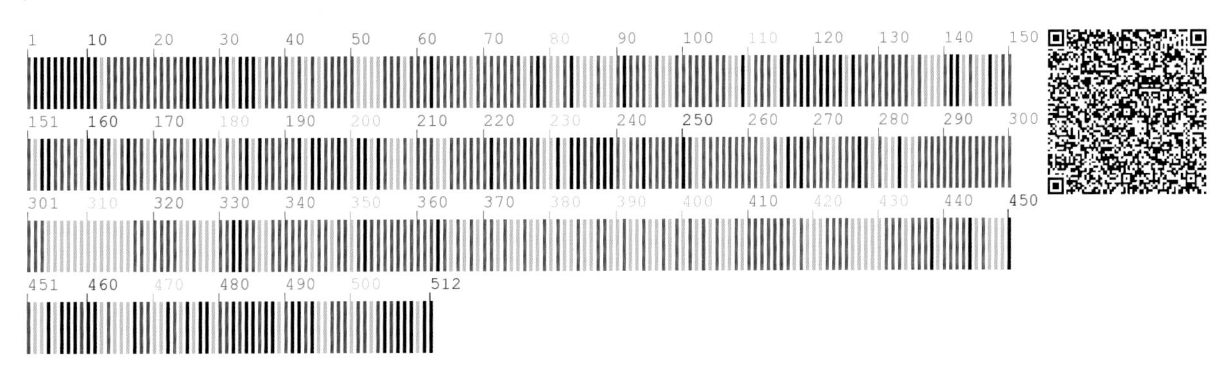

105 红果类叶升麻 **Actaea erythrocarpa** Fisch.

【形态特征】多年生草本，高 60～70cm。茎下部无毛，中上部有短柔毛。叶为三回羽状复叶，具长柄，柄长达 24cm；叶三角形，宽达 24cm。总状花序长约 6cm，花序轴及花梗密被短柔毛；萼片 4，倒卵状；花瓣匙形，长 2～3mm；雄蕊多数，长 5～6mm；心皮 1，长 2～3mm。浆果红色，直径 5～6mm。种子约 8 枚，长 3mm，宽 2mm，近黑色，干后表面粗糙。花期 5～6 月，果期 7～8 月。

【生　　境】生于高海拔林缘、林下及河岸湿地等处。

【药用价值】根茎、全草入药。祛风解表，清热镇咳。

【材料来源】吉林省通化市二道江区，共 3 份，样品号 CBS580MT01～03。

【ITS2 序列特征】获得 ITS2 序列 3 条，比对后长度为 221bp，无变异位点。序列特征如下：

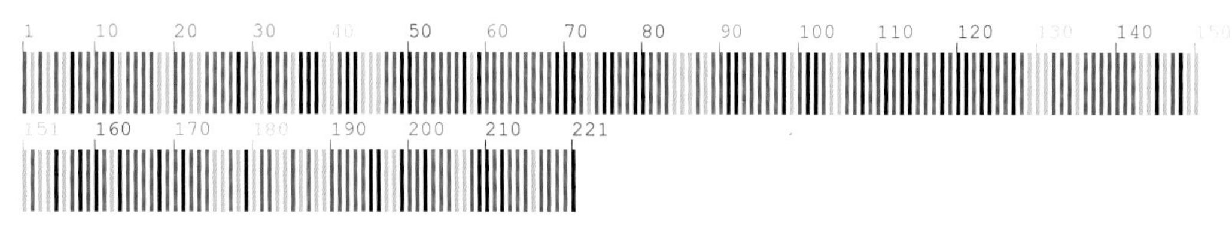

106 侧金盏花 **Adonis amurensis** Regel et Radde

【别　　名】福寿草，冰凉花，冰郎花

【形态特征】多年生草本，茎高达30cm。根状茎粗短，簇生黑色须根。茎少分枝。叶在花后伸展，正三角形，三回近羽状细裂。花单生于茎顶；萼片约为9，长圆形或倒卵状长圆形，黄色，略带紫色，与花瓣等长；花瓣约为10，长圆形，黄色，矩圆形或倒卵状矩圆形；雄蕊多数；心皮多数，子房有柔毛，具短花柱，柱头小，球形。瘦果倒卵状球形，有短柔毛，果喙弯曲成钩状。花期3～4月，果期4～5月。

【生　　境】生于山坡、草甸及林下较肥沃处。

【药用价值】全草入药。强心利尿。

【材料来源】吉林省通化市东昌区，共3份，样本号CBS005MT01～03。

【ITS2序列特征】获得ITS2序列3条，比对后长度为207bp，无变异位点。序列特征如下：

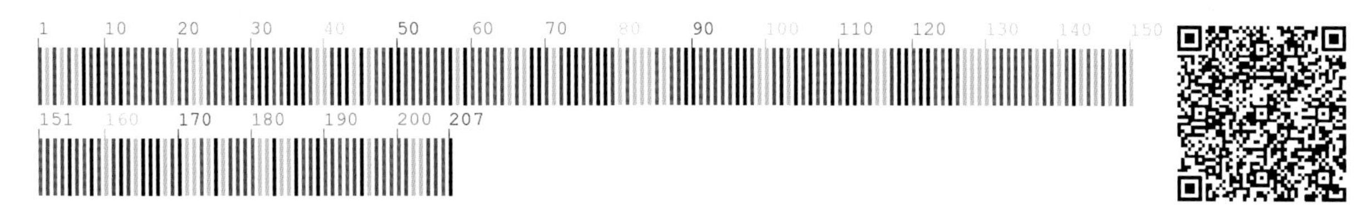

【*psbA-trnH*序列特征】获得*psbA-trnH*序列3条，比对后长度为363bp，无变异位点。序列特征如下：

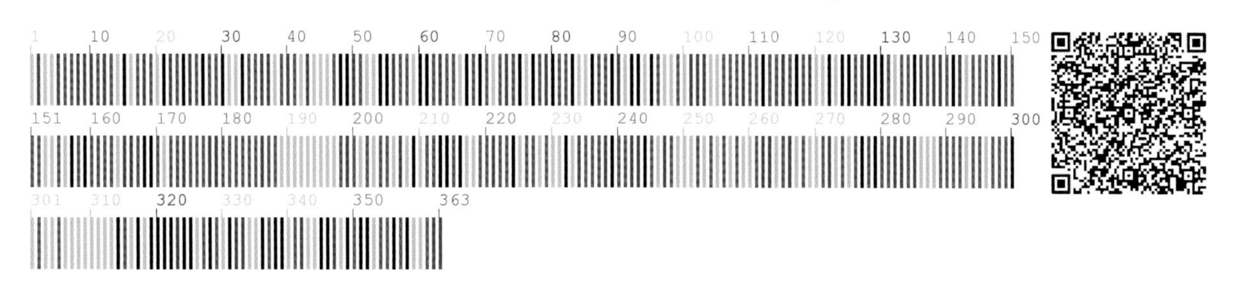

107 黑水银莲花 **Anemone amurensis** (Korsh.) Kom.

【别　　名】黑龙江银莲花，东北银莲花

【形态特征】高 20～25cm。根状茎横走，白色，质脆。基生叶 1～2，或不存在，有长柄；叶三角形，3 全裂，全裂片有细柄，中全裂片又 3 全裂。花葶无毛；苞片 3，叶状，有柄，3 全裂，中全裂片有短柄，卵状菱形，近羽状深裂，边缘有不规则锯齿，边缘有狭翅；花梗 1，萼片 6～10，白色，长圆形或倒卵状长圆形，顶端圆形，无毛；雄蕊长 4～6mm，花药椭圆形；心皮约 12，子房被柔毛，花柱长约为子房的 1/2，上部向外弯。花期 4～5 月，果期 5～6 月。

【生　　境】生于山地林下或灌丛下。常聚生成片。

【药用价值】全草入药。发汗解表，平喘。

【材料来源】吉林省通化市集安市，共 3 份，样本号 CBS007MT01～03。

【ITS2 序列特征】获得 ITS2 序列 2 条，比对后长度为 217bp，无变异位点。序列特征如下：

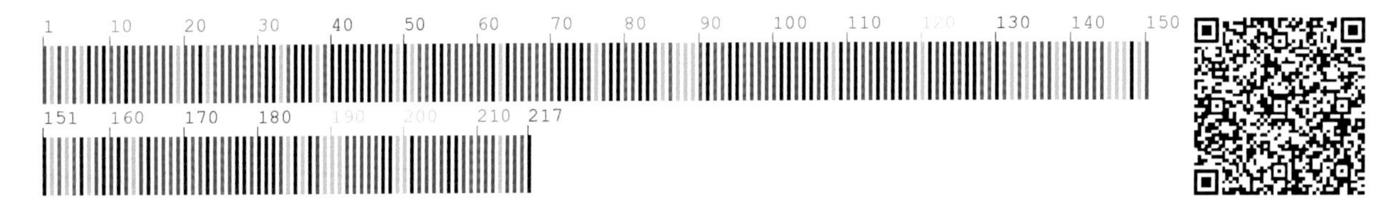

【*psbA-trnH* 序列特征】获得 *psbA-trnH* 序列 3 条，比对后长度为 246bp，无变异位点。序列特征如下：

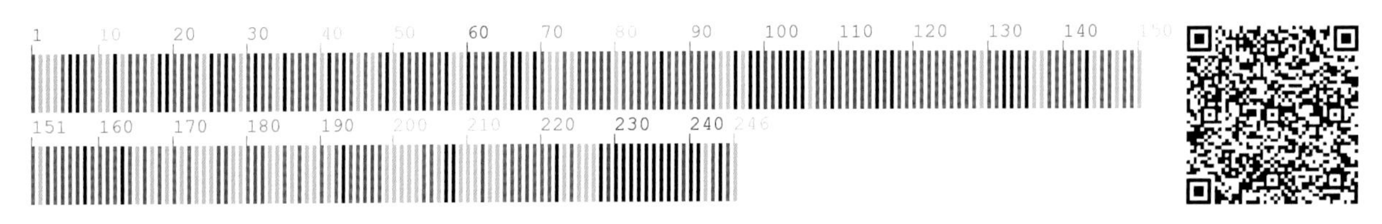

108　细茎银莲花　Anemone baicalensis var. rossii (S. Moore) Kitag.

【别　　名】小银莲花，朝鲜银莲花

【形态特征】多年生草本，高10～30cm。根状茎圆柱形。基生叶1，有长柄；叶圆肾形，3全裂，中全裂片菱状倒卵形，3裂至中部附近，二回裂片有线形小裂片，侧全裂片不等2深裂。苞片3，无柄，似基生叶；花梗1，疏被短柔毛；萼片5～7，白色，狭倒卵形，无毛或外面有疏柔毛；雄蕊长达3mm，花药狭椭圆形，花丝狭线形；心皮7～8，子房密被白色柔毛，花柱几不存在，柱头陀螺形。花期4～5月，果期5～6月。

【生　　境】生于山地林下或灌丛下。常聚生成片。

【药用价值】根茎入药。祛风湿，消痈肿。

【材料来源】吉林省通化市通化县，共3份，样本号CBS075MT01～03。

【ITS2序列特征】获得ITS2序列3条，比对后长度为211bp，无变异位点。序列特征如下：

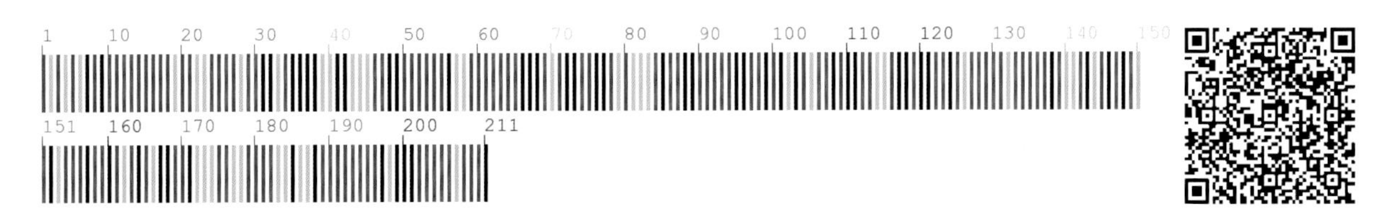

【*psbA-trnH*序列特征】获得*psbA-trnH*序列3条，比对后长度为360bp，无变异位点。序列特征如下：

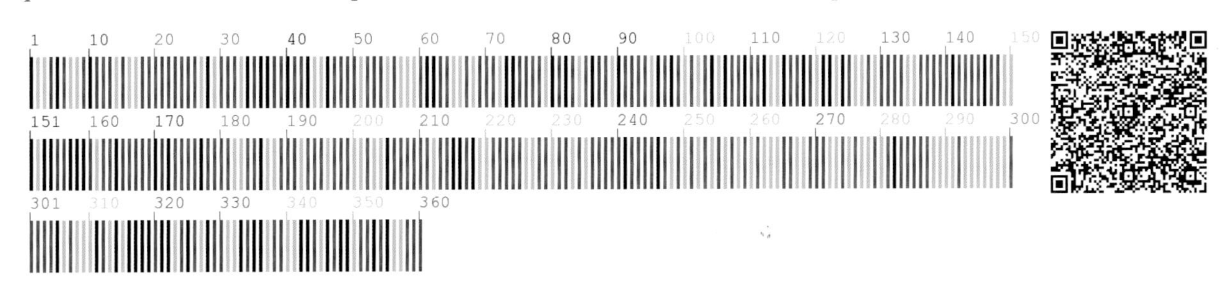

109 多被银莲花 **Anemone raddeana** Regel

【别　　名】红被银莲花，关东银莲花，两头尖

【形态特征】多年生草本，夏季地上部枯死。根状茎横走，圆柱形或纺锤形，两端稍尖，黑褐色。基生叶 1；叶为三出复叶，广卵形或近圆形，2～3 深裂，边缘有圆齿。苞片 3，轮生；花单生；花被多数，白色。瘦果狭卵形。

【生　　境】生于山地林下或阴湿草地。常聚生成片。

【药用价值】根茎入药。祛风湿，消痈肿。

【材料来源】吉林省通化市通化县，共 3 份，样本号 CBS923MT01～03。

【ITS2 序列特征】获得 ITS2 序列 3 条，比对后长度为 216bp，有 1 处插入 / 缺失，为 45 位点。序列特征如下：

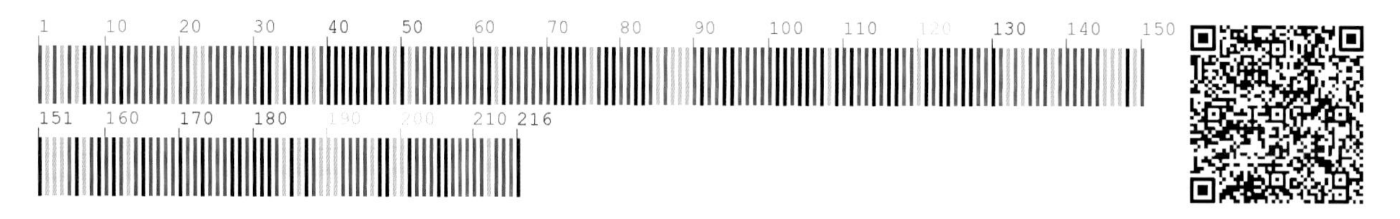

【*psbA-trnH* 序列特征】获得 *psbA-trnH* 序列 3 条，比对后长度为 226bp，无变异位点。序列特征如下：

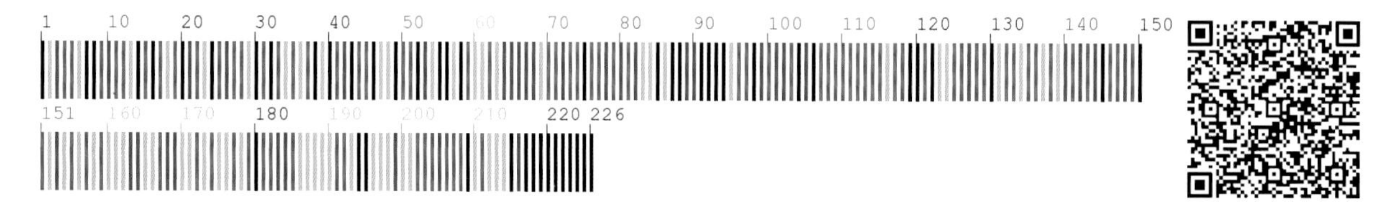

110 反萼银莲花 **Anemone reflexa** Stephan

【形态特征】多年生草本，高16～26cm。根状茎横走，近圆柱形，粗约4mm，节间长2～4mm。基生叶通常不存在。花葶无毛；苞片3～4，有柄，长1～1.9cm，叶状近五角形，3全裂，边缘有锯齿，侧全裂片不等2浅裂；花梗1至数个，密被短柔毛；萼片5或7，白色，披针状线形，开花时向下反折；花药椭圆形，顶端圆形；心皮约12，子房密被淡黄色短柔毛，花柱短，顶端有近球形小柱头。花期4～5月。

【生　　境】生于林下、林缘、灌丛等处。常聚生成片。

【药用价值】根茎入药。祛痰开窍，祛风化湿，健胃，解毒。

【材料来源】吉林省通化市集安市，共3份，样本号CBS013MT01～03。

【ITS2序列特征】获得ITS2序列3条，比对后长度为216bp，无变异位点。序列特征如下：

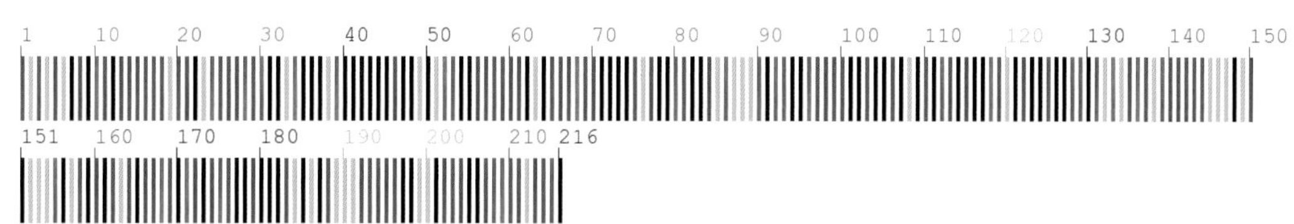

【*psbA-trnH*序列特征】获得*psbA-trnH*序列3条，比对后长度为246bp，无变异位点。序列特征如下：

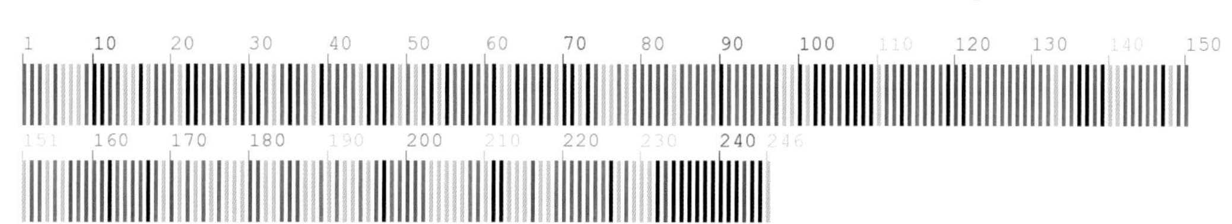

111 白山耧斗菜 **Aquilegia japonica** Nakai. et Hara

【形态特征】多年生草本。茎常单一，少分枝。叶均基生，具长柄，二回三出复叶。花葶高达25cm，疏被柔毛或近无毛；花序具1～3花；萼片蓝紫色，宽椭圆形，先端圆；花瓣蓝紫色，瓣片长圆形，上部淡黄色，下部蓝紫色，较花瓣稍短，距末端钩曲，蓝紫色；雄蕊长约9mm，花药近黑色，退化雄蕊长7mm；心皮5，无毛。蓇葖果长约2.4mm。花期7～8月，果期8～9月。

【生　　境】生于高山冻原带。

【药用价值】全草入药。止血。

【材料来源】吉林省延边朝鲜族自治州安图县，共3份，样品号CBS583MT01～03。

【**ITS2** 序列特征】获得ITS2序列3条，比对后长度为219bp，无变异位点。序列特征如下：

【*psbA-trnH* 序列特征】获得 *psbA-trnH* 序列3条，比对后长度为517bp，有10个变异位点，分别为11位点A-C变异，134位点、156位点、213位点、247位点、249位点、282位点T-C变异，200位点C-A变异，414位点C-T变异，267位点为简并碱基。序列特征如下：

112　尖萼耧斗菜　**Aquilegia oxysepala** Trautv. et C. A. Mey.

【别　　名】血见愁

【形态特征】多年生草本，高40～80cm。茎直立，上部多分枝。基生叶为二回三出复叶；茎生叶与基生叶相似。单歧聚伞花序，花下垂；萼片5，长圆状披针形或卵状披针形，紫红色；花瓣5，淡黄色，比萼片短，距末端弯曲成螺旋状或钩状；雄蕊多数，与花瓣近等长，花药黑色。蓇葖果长2～3cm，具喙。种子多数，狭卵形，黑色，有光泽。花期5～6月，果期7～8月。

【生　　境】生于山地杂木林下、林缘及林间草地等处。

【药用价值】全草入药。调经活血。

【材料来源】吉林省延边朝鲜族自治州安图县，共1份，样品号CBS806MT01。

【ITS2序列特征】获得ITS2序列1条，长度为219bp。序列特征如下：

【*psbA-trnH*序列特征】获得*psbA-trnH*序列1条，长度为500bp。序列特征如下：

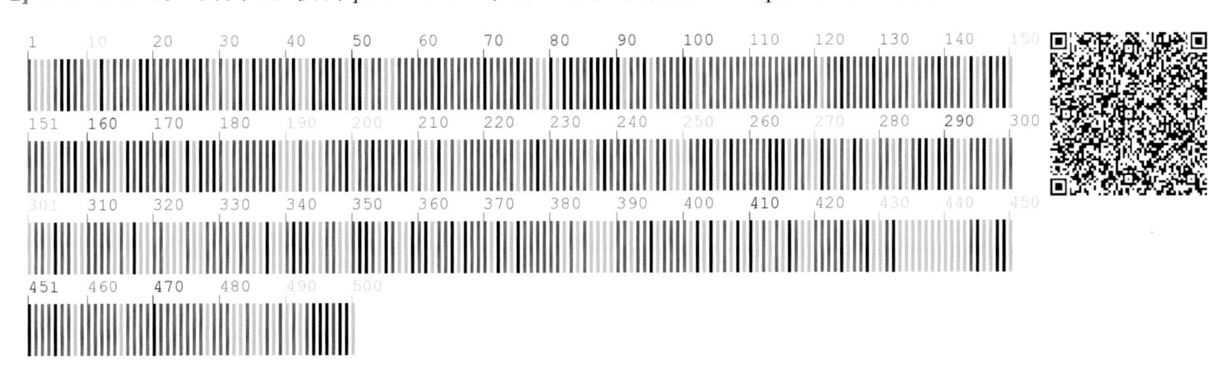

113 黄花尖萼耧斗菜 Aquilegia oxysepala f. pallidiflora (Nakai) Kitag.

【形态特征】一年生草本。茎直立，上部分枝，无毛或疏生毛。基生叶为二回三出复叶；茎生叶与基生叶相似。单歧聚伞花序，花数朵，苞片小，花下垂；萼片 5，长圆状披针形或卵状披针形；花瓣 5，距末端弯曲成螺旋状或钩状，萼片及花瓣均为黄白色；雄蕊多数，与花瓣近等长，花药黑色，退化雄蕊约 10；心皮 5。蓇葖果长 2～3cm，具喙，稍外弯，果皮上有明显脉纹。种子多数，狭卵形，黑色，有光泽。花期 5～6 月，果期 7～8 月。

【生　　境】生于山地杂木林下、林缘及林间草地等处。

【药用价值】全草入药。调经活血。

【材料来源】吉林省通化市东昌区，共 3 份，样本号 CBS199MT01～03。

【ITS2 序列特征】获得 ITS2 序列 3 条，比对后长度为 219bp，无变异位点。序列特征如下：

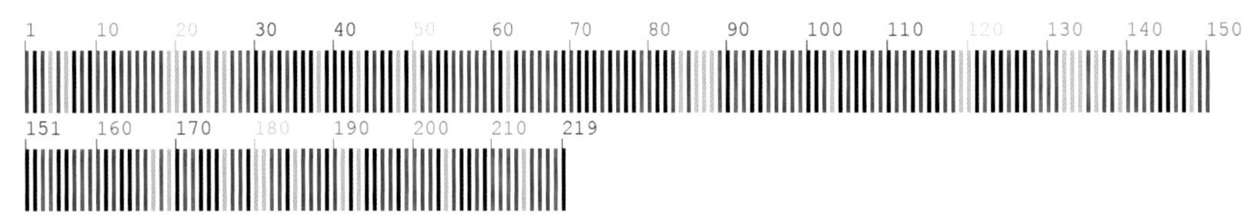

【*psbA-trnH* 序列特征】获得 *psbA-trnH* 序列 3 条，比对后长度为 495bp，无变异位点。序列特征如下：

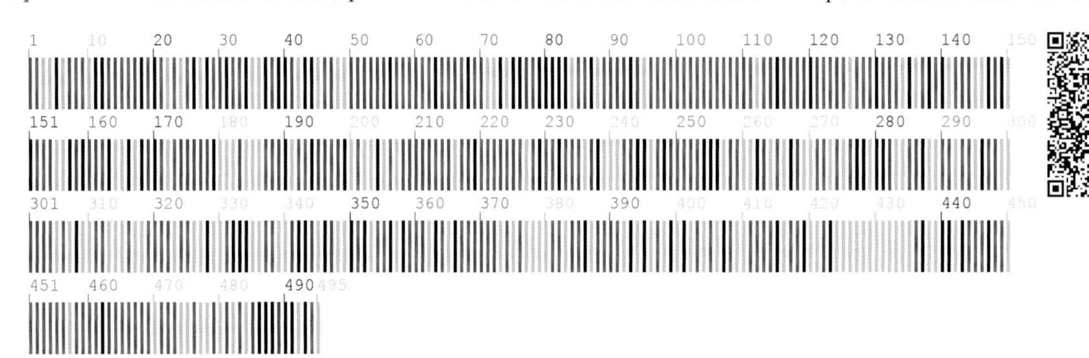

114 耧斗菜　Aquilegia viridiflora Pall.

【别　　名】漏斗菜，血见愁

【形态特征】多年生草本，高 40～90cm。茎直立，上部分枝，有短柔毛和腺毛。基生叶有长柄，二回三出复叶；茎生叶较小，与基生叶同形。单歧聚伞花序，有 3～7 花；萼片 5，黄绿色；花瓣 5，黄绿色，瓣片顶端近截形，距不弯曲；雄蕊伸出，多数，退化雄蕊膜质；子房密生腺毛，花柱与子房近等长。花期 4～5 月，果期 6 月。

【生　　境】生于石质山坡、林缘、路旁和疏林下。

【药用价值】全草入药。清热解毒，调经止血。

【材料来源】吉林省通化市二道江区，共 3 份，样本号 CBS028MT01～03。

【ITS2 序列特征】获得 ITS2 序列 3 条，比对后长度为 219bp，有 1 个变异位点，为 68 位点 T-C 变异。序列特征如下：

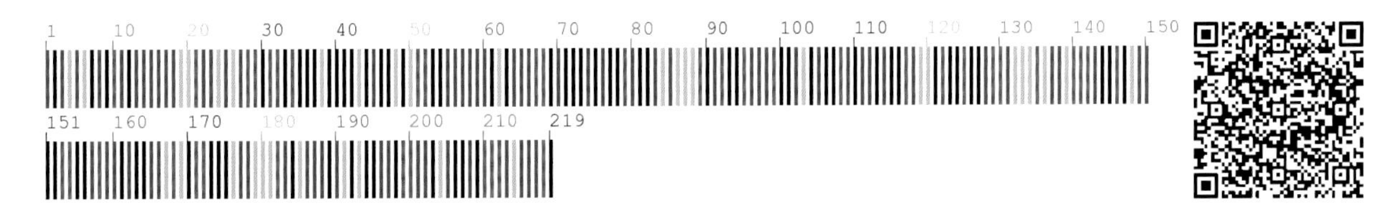

【*psbA-trnH* 序列特征】获得 *psbA-trnH* 序列 3 条，比对后长度为 511bp，有 2 个变异位点，分别为 144 位点 C-T 变异、245 位点 T-C 变异。序列特征如下：

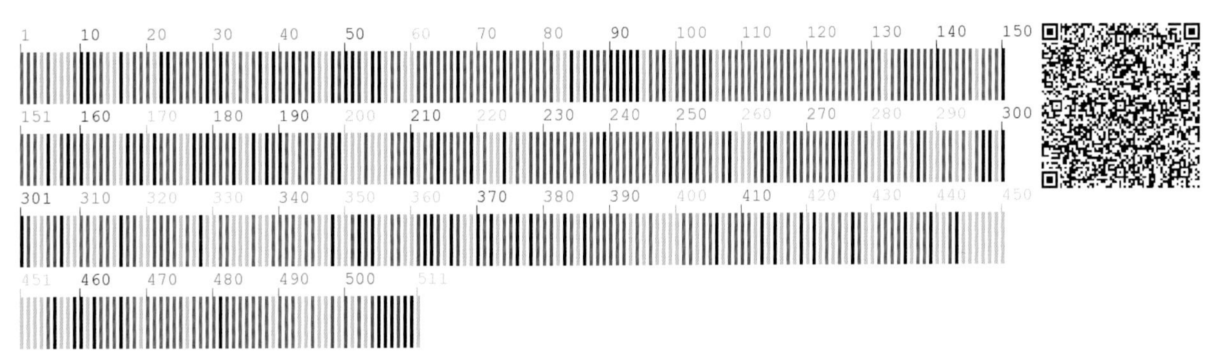

115 膜叶驴蹄草 **Caltha palustris** var. **membranacea** Turcz.

【别　　名】薄叶驴蹄草

【形态特征】多年生草本，高 10～40cm。须根发达。茎直立。基生叶丛生，具长柄，柄长达 20cm 以上，基部展宽成干膜质鞘；叶质薄，干时色暗，叶缘具明显的牙齿。花生于茎顶或各分枝的顶端；萼片 5～6，黄色；心皮 4～13，圆柱形，镰刀状弯曲。果喙明显，外弯。种子多数，卵状球形，褐色。花期 5～6 月，果期 7 月。

【生　　境】生于林下阴湿地、河边、沼泽及草甸等处。

【药用价值】全草、根入药。清热解毒，散风除寒，利湿止痛。

【材料来源】吉林省通化市集安市，共 3 份，样本号 CBS012MT01～03。

【ITS2 序列特征】获得 ITS2 序列 3 条，比对后长度为 220bp，无变异位点。序列特征如下：

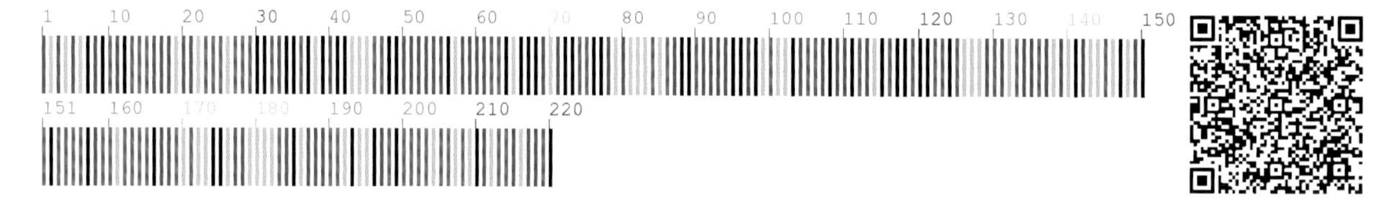

【*psbA-trnH* 序列特征】获得 *psbA-trnH* 序列 3 条，比对后长度为 398bp，无变异位点。序列特征如下：

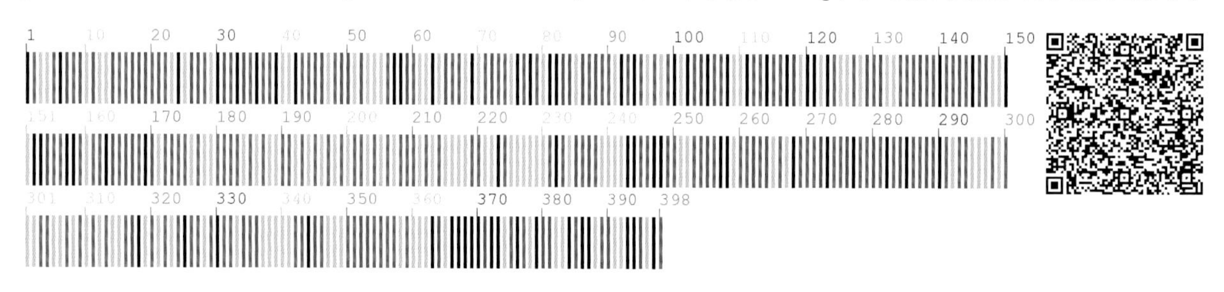

116 兴安升麻 **Cimicifuga dahurica** (Turcz. ex Fisch. et C. A. Mey.) Maxim.

【别　　名】升麻，东北升麻，窟窿牙根，地龙芽

【形态特征】多年生草本，高 1～1.5m。根状茎粗大，横走，黑褐色。茎单一，无毛。二至三回羽状复叶，叶卵形，渐尖；顶生小叶常 3 裂且具羽状缺刻。花序常分枝呈圆锥状，花单性，雌雄异株，下部二回分枝；雌花序较小，一回分枝；苞片条形；萼片 4～5；雄花具多数雄蕊，顶端二叉状，上带空花药；雌花有离生心皮 3～7，子房密被短毛。蓇葖果有短柄。花期 7～8 月，果期 8～9 月。

【生　　境】生于山坡、林缘、疏林下、草甸、灌丛、河岸边等处。

【药用价值】根茎入药。发表透疹，清热解毒，升阳举陷。

【材料来源】吉林省通化市通化县，共 3 份，样本号 CBS399MT01～03。

【ITS2 序列特征】获得 ITS2 序列 3 条，比对后长度为 219bp，无变异位点。序列特征如下：

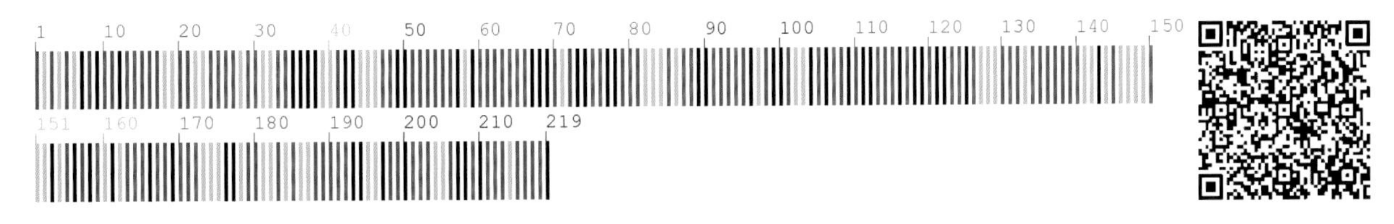

【*psbA-trnH* 序列特征】获得 *psbA-trnH* 序列 3 条，比对后长度为 437bp，有 1 个变异位点，为 12 位点 C-A 变异。序列特征如下：

117 大三叶升麻 **Cimicifuga heracleifolia** Kom.

【别　　名】升麻，牤牛卡架，窟窿牙根

【形态特征】多年生草本，高 1m 或更高。根状茎粗壮，表面黑色，有许多下陷圆洞。茎下部叶为二回三出复叶，顶端 3 浅裂；茎上部叶通常为一回三出复叶。花序具 2～9 条分枝；苞片钻形；萼片黄白色，倒卵状圆形至宽椭圆形；退化雄蕊椭圆形，顶部白色，近膜质，通常全缘；花丝丝形；心皮 3～5。蓇葖果。种子 2。花期 7～8 月，果期 8～9 月。

【生　　境】生于山坡、林缘、疏林下及河岸草地等处。

【药用价值】根茎入药。发表透疹，清热解毒，升举阳气。

【材料来源】吉林省通化市东昌区，共 2 份，样本号 CBS415MT01、CBS415MT02。

【ITS2 序列特征】获得 ITS2 序列 2 条，比对后长度为 218bp，无变异位点。序列特征如下：

【*psbA-trnH* 序列特征】获得 *psbA-trnH* 序列 1 条，长度为 427bp。序列特征如下：

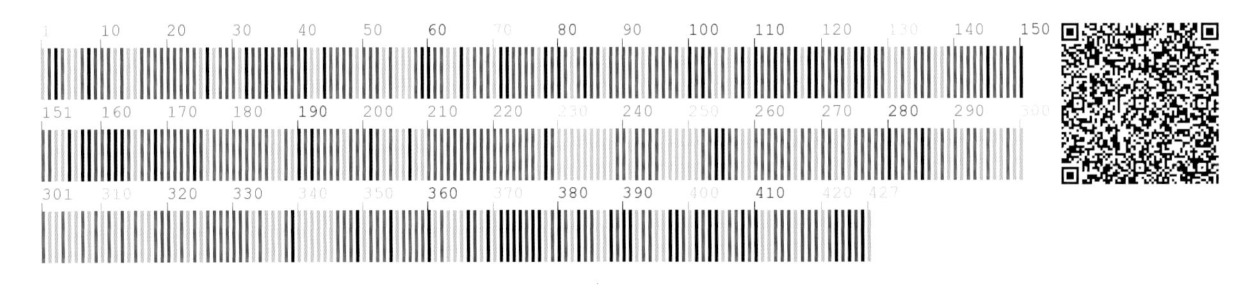

118 单穗升麻 Cimicifuga simplex (DC.) Wormsk. ex Turcz.

【别　　名】窟窿牙

【形态特征】多年生草本，高1～1.5m。根状茎粗大，横走，黑褐色。茎单一。茎下部叶有长柄，二至三回三出或近羽状复叶；茎上部叶较小，一至二回三出或羽状复叶。总状花序不分枝或基部稍有短分枝。萼片白色；退化雄蕊卵形或椭圆形，先端膜质，二浅裂；雄蕊多数，花药黄白色；心皮2～7。蓇葖果长椭圆状球形，具柄。种子椭圆状球形。花期8～9月，果期9～10月。

【生　　境】生于山坡湿草地、灌丛中、河岸边。

【药用价值】根茎入药。散风解毒，升阳透疹。

【材料来源】吉林省通化市通化县，共3份，样本号CBS398MT01～03。

【ITS2序列特征】获得ITS2序列3条，比对后长度为219bp，无变异位点。序列特征如下：

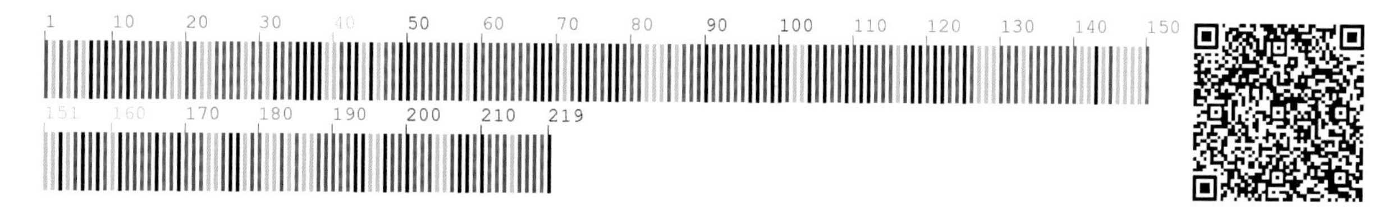

【*psbA-trnH*序列特征】获得*psbA-trnH*序列2条，比对后长度为425bp，有1个变异位点，为372位点A-G变异。序列特征如下：

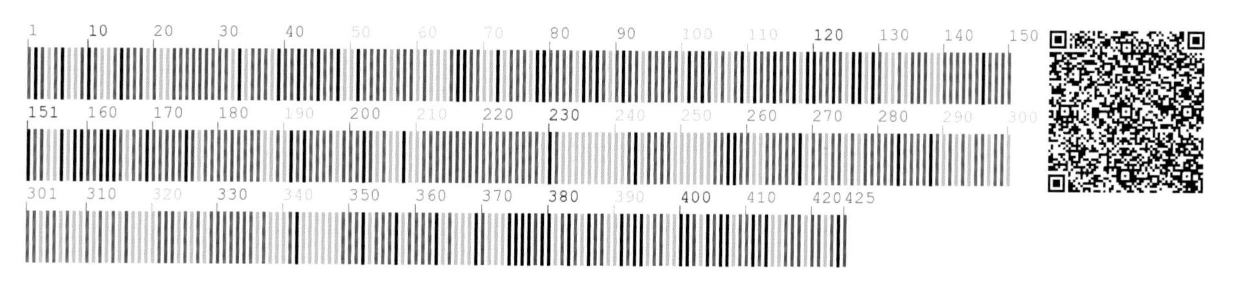

119 短尾铁线莲 Clematis brevicaudata DC.

【别　　名】林地铁线莲

【形态特征】木质藤本。枝被柔毛。二回羽状复叶或二回三出复叶，小叶不裂或3浅裂。花序腋生并顶生，4～25花；苞片卵形；萼片4，白色，开展，倒卵状长圆形；雄蕊无毛，花药窄长圆形，顶端钝。瘦果椭圆形，被毛；宿存花柱长1.2～2cm，羽毛状。花期7～8月，果期8～9月。

【生　　境】生于山坡疏林内、林缘及灌丛等处。

【药用价值】根茎入药。除湿热，壮筋骨。

【材料来源】吉林省延边朝鲜族自治州和龙市，共3份，样品号 CBS575MT01～03。

【ITS2 序列特征】获得 ITS2 序列 3 条，比对后长度为 218bp，无变异位点。序列特征如下：

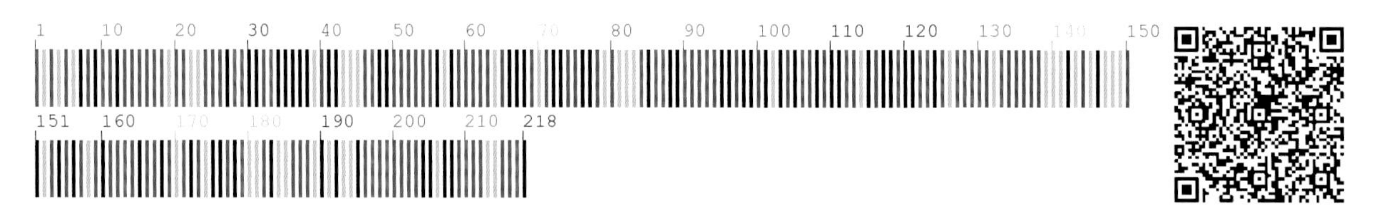

【*psbA-trnH* 序列特征】获得 *psbA-trnH* 序列 2 条，比对后长度为 479bp，无变异位点。序列特征如下：

120 褐毛铁线莲 Clematis fusca Turcz.

【别　　名】褐花铁线莲，紫萼铁线莲

【形态特征】多年生草质藤本。根棕黄色，有膨大的节，节上有密集的侧根。茎表面暗棕色或紫红色，有纵的棱状凸起及沟纹。羽状复叶，顶端小叶有时变成卷须；萼片 4，卵圆形或长方状椭圆形，外面被紧贴的褐色短柔毛，内面淡紫色，无毛；雄蕊较萼片为短。瘦果扁平，棕色，宽倒卵形，边缘增厚，被稀疏短柔毛；宿存花柱长达 3cm，被开展的黄色柔毛。花期 6～7 月，果期 8～9 月。

【生　　境】生于海拔 500～1000m 的山坡、林边及杂木林中或草坡上。

【药用价值】全草、根入药。全草：活血祛瘀，消肿止痛；根：祛风湿，调经。

【材料来源】吉林省延边朝鲜族自治州敦化市，共 3 份，样本号 CBS306MT01～03。

【ITS2 序列特征】获得 ITS2 序列 3 条，比对后长度为 222bp，无变异位点。序列特征如下：

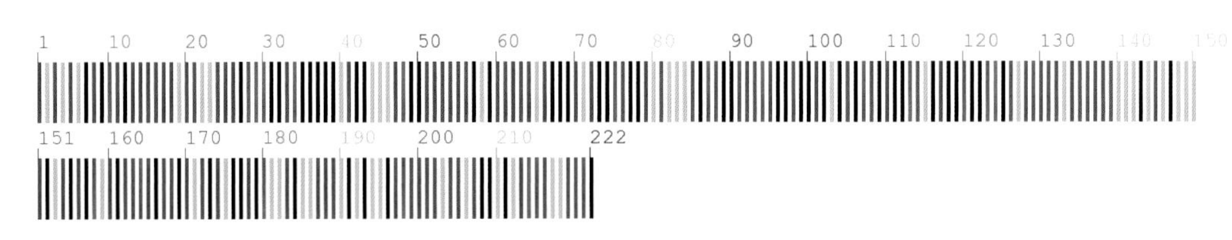

【*psbA-trnH* 序列特征】获得 *psbA-trnH* 序列 3 条，比对后长度为 361bp，有 1 处插入 / 缺失，为 343 位点。序列特征如下：

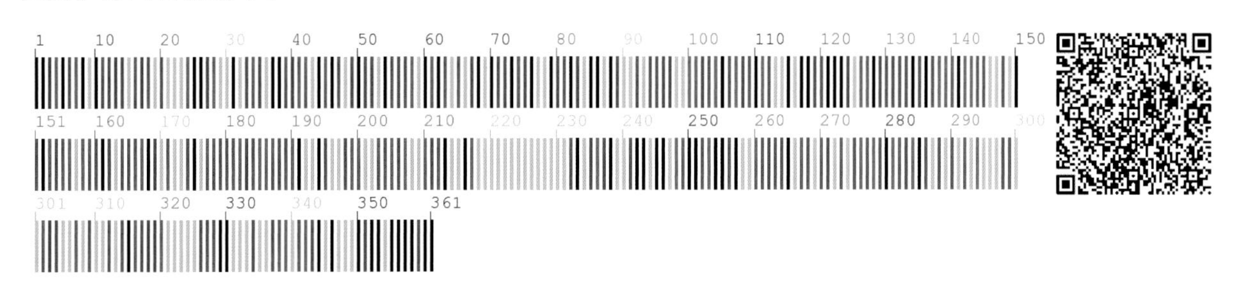

121 大叶铁线莲 **Clematis heracleifolia** DC.

【别　　名】卷萼铁线莲

【形态特征】直立草本或半灌木。茎粗壮，有明显的纵条纹。三出复叶，顶生小叶柄长，侧生者短。聚伞花序顶生或腋生，每花下有一线状披针形苞片；花杂性，雄花与两性花异株；萼片4，蓝紫色，顶端常反卷，内面无毛，外面有白色厚绢状短柔毛，边缘密生白色绒毛；雄蕊长约1cm；心皮被白色绢状毛。瘦果卵圆形，两面凸起，长约4mm，红棕色，被短柔毛；宿存花柱丝状，长达3cm，有白色长柔毛。花期8～9月，果期10月。

【生　　境】生于山坡沟谷、林边及路旁灌丛中等处。

【药用价值】全草入药。祛风除湿，解毒消肿。

【材料来源】辽宁省丹东市宽甸满族自治县，共1份，样品号 CBS581MT02。

【ITS2 序列特征】获得 ITS2 序列 1 条，长度为 218bp。序列特征如下：

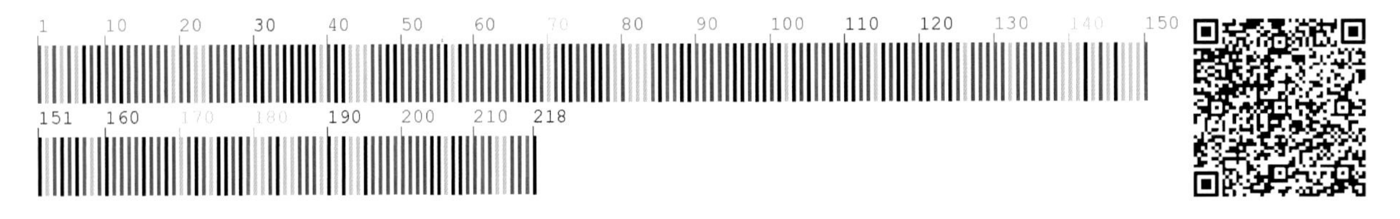

【*psbA-trnH* 序列特征】获得 *psbA-trnH* 序列 1 条，长度为 434bp。序列特征如下：

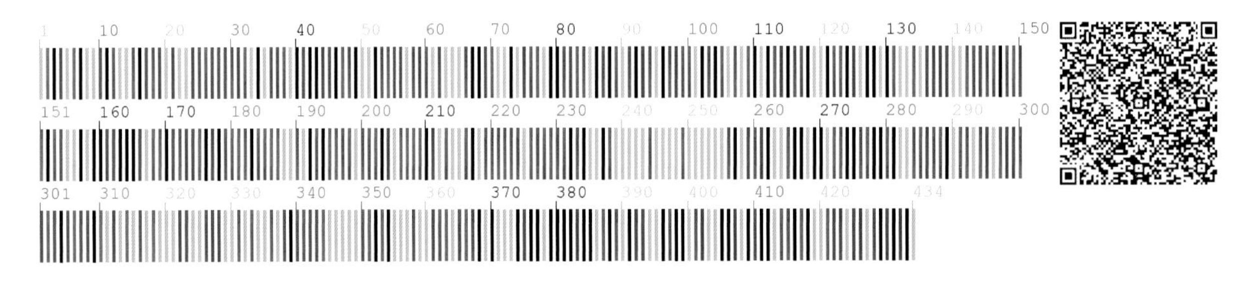

122 棉团铁线莲 **Clematis hexapetala** Pall.

【别　　名】山蓼铁线莲，山蓼，棉花花，棉桃铁线莲

【形态特征】多年生草本，直立，高40～120cm。根状茎上密生黑褐色长根。茎圆柱形，有纵条纹。叶一至二回羽状深裂，裂片线状披针形。聚伞花序或复聚伞花序，或为单生，花梗被毛；苞片线状披针形；萼片6，稀4或8，倒卵状长圆形或狭倒卵形，白色，外面密生绵毛，花蕾时毛更密，似棉球；雄蕊无毛，花丝细长。瘦果倒卵形，长约4mm，被柔毛，先端有宿存花柱。花期6～8月，果期7～10月。

【生　　境】生于干燥的山坡、草地及灌丛中。

【药用价值】根及根茎入药。祛风除湿，通经活络。

【材料来源】吉林省通化市东昌区，共3份，样本号CBS221MT01～03。

【ITS2序列特征】获得ITS2序列3条，比对后长度为220bp，无变异位点。序列特征如下：

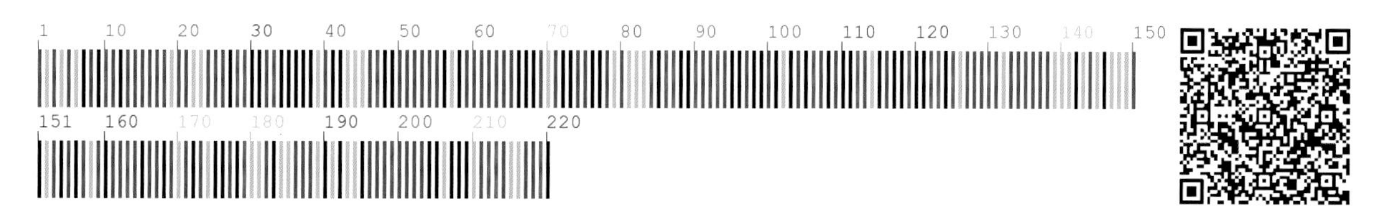

【*psbA-trnH*序列特征】获得*psbA-trnH*序列3条，比对后长度为343bp，无变异位点。序列特征如下：

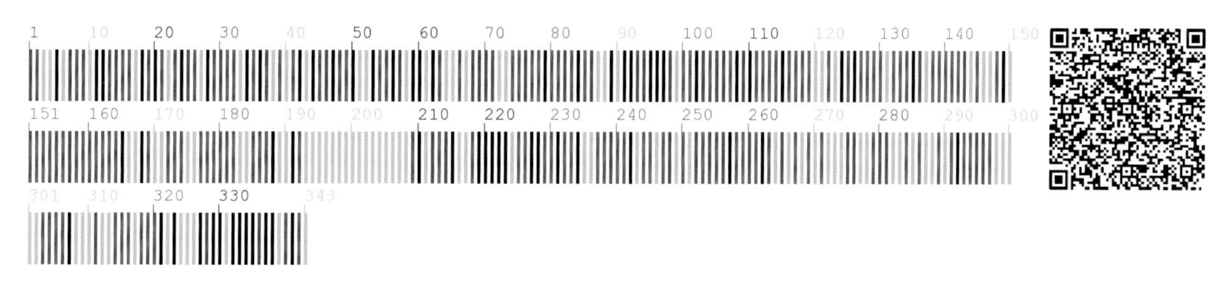

123 齿叶铁线莲 **Clematis serratifolia** Rehd.

【形态特征】多年生草质藤本。茎绿色带紫褐色，有明显纵条纹。二回三出复叶，小叶宽披针形，边缘有不整齐的锯齿状牙齿，两面无毛。聚伞花序腋生，有 3 花；小苞片小，叶状；萼片 4，黄色，顶端尖，常呈钩状弯曲；花药长圆形，无毛。瘦果椭圆形，两端稍尖，被柔毛；宿存花柱长约 3cm，有长柔毛。花期 8 月，果期 9～10 月。

【生　　境】生于海拔 400m 左右的山地林下、路旁干燥地以及河套卵石地。

【药用价值】根茎入药。祛风利湿，利尿止泻。

【材料来源】吉林省通化市二道江区，共 3 份，样品号 CBS574MT01～03。

【ITS2 序列特征】获得 ITS2 序列 3 条，比对后长度为 227bp，无变异位点。序列特征如下：

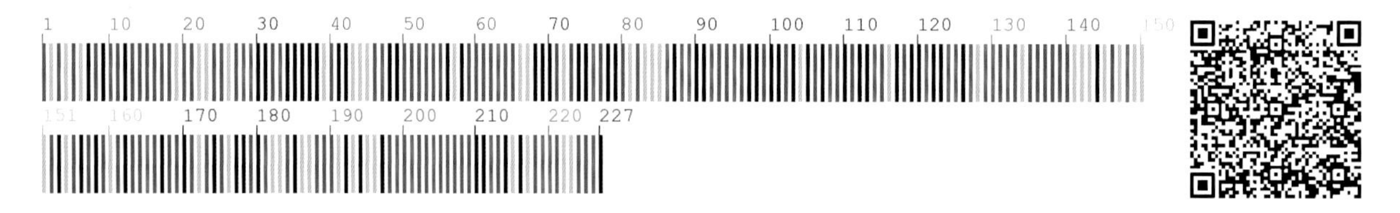

【*psbA-trnH* 序列特征】获得 *psbA-trnH* 序列 2 条，比对后长度为 411bp，有 2 处插入 / 缺失，分别为 45 位点、260 位点。序列特征如下：

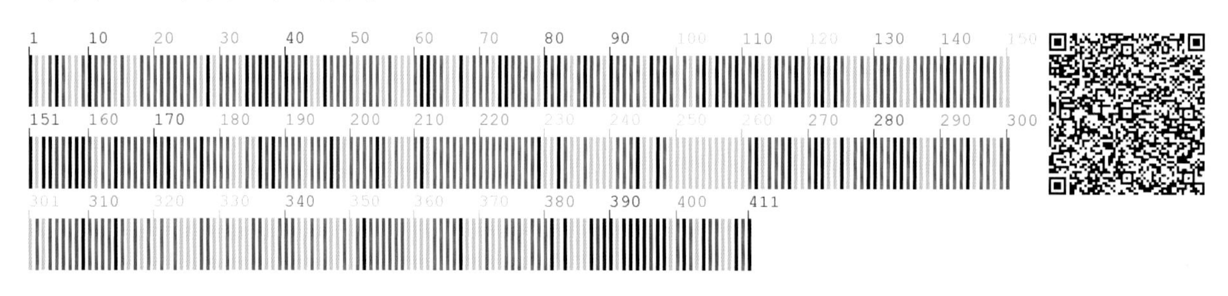

124 半钟铁线莲 **Clematis sibirica** var. **ochotensis** (Pall.) S. H. Li et Y. Hui Huang

【别　　名】高山铁线莲

【形态特征】木质藤本。茎圆柱形，幼时浅黄绿色，老后淡棕色至紫红色。三出至二回三出复叶，叶先端钝尖，上部边缘有粗牙齿。花单生于当年生枝顶，钟状；萼片 4，蓝紫色；雄蕊短于退化雄蕊，花丝线形而中部较宽，边缘被毛，花药内向着生；心皮 30～50，被柔毛。瘦果倒卵形，棕红色，微被淡黄色短柔毛；宿存花柱长达 4～4.5cm。花期 5～6 月，果期 7～8 月。

【生　　境】生于海拔 600～1200m 的山谷、林边及灌丛中。

【药用价值】根入药。祛风湿。

【材料来源】吉林省白山市临江市，共 3 份，样本号 CBS300MT01～03。

【ITS2 序列特征】获得 ITS2 序列 3 条，比对后长度为 218bp，无变异位点。序列特征如下：

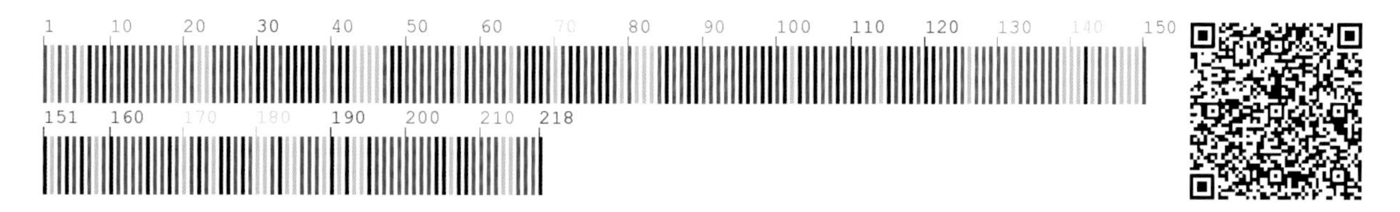

【*psbA-trnH* 序列特征】获得 *psbA-trnH* 序列 3 条，比对后长度为 362bp，有 1 处插入 / 缺失，为 345 位点。序列特征如下：

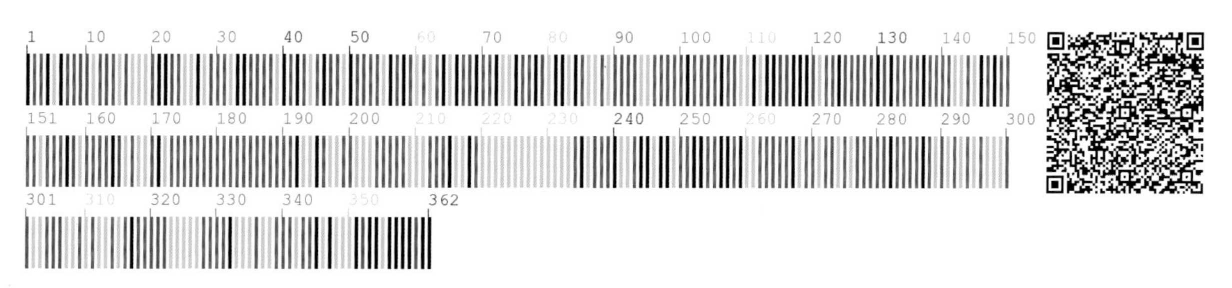

125 辣蓼铁线莲 **Clematis terniflora** var. **mandshurica** (Rupr.) Ohwi

【别　　名】东北铁线莲，山辣椒秧子，威灵仙

【形态特征】多年生草质藤本，长达 1m。茎圆柱形，有细棱。一至二回羽状复叶，小叶卵形或披针状卵形。圆锥花序；花梗近基部生 1 对小苞片，线状披针形，被硬毛；萼片 4～5，白色，长圆形至倒卵状长圆形，沿边缘密被白色绒毛；雄蕊多数，比萼片短；心皮多数，被白色柔毛。瘦果卵形，扁平，先端有宿存花柱，弯曲，被有白色柔毛。花期 6～8 月，果期 7～9 月。

【生　　境】生于山坡灌丛、杂木林缘或林下。

【药用价值】根及根茎入药。祛风湿，通经络，止痛。

【材料来源】吉林省通化市东昌区，共 3 份，样本号 CBS225MT01～03。

【ITS2 序列特征】获得 ITS2 序列 3 条，比对后长度为 220bp，无变异位点。序列特征如下：

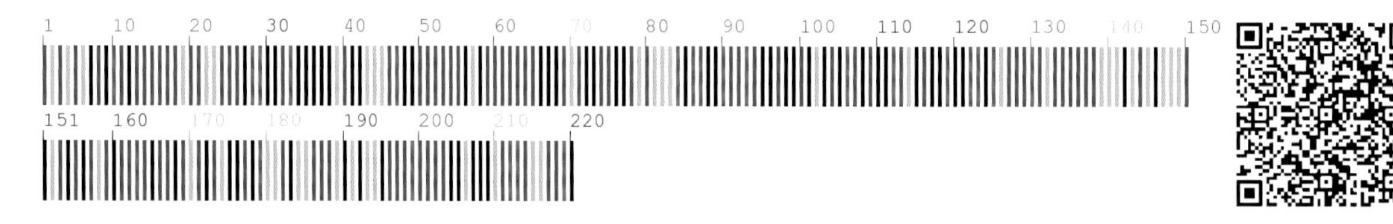

【*psbA-trnH* 序列特征】获得 *psbA-trnH* 序列 3 条，比对后长度为 345bp，有 1 处插入 / 缺失，为 321 位点。序列特征如下：

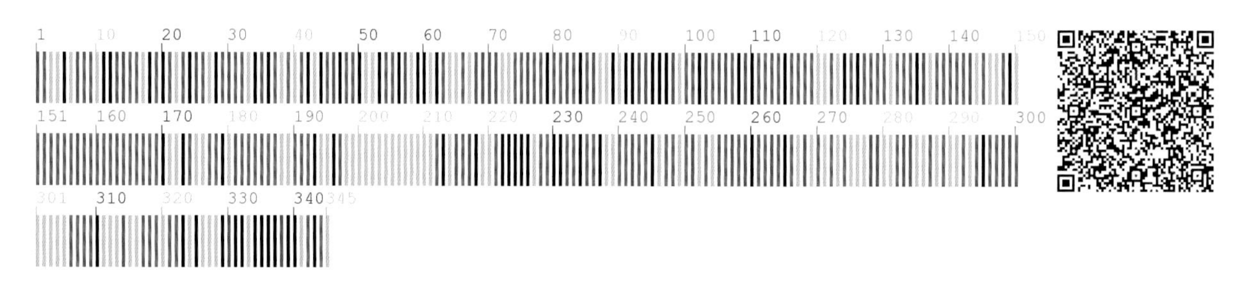

126 翠雀 Delphinium grandiflorum L.

【别　　名】飞燕草，大花飞燕草，蓝蝴蝶

【形态特征】多年生草本，高 35～65cm。茎被反曲而贴伏的短柔毛。基生叶与茎下部叶具长柄，3 深裂，中央裂片全裂。总状花序，具 3～15 朵花；花序轴及花梗密被贴伏的白色短柔毛；萼片 5，蓝紫色，椭圆形；距钻形，直或末端稍下弯；花瓣蓝色，无毛，顶端圆形；退化雄蕊蓝色，瓣片广椭圆形，先端微凹下，腹面中央有黄色髯毛；雄蕊多数；心皮 3。直立。种子倒卵状四面体形。花期 6 月，果期 7 月。

【生　　境】生于山坡草地。

【药用价值】全草、根入药。清热泻火，止痛，除湿，止痒。

【材料来源】吉林省白山市长白朝鲜族自治县，共 3 份，样本号 CBS582MT01～03。

【ITS2 序列特征】获得 ITS2 序列 3 条，比对后长度为 220bp，有 2 个变异位点，分别为 87 位点 C-T 变异、170 位点 C-T 变异。序列特征如下：

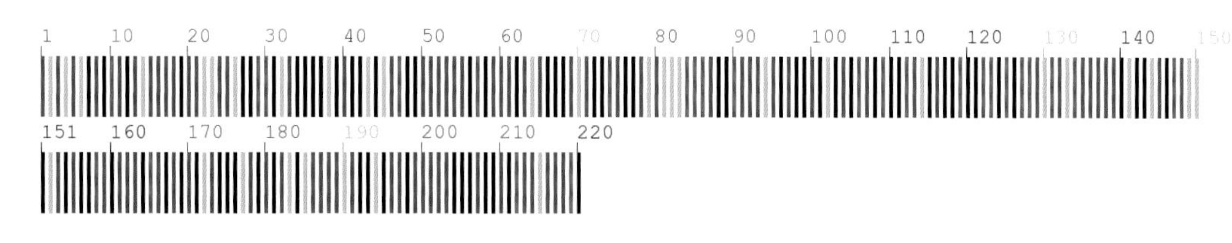

【*psbA-trnH* 序列特征】获得 *psbA-trnH* 序列 3 条，比对后长度为 365bp，无变异位点。序列特征如下：

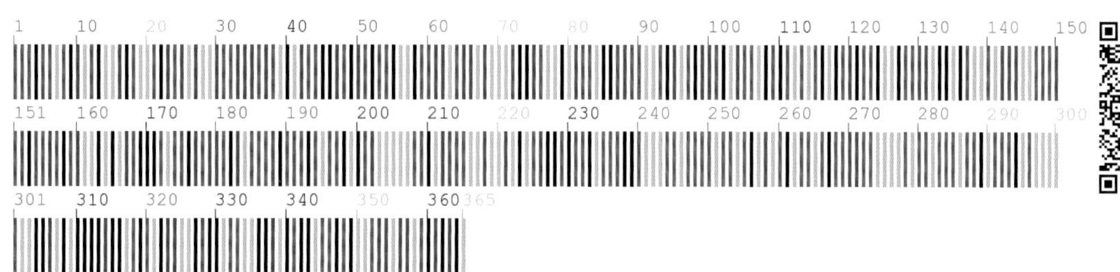

127 宽苞翠雀花 **Delphinium maackianum** Regel

【别　　名】马氏飞燕草，乌头叶翠雀

【形态特征】多年生直立草本，高达 1.5m。单叶互生，叶圆状肾形或近似五角形，掌状 5 深裂。顶生总状花序狭长，花多数；花序轴及花梗密被开展的黄色腺毛；总苞片叶状，花梗长 1.3～4cm；萼片 5，卵形或椭圆状倒卵形，蓝紫色，长约 1.3cm，宽约 0.8cm，上萼片基部伸长成距，长 1.5～2cm，钻形，水平向后伸展，被短腺毛；花瓣黑褐色，无毛；退化雄蕊黑褐色，瓣片与爪等长，卵形；雄蕊多数，花药蓝黑色；心皮 3。蓇葖果长约 1.4cm。种子四面体形。花期 7～8 月，果期 8～9 月。

【生　　境】生于山坡林下、林缘或灌丛中。

【药用价值】根入药。解表，止痛调经。

【材料来源】吉林省通化市二道江区，共 1 份，样本号 CBS577MT01。

【ITS2 序列特征】获得 ITS2 序列 1 条，长度为 220bp。序列特征如下：

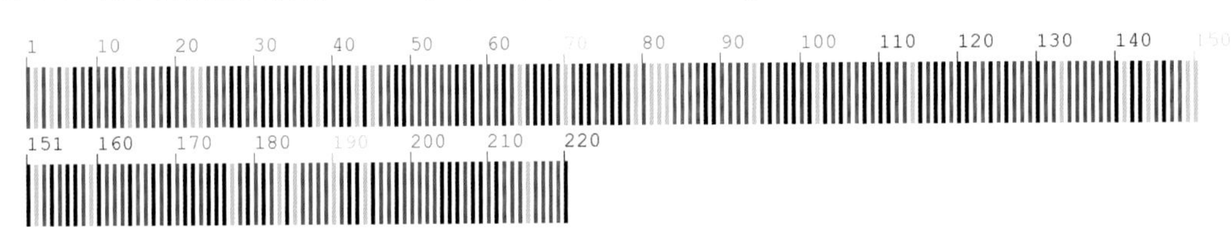

【*psbA-trnH* 序列特征】获得 *psbA-trnH* 序列 1 条，长度为 366bp。序列特征如下：

128 菟葵 **Eranthis stellata** Maxim.

【形态特征】多年生草本。根状茎球形，直径8～11mm。基生叶1或不存在，有长柄；叶圆肾形，3全裂。花葶高达20cm，无毛；苞片在开花时尚未完全展开，深裂成披针形或线状披针形的小裂片；花瓣约10，漏斗形，基部渐狭成短柄，上部二叉状；雄蕊无毛；心皮6～9，与雄蕊近等长，子房通常有短毛。蓇葖果星状展开。种子暗紫色，近球形，种皮表面有皱纹。花期4～5月，果期5～6月。

【生　境】生于山地、沟谷、林缘及杂木林下。常聚生成片。

【药用价值】茎、苗入药。利尿通淋。

【材料来源】吉林省通化市集安市，共3份，样本号CBS018MT01～03。

【ITS2序列特征】获得ITS2序列3条，比对后长度为218bp，有1个变异位点，为162位点C-G变异。序列特征如下：

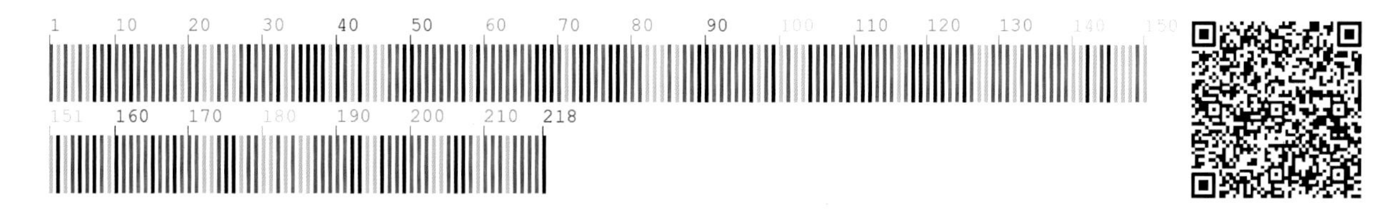

【*psbA-trnH*序列特征】获得*psbA-trnH*序列3条，比对后长度为440bp，有2处插入/缺失，分别为210位点和211位点之间、224位点和225位点之间。序列特征如下：

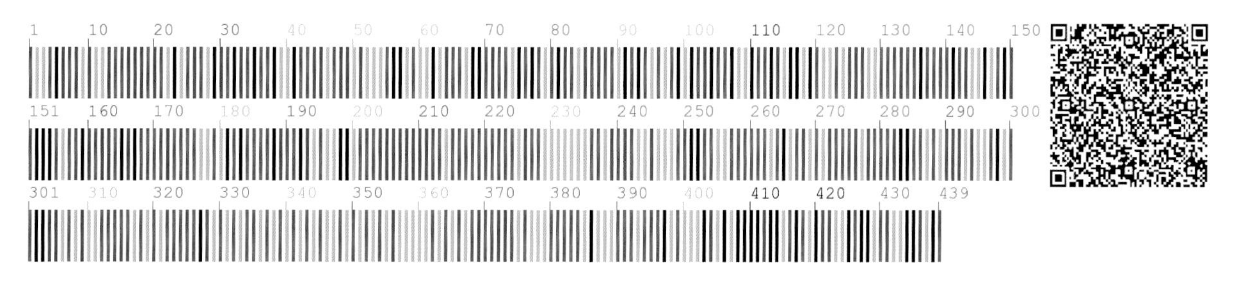

129 獐耳细辛 **Hepatica nobilis** var. **asiatica** (Nakai) H. Hara

【别　　名】东北獐耳细辛，幼肺三七，猫耳朵

【形态特征】多年生草本，高8～18cm。根状茎斜升，密生暗褐色须根。基生叶3～6；叶三角状宽卵形，基部深心形，3裂至中部，全缘，有稀疏的白色柔毛；叶柄长6～9cm。花葶1～6，被柔毛；苞片椭圆状卵形，全缘，下面稍密被柔毛；萼片6～11，粉红色或堇色，顶端钝；雄蕊多数，黄色，花药椭圆形；子房密被柔毛，具1胚珠。瘦果卵圆形，被柔毛；宿存花柱短。花期4～5月，果期5～6月。

【生　　境】生于山地杂木林下或草坡石缝阴处。常聚生成片。

【药用价值】根、茎入药。祛风除湿，止痛。

【材料来源】辽宁省本溪市桓仁满族自治县，共3份，样本号CBS030MT01～03。

【**ITS2** 序列特征】获得ITS2序列3条，比对后长度为220bp，有1个变异位点，为12位点G-A变异。序列特征如下：

【***psbA-trnH*** 序列特征】获得 *psbA-trnH* 序列3条，比对后长度为382bp，无变异位点。序列特征如下：

130　东北扁果草　**Isopyrum manshuricum** Kom.

【形态特征】多年生草本。根状茎细长横走，具多数须根和纺锤状块根。茎直立，高10～18cm。基生叶有长柄，三出复叶，小叶3深裂；茎生叶互生，与基生叶相似，叶柄很短，叶柄基部有白膜质鞘。单歧聚伞花序，花少数，1～2朵，花梗细长；萼片5，白色，椭圆形或狭倒卵形，顶端钝；花瓣5，具短柄，瓣片基部具浅囊；雄蕊20～30；心皮2～5，子房狭倒卵形，扁平。蓇葖果内含种子1～2粒或数粒，种皮平滑，黑褐色。花期4～5月，果期5～6月。

【生　　境】生于山地杂木林、针叶林下及林缘。常聚生成片。

【药用价值】根入药。散结消肿，解毒。

【材料来源】辽宁省本溪市桓仁满族自治县，共3份，样本号CBS034MT01～03。

【ITS2序列特征】获得ITS2序列3条，比对后长度为218bp，无变异位点。序列特征如下：

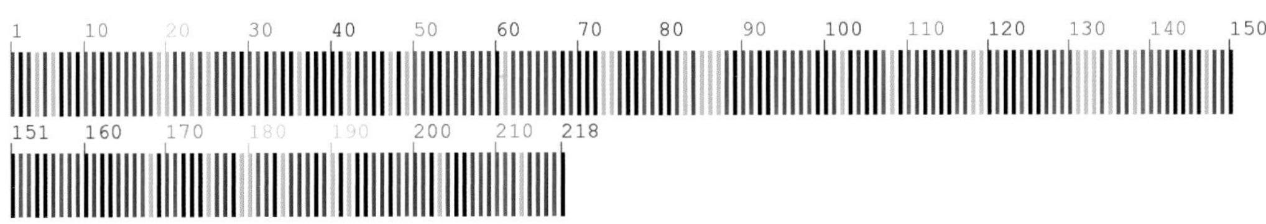

【*psbA-trnH*序列特征】获得*psbA-trnH*序列3条，比对后长度为250bp，有1处插入/缺失，为170位点。序列特征如下：

131　朝鲜白头翁　**Pulsatilla cernua** (Thunberg) Berchtold et Presl

【别　　名】白头翁，猫头花，毛姑朵花

【形态特征】多年生草本，全株被开展的白毛。基生叶多数；叶卵形，羽状全裂，叶缘有毛。花葶近顶部稍弯曲，密被毛；总苞近钟形，掌状深裂，裂片狭倒卵形或近条形，背面密被柔毛；花梗有绵毛；萼片紫红色；花柱柱头黑色。聚合果球形，瘦果倒卵状长圆形，具短柔毛；宿存花柱有开展的长柔毛，最先端常无毛。花期 4～5 月，果期 5～6 月。

【生　　境】生于草地、干山坡、林缘、河岸及灌丛中。

【药用价值】根入药。清热解毒，凉血止痢。

【材料来源】辽宁省本溪市桓仁满族自治县，共 3 份，样本号 CBS033MT01～03。

【ITS2 序列特征】获得 ITS2 序列 3 条，比对后长度为 219bp，无变异位点。序列特征如下：

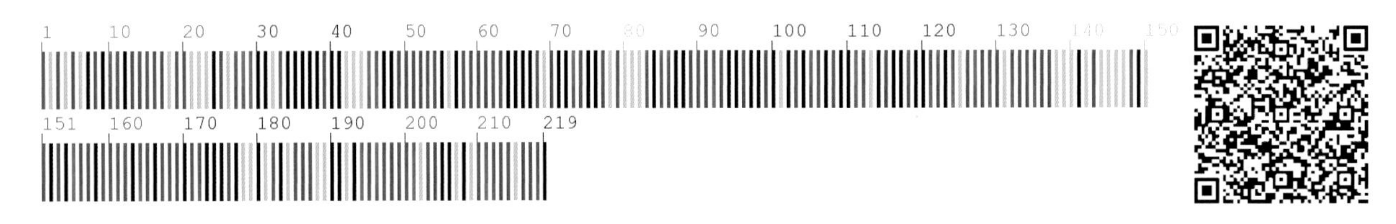

【*psbA-trnH* 序列特征】获得 *psbA-trnH* 序列 3 条，比对后长度为 354bp，无变异位点。序列特征如下：

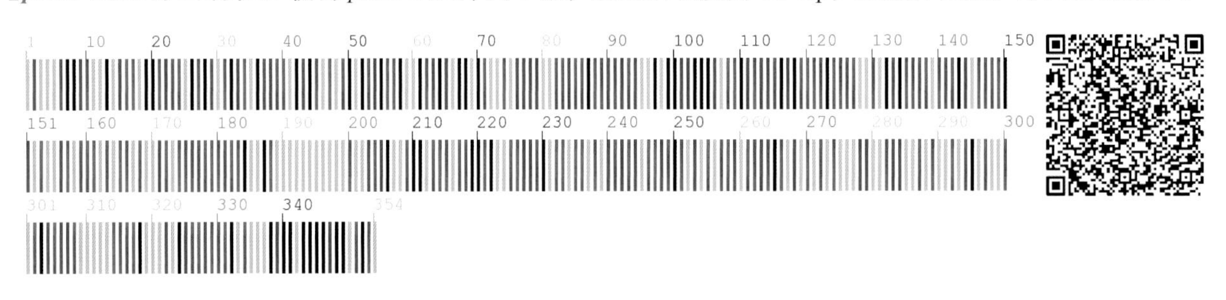

132　白头翁　**Pulsatilla chinensis** (Bunge) Regel

【别　　名】耗子花，毛姑朵花，老姑花

【形态特征】多年生草本，高50cm左右，全株密被白柔毛。根圆锥形，粗直。基生叶多数，3全裂，小裂片3深裂。花葶1～2；苞片3，下部联合呈管状，长3～10mm，上部裂片条形；萼片6，排成2轮，蓝紫色；无花瓣；雄蕊多数；心皮多数。聚合果，瘦果密集成球形；宿存花柱羽毛状。花期4～5月，果期5～6月。

【生　　境】生于草地、干山坡、林缘、河岸及灌丛中。

【药用价值】根入药。清热解毒，凉血止痢。

【材料来源】吉林省长春市莲花山，共3份，样本号CBS083MT01～03。

【ITS2序列特征】获得ITS2序列3条，比对后长度为218bp，有1个变异位点，169位点为简并碱基。序列特征如下：

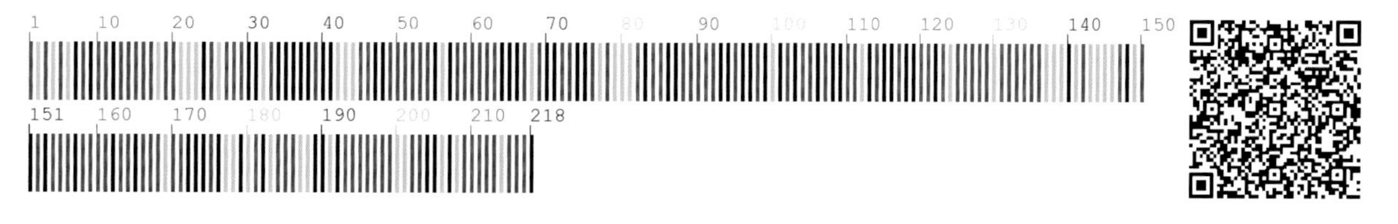

【*psbA-trnH*序列特征】获得*psbA-trnH*序列3条，比对后长度为323bp，无变异位点。序列特征如下：

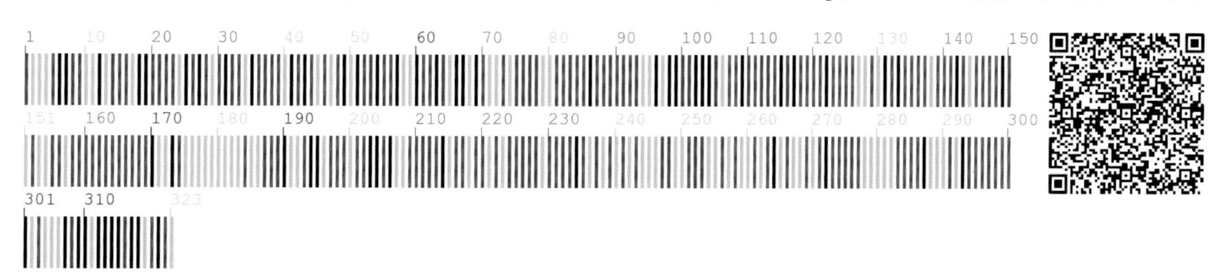

133 兴安白头翁 **Pulsatilla dahurica** (Fisch. ex DC.) Spreng.

【别　　名】白头翁，毛姑朵花，老婆花

【形态特征】多年生草本，高 25～40cm。基生叶 7～9，有长柄；叶卵形，羽状分裂，一回中全裂片有细长柄，又 3 全裂，二回裂片深裂，叶缘近无毛。花葶 2～4，直立，有柔毛；总苞钟形；花倾斜或下垂，萼片 5 或 6，淡蓝紫色，椭圆状卵形；雄蕊多数，花药椭圆形，花丝狭条形，白色，有 1 条纵脉，最外层雄蕊退化；心皮多数，柱头黄色。聚合果球形，瘦果狭倒卵形；宿存花柱长 5～6cm。花期 4～5 月，果期 5～6 月。

【生　　境】生于林间空地、路边、石砾河堤等处。

【药用价值】根入药。清热解毒，凉血止痢，除湿止痒，杀虫。

【材料来源】吉林省白山市临江市，共 3 份，样本号 CBS060MT01～03。

【ITS2 序列特征】获得 ITS2 序列 3 条，比对后长度为 243bp，无变异位点。序列特征如下：

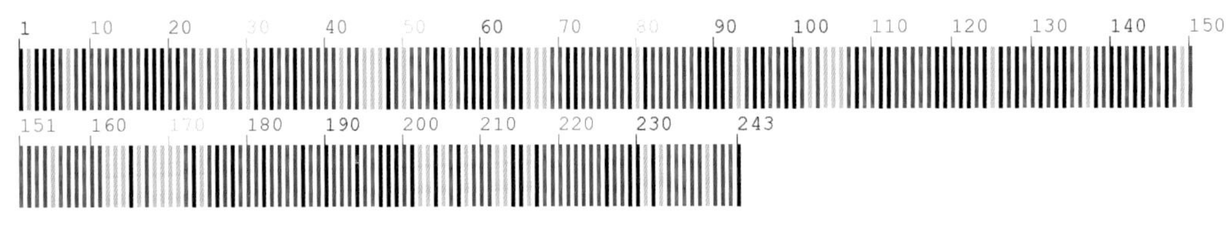

【*psbA-trnH* 序列特征】获得 *psbA-trnH* 序列 3 条，比对后长度为 299bp，无变异位点。序列特征如下：

134　茴茴蒜　Ranunculus chinensis Bunge

【别　　名】茴茴蒜毛茛，水胡椒，蝎虎草

【形态特征】多年生草本，高 20～50cm。须根多数。茎直立，单一或分枝。基生叶与下部茎生叶有长柄；叶为三出复叶，小叶 3 深裂。花梗有长伏毛，基部有膜质耳状宽鞘；花生于上部分枝顶端；萼片 5，淡绿色；花瓣 5，黄色；雄蕊与心皮多数；花托果期伸长。聚合果椭圆形，瘦果卵状椭圆形，两面扁。花期 6～8 月，果期 7～9 月。

【生　　境】生于沟边、路旁、河岸等湿地处。

【药用价值】全草入药。清热解毒，消炎退肿，祛湿杀虫，退翳。

【材料来源】吉林省通化市东昌区，共 3 份，样本号 CBS198MT01～03。

【ITS2 序列特征】获得 ITS2 序列 3 条，比对后长度为 210bp，无变异位点。序列特征如下：

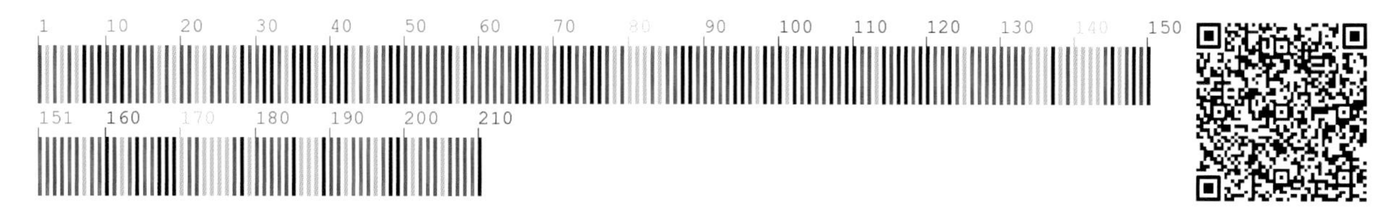

【*psbA-trnH* 序列特征】获得 *psbA-trnH* 序列 3 条，比对后长度为 306bp，无变异位点。序列特征如下：

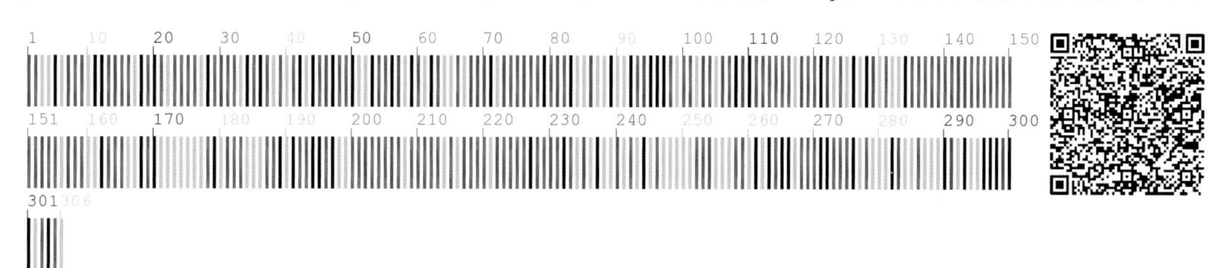

135 毛茛 Ranunculus japonicus Thunb.

【别　　名】水茛，毛建草，老虎草

【形态特征】多年生草本，高 30～60cm。须根发达。茎直立，单一或上部分枝。基生叶丛生，有长柄，基部加宽成鞘状，与茎生叶均有伸展毛；叶圆肾形，3 深裂，中央裂片宽菱形或倒卵形。花顶生，多数；萼片 5，淡绿色，卵状椭圆形，边缘膜质，外面密生长毛；花瓣 5，黄色，倒卵形，基部狭楔形；雄蕊多数；花托小。聚合果球形，直径 6～7mm，瘦果倒卵形，稍扁无毛。花期 5～8 月，果期 6～9 月。

【生　　境】生于向阳山坡稍湿地、沟边、路旁等处。常聚生成片。

【药用价值】全草入药。清热解毒，凉血止痢。

【材料来源】吉林省通化市柳河县，共 3 份，样本号 CBS112MT01～03。

【ITS2 序列特征】获得 ITS2 序列 3 条，比对后长度为 208bp，无变异位点。序列特征如下：

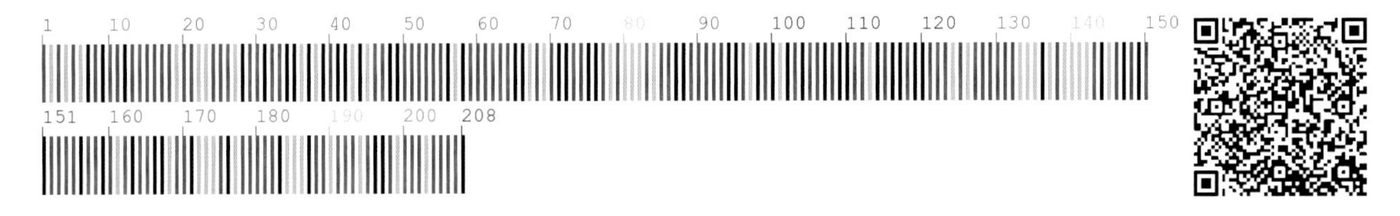

【*psbA-trnH* 序列特征】获得 *psbA-trnH* 序列 1 条，长度为 306bp。序列特征如下：

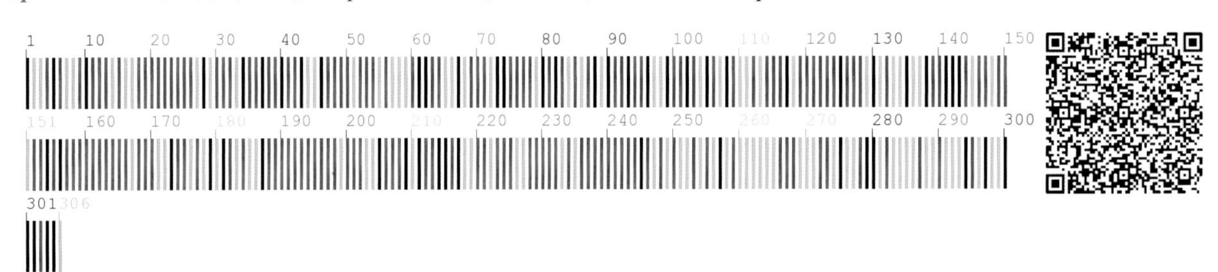

136 白山毛茛 **Ranunculus paishanensis** Kitagawa

【形态特征】多年生草本，植株细小。须根多数簇生。茎直立，中空。基生叶多数；叶圆心形或五角形，基部心形或截形，通常3深裂，不达基部。聚伞花序有多数花，疏散；花梗长达8cm，贴生柔毛；萼片椭圆形，生白色柔毛；花瓣5，倒卵状圆形；花托短小，无毛。聚合果近球形，瘦果扁平，无毛，喙短直或外弯。花果期4～9月。

【生　　境】生于高山苔原带及亚高山岳桦林下。

【药用价值】全草入药。清热解毒，凉血止痢。

【材料来源】吉林省通化市长白山，共3份，样本号CBS293MT01～03。

【ITS2序列特征】获得ITS2序列3条，比对后长度为208bp，无变异位点。序列特征如下：

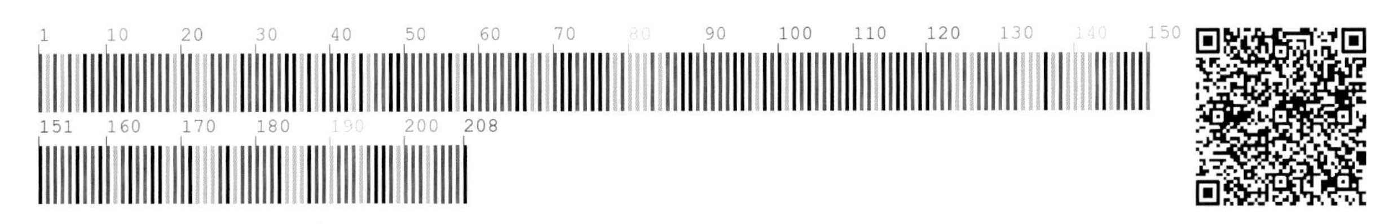

【*psbA-trnH*序列特征】获得*psbA-trnH*序列3条，比对后长度为317bp，无变异位点。序列特征如下：

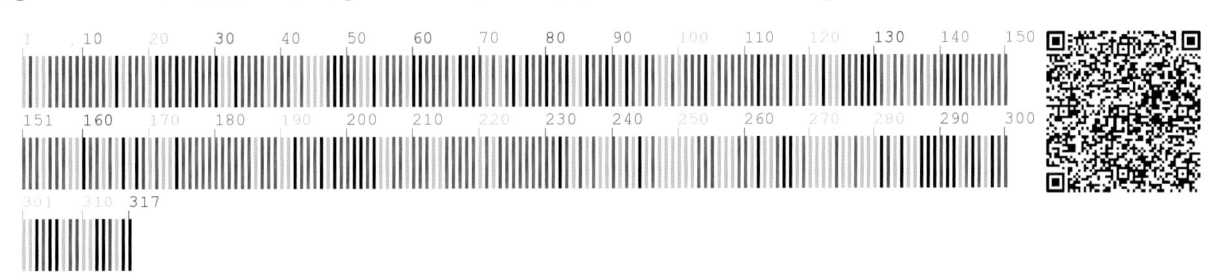

137 匍枝毛茛 Ranunculus repens L.

【别　　名】鸭巴掌，鸭爪子，鸭爪芹

【形态特征】多年生草本。根状茎短，簇生多数粗长须根。茎下部匍匐地面，节处生根并分枝，上部真立。叶为三出复叶，基生叶和茎下部叶有长柄。萼片卵形；花瓣5～8，橙黄色至黄色；花托长圆形。聚合果卵球形，瘦果扁平，边缘有棱，喙直或外弯。花期6～7月，果期7～8月。

【生　　境】生于湿地或湿草甸子上。常聚生成片。

【药用价值】全草入药。利湿消肿，止痛，退翳，杀虫截疟。

【材料来源】吉林省白山市临江市，共3份，样本号CBS155MT01～03。

【ITS2 序列特征】获得ITS2序列3条，比对后长度为209bp，无变异位点。序列特征如下：

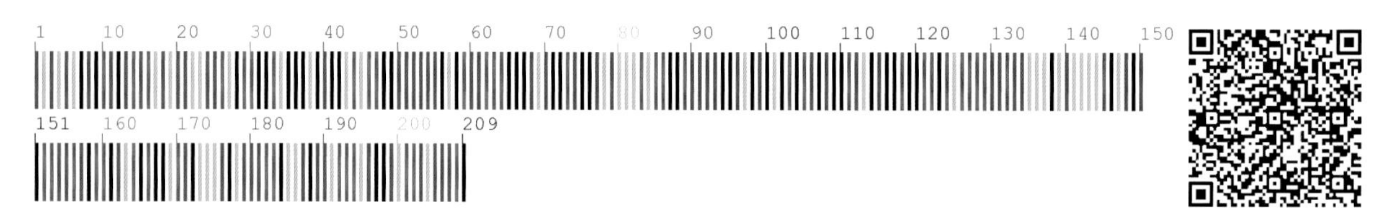

【*psbA-trnH* 序列特征】获得*psbA-trnH*序列3条，比对后长度为322bp，无变异位点。序列特征如下：

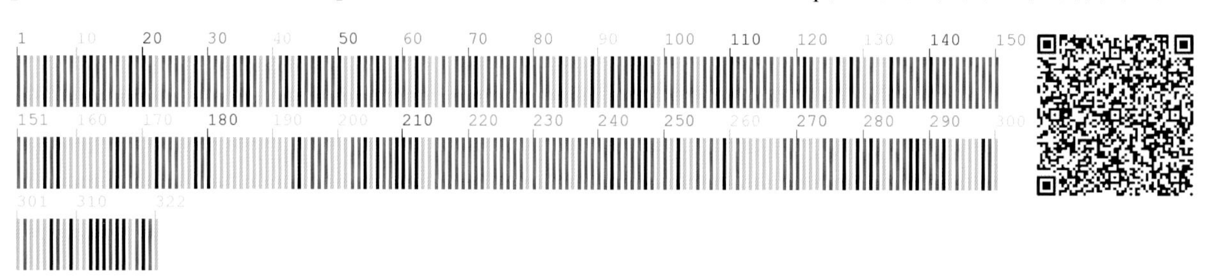

138 唐松草 **Thalictrum aquilegiifolium** var. **sibiricum** Regel et Tiling

【别　　名】翼果唐松草，翼果白蓬草

【形态特征】多年生草本，高60～150cm。茎粗壮，中空。基生叶有长柄，花期枯萎；茎生叶互生，三至四回三出复叶，具白色碟状托叶。圆锥状复聚伞花序，有多数密集的花；萼片4，椭圆形，白色，早落；雄蕊多数，花丝白色，上部宽，比花药宽或近相等，下部丝形；心皮5～10。瘦果倒卵状球形，下垂，果梗细长，果皮具3～4条宽纵翅。花期6～7月，果期8～9月。

【生　　境】生于山地阔叶林下、林缘湿草地或草坡上。

【药用价值】全草入药。清热解毒。

【材料来源】吉林省通化市东昌区，共3份，样本号CBS244MT01～03。

【ITS2序列特征】获得ITS2序列3条，比对后长度为217bp，有1个变异位点，为22位点G-A变异。序列特征如下：

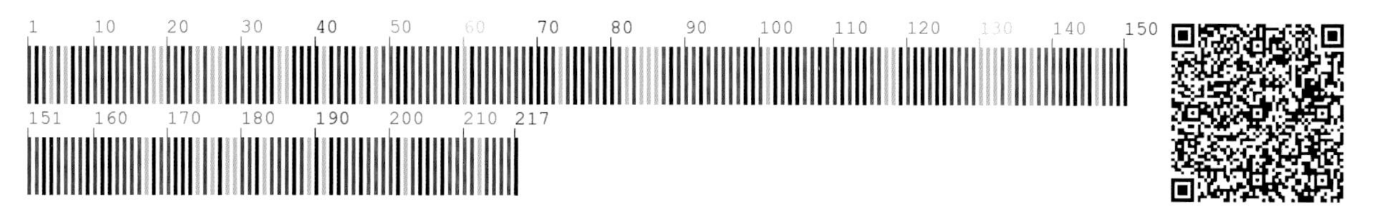

【*psbA-trnH*序列特征】获得*psbA-trnH*序列3条，比对后长度为157bp，无变异位点。序列特征如下：

139 箭头唐松草 **Thalictrum simplex** L.

【别　　名】箭头白蓬草，野唐松草，白唐松草

【形态特征】多年生草本，高 54～100cm。二回羽状复叶，顶部小叶 3 裂。圆锥花序；萼片 4，早落，狭椭圆形；雄蕊约 15，长约 5mm，花药狭长圆形，顶端有短尖头，花丝丝形；心皮 3～6，无柄，柱头宽三角形。瘦果狭椭圆球形或狭卵球形，有 8 条纵肋。花期 7 月。

【生　　境】生于林缘、灌丛及草甸等处。

【药用价值】根、根茎入药。清热解毒，除湿。

【材料来源】吉林省延边朝鲜族自治州安图县，共 3 份，样本号 CBS578MT01～03。

【ITS2 序列特征】获得 ITS2 序列 3 条，比对后长度为 217bp，有 1 个变异位点，为 199 位点 A-C 变异。序列特征如下：

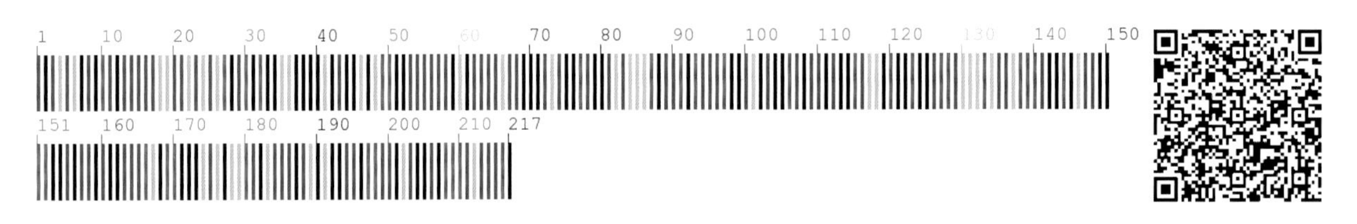

【*psbA-trnH* 序列特征】获得 *psbA-trnH* 序列 3 条，比对后长度为 215bp，有 3 个变异位点，分别为 31 位点 C-T 变异、36 位点 C-A 变异，184 位点为简并碱基；有 1 处插入 / 缺失，为 51 位点。序列特征如下：

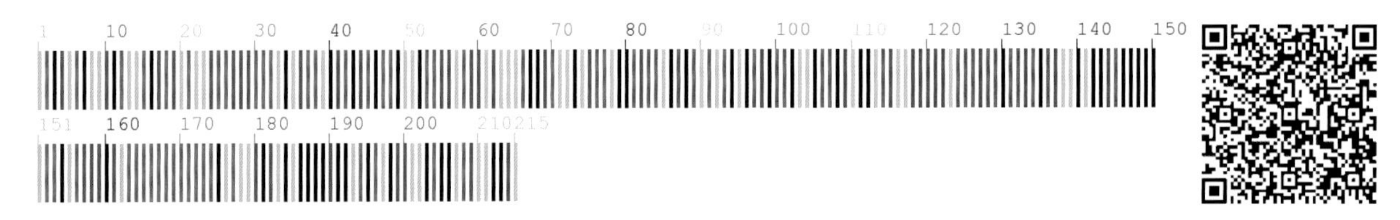

140 深山唐松草 **Thalictrum tuberiferum** Maxim.

【别　　名】深山白蓬草

【形态特征】多年生草本，高 50～70cm，植株全部无毛。须根有纺锤形小块根。基生叶通常为三回三出复叶；茎生叶 2，对生，有时 1，一或二回三出复叶。花序圆锥状；下部苞片三出；萼片椭圆形，顶端钝，早落；花药椭圆形，花丝比花药宽达 3 倍；心皮 3～5，子房下部渐变狭成细柄，柱头小，头形，无花柱。瘦果斜狭椭圆形。花期 7～8 月，果期 8～9 月。

【生　　境】生于林下、林缘、沟边等有机质丰富的阴湿处。

【药用价值】根及根茎入药。清热解毒。

【材料来源】吉林省延边朝鲜族自治州安图县，共 3 份，样本号 CBS584MT01～03。

【ITS2 序列特征】获得 ITS2 序列 3 条，比对后长度为 233bp，无变异位点。序列特征如下：

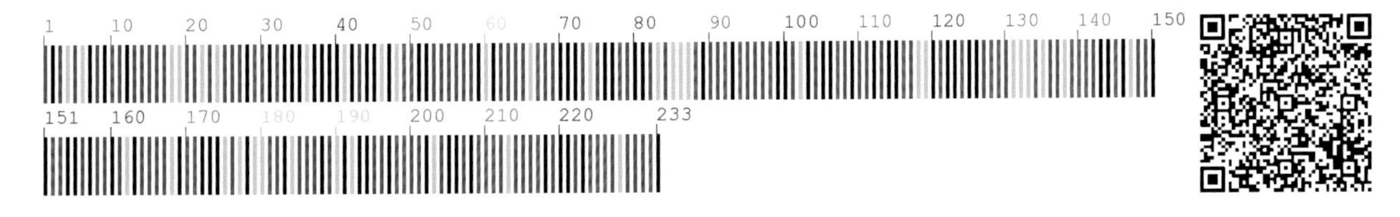

【*psbA-trnH* 序列特征】获得 *psbA-trnH* 序列 3 条，比对后长度为 244bp，无变异位点。序列特征如下：

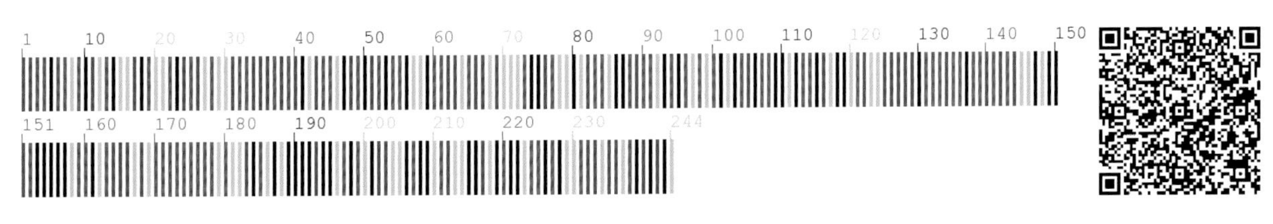

141 长白金莲花 **Trollius japonicus** Miq.

【别　　名】山地金莲花，金莲花

【形态特征】多年生草本，高20～60cm。茎直立，单一或分枝，具细棱，基部被旧叶纤维。基生叶基部有狭鞘，叶五角形，基部心形，3～5全裂，中裂片3中裂；茎生叶3～5，与基生叶近同形，较小。花单生或2～3朵组成疏生聚伞花序；苞片似茎上部叶，渐变小；花通常金黄色；萼片5～7，广椭圆形或广倒卵形；蜜叶数目较少，条形，比雄蕊稍短或近等长，先端钝圆；雄蕊多数；心皮7～15，无柄。蓇葖果。花期7～8月，果期8～9月。

【生　　境】生于林边草地及高山苔原带。

【药用价值】花入药。清热解毒，明目。

【材料来源】吉林省白山市长白朝鲜族自治县，共3份，样本号CBS278MT01～03。

【ITS2序列特征】获得ITS2序列3条，比对后长度为206bp，无变异位点。序列特征如下：

【*psbA-trnH*序列特征】获得*psbA-trnH*序列2条，比对后长度为254bp，有1处插入/缺失，为30位点。序列特征如下：

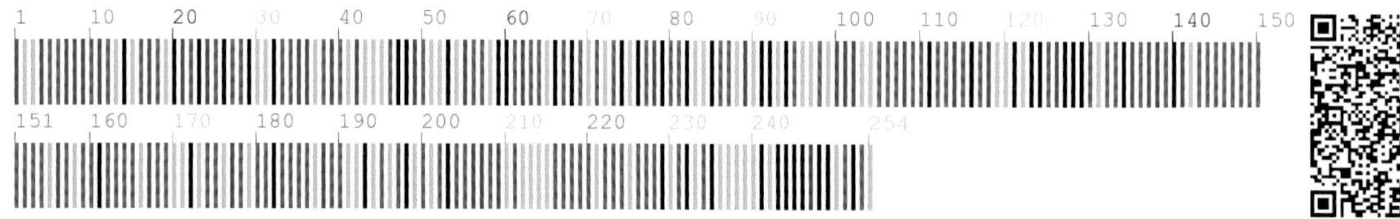

142　长瓣金莲花　Trollius macropetalus (Regel) F. Schmidt

【别　　名】金莲花，大瓣金莲花

【形态特征】多年生草本，高达70～140cm，通体无毛，有纵棱。茎上部有分枝，基部有纤维残基。基生叶2～4，叶掌状五角形，3全裂，中裂片菱形，3中裂；茎生叶3～4，与基生叶相似，较小，顶部叶小型，不分裂。花生于茎及分枝顶端，花梗长达5～15cm；花大，萼片5～7，金黄色，宽卵形；花瓣14～22，长超过萼片，狭线形，顶端渐变狭，常尖锐，长1.8～2.6cm，宽约1mm；雄蕊长1～2cm，花药长3.5～5mm。种子卵状椭圆球形，黑色，具4棱。花期6～7月，果期8～9月。

【生　　境】生于草甸、湿草地及林间草地。

【药用价值】花入药。清热解毒。

【材料来源】吉林省通化市东昌区，共3份，样本号CBS243MT01～03。

【ITS2序列特征】获得ITS2序列3条，比对后长度为206bp，无变异位点。序列特征如下：

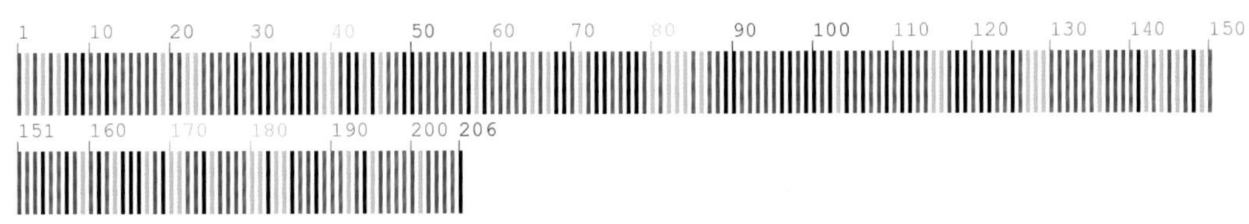

【*psbA-trnH*序列特征】获得*psbA-trnH*序列3条，比对后长度为342bp，有1个变异位点，为12位点C-T变异。序列特征如下：

小檗科 Berberidaceae

143 黄芦木 **Berberis amurensis** Rupr.

【别　　名】大叶小檗，卵叶小檗，东北小檗，阿穆尔小檗，狗奶子，三棵针

【形态特征】落叶灌木。枝节上生有3～5叉状锐刺。叶簇生于刺腋的短枝上，倒披针状椭圆形或倒卵状椭圆形，叶缘有睫毛状刺齿。总状花序生于短枝顶端叶丛中，有10花左右，花黄绿色；小苞片2，三角状卵形；萼片6；花瓣6，长卵形，先端微凹；雄蕊6；子房广卵形，胚珠2。浆果长椭圆形，熟后为红色，常被白粉，内含2粒种子。花期6月，果期8～9月。

【生　　境】生于山麓、山腹的开阔地、阔叶林缘及溪边灌丛中。

【药用价值】根入药。清热解毒，清肝泻火。

【材料来源】辽宁省本溪市桓仁满族自治县，共3份，样本号CBS585MT01～03。

【ITS2序列特征】获得ITS2序列3条，比对后长度为223bp，有2个变异位点，分别为18位点A-C变异、70位点C-T变异。序列特征如下：

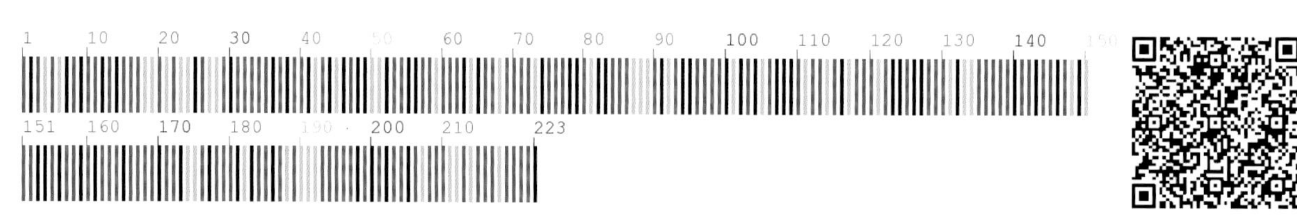

144 细叶小檗 **Berberis poiretii** C. K. Schneid.

【别　　名】三颗针，刺黄连，狗奶子

【形态特征】落叶小灌木，高1～2m。树皮灰褐色，有槽及疣状凸起；小枝丛生，直立，有棱，灰白色或灰褐色，在短枝基部有不明显的3叉状针刺，刺3分叉或不分叉，刺向基部渐扁。叶狭披针形，无柄，全缘。总状花序生于短枝顶端叶丛中，有4～15朵花，花黄色；小苞片2，披针形；萼片6，花瓣状，排成2轮；花瓣6，倒卵形，较萼片稍短；雄蕊6；子房内胚珠单生。浆果矩圆形，熟后为红色。花期6月，果期8～9月。

【生　　境】生于山坡、林缘、溪边及灌丛中。

【药用价值】根入药。清热解毒，健胃。

【材料来源】吉林省通化市东昌区，共1份，样本号CBS204MT01。

【ITS2序列特征】获得ITS2序列1条，长度为223bp。序列特征如下：

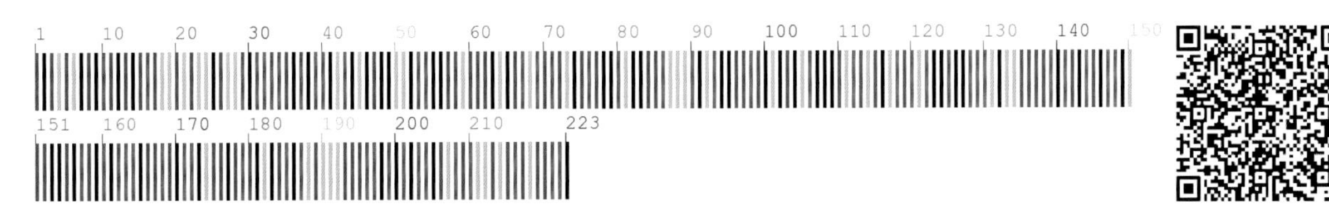

【*psbA-trnH*序列特征】获得*psbA-trnH*序列1条，长度为472bp。序列特征如下：

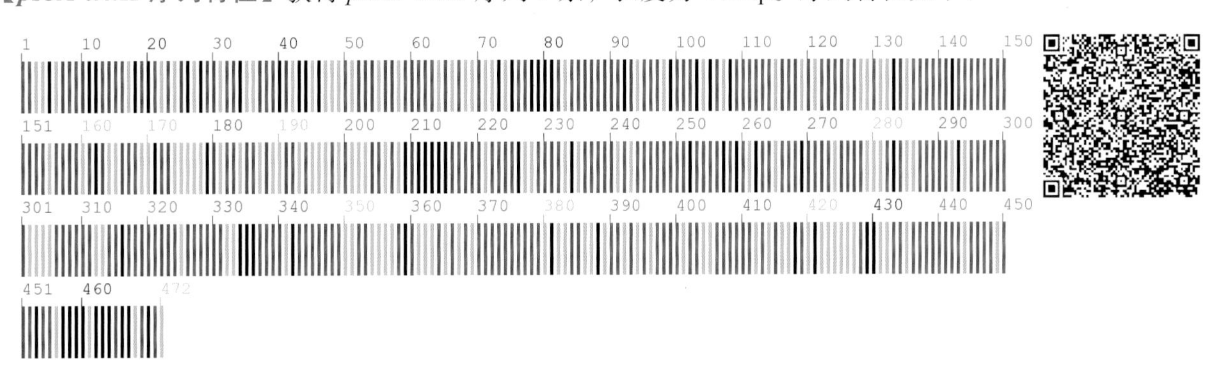

145 红毛七 Caulophyllum robustum Maxim.

【别　　名】类叶牡丹，葳严仙，参舅子

【形态特征】多年生草本。二至三回三出羽状复叶，叶互生，小叶长椭圆形或卵状椭圆形。聚伞状圆锥花序顶生，具3～4枚苞片；花绿黄色，每1～3朵集生于一长梗上；萼片6，花瓣状；花瓣6，短于雄蕊；雄蕊6，与花瓣对生，花药2瓣裂；心皮1，子房上位，1室，具2胚珠。种子1或2，圆球形，具肉质种皮，似浆果状，成熟时黑蓝色，被白粉。花期5月，果期7～8月。

【生　　境】生于山坡阴湿肥沃地、阔叶林或针阔混交林下。

【药用价值】根茎及根入药。祛风通络，活血调经，散瘀止痛。

【材料来源】吉林省通化市二道江区，共3份，样本号CBS142MT01～03。

【ITS2 序列特征】获得 ITS2 序列 3 条，比对后长度为 232bp，无变异位点。序列特征如下：

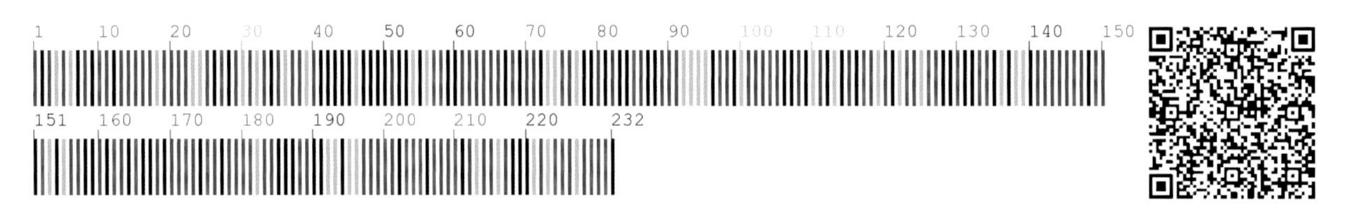

【*psbA-trnH* 序列特征】获得 *psbA-trnH* 序列 3 条，比对后长度为 675bp，无变异位点。序列特征如下：

146　朝鲜淫羊藿　Epimedium koreanum Nakai

【别　　名】淫羊藿，三枝九叶草，羊藿叶

【形态特征】多年生草本，高30～60cm。根状茎横走，生多数须根。茎直立，有棱。叶单生于茎顶，有长柄，二回三出复叶；小叶9，基部深心形，歪斜。总状花序，通常着生4～6朵花；萼片8，外轮4枚较小，内轮4枚较大；花瓣4，淡黄色或黄白色，有长距；雄蕊先端尖；子房1室，花柱伸长。蒴果狭纺锤形，内有6～8粒种子。花期5月，果期6月。

【生　　境】生于山坡阴湿肥沃地或针阔混交林下。常聚生成片。

【药用价值】叶入药。温肾壮阳，强筋骨，祛风寒。

【材料来源】吉林省白山市临江市，共3份，样本号CBS061MT01～03。

【ITS2序列特征】获得ITS2序列3条，比对后长度为247bp，无变异位点。序列特征如下：

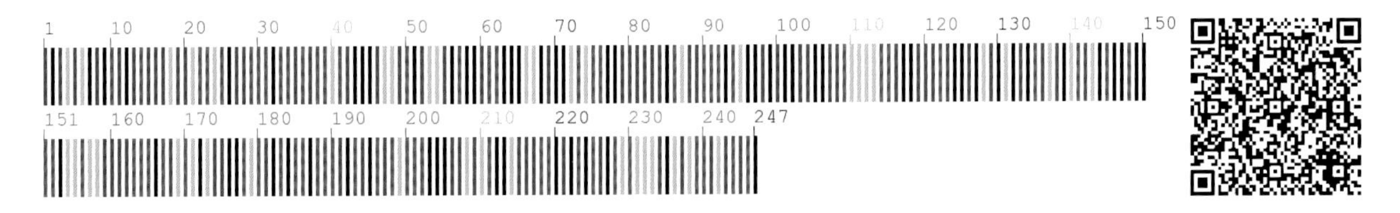

【*psbA-trnH*序列特征】获得*psbA-trnH*序列3条，比对后长度为539bp，无变异位点。序列特征如下：

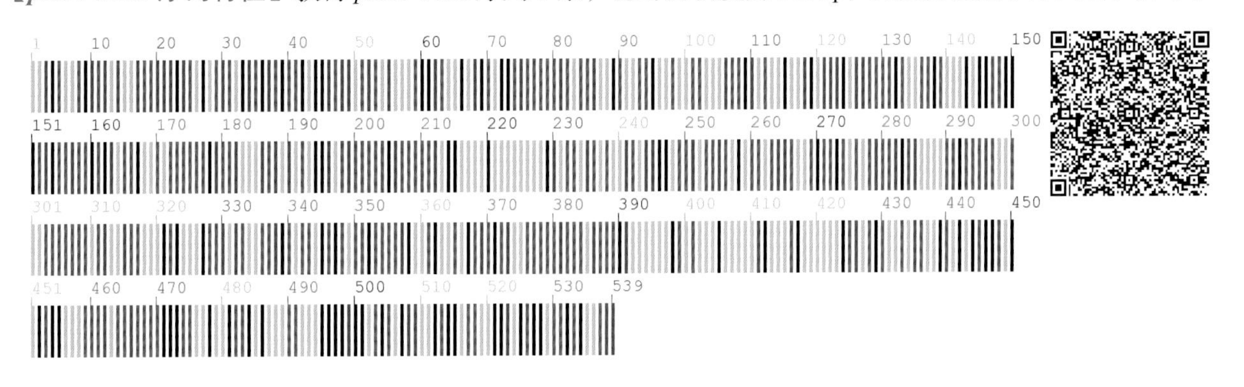

147 鲜黄连 **Plagiorhegma dubia** Maxim.

【别　　名】常黄连，朝鲜黄连，细辛幌子，假细辛，铁丝草

【形态特征】多年生草本；花期高 7～15cm，花后高达 30cm 余。根状茎短，外皮暗褐色，内皮鲜黄色；须根发达。叶基生，具长柄，近圆形，基部深心形。花茎单一，两性；萼片 4，卵形，紫红色，早落；花瓣 6～8，天蓝色，倒卵形；雄蕊 8，离生，花药 2 瓣裂；雌蕊单一，子房上位，柱头 2 浅裂。蒴果纺锤形。种子长圆形或倒卵形。花期 4～5 月，果期 5～6 月。

【生　　境】生于山坡灌丛间、针阔混交林下或阔叶林下。

【药用价值】根及根茎入药。清热解毒，健胃止泻，凉血止血，燥湿。

【材料来源】吉林省通化市二道江区，共 3 份，样本号 CBS025MT01～03。

【ITS2 序列特征】获得 ITS2 序列 3 条，比对后长度为 192bp，有 9 个变异位点，分别为 14 位点、61 位点、168 位点 C-G 变异，20 位点、107 位点、139 位点 C-T 变异，30 位点 G-A 变异，176 位点、180 位点为简并碱基；有 1 处插入 / 缺失，为 33 位点。序列特征如下：

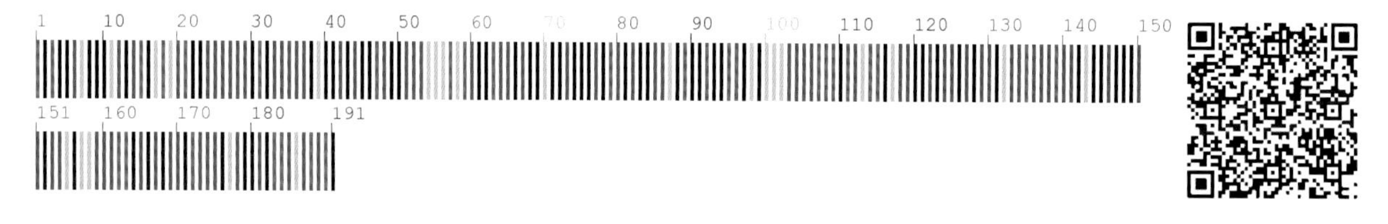

【*psbA-trnH* 序列特征】获得 *psbA-trnH* 序列 3 条，比对后长度为 248bp，无变异位点。序列特征如下：

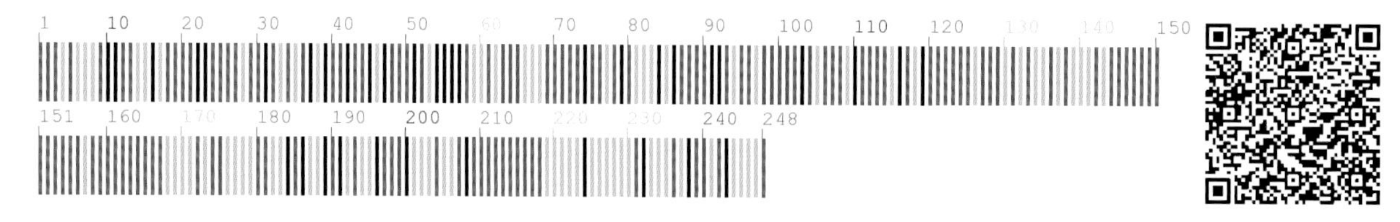

防己科　Menispermaceae

148 蝙蝠葛　Menispermum dauricum DC.

【别　　名】北豆根，山地瓜秧，爬山秧子，大布衫子

【形态特征】多年生缠绕草本。根状茎黄棕色或暗棕色。茎多分枝。单叶互生；叶柄盾状着生；叶肾圆形或心状圆形。花单性，雌雄异株；花序圆锥状，腋生，花序梗长；雄花小，淡黄色或乳白色；萼片4～6，倒卵形；花瓣6～8。核果扁球形，熟时黑色。花期5～7月，果期7～9月。

【生　　境】生于山沟、路旁、灌丛、林缘及向阳草地等。

【药用价值】根茎入药。清热解毒，祛风止痛。

【材料来源】吉林省通化市东昌区，共3份，样本号CBS352MT01～03。

【ITS2序列特征】获得ITS2序列3条，比对后长度为203bp，无变异位点。序列特征如下：

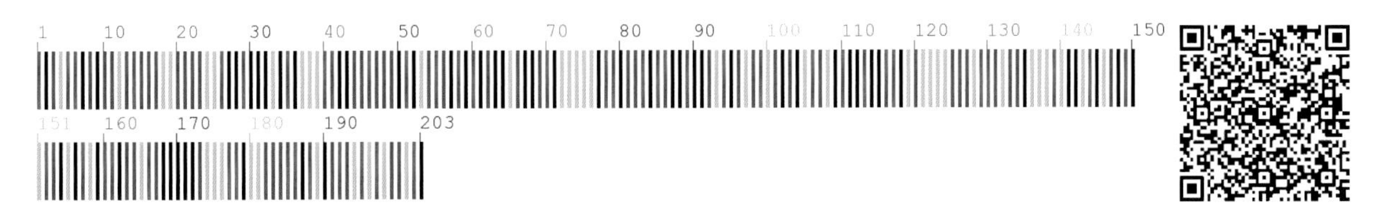

【*psbA-trnH*序列特征】获得*psbA-trnH*序列3条，比对后长度为585bp，无变异位点。序列特征如下：

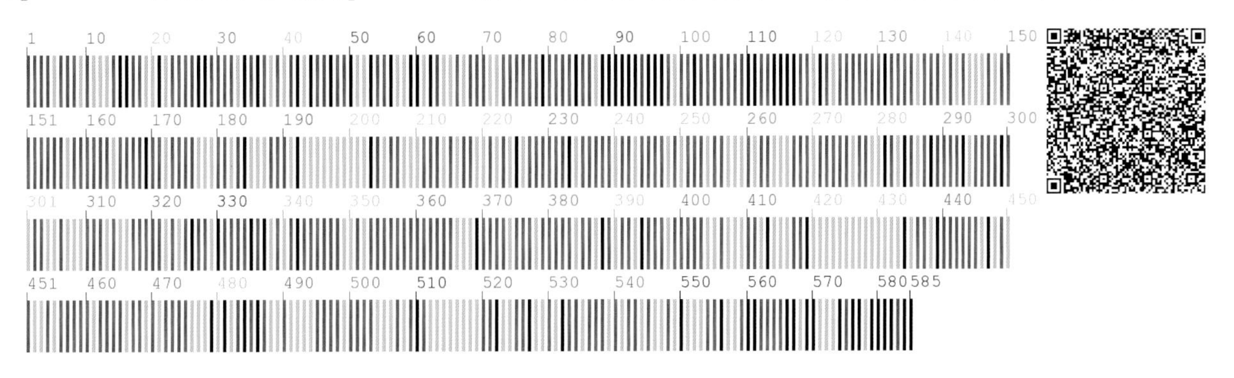

睡莲科 Nymphaeaceae

149 芡实 **Euryale ferox** Salisb. ex K. D. Koenig et Sims

【别　　名】芡，鸡头蓬，刺莲蓬，鸡头，鸡头莲

【形态特征】一年生大型水生草木。具白色须根。初生叶沉水，小型，后生叶圆盾状；浮水叶革质，椭圆肾形至圆形，盾状；叶柄及花梗粗壮，中空，皆有硬刺。花梗顶生1花；萼片披针形，外面密生稍弯硬刺；花瓣多数，呈3～5轮排列，向内渐变成雄蕊；雄蕊多数，花丝白色；子房下位，卵状球形；柱头椭圆形，红色。浆果球形。种子球形，黑色。花期7～8月，果期8～9月。

【生　　境】生于池沼、湖泊及水泡子中。常聚生成片。

【药用价值】成熟种仁入药。益肾固精，补脾止泻，祛湿止带。

【材料来源】吉林省通化市集安市，共2份，样本号CBS811MT01、CBS811MT02。

【ITS2 序列特征】获得ITS2序列2条，比对后长度为214bp，无变异位点。序列特征如下：

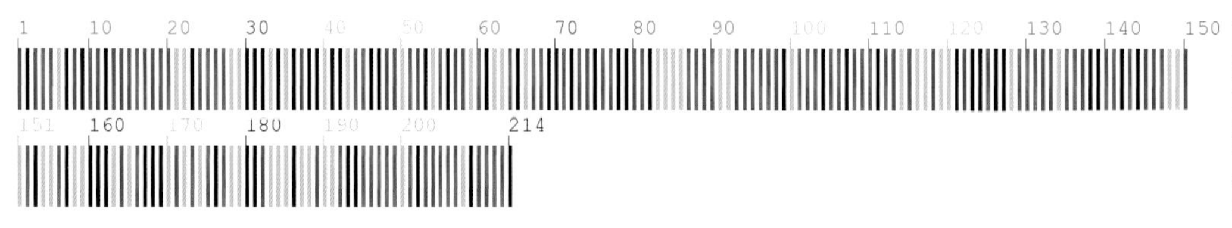

【*psbA-trnH* 序列特征】获得*psbA-trnH*序列1条，长度为528bp。序列特征如下：

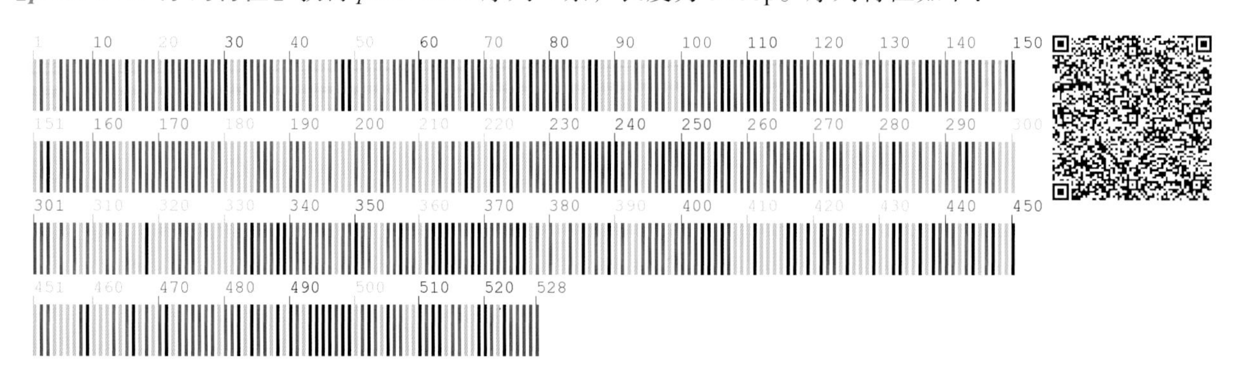

莲科 Nelumbonaceae

150 莲 **Nelumbo nucifera** Gaertn.

【别　　名】荷花，莲花，荷

【形态特征】多年生水生草本。根状茎横生，肥厚，节间膨大，内有多数纵行通气孔道，节部缢缩。叶圆形，盾状，上面光滑，具白粉。花梗和叶柄等长或稍长，散生小刺；花直径10～20cm；花瓣红色、粉红色或白色，矩圆状椭圆形至倒卵形；花药条形，花丝细长，着生在花托之下；花柱极短；花托直径5～10cm。坚果椭圆形或卵形，果皮革质、坚硬，熟时黑褐色。种子卵形或椭圆形，种皮红色或白色。花期6～8月，果期8～10月。

【生　　境】生于池沼、水泡子中。

【药用价值】成熟种子、成熟种子中的干燥幼叶及胚根、花托、雄蕊及叶入药。成熟种子：补脾止泻，止带，益肾涩精，养心安神；成熟种子中的干燥幼叶及胚根：清心安神，交通心肾，涩精止血；花托：化瘀止血；雄蕊：固肾涩精；叶：清暑化湿，升发清阳，凉血止血。

【材料来源】吉林省通化市集安市，共3份，样本号CBS809MT01～03。

【*psbA-trnH* 序列特征】获得 *psbA-trnH* 序列3条，比对后长度为388bp，无变异位点。序列特征如下：

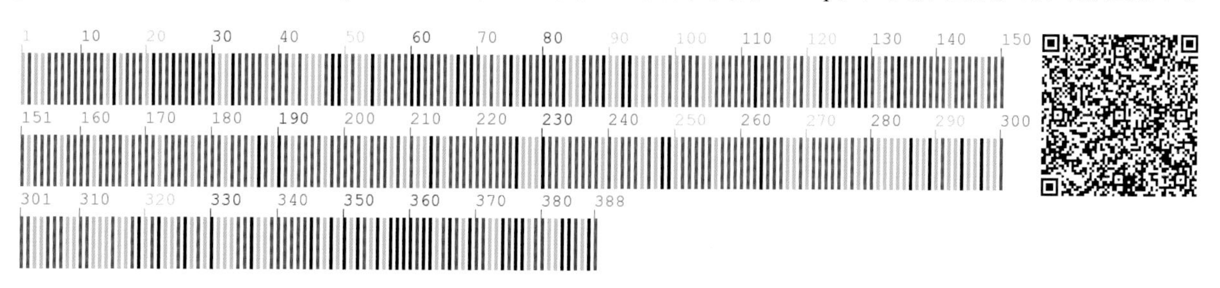

金粟兰科 Chloranthaceae

151 银线草 **Chloranthus japonicus** Siebold

【别　　名】假金粟兰，灯笼花，四块瓦，灯笼菜

【形态特征】多年生草本，高 20～49cm。根状茎多节，横走。茎直立，单生或数个丛生。叶通常 4 枚生于茎顶，呈假轮生，边缘有齿牙状锐锯齿，齿尖有一腺体。穗状花序单一，顶生；苞片三角形或近半圆形；花白色；雄蕊 3；子房卵形，无花柱，柱头截平。核果近球形或倒卵形，绿色。花期 4～5 月，果期 5～7 月。

【生　　境】生于山坡或山谷腐殖层厚、疏松、阴湿而排水良好的杂木林下。

【药用价值】全草入药。活血行瘀，散寒祛风，除湿，解毒。

【材料来源】吉林省通化市东昌区，共 3 份，样本号 CBS432MT01～03。

【ITS2 序列特征】获得 ITS2 序列 3 条，比对后长度为 209bp，无变异位点。序列特征如下：

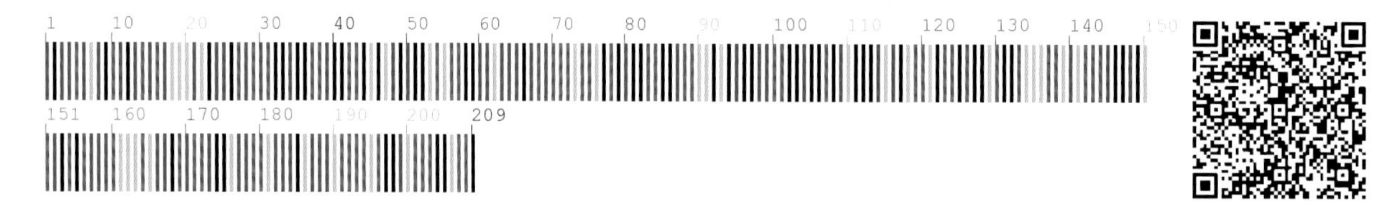

【*psbA-trnH* 序列特征】获得 *psbA-trnH* 序列 3 条，比对后长度为 354bp，有 1 处插入 / 缺失，为 10 位点。序列特征如下：

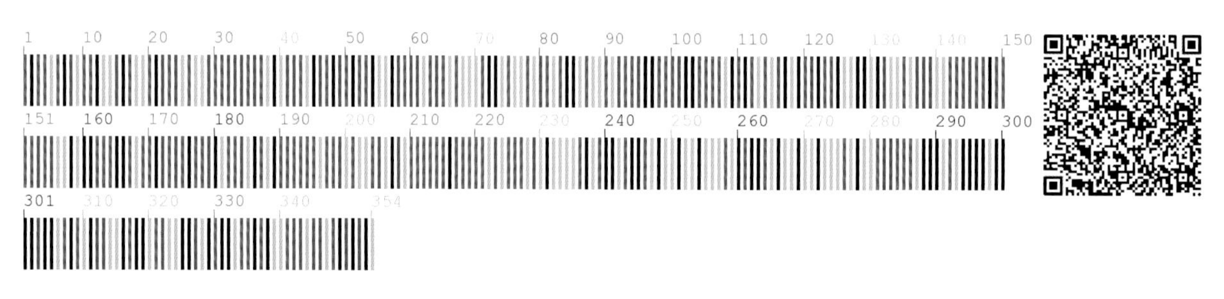

马兜铃科　Aristolochiaceae

152　北马兜铃　**Aristolochia contorta** Bunge

【别　　名】马兜铃，后老婆罐根，葫芦罐，臭铃铛

【形态特征】多年生草质藤木。根细长，圆柱形，有香气。茎缠绕。叶互生，宽卵状心形或三角状心形，基部深心形。花3～10朵簇生于叶腋，花被管状，基部膨大为球形，中部缩为管状，弯曲；雄蕊6；子房下位，长约1cm。蒴果下垂，倒广卵形或椭圆状倒卵形，表面有6条纵沟，成熟时由基部沿沟槽6裂。种子扁平三角状，褐色。花期6～7月，果期9～10月。

【生　　境】生于山沟灌丛间、林缘溪旁灌丛中。

【药用价值】果实、根入药。清肺降气，止咳平喘，清肠消痔。

【材料来源】吉林省通化市东昌区，共3份，样本号CBS385MT01～03。

【*psbA-trnH* 序列特征】获得 *psbA-trnH* 序列2条，比对后长度为302bp，无变异位点。序列特征如下：

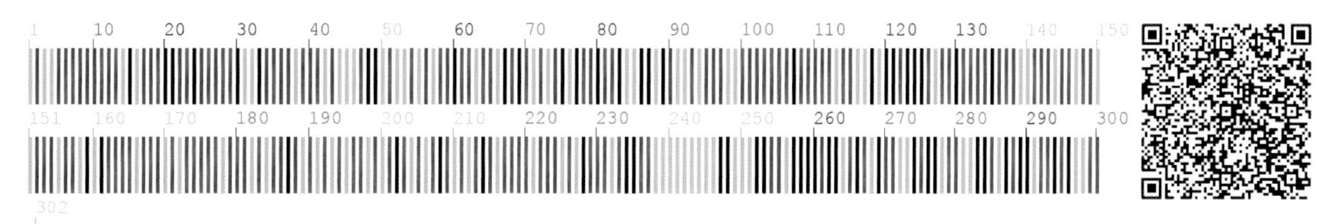

153 木通马兜铃 Aristolochia manshuriensis Kom.

【别　　名】东北木通，关木通，木通藤

【形态特征】木质藤本。茎皮暗灰色。叶宽卵状心形至圆心形，先端钝或稍尖，基部深心形，边缘全缘。花单生于短枝叶腋；花被筒呈马蹄形弯曲，由基部向上逐渐膨大，外面淡绿黄色，具紫色条纹，里面褐色或黄绿色，近顶端处突然内曲如烟斗状，顶端3裂，黄色；子房圆筒形，合蕊柱三棱形；雄蕊成对贴生于柱头。蒴果褐色，圆柱状，有6棱，成熟时开裂成6瓣。种子淡灰褐色。花期5～6月，果期8～9月。

【生　　境】生于较潮湿的林内、林缘。

【药用价值】藤茎入药。泻热降火，通经下乳。

【材料来源】吉林省通化市东昌区，共2份，样本号 CBS212MT01、CBS212MT02。

【ITS2 序列特征】获得 ITS2 序列 2 条，比对后长度为 274bp，无变异位点。序列特征如下：

【*psbA-trnH* 序列特征】获得 *psbA-trnH* 序列 2 条，比对后长度为 159bp，无变异位点。序列特征如下：

154 辽细辛 **Asarum heterotropoides** F. Schmidt var. **mandshuricum** (Maxim.) Kitag.

【别　　名】东北细辛，北细辛，细参，烟袋锅花

【形态特征】多年生草本。根状茎生多数细长肉质根，具特异的辛香气味。叶卵状心形或肾状心形，全缘。花单生于基部叶腋，花梗长3～5cm；花被筒壶状杯形，外面紫绿色；花被片3，污红褐色，宽卵形，先端急尖或钝尖，裂片由基部向外反卷，喉部呈环状缢缩；雄蕊12，花丝与花药等长；子房半下位，6室，合蕊柱圆锥状，花柱6，先端2裂。浆果状蒴果。种子多数。花期5月，果期6～8月。

【生　　境】生于针叶林及针阔混交林下腐殖质肥沃且排水良好的地方。

【药用价值】根及根茎入药。解表散寒，祛风止痛，通窍，温肺化饮。

【材料来源】吉林省通化市柳河县，共3份，样本号CBS117MT01～03。

【ITS2序列特征】获得ITS2序列3条，比对后长度为227bp，无变异位点。序列特征如下：

155 汉城细辛 **Asarum sieboldii** Miq. (Syn. **Asarum sieboldii** Miq. var. **seoulense** Nakai)

【别　　名】毛柄细辛，细参，烟袋锅花

【形态特征】多年生草本。根状茎的节间密，生多数长须根，具特异的辛香味。叶柄长12～20cm，绿色，全部或在基部及上部生有糙毛；叶卵状心形或心状肾形，基部心状耳形，背面色较淡，密生或疏生较长毛。花单一，顶生，花梗直立，绿色；花被筒壶状杯形，深绛红色，顶端3裂，裂片卵状心形或广卵形，先端急尖或钝尖，不反卷；雄蕊12；花柱6。蒴果肉质，半球形。种子卵状圆锥形。花期5月，果期6月。

【生　　境】生于山沟湿润地、杂木林下及沟谷灌丛间。

【药用价值】根及根茎入药。解表散寒，祛风止痛，通窍，温肺化饮。

【材料来源】吉林省通化市集安市，共3份，样本号 CBS017MT01～03。

【ITS2 序列特征】获得 ITS2 序列 3 条，比对后长度为 227bp，有 9 个变异位点，分别为 45 位点 G-T 变异，96位点、136 位点、220 位点 T-C 变异，102 位点 A-G 变异，133 位点、143 位点、162 位点 C-T 变异，137 位点 G-A 变异。序列特征如下：

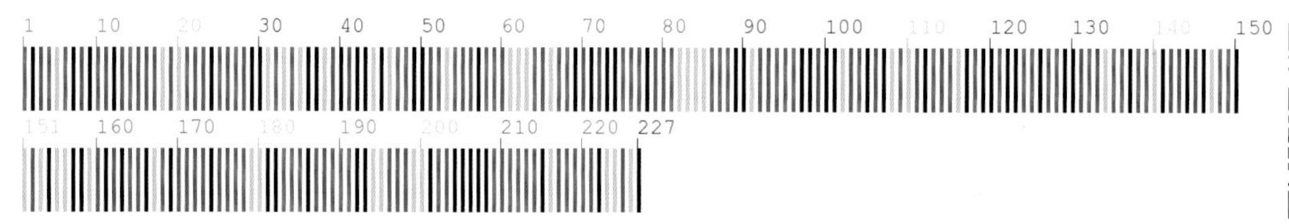

芍药科 Paeoniaceae

156 芍药 **Paeonia lactiflora** Pall.

【别　　名】山芍药，野芍药

【形态特征】多年生草本，高40～70cm。根粗壮，分枝黑褐色。下部茎生叶为二回三出复叶，上部茎生叶为三出复叶。花数朵偶1朵生于茎顶；苞片4～5，披针形，大小不等；萼片4，宽卵形或近圆形；花瓣9～13，白色至粉红色，有时基部具深紫色斑块；花丝黄色；花盘浅杯状，包裹心皮基部，顶端裂片钝圆；心皮常4～5，无毛。蓇葖果，开裂但不反卷。花期6月，果期8月。

【生　　境】生于山坡、山沟阔叶林下、林缘、灌丛间及草甸上。

【药用价值】根入药。养血调经，敛阴止汗，柔肝止痛，平抑肝阳，清热凉血，散瘀止痛。

【材料来源】吉林省通化市二道江区，共3份，样本号CBS170MT01～03。

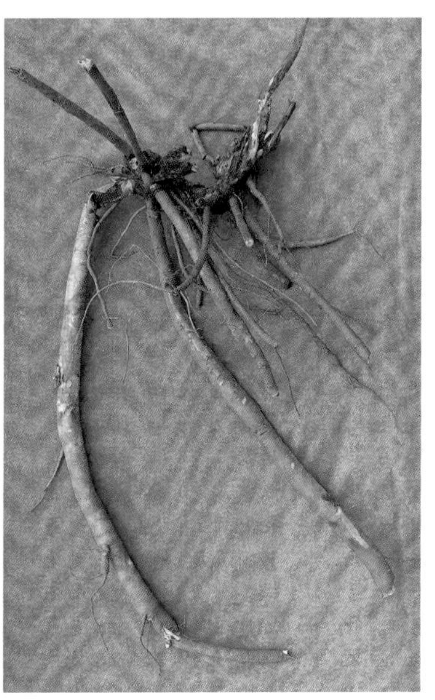

【ITS2序列特征】获得ITS2序列3条，比对后长度为227bp，有1个变异位点，为29位点C-A变异。序列特征如下：

【*psbA-trnH*序列特征】获得*psbA-trnH*序列2条，比对后长度为327bp，无变异位点。序列特征如下：

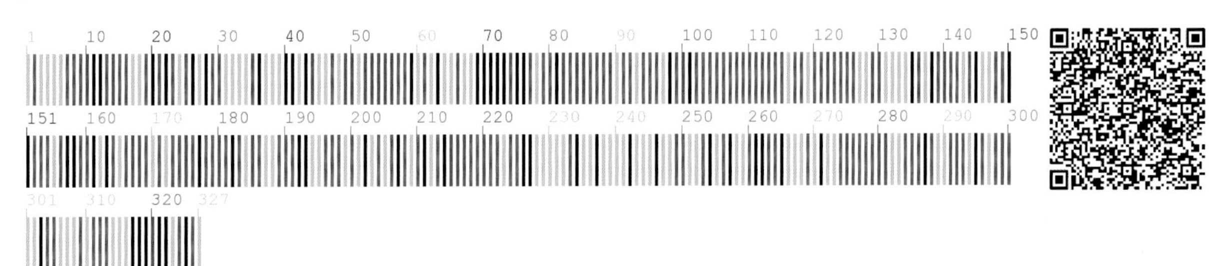

157 山芍药 **Paeonia japonica** (Makino) Miyabe et H. Takeda

【别　　名】卵叶芍药，草芍药

【形态特征】多年生草本，高40～60cm。根状茎发达。根分枝，长圆形或纺锤形，白色。茎直立，无毛，基部生数枚鞘状鳞片。叶2～3，纸质，最下部为二回三出复叶，柄长7～14cm，上部为三出复叶或单叶，顶生小叶大，倒卵形或宽椭圆形，下面无毛或沿脉疏生柔毛，侧生小叶较小，椭圆形，整株叶平展。花瓣6，白色，倒卵形；雄蕊多数；心皮2～5，无毛，柱头大，扁平。蓇葖果长圆形，呈弓形弯曲，熟时开裂，反卷。种子红色或蓝黑色。花期5月。

【生　　境】生于阔叶林下。

【药用价值】根入药。活血散瘀，泻肝清热，利尿，止痛。

【材料来源】辽宁省本溪市桓仁满族自治县，共3份，样本号CBS032MT01～03。

【ITS2 序列特征】获得ITS2序列3条，比对后长度为227bp，有1个变异位点，为65位点G-C变异。序列特征如下：

【*psbA-trnH* 序列特征】获得 *psbA-trnH* 序列2条，比对后长度为328bp，无变异位点。序列特征如下：

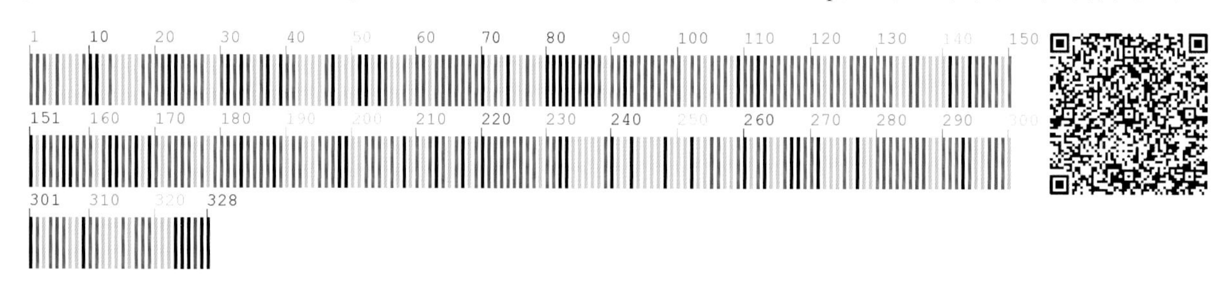

158 草芍药 **Paeonia obovata** Maxim.

【别　　名】卵叶芍药，山芍药

【形态特征】多年生草本，高30～60cm。根粗大，白色。根状茎短。叶近纸质，二回三出复叶，整株叶向上收拢。花单生于茎顶；萼片3～5；花瓣6，粉红色或淡紫红色，常不待完全开放即脱落；雄蕊长1～1.5cm，柱头长，旋卷；心皮2～4，无毛；花盘浅杯状。蓇葖果卵圆形或长圆形，成熟时开裂反卷呈绯绛红色。种子近球形，蓝黑色。花期6月，果期8～9月。

【生　　境】生于针阔混交林、针叶林及杂木林下、林缘、灌丛间。

【药用价值】根入药。活血散瘀，清肝，止痛。

【材料来源】吉林省通化市二道江区，共3份，样本号CBS179MT01～03。

【ITS2序列特征】获得ITS2序列3条，比对后长度为227bp，有1个变异位点，为203位点T-C变异。序列特征如下：

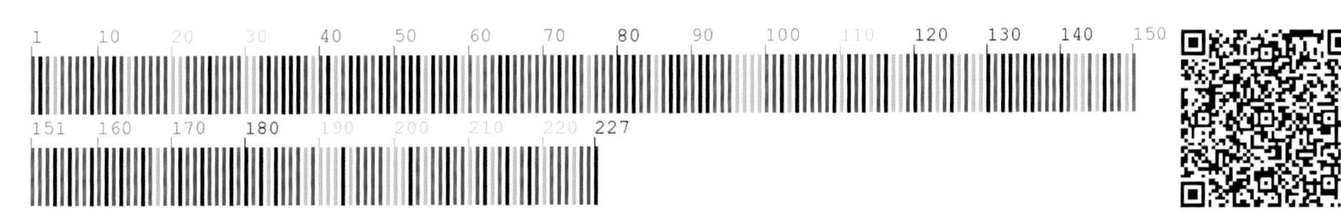

猕猴桃科 Actinidiaceae

159 软枣猕猴桃 **Actinidia arguta** (Siebold et Zucc.) Planch. ex Miq.

【别　　名】猕猴桃，猕猴梨，圆枣子

【形态特征】木质藤本。茎皮灰白色，片状脱落，髓白色至淡褐色，片层状。叶卵形、长圆形、阔卵形至近圆形。花序腋生或腋外生，有 1～7 朵花；苞片线形；花绿白色或黄绿色，芳香，直径 1.2～2cm；萼片 4～6，卵圆形至长圆形；花瓣 4～6。果圆球形至柱状长圆形，长 2～3cm，有喙或喙不显著，不具宿存萼片，成熟时绿色。

【生　　境】生于阔叶林或针阔混交林中。

【药用价值】根、叶、果实入药。根、叶：清热解毒，健胃，活血止血，祛风除湿；果实：解烦热，下石淋。

【材料来源】吉林省通化市东昌区，共 2 份，样本号 CBS214MT01、CBS214MT02。

【ITS2 序列特征】获得 ITS2 序列 2 条，比对后长度为 226bp，无变异位点。序列特征如下：

【*psbA-trnH* 序列特征】获得 *psbA-trnH* 序列 2 条，比对后长度为 406bp，无变异位点。序列特征如下：

160 狗枣猕猴桃　Actinidia kolomikta (Maxim. et Rupr.) Maxim.

【别　　名】深山木天蓼，狗枣子

【形态特征】木质藤本。茎皮红褐色，不脱落，皮孔明显；髓褐色片状。叶阔卵形，常被粉色或白色粉。聚伞花序，雄性的有花3朵，雌性的通常1花单生；萼片5，长方卵形；花瓣5。果柱状长圆形，长达2.5cm，果皮暗绿色，并有深色的纵纹；果熟时花萼宿存或部分脱落。花期6月下旬，果熟期9～10月。

【生　　境】生于高海拔阔叶林或红松针阔混交林中。

【药用价值】果实入药。滋补强壮。

【材料来源】吉林省通化市东昌区，共3份，样本号CBS215MT01～03。

【ITS2序列特征】获得ITS2序列3条，比对后长度为226bp，无变异位点。序列特征如下：

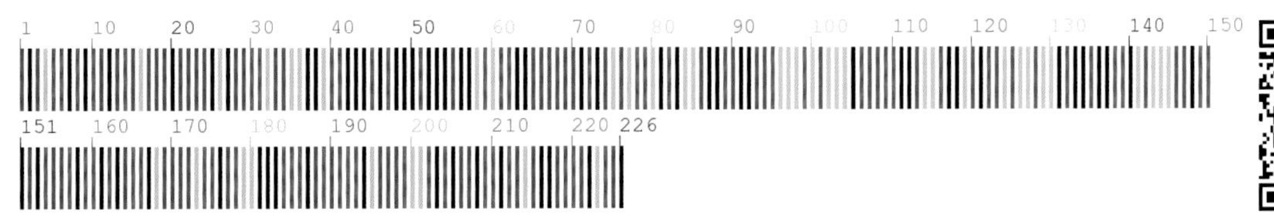

【*psbA-trnH*序列特征】获得*psbA-trnH*序列3条，比对后长度为388bp，无变异位点。序列特征如下：

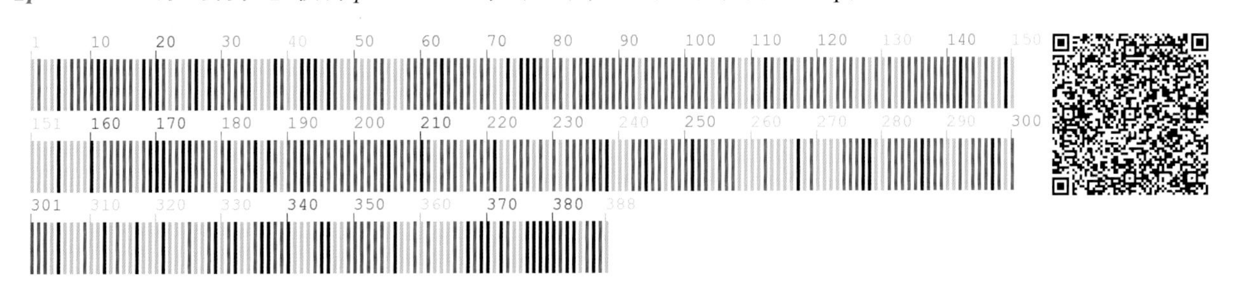

161 葛枣猕猴桃 **Actinidia polygama** (Siebold et Zucc.) Maxim.

【别　　名】木天蓼，葛枣子，马枣子

【形态特征】灌木状藤本。叶卵形或椭圆卵形，侧脉约 7 对，其上段常分叉。花序有 1～3 朵花；苞片小，长约 1mm；花白色，芳香；萼片 5；花瓣 5，最外的 2～3 枚背面有时略被微绒毛；花药黄色，卵形箭头状。果成熟时淡橘色，无毛，顶端有喙，基部有宿存萼片。种子长 1.54～2mm。花期 6 月中旬至 7 月上旬，果熟期 9～10 月。

【生　　境】生于阔叶林、杂木林缘、灌丛中。

【药用价值】果实、根、枝叶入药。理气止痛。

【材料来源】辽宁省丹东市宽甸满族自治县，共 3 份，样本号 CBS586MT01～03。

【ITS2 序列特征】获得 ITS2 序列 3 条，比对后长度为 225bp，无变异位点。序列特征如下：

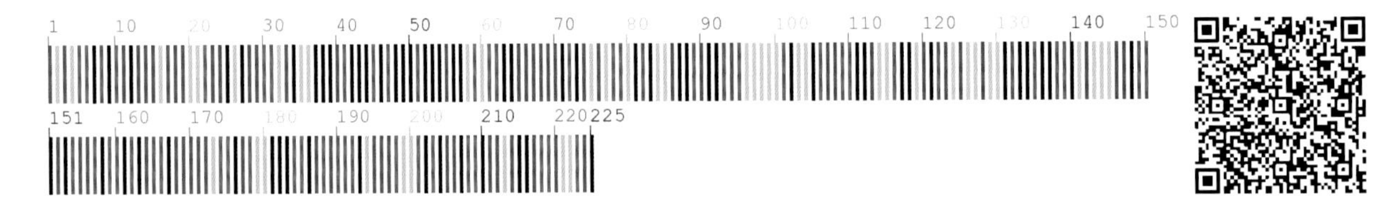

【*psbA-trnH* 序列特征】获得 *psbA-trnH* 序列 3 条，比对后长度为 492bp，无变异位点。序列特征如下：

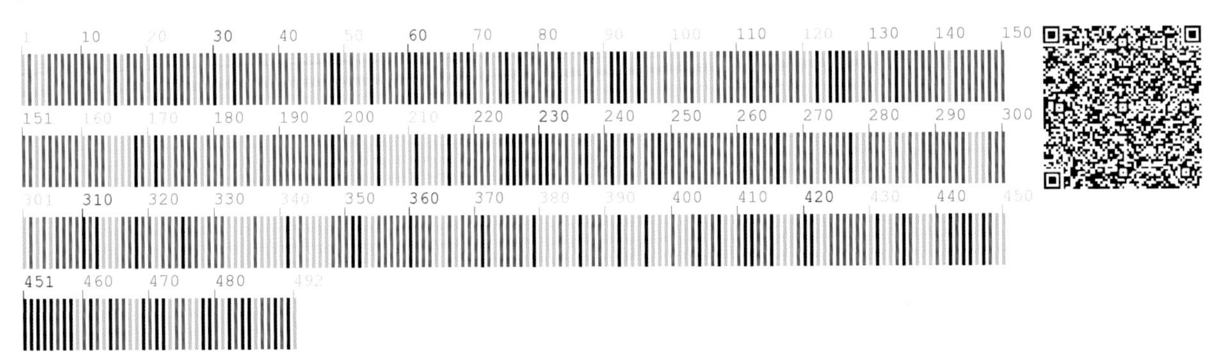

金丝桃科　Hypericaceae

162　黄海棠　Hypericum ascyron L.

【别　　名】长柱金丝桃，红旱莲，牛心菜，元宝草

【形态特征】多年生草本。茎具4纵线棱。叶无柄，对生，披针形，全缘。花序具1～30朵花，顶生；花瓣金黄色，倒披针形，弯曲；多体雄蕊5束；花柱5裂，子房与花柱近等长。种子棕色或黄褐色，微弯，有明显的龙骨状凸起或狭翅和细的蜂窝纹。花期7～8月，果期8～9月。

【生　　境】生于山坡、林缘、草丛、向阳山坡溪流及河岸湿草地等处。

【药用价值】全草入药。清热解毒，平肝止血凉血，消肿。

【材料来源】吉林省通化市东昌区，共3份，样本号CBS294MT01～03。

【ITS2序列特征】获得ITS2序列3条，比对后长度为230bp，无变异位点。序列特征如下：

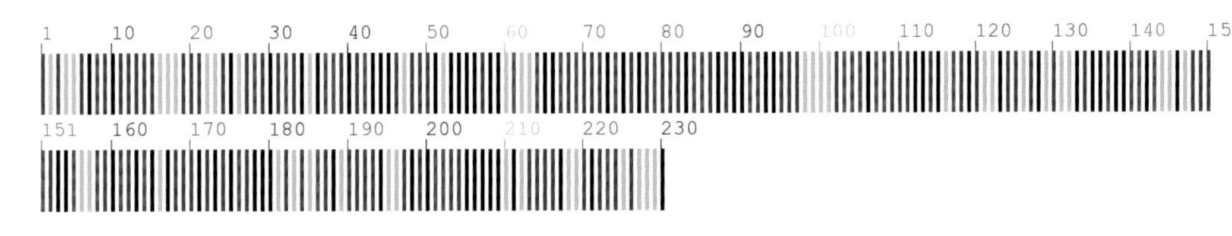

【*psbA-trnH*序列特征】获得*psbA-trnH*序列3条，比对后长度为528bp，有9个变异位点，分别为97位点、158位点、276位点A-G变异，100位点、225位点、344位点、356位点G-A变异，395位点T-G变异，398位点C-T变异；有2处插入/缺失，分别为68位点、433位点。序列特征如下：

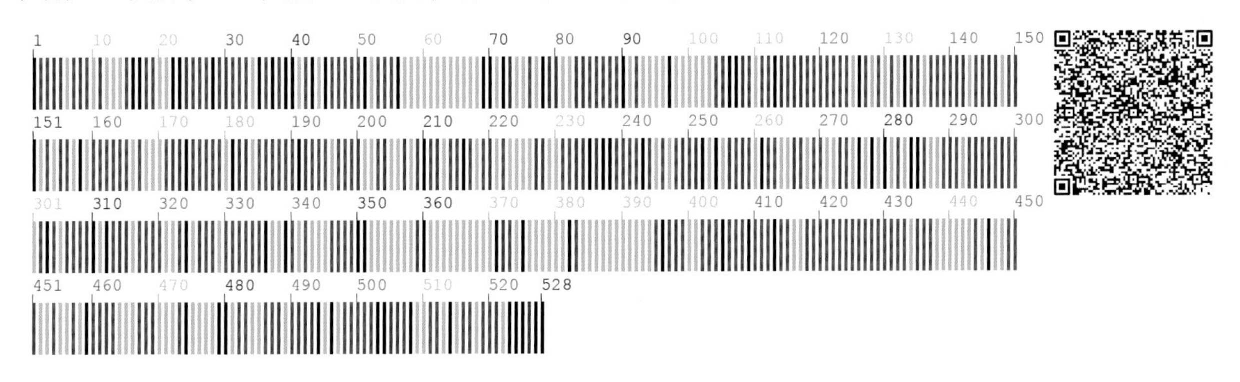

茅膏菜科 Droseraceae

163 圆叶茅膏菜 **Drosera rotundifolia** L.

【别　　名】茅膏菜，捕虫草，毛毡草，毛毡苔

【形态特征】多年生草本。叶基生，具长柄，圆形或扁圆形，叶缘具长头状黏腺毛（捕虫叶）；托叶膜质，下半部紧贴叶柄，5～7 裂。螺旋状聚伞花序 1～2 条，具 3～8 朵花；花萼长约 4mm，下部合生，上部 5 裂；花瓣 5，白色，匙形；雄蕊 5；子房椭圆球形，花柱 3。种子多数，椭圆球形，微具网状脉纹。花期夏、秋季，果期秋、冬季。

【生　　境】生于水甸子或沼泽湿地。常聚生成片。

【药用价值】全草入药。镇咳祛痰，止痢，祛风通络，活血止痛，解痉。

【材料来源】吉林省通化市柳河县，共 2 份，样本号 CBS262MT01、CBS262MT02。

【ITS2 序列特征】获得 ITS2 序列 2 条，比对后长度为 231bp，无变异位点。序列特征如下：

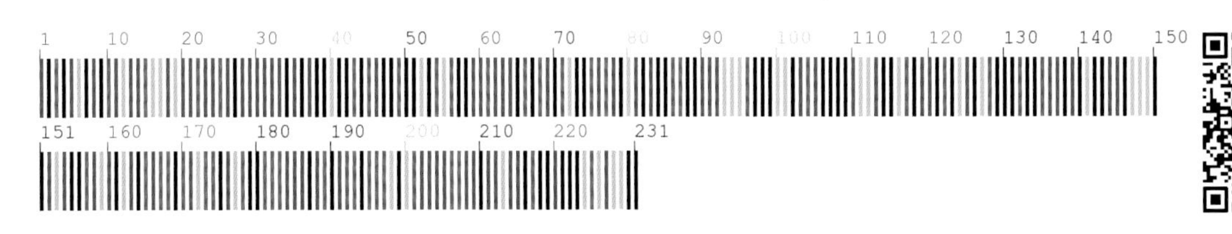

罂粟科　Papaveraceae

164　荷包藤　**Adlumia asiatica** Ohwi

【别　　名】合瓣花，藤荷包牡丹

【形态特征】多年生草质藤本。基生叶有长柄，上部叶柄短；叶三回近羽状全裂，一回裂片具细长的柄，顶端小叶柄常呈卷须状。数个聚伞花序生于叶腋，有5～20朵花；花下垂，粉色或白色，萼片2；花瓣4枚合生，有4条纵翅，基部囊状；雄蕊6，3个成1组。蒴果条形，裂为2片，有多数种子，花期7～8月，果期8～9月。

【生　　境】生于针叶林内、林边、稀疏柞林内。

【药用价值】全草入药。止痛。

【材料来源】吉林省延边朝鲜族自治州安图县，共2份，样本号CBS814MT01、CBS814MT02。

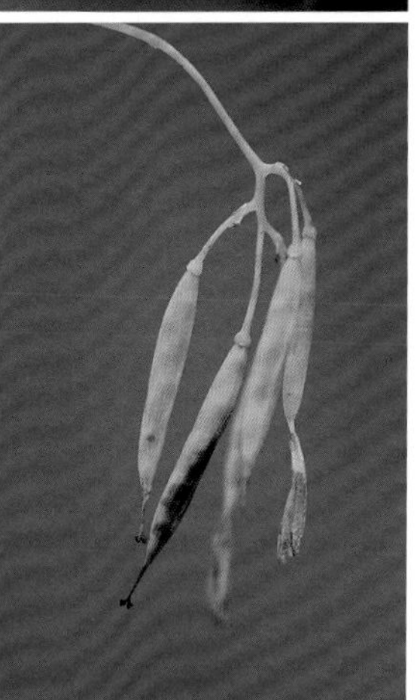

【ITS2序列特征】获得ITS2序列2条，比对后长度为211bp，无变异位点。序列特征如下：

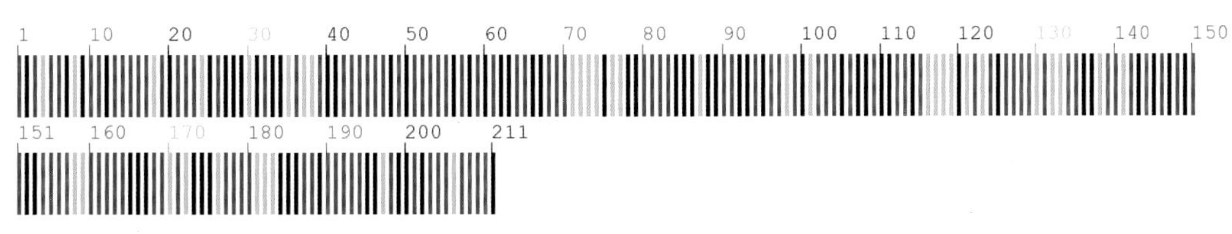

【*psbA-trnH*序列特征】获得*psbA-trnH*序列1条，长度为474bp。序列特征如下：

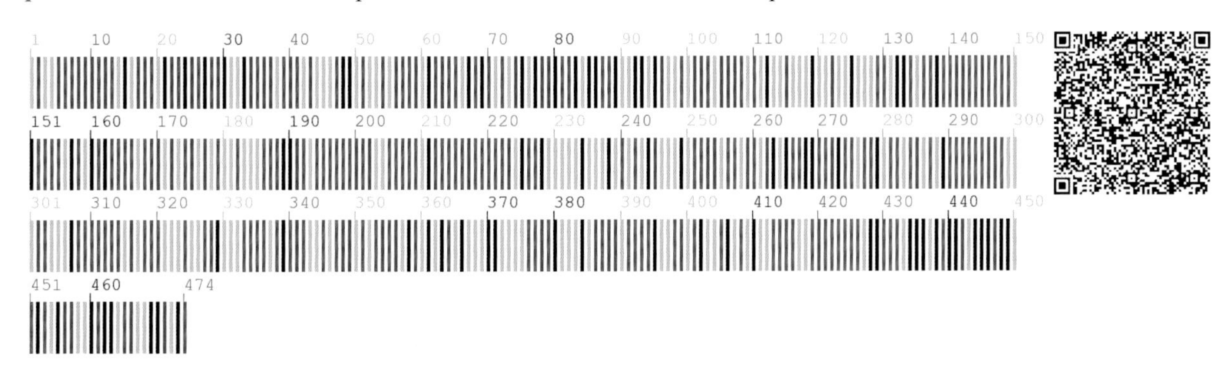

165 白屈菜 Chelidonium majus L.

【别　名】大花白屈菜，土黄连，山黄连，地黄连

【形态特征】多年生草本，全株具有橘黄色乳汁。伞形花序多花；花梗纤细。花芽卵圆形，直径5～8mm；萼片卵圆形，舟状，无毛或疏生柔毛，早落；花瓣倒卵形，长约1cm，全缘，黄色；雄蕊长约8mm，花丝丝状，黄色，花药长圆形，长约1mm；子房线形，长约8mm，绿色，无毛，花柱长约1mm，柱头2裂。蒴果狭圆柱形，具通常比果短的柄。种子卵形，长约1mm或更小，暗褐色，具光泽及蜂窝状小格。花果期4～9月。

【生　境】生于山谷湿润地、水沟边、住宅附近。常聚生成片。

【药用价值】全草入药。清热解毒，止咳，消肿疗疮。

【材料来源】吉林省通化市通化县，共3份，样本号CBS054MT01～03。

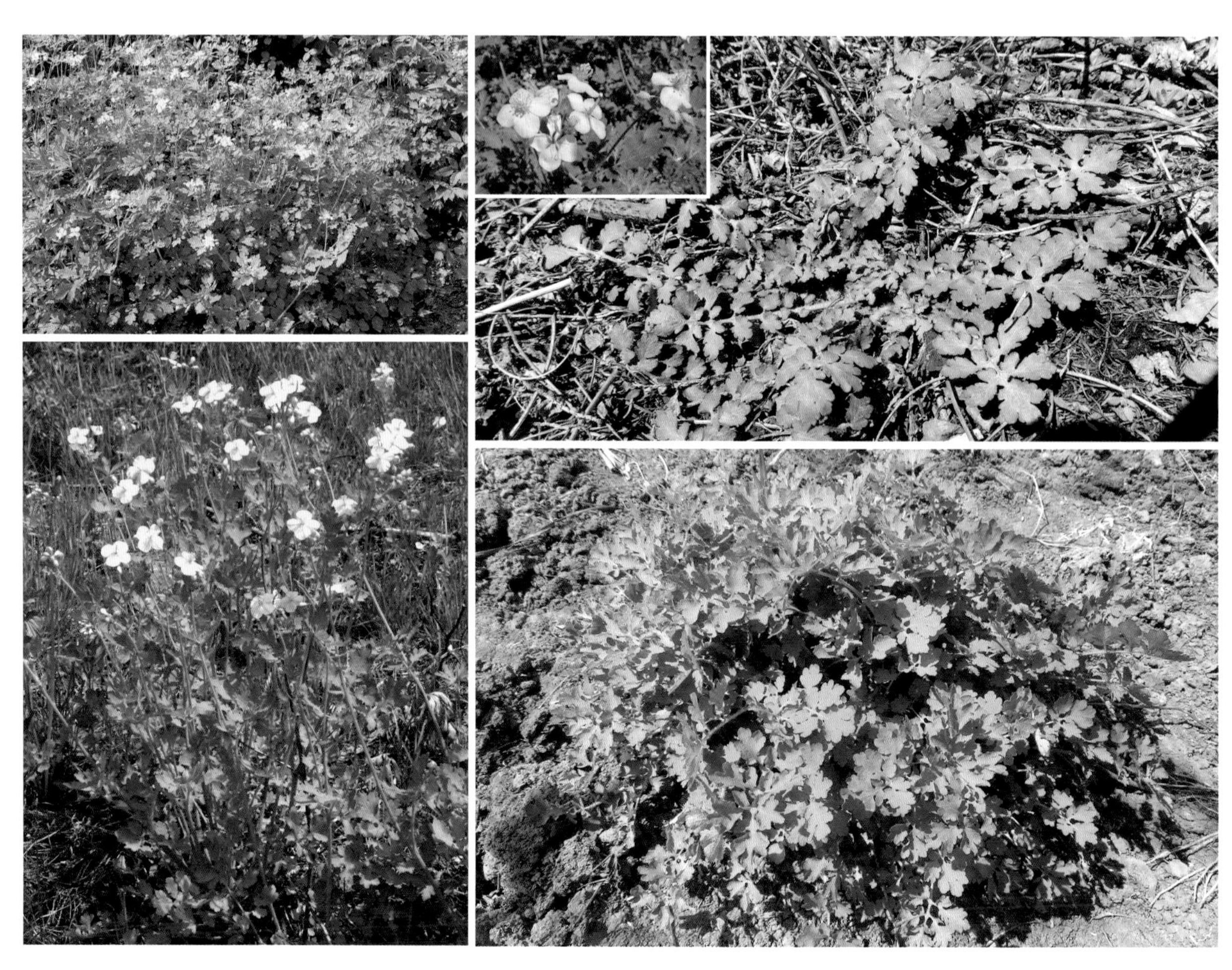

【ITS2 序列特征】获得 ITS2 序列 3 条，比对后长度为 209bp，无变异位点。序列特征如下：

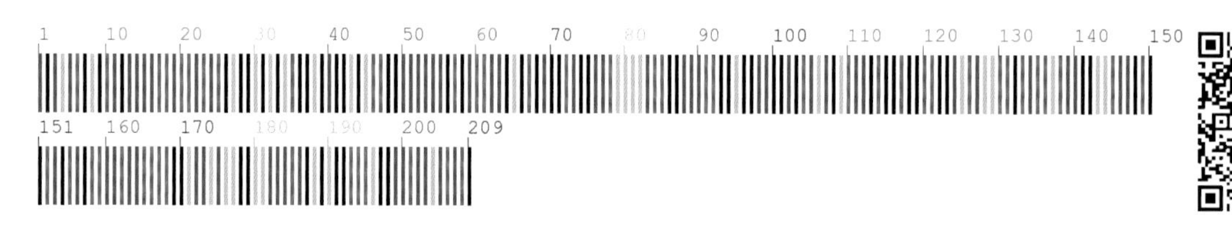

166 地丁草 **Corydalis bungeana** Turcz.

【别　　名】紫堇，苦地丁

【形态特征】二年生灰绿色草本，高10～50cm。茎自基部铺散分枝，具棱。基生叶多数，叶柄约与叶等长；叶上面绿色，下面苍白色，二至三回羽状全裂。总状花序，先密集，后疏离，果期伸长；苞片叶状，具柄至近无柄。萼片宽卵圆形至三角形，具齿，常早落；花粉红色至淡紫色，内花瓣顶端深紫色。蒴果椭圆形，下垂，具2列种子。

【生　　境】生于多石坡地、山沟、溪流及平原、丘陵草地或疏林下。

【药用价值】全草入药。清热解毒。

【材料来源】吉林省延边朝鲜族自治州延吉市，共3份，样本号CBS927MT01～03。

【ITS2序列特征】获得ITS2序列3条，比对后长度为226bp，有1个变异位点，为37位点A-G变异。序列特征如下：

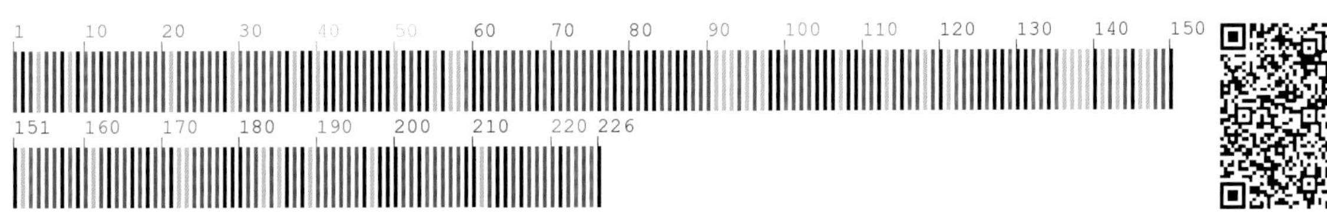

【*psbA-trnH*序列特征】获得*psbA-trnH*序列3条，比对后长度为385bp，无变异位点。序列特征如下：

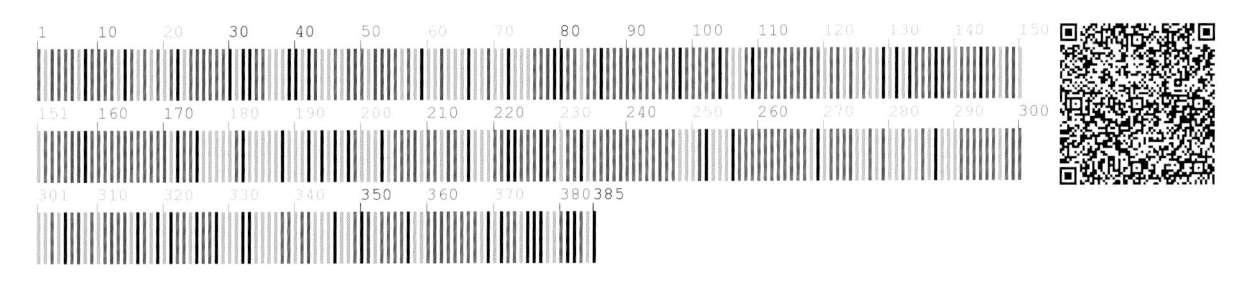

167 堇叶延胡索 Corydalis fumariifolia Maxim.

【别　　名】东北延胡索，延胡索，蓝花菜，元胡

【形态特征】多年生草本。块茎圆球形，单一。叶互生，二回三出全裂，长圆形或倒卵形。总状花序顶生，花梗多偏于一侧；花冠唇形，淡蓝色至蓝色，上瓣先端反曲，顶端微凹处无突尖，基部延伸成一个长而较粗的距，较直，下瓣具倒卵状短爪，向下弧曲，形成隆凸，先端微凹。蒴果条形，干后缢缩，略呈串珠状。

【生　　境】生于山地灌丛间、杂木林下、坡地、阴湿山沟腐殖质多且含有沙石的土壤中。常聚生成片。

【药用价值】块茎入药。活血散瘀，行气止痛。

【材料来源】吉林省通化市通化县，共 3 份，样本号 CBS924MT01～03。

【ITS2 序列特征】获得 ITS2 序列 3 条，比对后长度为 227bp，有 1 个变异位点，为 52 位点 A-T 变异。序列特征如下：

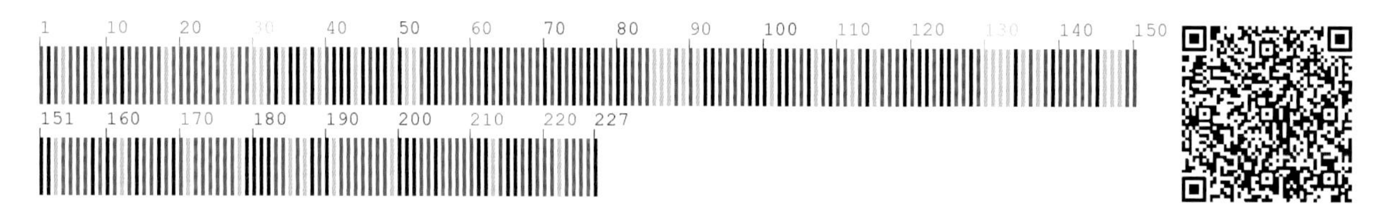

【*psbA-trnH* 序列特征】获得 *psbA-trnH* 序列 3 条，比对后长度为 260bp，无变异位点。序列特征如下：

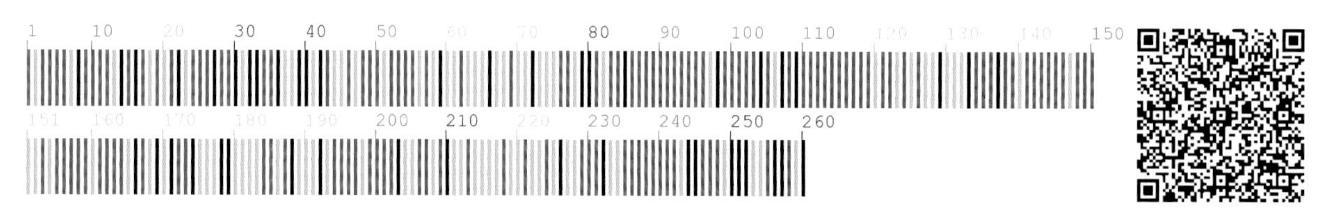

168 多裂堇叶延胡索 **Corydalis fumariifolia** Maxim. f. **multifida** Y. H. Chou

【别　　名】东北延胡索，元胡

【形态特征】多年生草本，高 8～28cm。块茎圆球形。茎直立或上升，基部以上具一鳞片。叶二至三回三出，小叶条形，全缘。总状花序具 5～15朵花；花淡蓝色或蓝紫色，稀紫色或白色；内花瓣色淡或近白色，外花瓣较宽展，全缘，顶端下凹。花期 4 月，果期 5 月。

【生　　境】生于山地灌丛间、杂木林下、坡地、阴湿山沟腐殖质多且含有沙石的土壤中。常聚生成片。

【药用价值】块茎入药。活血散瘀，行气止痛。

【材料来源】辽宁省本溪市桓仁满族自治县，共 2 份，样本号 CBS037MT01、CBS037MT02。

【ITS2 序列特征】获得 ITS2 序列 2 条，比对后长度为 221bp，无变异位点。序列特征如下：

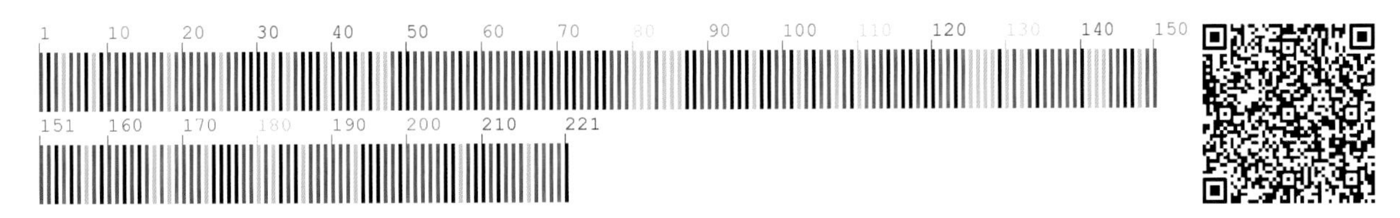

【*psbA-trnH* 序列特征】获得 *psbA-trnH* 序列 2 条，比对后长度为 335bp，有 4 个变异位点，分别为 160 位点 A-G 变异，171 位点、172 位点 T-C 变异，206 位点 G-T 变异。序列特征如下：

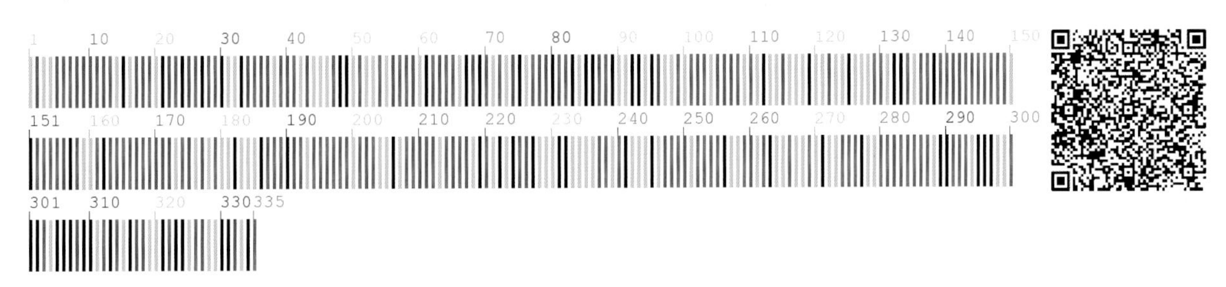

169 临江延胡索 **Corydalis linjiangensis** Z. Y. Su ex Lidén

【别　　名】蓝花菜，蓝雀花

【形态特征】多年生草本。块茎圆球形。茎基部较纤细，微弯曲，基部以上具一鳞片，具2叶。叶三出，芹菜叶状。总状花序具4～7朵花；苞片卵圆形或近楔形；花蓝色；萼片早落；外花瓣宽展，全缘，顶端微凹；瓣片稍上弯，距圆筒形，近直，约占花瓣全长的3/5；下花瓣直；内花瓣鸡冠状凸起近圆，不或稍伸出顶端；柱头近四方形，具8乳突，基部稍下延。未成熟蒴果线形，具1列种子。

【生　　境】生于林下、林缘及路旁等处。常聚生成片。

【药用价值】块茎入药。行气止痛，止血，活血散瘀。

【材料来源】吉林省白山市临江市，共2份，样本号 CBS066MT02、CBS066MT03。

【ITS2 序列特征】获得 ITS2 序列 2 条，比对后长度为 223bp，有 6 个变异位点，分别为 50 位点 G-T 变异，64 位点 C-G 变异，102 位点、105 位点、108 位点 A-C 变异，182 位点 G-C 变异。序列特征如下：

【*psbA-trnH* 序列特征】获得 *psbA-trnH* 序列 2 条，比对后长度为 352bp，有 1 个变异位点，为 240 位 G-T 变异。序列特征如下：

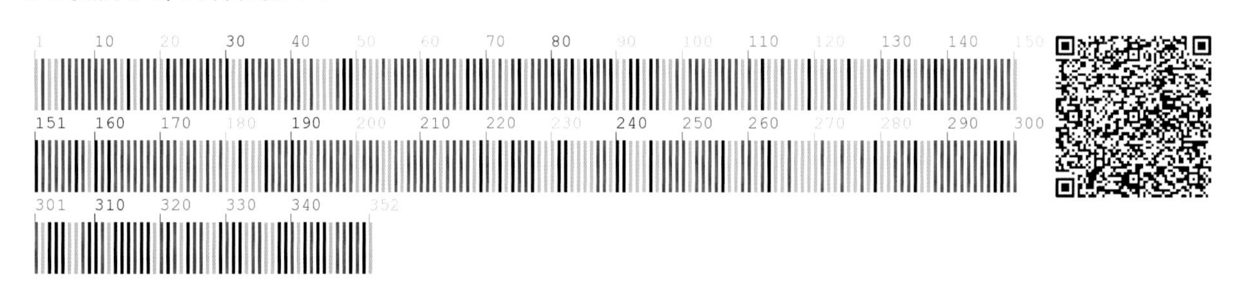

170 全叶延胡索 **Corydalis repens** Mandl et Muehld.

【别　　名】匍匐延胡索，土延胡索，蓝花菜

【形态特征】多年生草本。块茎球形，内质近白色。茎细，基部以上具一鳞片。叶二回三出，小叶披针形至倒卵形，全缘，少有分裂。花浅蓝色、蓝紫色或紫红色；外花瓣宽展，具平滑的边缘，顶端下凹；花瓣常上弯；距圆筒形，直或末端稍下弯；柱头小，扁圆形，具不明显的6～8乳突。蒴果宽椭圆形或卵圆形，具4～6粒种子，2列。种子直径约1.5mm，光滑，种阜鳞片状，白色。

【生　　境】生于林缘、林间草地、山坡路旁等处。常聚生成片。

【药用价值】茎入药。行气止痛，活血散瘀。

【材料来源】吉林省通化市东昌区，共3份，样本号CBS001MT01～03。

【ITS2序列特征】获得ITS2序列3条，比对后长度为227bp，有1处插入/缺失，为198位点。序列特征如下：

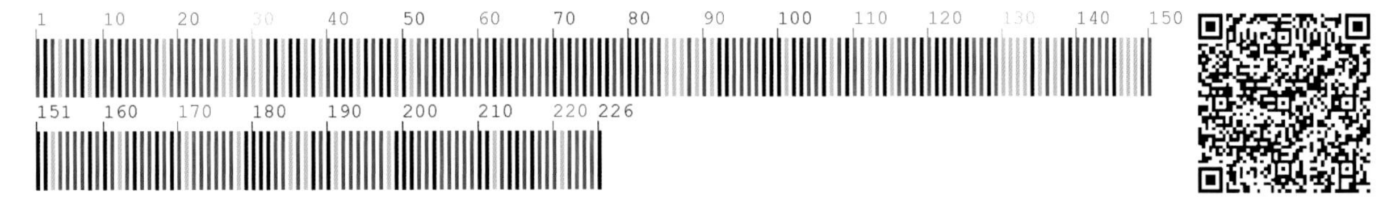

【*psbA-trnH*序列特征】获得*psbA-trnH*序列3条，比对后长度为368bp，无变异位点。序列特征如下：

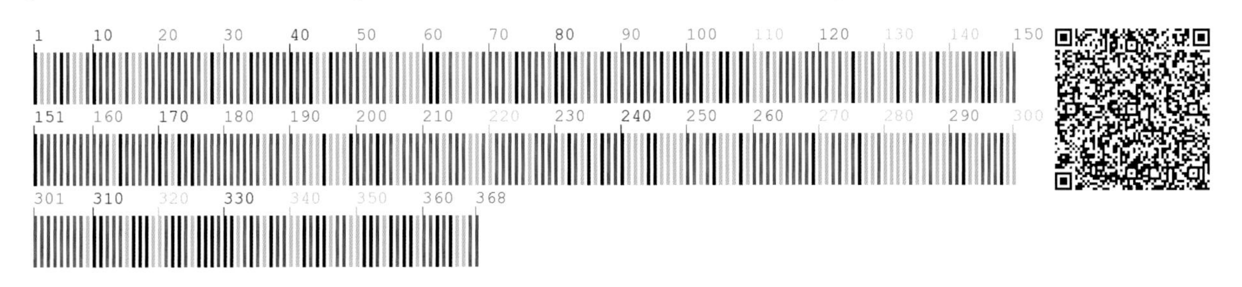

171 珠果黄堇 **Corydalis speciosa** Maxim.

【别　　名】珠果紫堇

【形态特征】一至二年生草本，高20～60cm。直根系。茎多条丛生。基生叶多数，莲座状，花期枯萎；茎生叶稍密集，上面绿色，下面苍白色，二回羽状全裂。总状花顶生和腋生；外花瓣顶端勺状，具短尖；距约占花瓣全长的1/3，背部平直；下花瓣长约1.4cm；内花瓣长约1.3cm；雄蕊束披针形；子房线形，柱头具横向伸出的2臂，各臂顶端具3乳突。蒴果线形，念珠状，长2～4cm，宽约2mm，斜伸至下垂，具1列种子。种子黑亮。

【生　　境】生于林间空地、火烧迹地、林缘、多石砾坡地、河滩石砾地及铁路两旁沙质地。

【药用价值】块茎入药。清热解毒，行气止痛，活血散瘀。

【材料来源】吉林省通化市东昌区，共2份，样本号CBS002MT01、CBS002MT02。

【ITS2序列特征】获得ITS2序列2条，比对后长度为240bp，无变异位点。序列特征如下：

【*psbA-trnH*序列特征】获得*psbA-trnH*序列2条，比对后长度为472bp，无变异位点。序列特征如下：

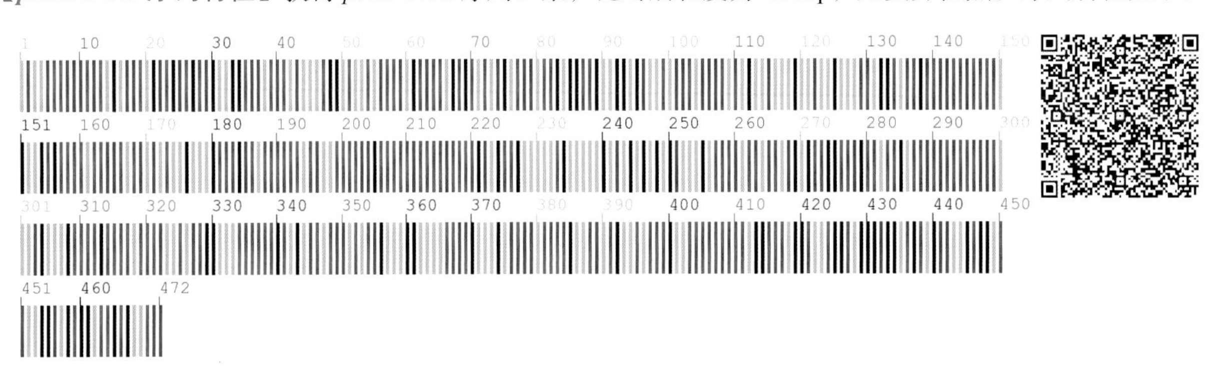

172 线裂齿瓣延胡索 **Corydalis turtschaninovii** Bess. f. **lineariloba** (Maxim.) Kitag.

【别　　名】延胡索，蓝花菜

【形态特征】多年生草本，高15～25cm。块茎圆球形。叶互生，具细柄，二回三出全裂，线形或线状长圆形。总状花序顶生，具花数至十余朵；花冠唇形，淡蓝色至蓝色，4瓣，2轮，上花瓣先端反曲，顶端微凹处有小突尖，基部延伸成一个长而较粗的距；雄蕊6，每3枚成1束，花丝愈合。蒴果线形，干后缢缩，略呈串珠状。种子多数，卵形或椭圆形。花期4～5月，果期5～6月。

【生　　境】生于山地灌丛间、杂木林下、坡地、阴湿山沟腐殖质多且含有沙石的土壤中。常聚生成片。

【药用价值】块茎入药。行气止痛，活血散瘀。

【材料来源】吉林省通化市集安市，共3份，样本号CBS014MT01～03。

【ITS2序列特征】获得ITS2序列3条，比对后长度为226bp，有1个变异位点，196位点为简并碱基。序列特征如下：

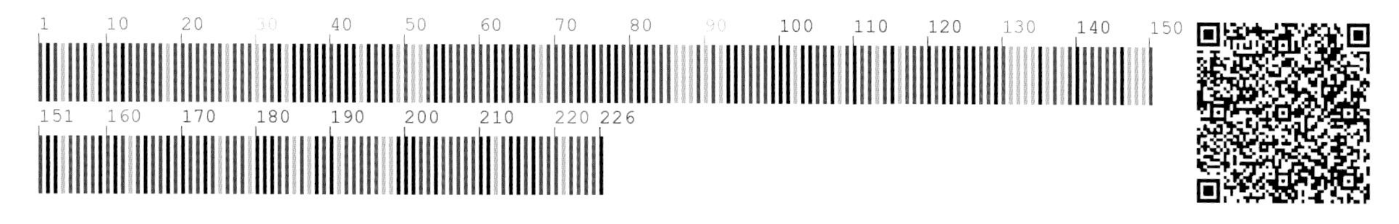

【*psbA-trnH*序列特征】获得*psbA-trnH*序列3条，比对后长度为355bp，无变异位点。序列特征如下：

173 多裂齿瓣延胡索 **Corydalis turtschaninovii** Bess. f. **multisecta** P. Y. Fu

【别　　名】延胡索，蓝花菜

【形态特征】叶为三至四回三出全裂或近全裂，终裂片线形或狭线形。

【生　　境】生于林下、林缘、灌丛等处。

【药用价值】块茎入药。行气止痛，止血，活血散瘀。

【材料来源】吉林省通化市集安市，共 3 份，样本号 CBS022MT01～03。

【ITS2 序列特征】获得 ITS2 序列 3 条，比对后长度为 226bp，有 2 个变异位点，分别为 172 位点 T-C 变异，173 位点为简并碱基。序列特征如下：

【*psbA-trnH* 序列特征】获得 *psbA-trnH* 序列 3 条，比对后长度为 351bp，无变异位点。序列特征如下：

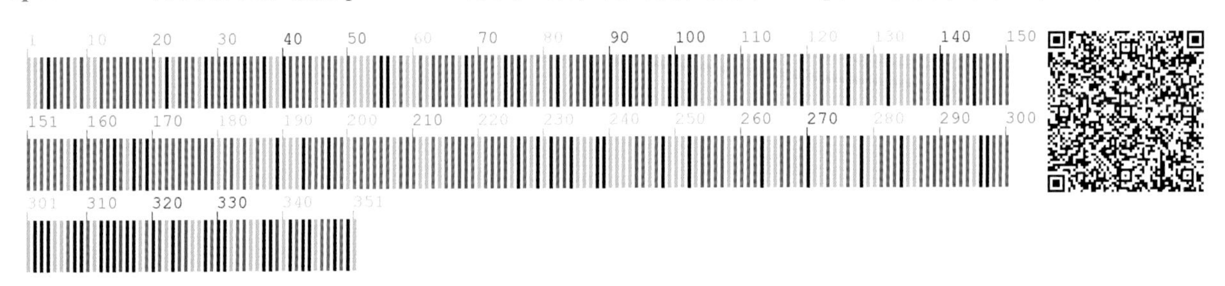

174 栉裂齿瓣延胡索 **Corydalis turtschaninovii** Bess. f. **pectinata** (Kom.) Y. H. Chou

【别　　名】延胡索，蓝花菜

【形态特征】多年生草本。块茎圆球形，质色黄。茎稍直立或斜伸，基部以上具1枚大而反卷的鳞片。茎生叶通常2枚，二回或近三回三出，末回小叶楔形，先端栉齿状裂，裂片尖或稍钝。总状花序具6～10朵花。花蓝色、白色或紫蓝色；上花瓣长2～2.5cm；距直或顶端稍下弯；蜜腺体占距长的1/3～1/2。内花瓣长9～12mm。蒴果线形，具1列种子，多少扭曲。种子平滑。

【生　　境】生于林下、林缘、灌丛等处，稀少。

【药用价值】块茎入药。行气止痛，止血，活血散瘀。

【材料来源】吉林省通化市集安市，共3份，样本号CBS015MT01～03。

【ITS2序列特征】获得ITS2序列3条，比对后长度为226bp，有2个变异位点，分别为26位点A-T变异、172位点T-C变异。序列特征如下：

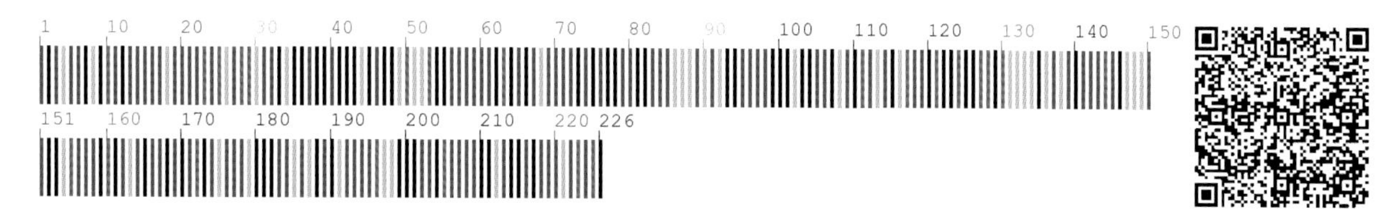

【*psbA-trnH*序列特征】获得*psbA-trnH*序列3条，比对后长度为352bp，无变异位点。序列特征如下：

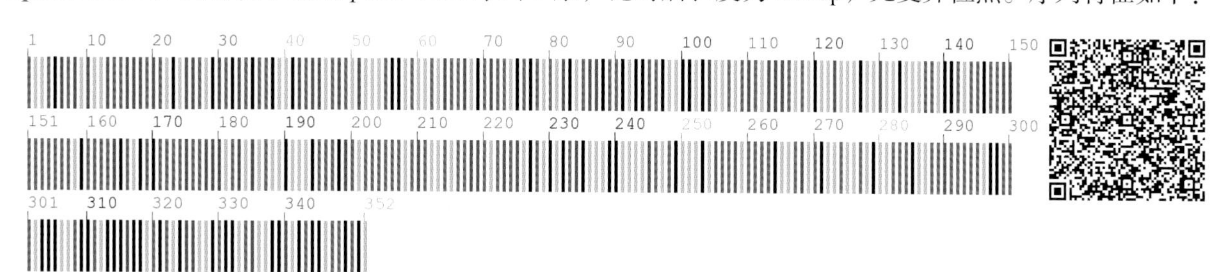

175 角瓣延胡索 **Corydalis watanabei** Kitag.

【别　　名】尖瓣延胡索

【形态特征】多年生草本。块茎球状，外表棕黄色，断面白色。茎基部以上有一鳞片状叶。叶为二回三出复叶；小叶柄纤细，倒卵形、椭圆形，少数先端2～3裂，全缘。总状花序顶生，具2～6朵花；苞片全缘，花序下苞片有时分裂；萼片2，早落；花瓣浅蓝色至紫红色，内瓣先端2浅裂呈动物角状；雄蕊6，每3枚连成1束；雌蕊扁卵形，柱头2裂。蒴果长卵形，熟时下垂。种子扁肾圆形，黑色。花果期4～6月。

【生　　境】生于林缘、林下、山坡路旁等处。

【药用价值】块茎入药。行气止痛，活血散瘀。

【材料来源】吉林省通化市集安市，共3份，样本号 CBS008MT01～03。

【ITS2 序列特征】获得 ITS2 序列 3 条，比对后长度为 226bp，无变异位点。序列特征如下：

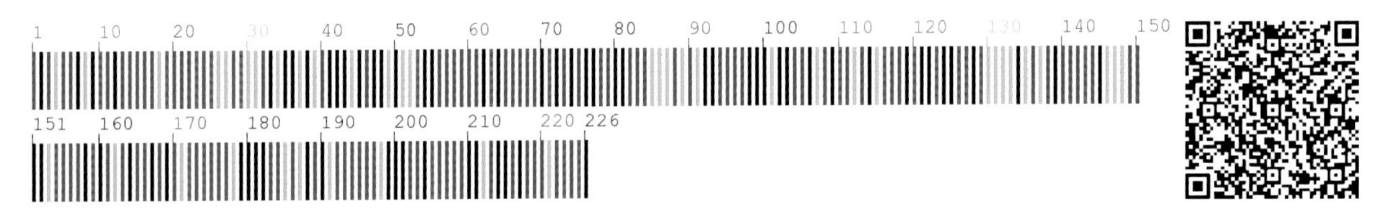

【*psbA-trnH* 序列特征】获得 *psbA-trnH* 序列 3 条，比对后长度为 343bp，无变异位点。序列特征如下：

176 荷青花 **Hylomecon japonica** (Thunb.) Prantl et Kündig

【别　　名】刀豆三七，大叶芹幌子

【形态特征】多年生草本，高15～40cm，具橘红色乳汁。根茎斜生，白色，肉质。茎直立，不分枝。基生叶少数，叶羽状全裂，共5小叶。花1～2朵，顶生；萼片卵形；花瓣倒卵圆形或近圆形，芽时覆瓦状排列，基部具短爪；雄蕊黄色，花药圆形或长圆形；花柱极短，柱头2裂。蒴果无毛，2瓣裂，具长达1cm的宿存花柱。种子卵形。花期4～7月，果期5～8月。

【生　　境】生于林下、溪沟湿地等处。常聚生成片。

【药用价值】全草入药。祛风除湿，舒筋通络，散瘀消肿，止血止痛。

【材料来源】吉林省通化市东昌区，共3份，样本号CBS039MT01～03。

【ITS2序列特征】获得ITS2序列3条，比对后长度为208bp，无变异位点。序列特征如下：

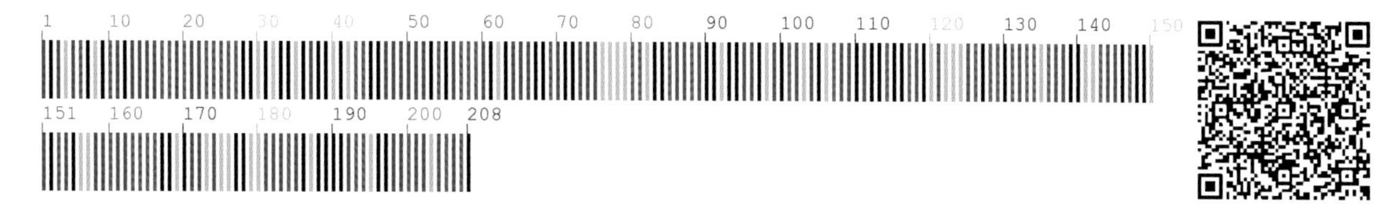

【*psbA-trnH*序列特征】获得*psbA-trnH*序列3条，比对后长度为405bp，无变异位点。序列特征如下：

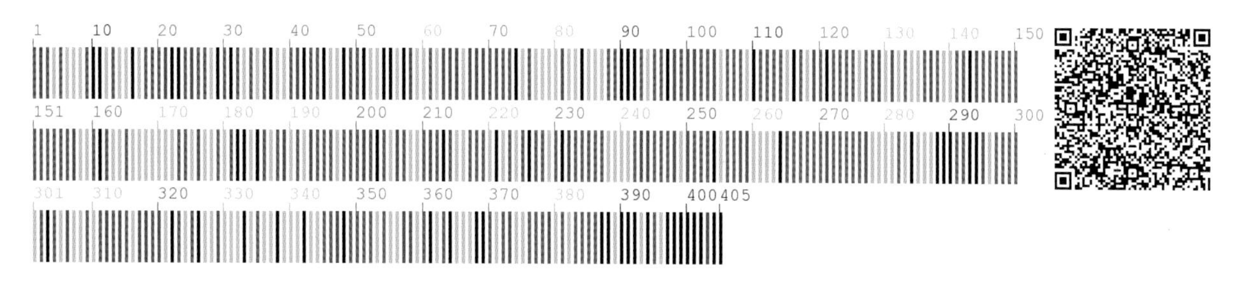

177 长白山罂粟 **Papaver radicatum** var. **pseudo-radicatum** (Kitag.) Kitag.

【别　　名】高山罂粟，白山罂粟，山大烟

【形态特征】多年生草本。主根圆柱形或纺锤形。根茎短，具呈覆瓦状排列的残枯叶鞘。叶全部基生，轮廓卵形至披针形，羽状浅裂、深裂或全裂，裂片 2～4 对。花单生于花葶先端；花蕾宽卵形至近球形，密被褐色刚毛，通常下垂；萼片 2，早落；花瓣 4，宽楔形或倒卵形，淡黄色、黄色或橙黄色；雄蕊多数，花丝钻形，黄色或黄绿色，花药长圆形，黄白色、黄色或稀带红色；子房倒卵形至狭倒卵形。蒴果狭倒卵形、倒卵形或倒卵状长圆形，密被紧贴的刚毛，具 4～8 条淡色的宽肋；柱头平扁，具疏离缺刻状的圆齿。花果期 5～9 月。

【生　　境】生于海拔 1600m 以上高山苔原带。

【药用价值】全草入药。止痛，止咳定喘，止泻。

【材料来源】吉林省延边朝鲜族自治州安图县，共 3 份，样本号 CBS588MT01～03。

【ITS2 序列特征】获得 ITS2 序列 3 条，比对后长度为 254bp，有 7 个变异位点，分别为 22 位点、83 位点 A-G 变异，34 位点 G-C 变异，65 位点、205 位点、212 位点 G-A 变异，35 位点为简并碱基。序列特征如下：

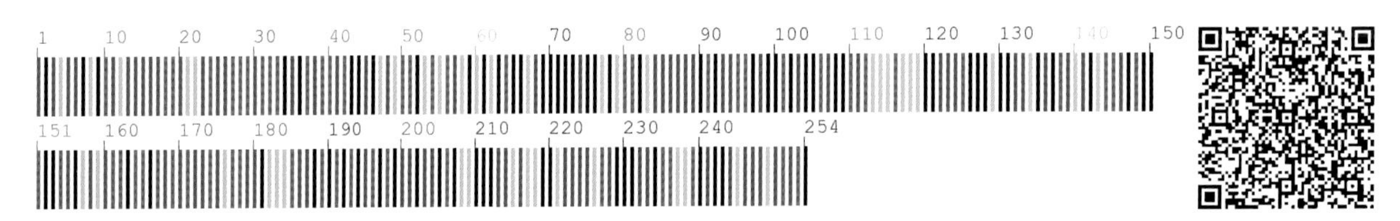

十字花科 Brassicaceae

178 硬毛南芥 **Arabis hirsuta** (L.) Scop.

【别　　名】毛南芥野，南芥菜，毛筷子芥

【形态特征】一年生草本，高30～90cm。基生叶长椭圆形或匙形，顶端钝圆，边缘全缘或具浅疏齿，基部楔形，叶柄长1～2cm；茎生叶多数，抱茎或半抱茎。总状花序顶生或腋生，花多数；萼片长椭圆形，背面无毛；花瓣白色；花柱短，柱头扁平。长角果线形，直立，紧贴果序轴；果梗直立。种子每室1行，约25粒，卵形，表面有不明显颗粒状凸起，边缘具窄翅，褐色。

【生　　境】生于草原、干燥山坡及路边草丛中。

【药用价值】全草入药。凉血止血，清热利尿，明目，降压，解毒。

【材料来源】吉林省白山市临江市，共2份，样本号CBS591MT01、CBS591MT02。

【ITS2序列特征】获得ITS2序列2条，比对后长度为189bp，无变异位点。序列特征如下：

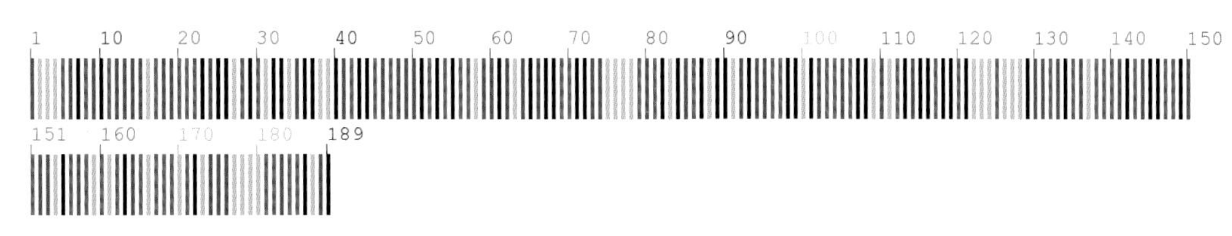

【*psbA-trnH*序列特征】获得*psbA-trnH*序列1条，长度为440bp。序列特征如下：

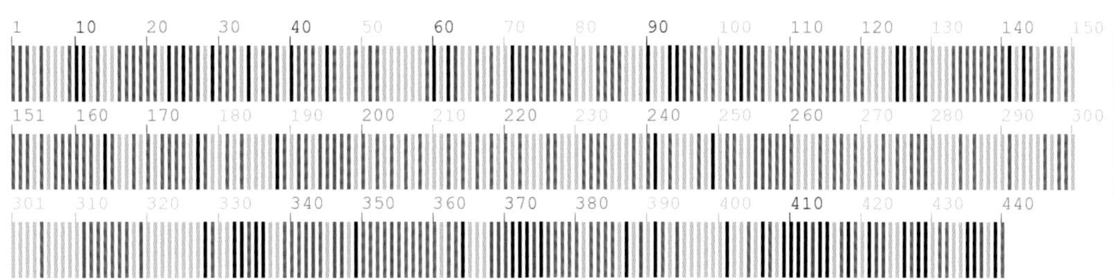

179 山芥 **Barbarea orthoceras** Ledeb.

【别　　名】山芥菜

【形态特征】二年生草本，高 25～60cm，全株无毛。茎直立，下部常带紫色。基生叶及茎下部叶大头羽状分裂，顶端裂片大；茎上部叶较小，宽披针形或长卵形，边缘具疏齿，基部耳状抱茎。总状花序顶生，初密集，花后延长；萼片椭圆状披针形，内轮 2 枚顶端隆起呈兜状；花瓣黄色。长角果线状四棱形。种子椭圆形，深褐色，表面具细网纹；子叶缘倚胚根。

【生　　境】生于草甸、河岸、溪谷、河滩湿草地及山地潮湿处。

【药用价值】果实入药。祛痰，散寒，消肿止痛。

【材料来源】吉林省白山市浑江区，共 3 份，样本号 CBS123MT01～03。

【ITS2 序列特征】获得 ITS2 序列 3 条，比对后长度为 191bp，无变异位点。序列特征如下：

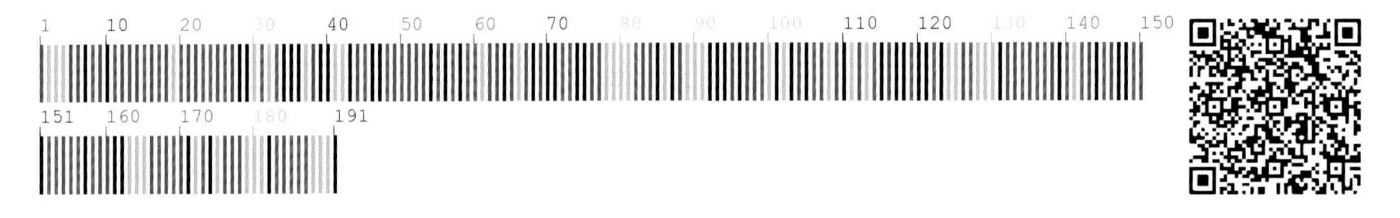

【*psbA-trnH* 序列特征】获得 *psbA-trnH* 序列 3 条，比对后长度为 374bp，无变异位点。序列特征如下：

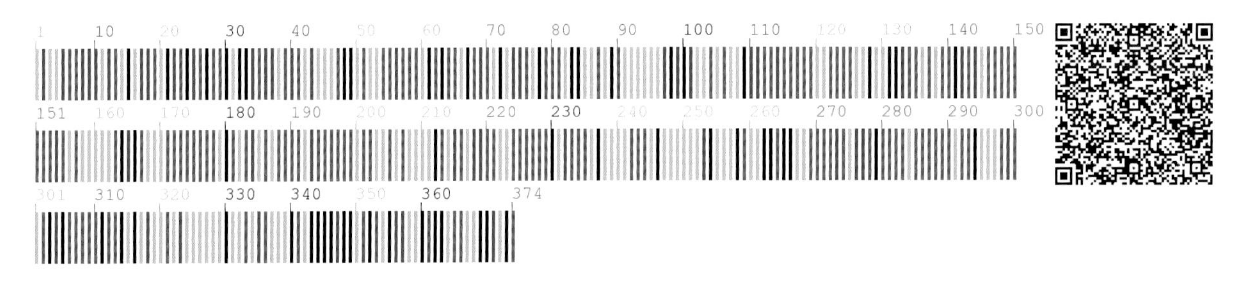

180 荠 **Capsella bursa-pastoris** (L.) Medik.

【别　　名】荠菜，荠荠菜

【形态特征】一年生或二年生草本，高10～30cm。茎直立，通常单一，生单毛或分歧毛。基生叶莲座状，叶大头羽状分裂，两侧裂片呈不规则粗齿状，顶端裂片呈三角形；茎生叶宽披针形，基部抱茎而两侧呈耳形。总状花序顶生或腋生；花白色，萼片4，绿色；花瓣4，白色；雄蕊6，4强；雌蕊1，子房2室。短角果三角状倒卵形，先端微凹，有极短的宿存花柱。种子细小多数，2行，长椭圆形，长1mm，淡褐色。花期5～6月，果期6～7月。

【生　　境】生于山坡、路旁、沟边、田间及村屯住宅附近等处。

【药用价值】全草入药。凉血止血，清热利尿，明目，降压，解毒。

【材料来源】吉林省通化市通化县，共3份，样本号CBS052MT01～03。

【ITS2序列特征】获得ITS2序列3条，比对后长度为194bp，有1个变异位点，为99位点C-T变异。序列特征如下：

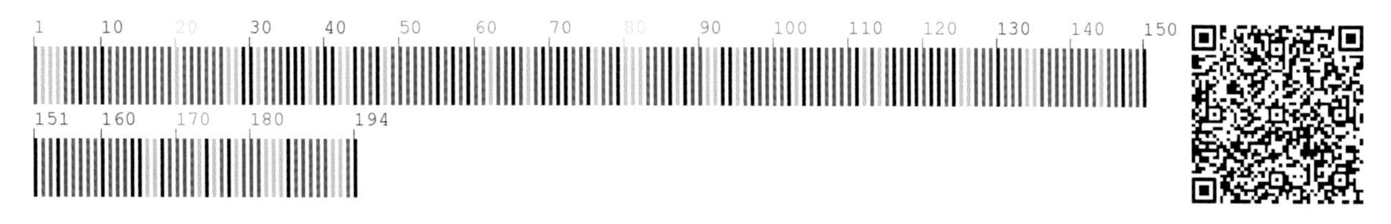

【*psbA-trnH*序列特征】获得*psbA-trnH*序列3条，比对后长度为381bp，有3个变异位点，分别为122位点、126位点A-T变异，124位点T-A变异。序列特征如下：

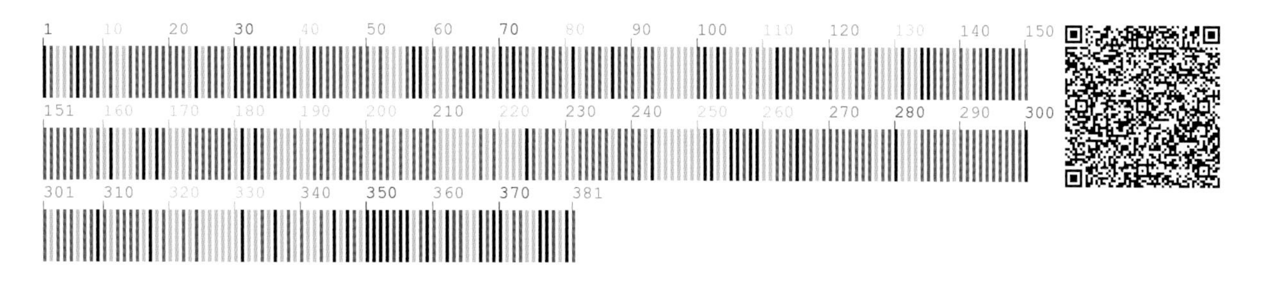

181 白花碎米荠 **Cardamine leucantha** (Tausch) O. E. Schulz

【别　　名】白花石芥菜，菜子七

【形态特征】多年生草本，高 30～75cm。茎单一，有时上部有少数分枝。基生叶有长柄，单数羽状，小叶 2～3 对。总状花序顶生；花梗细弱；萼片长椭圆形；花瓣白色，长圆状楔形；子房有长柔毛，花柱长约 5mm，柱头扁球形。长角果线形，果梗直立开展。花期 4～7 月，果期 6～8 月。

【生　　境】生于路边、山坡湿草地、杂木林下及山谷沟边阴湿处。常聚生成片。

【药用价值】根茎入药。清热解毒，解痉，化痰止咳，活血止痛。

【材料来源】吉林省通化市东昌区，共 3 份，样本号 CBS106MT01～03。

【ITS2 序列特征】获得 ITS2序列 3 条，比对后长度为 191bp，无变异位点。序列特征如下：

【*psbA-trnH* 序列特征】获得 *psbA-trnH* 序列 3 条，比对后长度为 291bp，无变异位点。序列特征如下：

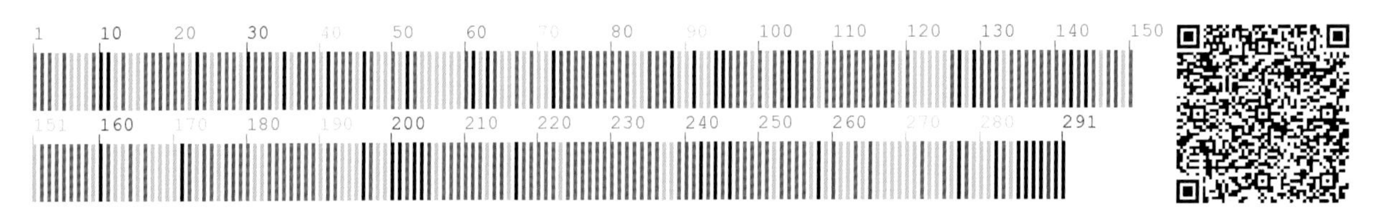

182 葶苈 Draba nemorosa L.

【别　　名】葶苈，猫耳朵菜

【形态特征】一年生或二年生草本，高5～45cm。茎直立，单一或分枝，下部密生单毛、叉状毛和星状毛。基生叶莲座状，近全缘；茎生叶长卵形或卵形，顶端尖，无柄。总状花序有花25～90朵，密集成伞房状；萼片椭圆形；花瓣黄色，花期后变成白色；雄蕊长1.8～2mm，花药短心形；雌蕊椭圆形。短角果长圆形或长椭圆形，被短单毛；果梗长8～25mm。花期3月至4月上旬，果期5～6月。

【生　　境】生于田野、路旁、沟边及村屯住宅附近等处。常聚生成片。

【药用价值】种子入药。祛痰平喘，清热，利尿。

【材料来源】吉林省通化市通化县，共3份，样本号CBS050MT01～03。

【ITS2序列特征】获得ITS2序列3条，比对后长度为189bp，无变异位点。序列特征如下：

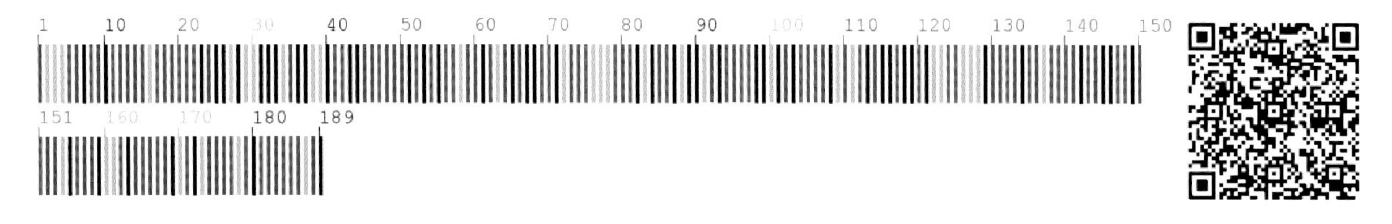

【*psbA-trnH*序列特征】获得*psbA-trnH*序列3条，比对后长度为358bp，无变异位点。序列特征如下：

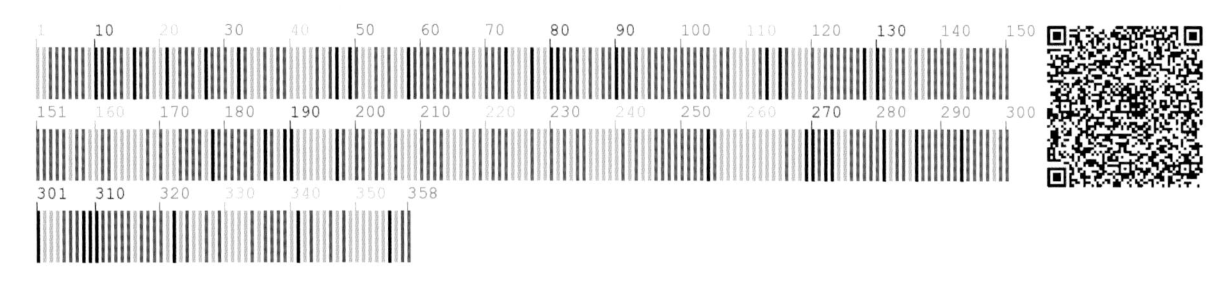

183 独行菜 **Lepidium apetalum** Willd.

【别　　名】无瓣独行菜，腺独行菜，羊辣罐子，荠荠菜幌子

【形态特征】一年生或二年生草本，高 5～30cm。茎直立，有分枝。基生叶窄匙形，一回羽状浅裂或深裂，茎上部叶线形。总状花序在果期可延长至 5cm；萼片早落，卵形，外面有柔毛；花瓣不存或退化成丝状，比萼片短；雄蕊 2 或 4。短角果近圆形或宽椭圆形，扁平，顶端微缺，上部有短翅，隔膜宽不到 1mm；果梗弧形。种子椭圆形，长约 1mm，平滑，棕红色。花果期 5～7 月。

【生　　境】生于田野、路旁、沟边及村屯住宅附近等处。

【药用价值】种子入药。清热止血，泻肺平喘，行水消肿。

【材料来源】吉林省通化市东昌区，共 3 份，样本号 CBS208MT01～03。

【*psbA-trnH* 序列特征】获得 *psbA-trnH* 序列 3 条，比对后长度为 201bp，无变异位点。序列特征如下：

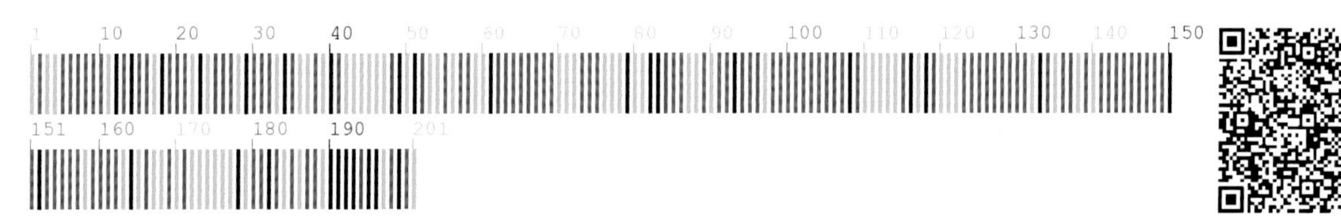

184　沼生蔊菜　**Rorippa palustris** (L.) Besser

【别　　名】风花菜，黄花荠菜，长根荠菜

【形态特征】一年生或二年生草本，高10～50cm，光滑无毛或稀有单毛。茎直立，单一或分枝，具棱。基生叶多数，具柄，叶羽状深裂或大头羽裂，顶端裂片较大，基部耳状抱茎；茎生叶向上渐小，近无柄。总状花序顶生或腋生，花小，黄色或淡黄色，具花梗；雄蕊6，近等长。种子每室2行，褐色，细小，表面具细网纹。花期5～6月，果期6～7月。

【生　　境】生于路旁、沟边、河边湿地、田间及村屯住宅附近等处。常聚生成片。

【药用价值】全草入药。清热解毒，镇咳利尿，利水消肿。

【材料来源】吉林省通化市东昌区，共3份，样本号CBS202MT01～03。

【ITS2序列特征】获得ITS2序列3条，比对后长度为190bp，有1个变异位点，为88位点A-C变异。序列特征如下：

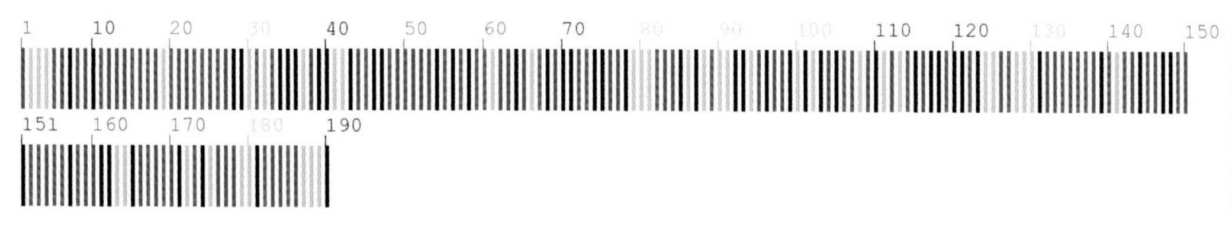

【*psbA-trnH*序列特征】获得*psbA-trnH*序列3条，比对后长度为331bp，有1处插入/缺失，为262位点。序列特征如下：

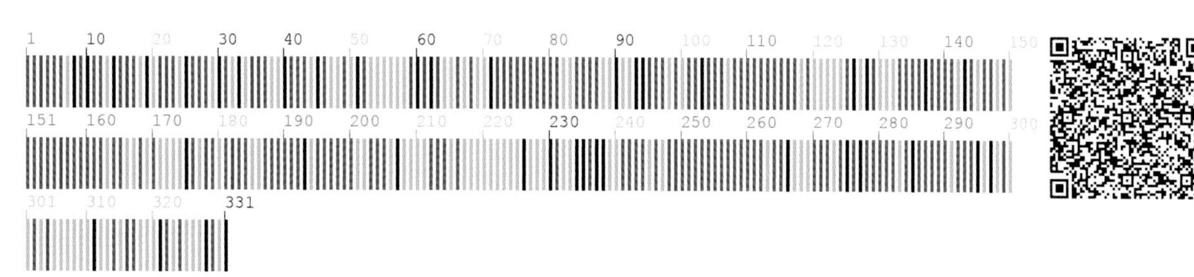

185　蔊菜　Rorippa indica (L.) Hiern

【别　　名】香荠菜，野油菜

【形态特征】一年生或二年生直立草本，高20～40cm，较粗壮，无毛或具疏毛。茎表面具纵沟。叶互生，基生叶及茎下部叶具长柄，叶形多变化，通常大头羽状分裂。总状花序顶生或侧生，花小，多数，具细花梗；萼片4；花瓣4，黄色；雄蕊6，2枚稍短。长角果线状圆柱形，短而粗。种子每室2行，多数，细小。花期5～6月，果期6～7月。

【生　　境】生于河边、山沟、渠边、田野及路旁等较潮湿处。

【药用价值】全草入药。清热解毒，止咳化痰，消炎止痛，通经活血。

【材料来源】吉林省通化市二道江区，共3份，样本号CBS592MT01～03。

【ITS2序列特征】获得ITS2序列3条，比对后长度为189bp，无变异位点。序列特征如下：

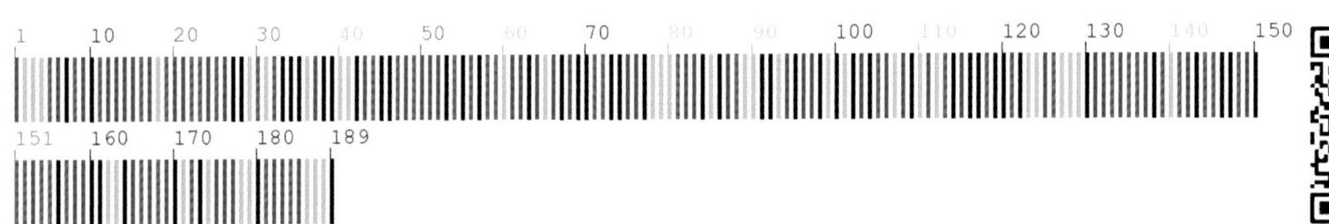

【*psbA-trnH*序列特征】获得*psbA-trnH*序列3条，比对后长度为430bp，无变异位点。序列特征如下：

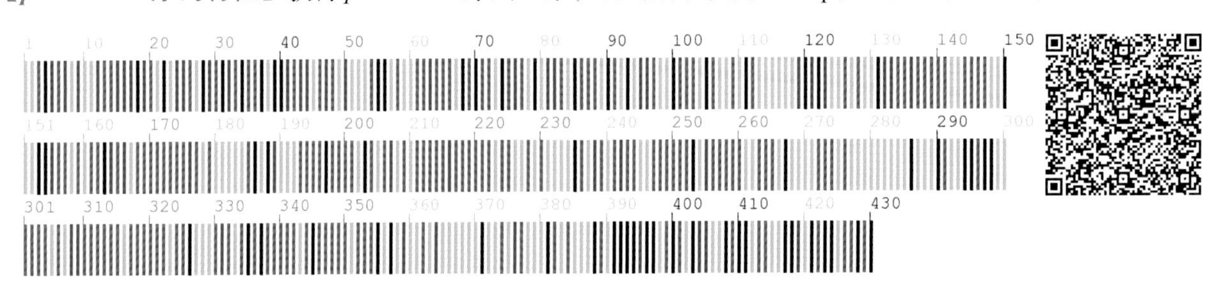

186 菥蓂　Thlaspi arvense L.

【别　　名】遏兰菜

【形态特征】一年生草本，高9～60cm，无毛。茎直立，不分枝或分枝，具棱。基生叶倒卵状长圆形，顶端圆钝或急尖，基部抱茎；叶柄长1～3cm。总状花序顶生，花白色，直径约2mm，花梗细；萼片直立，卵形；花瓣长圆状倒卵形，长2～4mm，顶端圆钝或微凹。短角果倒卵形或近圆形，扁平，顶端凹入，边缘有翅。种子每室2～8粒，黄褐色，有同心环状条纹。花期3～4月，果期5～6月。

【生　　境】生于路旁、荒地、田野及住宅附近。常聚生成片。

【药用价值】全草入药。和中益气，理气，消肿，清热解毒，利肝明目。

【材料来源】吉林省通化市通化县，共3份，样本号CBS053MT01～03。

【ITS2序列特征】获得ITS2序列3条，比对后长度为190bp，无变异位点。序列特征如下：

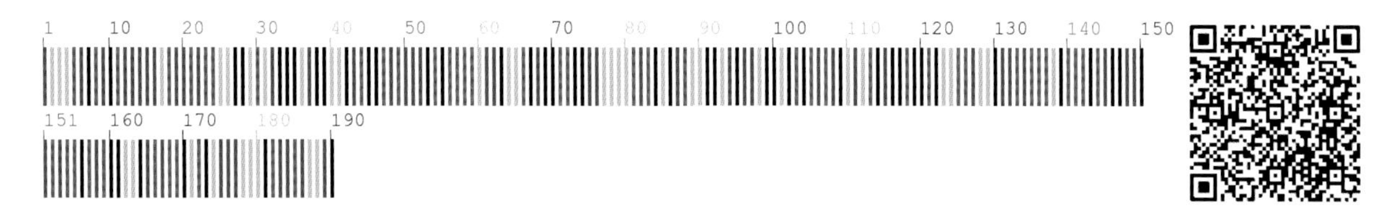

【*psbA-trnH*序列特征】获得*psbA-trnH*序列3条，比对后长度为327bp，无变异位点。序列特征如下：

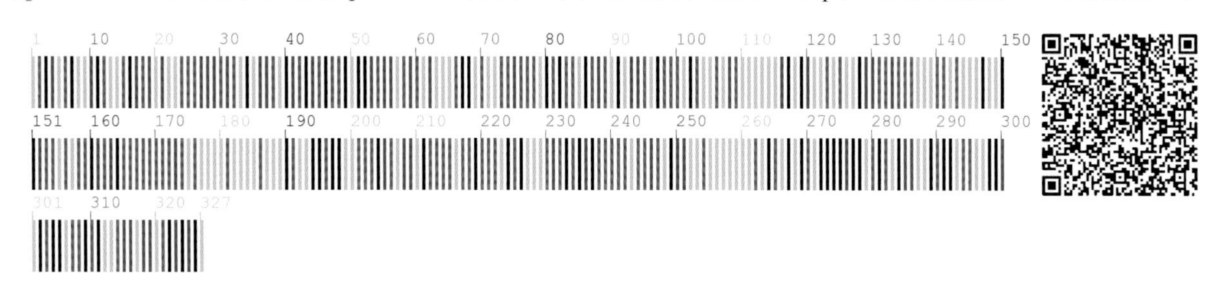

景天科 Crassulaceae

187 长药八宝 **Hylotelephium spectabile** (Boreau) H. Ohba

【别　　名】长药景天，石头菜，蝎子掌

【形态特征】多年生草本，高30～70cm。茎直立。叶对生，或3叶轮生，全缘或多少有波状牙齿。花序大型，伞房状，顶生；萼片5；花瓣5，淡紫红色至紫红色，披针形至宽披针形；雄蕊10，花药紫色；心皮5，狭椭圆形，花柱长1.2mm。蓇葖果直立。花期8～9月，果期9～10月。

【生　　境】生于石质山坡或岩石缝隙中。

【药用价值】全草入药。清热解毒，镇静止痛。

【材料来源】吉林省延边朝鲜族自治州龙井市，共3份，样本号CBS595MT01～03。

【ITS2 序列特征】获得ITS2序列3条，比对后长度为227bp，有1个变异位点，158位点为简并碱基。序列特征如下：

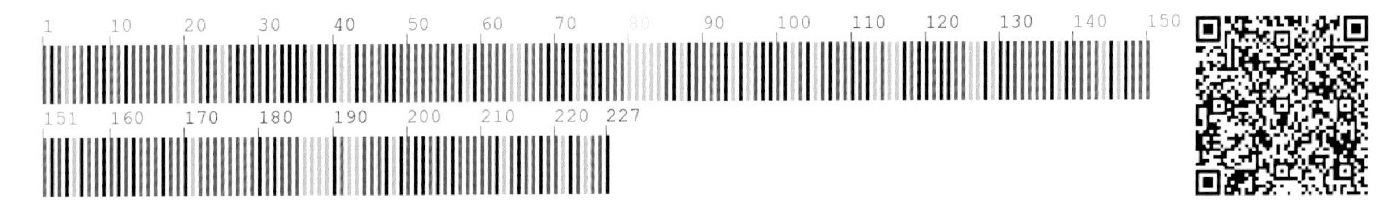

【*psbA-trnH* 序列特征】获得*psbA-trnH*序列3条，比对后长度为351bp，无变异位点。序列特征如下：

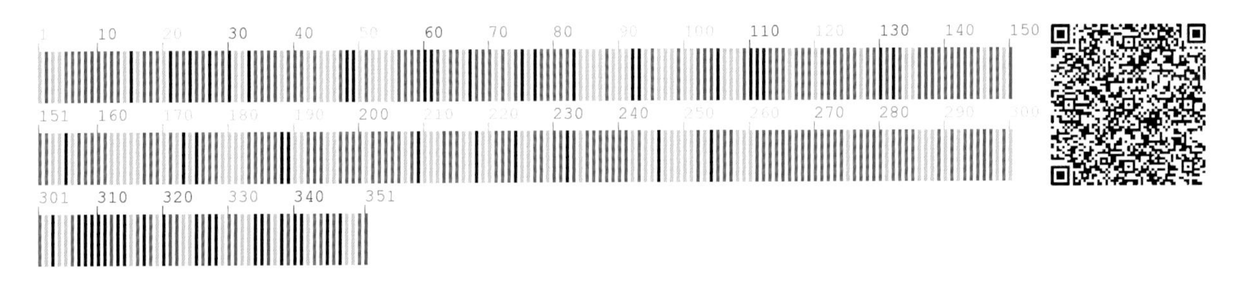

188 轮叶八宝　Hylotelephium verticillatum (L.) H. Ohba

【别　　名】轮叶景天，还魂草，打不死

【形态特征】多年生草本，高 40～500cm。须根细。3～5 叶轮生，下部偶有对生；叶比节间长，基部楔形，边缘有整齐的疏牙齿，下面常带苍白色，有柄。聚伞状伞房花序顶生；苞片卵形；萼片 5，三角状卵形，长 0.5～1mm，基部稍合生；花瓣 5，淡绿色至黄白色，长圆状椭圆形，长 3.5～5mm，先端急尖，基部渐狭，分离；雄蕊 10，对萼的较花瓣稍长，对瓣的稍短；鳞片 5，线状楔形，长约 1mm，先端有微缺；心皮 5，有短柄，花柱短。种子狭长圆形，淡褐色。花期 7～8 月，果期 9 月。

【生　　境】生于山坡草丛中或沟边阴湿处。

【药用价值】全草入药。解毒，消肿，止血。

【材料来源】吉林省通化市集安市，共 3 份，样本号 CBS484MT01～03。

【ITS2 序列特征】获得 ITS2 序列 3 条，比对后长度为 225bp，无变异位点。序列特征如下：

【*psbA-trnH* 序列特征】获得 *psbA-trnH* 序列 3 条，比对后长度为 354bp，无变异位点。序列特征如下：

189 珠芽八宝 **Hylotelephium viviparum** (Maxim.) H. Ohba

【别　　名】珠芽景天，小箭草，珠芽半枝

【形态特征】多年生草本，高 15～60cm。须根短。3～4 叶轮生，叶比节间短，在叶腋有带白色肉质的芽，球形，叶边缘有疏浅牙齿，几无柄。聚伞状伞房花序，花密生，顶半圆球形；苞片似叶而小；萼片 5，卵形；花瓣 5，黄白色或黄绿色，卵形或长圆形，先端尖；雄蕊 10，对萼的与花瓣同长或稍长，对瓣的稍短，花药球形，黄色；鳞片 5，线状楔形；心皮 5。花期 8～9 月。

【生　　境】生于阴湿的砬子上及砂质地等处。

【药用价值】全草入药。散寒，理气，止痛，消肿，止血，截疟。

【材料来源】吉林省通化市东昌区，共 3 份，样本号 CBS446MT01～03。

【ITS2 序列特征】获得 ITS2 序列 3 条，比对后长度为 226bp，有 1 处插入 / 缺失，为 11 位点。序列特征如下：

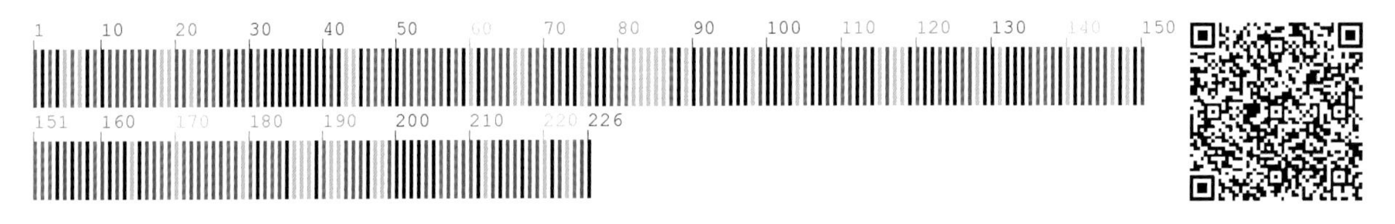

【*psbA-trnH* 序列特征】获得 *psbA-trnH* 序列 3 条，比对后长度为 356bp，无变异位点。序列特征如下：

190 狼爪瓦松 **Orostachys cartilagineus** A. Bor.

【别　　名】瓦松

【形态特征】二年生或多年生草本。莲座叶长圆状披针形，先端有软骨质附属物，背凸出，白色，先端中央有白色软骨质的刺。花茎不分枝，高10～35cm。茎生叶互生。总状花序圆柱形，紧密多花；苞片线形至线状披针形；花梗与花同长或稍长；萼片5；花瓣5，白色，长圆状披针形，基部稍合生，先端急尖；雄蕊10，较花瓣稍短；鳞片5，近四方形，有短梗，喙丝状，种子线状长圆形，褐色。花果期9～10月。

【生　　境】生于石质山坡、石砬子上。

【药用价值】全草入药。止血，止痢，敛疮。

【材料来源】吉林省通化市集安市，共3份，样本号CBS494MT01～03。

【ITS2序列特征】获得ITS2序列3条，比对后长度为224bp，有2个变异位点，分别为126位点A-G变异、176位点G-C变异。序列特征如下：

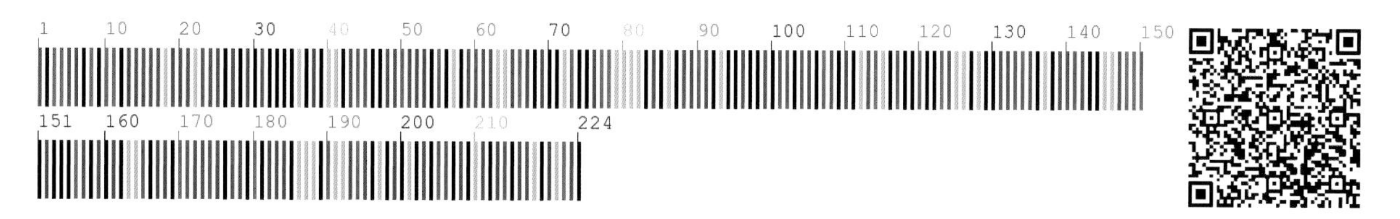

【*psbA-trnH*序列特征】获得*psbA-trnH*序列3条，比对后长度为367bp，有4个变异位点，分别为185位点T-A变异、233位点T-G变异、284位点C-T变异、288位点T-A变异。序列特征如下：

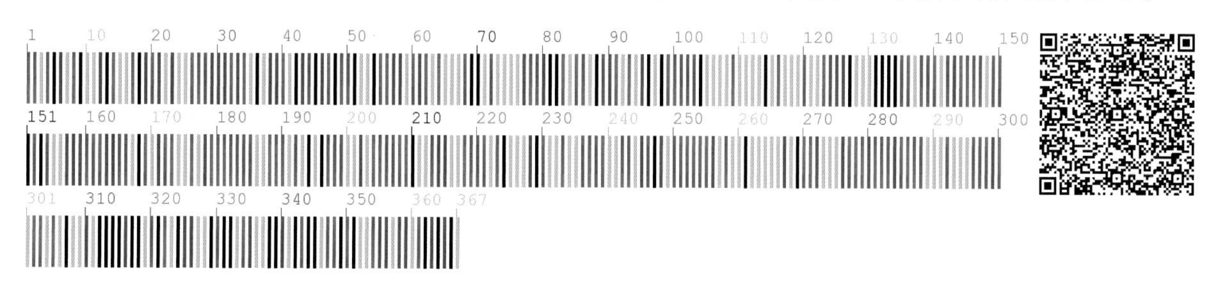

191 钝叶瓦松 **Orostachys malacophylla** (Pall.) Fisch.

【形态特征】二年生草本。第一年植株有莲座丛；莲座叶先端不具刺。第三年自莲座丛中抽出花茎。茎生叶互生，较莲座叶为大。花序紧密，穗状，有时有分枝；苞片匙状卵形，常啮蚀状，上部的短渐尖；花常无梗；萼片 5，长圆形，急尖；花瓣 5，白色或带绿色；雄蕊 10，花药黄色；鳞片 5，线状长方形，先端有微缺；心皮 5，卵形，两端渐尖。种子卵状长圆形。花期 7 月，果期 8～9 月。

【生　　境】生于砾石地、沙质山坡、河滩、岳桦林下岩石上及高山火山灰上。

【药用价值】全草入药。解毒，止血，收敛。

【材料来源】吉林省延边朝鲜族自治州龙井市，共 3 份，样本号 CBS599MT01～03。

【ITS2 序列特征】获得 ITS2 序列 3 条，比对后长度为 225bp，有 2 个变异位点，分别为 133 位点 C-T 变异、182 位点 C-G 变异。序列特征如下：

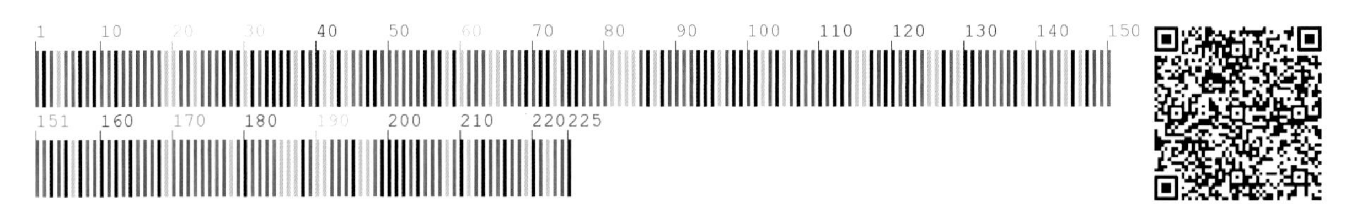

【*psbA-trnH* 序列特征】获得 *psbA-trnH* 序列 3 条，比对后长度为 337bp，无变异位点。序列特征如下：

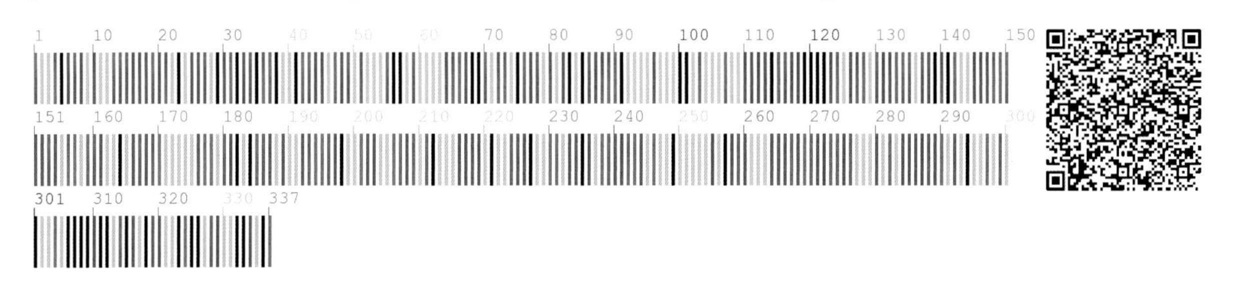

192 费菜 **Phedimus aizoon** (L.) 't Hart

【别　　名】土三七，景天三七

【形态特征】多年生草本。根状茎短，茎高20～50cm。叶互生，狭披针形、椭圆状披针形至卵状倒披针形，边缘有不整齐的锯齿，坚实，近革质。聚伞花序有多花，下托以苞叶；萼片5；花瓣5，黄色；雄蕊10，较花瓣短；鳞片5，近正方形；心皮5，卵状长圆形，基部合生，腹面凸出，花柱长钻形。蓇葖果星芒状排列，长7mm。种子椭圆形。花期6～7月，果期8～9月。

【生　　境】生于山地林缘、林下、灌丛中、草地及荒地等处。

【药用价值】全草入药。止血散瘀，养心安神，消肿定痛。

【材料来源】吉林省通化市集安市，共3份，样本号CBS598MT01～03。

【ITS2序列特征】获得ITS2序列3条，比对后长度为219bp，无变异位点。序列特征如下：

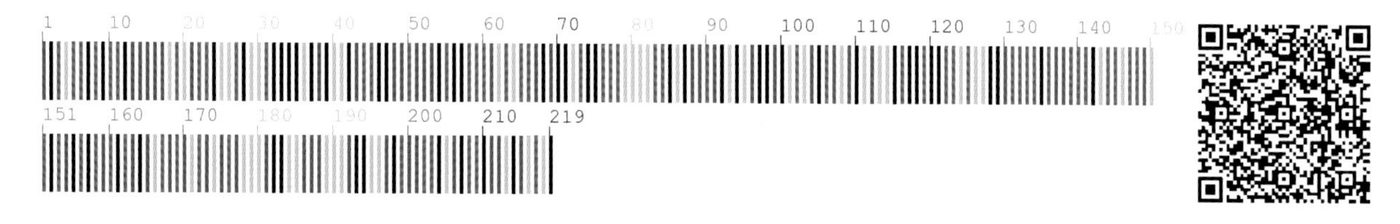

【*psbA-trnH*序列特征】获得*psbA-trnH*序列3条，比对后长度为380bp，无变异位点。序列特征如下：

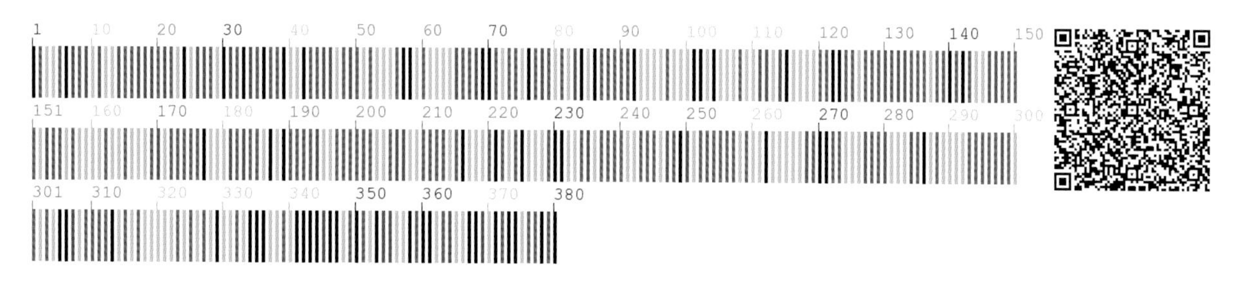

193 吉林景天 **Phedimus middendorffianus** (Maxim.) 't Hart

【别　　名】细叶景天，狗景天，沟繁缕景天，岩景天

【形态特征】多年生草本。根状茎蔓生，木质。茎多数，丛生。叶线状匙形，上部边缘有锯齿。聚伞花序有多花，常有展开的分枝；萼片5，线形；花瓣5，黄色；雄蕊10，较花瓣为短，花丝黄色，花药紫色；鳞片5；心皮5，披针形，花柱长1mm。蓇葖果星芒状，几呈水平排列，喙短。种子卵形，细小。花期6～8月，果期8～9月。

【生　　境】生于山地林下石上或山坡岩石缝中。常聚生成片。

【药用价值】全草入药。散瘀止血，安神镇痛，生津止咳，祛风清热。

【材料来源】吉林省白山市临江市，共3份，样本号CBS303MT01～03。

【ITS2序列特征】获得ITS2序列3条，比对后长度为219bp，无变异位点。序列特征如下：

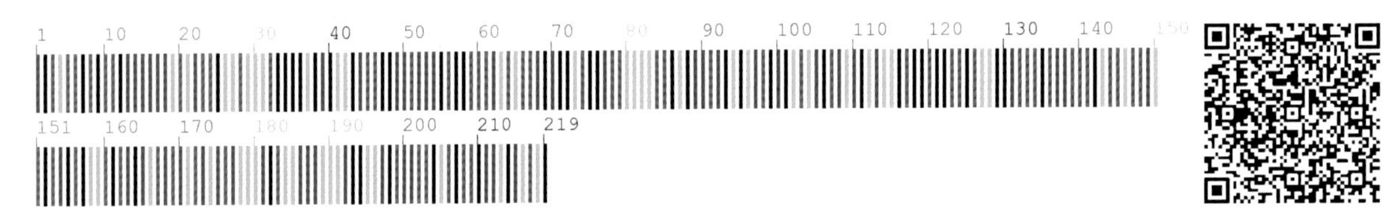

【*psbA-trnH*序列特征】获得*psbA-trnH*序列3条，比对后长度为364bp，无变异位点。序列特征如下：

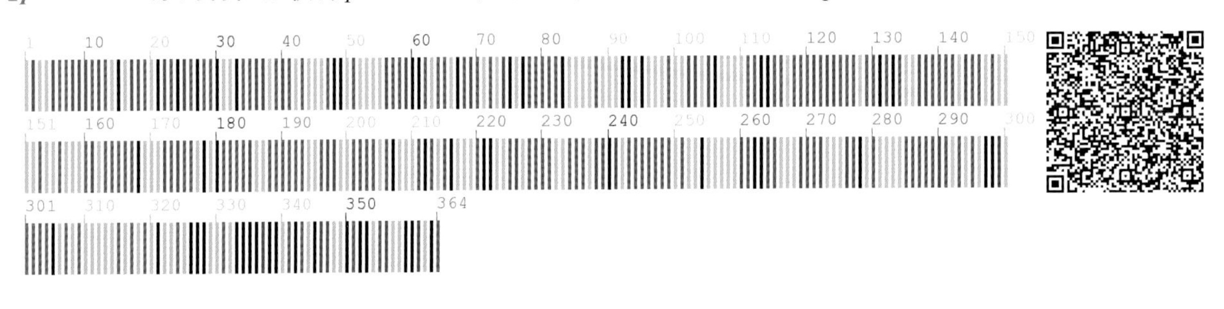

194 库页红景天 **Rhodiola sachalinensis** Boriss.

【别　　名】高山红景天，高山景天，红景天

【形态特征】多年生草本。根粗壮，直立或横生。花茎高 6～30cm。叶长圆状匙形、长圆状菱形或长圆状披针形，先端急尖至渐尖，边缘上部有粗牙齿。聚伞花序，密集多花；雌雄异株；萼片 4，少有 5；花瓣 4，少有 5，淡黄色；雄蕊 8，较花瓣长，花药黄色；心皮 4，花柱外弯。花期 6～7 月，果期 8～9 月。

【生　　境】生于岳桦林内、高山苔原带及高山荒漠带。常聚生成片。

【药用价值】根茎入药。抗寒冷，抗疲劳，滋补强壮，潜阳安神。

【材料来源】吉林省白山市临江市，共 3 份，样本号 CBS299MT01～03。

【ITS2 序列特征】获得 ITS2 序列 3 条，比对后长度为 217bp，无变异位点。序列特征如下：

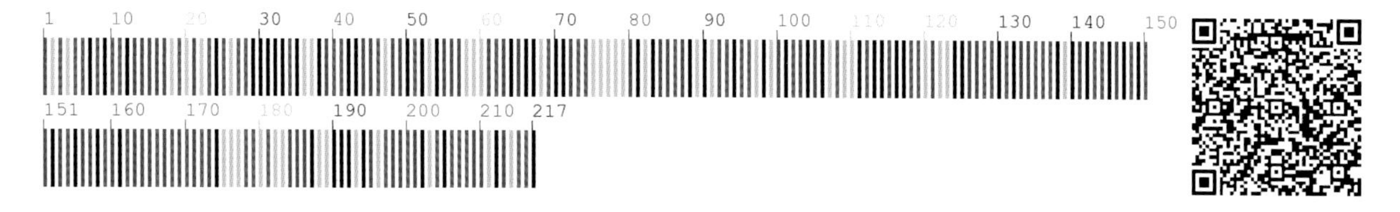

【*psbA-trnH* 序列特征】获得 *psbA-trnH* 序列 3 条，比对后长度为 351bp，有 3 个变异位点，分别为 25 位点 C-A 变异、28 位点 T-A 变异、342 位点 T-C 变异。序列特征如下：

195 垂盆草 **Sedum sarmentosum** Bunge

【别　　名】卧茎景天，狗牙草，狗牙齿，瓜子草

【形态特征】多年生草本。不育枝及花茎细，匍匐而节上生根，直到花序之下。3 叶轮生，叶倒披针形至长圆形。聚伞花序，有 3～5 个分枝，花少；花无梗；萼片 5，披针形至长圆形，先端钝，基部无距；花瓣 5，黄色，披针形至长圆形，先端有稍长的短尖；雄蕊 10，较花瓣短；鳞片 10，楔状四方形，先端稍有微缺；心皮 5，长圆形，略叉开，有长花柱。种子卵形。花期 5～7 月，果期 8 月。

【生　　境】生于山坡岩石上。

【药用价值】全草入药。清利解毒，消肿排脓。

【材料来源】辽宁省丹东市宽甸满族自治县，共 3 份，样本号 CBS820MT01～03。

【ITS2 序列特征】获得 ITS2 序列 3 条，比对后长度为 219bp，有 1 个变异位点，为 22 位点 C-T 变异。序列特征如下：

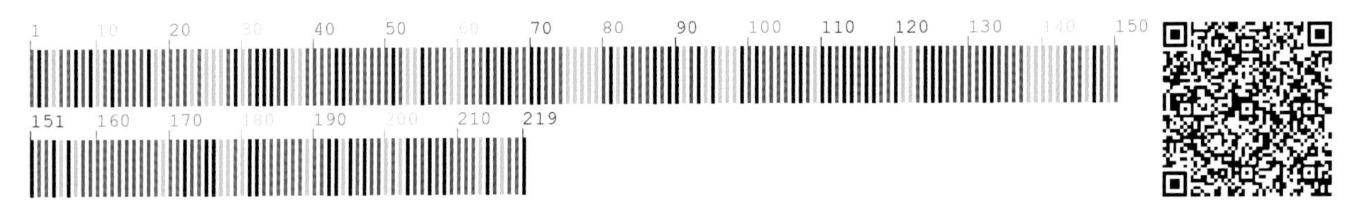

【*psbA-trnH* 序列特征】获得 *psbA-trnH* 序列 3 条，比对后长度为 235bp，无变异位点。序列特征如下：

虎耳草科　Saxifragaceae

196　落新妇　**Astilbe chinensis** (Maxim.) Franch. et Sav. (Syn. **Cimicifuga foetida** L.)

【别　　名】虎麻，红升麻，升麻，山荞麦秧子

【形态特征】多年生草本，高约1m。根状茎粗壮。茎被褐色长柔毛和腺毛。二至三回三出复叶至羽状复叶。圆锥花序顶生，通常塔形，较狭收拢；萼片5，卵形、阔卵形至椭圆形，先端钝或微凹且具微腺毛，边缘膜质；花瓣5，白色或紫色，线形，先端急尖，单脉；雄蕊10；心皮2，仅基部合生，子房半下位，花柱稍叉开。花期6～7月，果期8～9月。

【生　　境】生于山谷溪边、草甸子、林缘。常聚生成片。

【药用价值】根茎入药。活血祛瘀，止痛，解毒。

【材料来源】吉林省通化市东昌区，共3份，样本号CBS367MT01～03。

【**ITS2**序列特征】获得ITS2序列3条，比对后长度为253bp，无变异位点。序列特征如下：

【***psbA-trnH***序列特征】获得*psbA-trnH*序列3条，比对后长度为360bp，无变异位点。序列特征如下：

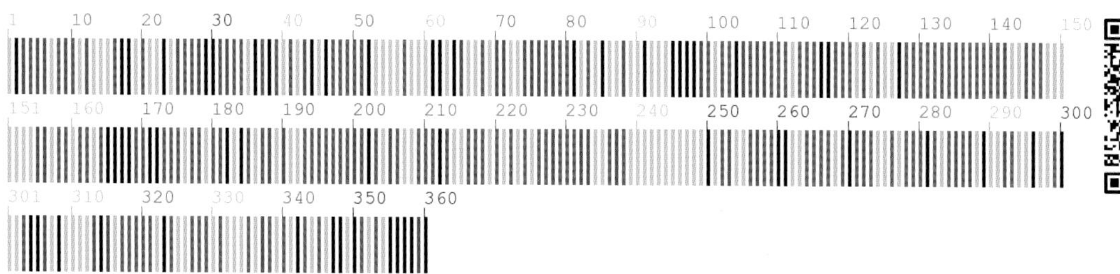

197 大落新妇 **Astilbe grandis** Stapf ex E. H. Wilson

【别　　名】朝鲜落新妇，山荞麦秧子

【形态特征】多年生草本，高 0.4～1.2m。根状茎粗壮。茎通常不分枝，被褐色长柔毛和腺毛。二至三回三出复叶至羽状复叶。圆锥花序顶生，通常塔形，舒展；小苞片狭卵形；萼片 5，卵形、阔卵形至椭圆形，边缘膜质，两面无毛；花瓣 5，白色或紫色，条形，单脉；雄蕊 10；心皮 2，仅基部合生，子房半下位。花期 6～7 月，果期 8～9 月。

【生　　境】生于林下、灌丛等处。

【药用价值】根茎入药。祛风除湿，强筋壮骨，活血祛瘀，止痛，止咳。

【材料来源】吉林省通化市柳河县，共 3 份，样本号 CBS271MT01～03。

【ITS2 序列特征】获得 ITS2 序列 3 条，比对后长度为 253bp，有 3 个变异位点，分别为 132 位点 A-C-G 变异、200 位点 A-C 变异、248 位点 T-C 变异；有 1 处插入 / 缺失，为 33～36 位点。序列特征如下：

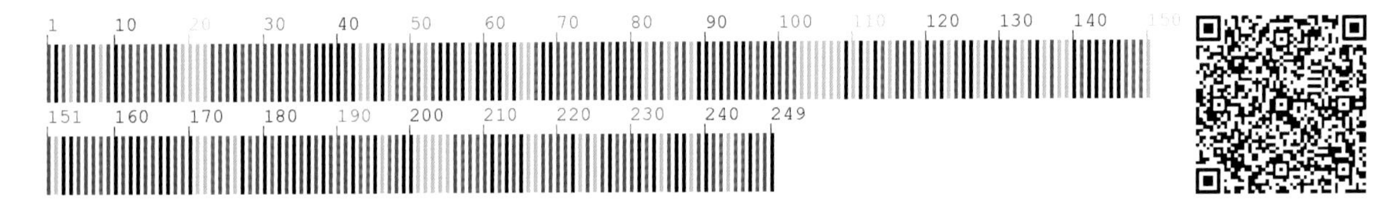

【*psbA-trnH* 序列特征】获得 *psbA-trnH* 序列 3条，比对后长度为 365bp，无变异位点。序列特征如下：

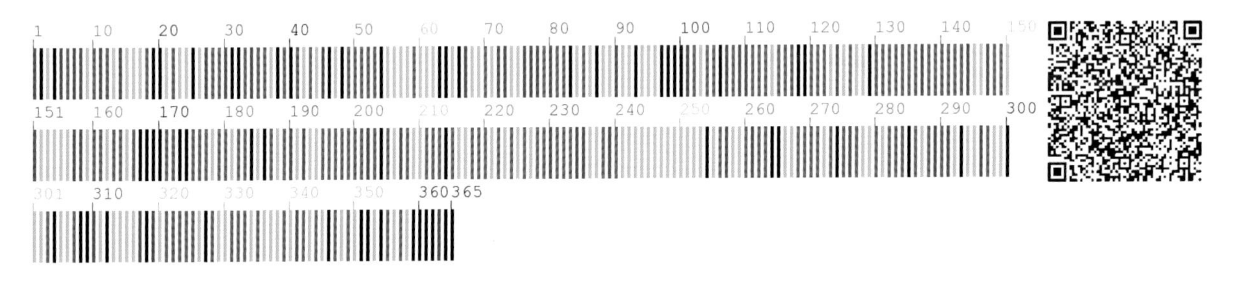

198 大叶子 **Astilboides tabularis** (Hemsl.) Engl.

【别　　名】山荷叶，佛爷伞，大脖梗子，高丽酸浆

【形态特征】多年生草本，高达60～100cm。根状茎粗大，横走，棕褐色。茎直立，下部疏生短硬毛。基生叶大，圆形，叶柄盾状着生，有刺状褐色硬毛，掌状浅裂；茎生叶较小，柄短。圆锥花序顶生，花小，多数，白色或稍带紫色；花萼钟形；花瓣4～5；雄蕊8；心皮2，子房半下位。蒴蓇葖果熟时顶部2裂。种子多数，狭卵形。花期6～7月，果期8～9月。

【生　　境】生于山坡林下、沟谷边、林缘。常聚生成片。

【药用价值】全草入药。收涩，固肠。

【材料来源】吉林省通化市通化县，共3份，样本号CBS407MT01～03。

【ITS2 序列特征】获得ITS2序列3条，比对后长度为241bp，无变异位点。序列特征如下：

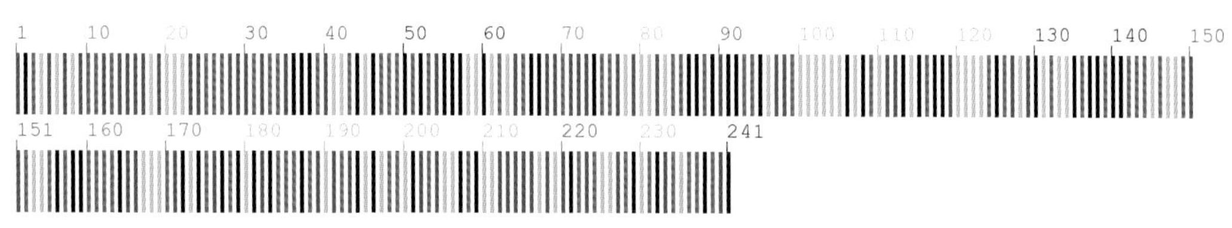

【*psbA-trnH* 序列特征】获得*psbA-trnH*序列2条，比对后长度为399bp，有1个变异位点，为4位点C-T变异；有1处插入/缺失，为398位点。序列特征如下：

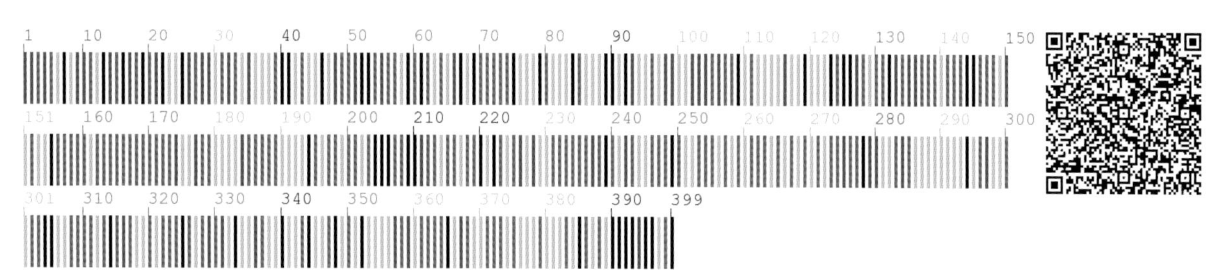

199 中华金腰 **Chrysosplenium sinicum** Maxim.

【别　　名】华金腰子，中华金腰子

【形态特征】多年生草本。叶对生，通常阔卵形、近圆形，先端钝，两面无毛。聚伞花序长，具4～10朵花；花序分枝无毛；苞叶阔卵形、卵形至近狭卵形；花梗无。花果期4～8月。

【生　　境】生于海拔500～3550m的林下或山沟阴湿处。

【药用价值】全草入药。除湿，清热，利胆。

【材料来源】吉林省通化市集安市，共3份，样本号CBS019MT01～03。

【ITS2序列特征】获得ITS2序列3条，比对后长度为244bp，无变异位点。序列特征如下：

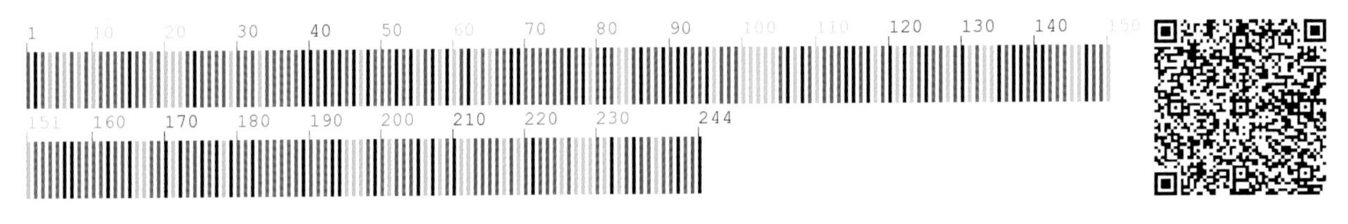

【*psbA-trnH*序列特征】获得*psbA-trnH*序列3条，比对后长度为329bp，无变异位点。序列特征如下：

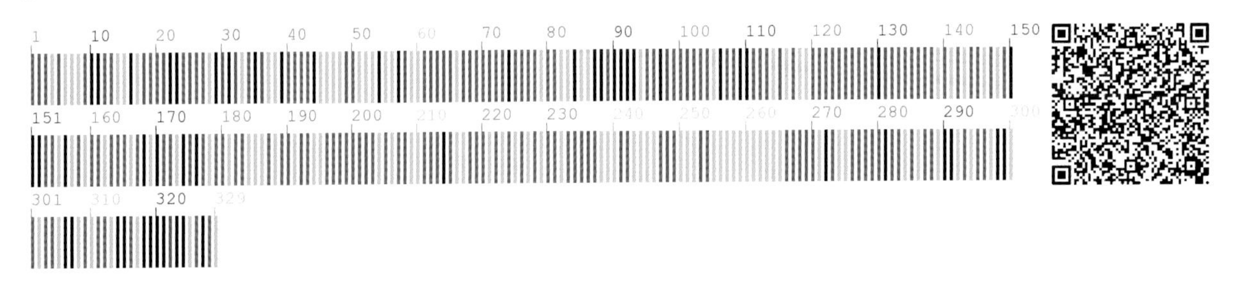

200 镜叶虎耳草 **Saxifraga fortunei** var. **koraiensis** Nakai

【别　　名】朝鲜虎耳草

【形态特征】多年生草本，高 24～40cm。叶均基生，具长柄，肾形至近心形，基部心形，浅裂。多歧聚伞花序圆锥状，具多花；花序分枝细弱；萼片在花期开展至反曲；花瓣白色至淡红色，5 枚，其中 3 枚较短，1 枚较长，另 1 枚最长；雄蕊长 4～5mm，花丝棒状；子房卵球形，花柱 2。蒴果弯垂，2 果瓣叉开。花期 6～7 月，果期 8～9。

【生　　境】生于林下、溪边岩隙及高山岩石缝中。

【药用价值】全草入药。祛风，清热，凉血解毒。

【材料来源】吉林省通化市二道江区，共 3 份，样本号 CBS602MT01～03。

【ITS2 序列特征】获得 ITS2 序列 3 条，比对后长度为 237bp，无变异位点。序列特征如下：

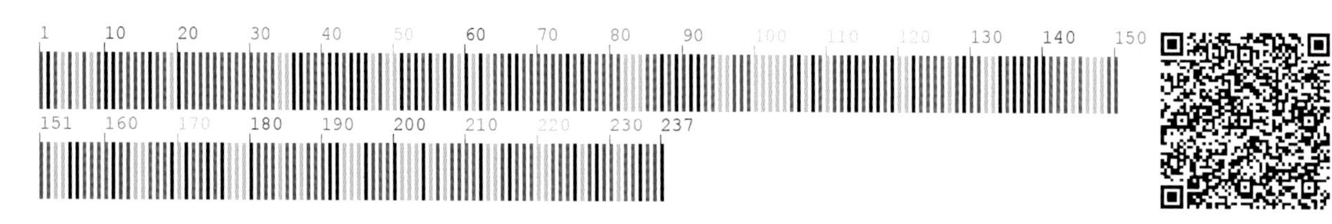

【*psbA-trnH* 序列特征】获得 *psbA-trnH* 序列 3 条，比对后长度为 365bp，无变异位点。序列特征如下：

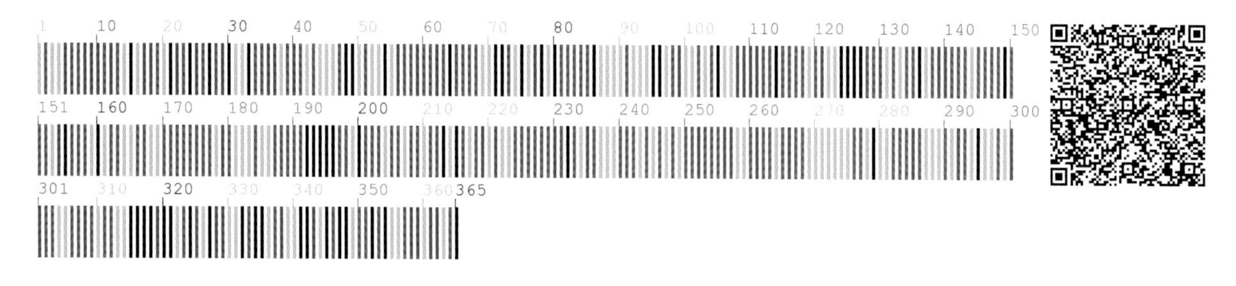

201 长白虎耳草 **Saxifraga laciniata** Nakai et Takeda

【别　　名】条裂虎耳草，斑瓣虎耳草

【形态特征】多年生草本，高 6～26cm。根状茎短。叶全部基生，匙形。花葶被腺柔毛；聚伞花序伞房状，具 5～7 朵花；苞叶披针形或线形；萼片在花期反曲；花瓣白色，基部具 2 黄色斑点，卵形、狭卵形至长圆形，先端急尖或稍钝，基部狭缩成长 1～1.1mm 的爪，3～5 脉；雄蕊长约 3mm，花丝钻形；子房近上位，卵球形，长约 2.2mm，花柱 2，长约 0.2mm。蒴果长 5～7mm。种子具纵棱和小瘤突。花期 7～8 月。

【生　　境】生于岳桦林带、高山苔原带和高山荒漠带。

【药用价值】根入药。除湿利尿，行血祛瘀，消肿。

【材料来源】吉林省延边朝鲜族自治州安图县，共 2 份，样本号 CBS605MT01、CBS605MT02。

【ITS2 序列特征】获得 ITS2 序列 2 条，比对后长度为 232bp，有 3 处插入 / 缺失，分别为 42 位点、77 位点、84 位点与 85 位点之间。序列特征如下：

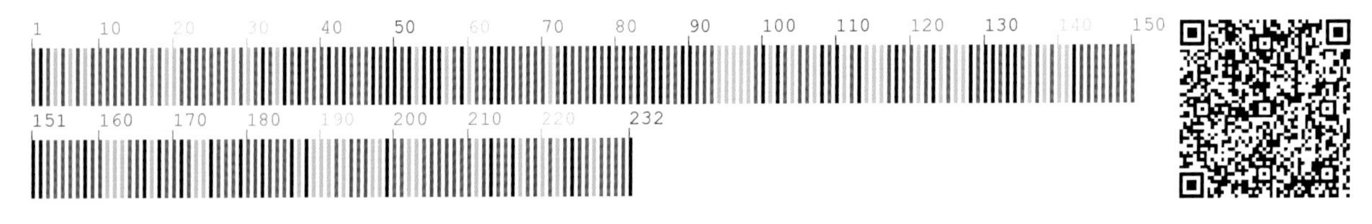

【*psbA-trnH* 序列特征】获得 *psbA-trnH* 序列 2 条，比对后长度为 412bp，无变异位点。序列特征如下：

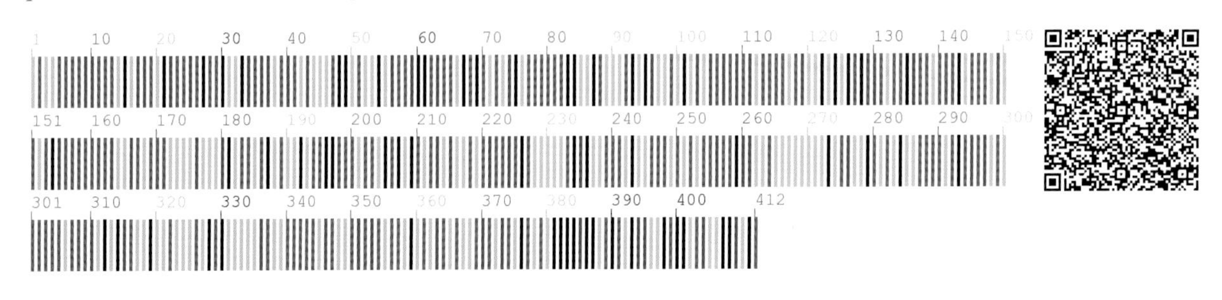

202 斑点虎耳草 **Saxifraga nelsoniana** D. Don

【别　　名】北方茶藨，远东茶藨，山麻子

【形态特征】多年生草本，高20～30cm。茎疏生腺柔毛。叶均基生，具长柄，肾形，边缘具19～21个阔卵形齿牙。聚伞花序圆锥状，具数十朵花；萼片在花期反曲；花瓣白色或淡紫红色，卵形，先端微凹，基部狭缩成长0.5～0.7mm的爪，单脉；雄蕊花丝棒状；子房近上位，阔卵球形。蒴果长2.8mm，2果瓣上部叉开，基部合生。花期7月，果期8月。

【生　　境】生于林下、林缘、石壁等处。

【药用价值】根入药。解毒消肿，清热凉血。

【材料来源】吉林省延边朝鲜族自治州敦化市，共3份，样本号CBS314MT01～03。

【ITS2序列特征】获得ITS2序列3条，比对后长度为234bp，无变异位点。序列特征如下：

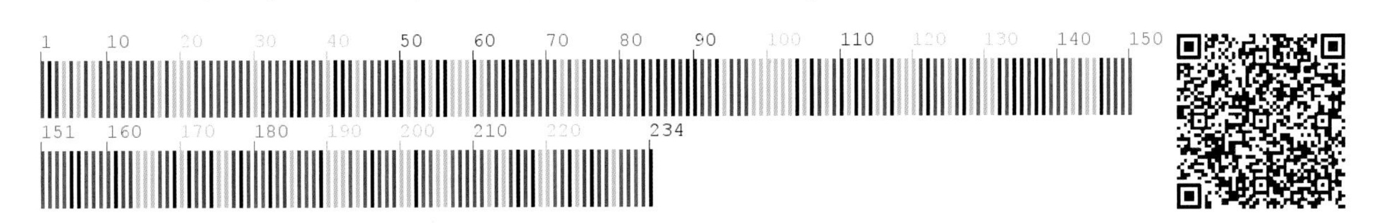

【*psbA-trnH*序列特征】获得*psbA-trnH*序列3条，比对后长度为350bp，有1处插入/缺失，为32位点。序列特征如下：

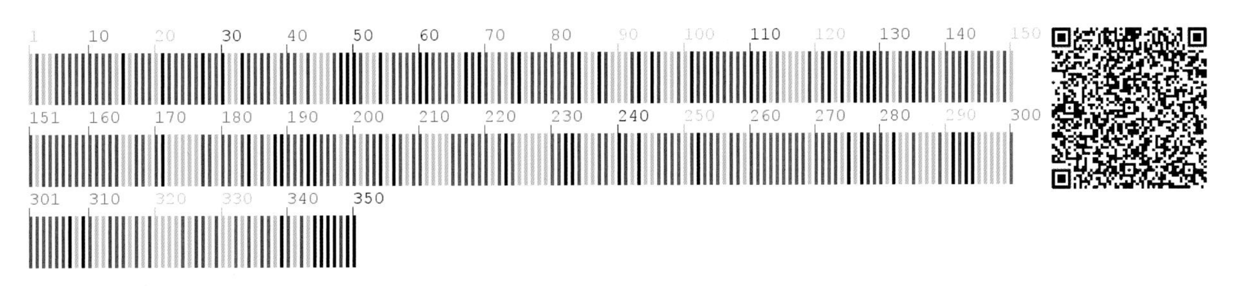

绣球花科 Hydrangeaceae

203 薄叶山梅花 **Philadelphus tenuifolius** Rupr. ex Maxim.

【别　　名】堇叶山梅花

【形态特征】灌木。叶卵形，先端急尖；叶脉离基出 3～5 条；叶柄被毛。总状花序有花 3～7 朵；花萼黄绿色，外面疏被微柔毛；裂片卵形，先端急尖，干后脉纹明显，无白粉；花冠盘状；花瓣白色，卵状长圆形，顶端圆，稍 2 裂，无毛；雄蕊 25～30；花盘无毛；花柱纤细，先端稍分裂，无毛，柱头槌形，较花药小。蒴果倒圆锥形。种子具短尾。花期 6～7 月，果期 8～9 月。

【生　　境】生于针阔混交林和次生阔叶林中。

【药用价值】根入药。补虚强壮，利尿。

【材料来源】吉林省通化市东昌区，共 1 份，样本号 CBS151MT01。

【ITS2 序列特征】获得 ITS2 序列 1 条，长度为 220bp。序列特征如下：

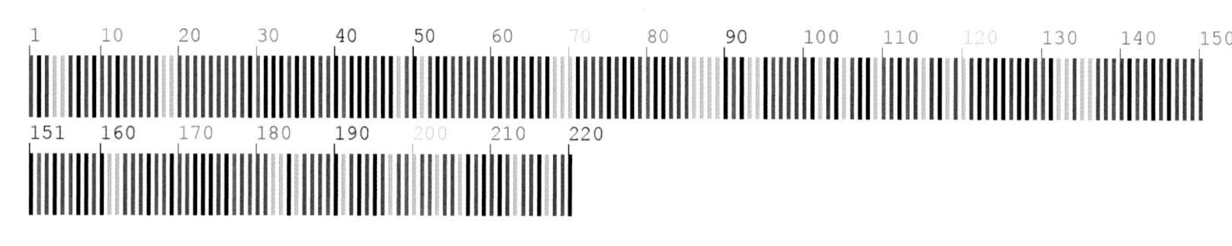

【*psbA-trnH* 序列特征】获得 *psbA-trnH* 序列 1 条，长度为 357bp。序列特征如下：

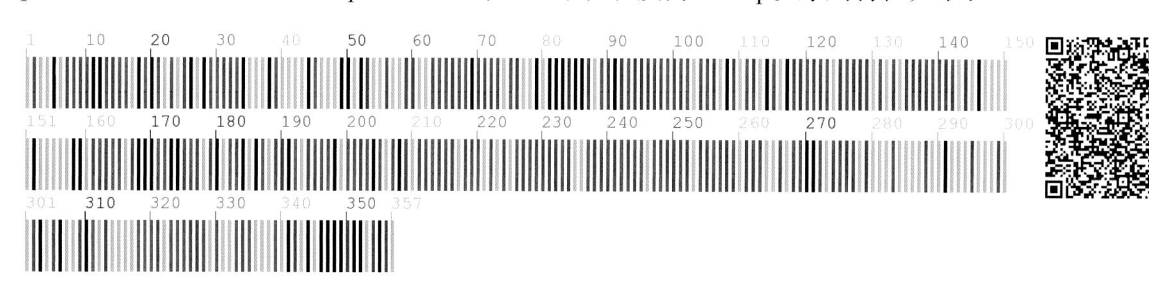

茶藨子科 Grossulariaceae

204 东北茶藨子 **Ribes mandshuricum** (Maxim.) Kom.

【别　　名】东北茶藨，东北醋李，灯笼果，狗葡萄

【形态特征】灌木。叶较大，掌状3裂或近5裂，基部心形，中裂片较侧裂片长，锐尖，边缘有锐尖牙齿；叶柄长2～7cm，有毛。花两性，总状花序长2.5～9cm，初直立，后下垂，花密，可达25～35朵花；花萼倒圆锥状或钟状，萼裂片由基部向外反卷；花瓣小，楔形或截形，绿色；雄蕊外露，略长于萼裂片；花柱2裂；花盘边缘具5个腺状凸起。浆果球形，红色。种子多数，坚硬。花期5～6月，果期8～9月。

【生　　境】生于针阔混交林或次生阔叶林下、林缘及灌丛中。

【药用价值】果实入药。发汗解毒。

【材料来源】吉林省通化市通化县，共1份，样本号CBS077MT01。

【ITS2序列特征】获得ITS2序列1条，长度为238bp。序列特征如下：

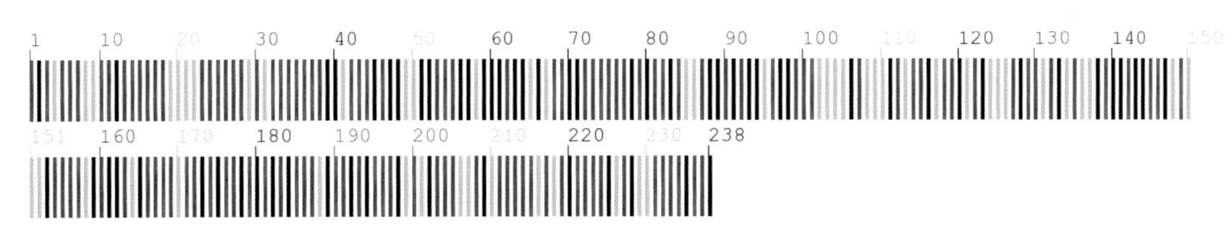

【*psbA-trnH*序列特征】获得*psbA-trnH*序列1条，长度为446bp。序列特征如下：

扯根菜科 Penthoraceae

205 扯根菜 **Penthorum chinense** Pursh

【别　　名】赶黄草，水杨柳，水泽兰，洗衣草

【形态特征】多年生草本，高 40～90cm。叶互生，无柄，披针形至狭披针形，边缘具细重锯齿。聚伞花序具多花，花小型，黄白色；萼片 5；无花瓣；雄蕊 10；心皮 5（～6），子房 5（～6）室，胚珠多数。蒴果红紫色。花果期 7～10 月。

【生　　境】生于湿草地、沟谷、溪流旁及河边等处。常聚生成片。

【药用价值】全草入药。通经活血，行水，除湿，消肿，祛瘀止痛。

【材料来源】吉林省延边朝鲜族自治州安图县，共 3 份，样本号 CBS604MT01～03。

【**ITS2 序列特征**】获得 ITS2 序列 3 条，比对后长度为 229bp，无变异位点。序列特征如下：

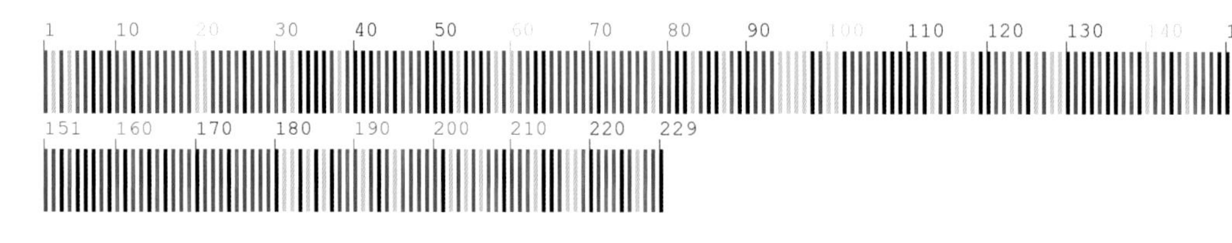

【***psbA-trnH*** **序列特征**】获得 *psbA-trnH* 序列 3 条，比对后长度为 478bp，无变异位点。序列特征如下：

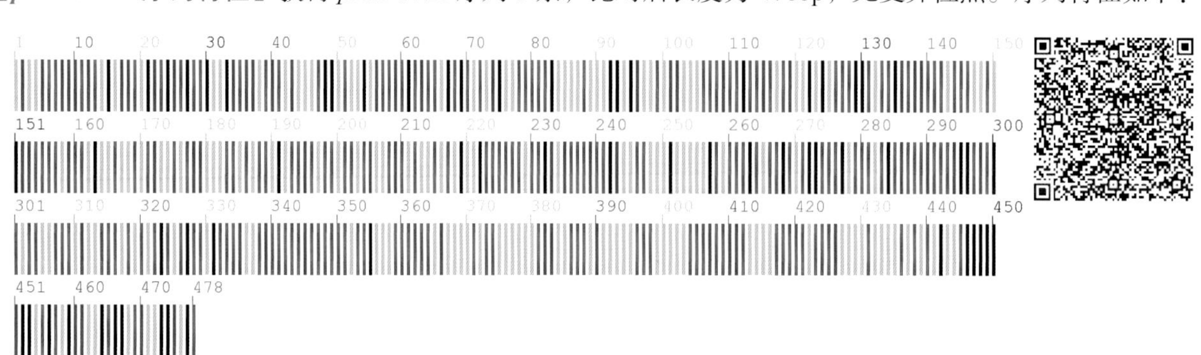

蔷薇科 Rosaceae

206 龙芽草 **Agrimonia pilosa** Ledeb.

【别　　名】仙鹤草，狼牙草，黄牛尾，龙牙菜

【形态特征】多年生草本。秋末根状茎先端生一圆锥形白芽。茎直立，有棱，全株密生长柔毛。奇数羽状复叶，间杂生有小型小叶，小叶无柄；托叶较大，边缘有齿。总状花序单一或2～3条生于茎顶；花黄色，两性；萼片2，先端3裂；萼片倒圆锥形，外面上部密生倒钩刺，顶端5裂；花瓣5；雄蕊多数；雌蕊1，心皮2。瘦果倒圆锥形，顶端有多数钩刺。花期7～8月，果期8～10月。

【生　　境】生于荒地沟边、路旁及住宅附近。常聚生成片。

【药用价值】全草入药。收敛止血，止痢，解毒。

【材料来源】吉林省通化市东昌区，共3份，样本号CBS380MT01～03。

【ITS2序列特征】获得ITS2序列3条，比对后长度为224bp，无变异位点。序列特征如下：

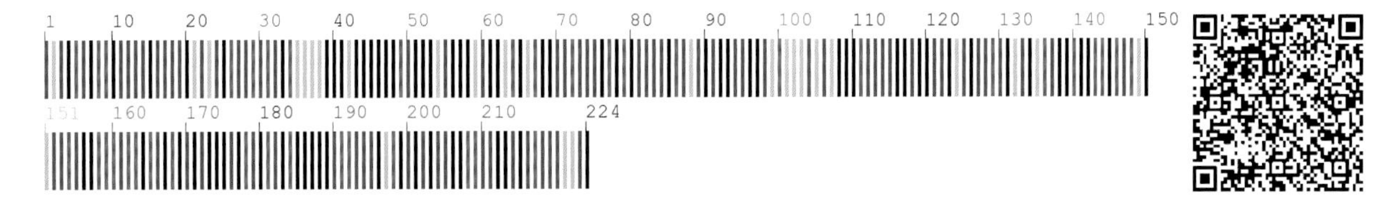

【*psbA-trnH*序列特征】获得*psbA-trnH*序列3条，比对后长度为393bp，有2个变异位点，分别为351位点T-A变异、352位点T-C变异；有1处插入/缺失，为183～190位点。序列特征如下：

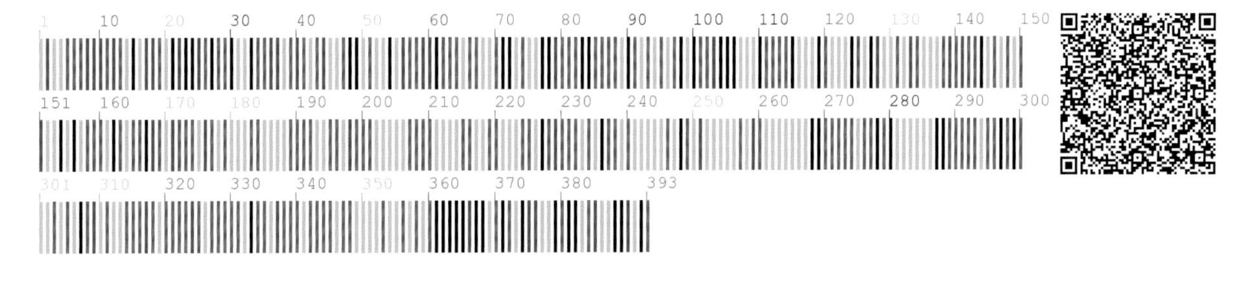

207 蕨麻 **Argentina anserina** (L.) Rydb.

【别　　名】鹅绒委陵菜，蕨麻委陵菜，蔓委陵菜，绢毛委陵菜

【形态特征】多年生匍匐草质藤本。根的下部常形成纺锤形或椭圆形块根。茎在节处生根。基生叶为间断羽状复叶，有小叶 6～11 对。单花腋生；萼片三角状卵形，副萼片椭圆形或椭圆状披针形；花瓣黄色，倒卵形，顶端圆形，比萼片长 1 倍。瘦果卵形。花期 7～8 月，果期 8～9 月。

【生　　境】生于河岸沙质地、路旁、田边及住宅附近。

【药用价值】根入药。健脾益胃，生津止渴，益气补血，利湿。

【材料来源】吉林省通化市二道江区，共 3 份，样本号 CBS609MT01～03。

【**ITS2 序列特征**】获得 ITS2 序列 3 条，比对后长度为 208bp，无变异位点。序列特征如下：

【***psbA-trnH* 序列特征**】获得 *psbA-trnH* 序列 3 条，比对后长度为 437bp，无变异位点。序列特征如下：

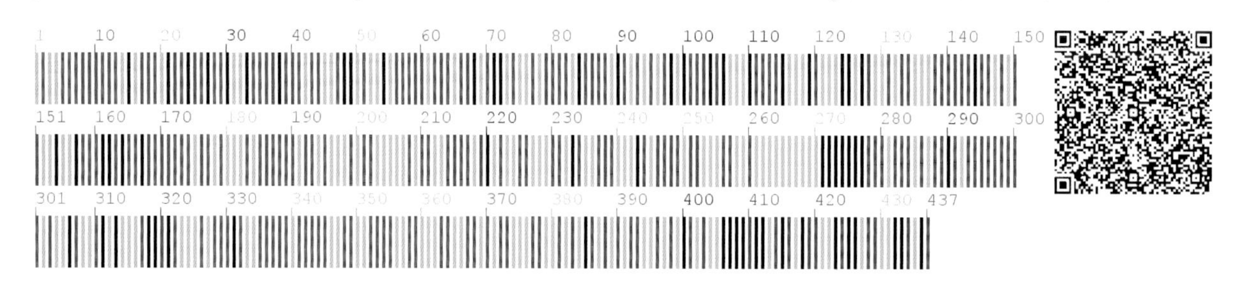

208 假升麻 **Aruncus sylvester** Kostel. ex Maxim.

【别　　名】棣棠升麻，升麻草

【形态特征】多年生草本，高1～2m。根状茎肥厚，木质化。叶为二回三出或三回三出羽状复叶，小叶边缘有整齐的重锯齿。圆锥花序，雌雄异株；雄花花萼5齿裂，裂齿三角形；花瓣5枚，长圆状倒卵形，先端圆形；雄蕊多数，显著超出花冠；心皮通常3个。蓇葖果长卵形，下垂；萼片宿存，褐色，稍有光泽。花期6～7月，果期8～9月。

【生　　境】生于杂木林下、林缘、草甸、山坡等处。常聚生成片。

【药用价值】全草入药。补虚，收敛，解热。

【材料来源】吉林省通化市东昌区，共2份，样本号CBS232MT01、CBS232MT02。

【**ITS2 序列特征**】获得ITS2序列2条，比对后长度为221bp，无变异位点。序列特征如下：

【***psbA-trnH*** **序列特征**】获得*psbA-trnH*序列2条，比对后长度为202bp，无变异位点。序列特征如下：

209 沼委陵菜 Comarum palustre L.

【别　　名】东北沼委陵菜，水莓

【形态特征】多年生水生草本。根状茎长，横走。茎中空。奇数羽状复叶，茎下部叶有柄，茎上部叶柄短或近无柄，小叶 5～7。聚伞花序顶生或腋生，花序梗有柔毛和腺毛，花大，紫色；萼片 5，卵形；副萼片 5，线状披针形，比萼片小；花瓣卵状披针形，比萼片小；雌蕊和雄蕊多数。瘦果离生，多数，花柱宿存。花期 6～7 月，果期 7～8 月。

【生　　境】生于沼泽及泥炭沼泽。常聚生成片。

【药用价值】全草入药。止血，止泻。

【材料来源】吉林省通化市柳河县，共 3份，样本号 CBS257MT01～03。

【ITS2 序列特征】获得 ITS2 序列 3 条，比对后长度为 211bp，无变异位点。序列特征如下：

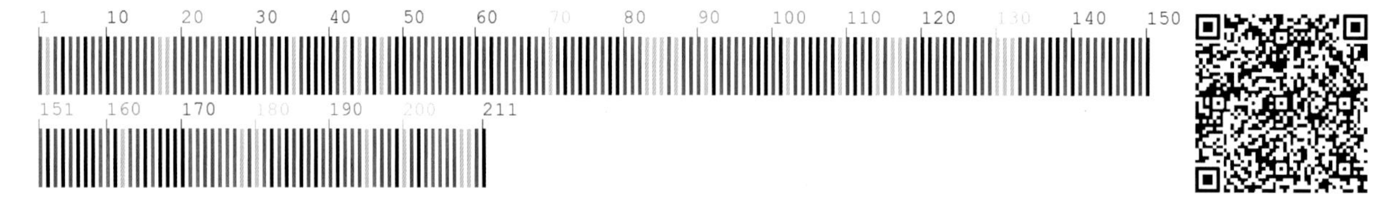

【*psbA-trnH* 序列特征】获得 *psbA-trnH* 序列 3 条，比对后长度为 439bp，有 1 个变异位点，为 284 位点 T-A 变异。序列特征如下：

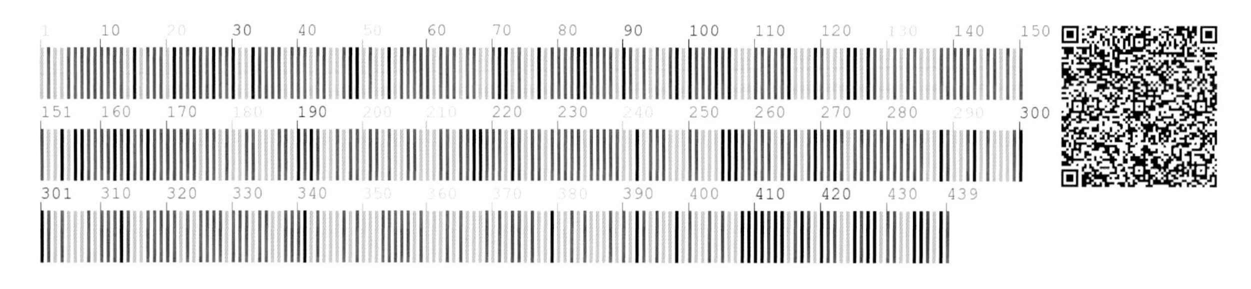

210 山楂 **Crataegus pinnatifida** Bunge

【别　　名】山里红，野山楂

【形态特征】落叶小乔木。小枝圆柱形，紫褐色或浅黄褐色。叶宽卵形或三角状卵形，通常两侧各有7羽状深裂；托叶肾形。伞房花序有多花；苞片膜质；花瓣倒卵形或近圆形，白色；雄蕊约20，短于花瓣，花药粉红色；花柱3～5，柱头头状。果近球形或梨形，直径0.8～1.5cm，深红色，有褐色斑点；小核3～5；萼片脱落晚。

【生　　境】生于山坡杂木林缘、灌木丛和干燥山坡沙质地。

【药用价值】果实入药。健胃消食，散瘀强心，活血。

【材料来源】吉林省通化市东昌区，共2份，样本号CBS152MT01、CBS152MT02。

【ITS2序列特征】获得ITS2序列2条，比对后长度为218bp，无变异位点。序列特征如下：

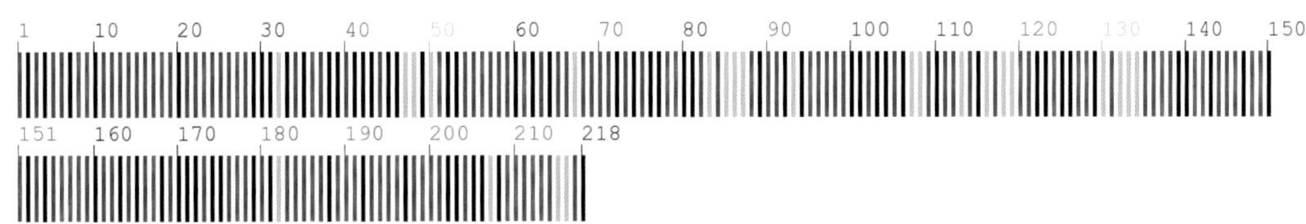

【*psbA-trnH*序列特征】获得*psbA-trnH*序列2条，比对后长度为284bp，有1个变异位点，为281位点T-G变异；有1处插入/缺失，为277位点。序列特征如下：

211 蛇莓 **Duchesnea indica** (Andrews) Teschem.

【别　　名】鸡冠果，野杨梅，地莓，野地果，高丽地果

【形态特征】多年生匍匐草本。小叶倒卵形至菱状长圆形，先端圆钝，边缘有钝锯齿，两面皆有柔毛；托叶窄卵形至宽披针形。花单生于叶腋；萼片卵形，先端锐尖；副萼片倒卵形，比萼片长，先端常具3～5个锯齿；花瓣倒卵形，黄色，先端圆钝；雄蕊20～30；心皮多数，离生；花托在果期膨大，鲜红色，外面有长柔毛。瘦果卵形，光滑或具不显明凸起，鲜时有光泽。花期6～8月，果期8～10月。

【生　　境】生于山坡、草地、路旁、田埂及沟谷边。常聚生成片。

【药用价值】全草入药。清热解毒，散瘀消肿，凉血，调经，祛风化痰。

【材料来源】吉林省通化市集安市，共3份，样本号CBS463MT01～03。

【ITS2 序列特征】获得ITS2序列3条，比对后长度为210bp，无变异位点。序列特征如下：

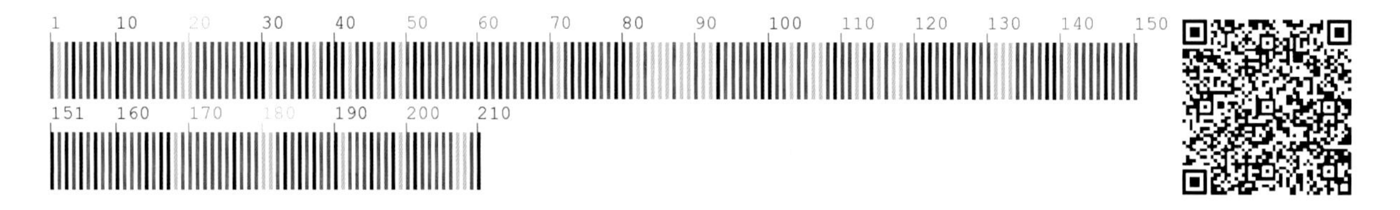

【*psbA-trnH* 序列特征】获得 *psbA-trnH* 序列3条，比对后长度为463bp，无变异位点。序列特征如下：

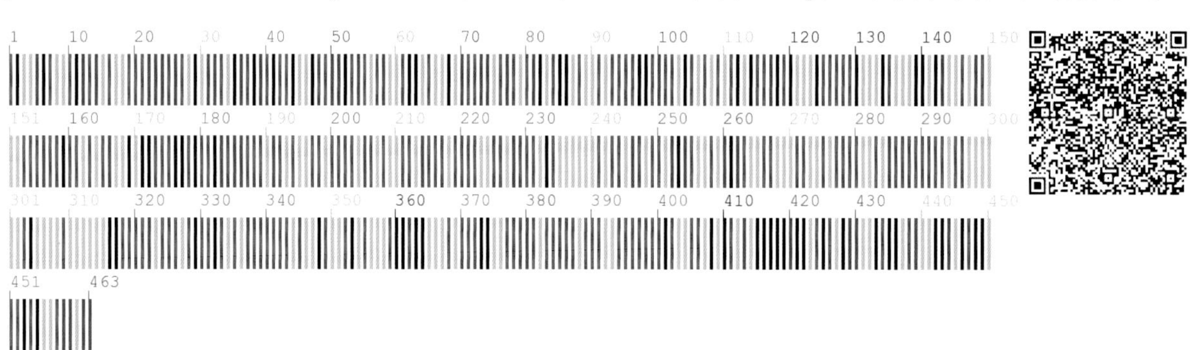

212 齿叶白鹃梅 **Exochorda serratifolia** S. Moore

【别　　名】榆叶白鹃梅，锐齿白鹃梅

【形态特征】落叶灌木，高达 2m。叶椭圆形或长圆状倒卵形，中部以上有锐锯齿，下面全缘。总状花序，有花 4～7 朵，无毛；萼筒浅钟状；萼片三角卵形；花瓣长圆形至倒卵形，先端微凹，基部有长爪，白色；雄蕊 25；心皮 5，花柱分离。蒴果倒圆锥形，具脊棱，5 室，无毛。花期 5～6 月，果期 7～8 月。

【生　　境】生于山坡、河边、灌木丛中。

【药用价值】根皮和茎皮入药。强筋壮骨，活血止痛，健胃消食。

【材料来源】吉林省白山市浑江区，共 3 份，样本号 CBS125MT01～03。

【ITS2 序列特征】获得 ITS2 序列 3 条，比对后长度为 225bp，无变异位点。序列特征如下：

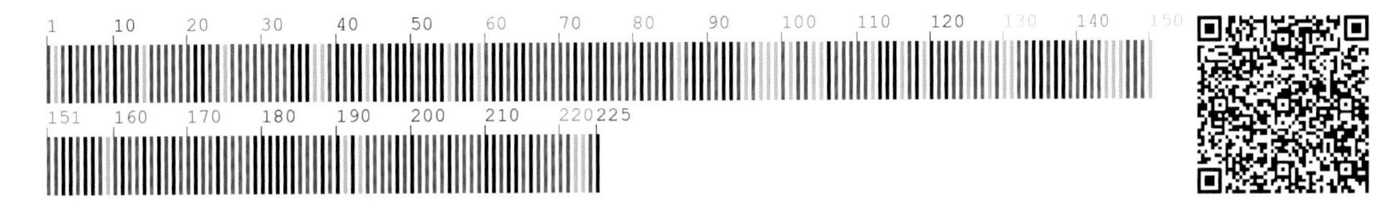

【*psbA-trnH* 序列特征】获得 *psbA-trnH* 序列 1 条，长度为 450bp。序列特征如下：

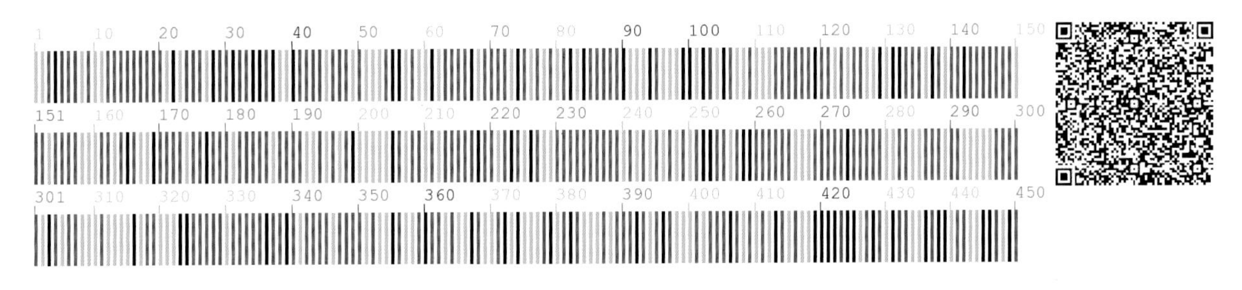

213 蚊子草 Filipendula palmata (Pall.) Maxim.

【别　　名】黑白蚊子草，合子草，合叶子

【形态特征】多年生草本，高 60～150cm。茎有棱。羽状复叶，有小叶 2 对，顶生小叶特别大，5～9 掌状深裂，上面绿色无毛，下面密被白色绒毛，侧生小叶较小；托叶大，草质，绿色，半心形，边缘有尖锐锯齿。圆锥花序顶生，花小而多；萼片卵形，外面无毛；花瓣白色，倒卵形，有长爪。瘦果半月形，直立，有短柄，沿背腹两边有柔毛。花果期 7～9 月。

【生　　境】生于河岸、湿地、草甸等处。常聚生成片。

【药用价值】全草入药。祛风湿，止痉。

【材料来源】吉林省通化市柳河县，共 3 份，样本号 CBS273MT01～03。

【ITS2 序列特征】获得 ITS2 序列 3 条，比对后长度为 212bp，无变异位点。序列特征如下：

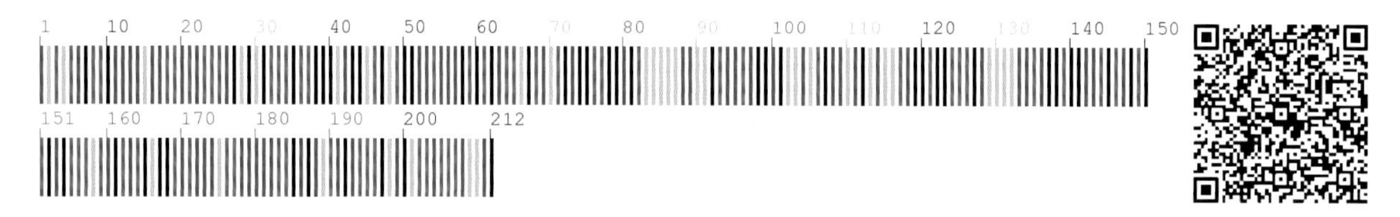

【*psbA-trnH* 序列特征】获得 *psbA-trnH* 序列 3 条，比对后长度为 264bp，无变异位点。序列特征如下：

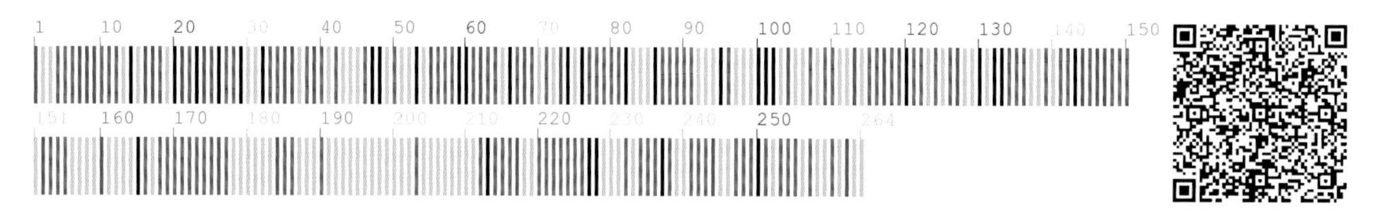

214　槭叶蚊子草　Filipendula glaberrima Nakai

【别　　名】白蝶草

【形态特征】多年生草本。茎光滑有棱。羽状复叶，有小叶1～3对，中间有时夹有附片，顶生小叶大，常5～7裂，两面绿色，侧生小叶小，边缘有重锯齿或不明显裂片；托叶草质或半膜质，常淡褐绿色，较小，卵状披针形，全缘。圆锥花序顶生；萼片卵形，顶端急尖；花瓣粉红色至白色，倒卵形。瘦果直立，基部有短柄，背腹两边有1行柔毛。花果期6～8月。

【生　　境】生于林缘、林下及湿草地。

【药用价值】全草入药。祛风湿，止痉。

【材料来源】吉林省通化市东昌区，共3份，样本号CBS213MT01～03。

【ITS2序列特征】获得ITS2序列3条，比对后长度为214bp，无变异位点。序列特征如下：

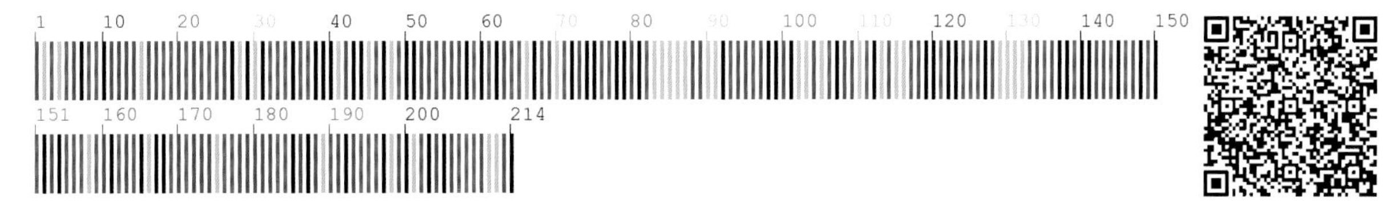

【*psbA-trnH*序列特征】获得*psbA-trnH*序列3条，比对后长度为218bp，有1个变异位点，为215位点T-G变异。序列特征如下：

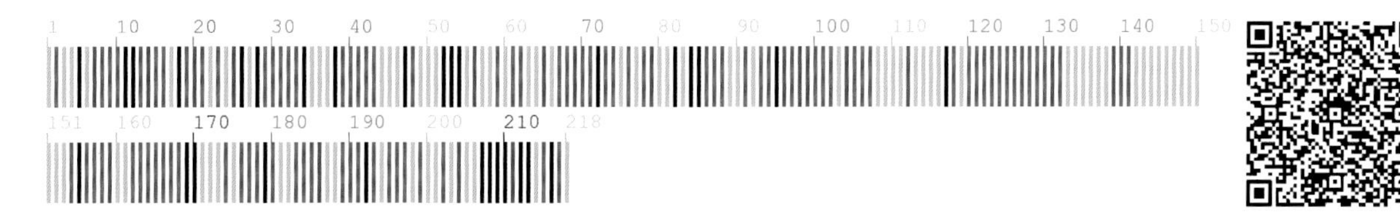

215 东方草莓 **Fragaria orientalis** Losinsk.

【别　　名】野草莓，野地果，野地枣

【形态特征】多年生草本。茎被开展柔毛。三出复叶，小叶几无柄；叶柄被开展柔毛，有时上部较密。花序聚伞状，基部苞片淡绿色或具一有柄小叶；花两性，稀单性；萼片卵圆状披针形，顶端尾尖，副萼片线状披针形，偶有 2 裂；花瓣白色，几圆形，基部具短爪；雄蕊 18～22，雌蕊多数。聚合果半圆形，成熟后紫红色，宿存萼片开展或微反折；瘦果卵形，表面脉纹明显或仅基部具皱纹。花期 5～7 月，果期 7～9 月。

【生　　境】生于林缘、草地、路旁及灌丛下。常聚生成片。

【药用价值】全草入药。清热解毒，祛痰，消肿。

【材料来源】吉林省延边朝鲜族自治州安图县，共 3 份，样本号 CBS621MT01～03。

【ITS2 序列特征】获得 ITS2 序列 3 条，比对后长度为 214bp，无变异位点。序列特征如下：

【*psbA-trnH* 序列特征】获得 *psbA-trnH* 序列 2 条，比对后长度为 377bp，无变异位点。序列特征如下：

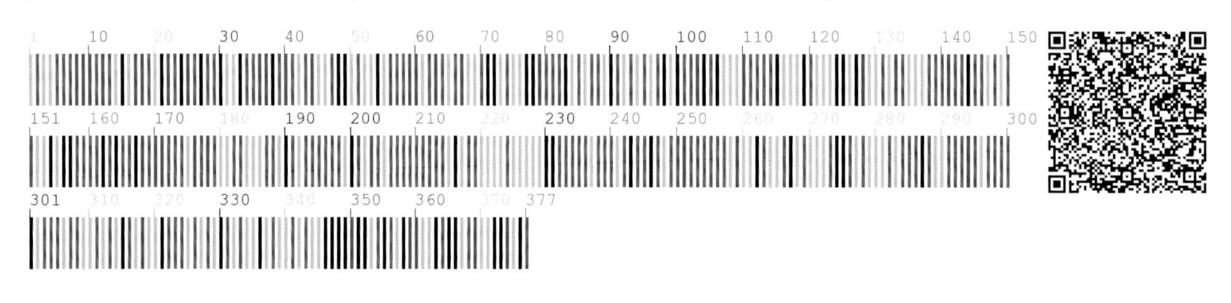

216 路边青 Geum aleppicum Jacq.

【别　　名】水杨梅，草本水杨梅，蓝布正

【形态特征】多年生草本，全株有长刚毛。须根多数。基生叶羽状全裂或为近羽状复叶，顶裂片较大；侧生叶小，1～3对；茎生叶3～5片，卵形，3浅裂或羽状分裂；托叶卵形，有缺刻。花单生于茎顶，黄色；萼片披针形，副萼片条形，比萼片短；花瓣5，倒卵形或近圆形。聚合果球形，宿存花柱先端有长钩刺。花期6～9月，果期7～9月。

【生　　境】生于山坡、林缘、草地、沟边、路旁、河边、灌丛、荒地及住宅附近。

【药用价值】全草入药。祛风除湿，补血，活血消肿，止痛，健胃润肺。

【材料来源】吉林省通化市东昌区，共3份，样本号CBS216MT01～03。

【ITS2序列特征】获得ITS2序列3条，比对后长度为211bp，无变异位点。序列特征如下：

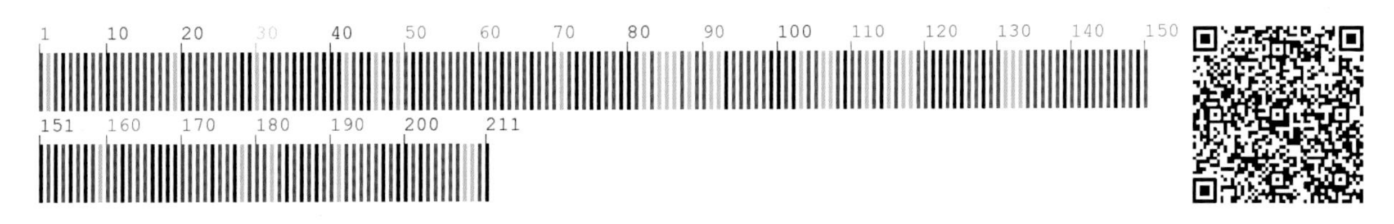

【*psbA-trnH*序列特征】获得*psbA-trnH*序列3条，比对后长度为198bp，无变异位点。序列特征如下：

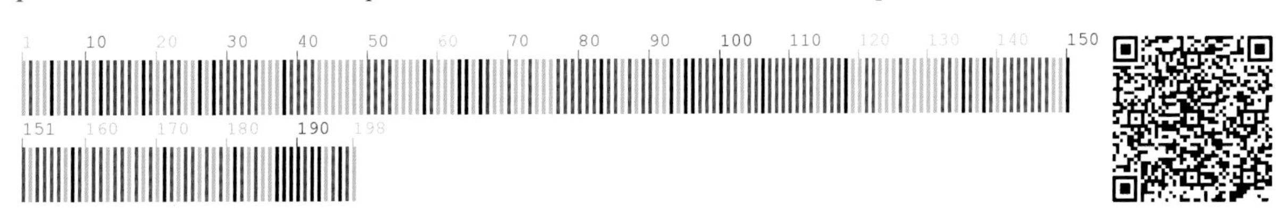

217 毛山荆子 **Malus baccata** var. **mandshurica** (Maxim.) C. K. Schneid.

【别　　名】辽山荆子，山丁子

【形态特征】落叶乔木。托叶线状披针形。伞形花序，具3～6朵花，无总梗，集生在小枝顶端，有疏生短柔毛；苞片小，膜质，线状披针形，很早脱落；萼筒外面疏生短柔毛；萼片披针形，先端渐尖，全缘，内面被绒毛，比萼筒稍长；花瓣长倒卵形；雄蕊30，花丝长短不齐，约等于花瓣长一半或稍长；花柱4，稀5，基部具绒毛，较雄蕊稍长。果椭圆形或倒卵形，红色，萼片脱落。花期5～6月，果期8～9月。

【生　　境】生于阔叶林下、林缘、路边河岸等处。

【药用价值】果实入药。止咳，化滞。

【材料来源】吉林省通化市二道江区，共3份，样本号CBS614MT01～03。

【ITS2 序列特征】获得 ITS2 序列 2 条，比对后长度为 219bp，无变异位点。序列特征如下：

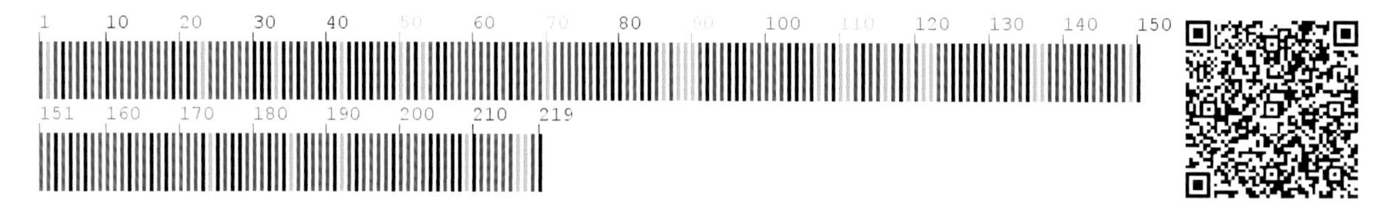

【*psbA-trnH* 序列特征】获得 *psbA-trnH* 序列 3 条，比对后长度为 265bp，无变异位点。序列特征如下：

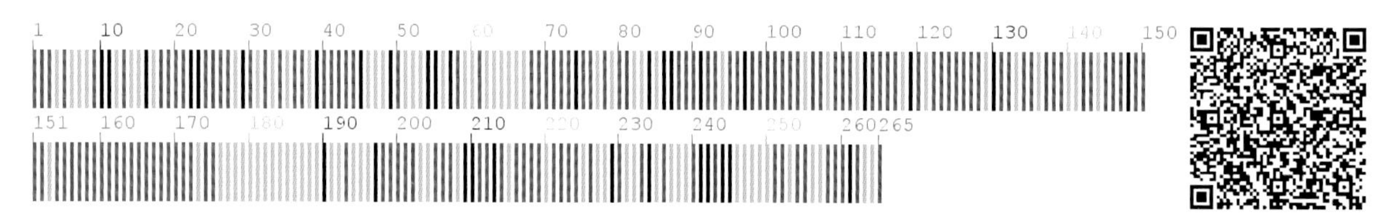

218 二裂委陵菜 **Potentilla bifurca** L.

【别　　名】光叉叶委陵菜，二裂叶委陵菜

【形态特征】多年生草本或亚灌木。花茎直立或上升。羽状复叶，有小叶5～8对，最上面2～3对小叶基部下延与叶轴汇合；小叶顶端常2裂，稀3裂。近伞房状聚伞花序顶生，疏散，花直径0.7～1cm；萼片卵圆形，顶端急尖，副萼片椭圆形，顶端急尖或钝，比萼片短或近等长；花瓣黄色，倒卵形，顶端圆钝，比萼片稍长；心皮沿腹部有稀疏柔毛；花柱侧生，顶端缢缩，柱头扩大。花期6～7月，果期8～9月。

【生　　境】生于地边、道旁、沙滩、山坡草地、黄土坡上、半干旱荒漠草原及疏林下。

【药用价值】全草入药。止血，止痢。

【材料来源】吉林省通化市二道江区，共3份，样本号CBS619MT01～03。

【**ITS2序列特征**】获得ITS2序列3条，比对后长度为212bp，无变异位点。序列特征如下：

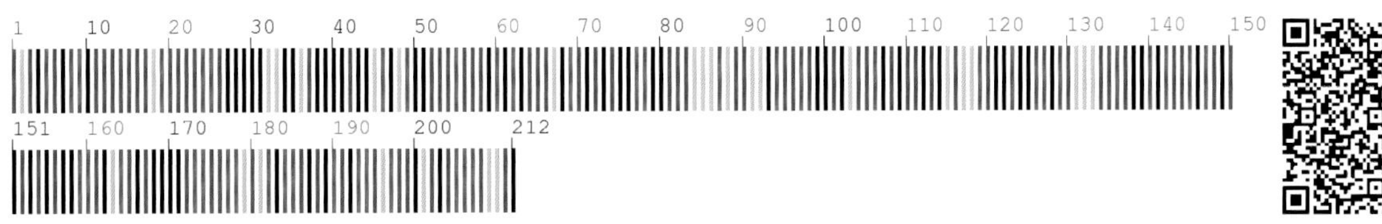

【***psbA-trnH*** **序列特征**】获得*psbA-trnH*序列3条，比对后长度为387bp，无变异位点。序列特征如下：

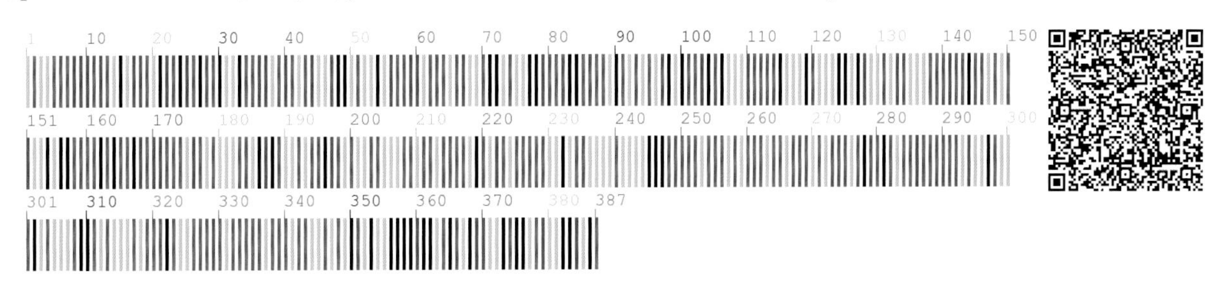

219 蛇莓委陵菜 **Potentilla centigrana** Maxim.

【别　　名】蛇莓萎陵菜

【形态特征】一年生或二年生草本。花茎上升或匍匐，有时下部节上生不定根。基生叶 3 小叶，茎生叶 3 小叶，叶柄细长；基生叶托叶膜质，褐色，无毛或被稀疏柔毛，茎生叶托叶淡绿色，卵形，边缘常有齿，稀全缘。单花，下部与叶对生，上部生于叶腋中；花梗纤细；萼片较宽阔，卵形或卵状披针形，顶端急尖或渐尖，副萼片披针形，顶端渐尖，比萼片短或近等长；花瓣淡黄色，顶端微凹或圆钝，比萼片短；花柱近顶生，基部膨大，柱头不扩大。瘦果倒卵形。花期 6～7 月，果期 8～9 月。

【生　　境】生于荒地、山谷、沟边、山坡草地、草甸及疏林下。

【药用价值】全草入药。清热解毒，祛风，利尿。

【材料来源】吉林省通化市东昌区，共 3 份，样本号 CBS205MT01～03。

【ITS2 序列特征】获得 ITS2 序列 3 条，比对后长度为 209bp，无变异位点。序列特征如下：

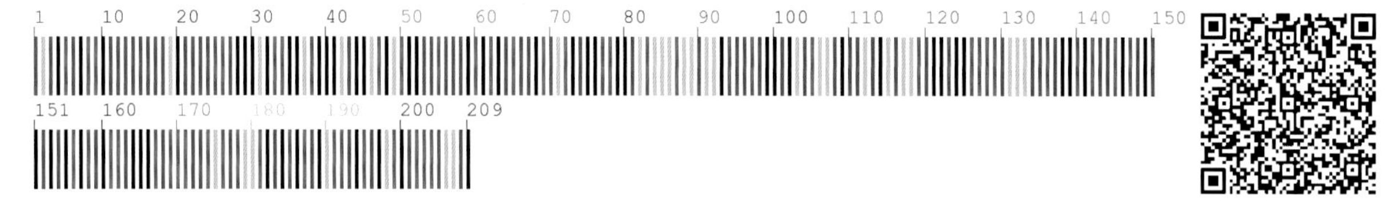

【*psbA-trnH* 序列特征】获得 *psbA-trnH* 序列 3 条，比对后长度为 250bp，有 1 处插入 / 缺失，为 244 位点。序列特征如下：

220 委陵菜 Potentilla chinensis Ser.

【别　　名】中华委陵菜，翻白草，野鸡膀子，痢疾草

【形态特征】多年生草本。根粗壮，圆锥形。茎直立，单生或丛生，密生灰白色长绵毛。奇数羽状复叶，羽状深裂，下面密生白色绵毛，基生叶有长柄，小叶15～31，叶轴有长柔毛。聚伞花序顶生，花序梗和花梗有白色绒毛或柔毛，花黄色。瘦果卵形，多数，聚生于有绵毛的花托上。

【生　　境】生于山坡、林缘、草地、沟边、路旁、河边、灌丛、荒地及住宅附近。

【药用价值】全草入药。祛风湿，清热解毒，消肿，凉血止痢。

【材料来源】吉林省通化市二道江区，共3份，样本号CBS932MT01～03。

【ITS2序列特征】获得ITS2序列3条，比对后长度为210bp，有2个变异位点，分别为196位点T-C变异，195位点为简并碱基。序列特征如下：

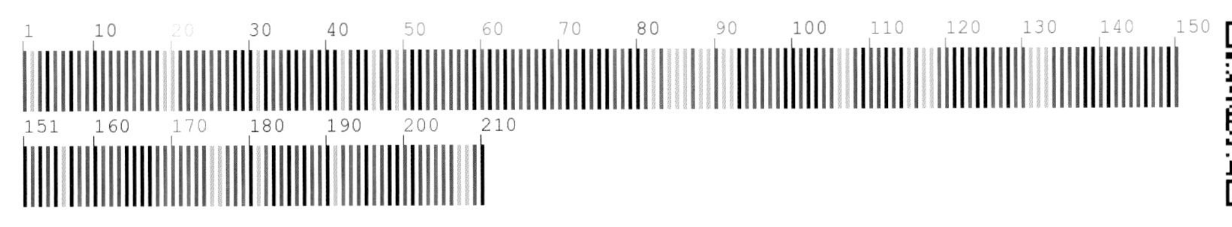

【*psbA-trnH*序列特征】获得*psbA-trnH*序列3条，比对后长度为393bp，无变异位点。序列特征如下：

221 狼牙委陵菜 Potentilla cryptotaeniae Maxim.

【形态特征】多年生草本。茎直立，光滑无毛，上部分枝。三出复叶，叶柄基部半抱茎；托叶披针形或卵状披针形，与叶柄基部连合成翼状；小叶边缘有锐尖细锯齿，表面绿色，无毛，背面淡绿色，沿脉疏生伏毛。聚伞花序生于茎顶，花黄色；萼片倒卵形，先端微缺。瘦果卵圆形，花柱侧生。花期 7～8 月，果期 8～9 月。

【生　　境】生于草甸、山坡草地、林缘湿地、林缘路旁及水沟边等处。

【药用价值】全草入药。活血止血，清热敛疮。

【材料来源】吉林省通化市柳河县，共 2 份，样本号 CBS513MT01、CBS513MT02。

【ITS2 序列特征】获得 ITS2 序列 2 条，比对后长度为 210bp，无变异位点。序列特征如下：

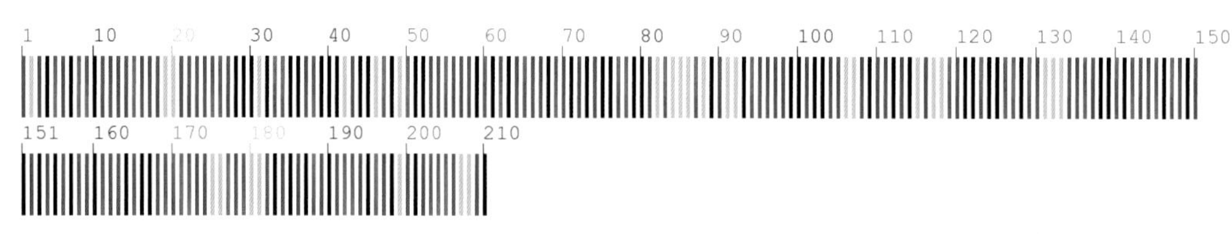

【*psbA-trnH* 序列特征】获得 *psbA-trnH* 序列 1 条，长度为 521bp。序列特征如下：

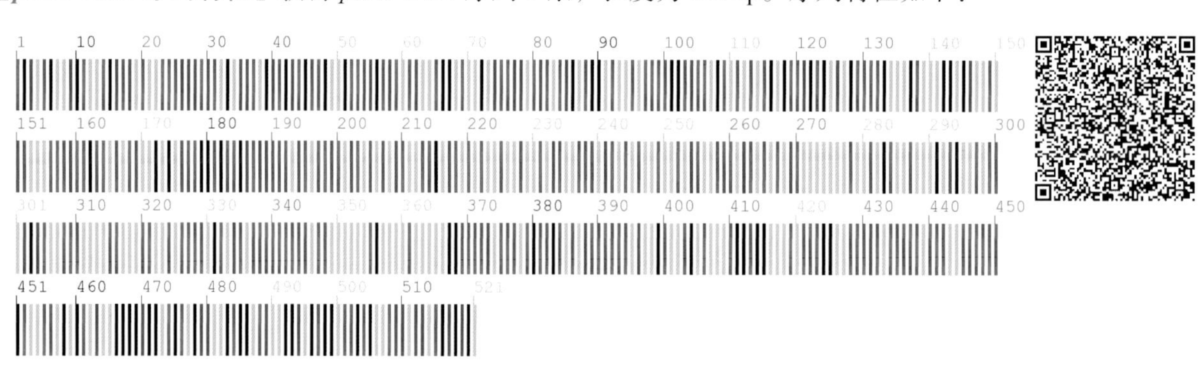

222 翻白草 **Potentilla discolor** Bunge

【别　　名】翻白委陵菜，鸡腿根

【形态特征】多年生草本。根粗壮，下部常肥厚呈纺锤形。花茎直立，密被白色绵毛。叶柄密被白色绵毛；基生叶为单数羽状复叶，小叶对生或互生，无柄，长圆形或长圆披针形，顶端圆钝，有3～7小叶，正面绿色，背面灰白色；基生叶托叶膜质，褐色，茎生叶托叶草质，绿色，卵形或宽卵形。聚伞花序有花数朵至多朵，疏散；花瓣黄色，倒卵形，顶端微凹或圆钝，比萼片长。

【生　　境】生于荒地、山谷、沟边、山坡草地、草甸及疏林下。

【药用价值】全草入药。凉血止血。

【材料来源】吉林省延边朝鲜族自治州珲春市，共3份，样本号CBS945MT01～03。

【ITS2序列特征】获得ITS2序列3条，比对后长度为210bp，无变异位点。序列特征如下：

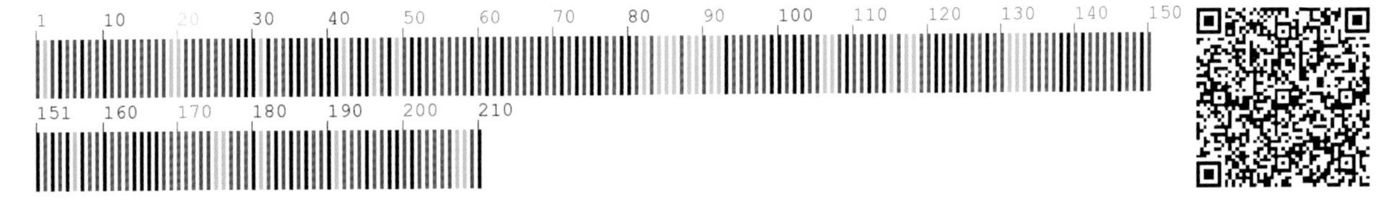

【*psbA-trnH*序列特征】获得*psbA-trnH*序列3条，比对后长度为354bp，有1个变异位点，为165位点T-A变异；有2处插入/缺失，分别为137位点、153位点。序列特征如下：

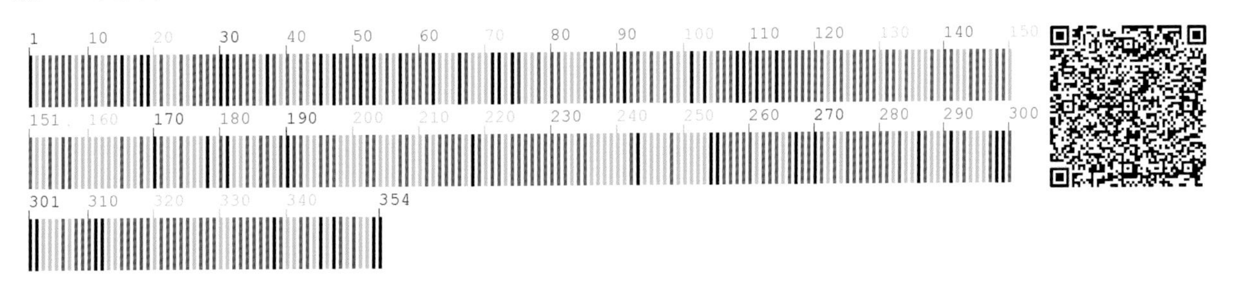

223 匐枝委陵菜 **Potentilla flagellaris** D. F. K. Schltdl.

【别　　名】匍委陵菜，鸡儿头苗，老鸹筋

【形态特征】多年生草本。根纤细，多分枝，暗褐色。茎匍匐，绿色，有时为紫红色或暗红色，被伏毛。掌状复叶，基生叶有柄，密生伏毛，后渐脱落；托叶小，先端尖，有时3～5深裂，裂片细；小叶3～5，披针形或长圆状披针形，基部狭楔形，先端尖，边缘有缺刻状锯齿，表面绿色，背面淡绿色，疏生伏毛，稍有光泽，沿脉较多。花单生于叶腋，具长梗；萼片三角状钻形，副萼片披针形，与萼片近等长，萼片与副萼片背面疏生伏毛；花瓣黄色，倒卵形。瘦果长圆状卵形。花期6～7月，果期7～8月。

【生　　境】生于草甸、林下及林缘路旁等处。

【药用价值】全草入药。清热解毒。

【材料来源】吉林省四平市伊通满族自治县，共3份，样本号CBS184MT01～03。

【*psbA-trnH* 序列特征】获得 *psbA-trnH* 序列3条，比对后长度为366bp，无变异位点。序列特征如下：

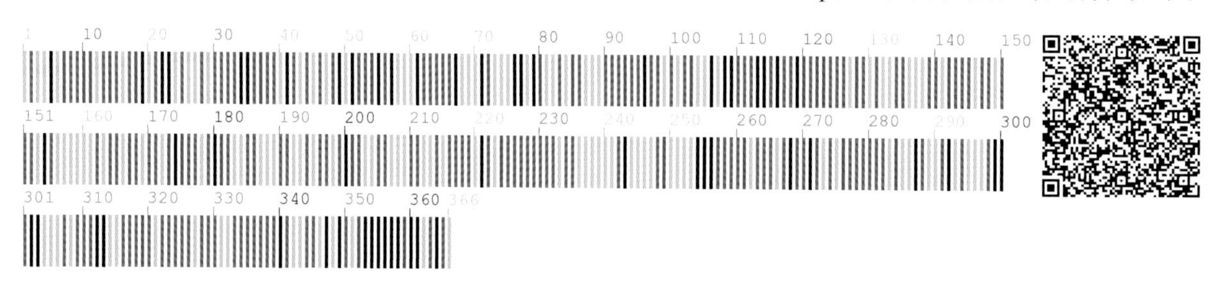

224 莓叶委陵菜 Potentilla fragarioides L.

【别　　名】雉子筵，过路黄

【形态特征】多年生草本，全株密被绒毛。茎半卧生。奇数羽状复叶，基生叶与茎近等长；托叶膜质；小叶5～9，顶生3小叶大，无柄，倒卵状菱形、菱形或长圆形，基部楔形或歪楔形，先端微尖或圆形，边缘有锯齿。聚伞花序；花萼开展5裂，副萼片5，萼片披针形；花瓣黄色；雄蕊多数。瘦果近肾形，直径约1mm，灰白色。花期4～5月，果期6～8月。

【生　　境】生于阔叶林下、林缘、荒地等处。

【药用价值】全草入药。益中气，补阴虚，止血。

【材料来源】吉林省通化市东昌区，共2份，样本号CBS003MT01、CBS003MT02。

【ITS2序列特征】获得ITS2序列2条，比对后长度为209bp，有1处插入/缺失，为18位点。序列特征如下：

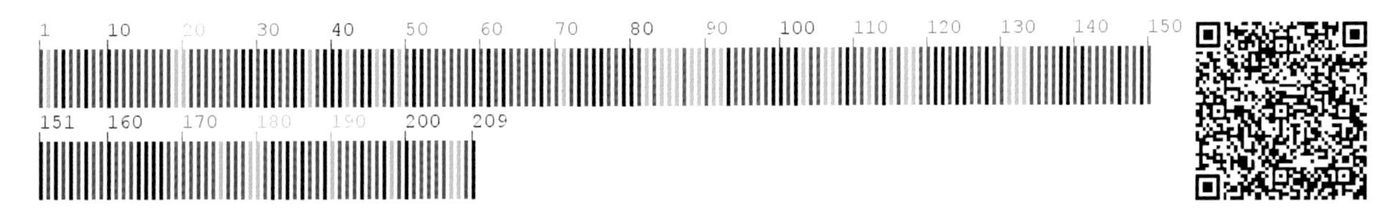

【*psbA-trnH*序列特征】获得*psbA-trnH*序列2条，比对后长度为420bp，无变异位点。序列特征如下：

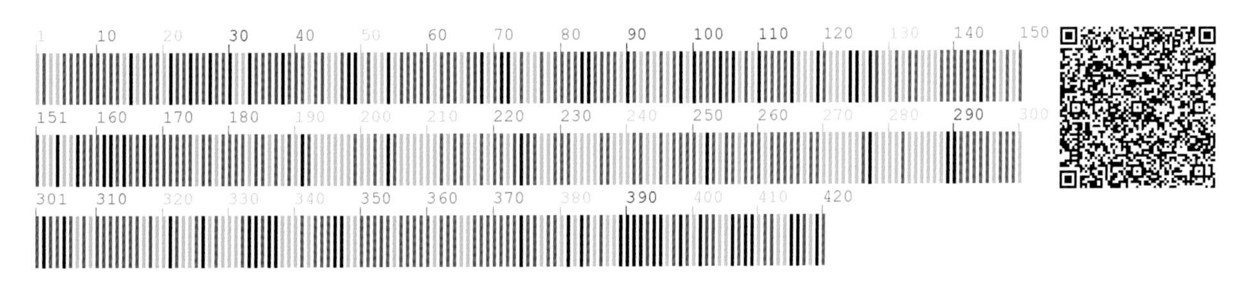

225 三叶委陵菜 **Potentilla freyniana** Bornm.

【别　　名】地蜂子，三叶翻白草

【形态特征】多年生草本。茎细长柔软，有时呈匍匐状，有柔毛。三出复叶。总状聚伞花序顶生，花小，少数，黄色；副萼片5，线状披针形，萼片5，卵状披针形，外面均被毛；花瓣5，倒卵形，顶端微凹；雄蕊多数；雌蕊多数，花柱侧生；花托稍有毛。瘦果小，黄色，卵形，无毛。花期6～7月，果期8～9月。

【生　　境】生于草甸、河边、林缘等处。常聚生成片。

【药用价值】全草入药。清热解毒，散瘀止痛，止血。

【材料来源】吉林省通化市二道江区，共3份，样本号CBS613MT01～03。

【ITS2 序列特征】获得 ITS2 序列 3 条，比对后长度为 209bp，无变异位点。序列特征如下：

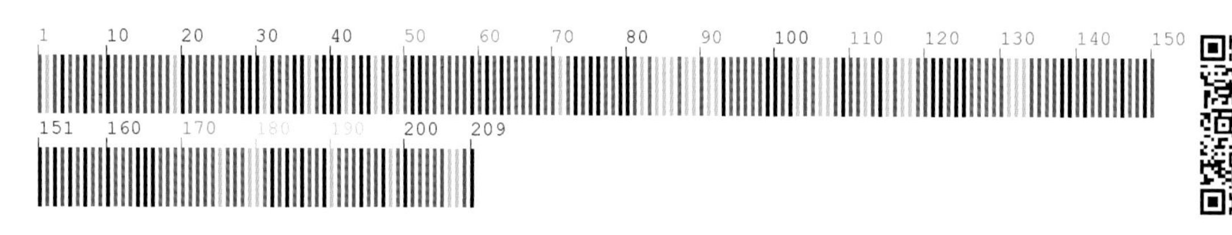

226 金露梅　Potentilla fruticosa L.

【别　　名】金老梅，药王茶，木本委陵菜

【形态特征】小灌木。树皮灰色或褐色，片状纵剥落。小枝红褐色或褐色。奇数羽状复叶，小叶通常5枚，呈掌状；托叶膜质，卵形或卵状披针形，下部与叶柄愈合。花单生于叶腋或顶生数朵成伞房花序，黄色；花瓣圆形，比萼片约长3倍。瘦果卵圆形，棕褐色，密生长柔毛。花期6～8月，果期8～9月。

【生　　境】生于海拔较高的针阔混交林、落叶松林、湿草地、火山灰路旁及高山苔原带。

【药用价值】嫩叶、花入药。嫩叶：清暑热，益脑，清心，调经，健胃；花：健脾化湿。

【材料来源】吉林省通化市柳河县，共3份，样本号CBS264MT01～03。

【ITS2序列特征】获得ITS2序列3条，比对后长度为214bp，有1个变异位点，146位点为简并碱基。序列特征如下：

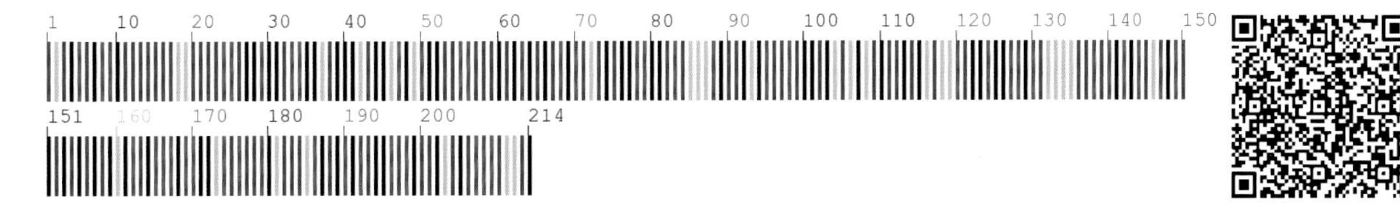

【*psbA-trnH*序列特征】获得*psbA-trnH*序列2条，比对后长度为347bp，无变异位点。序列特征如下：

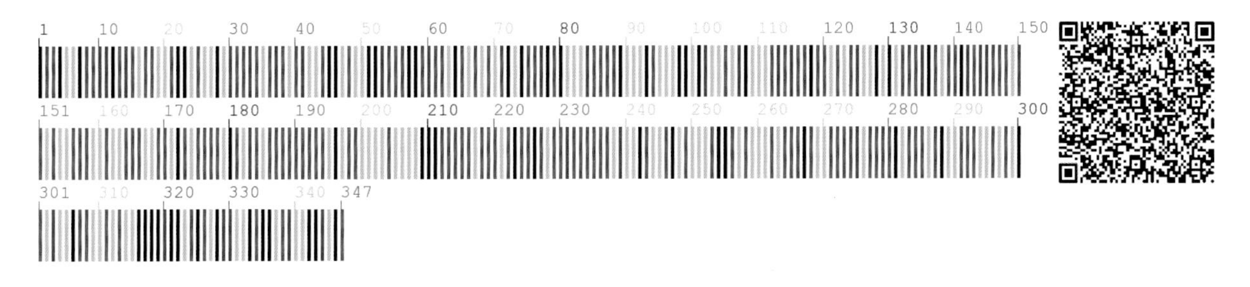

227 腺毛委陵菜 **Potentilla longifolia** D. F. K. Schltdl.

【别　　名】粘委陵菜

【形态特征】一年生草本。根粗壮，圆柱形。花茎直立，高 30～90cm，被短柔毛、长柔毛及腺体，手感发黏。基生叶为羽状复叶，有小叶 4～5 对；基生叶托叶膜质，茎生叶托叶草质。伞房花序集生于花茎顶端，少花，花梗短；花直径 1.5～1.8cm；花瓣宽倒卵形，与萼片近等长，果时直立增大。花果期 7～9 月。

【生　　境】生于地边、道旁、沙滩、山坡草地、黄土坡上、半干旱荒漠草原及疏林下。

【药用价值】全草入药。止血，止痢。

【材料来源】吉林省延边朝鲜族自治州龙井市，共 2 份，样本号 CBS608MT01、CBS608MT02。

【ITS2 序列特征】获得 ITS2 序列 2 条，比对后长度为 216bp，无变异位点。序列特征如下：

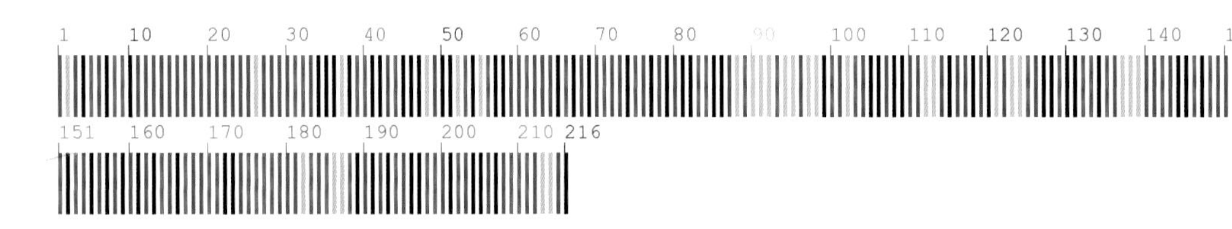

【*psbA-trnH* 序列特征】获得 *psbA-trnH* 序列 2 条，比对后长度为 454bp，无变异位点。序列特征如下：

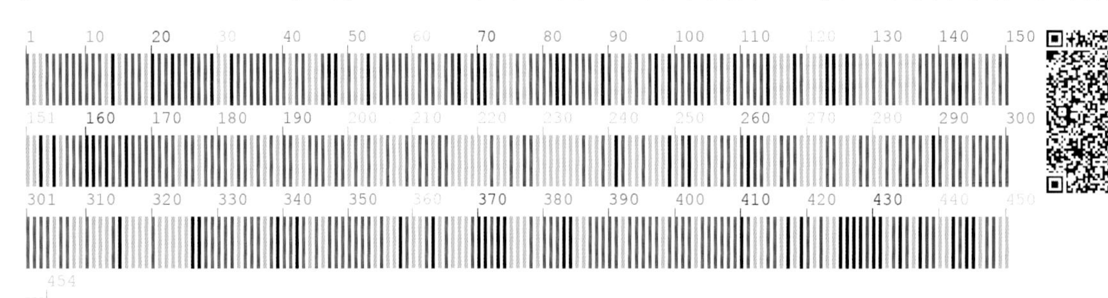

228 朝天委陵菜 **Potentilla supina** L.

【别　　名】伏委陵菜

【形态特征】一年生或二年生草本。主根细长，并有稀疏侧根。茎平展，叉状分枝。基生叶为羽状复叶，有小叶 2～5 对；茎生叶与基生叶相似，向上小叶对数逐渐减少。花茎上多叶，下部花自叶腋生，顶端呈伞房状聚伞花序；萼片三角状卵形，顶端急尖，副萼片长椭圆形或椭圆状披针形，比萼片稍长或近等长；花瓣黄色，顶端微凹，与萼片近等长或较短。瘦果长圆形，腹部鼓胀若翅或有时不明显。花期 6～7 月，果期 8～9 月。

【生　　境】生于田边、荒地、河岸沙地、草甸及山坡湿地等处。

【药用价值】全草入药。清热解毒，凉血止痢。

【材料来源】吉林省通化市东昌区，共 3 份，样本号 CBS192MT01～03。

【*psbA-trnH* 序列特征】获得 *psbA-trnH* 序列 3 条，比对后长度为 366bp，无变异位点。序列特征如下：

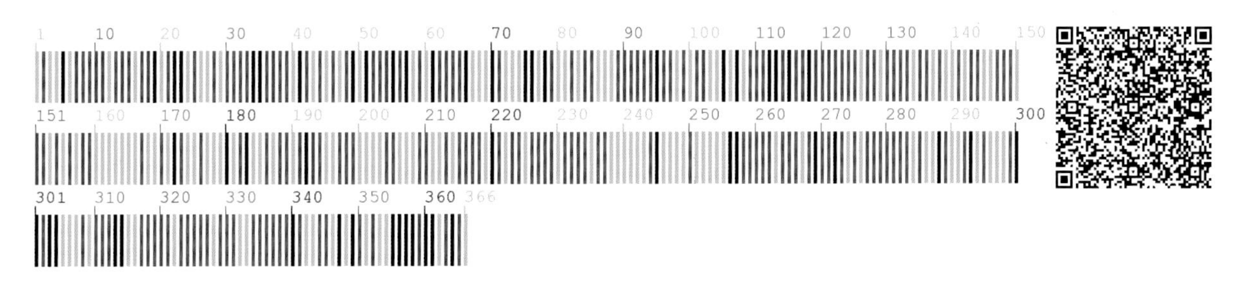

229 东北扁核木 **Prinsepia sinensis** (Oliv.) Oliv. ex Bean

【别　　名】辽宁扁核木，扁担胡子，扁枣胡子，金刚木

【形态特征】落叶小灌木。枝条灰绿色或紫褐色，皮片状剥落；枝刺直立或弯曲。叶互生，簇生状，卵状披针形或披针形；托叶披针形。花1～4，簇生于叶腋；萼筒钟状；花瓣黄色；雄蕊10；心皮1，柱头头状。核果近球形或长圆形；核坚硬，具短纹。花期5月，果期8～9月。

【生　　境】生于杂木林中或阴山坡的林间，或山坡开阔处以及河岸旁等处。

【药用价值】种子入药。清肝明目，消肿利尿。

【材料来源】吉林省通化市东昌区，共2份，样本号 CBS043MT01、CBS043MT02。

【ITS2 序列特征】获得 ITS2 序列 2 条，比对后长度为 225bp，无变异位点。序列特征如下：

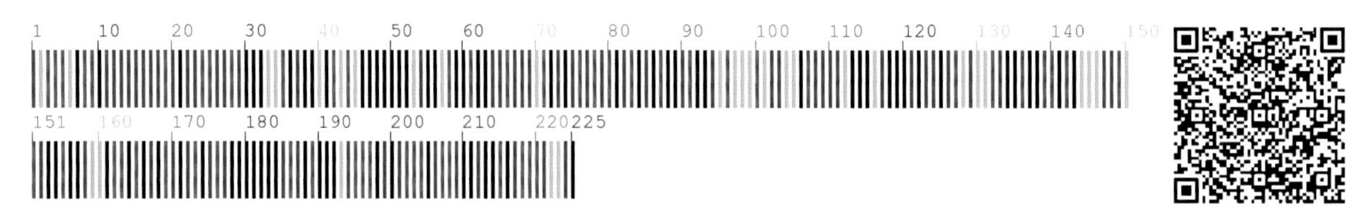

【*psbA-trnH* 序列特征】获得 *psbA-trnH* 序列 2 条，比对后长度为 496bp，无变异位点。序列特征如下：

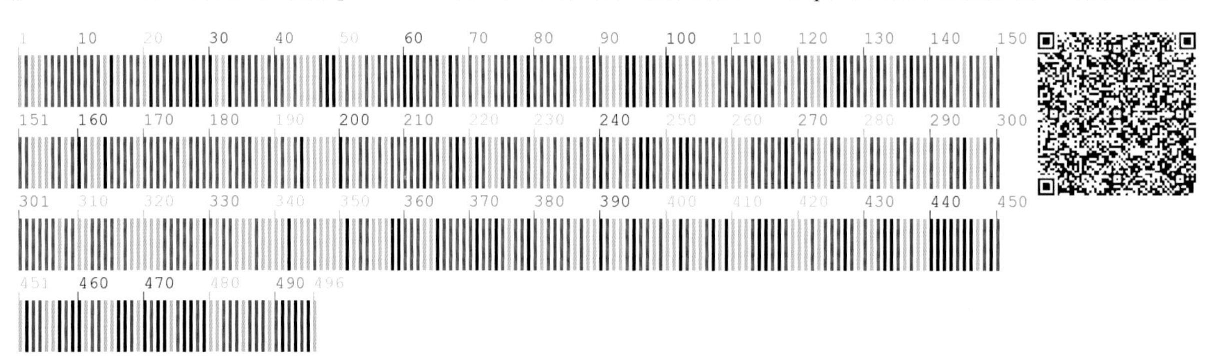

230 长梗郁李 **Prunus japonica** var. **nakaii** (H. Lév.) Rehder

【别　　名】水李子

【形态特征】小灌木。小枝灰褐色，嫩枝绿色或绿褐色，无毛。叶卵形或卵状披针形，先端渐尖，边缘有缺刻状尖锐重锯齿；托叶线形，边缘有腺齿。花1～3，簇生，花梗长5～10mm；花瓣白色或粉红色，倒卵状椭圆形；雄蕊约32；花柱与雄蕊近等长，无毛。核果近球形，深红色，直径约1cm；核表面光滑。花期5月，果期7～8月。

【生　　境】生于海拔100～200m的山坡林下、灌丛中。

【药用价值】果仁入药。润肠通便，利水消肿。

【材料来源】辽宁省丹东市宽甸满族自治县，共3份，样本号CBS623MT01～03。

【ITS2序列特征】获得ITS2序列3条，比对后长度为212bp，有4个变异位点，分别为5位点、193位点、195位点T-C变异，36位点A-G变异；有1处插入/缺失，为185位点。序列特征如下：

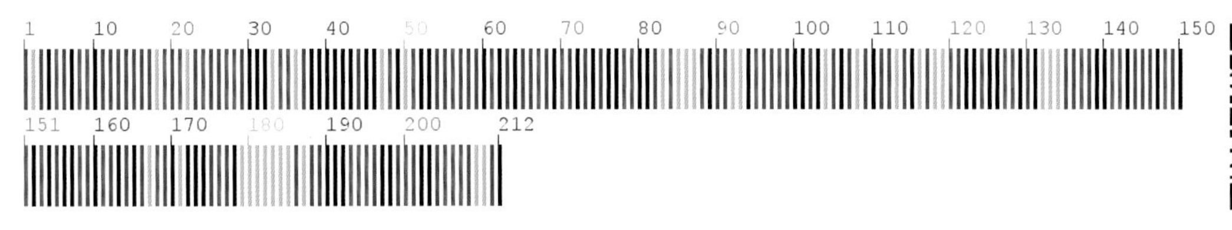

【*psbA-trnH*序列特征】获得*psbA-trnH*序列3条，比对后长度为351bp，无变异位点。序列特征如下：

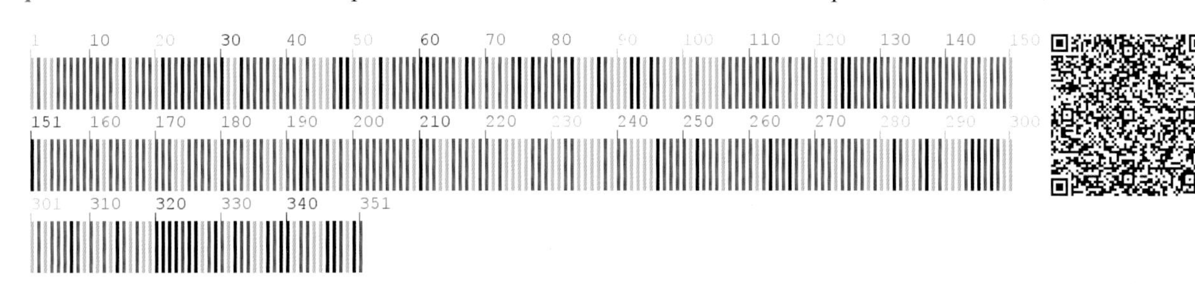

231 斑叶稠李 **Prunus maackii** Rupr.

【别　　名】山桃稠李

【形态特征】落叶乔木。树皮光滑呈片状剥落；小枝带红色。叶椭圆形、菱状卵形，边缘有不规则带腺锐锯齿，上面深绿色，仅沿叶脉被短柔毛，被紫褐色腺体；托叶膜质，线形。总状花序，多花密集，基部无叶；萼筒钟状，萼片三角状披针形或卵状披针形，先端长渐尖，边缘有不规则带腺细齿，萼筒和萼片内外两面均被疏柔毛；花瓣白色，长圆状倒卵形。核果近球形，紫褐色，无毛，萼片脱落；核有皱纹。花期 4～5 月，果期 6～10 月。

【生　　境】生于阳坡疏林中、林边或阳坡潮湿地以及松林下或溪边和路旁等处。

【药用价值】果实、叶入药。止泻。

【材料来源】吉林省通化市二道江区，共 3 份，样本号 CBS624MT01～03。

【ITS2 序列特征】获得 ITS2 序列 3 条，比对后长度为 210bp，无变异位点。序列特征如下：

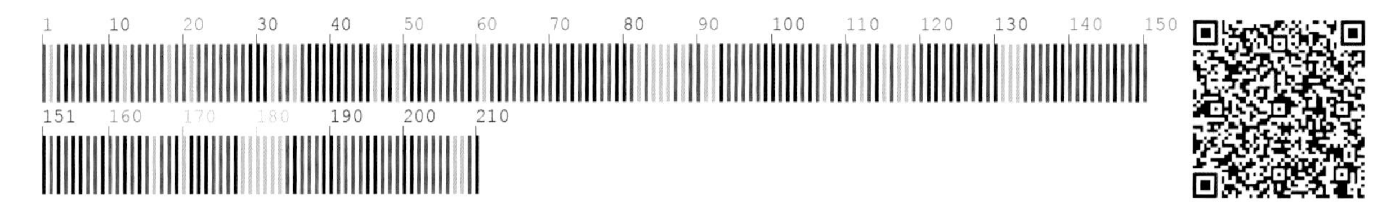

【*psbA-trnH* 序列特征】获得 *psbA-trnH* 序列 3 条，比对后长度为 374bp，无变异位点。序列特征如下：

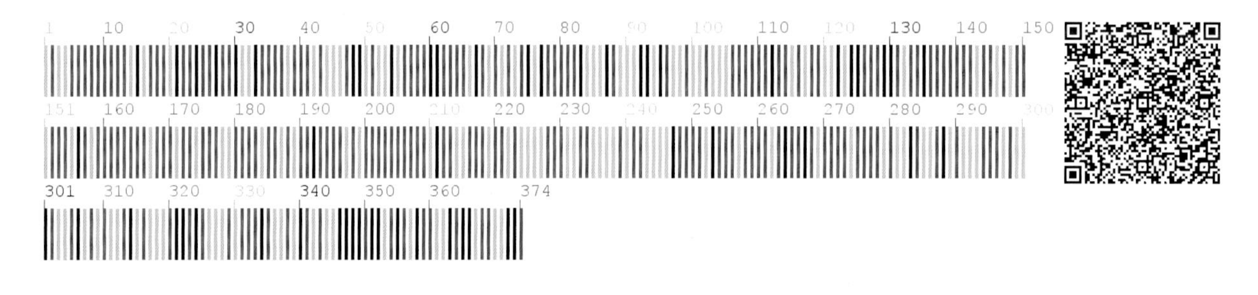

232　东北杏　**Prunus mandshurica** (Maxim.) Koehne

【别　　名】辽杏

【形态特征】乔木，高 5～15m。树皮木栓质发达，深裂，暗灰色。叶宽卵形至宽椭圆形，先端渐尖至尾尖，基部宽楔形至圆形，有时心形，边缘具不整齐的细长尖锐重锯齿。花单生，先叶开放；花萼带红褐色，常无毛；萼筒钟状；花瓣宽倒卵形或近圆形，粉红色或白色。果实近球形，黄色，有时向阳处具红晕或红点；核近球形或宽椭圆形，两侧扁，顶端圆钝或微尖，背棱近圆形；种仁味苦，稀甜。花期 4 月，果期 5～7 月。

【生　　境】生于海拔 400～1000m 的开阔向阳山坡灌木林或杂木林下。

【药用价值】种子入药。降气，止咳平喘，润肠，缓泻，通便。

【材料来源】吉林省通化市东昌区，共 3 份，样本号 CBS092MT01～03。

【ITS2 序列特征】获得 ITS2 序列 3 条，比对后长度为 212bp，无变异位点。序列特征如下：

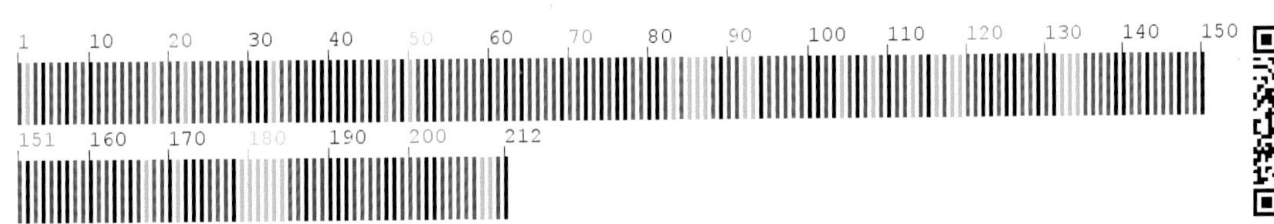

233 稠李 Prunus padus L.

【别　　名】稠梨，臭李子

【形态特征】落叶乔木，高可达 15m。树皮粗糙而多斑纹。叶椭圆形、长圆形或长圆状倒卵形，先端尾尖，边缘有不规则锐锯齿；托叶膜质，线形。总状花序，具多花；萼筒钟状，比萼片稍长；萼片三角状卵形，先端急尖或圆钝，边有带腺细锯齿；花瓣白色，比雄蕊长近 1 倍；雄蕊多数，花丝长短不等；雌蕊 1，花柱比长雄蕊短近 1 倍。核果卵球形，顶端有尖头，红褐色至黑色，萼片脱落；核有褶皱。花期 4～5 月，果期 5～10 月。

【生　　境】生于海拔 880～2500m 的山坡、山谷或灌丛中。

【药用价值】果实入药。涩肠止泻。

【材料来源】吉林省通化市通化县，共 2 份，样本号 CBS080MT01、CBS080MT02。

【ITS2 序列特征】获得 ITS2 序列 2 条，比对后长度为 210bp，无变异位点。序列特征如下：

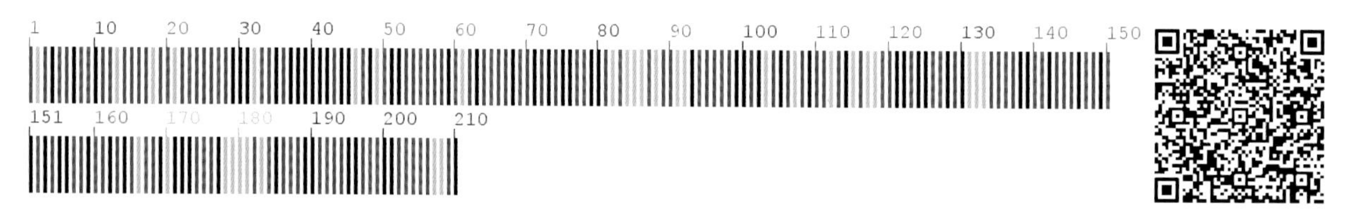

【*psbA-trnH* 序列特征】获得 *psbA-trnH* 序列 2 条，比对后长度为 313bp，无变异位点。序列特征如下：

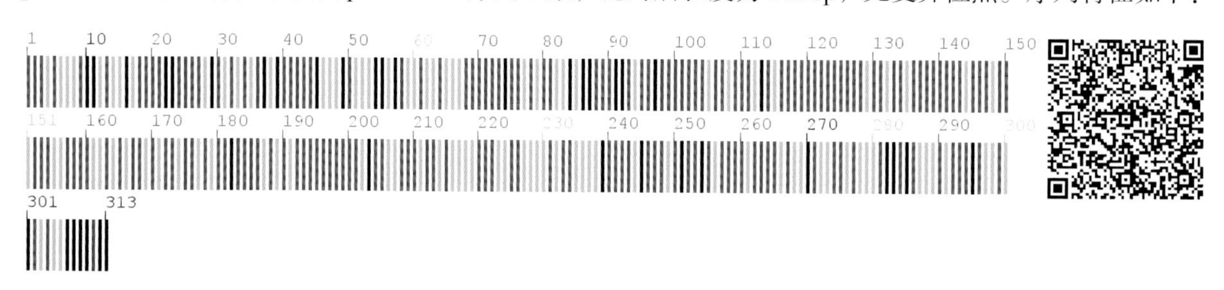

234 山樱桃 **Prunus serrulata** Lindl.

【别　　名】山樱花，山樱，水桃

【形态特征】乔木。树皮灰褐色带暗红色，发亮，有环状排列的皮孔和条纹。叶卵状椭圆形或倒卵状椭圆形，边缘有渐尖单锯齿及重锯齿。花序伞房总状或近伞形，有花2～3朵；总苞片褐红色；苞片褐色或淡绿褐色；萼筒管状，先端扩大，萼片三角状披针形，先端渐尖或急尖，全缘；花瓣白色，稀粉红色；雄蕊约38；花柱无毛。核果球形或卵球形，紫黑色。花期4～5月，果期6～7月。

【生　　境】生于山坡或山谷针阔混交林下或杂木林内。

【药用价值】果实入药。疏风解表，散寒。

【材料来源】辽宁省本溪市桓仁满族自治县，共3份，样本号CBS611MT01～03。

【ITS2序列特征】获得ITS2序列3条，比对后长度为210bp，无变异位点。序列特征如下：

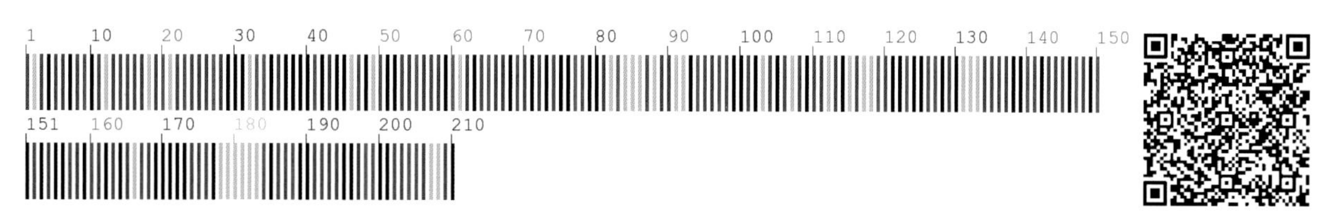

【*psbA-trnH*序列特征】获得*psbA-trnH*序列3条，比对后长度为369bp，无变异位点。序列特征如下：

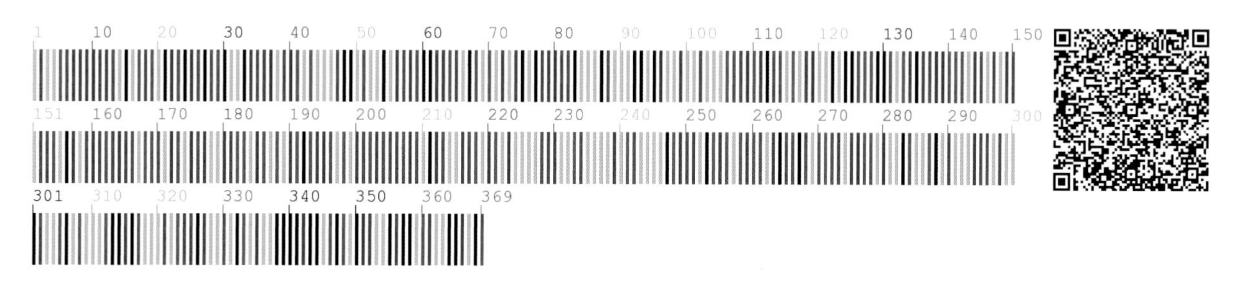

235 东北李 **Prunus ussuriensis** Kovalev et Kostina

【别　　名】乌苏里李子，山李子

【形态特征】小乔木，多分枝呈灌木状。老枝灰黑色，粗壮，树皮起伏不平。叶长圆形、倒卵状长圆形，基部楔形；托叶披针形，先端渐尖。花2～3朵簇生，有时单朵；萼筒钟状，萼片长圆形，先端圆钝，边缘有细齿；花瓣白色；雄蕊多数，花丝长短不等，排成紧密2轮；雌蕊1。核果较小，卵球形、近球形或长圆形，紫红色；果梗粗短。

【生　　境】生于向阳山坡、沟谷、山野路旁、河边灌丛中。

【药用价值】果仁、根入药。清热，下气。

【材料来源】吉林省通化市二道江区，共2份，样本号 CBS612MT01、CBS612MT02。

【ITS2 序列特征】获得 ITS2 序列 2 条，比对后长度为 212bp，有 1 个变异位点，为 184 位点 A-G 变异。序列特征如下：

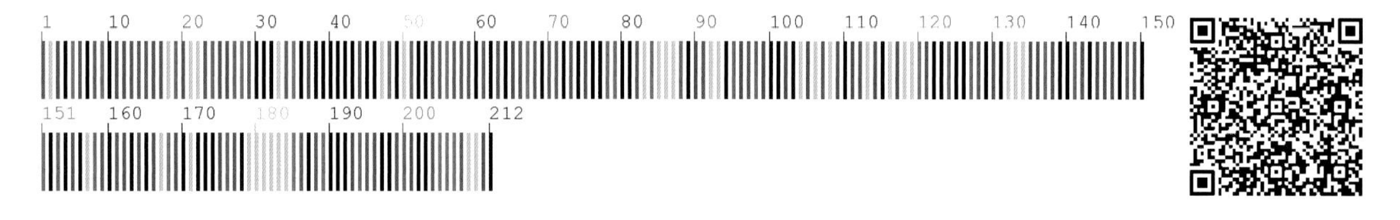

【*psbA-trnH* 序列特征】获得 *psbA-trnH* 序列 2 条，比对后长度为 335bp，无变异位点。序列特征如下：

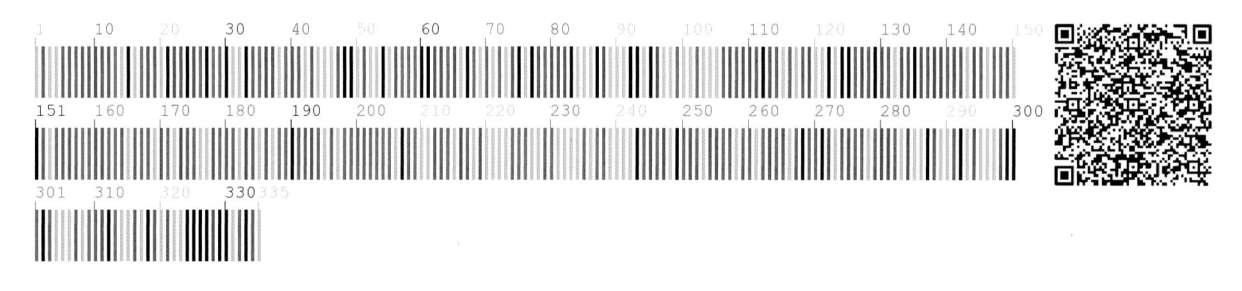

236　刺蔷薇　Rosa acicularis Lindl.

【别　　名】大叶蔷薇，野蔷薇，刺枚果

【形态特征】低矮灌木，高达1～2m。枝紫红色，有密细直刺。羽状复叶，小叶3～7对；叶轴与叶柄常具腺毛并疏生小刺；托叶卵状披针形，常较宽，大部与叶柄合生。花单生，稀2朵，深红色，有香味，花梗多少有微小腺刺毛；萼片披针形，先端长尾状，并且稍宽大而呈叶状，外面有腺毛和柔毛，里面密被白绒毛；花瓣宽倒卵形。果椭圆形、长椭圆形或梨形，具颈，橘红色，光滑，萼片宿存。花期6～7月，果期8～9月。

【生　　境】生于林缘、山路旁、河岸及灌丛间等处。

【药用价值】根、花入药。根：祛痰止痢，舒筋活血；花：止痢，利尿。

【材料来源】辽宁省丹东市宽甸满族自治县，共3份，样本号CBS622MT01～03。

【ITS2序列特征】获得ITS2序列3条，比对后长度为212bp，无变异位点。序列特征如下：

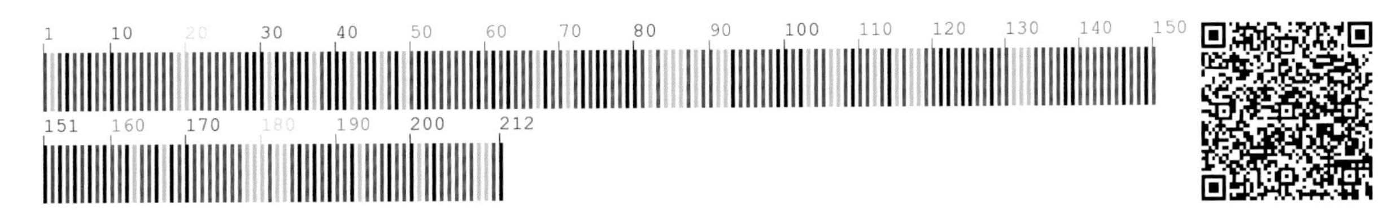

【*psbA-trnH*序列特征】获得*psbA-trnH*序列3条，比对后长度为390bp，无变异位点。序列特征如下：

237 山刺玫 **Rosa davurica** Pall.

【别　　名】刺玫蔷薇，达乌里蔷薇，刺玫果，野玫瑰

【形态特征】灌木。枝暗紫色，叶柄基部小枝上有成对的刺。羽状复叶，小叶5～9；托叶窄，宿存。花单生或2～3朵并生；花托深红色，光滑；萼片窄，披针形，全缘；花瓣鲜红色或深玫瑰红色。果球形或卵形，形状常多变化，红色，光滑，萼片无刺，宿存。花期6～7月，果熟期8～9月。

【生　　境】生于山坡灌丛间、山野路旁、沟边、林缘等处。常聚生成片。

【药用价值】全草入药。止血，止泻。

【材料来源】吉林省通化市东昌区，共3份，样本号CBS196MT01～03。

【ITS2序列特征】获得ITS2序列3条，比对后长度为212bp，无变异位点。序列特征如下：

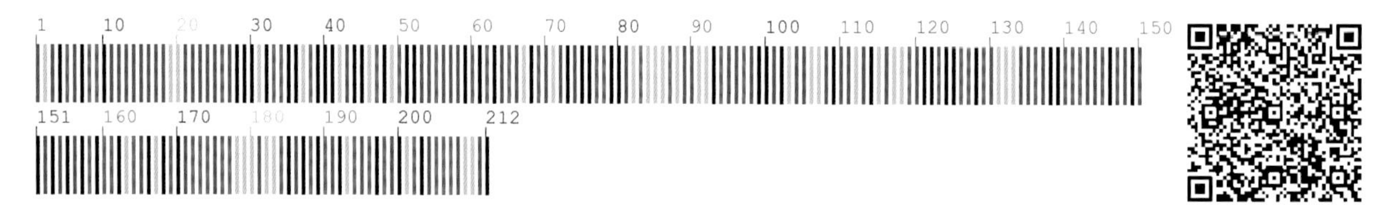

【*psbA-trnH*序列特征】获得*psbA-trnH*序列3条，比对后长度为358bp，有1处插入/缺失，为150～171位点。序列特征如下：

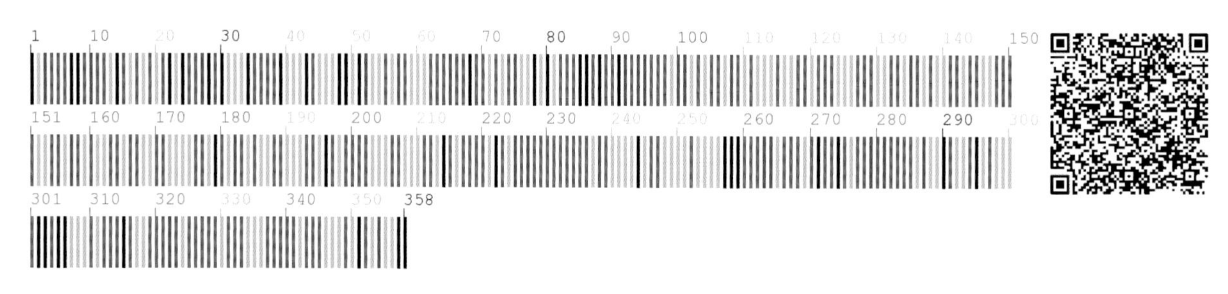

238　长白蔷薇　**Rosa koreana** Kom.

【别　　名】刺玫果

【形态特征】小灌木，丛生，高约1m。枝条密集，暗紫红色，密被针刺，针刺有椭圆形基部。小叶7～15；托叶倒卵状披针形，边缘有腺齿，无毛。花单生于叶腋，直径2～3cm；花瓣白色或带粉色，倒卵形，先端微凹。果实长圆球形，橘红色，有光泽，萼片宿存，直立。花期5～6月，果期7～9月。

【生　　境】生于林缘和灌丛中或山坡多石地。

【药用价值】根、花、果入药。祛风利湿，止痢，利尿。

【材料来源】吉林省白山市临江市，共3份，样本号CBS296MT01～03。

【ITS2序列特征】获得ITS2序列3条，比对后长度为212bp，有1处插入/缺失，为18位点与19位点之间。序列特征如下：

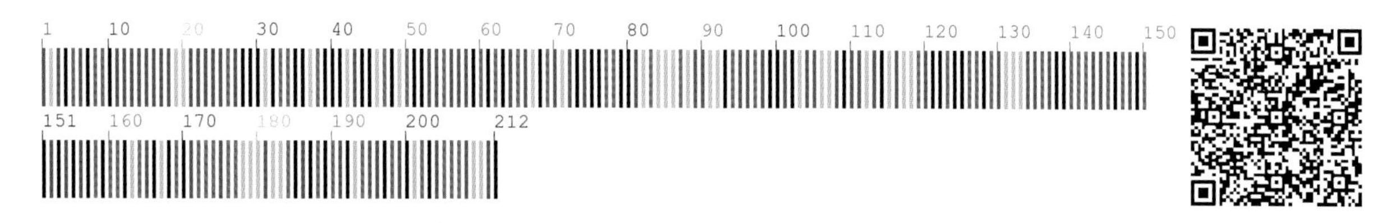

【*psbA-trnH*序列特征】获得*psbA-trnH*序列3条，比对后长度为417bp，无变异位点。序列特征如下：

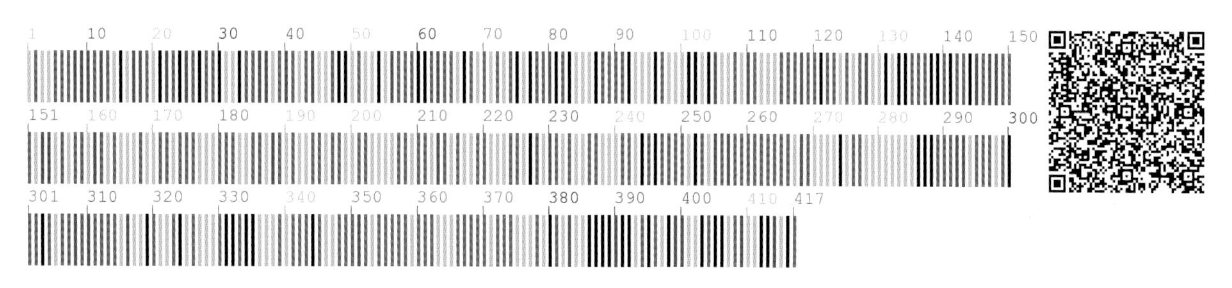

239 玫瑰 **Rosa rugosa** Thunb.

【别　　名】玫瑰花

【形态特征】落叶灌木。茎粗壮，丛生，有刺及刺毛，叶基部下方有一对粗刺。奇数羽状复叶，小叶 5～9；叶柄有绒毛和疏小细刺；托叶较宽，披针形。花单生或 3～6 朵簇生，花梗长 1～2.5cm，有密短绒毛、腺毛和刺毛；花托外面具腺毛；萼裂片里面和外面的边缘有黄色绒毛；花单瓣，紫色，芳香；花柱离生，有柔毛。果扁球形，平滑，砖红色，肉质，直径 2～2.5cm，萼片宿存。花期 6～8 月，果期 8～9 月。

【生　　境】生于河岸边的沙地上。

【药用价值】花入药。行气解郁，开胃，和血，活血调经，祛瘀止痛。

【材料来源】吉林省延边朝鲜族自治州珲春市，共 2 份，样本号 CBS831MT01、CBS831MT02。

【ITS2 序列特征】获得 ITS2 序列 2 条，比对后长度为 212bp，无变异位点。序列特征如下：

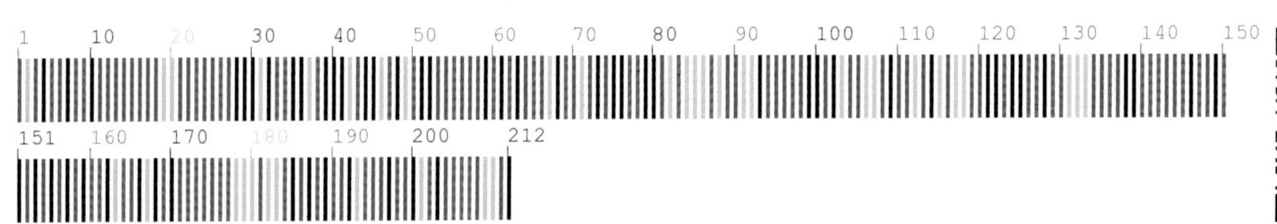

240 北悬钩子 Rubus arcticus L.

【别　　名】高丽果

【形态特征】多年生草本，高通常10～30cm。根匍匐，近木质。茎细弱，有稀疏柔毛。三出复叶；叶柄长，侧生小叶几无柄；托叶离生，草质，卵形或长圆形，顶端急尖或钝，全缘，有柔毛。花常单生，顶生，有时1～2朵腋生，两性或不完全单性；萼片5～10，卵状披针形至狭披针形；花瓣宽倒卵形，稀长圆形或匙形，紫红色，比萼片长得多，有时顶端微凹；雄蕊直立，花丝线形，基部膨大；雌蕊约20，无毛或背部有疏柔毛。果实暗红色，宿存萼片反折；小核近光滑或稍具皱纹。

【生　　境】生于海拔1200m左右的山坡、林缘、湿地边缘、沟旁。

【药用价值】果实入药。补肝肾，明目。

【材料来源】吉林省延边朝鲜族自治州安图县，共2份，样本号CBS824MT01、CBS824MT02。

【ITS2序列特征】获得ITS2序列2条，比对后长度为211bp，无变异位点。序列特征如下：

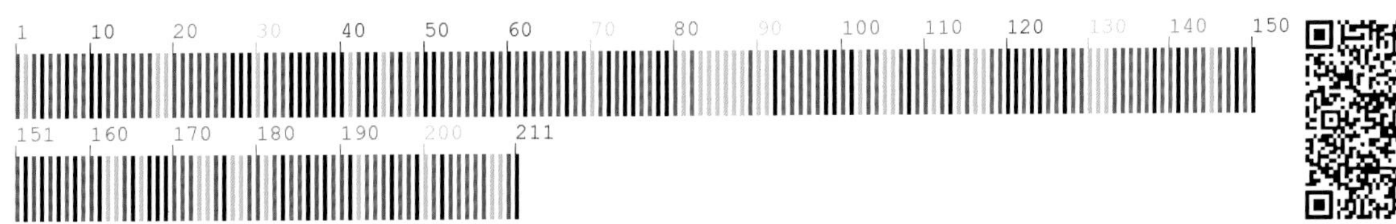

241 牛叠肚 **Rubus crataegifolius** Bunge

【别　　名】山楂叶悬钩子，蓬虆悬钩子，托盘，婆婆头

【形态特征】灌木。枝有微弯皮刺。单叶，叶卵形至长卵形，基部心形或近截形，边缘3～5掌状分裂；托叶线形，几无毛。花数朵簇生或成短总状花序，花梗有柔毛，花直径1～1.5cm；花萼外面有柔毛；花瓣椭圆形或长圆形，白色，几与萼片等长；雄蕊直立；雌蕊多数。聚合浆果球形，暗红色，无毛，有光泽。种子具皱纹。

【生　　境】生于向阳山坡灌木丛中或林缘。常在山沟、路边成群生长。

【药用价值】果实、根入药。补肝肾，祛风湿。

【材料来源】吉林省通化市二道江区，共3份，样本号CBS610MT01～03。

【**ITS2** 序列特征】获得ITS2序列3条，比对后长度为211bp，有1处变异位点，为203位点C-T变异。序列特征如下：

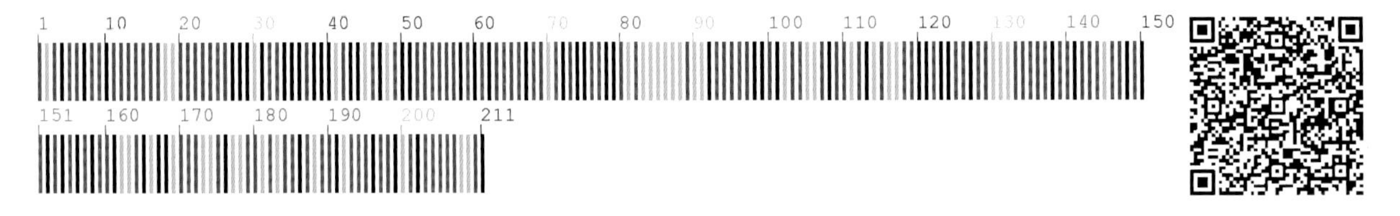

【*psbA-trnH* 序列特征】获得 *psbA-trnH* 序列3条，比对后长度为383bp，无变异位点。序列特征如下：

242 覆盆子 Rubus idaeus L.

【别　　名】库页悬钩子，白背悬钩子，野悬钩子，悬钩子，婆婆头

【形态特征】落叶小灌木。通常为三出复叶，叶互生，上面绿色，背面密生灰白色绒毛，沿脉疏生小刺；托叶细小，披针形。花1～5，顶生或腋生；花托有毛或带柄的腺体；花梗有腺和刺毛；萼片5，长三角形，先端渐尖，有刺、腺毛或密柔毛；花瓣5，白色，椭圆形，有舌状裂片。聚合浆果，红色，多汁。花期6～7月，果期8～9月。

【生　　境】生于林间草地、灌丛、林缘和路旁。常聚生成片。

【药用价值】全草入药。解毒，止血，止带，祛痰，消炎。

【材料来源】吉林省延边朝鲜族自治州安图县，共3份，样本号CBS617MT01～03。

【ITS2序列特征】获得ITS2序列3条，比对后长度为212bp，有1处插入/缺失，为18位点。序列特征如下：

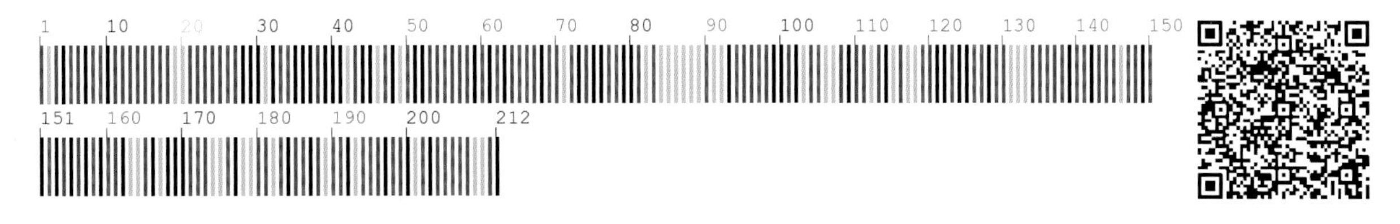

【*psbA-trnH*序列特征】获得*psbA-trnH*序列3条，比对后长度为362bp，无变异位点。序列特征如下：

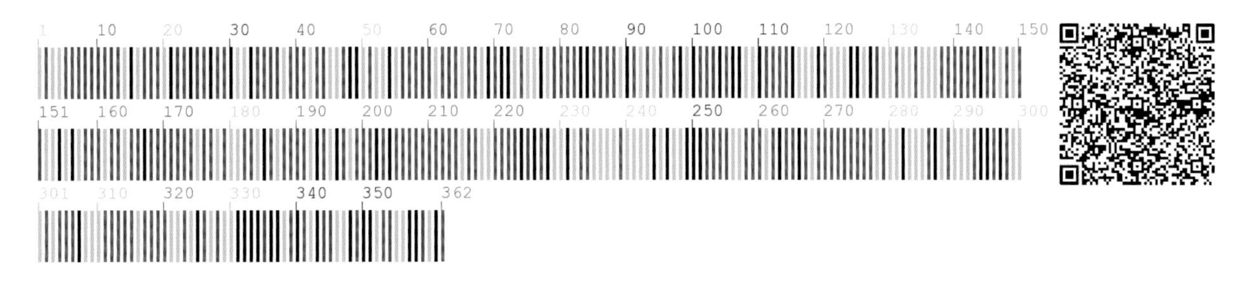

243 绿叶悬钩子 **Rubus komarovi** Nakai

【别　　名】婆婆头，饽饽头

【形态特征】灌木。小叶三出，稀 5 枚羽状，叶正面和背面均为绿色；托叶线形，有柔毛。花数朵成伞房花序或生于枝下部成花束；总花梗和花梗有柔毛和针刺；花萼外面被柔毛、针刺和疏腺毛；萼片长三角形至三角状披针形，顶端长渐尖至尾尖，花后常直立；花瓣长圆形或匙形，基部具爪，白色，与萼片近等长或稍短于萼片；花丝线形；花柱基部和子房被灰白色绒毛。果实卵形，直径约 1cm，红色；核具细皱纹。花期 6～7 月，果期 8～9 月。

【生　　境】生于山坡林缘、石坡和林间采伐迹地。

【药用价值】果实、根入药。补肝肾，祛风湿。

【材料来源】吉林省白山市临江市，共 3 份，样本号 CBS295MT01～03。

【ITS2 序列特征】获得 ITS2 序列 3 条，比对后长度为 212bp，有 1 个变异位点，为 142 位点 A-G 变异。序列特征如下：

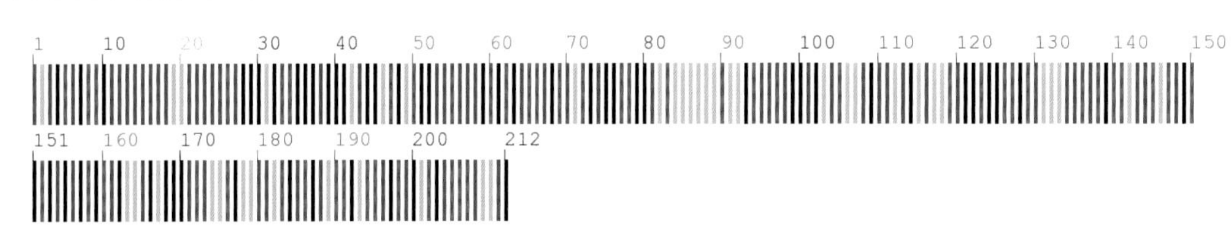

【*psbA-trnH* 序列特征】获得 *psbA-trnH* 序列 3 条，比对后长度为 362bp，无变异位点。序列特征如下：

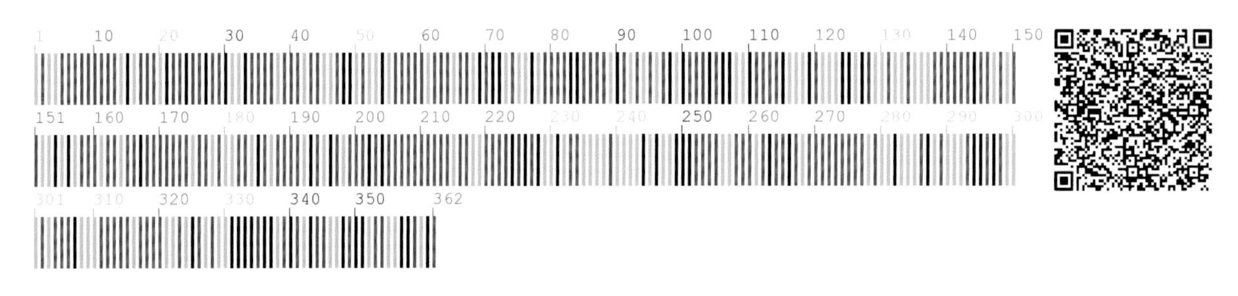

244　地榆　Sanguisorba officinalis L.

【别　　名】长穗地榆，黄瓜香

【形态特征】多年生草本，高 1～1.5m。根粗壮，纺锤形。茎直立，单一，上部分枝。奇数羽状复叶；基生叶有长柄，小叶 4～6 对，基部常有托叶状小片；茎生叶有托叶，稍抱茎，有齿，小叶较茎生叶小而少。穗状花序数个生于茎顶，直立；萼片 4，花瓣状，紫红色；雄蕊 4；花柱比雄蕊短。瘦果卵状。花期 7～8 月，果期 8～10 月。

【生　　境】生于山坡、柞林缘、草甸、灌丛及林间草地等处。

【药用价值】根入药。凉血止血，解毒敛疮。

【材料来源】吉林省通化市东昌区，共 3 份，样本号 CBS364MT01～03。

【ITS2 序列特征】获得 ITS2 序列 3 条，比对后长度为 208bp，有 1 处插入 / 缺失，为 18 位点。序列特征如下：

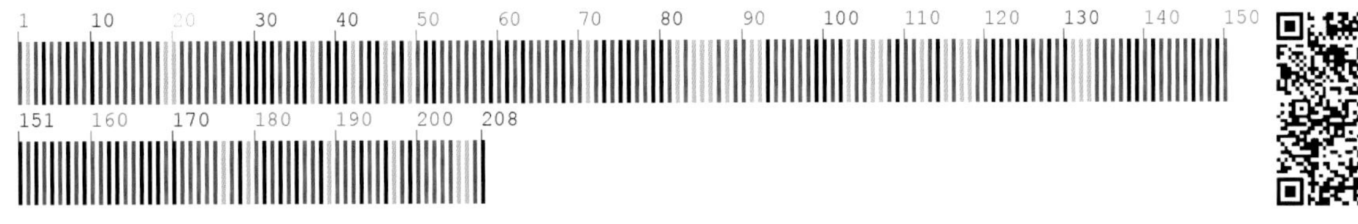

【*psbA-trnH* 序列特征】获得 *psbA-trnH* 序列 3 条，比对后长度为 390bp，无变异位点。序列特征如下：

245 小白花地榆 **Sanguisorba tenuifolia** var. **alba** Trautv. et C. A. Mey.

【别　　名】水地榆，狭叶地榆

【形态特征】多年生草本，高 40～100cm，全株无毛。根状茎肥厚，黑褐色。根较粗。奇数羽状复叶；基生叶有长柄；托叶膜质，褐色，光滑；小叶长 9～25mm，宽条形或线状披针形。穗状花穗生于分枝顶端，下垂，白色；苞片长圆形，下部密被毛；萼片 4，近圆形；雄蕊 4，花丝上部膨大；花柱比雄蕊短 4 倍。瘦果近球形，具翅。花期 7～8 月，果期 8～9 月。

【生　　境】生于湿地、草甸、林缘、林下及高山苔原带。

【药用价值】根及根茎入药。凉血止血，收敛止泻，清热解毒。

【材料来源】吉林省通化市柳河县，共 3 份，样本号 CBS509MT01～03。

【ITS2 序列特征】获得 ITS2 序列 3 条，比对后长度为 207bp，有 1 个变异位点，为 29 位点 G-T 变异；有 1 处插入 / 缺失，为 11 位点。序列特征如下：

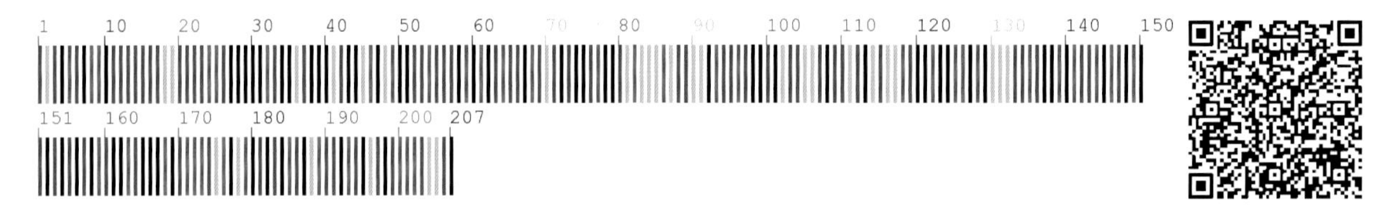

【*psbA-trnH* 序列特征】获得 *psbA-trnH* 序列 1 条，长度为 447bp。序列特征如下：

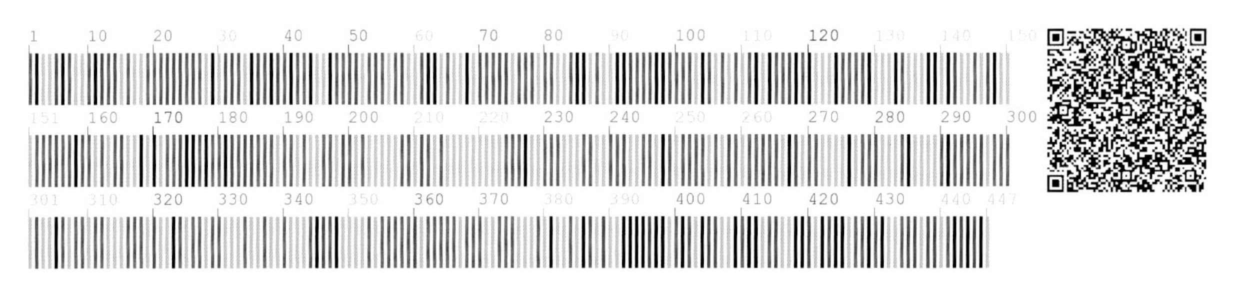

246　珍珠梅　Sorbaria sorbifolia (L.) A. Braun

【别　　名】东北珍珠梅，山高粱条子，高楷子，八本条

【形态特征】灌木。羽状复叶；小叶 11～17，披针形至卵状披针形，边缘有尖锐重锯齿；托叶卵状披针形至三角状披针形，先端渐尖至急尖，外面微被短柔毛。大型密集圆锥花序顶生，分枝近于直立，总花梗和花梗被星状毛或短柔毛，果期逐渐脱落，近于无毛。

【生　　境】生于山坡疏林中。常聚生成片。

【药用价值】果实入药。活血去瘀，消肿止痛。

【材料来源】吉林省通化市东昌区，共 3 份，样本号 CBS345MT01～03。

【ITS2 序列特征】获得 ITS2 序列 3 条，比对后长度为 216bp，无变异位点。序列特征如下：

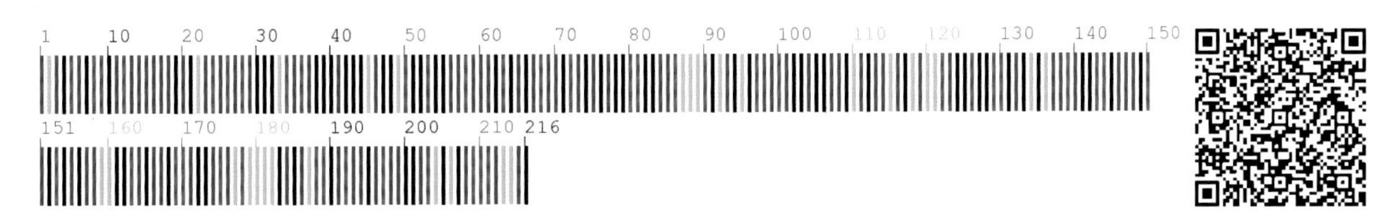

【*psbA-trnH* 序列特征】获得 *psbA-trnH* 序列 3 条，比对后长度为 488bp，无变异位点。序列特征如下：

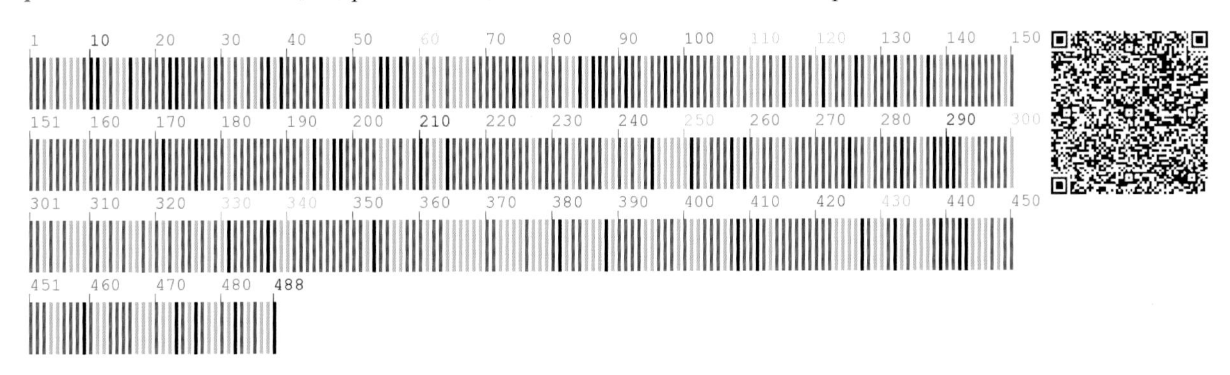

247 石蚕叶绣线菊 Spiraea chamaedryfolia L.

【别　　名】乌苏里绣线菊

【形态特征】灌木。叶宽卵形，先端急尖，边缘有细锐单锯齿和重锯齿；叶柄无毛或具极稀疏柔毛。花序伞形总状，无毛；苞片线形，无毛，早落；花萼外面无毛，萼筒广钟状，内面具短柔毛，萼片卵状三角形，先端急尖，内面疏生短柔毛；花瓣宽卵形或近圆形，白色；雄蕊 35～50，长于花瓣；花盘微波状圆环形；子房在腹部微具短柔毛，花柱短于雄蕊。蓇葖果直立，具伏生短柔毛，花柱直立在蓇葖果腹面先端，萼片常反折。花期 5～6 月，果期 7～9 月。

【生　　境】生于山坡杂木林内或林间湿地。

【药用价值】花入药。生津止咳，利水。

【材料来源】吉林省通化市通化县，共 3 份，样本号 CBS073MT01～03。

【ITS2序列特征】获得 ITS2 序列 3 条，比对后长度为 225bp，有 2 处插入 / 缺失，分别为 11 位点、66 位点。序列特征如下：

【*psbA-trnH* 序列特征】获得 *psbA-trnH* 序列 3 条，比对后长度为 284bp，无变异位点。序列特征如下：

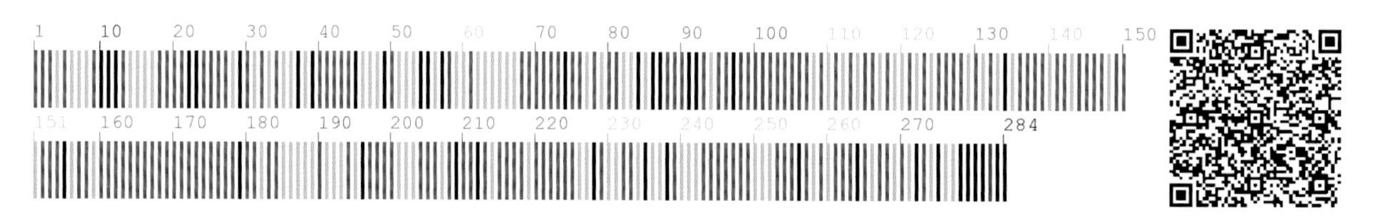

248 土庄绣线菊 Spiraea pubescens Turcz.

【别　　名】蚂蚱腿，柔毛绣线菊，石蒡子，小叶石棒子

【形态特征】灌木。叶菱状卵形至椭圆形，先端急尖，基部宽楔形，边缘自中部以上有深刻锯齿，有时3裂，下面被灰色短柔毛。伞形花序具总梗，有花15～20朵，花直径5～7mm，花梗长7～12mm，无毛；苞片线形；萼筒钟状，外面无毛，内面有灰白色短柔毛，萼片卵状三角形；花瓣卵形，白色；雄蕊25～30，约与花瓣等长；花盘圆环形，具10个裂片，裂片先端稍凹陷；花柱短于雄蕊。花期5～6月，果期7～8月。

【生　　境】生于干燥多岩石山坡、杂木林内、林缘及灌丛中。

【药用价值】茎髓入药。利尿。

【材料来源】吉林省通化市东昌区，共3份，样本号CBS097MT01、CBS097MT03、CBS097MT04。

【ITS2序列特征】获得ITS2序列3条，比对后长度为232bp，有1个变异位点，为23位点C-G变异。序列特征如下：

【*psbA-trnH*序列特征】获得*psbA-trnH*序列1条，长度为266bp。序列特征如下：

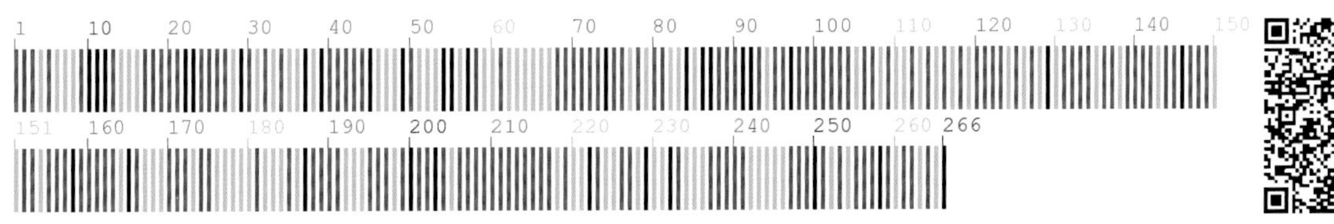

249 绣线菊 **Spiraea salicifolia** L.

【别　　名】柳叶绣线菊，空心柳，王八脆

【形态特征】灌木。枝条密集，小枝稍有棱角。叶长圆状披针形至披针形，先端急尖或渐尖，基部楔形，边缘密生锐锯齿，有时为重锯齿，两面无毛。花序为长圆形或金字塔形的圆锥花序；苞片披针形至线状披针形，全缘或有少数锯齿，微被细短柔毛；萼筒钟状，萼片三角形，内面微被短柔毛；花瓣卵形，粉红色；雄蕊 50，约长于花瓣 2 倍；子房有稀疏短柔毛，花柱短于雄蕊。花期 6～8 月，果期 8～9 月。

【生　　境】生于河岸、湿草地、河谷及林缘沼泽地等处。常聚生成片。

【药用价值】根茎入药。通经活血，通便利水，止痰化咳。

【材料来源】吉林省通化市柳河县，共 2 份，样本号 CBS265MT01、CBS265MT02。

【ITS2 序列特征】获得 ITS2 序列 2 条，比对后长度为 229bp，无变异位点。序列特征如下：

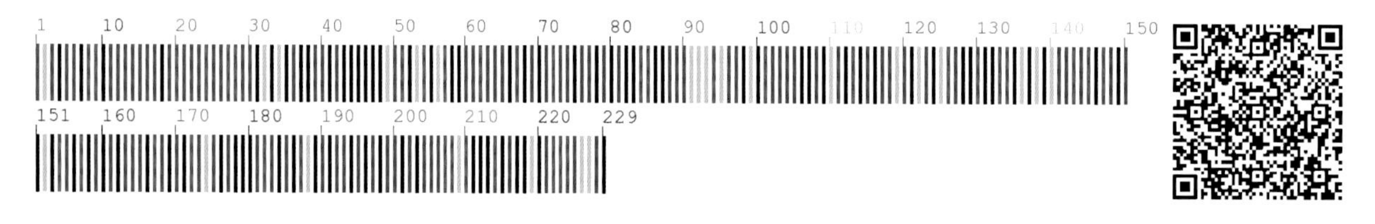

【*psbA-trnH* 序列特征】获得 *psbA-trnH* 序列 2 条，比对后长度为 361bp，无变异位点。序列特征如下：

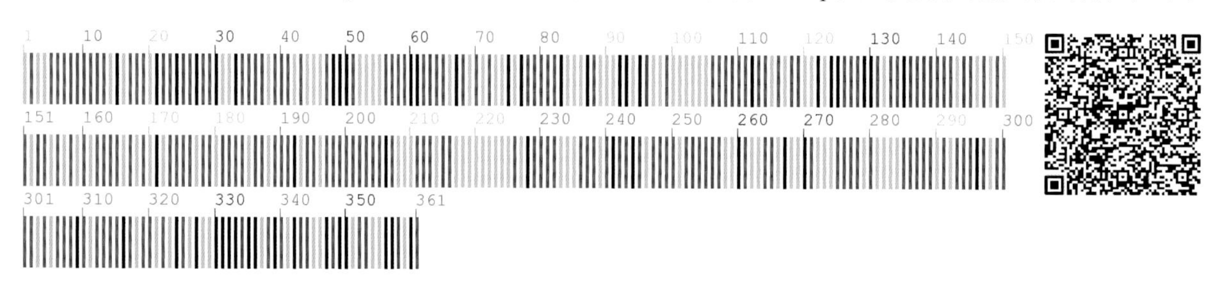

豆科　Fabaceae

250　紫穗槐　**Amorpha fruticosa** L.

【别　　名】椒条，棉条，苕条，紫花槐

【形态特征】落叶灌木。奇数羽状复叶，叶互生，小叶11～25，基部有线形托叶。穗状花序常1至数个，顶生和枝端腋生；花有短梗，被疏毛或几无毛，萼齿三角形，较萼筒短；旗瓣心形，紫色，无翼瓣和龙骨瓣；雄蕊10。荚果下垂，长微弯曲。花果期6～10月。

【生　　境】生于山坡、荒地、林缘、路旁等处。常聚生成片。

【药用价值】花入药。清热解毒，凉血止血。

【材料来源】吉林省通化市东昌区，共3份，样本号CBS219MT01～03。

【ITS2序列特征】获得ITS2序列3条，比对后长度为219bp，无变异位点。序列特征如下：

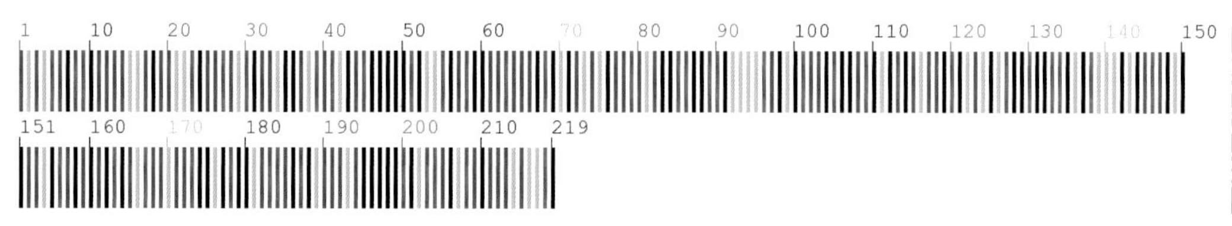

【*psbA-trnH*序列特征】获得*psbA-trnH*序列3条，比对后长度为287bp，无变异位点。序列特征如下：

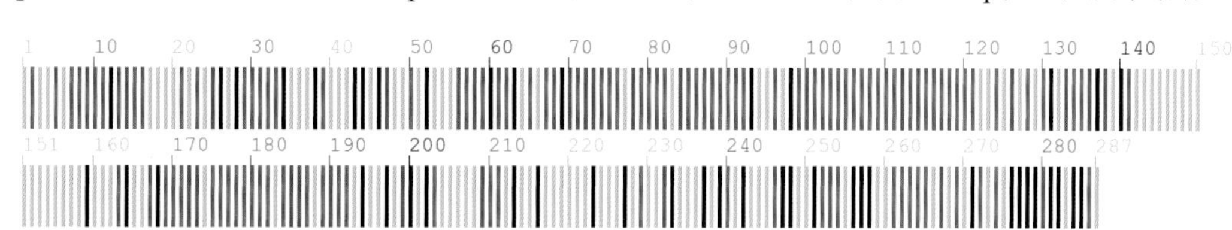

251 达乌里黄耆 **Astragalus dahuricus** (Pall.) DC.

【别　　名】兴安黄芪

【形态特征】一年生或二年生草本，被开展、白色单柔毛。羽状复叶，有 11～19（23）枚小叶；托叶分离，狭披针形或钻形。总状花序较密；苞片线形或刚毛状；花萼斜钟状；花冠紫色，旗瓣近倒卵形，先端微缺；子房有柄。荚果线形，先端突尖、喙状，含 20～30 粒种子。种子淡褐色或褐色，肾形，有斑点，平滑。花期 7～9 月，果期 8～10 月。

【生　　境】生于海拔 400～1500m 的山坡和河滩草地。

【药用价值】果实入药。补肾益肝，固精明目。

【材料来源】吉林省延边朝鲜族自治州龙井市，共 1 份，样本号 CBS627MT01。

【ITS2 序列特征】获得 ITS2 序列 1 条，长度为 216bp。序列特征如下：

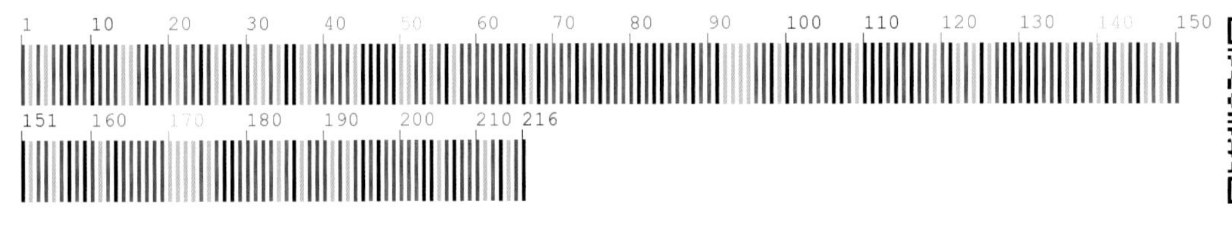

【*psbA-trnH* 序列特征】获得 *psbA-trnH* 序列 1 条，长度为 331bp。序列特征如下：

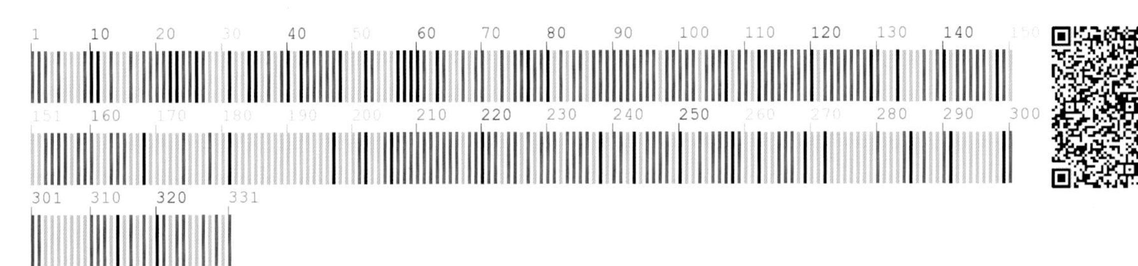

252 蒙古黄耆 **Astragalus penduliflorus** subsp. **mongholicus** (Bunge) X. Y. Zhu

【别　　名】黄芪

【形态特征】多年生草本，植株较原变种矮小。小叶亦较小，小叶对数较黄耆多，达到16对。荚果无毛，部分浅紫红色。

【生　　境】生于向阳草地及山坡上。

【药用价值】根入药。益卫固表，利尿脱毒，排脓，敛疮生肌，补中益气。

【材料来源】吉林省延边朝鲜族自治州和龙市，共2份，样本号CBS841MT01、CBS841MT02。

【ITS2序列特征】获得ITS2序列2条，比对后长度为216bp，有1个变异位点，为85位点C-T变异。序列特征如下：

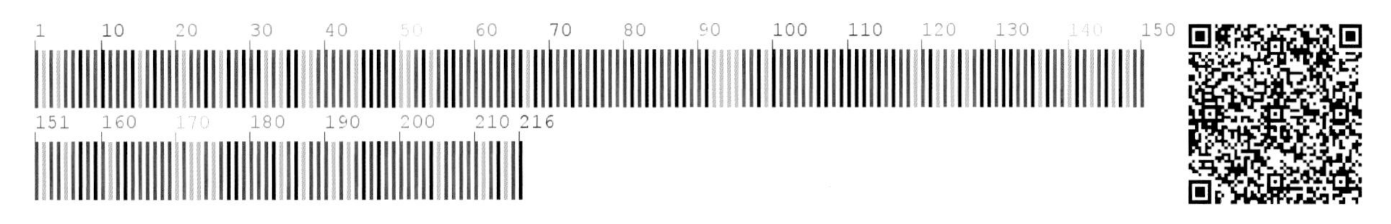

【*psbA-trnH*序列特征】获得*psbA-trnH*序列2条，比对后长度为332bp，无变异位点。序列特征如下：

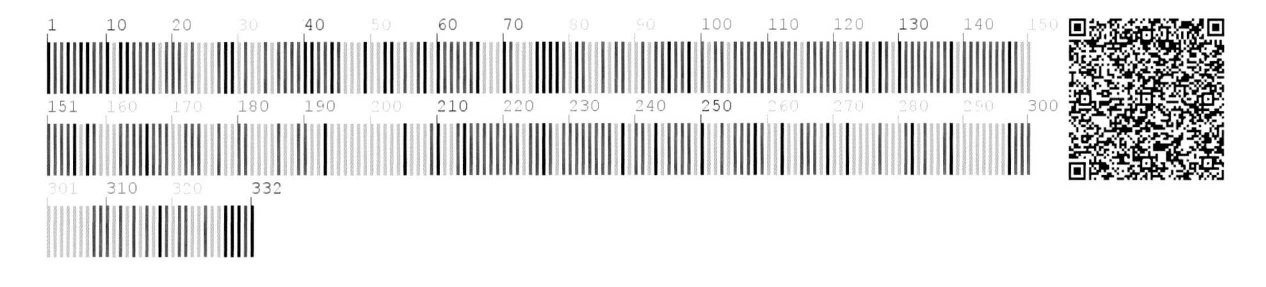

253 黄耆 **Astragalus penduliflorus** subsp. **mongholicus** var. **dahuricus** (Fisch. ex DC.) X. Y. Zhu

【别　　名】膜荚黄耆，黄芪

【形态特征】多年生草本，高 50～100cm。主根肥厚，灰白色。茎直立，被白色柔毛。单数羽状复叶，有 6～13 对小叶；托叶离生，披针形或线状披针形。总状花序稍密，有 10～20 朵花；苞片线状披针形，背面被白色柔毛；小苞片 2；花萼钟状，萼齿短，三角形至钻形；花冠黄色或淡黄色，旗瓣倒卵形。荚果薄膜质，膨胀。种子 3～8 粒。花期 6～8 月，果期 7～9 月。

【生　　境】生于林缘、灌丛或疏林下，亦见于山坡草地或草甸中。

【药用价值】根入药。益卫固表，利尿脱毒，排脓，补中益气。

【材料来源】吉林省通化市二道江区，共 3 份，样本号 CBS630MT01～03。

【ITS2 序列特征】获得 ITS2 序列 3 条，比对后长度为 216bp，无变异位点。序列特征如下：

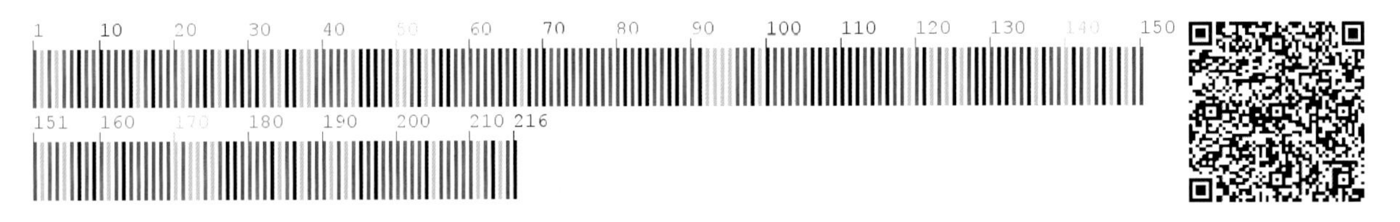

【*psbA-trnH* 序列特征】获得 *psbA-trnH* 序列 3 条，比对后长度为 377bp，无变异位点。序列特征如下：

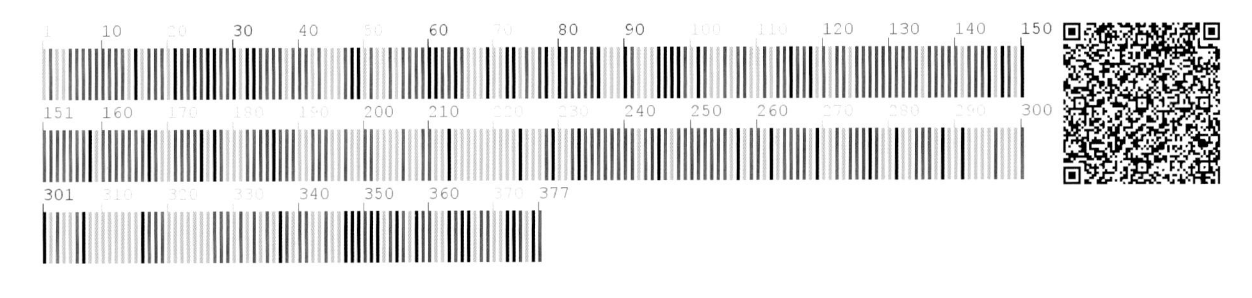

254　湿地黄耆　Astragalus uliginosus L.

【别　　名】湿地黄芪

【形态特征】多年生草本，高 30～90cm。茎 1 至数个，直立，圆柱状，具白色伏毛。奇数羽状复叶；托叶与叶柄离生，下部彼此连合；小叶椭圆形至长圆形。总状花序于茎上部腋生；花多数，密集，白绿色稍带黄色；花萼筒状；旗瓣广椭圆形；子房无毛。荚果长圆形，膨胀，表面无毛，具细的横纹。花期 6～7 月，果期 8～9 月。

【生　　境】生于向阳山坡、河岸沙砾地及草地。

【药用价值】根入药。清肝明目。

【材料来源】吉林省延边朝鲜族自治州安图县，共 3 份，样本号 CBS837MT01～03。

【ITS2 序列特征】获得 ITS2 序列 3 条，比对后长度为 216bp，无变异位点。序列特征如下：

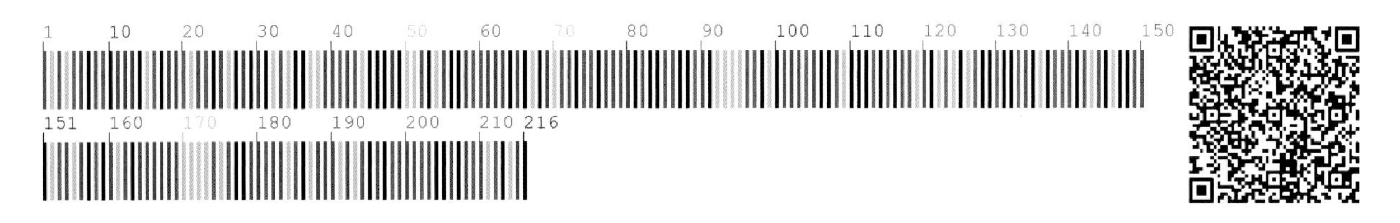

【*psbA-trnH* 序列特征】获得 *psbA-trnH* 序列 3 条，比对后长度为 360bp，有 1 处插入 / 缺失，为 346 位点。序列特征如下：

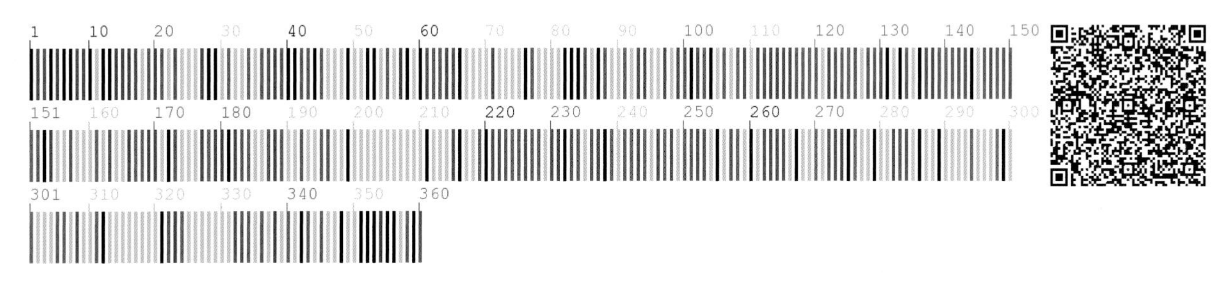

255 豆茶决明 **Chamaecrista nomame** (Makino) H. Ohashi

【别　　名】山扁豆，山野扁豆，含羞草决明

【形态特征】一年生草本，高30～60cm。叶长4～8cm，小叶8～28对。花生于叶腋，单生或2至数朵组成短的总状花序；萼片5，分离，外面疏被柔毛；花瓣5，黄色；雄蕊4，有时5；子房密被短柔毛。荚果扁平，有毛，开裂，长3～8cm，宽约5mm。种子6～12粒，扁，近菱形，平滑。

【生　　境】生于山坡和原野草丛中。

【药用价值】全草、果实入药。清肝明目，健脾利湿，止咳化痰，清热利尿，润肠通便。

【材料来源】吉林省通化市集安市，共3份，样本号CBS468MT01～03。

【ITS2 序列特征】获得ITS2序列3条，比对后长度为209bp，无变异位点。序列特征如下：

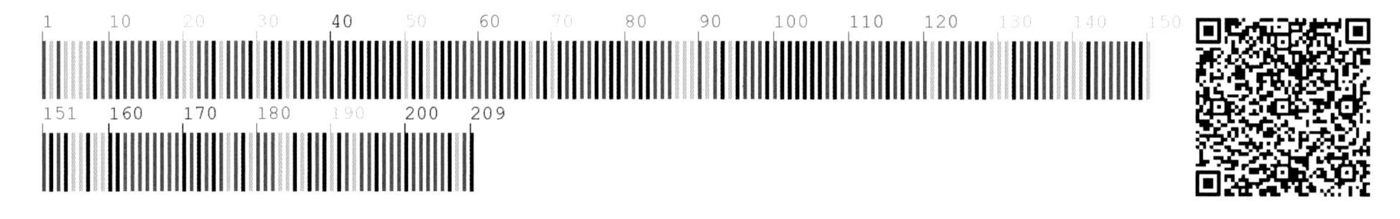

【*psbA-trnH* 序列特征】获得 *psbA-trnH* 序列3条，比对后长度为410bp，无变异位点。序列特征如下：

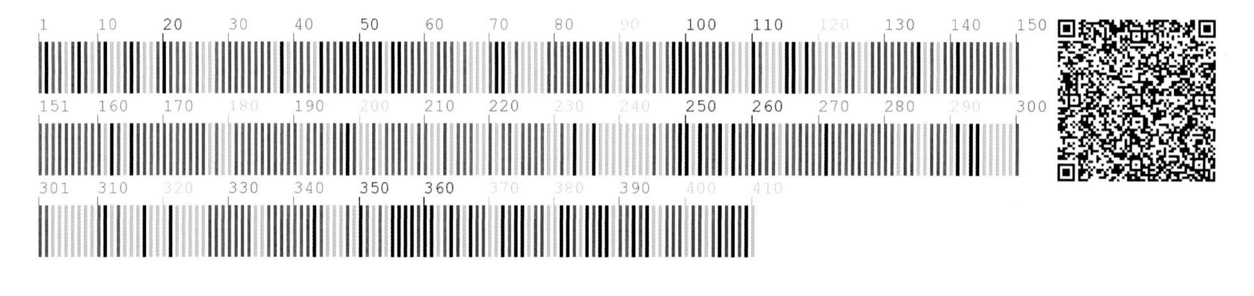

256 野百合 Crotalaria sessiliflora L.

【别　　名】农吉利

【形态特征】多年生直立草本，高 20～60cm。基部常木质，单株或茎上分枝，被紧贴粗糙的长柔毛。托叶线形；单叶，下面密被丝质短柔毛；叶柄近无。总状花序顶生、腋生或密生于枝顶形似头状，花 1 至多数；苞片线状披针形，成对生于花萼筒部基部；花梗短；花冠蓝色或紫蓝色；子房无柄。荚果短圆柱形，包被于花萼内，下垂紧贴于枝，秃净无毛。种子 10～15 粒。花果期 5 月至翌年 2 月。

【生　　境】生于海拔 70～1500m 的荒地路旁及山谷草地。

【药用价值】全草入药。清热解毒，利湿。

【材料来源】吉林省通化市集安市，共 3 份，样本号 CBS839MT01～03。

【ITS2 序列特征】获得 ITS2 序列 3 条，比对后长度为 224bp，无变异位点。序列特征如下：

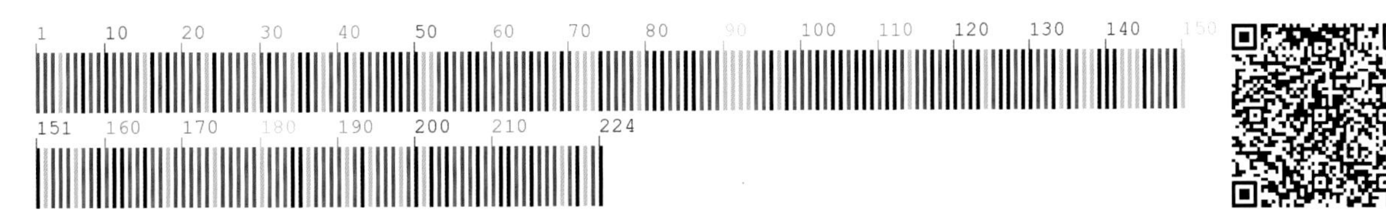

【*psbA-trnH* 序列特征】获得 *psbA-trnH* 序列 3 条，比对后长度为 330bp，无变异位点。序列特征如下：

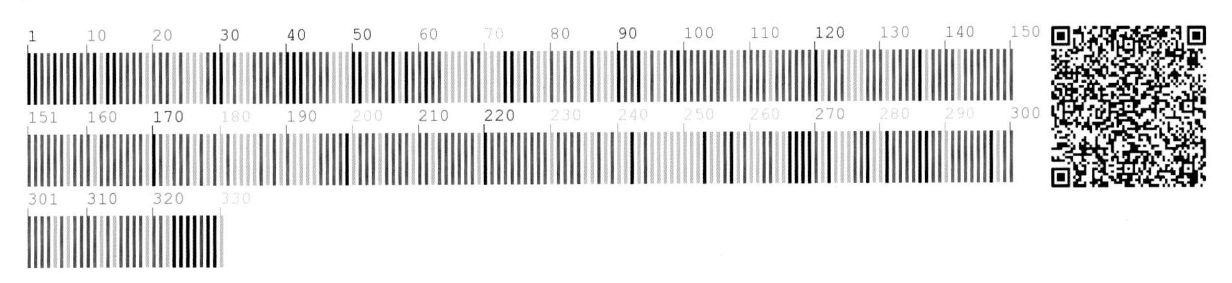

257 宽卵叶长柄山蚂蝗 **Hylodesmum podocarpum** subsp. **fallax** (Schindl.) H. Ohashi et R. R. Mill

【别　　名】东北山蚂蝗

【形态特征】多年生草本。直立草本，高 50～100cm。根茎稍木质。茎具条纹。叶为羽状三出复叶；托叶钻形，外面与边缘被毛。总状花序或圆锥花序，顶生或顶生和腋生，总花梗被柔毛和钩状毛；通常每节生 2 花；苞片早落；花萼钟形；花冠紫红色；雄蕊单体；子房具子房柄。荚果通常有荚节 2，背缝线弯曲，节间深凹入达腹缝线；荚节略呈宽半倒卵形，被钩状毛和小直毛，稍有网纹。花果期 8～9 月。

【生　　境】生于山坡路旁、灌丛、疏林中。

【药用价值】全草入药。祛风，活络，散瘀，解毒消肿，止痢。

【材料来源】吉林省通化市东昌区，共 2 份，样本号 CBS442MT01、CBS442MT02。

【ITS2 序列特征】获得 ITS2 序列 2 条，比对后长度为 210bp，无变异位点。序列特征如下：

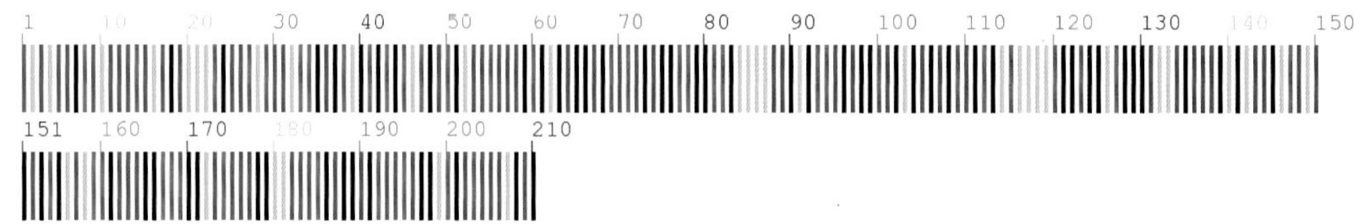

【*psbA-trnH* 序列特征】获得 *psbA-trnH* 序列 2 条，比对后长度为 403bp，无变异位点。序列特征如下：

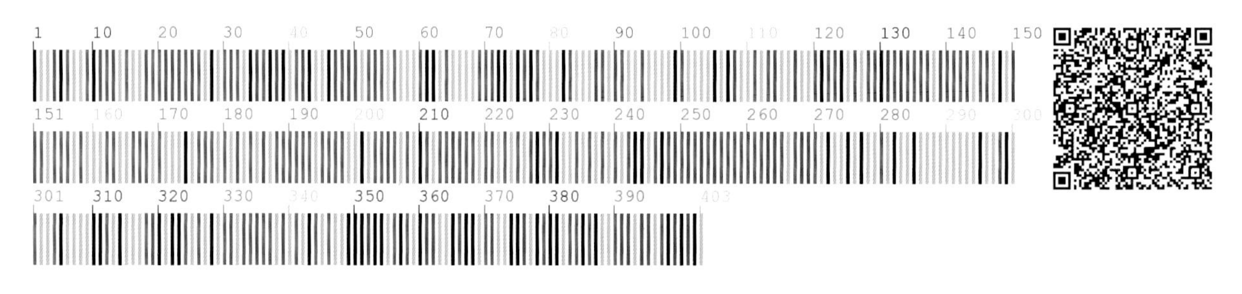

258 野大豆 **Glycine soja** Siebold et Zucc.

【别　　名】小落豆，小落豆秧，落豆秧

【形态特征】一年生缠绕草本。全体疏被褐色长硬毛。三出复叶；托叶卵状披针形，被黄色柔毛。总状花序通常短，花梗密生黄色长硬毛；苞片披针形；花萼钟状；花冠淡红紫色或白色，旗瓣近圆形，翼瓣斜倒卵形，龙骨瓣比旗瓣及翼瓣短小，密被长毛；花柱短而向一侧弯曲。荚果长圆形，稍弯，两侧稍扁，密被长硬毛。种子2～3粒，椭圆形，稍扁，褐色至黑色。花期7～8月，果期8～10月。

【生　　境】生于潮湿的田边、园边、沟旁、河岸、池塘边等地。

【药用价值】果实入药。补益肝肾，祛风解毒，利尿，止汗。

【材料来源】吉林省延边朝鲜族自治州安图县，共3份，样本号CBS625MT01～03。

【ITS2序列特征】获得ITS2序列3条，比对后长度为217bp，无变异位点。序列特征如下：

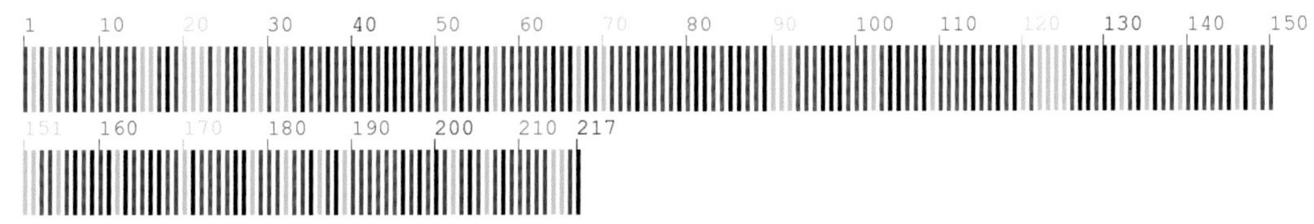

【*psbA-trnH*序列特征】获得*psbA-trnH*序列3条，比对后长度为320bp，无变异位点。序列特征如下：

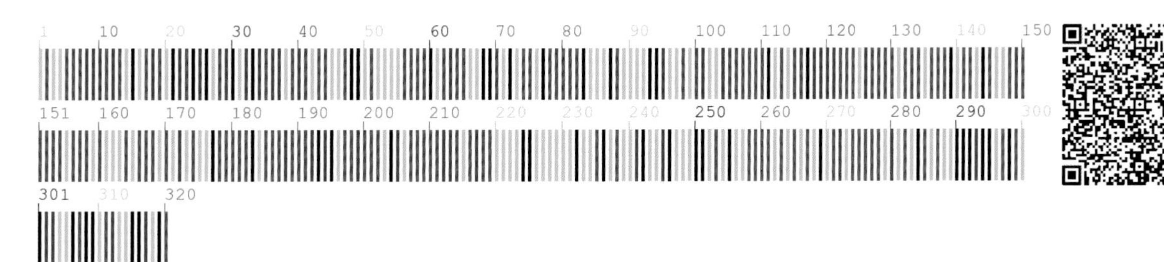

259 长萼鸡眼草 **Kummerowia stipulacea** (Maxim.) Makino

【别　　名】短萼鸡眼草，鸡眼草，掐不齐

【形态特征】一年生草本，高 7～15cm。茎和枝上被疏生向上的白毛。三出复叶；托叶卵形，边缘通常无毛。花常 1～2 朵腋生；小苞片 4，常具 1～3 条脉；花萼膜质；花冠上部暗紫色；雄蕊二体（9+1）。荚果椭圆形或卵形，常较花萼长 1.5～3 倍。花期 7～8 月，果期 8～10 月。

【生　　境】生于海拔 100～1200m 的路旁、草地、山坡、固定或半固定沙丘。

【药用价值】全草入药。清热解毒，健脾利湿。

【材料来源】吉林省通化市通化县，共 3 份，样本号 CBS626MT01～03。

【ITS2 序列特征】获得 ITS2 序列 3 条，比对后长度为 218bp，无变异位点。序列特征如下：

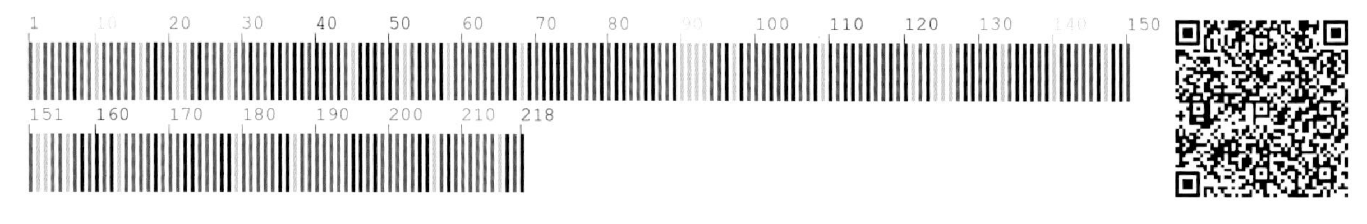

【*psbA-trnH* 序列特征】获得 *psbA-trnH* 序列 3 条，比对后长度为 364bp，无变异位点。序列特征如下：

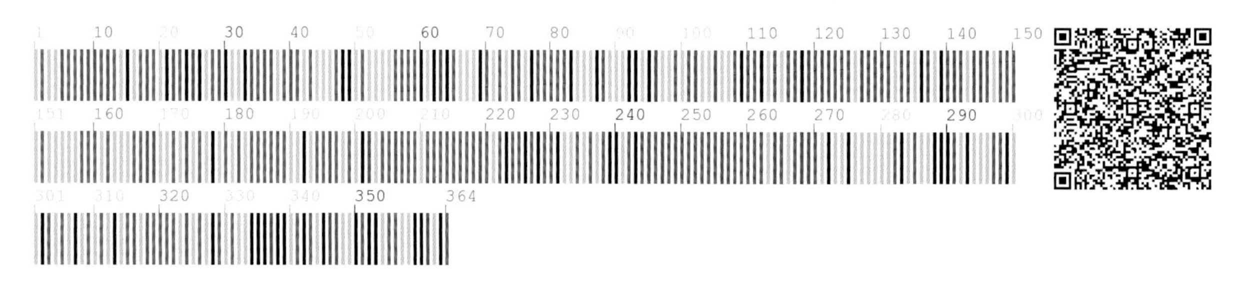

260 茳芒香豌豆 **Lathyrus davidii** Hance

【别　　名】大山黧豆，落豆秧，茳芒决明，香豌豆，大山黧豆

【形态特征】多年生草本。具块根。茎粗壮。托叶大，半箭形；叶轴末端具分枝的卷须；小叶（2）3～4（～5）对，具细尖。总状花序腋生；花萼钟状，无毛，萼齿短小；花深黄色，瓣片扁圆形，瓣柄狭倒卵形，与瓣片等长，翼瓣与旗瓣瓣片等长，具耳及线形长瓣柄，龙骨瓣约与翼瓣等长，其瓣片卵形，先端渐尖，基部具耳及线形瓣柄；子房线形，无毛。荚果线形，具长网纹。种子紫褐色，宽长圆形，光滑。花期5～7月，果期8～9月。

【生　　境】生于海拔1800m以下的山坡、林缘、灌丛。

【药用价值】果实入药。清热解毒，止痛化痰。

【材料来源】吉林省通化市二道江区，共2份，样本号CBS635MT01、CBS635MT02。

【ITS2序列特征】获得ITS2序列2条，比对后长度为217bp，无变异位点。序列特征如下：

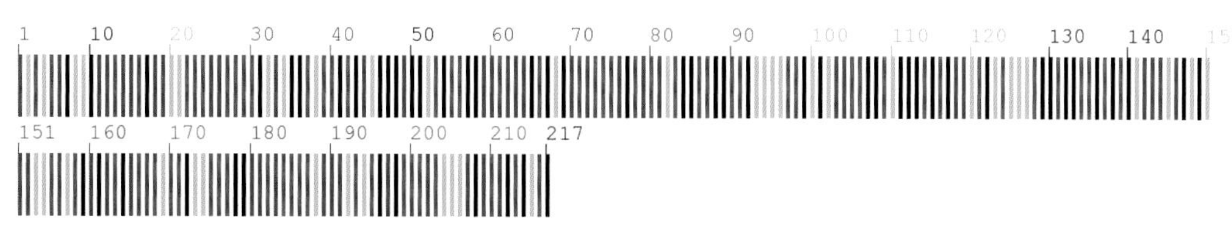

【*psbA-trnH*序列特征】获得*psbA-trnH*序列2条，比对后长度为318bp，无变异位点。序列特征如下：

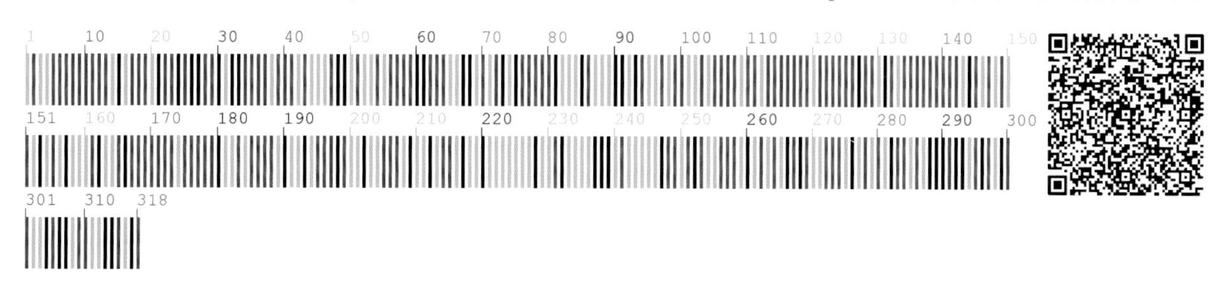

261 胡枝子 Lespedeza bicolor Turcz.

【别　　名】随军茶，帚条，杏条

【形态特征】灌木，丛生。三出复叶，托叶线状披针形，小叶具短刺尖。总状花序腋生，比叶长，总花梗长4～10cm；小苞片2，被短柔毛；花梗短，密被毛；花萼5浅裂，裂片通常短于萼筒；花冠红紫色，极稀白色；子房被毛。荚果斜倒卵形，表面具网纹，密被短柔毛。花期7～9月，果期9～10月。

【生　　境】生于海拔150～1000m的山坡、林缘、路旁、灌丛及杂木林间。

【药用价值】茎、叶入药。润肺清热，利尿通淋。

【材料来源】吉林省通化市二道江区，共3份，样本号CBS633MT01～03。

【ITS2序列特征】获得ITS2序列3条，比对后长度为218bp，无变异位点。序列特征如下：

【*psbA-trnH*序列特征】获得*psbA-trnH*序列3条，比对后长度为332bp，有1处插入/缺失，为206位点。序列特征如下：

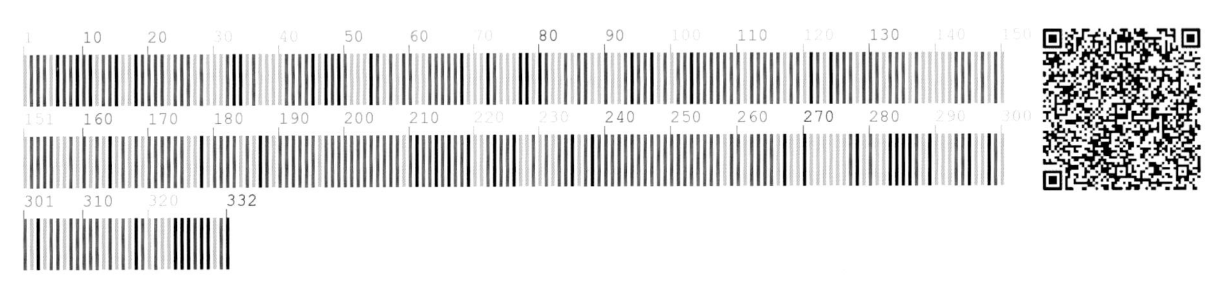

262 短梗胡枝子 **Lespedeza cyrtobotrya** Miq.

【别　　名】短序胡枝子，圆叶胡枝子

【形态特征】灌木。小枝褐色或灰褐色，具棱，贴生疏柔毛。三出复叶；托叶2，线状披针形；小叶宽卵形，具小刺尖。总状花序腋生，比叶短，稀与叶近等长；苞片小，卵状渐尖，暗褐色；花梗短，被白毛；花萼筒状钟形，5裂至中部，裂片披针形，表面密被毛；花冠红紫色。荚果斜卵形，稍扁，表面具网纹，且密被毛。花期7～8月，果期9月。

【生　　境】生于海拔1500m以下的山坡、灌丛或杂木林下。

【药用价值】茎、叶、根入药。润肺清热，利尿通淋，止血。

【材料来源】辽宁省丹东市宽甸满族自治县，共1份，样本号CBS634MT01。

【ITS2序列特征】获得ITS2序列1条，长度为217bp。序列特征如下：

【*psbA-trnH*序列特征】获得*psbA-trnH*序列1条，长度为368bp。序列特征如下：

263 尖叶铁扫帚 **Lespedeza juncea** (L. f.) Pers.

【别　　名】细叶胡枝子，铁扫帚，黄蒿子

【形态特征】落叶小灌木。全株被伏毛，分枝或上部分枝呈扫帚状。托叶线形；三出复叶；小叶倒披针形、线状长圆形或狭长圆形，先端稍尖或钝圆，有小刺尖，下面密被伏毛。总状花序腋生，稍超出叶；花萼三角形，长度不及花冠一半；花冠白色或淡黄色，旗瓣基部带紫斑，花期不反卷或稀反卷，龙骨瓣先端带紫色。荚果宽卵形，两面被白色伏毛，稍超出宿存萼。花期 7～9 月，果期 9～10 月。

【生　　境】生于干山坡草地及灌丛间等处。

【药用价值】全株入药。止泻利尿，止血。

【材料来源】吉林省通化市集安市，共 3 份，样本号 CBS496MT01～03。

【ITS2 序列特征】获得 ITS2 序列 3 条，比对后长度为 219bp，有 1 处插入 / 缺失，为 156 位点。序列特征如下：

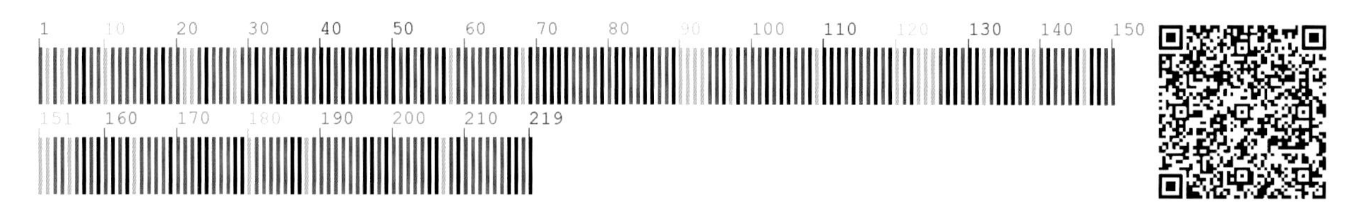

【*psbA-trnH* 序列特征】获得 *psbA-trnH* 序列 3 条，比对后长度为 410bp，无变异位点。序列特征如下：

264 朝鲜槐 **Maackia amurensis** Rupr. et Maxim.

【别　　名】櫰槐，山槐，黄色木，高丽明子

【形态特征】落叶乔木，通常高 7～8m。树皮淡绿褐色，薄片状剥裂。枝紫褐色，有褐色皮孔。羽状复叶，小叶 3～5 对。总状花序 3～4 个集生，总花梗及花梗密被锈褐色柔毛；花萼钟状，5 浅齿，密被黄褐色平贴柔毛；花冠白色，旗瓣倒卵形，顶端微凹，基部渐狭成柄，反卷，翼瓣长圆形，基部两侧有耳；子房线形。荚果扁平，腹缝无翅或有宽约 10mm 的狭翅，暗褐色。种子褐黄色，长椭圆形，长约 8mm。花期 6～7 月，果期 9～10 月。

【生　　境】生于稍湿润的阔叶林内、林缘、溪流附近或山坡灌丛间等处。

【药用价值】枝入药。祛风除湿，止血。

【材料来源】吉林省通化市二道江区，共 3 份，样本号 CBS632MT01～03。

【ITS2 序列特征】获得 ITS2 序列 3 条，比对后长度为 222bp，无变异位点。序列特征如下：

265 天蓝苜蓿 Medicago lupulina L.

【别　　名】杂花苜蓿，黑荚苜蓿

【形态特征】一年生、二年生或多年生草本。茎平卧或上升，多分枝，叶茂盛。羽状三出复叶；托叶卵状披针形；小叶倒卵形、阔倒卵形或倒心形，侧脉近10对。花序小头状，具花10～20朵；花冠黄色；子房阔卵形，被毛，花柱弯曲，胚珠1粒。荚果肾形，熟时变黑，有种子1粒。种子卵形，褐色，平滑。花期7～9月，果期8～10月。

【生　　境】生于河岸、路边、田野及林缘。

【药用价值】全草入药。清热解毒，利湿，凉血止血，舒筋活络。

【材料来源】吉林省延边朝鲜族自治州龙井市，共2份，样本号CBS629MT01、CBS629MT02。

【ITS2序列特征】获得ITS2序列2条，比对后长度为220bp，无变异位点。序列特征如下：

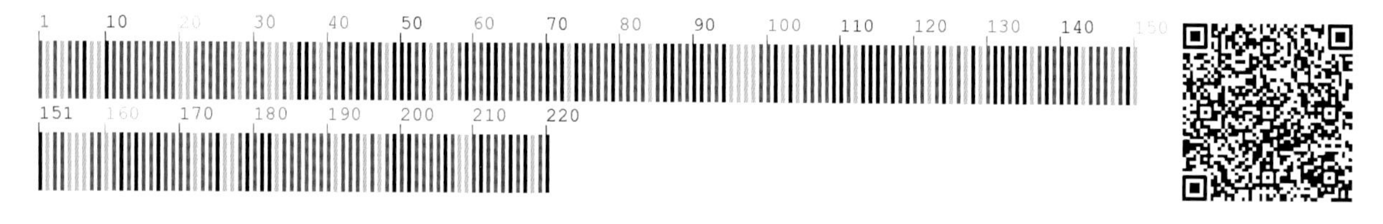

【*psbA-trnH*序列特征】获得*psbA-trnH*序列2条，比对后长度为310bp，无变异位点。序列特征如下：

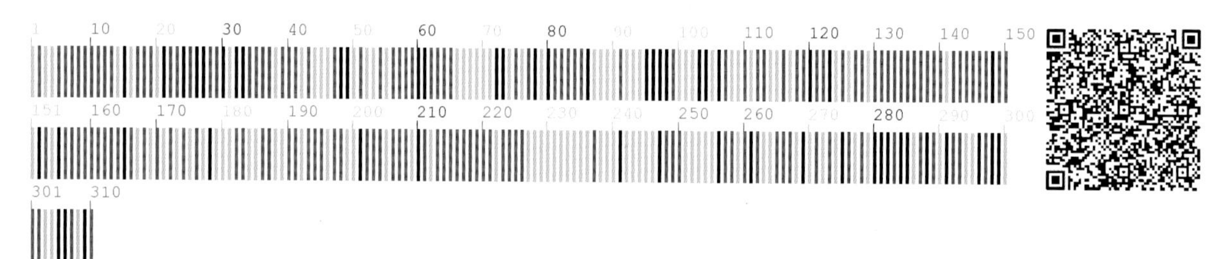

266　白花草木犀　**Melilotus albus** Medic. ex Desr.

【形态特征】一年生、二年生草本。茎直立，中空。三出复叶；托叶尖刺状锥形，全缘；叶柄比小叶短，纤细；小叶长圆形或倒披针状长圆形，先端钝圆，基部楔形，边缘疏生浅锯齿，上面无毛，下面被细柔毛，侧脉12～15对。总状花序腋生；苞片线形；花萼钟状，萼齿三角状披针形，短于萼筒；花冠白色；子房卵状披针形。荚果椭圆形至长圆形，先端锐尖，具尖喙，表面脉纹细，网状，棕褐色，老熟后变黑褐色，有种子1～2粒。种子卵形，棕色，表面具细瘤点。花期5～7月，果期7～9月。

【生　　境】生于河岸边的沙地上。

【药用价值】全草入药。清热解毒，化湿杀虫，止痢。

【材料来源】吉林省通化市东昌区，共3份，样本号CBS249MT01～03。

【ITS2序列特征】获得ITS2序列3条，比对后长度为225bp，有1个变异位点，为211位点T-C变异。序列特征如下：

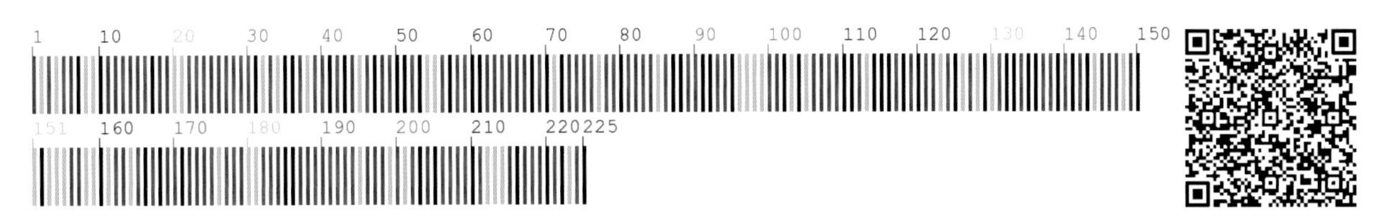

【*psbA-trnH*序列特征】获得*psbA-trnH*序列3条，比对后长度为314bp，无变异位点。序列特征如下：

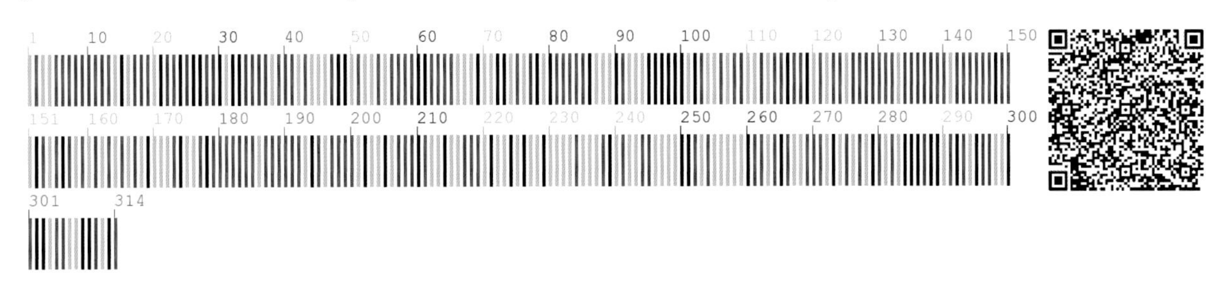

267 长白棘豆 **Oxytropis anertii** Nakai ex Kitag.

【别　　名】毛棘豆

【形态特征】多年生草本，高 5～25cm。茎极缩短，丛生。羽状复叶长 4～12cm，托叶膜质。2～7 朵花组成头形总状花序，总花梗与叶近等长；苞片草质，卵状披针形至狭披针形；花梗极短；花萼草质，筒状，密被白色柔毛；花冠淡蓝紫色；子房密被毛至无毛。荚果卵形至卵状长圆形，膨胀，先端渐尖，具弯曲长喙。种子多数，圆肾形，深褐色。花期 6～7 月，果期 7～9 月。

【生　　境】生于海拔 2000～2660m 的高山冻原带、高山草甸、高山草原、高山石缝。

【药用价值】全草入药。清热解毒。

【材料来源】吉林省延边朝鲜族自治州安图县，共 3 份，样本号 CBS636MT01～03。

【ITS2 序列特征】获得 ITS2 序列 3 条，比对后长度为 217bp，无变异位点。序列特征如下：

【*psbA-trnH* 序列特征】获得 *psbA-trnH* 序列 3 条，比对后长度为 368bp，无变异位点。序列特征如下：

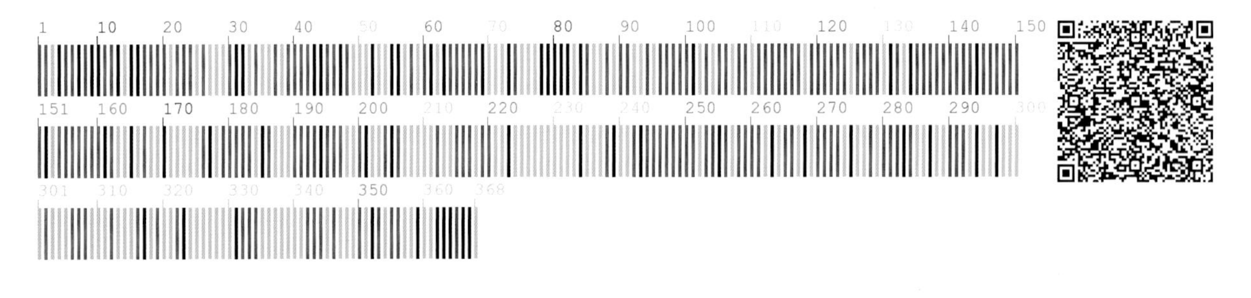

268 葛 **Pueraria montana** var. **lobata** (Willd.) Maesen et S. M. Almeida ex Sanjappa et Predeep

【别　　名】野葛，葛麻藤，葛藤

【形态特征】木质藤本。块根肥厚，全株有黄色硬毛或柔毛。三出复叶；小叶菱状椭圆形或斜椭圆形，全缘，三出浅裂，背面密被伏生的短柔毛。总状花序腋生，比叶短，有毛；花萼杯状，4深裂，宿存；蝶形花，紫色，龙骨瓣较旗瓣短，较翼瓣长。荚果扁平，线状长圆形，密生褐色硬毛，内含2～10粒种子。花期7～8月，果期9月。

【生　　境】生于阔叶杂木林、灌丛、荒山等处。常聚生成片。

【药用价值】花、根、茎藤入药。透疹止泻，除烦止渴。

【材料来源】吉林省通化市集安市，共3份，样本号CBS461MT01～03。

【ITS2序列特征】获得ITS2序列3条，比对后长度为246bp，无变异位点。序列特征如下：

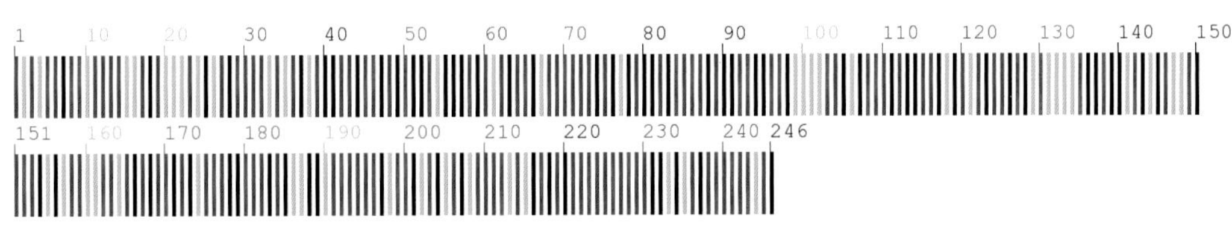

【*psbA-trnH*序列特征】获得*psbA-trnH*序列3条，比对后长度为424bp，有1处变异位点，为64位点G-T变异。序列特征如下：

269 苦参 Sophora flavescens Aiton

【别　　名】地槐，槐麻，山槐子，地槐根子，野槐，好汉拔

【形态特征】草本或亚灌木。茎具纹棱。羽状复叶长达 25cm；托叶披针状线形；小叶 6～12 对，披针形至披针状线形。总状花序顶生，花多数；苞片线形；花冠白色或淡黄白色。荚果种子间稍缢缩，呈不明显串珠状，成熟后开裂。种子长卵形，深红褐色或紫褐色。花期 6～8 月，果期 7～10 月。

【生　　境】生于山坡、沙地草坡灌木林中、河岸附近。

【药用价值】根入药。清热利湿，抗菌消炎，健胃驱虫。

【材料来源】吉林省延边朝鲜族自治州和龙市，共 2 份，样本号 CBS631MT01、CBS631MT02。

【ITS2 序列特征】获得 ITS2 序列 2 条，比对后长度为 222bp，无变异位点。序列特征如下：

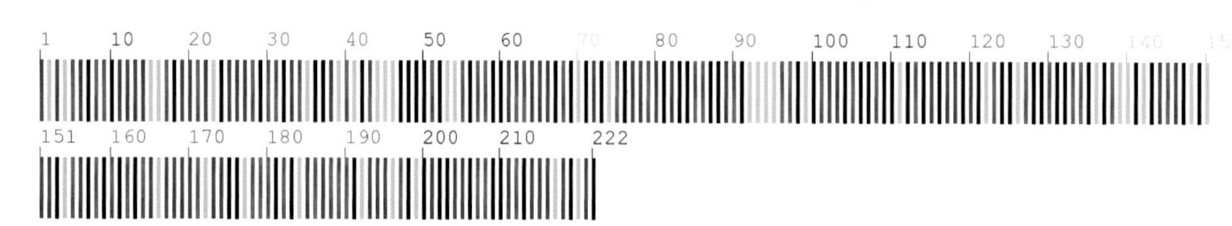

【*psbA-trnH* 序列特征】获得 *psbA-trnH* 序列 2 条，比对后长度为 331bp，有 8 个变异位点，分别为 99 位点、105 位点 A-G 变异，106 位点、107 位点、108 位点、109 位点 T-A 变异，110 位点、116 位点 T-C 变异。序列特征如下：

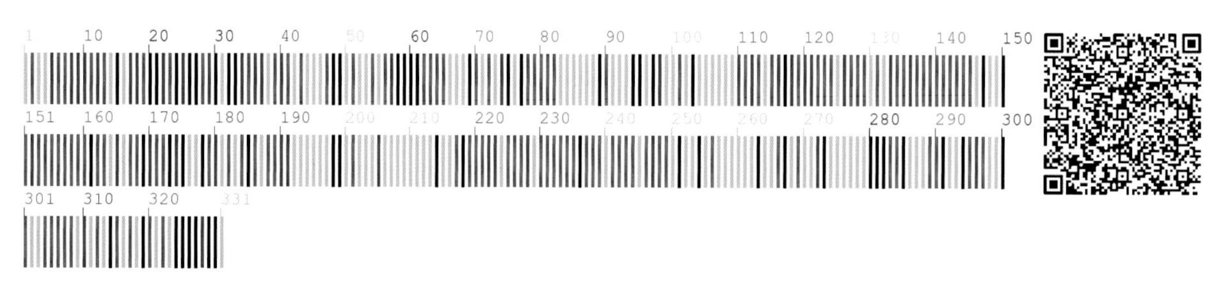

270 野火球 Trifolium lupinaster L.

【别　　名】红五叶

【形态特征】多年生草本。茎直立。掌状复叶；通常小叶5枚，披针形至线状长圆形，小叶柄短；托叶膜质，叶柄几全部与托叶合生。头状花序着生顶端和上部叶腋，总花梗被柔毛；花序下端具一早落的膜质总苞；花萼钟形；花冠淡红色至紫红色；子房狭椭圆形，无毛，具柄，花柱丝状，上部弯成钩状。荚果长圆形，膜质，棕灰色，有种子3～6粒。种子阔卵形，橄榄绿色，平滑。花果期6～10月。

【生　　境】生于低湿草地、林缘和山坡。

【药用价值】全草入药。清热解毒，止痛，止咳。

【材料来源】吉林省延边朝鲜族自治州敦化市，共3份，样本号CBS307MT01～03。

【ITS2序列特征】获得ITS2序列3条，比对后长度为218bp，无变异位点。序列特征如下：

【*psbA-trnH*序列特征】获得*psbA-trnH*序列3条，比对后长度为396bp，有1处插入/缺失，为249位点。序列特征如下：

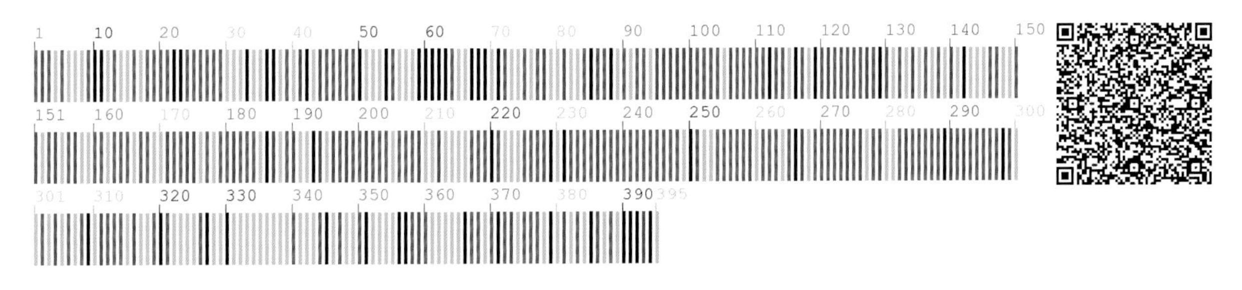

271 红车轴草 Trifolium pratense L.

【别　　名】红三叶，红花车轴草

【形态特征】多年生上升草本。掌状三出复叶；小叶椭圆状卵形至宽椭圆形，叶面上有“V”形白斑。球状或卵状花序顶生，密集；花冠紫红色至淡紫红色，旗瓣匙形，先端圆，微凹，基部楔形，比翼瓣和龙骨瓣长，龙骨瓣稍短于翼瓣；子房椭圆形。荚果小。种子通常仅1粒。花期6～7月，果期8～9月。

【生　　境】生于林缘、路旁、草地等湿润处。

【药用价值】全草入药。止咳，止痉，止喘。

【材料来源】吉林省通化市二道江区，共3份，样本号 CBS238MT01～03。

【ITS2 序列特征】获得 ITS2 序列 2 条，比对后长度为 220bp，无变异位点。序列特征如下：

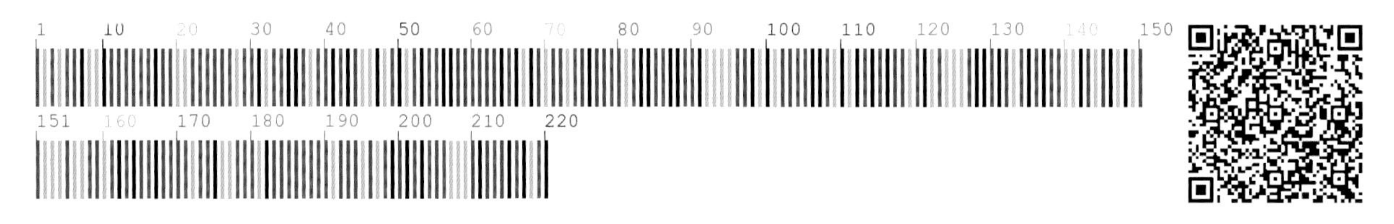

【*psbA-trnH* 序列特征】获得 *psbA-trnH* 序列 3 条，比对后长度为 389bp，无变异位点。序列特征如下：

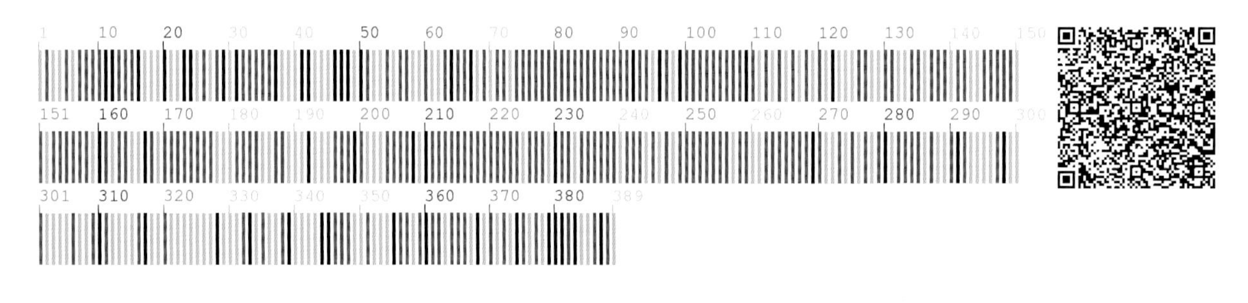

272 白车轴草　Trifolium repens L.

【别　　名】白三叶草，白花苜蓿，白三叶

【形态特征】多年生匍匐状草本。茎匍匐上升。掌状三出复叶。球形花序顶生，密集；花萼钟状；花冠白色。荚果长圆形，有3～4粒种子。种子宽卵形。花期6～8月，果期8～10月。

【生　　境】生于林缘、路旁、草地等湿润处。常聚生成片。

【药用价值】全草入药。清热，凉血，宁心。

【材料来源】吉林省通化市通化县，共3份，样本号CBS637MT01～03。

【ITS2序列特征】获得ITS2序列3条，比对后长度为227bp，有7个变异位点，分别为16位点、53位点、171位点C-T变异，76位点、77位点T-C变异，131位点G-A变异，213位点G-T变异；有4处插入/缺失，分别为30位点和31位点之间、39位点和40位点之间、161～164位点、189位点。序列特征如下：

【*psbA-trnH*序列特征】获得*psbA-trnH*序列3条，比对后长度为409bp，有12个变异位点，分别为157位点、200位点、306位点G-A变异，171位点、223位点T-A变异，185位点A-C变异，190位点C-A变异，206位点、272位点C-T变异，228位点T-G变异，321位点C-G变异，333位点T-C变异；有3处插入/缺失，分别为214位点、260位点和261位点之间、355位点。序列特征如下：

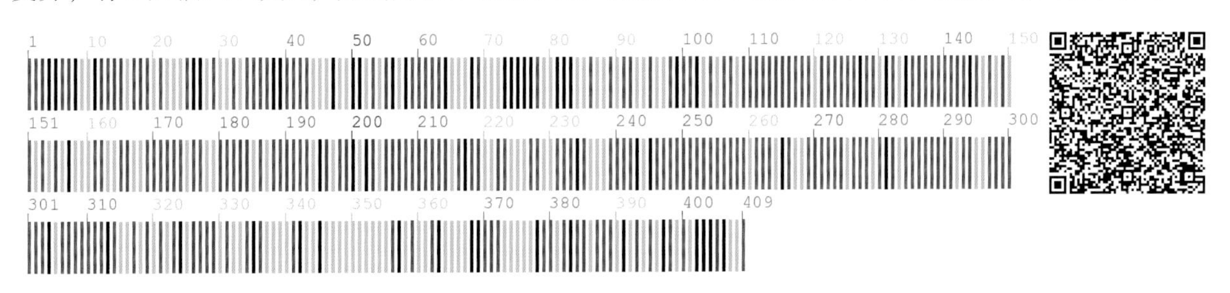

273 广布野豌豆 Vicia cracca L.

【别　　名】落豆秧

【形态特征】多年生草质藤本。茎有棱，被柔毛。偶数羽状复叶，叶轴顶端卷须有2～3分支；托叶半箭头形或戟形，上部2深裂；小叶5～12对，互生。总状花序与叶轴近等长，花10～40朵，密集一面着生于总花序轴上部；花萼钟状，萼齿5；花冠紫色、蓝紫色或紫红色。荚果长圆形或长圆菱形，先端有喙。种子3～6粒，扁圆球形，种皮黑褐色。花果期5～9月。

【生　　境】生于草甸、林缘、山坡、河滩草地及灌丛。

【药用价值】全草入药。祛风湿，活血调经，舒筋止痛。

【材料来源】吉林省通化市柳河县，共3份，样本号CBS274MT01～03。

【ITS2序列特征】获得ITS2序列3条，比对后长度为201bp，无变异位点。序列特征如下：

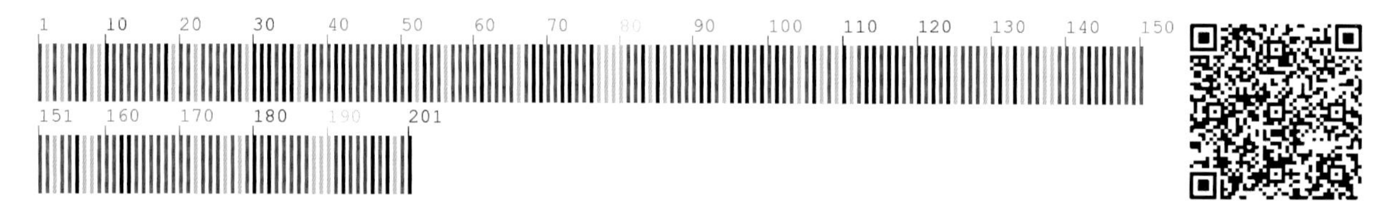

【*psbA-trnH*序列特征】获得*psbA-trnH*序列3条，比对后长度为424bp，无变异位点。序列特征如下：

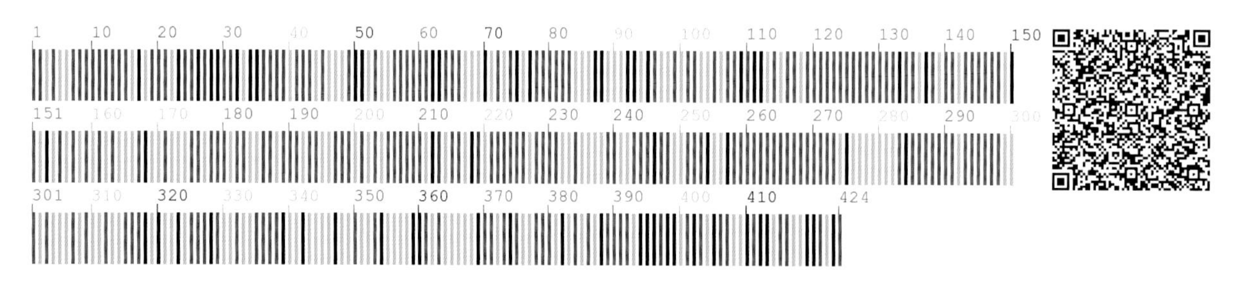

274 北野豌豆 **Vicia ramuliflora** (Maxim.) Ohwi

【别　　名】大花豌豆

【形态特征】多年生草质藤本。根膨大成块状。茎具棱，通常数茎丛生。偶数羽状复叶；托叶半箭头形或斜卵形或长圆形。总状花序腋生；花萼斜钟状，花冠蓝紫色。荚果。种子椭圆形。花期6～8月，果期7～9月。

【生　　境】生于亚高山草甸、混交林下、林缘草地及山坡。

【药用价值】全草入药。清热解毒，散风祛湿，活血止痛。

【材料来源】吉林省通化市二道江区，共1份，样本号CBS135MT01。

【ITS2序列特征】获得ITS2序列1条，长度为214bp。序列特征如下：

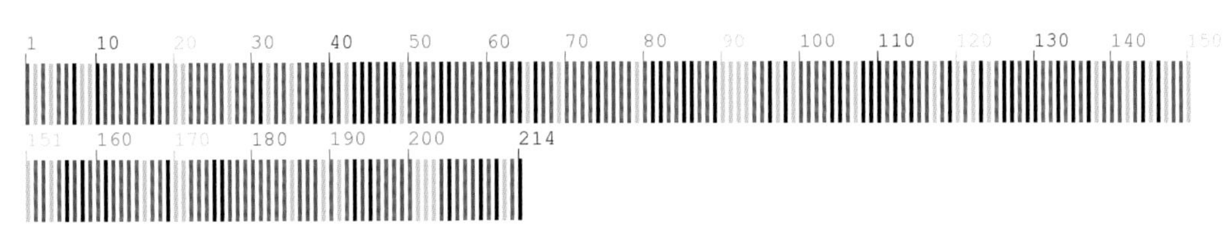

275 歪头菜 **Vicia unijuga** A. Braun

【别　　名】草豆，两叶豆苗，三叶

【形态特征】多年生直立草本。通常数茎丛生，具棱。苗期植株头部下垂。叶轴末端为细刺尖头；偶见卷须；托叶戟形或近披针形，边缘不规则齿蚀状；小叶 1 对。总状花序单一，稀有分支，呈圆锥状复总状花序，明显长于叶；花萼紫色，萼齿明显短于萼筒；花冠蓝紫色、紫红色或淡蓝色。荚果扁，长圆形。种子扁圆球形，种皮黑褐色，革质。花期 6～7 月，果期 8～9 月。

【生　　境】生于山地、林缘、草地、沟边及灌丛。

【药用价值】全草入药。补虚，调肝，理气，止痛。

【材料来源】吉林省通化市东昌区，共 2 份，样本号 CBS379MT01、CBS379MT02。

【ITS2 序列特征】获得 ITS2 序列 2 条，比对后长度为 214bp，无变异位点。序列特征如下：

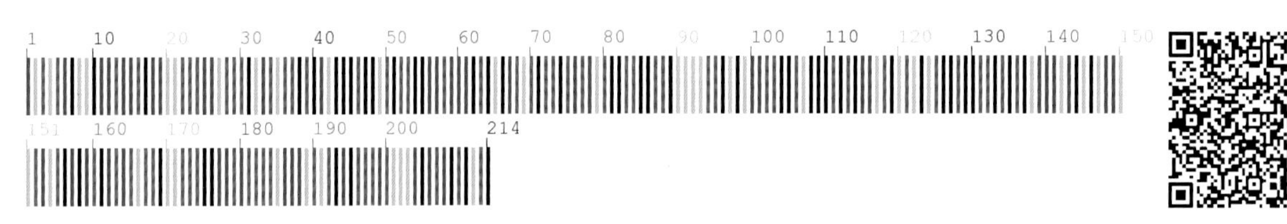

【*psbA-trnH* 序列特征】获得 *psbA-trnH* 序列 1 条，长度为 349bp。序列特征如下：

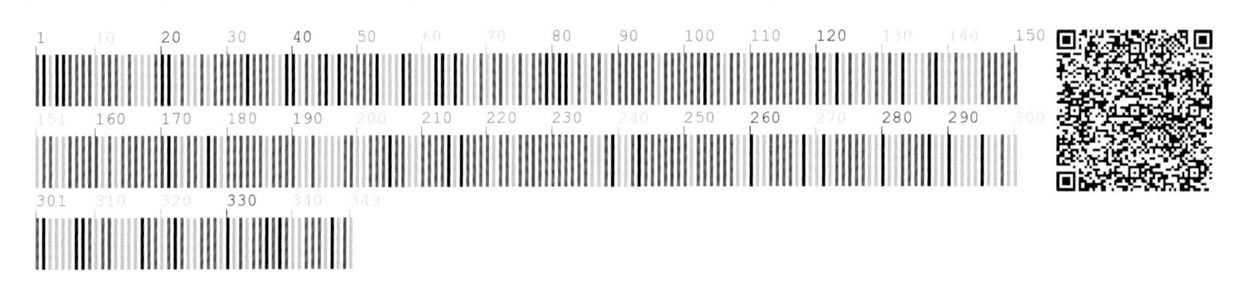

酢浆草科　Oxalidaceae

276　三角酢浆草　**Oxalis acetosella** subsp. **japonica** (Franch. et Sav.) H. Hara

【别　　名】三角叶酢浆草，大山酢浆草，山锄板

【形态特征】多年生草本，高 13～30cm。根状茎横生或直立。三出复叶基生，小叶广倒三角形，先端近截形。花梗细长；近花下部有 2 枚膜质小苞，顶生 1 朵花，萼片狭卵形，先端钝；花瓣白色，带紫色条纹；雄蕊 10；子房卵状长圆形，花柱 5，细长。蒴果长圆锥形，先端渐尖。种子卵形，先端稍尖，具条棱。花期 4～5 月，果期 6～7 月。

【生　　境】生于山地阴湿林下、灌丛和溪流边。

【药用价值】全草入药。活血化瘀，清热解毒，利湿消肿，通淋。

【材料来源】吉林省通化市东昌区，共 3 份，样本号 CBS040MT01～03。

【ITS2 序列特征】获得 ITS2 序列 3 条，比对后长度为 228bp，有 1 个变异位点，为 6 位点 C-T 变异。序列特征如下：

【*psbA-trnH* 序列特征】获得 *psbA-trnH* 序列 3 条，比对后长度为 406bp，有 1 处插入 / 缺失，为 342 位点。序列特征如下：

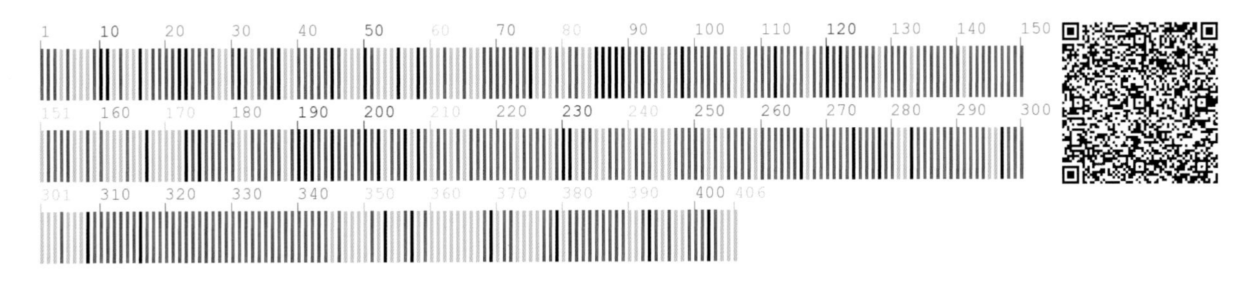

277 酢浆草 Oxalis corniculata L.

【别　　名】山锄板，三叶酸浆

【形态特征】多年生矮小匍匐草本，全株被柔毛。叶基生或茎上互生；托叶小；小叶3，无柄，倒心形，先端凹入。花单生或数朵集成伞形花序状，花梗果后延伸；小苞片2；萼片5；花瓣5，黄色，长圆状倒卵形；雄蕊10；子房长圆形，5室，被短伏毛，花柱5，柱头头状。蒴果长圆柱形，具5棱。种子长卵形，褐色或红棕色，具横向肋状网纹。花果期6～9月。

【生　　境】生于山坡草地、河谷沿岸、路边、田边、荒地或林下阴湿处等。

【药用价值】全草入药。清热解毒，利湿，止咳祛痰，消肿。

【材料来源】吉林省通化市东昌区，共3份，样本号CBS842MT01～03。

【ITS2 序列特征】获得 ITS2 序列 3 条，比对后长度为 228bp，无变异位点。序列特征如下：

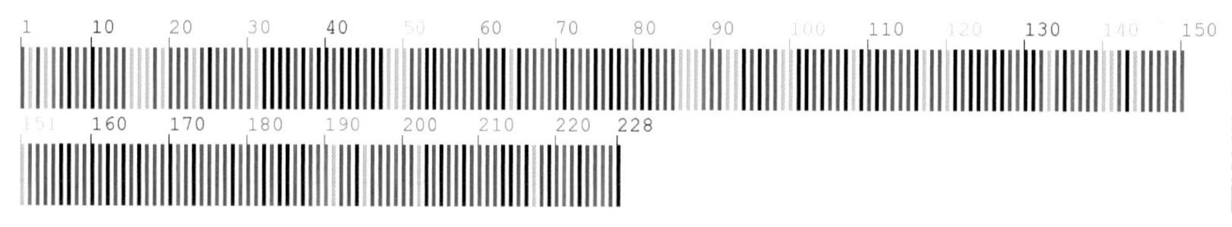

【*psbA-trnH* 序列特征】获得 *psbA-trnH* 序列 1 条，长度为 262bp。序列特征如下：

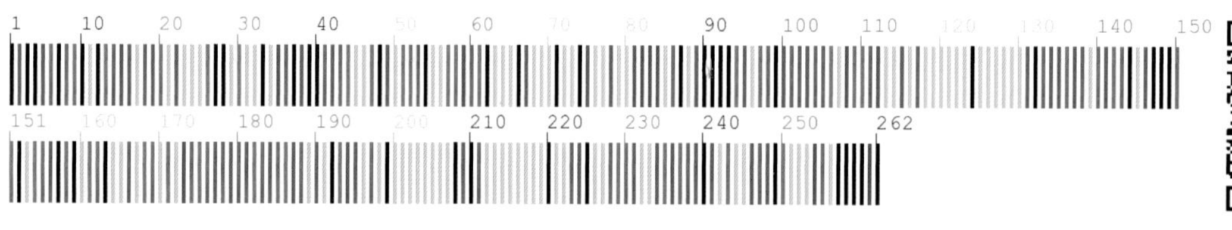

牻牛儿苗科 Geraniaceae

278 朝鲜老鹳草 **Geranium koreanum** Kom.

【别　　名】老鸹嘴

【形态特征】多年生草本。具簇生细纺锤形长根。茎斜生。叶对生，五角状肾圆形，3～5深裂；托叶披针形。花序腋生或顶生，二歧聚伞状，长于叶，总花梗具2朵花；苞片钻形；花梗果期下折；萼片长卵形或矩圆状椭圆形；花瓣淡紫色，被白色糙毛；雄蕊稍长于萼片，下部边缘被长糙毛；雌蕊被短糙毛，花柱上部棕色。蒴果被短糙毛。花期7～8月，果期8～9月。

【生　　境】生于山地阔叶林下及草甸等处。

【药用价值】全草入药。祛风除湿，强筋骨，清热活血，收敛止泻。

【材料来源】吉林省通化市集安市，共3份，样本号CBS481MT01～03。

【ITS2序列特征】获得ITS2序列3条，比对后长度为235bp，无变异位点。序列特征如下：

【*psbA-trnH*序列特征】获得*psbA-trnH*序列2条，比对后长度为455bp，无变异位点。序列特征如下：

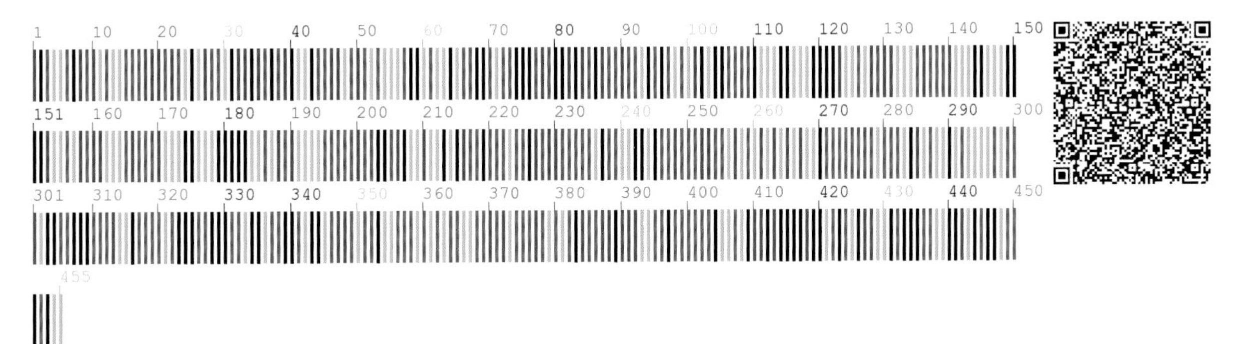

279 突节老鹳草 **Geranium krameri** Franch. et Sav.

【形态特征】多年生草本，高 30～70cm。具纺锤形块根。茎直立，2～3 簇生，假二叉状分枝，节部稍膨大。茎上叶对生；托叶三角状卵形；叶肾圆形，掌状 5 深裂至近基部，裂片狭菱形或楔状倒卵形，下部全缘，上部羽状浅裂至深裂，最上部的叶近无柄，3 裂。花序腋生和顶生，长于叶，每梗具 2 朵花；苞片钻状；萼片椭圆状卵形；花瓣紫红色或苍白色，倒卵形，具深紫色脉纹，长为萼片的 1.5 倍，先端圆形，基部楔形，具簇生白色糙毛；雄蕊与萼片近等长，花丝棕色，具长缘毛；雌蕊被短伏毛，花柱棕色，分枝。蒴果长约 2.5cm，被短糙毛。花期 7～8 月，果期 8～9 月。

【生　　境】生于草甸、灌丛、岗地及路边等处。

【药用价值】地上部分入药。祛风除湿，强筋骨，清热活血。

【材料来源】吉林省通化市东昌区，共 3 份，样本号 CBS378MT01～03。

【ITS2 序列特征】获得 ITS2 序列 3 条，比对后长度为 236bp，有 1 个变异位点，为 199 位点 T-C 变异。序列特征如下：

【*psbA-trnH* 序列特征】获得 *psbA-trnH* 序列 3 条，比对后长度为 342bp，无变异位点。序列特征如下：

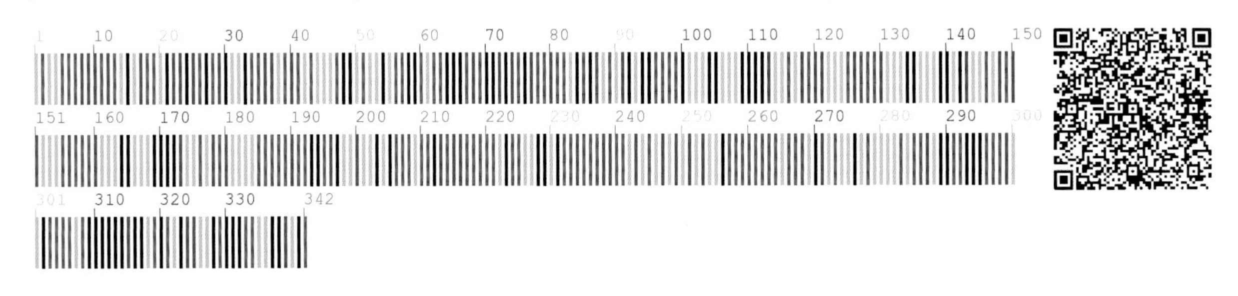

280 毛蕊老鹳草 **Geranium platyanthum** Duthie

【形态特征】多年生草本，高 30～80cm。根茎短粗，具块根。茎直立。叶互生；基生叶和茎下部叶具长柄，密被糙毛；叶五角状肾圆形，掌状 5 中裂。伞形聚伞花序，具 2～4 朵花；花瓣淡紫红色；雄蕊长为萼片的 1.5 倍，花丝淡紫色，下部扩展和边缘被糙毛，花药紫红色；雌蕊稍短于雄蕊，被糙毛，花柱上部紫红色。蒴果被开展的短糙毛和腺毛。种子肾圆形，灰褐色。花期 6～7 月，果期 8～9 月。

【生　　境】生于山地林下、林缘、灌丛和草甸。

【药用价值】全草入药。清湿热，疏风通络，强筋健骨，止泻痢。

【材料来源】吉林省通化市通化县，共 3 份，样本号 CBS171MT01～03。

【ITS2 序列特征】获得 ITS2 序列 3 条，比对后长度为 235bp，无变异位点。序列特征如下：

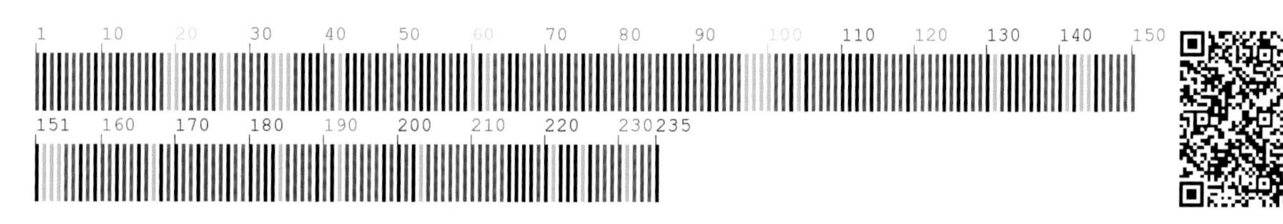

【*psbA-trnH* 序列特征】获得 *psbA-trnH* 序列 3 条，比对后长度为 354bp，无变异位点。序列特征如下：

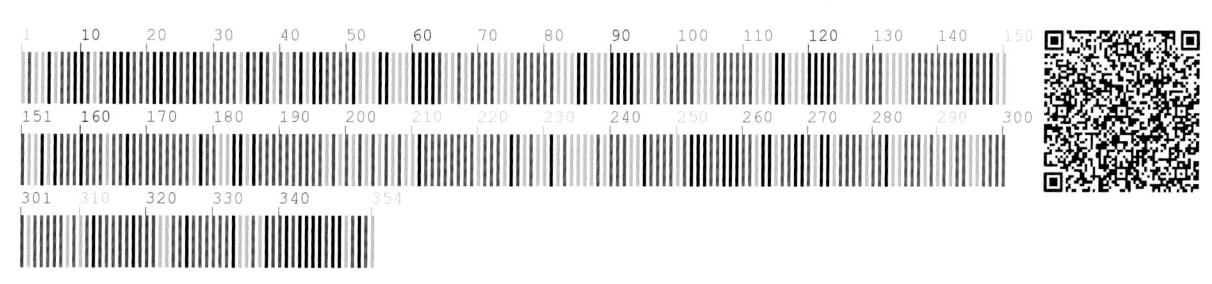

281 鼠掌老鹳草 Geranium sibiricum L.

【别　　名】老观草，西伯利亚老鹳草

【形态特征】一年生或多年生草本。直根。茎近直立，多分枝，被倒向疏柔毛。叶对生；托叶披针形；基生叶和茎下部叶具长柄，掌状 5 深裂，有毛。花单生于叶腋；萼片卵状椭圆形或卵状披针形；花瓣淡紫色，先端微凹或缺刻状。蒴果被疏柔毛，果梗下垂。种子肾状椭圆形，黑色。花期 6～7 月，果期 8～9 月。

【生　　境】生于林缘、疏灌丛、河谷草甸或为杂草。

【药用价值】全草入药。祛风除湿，活血通经，清热止泻，收敛。

【材料来源】吉林省通化市东昌区，共 3 份，样本号 CBS349MT01～03。

【ITS2 序列特征】获得 ITS2 序列 3 条，比对后长度为 235bp，无变异位点。序列特征如下：

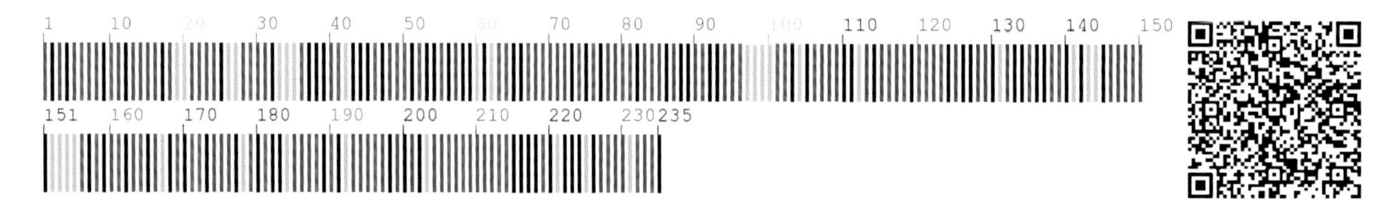

【*psbA-trnH* 序列特征】获得 *psbA-trnH* 序列 3 条，比对后长度为 447bp，有 1 个变异位点，为 142 位点 A-G 变异。序列特征如下：

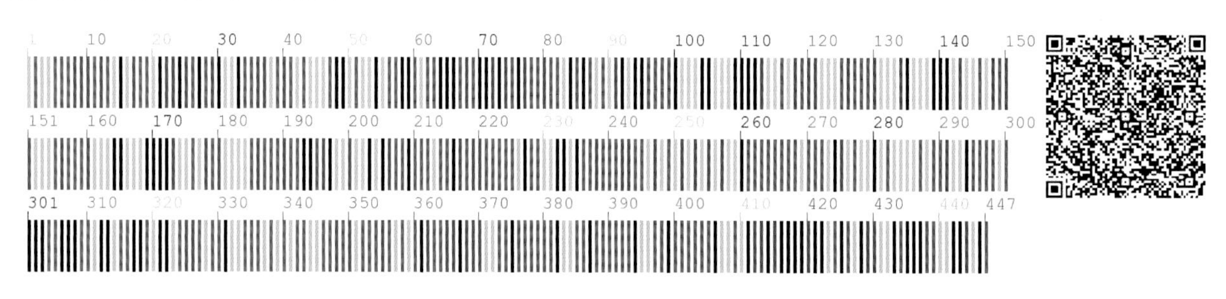

282 线裂老鹳草 Geranium soboliferum Kom.

【别　　名】匍枝老鹳草，匍枝牻牛苗，线叶老鹳草

【形态特征】多年生草本，高 30～60cm。根茎短粗，具簇生细纺锤形块根。叶基生和茎上对生；托叶长卵形；基生叶具长柄；叶圆肾形，掌状 5～7 深裂，几达基部。花序腋生和顶生，具 2 朵花；苞片披针状钻形；花瓣紫红色，宽倒卵形，长为萼片的 2 倍；雄蕊花丝棕色，花药棕色；雌蕊被微柔毛，花柱分枝棕色。蒴果被短柔毛。种子暗褐色，具微凹小点。花期 7～8 月，果期 8～9 月。

【生　　境】生于中、低海拔山区的草甸和湿地。

【药用价值】全草入药。清湿热，疏风通络，强筋健骨，止泻痢。

【材料来源】吉林省通化市集安市，共 3 份，样品号 CBS471MT01～03。

【*psbA-trnH* 序列特征】获得 *psbA-trnH* 序列 3 条，比对后长度为 512bp，有 2 个变异位点，分别为 52 位点 T-C 变异、482 位点 A-G 变异；有 1 处插入 / 缺失，为 55 位点。序列特征如下：

283 老鹳草 **Geranium wilfordii** Maxim.

【别　　名】老观草，鸭脚草，山黄烟

【形态特征】多年生草本。茎直立，单生，具棱槽，假二叉状分枝。叶对生；托叶卵状三角形或上部为狭披针形，被倒向短柔毛；基生叶掌状深裂，茎生叶三出浅裂。花序腋生和顶生，每梗具2朵花；苞片钻形；花梗花、果期通常直立；萼片长卵形或卵状椭圆形；花瓣白色或淡红色；雄蕊稍短于萼片，花丝淡棕色；雌蕊被短糙状毛，花柱分枝紫红色。蒴果被短柔毛和长糙毛。花期6～8月，果期8～9月。

【生　　境】生于林下、林缘。

【药用价值】全草入药。祛风湿，通经络，止泻痢。

【材料来源】吉林省通化市东昌区，共3份，样本号 CBS357MT01～03。

【ITS2 序列特征】获得 ITS2 序列 3 条，比对后长度为 235bp，无变异位点。序列特征如下：

【*psbA-trnH* 序列特征】获得 *psbA-trnH* 序列 3 条，比对后长度为 393bp，无变异位点。序列特征如下：

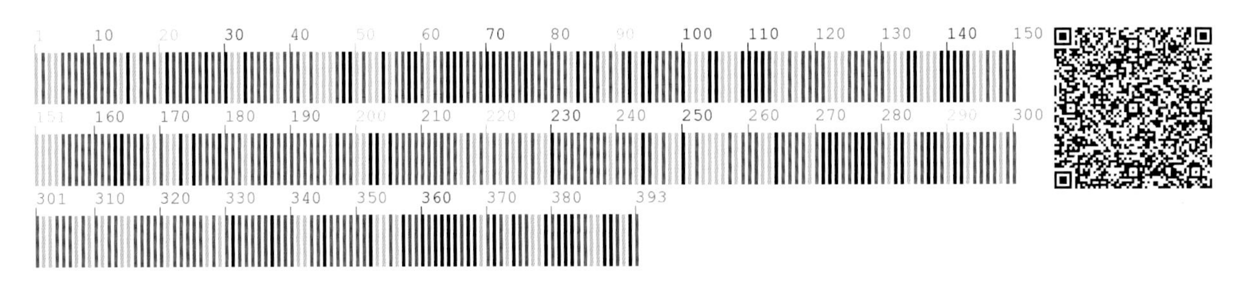

亚麻科　Linaceae

284　野亚麻　**Linum stelleroides** Planch.

【别　　名】松叶亚麻，松叶人参，疔毒草，珍珠菜

【形态特征】一年生或二年生草本。茎直立。叶互生，线形或狭倒披针形，无柄，全缘。单花或多花组成聚伞花序，花梗长3～15mm；萼片5，长椭圆形或阔卵形，顶部锐尖，宿存；花瓣5，倒卵形，淡红色、淡紫色或蓝紫色；雄蕊5，与花柱等长，通常有退化雄蕊。蒴果球形或扁球形，有纵沟5条，室间开裂。种子长圆形。花期6～9月，果期8～10月。

【生　　境】生于海拔630～2750m的山坡、路旁和荒山地。

【药用价值】全草入药。养血润燥，祛风解毒。

【材料来源】吉林省延边朝鲜族自治州龙井市，共3份，样本号CBS638MT01～03。

【ITS2序列特征】获得ITS2序列3条，比对后长度为216bp，无变异位点。序列特征如下：

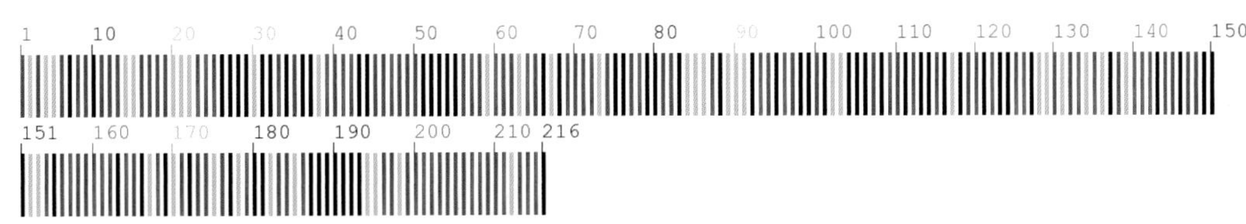

【*psbA-trnH*序列特征】获得*psbA-trnH*序列3条，比对后长度为432bp，有1处插入/缺失，为429～431位点。序列特征如下：

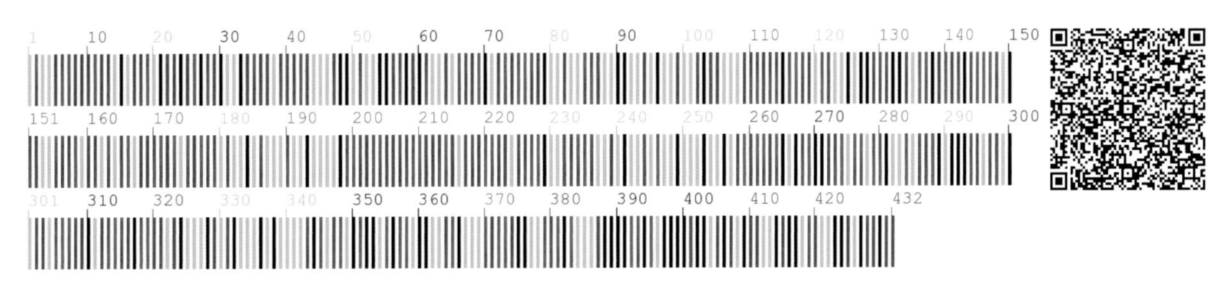

大戟科 Euphorbiaceae

285 铁苋菜 **Acalypha australis** L.

【别　　名】海蚌含珠，血见愁，鬼见愁，野麻草

【形态特征】一年生草本。叶互生，长卵形；托叶披针形，具短柔毛。雌雄花同序，花序腋生，稀顶生；雄花生于花序上部，花萼裂片 4，卵形，雄蕊 7～8；雌花萼片 3，子房具疏毛，花柱 3，撕裂成 5～7 条。蒴果。种子近卵状，种皮平滑，假种阜细长。花果期 4～12 月。

【生　　境】生于海拔 20～1200m 的平原或山坡较湿润的耕地和空旷草地，或石灰岩山疏林下。

【药用价值】全草入药。清热解毒，利水，化痰止咳，杀虫，收敛止血。

【材料来源】吉林省通化市东昌区，共 3 份，样本号 CBS845MT01～03。

【**ITS2** 序列特征】获得 ITS2 序列 3 条，比对后长度为 195bp，无变异位点。序列特征如下：

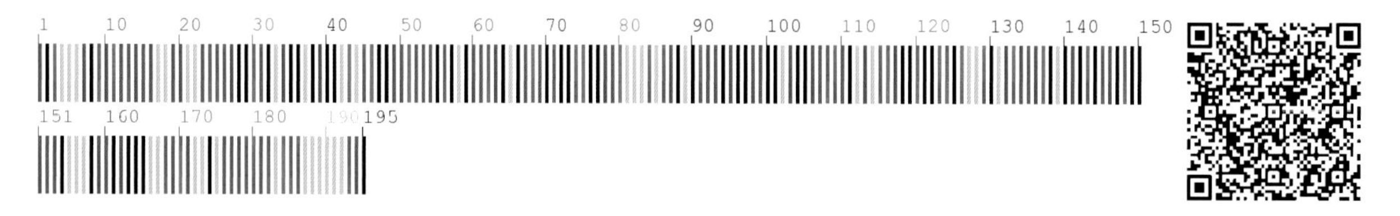

【*psbA-trnH* 序列特征】获得 *psbA-trnH* 序列 3 条，比对后长度为 495bp，无变异位点。序列特征如下：

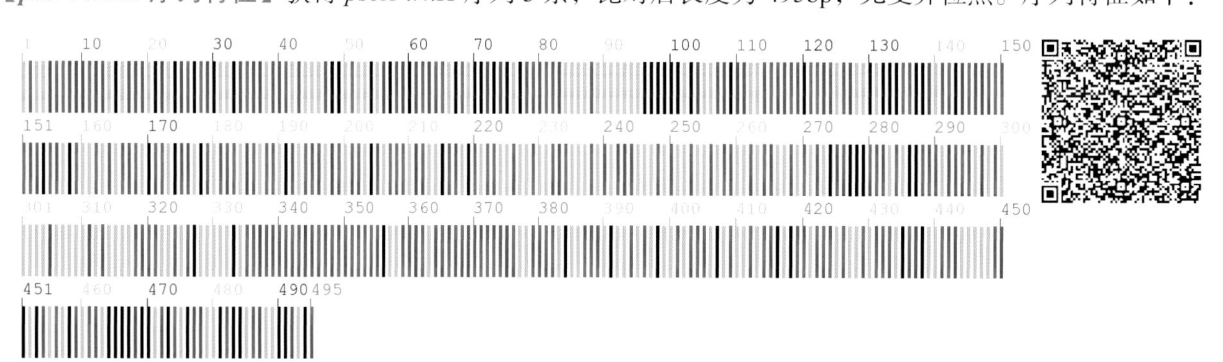

286 狼毒大戟　Euphorbia fischeriana Steud.

【别　　名】狼毒，短柱狼毒，短柱狼毒大戟，东北狼毒

【形态特征】多年生草本，有白色乳汁。根肉质，肥厚。茎粗壮。直立幼株叶互生，成株叶轮生；苞叶上部总花序分歧成复伞状；伞梗5，各伞梗上部各有长卵形苞片3枚，其上各自再生3小伞梗，各小伞梗有阔三角形苞片2枚。有一杯状聚伞花序或再分枝；杯状总苞广钟形；花单性，无花瓣，雄花生在总苞内，雌花位于总苞中央，仅有雌蕊1枚，子房扁球形，花柱小，先端浅裂成二叉状柱头。蒴果扁球形，3瓣裂。种子褐色，光滑。花期5～6月，果期6～7月。

【生　　境】生于林下、灌丛、草地及干燥石质的山坡上。

【药用价值】全草入药。逐水祛痰，破积杀虫，除湿止痒。

【材料来源】吉林省通化市东昌区，共3份，样本号CBS103MT01～03。

【ITS2序列特征】获得ITS2序列3条，比对后长度为219bp，无变异位点。序列特征如下：

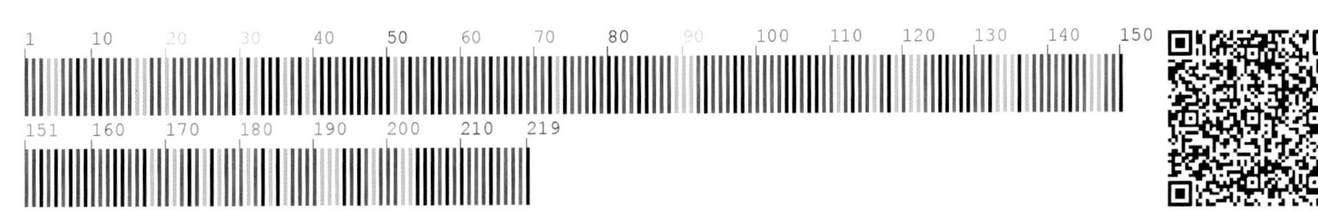

287　地锦草　**Euphorbia humifusa** Willd. ex Schltdl.

【别　　名】铺地锦

【形态特征】一年生草本。茎匍匐，自基部以上多分枝，基部常红色或淡红色，被柔毛或疏柔毛，具乳汁。叶对生，矩圆形或椭圆形，两面被疏柔毛；叶柄极短。花序单生于叶腋，总苞陀螺状，边缘4裂，裂片三角形；雄花数枚，近与总苞边缘等长；雌花1，子房柄伸出至总苞边缘。蒴果三棱状卵球形，成熟时分裂为3个分果爿，花柱宿存。

【生　　境】生于原野荒地、路旁、田间、沙丘、海滩、山坡等地。

【药用价值】全草入药。清热解毒，利尿，通乳，止血，杀虫。

【材料来源】吉林省白山市抚松县，共3份，样本号 CBS948MT01～03。

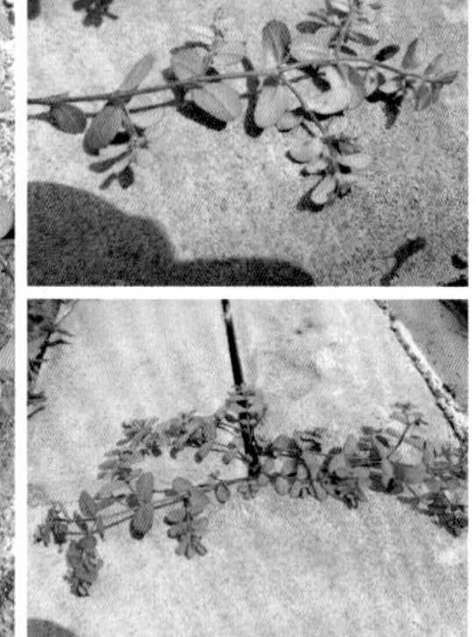

【ITS2 序列特征】获得 ITS2 序列3条，比对后长度为 211bp，无变异位点。序列特征如下：

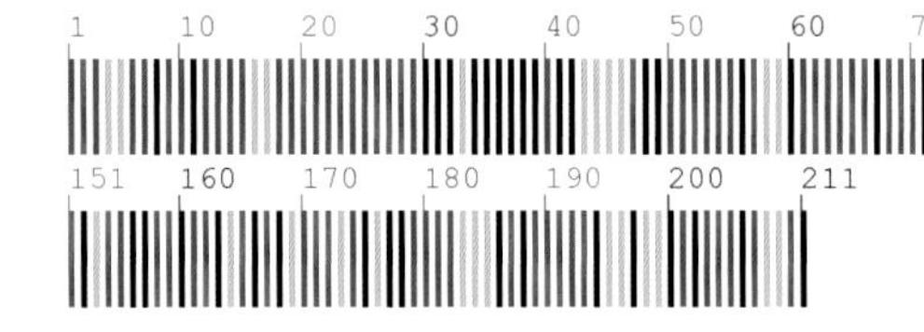

【*psbA-trnH* 序列特征】获得 *psbA-trnH* 序列3条，比对后长度为 634bp，无变异位点。序列特征如下：

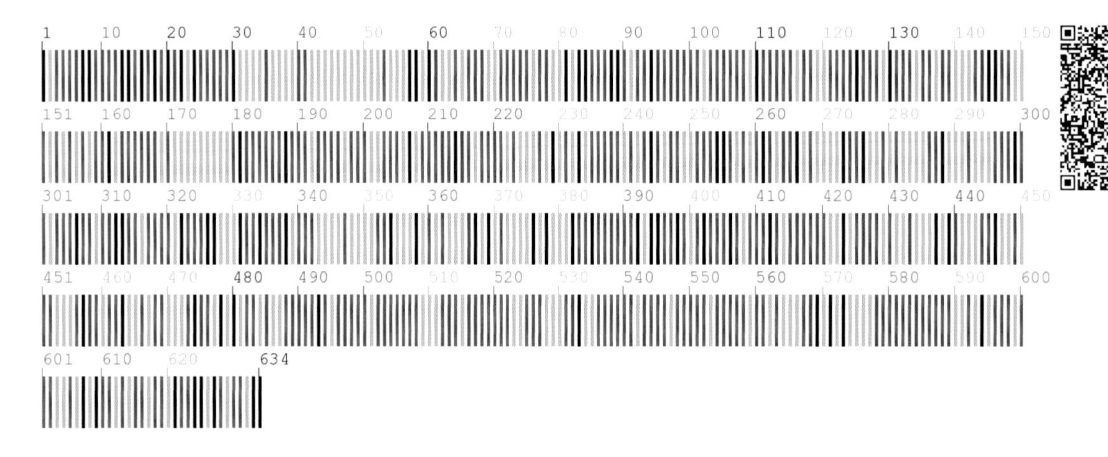

288 林大戟 **Euphorbia lucorum** Rupr.

【别　　名】山猫眼

【形态特征】多年生草本。直根。茎单一或数个，顶部多分枝。叶互生，近无叶柄；总苞叶常为5枚，近卵形；伞幅5；次级苞叶3枚；苞叶2枚，淡黄绿色。花序单生于二歧聚伞分枝的顶端；雄花多数；雌花1，子房柄明显伸出总苞外，子房除沟外被长瘤，花柱3，柱头2裂。蒴果三棱状球形，具3纵沟，脊上稀疏被瘤至鸡冠状凸起。种子近球形，黄褐色，光亮；种阜盾状，近无柄。花期5～6月，果期6～7月。

【生　　境】生于林下、林缘、灌丛、草甸及山坡等处。

【药用价值】根入药。逐水通便，消肿散结。

【材料来源】吉林省通化市东昌区，共3份，样本号CBS085MT01～03。

【ITS2序列特征】获得ITS2序列3条，比对后长度为220bp，无变异位点。序列特征如下：

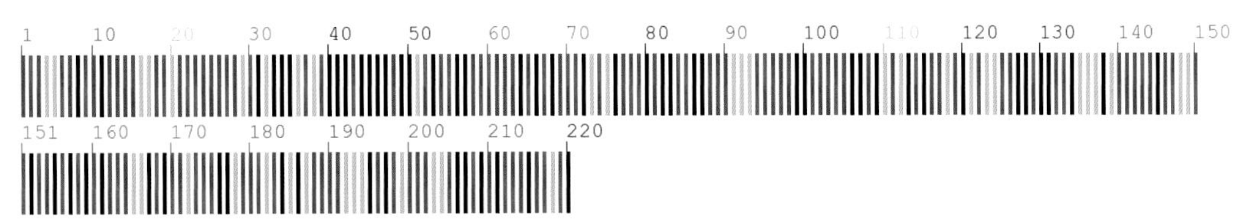

【*psbA-trnH*序列特征】获得*psbA-trnH*序列3条，比对后长度为523bp，无变异位点。序列特征如下：

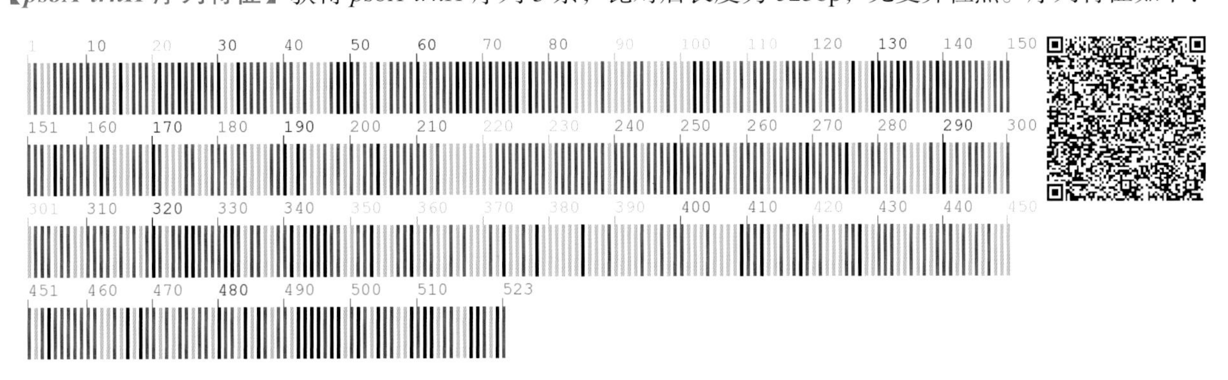

叶下珠科 Phyllanthaceae

289 一叶萩 **Flueggea suffruticosa** (Pall.) Baill.

【别　　名】叶底珠，狗杏条

【形态特征】落叶灌木，高 1～3m，多分枝。叶纸质，椭圆形或长椭圆形，稀倒卵形；叶柄长 2～8mm；托叶卵状披针形，长 1mm，宿存。花小，雌雄异株，簇生于叶腋；雄花 3～18 朵簇生；萼片通常 5，椭圆形；雄蕊 5，花药卵圆形；萼片 5，椭圆形至卵形；花盘盘状，全缘或近全缘；子房卵圆形，2～3 室，花柱 3。蒴果三棱状扁球形，成熟时淡红褐色，有网纹，3 爿裂；果梗长 2～15mm，基部常有宿存的萼片。种子卵形而一侧扁压状，褐色，有小疣状凸起。花期 6～7 月，果期 8～9 月。

【生　　境】生于干燥山坡、林缘、沟边及灌丛等处。

【药用价值】嫩枝叶、根入药。活血舒筋，健脾益肾，祛风补虚。

【材料来源】吉林省通化市东昌区，共 3 份，样本号 CBS228MT01～03。

【*psbA-trnH* 序列特征】获得 *psbA-trnH* 序列 3 条，比对后长度为 352bp，无变异位点。序列特征如下：

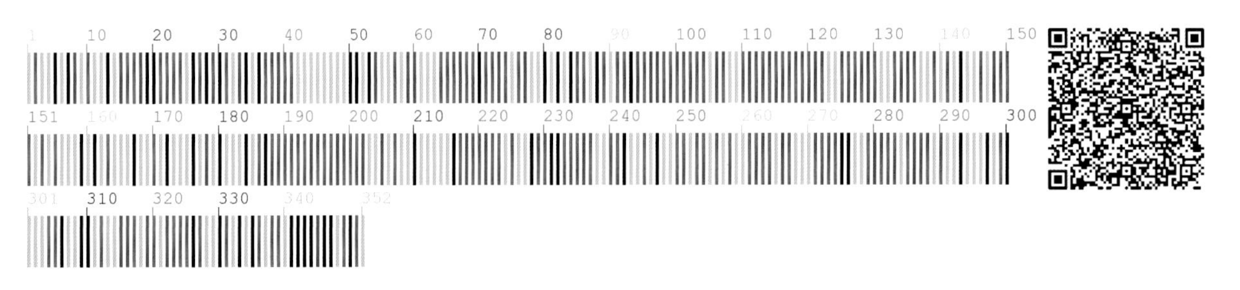

290 蜜甘草 Phyllanthus ussuriensis Rupr. et Maxim.

【别　　名】东北油柑，山丁草

【形态特征】一年生草本，高达60cm。茎直立，小枝具棱，全株无毛。叶互生，椭圆形至长圆形，叶柄极短或几乎无叶柄；托叶卵状披针形。花雌雄同株，单生或数朵簇生于叶腋；花梗基部有数枚苞片。雄花：萼片4，宽卵形；花盘腺体4，分离，与萼片互生；雄蕊2。雌花：萼片6，长椭圆形，果时反折；花盘腺体6；长圆形；子房卵圆形，3室，花柱3，顶端2裂。蒴果扁球状，果梗短。种子黄褐色，具褐色疣点。花期7月，果期8～9月。

【生　　境】生于多石砾山坡、林缘湿地及河岸石砬子缝间等处。

【药用价值】全草入药。清热利尿，明目，消积，止泻，利胆。

【材料来源】吉林省通化市通化县，共3份，样本号CBS846MT01～03。

【ITS2序列特征】获得ITS2序列3条，比对后长度为205bp，无变异位点。序列特征如下：

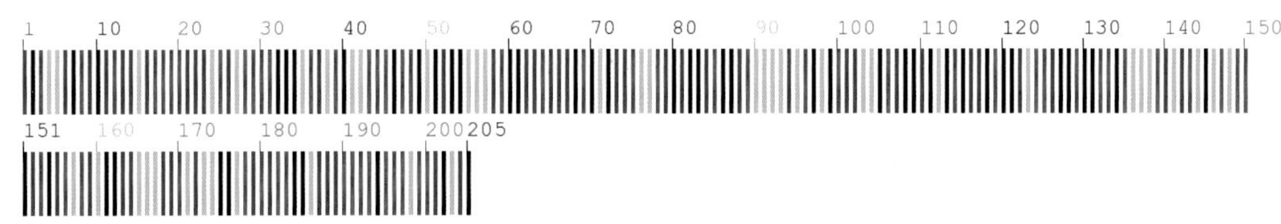

【*psbA-trnH*序列特征】获得*psbA-trnH*序列3条，比对后长度为556bp，有1处插入/缺失，为40位点。序列特征如下：

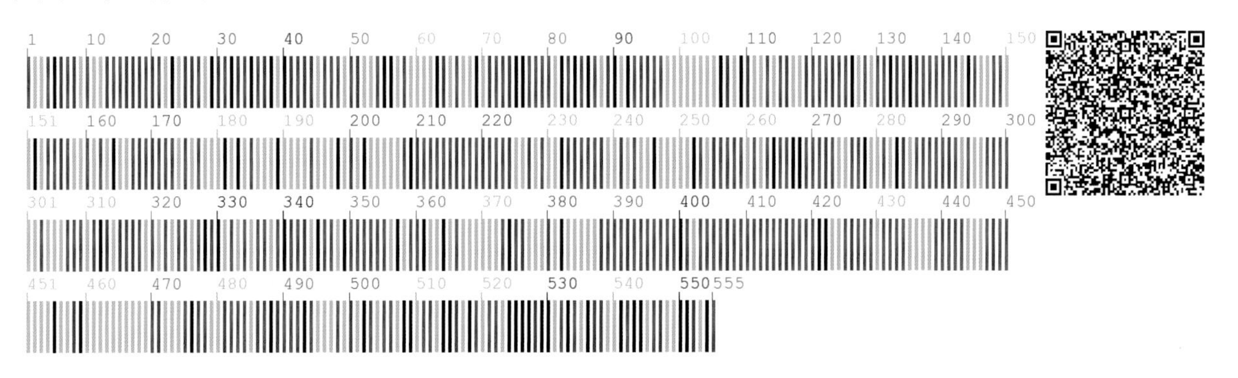

芸香科 Rutaceae

291 白鲜 **Dictamnus dasycarpus** Turcz.

【别　　名】白藓，山牡丹，八股牛，野花椒，羊鲜草

【形态特征】多年生草本，全株有强烈香气。根肉质，粗长，淡黄白色。茎直立，基部木质。奇数羽状复叶互生，小叶9～13，上面密被油腺点，叶轴有翼。总状花序顶生，长达30cm，花梗基部有条形苞片1；花大，淡紫色或白色；萼片5，宿存，下面1片下倾并稍大；雄蕊10，伸出于花瓣外。花期5～6月，果期8～9月。

【生　　境】生于山坡、林下、林缘或草甸。

【药用价值】根入药。清热燥湿，祛风解毒，杀虫止痒。

【材料来源】吉林省通化市二道江区，共2份，样本号CBS639MT01、CBS639MT02。

【ITS2序列特征】获得ITS2序列2条，比对后长度为222bp，无变异位点。序列特征如下：

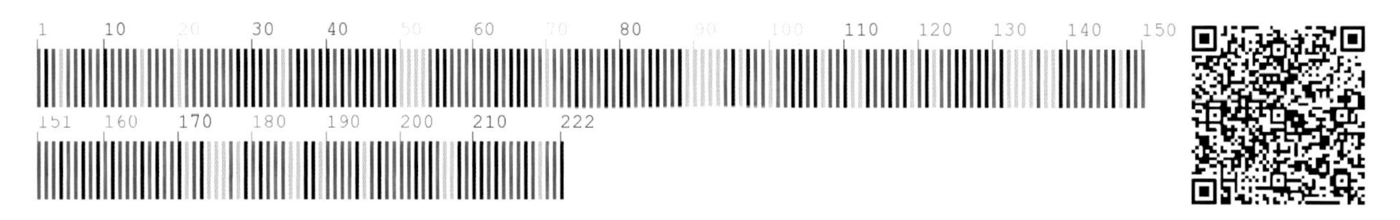

【*psbA-trnH*序列特征】获得*psbA-trnH*序列2条，比对后长度为454bp，无变异位点。序列特征如下：

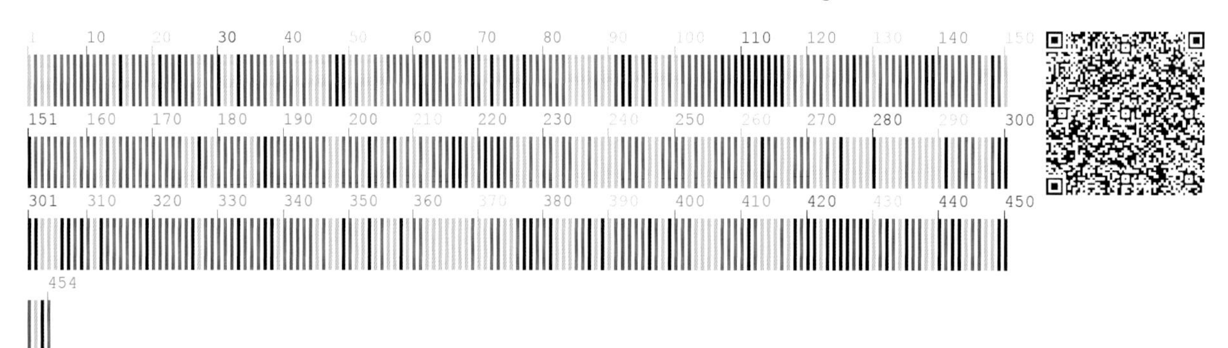

292　黄檗　Phellodendron amurense Rupr.

【别　　名】黄柏，关黄柏，东黄柏，黄菠萝，黄柏木

【形态特征】落叶乔木。老树树皮木栓层较厚，浅灰色或灰褐色，有深纵沟，内皮鲜黄色。奇数羽状复叶对生，小叶5～13。花小，5数，雌雄异株，排成顶生聚伞状圆锥花序。浆果状核果，球形，黑色。花期5～6月，果期9～10月。

【生　　境】散生于肥沃、湿润、排水良好的林中河岸、谷地、低山坡、林缘及杂木林中。

【药用价值】韧皮部入药。清热燥湿，泻火除蒸，解毒。

【材料来源】吉林省通化市集安市，共2份，样本号CBS478MT01、CBS478MT02。

【ITS2序列特征】获得ITS2序列2条，比对后长度为226bp，无变异位点。序列特征如下：

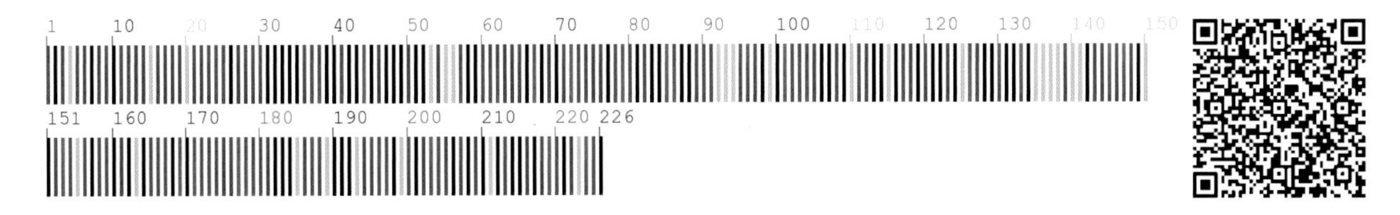

【*psbA-trnH*序列特征】获得*psbA-trnH*序列2条，比对后长度为448bp，有2个变异位点，分别为5位点C-A变异、445位点A-G变异；有1处插入/缺失，为439位点。序列特征如下：

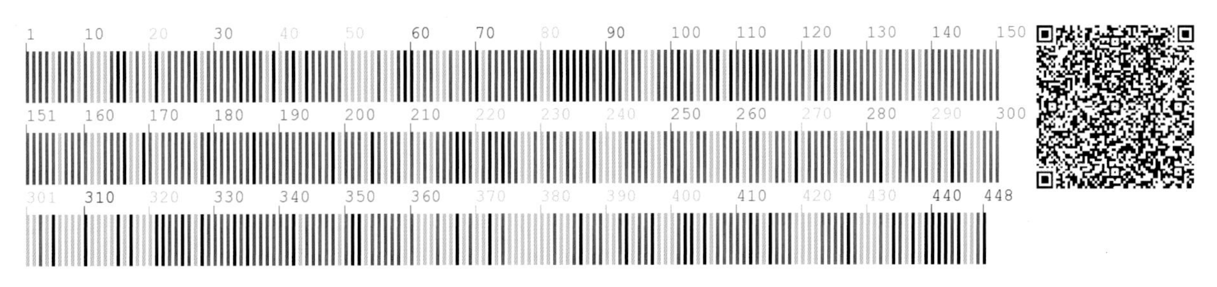

293 青花椒 **Zanthoxylum schinifolium** Siebold et Zucc.

【别　　名】山花椒

【形态特征】落叶灌木，高 1～2m。茎枝有短刺，红色。羽状复叶，小叶 7～19。花序顶生；萼片及花瓣均 5 枚，花瓣淡黄白色，长约 2mm；雄花的退化雌蕊甚短。分果瓣红褐色，干后变暗苍绿色或褐黑色。种子直径 3～4mm。花期 7～8 月，果期 9～10 月。

【生　　境】生于山坡疏林中、灌木丛中及岩石旁等处。常聚生成片。

【药用价值】果实入药。温中散寒，燥湿杀虫，行气止痛。

【材料来源】辽宁省丹东市宽甸满族自治县，共 3 份，样本号 CBS847MT01～03。

【ITS2 序列特征】获得 ITS2 序列 3 条，比对后长度为 224bp，无变异位点。序列特征如下：

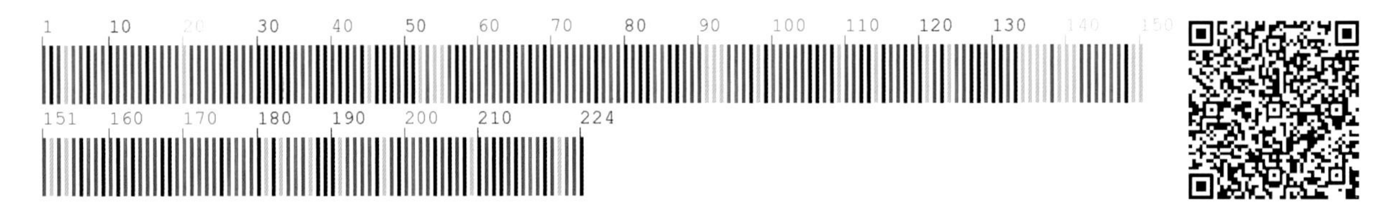

【*psbA-trnH* 序列特征】获得 *psbA-trnH* 序列 3 条，比对后长度为 497bp，有 1 处插入 / 缺失，为 32 位点。序列特征如下：

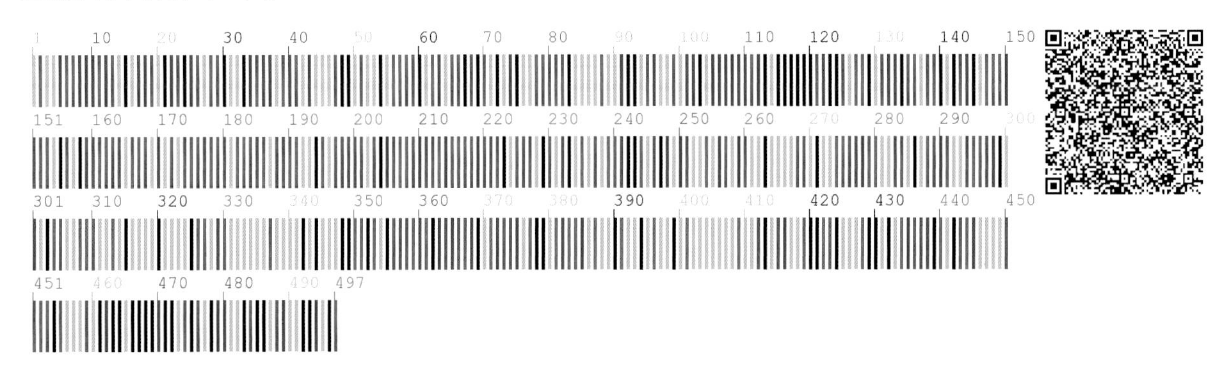

远志科 Polygalaceae

294 瓜子金 **Polygala japonica** Houtt.

【别　　名】日本远志

【形态特征】多年生草本。根圆柱形，木质。茎常丛生，直立或斜升。叶互生，有短柄，通常为卵形、长圆形，基部圆形或楔形，全缘，果期叶变为革质。总状花序腋生，通常比茎稍短；花梗被短毛；苞片细小，绿色；花淡蓝色至蓝紫色，中央龙骨背部具流苏状附属物；花丝合生成鞘状。蒴果扁平，倒心形，周围翼较宽。

【生　　境】生于多砾山坡、草地、林下及灌丛中。

【药用价值】全草入药。解毒止痛，活血散瘀。

【材料来源】吉林省通化市东昌区，共3份，样本号CBS928MT01～03。

【ITS2序列特征】获得ITS2序列3条，比对后长度为222bp，无变异位点。序列特征如下：

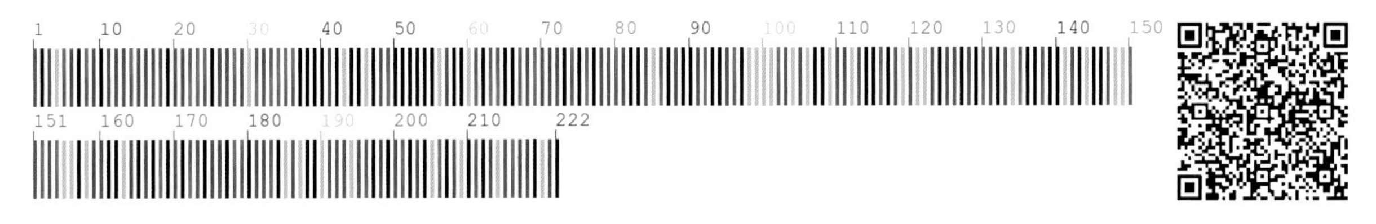

【*psbA-trnH*序列特征】获得*psbA-trnH*序列3条，比对后长度为263bp，无变异位点。序列特征如下：

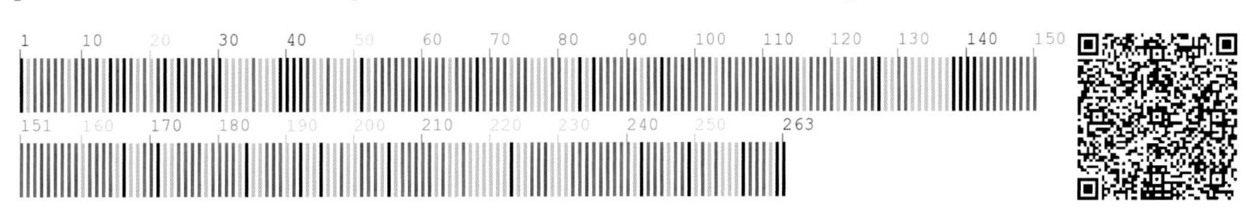

295 小扁豆 **Polygala tatarinowii** Regel

【别　　名】小远志

【形态特征】一年生直立草本，高 5～15cm。单叶互生，叶卵形或椭圆形至阔椭圆形。总状花序穗状顶生；萼片 5，绿色，花后脱落；花瓣 3，红色至紫红色，侧生花瓣较龙骨瓣稍长；雄蕊 8，花丝 3/4 以下合生成鞘，花药卵形；子房圆形，花柱弯曲。蒴果扁圆形，疏被短柔毛。种子近长圆形，黑色，被白色短柔毛；种阜小，盔形。花期 8～9 月，果期 9～11 月。

【生　　境】生于山坡草地、杂木林下或路旁草丛中。

【药用价值】全草入药。益智安神，散瘀，化痰止咳，清热解毒，截疟，补虚弱。

【材料来源】吉林省通化市二道江区，共 3 份，样本号 CBS640MT01～03。

【ITS2 序列特征】获得 ITS2 序列 3 条，比对后长度为 226bp，无变异位点。序列特征如下：

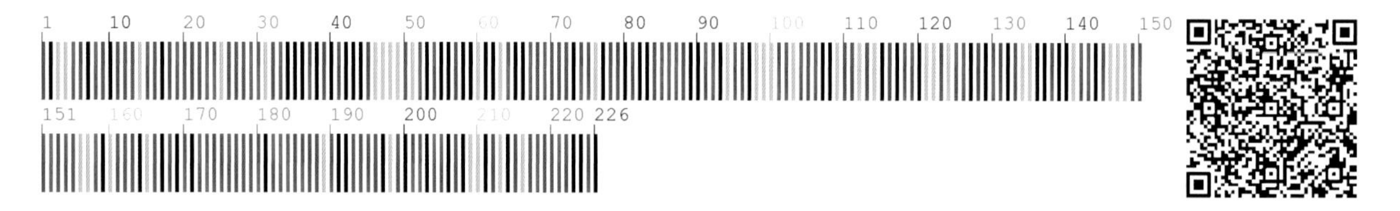

【*psbA-trnH* 序列特征】获得 *psbA-trnH* 序列 3 条，比对后长度为 365bp，有 1 个变异位点，为 47 位点 T-A 变异；有 2 处插入 / 缺失，分别为 338 位点、342 位点。序列特征如下：

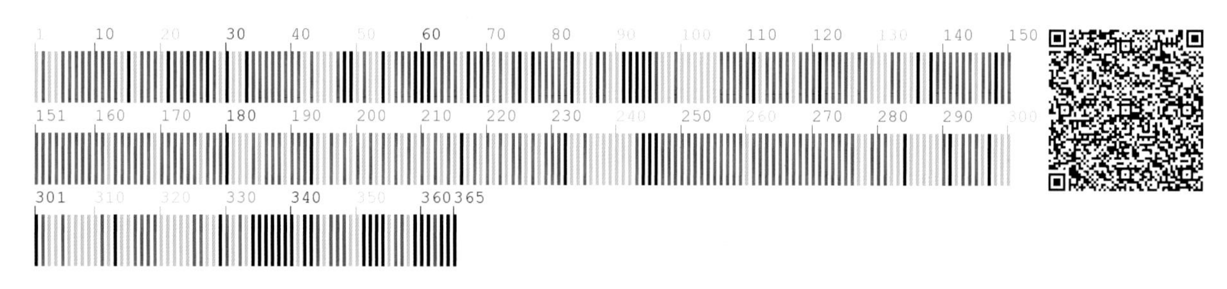

296 远志　Polygala tenuifolia Willd.

【别　　名】细叶远志，线茶，光棍茶

【形态特征】多年生草本，高15～55cm。根木质。叶互生，条形至线状披针形。总状花序顶生，花序短于茎；花瓣3，淡蓝色至蓝紫色，2侧瓣片倒卵形，内侧基部稍有毛；子房2室，扁圆，花柱细长。蒴果扁平，近圆形，顶端凹缺。种子2粒，稍扁。花期5～6月，果期7～9月。

【生　　境】生于多砾山坡、草地、林下及灌丛中。

【药用价值】根入药。安神益智，祛痰解郁，消肿。

【材料来源】吉林省通化市东昌区，共3份，样本号CBS220MT01～03。

【ITS2序列特征】获得ITS2序列3条，比对后长度为224bp，无变异位点。序列特征如下：

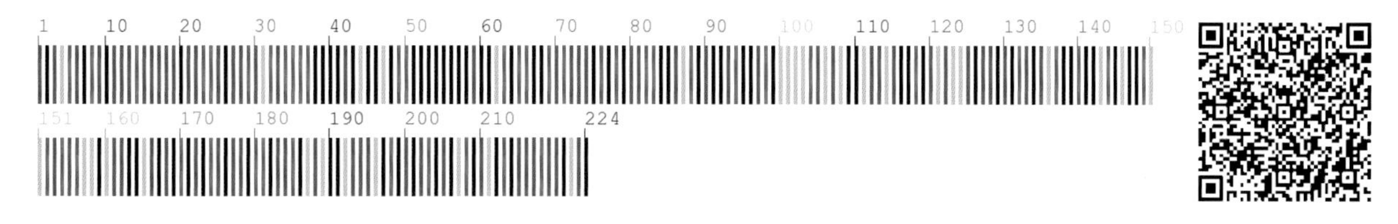

【*psbA-trnH*序列特征】获得*psbA-trnH*序列3条，比对后长度为280bp，无变异位点。序列特征如下：

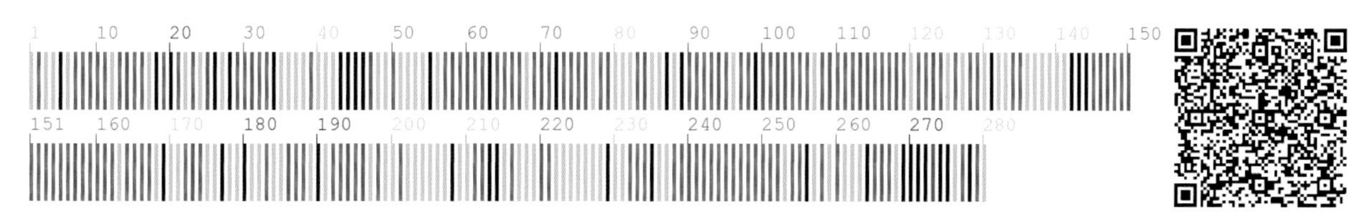

漆树科 Anacardiaceae

297 盐肤木 **Rhus chinensis** Mill.

【别　　名】五倍子树，山梧桐，黄瓤树

【形态特征】灌木或小乔木。单数羽状复叶互生，叶轴及叶柄常有翅；小叶 7～13。圆锥花序顶生，花序梗密生棕褐色柔毛；花杂性；两性花萼片 5，广卵形；花瓣 5，乳白色，倒卵状长椭圆形；雄蕊 5，花药黄色；子房上位。核果近扁圆形，成熟时红色，有灰白色短柔毛及盐霜状物。

【生　　境】生于向阳较干燥的山坡或半阳坡及沟谷、路旁。

【药用价值】虫瘿、果实、叶、根、根皮、树皮入药。敛肺，涩肠，止血，解毒。

【材料来源】吉林省通化市集安市，共 3 份，样本号 CBS470MT01～03。

【ITS2 序列特征】获得 ITS2 序列 3 条，比对后长度为 224bp，无变异位点。序列特征如下：

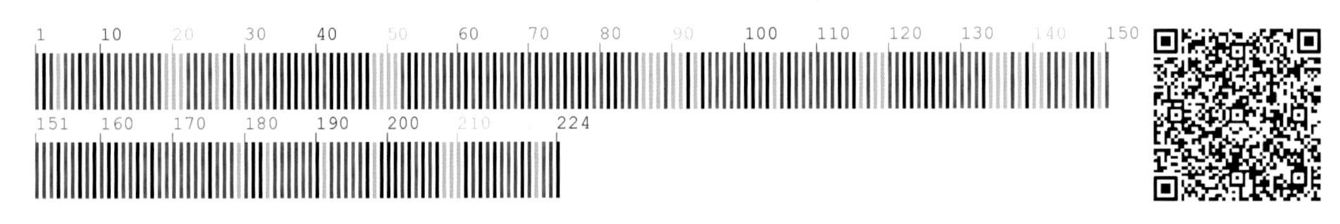

【*psbA-trnH* 序列特征】获得 *psbA-trnH* 序列 1 条，长度为 544bp。序列特征如下：

298 漆 **Toxicodendron vernicifluum** (Stokes) F. A. Barkl.

【别　　名】漆树，欺树

【形态特征】落叶乔木，高达20m。枝、树干有乳白色树液，遇空气变黑色。奇数羽状复叶互生，小叶9～15。圆锥花序腋生；花杂性或雌雄异株；萼片5裂；花瓣5；雄蕊5；子房上位，无柄，1室。果序下垂，核果扁圆形或肾形。

【生　　境】生于背风向阳的杂木林内、山野、路旁等处。

【药用价值】树脂、根、心材、树皮、叶、种子入药。破瘀，消积，杀虫。

【材料来源】吉林省通化市集安市，共3份，样本号CBS502MT01～03。

【**ITS2序列特征**】获得ITS2序列3条，比对后长度为230bp，无变异位点。序列特征如下：

【*psbA-trnH*序列特征】获得*psbA-trnH*序列3条，比对后长度为667bp，无变异位点。序列特征如下：

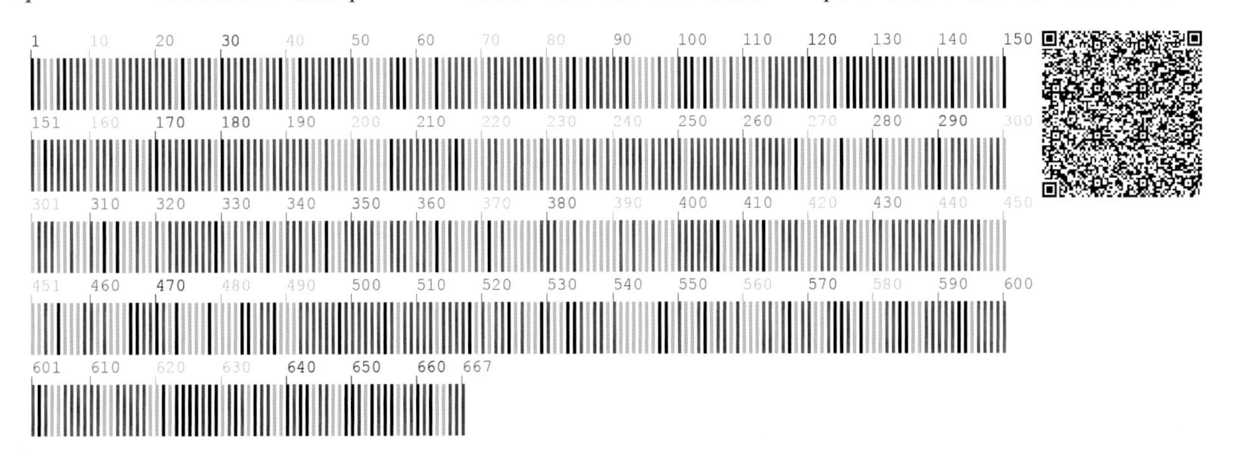

无患子科 Sapindaceae

299 簇毛枫 **Acer barbinerve** Maxim. ex Miq.

【别　　名】髭脉槭，簇毛槭，毛脉槭，辽吉槭树

【形态特征】乔木，高 5～12m。单叶对生，叶卵圆形，常 3～5 裂，上部 3 裂片卵形，先端尾状尖，下部 1 对裂片较小。花单性，雌雄异株，黄色。翅果黄褐色，果翅呈钝角开展。花期 5～6 月，果期 8～9 月。

【生　　境】生于山坡针阔混交林中、林缘等处。

【药用价值】枝、叶入药。祛风除湿，活血逐瘀。

【材料来源】吉林省通化市通化县，共 1 份，样本号 CBS082MT01。

【**ITS2 序列特征**】获得 ITS2 序列 1 条，长度为 237bp。序列特征如下：

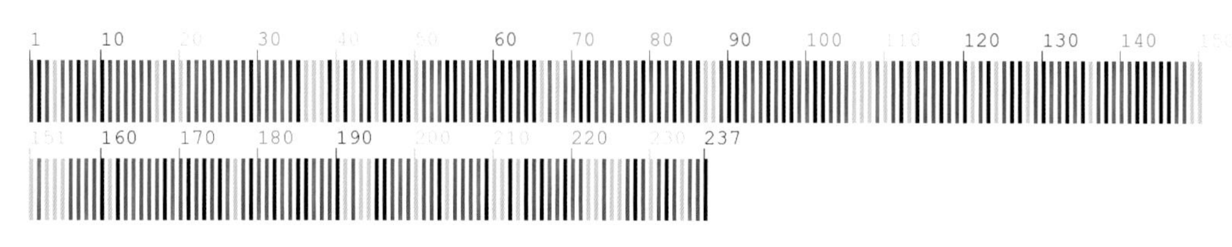

【***psbA-trnH*** **序列特征**】获得 *psbA-trnH* 序列 1 条，长度为 481bp。序列特征如下：

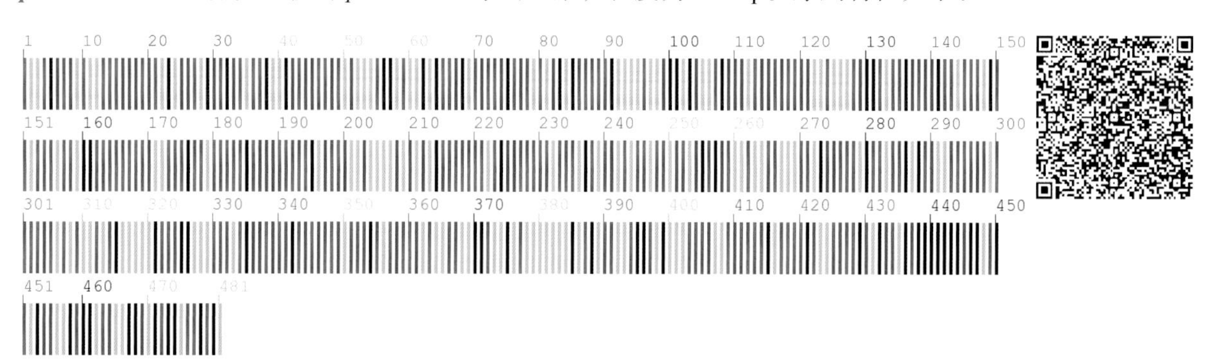

300 五角枫 **Acer pictum** subsp. **mono** (Maxim.) H. Ohashi

【别　　名】色木槭，五角槭，地锦槭，水色树，色木，色树，五龙皮

【形态特征】落叶大乔木。单叶对生，叶掌状5裂，稀7裂，基部心形或近心形。伞房花序顶生，花黄绿色；萼片5，长卵形或卵形；花瓣5，白色；雄蕊8，比花瓣短；花柱2裂，柱头反卷。翅果淡黄褐色，夹角为钝角。花期5月，果期9月。

【生　　境】生于土壤湿润肥沃的杂木林中、林缘及河岸两旁。

【药用价值】枝、叶入药。祛风除湿，活血逐瘀。

【材料来源】辽宁省本溪市桓仁满族自治县，共3份，样本号CBS643MT01～03。

【ITS2序列特征】获得ITS2序列3条，比对后长度为239bp，有1个变异位点，为133位点T-C变异。序列特征如下：

【*psbA-trnH* 序列特征】获得 *psbA-trnH* 序列3条，比对后长度为457bp，无变异位点。序列特征如下：

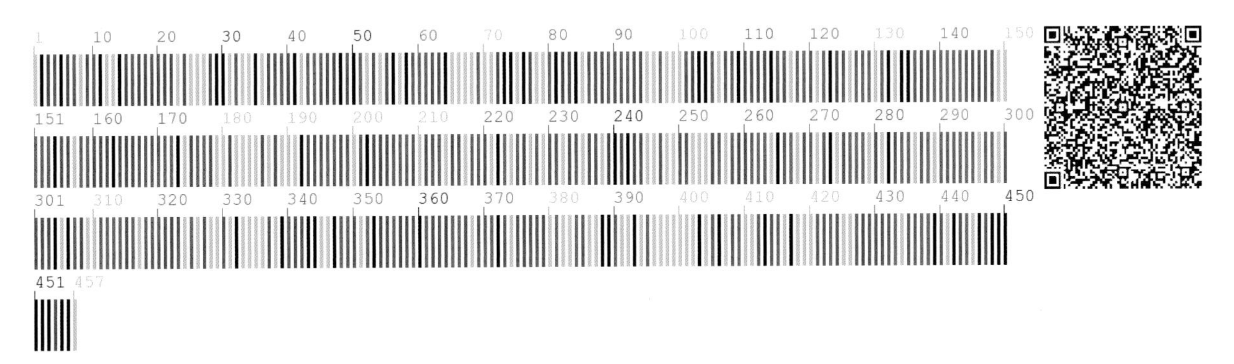

301　茶条枫　**Acer tataricum** subsp. **ginnala** (Maxim.) Wesmael.

【别　　名】茶条槭，茶条，茶条木，茶条子，枫树

【形态特征】落叶灌木或小乔木。树皮灰色，粗糙，浅纵裂。单叶对生；叶卵圆形，3～5 浅裂，基部圆形或心形。伞房花序顶生，花多而密，花杂性，同株，黄白色；萼片 5，长圆形，长约 3mm，边缘具柔毛；花瓣 5，倒披针形，白色，较萼片长；雄蕊 8，着生于花盘内侧，较花瓣长；子房密被长柔毛，柱头 2 裂。翅果深褐色，长 2.5～3cm，小坚果扁平，长圆形，具细脉纹，果翅常带红色，翅果开展成锐角或近直角。花期 5～6 月，果期 9 月。

【生　　境】生于山坡、路旁及灌丛中。

【药用价值】叶、芽入药。清热明目，解毒。

【材料来源】吉林省通化市东昌区，共 3 份，样本号 CBS164MT01～03。

【ITS2 序列特征】获得 ITS2 序列 3 条，比对后长度为 258bp，无变异位点。序列特征如下：

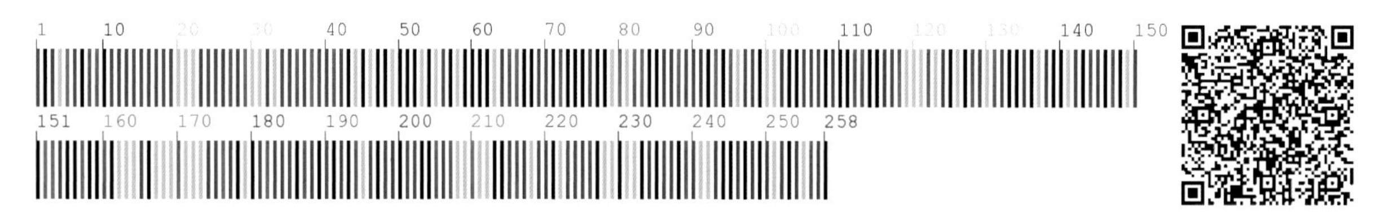

【*psbA-trnH* 序列特征】获得 *psbA-trnH* 序列 2 条，比对后长度为 442bp，无变异位点。序列特征如下：

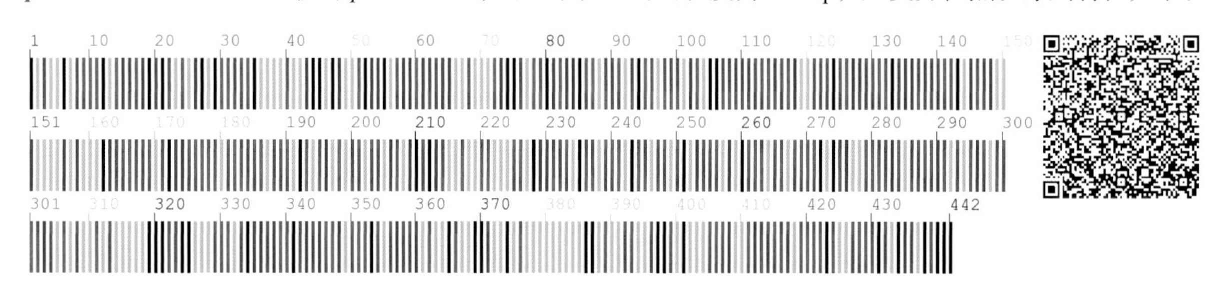

凤仙花科　Balsaminaceae

302　东北凤仙花　**Impatiens furcillata** Hemsl.

【别　　名】长距凤仙花

【形态特征】一年生草本。茎多分枝，红色，透明状。叶互生，菱状卵形或菱状披针形。总花梗腋生，疏生深褐色腺毛；花3～9，排成总状花序；花梗细，基部有一条形苞片；花小，黄色或淡紫色；侧生萼片2，卵形，先端突尖；旗瓣圆形，背面中肋有龙骨突，先端有短喙；翼瓣有柄，2裂，基部裂片近卵形，先端尖，上部裂片较大，斜卵形，尖；唇瓣漏斗状，基部突然延长成螺旋状卷曲的长距；花药钝。蒴果近圆柱形，先端具短喙。

【生　　境】生于海拔700～1050m的山谷河边、林缘或草丛中。

【药用价值】全草入药。活血散瘀，清热解毒。

【材料来源】吉林省延边朝鲜族自治州和龙市，共2份，样本号CBS645MT01、CBS645MT02。

【ITS2序列特征】获得ITS2序列2条，比对后长度为201bp，无变异位点。序列特征如下：

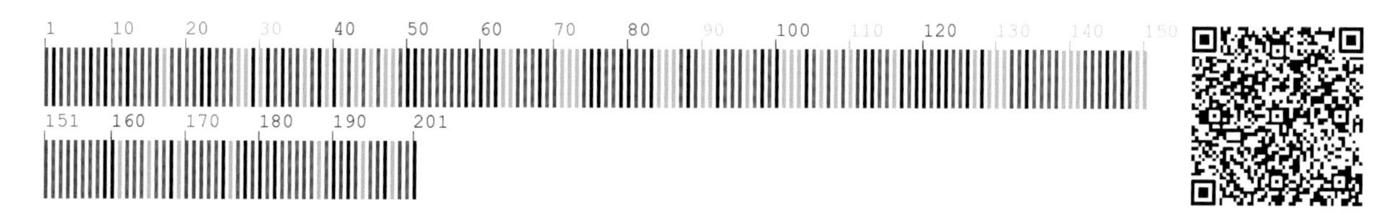

【*psbA-trnH*序列特征】获得*psbA-trnH*序列2条，比对后长度为326bp，无变异位点。序列特征如下：

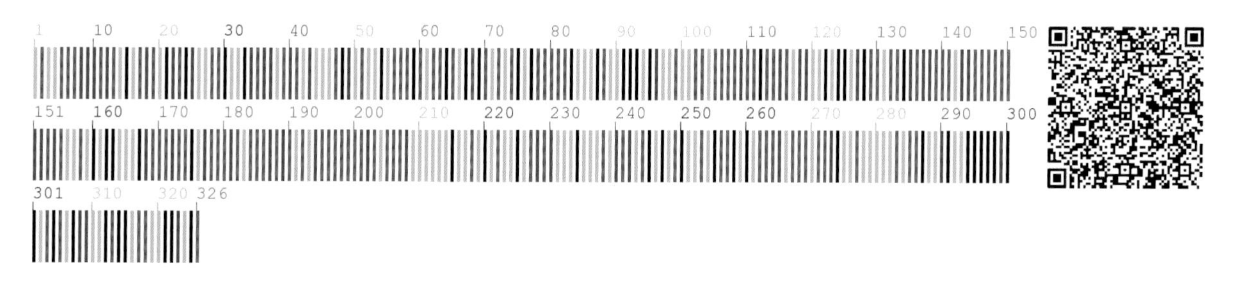

卫矛科 Celastraceae

303 刺苞南蛇藤 **Celastrus flagellaris** Rupr.

【别　　名】刺叶南蛇藤，爬山虎

【形态特征】木质藤本。茎节处常有钩刺。叶宽椭圆形或近圆形。聚伞花序腋生；花单性，淡黄色。蒴果球形，黄绿色。种子3～6粒，外被橘红色假种皮。花期6月，果期10月。

【生　　境】生于林下、河边石坡上。

【药用价值】根、茎、果实入药。祛风湿，强筋骨。

【材料来源】吉林省通化市二道江区，共2份，样本号CBS644MT01、CBS644MT02。

【ITS2序列特征】获得ITS2序列2条，比对后长度为222bp，无变异位点。序列特征如下：

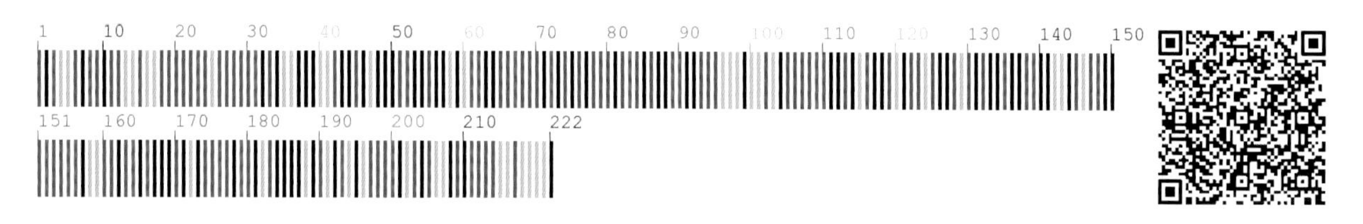

【*psbA-trnH*序列特征】获得*psbA-trnH*序列2条，比对后长度为411bp，无变异位点。序列特征如下：

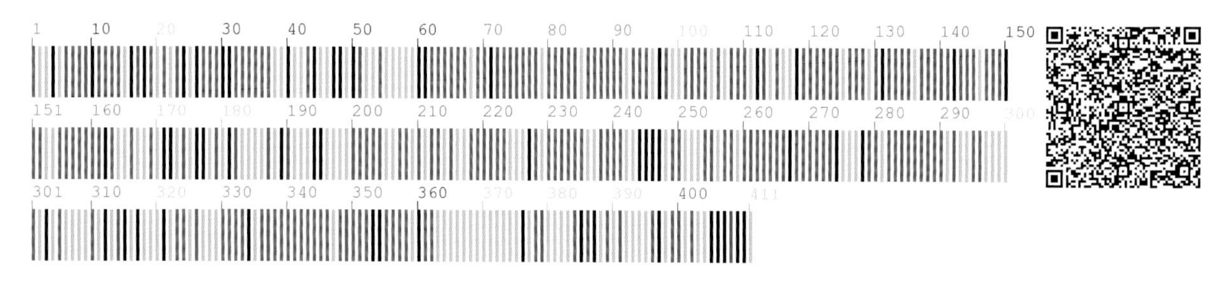

304 南蛇藤 Celastrus orbiculatus Thunb.

【别　　名】金红树，老牛筋，合欢花，山花椒

【形态特征】木质藤本。单叶互生，叶通常阔倒卵形。聚伞花序腋生或顶生；雄花萼片钝三角形；花瓣倒卵椭圆形或长方形；子房近球状，柱头3深裂，花柱显著伸出。蒴果近球状。种皮黄色、开裂，肉质假种皮红色，种子椭圆状稍扁，赤褐色。花期5～6月，果期7～10月。

【生　　境】生于荒山坡、阔叶林边及灌丛内等处，常缠绕或依附其他树干生长。

【药用价值】茎藤、叶、果实入药。祛风湿，活血脉，强筋骨，消炎解毒。

【材料来源】吉林省通化市东昌区，共3份，样本号CBS848MT01～03。

【ITS2序列特征】获得ITS2序列3条，比对后长度为223bp，无变异位点。序列特征如下：

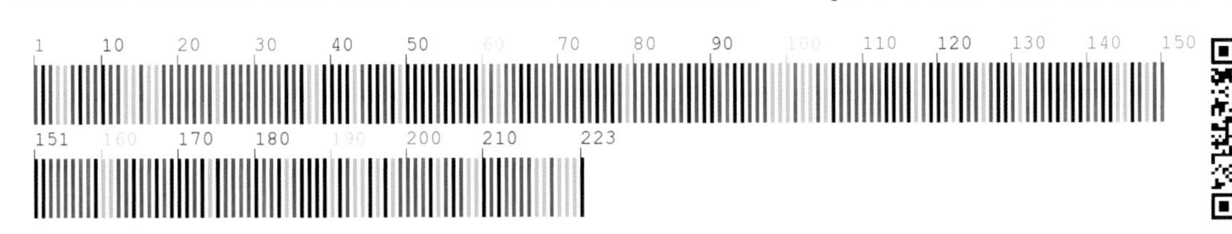

【*psbA-trnH*序列特征】获得*psbA-trnH*序列3条，比对后长度为506bp，无变异位点。序列特征如下：

305 卫矛 **Euonymus alatus** (Thunb.) Sieb.

【别　　名】鬼箭，鬼箭羽，山鸡条子，四棱树，千层皮

【形态特征】灌木。幼茎具四棱栓翼。叶对生，椭圆形或倒卵形。聚伞花序具 1 至多花，腋生；花淡黄绿色或淡绿白色；花瓣近圆形；雄蕊 4，着生在花盘上；子房与花盘合生；花盘近四方形。蒴果长圆形或长倒卵形，1～3 室，分离，表面光滑，绿色或紫绿色。种子椭圆形或卵圆形，淡褐色，长约 5mm，假种皮橘红色，包 1 种子。花期 5 月，果期 9 月。

【生　　境】生于阔叶林及针阔混交林下、林缘、灌丛、沟谷及路旁等处。

【药用价值】根、带木栓翅细枝、叶入药。行血通经，散瘀止痛。

【材料来源】吉林省通化市东昌区，共 2 份，样本号 CBS095MT01、CBS095MT02。

【**ITS2 序列特征**】获得 ITS2 序列 2 条，比对后长度为 212bp，无变异位点。序列特征如下：

【***psbA-trnH*** **序列特征**】获得 *psbA-trnH* 序列 2 条，比对后长度为 564bp，无变异位点。序列特征如下：

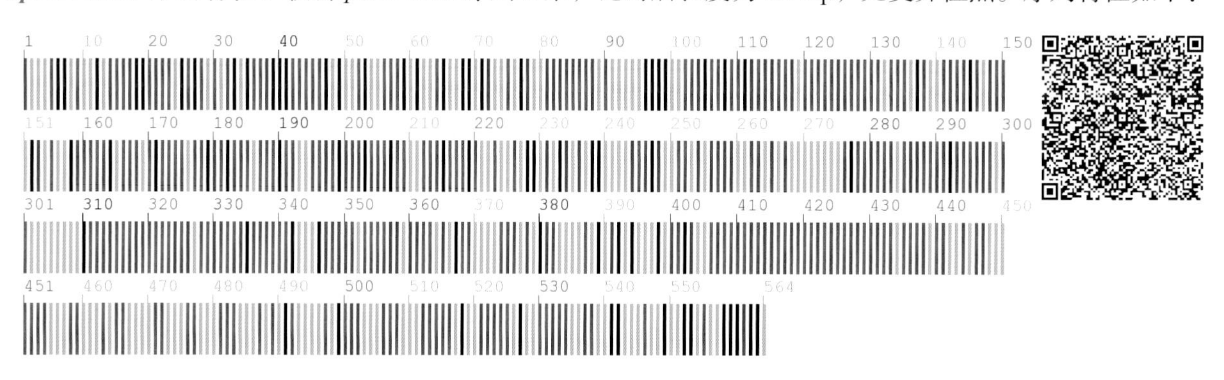

306 白杜 Euonymus maackii Rupr.

【别　　名】桃叶卫矛，华北卫矛，白杜卫矛

【形态特征】落叶灌木或小乔木。叶对生，长椭圆形，边缘具细锯齿，基部楔形或近圆形。聚伞花序腋生，有花3～15朵；花黄绿色，萼片4，近圆形；花瓣4，椭圆形；雄蕊4，花丝长约为花药的2倍，花药紫色；子房上位并与花盘连合，花柱1。蒴果深裂成尖锐的4棱，成熟时4瓣裂，露出橘红色的假种皮。种子淡红色。

【生　　境】生于山坡林缘、路旁、河旁及灌丛等处。

【药用价值】全株入药。祛风湿，活血，止血。

【材料来源】吉林省通化市二道江区，共3份，样本号CBS647MT01～03。

【ITS2序列特征】获得ITS2序列3条，比对后长度为214bp，无变异位点。序列特征如下：

【*psbA-trnH*序列特征】获得*psbA-trnH*序列3条，比对后长度为564bp，无变异位点。序列特征如下：

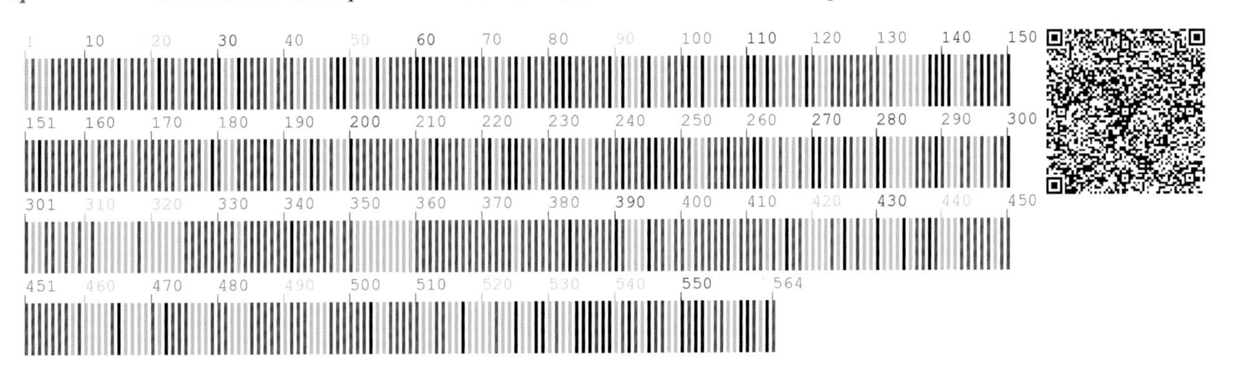

307 梅花草 Parnassia palustris L.

【别　　名】多毛梅花草，苍耳七

【形态特征】多年生草本，高12～20cm。根状茎短粗。茎2～4条，通常近中部具一茎生叶，无柄，半抱茎。基生叶3至多数，具柄；叶卵形至长卵形；叶柄两侧有窄翼，具长条形紫色斑点。花单生于茎顶；花瓣白色；雄蕊5；退化雄蕊5；子房上位，卵球形，花柱极短，柱头4裂。蒴果卵球形，干后有紫褐色斑点，呈4瓣开裂。花期7～9月，果期10月。

【生　　境】生于低湿草甸、林下湿地、高山苔原带等处。

【药用价值】全草入药。清热解毒，消肿凉血，化痰止咳。

【材料来源】吉林省延边朝鲜族自治州敦化市，共3份，样本号CBS331MT01～03。

【ITS2序列特征】获得ITS2序列1条，长度为240bp。序列特征如下：

【*psbA-trnH*序列特征】获得*psbA-trnH*序列3条，比对后长度为521bp，无变异位点。序列特征如下：

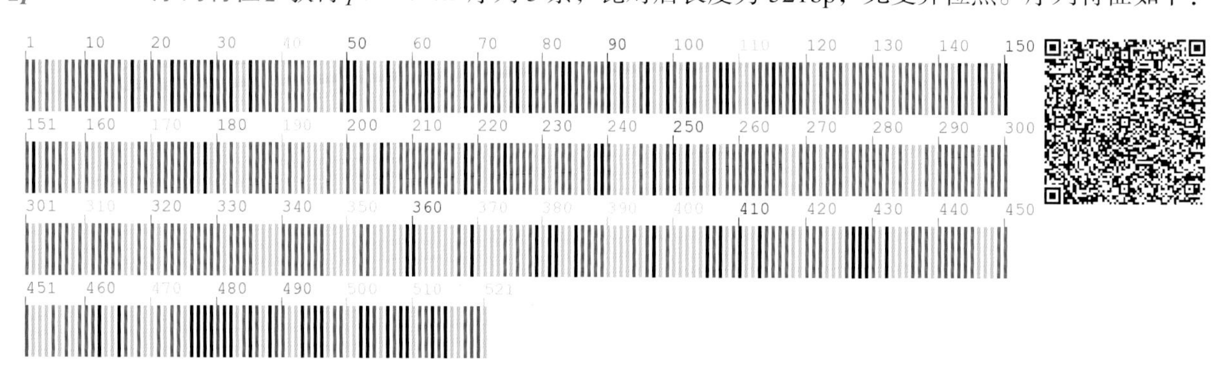

308 雷公藤 **Tripterygium wilfordii** Hook. f.

【别　　名】东北雷公藤，东北黑蔓，黑蔓，黄藤子，穷搅，红藤子

【形态特征】木质藤本。叶互生，椭圆形至阔卵形，先端突长尖，边缘有钝的重锯齿或单锯齿。聚伞圆锥花序顶生，长达20cm，花梗有短毛；花杂性，黄白色；花萼5裂，先端钝，背面有微毛；花瓣5，倒卵形；雄蕊5，着生于杯状花盘边缘；子房上位，有3棱。翅果绿白色，有3个膜质翅，内含1粒种子。种子三棱状长柱形，暗红褐色。花期7～8月，果期9～10月。

【生　　境】生于针叶林缘及针阔混交林缘和林中。

【药用价值】根茎、茎、叶入药。消积利水，活血解毒。

【材料来源】吉林省通化市东昌区，共3份，样本号CBS427MT01～03。

【ITS2序列特征】获得ITS2序列3条，比对后长度为223bp，无变异位点。序列特征如下：

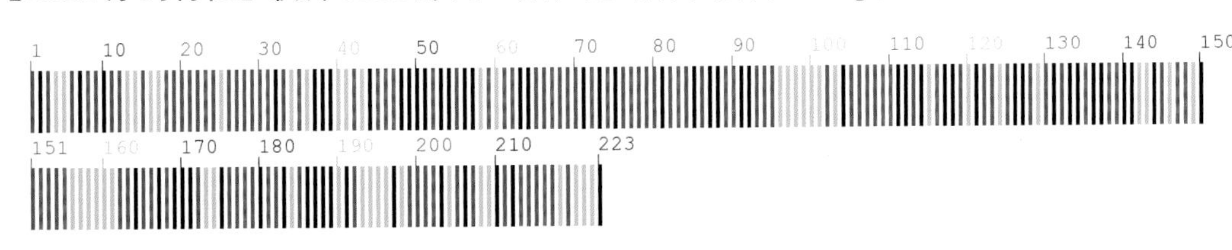

【*psbA-trnH*序列特征】获得*psbA-trnH*序列3条，比对后长度为520bp，有1个变异位点，为491位点G-A变异。序列特征如下：

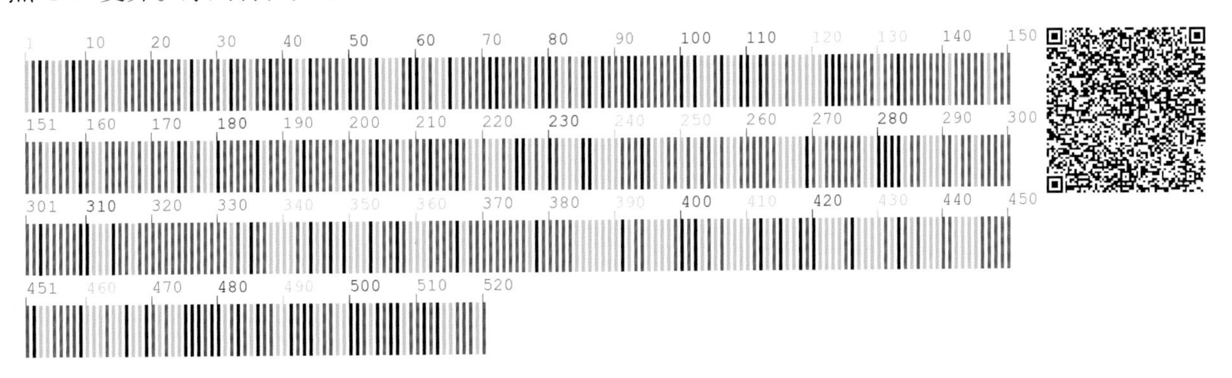

省沽油科 Staphyleaceae

309 省沽油 **Staphylea bumalda** DC.

【别　　名】珍珠花，水条

【形态特征】落叶灌木。三出复叶，对生，小叶椭圆形、卵圆形或卵状披针形。圆锥花序顶生；花萼 5，萼片长椭圆形，淡黄白色；花瓣 5，白色，倒卵状长圆形；雄蕊 5，与花瓣近等长；心皮 2，子房被粗毛，花柱 2。蒴果膀胱状，果皮膜质，有横纹。种子圆而扁，黄色，有光泽。花期 5～6 月，果期 8～9 月。

【生　　境】生于向阳的山坡及山沟杂木林中。

【药用价值】果实、根入药。果实：润肺止咳；根：行瘀止血。

【材料来源】吉林省通化市二道江区，共 2 份，样本号 CBS132MT01、CBS132MT02。

【ITS2 序列特征】获得 ITS2 序列 2 条，比对后长度为 216bp，无变异位点。序列特征如下：

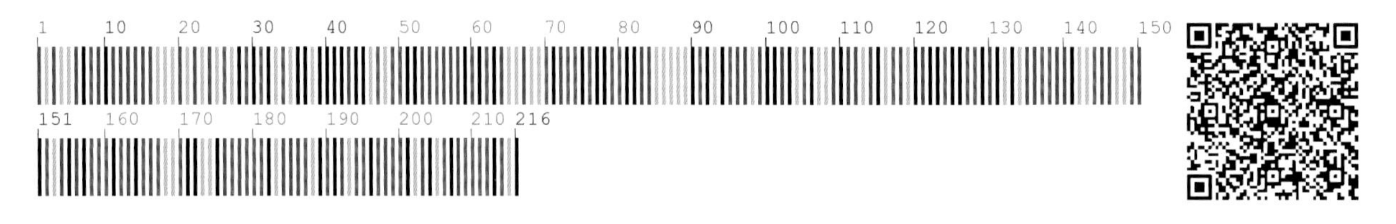

【*psbA-trnH* 序列特征】获得 *psbA-trnH* 序列 2 条，比对后长度为 469bp，无变异位点。序列特征如下：

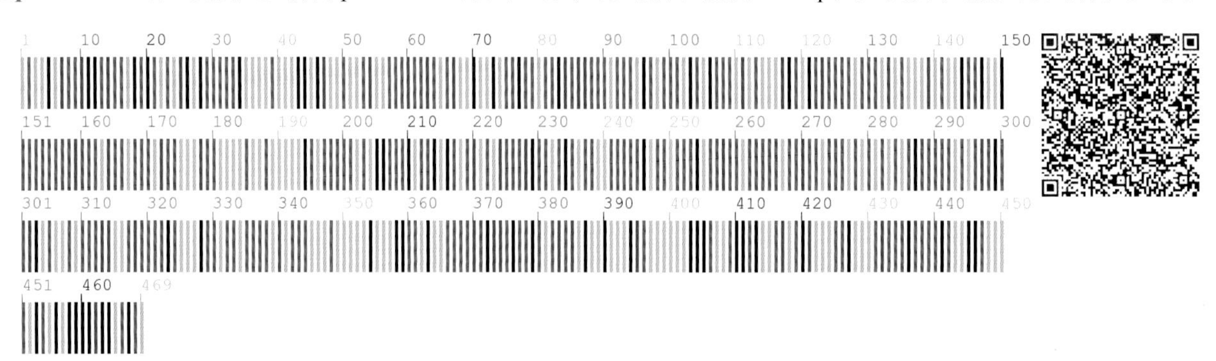

葡萄科　Vitaceae

310　东北蛇葡萄　**Ampelopsis glandulosa** var. **brevipedunculata** (Maxim.) Momiy.

【别　　名】蛇葡萄，蛇白蔹，山葡萄，狗葡萄

【形态特征】落叶木质藤本。根粗长，黄白色，含黏质。枝条粗壮，有皮孔，髓部白色，嫩枝有柔毛。卷须与叶对生，分叉。叶互生，纸质，广卵形，先端3浅裂，稀不分裂，基部心形，通常3浅裂，疏生短柔毛或无毛。聚伞花序与叶对生或顶生；花多数，细小，黄绿色；萼片5，稍裂开，几呈截形；花瓣5；雄蕊5；雌蕊1，子房2室。浆果球形或椭圆形，成熟时由深绿色变为蓝黑色。花期6月，果期9～10月。

【生　　境】生于山坡灌丛、疏林内、林缘、路旁及山谷溪流边。

【药用价值】根、茎、果实入药。利尿，消炎，止血。

【材料来源】吉林省通化市集安市，共3份，样本号CBS501MT01～03。

【**ITS2序列特征**】获得ITS2序列3条，比对后长度为243bp，无变异位点。序列特征如下：

【***psbA-trnH*** **序列特征**】获得*psbA-trnH*序列3条，比对后长度为395bp，有1个变异位点，为377位点T-G变异。序列特征如下：

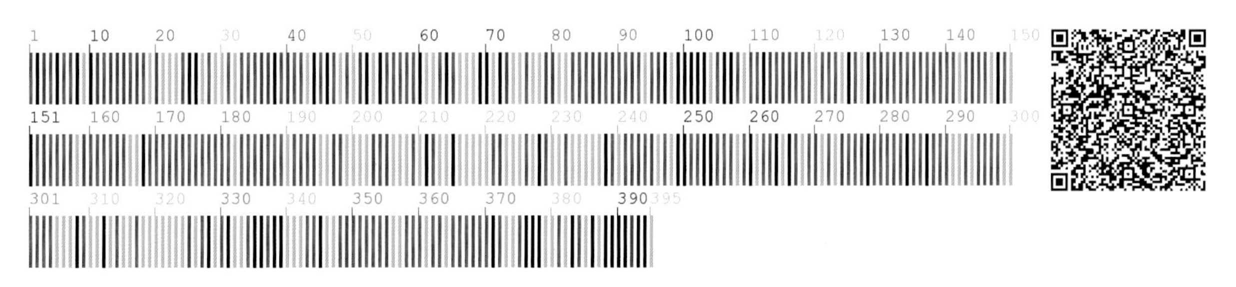

311 地锦 **Parthenocissus tricuspidata** (Siebold et Zucc.) Planch.

【别　　名】爬山虎，长春藤，爬墙虎

【形态特征】木质藤本。单叶互生，通常 3 浅裂，基部心形，边缘有粗锯齿；幼苗或下部枝上的叶较小，常为 3 小叶或 3 全裂。聚伞花序生于短枝顶端的两叶之间，黄绿色；萼片 5，全缘；花瓣 5，长圆形，顶端反折；雄蕊 5；花盘贴生于子房；子房 2 室，每室有 2 胚珠。浆果球形，成熟时蓝黑色。花期 6～7 月，果期 9～10 月。

【生　　境】常攀援于山地石砬子岩石及墙壁上。

【药用价值】根茎入药。祛风除湿，清热解毒。

【材料来源】吉林省延边朝鲜族自治州龙井市，共 3 份，样本号 CBS648MT01～03。

【ITS2 序列特征】获得 ITS2 序列 3 条，比对后长度为 261bp，有 1 处插入 / 缺失，为 165 位点与 166 位点之间。序列特征如下：

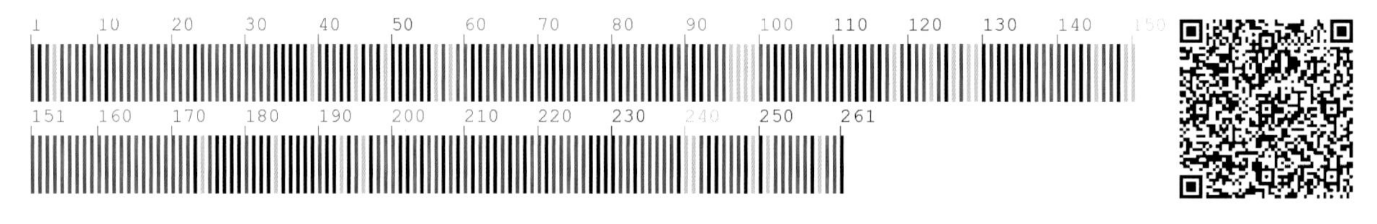

【*psbA-trnH* 序列特征】获得 *psbA-trnH* 序列 3 条，比对后长度为 397bp，无变异位点。序列特征如下：

312 山葡萄 Vitis amurensis Rupr.

【别　　名】黑龙江葡萄，阿穆尔葡萄，黑水葡萄，野葡萄

【形态特征】木质藤本。茎栓皮纵向片状脱落。单叶互生，不分裂或3～5浅裂至中裂；叶具长柄，柄上有毛。圆锥花序与叶对生，雌雄异株，花黄绿色；雌花序呈圆锥状而分歧，具稀疏的长毛；萼片轮状截形；花瓣5；雄花序形状不等，具稀疏的绒毛，雄蕊5，雌蕊退化。浆果球形，黑色或黑蓝色。种子2～3粒，卵圆形。花期5～6月，果期8～9月。

【生　　境】生于山地林缘地带或林中，常缠绕在灌木或小乔木上。

【药用价值】根、藤、果实入药。根、藤：祛风，止痛；果实：清热利尿。

【材料来源】吉林省通化市东昌区，共1份，样品号CBS428MT01。

【*psbA-trnH* 序列特征】获得 *psbA-trnH* 序列1条，长度为437bp，无变异位点。序列特征如下：

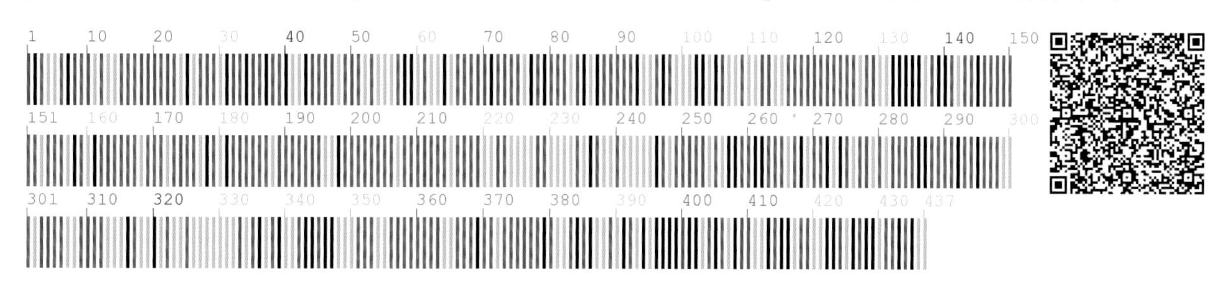

锦葵科 Malvaceae

313 苘麻 **Abutilon theophrasti** Medicus

【别　　名】青麻，白麻，孔麻，麻杆

【形态特征】一年生草本。茎直立，有柔毛。单叶互生，叶圆心形，先端长尖，基部心形。花单生于叶腋或枝端；花瓣5，黄色；雄蕊多数，连合成筒；雌蕊心皮15～20。蒴果半球形。种子黑色，肾形。花期7～8月，果期9～10月。

【生　　境】生于田野、路旁、荒地及村屯附近。

【药用价值】种子、根、全草入药。解毒，祛风。

【材料来源】吉林省通化市通化县，共3份，样本号CBS395MT01～03。

【ITS2 序列特征】获得 ITS2 序列 3 条，比对后长度为 231bp，无变异位点。序列特征如下：

【*psbA-trnH* 序列特征】获得 *psbA-trnH* 序列 3 条，比对后长度为 732bp，无变异位点。序列特征如下：

314 野西瓜苗 Hibiscus trionum L.

【别　　名】芙蓉花，草芙蓉，香铃草

【形态特征】一年生草本。单叶互生，上部叶掌状3～5全裂。花单生于叶腋；花瓣5，淡黄色，里面紫色；单体雄蕊；子房5室，花柱顶端5裂。蒴果长卵圆状球形。种子成熟后黑褐色，粗糙而无毛。花期7～8月，果期8～9月。

【生　　境】生于路旁、荒地、田间、田边及住宅附近。

【药用价值】全草入药。清热解毒，祛风除湿，止咳利尿。

【材料来源】吉林省通化市，共3份，样本号CBS356MT01～03。

【ITS2序列特征】获得ITS2序列3条，比对后长度为232bp，无变异位点。序列特征如下：

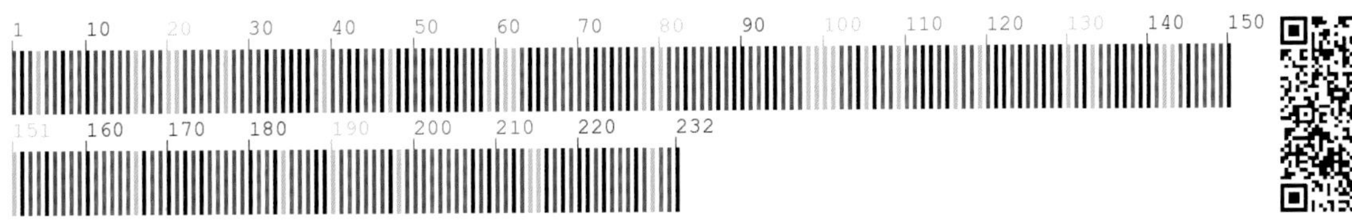

【*psbA-trnH*序列特征】获得*psbA-trnH*序列3条，比对后长度为294bp，无变异位点。序列特征如下：

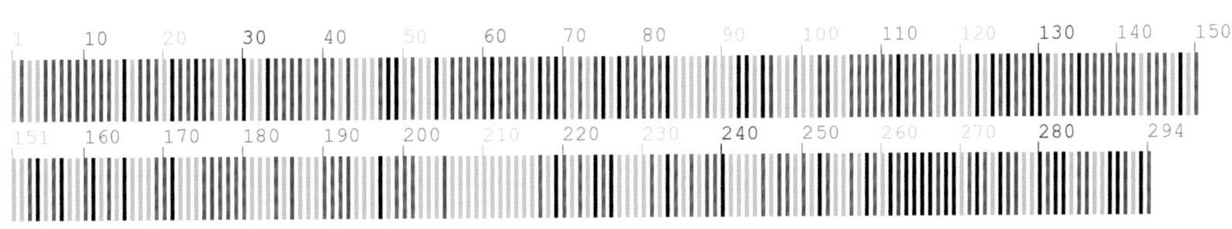

315 紫椴 Tilia amurensis Rupr.

【别　　名】籽椴，阿穆尔椴树，椴树，小叶椴

【形态特征】高大乔木。树皮灰色或暗灰色，浅纵裂，嫩枝无毛。单叶互生，叶宽卵形或近圆形，先端尾尖，基部心形，边缘具粗锯齿。聚伞花序；苞片膜质，匙形或近矩圆形，具短柄；萼片 5；花瓣 5；雄蕊多数。果球形或矩圆形，具种子 1～3 粒。种子褐色，倒卵形。花期 6～7 月，果期 9 月。

【生　　境】生于针阔混交林、阔叶林、杂木林、山坡及林缘等处。

【药用价值】花入药。祛风活血，止痛。

【材料来源】吉林省通化市集安市，共 2 份，样本号 CBS649MT01、CBS649MT02。

【ITS2 序列特征】获得 ITS2 序列 2 条，比对后长度为 242bp，无变异位点。序列特征如下：

【*psbA-trnH* 序列特征】获得 *psbA-trnH* 序列 1 条，长度为 658bp，无变异位点。序列特征如下：

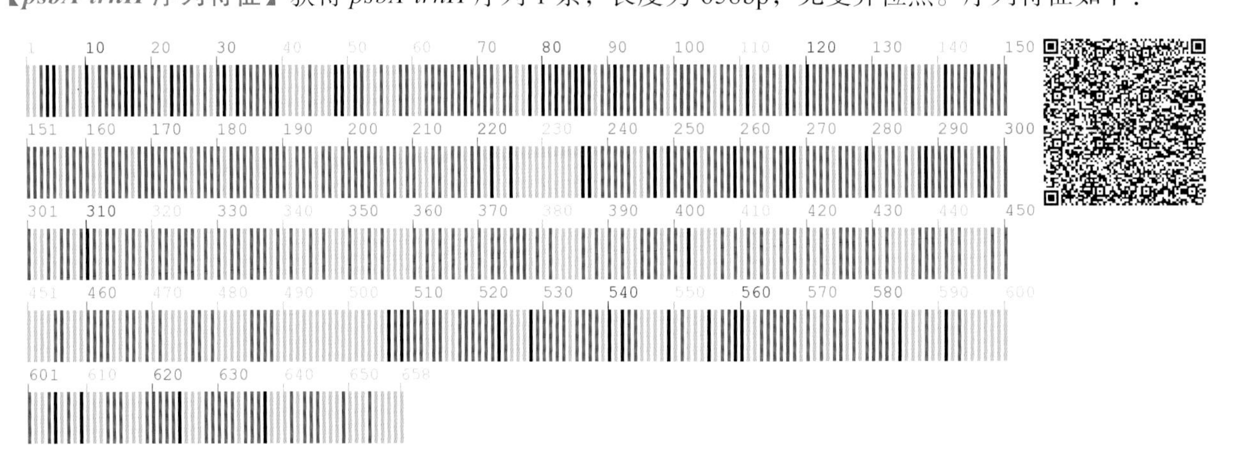

316 糠椴　**Tilia mandshurica** Rupr. et Maxim.

【别　　名】辽椴，大叶椴，菠萝叶

【形态特征】乔木，高达20m，直径约50cm。树皮灰褐色，嫩枝有绒毛。叶圆状心形，先端渐尖或急尖，边缘具粗锯齿，背面具有黄灰色星状毛。聚伞花序长9～13cm，花序轴有黄褐色绒毛；苞片窄长圆形或窄倒披针形；萼片5，披针形，外面有星状柔毛，内面有长丝毛；花瓣5，黄色，无毛；雄蕊发育成花瓣状；子房球形，密被灰褐色毛。果实球形，密被星状毛。花期6～7月，果期8～9月。

【生　　境】生于柞林、杂木林、山坡、林缘及沟谷等处。

【药用价值】花入药。发汗，解热，解毒。

【材料来源】吉林省通化市东昌区，共3份，样本号CBS242MT01～03。

【ITS2序列特征】获得ITS2序列3条，比对后长度为244bp，无变异位点。序列特征如下：

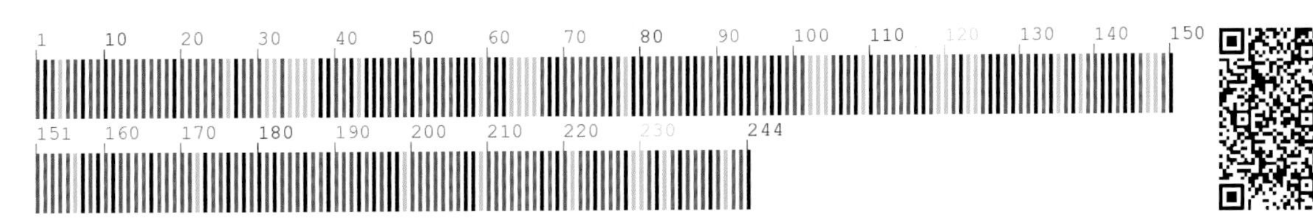

瑞香科 Thymelaeaceae

317 东北瑞香 **Daphne pseudomezereum** A. Gray

【别　　名】朝鲜瑞香，长白瑞香，辣根草，祖师麻

【形态特征】落叶小灌木。茎有数分枝，枝条柔软。单叶互生，叶倒卵状披针形，全缘，上面绿色，下面淡绿色。花两性，淡黄色，单被，多4朵腋生；花被呈短筒状，先端4裂，裂片卵圆形；雄蕊8，2轮；花盘环状；子房上位。浆果状核果，成熟时鲜红色，内有2粒种子。花期4～5月，果期6～9月。

【生　　境】生于针阔混交林和针叶林下及林缘等处，常与苔藓植物混生。

【药用价值】全株入药。清热解毒，消肿止痛。

【材料来源】吉林省延边朝鲜族自治州安图县，共3份，样本号CBS651MT01～03。

【ITS2序列特征】获得ITS2序列3条，比对后长度为222bp，无变异位点。序列特征如下：

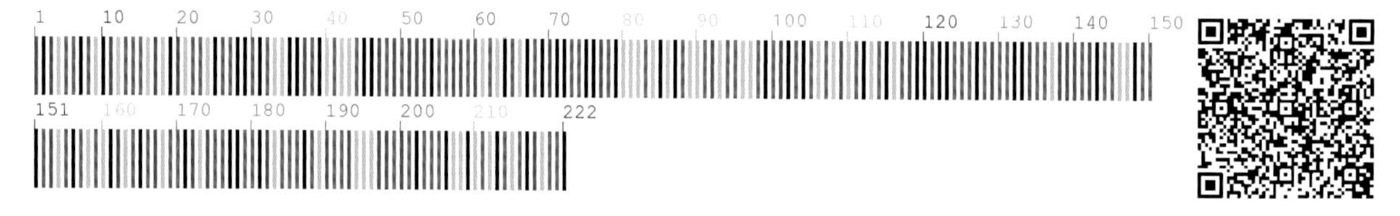

【*psbA-trnH*序列特征】获得*psbA-trnH*序列3条，比对后长度为341bp，有4个变异位点，分别为139位点A-T变异、158位点G-A变异、251位点A-T变异，276位点为简并碱基。序列特征如下：

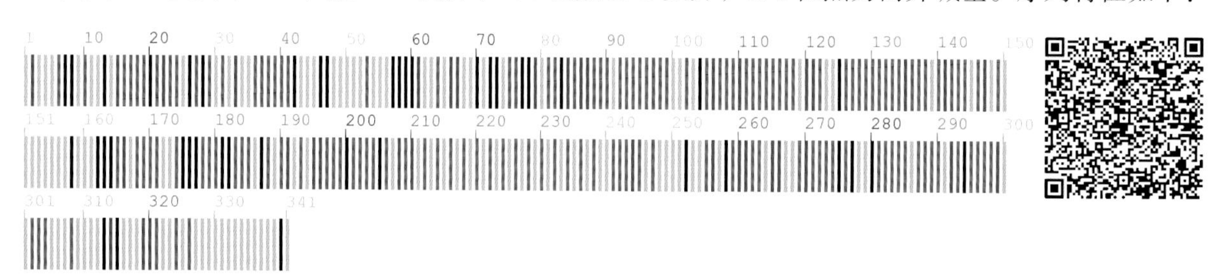

318　草瑞香　**Diarthron linifolium** Turcz.

【别　　名】粟麻，元棍条

【形态特征】一年生草本。茎多分枝，扫帚状。叶互生，线形至线状披针形或狭披针形。花绿色，顶生总状花序；雄蕊4，稀5；花盘不明显；子房具柄。果实卵形或圆锥状，黑色；果皮膜质，无毛。花期5～7月，果期6～8月。

【生　　境】生于海拔500～1400m的沙质地、荒地山坡、山谷、丘陵、河滩地。

【药用价值】根皮、茎皮入药。活血止痛。

【材料来源】吉林省通化市二道江区，共3份，样本号CBS650MT01～03。

【ITS2序列特征】获得ITS2序列3条，比对后长度为218bp，无变异位点。序列特征如下：

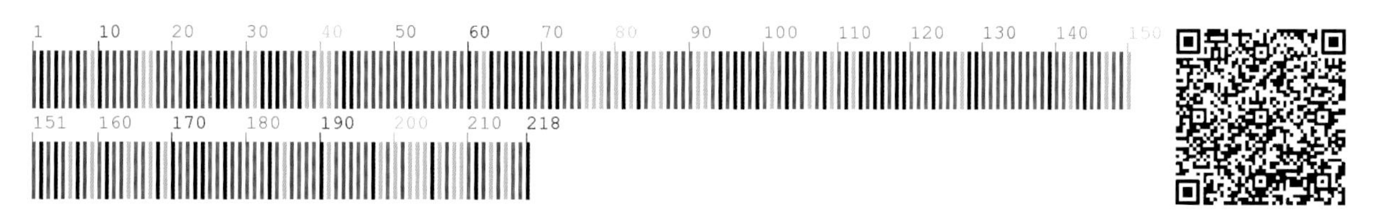

【*psbA-trnH*序列特征】获得*psbA-trnH*序列3条，比对后长度为402bp，无变异位点。序列特征如下：

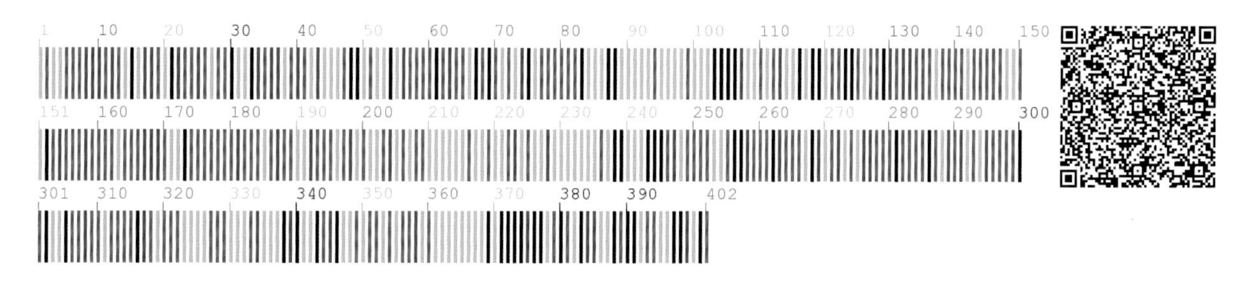

胡颓子科 Elaeagnaceae

319 沙棘 **Hippophae rhamnoides** L.

【别　　名】中国沙棘，醋柳果，醋柳，酸刺

【形态特征】灌木。棘刺较多。单叶通常近对生，叶狭披针形或矩圆状披针形，上面绿色，下面银白色或淡白色；叶柄极短。浆果状核果，橙黄色或橘红色。种子阔椭圆形至卵形，具光泽。

【生　　境】生于向阳山脊、谷地、干涸河床地或山坡的多砾石或沙质土壤或黄土上。

【药用价值】果实入药。止咳化痰，消食化滞，活血散瘀。

【材料来源】吉林省白山市长白朝鲜族自治县，共 3 份，样本号 CBS652MT01～03。

【ITS2 序列特征】获得 ITS2 序列 3 条，比对后长度为 221bp，无变异位点。序列特征如下：

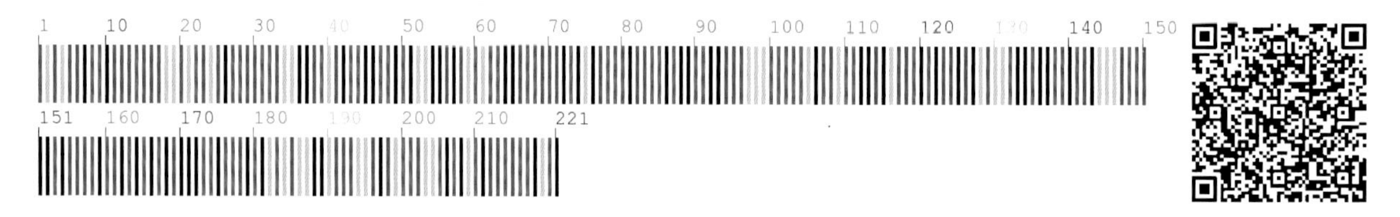

【*psbA-trnH* 序列特征】获得 *psbA-trnH* 序列 2 条，比对后长度为 393bp，有 2 个变异位点，128 位点、129 位点为简并碱基。序列特征如下：

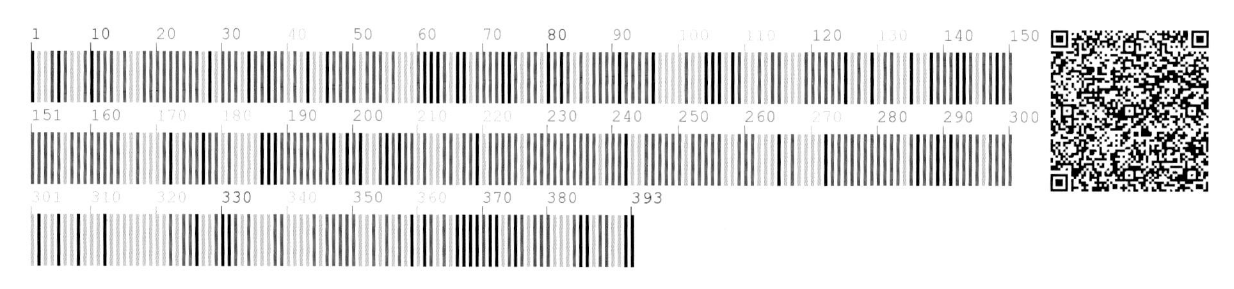

堇菜科　Violaceae

320　鸡腿堇菜　**Viola acuminata** Ledeb.

【别　　名】胡森堇菜，鸡腿菜，鸡蹬菜，鸽子腿

【形态特征】多年生草本，高 10～50cm。根状茎较粗；地上茎直立，有柔毛，常分枝。叶互生，卵状微心形；托叶大，羽状深裂，裂片细长，有时为牙齿状中裂或浅裂，基部与叶柄合生。花两侧对称，有细长梗；花萼 5，线状披针形，近白色或淡紫色；雄蕊 5；子房上位，1 室。蒴果椭圆形，先端尖，5 瓣裂，长约 1cm，无毛。花期 5～6 月，果期 7～8 月。

【生　　境】生于山坡、林缘、草地、灌丛及河谷湿地等处。

【药用价值】叶入药。清热解毒，消肿止痛。

【材料来源】吉林省通化市东昌区，共 2 份，样本号 CBS104MT01、CBS104MT02。

【ITS2 序列特征】获得 ITS2 序列 2 条，比对后长度为 210bp，有 1 个变异位点，为 206 位点 G-T 变异。序列特征如下：

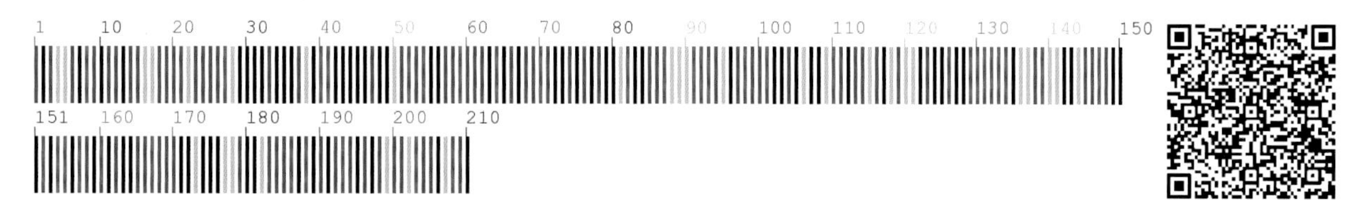

【*psbA-trnH* 序列特征】获得 *psbA-trnH* 序列 2 条，比对后长度为 272bp，无变异位点。序列特征如下：

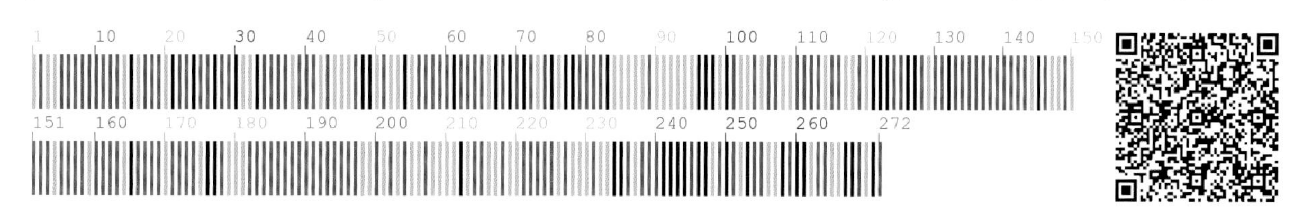

321 如意草 **Viola arcuata** Blume

【别　　名】堇菜，葡堇菜，罐嘴茶，堇堇菜，地黄瓜，小犁头草

【形态特征】多年生草本。常多株簇生。根状茎短粗，具地上茎。基生叶宽心形、卵状心形或肾形；茎生叶与基生叶相似。花小，白色或淡紫色，生于茎生叶的叶腋；花梗远长于叶，中部以上有 2 枚近于对生的线形小苞片；萼片卵状披针形，距呈浅囊状。蒴果长圆形或椭圆形。种子卵球形，淡黄色。花期 4～5 月，果期 7～8 月。

【生　　境】生于湿草地、山坡草丛、灌丛、杂木林缘、田野、宅旁等处。

【药用价值】全草入药。清热解毒，止咳，止血。

【材料来源】吉林省通化市二道江区，共 3 份，样本号 CBS133MT01～03。

【ITS2 序列特征】获得 ITS2 序列 3 条，比对后长度为 221bp，无变异位点。序列特征如下：

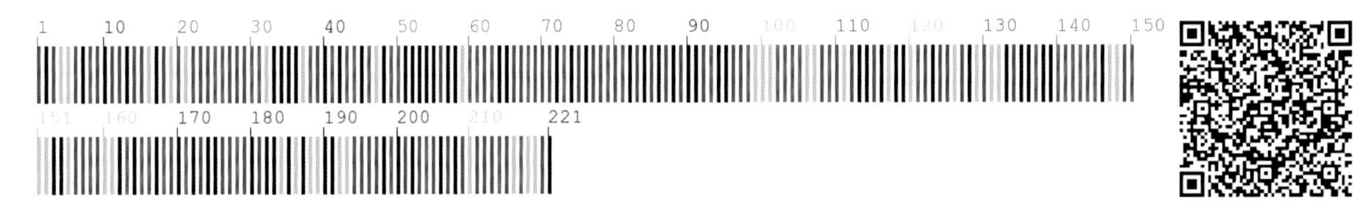

【*psbA-trnH* 序列特征】获得 *psbA-trnH* 序列 2 条，比对后长度为 371bp，无变异位点。序列特征如下：

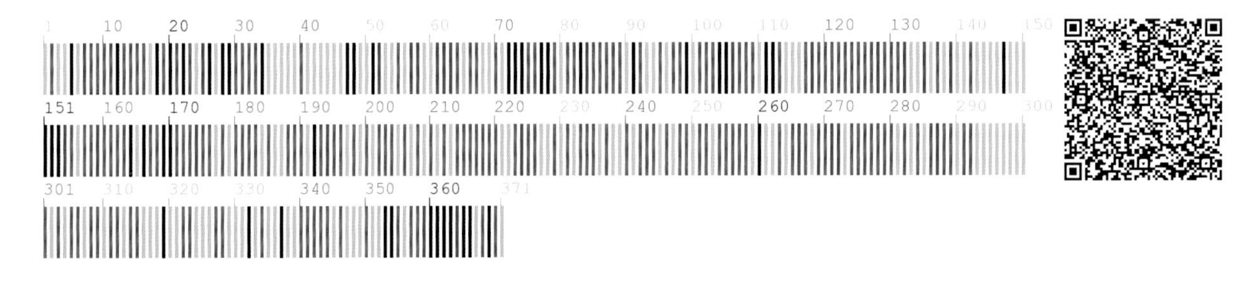

322 南山堇菜 **Viola chaerophylloides** (Regel) W. Becker

【别　　名】胡堇草，胡堇菜，细芹叶堇

【形态特征】多年生草本。无地上茎。叶二至三回全裂，花后期叶形变化较大，近掌状；托叶膜质。花白色，花梗通常淡紫色；花瓣宽倒卵形，侧方花瓣长约15mm，下方花瓣有紫色条纹；距长而粗；子房无毛。蒴果大，长椭圆状。种子多数，卵状。花期4～5月，果期7～8月。

【生　　境】生于山地阔叶林下或林缘、溪谷阴湿处、阳坡灌丛及草坡。

【药用价值】全草入药。清热，止血，止咳化痰。

【材料来源】吉林省通化市二道江区，共3份，样本号CBS026MT01～03。

【ITS2序列特征】获得ITS2序列3条，比对后长度为221bp，无变异位点。序列特征如下：

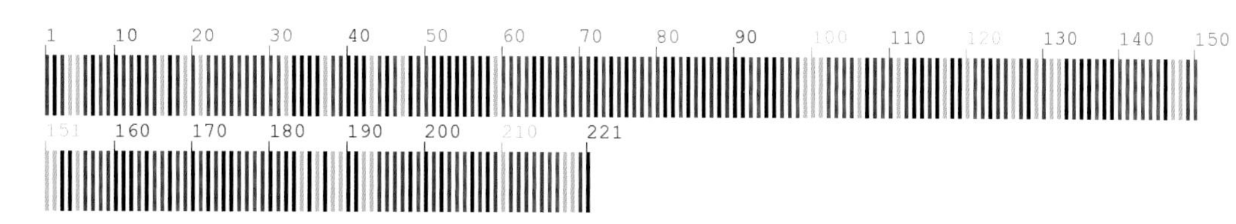

【*psbA-trnH*序列特征】获得*psbA-trnH*序列3条，比对后长度为472bp，无变异位点。序列特征如下：

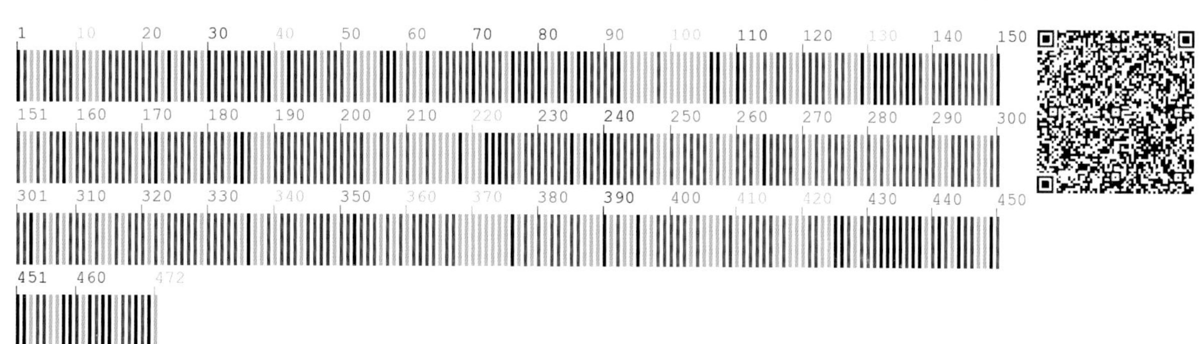

323 大叶堇菜 **Viola diamantiaca** Nakai

【别　　名】寸节草，大铧头草，白铧头草

【形态特征】多年生草本。无地上茎。叶心形或卵状心形，花期叶尚未完全展开；托叶离生。花大，苍白色，花梗单一，细弱，中部稍上处有 2 枚较小的披针形小苞片；萼片卵状披针形；距较短粗，末端钝。蒴果表面具紫红色斑点，长约 1.3cm。花果期 5～8 月。

【生　　境】生于阔叶林下、林缘等土质较肥沃的地方。常聚生成片。

【药用价值】全草入药。清热解毒，止血。

【材料来源】辽宁省本溪市桓仁满族自治县，共 2 份，样本号 CBS036MT01、CBS036MT02。

【ITS2 序列特征】获得 ITS2 序列 2 条，比对后长度为 220bp，无变异位点。序列特征如下：

【*psbA-trnH* 序列特征】获得 *psbA-trnH* 序列 2 条，比对后长度为 447bp，无变异位点。序列特征如下：

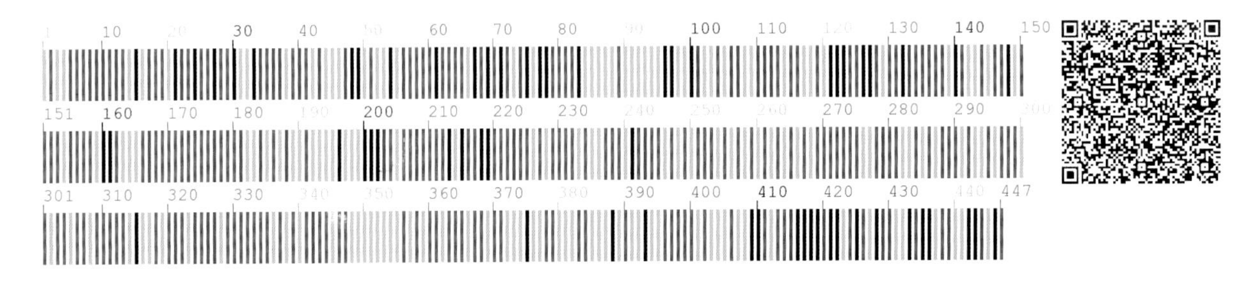

324　裂叶堇菜　Viola dissecta Ledeb.

【别　　名】疔毒草

【形态特征】多年生草本。无地上茎。叶常3～5全裂，中裂片3深裂，二至三回；托叶近膜质，约2/3以上与叶柄合生。花较大，淡紫色至紫堇色；萼片卵形、长圆状卵形至披针形，先端稍尖；花瓣5，上方花瓣长倒卵形，侧方花瓣长圆状倒卵形，下方花瓣连距长1.4～2.2cm；距圆筒形；雄蕊5，花药长1.5～2mm；子房卵球形，花柱根棒状。蒴果长圆形或椭圆形，先端尖，果皮坚硬，无毛。种子多数。花期4～5月，果期8～9月。

【生　　境】生于林缘、灌丛、河岸及山坡等处。

【药用价值】全草入药。清热解毒，消肿散结。

【材料来源】吉林省长春市莲花山区，共3份，样本号CBS850MT01～03。

【ITS2序列特征】获得ITS2序列3条，比对后长度为222bp，有1个变异位点，为197位点T-C变异。序列特征如下：

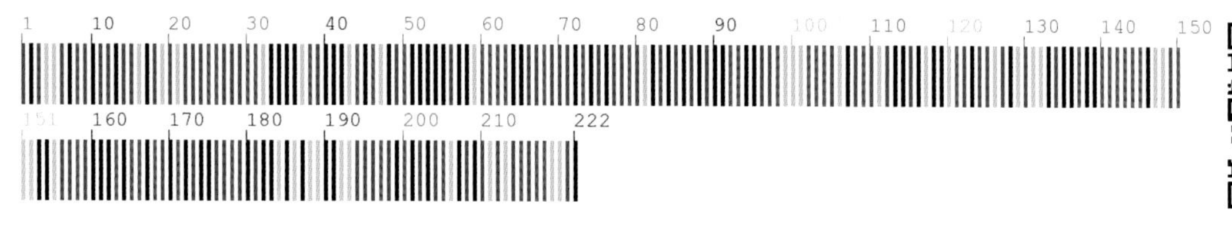

【*psbA-trnH*序列特征】获得*psbA-trnH*序列3条，比对后长度为473bp，有2个变异位点，分别为38位点A-C变异、467位点A-G变异；有3处插入/缺失，分别为32位点、177位点、292～299位点。序列特征如下：

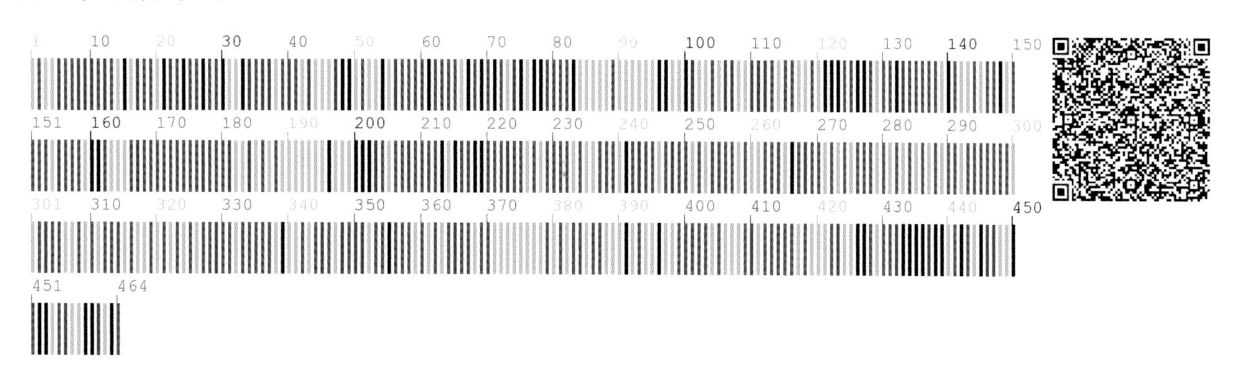

325 奇异堇菜 **Viola mirabilis** L.

【别　　名】伊吹堇菜，见肿消，地丁，地丁草

【形态特征】多年生草本。在花期以前或开花初期无地上茎，以后逐渐抽出地上茎，茎中部通常仅1枚叶，上部密生叶。叶宽心形或肾形，先端圆或具短尖，基部心形，边缘具浅圆齿；托叶离生。花淡紫色，花梗上部有2枚线形小苞片；萼片长圆状披针形、卵状披针形或披针形；花瓣倒卵形；距短。蒴果椭圆形。花期4～5月，果期7～8月。

【生　　境】生于阔叶林或针阔混交林下、林缘、山地灌丛及草坡等处。

【药用价值】全草入药。清热解毒，凉血消肿。

【材料来源】吉林省通化市东昌区，共3份，样本号CBS108MT01～03。

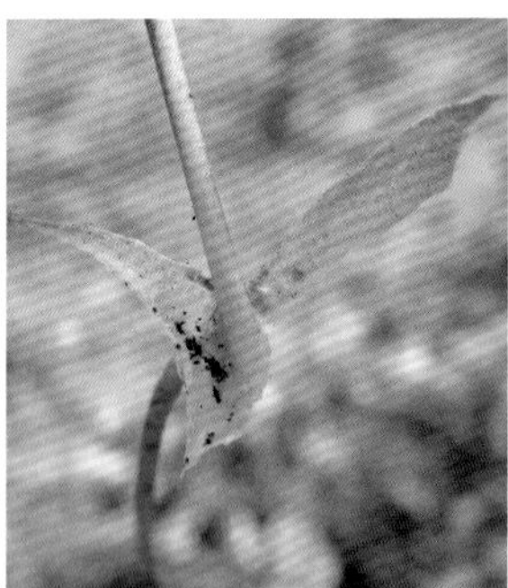

【ITS2序列特征】获得ITS2序列3条，比对后长度为210bp，无变异位点。序列特征如下：

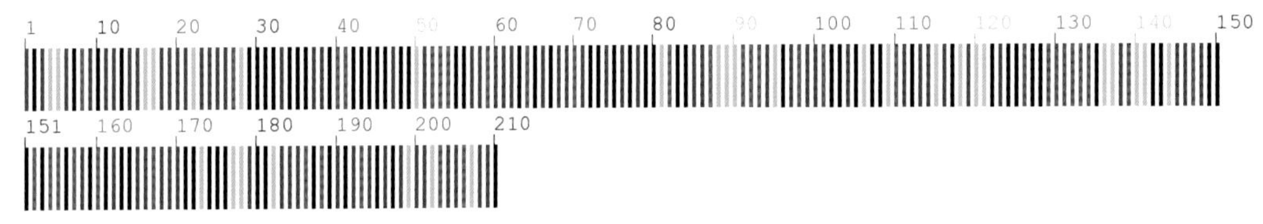

【*psbA-trnH*序列特征】获得*psbA-trnH*序列3条，比对后长度为384bp，无变异位点。序列特征如下：

326 蒙古堇菜 **Viola mongolica** Franch.

【别　　名】白花堇菜

【形态特征】多年生草本。无地上茎。根状茎稍粗壮。叶卵状心形，果期较大，先端钝或急尖，基部浅心形或心形，边缘具钝锯齿；托叶 1/2 与叶柄合生，离生部分狭披针形。花白色；萼片椭圆状披针形或狭长圆形；侧方花瓣里面近基部稍有须毛；距管状，稍向上弯，末端钝圆；子房无毛。蒴果卵形。花期 5～6 月，果期 6～7 月。

【生　　境】生于阔叶林、针叶林下及林缘和石砾地等处。

【药用价值】全草入药。清热解毒，凉血消肿。

【材料来源】吉林省延边朝鲜族自治州龙井市，共 3 份，样本号 CBS653MT01～03。

【ITS2 序列特征】获得 ITS2 序列 3 条，比对后长度为 222bp，无变异位点。序列特征如下：

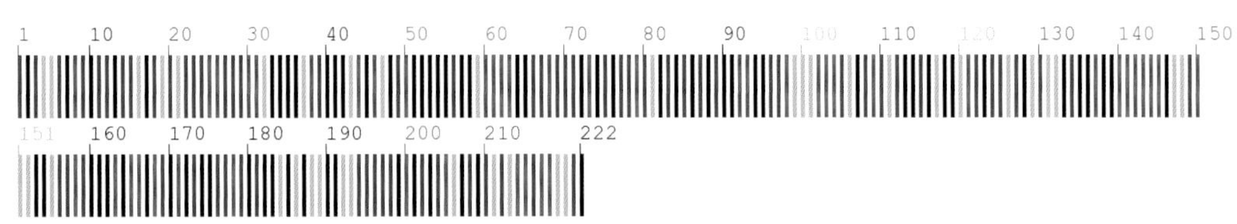

【*psbA-trnH* 序列特征】获得 *psbA-trnH* 序列 3 条，比对后长度为 461bp，无变异位点。序列特征如下：

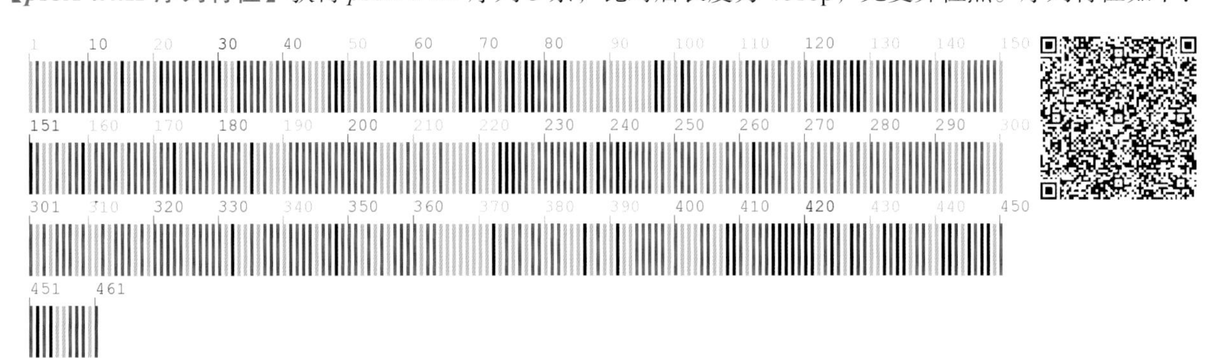

327 东方堇菜 **Viola orientalis** (Maxim.) W. Becker

【别　　名】黄花堇菜

【形态特征】多年生草本。具地上茎。叶卵形、宽卵形或椭圆形，先端尖，基部心形；茎生叶3～4枚，上方2枚有极短的柄或近无柄，呈对生状，下方1枚与上方叶远离；托叶小，仅基部与叶柄合生。花黄色；苞片2；花瓣倒卵形，上瓣与侧瓣向外翻，上瓣有暗紫色纹，侧瓣里面有明显须毛；子房无毛。蒴果椭圆形，淡绿色，常有紫黑色斑点，无毛。花期4～5月，果期5～6月。

【生　　境】生于山坡草丛、林缘及杂木林下。

【药用价值】全草入药。清热解毒，凉血消肿。

【材料来源】吉林省通化市集安市，共3份，样本号CBS020MT01～03。

【ITS2 序列特征】获得 ITS2 序列3条，比对后长度为220bp，无变异位点。序列特征如下：

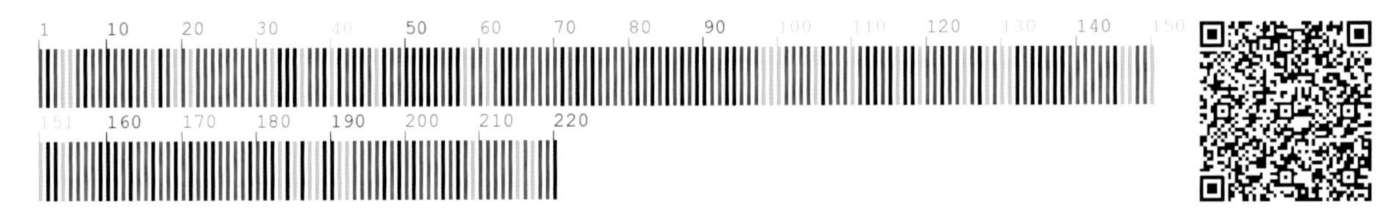

【*psbA-trnH* 序列特征】获得 *psbA-trnH* 序列3条，比对后长度为377bp，无变异位点。序列特征如下：

328 紫花地丁 **Viola philippica** Cav. (Syn. **Viola yedoensis** Makino)

【别　　名】光瓣堇菜，辽堇菜，地丁，地丁草

【形态特征】多年生草本，高4～14cm，果期高可达20余厘米。无地上茎。根状茎短，垂直，淡褐色，节密生，有数条淡褐色或近白色细根。叶多数，基生；叶片下部者通常较小，呈三角状卵形或狭卵形，上部者较长，呈长圆形、狭卵状披针形或长圆状卵形，基部截形或楔形；叶柄在花期通常长于叶片1～2倍，上部具极狭的翅；托叶膜质，部分合生，离生部分线状披针形，边缘疏生具腺体的流苏状细齿或近全缘。花紫堇色或淡紫色，喉部色较淡并带有紫色条纹；萼片卵状披针形或披针形；花瓣倒卵形或长圆状倒卵形，侧瓣里面无毛或有须毛，下瓣里面有紫色脉纹；距细管状；子房卵形，无毛，花柱棍棒状，比子房稍长。蒴果长圆形。种子卵球形，淡黄色。花果期4月中下旬至9月。

【生　　境】生于山坡草地、灌丛、林缘、路旁及砂质地。常聚生成片。

【药用价值】全草入药。清热解毒，凉血消肿。

【材料来源】吉林省长春市莲花山，共3份，样本号CBS853MT01～03。

【ITS2序列特征】获得ITS2序列3条，比对后长度为222bp，无变异位点。序列特征如下：

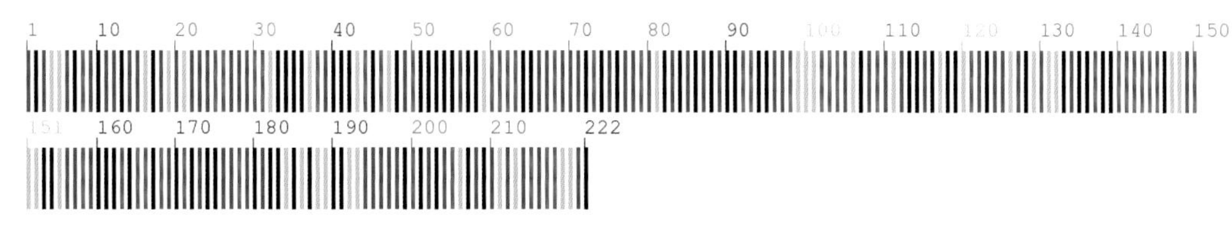

【*psbA-trnH*序列特征】获得*psbA-trnH*序列3条，比对后长度为447bp，有1处插入/缺失，为61位点。序列特征如下：

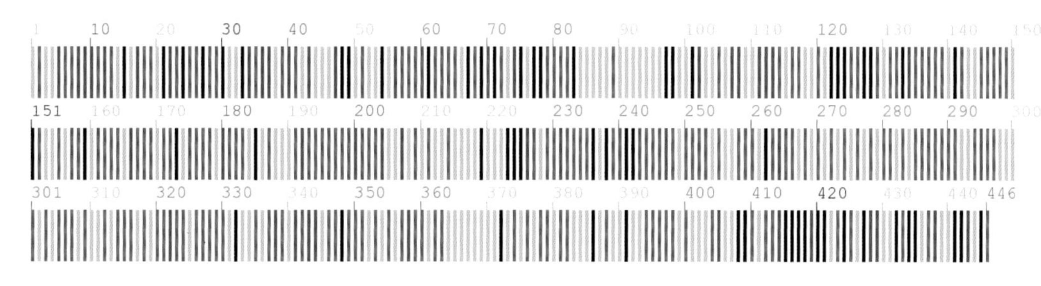

329 库页堇菜 **Viola sacchalinensis** H. Boissieu

【形态特征】多年生草本。开始无地上茎，以后逐渐抽出地上茎。叶心形、卵状心形或肾形，边缘具钝锯齿；叶柄细；托叶卵状披针形或狭卵形，边缘具细尖的牙齿。花淡紫色，生于茎上部叶的叶腋，具长梗，花梗超出叶中部以上靠近花处有 2 枚线形苞片；萼片披针形；侧瓣长圆状；子房无毛，常有腺点，花柱基部稍向前方膝曲，向上渐增粗，呈棍棒状，由顶部至喙端有乳头状附属物；喙呈钩状。蒴果椭圆形，先端尖。花期 4～5 月，果期 7～8 月。

【生　　境】生于山地林下或林缘处。

【药用价值】全草入药。清热解毒。

【材料来源】吉林省白山市临江市，共 3 份，样本号 CBS067MT01～03。

【ITS2 序列特征】获得 ITS2 序列 3 条，比对后长度为 210bp，无变异位点。序列特征如下：

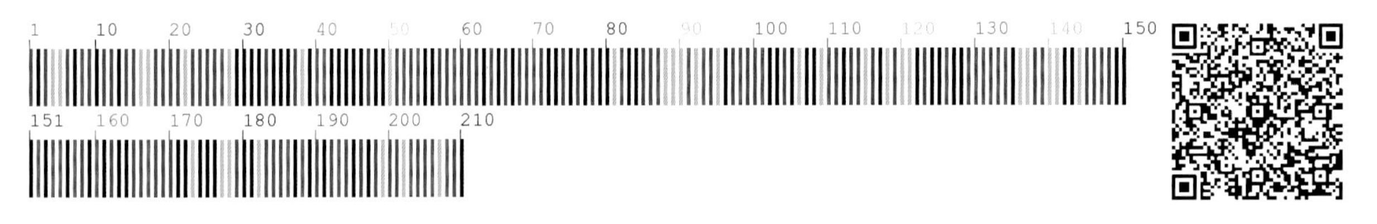

【*psbA-trnH* 序列特征】获得 *psbA-trnH* 序列 3 条，比对后长度为 447bp，无变异位点。序列特征如下：

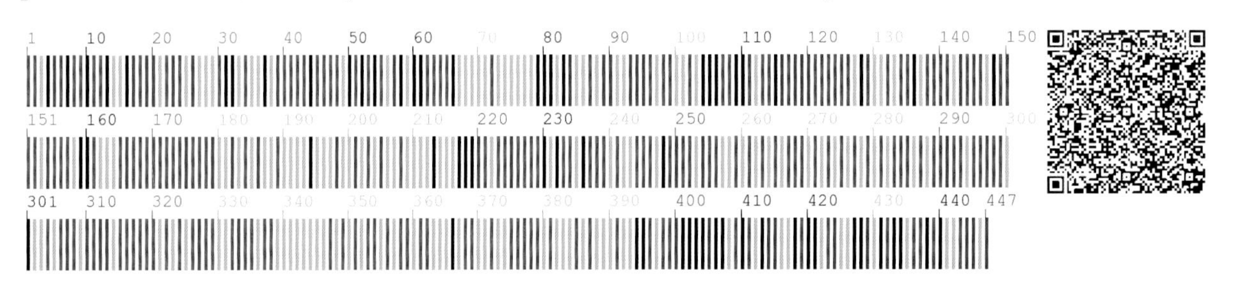

330 深山堇菜 **Viola selkirkii** Pursh ex Goldie

【形态特征】多年生草本。无地上茎，根状茎细。叶心形或卵状心形，先端稍急尖或圆钝，基部狭深心形；叶柄有狭翅；托叶淡绿色，1/2 与叶柄合生。花淡紫色，花梗通常在中部有 2 枚小苞片；萼片卵状披针形；花瓣倒卵形；距较粗，末端圆，直或稍向上弯；子房无毛，花柱棍棒状。蒴果较小，椭圆形。种子多数，卵球形，淡褐色。花期 4～5 月，果期 7～8 月。

【生　　境】生于针阔混交林、落叶阔叶林及灌丛下腐殖层较厚的土壤上、溪谷、沟旁阴湿处。

【药用价值】全草入药。清热解毒，消炎，消肿。

【材料来源】吉林省通化市集安市，共 3 份，样本号 CBS016MT01～03。

【**ITS2** 序列特征】获得 ITS2 序列 3 条，比对后长度为 221bp，无变异位点。序列特征如下：

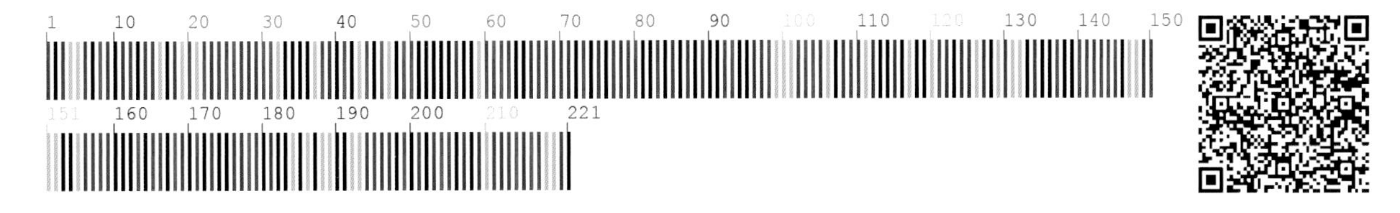

【*psbA-trnH* 序列特征】获得 *psbA-trnH* 序列 3 条，比对后长度为 437bp，有 1 处插入 / 缺失，为 354 位点。序列特征如下：

331 斑叶堇菜 **Viola variegata** Fischer ex Link

【形态特征】多年生草本。叶基生，近于圆形或宽卵形，边缘有细圆齿，有明显的白色脉纹；托叶卵状披针形或披针形，边缘具细睫毛。花两侧对称，连距长约 2cm；萼片 5，卵状披针形或披针形，基部附器短，顶端圆形或截形；花瓣 5，淡紫色；距长 5～7mm，稍向上弯。蒴果椭圆形，无毛。花期 4～5 月，果期 7～8 月。

【生　　境】生于草地、撂荒地、山坡石质地、路旁多石地、灌丛间及林下或阴坡岩石上。

【药用价值】全草入药。清热解毒，凉血止血，除脓消炎。

【材料来源】吉林省通化市东昌区，共 1 份，样本号 CBS045MT01。

【ITS2 序列特征】获得 ITS2 序列 1 条，长度为 221bp。序列特征如下：

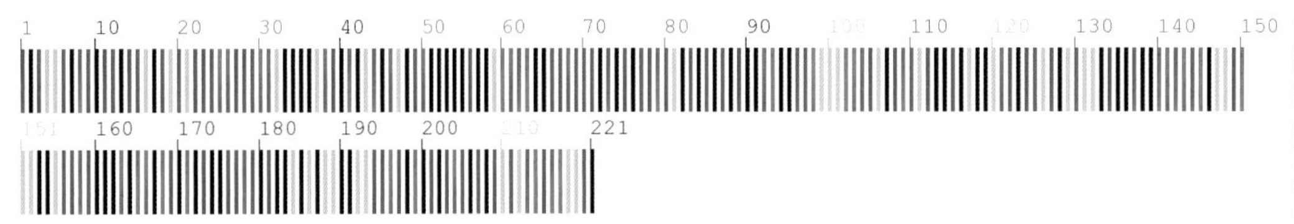

【*psbA-trnH* 序列特征】获得 *psbA-trnH* 序列 1 条，长度为 421bp。序列特征如下：

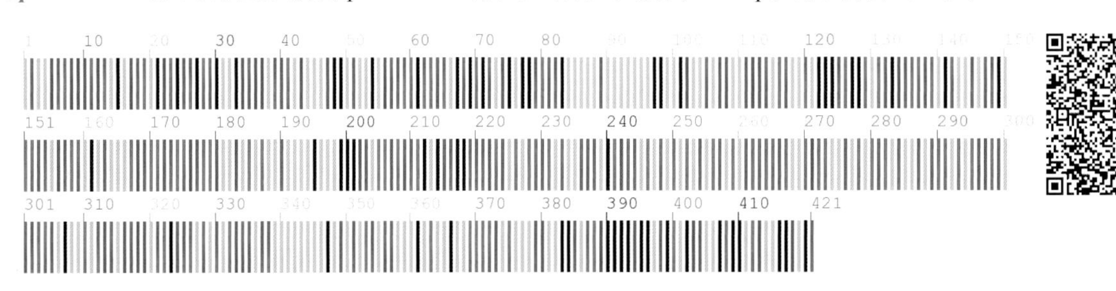

葫芦科　Cucurbitaceae

332　盒子草　**Actinostemma tenerum** Griff.

【别　　名】合子草，汤罐头草

【形态特征】一年生草本。茎攀援。卷须 2 分叉，与叶对生。单叶对生，叶戟形、三角状披针形或卵状心形，不分裂或下部有 3～5 裂片。雌雄同株；花小，黄绿色；花萼裂片条状披针形；花冠裂片卵状披针形；雄蕊 5；子房卵形，1 室，柱头 2 裂。果实卵状，自近中部盖裂，常具 2 粒种子。种子卵形，灰褐色，表面有雕纹状不规则凸起。花期 7～8 月，果期 8～9 月。

【生　　境】生于山坡、水边、草丛。

【药用价值】全草、叶、成熟种子入药。利尿消肿，清热解毒。

【材料来源】吉林省延边朝鲜族自治州安图县，共 3 份，样本号 CBS656MT01～03。

【ITS2 序列特征】获得 ITS2 序列 3 条，比对后长度为 233bp，无变异位点。序列特征如下：

【*psbA-trnH* 序列特征】获得 *psbA-trnH* 序列 3 条，比对后长度为 341bp，无变异位点。序列特征如下：

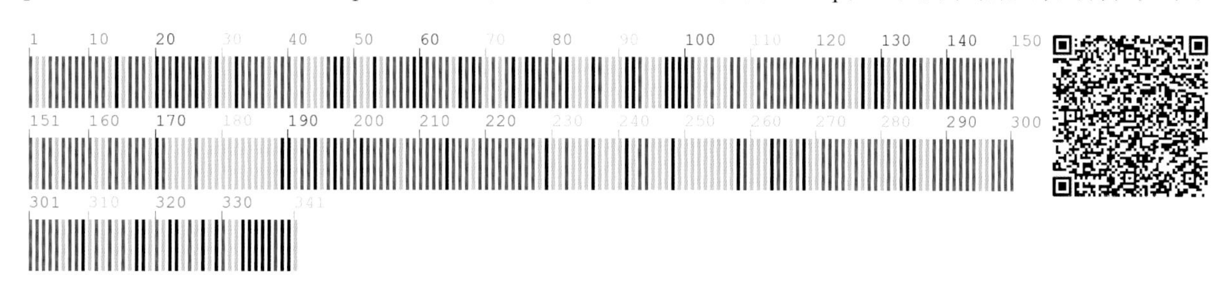

333 裂瓜 **Schizopepon bryoniifolius** Maxim.

【形态特征】一年生攀援草本。卷须2分叉。单叶互生，叶卵形或卵状圆形，常有3～7个角。花极小，两性，单生，花梗丝状；花萼裂片披针形；花冠白色；雄蕊3，分生，药室直立；子房卵形，3室，花柱短，柱头3。蒴果宽卵形，有1～3粒种子，成熟后由顶端向基部3瓣裂。种子卵形，压扁状，淡褐色或灰白色，边缘截形。花期7～8月，果期8～9月。

【生　　境】生于河边、山坡、林下等处。常聚生成片。

【药用价值】全草入药。清热解毒，利尿。

【材料来源】吉林省通化市东昌区，共2份，样本号 CBS437MT01、CBS437MT02。

【ITS2 序列特征】获得 ITS2 序列 2 条，比对后长度为 257bp，无变异位点。序列特征如下：

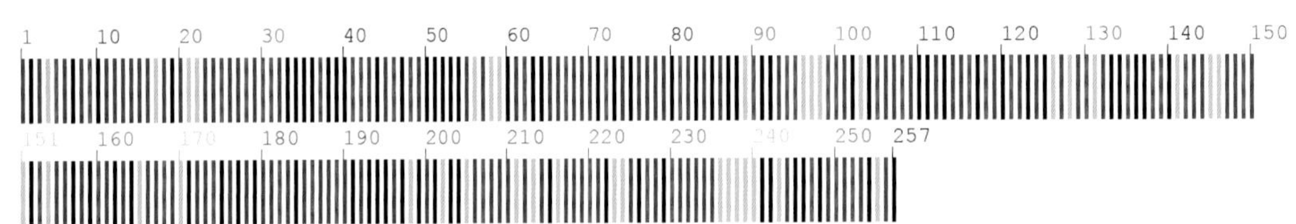

【*psbA-trnH* 序列特征】获得 *psbA-trnH* 序列 2 条，比对后长度为 255bp，有 1 处插入 / 缺失，为 244 位点。序列特征如下：

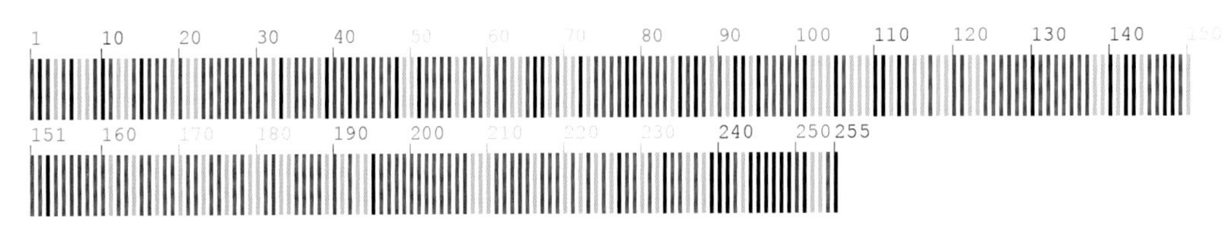

334　赤瓟　Thladiantha dubia Bunge

【别　　名】赤雹，气包，赤包，山屎瓜，山土豆，屎包子

【形态特征】多年生攀援草本。根块状，黄褐色或黄色。茎有纵棱，茎和叶均被长柔毛状硬毛。叶宽卵状心形，边缘有不等大小齿。花腋生，雌雄异株。雄花单生，花萼裂片披针形，有长柔毛，向外反曲；花冠黄色，裂片矩圆形，上部反折，雄蕊5，花丝有长柔毛，退化子房半球形。雌花雄蕊退化；子房矩圆形，有长柔毛。果实浆果状，卵状矩圆形，鲜红色。种子卵形，黑色。花期7～8月，果期9月。

【生　　境】生于林缘、田边、村屯住宅旁及菜地边等处。

【药用价值】果实、块茎入药。果实：降逆理气，活血和瘀，利湿祛痰；块茎：清热解毒，活血通乳，祛痰。

【材料来源】吉林省通化市通化县，共3份，样本号CBS434MT01～03。

【ITS2序列特征】获得ITS2序列3条，比对后长度为262bp，无变异位点。序列特征如下：

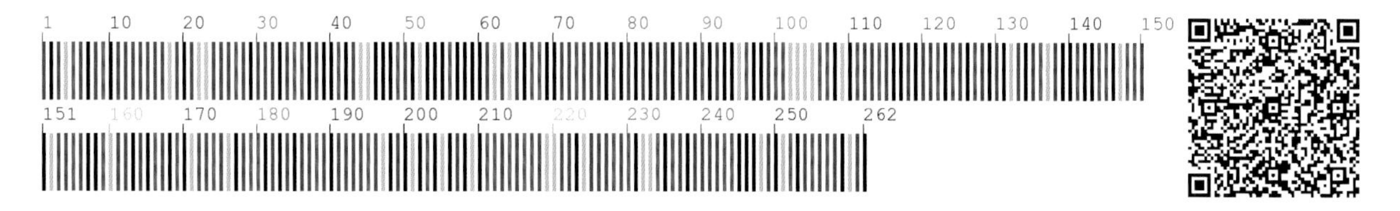

【*psbA-trnH*序列特征】获得*psbA-trnH*序列3条，比对后长度为435bp，有1个变异位点，为24位点C-A变异；有1处插入/缺失，为17位点。序列特征如下：

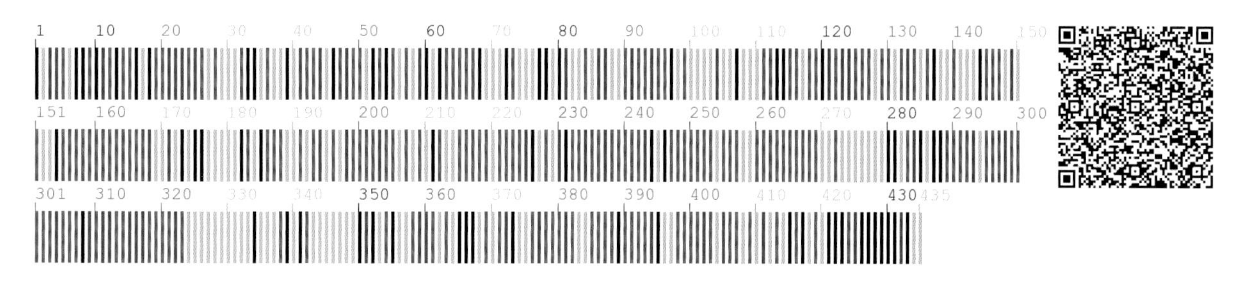

柳叶菜科 Onagraceae

335 柳兰 **Chamerion angustifolium** (L.) Holub

【别　　名】红筷子，狭叶柳兰，遍山红，山棉花

【形态特征】多年生草本。茎直立。根状茎细长，圆柱形，横走。叶互生，无柄，披针形，全缘或具稀疏细锯齿，表面暗绿色，背面灰绿色。总状花序顶生，花序轴紫红色；苞片条状披针形；花大，两性；萼片4，线状披针形，稍带紫红色；花瓣4，倒卵形，红紫色或淡红色；雄蕊8；花柱弓状弯曲，柱头4裂，子房下位，密被毛。蒴果，圆柱形，密被白毛。种子多数，顶端有1簇白色种缨。花期7～8月，果期8～9月。

【生　　境】生于林区火烧迹地、开阔地、林缘、山坡、河岸及山谷的沼泽地等处。常聚生成片。

【药用价值】全草入药。调经活血，消肿止痛。

【材料来源】吉林省通化市柳河县，共3份，样本号 CBS253MT01～03。

【ITS2 序列特征】获得 ITS2 序列 3 条，比对后长度为 215bp，有 2 个变异位点，分别为 102 位点 C-T 变异、171 位点 G-A 变异。序列特征如下：

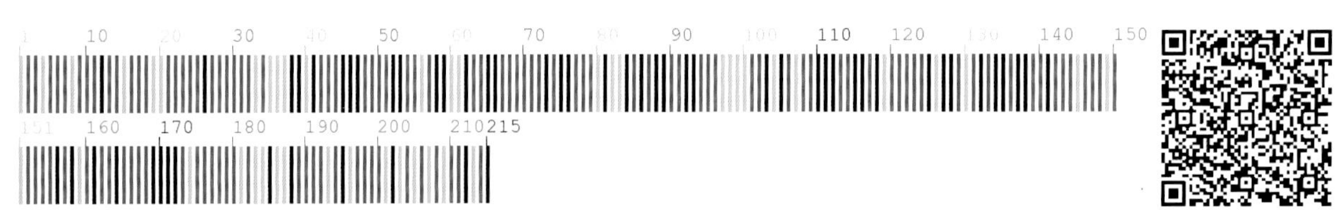

336 高山露珠草　**Circaea alpina** L.

【别　　名】就就草，蛆儿草

【形态特征】多年生草本，高3～50cm。叶狭卵状菱形或椭圆形至近圆形，基部狭楔形至心形，先端急尖至短渐尖，边缘近全缘至尖锯齿。总状花序顶生，花梗与花序轴垂直；花萼无或短，萼片白色或粉红色，稀紫红色，矩圆状椭圆形、卵形、阔卵形或三角状卵形；花瓣白色，狭倒三角形、倒三角形、倒卵形至阔倒卵形，花瓣裂片圆形至截形；雄蕊直立或上升；蜜腺不明显，藏于花管内。果实棒状至倒卵状，具1粒种子，表面无纵沟。花期7～8月，果期8～9月。

【生　　境】生于针叶林、针阔混交林下阴湿地或苔藓上。

【药用价值】全草入药。消食，润肠止泻，养心安神，止咳，接骨，清热解毒，化瘀止血。

【材料来源】吉林省延边朝鲜族自治州敦化市，共3份，样本号CBS317MT01～03。

【ITS2序列特征】获得ITS2序列3条，比对后长度为217bp，无变异位点。序列特征如下：

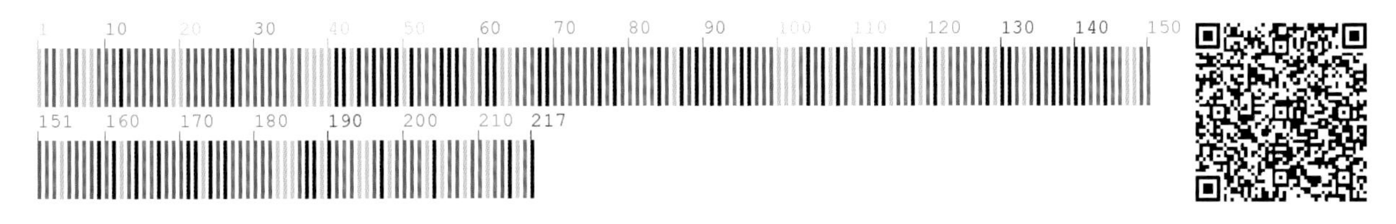

337 露珠草 **Circaea cordata** Royle

【形态特征】多年生草本，高 20～150cm。全株被平伸的长柔毛、镰状外弯的曲柔毛和顶端头状或棒状的腺毛，毛被通常较密。根状茎不具块茎。叶狭卵形至宽卵形，基部常心形，有时阔楔形至阔圆形或截形，先端短渐尖，边缘具锯齿至近全缘。单总状花序顶生，或基部具分枝，长 2～20cm；花梗长 0.7～2mm，与花序轴垂直生或在花序顶端簇生，被毛，基部有一极小的刚毛状小苞片；花芽或多或少被直或微弯稀具钩的长毛；花管长 0.6～1mm；萼片卵形至阔卵形，白色或淡绿色，开花时反曲，先端钝圆形；花瓣白色，倒卵形至阔倒卵形，先端倒心形，凹缺深至花瓣长度的 1/2～2/3，花瓣裂片阔圆形；雄蕊伸展，略短于花柱或与花柱近等长；蜜腺不明显，全部藏于花管之内。果实斜倒卵形至透镜形，长 3～3.9mm，直径 1.8～3.3mm，2 室，具 2 粒种子，背面压扁，基部斜圆形或斜截形，边缘及子房室之间略显木栓质增厚，但不具明显的纵沟；成熟果实连果梗长 4.4～7mm。花期 6～8 月，果期 7～9 月。

【生　　境】生于林缘、灌丛及疏林下。

【药用价值】全草入药。清热解毒，化瘀止血。

【材料来源】吉林省通化市集安市，共 3 份，样本号 CBS390MT01～03。

【ITS2 序列特征】获得 ITS2 序列 3 条，比对后长度为 217bp，无变异位点。序列特征如下：

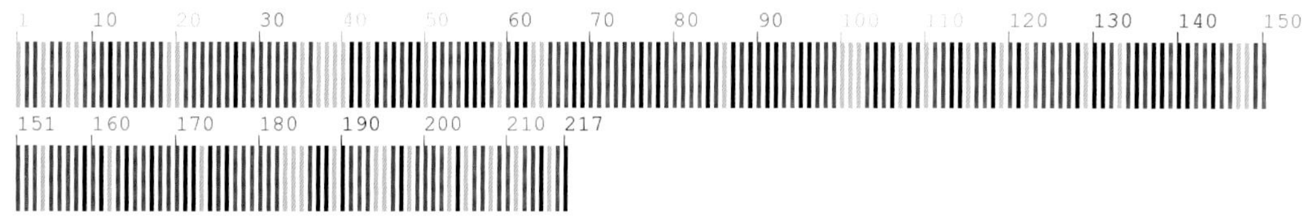

338 光滑柳叶菜 **Epilobium amurense** subsp. **cephalostigma** (Hausskn.) C. J. Chen, Hoch et P. H. Raven

【别　　名】岩生柳叶菜，水串草

【形态特征】多年生直立草本。茎常多分枝，上部周围只被曲柔毛，无腺毛，中下部具不明显的棱线，但不贯穿节间，棱线上近无毛。叶长圆状披针形至狭卵形，基部楔形。花较小，萼片均匀地被稀疏的曲柔毛。花期6～8（～9）月，果期8～9（～10）月。

【生　　境】生于寒温带落叶阔叶林及针阔混交林中。

【药用价值】全草入药。疏风清热，凉血止血。

【材料来源】吉林省通化市柳河县，共3份，样本号CBS466MT01～03。

【ITS2 序列特征】获得ITS2序列3条，比对后长度为216bp，无变异位点。序列特征如下：

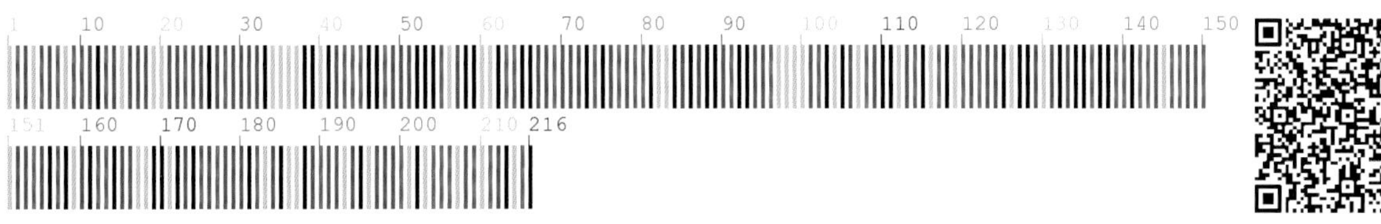

339 柳叶菜 Epilobium hirsutum L.

【别　　名】水接骨丹，水朝阳花

【形态特征】多年生草本。根、茎粗壮，密生白色长柔毛及短腺毛。茎下部及中部叶对生，上部叶互生；叶矩圆形至长椭圆状披针形，边缘有细锯齿。花两性，单生于上部叶腋，淡红色或紫红色；萼筒圆柱形，裂片 4；萼片长椭圆形，外被柔毛；花瓣 4，宽倒卵形，先端凹缺成 2 裂；雄蕊 8，4 长 4 短；子房下位，柱头 4 裂。蒴果圆柱形，室背开裂，被短腺毛。种子椭圆形，密生小乳突。花期 7～8 月，果期 9～10 月。

【生　　境】生于沟边、河岸及山谷的沼泽地。常聚生成片。

【药用价值】全草入药。活血止血，消炎止痛，去腐生肌。

【材料来源】吉林省通化市二道江区，共 3 份，样本号 CBS655MT01～03。

【ITS2 序列特征】获得 ITS2 序列 3 条，比对后长度为 216bp，无变异位点。序列特征如下：

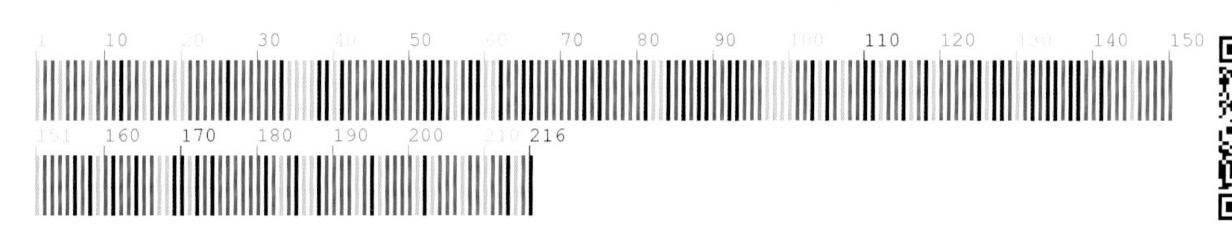

340 月见草　**Oenothera biennis** L.

【别　　名】夜来香，待宵草，山芝麻

【形态特征】二年生草本。第一年形成丛生莲座状叶，第二年抽茎、开花。具粗壮肉质多汁根。茎粗壮，圆柱形。基生叶具长柄，茎生叶具短柄，上部叶无柄；叶披针形或倒披针形，稀椭圆形，基部楔形，先端渐尖。花单生于茎上部叶腋，浅黄色或黄色，夜间开放；萼筒很长，先端4裂，每2枚裂片的上部常相连，花期反卷，顶端具长尖；花瓣4，平展，倒卵状三角形，顶端微凹；雄蕊8，黄色，短于花冠；子房下位，4室，柱头4裂。蒴果长圆形，略为四棱形，成熟时4瓣裂。种子具棱角，紫褐色。花期6～7月，果期8～9月。

【生　　境】生于向阳山坡、沙质地、荒地及河岸沙砾地等处。常聚生成片。

【药用价值】根入药。祛风湿，强筋骨。

【材料来源】吉林省通化市东昌区，共3份，样本号CBS350MT01～03。

【ITS2序列特征】获得ITS2序列3条，比对后长度为215bp，无变异位点。序列特征如下：

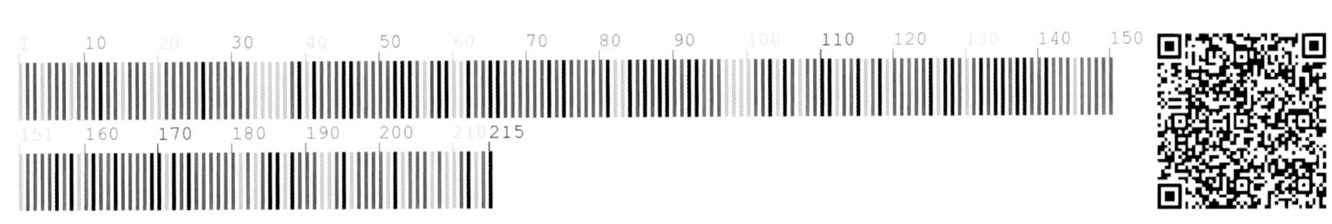

山茱萸科　Cornaceae

341 瓜木　**Alangium platanifolium** (Sieb. et Zucc.) Harms

【别　　名】八角枫，猪耳桐

【形态特征】灌木。树皮光滑，浅灰色。叶互生，常 3～5 裂，稀 7 裂，主脉常 3～5 条。花 1～7 朵集成腋生的聚伞花序；花萼近钟形，裂片 5，三角形；花瓣黄色，6～7 裂，反卷，花丝微扁，密生短柔毛，花药黄色；子房 1 室，花柱粗壮。核果卵形，花萼宿存。花期 6～7 月，果期 8～9 月。

【生　　境】生于较肥沃、疏松的向阳山地等处。

【药用价值】侧根、须根入药。祛风除湿，舒筋活络，散瘀镇痛。

【材料来源】吉林省通化市集安市，共 3 份，样本号 CBS462MT01～03。

【ITS2 序列特征】获得 ITS2 序列 3 条，比对后长度为 242bp，无变异位点。序列特征如下：

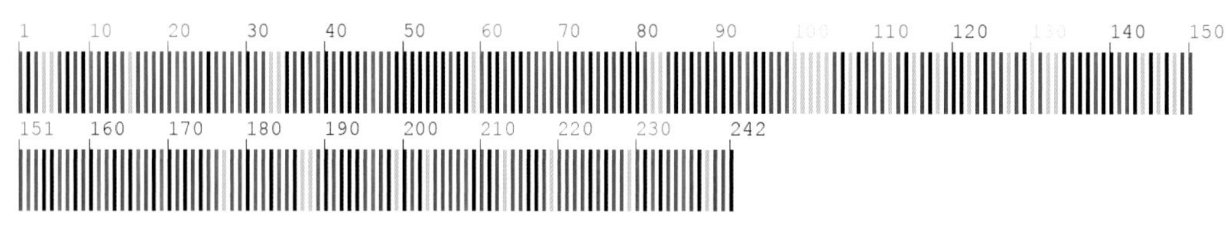

【*psbA-trnH* 序列特征】获得 *psbA-trnH* 序列 1 条，长度为 494bp。序列特征如下：

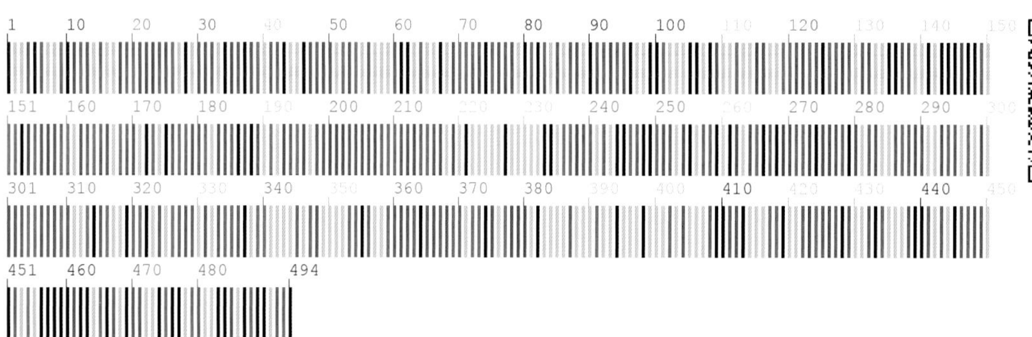

342　红瑞木　Cornus alba L.

【别　　名】红瑞山茱萸，凉子木

【形态特征】灌木，高3m。树皮暗红色，枝血红色。叶对生，卵形或椭圆形，基部通常为圆形、广楔形或两边不等，先端渐尖、锐尖或突尖，全缘。圆锥状聚伞花序顶生，花小，黄白色；萼筒卵状球形，被白毛，坛状，萼齿三角形；花瓣4，白色，卵状舌形；雄蕊4，花丝细，花药长圆形；花盘垫状；子房近于倒卵形，柱头头状。浆果状核果斜卵圆形，成熟时白色或稍带蓝紫色，花柱宿存。花期6～7月，果期7～8月。

【生　　境】生于山地杂木林中或溪流边。

【药用价值】枝条、树皮、叶入药。清热解毒，收敛，强壮，止痢止泻，发表透疹。

【材料来源】吉林省延边朝鲜族自治州安图县，共1份，样本号CBS660MT01。

【*psbA-trnH* 序列特征】获得 *psbA-trnH* 序列1条，长度为447bp。序列特征如下：

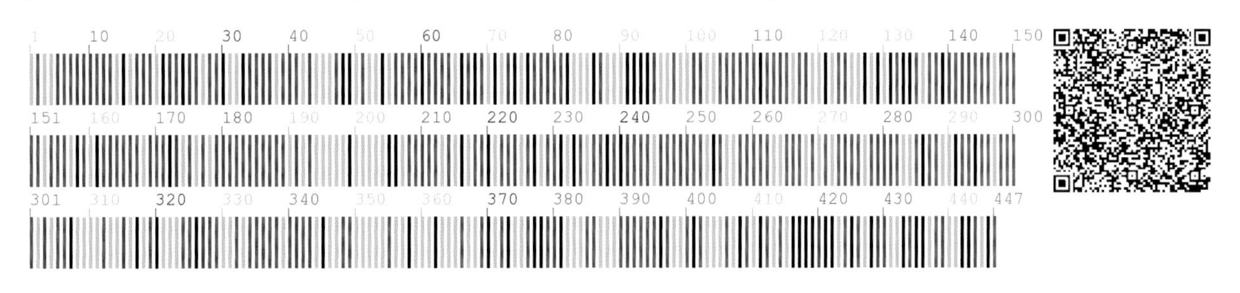

五加科 Araliaceae

343 东北土当归 **Aralia continentalis** Kitag.

【别　　名】长白楤木，牛尾大活，草本刺龙牙

【形态特征】多年生高大草本。根粗大，短圆柱形，浅褐色。茎直立。叶互生，二至三回奇数羽状复叶。花序顶生或腋生，由伞形花序排列成大型圆锥花序；小花 20～35 朵伞形排列于总状分枝顶端；花萼筒状钟形，上部有 5 尖齿；花瓣 5；雄蕊 5；子房下位，5 室。浆果状核果球形，熟时紫黑色。种子淡褐色。花期 7～8 月，果期 8～10 月。

【生　　境】生于阔叶林或针阔混交林下、林缘及路旁。

【药用价值】根、根皮入药。祛风燥湿，舒筋活络，活血止痛。

【材料来源】吉林省通化市东昌区，共 3 份，样本号 CBS431MT01～03。

【ITS2 序列特征】获得 ITS2 序列 3 条，比对后长度为 230bp，无变异位点。序列特征如下：

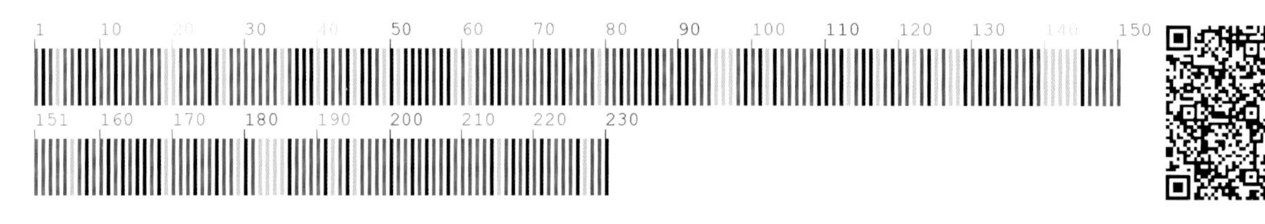

【*psbA-trnH* 序列特征】获得 *psbA-trnH* 序列 1 条，长度为 510bp。序列特征如下：

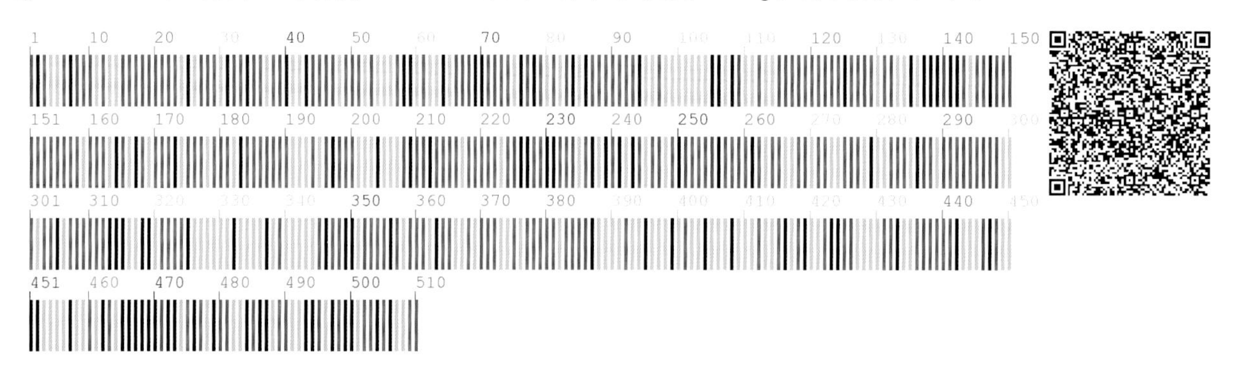

344　辽东楤木　**Aralia elata** var. **mandshurica** (Rupr. et Maxim.) J. Wen

【别　　名】龙牙楤木，东北楤木，刺老鸦，刺老牙，刺龙牙

【形态特征】有刺落叶小乔木。树皮疏生细刺，嫩枝上的刺较长。大型二回羽状复叶；羽片有小叶 7～13。花序顶生，多数圆锥花序通常呈伞形，具多数花；花萼杯状；花瓣 5；雄蕊 5；子房 5 室，花柱 5。果实球形，黑色，具 5 棱。花期 7～8 月，果期 9～10 月。

【生　　境】生于阔叶林或针阔混交林下、林缘及路旁。常聚生成片。

【药用价值】根皮、树皮入药。补气安神，健脾利水，祛风除湿，活血止痛。

【材料来源】吉林省通化市东昌区，共 3 份，样本号 CBS430MT01～03。

【ITS2 序列特征】获得 ITS2 序列 3 条，比对后长度为 229bp，有 2 个变异位点，分别为 82 位点、104 位点 T-C 变异。序列特征如下：

【*psbA-trnH* 序列特征】获得 *psbA-trnH* 序列 3 条，比对后长度为 525bp，无变异位点。序列特征如下：

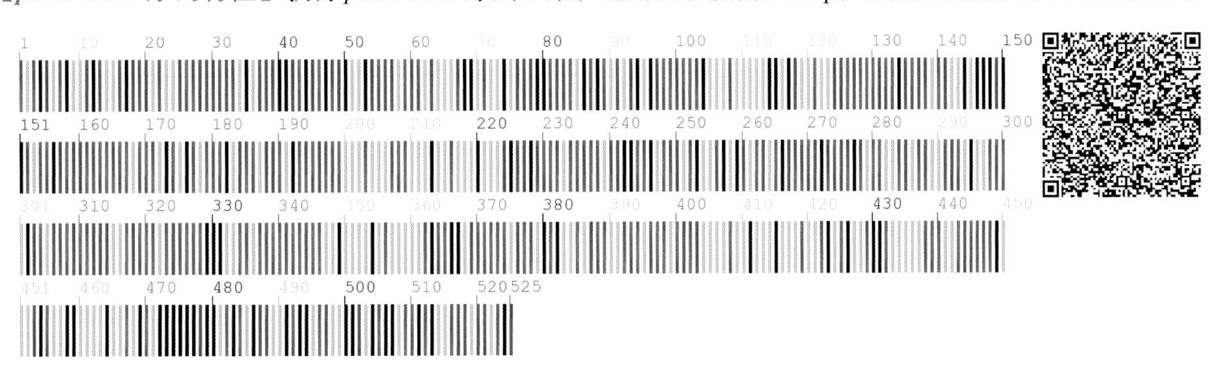

345 刺五加 **Eleutherococcus senticosus** (Rupr. et Maxim.) Maxim. [Syn. **Acanthopanax senticosus** (Rupr. et Maxim.) Harms]

【别　　名】刺拐棒，刺花棒，五加皮

【形态特征】灌木。通常密生针刺。掌状复叶互生，具 5 小叶，叶椭圆状倒卵形或长圆形。伞形花序单生于茎顶端或 2～6 条组成稀疏的圆锥花序，花序梗长 5～7cm；花紫黄色；花萼无毛；花瓣 5，卵形；雄蕊 5，花药白色；子房 5 室。浆果状核果近球形，紫黑色，有 5 棱。花期 6～7 月，果期 8～9 月。

【生　　境】生于针阔混交林或阔叶林内、林缘及灌丛中。

【药用价值】根及根茎、茎入药。益气健脾，补肾安神。

【材料来源】吉林省白山市江源区，共 3 份，样本号 CBS448MT01～03。

【ITS2 序列特征】获得 ITS2 序列 3 条，比对后长度为 230bp，无变异位点。序列特征如下：

【*psbA-trnH* 序列特征】获得 *psbA-trnH* 序列 3 条，比对后长度为 508bp，无变异位点。序列特征如下：

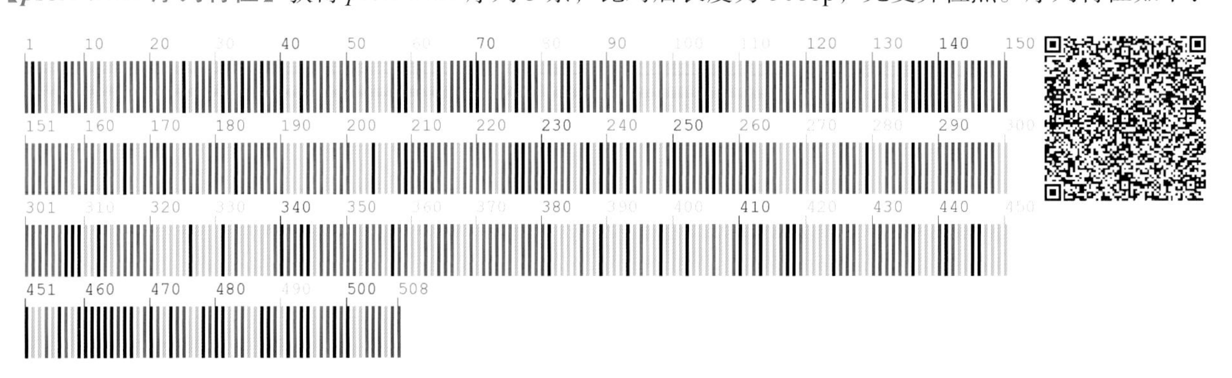

342 红瑞木　Cornus alba L.

【别　　名】红瑞山茱萸，凉子木

【形态特征】灌木，高 3m。树皮暗红色，枝血红色。叶对生，卵形或椭圆形，基部通常为圆形、广楔形或两边不等，先端渐尖、锐尖或突尖，全缘。圆锥状聚伞花序顶生，花小，黄白色；萼筒卵状球形，被白毛，坛状，萼齿三角形；花瓣 4，白色，卵状舌形；雄蕊 4，花丝细，花药长圆形；花盘垫状；子房近于倒卵形，柱头头状。浆果状核果斜卵圆形，成熟时白色或稍带蓝紫色，花柱宿存。花期 6～7 月，果期 7～8 月。

【生　　境】生于山地杂木林中或溪流边。

【药用价值】枝条、树皮、叶入药。清热解毒，收敛，强壮，止痢止泻，发表透疹。

【材料来源】吉林省延边朝鲜族自治州安图县，共 1 份，样本号 CBS660MT01。

【*psbA-trnH* 序列特征】获得 *psbA-trnH* 序列 1 条，长度为 447bp。序列特征如下：

五加科 Araliaceae

343 东北土当归 **Aralia continentalis** Kitag.

【别　　名】长白楤木，牛尾大活，草本刺龙牙

【形态特征】多年生高大草本。根粗大，短圆柱形，浅褐色。茎直立。叶互生，二至三回奇数羽状复叶。花序顶生或腋生，由伞形花序排列成大型圆锥花序；小花 20～35 朵伞形排列于总状分枝顶端；花萼筒状钟形，上部有 5 尖齿；花瓣 5；雄蕊 5；子房下位，5 室。浆果状核果球形，熟时紫黑色。种子淡褐色。花期 7～8 月，果期 8～10 月。

【生　　境】生于阔叶林或针阔混交林下、林缘及路旁。

【药用价值】根、根皮入药。祛风燥湿，舒筋活络，活血止痛。

【材料来源】吉林省通化市东昌区，共 3 份，样本号 CBS431MT01～03。

【ITS2 序列特征】获得 ITS2 序列 3 条，比对后长度为 230bp，无变异位点。序列特征如下：

【*psbA-trnH* 序列特征】获得 *psbA-trnH* 序列 1 条，长度为 510bp。序列特征如下：

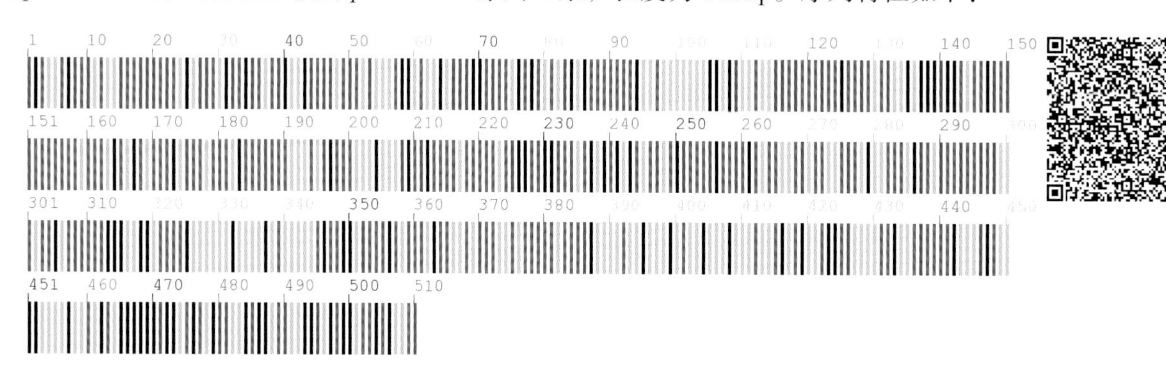

344 辽东楤木 **Aralia elata** var. **mandshurica** (Rupr. et Maxim.) J. Wen

【别　　名】龙牙楤木，东北楤木，刺老鸦，刺老牙，刺龙牙

【形态特征】有刺落叶小乔木。树皮疏生细刺，嫩枝上的刺较长。大型二回羽状复叶；羽片有小叶 7～13。花序顶生，多数圆锥花序通常呈伞形，具多数花；花萼杯状；花瓣 5；雄蕊 5；子房 5 室，花柱 5。果实球形，黑色，具 5 棱。花期 7～8 月，果期 9～10 月。

【生　　境】生于阔叶林或针阔混交林下、林缘及路旁。常聚生成片。

【药用价值】根皮、树皮入药。补气安神，健脾利水，祛风除湿，活血止痛。

【材料来源】吉林省通化市东昌区，共 3 份，样本号 CBS430MT01～03。

【**ITS2** 序列特征】获得 ITS2 序列 3 条，比对后长度为 229bp，有 2 个变异位点，分别为 82 位点、104 位点 T-C 变异。序列特征如下：

【*psbA-trnH* 序列特征】获得 *psbA-trnH* 序列 3 条，比对后长度为 525bp，无变异位点。序列特征如下：

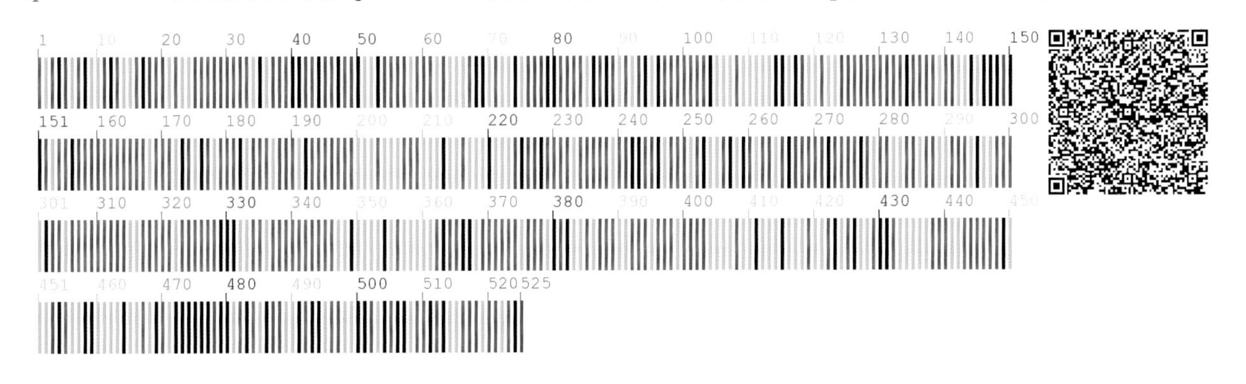

345 刺五加 **Eleutherococcus senticosus** (Rupr. et Maxim.) Maxim. [Syn. **Acanthopanax senticosus** (Rupr. et Maxim.) Harms]

【别　　名】刺拐棒，刺花棒，五加皮

【形态特征】灌木。通常密生针刺。掌状复叶互生，具 5 小叶，叶椭圆状倒卵形或长圆形。伞形花序单生于茎顶端或 2～6 条组成稀疏的圆锥花序，花序梗长 5～7cm；花紫黄色；花萼无毛；花瓣 5，卵形；雄蕊 5，花药白色；子房 5 室。浆果状核果近球形，紫黑色，有 5 棱。花期 6～7 月，果期 8～9 月。

【生　　境】生于针阔混交林或阔叶林内、林缘及灌丛中。

【药用价值】根及根茎、茎入药。益气健脾，补肾安神。

【材料来源】吉林省白山市江源区，共 3 份，样本号 CBS448MT01～03。

【ITS2 序列特征】获得 ITS2 序列 3 条，比对后长度为 230bp，无变异位点。序列特征如下：

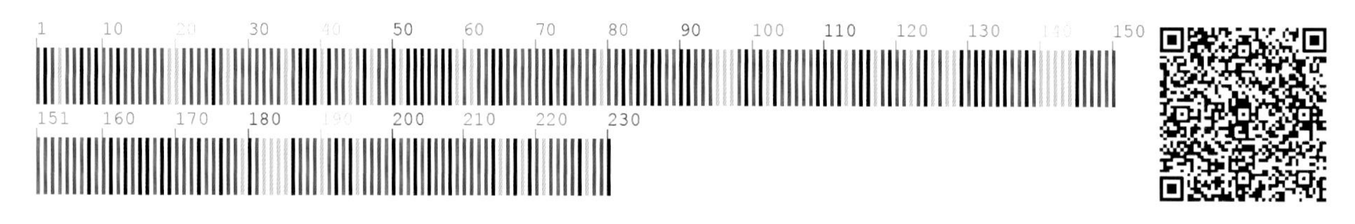

【*psbA-trnH* 序列特征】获得 *psbA-trnH* 序列 3 条，比对后长度为 508bp，无变异位点。序列特征如下：

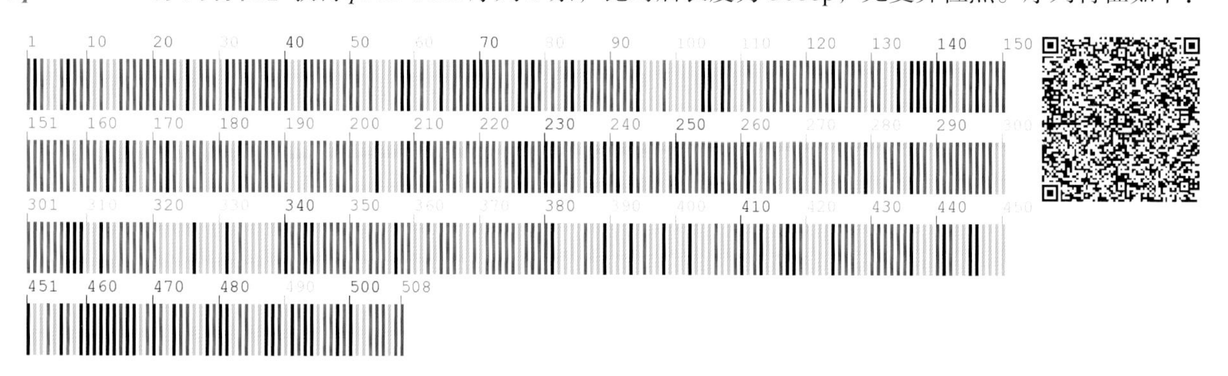

346 无梗五加 **Eleutherococcus sessiliflorus** (Rupr. et Maxim.) S. Y. Hu

【别　　名】刺拐棒，短梗五加

【形态特征】灌木，高达2～4m。无刺或散生粗壮平直的硬刺。5小叶掌状复叶互生；小叶长圆形或倒卵形，边缘有重锯齿或疏锯齿，茎顶部多为三出复叶。伞状花序因小花梗极短而呈头状球形；花萼绿色，多毛，有5个短牙齿；花瓣5，椭圆形；雄蕊5，比花瓣长；子房2室，花柱2。果实长圆形，略侧扁，黑色，花柱宿存。花期7～8月，果期8～9月。

【生　　境】生于针阔混交林及阔叶林下、林缘、山坡、沟谷及路旁。

【药用价值】根皮入药。补气益精，祛风湿，壮筋骨，活血化瘀，益气健脾，补肾安神。

【材料来源】吉林省通化市东昌区，共3份，样本号CBS429MT01～03。

【ITS2序列特征】获得ITS2序列3条，比对后长度为230bp，无变异位点。序列特征如下：

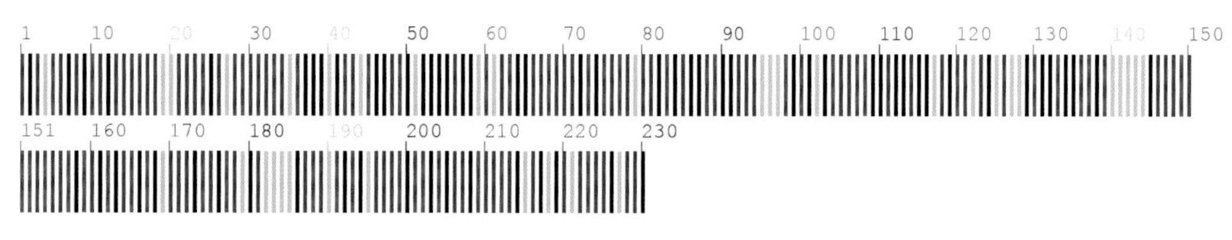

【*psbA-trnH*序列特征】获得*psbA-trnH*序列3条，比对后长度为515bp，无变异位点。序列特征如下：

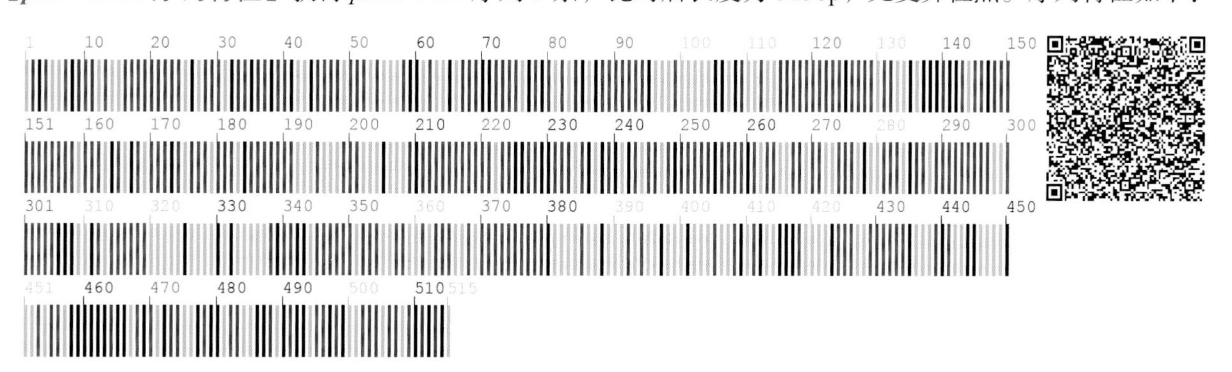

347 刺楸 **Kalopanax septemlobus** (Thunb.) Koidz.

【别　　名】海东木，刺儿楸，辣楸

【形态特征】落叶高大乔木。树皮暗灰褐色，有不规则深沟裂，上生凸起的坚硬刺；小枝均有硬刺，刺基部宽阔扁平。叶在长枝上互生，在短枝上簇生，掌状 5～7 裂。花白色或淡黄绿色；花萼光滑，边缘有 5 齿；花瓣 5，三角状卵形。果球形，成熟时蓝黑色。

【生　　境】生于土质湿润肥沃的山谷、坡地、林缘等处。

【药用价值】根、根皮、树皮入药。根及根皮：清热凉血，祛风除湿，排脓生肌；树皮：祛风除湿，解毒杀虫。

【材料来源】吉林省通化市东昌区，共 3 份，样本号 CBS444MT01～03。

【ITS2 序列特征】获得 ITS2 序列 3 条，比对后长度为 230bp，无变异位点。序列特征如下：

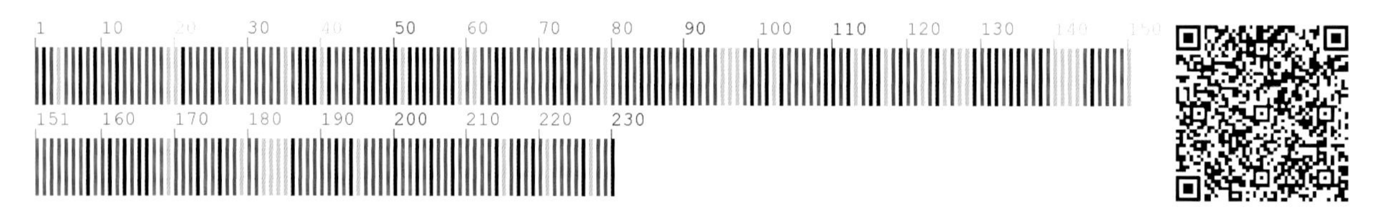

【*psbA-trnH* 序列特征】获得 *psbA-trnH* 序列 3 条，比对后长度为 504bp，无变异位点。序列特征如下：

348 刺参 **Oplopanax elatus** (Nakai) Nakai

【别　　名】刺人参，东北刺人参，刺老鸦幌子

【形态特征】落叶灌木。茎有刺，节部刺多。树皮灰黄色，髓部大，白色。单叶互生；叶柄长短不一，密生针刺；叶掌状3～5裂，基部心形，沿脉密生刺毛。花序腋生于顶部，由许多小伞形花序呈总状排列于主轴上；小伞形花序基部有鳞片状总苞，花白绿色；萼片、花瓣、雄蕊各5；花柱2或2歧，子房下位。浆果状核果。花期7～8月，果期8～9月。

【生　　境】生于针叶林、针阔混交林（特别是冷杉、云杉林）下排水良好、腐殖层深厚肥沃的半阴坡。常成小片群落生长。

【药用价值】根及根茎入药。滋补强壮，解热，镇咳。

【材料来源】吉林省通化市东昌区，共3份，样本号CBS239MT01～03。

【*psbA-trnH* 序列特征】获得 *psbA-trnH* 序列3条，比对后长度为477bp，无变异位点。序列特征如下：

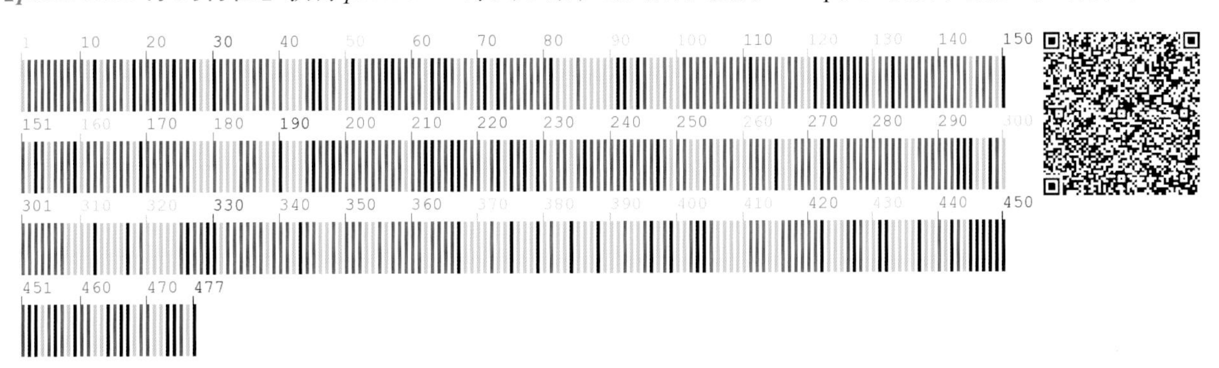

349 人参 Panax ginseng C. A. Mey.

【别　　名】棒槌，吉林参，高丽参，人衔，神草，地精

【形态特征】多年生草本。主根肉质，圆柱形或纺锤形。茎直立，一年生者有3小叶，二年生者有5小叶，三年生者有2掌状复叶，四年以上者掌状复叶轮生。伞形花序顶生，高出叶面；萼钟形，淡绿色，5裂，裂齿三角形；花瓣5，白色；浆果状核果鲜红色，扁肾形。种子肾形，乳白色。花期6～7月，果期8月。

【生　　境】生于土质湿润肥沃的山谷、坡地、林缘等处。

【药用价值】根、叶、花蕾入药。大补元气，复脉固脱，补脾益肾，生津益智，生肌安神。

【材料来源】吉林省通化市二道江区，共3份，样本号CBS661MT01～03。

【ITS2序列特征】获得ITS2序列3条，比对后长度为230bp，无变异位点。序列特征如下：

【*psbA-trnH*序列特征】获得*psbA-trnH*序列3条，比对后长度为499bp，无变异位点。序列特征如下：

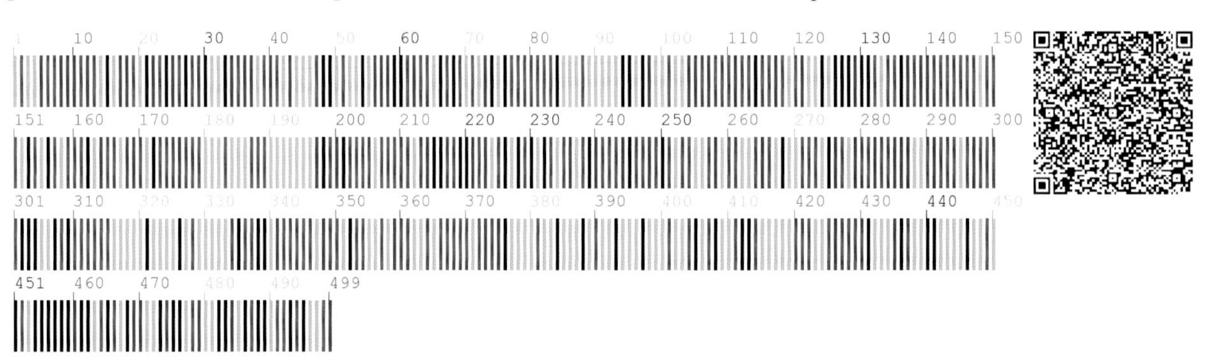

350　西洋参　Panax quinquefolius L.

【别　　名】花旗参，洋参，西洋人参

【形态特征】多年生草本。主根肉质，圆形或纺锤形，断切面干净，呈现较清晰的菊花纹理。掌状复叶，具5小叶，成株通常3～4枚轮生于茎端；小叶倒卵形，先端突尖，边缘具粗锯齿。茎圆柱形，有纵条纹。伞形花序，总花梗由茎端叶柄中央抽出，与叶面平齐；花瓣5，绿白色，矩圆形。浆果扁圆形，呈对生状，熟时鲜红色。

【生　　境】生于山地森林沙质土壤上。

【药用价值】根入药。补气养阴，清热生津。

【材料来源】吉林省通化市集安市，共4份，样本号CBS951MT01～04。

【ITS2序列特征】获得ITS2序4条，比对后长度为230bp，有2个变异位点，分别为32位点T-C变异、43位点C-T变异。序列特征如下：

【*psbA-trnH*序列特征】获得*psbA-trnH*序列4条，比对后长度为404bp，无变异位点。序列特征如下：

伞形科 Apiaceae

351 东北羊角芹 **Aegopodium alpestre** Ledeb.

【别　　名】小叶芹，山芹菜

【形态特征】多年生草本，高 30～60cm。茎直立，中空，有细棱。基生叶有长柄，二至三回三出羽状全裂。复伞形花序直径 4～10cm，伞梗 4～16，不等长；小伞形花序直径 1cm，具 15～20 朵花；花瓣白色；花柱基部圆锥形，果期直立。双悬果卵状长圆形；分生果横切面略呈五角状肾形，接着面平坦，果棱丝状凸起，油管不明显。花期 5～6 月，果期 6～8 月。

【生　　境】生于林缘、林间草地、路旁及沟谷湿地等处。

【药用价值】根入药。祛风止痛。

【材料来源】吉林省白山市临江市，共 3 份，样本号 CBS154MT01～03。

【ITS2 序列特征】获得 ITS2 序列 3 条，比对后长度为 226bp，无变异位点。序列特征如下：

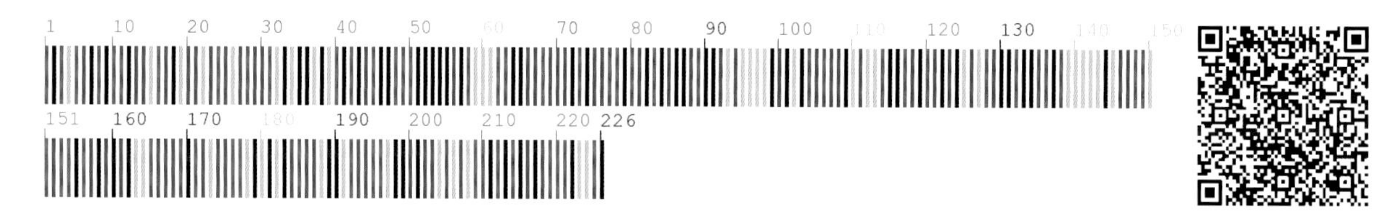

【*psbA-trnH* 序列特征】获得 *psbA-trnH* 序列 3 条，比对后长度为 190bp，无变异位点。序列特征如下：

352　黑水当归　**Angelica amurensis** Schischk.

【别　　名】朝鲜白芷，阿穆尔独活，走马芹，土当归，叉子芹

【形态特征】多年生大型草本。根圆锥形，黑褐色，有特殊香气。茎直立，圆形，中空，上部分枝。茎生叶有长柄，二至三回羽状全裂，主脉常有短糙毛，背面苍白色，最上部叶呈广椭圆形鞘状膨大。复伞形花序顶生，伞梗30～70；无总苞；小伞形花序，伞梗20～50，密生短绒毛；小总苞片5～7，有长柔毛；花白色。双悬果长卵形至卵形，接着面有4条油管。花期7～8月，果期8～9月。

【生　　境】生于河谷湿地、林间草地、林缘灌丛及林间路旁等处。

【药用价值】根入药。镇痛，抗炎。

【材料来源】吉林省通化市柳河县，共3份，样本号CBS270MT01～03。

【ITS2序列特征】获得ITS2序列3条，比对后长度为227bp，无变异位点。序列特征如下：

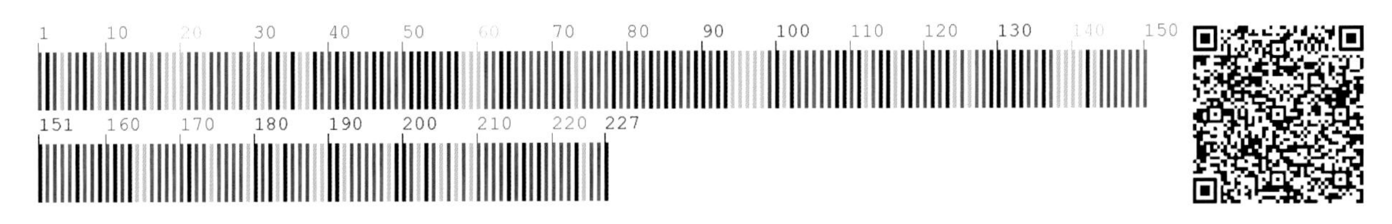

【*psbA-trnH*序列特征】获得*psbA-trnH*序列3条，比对后长度为285bp，无变异位点。序列特征如下：

353 狭叶当归 **Angelica anomala** Avé-Lall.

【别　　名】白山独活，额水独活，水大活

【形态特征】多年生草本，高 0.8～2m。根直生，白色，辛辣香气较轻。茎直立，圆形，中空，常为紫色，密生短柔毛。基生叶柄长 5～13cm；叶卵状三角形，最终裂片长圆状披针形或线状披针形；上部叶柄鞘状，贴附抱茎，紫色。复伞形花序顶生或腋生；无总苞；萼片不明显；花白色，雄蕊 5；花柱基部短圆锥状。双悬果宽卵形或圆形，分生果棱槽比背棱稍宽，各具 1 条油管。花期 7～8 月，果期 8～9 月。

【生　　境】生于河谷湿地、林间草地、林缘灌丛及林间路旁等处。

【药用价值】根入药。解表，祛风除湿，活血止痛。

【材料来源】吉林省延边朝鲜族自治州安图县，共 3 份，样本号 CBS667MT01～03。

【ITS2 序列特征】获得 ITS2 序列 3 条，比对后长度为 227bp，有 1 个变异位点，为 98 位点 A-T 变异。序列特征如下：

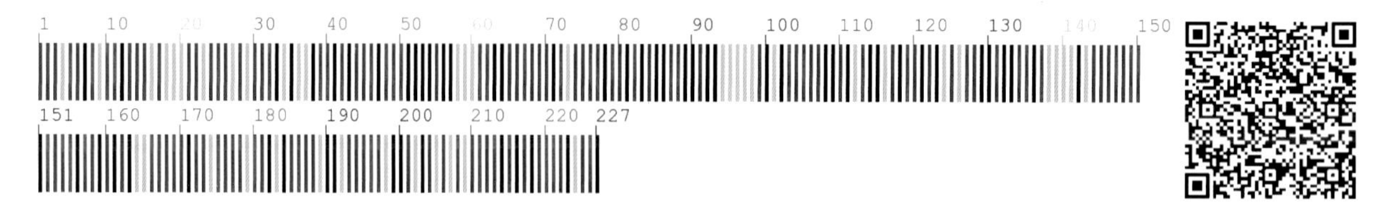

【*psbA-trnH* 序列特征】获得 *psbA-trnH* 序列 3 条，比对后长度为 275bp，无变异位点。序列特征如下：

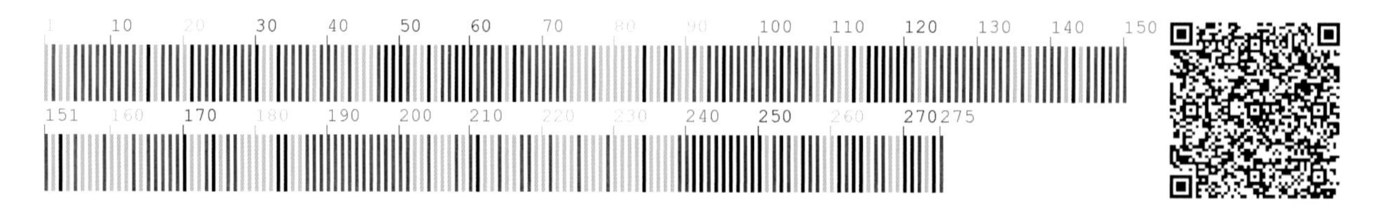

354 长鞘当归 **Angelica cartilaginomarginata** (Makino ex Y. Yabe) Nakai

【别　　名】东北长鞘当归，骨缘当归

【形态特征】二年生草本。茎直立，有细条纹。基生叶及茎下部叶的叶柄略膨大成长鞘状；叶卵形至长卵形，一回羽状全裂，具羽片3～9对，少有基部再2～3裂，叶轴有翼。复伞形花序，花序梗长2～6cm，无总苞；花白色；花柱基部扁圆锥状。果实椭圆形至卵圆形。花期8～9月，果期9～10月。

【生　　境】生于山坡、林下、林缘、灌丛中。

【药用价值】全草入药。祛风除湿。

【材料来源】吉林省通化市通化县，共3份，样本号CBS388MT01～03。

【**ITS2 序列特征**】获得ITS2序列3条，比对后长度为227bp，无变异位点。序列特征如下：

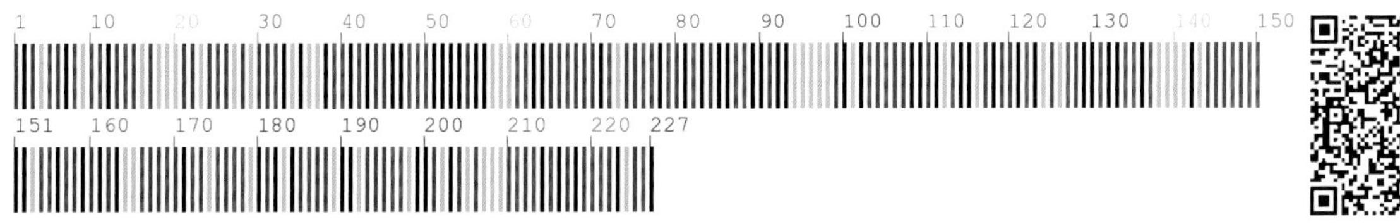

【***psbA-trnH*** **序列特征**】获得*psbA-trnH*序列3条，比对后长度为304bp，无变异位点。序列特征如下：

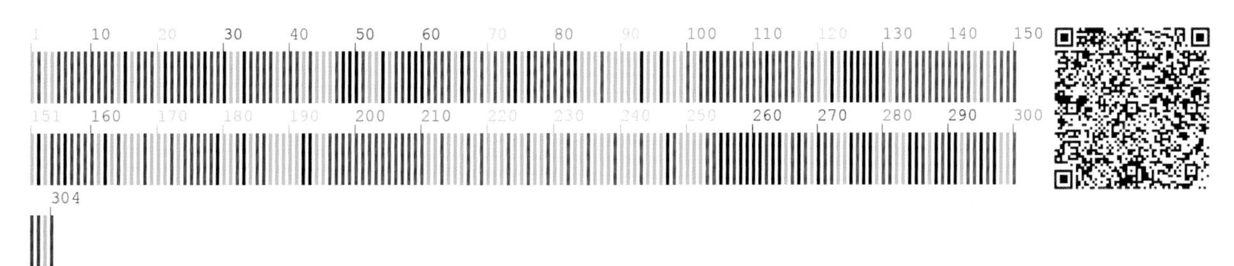

355 白芷 **Angelica dahurica** (Fisch. ex Hoffm.) Benth. et Hook. f. ex Franch. et Sav.

【别　　名】大活，独活，走马芹

【形态特征】多年生大型草本。根粗大，有数条须根，黄褐色，有特殊香气。茎直立，圆形，中空，紫红色。茎下部叶有长柄，二至三回羽状全裂，最终裂片椭圆状披针形、长圆状披针形或卵状披针形，先端尖或渐尖，边缘有不整齐锯齿；茎上部叶简化或叶柄膨大成鞘状。复伞形花序，花多数，白色。双悬果广卵圆形或近圆形。

【生　　境】生于河谷湿地、林间草地、林缘灌丛及林间路旁等处。

【药用价值】根入药。散风除湿，通窍止痛，消肿排脓。

【材料来源】吉林省白山市浑江区，共 3 份，样本号 CBS934MT01～03。

【ITS2 序列特征】获得 ITS2 序列 3 条，比对后长度为 227bp，无变异位点。序列特征如下：

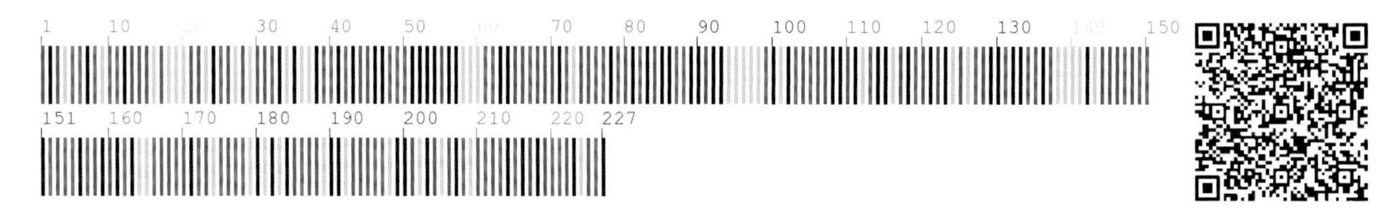

【*psbA-trnH* 序列特征】获得 *psbA-trnH* 序列 3 条，比对后长度为 202bp，无变异位点。序列特征如下：

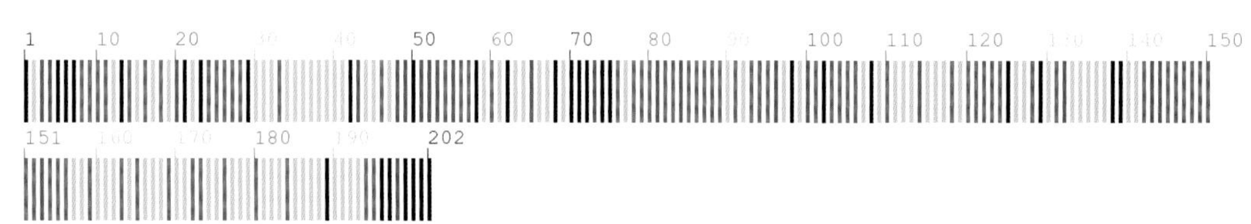

356　朝鲜当归　Angelica gigas Nakai

【别　　名】大当归，东北独活，独活走马芹，土当归，野当归

【形态特征】多年生大草本。根肥大，暗褐色，具稍辛辣的香气。茎直立，粗壮，带紫色，内部中空。叶柄基部抱茎；叶特别大，三出状的二至三回羽状分裂、羽状全裂。复伞形花序密，略呈球状，全部为紫色；总苞片2；萼齿不明显；花瓣紫色，卵形，内卷；雄蕊5，暗紫色；花柱基部稍宽扁，肥厚。双悬果椭圆形，幼时紫色，分生果棱槽中各具1条油管。花期7～8月，果期8～9月。

【生　　境】生于山地林内溪流旁、林缘草地，喜富含腐殖质的沙质土壤。

【药用价值】根入药。补血调经，活血止痛，润肠通便。

【材料来源】吉林省通化市东昌区，共3份，样本号CBS426MT01～03。

【ITS2序列特征】获得ITS2序列3条，比对后长度为227bp，有1个变异位点，为188位点T-C变异。序列特征如下：

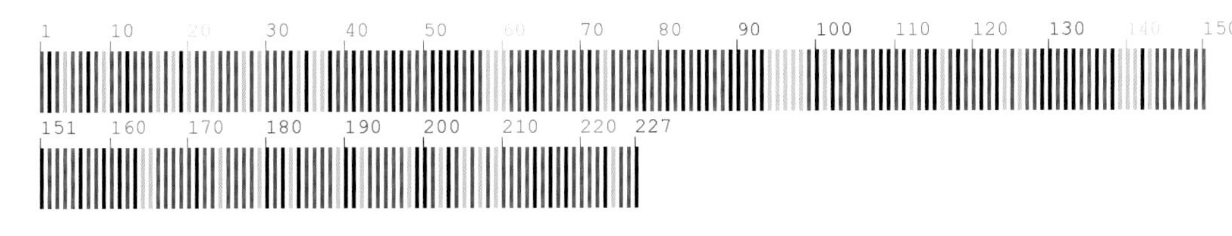

【*psbA-trnH*序列特征】获得*psbA-trnH*序列3条，比对后长度为309bp，无变异位点。序列特征如下：

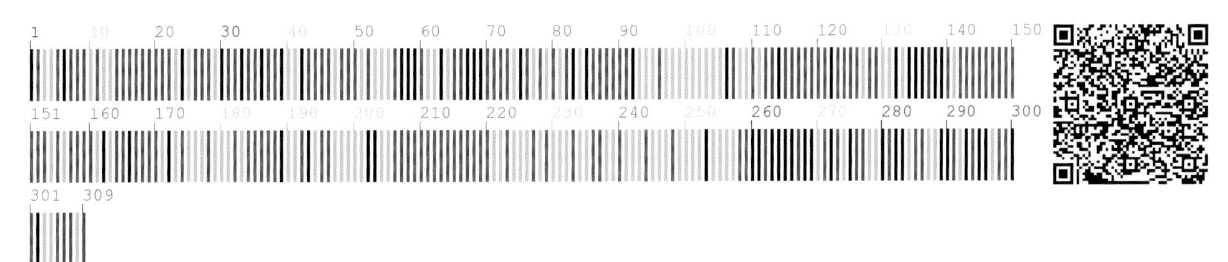

357 拐芹 **Angelica polymorpha** Maxim.

【别　　名】拐芹当归，独活，白根独活，拐子芹，倒钩芹，紫杆芹，山芹菜

【形态特征】多年生草本。茎单一，中空，有浅沟纹，节处常为紫色。叶二至三回三出羽状分裂；小叶柄通常向后弧形弯曲。复伞形花序；伞辐 11～20；总苞片 1～3 或无，狭披针形；小苞片 7～10，狭线形，紫色，有缘毛；花瓣匙形至倒卵形，白色；花柱短，常反卷。果实长圆形至近长方形，背棱短翅状，侧棱膨大成膜质的翅。花期 7～8 月，果期 8～9 月。

【生　　境】生于山沟溪流旁、杂木林下、灌丛间及阴湿草丛中。

【药用价值】根入药。发表祛风，温中散寒，理气止痛。

【材料来源】吉林省通化市集安市，共 3 份，样本号 CBS489MT01～03。

【ITS2 序列特征】获得 ITS2 序列 3 条，比对后长度为 227bp，无变异位点。序列特征如下：

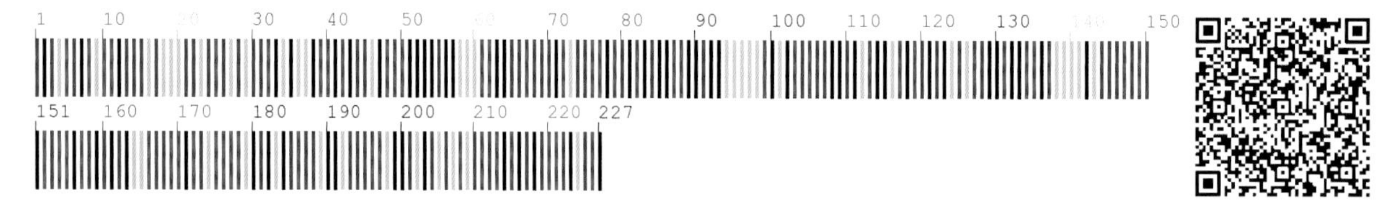

【*psbA-trnH* 序列特征】获得 *psbA-trnH* 序列 3 条，比对后长度为 316bp，有 1 处插入 / 缺失，为 275 位点。序列特征如下：

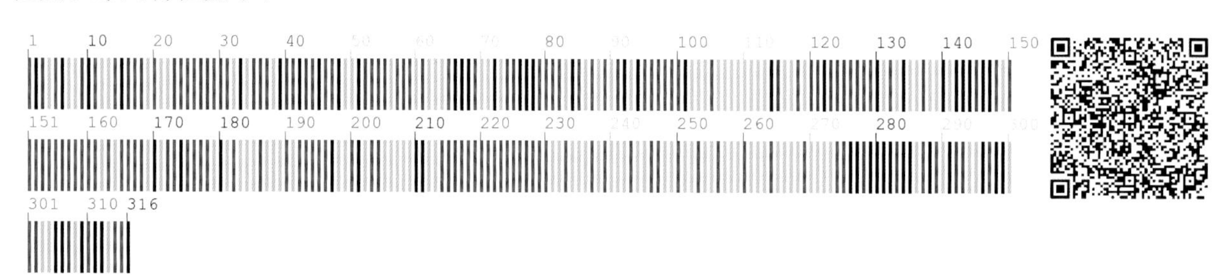

358 峨参　**Anthriscus sylvestris** (L.) Hoffm.

【别　　名】东北峨参，山胡萝卜缨子

【形态特征】多年生草本。茎直立，具纵棱，分歧，基部常疏生毛。基生叶及茎下部叶有长柄，二至三回羽状全裂，背面叶脉及边缘散生白色硬毛。复伞形花序；无总苞片或仅1枚；伞梗5～11，不等长。小伞形花序，伞梗不等长，具4～12朵花；小总苞片5，边缘具睫毛；花瓣白色。双悬果条管状，基部钝圆，有一环细毛。花期5～6月，果期6～8月。

【生　　境】生于林缘、林间草地及沟谷湿地等处。

【药用价值】根入药。补中益气，祛瘀生新，滋补强壮。

【材料来源】吉林省白山市临江市，共3份，样本号CBS157MT01～03。

【ITS2序列特征】获得ITS2序列3条，比对后长度为231bp，无变异位点。序列特征如下：

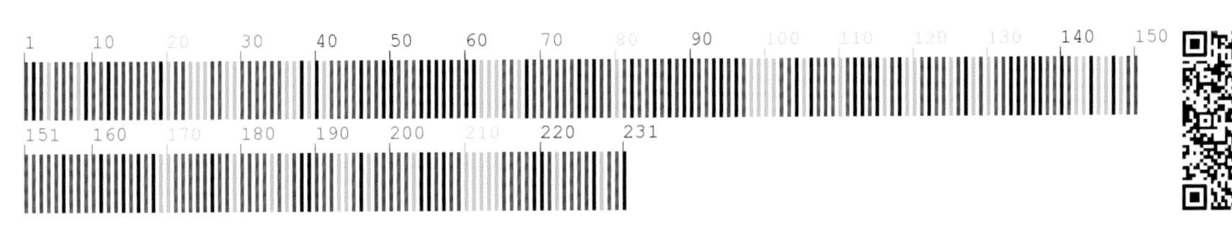

359 北柴胡 **Bupleurum chinense** DC.

【别　　名】柴胡，竹叶柴胡

【形态特征】多年生草本，高 40～80cm。主根明显，常分枝，棕褐色。茎丛生或单生，稍成“之”字形弯曲。基生叶剑形、倒披针形或狭椭圆形。复伞形花序；花梗 3～10；常披针形，比花短，具多脉；花黄色，先端向内折曲，花瓣 5，黄色；雄蕊 5；子房下位，花柱基平坦，花柱短。双悬果广椭圆形至椭圆形，分生果棱稍尖锐，棱槽中具 3～5 条油管，接着面具 3～6 条油管。花期 7 月，果期 8～9 月。

【生　　境】生长于向阳山坡路边、岸旁或草丛中。

【药用价值】根入药。和解退热，疏肝解郁，升举阳气。

【材料来源】吉林省延边朝鲜族自治州和龙市，共 1 份，样本号 CBS672MT01。

【ITS2 序列特征】获得 ITS2 序列 1 条，长度为 233bp。序列特征如下：

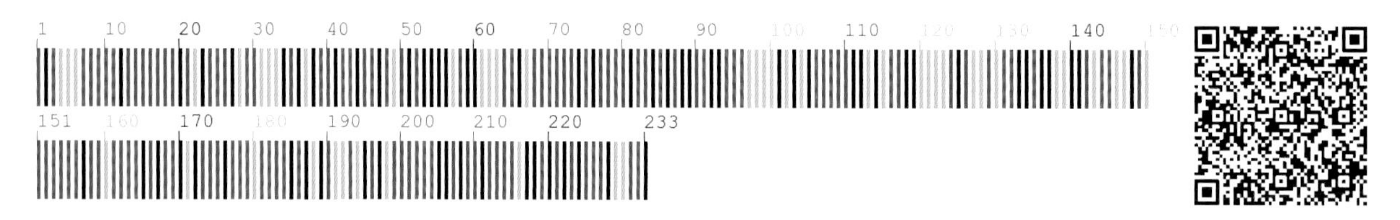

【*psbA-trnH* 序列特征】获得 *psbA-trnH* 序列 1 条，长度为 436bp。序列特征如下：

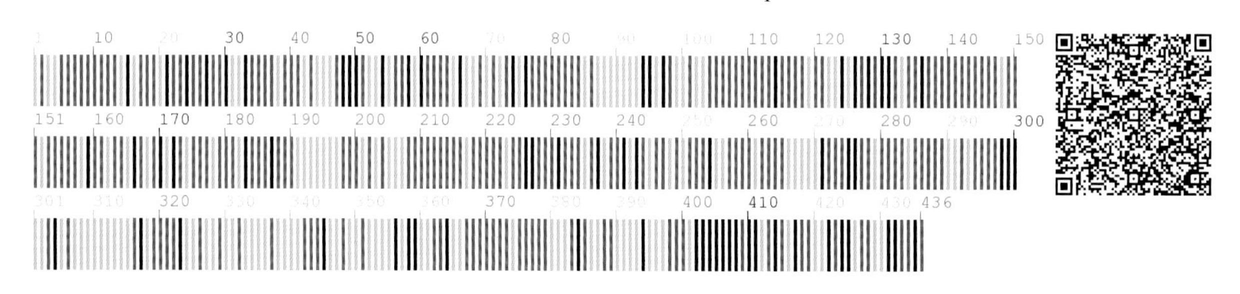

360 大苞柴胡 **Bupleurum euphorbioides** Nakai

【形态特征】一至二年生草本，高8～60cm。根细长。基生叶线形；茎生叶狭披针或线形，顶端渐尖，基部稍窄，无叶柄。伞形花序数个；总苞片2～5，不等大，卵形，顶生花序的总苞片最大而显著；伞辐4～11，顶生花序的伞辐长而软，弧形弯曲；小伞形花序直径6～15mm，有花16～24朵；花瓣外面带紫色；花柱基紫色。果广卵形，紫棕色，顶端有紫色花柱基残余，棱细线状。花期7～8月，果期8～9月。

【生　　境】生于高山草地、岳桦林缘和高山苔原带。

【药用价值】根入药。和解退热，疏肝解郁，升举阳气。

【材料来源】吉林省延边朝鲜族自治州敦化市，共3份，样本号CBS329MT01～03。

【**ITS2序列特征**】获得ITS2序列3条，比对后长度为233bp，无变异位点。序列特征如下：

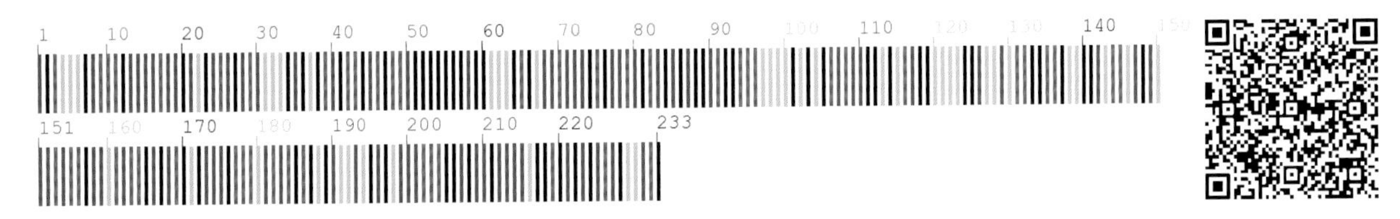

【***psbA-trnH*** **序列特征**】获得*psbA-trnH*序列3条，比对后长度为429bp，无变异位点。序列特征如下：

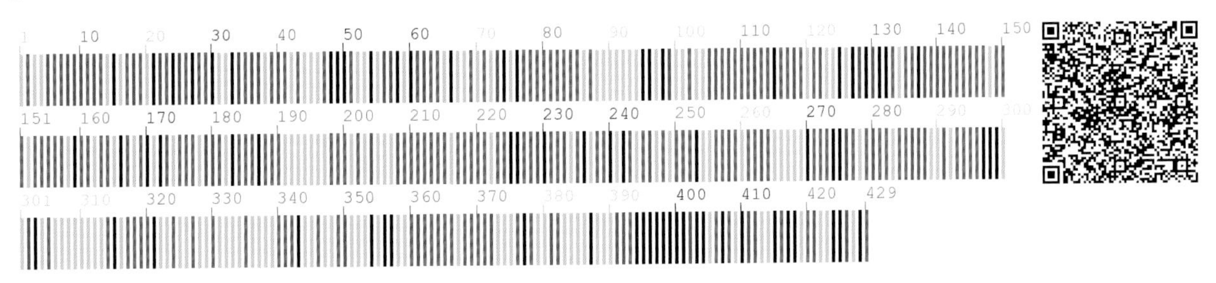

361 大叶柴胡 **Bupleurum longiradiatum** Turcz.

【别　　名】柴胡

【形态特征】多年生草本。根状茎短，长圆柱形，黄棕色，坚硬。茎直立，有粗槽纹，上部稍倾斜，多分枝。根出叶及茎下部叶有长柄，广披针形或长椭圆状披针形，茎上部叶无柄，基部耳形抱茎。复伞形花序；总苞1～3，披针形；伞梗细长；花黄色，小花细弱。双悬果椭圆形，暗褐色，被白粉，分生果横切面近圆形，各棱槽内油管3～4，合生面有油管4～6。花期7～8月，果期8～9月。

【生　　境】生于林下、林缘。

【药用价值】根入药。疏风退热，疏肝，升阳。

【材料来源】吉林省通化市东昌区，共3份，样本号CBS358MT01～03。

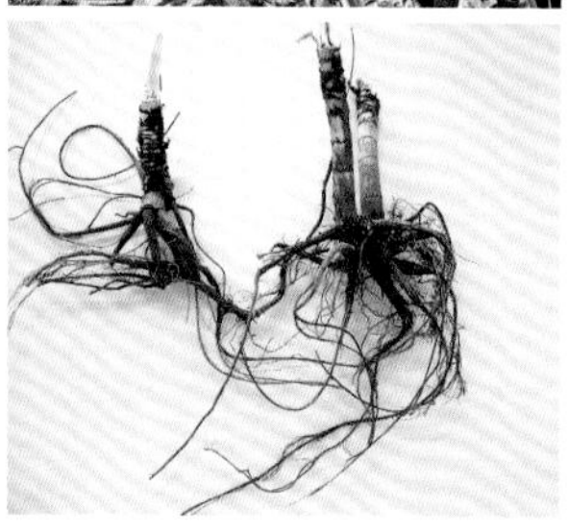

【ITS2序列特征】获得ITS2序列3条，比对后长度为233bp，无变异位点。序列特征如下：

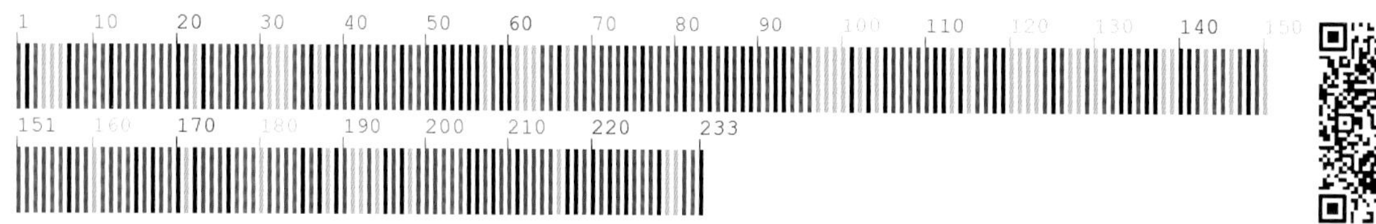

【*psbA-trnH*序列特征】获得*psbA-trnH*序列3条，比对后长度为435bp，无变异位点。序列特征如下：

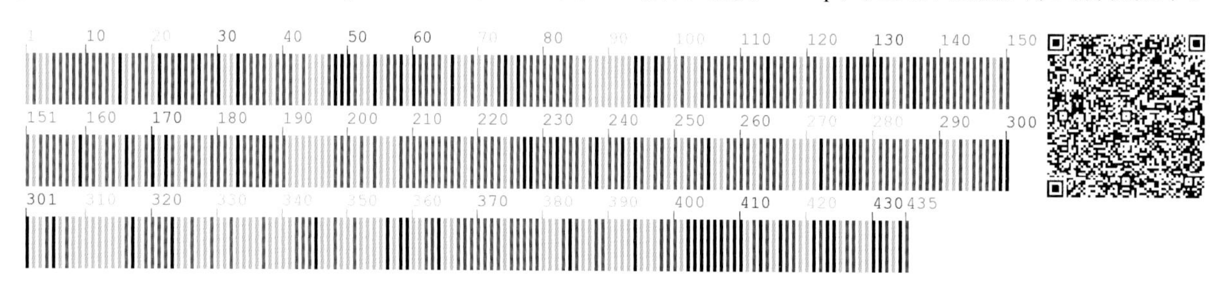

362　红柴胡　**Bupleurum scorzonerifolium** Willd.

【别　　名】线叶柴胡，狭叶柴胡，软苗柴胡，南柴胡

【形态特征】多年生草本，高 30～60cm。主根发达，圆锥形，支根稀少，深红棕色。茎基部密覆叶柄残余纤维。叶细线形，基生叶下部略收缩成叶柄。伞形花序自叶腋抽出，花序多，形成较疏松的圆锥花序；总苞片 1～3，极细小，针形；花瓣黄色；花柱基厚垫状，宽于子房，深黄色，柱头向两侧弯曲，子房主棱明显，表面常有白霜。果广椭圆形，深褐色，棱浅褐色，粗钝突出。花期 7～8 月，果期 8～9 月。

【生　　境】生于干燥草原及向阳山坡上、灌木林边缘。

【药用价值】根入药。疏风退热，舒肝，升阳。

【材料来源】吉林省延边朝鲜族自治州龙井市，共 3 份，样本号 CBS668MT01～03。

【ITS2 序列特征】获得 ITS2 序列 3 条，比对后长度为 233bp，无变异位点。序列特征如下：

【*psbA-trnH* 序列特征】获得 *psbA-trnH* 序列 2 条，比对后长度为 431bp，有 1 个变异位点，为 300 位点 G-T 变异；有 2 处插入 / 缺失，分别为 32 位点、218 位点。序列特征如下：

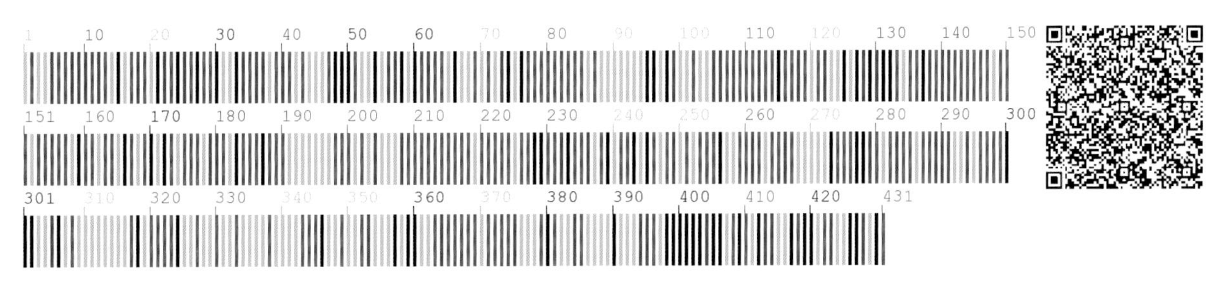

363 毒芹 Cicuta virosa L.

【别　　名】芹叶钩吻，走马芹，野芹，野胡萝卜，野芹菜花

【形态特征】多年生草本。全株无毛。根内部中空而具横隔。茎直立，中空，圆筒状，具细槽。基生叶及茎下部叶大型，叶柄圆而中空，基部狭鞘状，茎中上部叶较小；叶二至三回羽状全裂，最终裂片狭披针形或披针形。复伞形花序半球状，伞梗 10～20，近等长；花瓣白色，近圆形。双悬果近球形，光滑，有暗绿色棱。花期 7～8 月，果期 8～9 月。

【生　　境】生于河边、水沟旁、沼泽、湿草甸子、林下水湿地。

【药用价值】根及根茎入药。拔毒，散瘀。

【材料来源】吉林省通化市通化县，共 1 份，样本号 CBS449MT01。

【ITS2 序列特征】获得 ITS2 序列 1 条，长度为 231bp。序列特征如下：

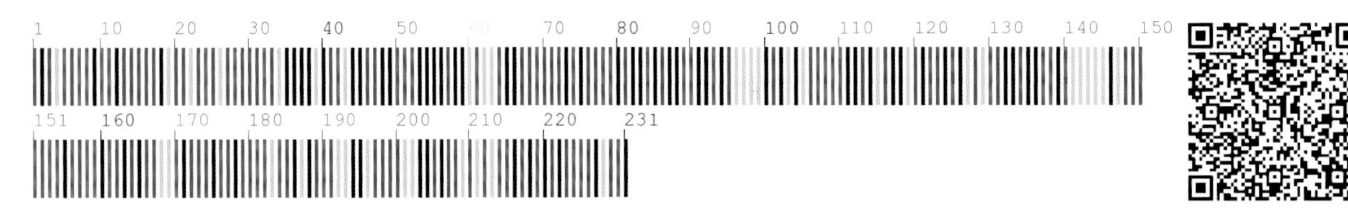

【*psbA-trnH* 序列特征】获得 *psbA-trnH* 序列 1 条，长度为 301bp。序列特征如下：

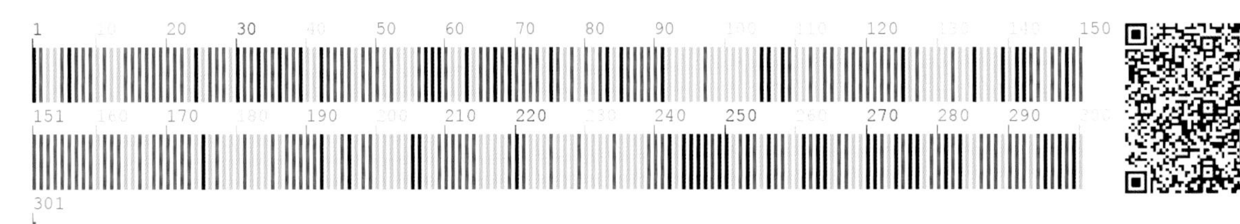

364 蛇床 **Cnidium monnieri** (L.) Cusson

【别　　名】野茴香，野胡萝卜，野胡萝卜子

【形态特征】一年生草本。茎直立，圆柱形，中空，有纵棱。茎生叶有柄，基部有短而阔的叶鞘，鞘的两侧有白色膜质边缘；叶二至三回羽状分裂，最终裂片线状披针形。复伞形花序顶生或侧生；总苞片8～10；小总苞片8～10；萼齿不明显，花瓣5，白色，具狭窄内折的小舌；雄蕊5，与花瓣互生，花丝细长，花药椭圆形；子房下位，花柱2，花柱基部圆锥形。双悬果椭圆形，果棱翅状。花期6～7月，果期7～8月。

【生　　境】生于山野、路旁、沟边及湿草甸子等处。

【药用价值】果实入药。温肾壮阳，燥湿，祛风杀虫，止痒。

【材料来源】吉林省四平市伊通满族自治县，共3份，样本号CBS241MT01～03。

【ITS2序列特征】获得ITS2序列3条，比对后长度为228bp，无变异位点。序列特征如下：

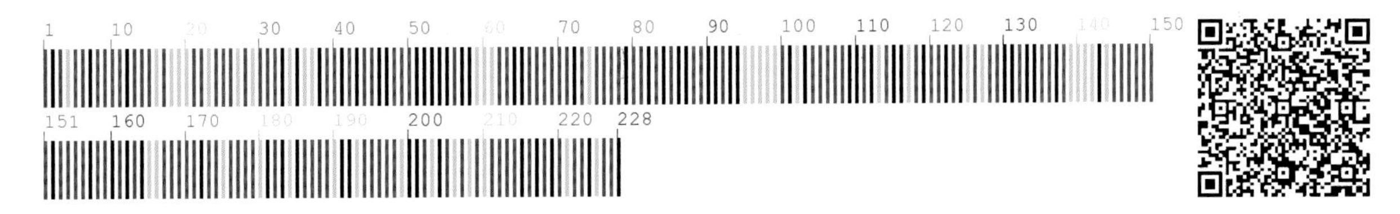

【*psbA-trnH*序列特征】获得*psbA-trnH*序列3条，比对后长度为280bp，有1处插入/缺失，为245位点。序列特征如下：

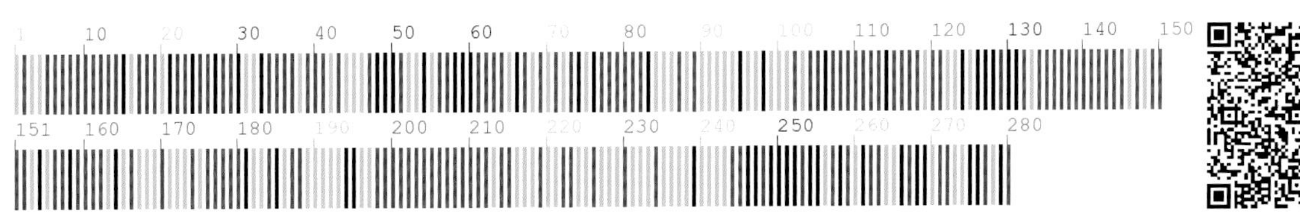

365 兴安独活 **Heracleum dissectum** Ledeb.

【别　　名】兴安牛防风，老山芹

【形态特征】多年生草本。根纺锤形，棕黄色。茎被粗毛，具棱槽。基生叶有长柄，被粗毛，基部鞘状；叶三出羽状分裂，背面密生灰白色毛；茎上部叶渐简化，叶柄全部呈宽鞘状。复伞形花序顶生和侧生；无总苞片；小总苞片数片，线状披针形；萼齿三角形；花瓣白色，二型；花柱基部短圆锥形。果实椭圆形或倒卵形。花期 7～8 月，果期 8～9 月。

【生　　境】生于林下、林缘及河岸湿草地等处。

【药用价值】根入药。发汗解表，祛风除湿，活血止痛，排脓。

【材料来源】吉林省白山市临江市，共 3 份，样本号 CBS302MT01～03。

【ITS2 序列特征】获得 ITS2 序列 3 条，比对后长度为 228bp，有 4 个变异位点，分别为 17 位点 A-C 变异、38 位点 G-A 变异、42 位点 T-C 变异、52 位点 A-G 变异。序列特征如下：

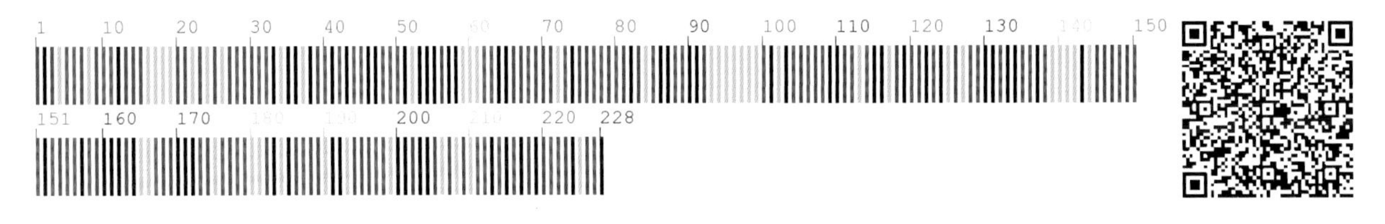

【*psbA-trnH* 序列特征】获得 *psbA-trnH* 序列 2 条，比对后长度为 283bp，无变异位点。序列特征如下：

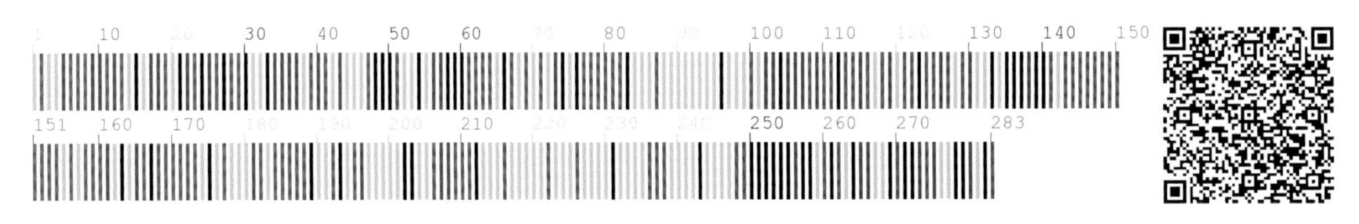

366 短毛独活 **Heracleum moellendorffii** Hance

【别　　名】东北牛防风，短毛白芷，黑瞎子芹，老山芹

【形态特征】多年生草本，高60～150cm。根粗大，斜生。茎直立，圆形，中空，具细棱。基生叶有长柄，基部鞘状；一至二回羽状全裂，有3～5小叶，中央小叶柄较长，3～5浅裂，叶两面脉上疏生短毛。复伞形花序直径达10cm；伞梗11～23，不等长；总苞片3～5，披针状锥形；小伞形花序具花10～20朵；小总苞片3～5，线状锥形；花瓣白色，二型。双悬果广椭圆形或圆形，分生果棱槽中各有1条油管，合生面有2条油管。花期7～8月，果期8～9月。

【生　　境】生于林缘、林下及山坡灌丛中。

【药用价值】根入药。祛风除湿，发表散寒，止痛。

【材料来源】吉林省通化市二道江区，共2份，样本号CBS670MT01、CBS670MT02。

【ITS2序列特征】获得TS2序列2条，比对后长度为228bp，无变异位点。序列特征如下：

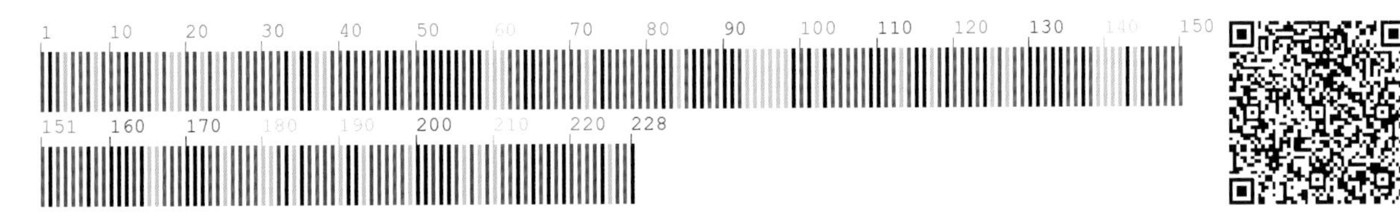

【*psbA-trnH*序列特征】获得*psbA-trnH*序列2条，比对后长度为283bp，有12个变异位点，分别为83位点、116位点、127位点、270位点G-T变异，113位点、118位点、121位点、124位点、129位点A-T变异，115位点、126位点A-C变异，146位点C-T变异；有1处插入/缺失，为238位点。序列特征如下：

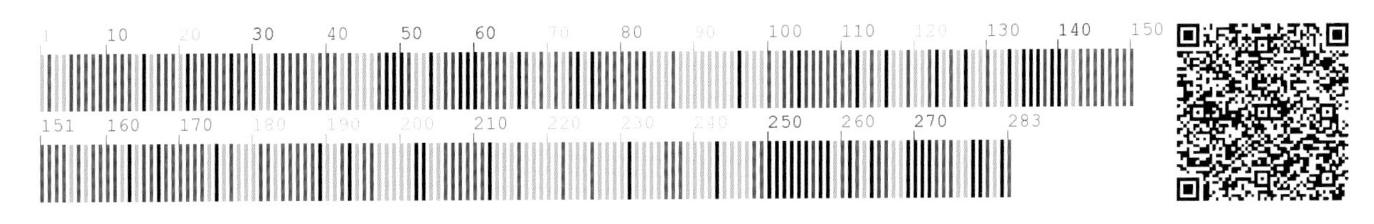

367 狭叶短毛独活 **Heracleum moellendorffii** var. **subbipinnatum** (Franch.) Kitag.

【别　　名】狭叶东北牛防风

【形态特征】多年生草本。茎直立，有棱槽，上部开展分枝。叶有柄，二回羽状全裂，末回裂片狭卵状披针形。复伞形花序顶生和侧生；总苞片少数，线状披针形；花柄细长；萼齿不显著；花瓣白色，二型；花柱基部短圆锥形。分生果圆状倒卵形，每棱槽内有油管 1，合生面有油管 2。胚乳腹面平直。花期 7 月，果期 8～10 月。

【生　　境】生于高山林缘以及草甸上。

【药用价值】根入药。祛风除湿，发表散寒，止痛。

【材料来源】吉林省白山市长白朝鲜族自治县，共 2 份，样本号 CBS666MT01、CBS666MT02。

【ITS2 序列特征】获得 ITS2 序列 2 条，比对后长度为 228bp，无变异位点。序列特征如下：

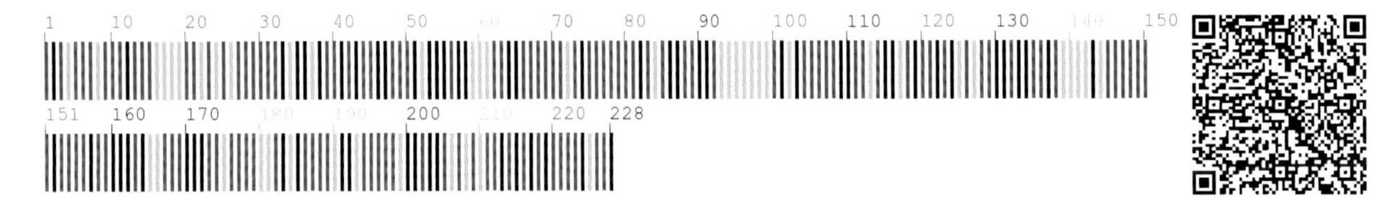

【*psbA-trnH* 序列特征】获得 *psbA-trnH* 序列 2 条，比对后长度为 276bp，有 2 处插入 / 缺失，分别为 32 位点、238 位点。序列特征如下：

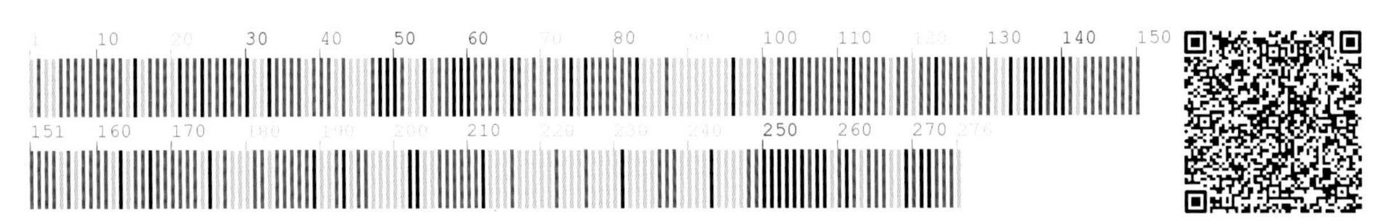

368 辽藁本 **Ligusticum jeholense** (Nakai et Kitag.) Nakai et Kitag.

【别　　名】藁本，北藁本，山香菜，山香叶

【形态特征】多年生草本，高 15～65cm。根状茎短，有香气。茎单生，中空，茎表有纵棱。茎生叶宽三角形，二至三回三出羽状全裂，最终裂片卵形或宽卵形。复伞形花序有短柔毛；无总苞或有 1 枚，早落；伞幅 6～19；小总苞片约 10，钻形；花梗 20 左右；花白色。双悬果椭圆形，分生果背棱龙骨状，侧棱略有狭翅，各棱槽中通常有 1 条油管。花期 7～9 月，果期 8～10 月。

【生　　境】生于林缘、草地及干燥的石质山坡上。

【药用价值】根入药。祛风散寒，祛湿止痛。

【材料来源】吉林省通化市东昌区，共 3 份，样本号 CBS508MT01～03。

【ITS2 序列特征】获得 ITS2 序列 3 条，比对后长度为 228bp，无变异位点。序列特征如下：

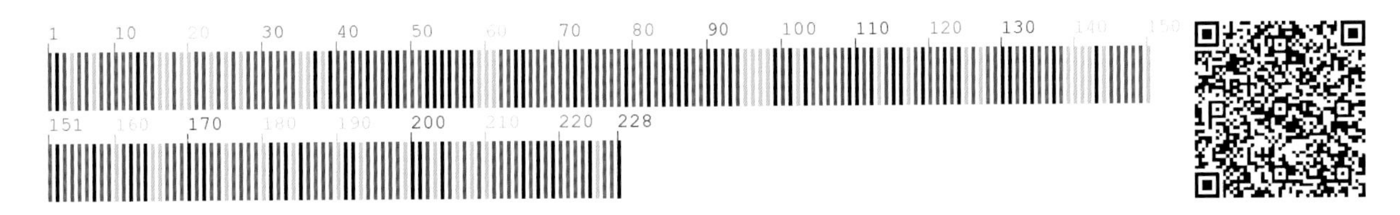

【*psbA-trnH* 序列特征】获得 *psbA-trnH* 序列 3 条，比对后长度为 310bp，无变异位点。序列特征如下：

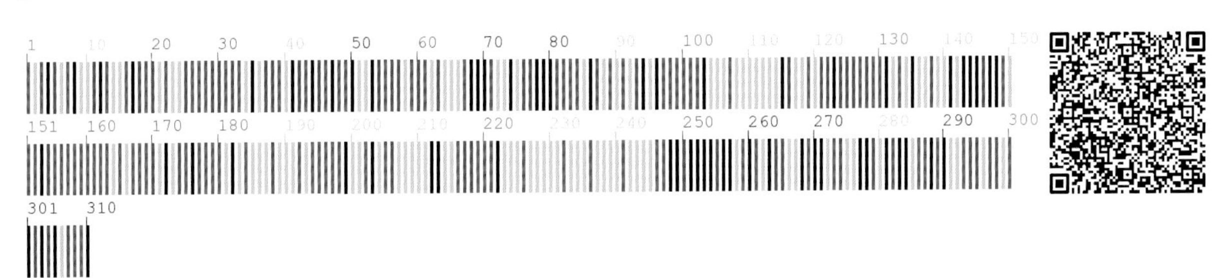

369 香根芹 **Osmorhiza aristata** (Thunb.) Rydb.

【别　　名】野胡萝卜，东北香根芹

【形态特征】多年生草本，高40～60cm。根粗壮，有香气。茎直立，有细槽。二至三回羽状复叶，小叶三角状卵形。复伞形花序2～3条，总花梗长；总苞片和小总苞片披针形，外折；伞梗3～6；小伞具3～10朵花，有3～6枚披针状线形或线形小苞片；花白色。双悬果条状披针形，无油管，顶端有2宿存花柱。花期7～8月，果期8～9月。

【生　　境】生于林下、林缘、山坡等处。

【药用价值】根入药。散寒，发汗，解表，祛风除湿，宣通筋络。

【材料来源】吉林省白山市临江市，共3份，样本号CBS162MT01～03。

【ITS2 序列特征】获得ITS2序列3条，比对后长度为231bp，无变异位点。序列特征如下：

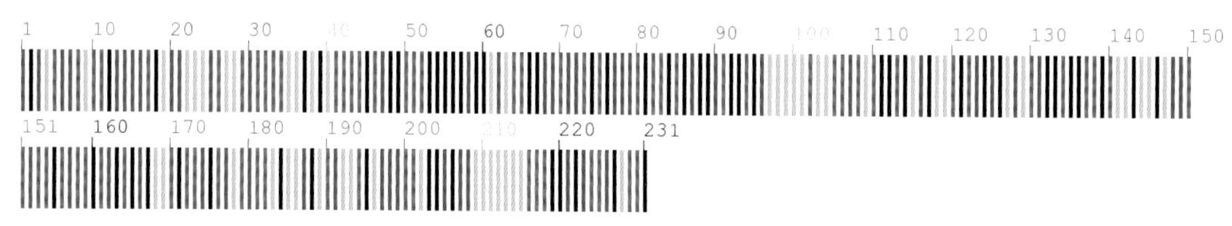

370 全叶山芹 **Ostericum maximowiczii** (F. Schmidt) Kitag.

【别　　名】山芹

【形态特征】多年生草本。有细长的地下匍匐枝，节上生根。茎直立，多单一或上部略有分枝，圆形，中空，有浅细沟纹。基生叶及茎下部叶二回羽状分裂；茎上部叶一回羽状分裂，基部膨大成长圆形的鞘，抱茎；叶两面均无毛，或沿叶脉及叶缘有短糙毛，叶柄基部常紫色。复伞形花序；花瓣白色，近圆形，顶端内折，基部渐狭或具明显的爪。果实宽卵形。花期8～9月，果期9～10月。

【生　　境】生于湿地、林下、落叶松林中、山谷河边、山坡草甸、湿草甸、溪边。

【药用价值】全草入药。解毒消肿。

【材料来源】吉林省延边朝鲜族自治州安图县，共3份，样本号CBS590MT01～03。

【ITS2序列特征】获得ITS2序列3条，比对后长度为229bp，无变异位点。序列特征如下：

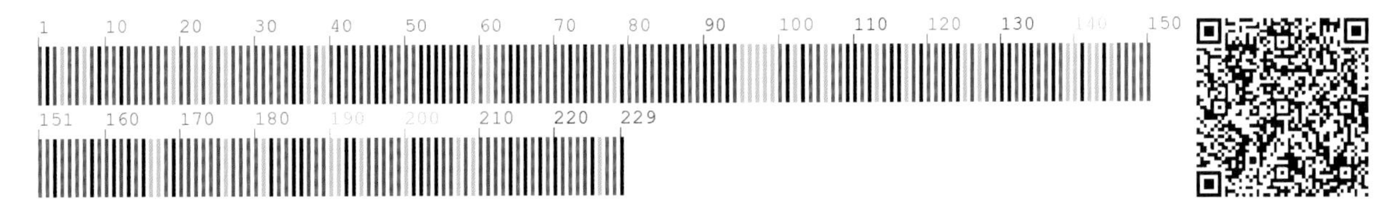

【*psbA-trnH*序列特征】获得*psbA-trnH*序列3条，比对后长度为311bp，无变异位点。序列特征如下：

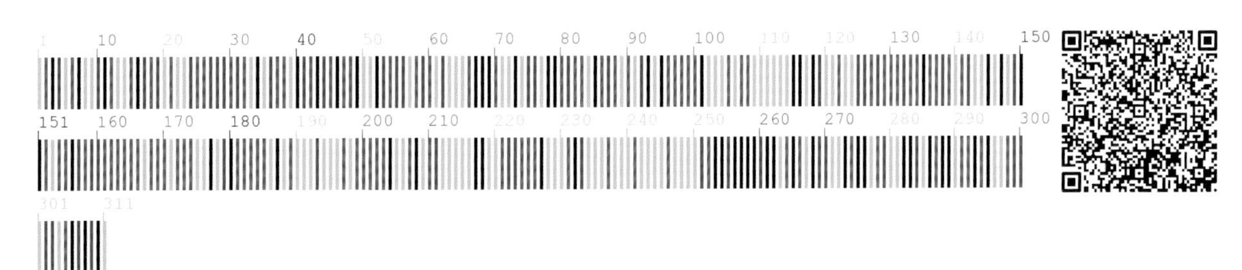

371 刺尖前胡 **Peucedanum elegans** Kom.

【别　　名】刺尖石防风，雅致前胡

【形态特征】多年生草本，高 50～80cm。茎单一，圆柱形，有细条纹，较光滑。基生叶有长柄，基部具狭长叶鞘；叶三回羽状全裂，第一回羽片 6～9 对，二回羽片 4～5 对，末回裂片线状长圆形，小叶顶端具白色刺状尖头。复伞形花序略呈伞房状分枝；总苞片多数，披针形，先端尾尖；花瓣白色或淡紫色，小舌片内折。分生果长圆形，背棱与中棱丝状轻微凸起，侧棱翅状，棱槽内有油管 1，合生面有油管 2。花期 7～8 月，果期 8～9 月。

【生　　境】生于干燥的石质山坡及岩石缝隙。

【药用价值】根入药。发散风热，降气化痰，止血。

【材料来源】吉林省通化市东昌区，共 3 份，样本号 CBS439MT01～03。

【ITS2 序列特征】获得 ITS2 序列 3 条，比对后长度为 228bp，无变异位点。序列特征如下：

【*psbA-trnH* 序列特征】获得 *psbA-trnH* 序列 3 条，比对后长度为 253bp，有 4 个变异位点，分别为 26 位点 A-C 变异、238 位点 A-T 变异、239 位点 T-G 变异、242 位点 C-G 变异；有 1 处插入 / 缺失，为 187 位点。序列特征如下：

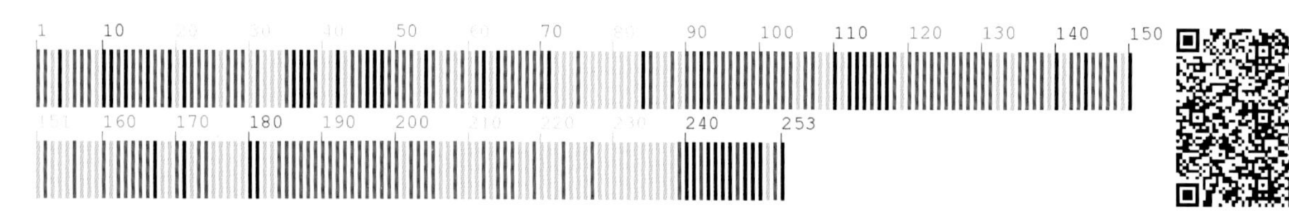

372 石防风　**Peucedanum terebinthaceum** (Fisch. ex Trevir.) Ledeb.

【别　　名】硬苗前胡，山芹菜

【形态特征】多年生草本，高30～100cm。茎直立，圆形，有细棱，分枝。基生叶有长柄；叶二回三出羽状全裂，第一回小叶椭圆状卵形，第二回小叶通常无柄；茎上部叶柄鞘状包茎。复伞形花序；伞梗10～20；花多数，花瓣白色。双悬果广椭圆形或圆形，分生果背部略隆起，背棱条形，侧棱翼状，槽中有1条油管。花期7～9月，果期8～10月。

【生　　境】生于林下灌丛间。

【药用价值】根入药。发散风热，降气祛痰。

【材料来源】吉林省通化市集安市，共3份，样本号CBS497MT01～03。

【ITS2序列特征】获得ITS2序列3条，比对后长度为228bp，无变异位点。序列特征如下：

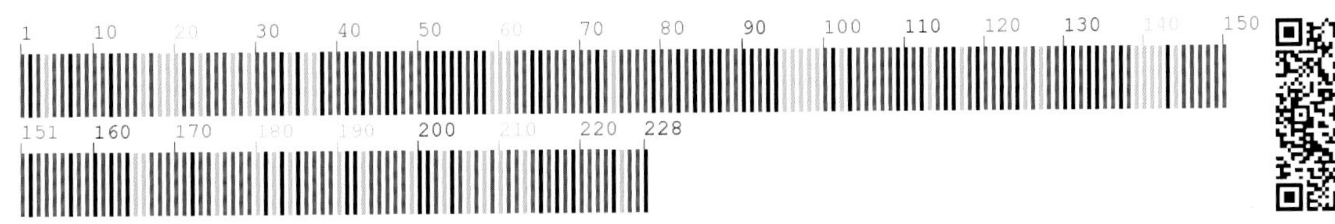

【*psbA-trnH*序列特征】获得*psbA-trnH*序列2条，比对后长度为277bp，有2个变异位点，分别为25位点C-T变异、44位点G-A变异。序列特征如下：

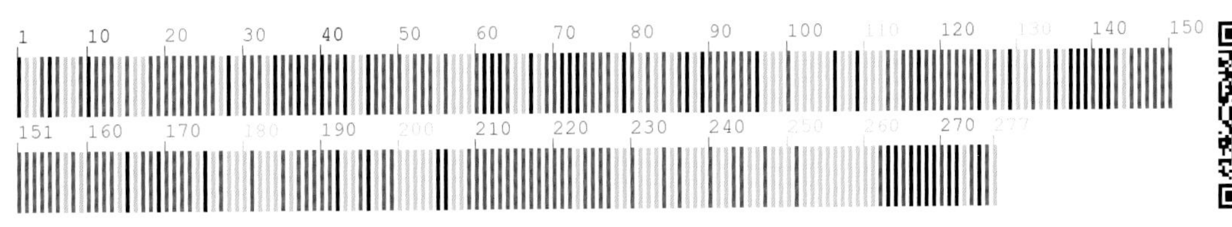

373 短果茴芹 **Pimpinella brachycarpa** (Kom.) Nakai

【别　　名】大叶芹，山芹菜

【形态特征】多年生草本，高 70～85cm。茎圆管状，有条纹，上部 2～3 个分枝。基生叶及茎下部叶有柄；叶鞘长圆形；叶三出分裂，成三小叶，稀二回三出分裂，叶脉上有毛。通常无总苞片；伞辐 7～15；小总苞片 2～5，线形；小伞形花序有花 15～20 朵；萼齿较大，披针形；花瓣阔倒卵形或近圆形；花柱基部圆锥形。果实卵球形，无毛，果棱线形，每棱槽内有油管 2～3，合生面有油管 6；胚乳腹面平直。花期 7～8 月，果期 8～9 月。

【生　　境】生于针阔混交林下、林缘或土壤肥沃、较阴湿沟边。常聚生成片。

【药用价值】全草入药。清热，解毒。

【材料来源】吉林省通化市东昌区，共 3 份，样本号 CBS362MT01～03。

【ITS2 序列特征】获得 ITS2 序列 3 条，比对后长度为 229bp，无变异位点。序列特征如下：

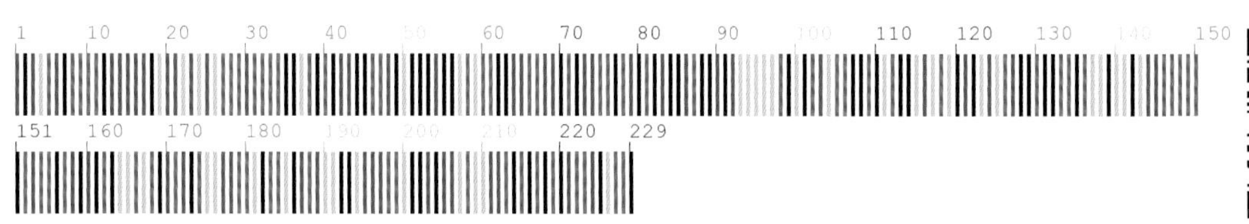

374 棱子芹 **Pleurospermum uralense** Hoffm.

【别 名】黑瞎子芹

【形态特征】多年生草本，高70～150cm。主根粗大，有香气。茎直立，不分枝，有明显的纵棱。基生叶与茎下部有长叶柄和叶鞘，叶二至三回羽状全裂。复伞形花序顶生或腋生；伞辐10～40；总苞片多数，向下反折，羽状深裂；小伞形花序具多花；小总苞片10余枚，向下反折，条形；花白色。果披针状椭圆形，具5条隆起的中空的果棱。花期6～7月，果期7～8月。

【生 境】生于林下、林缘草甸、山谷溪边。

【药用价值】全草入药。清热，解毒。

【材料来源】吉林省通化市东昌区，共3份，样本号CBS211MT01～03。

【**ITS2序列特征**】获得ITS2序列3条，比对后长度为225bp，无变异位点。序列特征如下：

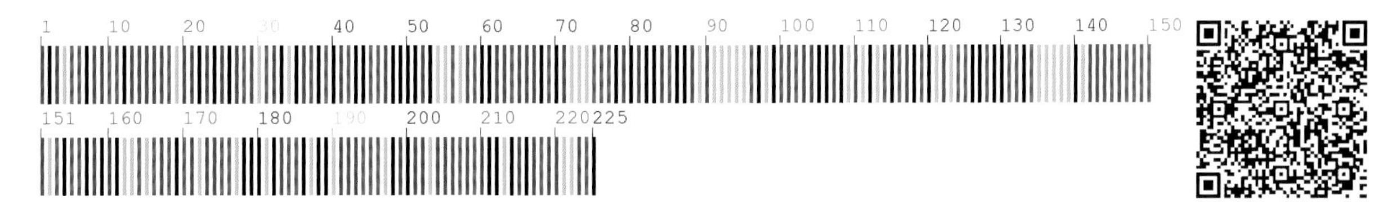

【*psbA-trnH* 序列特征】获得 *psbA-trnH* 序列3条，比对后长度为371bp，无变异位点。序列特征如下：

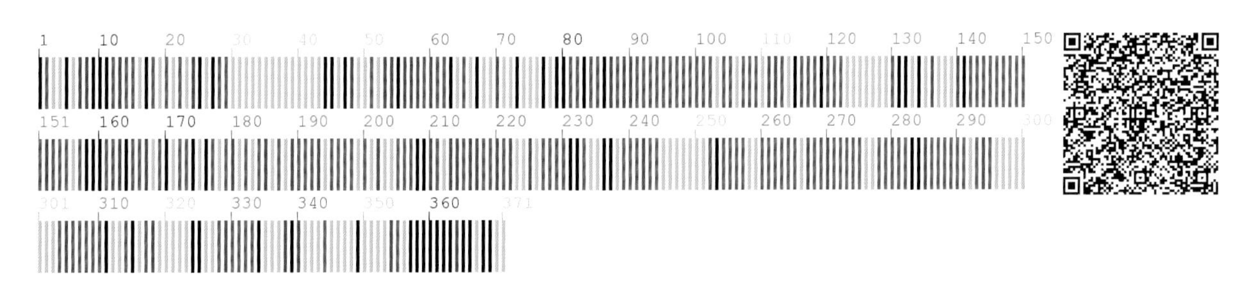

375 变豆菜 Sanicula chinensis Bunge

【别　　名】山芹菜，鸡爪芹，鸭巴芹，鸭巴掌，碗儿芹

【形态特征】多年生草本。茎直立，有分枝。基生叶及茎中、下部叶有长柄，叶通常掌状3～5全裂；茎上部叶近无柄，多三出深裂至全裂。伞形花序；总苞片叶状；小总苞片8～10，卵状披针形或披针形；花瓣淡绿色。果实圆卵形，具钩状皮刺。花期5～6月，果期6～7月。

【生　　境】生于林下、林缘、沟旁、山坡等处。

【药用价值】全草入药。清热解毒，散寒止咳，行血通经，杀虫。

【材料来源】吉林省通化市二道江区，共3份，样本号CBS671MT01～03。

【ITS2 序列特征】获得 ITS2 序列 3 条，比对后长度为 234bp，无变异位点。序列特征如下：

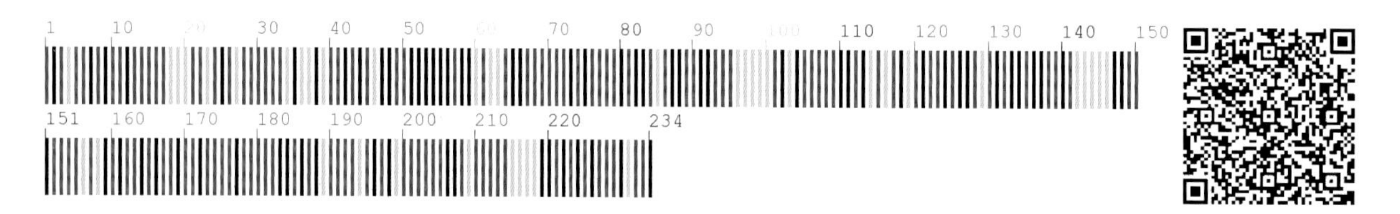

【*psbA-trnH* 序列特征】获得 *psbA-trnH* 序列 1 条，长度为 516bp。序列特征如下：

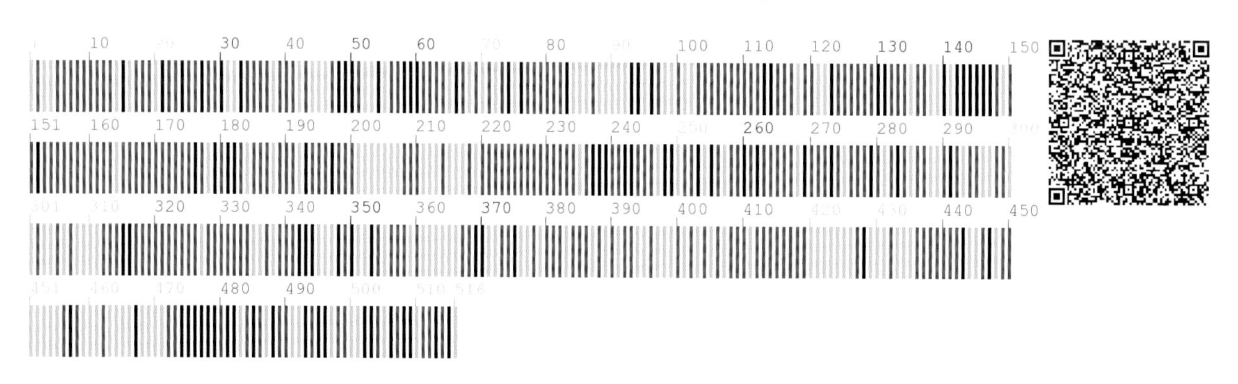

376 红花变豆菜 **Sanicula rubriflora** F. Schmidt ex Maxim.

【别　　名】紫花变豆，菜鸡爪芹，碗儿芹，紫花芹

【形态特征】多年生草本。茎直立，下部不分枝。基生叶掌状3全裂，中裂片顶端3浅裂；茎生叶2，无柄，对生呈总苞状，叶3深裂。伞形花序三出；小伞形花序头状，直径约1cm；花梗多数；小总苞片3～7，倒披针形或条形，超出花序；萼齿长卵形或卵状披针形；花瓣紫红色。双悬果卵圆形，基部有瘤状凸起，中上部密生黄色硬钩刺，分生果横切面卵形。花期5～6月，果期6～7月。

【生　　境】生于林缘、林下、沟边、灌丛及溪流旁等处。

【药用价值】根入药。利尿。

【材料来源】吉林省通化市柳河县，共3份，样本号CBS119MT01～03。

【ITS2序列特征】获得ITS2序列3条，比对后长度为235bp，无变异位点。序列特征如下：

【*psbA-trnH*序列特征】获得*psbA-trnH*序列3条，比对后长度为517bp，无变异位点。序列特征如下：

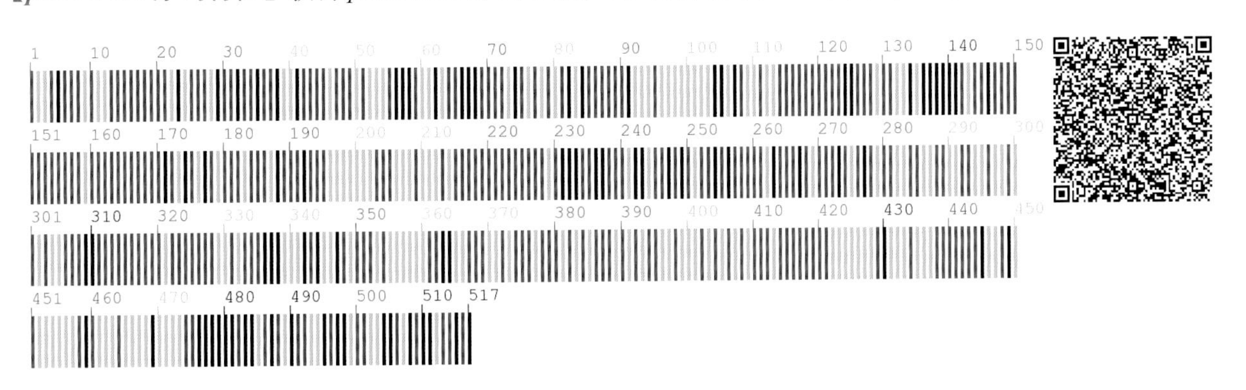

377 防风 **Saposhnikovia divaricata** (Turcz.) Schischk.

【别　　名】北防风，关防风，旁风

【形态特征】多年生草本。根粗壮，根状茎上部密生褐色毛状的旧叶纤维。基生叶丛生，叶柄长而扁，基部突然加宽成叶鞘，叶二至三回羽状分裂。复伞形花序多数；伞梗5～10，不等长，无毛；小伞形花序具4～10朵花；小总苞片4～6，披针形；花瓣白色，先端钝截。双悬果幼时具小丘状凸起。花期8～9月，果期9～10月。

【生　　境】生于灌丛、草地及干燥的石质山坡上。

【药用价值】根入药。祛风发表，胜湿止痛，解痉。

【材料来源】吉林省通化市东昌区，共3份，样本号 CBS421MT01～03。

【ITS2 序列特征】获得 ITS2 序列 3 条，比对后长度为 229bp，无变异位点。序列特征如下：

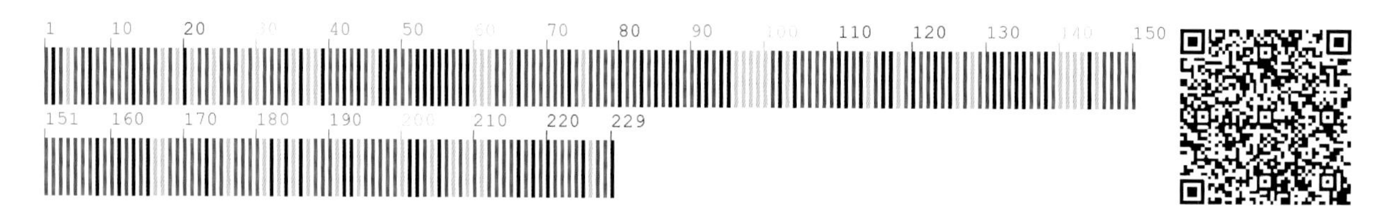

【*psbA-trnH* 序列特征】获得 *psbA-trnH* 序列 3 条，比对后长度为 318bp，无变异位点。序列特征如下：

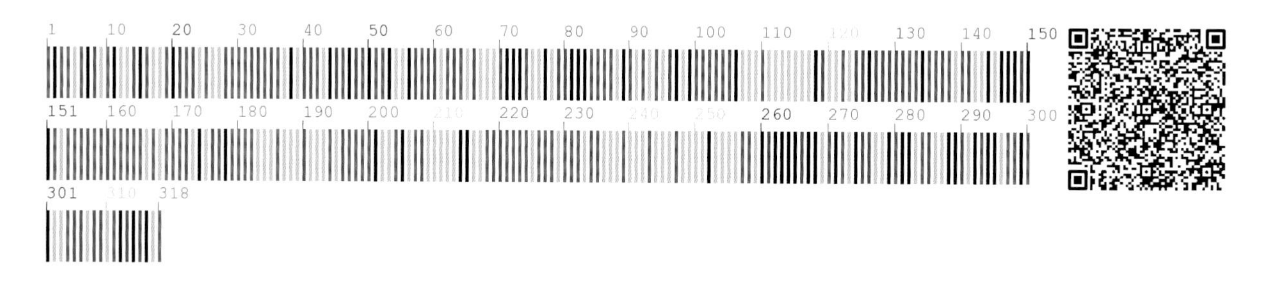

378　泽芹　Sium suave Walt.

【别　　名】细叶泽芹，狭叶泽芹，山藁本，野芹菜

【形态特征】多年生草本。叶矩圆形至卵形，一回羽状复叶，具3～9对小叶。复伞形花序顶生或侧生；总花梗粗壮；总苞片3～10，披针形或条形，全缘或有缺刻，外折；伞幅8～20；小总苞片5～10，条状披针形；花梗约10；花瓣白色。双悬果卵形。花期7～8月，果期8～9月。

【生　　境】生于沼泽、湿草甸子、溪边、水旁较阴湿处的山坡上。

【药用价值】根及根茎入药。散风寒，止头痛，降血压。

【材料来源】吉林省延边朝鲜族自治州安图县，共3份，样本号CBS663MT01～03。

【ITS2序列特征】获得ITS2序列3条，比对后长度为232bp，有1个变异位点，为47位点A-C变异。序列特征如下：

【*psbA-trnH*序列特征】获得*psbA-trnH*序列3条，比对后长度为266bp，有11个变异位点，分别为17位点、190位点C-T变异，76位点、107位点A-G变异，110位点T-C变异，157位点、166位点、183位点G-T变异，168位点T-A变异，197位点、233位点T-G变异；有3处插入/缺失，分别为95位点、135位点、225位点。序列特征如下：

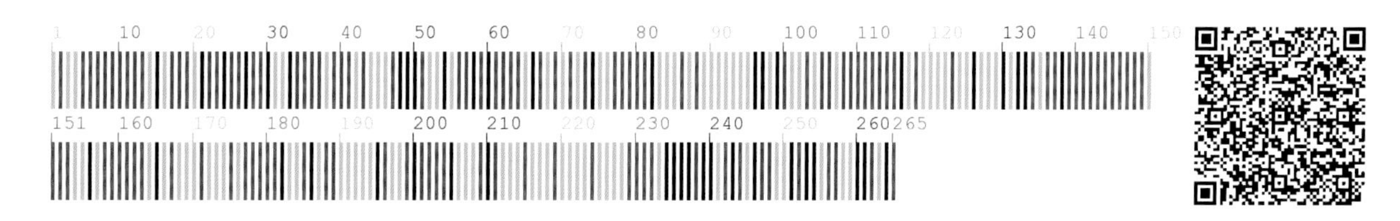

379 小窃衣 **Torilis japonica** (Houtt.) DC.

【别　　名】窃衣，破子草，小叶芹，草粘子，华南鹤虱

【形态特征】一年生或多年生草本。茎有纵条纹及刺毛。叶长卵形，一至二回羽状分裂，两面疏生紧贴的粗毛。复伞形花序顶生或腋生，花序梗长3～25cm，有倒生的刺毛；总苞片3～6；伞辐4～12；小总苞片5～8；小伞形花序有花4～12朵；花瓣白色、紫红色或蓝紫色；花丝长约1mm。果圆卵形，通常有内弯或呈钩状的皮刺。花期7～8月，果期8～9月。

【生　　境】生于灌丛、草地及干燥的石质山坡上。

【药用价值】全草、果实入药。活血消肿，杀虫止泻，收湿止痒。

【材料来源】吉林省通化市东昌区，共3份，样本号CBS355MT01～03。

【ITS2 序列特征】获得小窃衣 ITS2 序列 3 条，比对后长度为 225bp，有 1 个变异位点，为 119 位点 C-T 变异。序列特征如下：

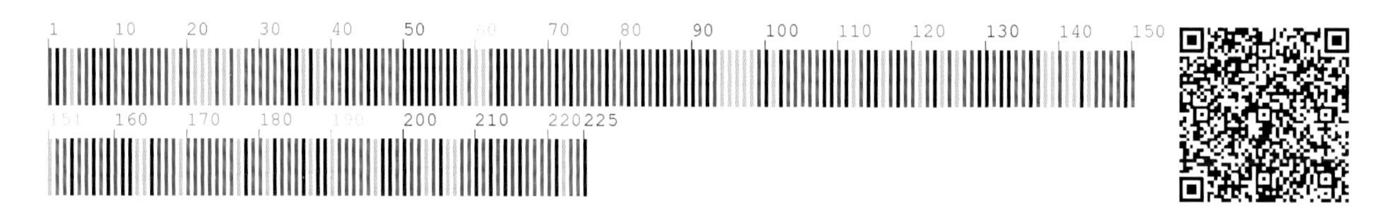

【*psbA-trnH* 序列特征】获得 *psbA-trnH* 序列 3 条，比对后长度为 261bp，无变异位点。序列特征如下：

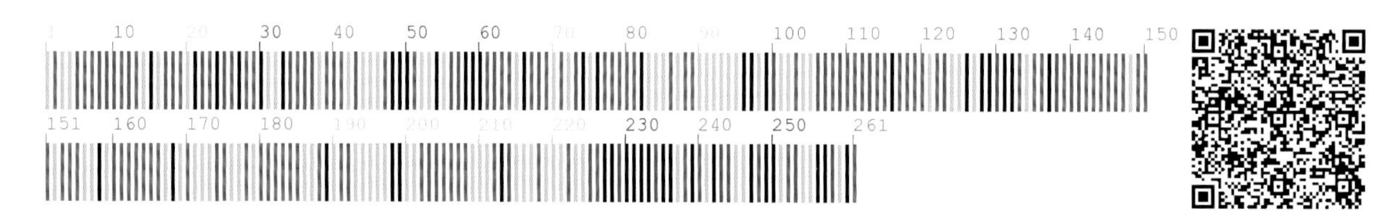

杜鹃花科　Ericaceae

380　杜香　**Ledum palustre** L.

【别　　名】细叶杜香，狭叶杜香，白山茶，喇叭茶，白山苔

【形态特征】小灌木。叶质稍厚，密而互生，有强烈香味，狭条形，全缘。伞房花序；花多数，白色；萼片 5，圆形，具尖头，宿存；花冠 5 深裂，裂片长卵形；雄蕊 10，花丝基部有细毛；花柱宿存。

【生　　境】生于泥炭藓类沼泽中或落叶松林缘、林下、湿润山坡。常聚生成片。

【药用价值】枝、叶入药。解热，止咳平喘，祛痰，利尿，调经，催乳，止痒。

【材料来源】吉林省通化市柳河县，共 3 份，样本号 CBS267MT01～03。

【ITS2 序列特征】获得 ITS2 序列 3 条，比对后长度为 229bp，无变异位点。序列特征如下：

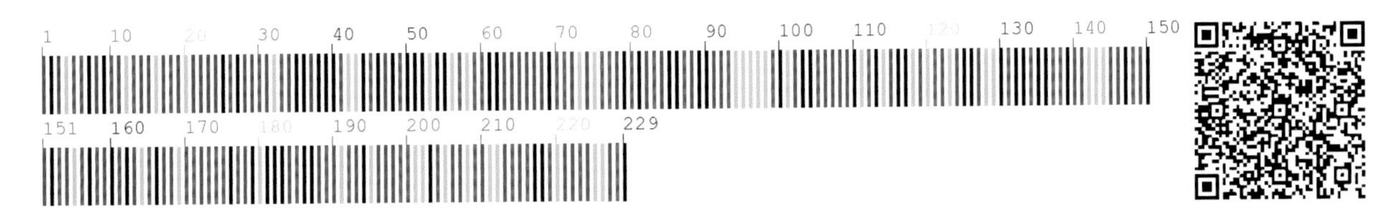

【*psbA-trnH* 序列特征】获得 *psbA-trnH* 序列 3 条，比对后长度为 439bp，无变异位点。序列特征如下：

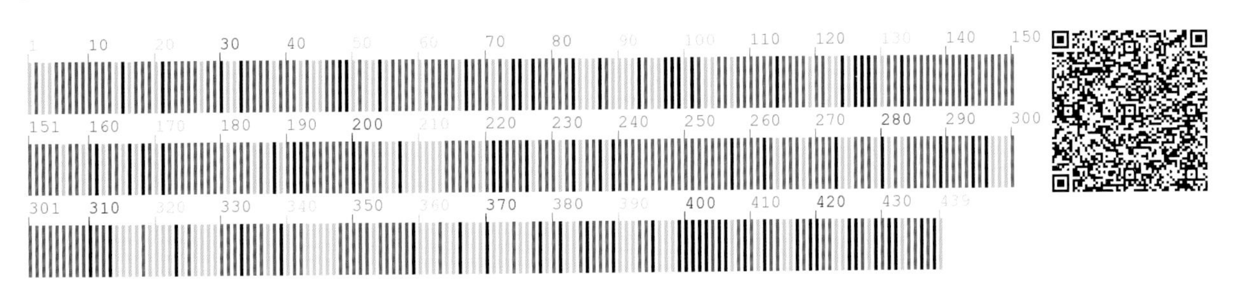

381 红花鹿蹄草 **Pyrola asarifolia** subsp. **incarnata** (DC.) E. Haber et H. Takahashi

【别　　名】鹿衔草，鹿寿草，鹿寿茶，鹿含草

【形态特征】多年生常绿矮小草本。根状茎细长，横走。叶簇生于花葶基部，卵状椭圆形或近于圆形。花序总状；花葶在中下部常有1～3枚鳞片状叶；花萼5深裂；花瓣5，深红色至粉红色；雄蕊10；子房扁球形，花柱长，斜上弯曲，柱头稍膨大或呈不明显的环状加粗。蒴果扁球形。花期6～7月，果期7～8月。

【生　　境】生于林下、林缘。常聚生成片。

【药用价值】全草入药。舒筋活络，祛风除湿，补肾强骨，收敛止血。

【材料来源】吉林省延边朝鲜族自治州安图县，共3份，样本号CBS856MT01～03。

【**ITS2** 序列特征】获得ITS2序列3条，比对后长度为237bp，无变异位点。序列特征如下：

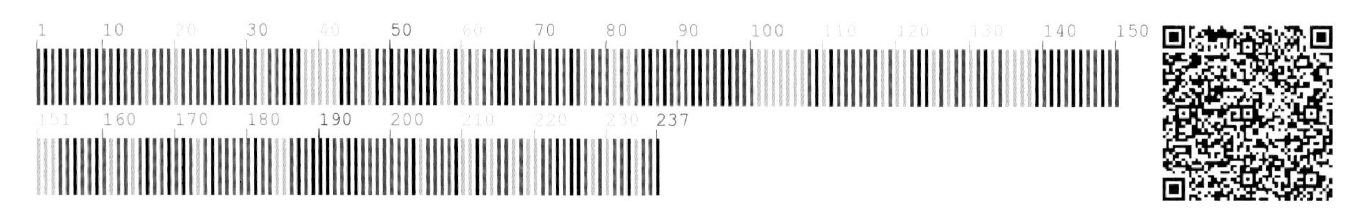

【*psbA-trnH* 序列特征】获得*psbA-trnH*序列3条，比对后长度为357bp，无变异位点。序列特征如下：

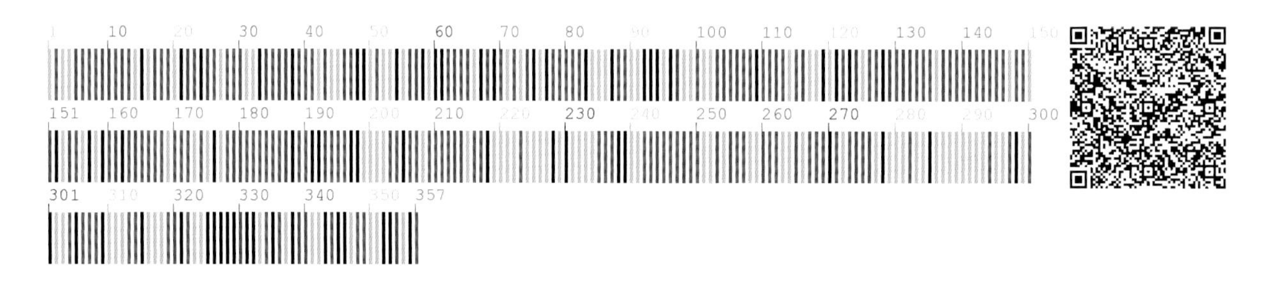

382 肾叶鹿蹄草 **Pyrola renifolia** Maxim.

【别　　名】鹿衔草，鹿蹄草

【形态特征】多年生常绿草本。根状茎细长，基部簇生叶 2～5。叶肾状圆形或肾形。花葶细长，无总苞片或具苞片 1，具花 2～5 朵；花梗短，每花具小苞片或具苞片 1，苞片条状披针形，或短于花梗；萼片较小；花瓣倒卵圆形，白色微带淡绿色；雄蕊 10，花丝无毛，花药黄色；花柱倾斜，上部稍向上弯曲，伸出花冠，果期更明显。蒴果扁圆形，直径 5～6mm。花期 7 月，果期 8 月。

【生　　境】生于林下湿润的苔藓层中。

【药用价值】全草入药。祛风除湿，补肾壮骨，收敛止血，解蛇虫毒。

【材料来源】吉林省延边朝鲜族自治州安图县，共 2 份，样本号 CBS858MT01、CBS858MT02。

【ITS2 序列特征】获得 ITS2 序列 2 条，比对后长度为 236bp，无变异位点。序列特征如下：

【*psbA-trnH* 序列特征】获得 *psbA-trnH* 序列 2 条，比对后长度为 346bp，无变异位点。序列特征如下：

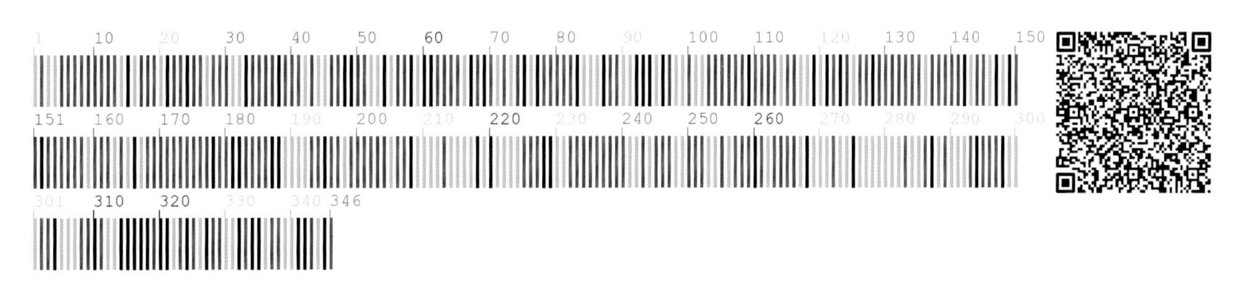

383 圆叶鹿蹄草 **Pyrola rotundifolia** L.

【别　　名】日本鹿蹄草，鹿衔草，鹿寿草，鹿寿茶，鹿含草

【形态特征】多年生常绿草本。叶丛生于花葶基部，椭圆形，稀卵圆形，上面深绿色，叶脉处色淡呈白色。总状花序；花冠碗形，白色；萼片披针状三角形；雄蕊 10；花柱倾斜，上部向上弯曲，顶端增粗，无环状凸起，伸出花冠。蒴果扁球形。花期 6～7 月，果期 8～9 月。

【生　　境】生于林下、林缘、山坡。常聚生成片。

【药用价值】全草入药。补肾壮阳，补肺定喘，收敛止血。

【材料来源】吉林省通化市东昌区，共 2 份，样本号 CBS857MT01、CBS857MT02。

【ITS2 序列特征】获得 ITS2 序列 2 条，比对后长度为 237bp，无变异位点。序列特征如下：

【*psbA-trnH* 序列特征】获得 *psbA-trnH* 序列 2 条，比对后长度为 360bp，无变异位点。序列特征如下：

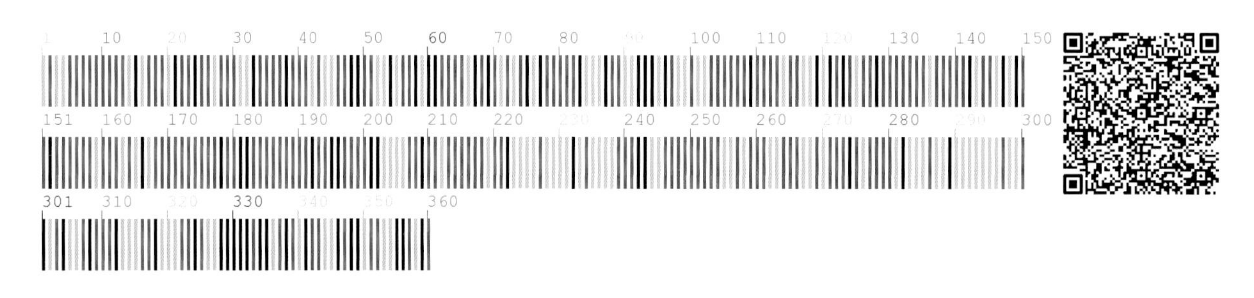

384 牛皮杜鹃 **Rhododendron aureum** Georgi

【别　　名】牛皮茶，黄花万病草，高山茶

【形态特征】常绿小灌木。叶厚革质，集生于枝的上部，倒卵状长圆形。花4～7，集生于枝端，形成伞形状伞房花序；萼片5，紫褐色；花冠淡黄色或黄色，漏斗状，5裂，裂片宽倒卵形，基部狭窄；花丝基部有毛，比花冠短；子房被锈色长柔毛，花柱无毛，花柱比雄蕊长。蒴果长圆形，暗褐色，稍有毛，花柱宿存或脱落。种子小，椭圆形。花期6～7月，果期8～9月。

【生　　境】生于高海拔林下、林缘及高山苔原带上。常聚生成片。

【药用价值】叶入药。收敛，发汗，强心，利尿。

【材料来源】吉林省延边朝鲜族自治州安图县，共3份，样本号CBS677MT01～03。

【ITS2序列特征】获得ITS2序列3条，比对后长度为229bp，无变异位点。序列特征如下：

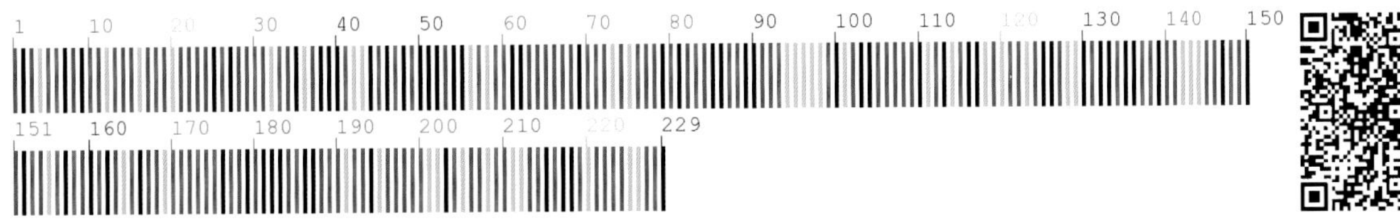

【*psbA-trnH*序列特征】获得*psbA-trnH*序列2条，比对后长度为293bp，有2处插入/缺失，分别为195位点、289位点。序列特征如下：

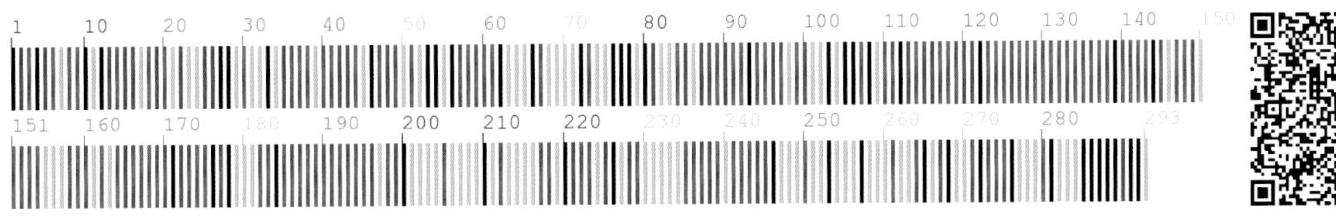

385 兴安杜鹃 **Rhododendron dauricum** L.

【别　　名】满山红，金达莱，达子香，映山红

【形态特征】灌木。幼枝细而弯曲，节间短。叶互生，薄革质，长圆形或卵状长圆形；叶柄短，2～3cm。花 1～4，生于枝端，先叶开放或同时开放；花梗短，微有毛；萼片小，有毛；花冠紫红色。蒴果短圆柱形，灰褐色，由先端开裂。花期 5～6 月，果期 7 月。

【生　　境】生于山顶砬子、山脊、排水良好的山坡或陡坡蒙古栎林下。常聚生成片。

【药用价值】叶入药。解表，化痰，止咳，平喘，利尿

【材料来源】辽宁省本溪市桓仁满族自治县，共 1 份，样本号 CBS675MT01。

【ITS2 序列特征】获得 ITS2 序列 1 条，长度为 232bp。序列特征如下：

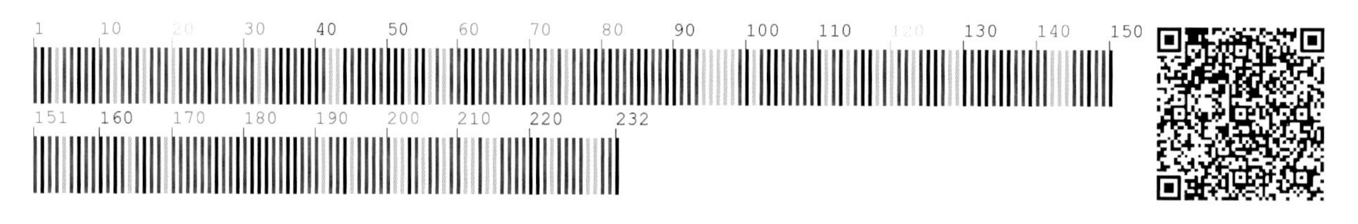

【*psbA-trnH* 序列特征】获得 *psbA-trnH* 序列 1 条，长度为 382bp。序列特征如下：

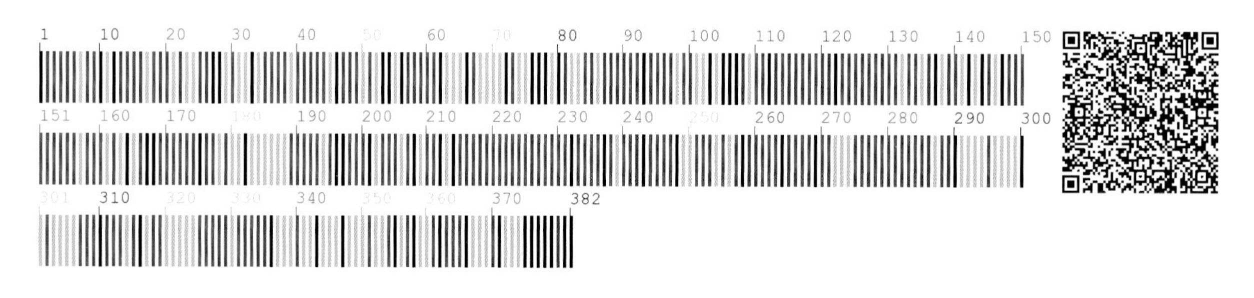

386 迎红杜鹃 **Rhododendron mucronulatum** Turcz.

【别　　名】尖叶杜鹃，金达莱，达子香，映山红

【形态特征】灌木。小枝粗直，节间长达10cm。叶互生，厚纸质，狭椭圆形至椭圆形。花生在前一年枝的顶端，多先叶开放；花萼短，有白缘毛；花冠宽漏斗状，淡紫红色。蒴果短圆柱形，暗褐色。花期4～5月。

【生　　境】生于山地灌丛中及石砬子上。常聚生成片。

【药用价值】叶入药。解表，止咳，祛痰，平喘。

【材料来源】辽宁省本溪市桓仁满族自治县，共2份，样本号CBS674MT01、CBS674MT02。

【ITS2序列特征】获得ITS2序列2条，比对后长度为232bp，有1个变异位点，88位点为简并碱基。序列特征如下：

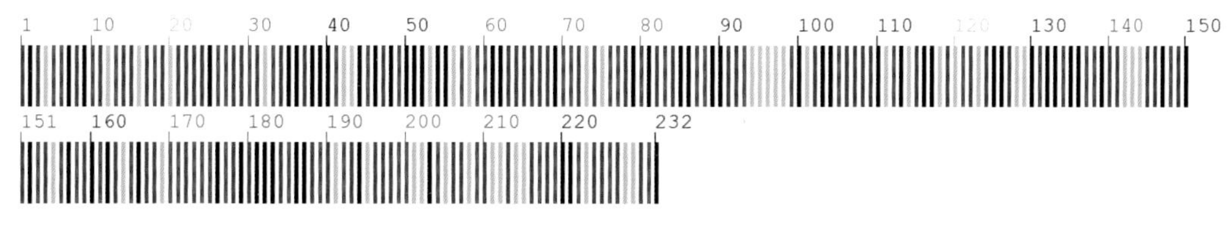

【*psbA-trnH*序列特征】获得*psbA-trnH*序列2条，比对后长度为403bp，有3个变异位点，分别为30位点G-T变异、31位点A-G变异、62位点C-T变异。序列特征如下：

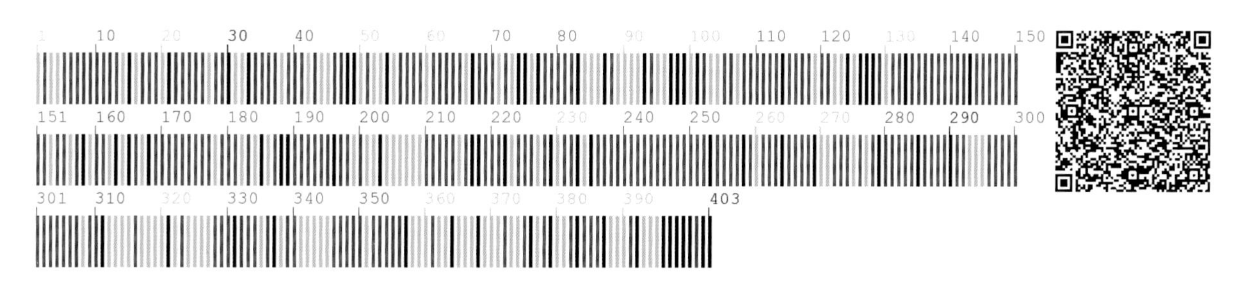

387 小果红莓苔子 **Vaccinium microcarpum** (Turcz. ex Rupr.) Schmalh.

【别　　名】红莓苔子，毛蒿豆

【形态特征】常绿半灌木。枝条纤细，红褐色，有细毛。叶互生，椭圆形至卵形，稍革质。伞形花序有 2～6 朵花，生于去年枝顶；花梗细长，基部有苞片；花萼裂片 4，宿存；花冠淡红色，4 深裂，反折；雄蕊 8，花丝膨大，花药长，鲜红色；子房下位，4 室，花柱长于花冠，宿存。浆果球形，深红色。花期 7～8 月，果期 8～9 月。

【生　　境】生于高海拔湿地、水甸子及沟旁湿润处。常聚生成片。

【药用价值】果实入药。止血，抗菌，消炎。

【材料来源】吉林省通化市柳河县，共 2 份，样本号 CBS261MT01、CBS261MT02。

【*psbA-trnH* 序列特征】获得 *psbA-trnH* 序列 2 条，比对后长度为 433bp，无变异位点。序列特征如下：

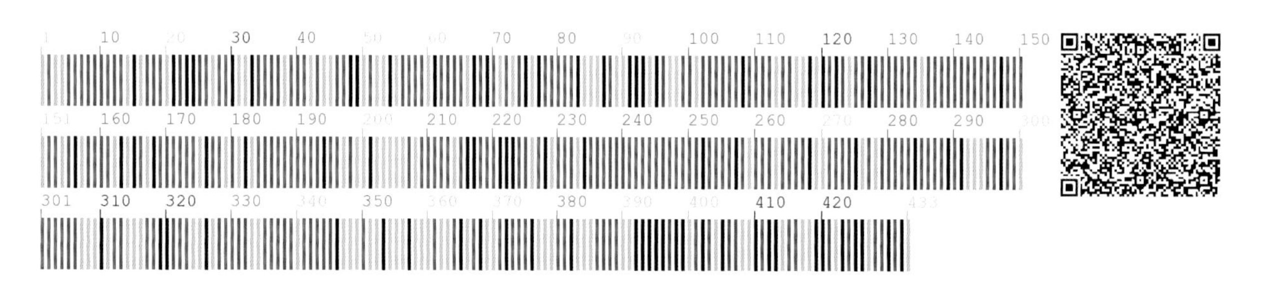

388 笃斯越橘 Vaccinium uliginosum L.

【别　　名】蓝莓，笃斯，甸果，地果，黑豆树

【形态特征】小灌木。叶互生，倒卵形、椭圆形或长卵形，全缘，上面绿色，下面灰绿色。花1～3，着生于前一年小枝上，下垂；花萼小，4～5裂，宿存；花冠淡粉红色至粉白色，壶形；雄蕊8～10，比花冠短，花丝无毛或有疏毛；子房下位，4～5室，花柱宿存。浆果成熟后黑紫色，具白霜，味酸甜。花期6～7月，果期8～9月。

【生　　境】生于林下、林缘等处。常聚生成片。

【药用价值】叶、果实入药。清热解毒，收敛，消炎，利尿。

【材料来源】吉林省通化市柳河县，共3份，样本号CBS256MT01～03。

【ITS2序列特征】获得ITS2序列3条，比对后长度为232bp，无变异位点。序列特征如下：

【*psbA-trnH*序列特征】获得*psbA-trnH*序列2条，比对后长度为432bp，无变异位点。序列特征如下：

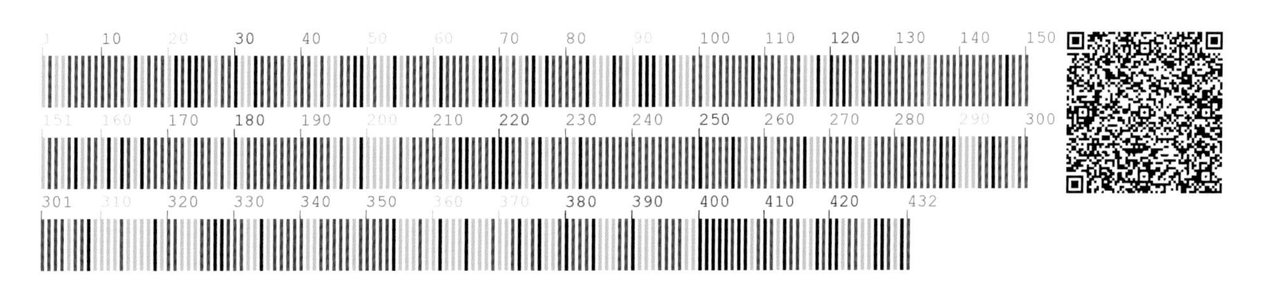

389 高山笃斯越橘 **Vaccinium uliginosum** var. **alpinum** E. Busch

【别　　名】蓝莓，笃斯，甸果，地果

【形态特征】与笃斯越橘比较，植株匍匐，叶较小，高 10～20cm。

【生　　境】生于高山苔原带上及岳桦林下。常聚生成片。

【药用价值】叶、果实入药。清热解毒，收敛，消炎，利尿。

【材料来源】吉林省延边朝鲜族自治州安图县，共 3 份，样本号 CBS679MT01～03。

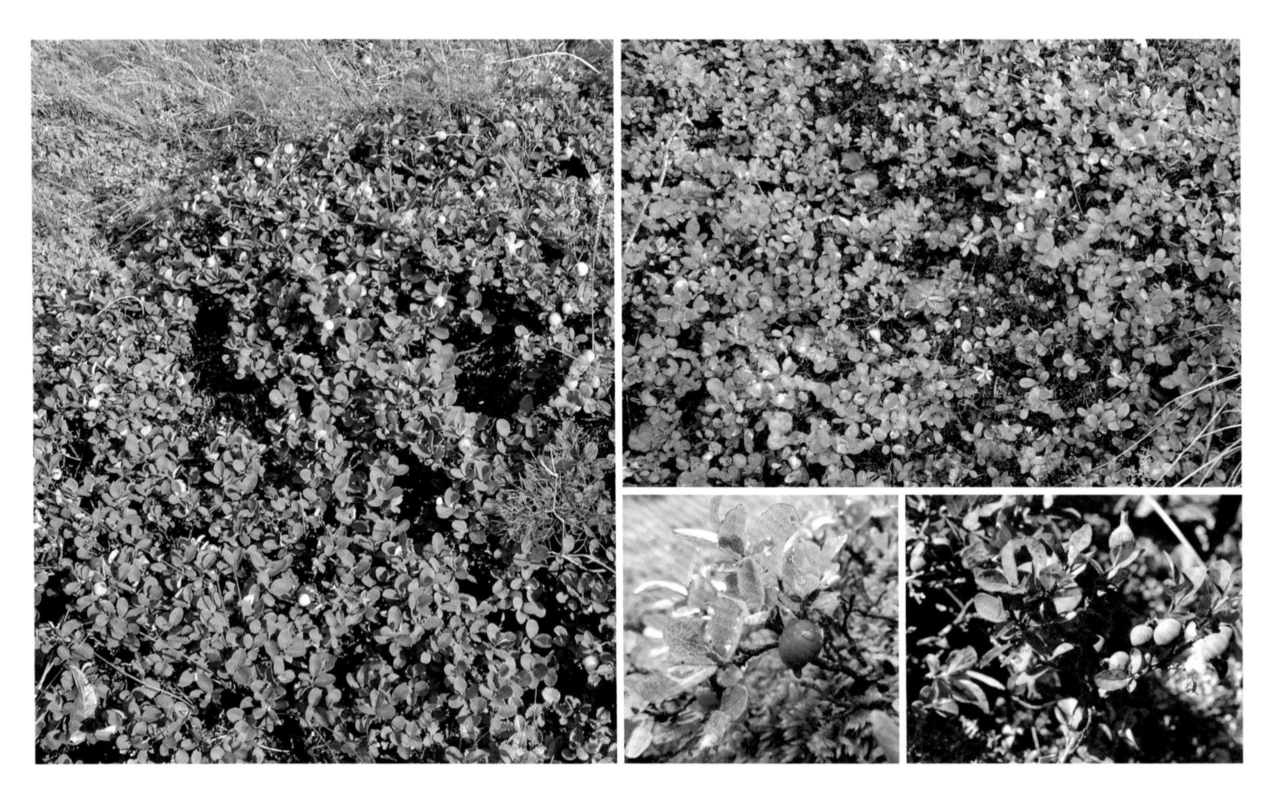

【ITS2 序列特征】获得 ITS2 序列 3 条，比对后长度为 232bp，无变异位点。序列特征如下：

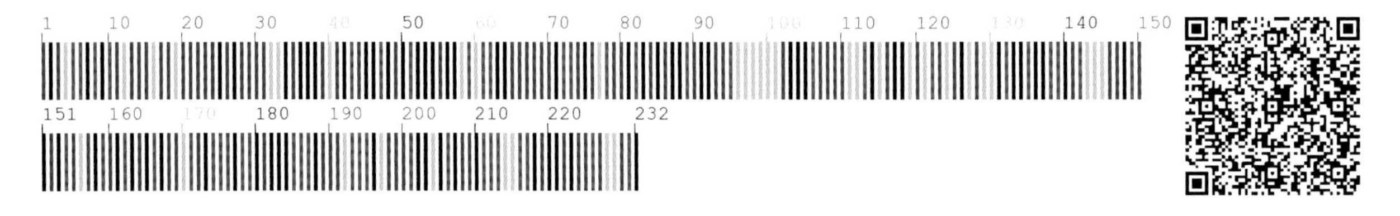

【*psbA-trnH* 序列特征】获得 *psbA-trnH* 序列 3 条，比对后长度为 441bp，无变异位点。序列特征如下：

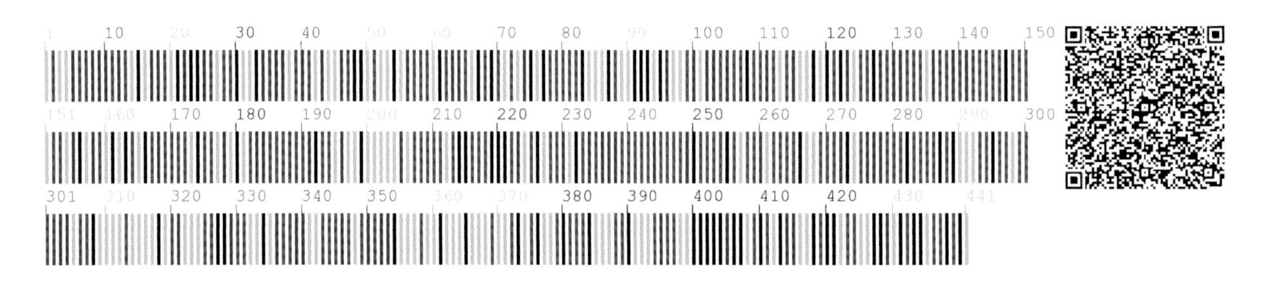

390 越橘 Vaccinium vitis-idaea L.

【别　　名】牙疙瘩，红豆，小苹果

【形态特征】匍匐小灌木。叶革质，倒卵形或椭圆形，基部楔形，下面色浅，散生腺点，全缘，稍反卷；叶柄极短。总状花序，少花，着生在小枝顶端，花稍下垂；苞片鳞片状，红色，脱落；花序轴和花梗密生细毛；花冠钟形，白色或淡红色。浆果球形，熟时红色，味偏酸。

【生　　境】生于针叶林下排水良好、湿润适中或稍湿的土壤上。常聚生成片。

【药用价值】叶、果实入药。叶：利尿解毒；果实：止痢。

【材料来源】吉林省延边朝鲜族自治州安图县，共3份，样本号CBS673MT01～03。

【**ITS2**序列特征】获得ITS2序列3条，比对后长度为232bp，无变异位点。序列特征如下：

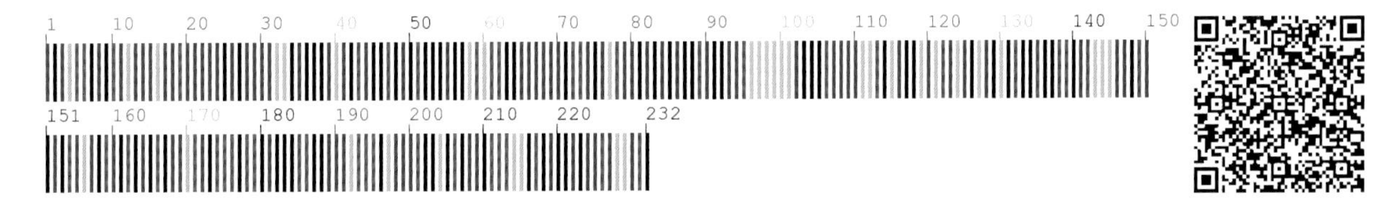

【*psbA-trnH*序列特征】获得*psbA-trnH*序列3条，比对后长度为440bp，无变异位点。序列特征如下：

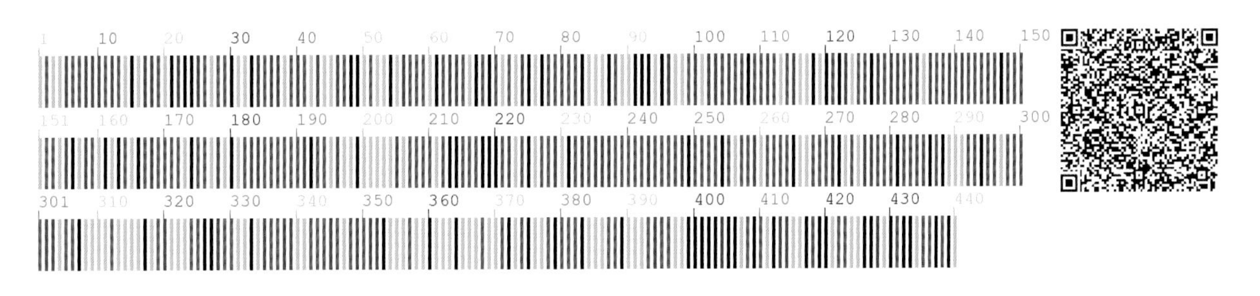

报春花科 Primulaceae

391 东北点地梅 **Androsace filiformis** Retz.

【别　　名】丝点地梅，喉咙草

【形态特征】一年生草本。须根多数成丛。叶基生，莲座状，长圆形至长圆状卵形，基部楔形下延成柄。伞形花序，花梗不等长；花萼杯状，裂片三角形；花冠白色，花冠筒比花萼稍短，喉部稍紧缩；雄蕊着生于花冠筒内。蒴果近球形。

【生　　境】生于湿地、林下、荒地等处。常聚生成片。

【药用价值】全草入药。清热解毒，止痛。

【材料来源】吉林省通化市通化县，共 3 份，样本号 CBS122MT01～03。

【ITS2 序列特征】获得 ITS2 序列 3 条，比对后长度为 222bp，有 2 个变异位点，分别为 41 位点 G-A 变异、144 位点 A-G 变异。序列特征如下：

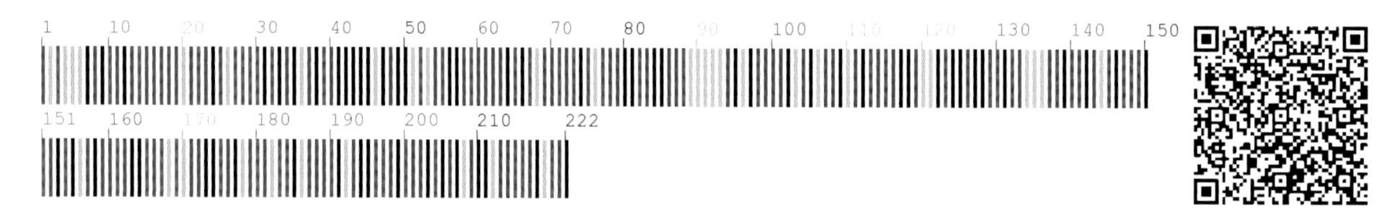

【*psbA-trnH* 序列特征】获得 *psbA-trnH* 序列 2 条，比对后长度为 369bp，有 13 个变异位点，分别为 70 位点 G-A 变异，71 位点、73 位点 C-A 变异，72 位点、92 位点 T-A 变异，80 位点、82 位点、83 位点、85 位点 A-T 变异，91 位点 A-G 变异，93 位点、227 位点 T-G 变异，94 位点 T-C 变异；有 4 处插入 / 缺失，分别为 75 位点、95 位点、125 位点、309 位点。序列特征如下：

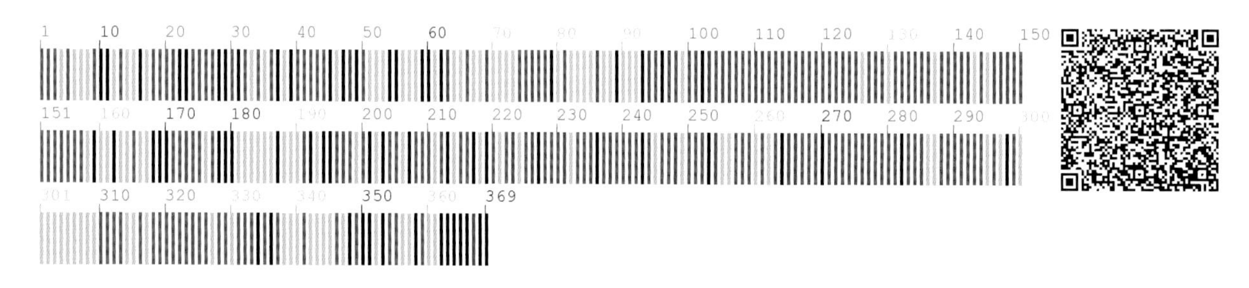

392　点地梅　Androsace umbellata (Lour.) Merr.

【别　　名】喉咙草

【形态特征】一年生或二年生草本。基生叶呈莲座状平铺于地面上，叶圆形或心状圆形，边缘为三角状裂齿。花葶自叶丛抽出，顶端有小伞梗；花冠白色，漏斗状；子房球形，花柱极短。蒴果近球形。

【生　　境】生于田间、林缘、路旁湿地等处。

【药用价值】全草入药。祛风，清热，解毒，消肿。

【材料来源】吉林省通化市东昌区，共 3 份，样本号 CBS099MT01～03。

【ITS2 序列特征】获得 ITS2 序列 3 条，比对后长度为 216bp，无变异位点。序列特征如下：

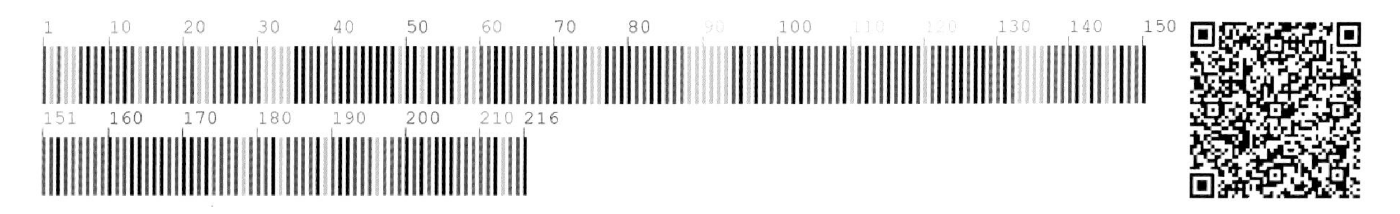

【*psbA-trnH* 序列特征】获得 *psbA-trnH* 序列 3 条，比对后长度为 462bp，无变异位点。序列特征如下：

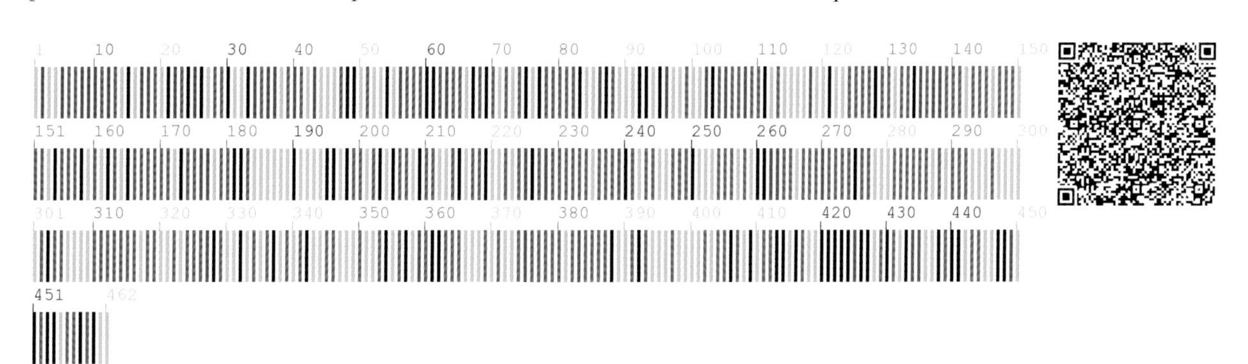

393 矮桃 **Lysimachia clethroides** Duby.

【别　　名】珍珠菜，虎尾珍珠菜，山柳珍珠叶，红根菜

【形态特征】多年生草本。根粉红色。茎单生，上部具黄色卷毛。单叶互生，叶卵状椭圆形或宽披针形。总状花序顶生，密集；花萼裂片宽披针形；花冠白色，花冠筒漏斗状，裂片倒卵形；雄蕊稍短于花冠，花丝基部联合，稍有毛，花药丁字着生；花柱稍短于雄蕊。蒴果球形。花期6～7月，果期7～8月。

【生　　境】生于林缘、山坡及杂木林下。

【药用价值】全草入药。清热解毒，活血调经，利水消肿，健脾和胃。

【材料来源】吉林省通化市二道江区，共3份，样本号CBS681MT01～03。

【ITS2序列特征】获得ITS2序列3条，比对后长度为216bp，无变异位点。序列特征如下：

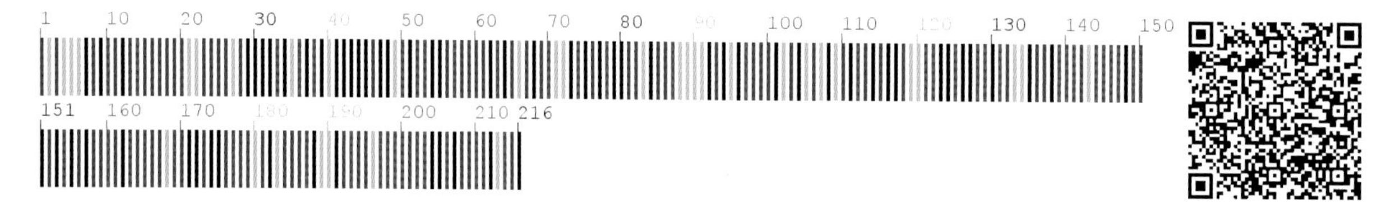

【*psbA-trnH*序列特征】获得*psbA-trnH*序列3条，比对后长度为456bp，无变异位点。序列特征如下：

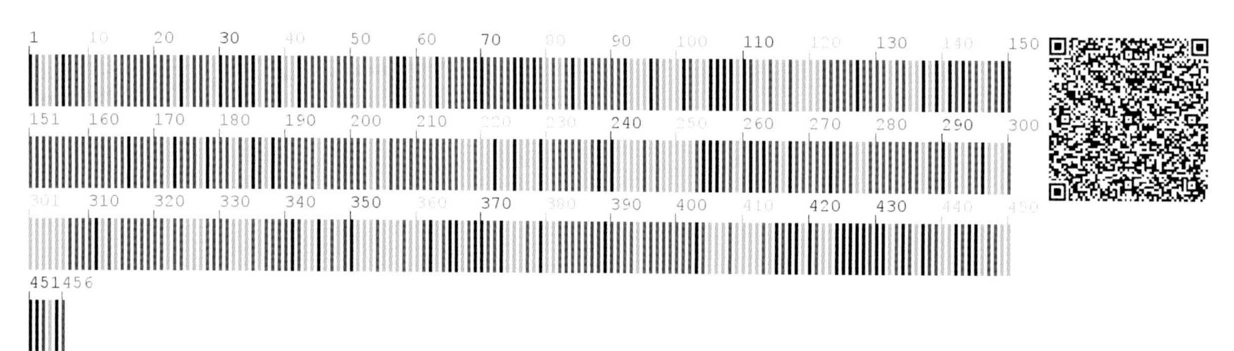

394 黄连花 **Lysimachia davurica** Ledeb.

【别　　名】黄花珍珠菜，狗尾巴梢

【形态特征】多年生草本。茎直立。叶对生或轮生，近无柄，线状披针形。圆锥花序，萼片5，花瓣5，黄色；雄蕊比花冠短，基部联合；子房球形，胚珠多数。

【生　　境】生于草甸、灌丛、林缘及路旁等处。

【药用价值】全草入药。平肝潜阳。

【材料来源】吉林省通化市通化县，共3份，样本号CBS405MT01～03。

【ITS2序列特征】获得ITS2序列3条，比对后长度为213bp，无变异位点。序列特征如下：

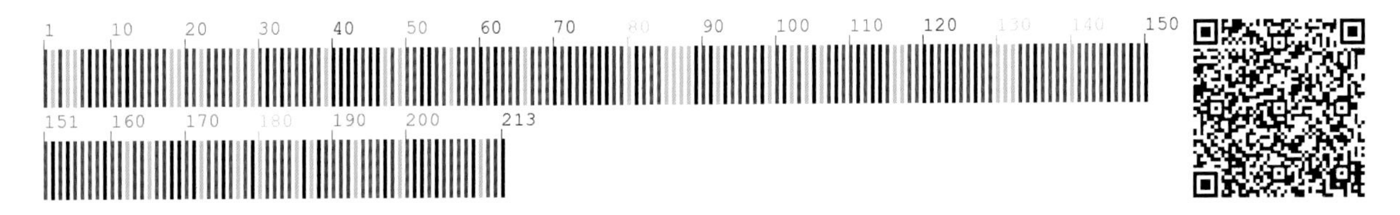

【*psbA-trnH*序列特征】获得*psbA-trnH*序列2条，比对后长度为513bp，无变异位点。序列特征如下：

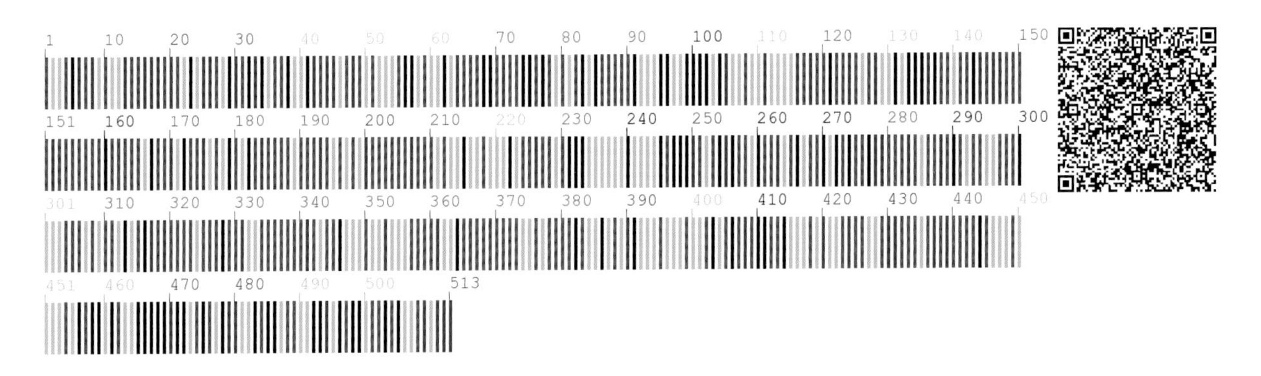

395 樱草 **Primula sieboldii** E. Morren

【别　　名】翠南报春，翠蓝草，翠兰花，野白菜

【形态特征】多年生草本。叶基生，被毡毛，卵状长圆形至长圆形，边缘具不整齐的圆缺刻和钝牙齿。花葶疏被毡毛，伞形花序 1 轮；苞片线状披针形；花萼钟状；花冠紫红色至淡红色，稀白色，呈高脚碟状，先端 2 裂；雄蕊着生于花冠筒中部至上部；花柱比雄蕊长且较显著。蒴果近球形。种子多面体形。花期 5 月，果期 6 月。

【生　　境】生于山地林下、草甸、草甸化沼泽。

【药用价值】根入药。止咳化痰，平喘。

【材料来源】吉林省通化市东昌区，共 2 份，样本号 CBS098MT02、CBS098MT04。

【ITS2 序列特征】获得 ITS2 序列 2 条，比对后长度为 218bp，无变异位点。序列特征如下：

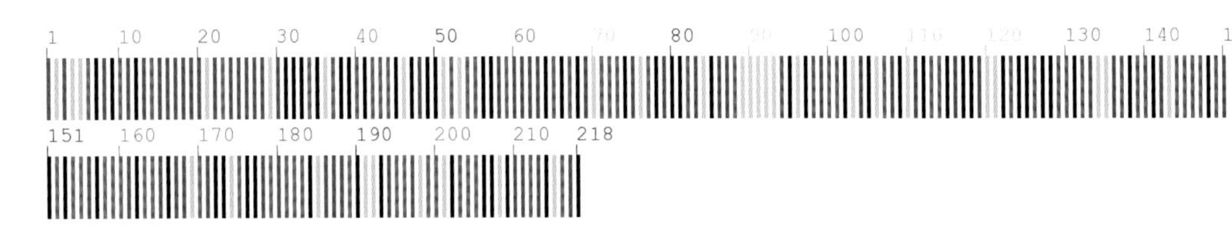

【*psbA-trnH* 序列特征】获得 *psbA-trnH* 序列 2 条，比对后长度为 422bp，无变异位点。序列特征如下：

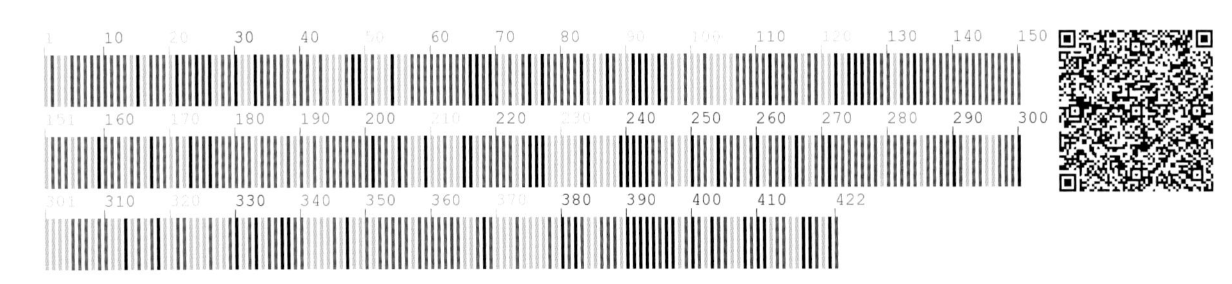

396 七瓣莲　Trientalis europaea L.

【别　　名】七瓣花

【形态特征】多年生矮小草本。根茎纤细，横走，末端常膨大成块状。茎直立。叶5～10枚聚生于茎端呈轮生状，披针形至倒卵状椭圆形。花1～3，单生于茎端叶腋，花梗纤细；花萼分裂近达基部；花冠白色，比花萼约长1倍；雄蕊比花冠稍短；子房球形。蒴果。花期5～6月，果期7月。

【生　　境】生于海拔700～2000m的地区，多生于阴湿针叶林和混交林下。

【药用价值】全草入药。清热解毒。

【材料来源】吉林省延边朝鲜族自治州安图县，共3份，样本号CBS863MT01～03。

【*psbA-trnH*序列特征】获得*psbA-trnH*序列3条，比对后长度为532bp，无变异位点。序列特征如下：

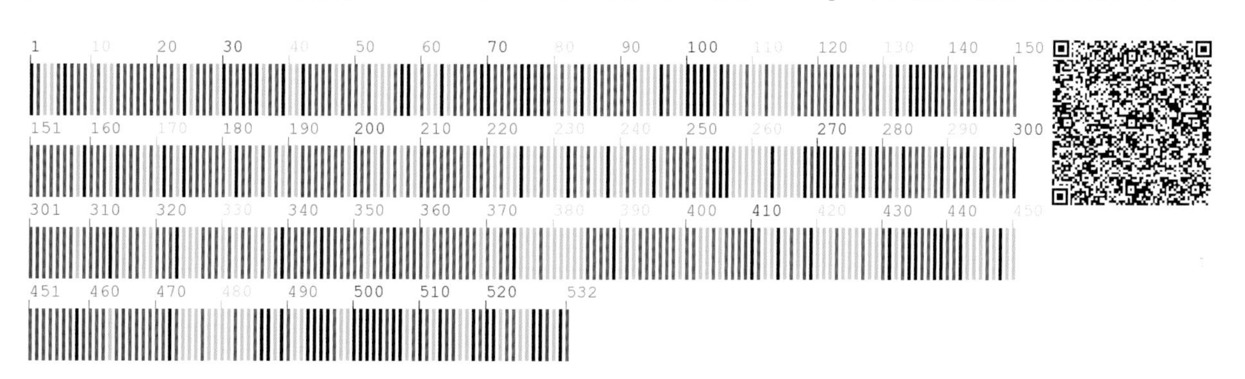

木犀科　Oleaceae

397　花曲柳　**Fraxinus chinensis** subsp. **rhynchophylla** (Hance) E. Murray

【别　　名】大叶梣，大叶白蜡树，苦枥白蜡树，秦皮，蜡木杆

【形态特征】落叶乔木。幼树树皮灰褐色或暗灰色，有白斑。皮孔明显，芽广卵形，密被短柔毛。奇数羽状复叶；叶对生，广卵形或椭圆状倒卵形，边缘有浅而粗的钝锯齿或近波锯齿。圆锥花序顶生或侧生于当年生叶枝上，花与叶同时开放；花轴节上常有淡褐色短柔毛；花两性。翅果倒披针形，先端钝或凹。

【生　　境】生于山地阔叶林中或杂木林下。

【药用价值】枝皮或干皮入药。清热燥湿，收敛，明目。

【材料来源】吉林省通化市通化县，共 3 份，样本号 CBS936MT01～03。

【ITS2 序列特征】获得 ITS2 序列 3 条，比对后长度为 214bp，有 1 个变异位点，168 位点为简并碱基。序列特征如下：

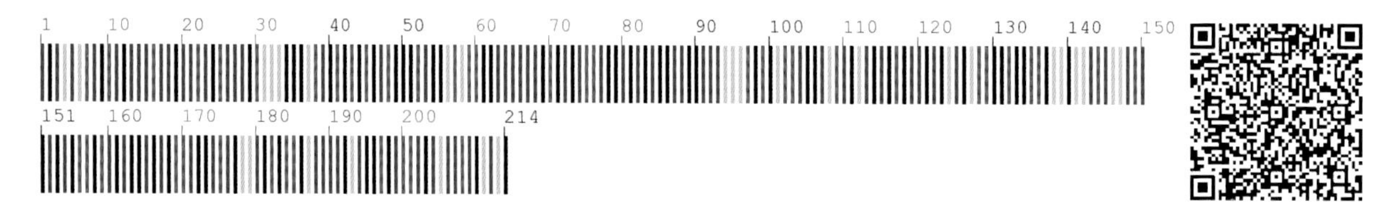

【*psbA-trnH* 序列特征】获得 *psbA-trnH* 序列 3 条，比对后长度为 436bp，无变异位点。序列特征如下：

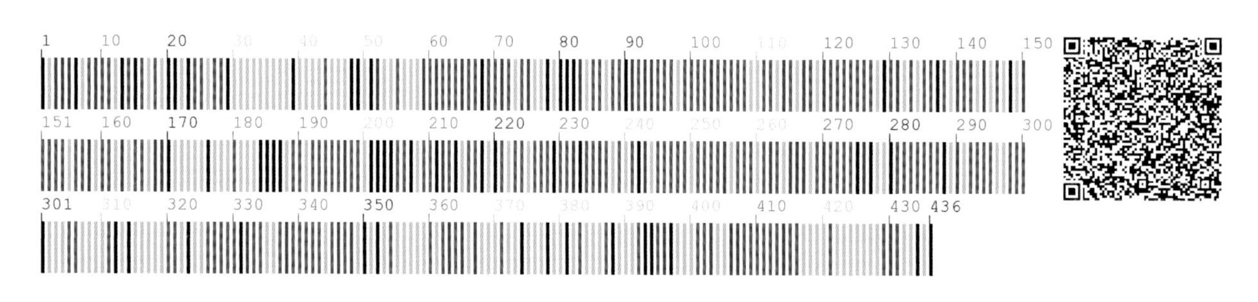

398 水曲柳 **Fraxinus mandshurica** Rupr.

【别　　名】东北梣，曲柳

【形态特征】落叶大乔木。树冠卵形，皮灰褐色，枝对生，皮孔明显、黄褐色，冬芽卵球形。奇数羽状复叶，叶对生，叶轴具狭翅，边缘有内弯的锐锯齿。花单性，雌雄异株，先叶开放，圆锥花序着生于前一年枝叶腋，花序轴无毛，有狭翅。翅果长圆状披针形或长圆形，常扭曲，翅先端钝圆或微凹。种子扁平。

【生　　境】生于土层深厚、肥沃、疏松、稍湿润缓坡、山麓或河谷两岸。

【药用价值】茎皮入药。清热燥湿，清胆明目，收敛止血。

【材料来源】吉林省通化市东昌区，共3份，样本号CBS933MT01～03。

【ITS2序列特征】获得ITS2序列3条，比对后长度为222bp，无变异位点。序列特征如下：

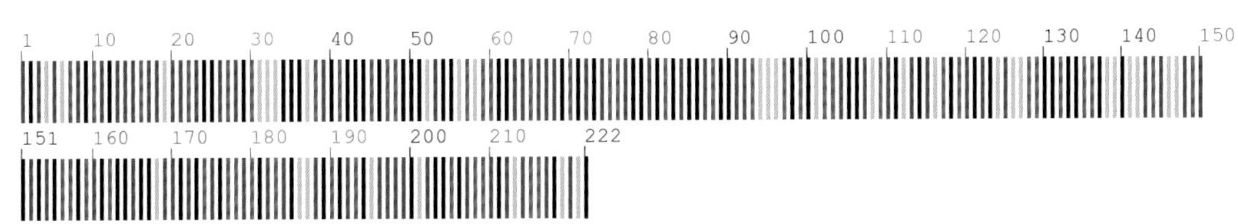

【*psbA-trnH*序列特征】获得*psbA-trnH*序列3条，比对后长度为382bp，无变异位点。序列特征如下：

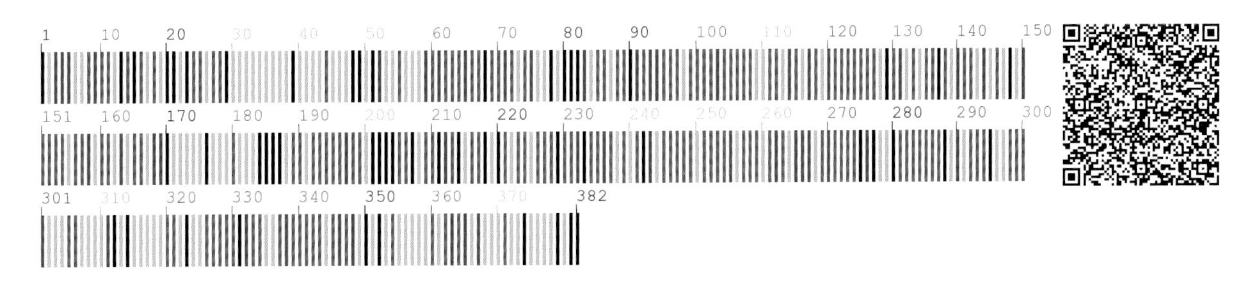

399 紫丁香 **Syringa oblata** Lindl.

【别　　名】丁香

【形态特征】灌木或小乔木。树皮灰褐色或灰色。小枝、花序轴、苞片、花萼、幼叶两面及叶柄均无毛而密被腺毛。单叶对生，叶全缘，革质或厚纸质，卵圆形至肾形，宽常大于长。圆锥花序直立，近球形或长圆形；花冠紫色。蒴果倒卵状椭圆形。种子扁平。

【生　　境】生于山坡、路旁、荒地及村屯附近。

【药用价值】叶入药。清热解毒。

【材料来源】吉林省通化市东昌区，共 3 份，样本号 CBS925MT01～03。

【ITS2 序列特征】获得 ITS2 序列 3 条，比对后长度为 222bp，有 2 个变异位点，分别为 74 位点 G-T 变异、191 位点 G-A 变异。序列特征如下：

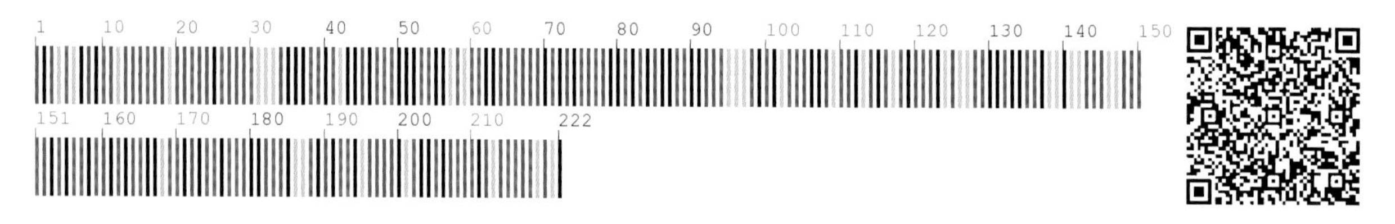

【*psbA-trnH* 序列特征】获得 *psbA-trnH* 序列 3 条，比对后长度为 443bp，无变异位点。序列特征如下：

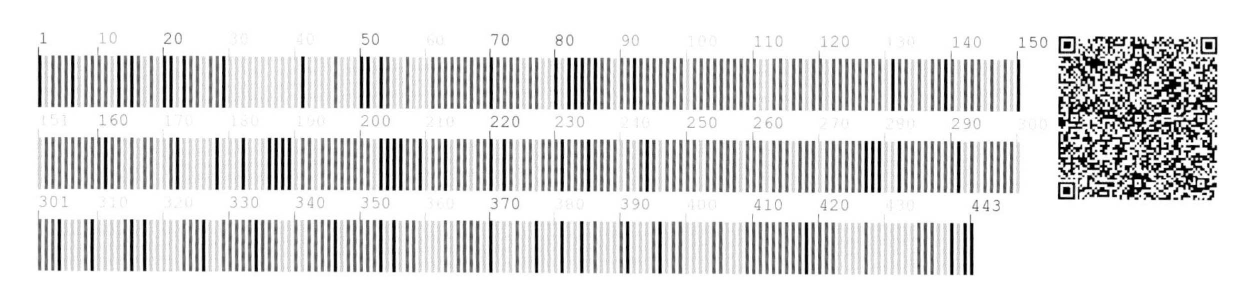

400 暴马丁香 **Syringa reticulata** subsp. **amurensis** (Rupr.) P. S. Green et M. C. Chang

【别　　名】白丁香，暴马子

【形态特征】小乔木。树皮有白斑。单叶对生，叶卵形。圆锥花序大而稀疏；花白色；花萼4浅裂，裂片宽三角形；花冠4裂，裂片卵状长圆形，花冠筒较花萼稍长；雄蕊2；子房卵球形，花柱细长，柱头2裂；花梗长1～2mm。蒴果长圆形，先端钝，2室，每室具2粒种子。花期6月，果期9月。

【生　　境】生于山地河岸及河谷灌丛中。

【药用价值】树皮、茎枝入药。清肺消炎，镇咳祛痰，平喘，利水。

【材料来源】吉林省通化市东昌区，共3份，样本号CBS218MT01～03。

【ITS2序列特征】获得ITS2序列3条，比对后长度为223bp，有1个变异位点，为24位点A-C变异。序列特征如下：

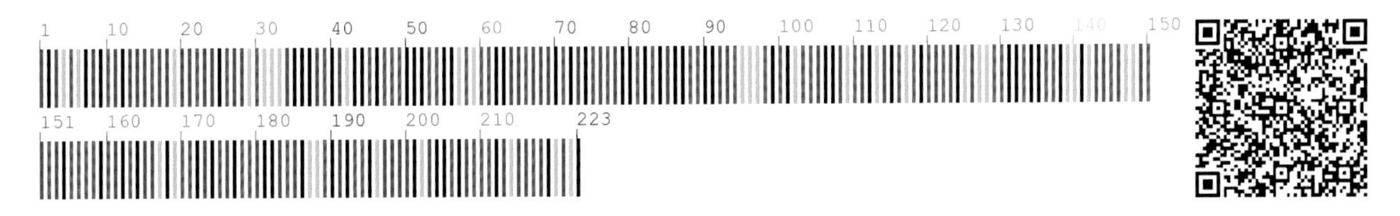

【*psbA-trnH*序列特征】获得*psbA-trnH*序列3条，比对后长度为438bp，无变异位点。序列特征如下：

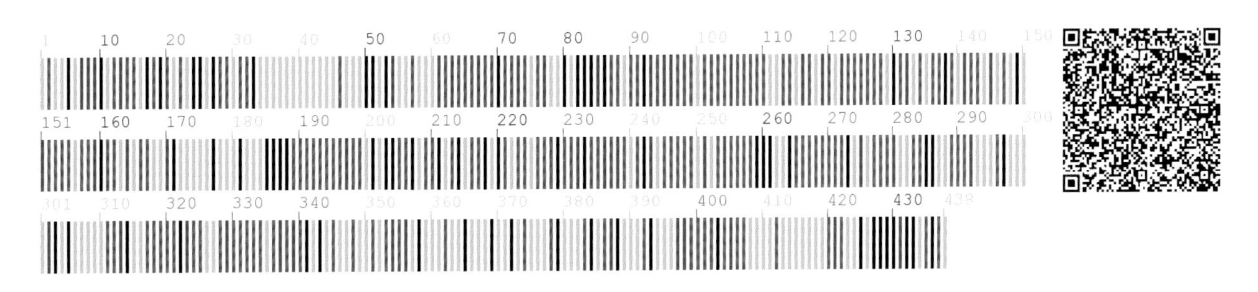

401 辽东丁香 **Syringa villosa** subsp. **wolfii** (C. K. Schneid.) J. Y. Chen et D. Y. Hong

【形态特征】灌木。树皮暗灰色，有浅纵沟，具明显长圆形皮孔。单叶对生，叶椭圆形、长圆形或卵状长圆形；叶柄无毛或疏毛。圆锥花序顶生，无毛或疏被短柔毛；花紫青色，芳香；花萼杯状；花冠漏斗形，花丝极短；子房卵形，花柱细长。蒴果长圆形至狭长圆形。

【生　境】生于林缘、路边、河岸及溪流旁等处。常聚生成片。

【药用价值】树皮入药。清肺化痰，止咳平喘，利尿。

【材料来源】吉林省通化市二道江区，共 2 份，样本号 CBS683MT01、CBS683MT02。

【ITS2 序列特征】获得 ITS2 序列 2 条，比对后长度为 223bp，有 1 个变异位点，为 48 位点 C-T 变异。序列特征如下：

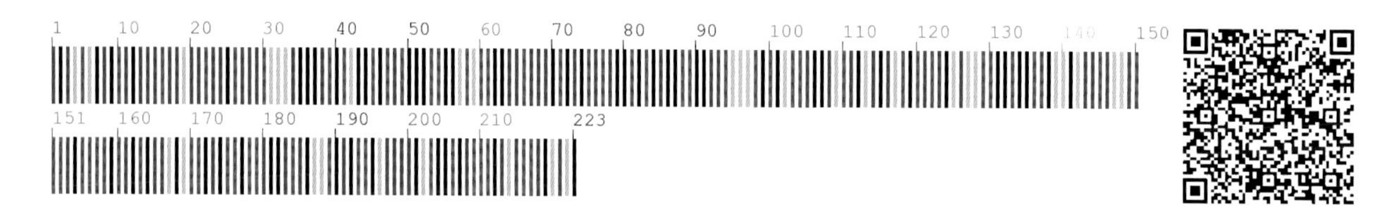

【*psbA-trnH* 序列特征】获得 *psbA-trnH* 序列 2 条，比对后长度为 180bp，无变异位点。序列特征如下：

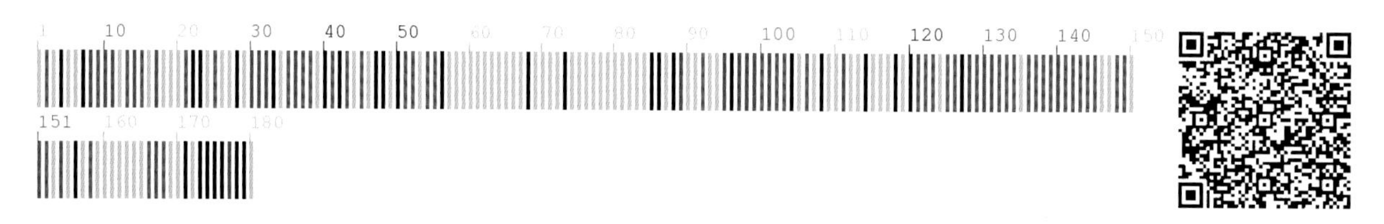

402 红丁香 Syringa villosa Vahl

【别　　名】白丁香，暴马子

【形态特征】落叶灌木。枝粗壮，灰褐色，小枝淡灰棕色，皮孔明显。叶椭圆状卵形，明显皱褶，上面深绿色，下面粉绿色。圆锥花序直立，由顶芽抽生，长圆形或塔形；花芳香；萼齿锐尖或钝；花冠淡紫红色、粉红色，花冠管细弱，裂片成熟时呈直角向外展开；花药黄色，位于花冠管喉部或稍突出。果长圆形，先端突尖。花期5～6月，果期9月。

【生　　境】生于山坡灌丛或沟边、河旁。

【药用价值】花蕾入药。温胃散寒，降逆止呕。

【材料来源】吉林省延边朝鲜族自治州安图县，共3份，样本号CBS594MT01～03。

【ITS2序列特征】获得ITS2序列3条，比对后长度为223bp，无变异位点。序列特征如下：

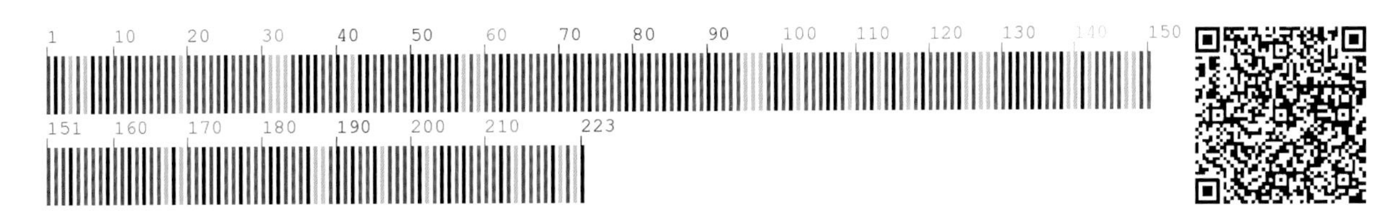

【*psbA-trnH* 序列特征】获得 *psbA-trnH* 序列3条，比对后长度为422bp，无变异位点。序列特征如下：

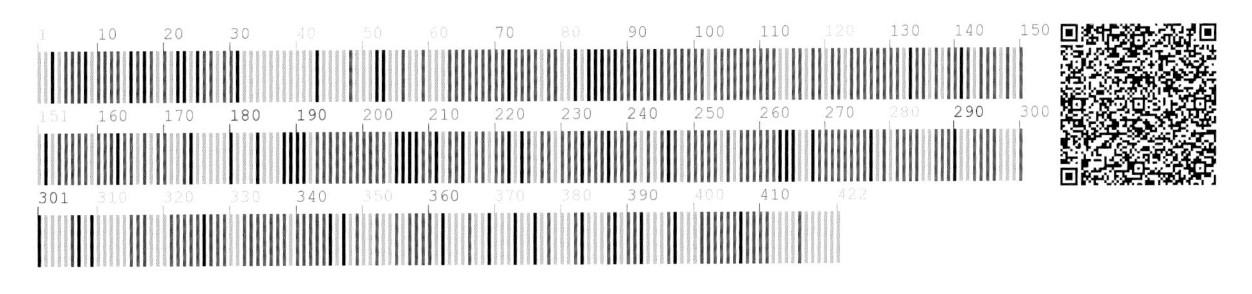

龙胆科 Gentianaceae

403 高山龙胆 **Gentiana algida** Pall.

【别　　名】白花龙胆，苦龙胆

【形态特征】多年生草本，高 8～20cm。根茎短缩。枝 2～4 个丛生。叶大部分基生，常对折。花常 1～3 朵顶生；花萼钟状或倒锥形，萼筒膜质，不开裂或一侧开裂，萼齿不整齐；花冠黄白色，具多数深蓝色斑点，尤以冠檐部为多，筒状钟形或漏斗形，裂片三角形或卵状三角形；雄蕊着生于花冠筒中下部。种子黄褐色。花期 7～8 月，果期 9 月。

【生　　境】生于高山苔原带上、草原或林内。

【药用价值】全草入药。清肝火，除湿热，健胃，镇咳。

【材料来源】吉林省延边朝鲜族自治州安图县，共 3 份，样本号 CBS685MT01～03。

【ITS2 序列特征】获得 ITS2 序列 3 条，比对后长度为 232bp，无变异位点。序列特征如下：

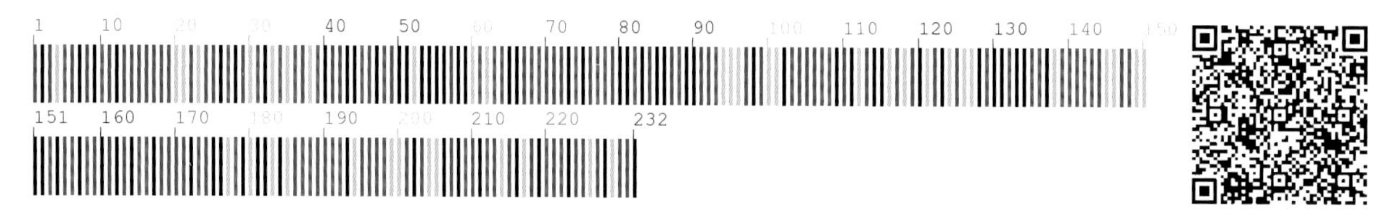

【*psbA-trnH* 序列特征】获得 *psbA-trnH* 序列 3 条，比对后长度为 383bp，无变异位点。序列特征如下：

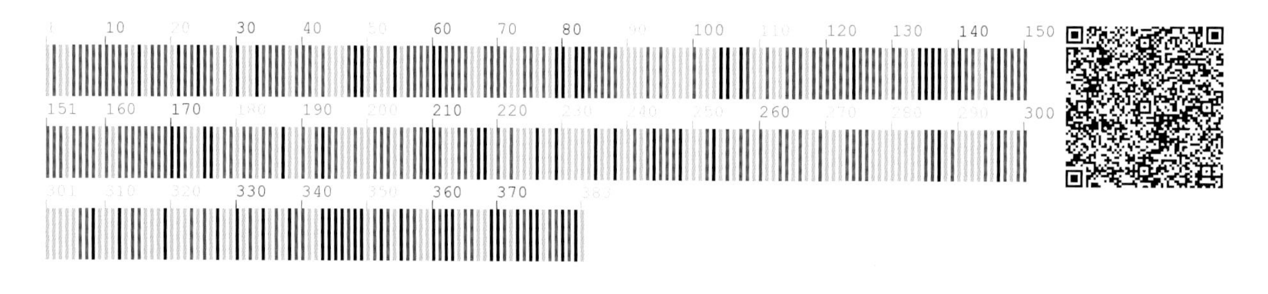

404 长白山龙胆 **Gentiana jamesii** Hemsl.

【别　　名】白山龙胆

【形态特征】多年生草本，高10～18cm。茎直立，常带紫红色。叶略肉质，宽披针形或卵状矩圆形。花数朵，单生于小枝顶端；花萼倒锥形，开展或外折，绿色，叶状；花冠蓝色，裂片卵状椭圆形或矩圆形；雄蕊着生于花冠筒中部；子房椭圆形，花柱线形，柱头2裂。蒴果宽矩圆形，先端钝圆，具宽翅。种子褐色。花期7～8月，果期8～9月。

【生　　境】生于海拔1100～2450m的山坡草地、路旁、岩石上。

【药用价值】全草入药。清热燥湿，泻肝定惊。

【材料来源】吉林省延边朝鲜族自治州安图县，共2份，样本号CBS686MT01、CBS686MT02。

【ITS2序列特征】获得ITS2序列2条，比对后长度为232bp，无变异位点。序列特征如下：

【*psbA-trnH*序列特征】获得*psbA-trnH*序列2条，比对后长度为262bp，无变异位点。序列特征如下：

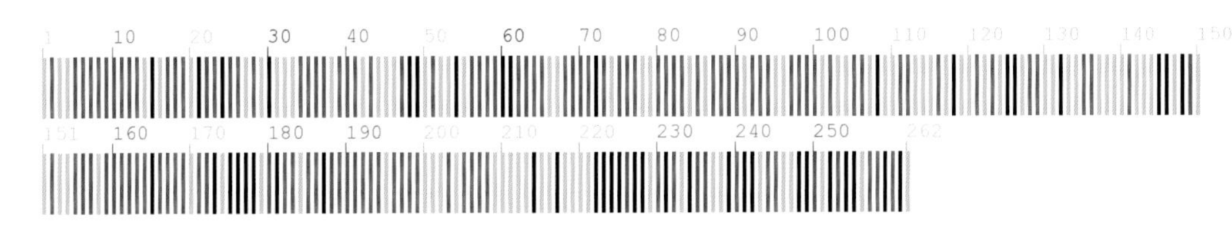

405 龙胆 **Gentiana scabra** Bunge

【别　　名】粗糙龙胆，关龙胆，地胆，龙胆草，斩龙草

【形态特征】多年生草本。根绳索状。茎直立。叶对生，卵形或卵状披针形，具 3 或 5 条叶脉，边缘及下面主脉粗糙。花簇生于茎端或叶腋；苞片披针形，与花萼近等长；花萼钟状，裂片条状披针形，与萼筒近等长；花冠筒状钟形，蓝紫色。蒴果矩圆形，有柄。种子条形，边缘有翅。

【生　　境】生于山坡草地、路边、河滩、灌丛、林缘及林下、草甸。

【药用价值】根及根茎入药。清热燥湿，泻肝胆火。

【材料来源】吉林省通化市东昌区，共 3 份，样本号 CBS952MT01～03。

【ITS2 序列特征】获得 ITS2 序列 3 条，比对后长度为 233bp，无变异位点。序列特征如下：

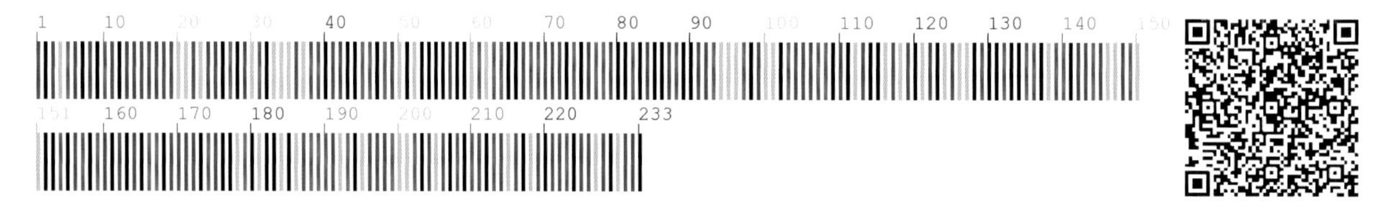

【*psbA-trnH* 序列特征】获得 *psbA-trnH* 序列 3 条，比对后长度为 399bp，无变异位点。序列特征如下：

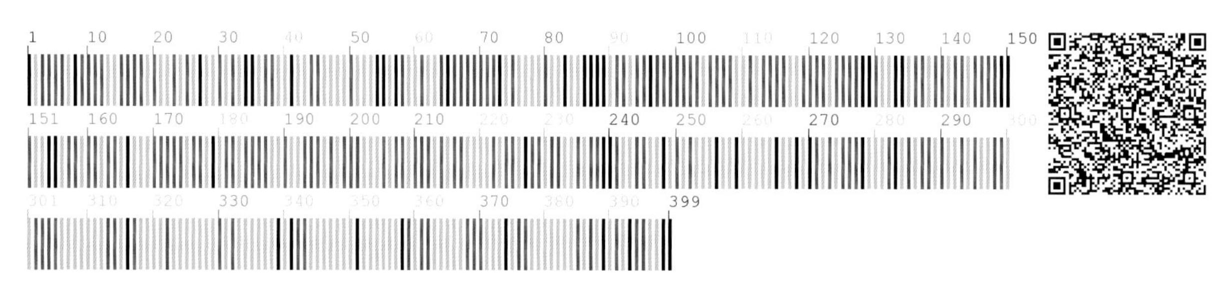

406 朝鲜龙胆 **Gentiana uchiyamae** Nakai

【别　　名】金刚龙胆，水龙胆，龙胆草

【形态特征】多年生草本。根茎平卧或直立，具多数粗壮、略肉质的须根，中空。花枝单生，直立，中空。茎下部叶膜质，鳞片形，上部分离，中部以下连合成筒状抱茎；茎中、上部叶草质，披针形，愈向茎上部叶愈小，叶脉3条。花多数，簇生于枝顶及叶腋；花冠蓝紫色，漏斗形或筒状钟形。蒴果内藏，宽椭圆形。种子褐色，线形或纺锤形。

【生　　境】生于林缘湿草甸。

【药用价值】根及根茎入药。清热燥湿，泻肝胆火。

【材料来源】吉林省通化市通化县，共3份，样本号CBS953MT01～03。

【ITS2序列特征】获得ITS2序列3条，比对后长度为233bp，有6个变异位点，分别为50位点A-G变异、184位点A-T变异、190位点T-C变异、208位点T-C变异、216位点C-A变异、222位点C-T变异。序列特征如下：

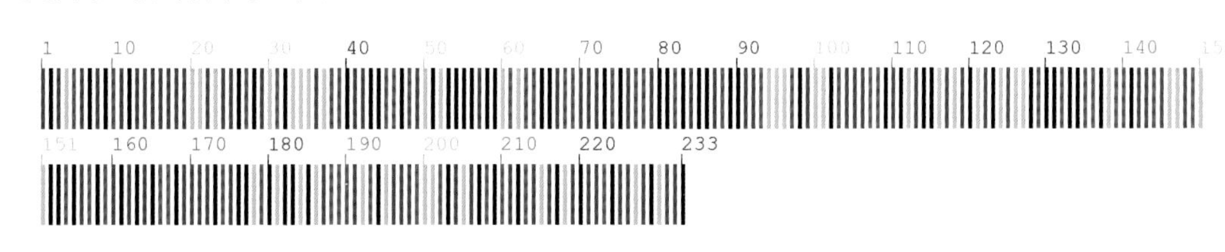

【*psbA-trnH*序列特征】获得*psbA-trnH*序列3条，比对后长度为399bp，有11个变异位点，分别为64位点C-T变异，65位点、89位点G-C变异，69位T-C变异，75位点、77位点、78位点、80位点T-A变异，85位点、86位点G-A变异，229位点T-A变异；有1处插入/缺失，为147～166位点。序列特征如下：

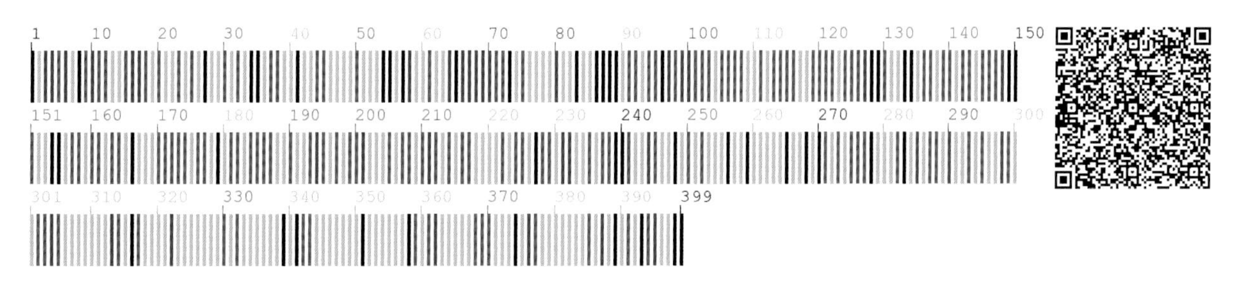

407 笔龙胆 Gentiana zollingeri Fawc.

【别　　名】绍氏龙胆

【形态特征】一年生草本，高 5～15cm。茎直立，紫红色。叶卵圆形或卵圆状匙形，顶端具小芒刺，茎生叶常密集成覆瓦状。花多数，单生于小枝顶端呈伞房状；花萼漏斗形；花冠淡蓝色，外面具黄绿色宽条纹，漏斗形；雄蕊着生于花冠筒中部，整齐，花丝丝状钻形；子房椭圆形。蒴果外露或内藏，倒卵状矩圆形。种子褐色，椭圆形，表面具细网纹。花期 4～5 月，果期 5～6 月。

【生　　境】生于干燥朝阳林下、山坡。

【药用价值】全草入药。清热解毒。

【材料来源】吉林省通化市东昌区，共 1 份，样本号 CBS046MT01。

【ITS2 序列特征】获得 ITS2 序列 1 条，长度为 232bp。序列特征如下：

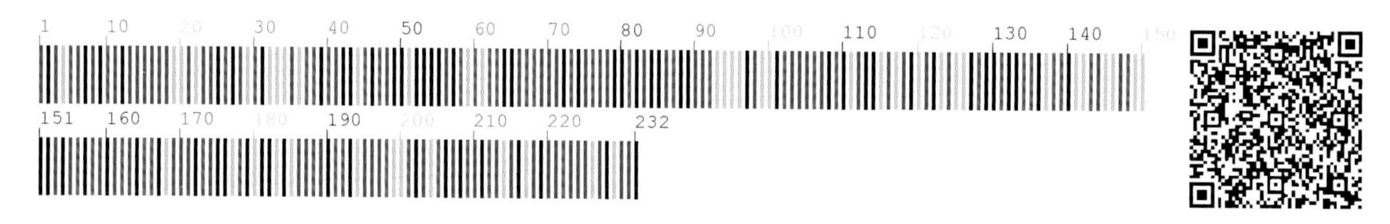

【*psbA-trnH* 序列特征】获得 *psbA-trnH* 序列 1 条，长度为 254bp。序列特征如下：

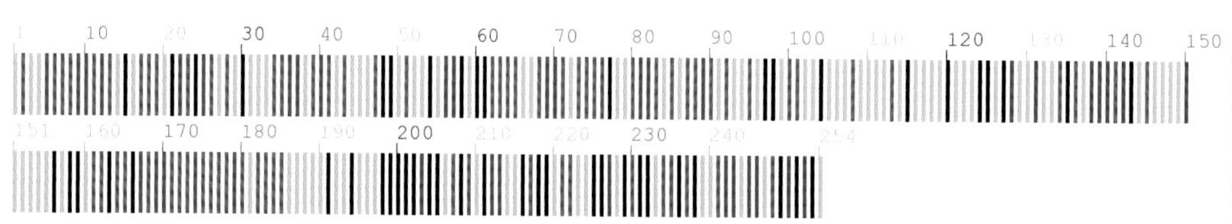

408 花锚 **Halenia corniculata** (L.) Cornaz

【别　　名】金锚，西伯利亚花锚

【形态特征】一年生草本，高 20～50cm。茎直立，近四棱形。叶对生，基生叶匙形或倒卵状披针形，具柄；茎生叶披针形。聚伞花序顶生和腋生，花梗四棱形；花淡黄色或淡黄绿色；花萼 4 深裂，裂片线状披针形；花冠 4 深裂，裂片卵形或卵状椭圆形，基部具一斜上的长距，似船锚；雄蕊 4，花药淡黄色；子房纺锤形，柱头 2 裂。蒴果长圆形，2 裂。种子多数，卵圆形，小，平滑，褐色。花期 7～8 月，果期 8～9 月。

【生　　境】生于山坡、草地、林缘、高山苔原带上。

【药用价值】全草入药。清热解毒，凉血止血。

【材料来源】吉林省延边朝鲜族自治州安图县，共 3 份，样本号 CBS684MT01～03。

【ITS2 序列特征】获得 ITS2 序列 3 条，比对后长度为 230bp，无变异位点。序列特征如下：

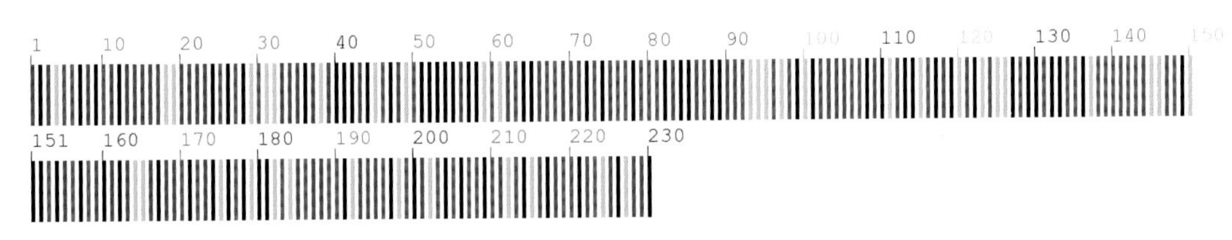

【*psbA-trnH* 序列特征】获得 *psbA-trnH* 序列 3 条，比对后长度为 423bp，无变异位点。序列特征如下：

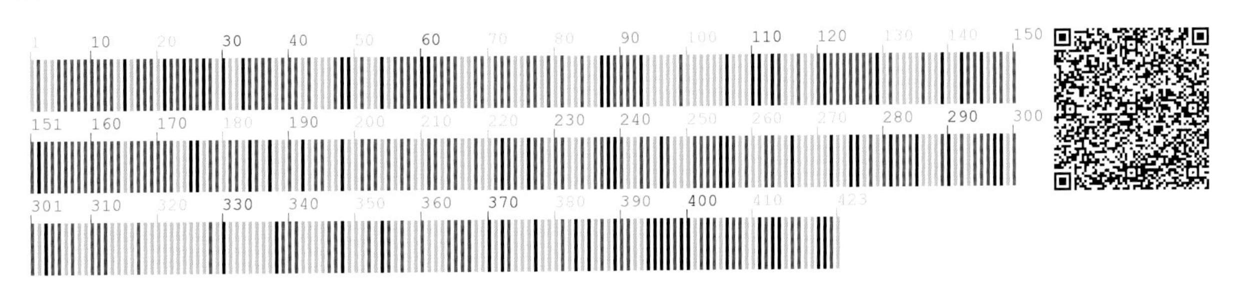

睡菜科 Menyanthaceae

409 睡菜 **Menyanthes trifoliata** L.

【别　　名】绰菜，醉草

【形态特征】多年生沼生草本。根状茎匍匐状。三出复叶，叶基生，具长柄。总状花序穗状；花萼绿色，5 深裂，裂片卵状披针形；花冠白色，钟形，裂片披针形，裂片里面密生白色长毛；雄蕊 5，着生在花冠喉部，花药紫色；花柱长，柱头 2 裂。蒴果近球形。

【生　　境】生于沼泽地、水甸子或湖边浅水中。常聚生成片。

【药用价值】全草入药。清热利尿，健胃消食，安心养神。

【材料来源】吉林省通化市柳河县，共 3 份，样本号 CBS259MT01～03。

【ITS2 序列特征】获得 ITS2 序列 3 条，比对后长度为 229bp，有 1 处插入 / 缺失，为 21 位点。序列特征如下：

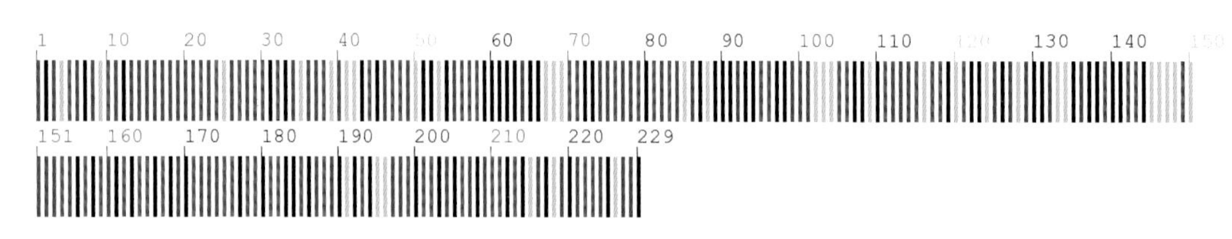

【*psbA-trnH* 序列特征】获得 *psbA-trnH* 序列 3 条，比对后长度为 507bp，无变异位点。序列特征如下：

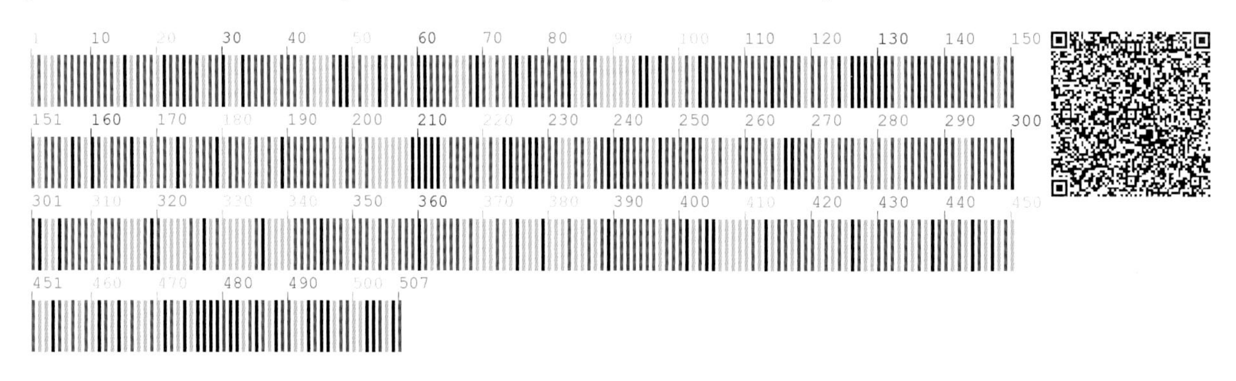

夹竹桃科　Apocynaceae

410　潮风草　**Cynanchum ascyrifolium** (Franch. et Sav.) Matsum.

【别　　名】尖叶白前，小葛瓢，大葛瓢

【形态特征】多年生草本。具多数须根。叶对生，或 4 叶轮生，椭圆形或宽椭圆形，顶端渐尖。伞形聚伞花序顶生及腋生，花梗及花序梗均被柔毛；花萼外部被柔毛，内面基部有 5 枚腺体；花冠白色；副花冠杯状，5 裂至中部，裂片卵形；花粉块每室 1 个，下垂，近球形；子房无毛，柱头扁平。蓇葖果单生，披针形，长渐尖，外果皮被柔毛。种子长圆形，顶端具白色绢质柔毛。

【生　　境】生于山坡、灌丛、杂木林下。

【药用价值】根入药。清热凉血，利尿通淋，解毒疗疮。

【材料来源】吉林省通化市二道江区，共 3 份，样本号 CBS145MT01～03。

【*psbA-trnH* 序列特征】获得 *psbA-trnH* 序列 3 条，比对后长度为 267bp，无变异位点。序列特征如下：

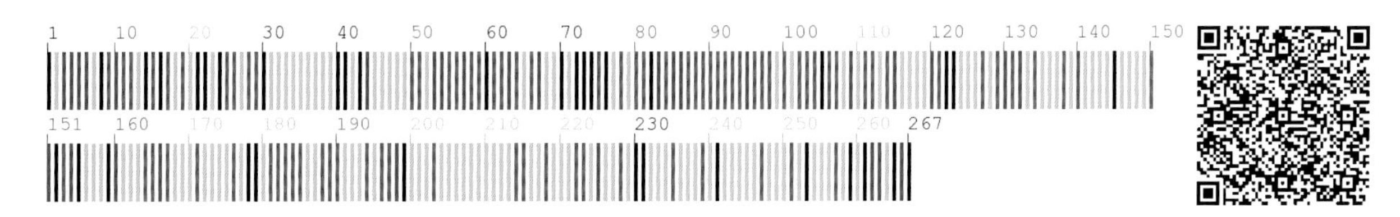

411 白薇 Cynanchum atratum Bunge

【别　　名】薇草，老鸹瓢，拉瓜瓢根

【形态特征】多年生草本。须根发达。叶对生，具短柄，卵形或卵状长圆形，两面被绒毛。聚伞花序伞形；花萼5齿裂，披针形，外面被绒毛；花冠深紫红色，5裂至中部，外面被绒毛；副花冠5裂，裂片三角状卵形，与合蕊柱等长；花药顶端具圆形膜片；子房有疏柔毛，柱头扁平。蓇葖果披针形，先端渐尖，基部稍狭。种子卵状长圆形，具白色绢质种毛。

【生　　境】生于山坡草地、林缘路旁、林下及灌丛间等处。

【药用价值】根及根茎入药。清热凉血，利尿通淋，解毒疗疮，熄风止惊。

【材料来源】吉林省延边朝鲜族自治州和龙市，共1份，样本号CBS687MT01。

【ITS2 序列特征】获得ITS2序列1条，长度为246bp。序列特征如下：

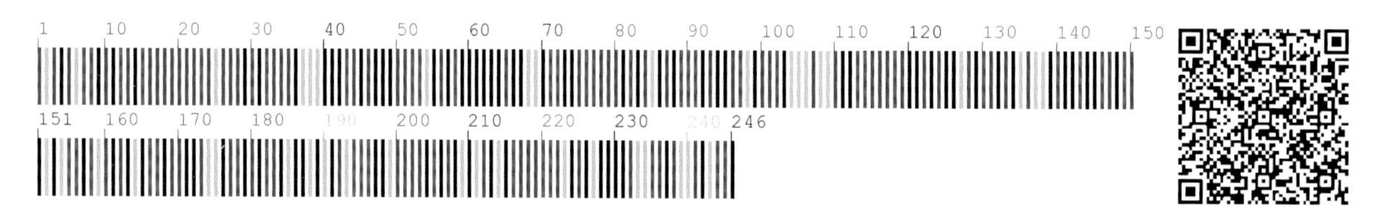

【*psbA-trnH* 序列特征】获得 *psbA-trnH* 序列1条，长度为347bp。序列特征如下：

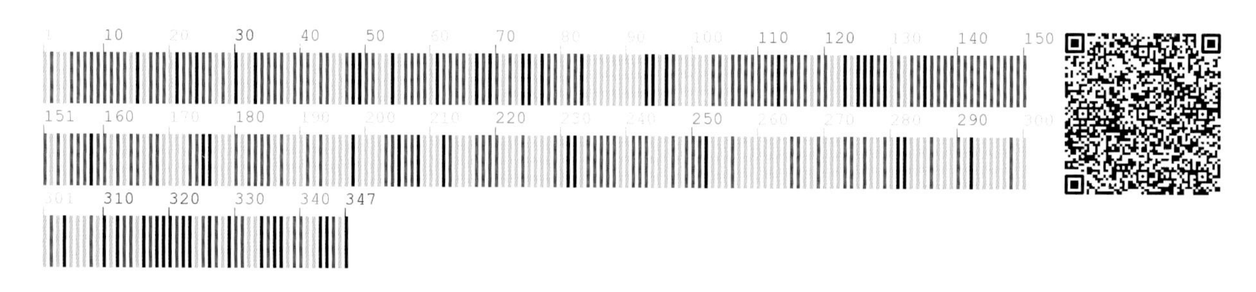

412 竹灵消 **Cynanchum inamoenum** (Maxim.) Loes.

【别　　名】老君须，婆婆针线包

【形态特征】多年生草本。根须状。叶广卵形，顶端急尖。伞形聚伞花序，近顶部互生；花黄色；花萼裂片披针形，急尖，近无毛；花冠辐状，无毛，裂片卵状长圆形，钝头；副花冠较厚，裂片三角形，短急尖；花药在顶端具一圆形的膜片；蓇葖果双生，稀单生，狭披针形，向端部长渐尖。

【生　　境】生于海拔 100～3500m 的山地疏林、灌木丛中或山顶、山坡草地上。

【药用价值】根入药。除烦清热，散毒，通疝气。

【材料来源】吉林省通化市二道江区，共 3 份，样本号 CBS180MT01～03。

【ITS2 序列特征】获得 ITS2 序列 3 条，比对后长度为 245bp，有 1 个变异位点，为 169 位点 G-C 变异。序列特征如下：

【*psbA-trnH* 序列特征】获得 *psbA-trnH* 序列 2 条，比对后长度为 299bp，有 1 处插入 / 缺失，为 229～234 位点。序列特征如下：

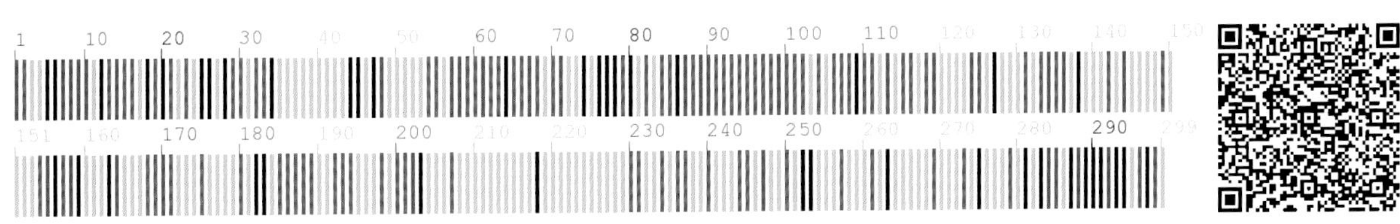

413 徐长卿 **Cynanchum paniculatum** (Bunge) Kitag.

【别　　名】尖刀儿苗，土细辛，寮刁竹

【形态特征】多年生草本。须根发达，多条。茎直立，不分枝。单叶对生，叶线状披针形。聚伞花序顶生，叶腋内有小花；花冠黄绿色，近辐射状；副花冠 5，黄色；雄蕊 5，连成筒状；子房上位。单生蓇葖果，狭长纺锤形。种子宽卵圆形，顶端有白色绢质种毛。

【生　　境】生于干山坡、干草地及灌丛和杂木林中。

【药用价值】全草入药。祛风除湿，消肿止痛，行气通经。

【材料来源】吉林省通化市东昌区，共 3 份，样本号 CBS930MT01～03。

【ITS2 序列特征】获得 ITS2 序列 3 条，比对后长度为 247bp，无变异位点。序列特征如下：

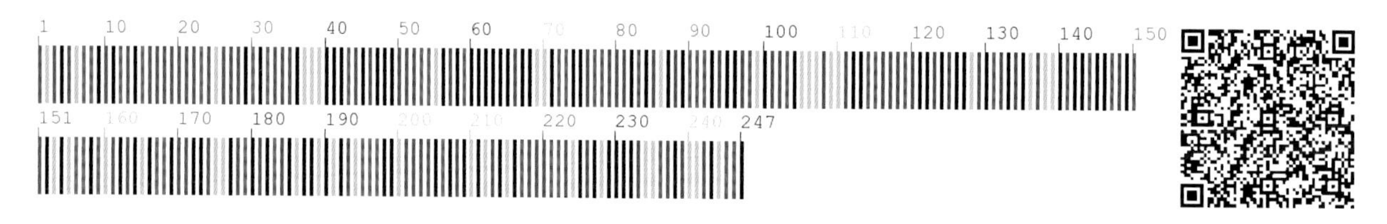

【*psbA-trnH* 序列特征】获得 *psbA-trnH* 序列 3 条，比对后长度为 265bp，无变异位点。序列特征如下：

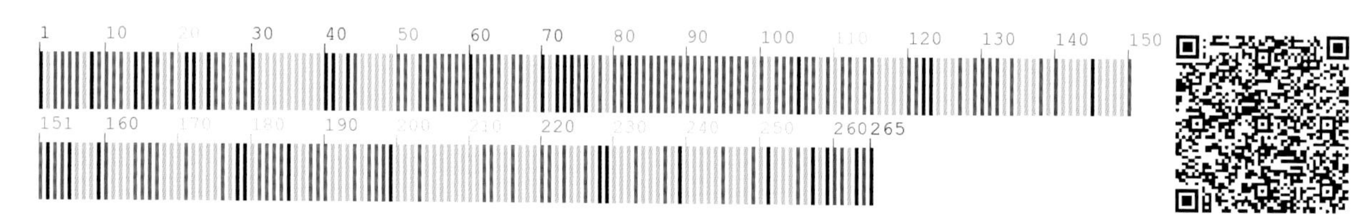

414　萝藦　**Metaplexis japonica** (Thunb.) Makino

【别　　名】老瓜瓢，哈蜊瓢，老鸹瓢，奶浆藤

【形态特征】多年生缠绕草质藤本。具白色乳汁。叶卵状心形，基部心形，先端急尖，全缘。总状花序或总状聚伞花序；花萼5深裂，裂片披针形，外面被毛；花冠粉白色，有淡红紫色斑纹，反卷；副花冠环状，生于合蕊柱上；雄蕊连合成圆锥状，包围雌蕊；子房无毛。蓇葖果叉生，纺锤形，表面有小瘤状凸起。

【生　　境】生于山坡草地、耕地、撂荒地、路边及房屋附近。

【药用价值】全草入药。补肾强壮，行气活血，消肿解毒。

【材料来源】吉林省通化市东昌区，共3份，样本号CBS351MT01～03。

【ITS2序列特征】获得ITS2序列3条，比对后长度为247bp，无变异位点。序列特征如下：

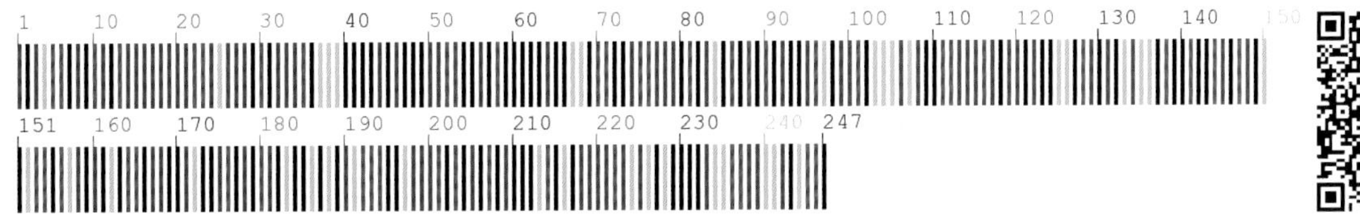

【*psbA-trnH*序列特征】获得*psbA-trnH*序列3条，比对后长度为378bp，有1个变异位点，为267位点A-T变异。序列特征如下：

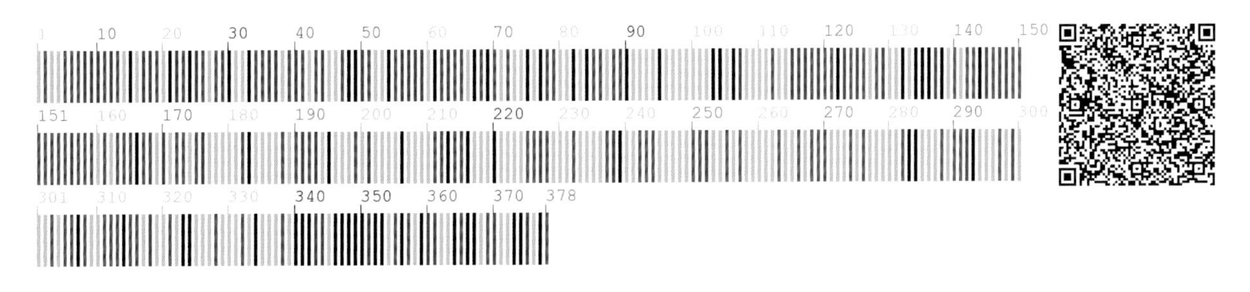

茜草科 Rubiaceae

415 蓬子菜 Galium verum L.

【别　　名】蓬子菜拉拉藤，鸡肠草，喇嘛黄

【形态特征】多年生近直立草本。茎有4角棱，被短柔毛或秕糠状毛。叶6～10枚轮生，线形。聚伞花序顶生和腋生，较大，多花；总花梗密被短柔毛；花小，稠密；花梗有疏短柔毛或无毛；花萼管无毛；花冠黄色，辐状，无毛，裂片卵形或长圆形，顶端稍钝；花药黄色；花柱顶部2裂。果小，果爿双生，近球状。花期7～8月，果期8～9月。

【生　　境】生于林缘、灌丛、路旁、山坡及沙质湿地等处。

【药用价值】全草入药。清热解毒，活血破瘀，利尿，通经，止痒，止血。

【材料来源】吉林省通化市二道江区，共3份，样本号CBS688MT01～03。

【*psbA-trnH* 序列特征】获得 *psbA-trnH* 序列3条，比对后长度为308bp，有1个变异位点，为308位点C-T变异。序列特征如下：

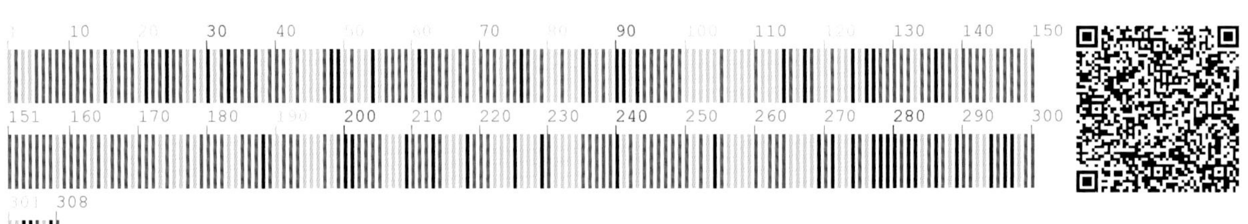

416 中国茜草 **Rubia chinensis** Regel et Maack

【别　　名】中华茜草，华茜草，红茜草，大砧草，老鸹筋

【形态特征】多年生直立草本。具有发达的紫红色须根。茎通常数条丛生，具4直棱，棱上被向上钩状毛。叶4枚轮生，卵形至阔卵形；基出脉5或7，纤细，两面微凸起。聚伞花序排成圆锥花序式，顶生和在茎的上部腋生，通常结成大型、带叶的圆锥花序，花序轴和分枝均较纤细；苞片披针形；花萼管近球形；花冠白色；雄蕊生于花冠管近基部。浆果近球形，黑色。

【生　　境】生于山地林下、林缘和草甸等处。

【药用价值】根及根茎入药。行气行血，止血，通经活络，止咳，祛瘀。

【材料来源】吉林省通化市二道江区，共3份，样本号CBS140MT01～03。

【ITS2序列特征】获得ITS2序列3条，比对后长度为228bp，有3个变异位点，分别为61位点、83位点、119位点T-C变异。序列特征如下：

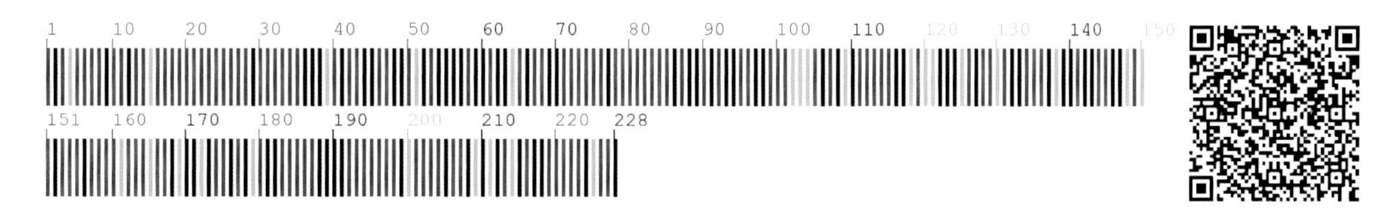

【*psbA-trnH*序列特征】获得*psbA-trnH*序列3条，比对后长度为246bp，无变异位点。序列特征如下：

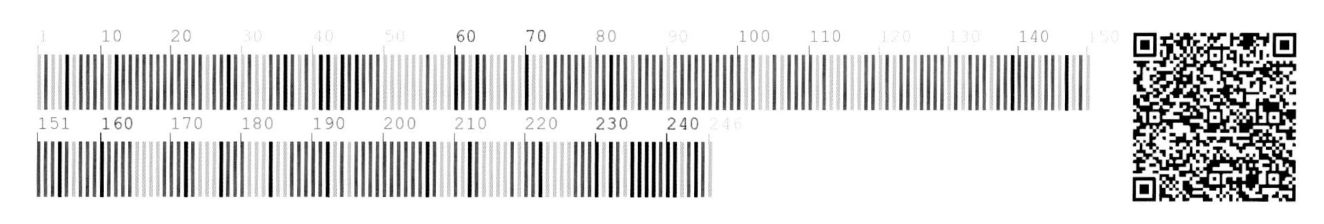

417 茜草 **Rubia cordifolia** L.

【别　　名】辽茜草，伏茜草，老鸹筋，四棱草

【形态特征】草质攀援藤木。根状茎和其节上的须根均为红色。茎多个，方柱形。叶通常 4 枚轮生，基部心形，边缘有齿状皮刺，两面粗糙；基出脉 3 条；叶柄有倒生皮刺。聚伞花序腋生和顶生，有微小皮刺；花冠淡黄色，干时淡褐色，盛开时檐部、裂片近卵形，微伸展，外面无毛。果球形，成熟时橘黄色。

【生　　境】生于林缘、灌丛、路旁、山坡及草地等处。

【药用价值】根及根茎入药。行气止血，通经活络，止咳祛痰。

【材料来源】吉林省通化市东昌区，共 3 份，样本号 CBS942MT01～03。

【ITS2 序列特征】获得 ITS2 序列 3 条，比对后长度为 231bp，有 2 个变异位点，分别为 89 位点 C-T 变异，200 位点为简并碱基。序列特征如下：

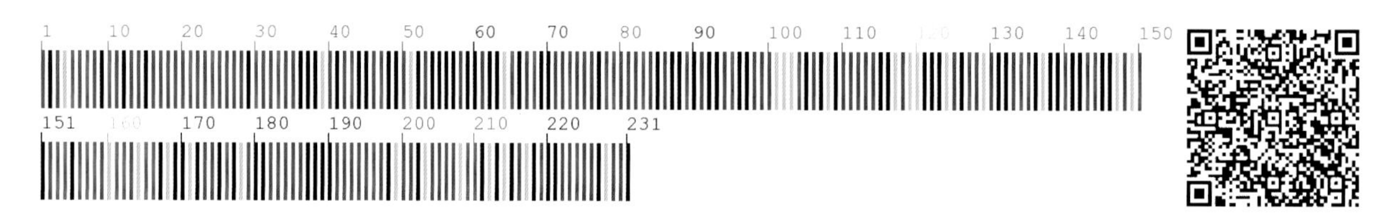

【*psbA-trnH* 序列特征】获得 *psbA-trnH* 序列 3 条，比对后长度为 235bp，有 1 个变异位点，189 位点为简并碱基。序列特征如下：

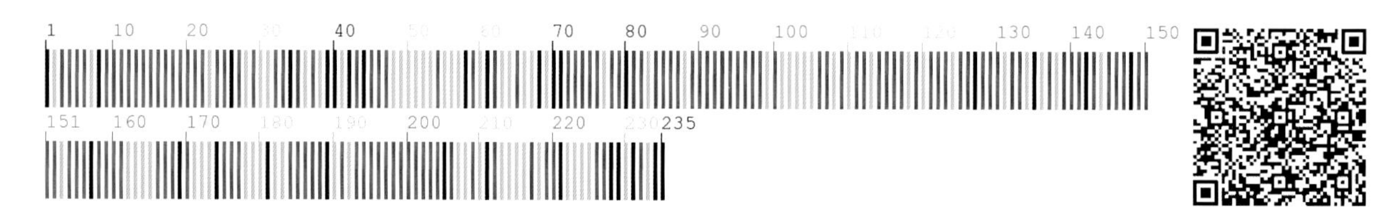

花荵科 Polemoniaceae

418 花荵　**Polemonium caeruleum** L.

【别　　名】丝花花荵，电灯花，鱼翅菜

【形态特征】多年生草本。奇数羽状复叶，上部者渐小，小叶19～27，狭披针形、披针形至卵状披针形。圆锥状聚伞花序顶生或在茎上部叶腋生；花序轴、花梗和花萼密被短腺毛或短柔毛；花萼钟状，裂片三角形至狭三角形；花冠蓝色或淡蓝色，辐状或广钟状，喉部有毛，裂片5，先端圆形或稍狭；雄蕊5，较花冠稍短或近等长，花药卵球形；具花盘，杯状；子房卵球形，柱头3裂。蒴果广卵球形，淡黄棕色，包于宿存花萼内，与花萼近等长。种子三棱状长圆形，棕色。花期6～8月，果期8月。

【生　　境】生于林下、林缘、河谷及湿草甸子等处。

【药用价值】根及根茎入药。止血，祛痰，镇痛。

【材料来源】吉林省通化市东昌区，共3份，样本号CBS231MT01～03。

【*psbA-trnH*序列特征】获得*psbA-trnH*序列3条，比对后长度为354bp，无变异位点。序列特征如下：

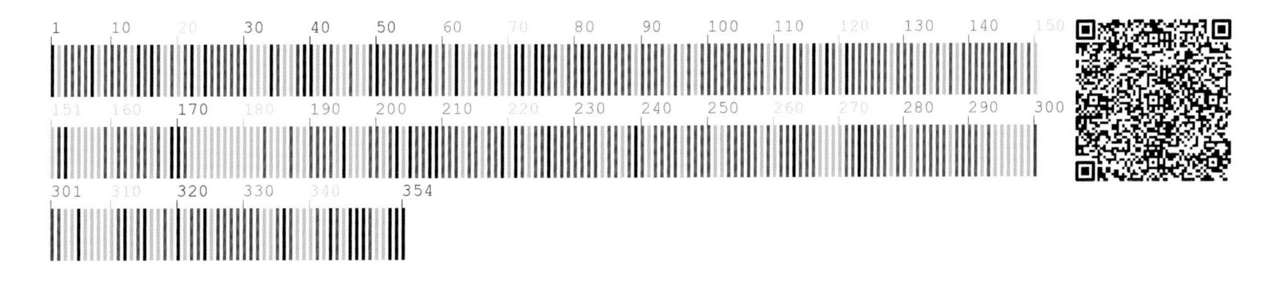

旋花科 Convolvulaceae

419 牵牛 **Ipomoea nil** (L.) Roth [Syn. **Pharbitis nil** (L.) Choisy]

【别　　名】裂叶牵牛，喇叭花，牵牛，朝颜花

【形态特征】一年生缠绕草本。植物体被毛。叶互生，宽卵形或近圆形，常为 3 裂，先端裂片长圆形或卵圆形，侧裂片较短。花序腋生，有 1～3 朵花，也有单生于叶腋的；萼片 5；花冠蓝紫色渐变成淡紫色或粉红色，漏斗状，花冠管色淡；雄蕊 5，不等长，花丝基部被柔毛；子房 3 室，柱头头状。蒴果近球形。种子卵状三棱形，黑褐色或米黄色，被褐色短绒毛。

【生　　境】生于山野灌丛中、村边、路旁，多栽培。

【药用价值】种子入药。泻水通便，消痰涤饮，杀虫攻积。

【材料来源】辽宁省丹东市宽甸满族自治县，共 2 份，样本号 CBS689MT01、CBS689MT02。

【ITS2 序列特征】获得 ITS2 序列 2 条，比对后长度为 226bp，无变异位点。序列特征如下：

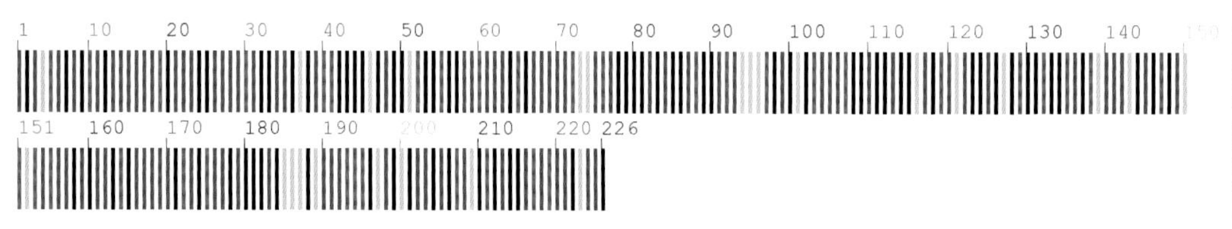

420 圆叶牵牛 **Ipomoea purpurea** (L.) Roth [Syn. **Pharbitis purpurea** (L.) Voigt.]

【别　　名】圆叶旋花，小花牵牛，牵牛花，喇叭花

【形态特征】一年生缠绕草本。幼苗子叶近方形，先端深凹缺刻达子叶长1/3。成株全体被粗硬毛。叶互生，有长柄，心形，全缘。花序具1～5朵花，总花梗与叶柄近等长；花冠漏斗状，红色、蓝紫色或近白色。蒴果球形。种子倒卵形，黑色至暗褐色，表面粗糙。

【生　　境】生于田边、房屋附近、路旁等处。

【药用价值】种子入药。泻水下气，消肿杀虫。

【材料来源】吉林省白山市抚松县，共3份，样本号CBS950MT01～03。

【ITS2序列特征】获得ITS2序列3条，比对后长度为226bp，无变异位点。序列特征如下：

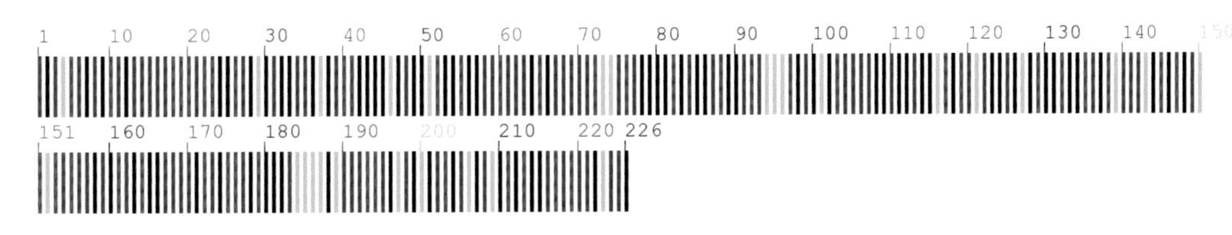

【*psbA-trnH*序列特征】获得*psbA-trnH*序列3条，比对后长度为396bp，有1个变异位点，为372位T-G变异。序列特征如下：

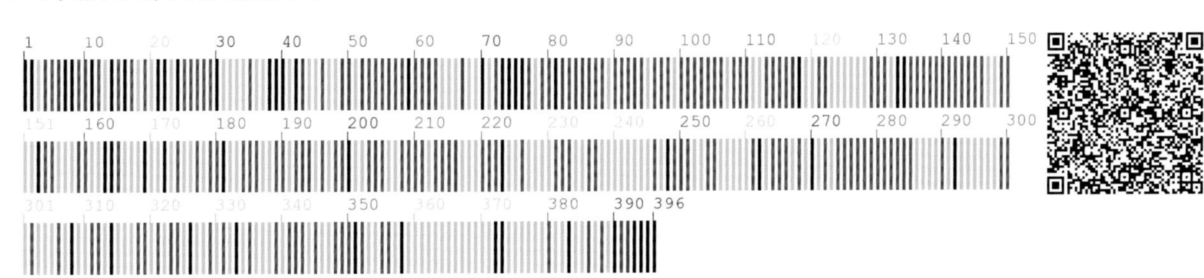

紫草科 Boraginaceae

421 山茄子 **Brachybotrys paridiformis** Maxim. ex Oliv.

【别　　名】山野烟，野烟，山茄子秧，野旱烟

【形态特征】多年生直立草本。茎不分枝。基部叶鳞片状；茎中部叶具长柄，倒卵状长圆形；茎上部 5～6 叶假轮生，倒卵形至倒卵状椭圆形。花序顶生，具纤细的花序轴，花集生于花序轴的上部，通常约为 6 朵；花萼 5 裂至近基部，裂片钻状披针形；花冠紫色，筒部约比檐部短 2 倍；雄蕊着生于附属物之下，花丝长约 4mm，花药伸出喉部，先端具小尖头；子房 4 裂，花柱弯曲，柱头微小，头状。小坚果三角状卵形，黑色。花期 5～6 月，果期 8～9 月。

【生　　境】生于海拔 2750～3000m 的山坡、田埂上或林中路旁。

【药用价值】全草入药。避孕。

【材料来源】吉林省白山市浑江区，共 2 份，样本号 CBS124MT01、CBS124MT02。

【ITS2 序列特征】获得 ITS2 序列 2 条，比对后长度为 227bp，无变异位点。序列特征如下：

422 异刺鹤虱 **Lappula heteracantha** (Ledeb.) Gürke

【别　　名】东北鹤虱

【形态特征】一年生草本。茎直立，上部分枝，被开展或近贴伏的灰色柔毛。基生叶常呈莲座状；茎生叶似基生叶，但较小而狭，无叶柄。花序疏松，果期强烈伸长；苞片线形；花梗短，果期伸长，直立而粗壮，基部渐细；花萼深裂至基部，裂片线形，花期直立，果期增大，常呈星状开展；花冠淡蓝色，钟状。小坚果卵形，边缘有2行锚状刺；花柱隐藏于小坚果上方锚状刺之中。

【生　　境】生于荒地、山谷草甸、山脚平原、山坡、石丘陵。

【药用价值】果实入药。消炎杀虫。

【材料来源】吉林省通化市东昌区，共1份，样本号CBS207MT01。

【ITS2序列特征】获得ITS2序列1条，长度为226bp。序列特征如下：

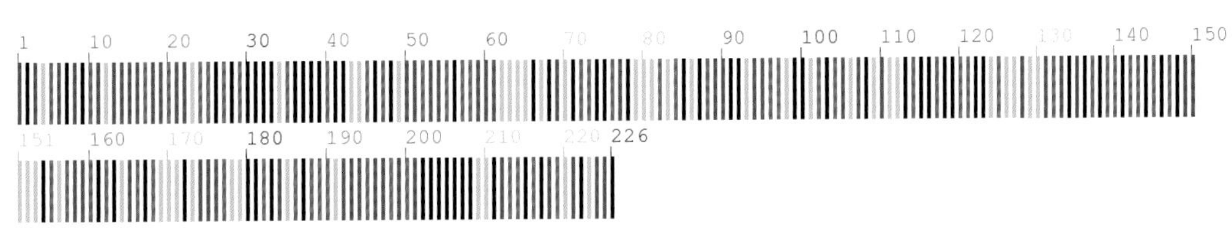

【*psbA-trnH*序列特征】获得*psbA-trnH*序列1条，长度为230bp。序列特征如下：

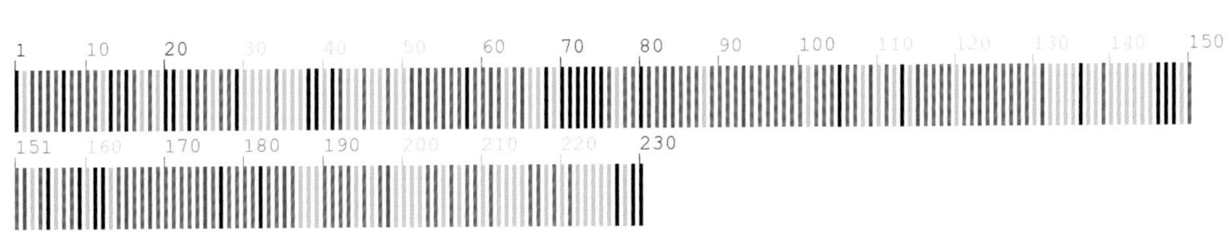

423 紫草 **Lithospermum erythrorhizon** Siebold et Zucc.

【别　　名】山紫草，紫丹，紫草根

【形态特征】多年生草本。根外皮暗红紫色。茎直立，单一或上部分歧，全株被粗硬毛。叶互生，无柄，长圆状披针形，两面被糙毛。聚伞花序总状，顶生；花两性；苞片叶状，两面具粗毛；花萼短筒状，5深裂，裂片狭渐尖；花冠白色，花冠管短，先端5裂，喉部具有5个鳞片状附肢。坚果卵球形，灰白色，光滑。

【生　　境】生于荒山林缘、灌丛或干旱荒坡。

【药用价值】根入药。清热凉血，活血，解毒透疹。

【材料来源】吉林省通化市东昌区，共3份，样本号 CBS222MT01～03。

【ITS2 序列特征】获得 ITS2 序列 3 条，比对后长度为 224bp，无变异位点。序列特征如下：

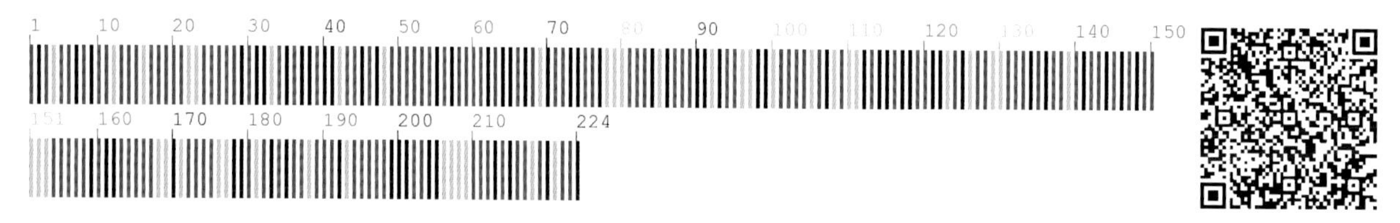

【*psbA-trnH* 序列特征】获得 *psbA-trnH* 序列 3 条，比对后长度为 296bp，有 2 处插入 / 缺失，分别为 257～261 位点、268～276 位点。序列特征如下：

424 聚合草　Symphytum officinale L.

【别　　名】爱国草，肥羊草，友益草，友谊草，紫根草，康复力，外来聚合草

【形态特征】丛生型多年生草本，高 30～90cm。全株被向下稍弧曲的硬毛。根发达，主根粗壮，淡紫褐色。茎数条，直立或斜升，有分枝。茎中部和上部叶较小，无柄，基部下延。花序含多数花；花萼裂至近基部，裂片披针形，先端渐尖；花冠淡紫色、紫红色至黄白色，裂片三角形，先端外卷，喉部附属物披针形，不伸出花冠檐；花药顶端有稍突出的药隔，花丝下部与花药近等宽；子房通常不育，偶尔个别花内成熟 1 个小坚果。

【生　　境】生于林缘、路旁、田间、荒地及住宅附近等处。

【药用价值】根茎入药。活血凉血，清热解毒。

【材料来源】吉林省通化市二道江区，共 3 份，样本号 CBS693MT01～03。

【ITS2 序列特征】获得 ITS2 序列 3 条，比对后长度为 223bp，有 3 个变异位点，分别为 20 位点 C-A 变异、21 位点 T-C 变异、152 位点 G-A 变异。序列特征如下：

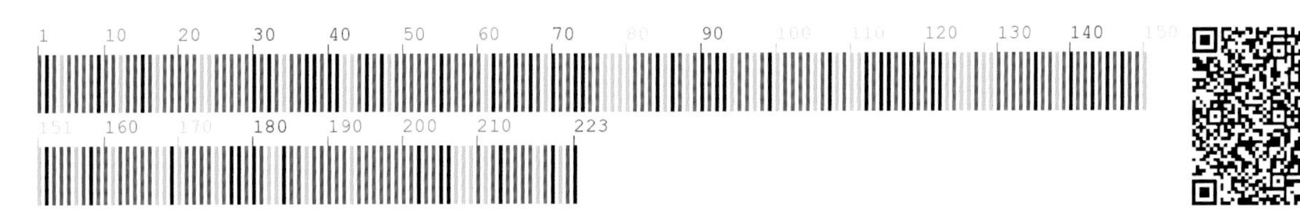

425 钝萼附地菜 **Trigonotis peduncularis** var. **amblyosepala** (Nakai et Kitag.) W. T. Wang

【别　　名】附地菜

【形态特征】一年生或二年生草本。茎多条丛生，铺散，被短伏毛。基生叶密集，铺散，有长柄，通常匙形或狭椭圆形；茎上部叶较短而狭，几无柄。卷伞花序生于茎顶端；花梗细弱；花萼 5 深裂，先端圆钝；花冠蓝色，平展，先端圆钝；花药椭圆形；子房 4 裂，花柱短。小坚果 4，直立，斜三棱锥状四面体形。早春即开花，花果期较长。

【生　　境】生于低海拔的山坡草地、林缘、灌丛或田间、荒野。

【药用价值】全草入药。清热，消炎，止痛，止痢。

【材料来源】吉林省通化市东昌区，共 2 份，样本号 CBS200MT01、CBS200MT02。

【ITS2 序列特征】获得 ITS2 序列 2 条，比对后长度为 227bp，无变异位点。序列特征如下：

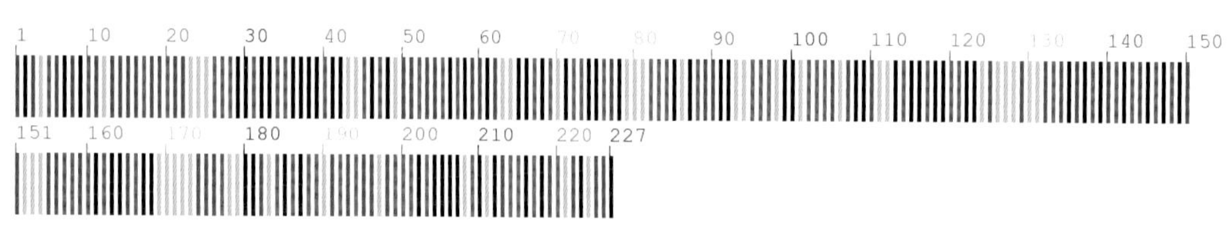

【*psbA-trnH* 序列特征】获得 *psbA-trnH* 序列 2 条，比对后长度为 278bp，无变异位点。序列特征如下：

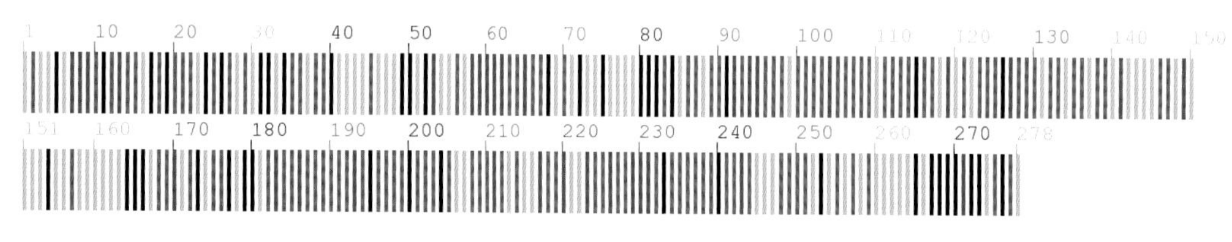

唇形科　Lamiaceae

426　藿香　**Agastache rugosa** (Fisch. et C. A. Mey.) Kuntze

【别　　名】猫把蒿，巴蒿

【形态特征】多年生草本。茎直立，四棱形。叶对生，心状卵形至长圆状披针形，边缘具粗齿。轮伞花序在茎顶组成穗状花序；花萼管状倒圆锥形；花冠淡紫蓝色，上唇直伸，先端微缺，下唇3裂；雄蕊伸出花冠，花丝细，扁平；花柱与雄蕊近等长，先端相等的2裂；花盘厚环状。成熟小坚果卵状长圆形，腹面具棱，先端具短硬毛，褐色。花期7～8月，果期8～9月。

【生　　境】生于山坡、林间、路旁、荒地、山沟溪流边及住宅附近。

【药用价值】地上部分入药。祛暑解表，化湿和中，理气开胃。

【材料来源】吉林省通化市东昌区，共3份，样本号CBS369MT01～03。

【ITS2序列特征】获得ITS2序列3条，比对后长度为232bp，有1个变异位点，为137位点T-C变异。序列特征如下：

【*psbA-trnH*序列特征】获得*psbA-trnH*序列3条，比对后长度为337bp，无变异位点。序列特征如下：

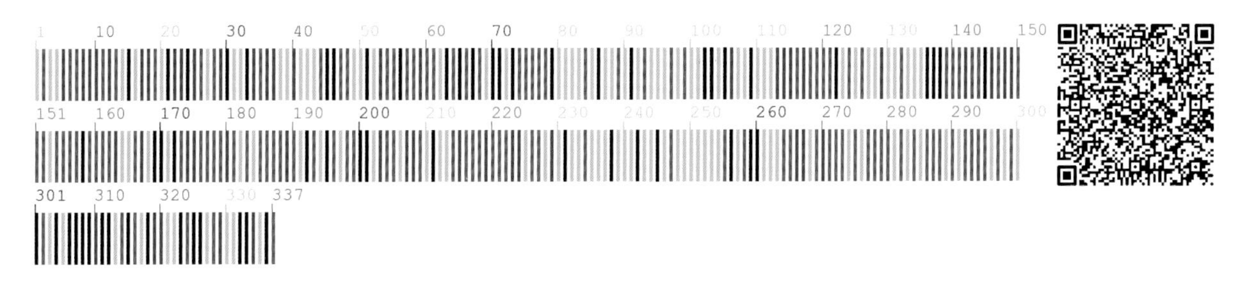

427 水棘针 **Amethystea caerulea** L.

【形态特征】一年生草本。茎四棱形。叶纸质或近膜质，三角形或近卵形，3～5 深裂，裂片披针形，边缘具粗锯齿或重锯齿。花序为由松散具长梗的聚伞花序所组成的圆锥花序；萼齿5；花冠蓝色或紫蓝色；雄蕊 4，能育 2，花丝细弱，伸出雄蕊约 1/2，花药 2 室，室叉开，纵裂。小坚果倒卵状三棱形，背面具网状皱纹，高达果长 1/2 以上。花期 8～9 月，果期 9～10 月。

【生　　境】生于田间、路旁、林缘、灌丛及湿草地等处。

【药用价值】全草入药。发表散寒，祛风透疹。

【材料来源】吉林省通化市通化县，共 3 份，样本号 CBS392MT01～03。

【ITS2 序列特征】获得 ITS2 序列 3 条，比对后长度为 218bp，无变异位点。序列特征如下：

【*psbA-trnH* 序列特征】获得 *psbA-trnH* 序列 3 条，比对后长度为 305bp，无变异位点。序列特征如下：

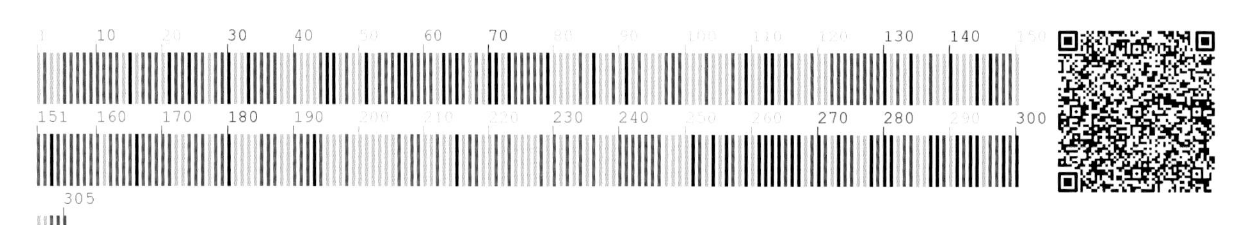

428 海州常山 **Clerodendrum trichotomum** Thunb.

【别　　名】臭梧桐，海桐，臭桐，臭芙蓉，臭牡丹，山梧

【形态特征】小乔木，高1.5～5m。叶卵形、卵状椭圆形或三角状卵形，全缘或有时边缘具波状齿。伞房状聚伞花序顶生或腋生；苞片叶状，椭圆形，早落；花萼淡紫红色，有5棱脊，顶端5深裂；花香，花冠白色或带粉红色，花冠管细，顶端5裂，裂片长椭圆形；雄蕊4，花丝与花柱同伸出花冠外。核果近球形，包藏于增大的宿萼内，成熟时外果皮蓝紫色。花期7～8月，果期9～10月。

【生　　境】生于林缘、山坡灌丛中。

【药用价值】根、嫩枝、叶、花、果实入药。祛风除湿。

【材料来源】辽宁省大连市长海县，共3份，样本号CBS404MT01～03。

【ITS2 序列特征】获得ITS2序列3条，比对后长度为225bp，无变异位点。序列特征如下：

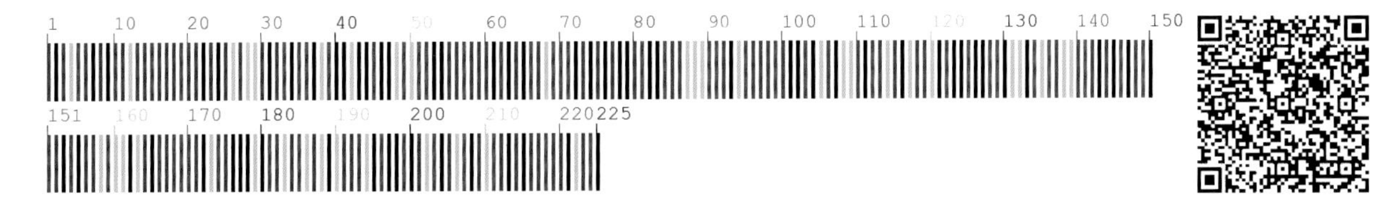

【*psbA-trnH* 序列特征】获得*psbA-trnH*序列3条，比对后长度为423bp，无变异位点。序列特征如下：

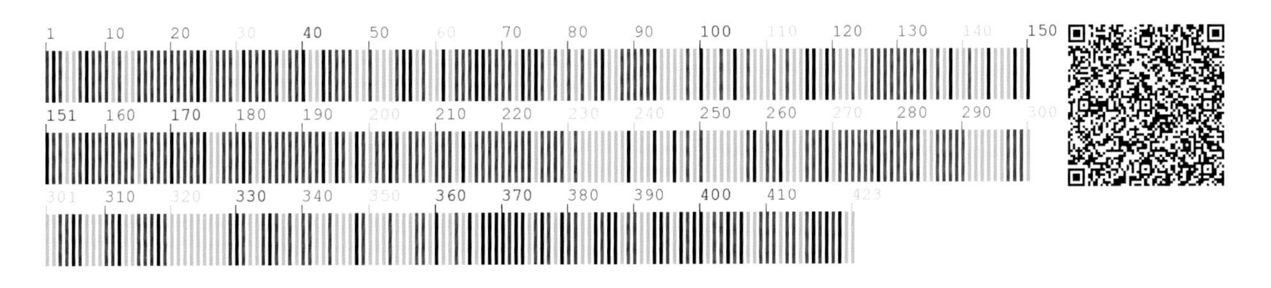

429 麻叶风轮菜 **Clinopodium urticifolium** (Hance) C. Y. Wu et Hsuan ex H. W. Li

【别　　名】风轮菜，断血流

【形态特征】多年生草本。茎直立，四棱形，常带紫红色，被向下的疏柔毛。叶对生，茎下部叶柄长，卵形、卵圆形或卵状披针形。轮伞花序多花，密集；苞叶叶状，超过花序，上部者与花序近相等，且呈苞片状，线形，带紫红色，具明显的中肋，边缘具长缘毛；总花梗多分枝；花萼管状，上部带紫红色；花柱先端不相等 2 浅裂。小坚果倒卵形，褐色，无毛。花期 6～8 月，果期 8～9 月。

【生　　境】生于山坡、草地、林缘、路旁及田边等处。

【药用价值】全草入药。清热解毒，疏风，消肿，凉血止血。

【材料来源】吉林省通化市东昌区，共 3 份，样本号 CBS376MT01～03。

【**ITS2 序列特征**】获得 ITS2 序列 3 条，比对后长度为 243bp，无变异位点。序列特征如下：

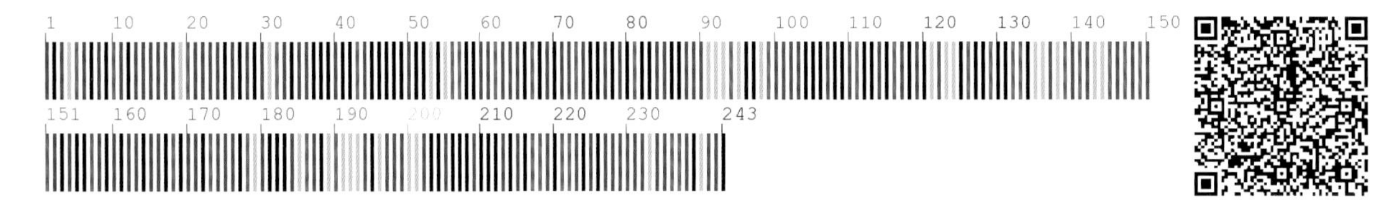

【*psbA-trnH* 序列特征】获得 *psbA-trnH* 序列 3 条，比对后长度为 410bp，无变异位点。序列特征如下：

430 光萼青兰 **Dracocephalum argunense** Fisch. ex Link

【别　　名】北青兰

【形态特征】多年生草本。茎多四棱形。茎生叶无柄，长圆状披针形。轮伞花序生于茎顶；花萼 2 裂至近中部，萼齿锐尖，常带紫色，上唇 3 裂约至 2/3 处，下唇 2 裂几至本身基部，齿披针形；花冠蓝紫色；花药密被柔毛，花丝疏被毛。花期 7～8 月，果期 8～9 月。

【生　　境】生于山地草甸、山地草原、林缘灌丛、沟谷及河滩地等处。

【药用价值】全草入药。清热燥湿，凉血止血。

【材料来源】吉林省通化市东昌区，共 3 份，样本号 CBS247MT01～03。

【ITS2 序列特征】获得 ITS2 序列 3 条，比对后长度为 233bp，有 1 个变异位点，165 位点为简并碱基。序列特征如下：

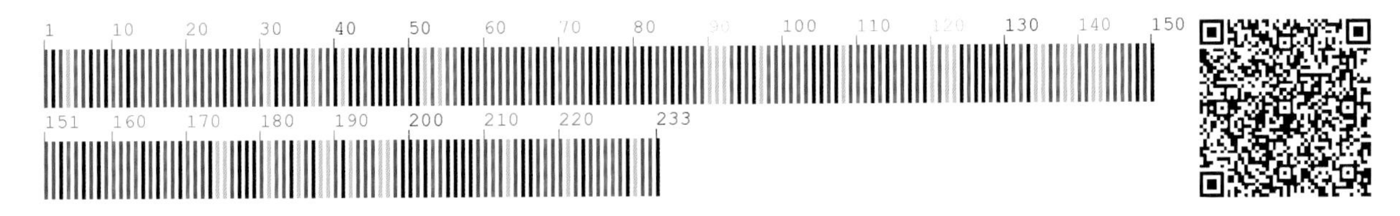

【*psbA-trnH* 序列特征】获得 *psbA-trnH* 序列 3 条，比对后长度为 426bp，无变异位点。序列特征如下：

431 香青兰 Dracocephalum moldavica L.

【别　　名】山薄荷

【形态特征】一年生草本。茎不明显四棱形。基生叶卵圆状三角形，具长柄；茎生叶披针形至线状披针形，对生，边缘具牙齿。轮伞花序生于茎上部；苞片长圆形，每侧具 2～3 小齿；花萼上唇 3 浅裂，3 齿近等大，下唇 2 裂至近基部，裂片披针形；花冠淡蓝紫色，下唇 3 裂，具深紫色斑点；雄蕊微伸出；花柱无毛，先端 2 等裂。小坚果长圆形。花期 7～8 月，果期 8～9 月。

【生　　境】生于干燥山地、山谷及河滩多石地等处。常聚生成片。

【药用价值】全草入药。清肺解表，消炎，凉肝止血。

【材料来源】吉林省延边朝鲜族自治州珲春市，共 2 份，样本号 CBS875MT02、CBS875MT03。

【ITS2 序列特征】获得 ITS2 序列 2 条，比对后长度为 219bp，无变异位点。序列特征如下：

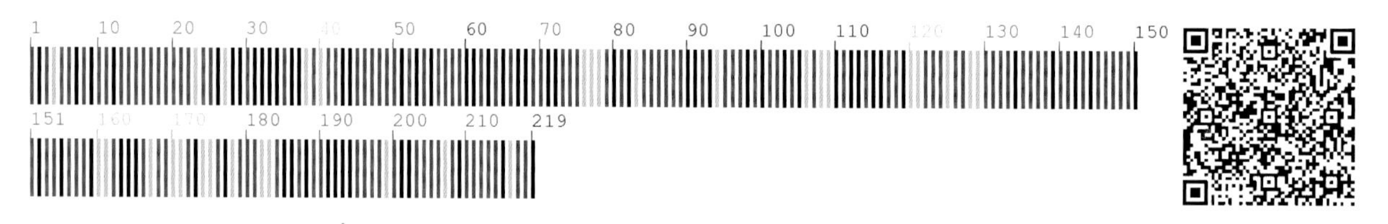

【*psbA-trnH* 序列特征】获得 *psbA-trnH* 序列 2 条，比对后长度为 444bp，无变异位点。序列特征如下：

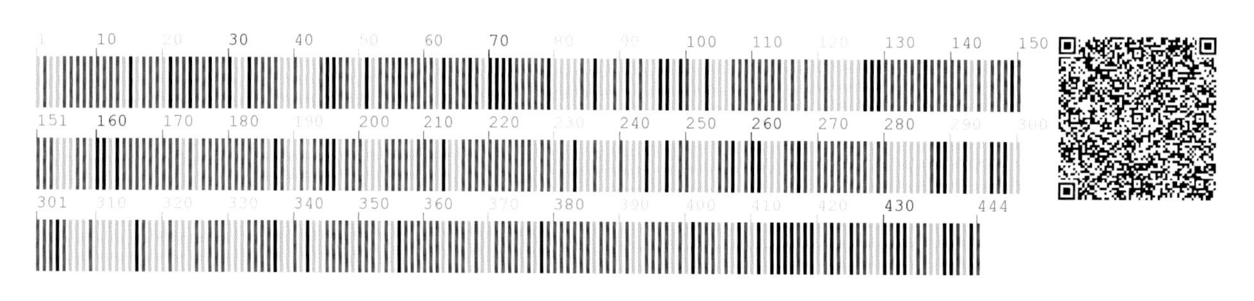

432 香薷 **Elsholtzia ciliata** (Thunb.) Hyl.

【别　　名】山苏子，臭荆芥，小叶巴蒿

【形态特征】一年生草本。茎四棱形。叶卵形或椭圆状披针形，对生，边缘具锯齿。穗状花序偏向一侧；苞片宽卵圆形或扁圆，排成2行；花萼钟形，萼齿5；花冠淡紫色；雄蕊4，前对较长，外伸；花柱内藏，先端2浅裂。小坚果长圆形，棕黄色，光滑。花期8～9月，果期9～10月。

【生　　境】生于田边、路旁、山坡、村旁、河岸等处。

【药用价值】地上部分入药。发汗解表，祛暑化湿，利尿消肿。

【材料来源】吉林省通化市集安市，共3份，样本号CBS474MT01～03。

【ITS2序列特征】获得ITS2序列3条，比对后长度为228bp，无变异位点。序列特征如下：

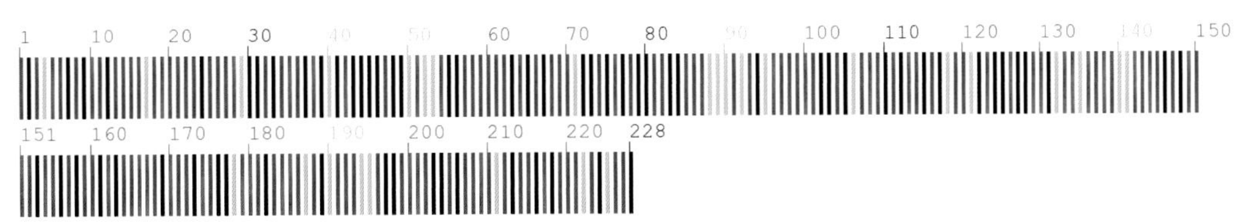

【*psbA-trnH*序列特征】获得*psbA-trnH*序列3条，比对后长度为437bp，有13个变异位点，分别为120位点、131位点、140位点C-T变异，130位点、136位点、168位点、144位点T-A变异，133位点G-T变异，134位点、143位点、146位点A-G变异，137位点G-C变异，141位点A-C变异。序列特征如下：

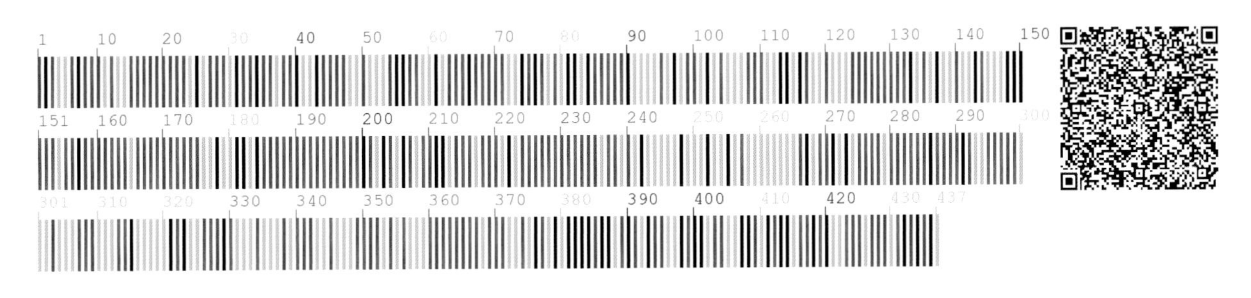

433 鼬瓣花 **Galeopsis bifida** Boenn.

【别　　名】野苏子，黑苏子

【形态特征】一年生草本。全株具糙毛。茎钝四棱形，具槽。茎叶卵圆状披针形或披针形，先端锐尖或渐尖。轮伞花序腋生，茎顶近穗状；小苞片线形至披针形；花萼管状钟形；花冠白色、黄色或粉紫红色；雄蕊 4；花柱先端近相等 2 裂。小坚果倒卵状三棱形，有褐色花斑。花期 7～9 月，果期 9 月。

【生　　境】生于林缘、灌丛、河岸、湿草地及村屯附近。常聚生成片。

【药用价值】全草入药。发汗解表，祛暑化湿，止咳化痰，利尿。

【材料来源】吉林省通化市，共 3 份，样本号 CBS353MT01～03。

【ITS2 序列特征】获得 ITS2 序列 3 条，比对后长度为 236bp，有 1 个变异位点，为 45 位点 C-G 变异。序列特征如下：

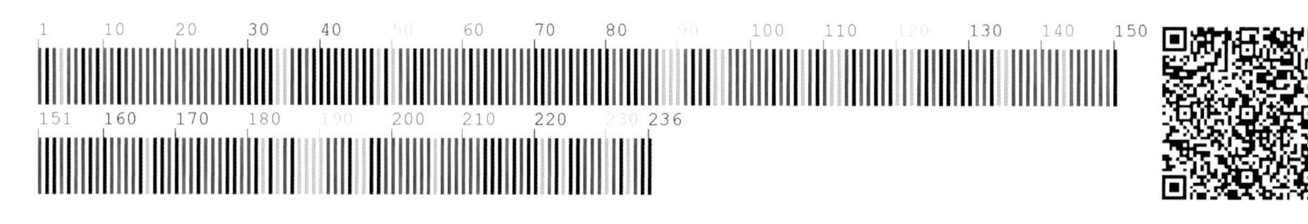

【*psbA-trnH* 序列特征】获得 *psbA-trnH* 序列 3 条，比对后长度为 393bp，无变异位点。序列特征如下：

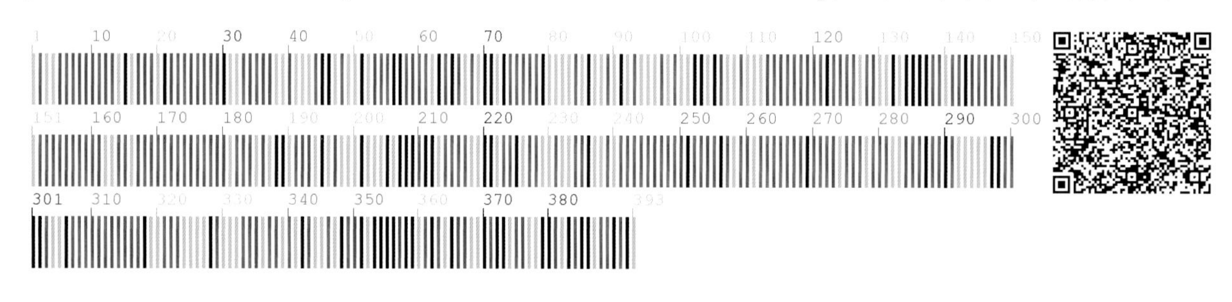

434 活血丹 **Glechoma longituba** (Nakai) Kuprian.

【别　　名】连钱草，遍地金，金钱草

【形态特征】多年生草本，高 10～30cm。茎四棱形，基部通常淡紫红色。花后茎匍匐，逐节生根。叶心形或近肾形。轮伞花序通常 2 花，稀 4～6；苞片及小苞片线形；花萼管状，花冠淡蓝色、蓝色至紫色，下唇具深色斑点，花冠筒直立，花冠檐二唇形，上唇直立，2 裂；雄蕊 4，后对着生于上唇下，花药 2 室，略叉开；子房 4 裂；花盘杯状，花柱细长，略伸出，先端近相等 2 裂。成熟小坚果深褐色。花期 5～6 月，果期 7～8 月。

【生　　境】生于林下、林缘、灌丛、湿草地及河边等处。常聚生成片。

【药用价值】地上部分入药。利湿通淋，清热解毒，散瘀消肿，利尿排石，镇咳。

【材料来源】吉林省通化市集安市，共 3 份，样本号 CBS047MT01～03。

【ITS2 序列特征】获得 ITS2 序列 3 条，比对后长度为 216bp，无变异位点。序列特征如下：

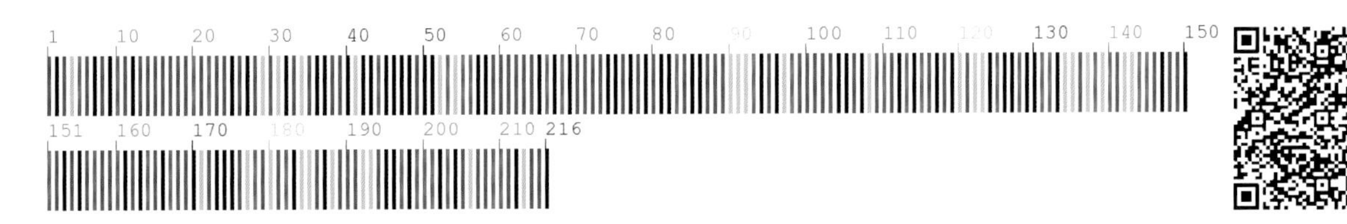

435 尾叶香茶菜 **Isodon excisus** (Maxim.) Kudô

【别　　名】龟叶草，山苏子，野苏子

【形态特征】多年生草本。茎四棱形。叶对生，圆形或圆状卵圆形，先端具深凹，凹缺中有一尾状长尖的顶齿。圆锥花序顶生或于茎上部叶腋生；苞叶与茎叶同形；花萼钟形；萼齿 5，上唇较短，具 3 齿，下唇稍长，具 2 齿；花冠淡紫色、紫色或蓝色，花冠檐二唇形，上唇外反，下唇宽卵形；雄蕊 4，内藏，花丝丝状；花柱丝状。成熟小坚果倒卵形，无毛。花期 7～8 月，果期 8～9 月。

【生　　境】生于林缘、路旁、杂木林下及草地等处。常聚生成片。

【药用价值】全草入药。清热解毒，健胃，活血。

【材料来源】吉林省通化市集安市，共 3 份，样本号 CBS490MT01～03。

【ITS2 序列特征】获得 ITS2 序列 3 条，比对后长度为 213bp，有 2 个变异位点，分别为 73 位点 G-T 变异，143 位点为简并碱基。序列特征如下：

【*psbA-trnH* 序列特征】获得 *psbA-trnH* 序列 2 条，比对后长度为 421bp，有 4 个变异位点，分别为 57 位点 C-A 变异、69 位点 C-T 变异、344 位点 G-T 变异、348 位点 A-T 变异；有 1 处插入 / 缺失，为 374 位点。序列特征如下：

436 蓝萼毛叶香茶菜 **Isodon japonicus** var. **glaucocalyx** (Maxim.) H. W. Li

【别　　名】蓝萼香茶菜，毛叶香茶菜，山苏子，野苏子

【形态特征】多年生草本。茎直立，钝四棱形。叶对生，卵形或阔卵形，顶齿卵形或披针形而渐尖，锯齿较钝，边缘有粗大、具硬尖头的钝锯齿。圆锥花序在茎及枝上顶生，疏松而开展；下部1对苞叶卵形，叶状，向上变小，线形；花萼开花时钟形，常带蓝色，萼齿5，三角形，锐尖，下唇2齿稍长而宽，上唇3齿，中齿略小；花冠淡紫色、紫蓝色至蓝色，上唇反折，先端4圆裂，下唇阔卵圆形，内凹；雄蕊4，伸出；花柱伸出。成熟小坚果卵状三棱形，无毛。花期7～8月，果期8～9月。

【生　　境】生于山坡、路旁、林缘及灌丛等处。

【药用价值】全草入药。清热解毒，活血化瘀，健脾。

【材料来源】采自吉林省通化市二道江区，共2份，样本号CBS696MT01、CBS696MT02。

【ITS2序列特征】获得ITS2序列2条，比对后长度为213bp，有2个变异位点，为22位点A-C/G变异，153位点G-T变异；有1处插入/缺失，为41位点。序列特征如下：

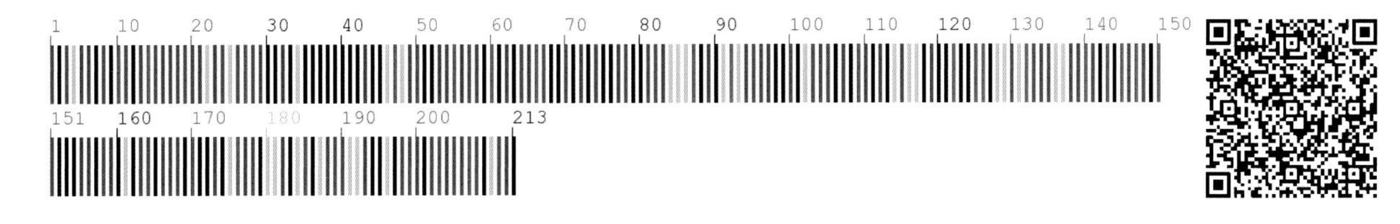

437 野芝麻 **Lamium barbatum** Sieb. et Zucc.

【别　　名】山苏子，白花菜，山芝麻

【形态特征】多年生草本。茎四棱形。茎下部叶卵圆形或心脏形，先端尾状渐尖，基部心形。轮伞花序 3～5 轮；苞片狭线形或丝状，锐尖；花萼钟状，萼齿披针状钻形；花冠白色、浅黄色或粉红色；雄蕊花丝扁平；花柱丝状，先端近相等 2 浅裂，子房裂片长圆形，无毛。小坚果倒卵圆形，先端截形，淡褐色。花期 5～6 月，果期 7～8 月。

【生　　境】生于林下、林缘、河边或采伐迹地等土质较肥沃的湿润地上。常聚生成片。

【药用价值】根茎、地上部分、花入药。根茎：清肝利湿，活血消肿；地上部分：散瘀，消积，调经，利湿；花：调经，利湿。

【材料来源】吉林省通化市柳河县，共 2 份，样本号 CBS121MT01、CBS121MT02。

【ITS2 序列特征】获得 ITS2 序列 2 条，比对后长度为 231bp，无变异位点。序列特征如下：

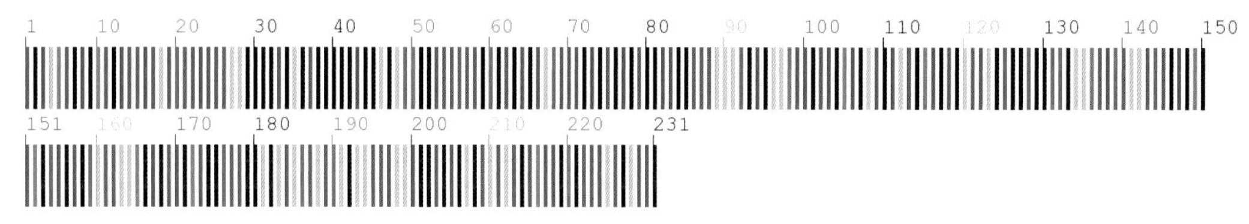

【*psbA-trnH* 序列特征】获得 *psbA-trnH* 序列 2 条，比对后长度为 276bp，无变异位点。序列特征如下：

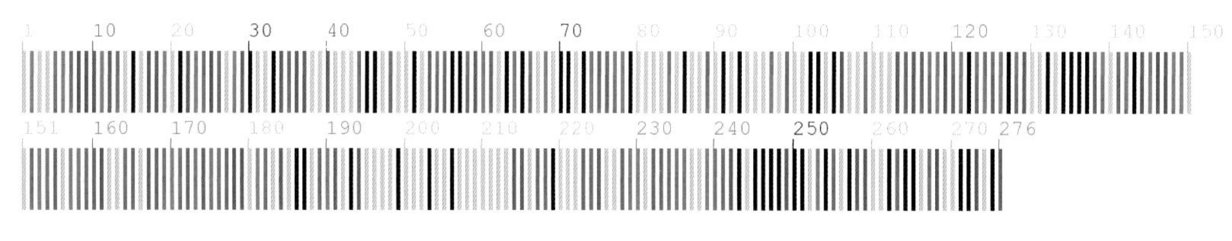

438 益母草 Leonurus japonicus Houtt.

【别　　名】异叶益母草，益母蒿，坤草

【形态特征】一年生或二年生草本。茎钝四棱形。叶形变化较大，掌状深裂至线性。轮伞花序腋生，具 8～15 朵花；小苞片刺状；花无梗；花萼管状钟形，萼齿 5，前 2 齿靠合，后 3 齿较短；花冠粉红色至淡紫红色；雄蕊 4；花盘平顶，子房褐色。小坚果长圆状三棱形，淡褐色，光滑。花期 8～9 月，果期 9～10 月。

【生　　境】生于田野、村屯、路边、疏林、山地草甸等处。

【药用价值】全草入药。活血调经，祛瘀生新，利尿消肿。

【材料来源】吉林省延边朝鲜族自治州敦化市，共 3 份，样本号 CBS308MT01～03。

【ITS2 序列特征】获得 ITS2 序列 3 条，比对后长度为 216bp，无变异位点。序列特征如下：

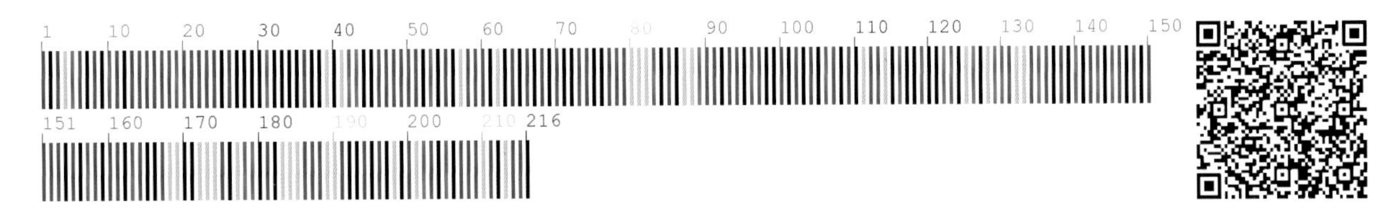

【*psbA-trnH* 序列特征】获得 *psbA-trnH* 序列 3 条，比对后长度为 311bp，无变异位点。序列特征如下：

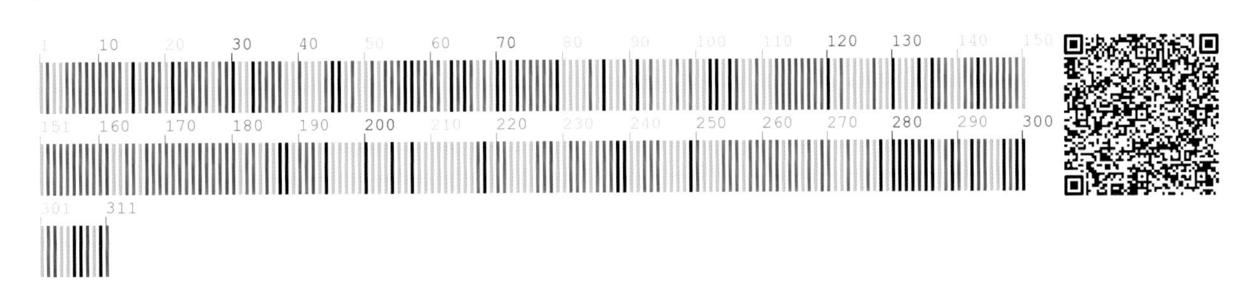

439 大花益母草 **Leonurus macranthus** Maxim.

【别　　名】錾菜，白花益母草

【形态特征】多年生草本。叶形变化很大，茎最下部叶心状圆形，3 裂；茎中部叶通常卵圆形，先端锐尖；花序上的苞叶变小。轮伞花序腋生，顶部呈穗状；小苞片刺芒状；花萼管状钟形，萼齿 5；花冠淡红色或淡红紫色。雄蕊 4；花柱丝状，花盘平顶，子房褐色。小坚果长圆状三棱形，黑褐色。花期 7～9 月，果期 9 月。

【生　　境】生于山坡灌丛、草丛中及林缘、林间草地等处。

【药用价值】全草入药。接骨止痛，固表止血。

【材料来源】吉林省通化市东昌区，共 3 份，样本号 CBS425MT01～03。

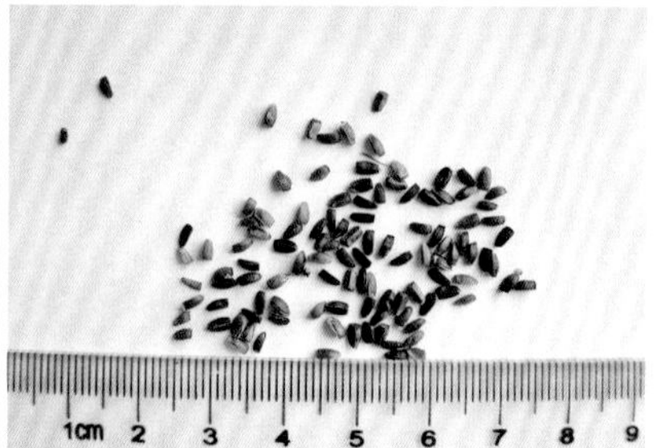

【ITS2 序列特征】获得 ITS2 序列 3 条，比对后长度为 216bp，有 1 个变异位点，为 113 位点 A-C 变异。序列特征如下：

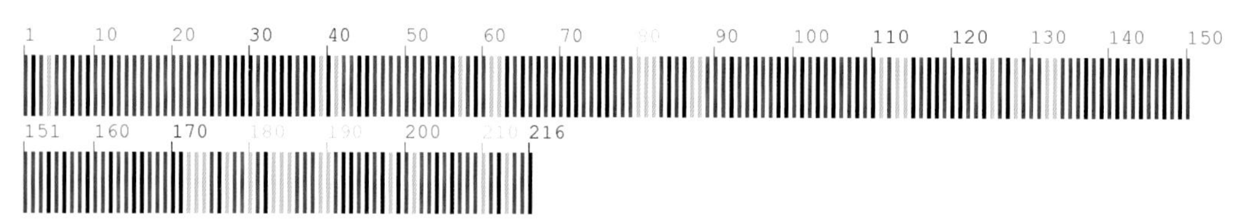

【*psbA-trnH* 序列特征】获得 *psbA-trnH* 序列 3 条，比对后长度为 359bp，无变异位点。序列特征如下：

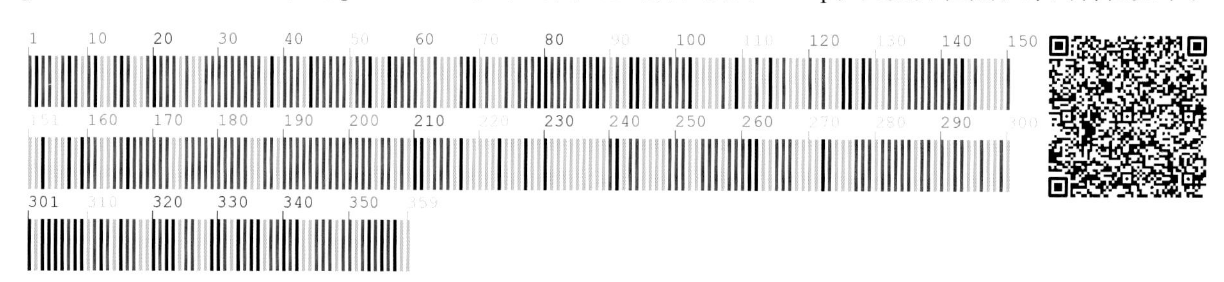

440　小叶地笋　**Lycopus cavaleriei** H. Lév.

【别　　名】朝鲜地瓜苗

【形态特征】多年生草本，高15～60cm。根茎横走，有先端逐渐肥大的地下长匍枝。茎直立，四棱形，具槽。叶小，无柄，长圆状卵圆形至卵圆形，先端锐尖。轮伞花序无梗；小苞片线状钻形，通常均较花萼短，先端刺尖；花萼钟状、三角状披针形；花冠白色，钟状，略超出花萼；前对雄蕊能育，与花冠等长，不超出，花药卵圆形，2室，室略叉开；花柱略超出雄蕊，先端相等2浅裂，裂片钻形。小坚果比花萼短。花期7～8月，果期8～9月。

【生　　境】生于水边、路旁及山坡上。

【药用价值】全草入药。活血通经，利尿。

【材料来源】吉林省通化市柳河县，共3份，样本号CBS510MT01～03。

【**ITS2序列特征**】获得ITS2序列3条，比对后长度为234bp，无变异位点。序列特征如下：

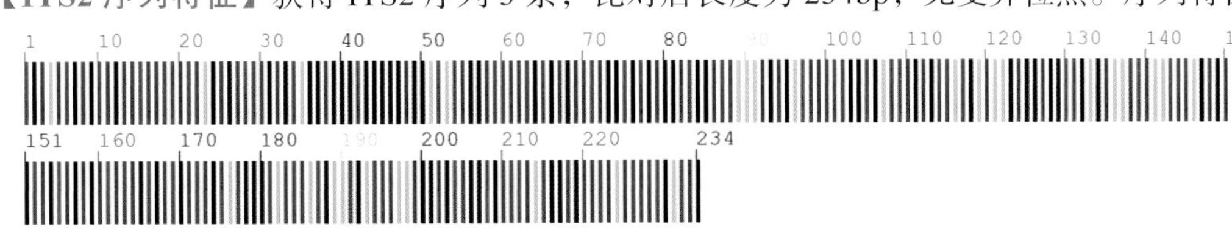

【***psbA-trnH*** **序列特征**】获得*psbA-trnH*序列2条，比对后长度为459bp，有1处插入/缺失，为450位点。序列特征如下：

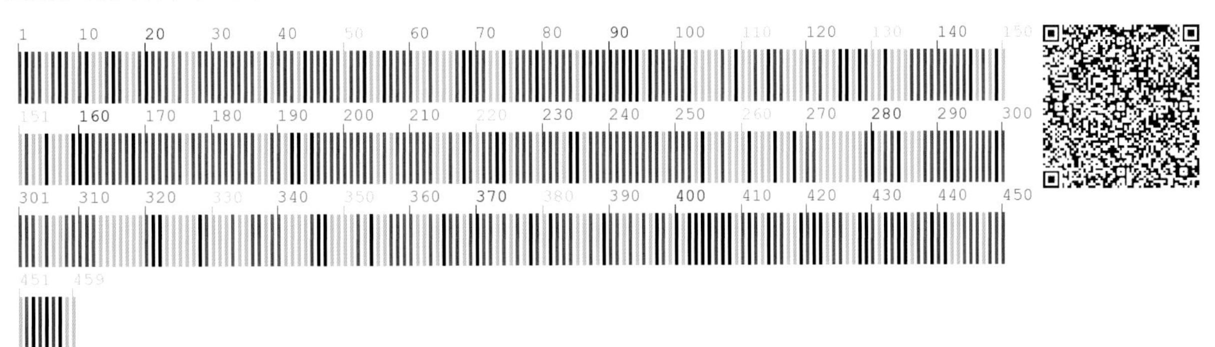

441 地笋 **Lycopus lucidus** Turcz. ex Benth.

【别　　名】地瓜苗，地环，螺丝钻，矮地瓜苗

【形态特征】多年生草本。根茎肉质横走。茎直立，不分枝，四棱形。单叶对生，叶近无柄，长圆状披针形，边缘具锐尖粗牙齿状锯齿。轮伞花序无梗；小苞片卵圆形至披针形，先端刺尖；花萼钟形，萼齿5，具刺尖头；花冠白色。雄蕊仅前对能育，超出花冠，先端略下弯，花药卵圆形，2室；花柱伸出花冠。小坚果比花萼短。花期7～8月，果期8～9月。

【生　　境】生于低湿草地、沼泽湿草地、溪流旁及沟边等处。常聚生成片。

【药用价值】全草入药。活血，行水。

【材料来源】吉林省通化市通化县，共3份，样本号CBS414MT01～03。

【ITS2 序列特征】获得ITS2序列3条，比对后长度为234bp，无变异位点。序列特征如下：

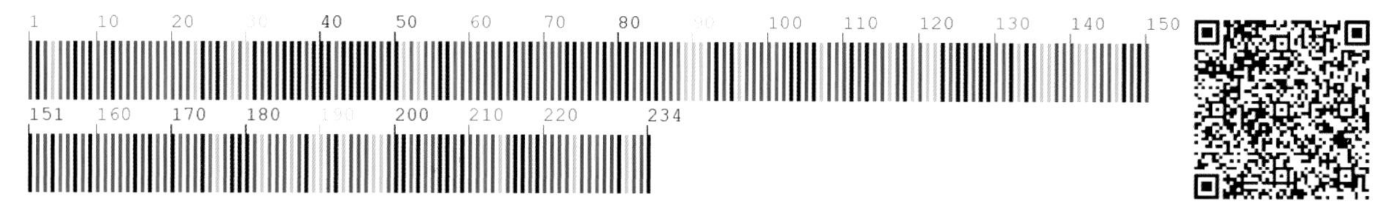

【*psbA-trnH* 序列特征】获得*psbA-trnH*序列3条，比对后长度为467bp，有1处插入/缺失，为458位点。序列特征如下：

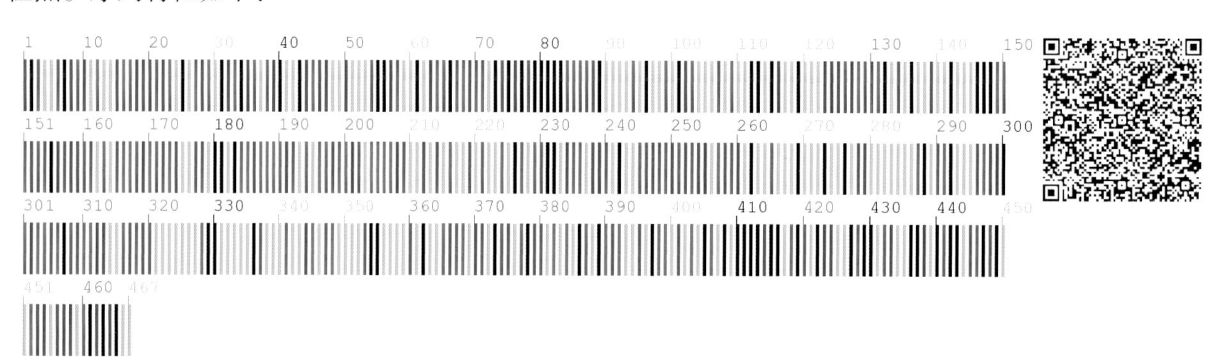

442　荨麻叶龙头草　**Meehania urticifolia** (Miq.) Makino

【别　　名】美汉花，美汉草，芝麻花

【形态特征】多年生草本。茎细弱，不分枝，花后常伸出细长柔软的匍匐茎，逐节生根。叶具柄，心形或卵状心形，基部心形，边缘具略疏或密的锯齿或圆锯齿。花成对组成顶生假总状花序；小苞片钻形；花萼钟状，紫色，具15脉；唇形花冠淡蓝紫色；雄蕊4，略2强，不伸出花冠外；花柱细长，花盘杯状。小坚果卵状长圆形，深褐色。花期5～6月，果期6月。

【生　　境】生于林下、山坡及山沟小溪旁等处。常聚生成片。

【药用价值】全草入药。清热解毒，消肿止痛，补血。

【材料来源】吉林省通化市柳河县，共3份，样本号CBS115MT01～03。

【ITS2序列特征】获得ITS2序列3条，比对后长度为216bp，无变异位点。序列特征如下：

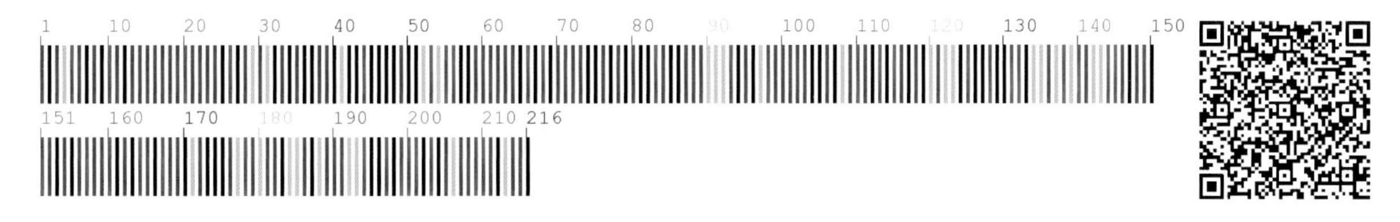

【*psbA-trnH*序列特征】获得*psbA-trnH*序列1条，长度为411bp。序列特征如下：

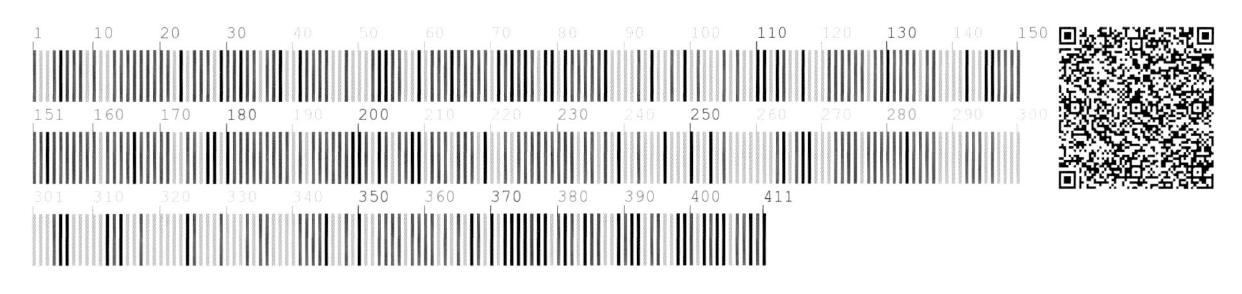

443 薄荷 **Mentha canadensis** L. [Syn. **Mentha haplocalyx** Briq.]

【别　　名】野薄荷

【形态特征】多年生草本。茎直立，多分枝。叶长圆状披针形，锐尖，基部楔形至近圆形，叶搓揉后有明显的芳香。轮伞花序腋生；花萼管状钟形，萼齿 5；花冠淡紫色，外面略被微柔毛；雄蕊 4，伸出于花冠之外，花药卵圆形；花柱略超出雄蕊。小坚果卵珠形，黄褐色。花期 7～8 月，果期 8～9 月。

【生　　境】生于山野、河岸湿地、山沟溪流旁、林缘及湿草地等处。

【药用价值】全草入药。宣散风热，清头目，利咽喉，透疹，疏解肝郁。

【材料来源】吉林省通化市通化县，共 3 份，样本号 CBS400MT01～03。

【ITS2 序列特征】获得 ITS2 序列 3 条，比对后长度为 236bp，无变异位点。序列特征如下：

【*psbA-trnH* 序列特征】获得 *psbA-trnH* 序列 3 条，比对后长度为 405bp，无变异位点。序列特征如下：

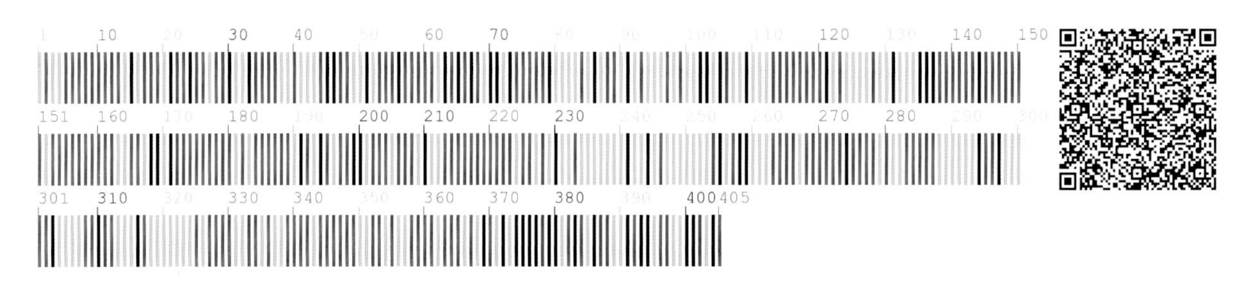

444 石荠苎 **Mosla scabra** (Thunb.) C. Y. Wu et H. W. Li

【别　　名】毛荠苧，斑点荠苧，野荆芥

【形态特征】一年生草本。茎多分枝，四棱形。叶卵形或卵状披针形，先端急尖或钝，边缘锯齿状。总状花序生于主茎及侧枝上；苞片卵形，先端尾状渐尖；花萼钟形，外面被疏柔毛；花冠粉红色，外面被微柔毛，内面基部具毛环，花冠筒向上渐扩大，花冠檐二唇形，上唇直立，中裂片较大，边缘具齿；雄蕊4，后对能育；花柱先端相等2浅裂。小坚果黄褐色，球形，具深雕纹。花期7～8月，果期9～10月。

【生　　境】生于山坡、路旁、灌丛或沟边潮湿地等处。常聚生成片。

【药用价值】全草入药。疏风解表，清暑除温，解毒止痒。

【材料来源】吉林省通化市集安市，共3份，样本号CBS487MT01～03。

【ITS2序列特征】获得ITS2序列3条，比对后长度为232bp，无变异位点。序列特征如下：

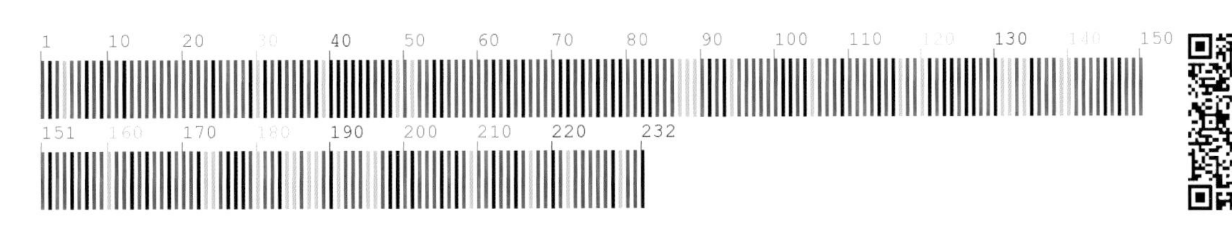

445 紫苏 Perilla frutescens (L.) Britton

【别　　名】苏子

【形态特征】一年生直立草本。茎四棱形，密被长柔毛。叶阔卵形或圆形，两面绿色或紫色，或仅下面紫色；叶柄密被长柔毛。轮伞花序2花，偏向一侧形成顶生及腋生总状花序；花萼钟形，上唇宽大，下唇比上唇稍长；花冠白色至紫红色。小坚果近球形，灰褐色，具网纹。

【生　　境】生于村屯周围、路旁、林缘等处。

【药用价值】果实、叶、茎入药。果实：降气化痰，止咳平喘，润肠通便；叶：解表散寒，行气和胃；茎：理气宽中，止痛，安胎。

【材料来源】吉林省通化市东昌区，共3份，样本号CBS943MT01～03。

【ITS2序列特征】获得ITS2序列3条，比对后长度为233bp，无变异位点。序列特征如下：

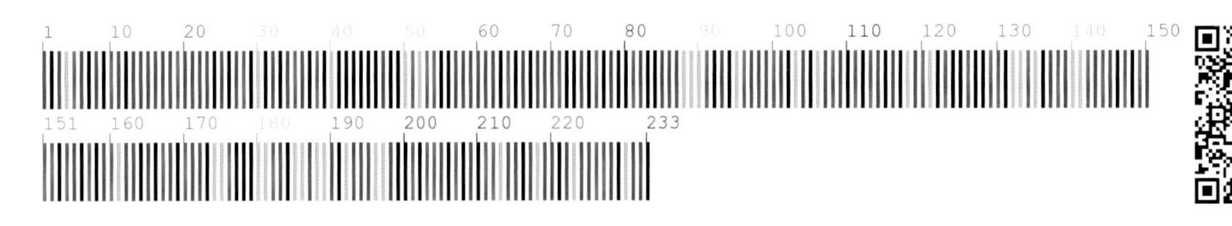

【*psbA-trnH*序列特征】获得*psbA-trnH*序列3条，比对后长度为341bp，无变异位点。序列特征如下：

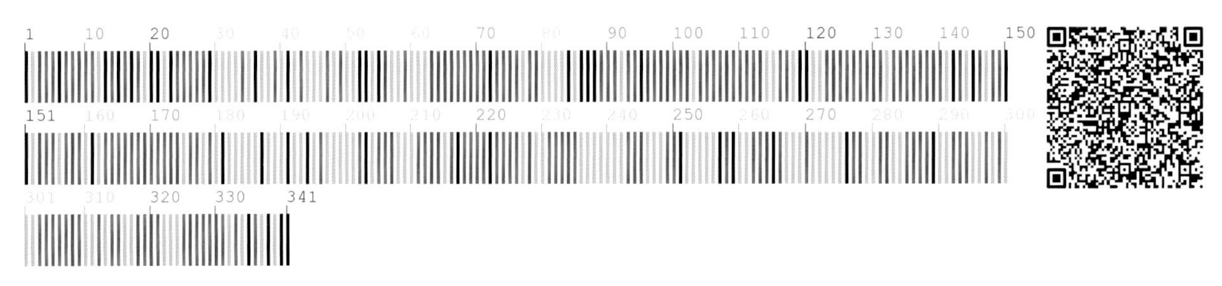

446 高山糙苏 **Phlomoides alpina** (Pall.) Adylov. Kamelin et Makhm.

【别　　名】长白糙苏

【形态特征】多年生草本。茎近圆柱形，疏被向下的短柔毛。基生叶阔心形，先端钝圆或急尖，基部深心形，边缘具圆齿。轮伞花序约8花；苞片线形，刺毛状。花萼钟形，萼齿基部宽，先端近截形或微缺；花冠红紫色；雄蕊内藏，花丝被柔毛；花柱先端几不等的2裂。小坚果无毛。花期7～8月，果期8～9月。

【生　　境】生于高山冻原带及亚高山岳桦林带的草地上。

【药用价值】全草入药。祛风活络，强筋壮骨，消肿。

【材料来源】吉林省白山市临江市，共3份，样本号CBS298MT01～03。

【ITS2序列特征】获得ITS2序列3条，比对后长度为219bp，无变异位点。序列特征如下：

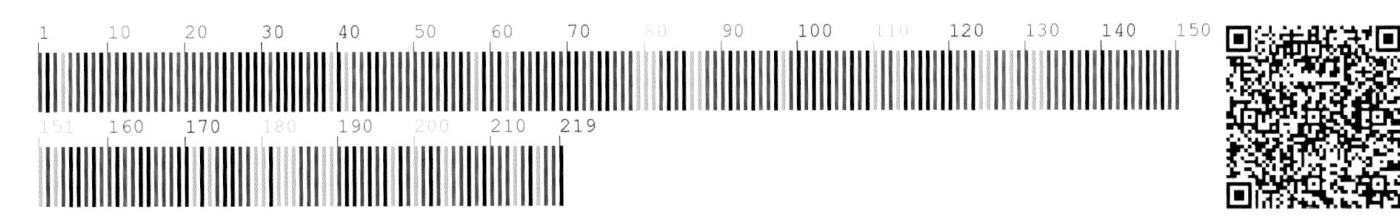

【*psbA-trnH*序列特征】获得*psbA-trnH*序列3条，比对后长度为319bp，无变异位点。序列特征如下：

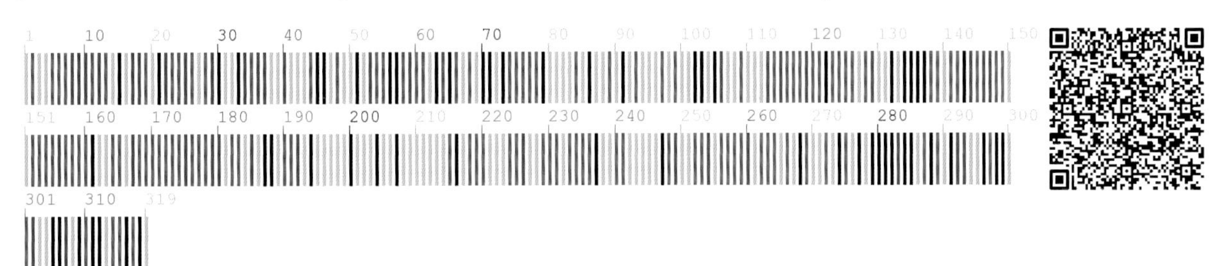

447 大叶糙苏 Phlomoides maximowiczii (Regel) Kamelin et Makhm.

【别　　名】山芝麻，山苏子

【形态特征】多年生草本。茎四棱形，具浅槽。叶近圆形、圆卵形至卵状长圆形，先端急尖，边缘牙齿状；苞叶通常为卵形，边缘为粗锯齿状牙齿。轮伞花序通常具4～8朵花，多数，生于主茎及分枝上；苞片线状钻形，常呈紫红色；花萼管状，萼齿先端具刺尖，花冠通常粉红色，下唇较深色，常具红色斑点，花冠檐二唇形，3圆裂，裂片卵形或近圆形，中裂片较大；雄蕊内藏，花丝无毛，无附属器。小坚果无毛。花期7～8月，果期8～9月。

【生　　境】生于疏林下或草坡上。

【药用价值】全草入药。祛风活络，强筋壮骨，消肿。

【材料来源】吉林省通化市二道江区，共3份，样本号CBS697MT01～03。

【ITS2序列特征】获得ITS2序列3条，比对后长度为219bp，无变异位点。序列特征如下：

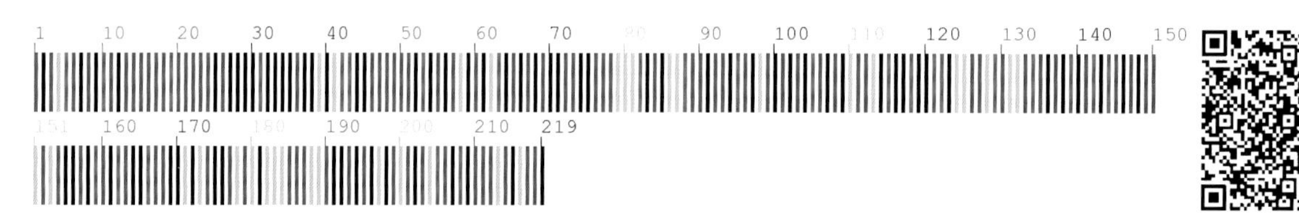

448 山菠菜 **Prunella asiatica** Nakai

【别　　名】东北夏枯草，夏枯草

【形态特征】多年生草本，高20～60cm。茎钝四棱形。茎生叶卵圆形至宽披针形。轮伞花序聚集于枝顶组成穗状花序；花萼连齿在内长约10mm；花冠淡紫色或深紫色；雄蕊4，前对长很多，花丝先端2裂，1裂片具花药，1裂片超出于花药之上，花药2室；花柱丝状，子房棕褐色。小坚果卵珠状。花期6～7月，果期8～9月。

【生　　境】生于林下、林缘灌丛间、山坡、路旁湿草地上。常聚生成片。

【药用价值】全草入药。清肝明目，清热，散郁结。

【材料来源】吉林省通化市东昌区，共3份，样本号CBS203MT01～03。

【ITS2序列特征】获得ITS2序列3条，比对后长度为234bp，无变异位点。序列特征如下：

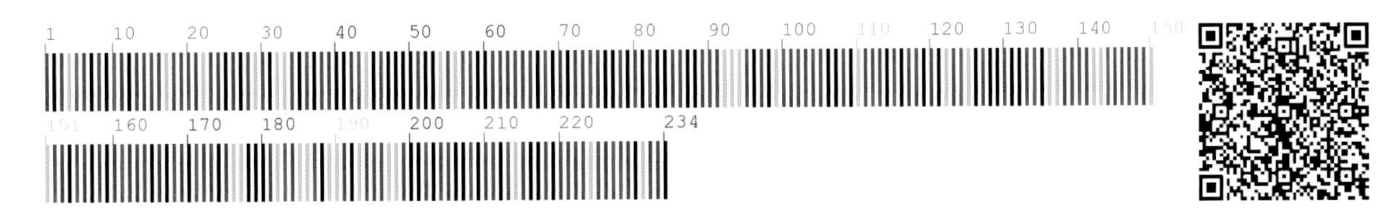

【*psbA-trnH*序列特征】获得*psbA-trnH*序列3条，比对后长度为276bp，无变异位点。序列特征如下：

449 京黄芩 **Scutellaria pekinensis** Maxim.

【别　　名】筋骨草，丹参

【形态特征】一年生直立草本。叶卵圆形或三角状卵圆形，先端锐尖至钝，基部截形至近圆形，边缘具牙齿。花对生，排列成顶生总状花序；花冠蓝紫色，花冠筒前方基部略膝曲状，花冠檐 2 唇形；花丝扁平，中部以下被纤毛；花盘肥厚，前方隆起，子房柄短，花柱细长。成熟小坚果栗色或黑栗色。花期 6～7 月，果期 8～9 月。

【生　　境】生于山坡、潮湿谷地、草地、林缘及林下等处。

【药用价值】全草入药。清热解毒。

【材料来源】吉林省通化市通化县，共 3 份，样本号 CBS175MT01～03。

【ITS2 序列特征】获得 ITS2 序列 3 条，比对后长度为 219bp，无变异位点。序列特征如下：

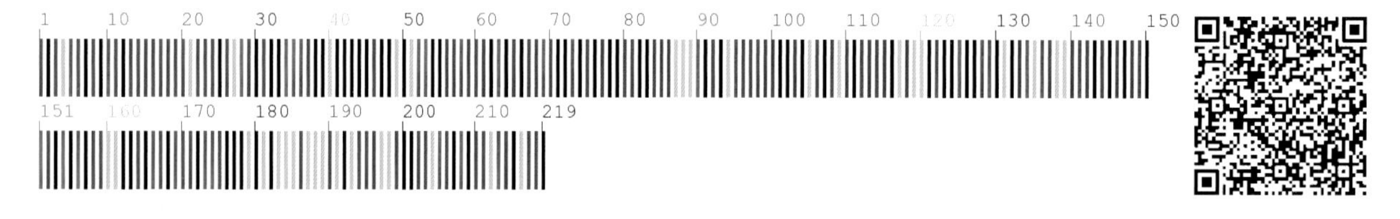

【*psbA-trnH* 序列特征】获得 *psbA-trnH* 序列 3 条，比对后长度为 305bp，无变异位点。序列特征如下：

450 并头黄芩 **Scutellaria scordifolia** Fisch. ex Schrank.

【别　　名】山麻子，头巾草

【形态特征】多年生草本，高12～36cm。茎直立。叶具很短的柄或近无柄，三角状狭卵形，边缘大多具浅锐牙齿，侧脉约3对。花单生于茎上部叶叶腋内，偏向一侧而成一对；花冠蓝紫色，花冠筒基部浅囊状膝曲，花冠檐2唇形；雄蕊4，均内藏，前对较长，花丝扁平；花柱细长，先端锐尖，微裂，花盘前方隆起，后方延伸成短子房柄，子房4裂，裂片等大。小坚果黑色，椭圆形。花期6～8月，果期8～9月。

【生　　境】生于山坡、草地及草甸等处。

【药用价值】全草入药。清热解毒，利尿。

【材料来源】吉林省延边朝鲜族自治州敦化市，共3份，样本号CBS320MT01～03。

【ITS2序列特征】获得ITS2序列3条，比对后长度为220bp，无变异位点。序列特征如下：

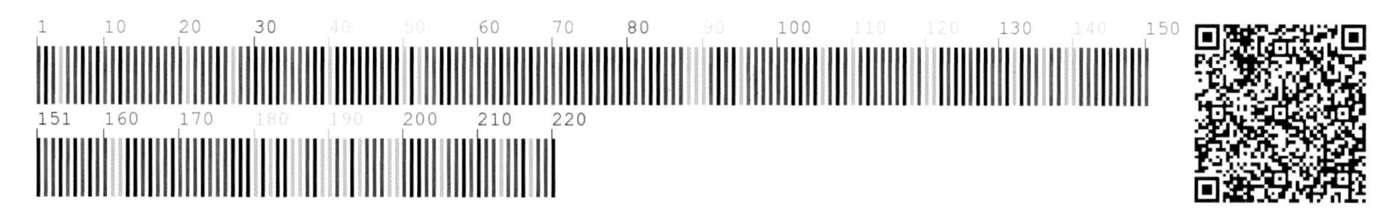

【*psbA-trnH*序列特征】获得*psbA-trnH*序列3条，比对后长度为391bp，无变异位点。序列特征如下：

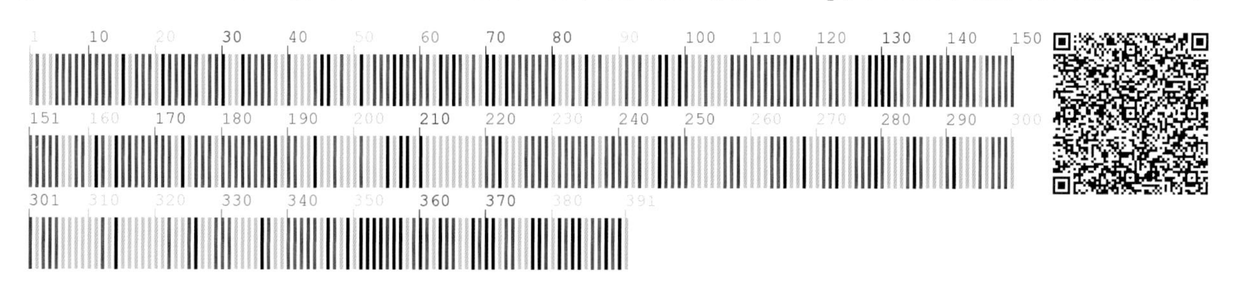

451 毛水苏 **Stachys baicalensis** Fisch. ex Benth.

【别　　名】水苏草，水苏子

【形态特征】多年生草本。茎四棱形，密被刚毛。茎叶长圆状线形，边缘有小的圆齿；苞叶披针形。轮伞花序组成穗状花序；小苞片线形；花萼钟状，10 脉，明显，萼齿 5，披针状三角形；花冠淡紫至紫色，3 裂，中裂片近圆形；雄蕊 4；花柱丝状，略超出雄蕊，先端相等 2 浅裂，花盘平顶，边缘波状，子房黑褐色。小坚果棕褐色，卵珠状。花期 7～8 月，果期 8～9 月。

【生　　境】生于湿草地、路旁、河岸、林缘及林下等处。

【药用价值】全草入药。舒风理气，解表化瘀，止血消炎。

【材料来源】吉林省通化市柳河县，共 3 份，样本号 CBS254MT01～03。

【ITS2 序列特征】获得 ITS2 序列 3 条，比对后长度为 226bp，无变异位点。序列特征如下：

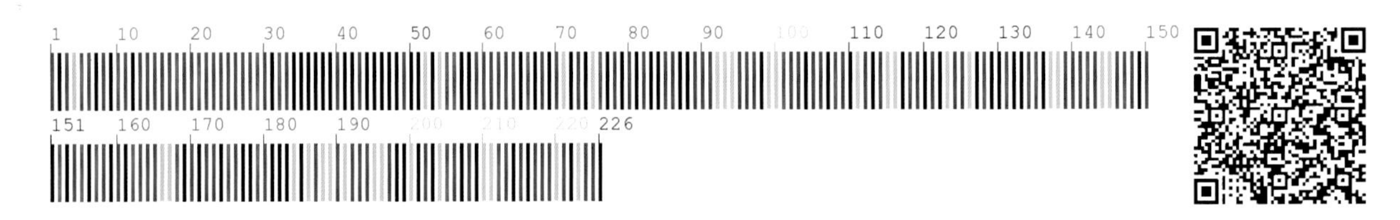

【*psbA-trnH* 序列特征】获得 *psbA-trnH* 序列 3 条，比对后长度为 407bp，无变异位点。序列特征如下：

452 水苏 **Stachys japonica** Miquel

【别　　名】宽叶水苏，水苏子

【形态特征】多年生草本，高20～80cm。茎单一，四棱形。茎叶长圆状宽披针形，叶柄明显，近茎基部者最长，向上渐变短；苞叶披针形。轮伞花序渐成穗状花序；小苞片刺状；花萼钟形，萼齿5；花冠粉红或淡红紫色；雄蕊4，均延伸至上唇之下，花药卵圆形，2室；花柱丝状，稍超出雄蕊，先端相等2浅裂，花盘平顶，子房黑褐色。小坚果卵球形，棕褐色，无毛。花期6～8月，果期7～9月。

【生　　境】生于湿草地、路旁、河岸、沟谷等处。常聚生成片。

【药用价值】全草入药。舒风理气，解表化瘀，止血消炎。

【材料来源】吉林省通化市通化县，共3份，样本号CBS401MT01～03。

【ITS2序列特征】获得ITS2序列3条，比对后长度为226bp，无变异位点。序列特征如下：

【*psbA-trnH*序列特征】获得*psbA-trnH*序列3条，比对后长度为440bp，无变异位点。序列特征如下：

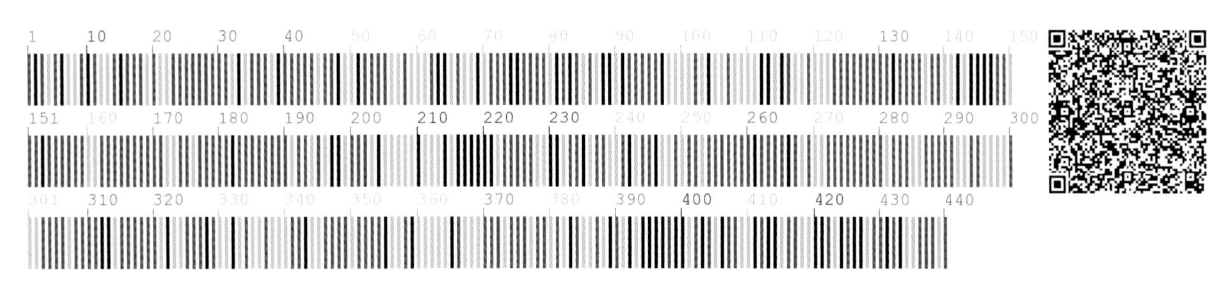

453 甘露子 **Stachys sieboldii** Miq.

【别　　名】草石蚕，地蚕，螺蛳钻，螺蛳菜

【形态特征】多年生草本。根状茎多横走，白色，顶端有念珠状或螺蛳形白色的肥大块茎。茎直立，四棱形。茎叶卵圆形或长椭圆状卵圆形，先端微锐尖或渐尖；苞叶向上渐变小，呈苞片状。轮伞花序通常6花，多数远离；小苞片线形；花梗短；花萼狭钟形，萼齿5，正三角形至长三角形；花冠粉红色至紫红色，下唇有紫斑，花冠筒筒状，花冠檐二唇形，上唇长圆形，3裂，中裂片较大，近圆形，侧裂片卵圆形。小坚果卵珠形，黑褐色，具小瘤。花期7～8月，果期9月。

【生　　境】生于山坡、草地、路边及住宅附近。

【药用价值】全草入药。清热解毒，活血散瘀，祛风利湿，滋养强壮，清肺解表。

【材料来源】吉林省通化市二道江区，共1份，样本号CBS695MT01。

【ITS2序列特征】获得ITS2序列1条，长度为235bp。序列特征如下：

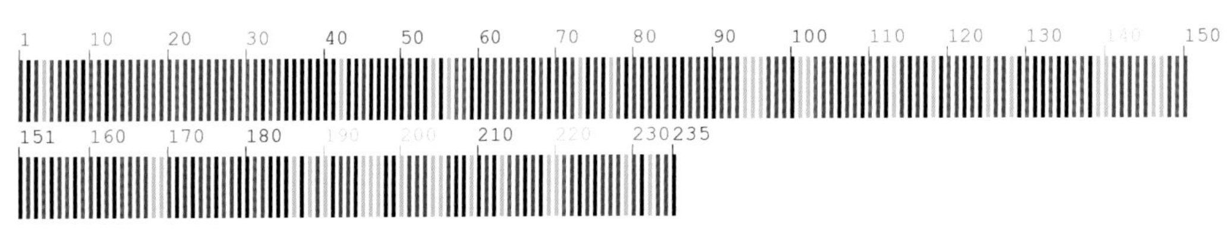

茄科　Solanaceae

454　挂金灯　**Alkekengi officinarum** var. **francheti** (Mast.) R. J. Wang

【别　　名】挂金灯酸浆，红姑娘，苦姑娘，姑娘

【形态特征】一年生或多年生草本。根状茎横走。茎直立，节稍膨大。单叶互生，叶长卵形至广卵形或菱状卵形，近全缘。花单生于叶腋；花梗直立，花后向下弯曲；花萼钟状，花后逐渐闭合将果实包裹；花冠辐状，白色，5浅裂；雄蕊与花柱短于花冠，花药黄色。果萼膨胀成灯笼状，橙红色至火红色。浆果球形，包于膨胀的宿存萼内，熟时橙红色。种子多数，肾形，淡黄色。花期6～7月，果期8～10月。

【生　　境】生于林缘、山坡草地、路旁、田间及住宅附近。

【药用价值】全草入药。清热解毒，利尿消肿。

【材料来源】吉林省通化市东昌区，共3份，样本号CBS197MT01～03。

【ITS2序列特征】获得ITS2序列3条，比对后长度为211bp，无变异位点。序列特征如下：

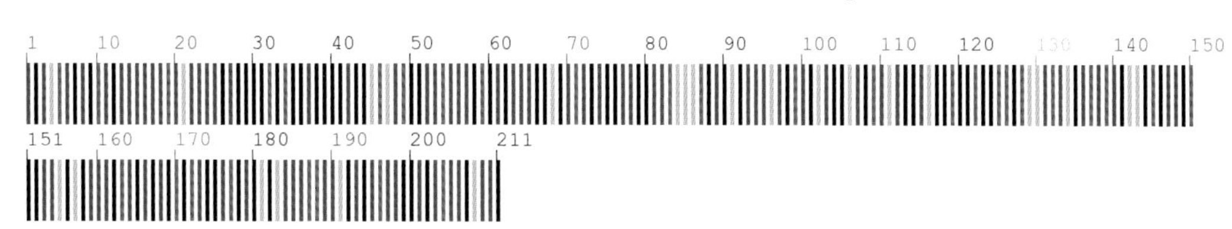

【*psbA-trnH*序列特征】获得*psbA-trnH*序列3条，比对后长度为436bp，无变异位点。序列特征如下：

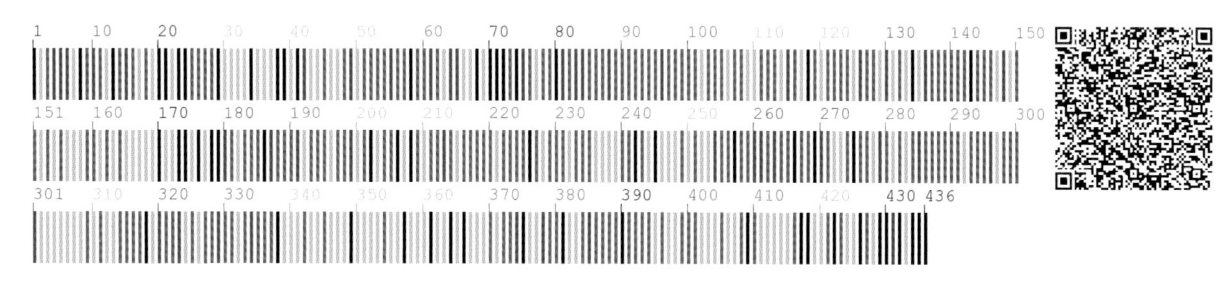

455 曼陀罗 **Datura stramonium** L.

【别　　名】醉心花

【形态特征】一年生草本，高 0.5～1.5m。茎粗壮。叶广卵形，边缘波状浅裂，裂片顶端急尖。花单生，直立，有短梗；花萼筒状，筒部有 5 棱角；花冠漏斗状，下半部带绿色，上部白色或淡紫色，檐部 5 浅裂，裂片有短尖头；雄蕊不伸出花冠；子房密生柔针毛。蒴果直立，卵状，表面生有坚硬针刺，成熟后淡黄色，规则 4 瓣裂。种子卵圆形，稍扁，黑色。花期 7～8 月，果期 9～10 月。

【生　　境】生于田野、荒地、路旁及居住区附近。

【药用价值】花、种子入药。花：平喘止咳，镇痛解痉；种子：平喘，祛风，止痛。

【材料来源】吉林省通化市二道江区，共 1 份，样本号 CBS698MT01。

【ITS2 序列特征】获得 ITS2 序列 1 条，长度为 230bp。序列特征如下：

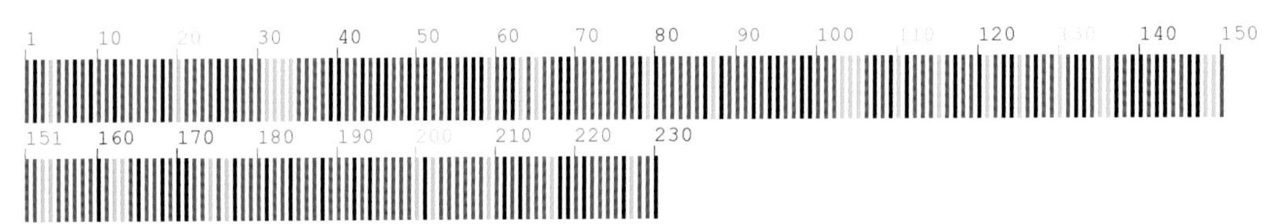

456 龙葵 Solanum nigrum L.

【别　　名】黑天天，黑星星，黑黝黝

【形态特征】一年生直立草本。茎多分枝。叶卵形，全缘或具波状粗齿。蝎尾状花序腋外生，由3～10朵花组成，花冠白色；花药黄色，约为花丝长度的4倍，顶孔向内；子房卵形，中部以下被白色绒毛，柱头小，头状。浆果球形，熟时黑色。种子多数，近卵形，两侧压扁。

【生　　境】生于田野、荒地、路旁及居住区附近。

【药用价值】全草入药。清热解毒，消肿散结。

【材料来源】吉林省白山市抚松县，共3份，样本号CBS949MT01～03。

【ITS2序列特征】获得ITS2序列3条，比对后长度为210bp，无变异位点。序列特征如下：

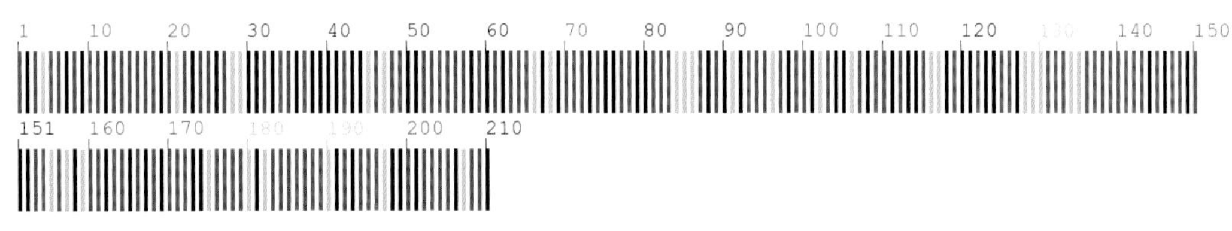

【*psbA-trnH*序列特征】获得*psbA-trnH*序列3条，比对后长度为458bp，无变异位点。序列特征如下：

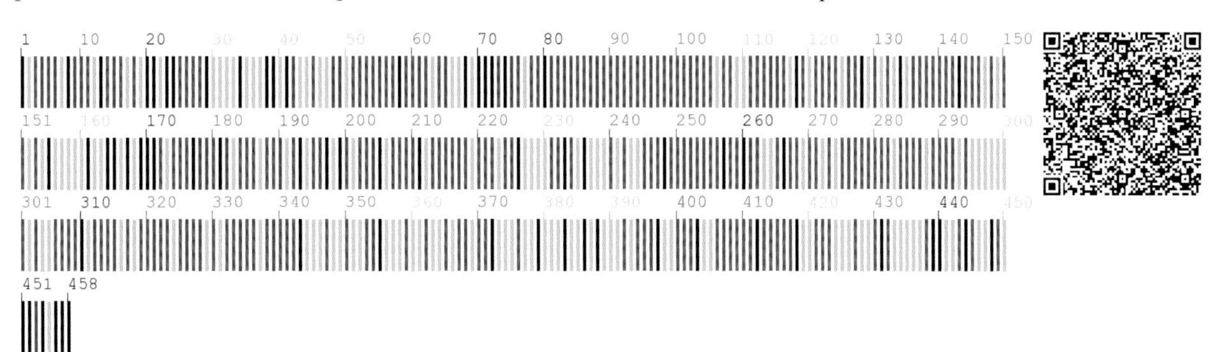

玄参科 Scrophulariaceae

457 沟酸浆 **Mimulus tenellus** Bunge

【形态特征】多年生草本。柔弱，常呈铺散状。茎四方形，常匍匐生根。叶卵形、卵状三角形至卵状矩圆形，顶端急尖，边缘具明显的疏锯齿。花单生于叶腋；花萼圆筒形；花冠较花萼长 1.5 倍，漏斗状，黄色，喉部有红色斑点；雄蕊同花柱无毛，内藏。蒴果椭圆形，较花萼稍短。种子卵圆形，具细微的乳头状凸起。花期 7～8 月，果期 8～9 月。

【生　　境】生于林下、农田、林缘、路旁及沟谷等处。

【药用价值】全草入药。清热解毒，止泻，止痛，健脾燥湿。

【材料来源】吉林省延边朝鲜族自治州龙井市，共 3 份，样本号 CBS704MT01～03。

【ITS2 序列特征】获得 ITS2 序列 3 条，比对后长度为 221bp，无变异位点。序列特征如下：

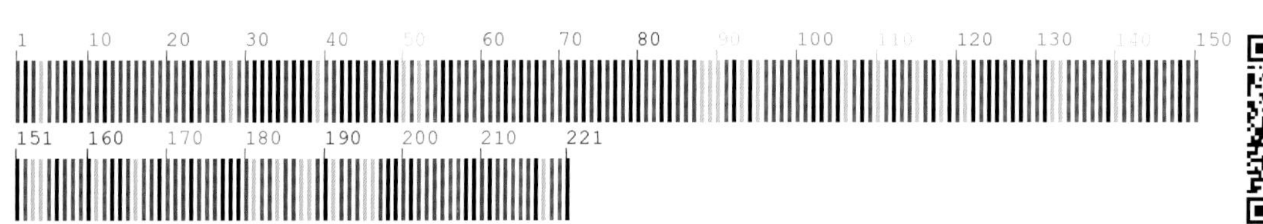

458 丹东玄参 Scrophularia kakudensis Franch.

【别　　名】广萼玄参，元参

【形态特征】多年生草本，高达 1m 以上。支根纺锤形膨大。茎四棱形，上面疏生白柔毛。叶卵形至狭卵形，基部近圆形、近截形至微心形，边缘具整齐锯齿。花序顶生和腋生，集生成一大型圆锥花序，均生腺毛；花萼裂片卵状椭圆形至宽卵形，顶端锐尖；花冠外面绿色而里面带紫褐色，花冠筒球状筒形，上唇裂片近圆形，相邻边缘相互重叠；雄蕊约与下唇等长，花丝扁，微毛状粗糙，退化雄蕊扇状圆形；花柱稍长于子房。蒴果宽卵形。花期 7～8 月，果期 9～10 月。

【生　　境】生于山坡灌丛中。

【药用价值】根入药。滋阴，降火，除烦，解毒。

【材料来源】吉林省通化市通化县，共 3 份，样本号 CBS396MT01～03。

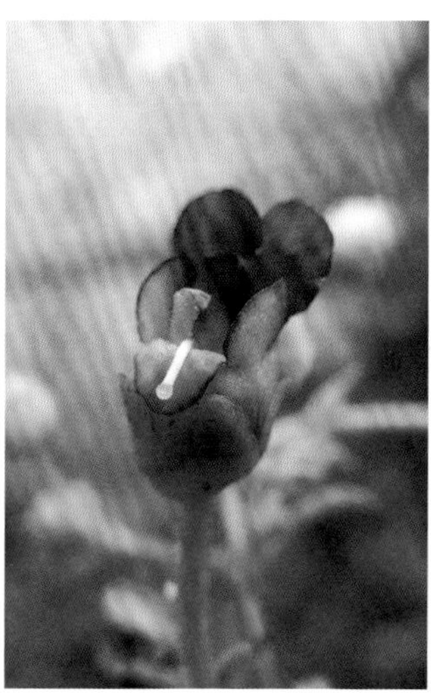

【ITS2 序列特征】获得 ITS2 序列 3 条，比对后长度为 221bp，无变异位点。序列特征如下：

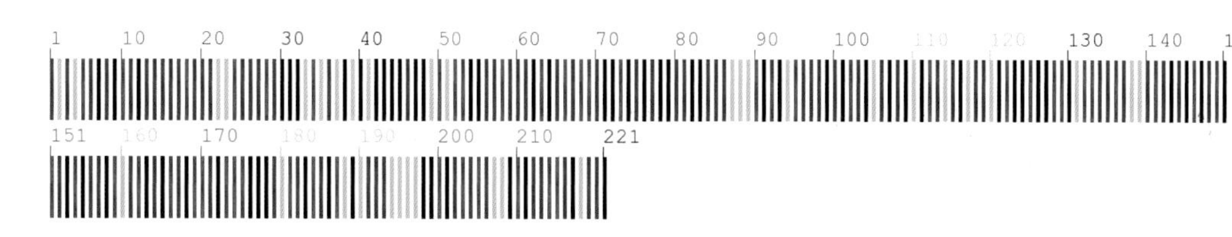

【*psbA-trnH* 序列特征】获得 *psbA-trnH* 序列 3 条，比对后长度为 559bp，有 1 个变异位点，为 528 位点 A-C 变异。序列特征如下：

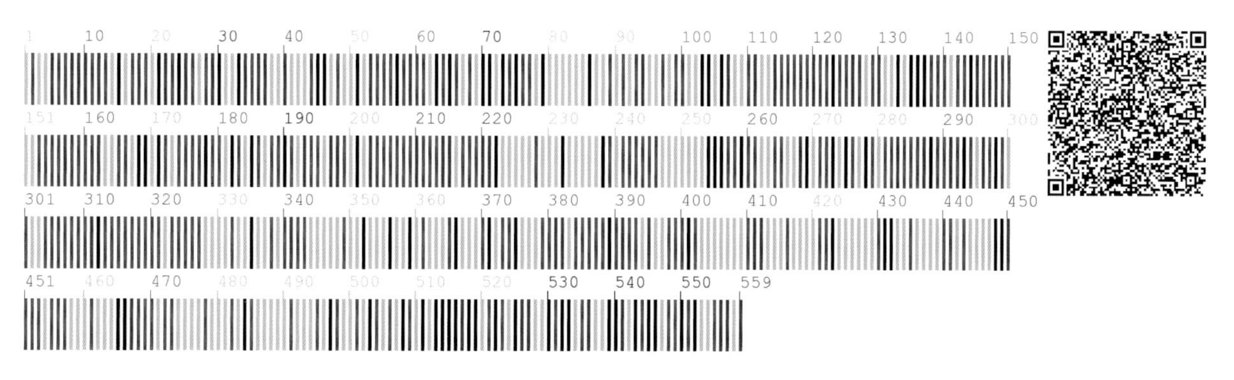

列当科 Orobanchaceae

459 山罗花 **Melampyrum roseum** Maxim.

【别　　名】宽叶山萝花

【形态特征】一年生草本，高 30～80cm。茎直立，近四棱形，通常多分枝。叶对生，卵状披针形至披针形，基部圆钝或楔形，先端渐尖。总状花序顶生；苞片绿色；花梗短；花萼钟状，脉上具多细胞柔毛，裂片三角形至钻状三角形；花冠紫红色至蓝紫色，筒部长为檐部的 2 倍左右，上唇风帽状，2 裂，裂片反卷，下唇 3 齿裂；雄蕊 4，2 强。蒴果卵状。种子 2～4 粒，黄褐色。花期 7～8 月，果期 9 月。

【生　　境】生于疏林下、山坡灌丛及蒿草丛中。常聚生成片。

【药用价值】全草入药。清热解毒，消散痈肿。

【材料来源】吉林省通化市东昌区，共 3 份，样本号 CBS374MT01～03。

【ITS2 序列特征】获得 ITS2 序列 3 条，比对后长度为 231bp，无变异位点。序列特征如下：

【*psbA-trnH* 序列特征】获得 *psbA-trnH* 序列 3 条，比对后长度为 438bp，有 1 个变异位点，426 位点为简并碱基。序列特征如下：

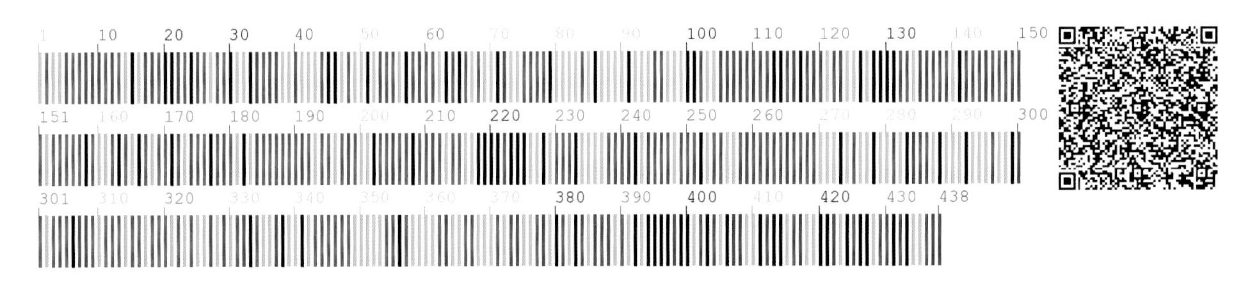

460 野苏子 **Pedicularis grandiflora** Fisch.

【别　　名】大野苏子马先蒿，大花马先蒿

【形态特征】多年生草本，高 1m 以上。茎粗壮，中空，常多分枝，有条纹及棱角。叶互生，基生者在花期多已枯萎，茎生者极大；两回羽状全裂，裂片多少披针形，羽状深裂至全裂，最终裂片长短不等，具生有白色胼胝的粗齿。花序长总状，向心开放；花稀疏，下部者有短梗；苞片不显著，多少三角形，近基处有少数裂片；花萼钟形，萼齿 5 枚等长，为花萼管长 1/3～1/2，三角形，缘有胼胝细齿而反卷，其清晰的主脉为稀疏的横脉所联络；花冠粉红色。果卵圆形，有突尖，稍侧扁，室相等。花期 7～8 月，果期 8～9 月。

【生　　境】生于水泽及湿草甸中等处。

【药用价值】根、茎、叶入药。祛风，胜湿，利水。

【材料来源】吉林省通化市柳河县，共 1 份，样本号 CBS702MT01。

【ITS2 序列特征】获得 ITS2 序列 1 条，长度为 231bp。序列特征如下：

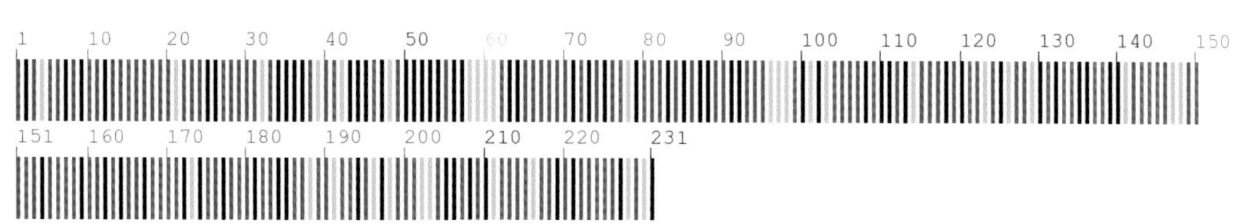

461 返顾马先蒿 Pedicularis resupinata L.

【别　　名】马先蒿，东北马先蒿

【形态特征】多年生草本，高 30～70cm。叶互生或对生，披针形，边缘具重齿。总状花序；花萼长卵圆形；花冠紫红色或粉红色，自基部起即向外扭旋，使下唇及盔部呈回顾状；花丝前对有毛。蒴果斜长圆状披针形。种子长矩圆形，棕褐色。花期 6～8 月，果期 7～9 月。

【生　　境】生于山地林下、林缘草甸及沟谷草甸等处。

【药用价值】全草入药。清热解毒，祛风，胜湿，利水。

【材料来源】吉林省通化市长白山，共 3 份，样本号 CBS284MT01～03。

【ITS2 序列特征】获得 ITS2 序列 3 条，比对后长度为 231bp，无变异位点。序列特征如下：

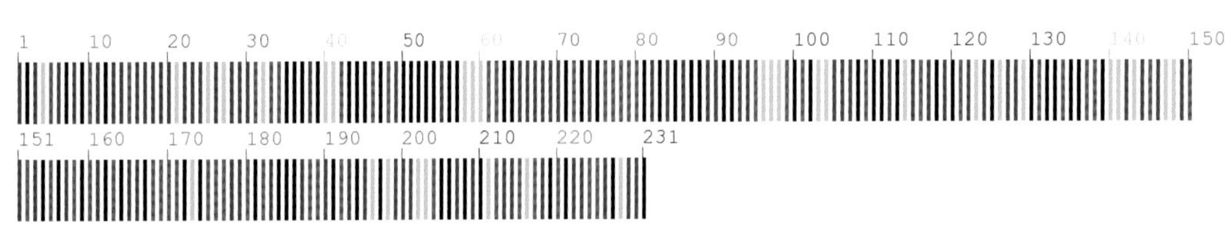

【*psbA-trnH* 序列特征】获得 *psbA-trnH* 序列 3 条，比对后长度为 565bp，无变异位点。序列特征如下：

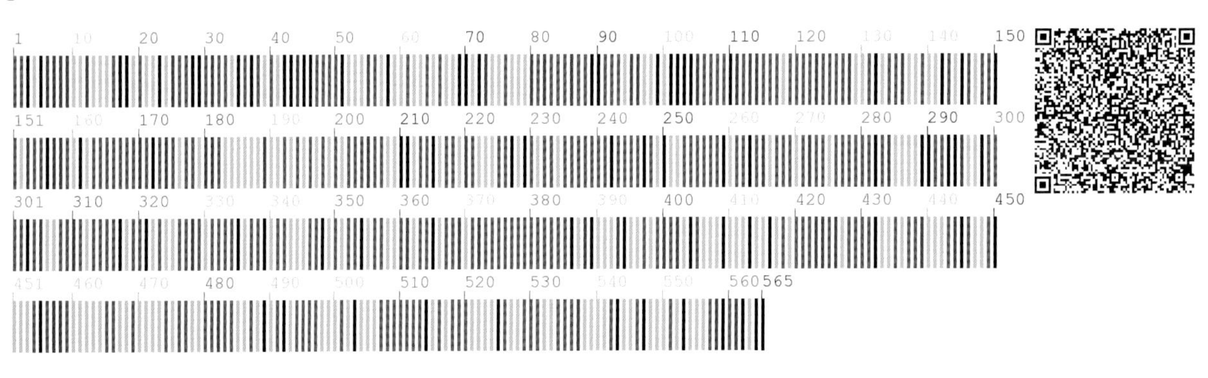

462 旌节马先蒿 **Pedicularis sceptrum-carolinum** L.

【别　　名】黄旗马先蒿

【形态特征】多年生草本，高达1m。茎直立。基生叶多数成丛，两边有狭翅；叶长圆形，羽状深裂至全裂，裂片轴有翅；茎生叶1～3。穗状花序生于茎顶，疏松，花后伸长，多花；苞片广卵形，基部圆形，多互相叠生，边缘具5齿，齿长圆形，边缘具细锯齿；花冠黄色或淡黄色，上唇呈镰状弓曲，顶端钝，下唇紧贴上唇，几乎不张开，3浅裂，近圆形，几乎全缘，边缘重叠；雄蕊4，2强，细长，花丝基部有微毛，花药较大。蒴果近球形。种子小，近肾形。花期7～8月，果期8～9月。

【生　　境】生于湿草地或山坡灌丛。

【药用价值】全草入药。清热解毒。

【材料来源】吉林省延边朝鲜族自治州安图县，共3份，样本号CBS703MT01～03。

【ITS2序列特征】获得ITS2序列3条，比对后长度为231bp，无变异位点。序列特征如下：

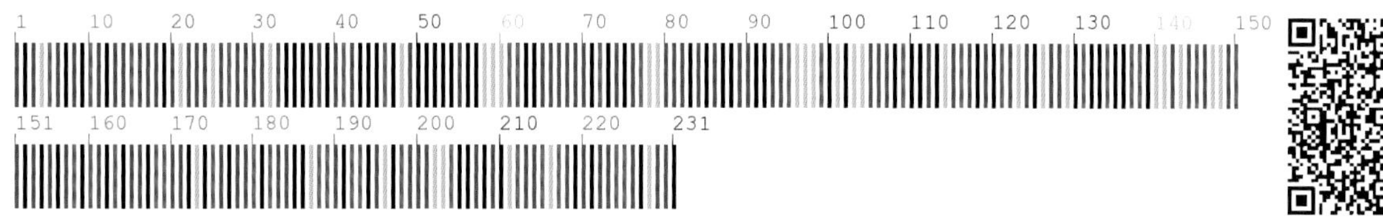

463 轮叶马先蒿 **Pedicularis verticillata** L.

【别　　名】轮花马先蒿

【形态特征】多年生草本，高 7～26cm。茎直立，常成丛。基生叶具柄；叶条状披针形或矩圆形，羽状深裂至全裂；茎生叶通常 4 叶轮生。总状花序顶生呈穗状；苞片叶状；花萼球状卵圆形，常紫红色，萼齿 5，后方 1 枚小；花冠紫红色，盔部略弓曲，额部圆形，下缘端微突尖，下唇比盔部长 1/3；花丝前对有毛；花柱稍伸出。蒴果多少披针形，顶端渐尖，黄褐色至茶褐色。种子卵圆形，黑褐色。花期 6～7 月，果期 8 月。

【生　　境】生于高山冻原带或高山草甸。常聚生成簇。

【药用价值】全草入药。大补元气，生津安神。

【材料来源】吉林省延边朝鲜族自治州安图县，共 3 份，样本号 CBS701MT01～03。

【ITS2 序列特征】获得 ITS2 序列 3 条，比对后长度为 234bp，无变异位点。序列特征如下：

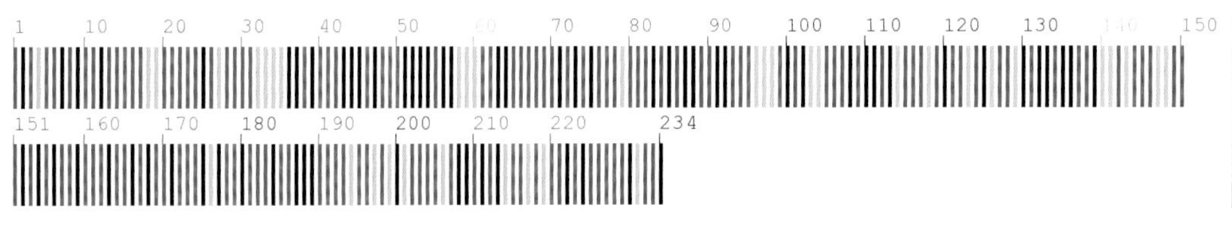

464 松蒿 **Phtheirospermum japonicum** (Thunb.) Kanitz

【别　　名】糯蒿，荆芥

【形态特征】一年生草本，高约50cm。植物体被腺毛。茎直立。叶羽状全裂，向上则为羽状深裂，小裂片长卵形或卵圆形，多少歪斜，边缘具重锯齿或深裂。萼齿5，叶状，披针形，羽状浅裂至深裂，裂齿先端锐尖；花冠紫红色至淡紫红色，外面被柔毛，上唇裂片三角状卵形，下唇裂片先端圆钝；花丝基部疏被长柔毛。蒴果卵珠形。种子卵圆形，有沟纹。花期8～9月，果期9～10月。

【生　　境】生于山坡草地及灌丛间等处。

【药用价值】全草入药。清热，利湿。

【材料来源】吉林省通化市东昌区，共3份，样本号CBS436MT01～03。

【ITS2序列特征】获得ITS2序列3条，比对后长度为230bp，有2个变异位点，分别为74位点G-T变异、186位点C-A变异。序列特征如下：

【*psbA-trnH*序列特征】获得*psbA-trnH*序列3条，比对后长度为633bp，无变异位点。序列特征如下：

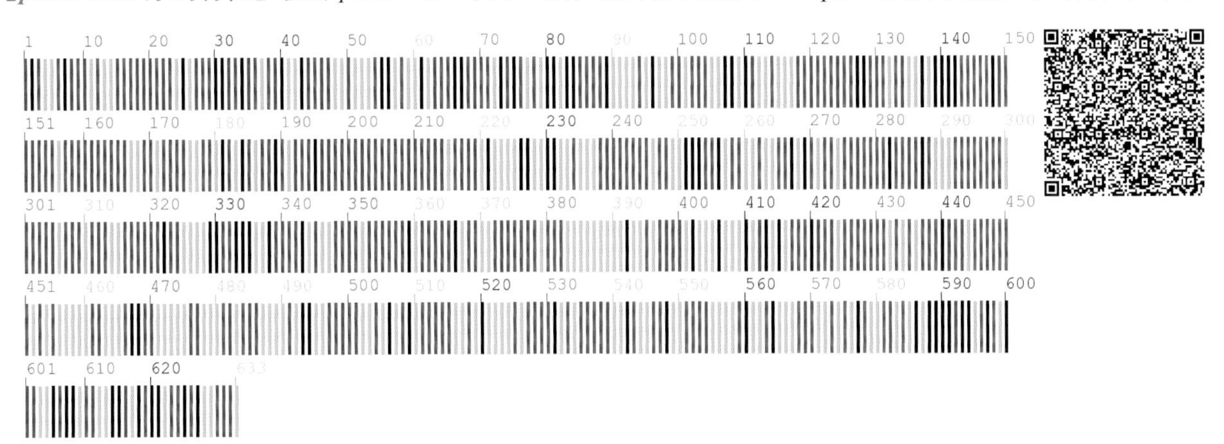

465 阴行草 **Siphonostegia chinensis** Benth.

【别　　名】刘寄奴，黄花茵陈

【形态特征】一年生直立草本。叶对生，上部渐为互生，二回羽状全裂，两面及边缘密生柔毛与有柄腺毛，全叶形如蒿属植物叶。花对生于茎枝上部，形成疏总状花序；花梗较短，有1对小苞片；萼筒有10条主脉，脉呈棱状；花冠上唇紫红色，下唇黄色，筒部伸直，上唇镰状弓曲，背部密生长纤毛；雄蕊4，2强。蒴果长卵圆形。种子黑色。花期7～8月，果期8～9月。

【生　　境】生于山坡沙质地、荒地及路旁。

【药用价值】全草入药。清热利湿，凉血祛瘀。

【材料来源】吉林省通化市东昌区，共2份，样本号CBS420MT01、CBS420MT02。

【ITS2 序列特征】获得ITS2序列2条，比对后长度为234bp，有1处插入/缺失，为13位点。序列特征如下：

【*psbA-trnH* 序列特征】获得*psbA-trnH*序列2条，比对后长度为456bp，无变异位点。序列特征如下：

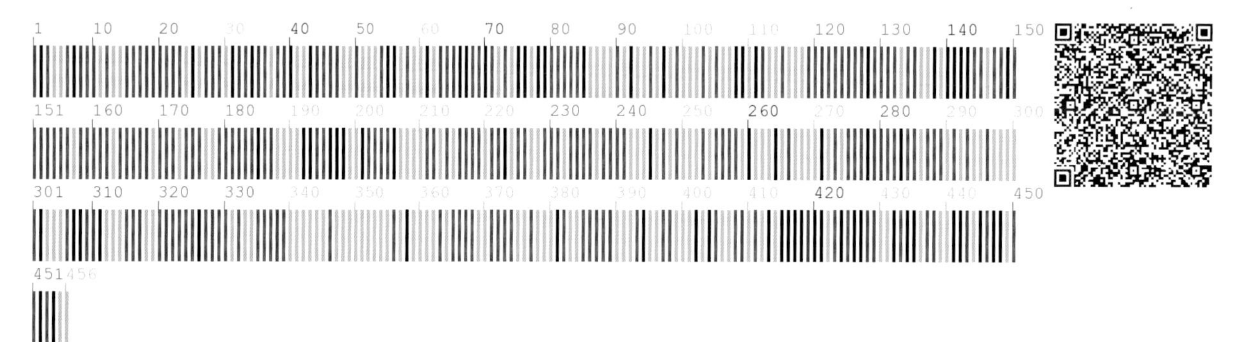

透骨草科　Phrymaceae

466　通泉草　**Mazus pumilus** (N. L. Burman) Steenis var. **pumilus**

【别　　名】小通泉草，绿蓝花

【形态特征】一年生草本，高 3～30cm。茎直立，上升或倾卧状上升，着地部分节上常能长出不定根。基生叶少到多数，倒卵状匙形至卵状倒披针形；茎生叶对生或互生。总状花序生于枝顶，花稀疏；花萼钟状，萼片与萼筒近等长，卵形；花冠白色、紫色或蓝色。蒴果球形。种子小而多数，黄色。花期 7～8 月，果期 8～9 月。

【生　　境】生于田野、荒地、路旁及湿草地等处。

【药用价值】全草入药。清热解毒，消炎消肿，利尿，止痛，健胃消积。

【材料来源】吉林省通化市通化县，共 3 份，样本号 CBS516MT01～03。

【ITS2 序列特征】获得 ITS2 序列 3 条，比对后长度为 234bp，有 1 个变异位点，为 205 位点 T-C 变异。序列特征如下：

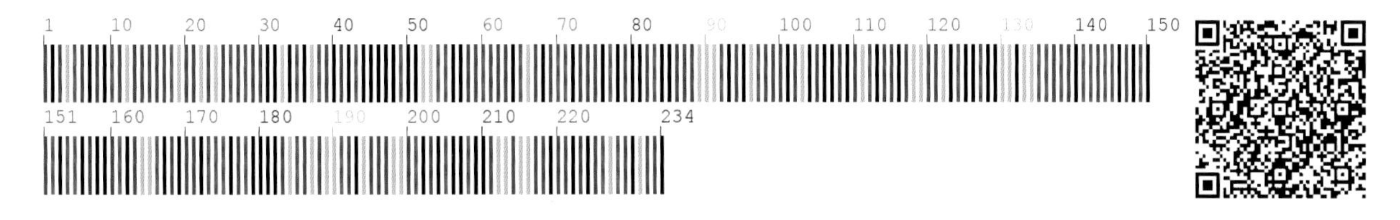

【*psbA-trnH* 序列特征】获得 *psbA-trnH* 序列 3 条，比对后长度为 406bp，无变异位点。序列特征如下：

467 弹刀子菜 **Mazus stachydifolius** (Turcz.) Maxim.

【别　　名】通泉草

【形态特征】多年生草本，高 10～50cm。全株被白色长柔毛。茎直立，圆柱形，不分枝或基部分 2～5 枝。基生叶匙形，有短柄；茎生叶对生，上部的常互生，无柄。总状花序顶生，花稀疏；苞片三角状卵形；花萼漏斗状，萼齿略长于筒部，披针状三角形；花冠蓝紫色，花冠筒与唇部近等长，上唇短，顶端 2 裂，裂片狭长三角形，下唇宽大，开展，3 裂；雄蕊 4，2 强；子房上部被长硬毛。蒴果扁卵球形。花期 7～8 月，果期 8～9 月。

【生　　境】生于较湿润的路旁、草坡及林缘等处。

【药用价值】全草入药。清热，解毒，消肿。

【材料来源】吉林省四平市伊通满族自治县，共 3 份，样本号 CBS182MT01～03。

【ITS2 序列特征】获得 ITS2 序列 3 条，比对后长度为 232bp，有 2 个变异位点，分别为 47 位点 T-C 变异、187 位点 A-G 变异。序列特征如下：

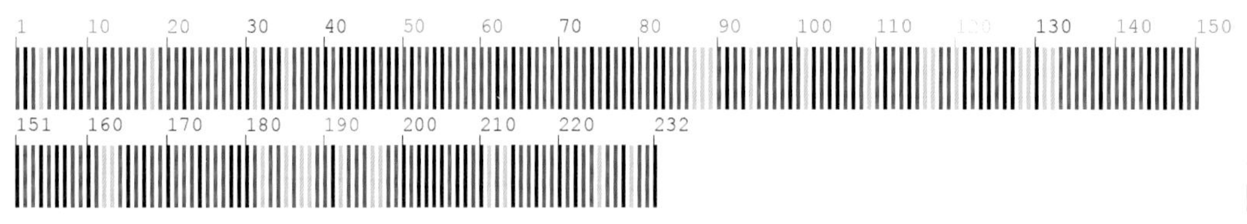

【*psbA-trnH* 序列特征】获得 *psbA-trnH* 序列 1 条，长度为 278bp。序列特征如下：

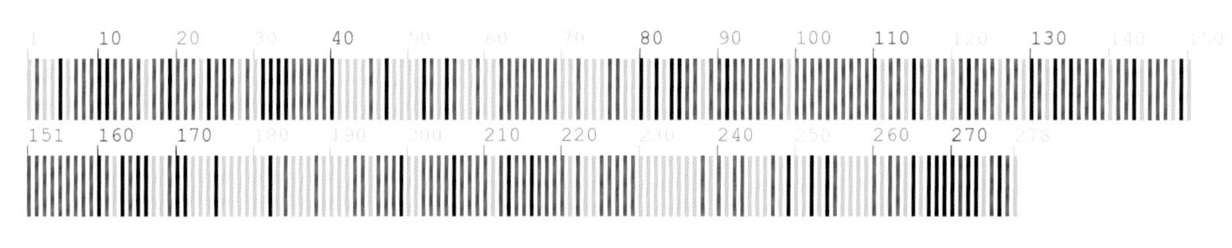

468 透骨草 **Phryma leptostachya** subsp. **asiatica** (H. Hara) Kitam.

【别　　名】接生草，毒蛆草

【形态特征】多年生草本，高30～80cm。茎直立，方形，生细柔毛。叶对生，卵形或卵状披针形，边缘有钝齿。总状花序，花期时向上或平展，花后向下贴近花序梗；苞片1，小苞片2，钻形；花萼筒状，裂片5，唇形；花冠淡紫色或白色，唇形；雄蕊4，2强；花柱2，柱头2浅裂。瘦果下垂，棒状，包于宿存花萼内。花期7～8月，果期9月。

【生　　境】生于林下、灌丛、林缘等较阴湿处。

【药用价值】全草入药。清热解毒。

【材料来源】吉林省通化市东昌区，共3份，样本号CBS240MT01～03。

【ITS2序列特征】获得ITS2序列3条，比对后长度为226bp，无变异位点。序列特征如下：

【*psbA-trnH*序列特征】获得*psbA-trnH*序列1条，长度为586bp。序列特征如下：

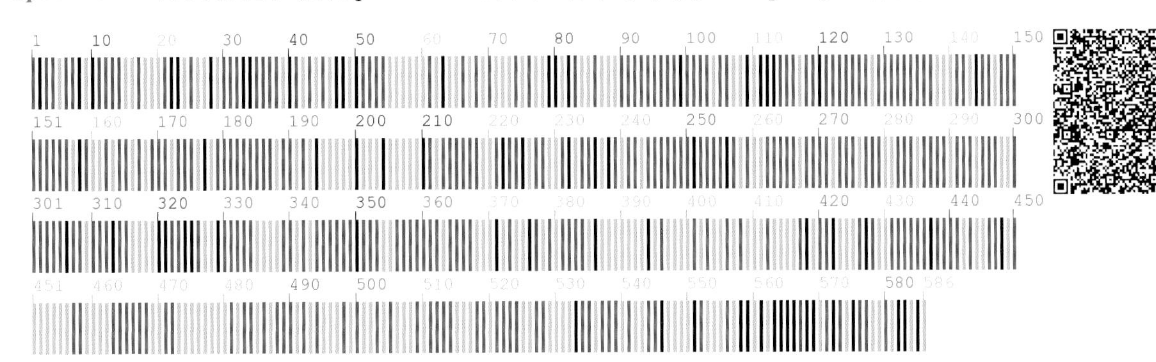

车前科 Plantaginaceae

469 杉叶藻 **Hippuris vulgaris** L.

【别　　名】节骨草

【形态特征】多年生水生草本。茎直立，节上生多数纤细棕色须根，生于泥中。叶两型，无柄，4～12枚轮生。沉水的根茎粗大，圆柱形，叶线状披针形；露出水面的根茎较沉水根茎细小，节间亦短，叶条形或狭长圆形。花细小，两性，单生于叶腋；花萼全缘，常带紫色；无花盘；雄蕊1，生于子房上略偏一侧，花丝细，常短于花柱，花药红色，椭圆形；子房下位。果为小坚果状，卵状椭圆形。花期8月，果期9月。

【生　　境】生于沼泽、池塘或溪流中。常聚生成片。

【药用价值】全草入药。润肺止咳，清热除烦，凉血止血，生津养液。

【材料来源】吉林省通化市通化县，共3份，样本号 CBS453MT01～03。

【ITS2 序列特征】获得 ITS2 序列 3 条，比对后长度为 213bp，无变异位点。序列特征如下：

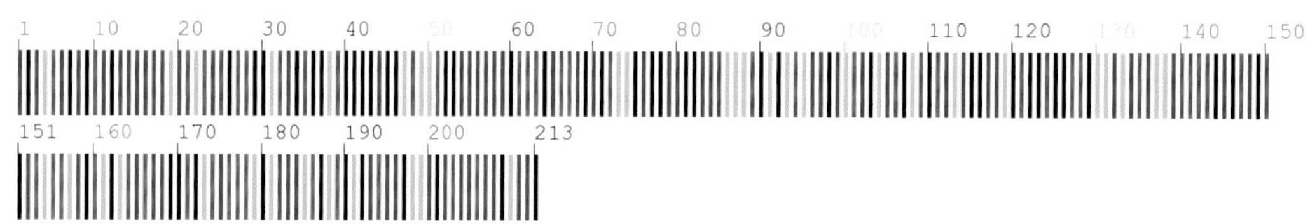

【*psbA-trnH* 序列特征】获得 *psbA-trnH* 序列 3 条，比对后长度为 374bp，无变异位点。序列特征如下：

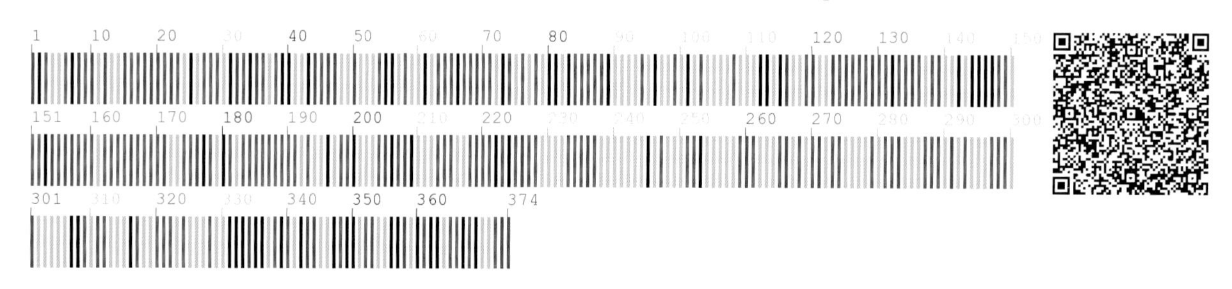

470 车前 Plantago asiatica L.

【别　　名】车前草，车轱辘菜，车轱铲菜，车轮菜子，大粒车前子

【形态特征】多年生草本。须根系。叶基生，卵形或宽卵形，先端钝圆或稍尖，边缘全缘、波状。花葶数个，直立，生短柔毛；穗状花序；每花具1枚苞片，三角形，边缘膜质；萼片4，基部稍合生，宿存；苞片及萼片均有绿色宽龙骨状凸起；花冠淡绿色，裂片披针形。蒴果椭圆形，成熟后在下方2/5处盖裂。种子5～8粒，黑褐色。花期6～7月，果期7～8月。

【生　　境】生于山野、路旁、荒地、田间小路、田边及住宅附近。常聚生成片。

【药用价值】全草入药。清热利尿，渗湿通淋，明目，祛痰。

【材料来源】吉林省通化市东昌区，共2份，样本号CBS206MT01、CBS206MT02。

【ITS2序列特征】获得ITS2序列2条，比对后长度为199bp，无变异位点。序列特征如下：

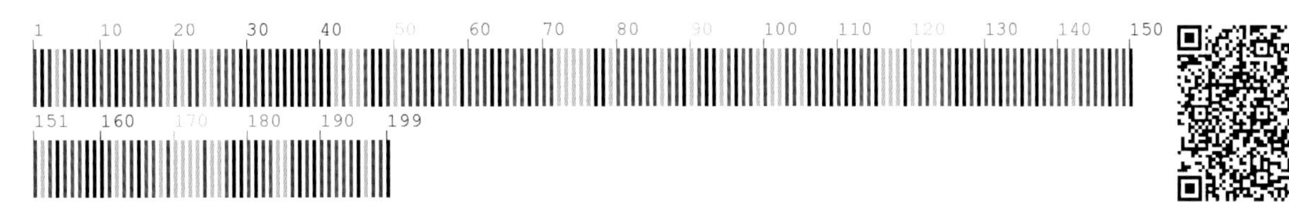

【*psbA-trnH*序列特征】获得*psbA-trnH*序列2条，比对后长度为263bp，无变异位点。序列特征如下：

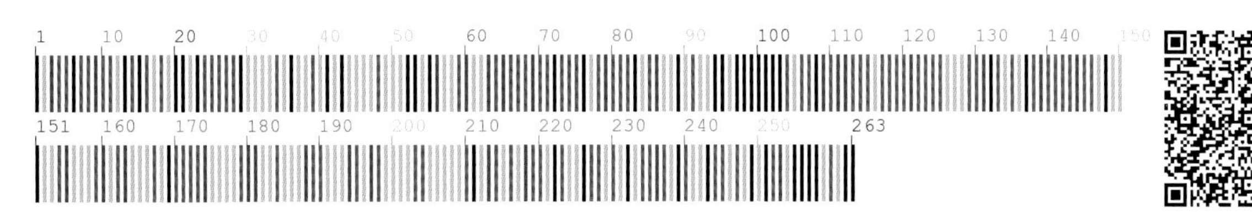

471 平车前 **Plantago depressa** Willd.

【别　　名】车前草，车轱辘菜，驴耳朵菜

【形态特征】一年生草本。直根。叶基生，椭圆形、椭圆状披针形或卵状披针形，边缘有疏浅齿或近全缘，幼时有毛。花葶少数；穗状花序，顶端花密，下部稀疏；萼片4，椭圆形，基部微连合；苞片5；萼片中央均有绿色凸起，边缘白膜质；花冠膜质，顶端浅裂，向外反卷；雄蕊4，超出花冠。蒴果圆锥形，盖裂。种子长卵圆形，黑棕色。花期6～7月，果期7～8月。

【生　　境】生于山野、路旁、田埂、河边及住宅附近。常聚生成片。

【药用价值】全草入药。清热利尿，渗湿通淋，明目，祛痰。

【材料来源】吉林省通化市东昌区，共3份，样本号CBS188MT01～03。

【*psbA-trnH* 序列特征】获得 *psbA-trnH* 序列3条，比对后长度为260bp，无变异位点。序列特征如下：

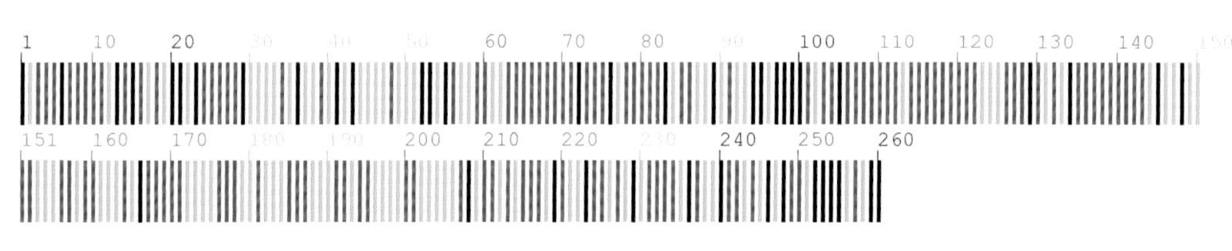

472 大穗花 **Pseudolysimachion dauricum** (Steven) Holub

【别　　名】大婆婆纳

【形态特征】多年生草本，高可达1m。茎单生或数个丛生，直立，不分枝或稀上部分枝，通常被多细胞腺毛或柔毛。叶对生，在茎节上有一个环连接叶柄基部，叶基部常心形，两面被短腺毛，边缘具深刻的粗钝齿，常夹有重锯齿。总状花序长穗状；花冠白色或粉色；雄蕊略伸出；花柱长近1cm。蒴果与花萼近等长。花期7～8月，果期8～9月。

【生　　境】生于草地、沟谷、沙丘及疏林下等处。

【药用价值】全草入药。祛风除湿。

【材料来源】吉林省延边朝鲜族自治州龙井市，共3份，样本号CBS705MT01～03。

【ITS2序列特征】获得ITS2序列3条，比对后长度为218bp，有1个变异位点，为180位点G-A变异。序列特征如下：

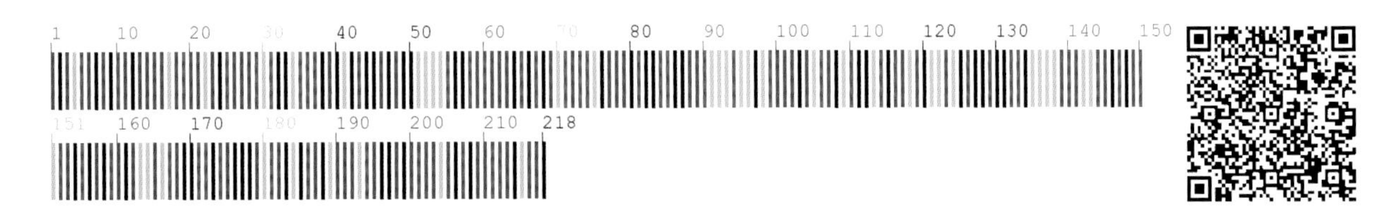

【*psbA-trnH*序列特征】获得*psbA-trnH*序列3条，比对后长度为290bp，无变异位点。序列特征如下：

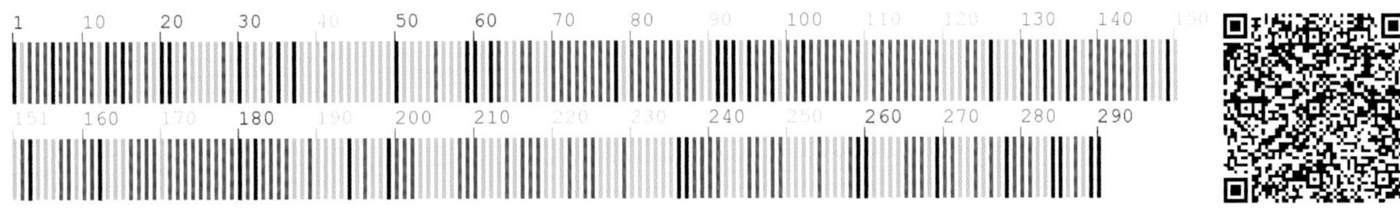

473 兔儿尾苗 **Pseudolysimachion longifolium** (L.) Opiz

【别　　名】长尾婆婆纳

【形态特征】多年生草本，高达 1m。茎直立，通常不分枝。叶对生或 3～4 枚轮生，披针形或长圆形，基部浅心形、圆形或宽楔形，先端渐尖至长渐尖；叶柄长 2～10mm。总状花序顶生、单生或复出；苞片条形；花萼 4 深裂；花冠蓝色或蓝紫色，4 裂；雄蕊明显伸出花冠。蒴果卵球形，具宿存花柱和花萼。种子卵形，暗褐色。花期 7～8 月，果期 8～9 月。

【生　　境】生于草甸子、林缘草地或灌丛。

【药用价值】全草入药。祛风除湿，解毒，止痛。

【材料来源】吉林省通化市柳河县，共 3 份，样本号 CBS255MT01～03。

【ITS2 序列特征】获得 ITS2 序列 2 条，比对后长度为 218bp，无变异位点。序列特征如下：

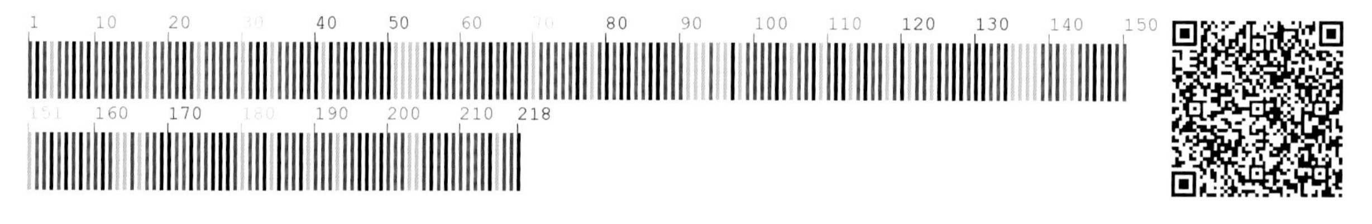

【*psbA-trnH* 序列特征】获得 *psbA-trnH* 序列 3 条，比对后长度为 370bp，无变异位点。序列特征如下：

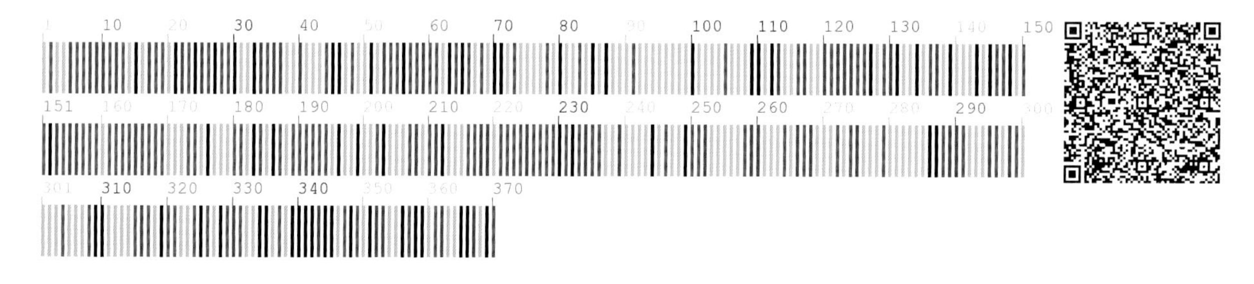

474 东北穗花 **Pseudolysimachion rotundum** subsp. **subintegrum** (Nakai) D. Y. Hong

【别　　名】东北婆婆纳

【形态特征】多年生草本，高 50～70cm。茎常不分枝或上部分枝。叶对生，抱茎，披针形、广披针形或长圆形，基部楔形，顶端急尖至渐尖。花序单生或分枝，花序轴密被白色短柔毛；花梗密被腺毛或短柔毛；苞片线形；花萼裂片 4，披针形；花冠蓝色或蓝紫色、淡紫色，稀白色，筒部短，为全长的 1/4，里面被长毛，裂片多少开展，卵形或长圆形；雄蕊伸出花冠外。蒴果倒心状椭圆形或近椭圆形，长 3～5mm。种子卵圆形或椭圆形，褐色，扁平。花期 6～8 月，果期 8～9 月。

【生　　境】生于草甸、林缘草地、水边、沼泽地及林中等处。

【药用价值】全草入药。镇咳祛痰，消炎，平喘。

【材料来源】吉林省延边朝鲜族自治州敦化市，共 2 份，样本号 CBS304MT01、CBS304MT02。

【ITS2 序列特征】获得 ITS2 序列 2 条，比对后长度为 218bp，有 1 个变异位点，为 205 位点 C-A 变异。序列特征如下：

【*psbA-trnH* 序列特征】获得 *psbA-trnH* 序列 2 条，比对后长度为 370bp，无变异位点。序列特征如下：

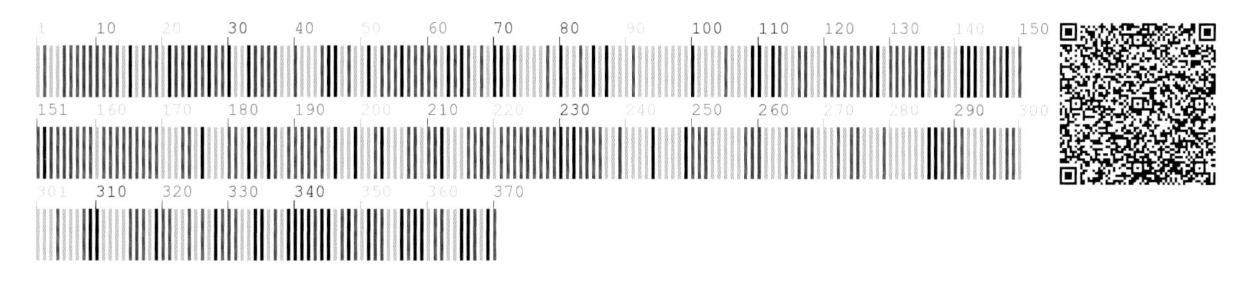

475 小婆婆纳 Veronica serpyllifolia L.

【形态特征】多年生草本。茎多枝丛生，下部匍匐生根，中上部直立，高 10～30cm，被腺毛。叶无柄，卵圆形至卵状矩圆形，边缘具浅齿缺，极少全缘。总状花序多花，单生或复出，花序各部分密或疏被多细胞腺毛；花冠蓝色、紫色或紫红色；花柱长约 2.5mm。蒴果肾形或肾状倒心形，基部圆或几乎平截，边缘有 1 圈多细胞腺毛。花期 5～6 月。

【生　　境】生于林下、林缘、溪旁灌丛中。

【药用价值】全草入药。活血散瘀，止血，解毒。

【材料来源】吉林省白山市浑江区，共 2 份，样本号 CBS877MT01、CBS877MT02。

【ITS2 序列特征】获得 ITS2 序列 2 条，比对后长度为 219bp，无变异位点。序列特征如下：

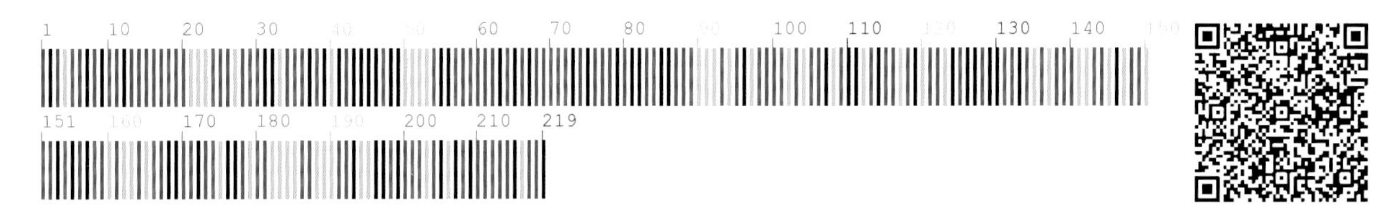

【*psbA-trnH* 序列特征】获得 *psbA-trnH* 序列 2 条，比对后长度为 418bp，无变异位点。序列特征如下：

476 水苦荬 **Veronica undulata** Wall. ex Jack

【别　　名】水婆婆纳，芒种草，水莴苣

【形态特征】二年生草本植物，高30～50cm。茎直立或稍斜升，近肉质，中空，无毛。叶对生，无柄，卵状披针形、披针形或长圆状披针形，基部微心形或稍呈耳状，抱茎，先端稍尖，无毛，质薄，边缘具微波状细锯齿。总状花序腋生，多花，花梗斜向上，与花序轴均疏生腺毛或近无毛；花梗基部具1枚苞片，线形或线状披针形，比花梗短或近等长；花萼4深裂，裂片卵状披针形或长圆形，无毛或疏被毛；花冠淡蓝色、淡蓝紫色或粉白色，筒部短，裂片4，其中3枚较大，倒卵形或广卵形，另1枚较小。蒴果近扁球形，平滑。花期7～8月，果期8～9月。

【生　　境】生于水边、溪流水中及湿地等处。

【药用价值】全草入药。清热利湿，止血化瘀。

【材料来源】吉林省延边朝鲜族自治州龙井市，共3份，样本号CBS700MT01～03。

【ITS2序列特征】获得ITS2序列3条，比对后长度为218bp，有3个变异位点，分别为95位点A-C变异、161位点T-C变异、201位点C-T变异。序列特征如下：

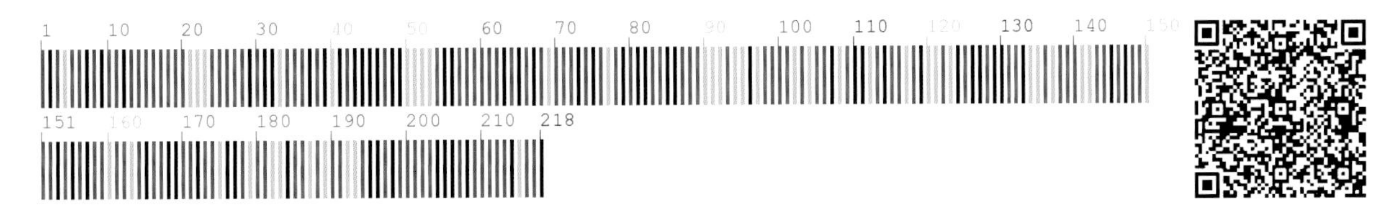

477 草本威灵仙 **Veronicastrum sibiricum** (L.) Pennell

【别　　名】轮叶婆婆纳，轮叶腹水草，九轮草，狼尾巴花，斩龙剑，草灵仙

【形态特征】多年生草本，高达 1m 以上。茎圆柱形。叶 3～9 枚轮生，近无柄或具短柄，广披针形、长圆状披针形或倒披针形。花序顶生，多花集生成长尾状穗状花序，单一或分歧；苞片条形，顶端尖；花萼 5 深裂，裂片条形或线状披针形；花冠淡蓝紫色、红紫色、紫色、淡紫色、粉红色或白色，比花萼裂片长 2～3 倍，顶端 4 裂，裂片卵形，等长；雄蕊 2，外露。蒴果卵形或卵状椭圆形。种子多数，细小。花期 7 月，果期 8～9 月。

【生　　境】生于河岸、沟谷、林缘草甸、湿草地及灌丛。常聚生成片。

【药用价值】全草入药。祛风除湿，止血，止痛。

【材料来源】吉林省延边朝鲜族自治州敦化市，共 2 份，样本号 CBS305MT01、CBS305MT02。

【ITS2 序列特征】获得 ITS2 序列 2 条，比对后长度为 217bp，无变异位点。序列特征如下：

【*psbA-trnH* 序列特征】获得 *psbA-trnH* 序列 2 条，比对后长度为 371bp，无变异位点。序列特征如下：

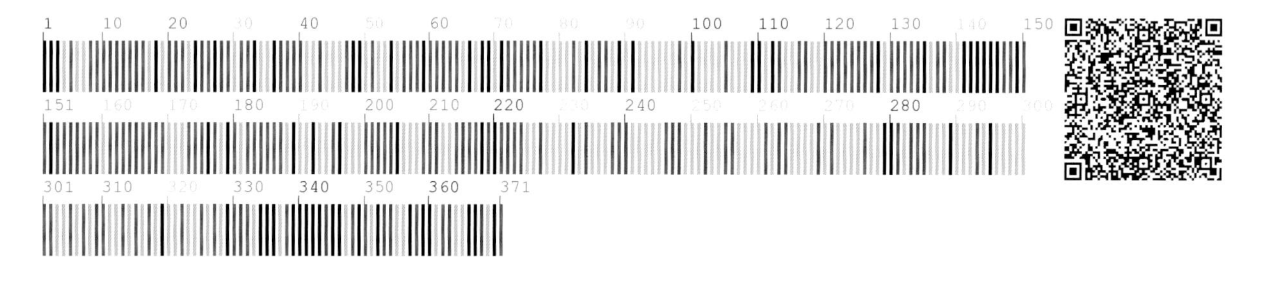

忍冬科　Caprifoliaceae

478　蓝果忍冬　Lonicera caerulea L.

【别　　名】蓝靛果忍冬，羊奶子，黑瞎子果

【形态特征】灌木。树皮片状剥裂。叶长圆状卵形、长圆形、长卵形或倒卵状披针形，全缘，有缘毛；有托叶，干草质，茎贯穿其中。花生于叶腋；花梗下垂；相邻两花的萼筒 1/2 至全部合生，疏生柔毛和纤毛；花冠黄白色，裂片 5；雄蕊 5，较花冠长或略短；花柱比雄蕊长，无毛或中下部有毛。浆果椭圆形或长圆形，暗蓝色，有白粉。花期 5～6 月，果期 7～8 月。

【生　　境】生于河岸、山坡、林缘湿润地等处。常聚生成片。

【药用价值】花蕾入药。清热解毒，舒筋活络。

【材料来源】吉林省通化市柳河县，共 3 份，样本号 CBS269MT01～03。

【ITS2 序列特征】获得 ITS2 序列 3 条，比对后长度为 228bp，有 2 个变异位点，分别为 156 位点 A-G 变异、211 位点 G-T 变异。序列特征如下：

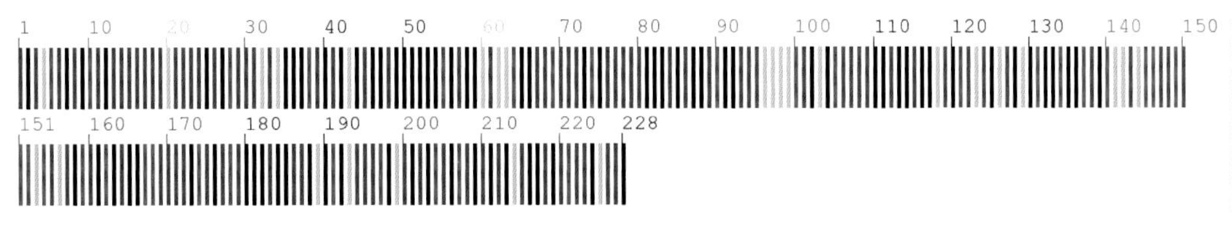

【*psbA-trnH* 序列特征】获得 *psbA-trnH* 序列 3 条，比对后长度为 436bp，有 2 处插入 / 缺失，分别为 88～113 位点、304～314 位点。序列特征如下：

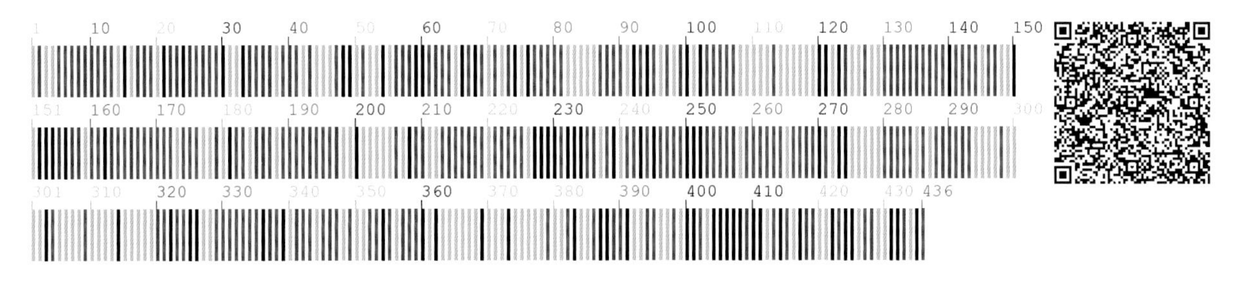

479 金花忍冬 Lonicera chrysantha Turcz. ex Ledeb.

【别　　名】黄花忍冬，黄金忍冬，王八骨头

【形态特征】灌木。叶菱状卵形至卵状披针形，先端长渐尖，基部阔楔形或近圆形，下面沿脉有疏柔毛。花序梗长 1.5～2.5cm，有毛；苞片条形，小苞片卵状长圆形至近圆形；花冠二唇形，初黄白色，后黄色，外面有短柔毛，上唇瓣片与筒部等长，花冠筒基部隆起；雄蕊与花冠裂片等长或稍短，花丝有绒毛；子房离生，花柱较花冠短，有疏柔毛，柱头头状。浆果近球形，红色，有光泽。花期 6 月，果期 9～10 月。

【生　　境】生于林下、灌丛间及荒山坡、河岸湿润地。

【药用价值】花蕾入药。清热解毒，消散痈肿。

【材料来源】吉林省通化市东昌区，共 2 份，样本号 CBS094MT01、CBS094MT03。

【ITS2 序列特征】获得 ITS2 序列 2 条，比对后长度为 228bp，有 1 个变异位点，为 21 位点 C-A 变异。序列特征如下：

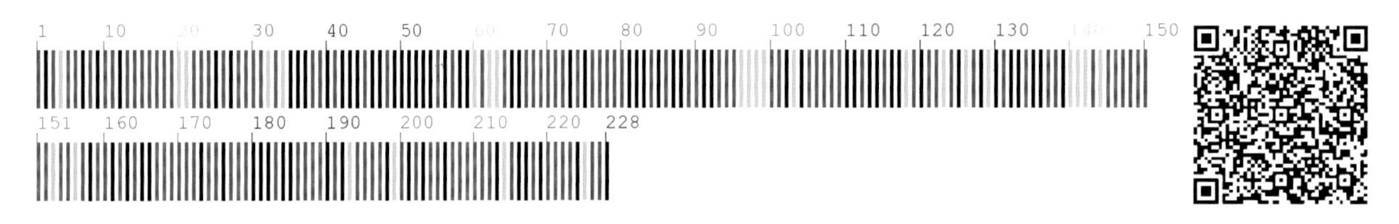

【*psbA-trnH* 序列特征】获得 *psbA-trnH* 序列 2 条，比对后长度为 431bp，无变异位点。序列特征如下：

480 金银忍冬　Lonicera maackii (Rupr.) Maxim.

【别　　名】马氏忍冬，金银木，短柄忍冬

【形态特征】灌木，高达2～3m。叶卵状椭圆形至卵状披针形，全缘；叶柄有腺毛及柔毛。花序梗较叶柄短，有短腺毛；苞片条形；相邻两花的萼筒分离，长为子房的1/2，萼筒钟状，中裂，裂片卵状披针形，边缘有长毛；花冠二唇形，外面下部疏生微毛，初白色，后变黄色，芳香；雄蕊、花柱较花冠短。浆果红色，近无柄。种子具小浅凹点。花期5～6月，果期9～10月。

【生　　境】生于林下、灌丛间及荒山坡、河岸湿润地。

【药用价值】花蕾入药。祛风湿，消肿毒。

【材料来源】吉林省通化市东昌区，共3份，样本号CBS148MT01～03。

【ITS2序列特征】获得ITS2序列3条，比对后长度为228bp，无变异位点。序列特征如下：

【*psbA-trnH*序列特征】获得*psbA-trnH*序列3条，比对后长度为348bp，无变异位点。序列特征如下：

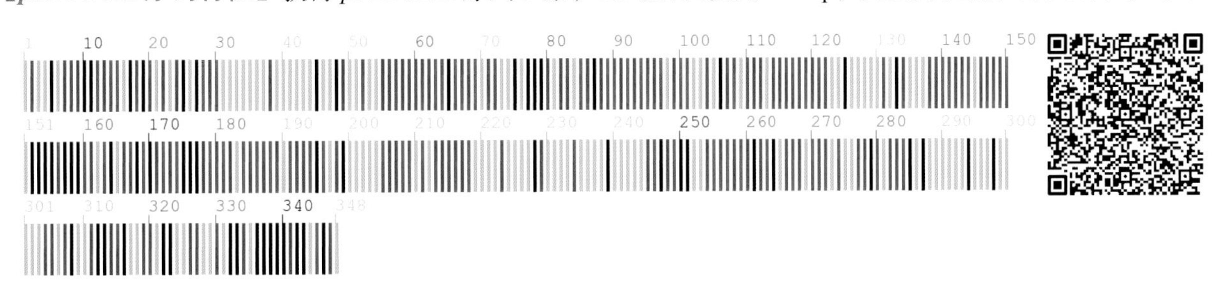

481 岩败酱 **Patrinia rupestris** (Pall.) Dufr.

【形态特征】多年生草本。茎 1 至数个。基生叶倒披针形，边缘具浅锯齿或羽状浅裂至深裂；茎生叶对生，狭卵形至披针形，羽状深裂至全裂，裂片 2～5 对。圆锥状聚伞花序多在枝顶集成伞房状；花黄色；花萼不明显；花冠筒状钟形，先端 5 裂；雄蕊 4；子房不发育的 2 室在果期肥厚扁平。瘦果倒卵圆球形，背部贴生椭圆形膜质苞片。花期 7～8 月，果期 8～9 月。

【生　　境】生于石质丘陵、坡地石缝或较干燥的阳坡草丛中。

【药用价值】全草入药。清热解毒，活血排脓。

【材料来源】吉林省通化市集安市，共 3 份，样本号 CBS500MT01～03。

【ITS2 序列特征】获得 ITS2 序列 3 条，比对后长度为 228bp，有 3 个变异位点，分别为 34 位点 C-T 变异、81 位点 A-G 变异、178 位点 C-T 变异。序列特征如下：

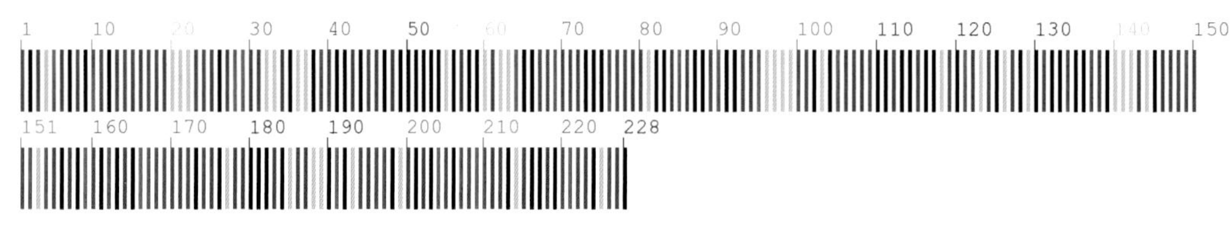

【*psbA-trnH* 序列特征】获得 *psbA-trnH* 序列 3 条，比对后长度为 270bp，有 1 个变异位点，为 24 位点 C-T 变异；有 1 处插入 / 缺失，为 43 位点。序列特征如下：

482 败酱 Patrinia scabiosifolia Link

【别　　名】黄花败酱，黄花龙芽，长虫把

【形态特征】多年生草本。有特异香气。地下茎横走。基生叶狭长椭圆形、椭圆状披针形或宽椭圆形，有长柄，花时枯落；茎生叶对生，2～3对羽状深裂至全裂。聚伞圆锥花序在顶端常5～9条集成疏大伞房状；苞片小；花较小；花萼不明显；花冠筒短，内侧生白色长毛，上端5裂；雄蕊4；子房下位。瘦果长椭圆形。花期7～8月，果期9月。

【生　　境】生于森林草原带及山地草甸子、山坡林下、林缘、灌丛中与路边。常聚生成片。

【药用价值】全草入药。清热解毒，利湿排脓，活血祛瘀。

【材料来源】吉林省通化市东昌区，共3份，样本号CBS361MT01～03。

【ITS2序列特征】获得ITS2序列3条，比对后长度为228bp，有1个变异位点，为190位点G-C变异。序列特征如下：

【*psbA-trnH*序列特征】获得*psbA-trnH*序列3条，比对后长度为212bp，无变异位点。序列特征如下：

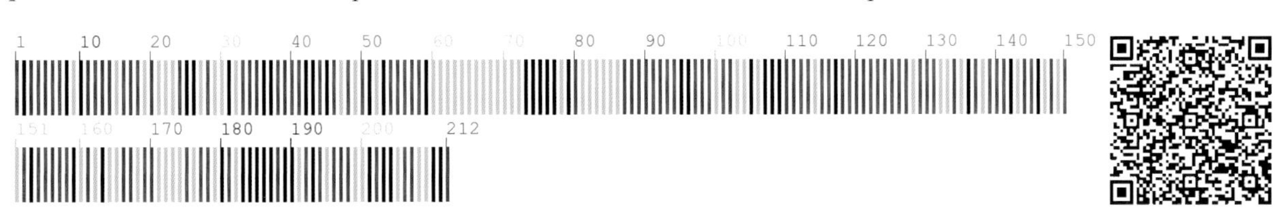

483 攀倒甑 **Patrinia villosa** (Thunb.) Dufr.

【别　　名】白花败酱

【形态特征】多年生草本。根状茎横卧，有特殊的臭气(如腐败的酱味)。茎直立，密生白色倒生粗毛。基生叶丛生，卵形或卵状披针形，边缘有粗钝齿或分裂；茎生叶对生，卵形或菱状卵形羽状分裂。花序顶生，较宽大，呈伞房状圆锥聚伞花序；花白色；花萼小；花冠筒短，5裂；雄蕊4，伸出；子房下位，柱头头状，花柱较雄蕊稍短。瘦果倒卵形，膜质，背部有一小苞片所形成的圆翼。花期7～8月，果期8～9月。

【生　　境】生于山地林下、林缘及灌丛中。

【药用价值】全草入药。清热利湿，解毒排脓，活血祛痰。

【材料来源】吉林省通化市东昌区，共3份，样本号 CBS360MT01～03。

【ITS2 序列特征】获得 ITS2 序列 2 条，比对后长度为 228bp，有 1 个变异位点，133 位点为简并碱基；有 1 处插入 / 缺失，为 19 位点。序列特征如下：

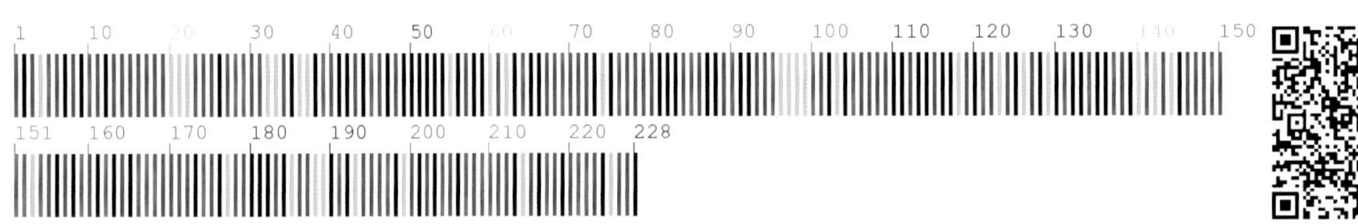

【*psbA-trnH* 序列特征】获得 *psbA-trnH* 序列 3 条，比对后长度为 217bp，有 3 处插入 / 缺失，分别为 9 位点、74 位点、189 位点，序列特征如下：

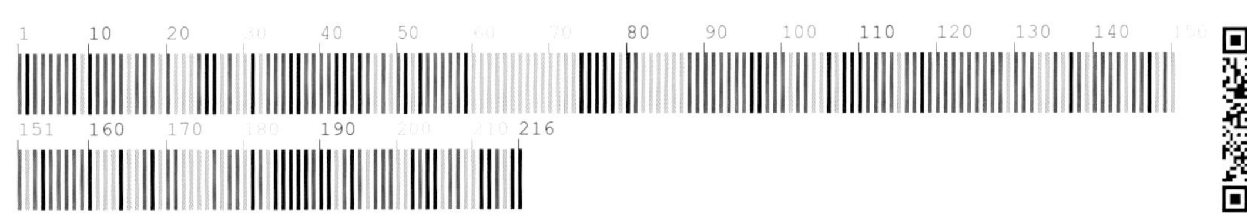

484 蓝盆花 **Scabiosa comosa** Fisch. ex Roem. et Schult.

【别　　名】蒙古山萝卜，华北蓝盆花

【形态特征】多年生草本，高30～60cm。基生叶簇生，卵状披针形至椭圆形，边缘锯齿状，稀羽状深裂；叶柄长4～10cm；茎生叶对生，羽状浅裂至深裂。头状花序扁球形，数个在茎顶呈聚伞状；总苞片披针形；花托苞片披针形；小总苞果期四方柱形，具8肋，冠部膜质，直伸，白色或带紫色；花萼5裂，刚毛状；花冠蓝紫色，边缘花二唇形，裂片5，不等大，中央花筒状；雄蕊4，外伸；柱头1，头状。瘦果椭圆形。花期8～9月，果期9～10月。

【生　　境】生于山坡、林缘、草地、灌丛中。

【药用价值】根、花入药。清热泻火。

【材料来源】吉林省通化市东昌区，共3份，样本号CBS419MT01～03。

【ITS2序列特征】获得ITS2序列3条，比对后长度为230bp，无变异位点。序列特征如下：

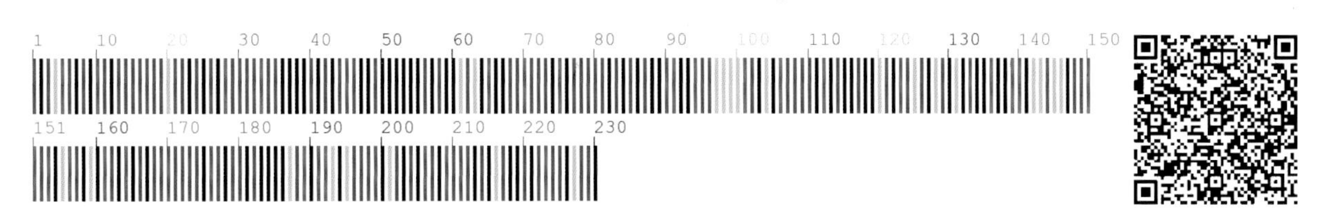

【*psbA-trnH*序列特征】获得*psbA-trnH*序列2条，比对后长度为251bp，有1个变异位点，为22位点C-T变异；有2处插入/缺失，分别为26位点、222位点。序列特征如下：

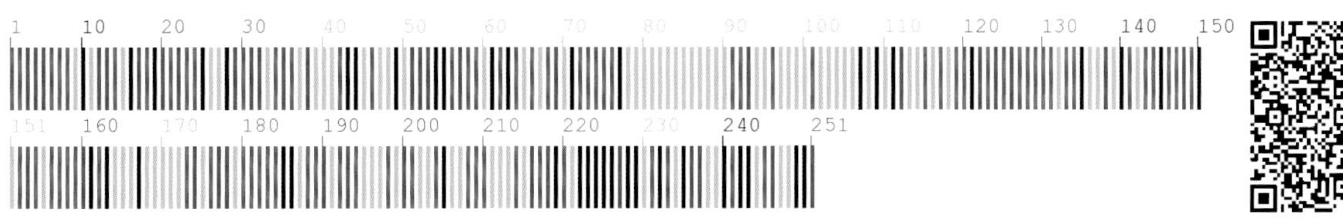

485 缬草 Valeriana officinalis L.

【别　　名】欧缬草，东北缬草，穿心排草，媳妇菜，臭草

【形态特征】多年生高大草本。具多数细长须根。茎直立，中空，有纵条纹，被粗毛，但不具腺毛。茎生叶卵形至宽卵形，羽状深裂，裂片 7～11，对生或互生。花序顶生，集成伞房状三出聚伞圆锥花序；花冠淡紫红色或白色，裂片椭圆形；雄蕊 3，较花冠管稍长；子房下位，长圆形。瘦果长卵形，基部近平截，光秃或两面被毛，具 1 种子。花期 5～7 月，果期 6～10 月。

【生　　境】生于山坡草地、林下、灌丛、草甸及沟边等处。

【药用价值】根及根茎入药。安神镇静，祛风解痉，生肌止血，止痛。

【材料来源】吉林省通化市东昌区，共 3 份，样本号 CBS217MT01～03。

【*psbA-trnH* 序列特征】获得 *psbA-trnH* 序列 3 条，比对后长度为 218bp，无变异位点。序列特征如下：

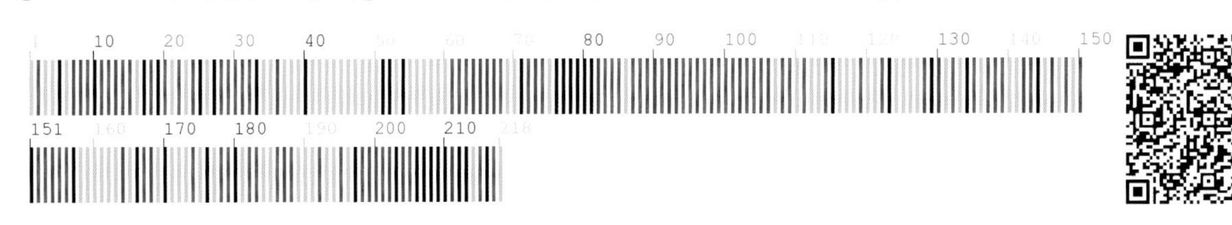

锦带花科　Diervillaceae

486 锦带花　**Weigela florida** (Bunge) Candolle

【别　　名】山芝麻

【形态特征】灌木。叶对生，常为椭圆形、倒卵形或卵状长圆形，边缘有锯齿。花序腋生，花大；花萼近无毛或有疏毛，下部合生，上部5中裂；花冠外面紫红色，有毛，漏斗状钟形，5浅裂，裂片先端圆形；雄蕊5，着生在花冠的中上部，较花冠稍短，花药长形，纵裂；子房下位，柱头头状。蒴果，有疏毛或无毛，2瓣室间开裂。种子细小。花期5～6月，果期7～8月。

【生　　境】生于山地灌丛中或石砬子上。

【药用价值】花入药。活血止痛。

【材料来源】吉林省通化市东昌区，共2份，样本号CBS091MT01、CBS091MT02。

【ITS2序列特征】获得ITS2序列2条，比对后长度为228bp，无变异位点。序列特征如下：

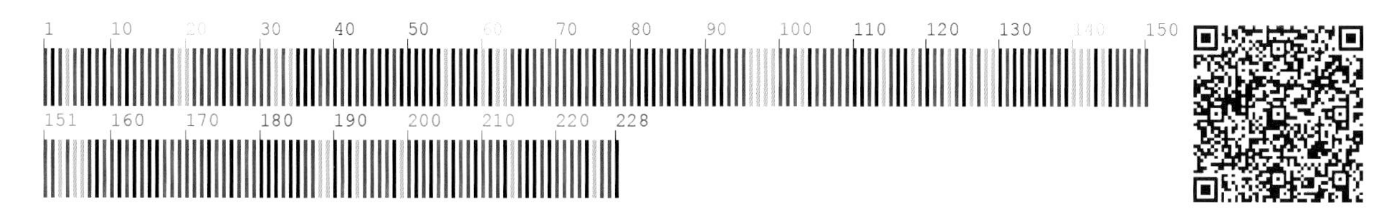

【*psbA-trnH*序列特征】获得*psbA-trnH*序列1条，长度为422bp。序列特征如下：

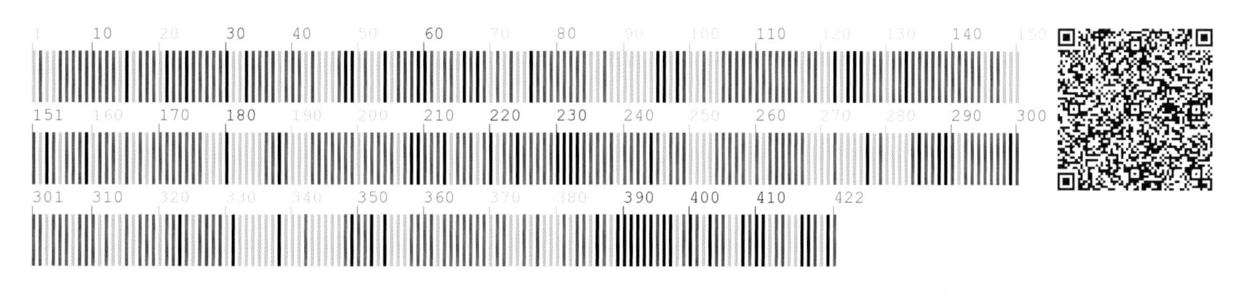

五福花科 Adoxaceae

487 五福花 **Adoxa moschatellina** L.

【形态特征】多年生矮小草本，高 8～15cm。茎单一，有长匍匐枝。基生叶 1～3，为一至二回三出复叶；小叶宽卵形或圆形，3 裂；茎生叶 2，对生，3 深裂。5～7 朵花形成顶生头状聚伞花序，无花柄；花黄绿色；花萼浅杯状；子房半下位至下位，花柱在顶生花为 4、在侧生花为 5，柱头 4～5。核果。花期 4～5 月，果期 7～8 月。

【生 境】生于林下、林缘或灌丛、溪边湿草地。常聚生成片。

【药用价值】全草入药。镇静安神。

【材料来源】吉林省通化市东昌区，共 3 份，样本号 CBS044MT01～03。

【ITS2 序列特征】获得 ITS2 序列 3 条，比对后长度为 225bp，无变异位点。序列特征如下：

【*psbA-trnH* 序列特征】获得 *psbA-trnH* 序列 3 条，比对后长度为 339bp，无变异位点。序列特征如下：

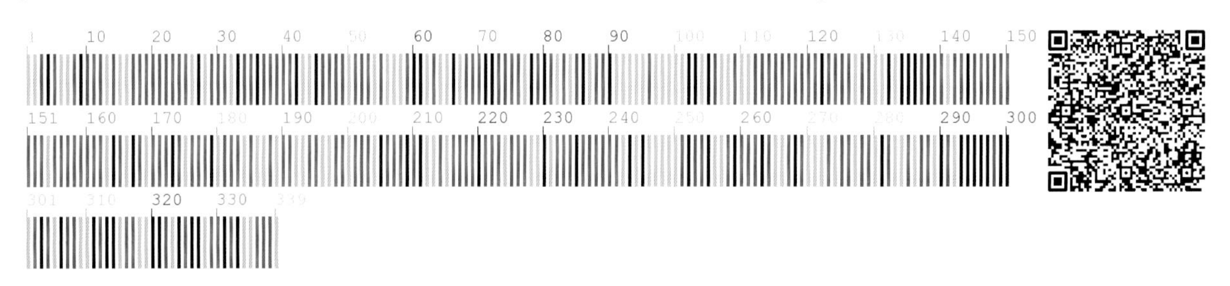

488 接骨木 Sambucus williamsii Hance

【别　　名】东北接骨木，大叶接骨木，马尿骚，马尿梢

【形态特征】灌木。树皮灰褐色，枝有纵条棱，髓发达。叶为奇数羽状复叶，对生；小叶5～11，椭圆形或倒卵状长圆形，侧小叶稀为长圆状卵形，常中、上部最宽，揉碎后有臭味。聚伞状圆锥花序顶生；果序宽圆锥形或三角形，多左右侧扁，轴分枝和小花梗均无毛；花小，白色至黄白色；萼筒杯状，花萼裂片三角状披针形；花冠辐状，裂片5，长椭圆形，常外翻；雄蕊5。核果近球形，成熟后暗红色；核2～3，卵形至椭圆形。花期5～6月，果期6～8月。

【生　　境】生于林区路边、河流附近、灌丛间或阔叶疏林中等处。

【药用价值】枝条、叶入药。祛风利湿，活血止痛。

【材料来源】辽宁省本溪市桓仁满族自治县，共3份，样本号CBS709MT01～03。

【ITS2序列特征】获得ITS2序列3条，比对后长度为226bp，有1个变异位点，为210位点C-T变异。序列特征如下：

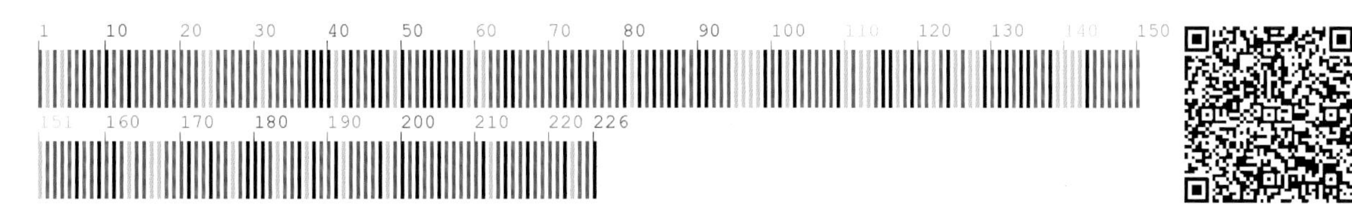

489 朝鲜荚蒾 Viburnum koreanum Nakai

【形态特征】灌木，高 1～2m。树皮灰褐色；枝直立，幼枝褐色；芽尖卵形，赤褐色，无毛。叶近圆形或椭圆形，先端 3 浅裂，基部圆形、截形或近心形，边缘有不整齐的齿牙，上面绿色，疏生柔毛，后无毛，下面淡绿色，具小腺点及柔软的星状毛；叶柄长 4～20mm，初有毛，后无毛；托叶条形。伞形花序生于短的侧生小枝上，花序梗具 5～7 朵花；苞片和小苞片条形，早落；花冠白绿色；雄蕊 5，极短，比花冠短。浆果状核果近球形，红色；核卵状长圆形，腹面有宽沟。花期 6～7 月，果期 8～9 月。

【生　　境】生于海拔 1500m 以上的岳桦林或针叶林下。

【药用价值】嫩枝、果实入药。通经活络，祛风止痒。

【材料来源】吉林省白山市长白朝鲜族自治县，共 3 份，样本号 CBS710MT01～03。

【ITS2 序列特征】获得 ITS2 序列 3 条，比对后长度为 227bp，无变异位点。序列特征如下：

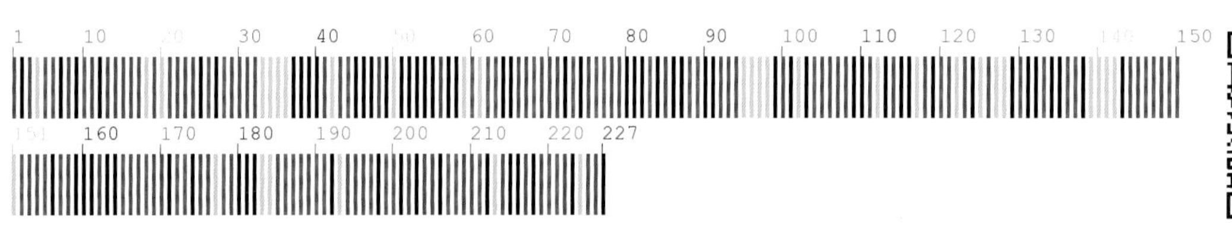

490 鸡树条 **Viburnum opulus** subsp. **calvescens** (Rehder) Sugim.

【别　　名】鸡树条荚蒾，天目琼花，鸡屎条子，鸡树条子

【形态特征】落叶灌木。单叶对生，叶浓绿色，卵形至阔卵圆形，通常3浅裂；叶柄粗壮，无毛，近端处有腺点。伞形聚伞花序顶生，紧密多花，由6~8小伞房花序组成，能孕花在中央，外围有不孕的辐射花；花冠杯状，辐状开展，乳白色，5裂；花药紫色。核果球形，鲜红色，有臭味，不易脱落。种子圆形，扁平。花期5~6月，果期8~9月。

【生　　境】生于溪谷边疏林下或灌丛中。

【药用价值】嫩枝、叶、果实入药。祛风通络，活血消肿。

【材料来源】吉林省通化市通化县，共2份，样本号CBS174MT01、CBS174MT02。

【ITS2序列特征】获得ITS2序列2条，比对后长度为227bp，无变异位点。序列特征如下：

【*psbA-trnH*序列特征】获得*psbA-trnH*序列2条，比对后长度为387bp，有1个变异位点，为281位点G-A变异。序列特征如下：

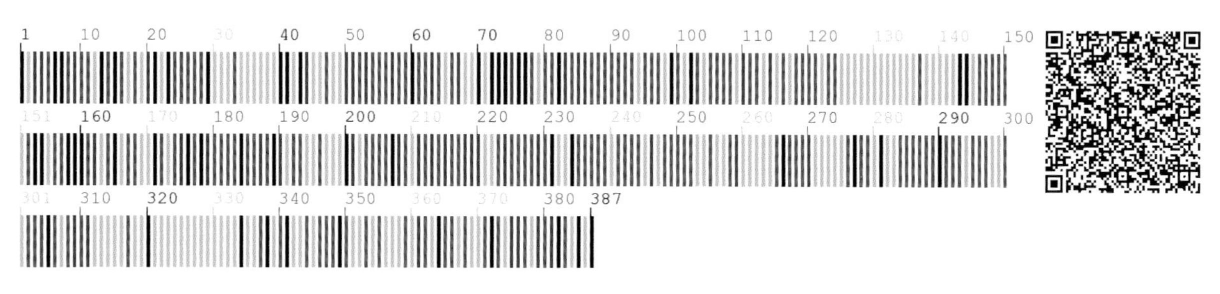

桔梗科 Campanulaceae

491 展枝沙参 **Adenophora divaricata** Franch. et Sav.

【别　　名】南沙参，四叶菜

【形态特征】多年生草本。根粗壮，肉质。基生叶花期枯萎；茎生叶3～5枚轮生，菱状卵形或菱状椭圆形，背面常有光泽，边缘具粗锐锯齿。花序圆锥状，分枝较开展，下部分枝轮生，上部分枝互生；花下垂；花萼无毛，先端5裂，裂片披针形；花冠钟形，蓝色、蓝紫色或淡蓝色，先端5浅裂；雄蕊5；花柱有微毛，与花冠近等长，柱头3裂，花盘短筒状。蒴果扁圆锥形。种子黑褐色。花期7～8月，果期8～9月。

【生　　境】生于林缘、灌丛、山坡、草地及路旁等处。

【药用价值】根入药。清热润肺，化痰止咳，养阴养胃，生津止渴。

【材料来源】吉林省通化市二道江区，共2份，样本号CBS713MT01、CBS713MT02。

【ITS2 序列特征】获得 ITS2 序列 2 条，比对后长度为 273bp，无变异位点。序列特征如下：

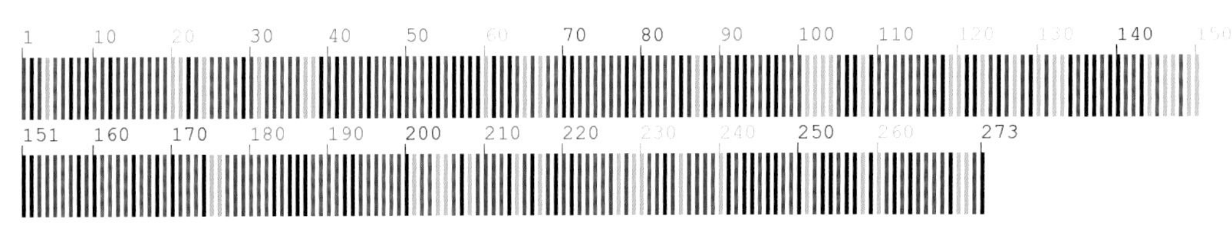

492　沼沙参　**Adenophora palustris** Kom.

【形态特征】多年生草本。根圆锥形。茎直立，单一。单叶互生，密集，叶革质，有光泽，无柄，卵形或长圆形，边缘具圆齿。总状花序直立，具3～5朵花；苞片2，近心状披针形；花萼先端5裂，裂片披针形或广披针形，边缘浅裂或有齿，具脉；花冠广钟形，直径2cm，蓝色；雄蕊5，花丝中部以下膨大；花柱稍伸出花冠，柱头漏斗状，蓝色。蒴果无毛，下垂。花期7～8月，果期8～9月。

【生　　境】生于沼泽、湿地及湿草甸子中。

【药用价值】根入药。润肺益气，化痰止咳，养阴清肺。

【材料来源】吉林省通化市柳河县，共3份，样本号CBS715MT01～03。

【ITS2序列特征】获得ITS2序列3条，比对后长度为273bp，无变异位点。序列特征如下：

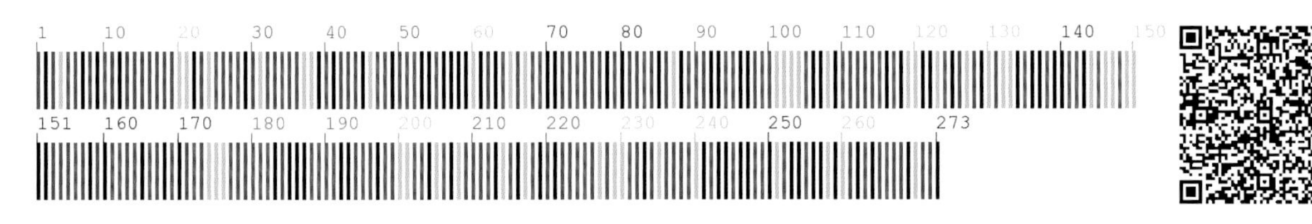

493 薄叶荠苨 **Adenophora remotiflora** (Siebold et Zucc.) Miq.

【别　　名】地参，荠苨

【形态特征】多年生草本，高 60～80cm。全株有白色乳汁。茎单生。单叶互生，叶有长柄，卵形至卵状披针形，边缘有不整齐锯齿或重锯齿。花呈假总状或狭圆锥状；花下垂；花萼 5 裂，钟形，裂片狭披针形，全缘；花冠钟状，蓝色、蓝紫色或白色，裂片三角形；雄蕊 5，花丝下半部披针形，上方渐细；花盘筒状，细长，雌蕊 1，子房半下位。蒴果倒卵形。种子多数。花期 7～8 月，果期 8～9 月。

【生　　境】生于山坡、林间草地、林缘及路旁。

【药用价值】根入药。清热，化痰，解毒。

【材料来源】吉林省通化市通化县，共 3 份，样本号 CBS393MT01～03。

【ITS2 序列特征】获得 ITS2 序列 3 条，比对后长度为 273bp，无变异位点。序列特征如下：

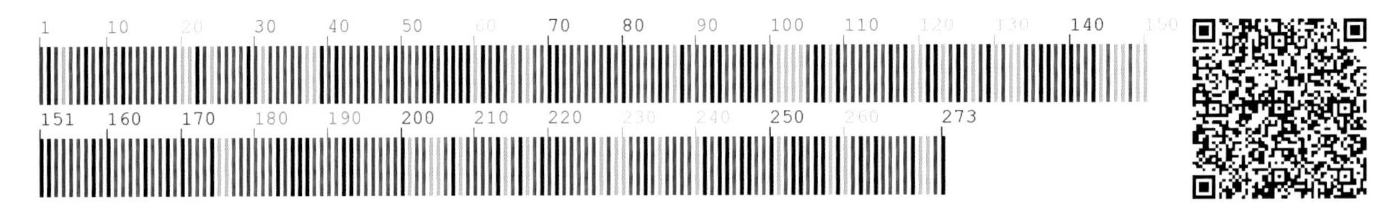

【*psbA-trnH* 序列特征】获得 *psbA-trnH* 序列 3 条，比对后长度为 404bp，无变异位点。序列特征如下：

494　轮叶沙参　**Adenophora tetraphylla** (Thunb.) Fisch.

【别　　名】南沙参，四叶参，四叶菜，沙参，明叶菜

【形态特征】多年生草本。根粗壮，肉质，具横纹。茎生叶4～5枚轮生，倒卵形、椭圆状倒卵形，边缘中上部具锯齿。圆锥花序，从下到上全部轮生；花冠蓝色，下垂；雄蕊5，常稍伸出，边缘有密柔毛；花盘短筒状；花柱明显伸出花冠筒，柱头3裂。蒴果倒卵球形。种子多数，黄棕色，稍扁。花期7～8月，果期9月。

【生　　境】生于山地林缘、山坡、草地、灌丛或草甸等处。

【药用价值】根入药。润肺止咳，养胃生津。

【材料来源】吉林省延边朝鲜族自治州敦化市，共1份，样本号CBS310MT01。

【ITS2序列特征】获得ITS2序列1条，长度为272bp。序列特征如下：

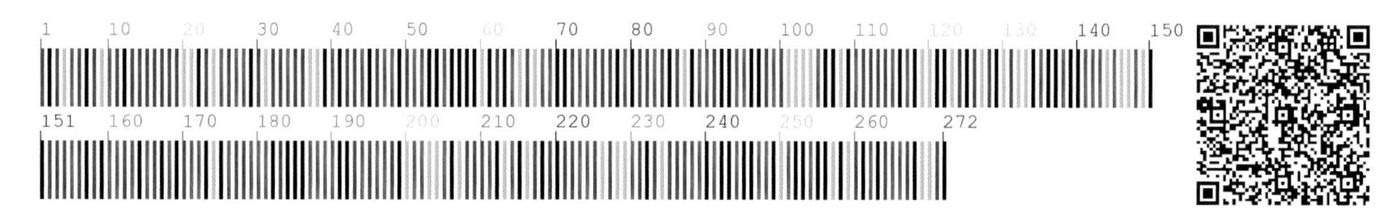

【*psbA-trnH*序列特征】获得*psbA-trnH*序列1条，长度为356bp。序列特征如下：

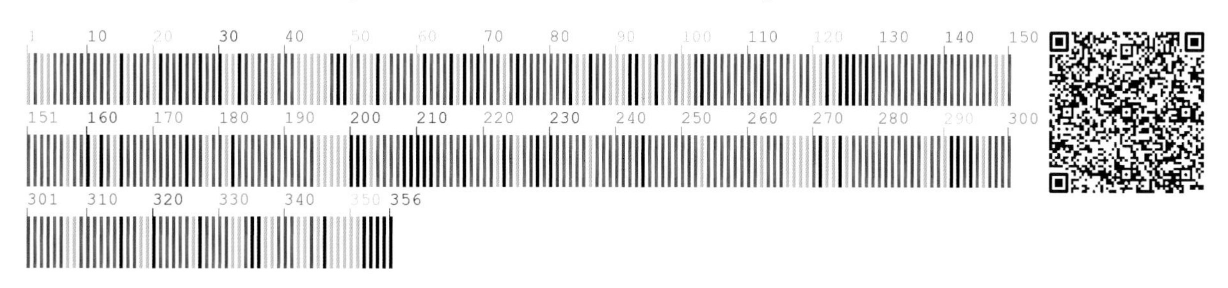

495 荠苨 **Adenophora trachelioides** Maxim.

【别　　名】心叶沙参，杏叶菜

【形态特征】多年生草本。有纺锤形的块根。茎单生。基生叶心状肾形，宽超过长；茎生叶具2～6cm长的叶柄，心形或茎上部叶基部近于平截，边缘为单锯齿或重锯齿，叶质较厚硬。圆锥花序；花萼筒部倒三角状圆锥形，裂片长椭圆形或披针形；花冠钟状，蓝色、蓝紫色或白色，裂片宽三角状半圆形，顶端急尖；花盘筒状，花柱与花冠近等长。蒴果卵状圆锥形。种子黄棕色，两端黑色。花期7～8月，果期8～9月。

【生　　境】生于山坡、林间草地、林缘及路旁。

【药用价值】根入药。祛风湿，消肿毒，清热解毒，化痰止咳。

【材料来源】吉林省延边朝鲜族自治州和龙市，共1份，样本号CBS716MT01。

【ITS2 序列特征】获得 ITS2 序列 1 条，长度为 273bp。序列特征如下：

496 牧根草 **Asyneuma japonicum** (Miq.) Briq.

【别　　名】山生菜

【形态特征】多年生草本。根肉质。茎单生或数个丛生，高大而粗壮。茎下部叶有长柄，上部叶近无柄，叶卵圆形，茎上部的为披针形或卵状披针形，边缘具锯齿。花萼筒部球形，裂片条形；花冠紫蓝色或蓝紫色，5深裂，裂片条形；雄蕊5，花丝下部膨大，花药条形。蒴果球状。种子卵状椭圆形，棕褐色。花期7～8月，果期9月。

【生　　境】生于阔叶林下或杂木林下、林缘及路旁等处。

【药用价值】根入药。养阴清肺，清虚火，止咳。

【材料来源】吉林省通化市通化县，共3份，样本号CBS397MT01～03。

【ITS2 序列特征】获得ITS2序列3条，比对后长度为274bp，有2个变异位点，分别为212位点、235位点C-T变异；有1处插入/缺失，为115位点。序列特征如下：

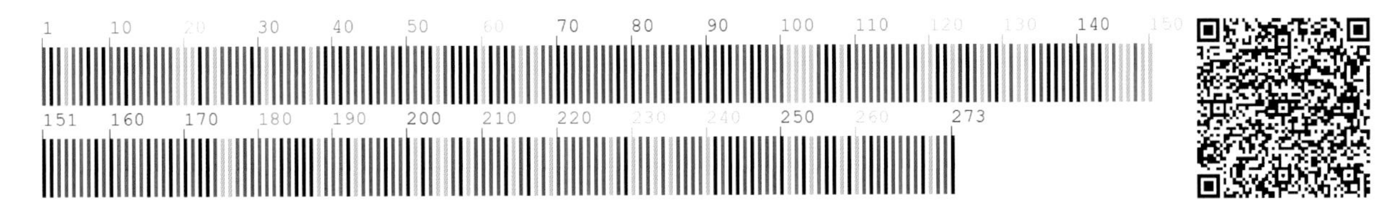

【*psbA-trnH* 序列特征】获得*psbA-trnH*序列3条，比对后长度为273bp，无变异位点。序列特征如下：

497 聚花风铃草 Campanula glomerata subsp. speciosa (Spreng.) Domin

【别　　名】山菠菜，山白菜

【形态特征】多年生草本。基生叶具长柄，长卵形至心状卵形；茎生叶下部的具长柄，上部的无柄。花数朵集生成头状花序。花萼裂片钻形；花冠紫色、蓝紫色或蓝色，管状钟形，分裂至中部。蒴果倒卵状圆锥形，3 室。种子长矩圆状。花期 7～9 月，果期 8～10 月。

【生　　境】生于林缘、灌丛、山坡及路边草地。

【药用价值】全草入药。清热解毒，止痛。

【材料来源】吉林省通化市长白山，共 3 份，样本号 CBS289MT01～03。

【ITS2 序列特征】获得 ITS2 序列 3 条，比对后长度为 270bp，有 1 个变异位点，为 18 位点 C-T 变异。序列特征如下：

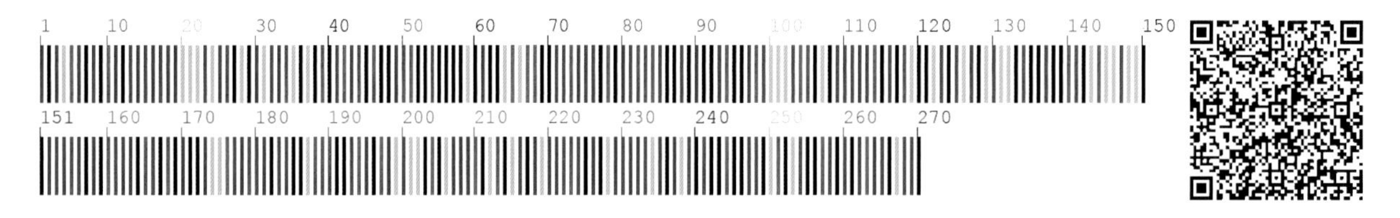

【*psbA-trnH* 序列特征】获得 *psbA-trnH* 序列 3 条，比对后长度为 380bp，无变异位点。序列特征如下：

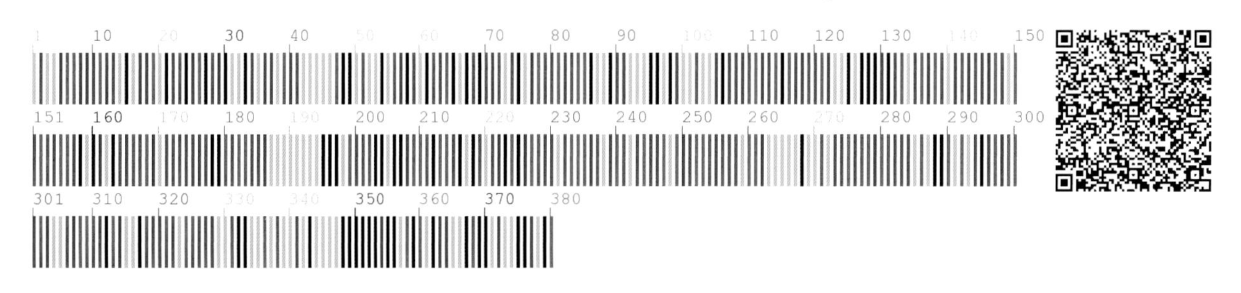

498 紫斑风铃草 Campanula punctata Lam.

【别　　名】风铃草，山小菜，灯笼花

【形态特征】多年生草本。全株被刚毛。茎直立，通常在上部分枝。基生叶具长柄，心状卵形；茎生叶下部的有带翅的长柄，三角状卵形至披针形，边缘具不整齐钝齿。花顶生于主茎及分枝顶端，下垂；花萼裂片长三角形，裂片间有一个卵形至卵状披针形且反折的附属物，它的边缘有芒状长刺毛；花冠白色，花冠筒内壁带紫斑，前端5裂，筒状钟形；雄蕊5，花药狭，花丝有疏毛；子房下位，花柱无毛，柱头3裂。蒴果半球状倒锥形。种子灰褐色，矩圆状，稍扁。花期6～7月，果期7～8月。

【生　　境】生于林缘、灌丛、山坡及路边草地等处。

【药用价值】全草入药。清热解毒，止痛。

【材料来源】吉林省通化市东昌区，共1份，样本号CBS227MT01。

【*psbA-trnH* 序列特征】获得 *psbA-trnH* 序列1条，长度为311bp。序列特征如下：

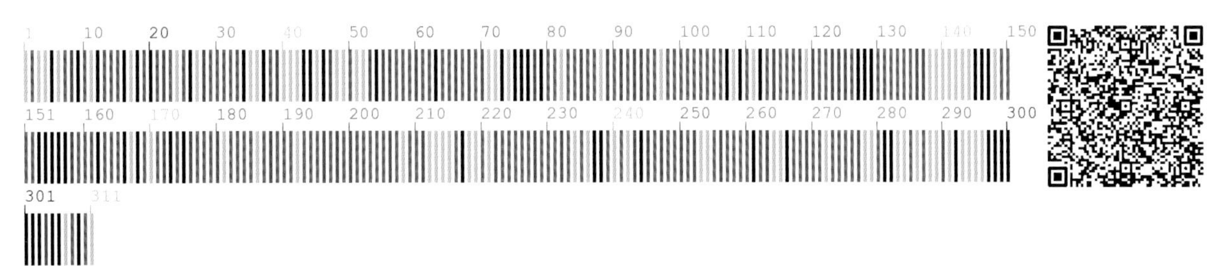

499 羊乳 **Codonopsis lanceolata** (Siebold et Zucc.) Trautv.

【别　　名】轮叶党参，白蟒肉，山胡萝卜

【形态特征】多年生草质藤本。全株光滑无毛。肉质直根，根常肥大呈纺锤形。主茎上的叶互生，披针形或菱状狭卵形；在小枝顶端通常 2～4 叶簇生，近轮生状。花单生或对生于小枝顶端；花萼贴生至子房中部，筒部半球状；花冠阔钟状，浅裂，裂片三角状，反卷，黄绿色或乳白色内有紫斑；子房下位。蒴果下部半球状，上部有喙。种子多数，卵形，有翼，细小，棕色。花果期 7～8 月。

【生　　境】生于山地灌木林下沟边阴湿地区或阔叶林内。

【药用价值】根入药。清热解毒，滋补强壮，补虚通乳，排脓，润肺祛痰。

【材料来源】吉林省通化市二道江区，共 3 份，样本号 CBS178MT01～03。

【ITS2 序列特征】获得 ITS2 序列 3 条，比对后长度为 240bp，有 2 个变异位点，分别为 33 位点、115 位点 C-T 变异。序列特征如下：

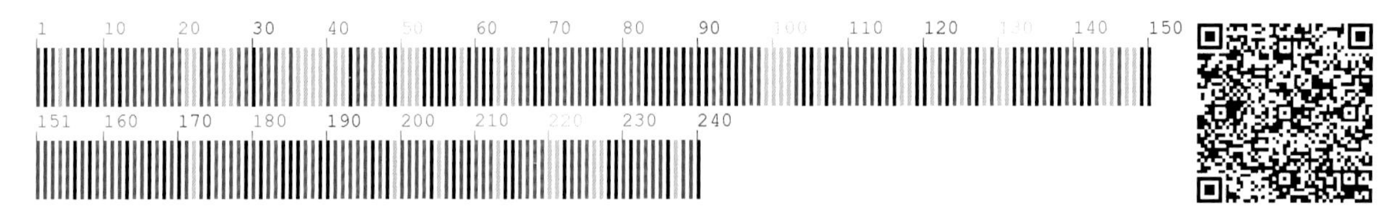

【*psbA-trnH* 序列特征】获得 *psbA-trnH* 序列 2 条，比对后长度为 276bp，有 1 处插入 / 缺失，为 107 位点。序列特征如下：

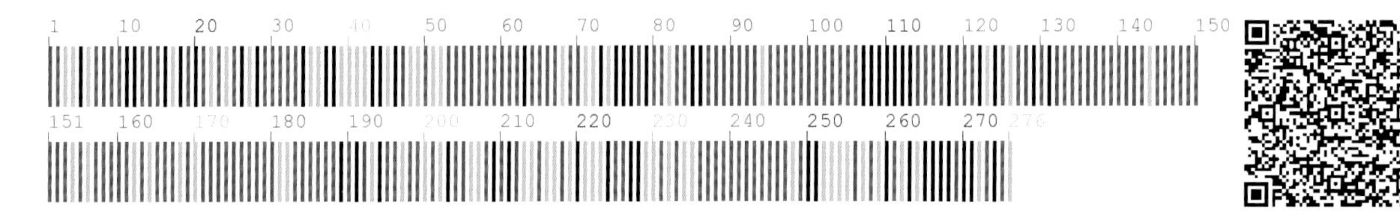

500　党参　**Codonopsis pilosula** (Franch.) Nannf.

【别　　名】东党参

【形态特征】多年生草质缠绕藤本。全株有类似汽油味，有白色乳汁。根粗壮，长圆柱形，顶端具有一膨大的根头，具多数瘤状的茎痕。茎多分枝，幼株密生绒毛。叶互生，卵形或狭卵形，边缘有波状锯齿。花1～3朵生于分枝顶端；花萼无毛，裂片5，狭矩圆形或矩圆状披针形；花冠淡黄绿色，宽钟状，无毛，5浅裂，裂片正三角形；雄蕊5；子房半下位，3室。蒴果圆锥形，成熟后3瓣裂。种子无翼，有光泽。花期7～8月，果期9～10月。

【生　　境】生于土质肥沃的山坡、林缘、疏林灌丛、路旁及小河旁。常聚生成片。

【药用价值】根入药。补中益气，便脾益肺，和胃生津，祛痰止咳。

【材料来源】吉林省白山市江源区，共3份，样本号CBS447MT01～03。

【ITS2序列特征】获得ITS2序列3条，比对后长度为239bp，无变异位点。序列特征如下：

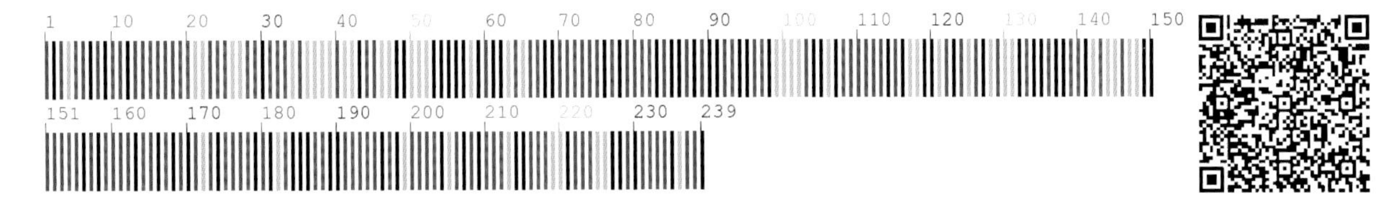

【*psbA-trnH*序列特征】获得*psbA-trnH*序列3条，比对后长度为360bp，无变异位点。序列特征如下：

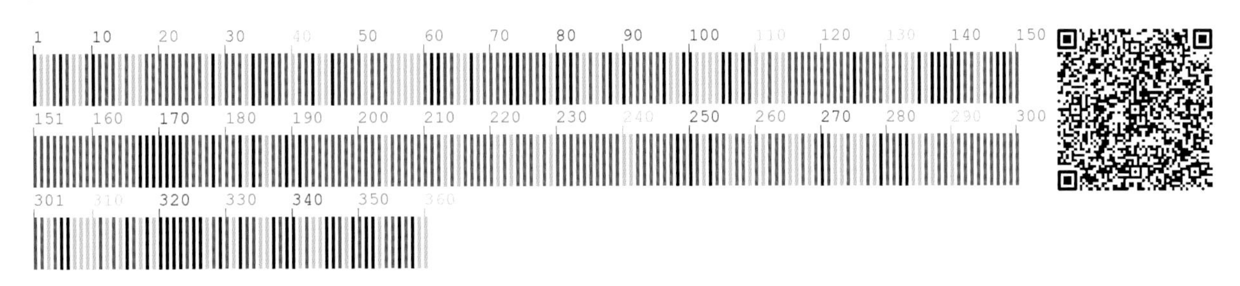

501 桔梗 Platycodon grandiflorus (Jacq.) A. DC.

【别　　名】和尚帽子，道拉基

【形态特征】多年生草本。全株有白色乳汁。根粗壮，圆锥形，表皮黄褐色。茎直立，单一或分枝。叶 3 枚轮生，有时对生或互生，卵形或卵状披针形，边缘有尖锯齿。花 1 至数朵生于茎及分枝顶端；花萼筒钟状；花冠蓝紫色，宽钟状，无毛；雄蕊 5，与花冠裂片互生，花药黄色；花柱较雄蕊长。蒴果倒卵形。

【生　　境】生于山地林缘、山坡、草地、灌丛或草甸等处。

【药用价值】根入药。宣肺祛痰，散寒利咽，排脓疗痈。

【材料来源】吉林省通化市东昌区，共 3 份，样本号 CBS929MT01～03。

【ITS2 序列特征】获得 ITS2 序列 3 条，比对后长度为 261bp，无变异位点。序列特征如下：

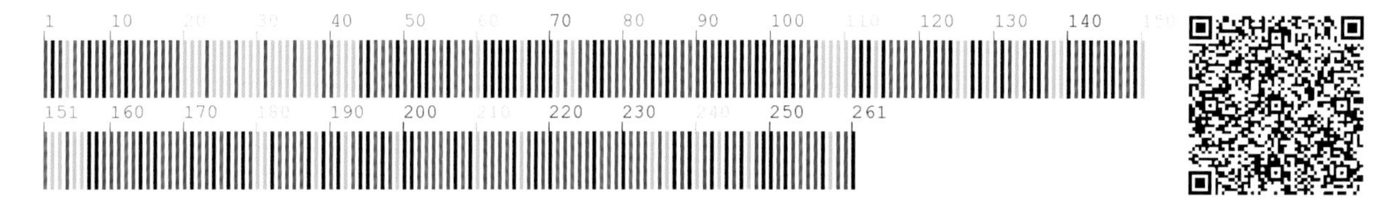

【*psbA-trnH* 序列特征】获得 *psbA-trnH* 序列 3 条，比对后长度为 347bp，无变异位点。序列特征如下：

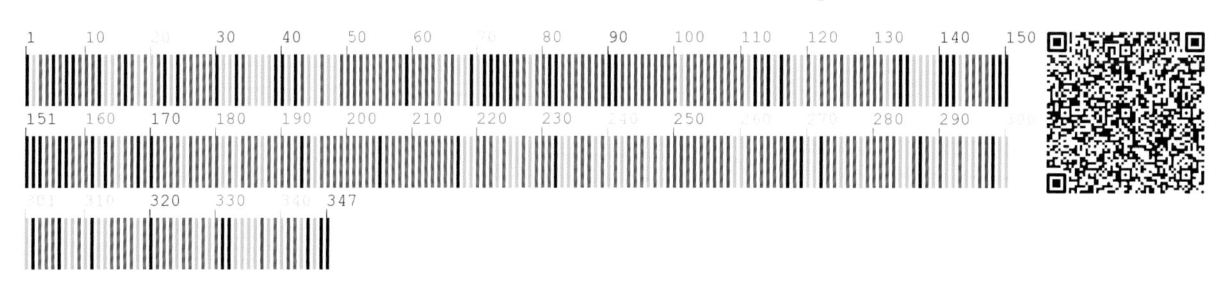

菊科　Asteraceae

502　齿叶蓍　**Achillea acuminata** (Ledeb.) Sch.-Bip.

【别　　名】单叶蓍

【形态特征】多年生草本。基部和茎下部叶花期凋落，茎中部叶披针形或条状披针形，边缘具整齐上弯的重小锯齿。头状花序较多数，排成疏伞房状；总苞半球形；总苞片3层，覆瓦状排列，外层较短，卵状矩圆形，内层矩圆形，顶端圆形。边缘舌状花14朵；舌片白色，顶端具3圆齿；两性管状花白色。瘦果倒披针形，无冠状冠毛。花期7～8月，果期8～9月。

【生　　境】生于山坡下湿地、草甸、林缘等处。

【药用价值】带花全草入药。活血祛风，解毒止痛，止血消肿。

【材料来源】吉林省延边朝鲜族自治州安图县，共3份，样本号CBS887MT01～03。

【ITS2序列特征】获得ITS2序列3条，比对后长度为206bp，无变异位点。序列特征如下：

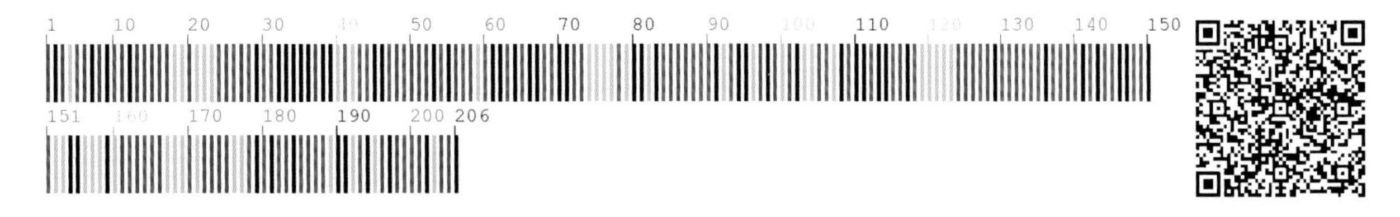

【*psbA-trnH*序列特征】获得*psbA-trnH*序列3条，比对后长度为370bp，无变异位点。序列特征如下：

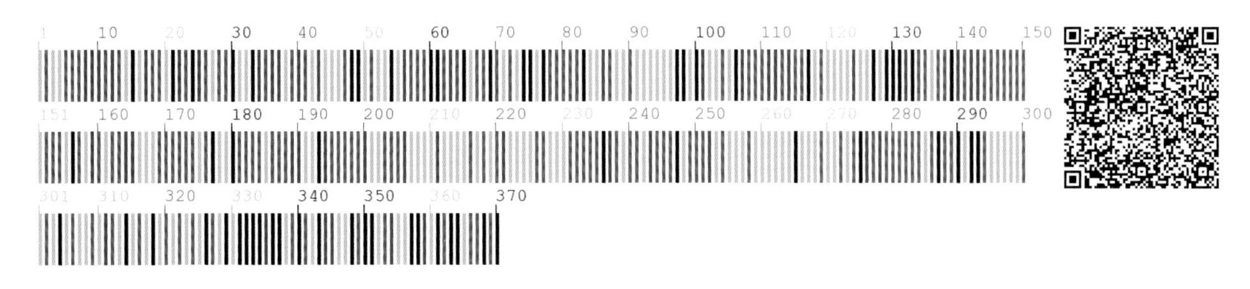

503 短瓣蓍 **Achillea ptarmicoides** Maxim.

【别　　名】鸡冠子菜，千锯草，锯草，蜈蚣草，羽衣草，蚰蜒草，锯齿草

【形态特征】多年生草本。叶无柄，条形至条状披针形，篦齿形羽状深裂或近全裂。头状花序多数集成伞房状；总苞钟状，淡黄绿色；总苞片 3 层，外层卵形，中层椭圆形，内层矩圆形；边花 6～8，舌片淡黄白色，极小，稍超出总苞；管状花白色，顶端具 5 齿。瘦果矩圆形或宽倒披针形。花期 7～8 月，果期 8～9 月。

【生　　境】生于河谷草甸、山坡路旁、灌丛间等处。

【药用价值】带花全草入药。解毒消肿，解毒消肿，活血止血，健胃。

【材料来源】吉林省通化市通化县，共 3 份，样本号 CBS454MT01～03。

【ITS2 序列特征】获得 ITS2 序列 3 条，比对后长度为 206bp，无变异位点。序列特征如下：

【*psbA-trnH* 序列特征】获得 *psbA-trnH* 序列 3 条，比对后长度为 498bp，无变异位点。序列特征如下：

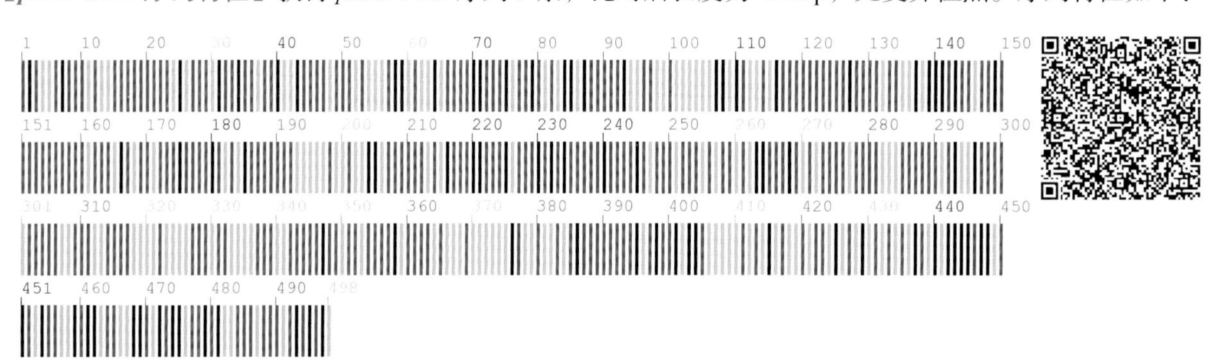

504　和尚菜　**Adenocaulon himalaicum** Edgew.

【别　　名】腺梗菜，葫芦叶，小皮袄，葫芦菜

【形态特征】多年生草本。全株有蛛丝状白毛。茎直立。叶互生，叶柄有不等宽的翅。头状花序半球形，排列成圆锥状，果期花梗伸长，密生腺毛；总苞半球形；总苞片1层，果期向后反卷；边花1层，雌性，花冠广钟形，白色，先端4～5深裂，裂片先端尖，花柱2浅裂，结实；中央花两性，淡白色，不育。瘦果中部以上有多数腺毛。花期7～8月，果期9～10月。

【生　　境】生于林下、林缘、路旁、河边湿地及水沟附近。常聚生成片。

【药用价值】根及根茎入药。止咳平喘，利水散瘀。

【材料来源】吉林省通化市东昌区，共3份，样本号CBS372MT01～03。

【ITS2序列特征】获得ITS2序列3条，比对后长度为227bp，无变异位点。序列特征如下：

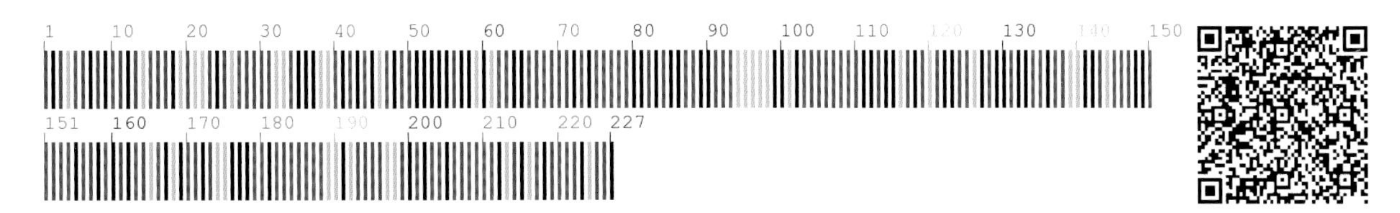

【*psbA-trnH*序列特征】获得*psbA-trnH*序列3条，比对后长度为431bp，无变异位点。序列特征如下：

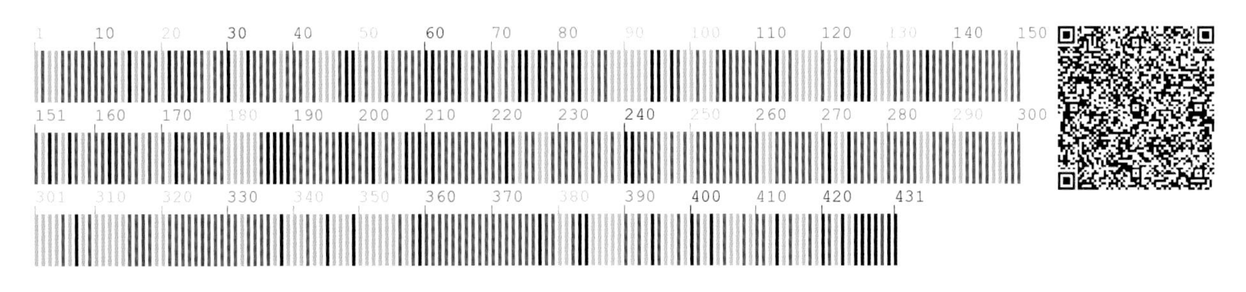

505 豚草 Ambrosia artemisiifolia L.

【别　　名】豕草

【形态特征】一年生草本。茎下部叶对生，具短叶柄，二回羽状分裂；茎上部叶互生，无柄。雄头状花序半球形或卵形，具短梗，下垂，在枝端密集成总状花序；总苞宽半球形或碟形；花托具刚毛状托片；每个头状花序有 10～15 朵不育的小花；花冠淡黄色；花药卵圆形；花柱不分裂，顶端膨大呈画笔状。雌头状花序无花序梗。瘦果倒卵形。花期 8～9 月，果期 9～10 月。

【生　　境】生于田野、路旁或河边湿地等处。

【药用价值】全草入药。消炎。

【材料来源】吉林省通化市东昌区，共 3 份，样本号 CBS354MT01～03。

【ITS2 序列特征】获得 ITS2 序列 3 条，比对后长度为 232bp，无变异位点。序列特征如下：

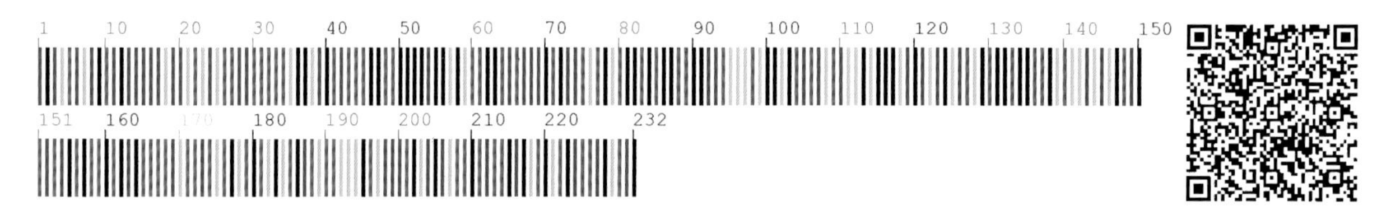

【*psbA-trnH* 序列特征】获得 *psbA-trnH* 序列 3 条，比对后长度为 459bp，无变异位点。序列特征如下：

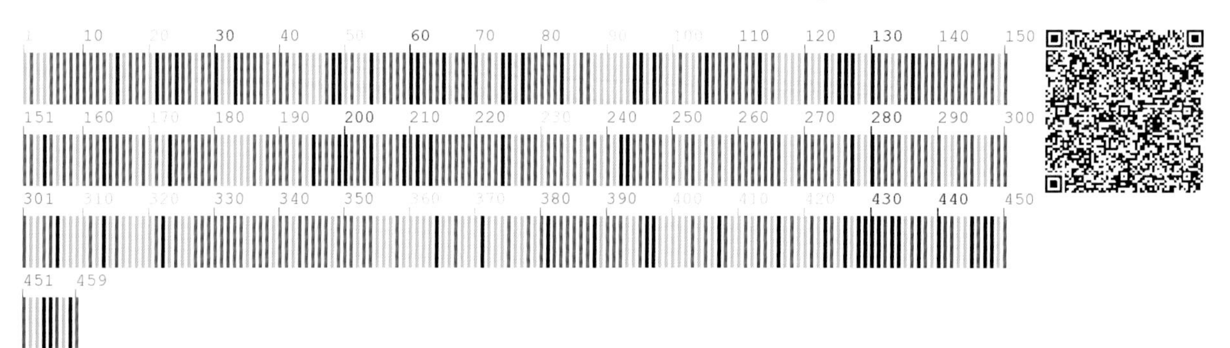

506 牛蒡 Arctium lappa L.

【别　　名】恶实，鼠粘子，鼠见愁，老母猪耳朵，大力子

【形态特征】二年生草本。根肉质。基生叶丛生，有长柄；叶三角状卵形，基部心形，背面密被白色绵毛；茎生叶有柄，向上渐小。头状花序丛生或排列成伞房状，有梗；总苞近球形；总苞片多层，覆瓦状排列，近等长；苞片顶端具钩刺；花全部筒状，淡紫色，顶端5齿裂，裂片狭。瘦果椭圆形或倒卵形，灰黑色；冠毛为刚状毛。花期7～8月，果期8～9月。

【生　　境】生于草地、山坡及村路旁等地。

【药用价值】果实入药。疏散风热，宣肺透疹，解毒利咽。

【材料来源】吉林省通化市东昌区，共5份，样本号CBS365MT01～05。

【ITS2 序列特征】获得ITS2序列5条，比对后长度为223bp，无变异位点。序列特征如下：

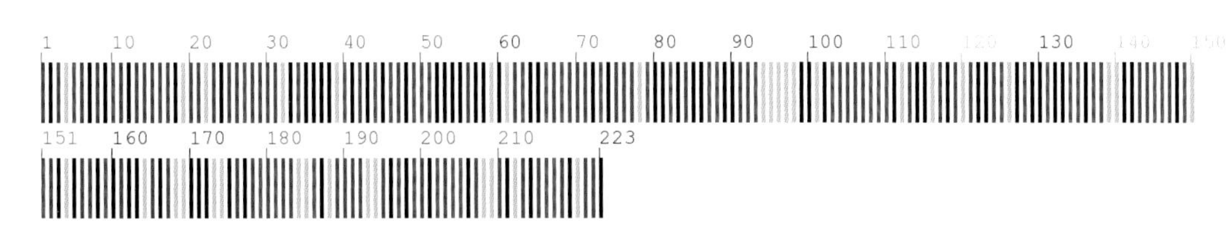

【*psbA-trnH* 序列特征】获得*psbA-trnH*序列5条，比对后长度为480bp，无变异位点。序列特征如下：

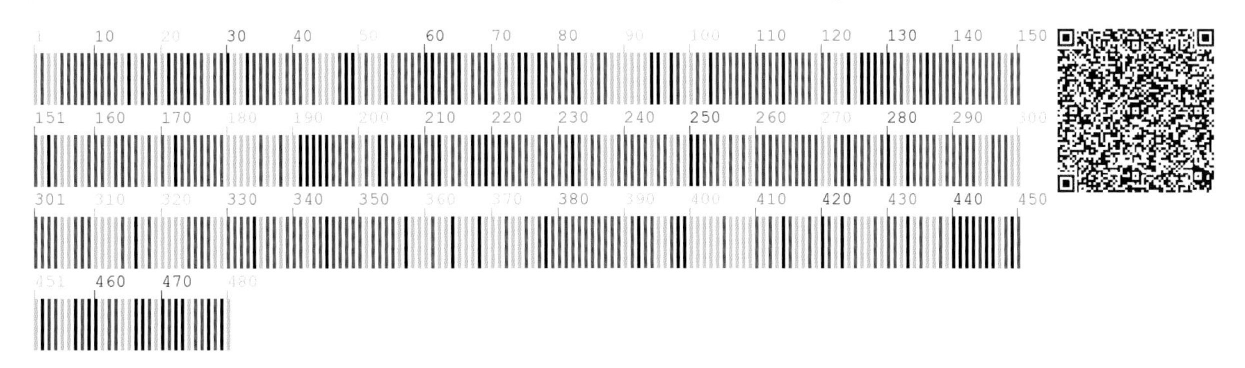

507　黄花蒿　**Artemisia annua** L.

【别　　名】臭蒿，黄蒿，青蒿，草蒿，臭青蒿，黄蒿子

【形态特征】一年生草本。茎直立，圆柱形，表面具有纵浅槽，幼时绿色，老时变为枯黄色，上部多分枝。茎中部叶卵形，二至三回羽状分裂，裂片较宽而短；茎上部叶较小，常一回羽状细裂，呈栉齿状。头状花序多数，小型，球状，排列成顶生复总状或总状。瘦果长卵圆形，无毛。

【生　　境】生于山坡、林缘、撂荒地及沙质河岸沟地等处。

【药用价值】地上部分入药。清虚热，除骨蒸，解暑热，截疟，退黄。

【材料来源】吉林省通化市东昌区，共 3 份，样本号 CBS935MT01～03。

【ITS2 序列特征】获得 ITS2 序列 3 条，比对后长度为 225bp，无变异位点。序列特征如下：

【*psbA-trnH* 序列特征】获得 *psbA-trnH* 序列 3 条，比对后长度为 373bp，无变异位点。序列特征如下：

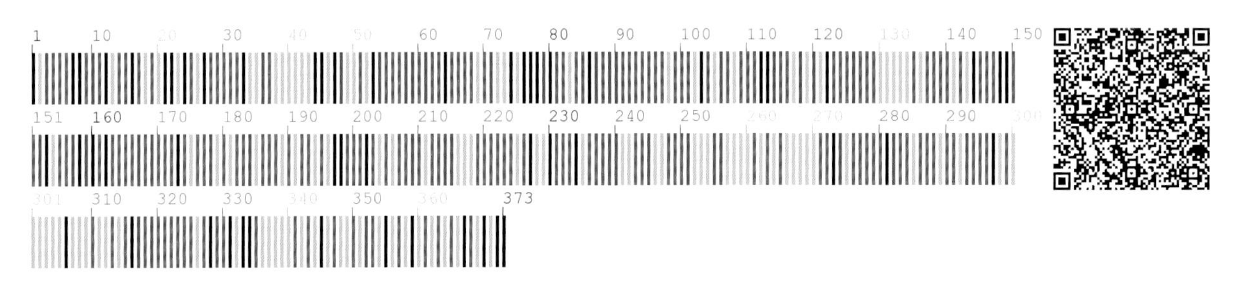

508 艾 **Artemisia argyi** H. Lév. et Vaniot

【别　　名】家艾，艾蒿，五月艾，艾叶，白艾，艾蒿叶

【形态特征】多年生草本。茎密生绒毛。叶卵状三角形，羽状深裂，侧裂片常2对，中裂片再3裂，背面有灰白色绒毛，上部叶简化。头状花序多数，形成复总状；总苞卵形；总苞片4～5层，外层较小，中、内层较大，边缘膜质，背面有绵毛；花带红色，多数外层雌性，内层两性。瘦果长圆形。花期6月，果期7月。

【生　　境】生于山野、路旁、荒地及林缘等处。

【药用价值】叶入药。温经止血，散寒止痛，止咳平喘，化痰，安胎。

【材料来源】吉林省延边朝鲜族自治州安图县，共3份，样本号CBS749MT01～03。

【ITS2序列特征】获得ITS2序列3条，比对后长度为225bp，有2个变异位点，分别为90位点T-C变异、185位点A-G变异。序列特征如下：

【*psbA-trnH*序列特征】获得*psbA-trnH*序列3条，比对后长度为465bp，无变异位点。序列特征如下：

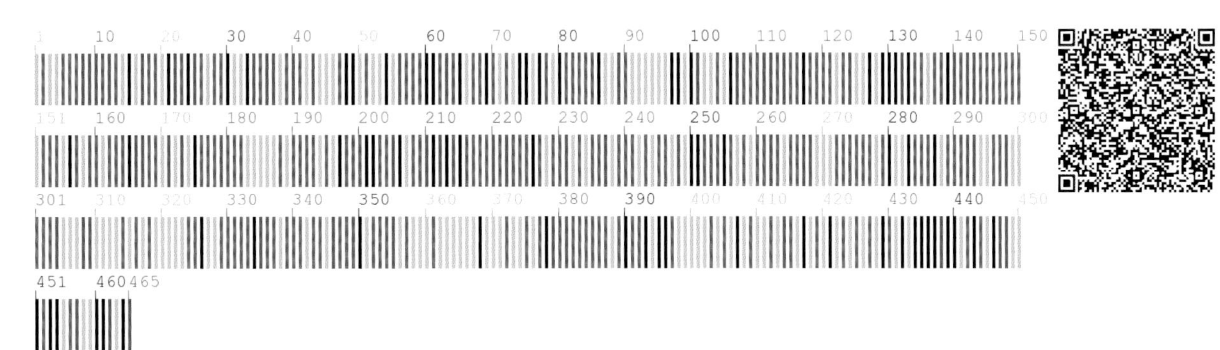

509 茵陈蒿 **Artemisia capillaris** Thunb.

【别　　名】东北茵陈蒿，吱啦蒿，捂梨蒿，白蒿子

【形态特征】一年生草本。基部木质化。基生叶及茎下部叶有柄；叶一至二回羽状全裂；茎上部叶向上渐小，羽状全裂，裂片丝状条形。头状花序卵形，常向一侧俯垂，多数，排列成圆锥状；苞片 1～2；总苞片 3～4 层；边花 3～10，雌性，花冠锥状，淡黄色，结实。瘦果极小。花期 8～9 月，果期 9～10 月。

【生　　境】生于山坡、草地、田野、路旁及住宅附近。常聚生成片。

【药用价值】幼苗入药。清热利湿，利胆退黄。

【材料来源】吉林省通化市集安市，共 3 份，样本号 CBS049MT01～03。

【ITS2 序列特征】获得 ITS2 序列 3 条，比对后长度为 226bp，有 2 个变异位点，分别为 186 位点 C-T 变异，204 位点为简并碱基。序列特征如下：

【*psbA-trnH* 序列特征】获得 *psbA-trnH* 序列 3 条，比对后长度为 492bp，有 8 个变异位点，分别为 144 位点、354 位点 T-G 变异，177 位点、339 位点 G-T 变异，207 位点 C-A 变异，261 位点、321 位点、394 位点 T-C 变异。序列特征如下：

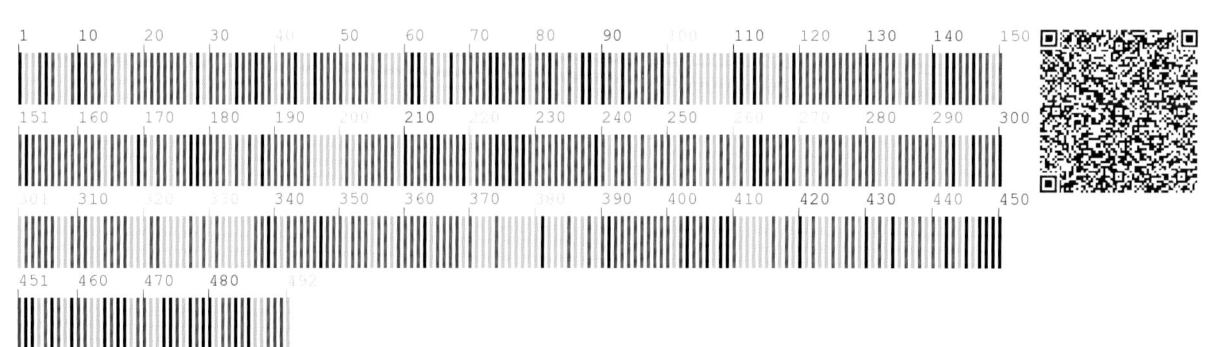

510　白莲蒿　Artemisia stechmanniana Besser

【别　　名】万年蒿，铁杆蒿，柏叶蒿，黑蒿

【形态特征】半灌木状草本。茎下部与中部叶二至三回栉齿形羽状分裂。头状花序近球形，下垂，并在茎上组成密集或略开展的圆锥花序；总苞片3～4层；雌花10～12；两性花20～40，花冠管状，叉端有短睫毛。瘦果狭椭圆状卵形或狭圆锥形。花果期8～10月。

【生　　境】生于中、低海拔地区的山坡、路旁、灌丛地及森林草原地区。

【药用价值】全草入药。清热解毒，祛风利湿。

【材料来源】吉林省通化市东昌区，共2份，样本号CBS381MT01、CBS381MT02。

【ITS2序列特征】获得ITS2序列2条，比对后长度为226bp，有1处插入/缺失，为19位点。序列特征如下：

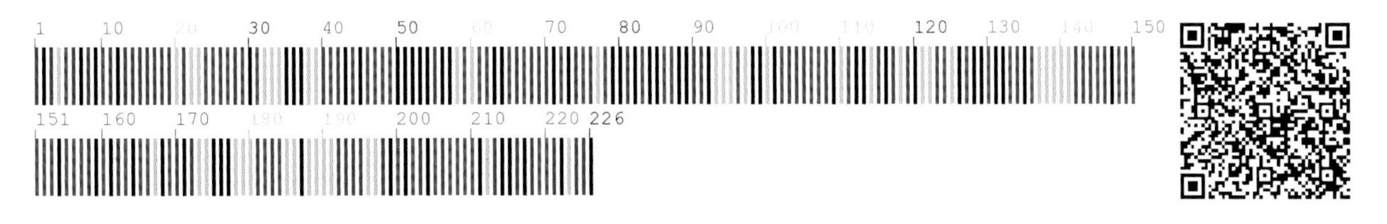

【*psbA-trnH*序列特征】获得*psbA-trnH*序列2条，比对后长度为487bp，无变异位点。序列特征如下：

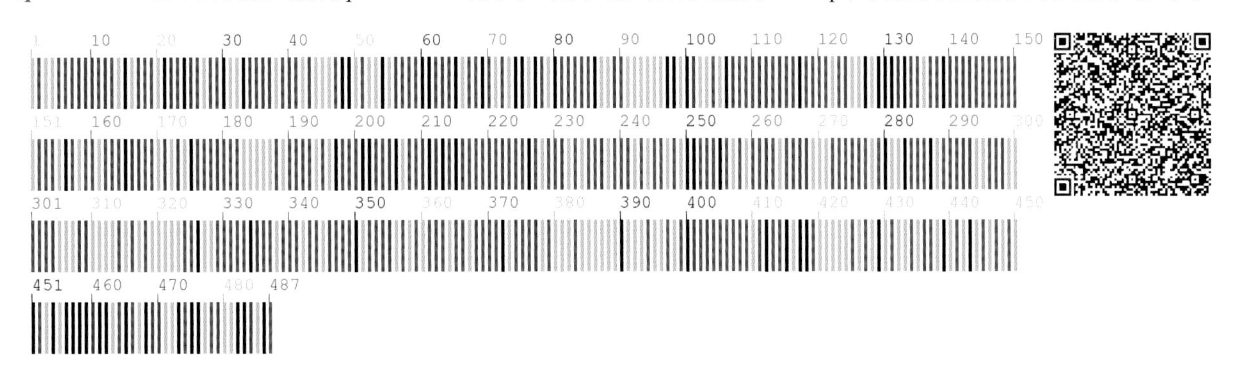

511 三脉紫菀 **Aster ageratoides** Turcz.

【别　　名】三脉马兰，三脉叶马兰，三褶脉马兰，三褶脉紫菀

【形态特征】多年生草本。茎直立。叶互生，茎下部叶宽卵形，急狭成短柄，茎中部叶椭圆形或长圆状披针形，边缘有 3～7 对浅或深锯齿；叶上面有短糙毛，有离基三出脉。头状花序排列成伞房状；总苞倒圆锥状；总苞片 3 层，有短缘毛；舌状花 10 多朵，舌片淡紫色、浅红色或白色；管状花黄色。瘦果倒卵状长圆形，被短粗毛。花期 7～8 月，果期 8～9 月。

【生　　境】生于林下、林缘、灌丛及山谷湿地等处。

【药用价值】根入药。清热解毒，止咳化痰，利尿止血。

【材料来源】吉林省通化市集安市，共 1 份，样本号 CBS504MT01。

【ITS2 序列特征】获得 ITS2 序列 1 条，长度为 219bp。序列特征如下：

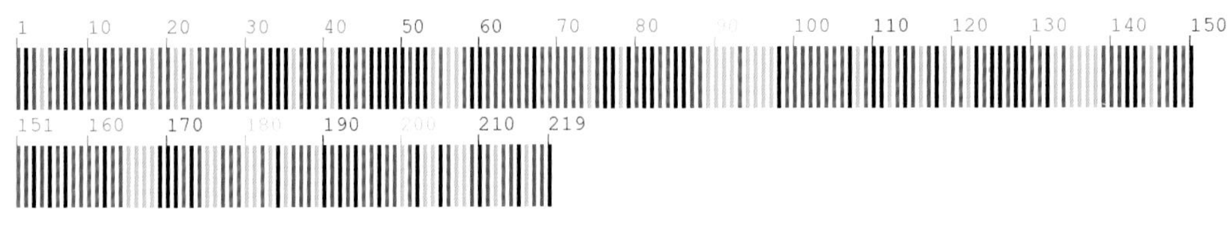

【*psbA-trnH* 序列特征】获得 *psbA-trnH* 序列 1 条，长度为 344bp。序列特征如下：

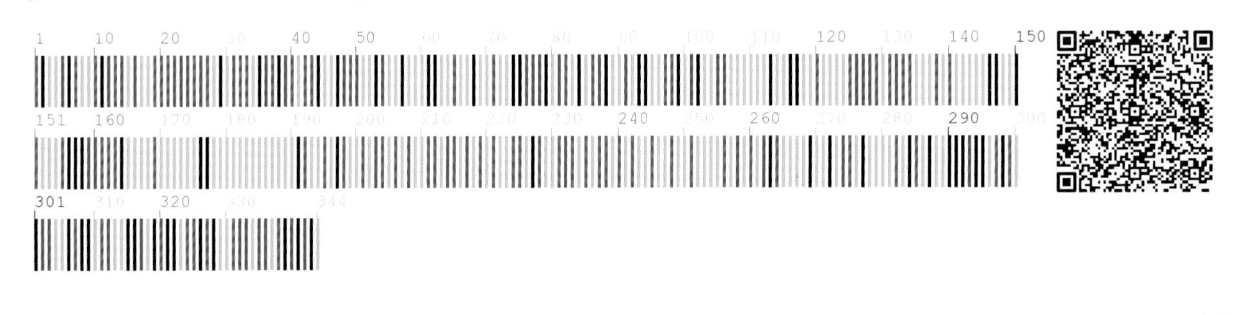

512 山马兰 Aster lautureanus (Debeaux) Franch.

【别　　名】北鸡儿肠，山北鸡儿肠，马兰头

【形态特征】多年生草本。茎直立，坚硬，具细棱，上部分枝，呈扫帚状，疏被毛。叶密生，近草质，茎下部叶花期枯萎；茎中部叶披针形或矩圆状披针形；分枝上的叶条状披针形，叶缘具疏齿或全缘。头状花序单生于分枝顶端且排成伞房状。总苞半球形；总苞片3层，覆瓦状排列，坚硬，有光泽，上部绿色，外层较短，顶端微尖，内层倒披针状长椭圆形；舌状花淡蓝色；管状花黄色。瘦果倒卵形。花期8～9月，果期9～10月。

【生　　境】生于山坡、林缘、荒地、路旁等处。

【药用价值】全草入药。清热解毒，凉血止血。

【材料来源】吉林省延边朝鲜族自治州安图县，共3份，样本号CBS730MT01～03。

【ITS2 序列特征】获得 ITS2 序列 3 条，比对后长度为 218bp，无变异位点。序列特征如下：

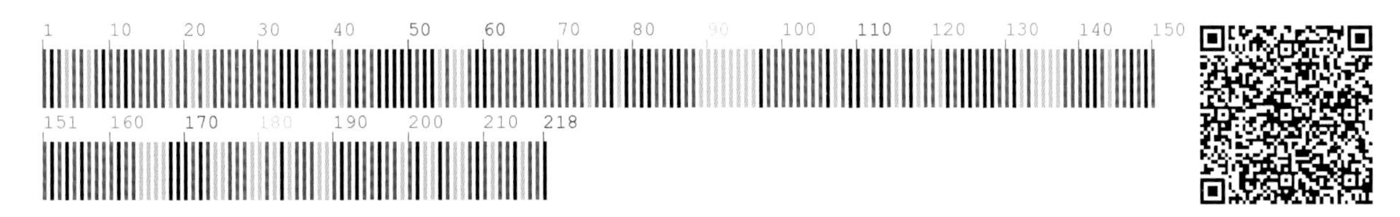

【*psbA-trnH* 序列特征】获得 *psbA-trnH* 序列 3 条，比对后长度为 265bp，无变异位点。序列特征如下：

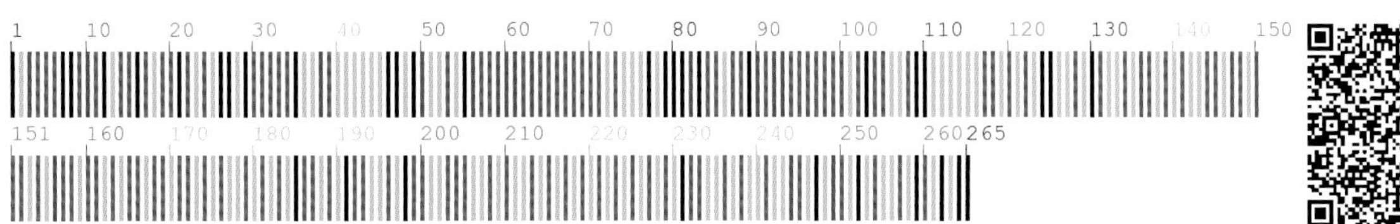

513 东风菜 **Aster scaber** Thunb.

【别　　名】山白菜，大耳毛，大耳朵毛，铧子尖菜

【形态特征】多年生草本。叶互生，基生叶有长柄；叶心形，边缘有小锯齿或重牙齿，两面有糙毛，茎上叶后期无毛。头状花序在枝端呈伞房状排列；总苞片3层，稀为2层，外围1层雌花，10朵，舌状，白色，带状长圆形，中央为两性花，多数，管状，淡黄色。瘦果有5条厚肋；冠毛黄色，多数，与管状花等长。花期7～8月，果期8～9月。

【生　　境】生于蒙古栎林下、林缘灌丛及林间湿草地等处。

【药用价值】全草入药。清热解毒，祛风止痛，行气活血。

【材料来源】吉林省通化市东昌区，共3份，样本号CBS373MT01～03。

【ITS2 序列特征】获得ITS2序列3条，比对后长度为219bp，无变异位点。序列特征如下：

【*psbA-trnH* 序列特征】获得 *psbA-trnH* 序列3条，比对后长度为308bp，无变异位点。序列特征如下：

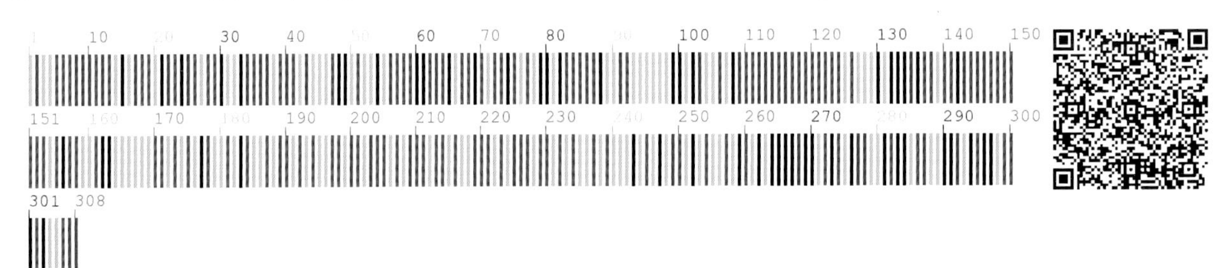

514 紫菀 Aster tataricus L.

【别　　名】青菀，驴夹板菜，夹板菜，山白菜，驴耳朵菜

【形态特征】多年生草本，高1～1.5cm。茎直立，表面有沟槽。基部叶长圆形或椭圆状匙形，茎下部叶匙状长圆形，茎中部叶长圆形或长圆披针形。头状花序多数，在茎和枝端排列成复伞房状；总苞半球形；苞片3层，条形或线状披针形；有舌状花约20朵，舌片蓝紫色。瘦果倒卵状长圆形，紫褐色；冠毛污白色或带红色。花期7～9月，果期8～10月。

【生　　境】生于山坡林缘、草地、草甸及河边草地等处。

【药用价值】根及根茎入药。润肺下气，化痰止咳，利尿。

【材料来源】吉林省通化市东昌区，共3份，样本号CBS368MT01～03。

【ITS2序列特征】获得ITS2序列3条，比对后长度为219bp，有1个变异位点，为86位点A-G变异。序列特征如下：

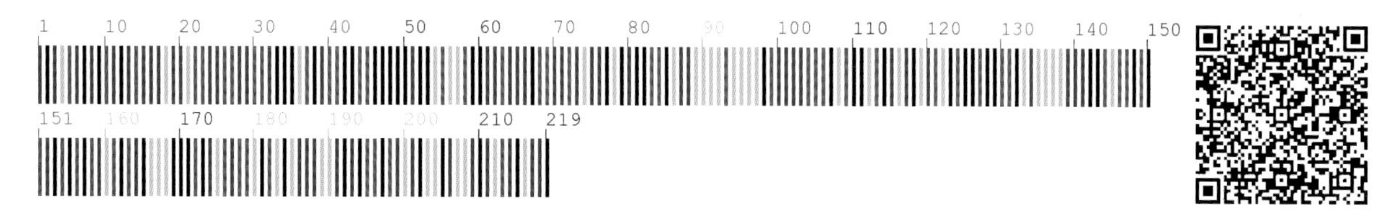

【*psbA-trnH*序列特征】获得*psbA-trnH*序列3条，比对后长度为282bp，无变异位点。序列特征如下：

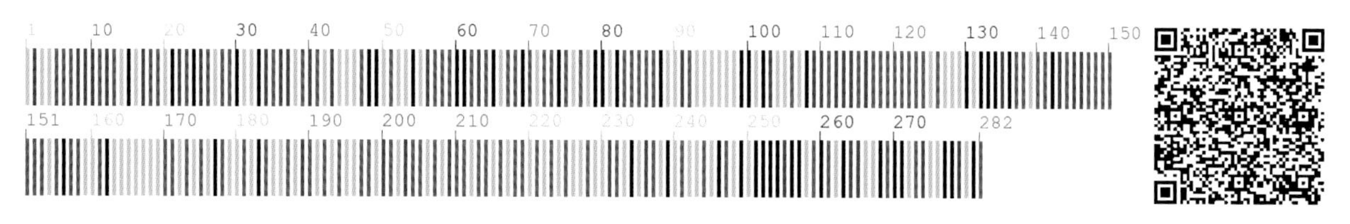

515 关苍术 **Atractylodes japonica** Koidz. ex Kitam.

【别　　名】东苍术，异叶苍术，枪头菜

【形态特征】多年生草本。根状茎结节状，肥大。茎中下部叶有长柄，叶三出或3～5羽裂，裂片长卵形或椭圆形。头状花序顶生，基部有叶状苞片，与头状花序等长，羽状深裂，裂片针形；总苞针形；花全部管状；花冠白色；花药基部箭形，具撕裂状小齿；花柱分枝肥厚，短，外面密被白毛，柱头2裂。瘦果密生白色柔毛；冠毛淡黄色。花期8～9月，果期9～10月。

【生　　境】生于山坡、灌丛、柞树林下及林缘。

【药用价值】根茎入药。健脾，燥湿，明目。

【材料来源】吉林省通化市东昌区，共3份，样本号 CBS418MT01～03。

【ITS2 序列特征】获得 ITS2 序列 3 条，比对后长度为 229bp，有 7 个变异位点，分别为 18 位点 T-A 变异，34 位点、47 位点 C-T 变异，55 位点、83 位点 A-G 变异，87 位点 T-C 变异，125 位点 A-T 变异。序列特征如下：

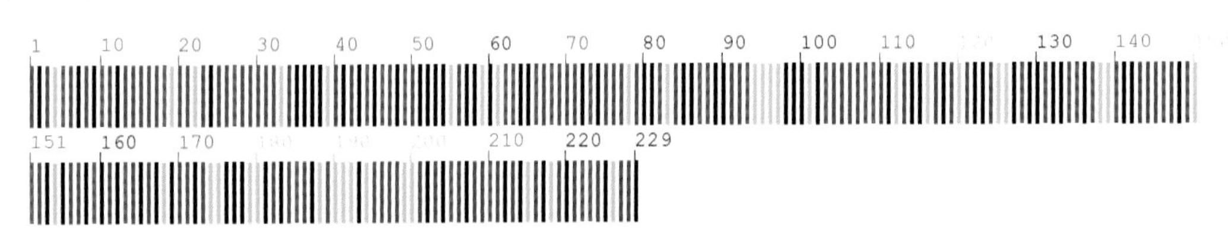

516 婆婆针 **Bidens bipinnata** L.

【别　　名】鬼针草，刺针草，粘身草，一包针，刺针草，鬼钗草，小鬼叉

【形态特征】一年生草本。叶二回羽状深裂至全裂，小裂片三角形或菱状披针形。头状花序直径6～10mm；总苞杯形，外层苞片5～7，条形；舌状花通常1～3，花冠檐5齿裂。瘦果条形。花期8～9月，果期9～10月。

【生　　境】生于路边荒地、山坡、田间及海边湿地等处。

【药用价值】全草入药。清热解毒，祛风活血。

【材料来源】吉林省通化市集安市，共3份，样本号CBS896MT01～03。

【ITS2序列特征】获得ITS2序列3条，比对后长度为224bp，无变异位点。序列特征如下：

【*psbA-trnH*序列特征】获得*psbA-trnH*序列2条，比对后长度为410bp，有1处插入/缺失，为407位点。序列特征如下：

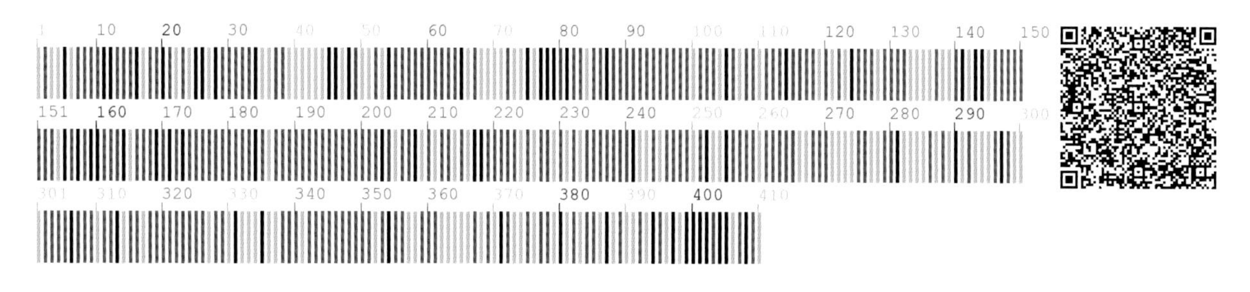

517 金盏银盘 **Bidens biternata** (Lour.) Merr. et Sherff

【别　　名】虾钳草，粘身草，锅叉草，小鬼叉

【形态特征】一年生草本。茎直立，近四棱形。叶对生，二回三出复叶，顶生小叶卵状披针形或卵状长圆形，基部楔形，先端长渐尖。头状花序直径 10mm；总苞片 2 层，外层线状披针形，内层长圆形；舌状花 3～5，黄色；管状花黄色，结实。瘦果线状四棱形，具 2～3 刺芒。花期 7～8 月，果期 8～9 月。

【生　　境】生于山坡、林缘、田野及草地等处。

【药用价值】全草入药。清热解毒，利尿，活血散瘀。

【材料来源】吉林省通化市集安市，共 3 份，样本号 CBS492MT01～03。

【**ITS2 序列特征**】获得 ITS2 序列 3 条，比对后长度为 224bp，无变异位点。序列特征如下：

【***psbA-trnH*** **序列特征**】获得 *psbA-trnH* 序列 3 条，比对后长度为 423bp，有 1 个变异位点，为 6 位点 A-C 变异。序列特征如下：

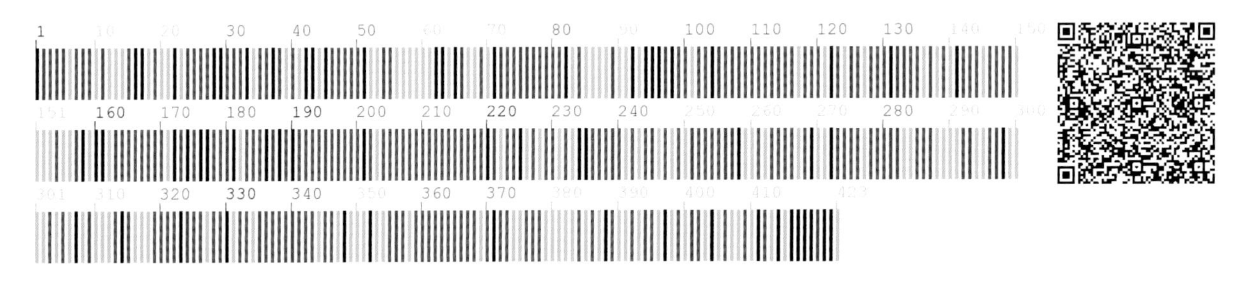

518 柳叶鬼针草 Bidens cernua L.

【形态特征】一年生或二年生草本。茎近圆柱形。单叶对生，极少轮生；叶不分裂，披针形至线状披针形。头状花序顶生，开花时下垂，有较长的花序梗；总苞盘状，外层苞片5～8，线状披针形，内层苞片膜质；托叶线状披针形，透明；舌状花黄色，卵状椭圆形，先端锐尖或有2～3枚小齿。瘦果狭楔形，具4棱。花期8～9月，果期9～10月。

【生　　境】生于河岸、沟边、水甸边等处。常聚生成片。

【药用价值】全草入药。清热解毒，散瘀消肿，祛风活血，止痒。

【材料来源】吉林省通化市二道江区，共3份，样本号CBS720MT01～03。

【ITS2序列特征】获得ITS2序列3条，比对后长度为225bp，无变异位点。序列特征如下：

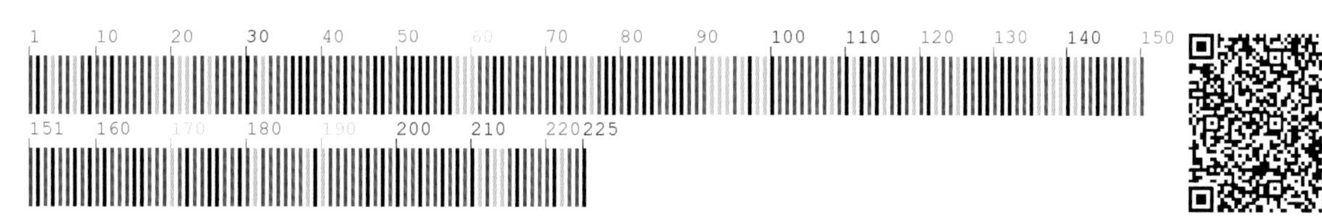

519 小花鬼针草 **Bidens parviflora** Willd.

【别　　名】鬼针草，细叶刺针草，细叶鬼针草

【形态特征】一年生草本。茎四棱形。基生叶花期枯萎；茎生叶对生或互生，有柄，基部扩展，半抱茎，叶二至三回羽状细裂，裂片条形或条状披针形。头状花序生于茎顶；总苞片 2 层，条状披针形；花全部管状，黄色，顶端 5 裂；花药基部钝；花柱分枝扁平，先端被乳头状凸起。瘦果条形，具 4 棱，棕黑色，顶端具 2 条冠毛刺。花期 7～8 月，果期 8～9 月。

【生　　境】生于山坡、草地、林缘、田野等处。

【药用价值】全草入药。清热解毒，活血散瘀。

【材料来源】吉林省通化市集安市，共 3 份，样本号 CBS491MT01～03。

【ITS2 序列特征】获得 ITS2 序列 3 条，比对后长度为 225bp，有 1 个变异位点，为 19 位点 C-T 变异。序列特征如下：

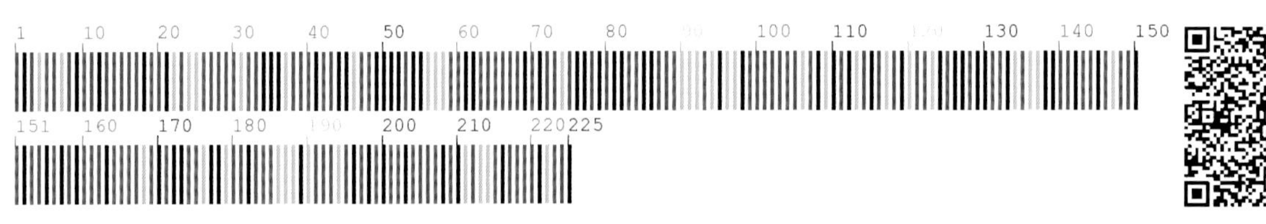

【*psbA-trnH* 序列特征】获得 *psbA-trnH* 序列 3 条，比对后长度为 482bp，无变异位点。序列特征如下：

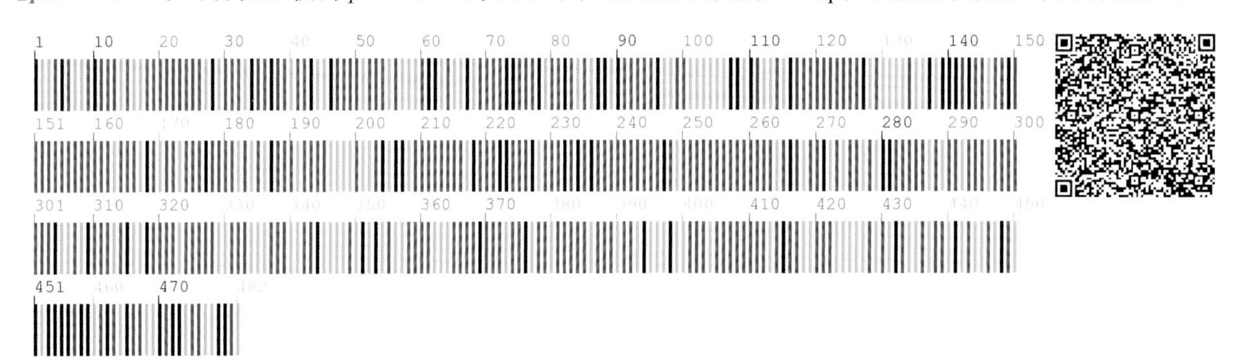

520 狼杷草 Bidens tripartita L.

【别　　名】鬼针草

【形态特征】一年生草本。茎圆柱形或稍呈四方形。叶对生，茎下部叶通常于花期枯萎，茎中部叶具柄，有狭翅；叶长椭圆状披针形，羽状深裂或全裂，裂片披针形至狭披针形，顶生裂片较大，裂片边缘均具疏锯齿；茎上部叶较小，三裂或不分裂。头状花序单生于茎端及枝端，高和宽近相等或高大于宽；总苞盘状，外层苞片条形或匙状倒披针形，内层苞片长椭圆形或卵状披针形，褐色；托片条状披针形，约与瘦果等长。无舌状花。瘦果扁，楔形或倒卵状楔形，边缘有倒刺毛，顶端芒刺通常2枚，两侧有倒刺毛。

【生　　境】生于沟边、河边湿地、水稻田等处。

【药用价值】全草入药。清热解毒、清咽利喉、抗炎止痢。

【材料来源】吉林省通化市柳河县，共3份，样本号CBS512MT01～03。

【ITS2序列特征】获得ITS2序列3条，比对后长度为224bp，有12个变异位点，分别为30位点、72位点、148位点G-A变异，100位点、155位点、159位点C-T变异，112位点、172位点T-C变异，138位点、178位点、208位点A-G变异，181位点C-A变异；有2处插入/缺失，分别为194位点、207位点。序列特征如下：

【*psbA-trnH*序列特征】获得*psbA-trnH*序列3条，比对后长度为426bp，有2处插入/缺失，分别为19位点、418位点。序列特征如下：

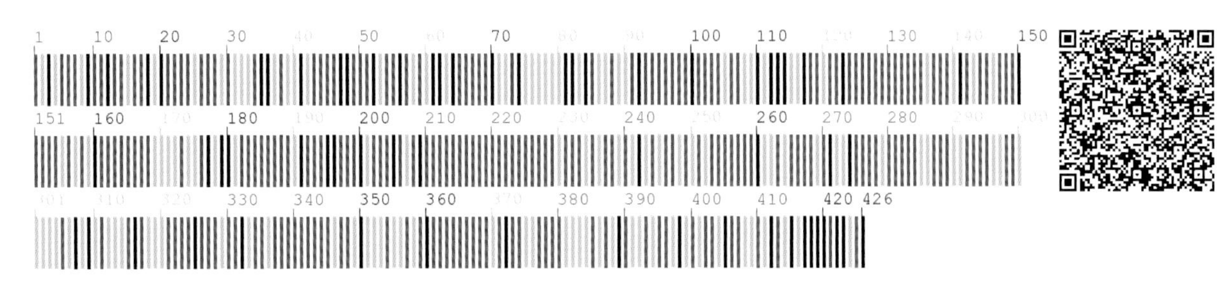

521 翠菊 **Callistephus chinensis** (L.) Ness

【别　　名】江西腊

【形态特征】一年生或二年生草本。茎直立，单生。茎中部叶卵形、菱状卵形或匙形或近圆形，顶端渐尖。头状花序单生于茎枝顶端；总苞半球形；总苞片 3 层，匙形至长椭圆形；雌花 1 层，蓝色或浅蓝色至近白色；舌片有长 2～3mm 的短管部；两性花花冠黄色。瘦果长椭圆状倒披针形，稍扁；外层冠毛宿存，内层冠毛雪白色。花期 8～9 月，果期 9～10 月。

【生　　境】生于山坡林缘、草地、草甸及河边草地。

【药用价值】花、叶入药。花：清肝明目；叶：清热凉血。

【材料来源】吉林省延边朝鲜族自治州安图县，共 3 份，样本号 CBS746MT01～03。

【ITS2 序列特征】获得 ITS2 序列 3 条，比对后长度为 219bp，无变异位点。序列特征如下：

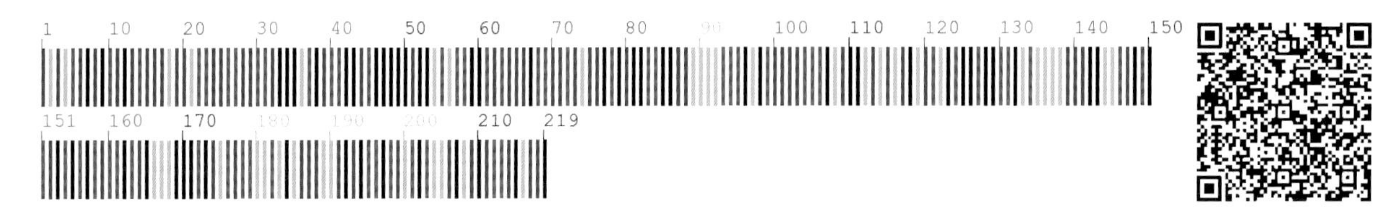

【*psbA-trnH* 序列特征】获得 *psbA-trnH* 序列 3 条，比对后长度为 277bp，无变异位点。序列特征如下：

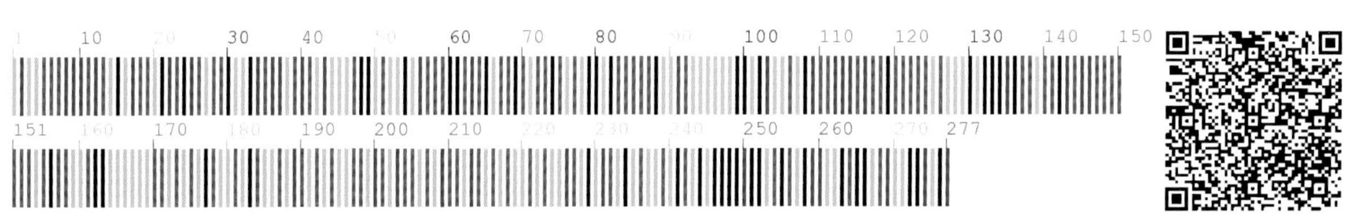

522 丝毛飞廉 **Carduus crispus** L.

【别　　名】老牛锉，老牛错，飞廉

【形态特征】二年生草本，高40～150cm。茎直立，具条棱及绿色翼，翼具刺齿。茎下部叶椭圆状披针形，羽状深裂，侧裂片7～12对，裂片边缘具刺，表面具细毛或无毛，背面初被蛛丝状毛，后渐无毛；茎上部叶渐小。头状花序生于分枝顶端；总苞钟形；总苞片多层，覆瓦状排列，外层较短，长三角形，中层线状披针形，先端具长刺尖，内层条形，膜质，稍带紫色；花冠管状，紫红色。瘦果椭圆形，先端斜截形，具果喙；冠毛多层，刺毛状，不等长，白色。花期6～7月，果期8～9月。

【生　　境】生于田间路旁和山坡荒地等处。

【药用价值】全草入药。祛风，清热，利湿，凉血散瘀。

【材料来源】吉林省通化市二道江区，共3份，样本号CBS728MT01～03。

【ITS2序列特征】获得ITS2序列3条，比对后长度为228bp，有2个变异位点，分别为120位点、156位点C-T变异。序列特征如下：

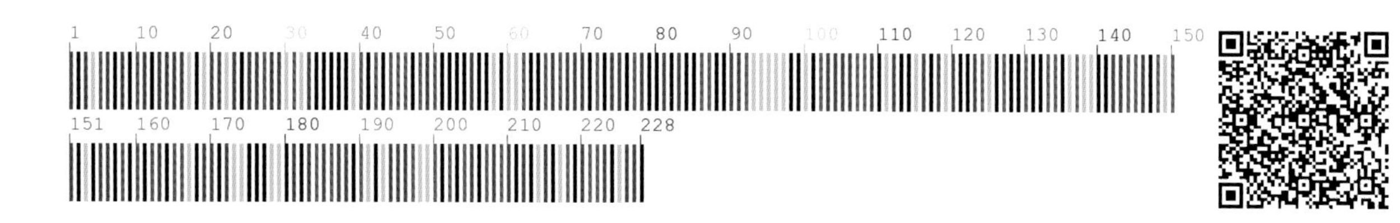

523 烟管头草 Carpesium cernuum L.

【别　　名】挖耳草，烟袋草

【形态特征】多年生草本。须根多数。叶椭圆形，基部楔形渐缩成叶柄，边缘有不规则锯齿；茎中部叶向上渐小。头状花序单生于茎端或上部枝顶，下垂；总苞片4层；花黄色，周边雌花，筒状，具小齿，中心两性花，结实；花冠较宽，先端5齿裂；雄蕊5，花药基部有箭头状尾；花柱平截，子房无毛。瘦果圆柱形，有纵肋，顶端有短喙和腺点。花期7～8月，果期8～9月。

【生　　境】生于路旁、林缘、山坡、草地等处。

【药用价值】全草、根入药。清热解毒，消肿止痛，止血，杀虫。

【材料来源】吉林省通化市二道江区，共2份，样本号CBS722MT01、CBS722MT02。

【ITS2 序列特征】获得ITS2序列2条，比对后长度为227bp，无变异位点。序列特征如下：

524 大花金挖耳 **Carpesium macrocephalum** Franch. et Sav.

【别　　名】大花金挖耳草，大花天名精，大烟袋锅草，大烟锅草，香油罐

【形态特征】多年生草本。茎直立，多分枝，密生短柔毛。叶互生，茎下部叶宽卵形，基部下延成宽翅柄，边缘有重锯齿；茎中上部叶渐小。头状花序大，开花时下垂，基部有数枚叶状苞片，椭圆形至披针形，边缘有锯齿；总苞扁球形或杯状；总苞片3层；花全部为管状花，外围的雌花5裂，雌花较短。瘦果圆柱状，稍弯，顶端有喙和腺点。花期7～8月，果期8～9月。

【生　　境】生于林下、林缘、山坡、草地等处。

【药用价值】全草入药。凉血，祛瘀。

【材料来源】吉林省通化市东昌区，共3份，样本号CBS445MT01～03。

【ITS2 序列特征】获得ITS2序列3条，比对后长度为227bp，无变异位点。序列特征如下：

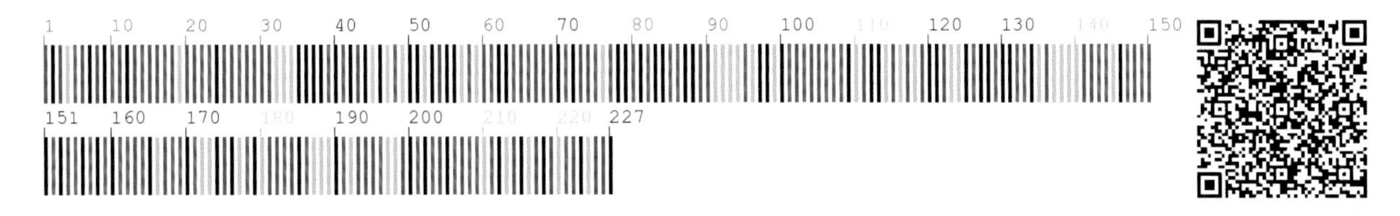

【*psbA-trnH* 序列特征】获得 *psbA-trnH* 序列2条，比对后长度为552bp，无变异位点。序列特征如下：

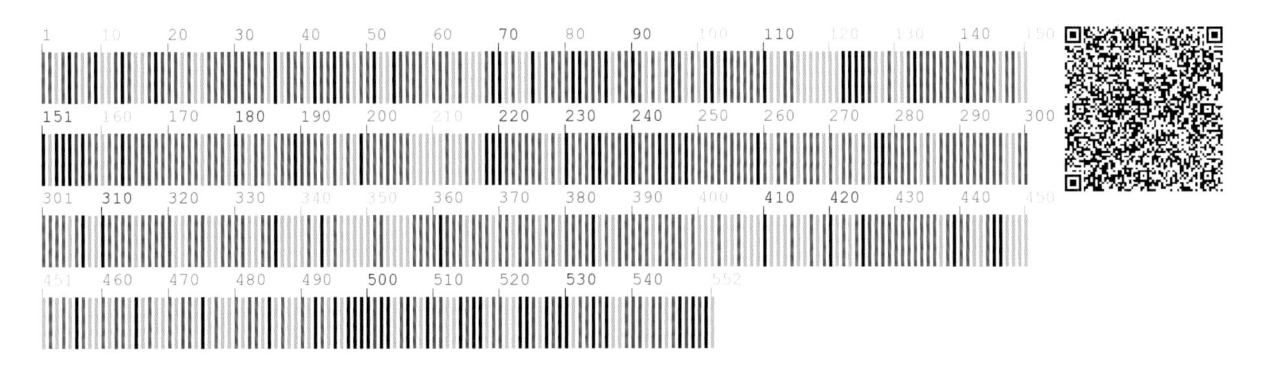

525 刺儿菜 **Cirsium arvense** var. **integrifolium** Wimmer et Grab.

【别　　名】小蓟，小蓟草，枪头菜，枪刀菜

【形态特征】多年生草本，高 20～70cm。茎直立，有条棱，被蛛丝状绵毛，上部少分枝或不分枝。基生叶莲座状，披针形或长圆状披针形；茎生叶互生，长圆形或长圆状披针形，不分裂，边缘有刺，两面密被蛛丝状绵毛。头状花序单生于茎或枝顶，雌雄异株；总苞片多层，外层短，长圆状披针形，先端有刺尖；雄头状花序较小，总苞紫红色，下筒部长为上筒部的 2 倍；雌头状花序较大。瘦果椭圆形。花期 6～7 月，果期 7～8 月。

【生　　境】生于田间、荒地、林间、路旁等处。常聚生成片。

【药用价值】全草入药。凉血止血，行瘀消肿。

【材料来源】吉林省通化市二道江区，共 3 份，样本号 CBS234MT01～03。

【ITS2 序列特征】获得 ITS2 序列 3 条，比对后长度为 228bp，无变异位点。序列特征如下：

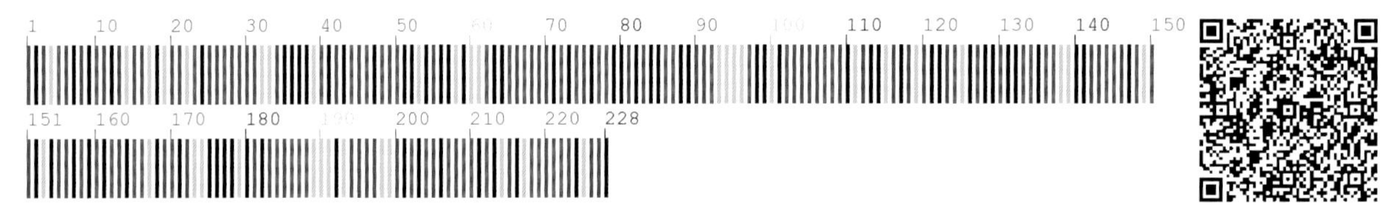

【*psbA-trnH* 序列特征】获得 *psbA-trnH* 序列 3 条，比对后长度为 468bp，有 1 处插入 / 缺失，为 391 位点。序列特征如下：

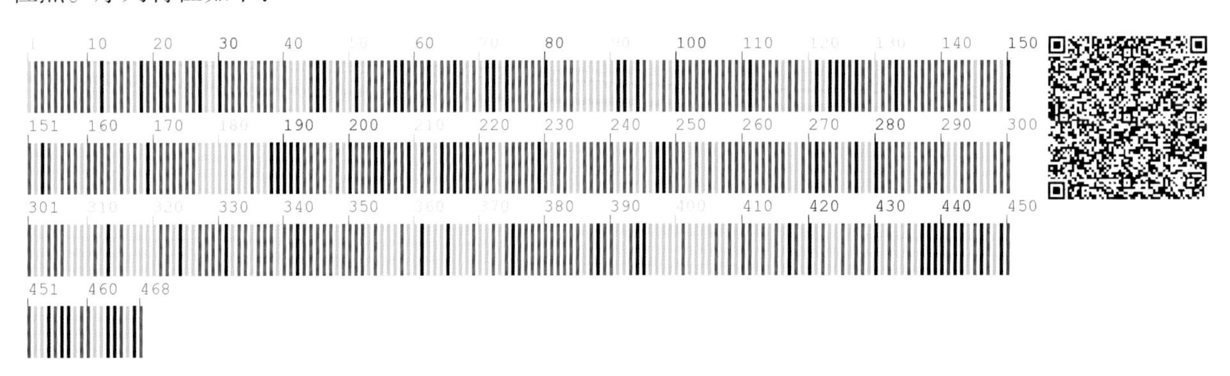

526 野蓟 Cirsium maackii Maxim.

【别　　名】大蓟，老牛锉，老牛错，牛戳口

【形态特征】多年生草本。茎生叶长椭圆形、披针形或披针状椭圆形，羽状浅裂，边缘具针刺，柄基部有时扩大半抱茎；向上的叶渐小，基部扩大成耳状抱茎。头状花序单生于枝端或排成伞房状，直立；总苞钟状；总苞片5层，外层及中层长三角状披针形至披针形，内层及最内层披针形至线状披针形；花管状，紫红色，两性，管部与檐部近等长，5浅裂。瘦果偏斜，倒披针形，淡黄色；冠毛多层，刚毛长羽毛状。花期6~7月，果期8~9月。

【生　　境】生于山坡林中、林缘、路旁河边或湿地等处。

【药用价值】全草入药。行瘀消肿，凉血止血，破血。

【材料来源】吉林省通化市二道江区，共3份，样本号CBS719MT01~03。

【ITS2序列特征】获得ITS2序列3条，比对后长度为228bp，无变异位点。序列特征如下：

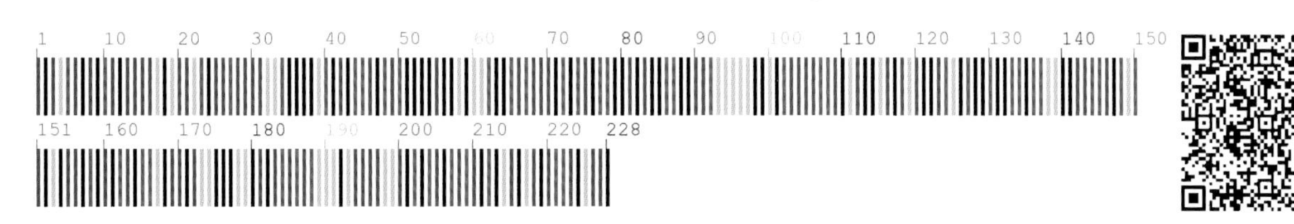

527 林蓟 **Cirsium schantarense** Trautv. et C. A. Meyer

【别　　名】齐头蒿，嫩青蒿

【形态特征】多年生草本。叶椭圆形、长卵形或披针形，羽状浅裂至全裂，边缘有针刺。头状花序生于茎枝顶端，头下垂；总苞宽钟状，直径 2cm；总苞片约 6 层，覆瓦状排列，顶端有针刺，内层及最内层披针形至线状披针形；小花紫红色，不等 5 浅裂。瘦果淡黄色，倒披针状；冠毛淡褐色，刚毛长羽毛状。花期 6～7 月，果期 8～9 月。

【生　　境】生于山坡林中、林缘、路旁或河边湿地等处。

【药用价值】全草入药。凉血止血，破血。

【材料来源】吉林省通化市柳河县，共 3 份，样本号 CBS275MT01～03。

【ITS2 序列特征】获得 ITS2 序列 3 条，比对后长度为 228bp，无变异位点。序列特征如下：

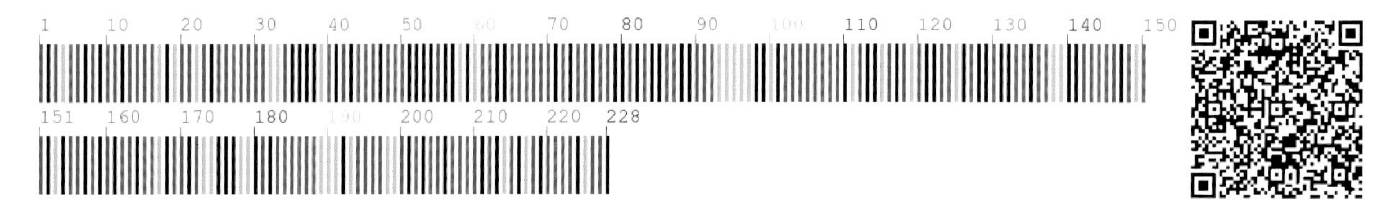

【*psbA-trnH* 序列特征】获得 *psbA-trnH* 序列 3 条，比对后长度为 468bp，无变异位点。序列特征如下：

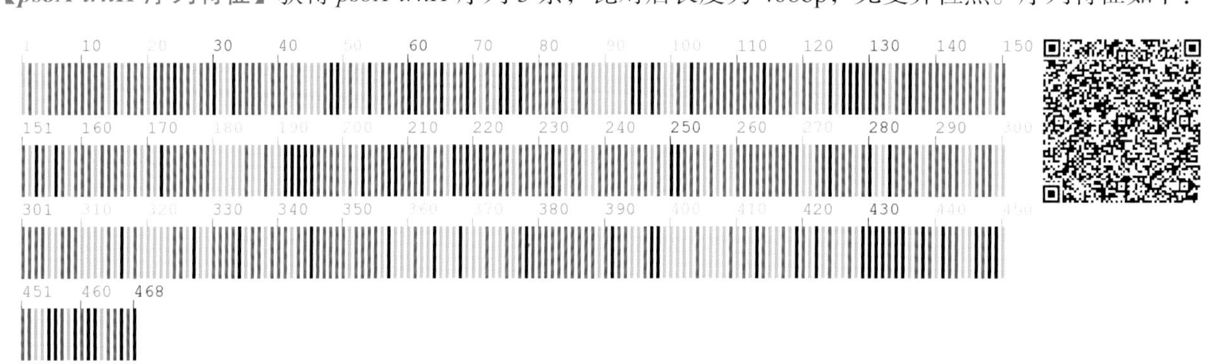

528 绒背蓟 Cirsium vlassovianum Fisch. ex DC.

【别　　名】绒毛蓟，猫腿姑，老牛锉，枪头菜

【形态特征】多年生草本。有块根。全部茎枝被稀疏绒毛。叶披针形或椭圆状披针形，不分裂，上面绿色，下面被稠密的绒毛，灰白色。头状花序单生于枝端；总苞片多层，全部苞片外面有黑色黏腺；小花紫色，不等5深裂。瘦果褐色，稍压扁，倒披针状或偏斜倒披针状，顶端截形或斜截形，有棕纹；冠毛浅褐色，多层，基部连合成环，刚毛长羽毛状。花期7～8月，果期8～9月。

【生　　境】生于山坡林中、林缘、河边或湿地等处。

【药用价值】根入药。祛风除湿，止痛。

【材料来源】吉林省通化市二道江区，共2份，样本号CBS731MT01、CBS731MT02。

【ITS2序列特征】获得ITS2序列2条，比对后长度为231bp，无变异位点。序列特征如下：

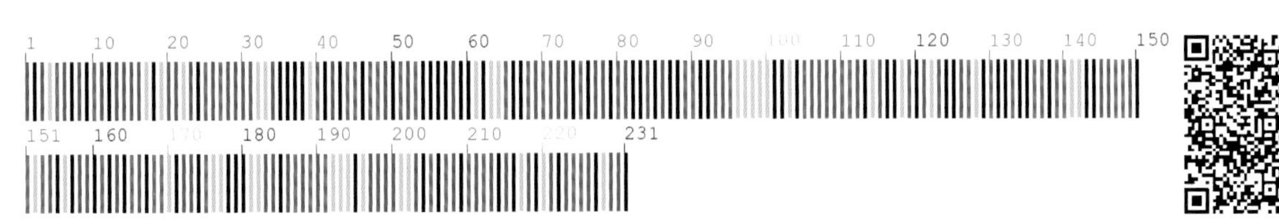

529 尖裂假还阳参 **Crepidiastrum sonchifolium** (Maxim.) Pak et Kawano subsp. **sonchifolium**

【别　　名】抱茎小苦荬，抱茎苦荬菜，苦碟子，败酱草，小苦菜，苦菜

【形态特征】多年生草本。全株有白色乳汁。茎直立，有分枝，有时带紫红色。基生叶莲座状，倒匙形或长圆状倒披针形；茎生叶较小，基部耳形或戟形，抱茎，羽裂。头状花序密集成伞房状；总苞片外层5～7枚，小，内层8～9枚；舌状花黄色，先端截形，5齿裂，春季开花。瘦果纺锤形，黑色，有细条纹及颗粒小刺；冠毛白色。春季花期5～6月，果期6～7月。

【生　　境】生于山坡、林缘、撂荒地、杂草地及村屯附近。常聚生成片。

【药用价值】幼苗入药。清热解毒，止泻痢，活血止痛，祛瘀。

【材料来源】吉林省通化市东昌区，共3份，样本号 CBS193MT01～03。

【**ITS2** 序列特征】获得 ITS2 序列 3 条，比对后长度为 229bp，无变异位点。序列特征如下：

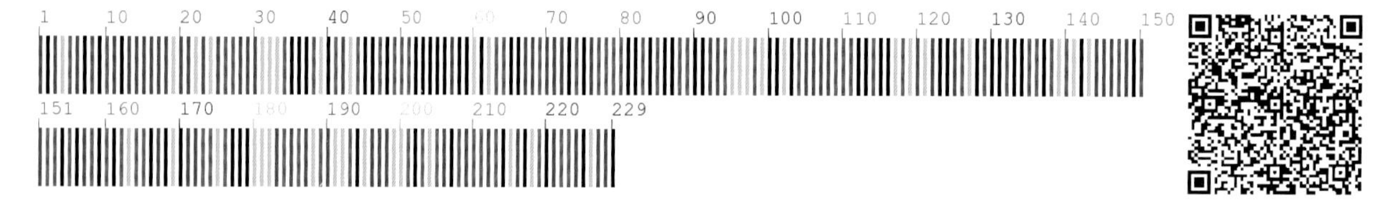

【***psbA-trnH*** 序列特征】获得 *psbA-trnH* 序列 3 条，比对后长度为 428bp，无变异位点。序列特征如下：

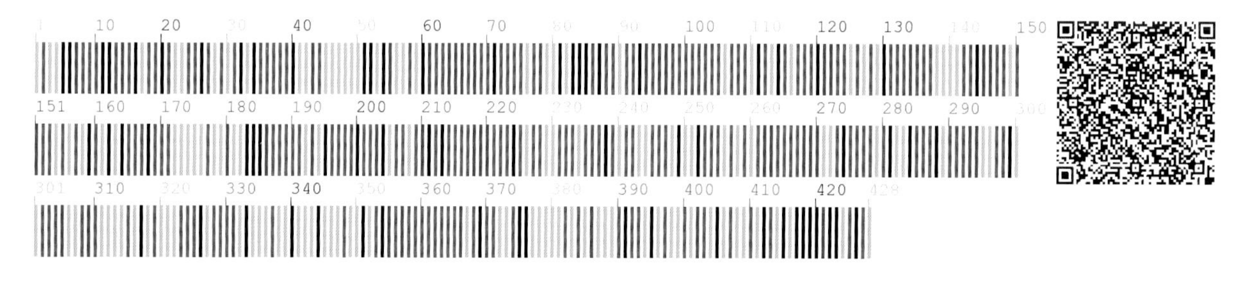

530 屋根草　Crepis tectorum L.

【别　　名】还阳参，驴打滚儿草，苦菜儿

【形态特征】一年生或二年生草本。基生叶莲座状，披针形，羽状分裂，有白色乳汁；茎生叶渐变为线形，不裂。头状花序在茎枝顶端排成伞房花序；总苞钟状；总苞片3～4层，边缘白色膜质，内面被贴伏的短糙毛；舌状小花黄色，花冠管外面被白色短柔毛。瘦果纺锤形，顶端无喙，有10条等粗的纵肋；冠毛白色。花期6～7月，果期8～9月。

【生　　境】生于田间、荒地、路旁等处。常聚生成片。

【药用价值】全草入药。止咳平喘，化痰，清热。

【材料来源】吉林省通化市东昌区，共2份，样本号CBS187MT01、CBS187MT02。

【ITS2序列特征】获得ITS2序列2条，比对后长度为235bp，无变异位点。序列特征如下：

【*psbA-trnH*序列特征】获得*psbA-trnH*序列2条，比对后长度为396bp，无变异位点。序列特征如下：

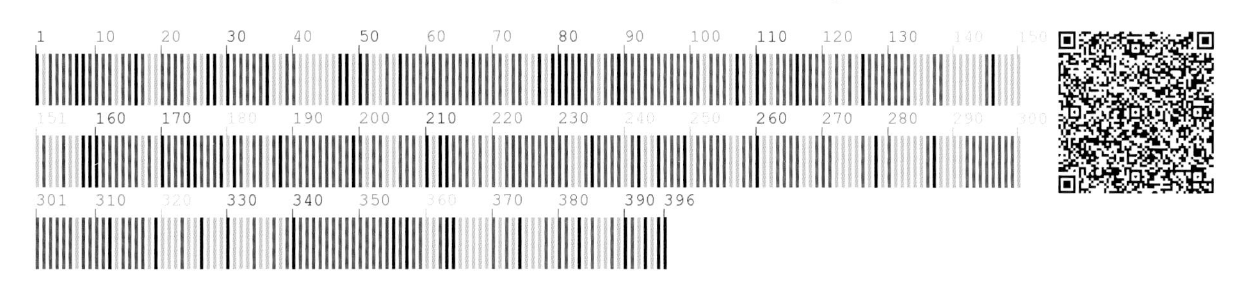

531 一年蓬 **Erigeron annuus** (L.) Pers.

【别　　名】治疟草，野蒿

【形态特征】一年生草本。全株有上曲短毛。叶互生，基生叶长卵圆形或宽卵形，边缘有不等粗齿。头状花序排列成伞房状或圆锥状；总苞半球形；总苞片 3 层，草质，叶背密生腺毛和疏长节毛；有舌状花和管状花，舌状花 2 层，白色或淡蓝色，舌片条形，两性花管状，黄色。瘦果披针形，压扁；冠毛异形。花期 7～8 月，果期 8～9 月。

【生　　境】生于山坡、林缘、荒地、路旁等处。常聚生成片。

【药用价值】全草入药。清热解毒，抗疟，助消化。

【材料来源】吉林省通化市东昌区，共 3 份，样本号 CBS191MT01～03。

【ITS2 序列特征】获得 ITS2 序列 3 条，比对后长度为 212bp，有 2 个变异位点，分别为 28 位点 T-C 变异、107 位点 C-T 变异。序列特征如下：

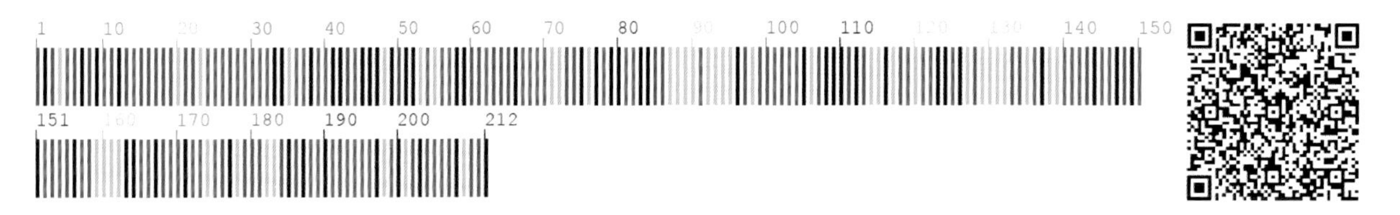

【*psbA-trnH* 序列特征】获得 *psbA-trnH* 序列 3 条，比对后长度为 224bp，无变异位点。序列特征如下：

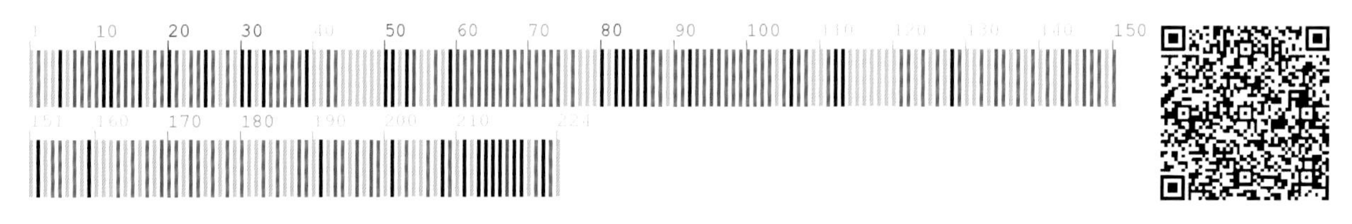

532 小蓬草　Erigeron canadensis L.

【别　　名】小飞蓬，加拿大飞蓬，小白酒草，牛尾巴蒿

【形态特征】一年生草本。茎直立，粗壮，初密被长硬毛，后渐脱落。叶互生，密集，茎下部叶倒披针形，基部渐狭成翼柄状。头状花序极多数，排列成圆锥状，花序梗细；总苞圆筒形；总苞片2～3层，外层短，披针形，背部被毛；边花2～3层，雌性，花冠舌状，白色，中央花多数，两性，花冠管状，淡黄色。瘦果长圆状。花期7～8月，果期8～9月。

【生　　境】生于山坡、草地、林缘、田野、路旁及住宅附近。常聚生成片。

【药用价值】全草入药。清热解毒，祛风止痒。

【材料来源】吉林省通化市东昌区，共3份，样本号CBS375MT01～03。

【ITS2序列特征】获得ITS2序列3条，比对后长度为210bp，无变异位点。序列特征如下：

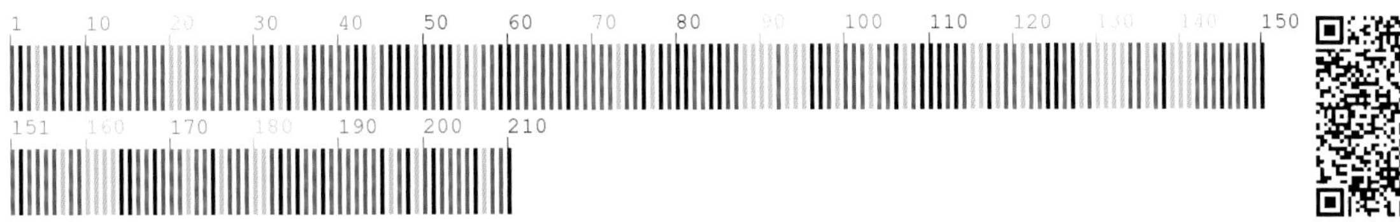

【*psbA-trnH*序列特征】获得*psbA-trnH*序列3条，比对后长度为361bp，无变异位点。序列特征如下：

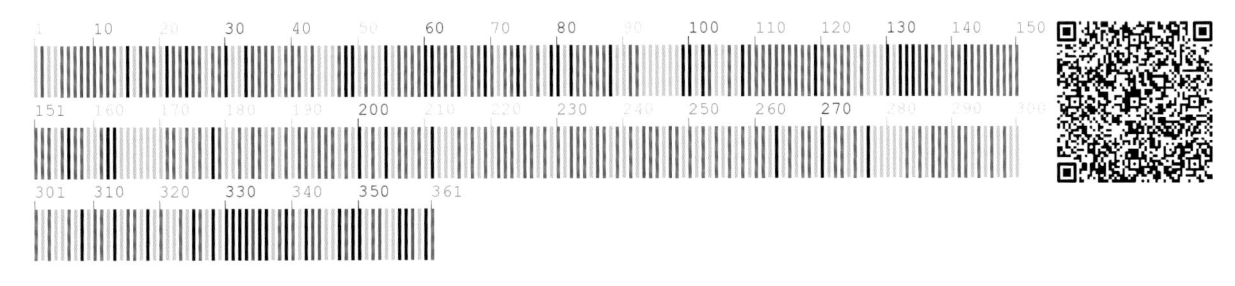

533 牛膝菊 **Galinsoga parviflora** Cav.

【别　　名】辣子草，兔耳草

【形态特征】一年生草本。茎圆形，有细条纹，略被毛。单叶对生，叶卵圆形或披针状卵圆形至披针形，边缘有浅锯齿。头状花序小，于茎顶与枝顶排成疏散的伞房状；总苞半球形；总苞片 2 层，宽卵形；花异型，全部结实；舌状花 4～5，舌片顶端齿裂，白色；管状花两性，黄色，5 齿裂；花托凸起，有披针形托片。瘦果三棱形，中央瘦果具 4～5 棱，黑色或黑褐色，常压扁。花期 7～8 月，果期 8～9 月。

【生　　境】生于田间、路旁、山坡及住宅附近等处。常聚生成片。

【药用价值】全草入药。清肝明目。

【材料来源】吉林省通化市二道江区，共 3 份，样本号 CBS733MT01～03。

【ITS2 序列特征】获得 ITS2 序列 3 条，比对后长度为 231bp，有 2 个变异位点，分别为 44 位点 G-C 变异、182 位点 G-T 变异。序列特征如下：

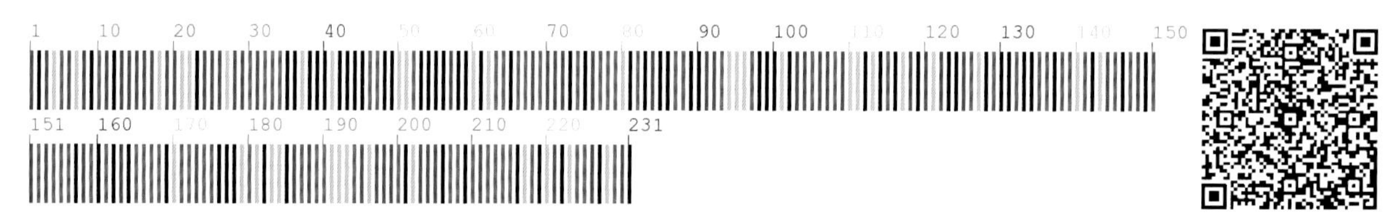

534 菊芋 Helianthus tuberosus L.

【别　　名】洋大头，洋姜，鬼子姜

【形态特征】多年生草本，高1～3m。有块茎，两型。单叶通常对生，有叶柄，茎上部叶互生，卵状披针形，基部渐狭，顶端渐尖，短尾状。头状花序较大，单生于枝端；总苞片多层，披针形；苞片长圆形，背面有肋，上端不等3浅裂；舌状花黄色，管状花花冠黄色。瘦果小。花期8～9月，果期9～10月。

【生　　境】生于山地林缘、荒地、山坡、农田及住宅附近等处。常聚生成片。

【药用价值】块茎、茎叶入药。清热凉血，活血消肿，利尿。

【材料来源】吉林省通化市东昌区，共3份，样本号CBS736MT01～03。

【ITS2序列特征】获得ITS2序列3条，比对后长度为229bp，无变异位点。序列特征如下：

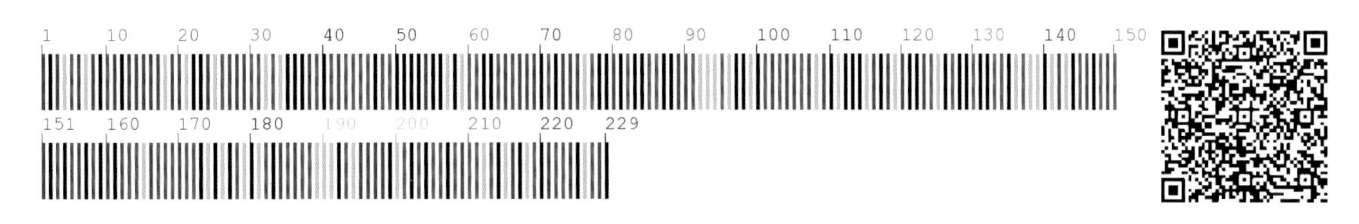

【*psbA-trnH*序列特征】获得*psbA-trnH*序列3条，比对后长度为418bp，无变异位点。序列特征如下：

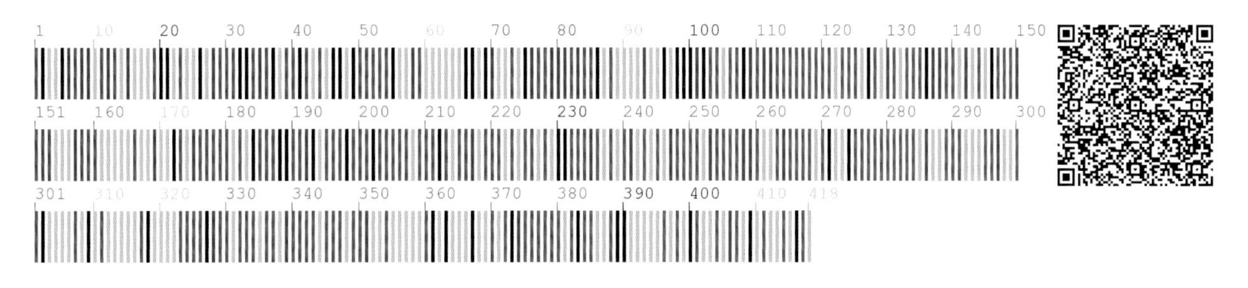

535 泥胡菜 **Hemisteptia lyrata** (Bunge) Fisch. et C. A. Meyer

【别　　名】苦马，牛插鼻，剪刀菜，石灰菜，野苦麻

【形态特征】二年生草本。基生叶莲座状，倒披针形或倒披针状椭圆形，羽状分裂，先端裂片较大，下面有白色丝状毛；茎生叶互生，倒披针形，呈大头羽裂状。头状花序多数；总苞球形；总苞片5～8层；花紫红色，均为管状，下筒部较有裂片的上管部长约5倍；雄蕊着生在花冠管上。瘦果狭椭圆形，具15条纵肋；冠毛白色，2层，羽状，花期5～6月，果期6～8月。

【生　　境】生于山坡、草地、田间、路旁及住宅附近。

【药用价值】全草入药。清热解毒，利尿，消肿祛瘀，止咳，止血，活血。

【材料来源】吉林省通化市二道江区，共2份，样本号CBS233MT01、CBS233MT02。

【ITS2序列特征】获得ITS2序列1条，长度为222bp。序列特征如下：

【*psbA-trnH*序列特征】获得*psbA-trnH*序列2条，比对后长度为392bp，无变异位点。序列特征如下：

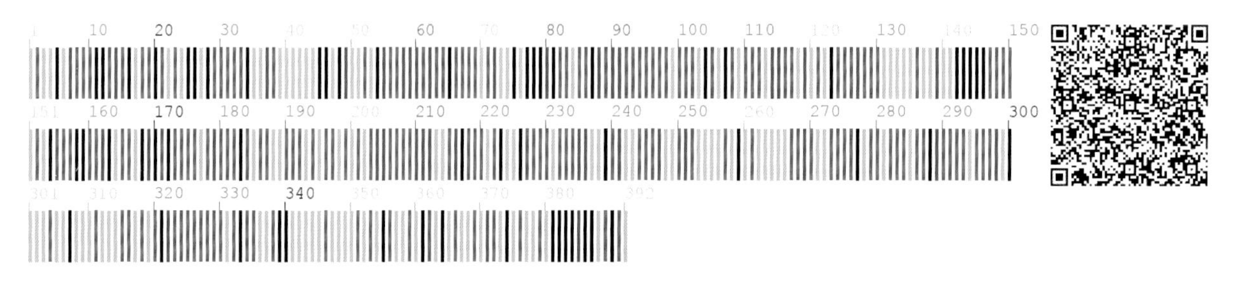

536 山柳菊 Hieracium umbellatum L.

【别　　名】伞花山柳菊，柳叶蒲公英

【形态特征】多年生草本。全株有白色乳汁。叶互生，无柄，披针形至狭线形。头状花序在茎枝顶端排成伞房花序；总苞黑绿色；总苞片3～4层；舌状小花黄色。瘦果黑紫色，圆柱形，向基部收窄，顶端截形，有10条隆起的等粗细肋，无毛；冠毛淡黄色，糙毛状。花期7～8月，果期8～9月。

【生　　境】生于山坡、草甸、林缘、林下等处。

【药用价值】全草入药。清热解毒，利湿消积。

【材料来源】吉林省通化市通化县，共3份，样本号CBS452MT01～03。

【ITS2序列特征】获得ITS2序列3条，比对后长度为226bp，无变异位点。序列特征如下：

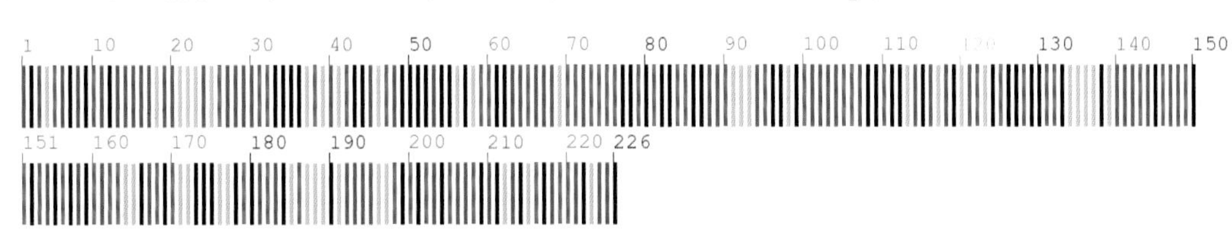

【*psbA-trnH*序列特征】获得*psbA-trnH*序列1条，长度为458bp。序列特征如下：

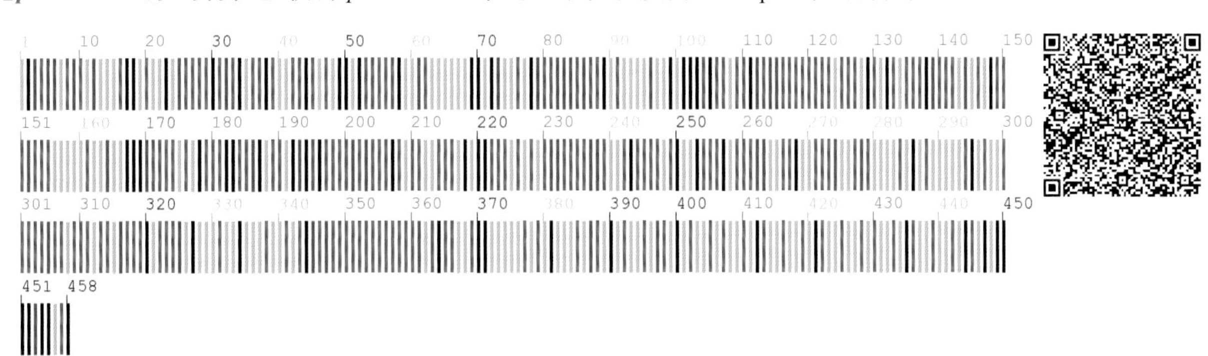

537 猫儿菊 **Hypochaeris ciliata** (Thunb.) Makino

【别　　名】黄金菊，大黄菊，高粱菊

【形态特征】多年生草本。基生叶椭圆形、长椭圆形或倒披针形，基部渐狭成长或短翼柄；茎生叶基部平截或圆形，无柄，半抱茎；叶两面粗糙，被稠密的硬刺毛。头状花序单生于茎端；总苞宽钟状或半球形；总苞片 3～4 层，全部或中外层外面沿中脉被白色卷毛；舌状小花多数，金黄色。瘦果圆柱形，无喙，有 15～16 条稍高起的细纵肋；冠毛浅褐色，羽毛状，1 层。花期 6～7 月，果期 8～9 月。

【生　　境】生于向阳山坡及草甸子等处。

【药用价值】根入药。利水消肿。

【材料来源】吉林省通化市二道江区，共 2 份，样本号 CBS734MT01、CBS734MT02。

【**ITS2 序列特征**】获得 ITS2 序列 2 条，比对后长度为 230bp，无变异位点。序列特征如下：

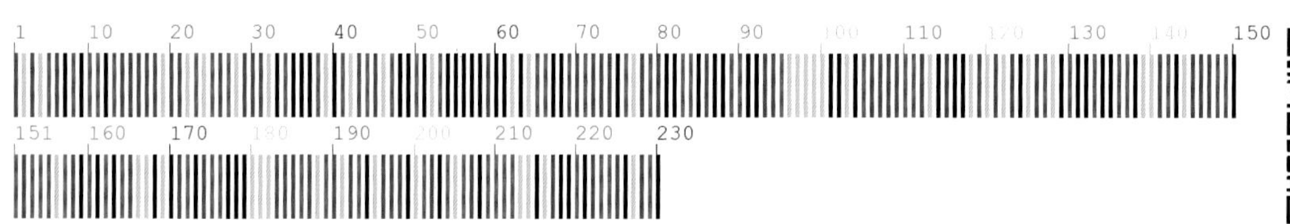

【*psbA-trnH* 序列特征】获得 *psbA-trnH* 序列 2 条，比对后长度为 391bp，无变异位点。序列特征如下：

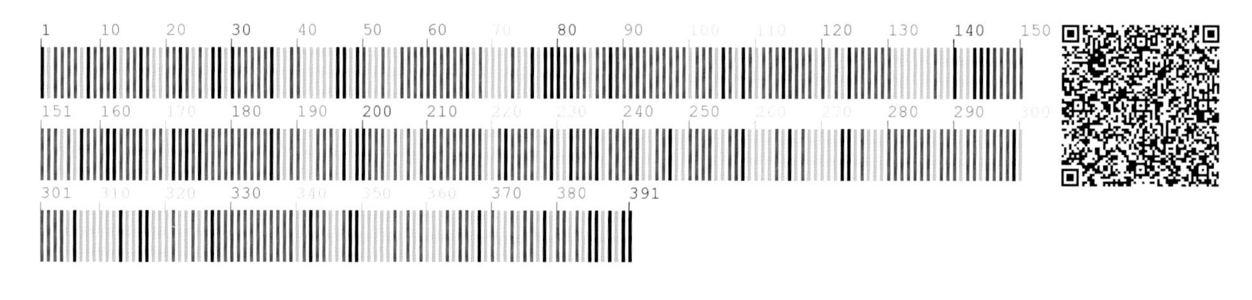

538 欧亚旋覆花 Inula britannica L.

【别　　名】大花旋覆花，旋覆花，驴儿菜

【形态特征】多年生草本。叶长圆形或长圆状披针形，茎下部叶较小；茎中上部叶基部宽大，截形或近心形，有耳，半抱茎。头状花序1～5；苞叶线形或长圆状线形；总苞半球形；总苞片4～5层；舌状花黄色，中央花两性，管状，先端5齿裂。瘦果圆柱形；冠毛糙毛状。花期8～9月，果期9～10月。

【生　　境】生于山沟旁湿地、湿草甸、河滩、田边、路旁湿地以及林缘或盐碱地上。

【药用价值】花序、地上部分入药。花序：消痰下气，软坚行水；地上部分：散风寒，化痰饮，消肿毒。

【材料来源】吉林省通化市二道江区，共3份，样本号CBS690MT01～03。

【ITS2序列特征】获得ITS2序列3条，比对后长度为227bp，无变异位点。序列特征如下：

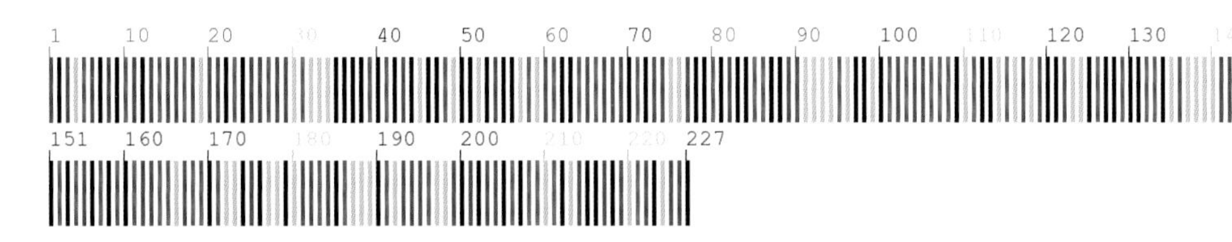

【*psbA-trnH*序列特征】获得*psbA-trnH*序列3条，比对后长度为476bp，无变异位点。序列特征如下：

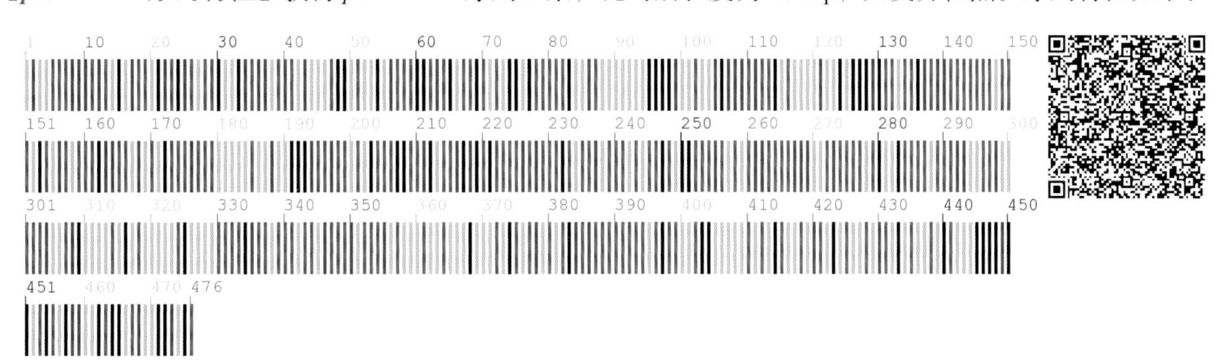

539 旋覆花　**Inula japonica** Thunb.

【别　　名】日本旋覆花，金佛草，驴儿菜，百日草

【形态特征】多年生草本。茎具纵棱，绿色或微带紫红色。基部叶常较小，在花期枯萎；茎中部叶长圆形、长圆状披针形或披针形，基部渐狭，有小耳；茎上部叶渐狭小，线状披针形。头状花序；总苞半球形；总苞片约 5 层；舌状花黄色，舌片条形，管状花花瓣有三角状披针形裂片。瘦果圆柱形，被白色硬毛；冠毛白色。花期 7～9 月，果期 9～10 月。

【生　　境】生于山坡、路旁、湿草地、河岸和田埂上。

【药用价值】花序、地上部分入药。花序：消痰下气，软坚行水；地上部分：散风寒，化痰饮，消肿毒。

【材料来源】吉林省通化市通化县，共 3 份，样本号 CBS450MT01～03。

【ITS2 序列特征】获得 ITS2 序列 3 条，比对后长度为 227bp，无变异位点。序列特征如下：

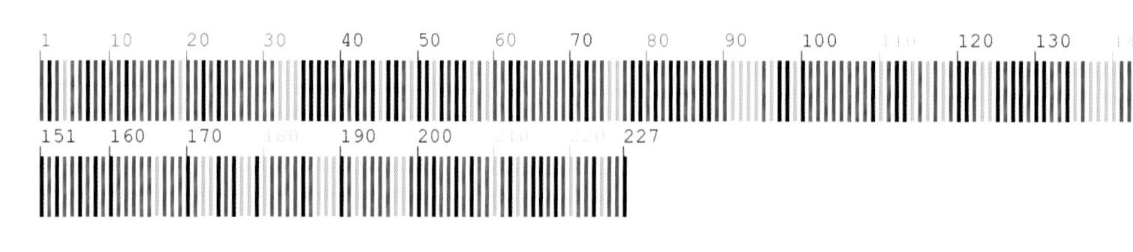

【*psbA-trnH* 序列特征】获得 *psbA-trnH* 序列 1 条，长度为 496bp。序列特征如下：

540　线叶旋覆花　**Inula linariifolia** Turcz.

【别　　名】窄叶旋覆花，条叶旋覆花，柳穿鱼叶旋覆花，细叶旋覆花

【形态特征】多年生草本。叶线状披针形，下部渐狭成长柄，边缘常反卷。头状花序，在枝端单生或3～5个排列成伞房状；总苞半球形；总苞片约4层，线状披针形；舌状花黄色，长圆状条形，筒状花长约4mm。瘦果圆柱形，有细沟，被短粗毛。花期7～9月，果期8～10月。

【生　　境】生于山坡、路旁、湿草地及河岸等处。

【药用价值】花序、地上部分入药。花序：消痰下气、软坚行水；地上部分：散风寒、化痰饮、消肿毒。

【材料来源】吉林省延边朝鲜族自治州安图县，共3份，样本号CBS725MT01～03。

【ITS2序列特征】获得ITS2序列3条，比对后长度为227bp，无变异位点。序列特征如下：

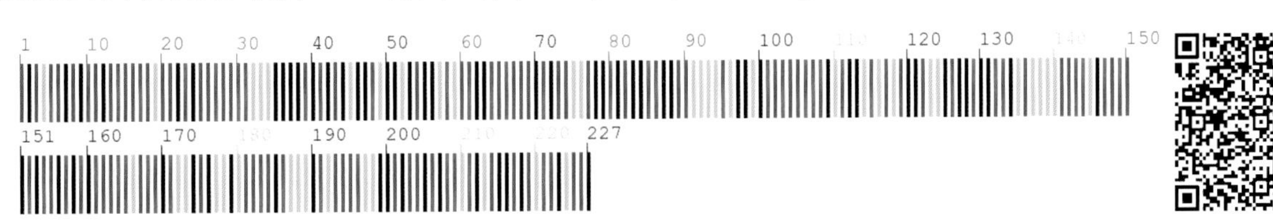

541 中华苦荬菜 Ixeris chinensis subsp. chinensis (Thunb.) Kitag.

【别　　名】中华小苦荬，山苦菜，东北苦菜，光叶苦荬菜

【形态特征】多年生草本。全株有白色乳汁。基生叶莲座状，条状披针形，全缘或具疏小牙齿或呈不规则羽状浅裂与深裂，叶形变化较大。头状花序多数，排列成稀疏的伞房状，花序梗细；总苞圆筒状或长卵形；总苞片2层，覆瓦状排列，无毛，外层小，卵形，膜质，内层披针形，革质，边缘膜质；舌状花花冠黄色、白色或淡紫色。瘦果狭披针形。花期5～6月，果期6～7月。

【生　　境】生于山野、田间、荒地、路旁。

【药用价值】全草入药。清热解毒，泻火，凉血止血，活血调经，祛腐排脓生肌。

【材料来源】吉林省通化市二道江区，共2份，样本号 CBS718MT01、CBS718MT02。

【ITS2 序列特征】获得 ITS2 序列 2 条，比对后长度为 232bp，有 1 个变异位点，为 50 位点 T-G 变异。序列特征如下：

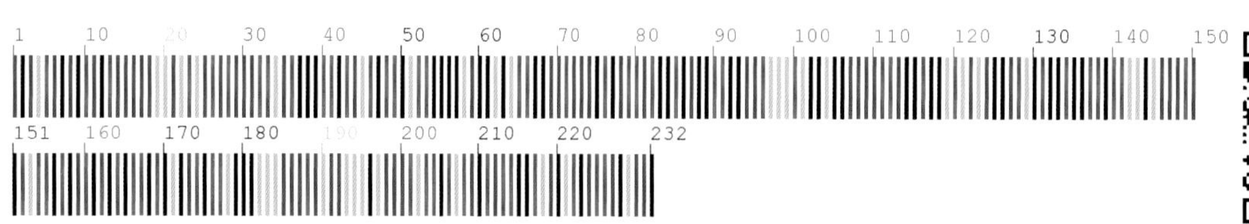

542　翼柄翅果菊　**Lactuca triangulata** Maxim.

【别　　名】翼柄山莴苣

【形态特征】二年生或多年生草本。茎中下部叶三角状戟形、宽卵形、宽卵状心形，边缘有大小不等的三角形锯齿，叶柄有狭或宽翼，柄基扩大成耳状半抱茎。头状花序多数，沿茎枝顶端排列成圆锥花序；总苞果期卵球形，通常红紫色；舌状小花16，黄色。瘦果黑色或黑棕色，椭圆形，压扁，边缘有宽翅，每面有1条高起的细脉纹；冠毛2层，几单毛状，白色。花期8～9月，果期9～10月。

【生　　境】生于林缘、荒地、山坡、灌丛等处。

【药用价值】全草入药。清热解毒。

【材料来源】吉林省通化市集安市，共2份，样本号CBS480MT01、CBS480MT02。

【**ITS2** 序列特征】获得ITS2序列2条，比对后长度为229bp，无变异位点。序列特征如下：

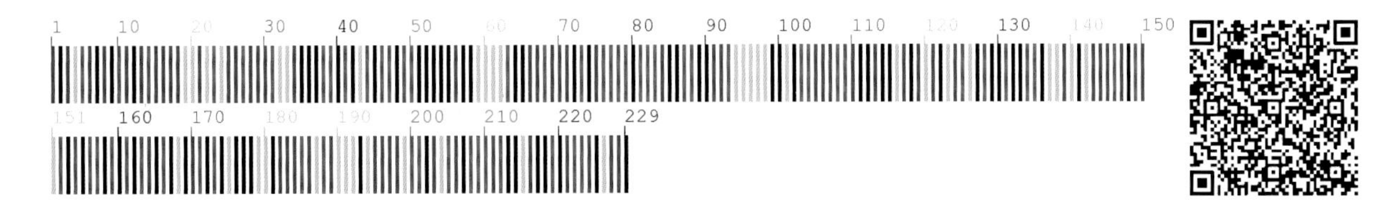

【***psbA-trnH*** 序列特征】获得 *psbA-trnH* 序列2条，比对后长度为436bp，无变异位点。序列特征如下：

543 大丁草 **Leibnitzia anandria** (L.) Turcz.

【别　　名】小头草，和尚头花，臁草，大丁黄

【形态特征】多年生草本。分春秋两型。叶基生，宽卵形，羽状浅裂，背面及叶柄密生白色绵毛。花茎 1～3，密生白色蛛丝状绵毛；苞叶条形。头状花序单生，春生有舌状花及管状花，秋生仅有管状花，舌状花粉白色，管状花黄色。瘦果紫褐色；冠毛白色。春生花期 4～5 月，果期 5～6 月；秋生花期 7～8 月，果期 8～9 月。

【生　　境】生于山坡、林缘、灌丛、路旁。

【药用价值】全草入药。清热利湿，解毒消肿，止咳止血。

【材料来源】吉林省通化市东昌区，共 3 份，样本号 CBS416MT01～03。

【ITS2 序列特征】获得 ITS2 序列 3 条，比对后长度为 228bp，无变异位点。序列特征如下：

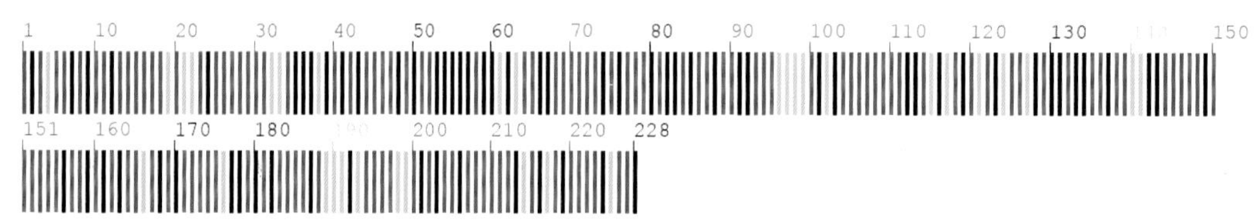

【*psbA-trnH* 序列特征】获得 *psbA-trnH* 序列 3 条，比对后长度为 457bp，无变异位点。序列特征如下：

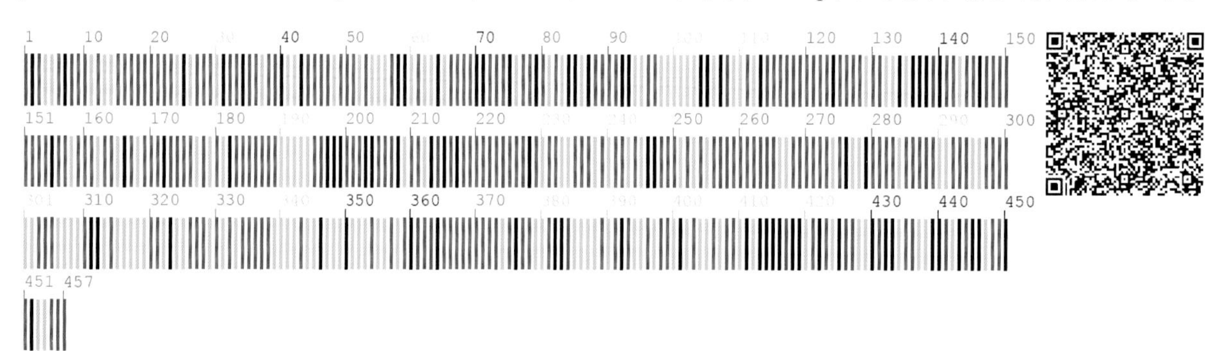

544 火绒草 Leontopodium leontopodioides (Willd.) Beauverd

【别　　名】老头草，白蒿，老头艾

【形态特征】多年生草本，高15～45cm。茎较细，被灰白色长柔毛或绢状毛。叶互生，茎下部叶较密，茎上部叶较稀疏，条形或线状披针形。苞叶少数，长圆形或条形，两面或下面被白色或灰白色厚绒毛，多少开展成苞叶群或不排列成苞叶群。头状花序密集，稀1或较多；总苞半球形，被白色绵毛。瘦果有乳突或密绵毛，冠毛基部稍黄色。花期7～8月，果期8～9月。

【生　　境】生于干山坡、干草地、山坡砾质地等处。

【药用价值】全草入药。清热解毒，凉血止血，益肾利水，利尿。

【材料来源】吉林省通化市东昌区，共3份，样本号CBS223MT01～03。

【ITS2序列特征】获得ITS2序列3条，比对后长度为222bp，无变异位点。序列特征如下：

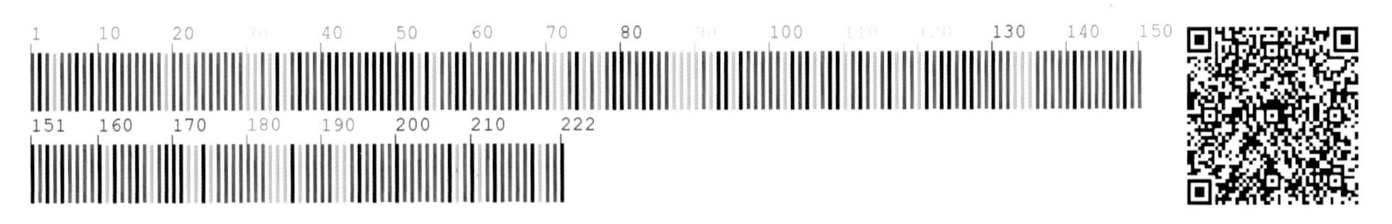

【*psbA-trnH*序列特征】获得*psbA-trnH*序列3条，比对后长度为408bp，无变异位点。序列特征如下：

545 小滨菊 **Leucanthemella linearis** (Matsum.) Tzvelev

【别　　名】西洋滨菊

【形态特征】多年生沼生草本。茎不分枝或自中部分枝。基生叶和下部茎叶花期枯落，自中部以下羽状深裂，全部侧裂片和顶裂片线形或狭线形。头状花序单生于枝顶，排成不规则的伞房花序；总苞碟状，外层总苞片线状披针形，内层总苞片长椭圆形，全部苞片边缘褐色或暗褐色，膜质，无毛或几无毛；舌状花白色，顶端有 2～3 齿。瘦果顶端有 8～10 个钝冠齿。花期 8～9 月，果期 9～10 月。

【生　　境】生于湿地、水甸及沼泽地上。

【药用价值】花序入药。解热，消肿，散瘀。

【材料来源】吉林省延边朝鲜族自治州和龙市，共 1 份，样本号 CBS732MT01。

【*psbA-trnH* 序列特征】获得 *psbA-trnH* 序列 1 条，长度为 389bp。序列特征如下：

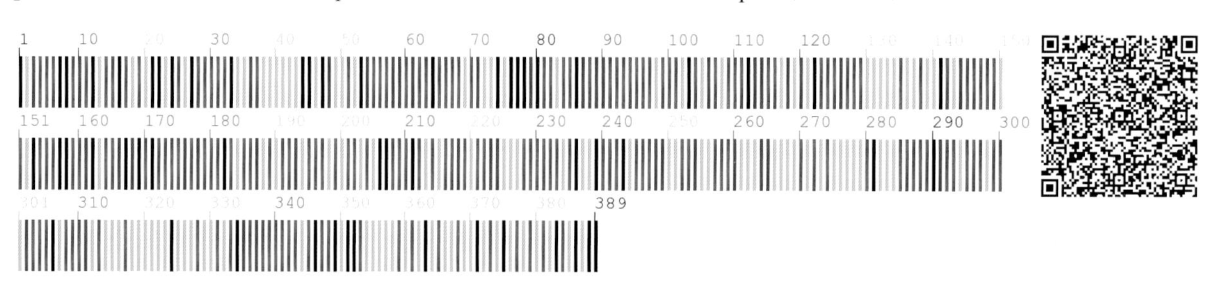

546 蹄叶橐吾 **Ligularia fischeri** (Ledeb.) Turcz.

【别　　名】肾叶橐吾，马蹄叶，马蹄紫菀，山紫菀

【形态特征】多年生草本。基部叶肾形或马蹄形，叶柄实心，边缘具三角形锯齿。头状花序辐射状，多数，排成总状，花序梗短；苞片勺形，半包裹花序总苞；舌状花黄色，管状花冠毛褐色，与小花管部等长。瘦果圆柱形，稍扁。花期7～8月，果期8～9月。

【生　　境】生于山沟阴湿草地及草甸处。常聚生成片。

【药用价值】根及根茎入药。理气活血，消肿止痛，止咳祛痰，宣肺平喘。

【材料来源】吉林省通化市集安市，共2份，样本号CBS486MT02、CBS486MT03。

【ITS2序列特征】获得ITS2序列2条，比对后长度为225bp，有2个变异位点，分别为135位点C-T变异、138位点A-G变异。序列特征如下：

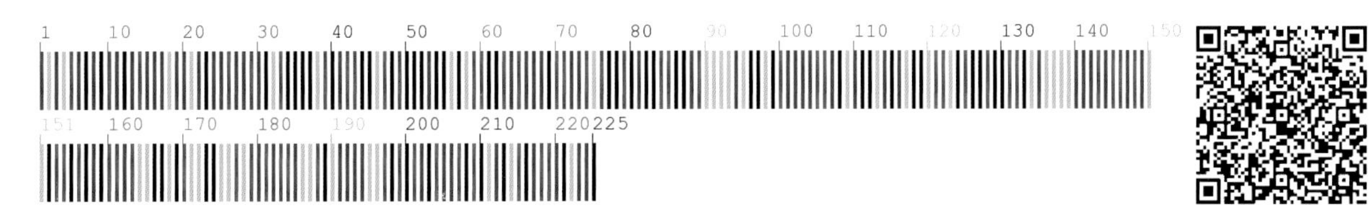

547 狭苞橐吾 **Ligularia intermedia** Nakai

【别　　名】马掌菜，马蹄叶，马蹄叶子，光紫菀

【形态特征】多年生草本。基生叶有长柄，叶柄具狭翼，空心，叶肾状心形或心形，边缘有细锯齿；茎上部叶渐转变为披针形或条形的苞叶。头状花序极多数形成总状，有条形苞叶；总苞圆柱形，总苞片约 8 枚；舌状花黄色，筒状花先端 5 裂。瘦果长圆柱形，具 4～5 条纵肋；冠毛糙毛状，棕黄色。花期 7～8 月，果期 9～10 月。

【生　　境】生于高海拔的山坡、林缘、草甸子。常聚生成片。

【药用价值】根及根茎入药。温肺下气，祛痰止咳，平喘，滋阴。

【材料来源】吉林省通化市长白山，共 3 份，样本号 CBS279MT01～03。

【ITS2 序列特征】获得 ITS2 序列 3 条，比对后长度为 225bp，有 1 个变异位点，95 位点为简并碱基。序列特征如下：

【*psbA-trnH* 序列特征】获得 *psbA-trnH* 序列 1 条，长度为 485bp。序列特征如下：

548 复序橐吾 **Ligularia jaluensis** Kom.

【别　　名】三角叶橐吾，三角橐吾，马掌菜，马蹄叶

【形态特征】多年生草本。基生叶 2，具长柄，基部具鞘抱茎；叶心状肾形或三角状肾形，边缘具锐尖牙齿；茎生叶小，无柄，具鞘抱茎。头状花序圆锥状；总苞钟形，总苞片 8～12；边花 6～8，雌性，花冠舌状，黄色，具 6～9 条脉，中央花多数，两性，花冠管状。瘦果圆柱形；冠毛白色，与管状花近等长。花期 7～8 月，果期 8～9 月。

【生　　境】生于湿草甸、草甸及林间空地等处。常聚生成片。

【药用价值】根及根茎入药。止咳祛痰，温肺散寒，下气。

【材料来源】吉林省通化市集安市，共 3 份，样本号 CBS252MT01～03。

【ITS2 序列特征】获得 ITS2 序列 3 条，比对后长度为 225bp，无变异位点。序列特征如下：

【*psbA-trnH* 序列特征】获得 *psbA-trnH* 序列 2 条，比对后长度为 485bp，无变异位点。序列特征如下：

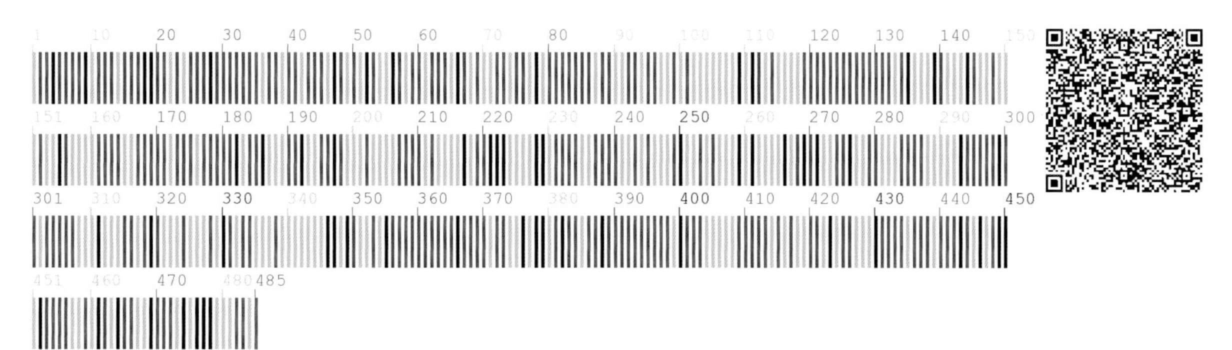

549 长白山橐吾 **Ligularia jamesii** (Hemsl.) Kom.

【别　　名】单花橐吾，单头橐吾

【形态特征】多年生草本。根丛生，外皮棕褐色。基生叶3～5，有长柄，抱茎；叶三角形至戟形，基部深心形，边缘有锯齿。头状花序单生于茎顶，苞片被白色蛛丝状毛；总苞宽钟形，总苞片有毛；舌状花黄色，筒状花多数。瘦果圆柱形；冠毛浅褐色，与瘦果等长。花期7月，果期8月。

【生　　境】生于岳桦林带、高山苔原带和高山荒漠带上。常聚生成片。

【药用价值】根及根茎入药。宣肺利气，镇咳祛痰。

【材料来源】吉林省延边朝鲜族自治州安图县，共3份，样本号CBS745MT01～03。

【ITS2 序列特征】获得ITS2序列3条，比对后长度为225bp，无变异位点。序列特征如下：

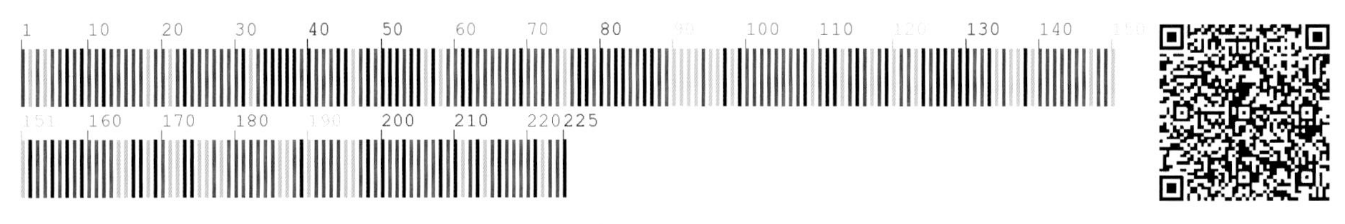

【*psbA-trnH* 序列特征】获得 *psbA-trnH* 序列3条，比对后长度为485bp，无变异位点。序列特征如下：

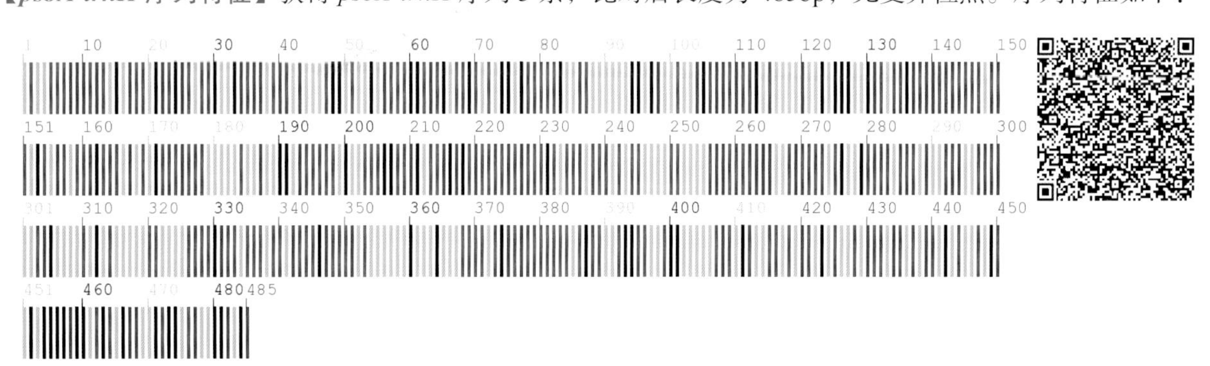

550 同花母菊 Matricaria matricarioides (Less.) Porter ex Britton

【别　　名】香甘菊

【形态特征】一年生草本。植株无毛或近无毛。基生叶花期枯萎；茎生叶无柄，长圆形或倒披针形，基部半抱茎，二至三回羽状全裂，终裂片条形，先端锐尖。头状花序多数，排列成聚伞状圆锥花序；总苞半球形；总苞片3～4层，外层较短，广卵形或椭圆形，草质，绿色，中、内层椭圆形，边缘白色，宽膜质，先端钝；花同型，全部为管状花，淡绿色，先端斜截形，背面凸起，腹面有3条白色细肋，两侧各有1条红色条纹。冠状冠毛有微齿。花期7～8月，果期8～9月。

【生　　境】生于山坡、林缘、路旁及住宅附近。

【药用价值】果实入药。清热解毒。

【材料来源】吉林省延边朝鲜族自治州和龙市，共3份，样本号CBS727MT01～03。

【ITS2序列特征】获得ITS2序列3条，比对后长度为207bp，无变异位点。序列特征如下：

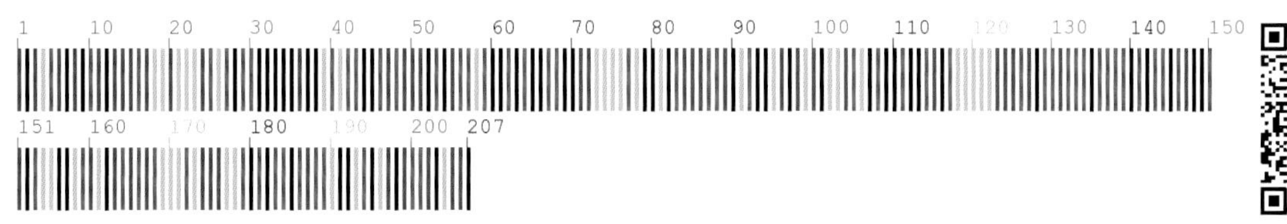

551 少花黄瓜菜 **Paraixeris chelidonifolia** (Makino) Nakai

【别　　名】碎叶苦荬菜，岩苦荬菜

【形态特征】一年生草本。茎中下部叶全形长椭圆形，羽状全裂，侧裂片2～4对，卵形或椭圆形，全部叶裂片极小。头状花序多数，在茎枝顶端排成伞房状花序，含舌状小花5枚；总苞圆柱状；总苞片2层；舌状小花黄色。瘦果黑色，纺锤形，微压扁，有10条高起的钝肋，顶端收窄成粗喙；冠毛白色。花期7～8月，果期8～9月。

【生　　境】生于山顶石砬子坡地及林下石质地上。

【药用价值】全草入药。清热解毒，凉血消肿，散瘀止痛，止血止带。

【材料来源】吉林省通化市东昌区，共3份，样本号CBS438MT01～03。

【ITS2 序列特征】获得ITS2序列3条，比对后长度为231bp，无变异位点。序列特征如下：

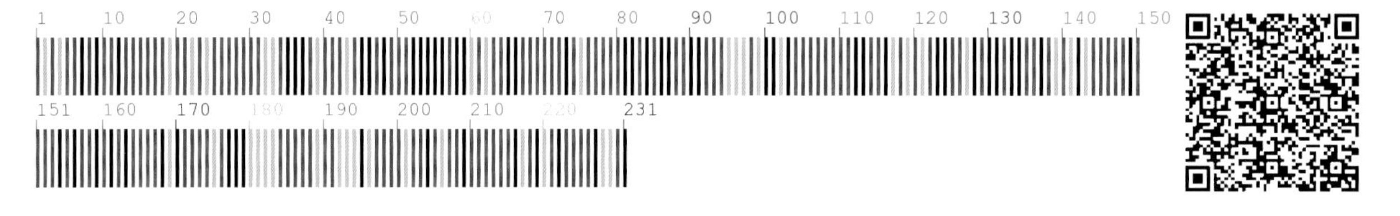

【*psbA-trnH* 序列特征】获得*psbA-trnH*序列3条，比对后长度为519bp，无变异位点。序列特征如下：

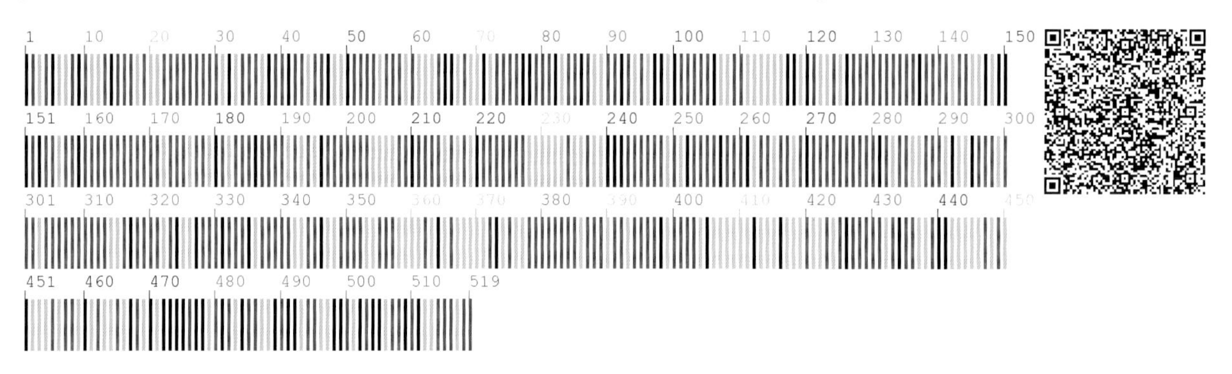

552 耳叶蟹甲草　Parasenecio auriculatus (DC.) J. R. Grant

【别　　名】耳叶兔儿伞

【形态特征】多年生草本。茎生叶4～6，叶肾形，顶端急收缩成长尖，边缘有不等的大齿；叶柄基部两边扩大成小叶耳，似托叶。头状花序较多数，在茎端排列成总状；总苞圆柱形，紫色或紫绿色至绿色；总苞片5，稀4，长圆形，顶端稍尖，外面近无毛；小花4～7，花冠黄色；花药伸出花冠。瘦果圆柱形，无毛，具肋；冠毛白色。花期7～8月，果期9月。

【生　　境】生于高海拔的林下或林缘。

【药用价值】全草入药。祛风除湿，舒筋活血。

【材料来源】吉林省延边朝鲜族自治州和龙市，共3份，样本号CBS743MT01～03。

【ITS2序列特征】获得ITS2序列3条，比对后长度为225bp，无变异位点。序列特征如下：

【*psbA-trnH*序列特征】获得*psbA-trnH*序列3条，比对后长度为484bp，无变异位点。序列特征如下：

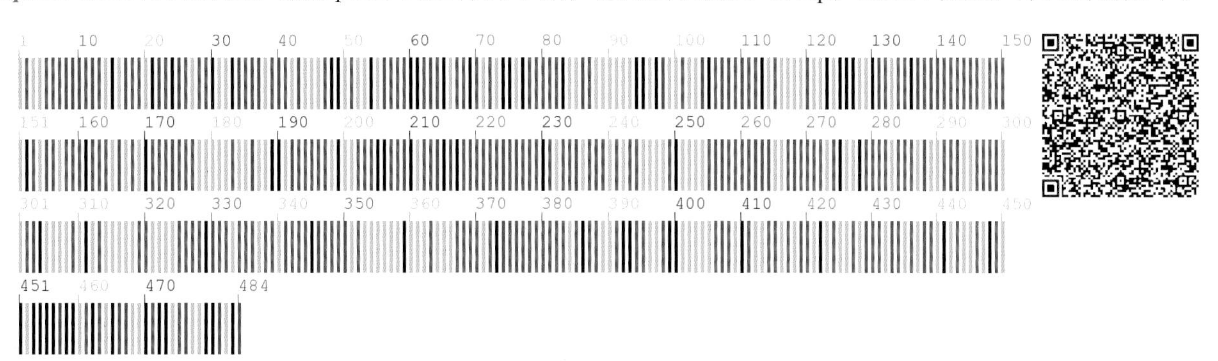

553 日本毛连菜 **Picris japonica** Thunb.

【别　　名】兴安毛连菜，枪刀菜，山黄烟，黏叶草

【形态特征】多年生草本。基生叶花期枯萎；茎生叶披针形，无柄，基部稍抱茎，两面被分叉的钩状硬毛；茎上部茎叶渐小。头状花序在茎枝顶端排成伞房花序，有线形苞叶；总苞圆柱状钟形；总苞片 3 层；舌状小花黄色，舌片基部被稀疏的短柔毛。瘦果椭圆状，棕褐色；冠毛污白色，羽毛状。花期 7～8 月，果期 8～9 月。

【生　　境】生于林缘、林下、草甸、河岸等处。

【药用价值】全草入药。收敛止泻。

【材料来源】吉林省通化市东昌区，共 3 份，样本号 CBS377MT01～03。

【ITS2 序列特征】获得 ITS2 序列 3 条，比对后长度为 224bp，无变异位点。序列特征如下：

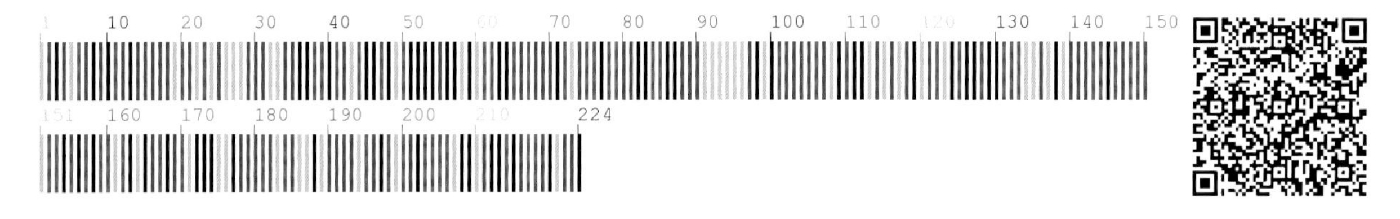

【*psbA-trnH* 序列特征】获得 *psbA-trnH* 序列 2 条，比对后长度为 478bp，无变异位点。序列特征如下：

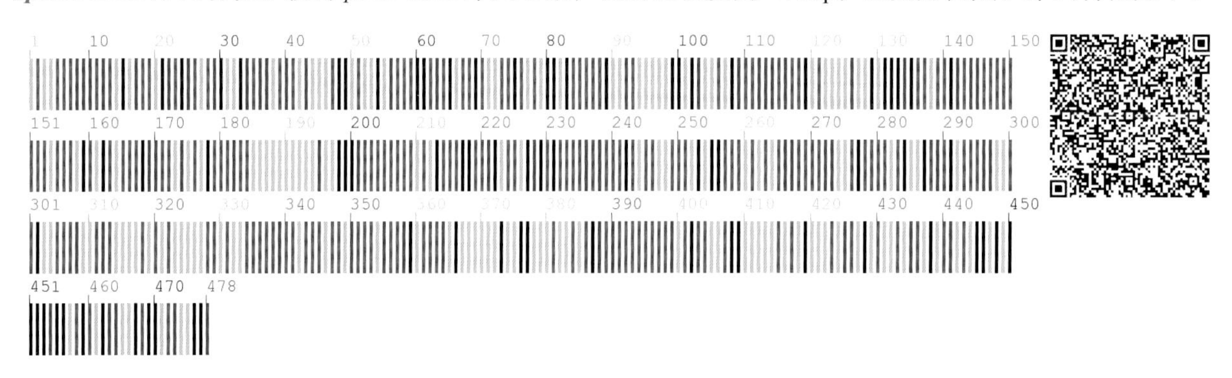

554 漏芦 Rhaponticum uniflorum (L.) DC.

【别　　名】祁州漏芦，大花蓟，大脑袋花，火球花

【形态特征】多年生草本。根粗大。茎直立，有白色绵毛或短毛。叶互生，茎生叶较大，有厚绵毛；叶羽状深裂至浅裂；茎中、上部叶较小。头状花序单生于茎顶；总苞宽钟状，基部凹；总苞片多层，有干膜质的附片，外层短，卵形，中层附片宽，掌状分裂，内层披针形，顶端尖锐；花冠淡紫色，先端5裂；雄蕊5，花药聚合；子房下位。瘦果倒圆锥形。花期6～7月，果期7～8月。

【生　　境】生于林下、山坡砾质地等处。

【药用价值】根入药。清热解毒，消肿排脓，通乳。

【材料来源】吉林省白山市临江市，共3份，样本号CBS156MT01～03。

【*psbA-trnH*序列特征】获得*psbA-trnH*序列3条，比对后长度为375bp，无变异位点。序列特征如下：

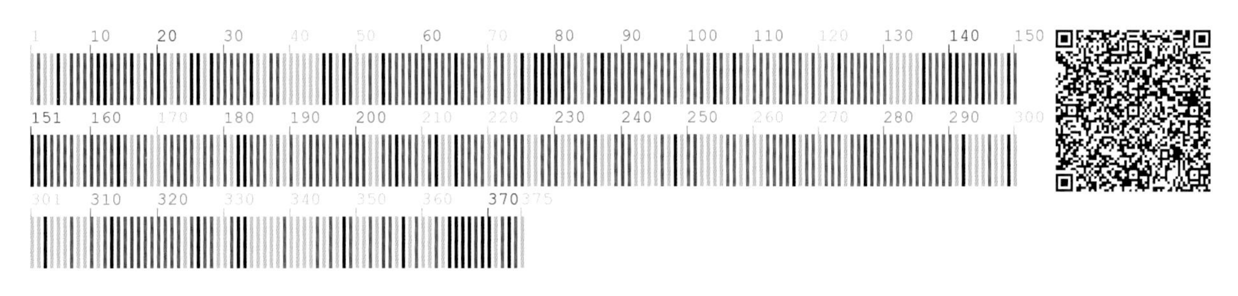

555 齿叶风毛菊 Saussurea neoserrata Nakai

【别　　名】燕尾菜

【形态特征】多年生草本。茎有棱，具狭翼，上部有伞房花序分枝。中下部茎叶椭圆形或椭圆状披针形，顶端渐尖，基部渐狭成翼柄，边缘有锯齿；上部茎叶披针形或线状披针形。头状花序在茎枝顶端密集排列成伞房花序；总苞钟状；总苞片4～5层；小花紫色或淡紫色。瘦果圆柱形，有棱；冠毛2层，淡褐色。花果期7～8月。

【生　　境】生于落叶松林缘及林间草甸。

【药用价值】根入药。杀虫。

【材料来源】吉林省延边朝鲜族自治州安图县，共3份，样本号CBS747MT01～03。

【ITS2序列特征】获得ITS2序列3条，比对后长度为223bp，无变异位点。序列特征如下：

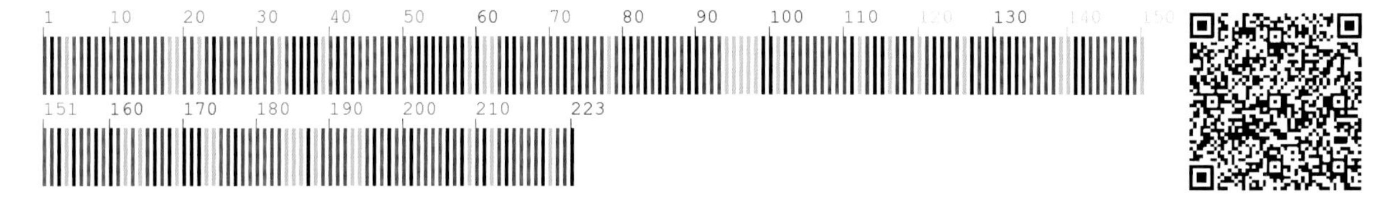

【*psbA-trnH*序列特征】获得*psbA-trnH*序列3条，比对后长度为464bp，无变异位点。序列特征如下：

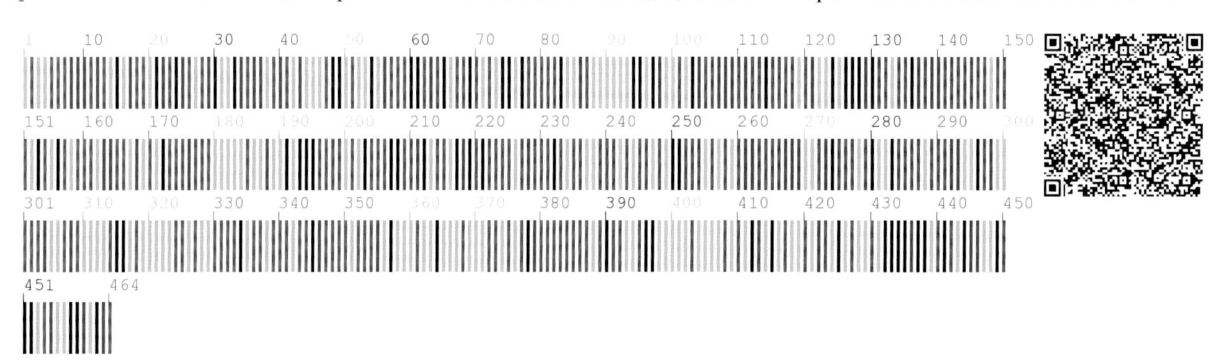

556 美花风毛菊 **Saussurea pulchella** (Fisch.) Fisch.

【别　　名】球花风毛菊

【形态特征】多年生草本。基生叶长圆形或椭圆形，羽状分裂或不分裂；茎上部叶渐小且不分裂。头状花序多数，在茎枝顶端排成伞房花序或伞房圆锥花序；总苞球形或球状钟形；总苞片6～7层，顶端有膜质粉红色的扩大的边缘有锯齿的附片；小花淡紫色。瘦果倒圆锥形；冠毛2层，淡褐色。花期8～9月，果期9～10月。

【生　　境】生于草原、林缘、灌丛、沟谷、草甸等处。

【药用价值】全草入药。解热，祛湿，止泻，止血，止痛。

【材料来源】吉林省通化市通化县，共1份，样本号CBS457MT01。

【ITS2序列特征】获得ITS2序列1条，长度为223bp。序列特征如下：

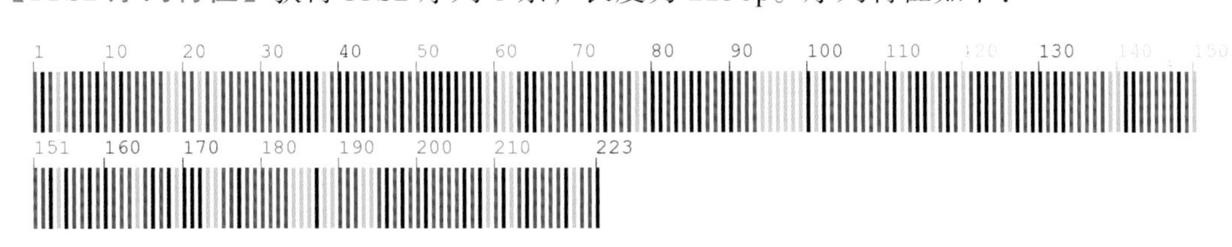

【*psbA-trnH*序列特征】获得*psbA-trnH*序列1条，长度为508bp。序列特征如下：

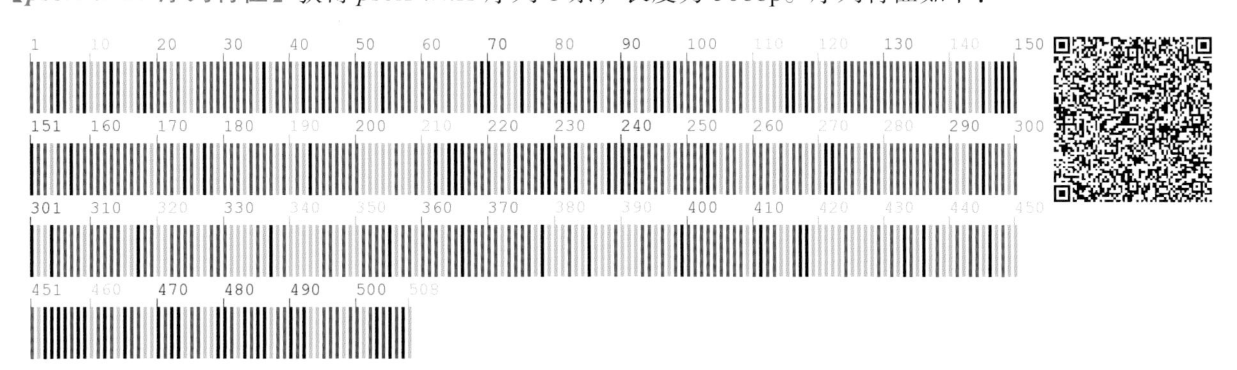

557 鸦葱 **Scorzonera austriaca** Willd.

【别　　名】羊奶子，羊奶菜，笔管草，巴多拉

【形态特征】多年生草本。根黑褐色，茎基部被稠密棕褐色纤维状残遗物。基生叶线形至长椭圆形，茎生叶少数，披针形或钻状披针形，半抱茎。头状花序单生于茎端；总苞圆柱状；全部总苞片外面光滑无毛，顶端急尖、钝或圆形；舌状小花黄色。瘦果圆柱状，冠毛与瘦果连接处有蛛丝状毛环。花期 5～6 月，果期 6～7 月。

【生　　境】生于山坡、草滩及河滩地等处。

【药用价值】根入药。清热解毒，活血消肿。

【材料来源】吉林省通化市东昌区，共 3 份，样本号 CBS086MT01～03。

【ITS2 序列特征】获得 ITS2 序列 3 条，比对后长度为 224bp，有 1 个变异位点，为 117 位点 A-G 变异。序列特征如下：

【*psbA-trnH* 序列特征】获得 *psbA-trnH* 序列 3 条，比对后长度为 489bp，无变异位点。序列特征如下：

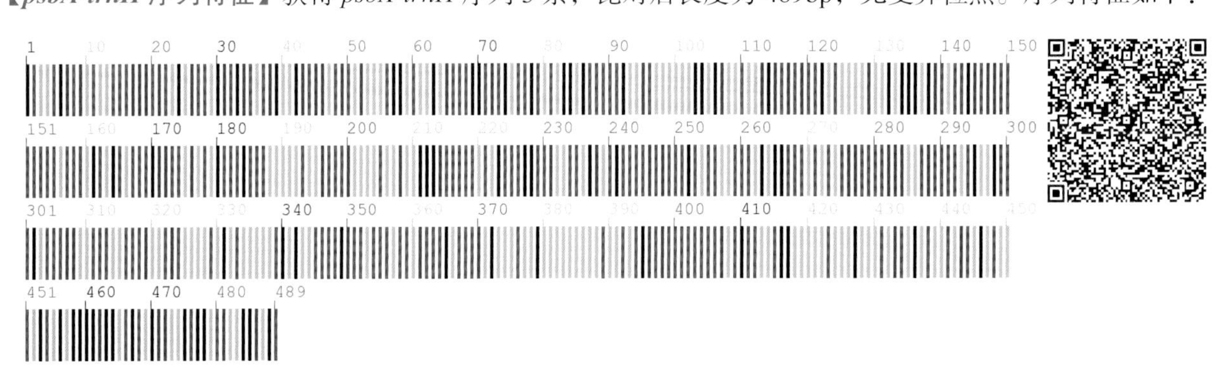

558 额河千里光 Senecio argunensis Turcz.

【别　　名】羽叶千里光，斩龙草，鱼刺菜，山菊

【形态特征】多年生草本。叶互生，无柄，椭圆形，羽状深裂，裂片约6对。头状花序多数，呈伞房状排列，有披针形苞叶；总苞半球形；总苞片外面有蛛丝状毛；舌状花黄色，中央花多数，两性，花冠管状钟形。瘦果圆柱形，有纵沟，无毛；冠毛污白色。花期8～9月，果期9～10月。

【生　　境】生于山坡草地、林缘、灌丛间。

【药用价值】全草入药。清热解毒。

【材料来源】吉林省通化市通化县，共3份，样本号CBS459MT01～03。

【ITS2序列特征】获得ITS2序列3条，比对后长度为223bp，无变异位点。序列特征如下：

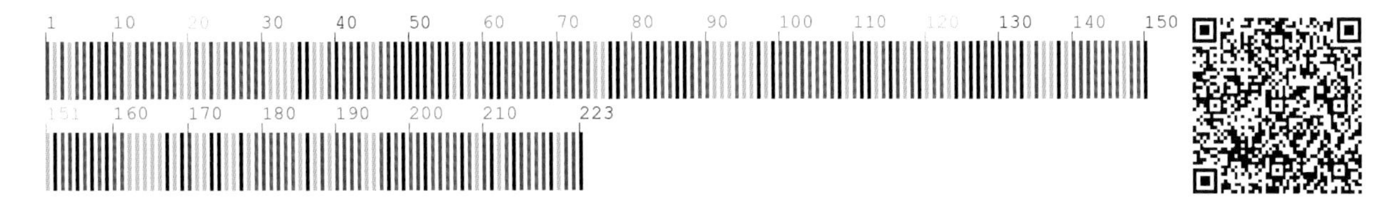

【*psbA-trnH*序列特征】获得*psbA-trnH*序列3条，比对后长度为395bp，无变异位点。序列特征如下：

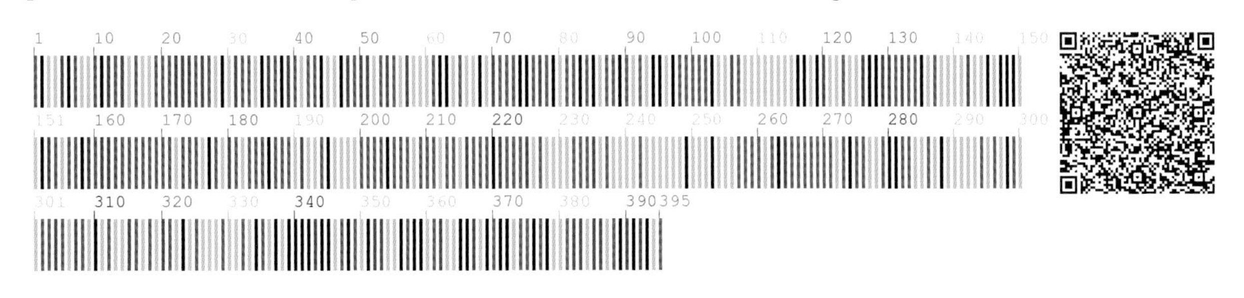

559 麻叶千里光 Senecio cannabifolius Less.

【别　　名】宽叶返魂草

【形态特征】多年生草本。叶互生，羽状或近掌状深裂，裂片披针形或条状披针形，有长短不齐的锯齿，基部有 2 小耳。头状花序多数，在茎和枝端呈复伞房状；总苞筒状，外有细条形苞叶；总苞片 1 层；舌状花黄色；筒状花较多数。瘦果圆柱形；冠毛污黄白色。花期 8～9 月，果期 9～10 月。

【生　　境】生于山沟、林缘路旁和湿草甸处。常聚生成片。

【药用价值】全草入药。清热解毒，散血消肿，下气通经，止血镇痛。

【材料来源】吉林省通化市柳河县，共 3 份，样本号 CBS260MT01～03。

【ITS2 序列特征】获得 ITS2 序列 3 条，比对后长度为 223bp，无变异位点。序列特征如下：

【*psbA-trnH* 序列特征】获得 *psbA-trnH* 序列 1 条，长度为 369bp。序列特征如下：

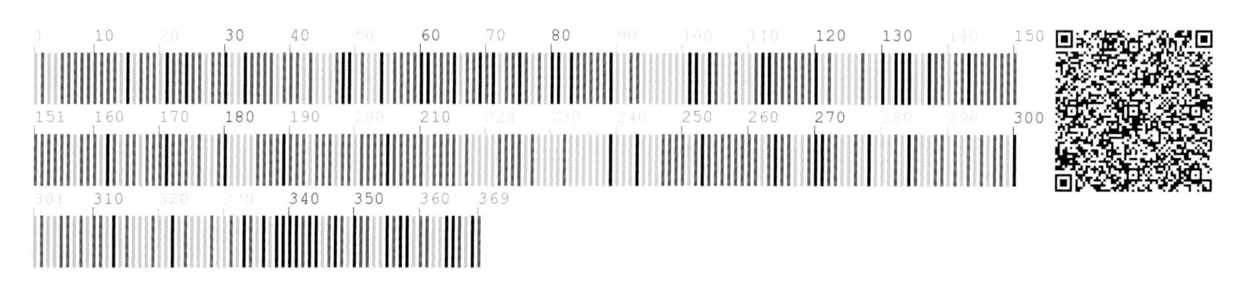

560 全叶千里光 **Senecio cannabifolius** var. **integrifolius** (Koidz.) Kitam.

【别　　名】单麻叶千里光，返魂草

【形态特征】多年生根状茎草本。叶长圆状披针形，不分裂，边缘具内弯的尖锯齿，基部具2耳。头状花序辐射状；苞片3～4；总苞片8～10，长圆状披针形；舌状花黄色，管状花花冠黄色，裂片卵状披针形。瘦果圆柱形；冠毛禾秆色。

【生　　境】生于林下、林缘、湿地。

【药用价值】全草入药。清热解毒，散血消肿，下气通经，止血镇痛。

【材料来源】吉林省通化市柳河县，共3份，样本号 CBS263MT01～03。

【ITS2 序列特征】获得 ITS2 序列 3 条，比对后长度为 223bp，无变异位点。序列特征如下：

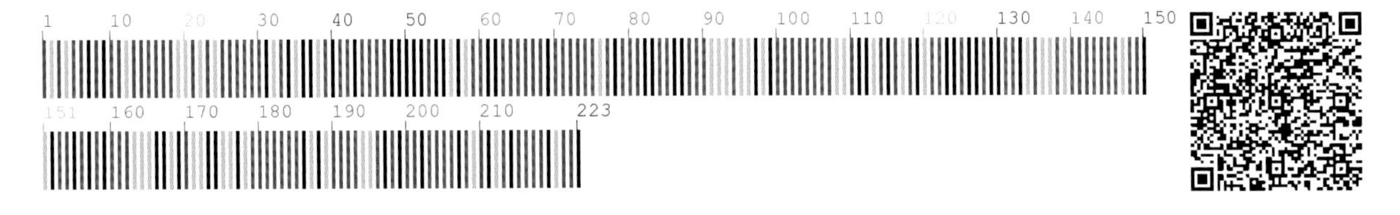

【*psbA-trnH* 序列特征】获得 *psbA-trnH* 序列 3 条，比对后长度为 369bp，无变异位点。序列特征如下：

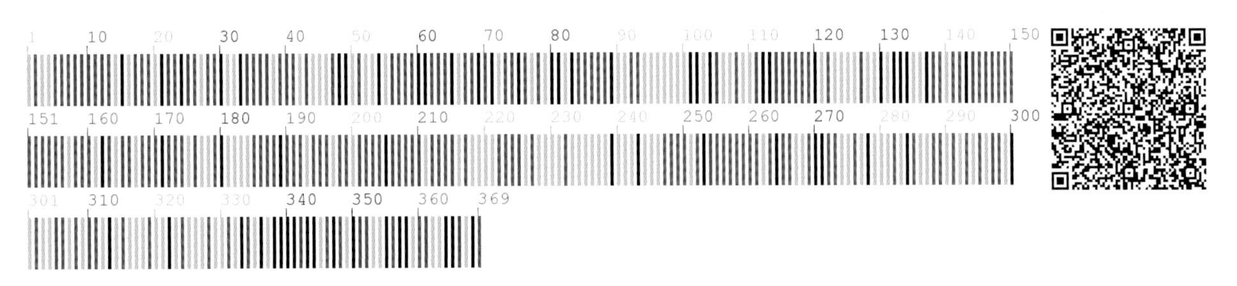

561 林荫千里光 Senecio nemorensis L.

【别　　名】黄菀，森林千里光

【形态特征】多年生草本。单叶互生，叶近无柄，半抱茎，边缘有整齐的牙齿状锯齿，无叶耳。头状花序排成复伞房状；花梗有柔毛和腺毛；总苞筒状，基部有条形苞叶；总苞背面有短毛；舌状花约 5，黄色，舌片条形，筒状花多数。瘦果圆柱形，有纵沟，无毛；冠毛白色。花期 8～9 月，果期 9～10 月。

【生　　境】生于林下阴湿地、森林草甸、沼泽地。常聚生成片。

【药用价值】全草入药。清热解毒。

【材料来源】吉林省延边朝鲜族自治州敦化市，共 3 份，样本号 CBS315MT01～03。

【ITS2 序列特征】获得 ITS2 序列 3 条，比对后长度为 224bp，无变异位点。序列特征如下：

【*psbA-trnH* 序列特征】获得 *psbA-trnH* 序列 2 条，比对后长度为 347bp，无变异位点。序列特征如下：

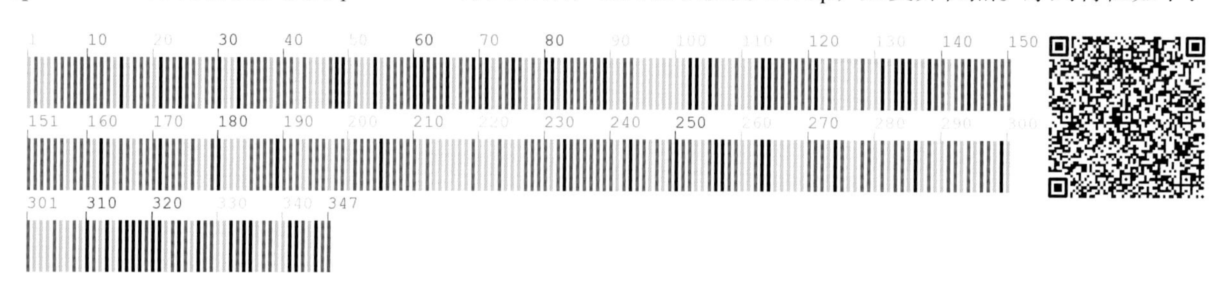

562 欧洲千里光 Senecio vulgaris L.

【别　　名】普通千里光

【形态特征】一年生草本，高12～45cm。叶长圆形或披针形，基部耳状抱茎，羽状深裂，近肉质。头状花序伞房状；总苞钟状，苞片上有少量黑点；无舌状花，管状花多数，花冠黄色。瘦果圆柱形，被毛，具纵肋；冠毛糙毛状，花后延长。花期5～7月，果期7～9月。

【生　　境】生于林缘、路旁、田野及村屯附近。常聚生成片。

【药用价值】全草入药。清热解毒，祛瘀消肿。

【材料来源】吉林省通化市东昌区，共1份，样本号CBS189MT01。

【ITS2序列特征】获得ITS2序列1条，长度为220bp。序列特征如下：

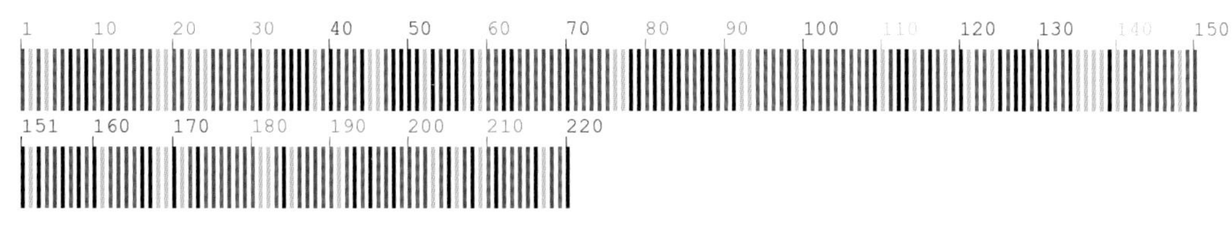

【*psbA-trnH*序列特征】获得*psbA-trnH*序列1条，长度为269bp。序列特征如下：

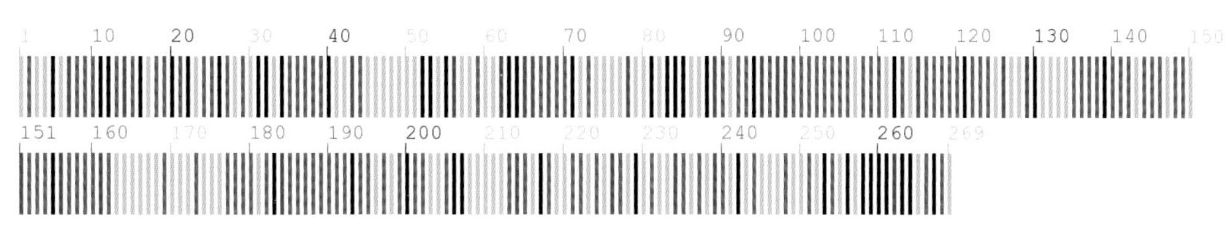

563 腺梗豨莶 **Sigesbeckia pubescens** (Makino) Makino

【别　　名】毛豨莶，粘苍子，粘不沾，粘不扎，粘糊草

【形态特征】一年生草本。茎直立，常带紫色，有灰白色长柔毛或紫褐色腺毛。叶对生，茎上部叶较小，椭圆形、卵形，两面均密生长柔毛。头状花序多数，排列成圆锥花序，有密毛和腺毛；花梗及分枝上部被伏短柔毛；总苞2裂，匙形或长蓖形；雌花舌状，3齿裂，黄色；管状花两性，5齿裂。瘦果倒卵形，微弯，平滑无毛。花期8～9月，果期9～10月。

【生　　境】生于田边、路旁、山坡、村旁等处。

【药用价值】全草入药。祛风湿，利筋骨，降血压。

【材料来源】吉林省通化市通化县，共3份，样本号 CBS403MT01～03。

【ITS2 序列特征】获得 ITS2 序列 3 条，比对后长度为 226bp，无变异位点。序列特征如下：

【*psbA-trnH* 序列特征】获得 *psbA-trnH* 序列 3 条，比对后长度为 484bp，无变异位点。序列特征如下：

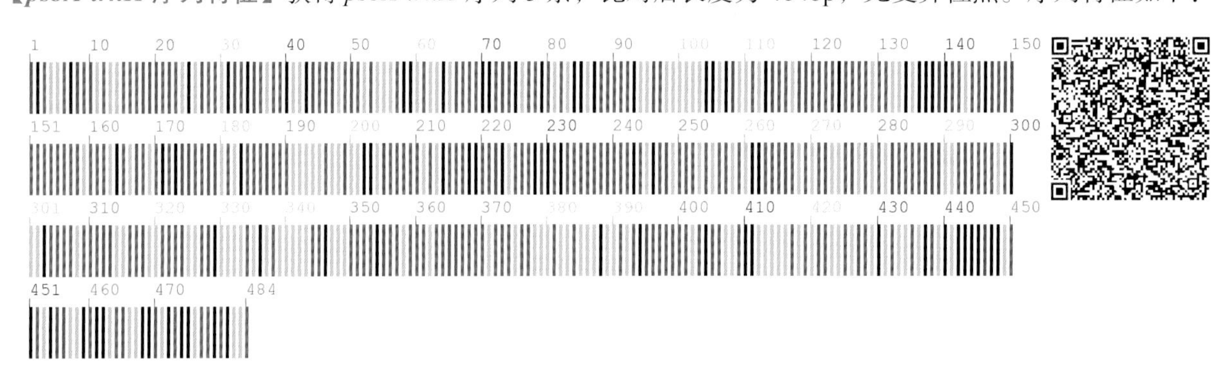

564 钝苞一枝黄花 Solidago pacifica Juz.

【别　　名】朝鲜一枝黄花，兴安一枝黄花

【形态特征】多年生草本。茎下部叶有长柄，叶椭圆状披针形或卵状披针形。头状花序多数，排列成密圆锥花序，花序梗短；总苞片3层，覆瓦状排列，外层卵形，中、内层长圆形或长圆状披针形；边花1层，雌性，花冠舌状，黄色，中央花两性，花冠管状，先端5齿裂。瘦果长圆形，下部较狭，有纵棱，上部或仅顶端疏被短毛；冠毛1层，白色，羽毛状。花期8～9月，果期9～10月。

【生　　境】生长于山坡草地、林缘或林下。

【药用价值】全草入药。清热解毒，化痰平喘，止血消肿。

【材料来源】吉林省延边朝鲜族自治州敦化市，共3份，样本号CBS318MT01～03。

【ITS2序列特征】获得ITS2序列3条，比对后长度为218bp，有2个变异位点，分别为43位点C-T变异、152位点G-A变异。序列特征如下：

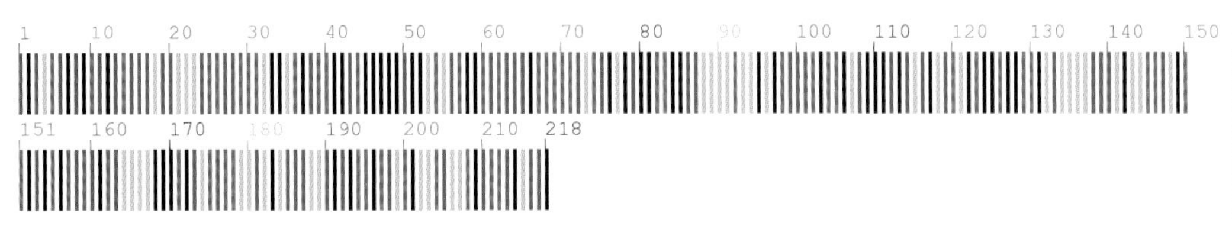

【*psbA-trnH*序列特征】获得*psbA-trnH*序列3条，比对后长度为297bp，无变异位点。序列特征如下：

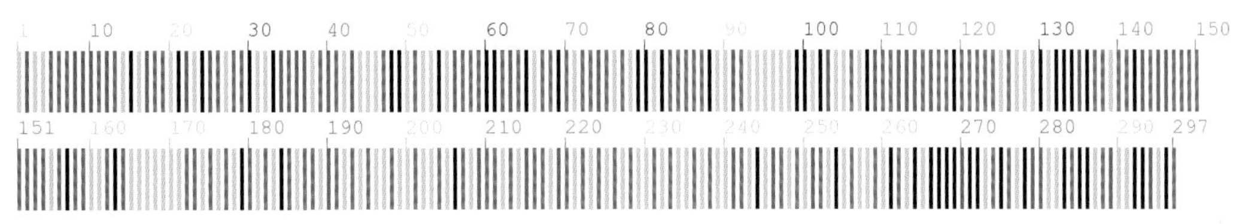

565 花叶滇苦菜 **Sonchus asper** (L.) Hill

【别　　名】续断菊，刺菜，恶鸡婆

【形态特征】一年生或二年生草本。有纺锤形根。茎中空，下部无毛，中上部及顶端有稀疏腺毛。茎生叶卵状狭长椭圆形，不分裂、缺刻状半裂或羽状分裂，裂片边缘密生长刺状尖齿，刺较长而硬，基部有扩大的圆耳。头状花序，花序梗常有腺毛或初期有蛛丝状毛；总苞钟形或圆筒形；舌状花黄色。瘦果较扁平，短宽而光滑，两面除有明显的3条纵肋外，无横纹，有较宽的边缘。花果期5～10月。

【生　　境】生于路边和荒野。

【药用价值】全草入药。清热解毒，止血。

【材料来源】吉林省延边朝鲜族自治州安图县，共3份，样本号CBS723MT01～03。

【ITS2 序列特征】获得 ITS2 序列 3 条，比对后长度为 229bp，无变异位点。序列特征如下：

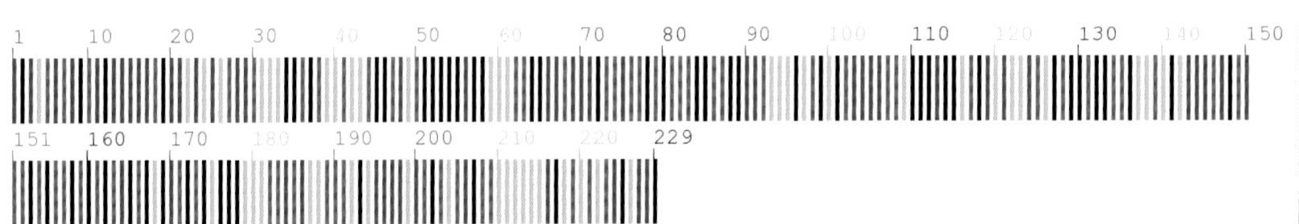

566 长裂苦苣菜 Sonchus brachyotus DC.

【别　　名】苣荬菜，苦菜，北败酱草，苣麻菜

【形态特征】一年生草本。全株有乳汁。基生叶与下部茎叶全形卵形、长椭圆形或倒披针形，羽状浅裂或不裂，向下渐狭。头状花序少数，在茎枝顶端排成伞房状花序；总苞钟状；全舌状花，黄色。瘦果长椭圆状，褐色；冠毛白色，纤细，柔软，纠缠，单毛状。花期8～9月，果期9～10月。

【生　　境】生于田间、路旁、撂荒地等处。常聚生成片。

【药用价值】全草入药。清热解毒，消炎止痛，消肿化瘀，凉血止血。

【材料来源】吉林省通化市柳河县，共2份，样本号CBS514MT01、CBS514MT02。

【**ITS2序列特征**】获得ITS2序列2条，比对后长度为180bp，有1个变异位点，为53位点T-C变异。序列特征如下：

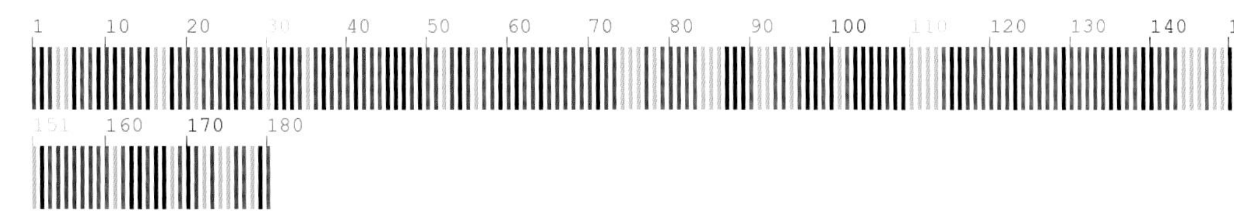

【***psbA-trnH*序列特征**】获得*psbA-trnH*序列2条，比对后长度为471bp，有1个变异位点，为450位点G-T变异；有2处插入/缺失，分别为410位点、470位点。序列特征如下：

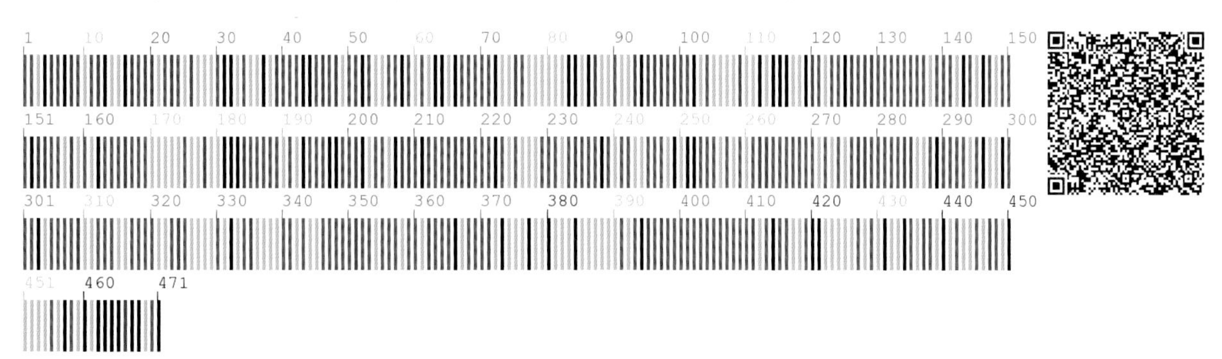

567 兔儿伞 **Syneilesis aconitifolia** (Bunge) Maxim.

【别　　名】雨伞菜，帽头菜，一把伞

【形态特征】多年生草本。基生叶 1，幼时反卷呈伞状，花期枯萎；茎生叶互生，圆盾形，掌状深裂，边缘有不规则的锐齿，无毛，茎下部叶有长叶柄，茎中部叶较小。头状花序多数，在顶端排成复伞房状，花序梗基部有条形苞片；总苞圆筒状；总苞片矩圆状披针形，先端钝，膜质，无毛；花全部筒状，淡红色，上部狭钟状；雄蕊聚药；柱头 2 裂。瘦果圆柱形。花期 6～7 月，果期 7～8 月。

【生　　境】生于山坡、林缘、灌丛。常聚生成片。

【药用价值】根及根茎入药。祛风除湿，解毒活血，消肿止痛。

【材料来源】吉林省通化市柳河县，共 2 份，样本号 CBS726MT01、CBS726MT02。

【ITS2 序列特征】获得 ITS2 序列 2 条，比对后长度为 225bp，无变异位点。序列特征如下：

568 朝鲜蒲公英 **Taraxacum coreanum** Nakai

【别　　名】婆婆丁

【形态特征】多年生草本。全株含白色乳汁。主根圆锥形，外皮深褐色。叶基生，排列成莲座状，叶倒披针形或线状披针形，大头羽裂或倒向羽状深裂，顶裂片三角形或三角状戟形。头状花序密被蛛丝状绵毛；总苞广钟形；外、中层总苞片披针形或卵状披针形，先端背部具明显角状凸起，内层狭披针形，先端渐尖，背部具角状凸起；舌状花白色，具淡紫色条纹，先端5齿裂。瘦果长圆状，稍压扁。花期4～5月，果期5～6月。

【生　　境】生于山坡、林缘及向阳地等处。

【药用价值】全草入药。清热解毒，消肿散结，利尿催乳。

【材料来源】辽宁省本溪市桓仁满族自治县，共3份，样本号CBS748MT01～03。

【ITS2序列特征】获得ITS2序列3条，比对后长度为229bp，无变异位点。序列特征如下：

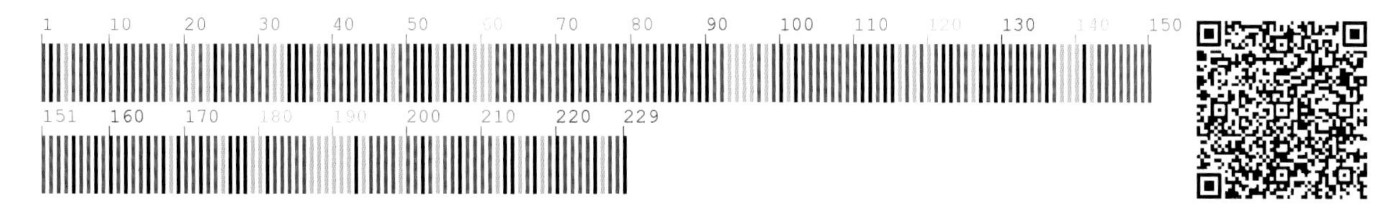

【*psbA-trnH*序列特征】获得*psbA-trnH*序列3条，比对后长度为488bp，无变异位点。序列特征如下：

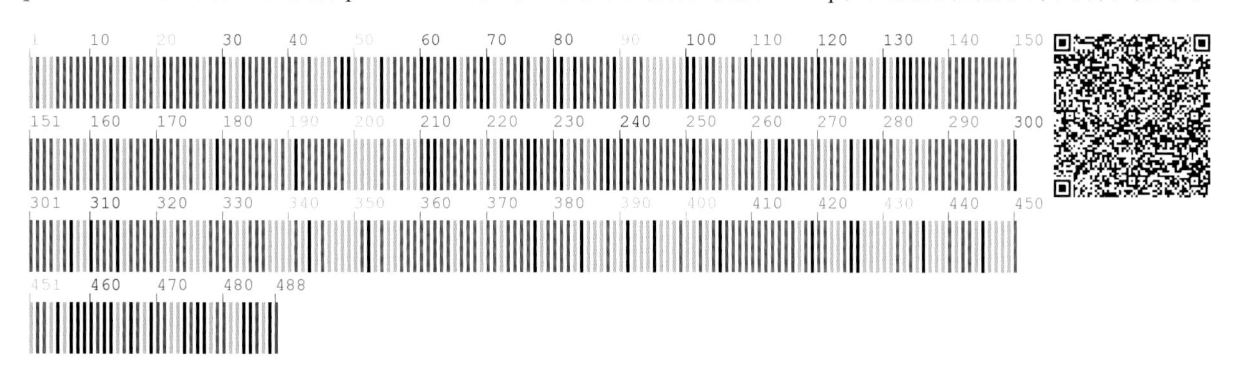

569 蒙古蒲公英 **Taraxacum mongolicum** Hand.-Mazz.

【别　　名】婆婆丁

【形态特征】多年生草本。根粗壮，圆柱形。叶倒卵状披针形、倒披针形或长圆状披针形，边缘有时具波状齿或羽状深裂。花葶 1 至多数，与叶等长或稍长，上部紫红色，密被蛛丝状白色长柔毛；头状花序；总苞钟状，淡绿色；舌状花黄色。瘦果倒卵状披针形，暗褐色，上部具小刺，下部具成行排列的小瘤；冠毛白色。

【生　　境】生于山坡、草地、路旁及田野。

【药用价值】全草入药。清热解毒，消肿散结。

【材料来源】吉林省通化市东昌区，共 3 份，样本号 CBS926MT01～03。

【ITS2 序列特征】获得 ITS2 序列 3 条，比对后长度为 230bp，有 1 个变异位点，为 174 位点 G-C 变异。序列特征如下：

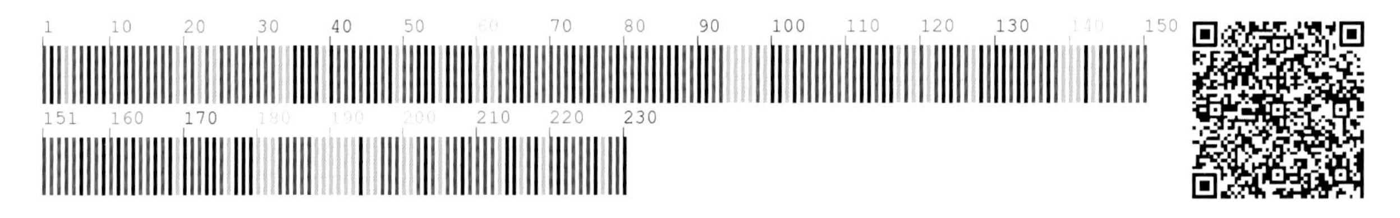

【*psbA-trnH* 序列特征】获得 *psbA-trnH* 序列 3 条，比对后长度为 391bp，无变异位点。序列特征如下：

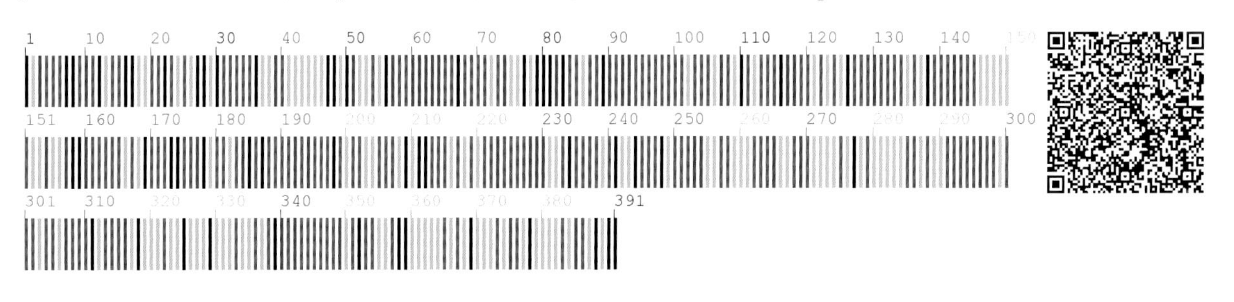

570 北狗舌草 **Tephroseris campestris** (Rutz.) Rchb. f. **spathulatus** (Miq.) R. Yin et C. Y. Li

【别　　名】湿生千里光

【形态特征】多年生草本。基生叶数枚，具柄；茎下部叶具柄，茎中部叶无柄。头状花序排列成伞房花序，花序梗被密腺状柔毛；总苞钟状；舌状花 20～25，管状花多数；花冠黄色，裂片卵状披针形，顶端尖，具乳头状毛；花药线状长圆形；花柱分枝直立。瘦果圆柱形；冠毛丰富，白色。花期 6～7 月，果期 7～8 月。

【生　　境】生于沼泽及潮湿地或水池边等处。

【药用价值】全草入药。清热解毒，利水杀虫。

【材料来源】吉林省通化市东昌区，共 3 份，样本号 CBS101MT01～03。

【ITS2 序列特征】获得 ITS2 序列 3 条，比对后长度为 225bp，无变异位点。序列特征如下：

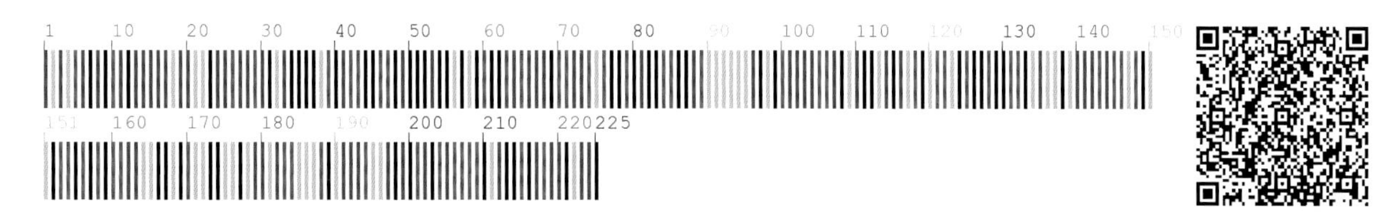

【*psbA-trnH* 序列特征】获得 *psbA-trnH* 序列 3 条，比对后长度为 522bp，无变异位点。序列特征如下：

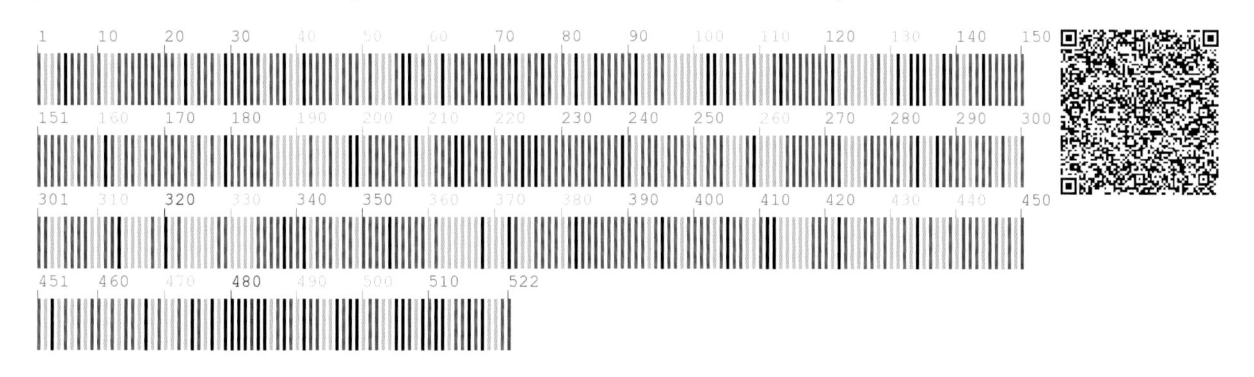

571 红轮狗舌草 **Tephroseris flammea** (Turcz. ex DC.) Holub

【别　　名】红轮千里光

【形态特征】多年生草本。须根多数。茎具条棱。基生叶有长柄；叶长圆形，基部楔形，花期枯萎；茎下部叶长圆形，基部渐狭，下延至柄成翼，半抱茎，边缘具波状尖齿；茎中上部叶条形。头状花序呈伞房状；总苞钟状，暗紫色；总苞片1层，披针形；边花1层，雌性，舌状花紫红色或橙红色，中央花多数，两性，花冠管状，黄色，略带紫色，先端5裂；花序托凸起。瘦果圆柱形。花期6～7月，果期8～9月。

【生　　境】生于林缘、灌丛、湿草甸子等处。

【药用价值】全草、花入药。花：活血调经；全草：清热解毒。

【材料来源】辽宁省丹东市宽甸满族自治县，共3份，样本号 CBS737MT01～03。

【ITS2 序列特征】获得 ITS2 序列 3 条，比对后长度为 225bp，无变异位点。序列特征如下：

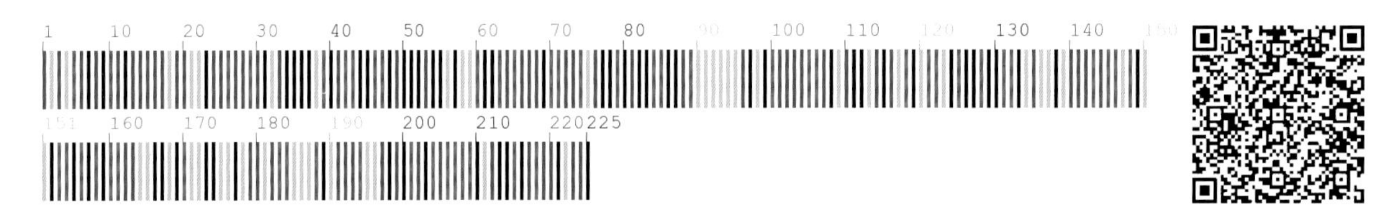

【*psbA-trnH* 序列特征】获得 *psbA-trnH* 序列 2 条，比对后长度为 508bp，无变异位点。序列特征如下：

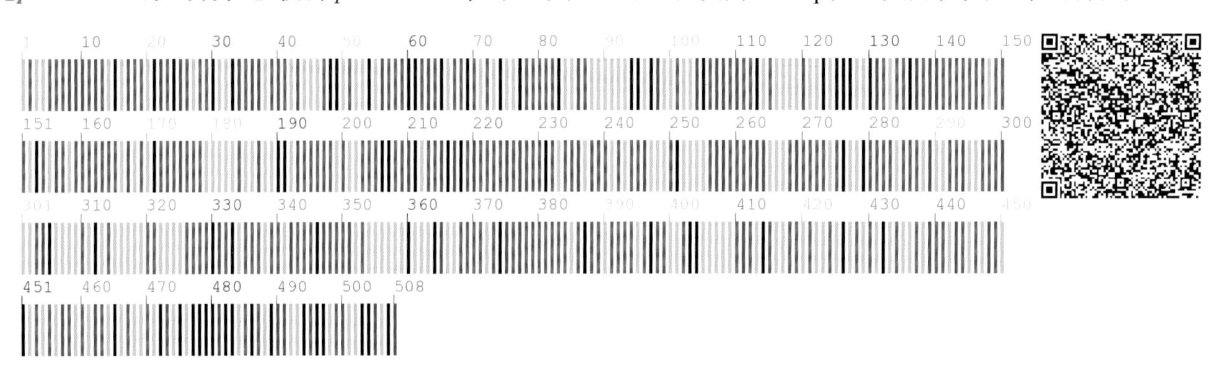

572 狗舌草　**Tephroseris kirilowii** (Turcz. ex DC.) Holub

【别　　名】丘狗舌草，狗舌头草

【形态特征】多年生草本。须根系。植株被白色蛛丝状密毛。基生叶莲座状，无柄；茎生叶条状披针形，基部抱茎。头状花序呈伞房状，有梗；总苞筒状，苞片线状披针形；总苞片条形或矩圆状披针形，背面被蛛丝状毛，边缘膜质；舌状花黄色，矩圆形，筒状花多数。瘦果圆柱形；冠毛白色。花期5～6月，果期6～7月。

【生　　境】生于丘陵坡地、山野向阳地等处。

【药用价值】全草、根入药。全草：清热解毒、利水杀虫；根：解毒、利尿、活血消肿。

【材料来源】吉林省通化市东昌区，共4份，样本号CBS102MT01～04。

【ITS2序列特征】获得ITS2序列4条，比对后长度为225bp，无变异位点。序列特征如下：

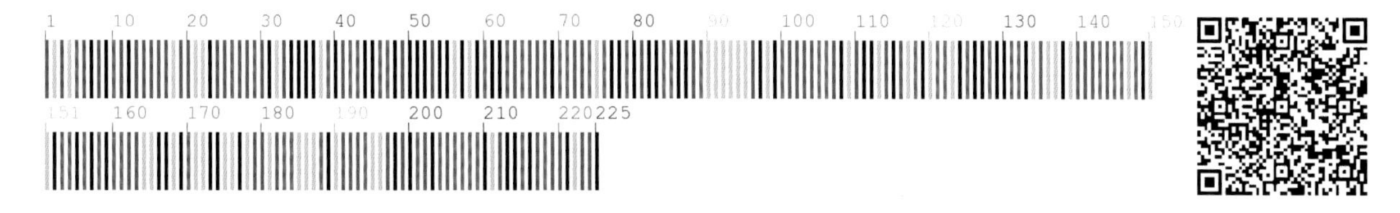

【*psbA-trnH*序列特征】获得*psbA-trnH*序列4条，比对后长度为520bp，无变异位点。序列特征如下：

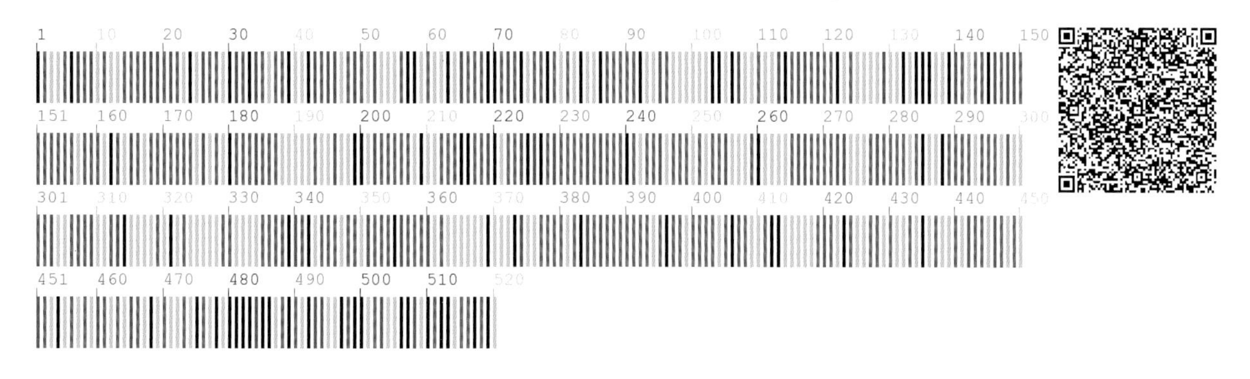

573 款冬 **Tussilago farfara** L.

【别　　名】款冬花，东花

【形态特征】多年生草本。基生叶有长柄，密生褐毛；叶心形或肾形，掌状网脉；茎生叶宽披针形。花先叶开放，花葶生白色毛；头状花序生于茎顶，苞片有白毛；边花舌状，雌花，雌蕊 1，子房下位，花柱细长，柱头 2 裂；中央是管状花，雄花，雄蕊 5，花丝短丝状，聚药。瘦果长椭圆形，有纵棱；冠毛淡黄色。花期 4～5 月，果期 5～6 月。

【生　　境】生于山坡、林缘、河岸、田边等地。

【药用价值】花蕾入药。润肺下气，化痰止咳。

【材料来源】吉林省白山市临江市，共 3 份，样本号 CBS055MT01～03。

【ITS2 序列特征】获得 ITS2 序列 3 条，比对后长度为 221bp，无变异位点。序列特征如下：

【*psbA-trnH* 序列特征】获得 *psbA-trnH* 序列 3 条，比对后长度为 410bp，无变异位点。序列特征如下：

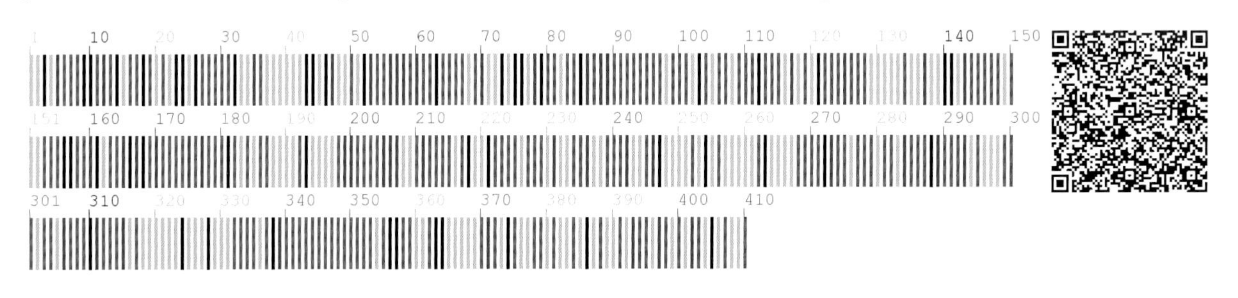

574 苍耳 **Xanthium strumarium** L. [Syn. **Xanthium sibiricum** Patr.]

【别　　名】苍耳子，老苍子，胡苍子，苍子，老苍子草

【形态特征】一年生草本。茎粗壮，被伏毛。叶互生，有长柄，三角状卵形或心形，常呈不明显的3浅裂。头状花序多生于枝端；花单性，同株，雄花序球形，密生柔毛，雌花序椭圆形，外层总苞片披针形。瘦果包于囊状总苞内，外面散生钩状总苞刺，顶端有2枚直立或弯曲的喙。花期8～9月，果期9～10月。

【生　　境】生于田边、田间、路旁、荒地、山坡、村旁等处。

【药用价值】果实入药。散风通窍，祛风湿，止痛。

【材料来源】吉林省通化市通化县，共3份，样本号CBS411MT01～03。

【ITS2序列特征】获得ITS2序列3条，比对后长度为229bp，无变异位点。序列特征如下：

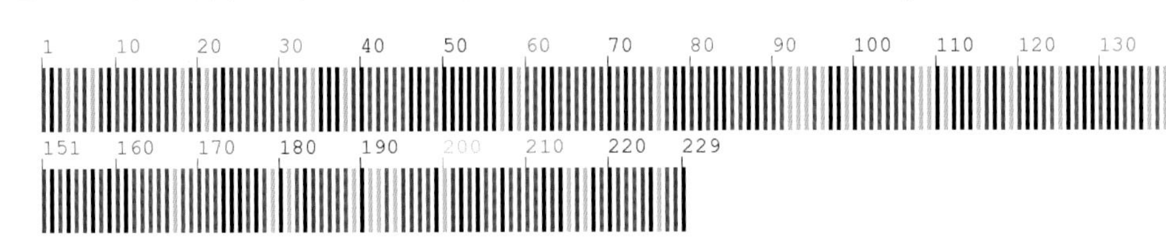

【*psbA-trnH*序列特征】获得*psbA-trnH*序列3条，比对后长度为780bp，有2个变异位点，分别为511位点A-C变异、523位点T-A变异。序列特征如下：

泽泻科 Alismataceae

575 泽泻 **Alisma plantago-aquatica** L.

【别　　名】水车前，水泽，车苦菜，水白菜

【形态特征】多年生水生或沼生草本。具块茎。沉水叶条形或披针形；挺水叶椭圆形至卵形，基部宽楔形、浅心形，叶脉通常5。花葶高于叶，多轮多回分枝；花两性，外轮花被片广卵形，内轮花被片近圆形，远大于外轮，边缘具不规则粗齿；心皮17～23，排列整齐；花托平凸。瘦果椭圆形或近矩圆形，排列整齐。种子紫褐色，具凸起。

【生　　境】生于湖泊、沼泽、稻田及沟渠等地。常聚生成片。

【药用价值】块茎入药。利小便，清湿热。

【材料来源】吉林省通化市柳河县，共3份，样本号CBS940MT01～03。

【ITS2序列特征】获得ITS2序列3条，比对后长度为311bp，无变异位点。序列特征如下：

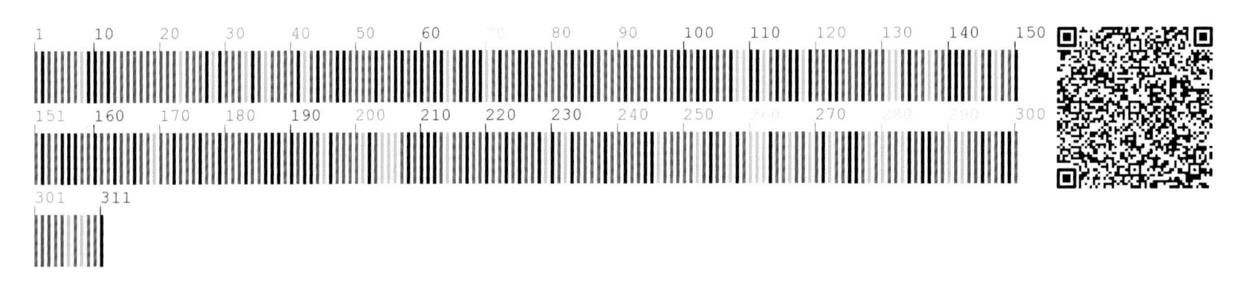

【*psbA-trnH*序列特征】获得*psbA-trnH*序列3条，比对后长度为316bp，无变异位点。序列特征如下：

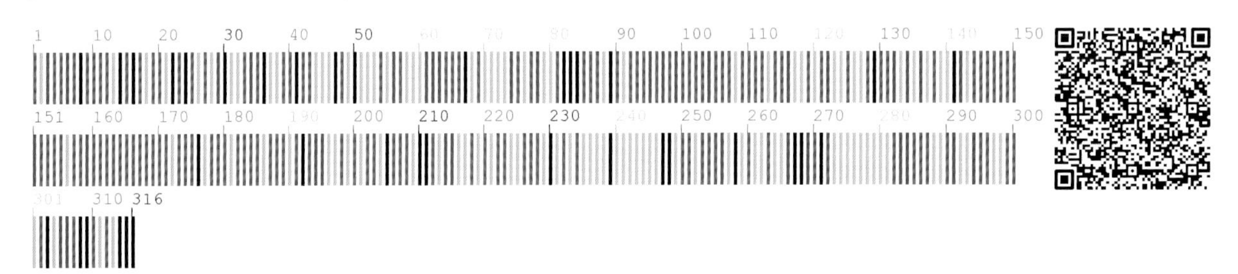

576 野慈姑 Sagittaria trifolia L.

【别　　名】三裂慈姑，犁头草

【形态特征】多年生水生草本。挺水叶箭形，通常顶裂片短于侧裂片；叶柄基部渐宽，鞘状。花葶直立，挺水；花序总状或圆锥状；苞片3，基部多少合生，先端尖；花单性，花被片反折，外轮花被片椭圆形或广卵形，内轮花被片白色或淡黄色，基部收缩；雌花通常1～3轮，心皮多数，两侧压扁；雄花多轮，雄蕊多数，花药黄色。瘦果两侧压扁，倒卵形，具翅，果喙短。种子褐色。花期7～8月，果期8～9月。

【生　　境】生长于池塘、稻田等浅水处。

【药用价值】球茎、全草入药。球茎：行血通淋；全草：消肿、解毒。

【材料来源】吉林省延边朝鲜族自治州安图县，共3份，样本号CBS750MT01～03。

【ITS2序列特征】获得ITS2序列3条，比对后长度为247bp，无变异位点。序列特征如下：

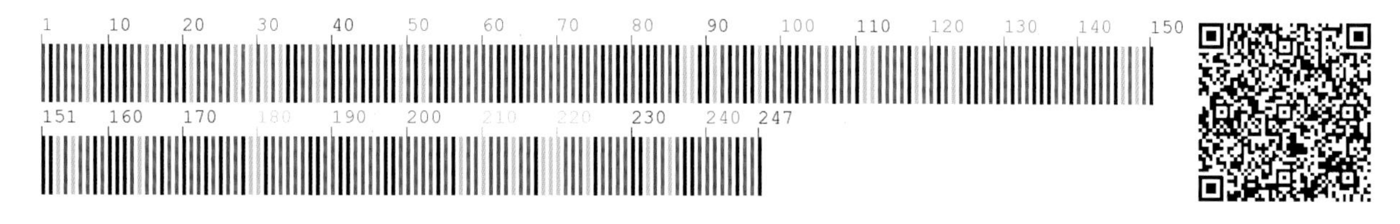

【*psbA-trnH*序列特征】获得*psbA-trnH*序列3条，比对后长度为376bp，无变异位点。序列特征如下：

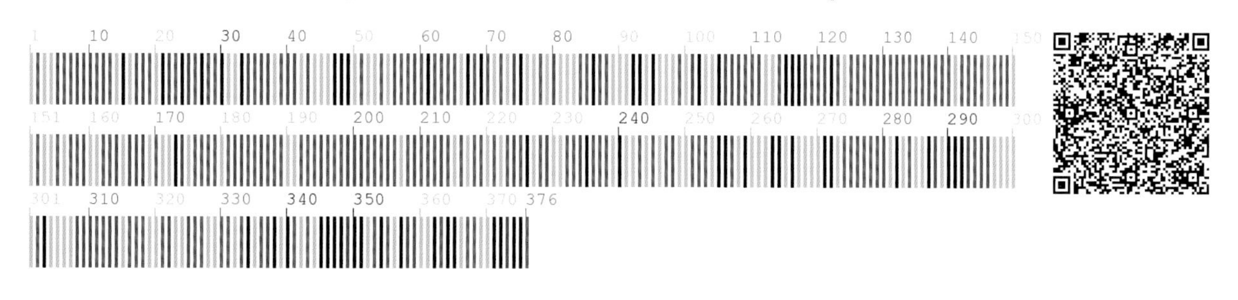

石蒜科 Amaryllidaceae

577 硬皮葱 **Allium ledebourianum** Schultes et Schult. f.

【别　　名】野葱

【形态特征】多年生草本。鳞茎卵圆状柱形，外皮红褐色。叶 2～4，圆柱形，中空，向顶端渐狭。花葶粗壮；总苞与花序近等长；伞形花序球形，多花，密集，淡紫色；花被钟状；花被片 6，顶端渐尖，外轮宽倒卵形，内轮倒卵状矩圆形，等长或外轮的略短；花丝锥形，近等长，基部合生并与花被贴生。花期 7～8 月，果期 8～9 月。

【生　　境】生于乱石山坡及草地或石质山崖上。

【药用价值】鳞茎入药。通阳散结，下气。

【材料来源】吉林省延边朝鲜族自治州敦化市，共 3 份，样本号 CBS323MT01～03。

【ITS2 序列特征】获得 ITS2 序列 3 条，比对后长度为 246bp，无变异位点。序列特征如下：

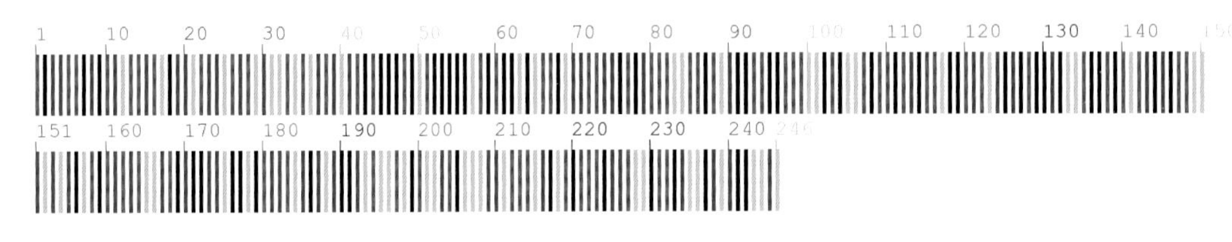

【*psbA-trnH* 序列特征】获得 *psbA-trnH* 序列 3 条，比对后长度为 648bp，无变异位点。序列特征如下：

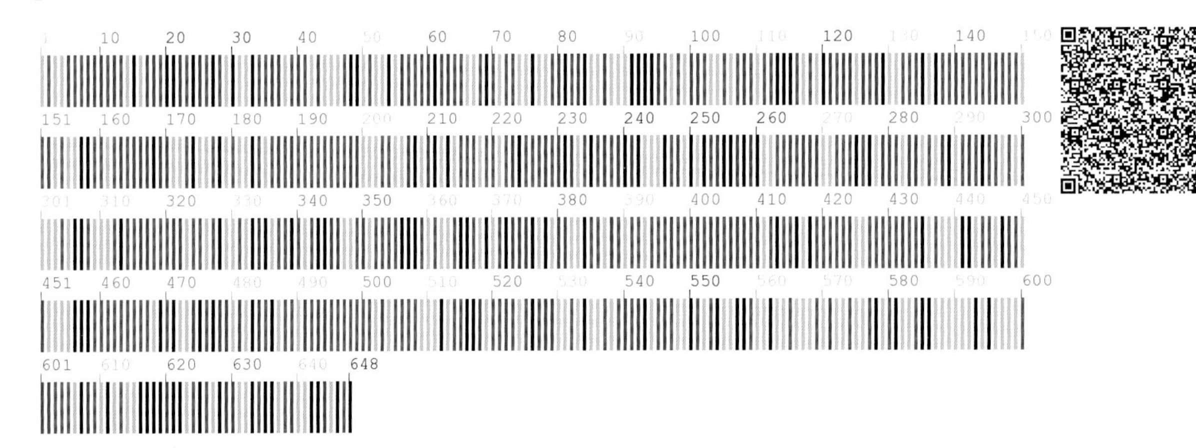

578 薤白　Allium macrostemon Bunge

【别　　名】小根蒜，野蒜，响头菜，小磨菜，大脑瓜儿

【形态特征】多年生草本。地下鳞茎肥厚，圆球形，外被白色或暗紫红色膜质鳞皮，有葱味。叶互生，基部鞘状抱茎，近圆柱形，叶条形，两面平滑无毛。花茎直立，单一。伞形花序，多花，密集成球形。花被6，2轮排列；雌蕊1，雄蕊6，花丝比花被片长，着生于花基部，花药黄褐色；蒴果卵圆形，具3棱。

【生　　境】生于田间、路旁、山野、荒地等处。

【药用价值】鳞茎入药。温中通阳，理气宽胸，散结导滞。

【材料来源】吉林省梅河口市，共3份，样本号CBS939MT01～03。

【ITS2序列特征】获得ITS2序列3条，比对后长度为245bp，无变异位点。序列特征如下：

【*psbA-trnH*序列特征】获得*psbA-trnH*序列3条，比对后长度为565bp，无变异位点。序列特征如下：

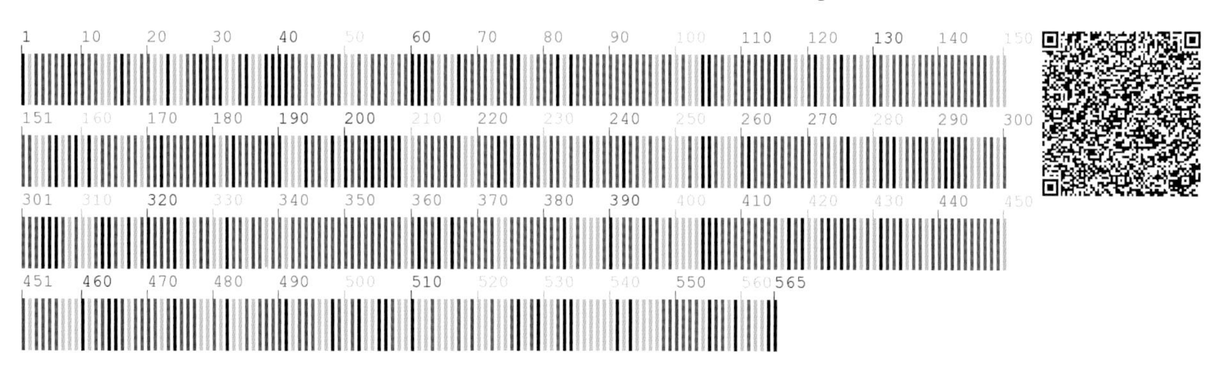

579 山韭 **Allium senescens** L.

【别　　名】山葱，岩葱

【形态特征】多年生草本。具平伸的粗壮根状茎。叶狭条形至宽条形，边缘有时具细糙齿。花葶圆柱形；伞形花序半球形至球形；总苞白色，膜质，2～3 裂，花被片 6；雄蕊 6，花丝等长，外轮的花丝锥形，子房近球形，基部无凹陷的蜜穴，花柱常伸出花被。花期 7～8 月，果期 8～9 月。

【生　　境】生于干燥的石质山坡、林缘、荒地、路旁等处。

【药用价值】叶入药。温中行气。

【材料来源】吉林省通化市集安市，共 3 份，样本号 CBS499MT01～03。

【ITS2 序列特征】获得 ITS2 序列 3 条，比对后长度为 245bp，无变异位点。序列特征如下：

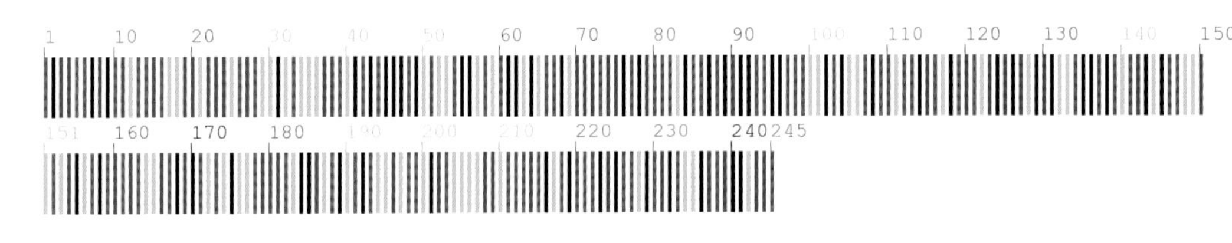

【*psbA-trnH* 序列特征】获得 *psbA-trnH* 序列 3 条，比对后长度为 655bp，无变异位点。序列特征如下：

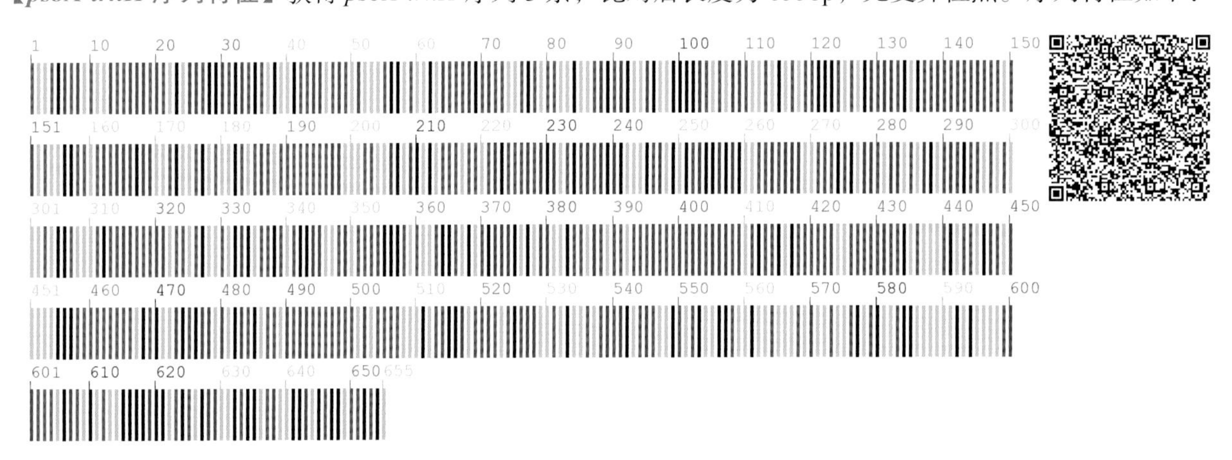

百合科 Liliaceae

580 猪牙花 **Erythronium japonicum** Decne.

【别　　名】车前叶山慈姑，母猪牙

【形态特征】多年生草本。鳞茎圆柱状。叶 2，极少 3，生于植株中部以下，椭圆形至披针状长圆形，先端骤尖或急尖，全缘，表面有不规则的紫色斑纹。花单朵顶生，下垂；花被片 6，排成 2 轮，紫红色，基部有 3 条齿状的黑紫色斑纹，开花时强烈反卷；雄蕊 6，黑紫色。蒴果稍圆形，有 3 棱。花期 4～5 月，果期 6～7 月。

【生　　境】生于腐殖质肥沃的山地林下、林缘灌丛或沟边。常聚生成片。

【药用价值】鳞茎入药。润肠通便。

【材料来源】吉林省通化市二道江区，共 3 份，样本号 CBS751MT01～03。

【ITS2 序列特征】获得 ITS2 序列 3 条，比对后长度为 235bp，有 1 个变异位点，为 15 位点 C-T 变异。序列特征如下：

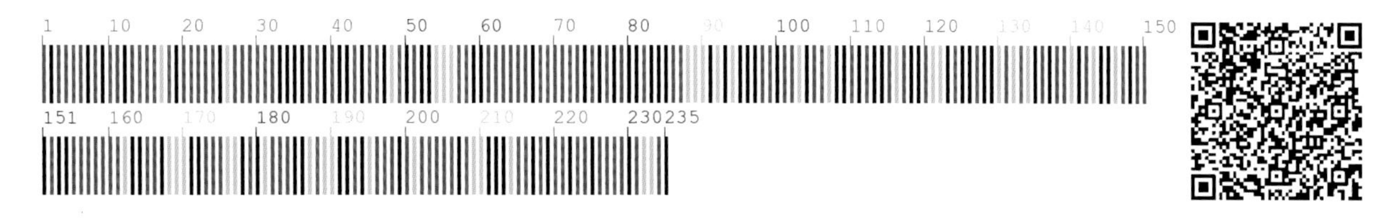

【*psbA-trnH* 序列特征】获得 *psbA-trnH* 序列 3 条，比对后长度为 447bp，无变异位点。序列特征如下：

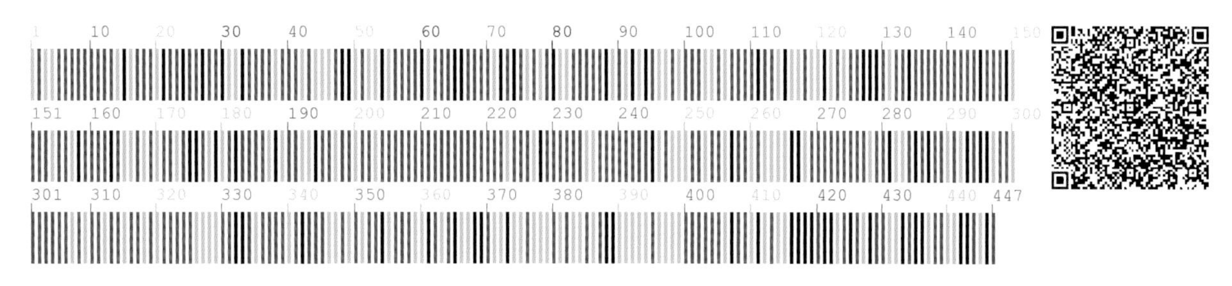

581 平贝母 **Fritillaria ussuriensis** Maxim.

【别　　名】平贝，贝母

【形态特征】多年生草本。地下鳞茎圆而略扁平，由 2～3 枚肉质鳞叶组成，白色，直径 1～2cm。茎直立。叶条形至披针形，茎上部叶先端稍卷曲或不卷曲。花钟形，下垂，1～3 朵生于茎顶，顶花常具 4～6 枚叶状苞片；花被片 6，离生，2 轮排列，外面淡紫褐色，内面淡紫色，散生黄色方格状斑纹；雄蕊 6，比花被片短，着生于花被片基部；子房棱柱形，3 室，柱头 3 深裂。蒴果宽倒卵形，具 6 棱，顶端钝圆，内含多数种子。种子扁平，近半圆形，边缘具翅。花期 5 月，果期 6 月。

【生　　境】生于富含腐殖质、湿润肥沃的林中、林缘、灌丛草甸。

【药用价值】鳞茎入药。润肺散结，止咳化痰。

【材料来源】吉林省通化市通化县，共 3 份，样本号 CBS051MT01～03。

【ITS2 序列特征】获得 ITS2 序列 3 条，比对后长度为 235bp，无变异位点。序列特征如下：

582　顶冰花　Gagea lutea (L.) Ker Gawl.

【别　　名】朝鲜顶冰花

【形态特征】多年生矮小草本。地下鳞茎卵球形，外皮灰黄色，无附属小鳞茎。基生叶1，广线形，扁平，由中部向下渐狭，光滑。花1～10朵集生成伞形花序，花序下具2枚叶状总苞片，下面的1枚大；花梗不等长，无毛；花被片6，黄色或黄绿色，线状披针形；雄蕊6，基部扁平，花药椭圆形，基着；子房椭圆形，柱头头状。蒴果圆球形，具3棱，内有多数种子。花期4～5月，果期5～6月。

【生　　境】生于林下、灌丛或草地。

【药用价值】鳞茎入药。清心，强心利尿。

【材料来源】吉林省通化市集安市，共3份，样本号CBS021MT01～03。

【ITS2序列特征】获得ITS2序列3条，比对后长度为236bp，无变异位点。序列特征如下：

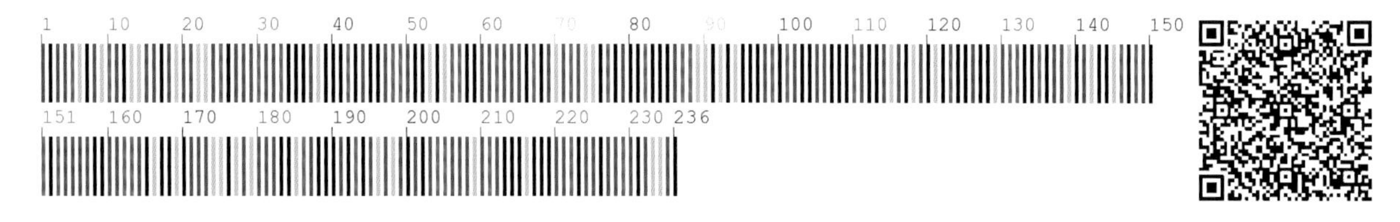

【*psbA-trnH*序列特征】获得*psbA-trnH*序列3条，比对后长度为390bp，无变异位点。序列特征如下：

583 垂花百合 **Lilium cernuum** Kom.

【别　　名】松叶百合，粉花百合，紫花百合

【形态特征】多年生草本。鳞茎广卵形或卵形，白色。茎直立。叶条形，基部无柄，边缘稍反卷。花 1～6 朵排成总状花序；花下垂，花被粉红色，下部有紫色斑点，反卷；雄蕊 6，向外伸展，花药长圆形，背部着生；子房圆柱形，花柱长于子房，柱头膨大，稍 3 裂。蒴果直立，卵圆形。花期 6～7 月，果期 8～9 月。

【生　　境】生于山坡灌丛或草丛中。

【药用价值】全草入药。润肺止咳，清心安神。

【材料来源】吉林省通化市二道江区，共 3 份，样本号 CBS758MT01～03。

【ITS2 序列特征】获得 ITS2 序列 3 条，比对后长度为 237bp，无变异位点。序列特征如下：

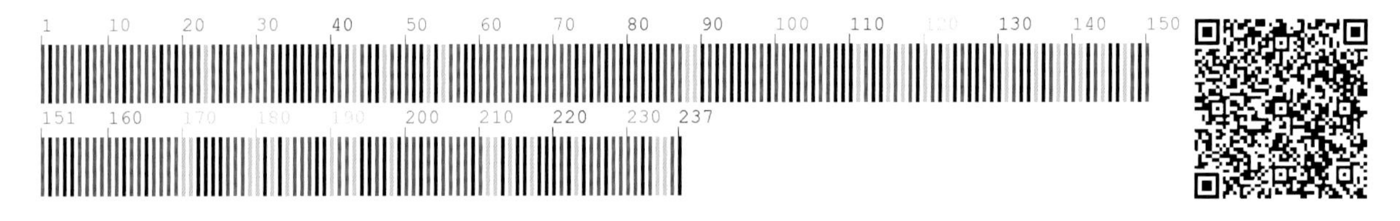

【*psbA-trnH* 序列特征】获得 *psbA-trnH* 序列 3 条，比对后长度为 444bp，无变异位点。序列特征如下：

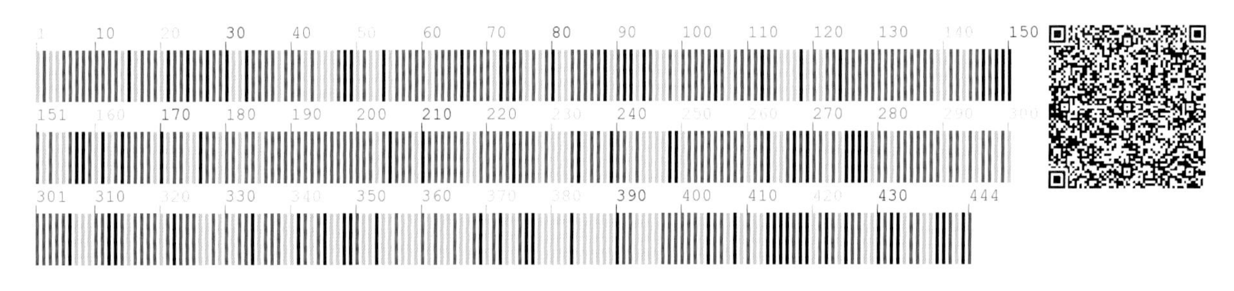

584　有斑百合　**Lilium concolor** var. **pulchellum** (Fisch.) Regel

【别　　名】山蓥子花

【形态特征】多年生草本。鳞茎卵球形，白色，上方的茎上有根。叶散生，条形，边缘有小乳头状凸起，两面无毛。花1～5朵排成近伞形或总状花序；花直立，花被深红色，有黑色斑点，平展，不反卷；花丝长，无毛，花药长矩圆形；子房圆柱形，花柱稍短于子房，柱头稍膨大。蒴果矩圆形。花期6～7月，果期8～9月。

【生　　境】生于海拔600～2170m的阳坡草地和林下湿地。

【药用价值】全草、鳞茎入药。润肺止咳，清心安神。

【材料来源】吉林省通化市二道江区，共3份，样本号CBS752MT01～03。

【ITS2序列特征】获得ITS2序列3条，比对后长度为237bp，无变异位点。序列特征如下：

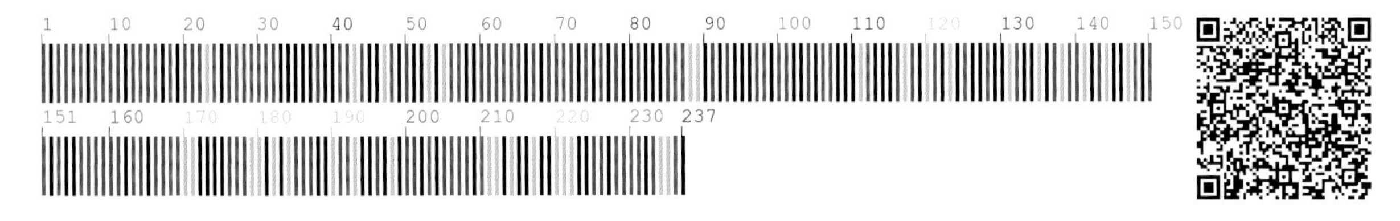

【*psbA-trnH*序列特征】获得*psbA-trnH*序列3条，比对后长度为444bp，无变异位点。序列特征如下：

585 毛百合 **Lilium dauricum** Ker Gawl.

【别　　名】卷帘百合，卷莲花

【形态特征】多年生草本。茎有棱翼。鳞茎卵球形，鳞片宽披针形至倒披针形。叶散生，狭披针形至披针形，在茎顶端有 4～5 叶轮生。花 1～4 朵生于茎顶，直立，花蕾期常有白毛附着；花橙红色，有紫色斑点，花被片 6，平展或少反卷；雄蕊 6，比花被短，花药红色；雌蕊比雄蕊稍长，子房圆柱形，柱头 3 裂。蒴果倒卵形。花期 6～7 月，果期 8～9 月。

【生　　境】生于林下、林缘、灌丛、草甸、湿草地及山沟路边等处。

【药用价值】全草入药。润肺止咳，清心安神。

【材料来源】吉林省通化市二道江区，共 3 份，样本号 CBS236MT01～03。

【ITS2 序列特征】获得 ITS2 序列 2 条，比对后长度为 237bp，无变异位点。序列特征如下：

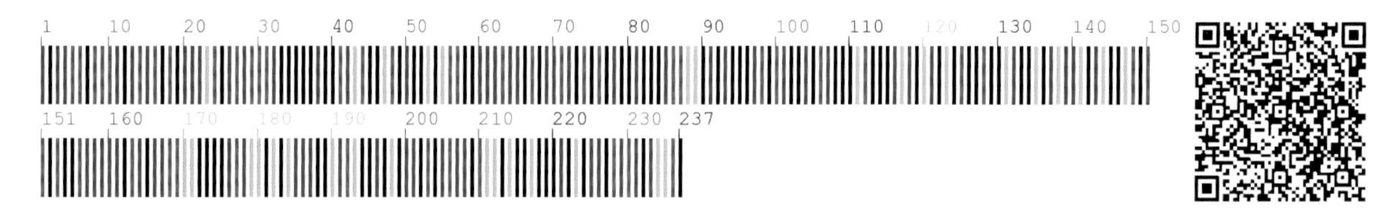

【*psbA-trnH* 序列特征】获得 *psbA-trnH* 序列 3 条，比对后长度为 375bp，无变异位点。序列特征如下：

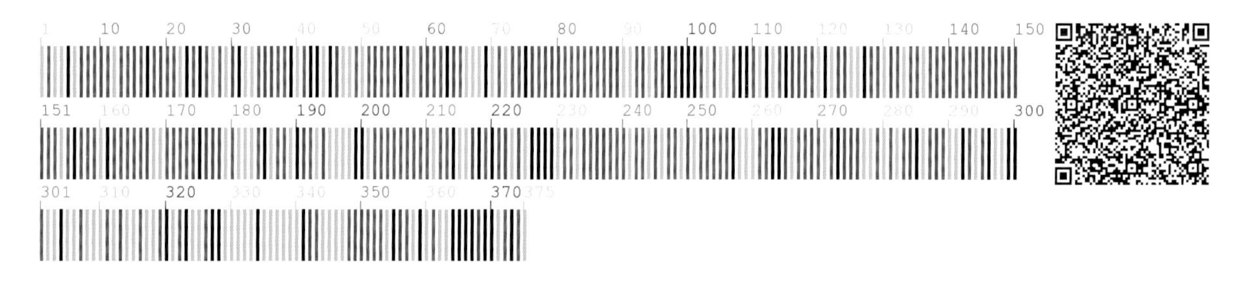

586 大花卷丹 **Lilium leichtlinii** var. **maximowiczii** (Regel) Baker

【别　　名】卷帘花

【形态特征】多年生草本。鳞茎近球形，白色。叶腋处无珠芽。花3～10朵排成总状花序或圆锥花序；花大而下垂，花被片6，披针形，反卷，橙红色，内面有紫黑色斑点；雄蕊6，淡橙红色或淡红色，花药长圆形，深紫红色；子房圆柱形，花柱与花丝同色，柱头紫色，稍膨大，3裂。蒴果长卵形。花期7～8月，果期9～10月。

【生　　境】生于灌丛、草地及林缘沟谷。

【药用价值】全草入药。润肺止咳，清心安神。

【材料来源】吉林省通化市二道江区，共1份，样本号CBS757MT01。

【**ITS2** 序列特征】获得ITS2序列1条，长度为237bp。序列特征如下：

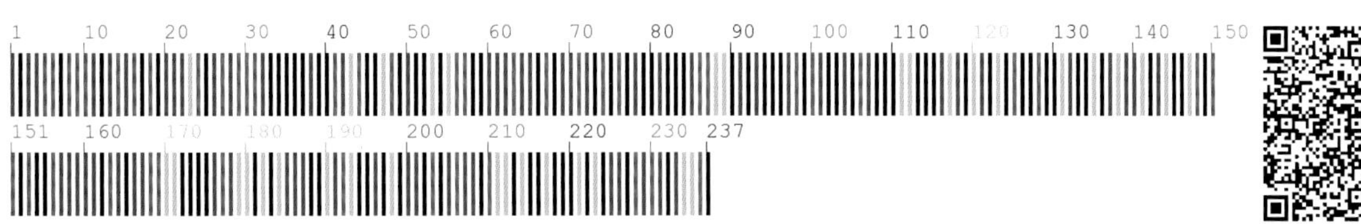

【*psbA-trnH* 序列特征】获得*psbA-trnH*序列1条，长度为444bp。序列特征如下：

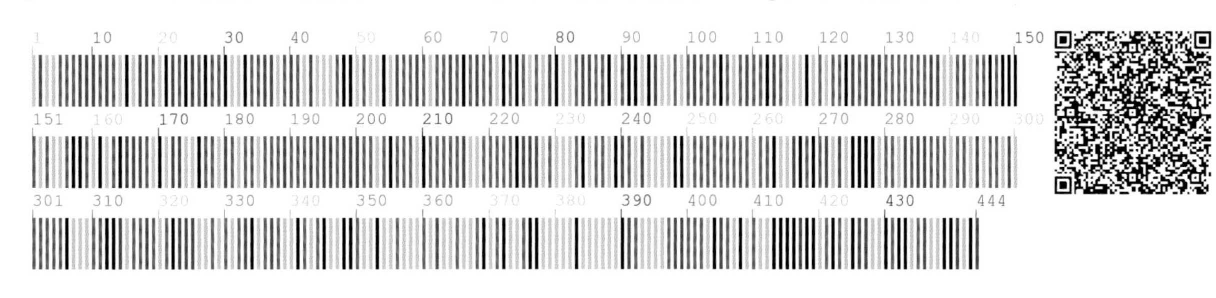

587 山丹 **Lilium pumilum** Redouté

【别　　名】细叶百合，百合，山丹丹

【形态特征】多年生草本。鳞茎圆锥形或卵形，白色，外面的鳞片呈膜质。叶细条形，散生于茎中部。花单生或多朵排成顶生总状花序；花鲜红色，无斑点或少有斑点，下垂；苞片 1～3，叶状；花被片长圆状披针形或披针形，反卷；雄蕊 6，向外伸展，花药长圆形，背部着生，黄色；子房圆柱形，花柱长于子房，柱头膨大，稍 3 裂。蒴果长圆形。花期 5～6 月，果期 8～9 月。

【生　　境】生于干燥石质山坡、岩石缝等处。

【药用价值】全草入药。润肺止咳，清心安神。

【材料来源】吉林省通化市东昌区，共 2 份，样本号 CBS224MT01、CBS224MT02。

【ITS2 序列特征】获得 ITS2 序列 2 条，比对后长度为 237bp，有 1 个变异位点，为 72 位点 C-T 变异。序列特征如下：

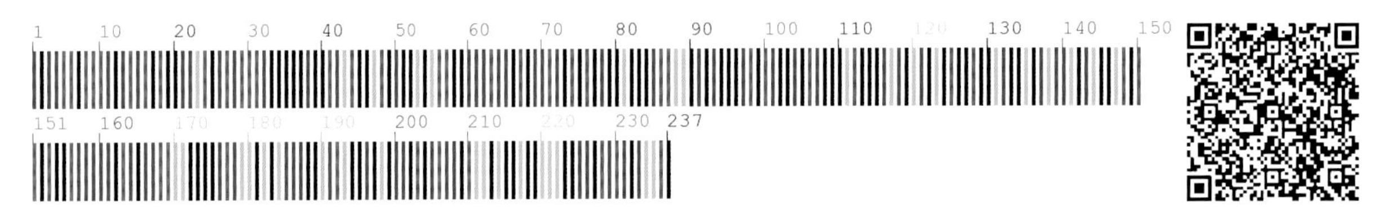

【*psbA-trnH* 序列特征】获得 *psbA-trnH* 序列 2 条，比对后长度为 375bp，无变异位点。序列特征如下：

588 三花洼瓣花 **Lloydia triflora** (Ledeb.) Baker

【别　　名】山花萝蒂，三花顶冰花

【形态特征】多年生矮小草本。地下鳞茎广卵形，多数；鳞茎外皮灰白色，薄革质，鳞茎皮内基部有几个很小的鳞茎。基生叶1～2，条形；茎生叶1～4，下面的1枚较大，狭披针形，边缘内卷，上面的较小，条形，边缘光滑。花2～4，排成二歧伞房花序；苞片披针形；花被片6，白色，具3条绿色脉纹，线状长椭圆形，先端钝；雄蕊6，花丝锥形，花药长圆形；子房倒卵形。蒴果倒卵形。花期4～5月，果期5～6月。

【生　　境】生于山坡、林缘、草地及灌丛等处。

【药用价值】鳞茎入药。清心，强心利尿。

【材料来源】吉林省通化市东昌区，共3份，样本号CBS041MT01～03。

【ITS2 序列特征】获得ITS2序列3条，比对后长度为236bp，无变异位点。序列特征如下：

【*psbA-trnH* 序列特征】获得*psbA-trnH*序列3条，比对后长度为378bp，无变异位点。序列特征如下：

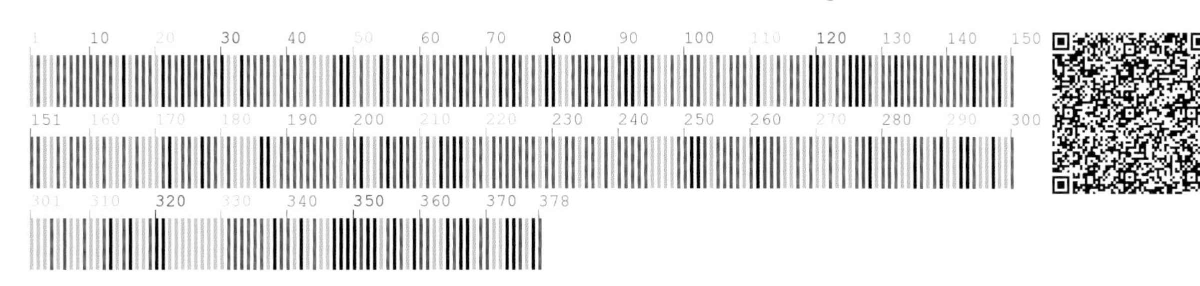

589 卵叶扭柄花 **Streptopus ovalis** (Ohwi) F. T. Wang et Y. C. Tang

【别　　名】金刚草，黄瓜香

【形态特征】多年生草本。根状茎细长。茎直立，不分枝或上部分枝，下部数节具白色膜质的叶鞘。叶互生于茎上，无柄，长圆形、卵状披针形或卵状椭圆形，少数呈镰状弯曲，先端长锐尖，基部圆状心形、抱茎，弧形脉5～7，边缘具睫毛状细齿。花1～4朵生于茎或枝条顶端，花梗细，花被片6，开展，黄绿色，具紫红色斑点或无；花丝白色，扁平；子房近球形，具3条翅状棱，棱具鸡冠状凸起，花柱大。浆果球形，红色，具2～3粒种子。种子圆形。花期5月，果期7～8月。

【生　　境】生于腐殖质肥沃的山地林下、林缘灌丛或沟边。常聚生成片。

【药用价值】根入药。清热解毒。

【材料来源】吉林省通化市二道江区，共3份，样本号 CBS144MT01～03。

【*psbA-trnH* 序列特征】获得 *psbA-trnH* 序列3条，比对后长度为282bp，无变异位点。序列特征如下：

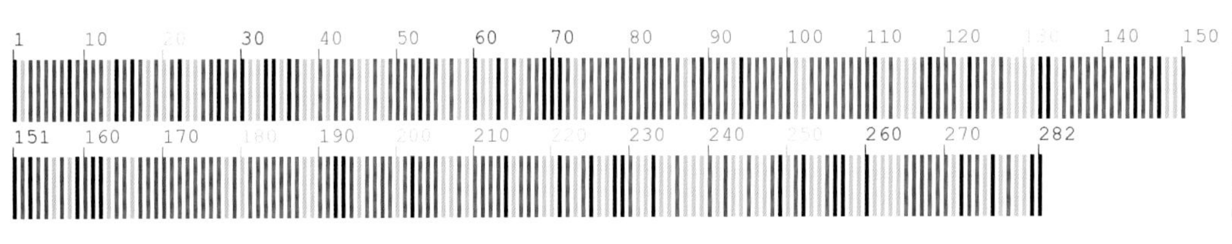

秋水仙科 Colchicaceae

590 宝珠草 **Disporum viridescens** (Maxim.) Nakai

【别　　名】绿宝铎草

【形态特征】多年生草本。根状茎短，根多而较细。茎有时分枝。叶椭圆形至卵状矩圆形。花漏斗状，淡绿色，1～2朵生于茎或枝的顶端；花被片6，张开，矩圆状披针形，脉纹明显，先端尖，基部囊状；雄蕊6，与花丝近等长；柱头3裂，向外弯卷，子房与花柱等长或稍短。浆果球形，黑色，有2～3粒种子。种子红褐色。花期5～6个月，果期7～9月。

【生　　境】生于林下、林缘、灌丛及山坡草地。

【药用价值】根入药。清肺止咳，健脾和胃。

【材料来源】吉林省通化市二道江区，共3份，样本号CBS169MT01～03。

【*psbA-trnH*序列特征】获得*psbA-trnH*序列3条，比对后长度为217bp，无变异位点。序列特征如下：

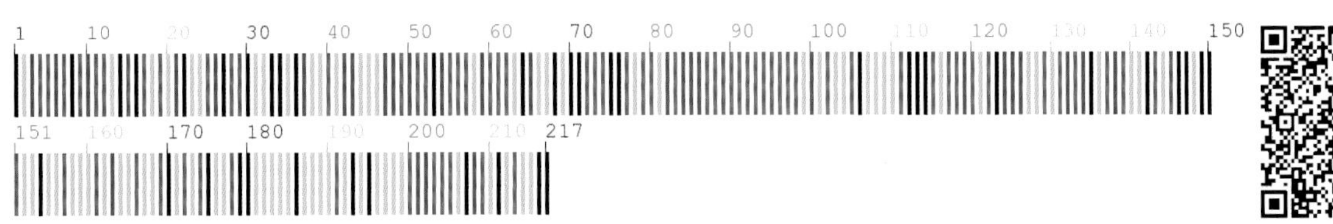

菝葜科 Smilacaceae

591 白背牛尾菜 **Smilax nipponica** Miq.

【别　　名】牛尾菜，长叶牛尾菜，粗梗牛尾菜

【形态特征】一年生（北方）或多年生（南方）草本，直立或攀援。具根状茎，有粗壮发达的须根。叶互生，具托卷须，革质，卵形至长卵形，下面苍白色且通常被粉尘状微柔毛。伞形花序具多数花；花黄绿色或绿白色，盛开时花被片外折；雄花花被片 6，雄蕊 6；雌花具 6 枚退化雄蕊，子房 3 室，柱头 3 裂。浆果球形，成熟时黑色。花期 5～6 月，果期 8～9 月。

【生　　境】生于林下、林缘、灌丛、草丛中。

【药用价值】根及根茎、叶入药。根及根茎：舒筋活血，通络止痛；叶：解毒消肿。

【材料来源】吉林省通化市二道江区，共 2 份，样本号 CBS760MT01、CBS760MT02。

【*psbA-trnH* 序列特征】获得 *psbA-trnH* 序列 2 条，比对后长度为 721bp，无变异位点。序列特征如下：

阿福花科 Asphodelaceae

592 北黄花菜 Hemerocallis lilioasphodelus L.

【别　　名】黄花菜，金针菜，黄花苗子，金针

【形态特征】多年生草本。具短的根状茎和稍肉质呈绳索状的须根。叶基生，条形，基部抱茎。花葶由叶丛中抽出；花序分枝，常由4至多数花组成假二歧状的总状花序或圆锥花序；花序基部的苞片较大，披针形，上部的渐小；花淡黄色或黄色，外轮3枚花被片倒披针形，内轮3枚长圆状椭圆形；雄蕊6；子房圆柱形，花柱丝状。蒴果椭圆形。种子扁圆，黑色。花期6~7月，果期8~9月。

【生　　境】生于山坡草地、湿草甸子、灌丛及林下。

【药用价值】全草入药。清热利尿，凉血止血。

【材料来源】吉林省延边朝鲜族自治州和龙市，共1份，样本号CBS759MT01。

【ITS2 序列特征】获得ITS2序列1条，长度为233bp。序列特征如下：

【*psbA-trnH* 序列特征】获得 *psbA-trnH* 序列1条，长度为667bp。序列特征如下：

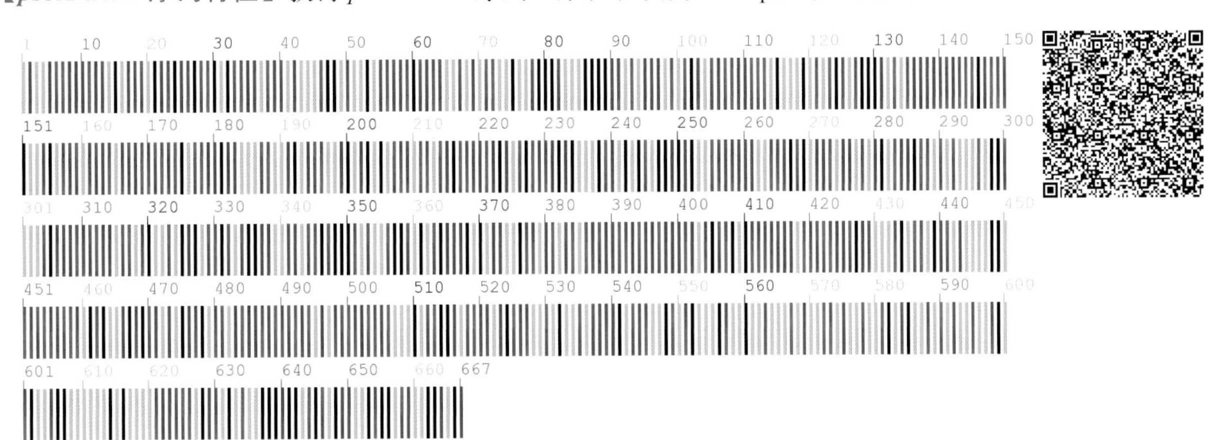

593 大苞萱草 **Hemerocallis middendorffii** Trautv. et C. A. Mey.

【别　　名】大花萱草，萱草，黄花苗子，黄花菜

【形态特征】多年生草本。具有短的根状茎和肉质、肥大的纺锤形块根。叶基生，线形，较花葶短。花葶由叶丛中抽出；花多数，排成假二歧圆锥花序；苞片披针形或卵形，先端渐尖；花梗短；花淡黄色，芳香，花被片 6，下部结合为花被管，具平行脉，外轮裂片披针形，内轮裂片倒披针形，盛开时裂片略外弯；雄蕊 6，花丝上弯，花药黄色；花柱略比雄蕊长。蒴果椭圆形。花期 6～7 月，果期 8～9 月。

【生　　境】生于山坡、草甸、林缘或湿地等处。常聚生成片。

【药用价值】全草入药。清热解毒，补肝益肾。

【材料来源】吉林省通化市东昌区，共 2 份，样本号 CBS166MT01、CBS166MT02。

【*psbA-trnH* 序列特征】获得 *psbA-trnH* 序列 2 条，比对后长度为 585bp，无变异位点。序列特征如下：

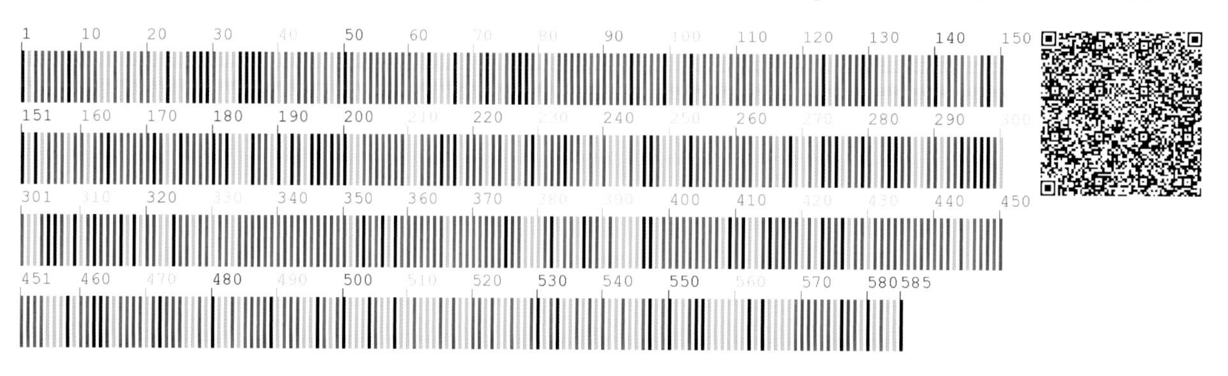

594 小黄花菜 **Hemerocallis minor** Mill.

【别　　名】小萱草，金针菜，黄花苗子

【形态特征】多年生草本。具短的根状茎和绳索状的须根。叶基生，条形，基部渐狭而抱茎。花葶由叶丛中抽出，不分枝，顶端1～2朵花，较少3朵；花下具苞片，披针形；花梗短或无；花淡黄色，芳香，花被6，下部结合为花被管，上部6裂，外轮裂片长圆形，盛开时裂片反卷；雄蕊6，花药长圆形；子房长圆形，花柱细长，丝状。蒴果椭圆形。花期6～7月，果期8～9月。

【生　　境】生于草甸、湿草地、林间及山坡稍湿草地等处。

【药用价值】全草入药。清热解毒，利尿消肿，凉血止血。

【材料来源】吉林省通化市东昌区，共3份，样本号CBS210MT01～03。

【*psbA-trnH* 序列特征】获得 *psbA-trnH* 序列3条，比对后长度为600bp，无变异位点。序列特征如下：

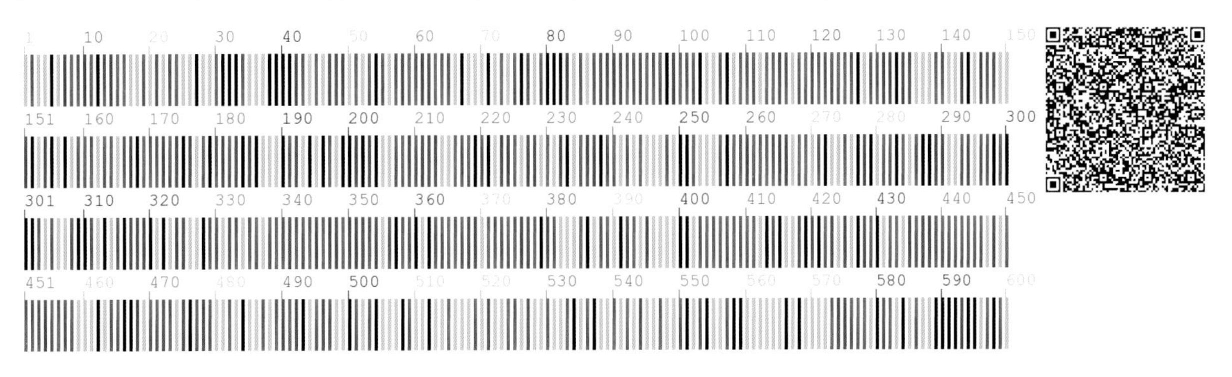

藜芦科 Melanthiaceae

595 北重楼 **Paris verticillata** M.-Bieb.

【别　　名】七叶一枝花

【形态特征】多年生直立草本。茎单一。叶5～8枚轮生于茎顶。花梗自叶轮中心抽出，顶生1花；外轮花被片4，绿色，叶状，内轮花被片4，丝状，下弯；雄蕊8。蒴果浆果状，紫黑色，具数粒种子。花期5～6月，果期8～9月。

【生　　境】生于腐殖质肥沃的山坡林下、林缘、草丛、阴湿地或沟边。

【药用价值】根茎入药。清热解毒，散瘀消肿。

【材料来源】吉林省通化市二道江区，共3份，样本号CBS141MT01～03。

【ITS2 序列特征】获得 ITS2 序列 3 条，比对后长度为 232bp，无变异位点。序列特征如下：

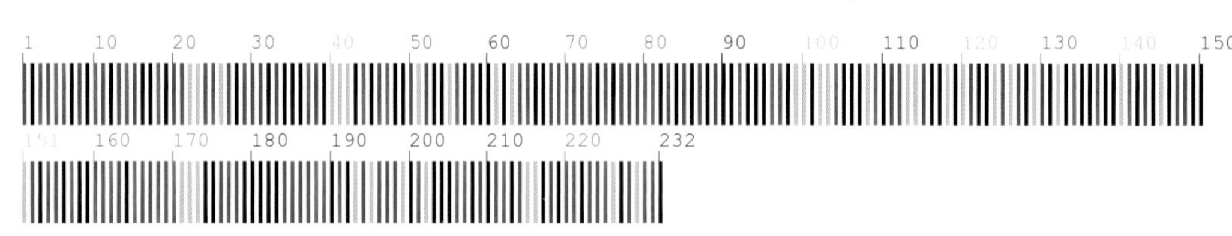

【*psbA-trnH* 序列特征】获得 *psbA-trnH* 序列 3 条，比对后长度为 1053bp，无变异位点。序列特征如下：

596 吉林延龄草 Trillium kamtschaticum Pall. ex Pursh

【别　　名】白花延龄草，高丽瓜，头顶一颗珠

【形态特征】多年生草本。叶3，无柄，轮生于茎顶。花单生于轮生叶顶，花被片6，外轮绿色，内轮白色，雄蕊6，子房上位，柱头3深裂。浆果黑色，近球形，具多数种子。花期5～6月，果期8～9月。

【生　　境】生于林下阴湿处及林缘。

【药用价值】根及根茎入药。祛风舒肝，活血止血。

【材料来源】吉林省通化市通化县，共3份，样本号CBS071MT01～03。

【ITS2序列特征】获得ITS2序列3条，比对后长度为234bp，无变异位点。序列特征如下：

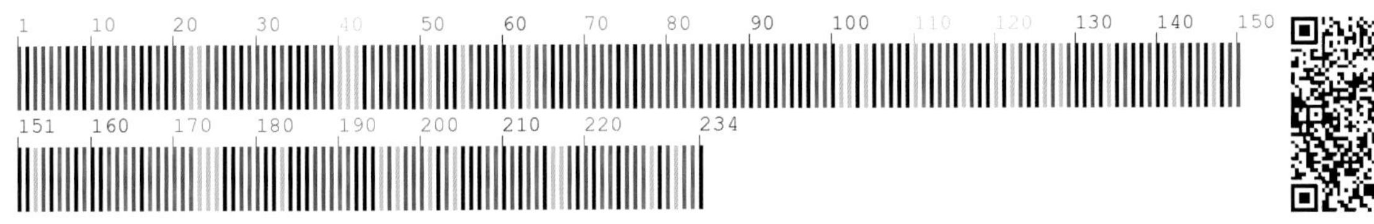

【*psbA-trnH*序列特征】获得*psbA-trnH*序列3条，比对后长度为1080bp，无变异位点。序列特征如下：

597 毛穗藜芦 **Veratrum maackii** Regel

【别　　名】马氏藜芦，老旱葱，蒜藜芦

【形态特征】多年生草本。地下鳞茎圆柱形，被棕褐色且有网眼的纤维网。叶长矩圆状披针形至条状披针形，基生叶及茎下部叶具长柄。圆锥花序分枝少；总花序轴和支花序轴密生绵状毛；花多数，散生，花被片 6，紫黑色，开展；花柄长约为花被片的 2 倍；雄蕊 6，长约为花被片的一半；子房无毛。蒴果直立。花期 7～8 月，果期 8～9 月。

【生　　境】生于林下、灌丛、山坡、草甸及林缘。

【药用价值】鳞茎入药。解毒散结，行血化瘀。

【材料来源】吉林省延边朝鲜族自治州安图县，共 1 份，样本号 CBS755MT01。

【ITS2 序列特征】获得 ITS2 序列 1 条，长度为 251bp。序列特征如下：

【*psbA-trnH* 序列特征】获得 *psbA-trnH* 序列 1 条，长度为 241bp。序列特征如下：

天门冬科 Asparagaceae

598 南玉带 **Asparagus oligoclonos** Maxim.

【别　　名】南玉帚，南龙须菜

【形态特征】多年生草本。叶状枝长而直，通常每5～10个成簇。叶鳞片状，基部有短距或不明显，极少具短刺。花每1～2朵腋生，黄绿色，单性，雌雄异株；花梗较长；雄花花被片6，花药长圆形，雄蕊6，花丝大部分贴生于花被片上；雌花较小，花被片6，具6枚退化雄蕊。浆果球形，熟时红色，后渐变黑色。花期5～6月，果期7～8月。

【生　　境】生于林下、灌丛及山坡草地。

【药用价值】根入药。清热解毒，止咳平喘，利尿。

【材料来源】吉林省通化市东昌区，共3份，样本号CBS088MT01～03。

【ITS2序列特征】获得ITS2序列3条，比对后长度为250bp，无变异位点。序列特征如下：

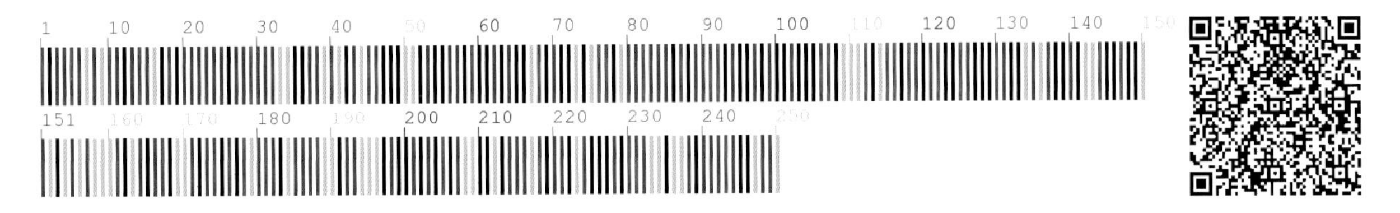

【*psbA-trnH*序列特征】获得*psbA-trnH*序列2条，比对后长度为635bp，无变异位点。序列特征如下：

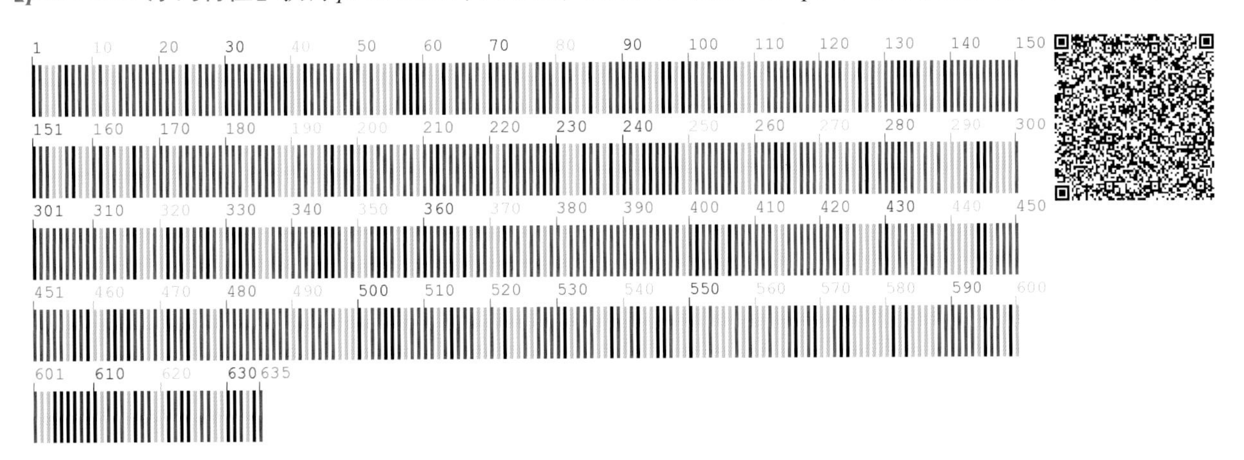

599 铃兰 Convallaria majalis L.

【别　　名】香水花，铃铛花，藜芦花，鹿铃草，香草，小芦玲

【形态特征】多年生草本。根状茎细长。叶 2，椭圆形或卵状披针形，具弧形脉，呈鞘状互相抱着。花葶由鳞片腋生出；总状花序偏侧生，具 6～10 朵花；花白色，短钟状，芳香，下垂；花被顶端 6 浅裂，反折；雄蕊 6，花药黄色；雌蕊 1，3 室。浆果球形，熟时红色。种子 4～6 粒，椭圆形。花期 5～6 月，果期 7～8 月。

【生　　境】生于腐殖质肥沃的山地林下、林缘灌丛或沟边。常聚生成片。

【药用价值】全草入药。温阳利水，活血祛风。

【材料来源】吉林省通化市东昌区，共 2 份，样本号 CBS127MT01、CBS127MT02。

【ITS2 序列特征】获得 ITS2 序列 2 条，比对后长度为 226bp，有 2 个变异位点，分别为 8 位点 C-G 变异、145 位点 A-T 变异。序列特征如下：

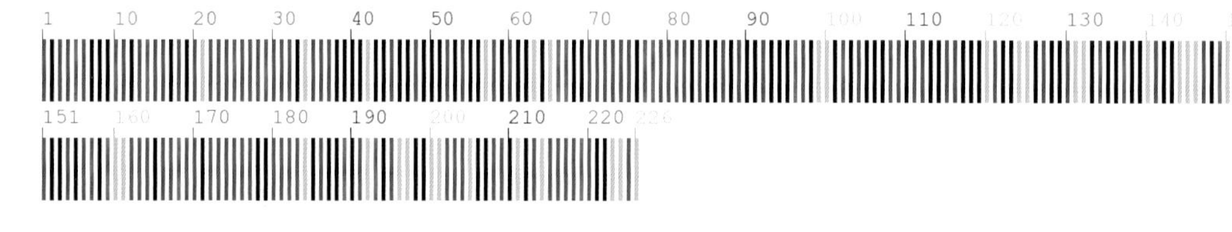

【*psbA-trnH* 序列特征】获得 *psbA-trnH* 序列 3 条，比对后长度为 649bp，无变异位点。序列特征如下：

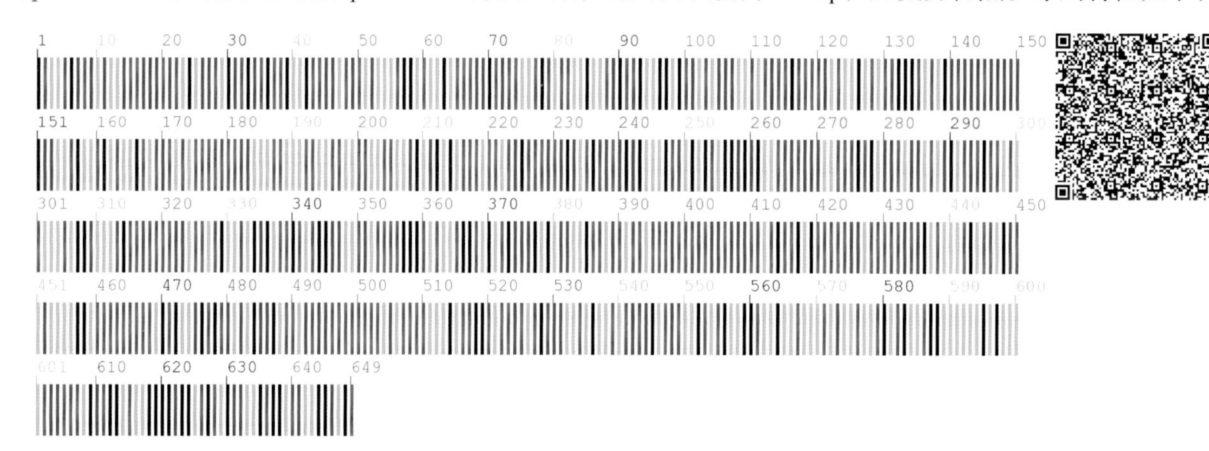

600 东北玉簪 **Hosta ensata** F. Maek.

【别　　名】剑叶玉簪，紫萼，卵叶玉簪，河白菜

【形态特征】多年生草本。叶基生，披针形或长圆状披针形，弧形脉。花葶由叶丛中抽出；总状花序，具花10～20朵；花紫色或蓝紫色，花被下部结合成管状，上部开展呈钟状，先端6裂；雄蕊6，稍伸出花被外；子房圆柱形，3室，每室有多数胚珠，花柱细长，明显伸出花被外。蒴果长圆形，室背开裂。种子多数，黑色。花期8～9月，果期9～10月。

【生　　境】生于阴湿山地、林缘及河边湿地。常聚生成片。

【药用价值】根、叶、花入药。根、叶：清热解毒，消肿止痛；花：清咽、利尿、解毒、通经。

【材料来源】吉林省通化市通化县，共3份，样本号CBS389MT01～03。

【*psbA-trnH* 序列特征】获得 *psbA-trnH* 序列3条，比对后长度为639bp，有1个变异位点，为408位点C-T变异；有1处插入/缺失，为636位点。序列特征如下：

601 舞鹤草 **Maianthemum bifolium** (L.) F. W. Schmidt

【别　　名】二叶舞鹤草，元宝草

【形态特征】多年生草本，高 8～25cm。根状茎细长。茎直立，光滑。叶多 2，互生于茎的上部，卵状心形，基部广心形，先端突头或锐尖。花通常 10～20 朵排成顶生的总状花序，花序轴直立，每 2 或 3 朵花从小苞腋内抽出；苞片小，披针形；花白色，花被片 4，椭圆形，先端钝，具 1 脉；雄蕊 4，花丝锥形，花药卵形；子房球形。浆果球形，红色。种子 3 粒，球形。花期 5～6 月，果期 7～8 月。

【生　　境】生于针阔混交林或针叶林下。常在阴湿处聚生成片。

【药用价值】根入药。凉血止血，清热解毒。

【材料来源】吉林省通化市二道江区，共 3 份，样本号 CBS138MT01～03。

【*psbA-trnH* 序列特征】获得 *psbA-trnH* 序列 3 条，比对后长度为 552bp，无变异位点。序列特征如下：

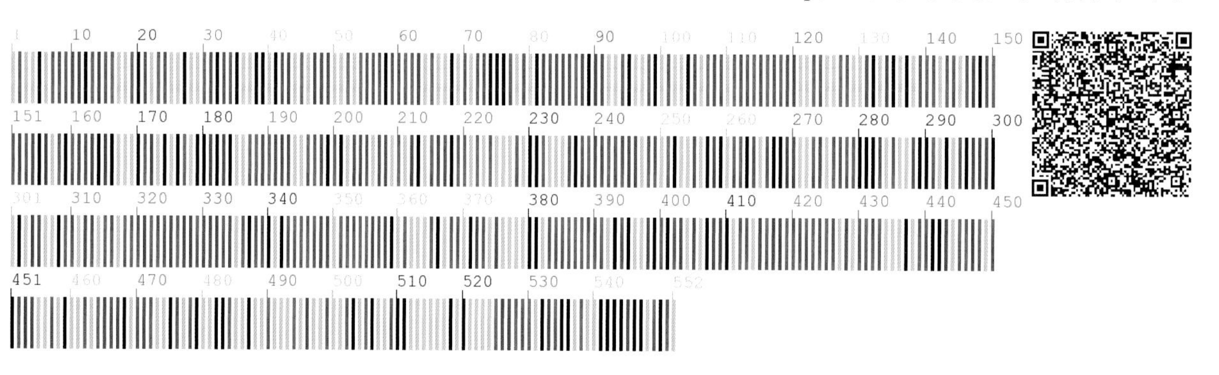

602　兴安鹿药　**Maianthemum dahuricum** (Turcz. ex Fisch. et C. A. Mey.) La Frankie

【形态特征】多年生草本。全株有短白毛，叶背面毛密。根状茎细长。茎单一。茎上生有6～12枚叶，叶长圆形或狭长圆形，先端急尖或具短尖。总状花序顶生；花冠白色，花被片6，长圆形或倒卵状长圆形；雄蕊6；子房无柄，近球形。浆果球形，熟时紫红色，具1～2粒种子。花期6～7月，果期7～8月。

【生　　境】生于高海拔草甸、湿草地、林缘及沼泽附近。常聚生成片。

【药用价值】根茎入药。补气益肾，祛风除湿，活血调经。

【材料来源】吉林省通化市柳河县，共3份，样本号CBS268MT01～03。

【ITS2序列特征】获得ITS2序列2条，比对后长度为227bp，无变异位点。序列特征如下：

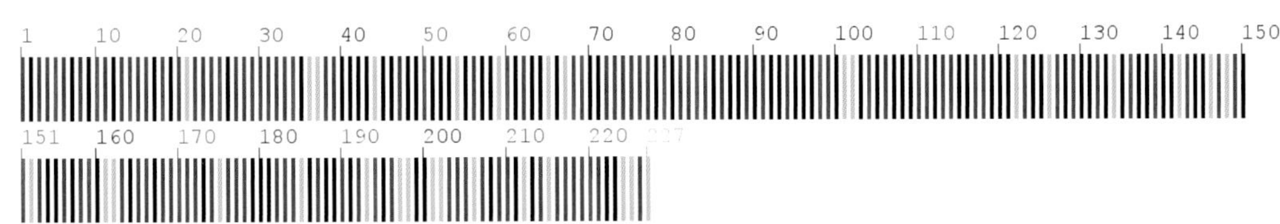

【*psbA-trnH*序列特征】获得*psbA-trnH*序列3条，比对后长度为626bp，有2处插入/缺失，分别为32位点、592位点。序列特征如下：

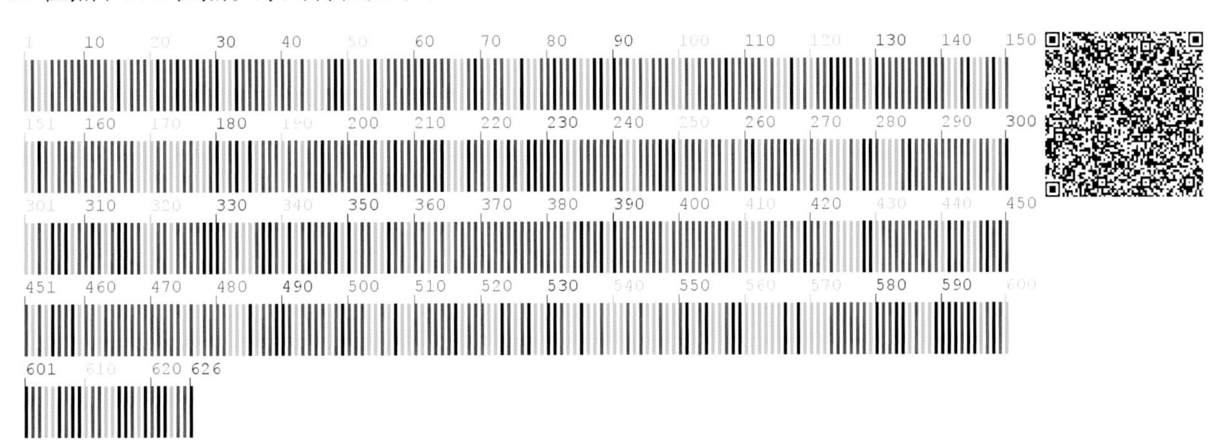

603 鹿药 **Maianthemum japonicum** (A. Gray) La Frankie

【别　　名】山糜子

【形态特征】多年生草本。根状茎横走，圆柱状，肉质肥厚，黄色。茎直立，上部稍向外倾斜，密生粗毛。叶 5～10，互生，卵状椭圆形或长椭圆形，具短柄，边缘及两面密生粗毛。圆锥花序顶生，有毛；花白色，花梗有毛；花被片 6，分离或基部稍合生，长圆形或倒披针形；雄蕊 6，比花被片短，花丝基部贴生于花被片上，花药小；子房卵圆形，3 室，花柱与子房近等长或稍长，柱头几不分裂。浆果近球形，红色，具 1～2 粒种子。花期 5～6 月，果期 8 月。

【生　　境】生于针阔混交林或杂木林下阴湿处。常聚生成片。

【药用价值】根茎入药。补气益肾，祛风除湿，活血调经。

【材料来源】吉林省通化市二道江区，共 3 份，样本号 CBS134MT01～03。

【*psbA-trnH* 序列特征】获得 *psbA-trnH* 序列 3 条，比对后长度为 552bp，无变异位点。序列特征如下：

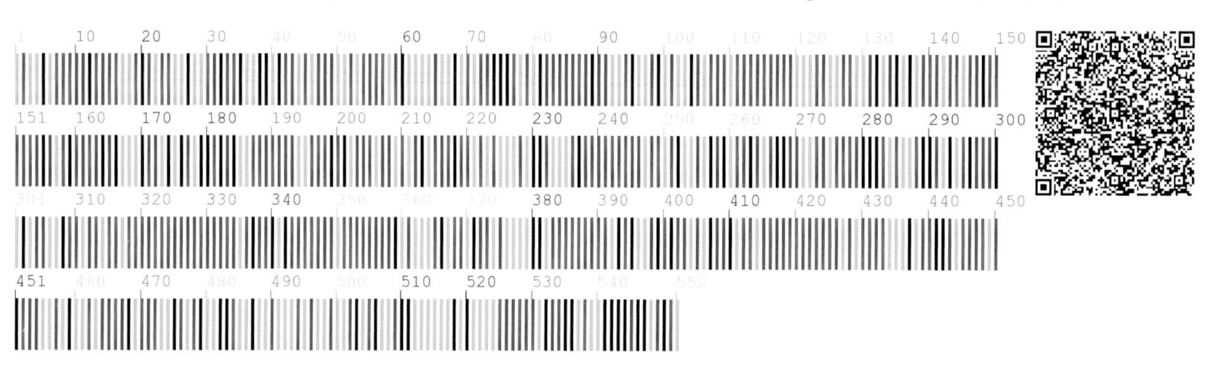

604 三叶鹿药 **Maianthemum trifolium** (L.) Sloboda

【形态特征】多年生草本，高 10～20cm。根状茎细长。茎无毛，具 3 叶，似基生，叶矩圆形或狭椭圆形，先端具短尖头，基部多少抱茎。总状花序无毛，具 4～7 朵花；花单生，白色；花被片基部稍合生，矩圆形；雄蕊基部贴生于花被片上，稍短于花被片，花药小，矩圆形；花柱与子房近等长，柱头略 3 裂。花期 6 月，果期 8 月。

【生　　境】生于高海拔林下、林缘、湿地等处。常聚生成片。

【药用价值】根茎入药。补气益肾，祛风除湿，活血调经。

【材料来源】吉林省通化市柳河县，共 3 份，样本号 CBS258MT01～03。

【*psbA-trnH* 序列特征】获得 *psbA-trnH* 序列 3 条，比对后长度为 635bp，有 1 个变异位点，为 603 位点 G-C 变异；有 2 处插入 / 缺失，分别为 32 位点、594 位点。序列特征如下：

605 五叶黄精 Polygonatum acuminatifolium Kom.

【别　　名】五叶玉竹

【形态特征】多年生草本。根状茎圆柱形，肉质。茎单一，具4～5叶。叶互生，具短柄，椭圆形至长圆形，基部楔形，先端短渐尖或钝。花序梗单生于叶腋，下弯，顶端着生2～3朵花；在花梗中部以上具1枚白色、膜质的苞片；花被片6，下部合生成筒，淡绿色，筒内花丝贴生，部分具短绵毛，顶端有时膨大成囊状；子房椭圆形。花期5～6月，花期8～9月。

【生　　境】生于林下、林缘、路旁等处。

【药用价值】根茎入药。养阴润燥，生津止渴。

【材料来源】吉林省通化市二道江区，共2份，样本号 CBS754MT01、CBS754MT02。

【*psbA-trnH* 序列特征】获得 *psbA-trnH* 序列2条，比对后长度为604bp，无变异位点。序列特征如下：

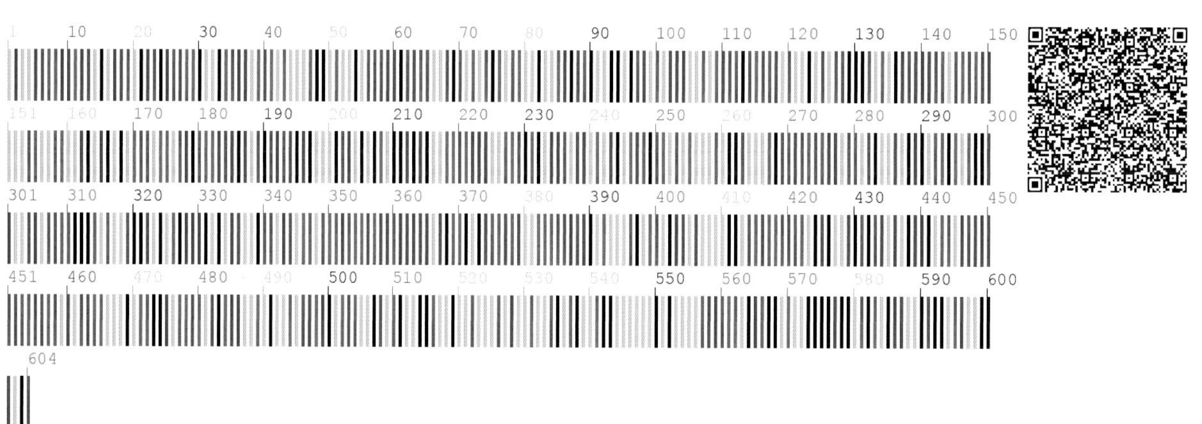

606 毛筒玉竹 **Polygonatum inflatum** Kom.

【别　　名】毛筒黄精，东北玉竹

【形态特征】多年生草本。根状茎圆柱形，肉质。茎上部斜生，具棱角。叶5～9，互生，卵形、长圆形至椭圆形。花序具2～5朵花，生于叶腋，基部具2～5枚苞片；花淡绿色，近壶状筒形，在口部稍缢缩，筒内花丝贴附，部分具短绵毛；雄蕊6，下部与花被筒合生，无毛；花被筒顶端分裂，筒内密生短绵毛。浆果球形，蓝黑色，具9～13粒种子。花期5～7月，果期8～9月。

【生　　境】生于林下、林缘、路旁等处。

【药用价值】根茎入药。养阴润燥，生津止渴。

【材料来源】吉林省通化市通化县，共3份，样本号CBS908MT01～03。

【*psbA-trnH*序列特征】获得*psbA-trnH*序列3条，比对后长度为534bp，有1个变异位点，为331位点A-C变异。序列特征如下：

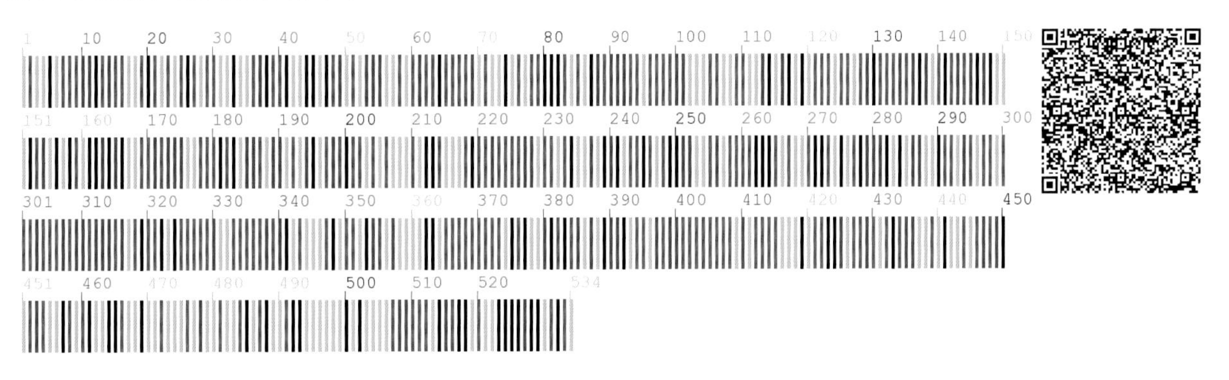

607 二苞黄精 **Polygonatum involucratum** (Franch. et Sav.) Maxim.

【别　　名】二苞玉竹，小玉竹

【形态特征】多年生草本。根状茎细长，肉质。叶 4～7，互生，无柄或有具条棱的柄，卵状椭圆形或卵形。花序梗单生于茎下部叶腋，稍扁平，显著具条棱，顶端着生 2 朵花；苞片 2，大型，绿色，卵圆形，着生在花梗的基部，将花序包掩，宿存；花梗双生；花被片 6，下部合生成筒，绿白色至淡黄绿色；雄蕊 6。浆果蓝黑色。种子圆形，绿色。花期 5～6 月，果期 8～9 月。

【生　　境】生于林下、林缘等处。

【药用价值】根茎入药。平肝熄风，养阴明目，清热凉血，生津止渴，滋补肝肾。

【材料来源】吉林省通化市通化县，共 3 份，样本号 CBS479MT01～03。

【*psbA-trnH* 序列特征】获得 *psbA-trnH* 序列 3 条，比对后长度为 626bp，有 1 处插入 / 缺失，为 153 位点和 154 位点之间。序列特征如下：

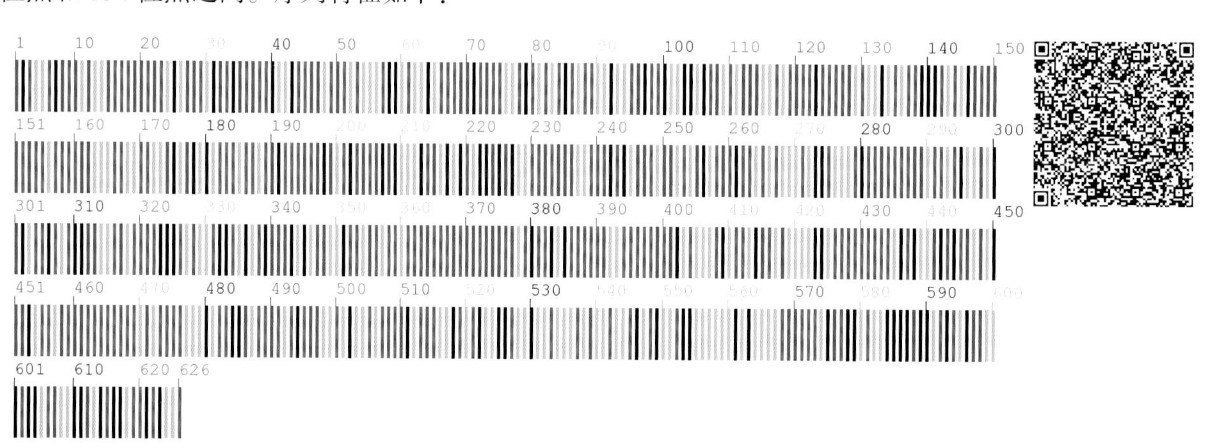

608 玉竹 **Polygonatum odoratum** (Mill.) Druce

【别　　名】山苞米，山铃铛

【形态特征】多年生草本。根状茎白色肉质。茎单一，基部具2～3枚呈干膜质的叶。叶通常7～14枚互生于茎中上部，椭圆形、长圆形至卵状长圆形。花单生于叶腋，偶有多花，花柄弯而下垂；花绿黄色或白色，花被片6，下部合生成筒，先端6裂，裂片卵形或广卵形，覆瓦状排列；雄蕊6，花药条形，黄色；子房倒卵形，柱头3裂。浆果圆球形，黑色，具7～9粒种子。花期5～6月，果期7～8月。

【生　　境】生于腐殖质肥沃的山地林下、林缘灌丛或沟边。常聚生成片。

【药用价值】根茎入药。养阴润燥，生津止渴。

【材料来源】吉林省通化市东昌区，共3份，样本号CBS090MT01～03。

【*psbA-trnH* 序列特征】获得 *psbA-trnH* 序列3条，比对后长度为624bp，无变异位点。序列特征如下：

609 狭叶黄精 **Polygonatum stenophyllum** Maxim.

【别　　名】狭叶玉竹

【形态特征】多年生草本。根状茎圆柱状，肉质。茎上部叶紧密轮生，每轮有 4～6；叶无柄，条状披针形，叶尖不弯曲、拳卷。花序从茎下部 3～4 轮叶腋间抽出，具 2 朵花；花序梗和花梗都极短，俯垂；苞片白色，膜质；花被片 6，下部合生成筒，白色，花被筒在喉部缢缩；雄蕊 6。浆果球形。花期 6～7 月，果期 7～8 月。

【生　　境】生于林下、林缘、路旁、河岸及草地等处。

【药用价值】根茎入药。平肝熄风，养阴明目，清热凉血，生津止渴，滋补肝肾。

【材料来源】吉林省通化市二道江区，共 2 份，样本号 CBS753MT01、CBS753MT02。

【ITS2 序列特征】获得 ITS2 序列 2 条，比对后长度为 220bp，无变异位点。序列特征如下：

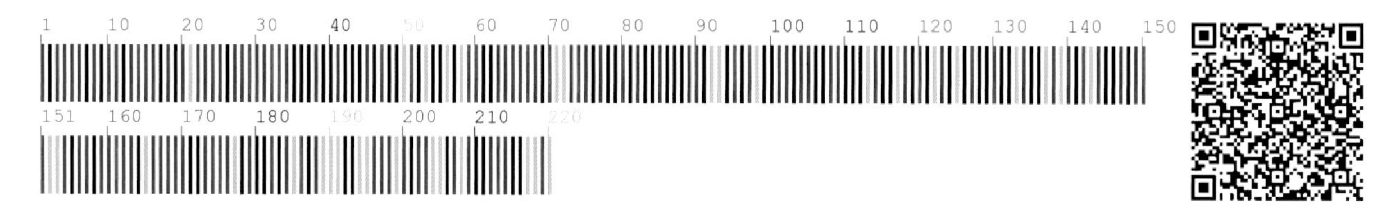

【*psbA-trnH* 序列特征】获得 *psbA-trnH* 序列 2 条，比对后长度为 603bp，无变异位点。序列特征如下：

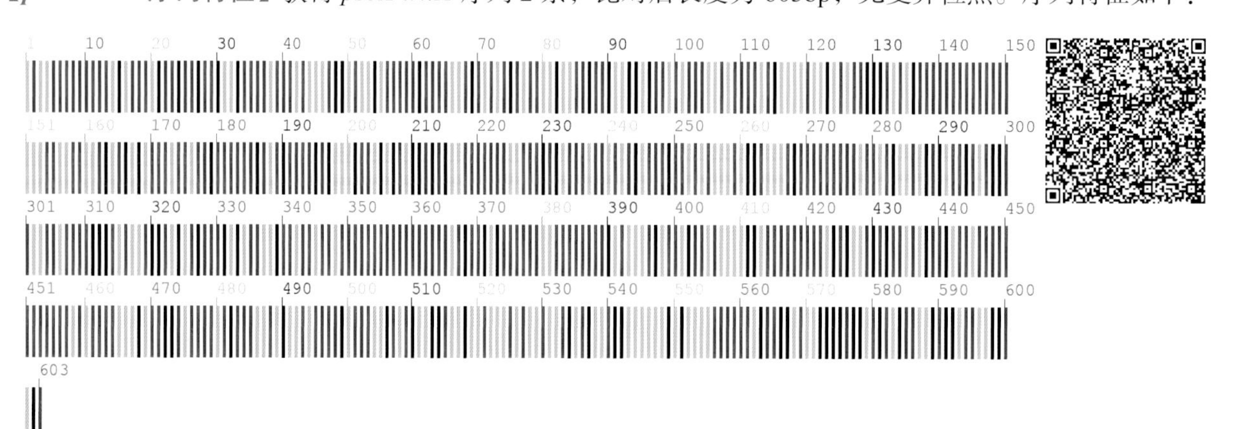

薯蓣科 Dioscoreaceae

610 穿龙薯蓣 **Dioscorea nipponica** Makino

【别　　名】穿山龙，穿龙骨，地龙骨，穿地龙

【形态特征】多年生缠绕草质藤本。根状茎横走，圆柱形，外皮黄褐色，易呈片状剥落。单叶互生，叶具长柄，常为掌状心形，通常5～7浅裂裂，基部心形。雌雄异株，雄花序穗状，淡黄绿色；雌花序穗状，花单生；子房下位，3室，柱头3裂。蒴果棱形。种子顶端具长的膜质翅。花期6～7月，果期7～9月。

【生　　境】生于林缘、灌丛或沟谷等处。

【药用价值】根茎入药。祛风除湿，舒筋活血，祛痰，止咳平喘，消食利水。

【材料来源】吉林省通化市，共1份，样本号CBS422MT01。

【*psbA-trnH* 序列特征】获得 *psbA-trnH* 序列1条，长度为379bp。序列特征如下：

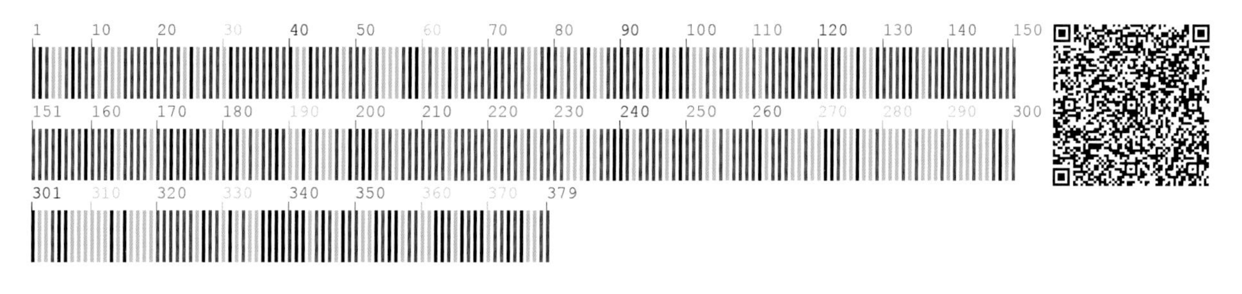

雨久花科 Pontederiaceae

611 雨久花 **Monochoria korsakowii** Regel et Maack

【别　　名】蓝鸟花，水白菜，兰花菜，水菠菜

【形态特征】直立水生草本。叶基生和茎生，基生叶宽卵状心形，全缘，叶柄长达30cm，有时膨大成囊状；茎生叶叶柄渐短，基部增大成鞘，抱茎。总状花序顶生，花10余朵，花序高于叶；花被片椭圆形，顶端圆钝，蓝色；雄蕊6，其中1枚较大，花药长圆形，浅蓝色，其余各枚较小，花药黄色。蒴果长卵圆形。种子长圆形，有纵棱。花期8～9月，果期9～10月。

【生　　境】生于沼泽、浅湖、稻田等浅水中。常聚生成片。

【药用价值】全草入药。清热解毒，止咳平喘，祛湿消肿，明目。

【材料来源】吉林省延边朝鲜族自治州安图县，共1份，样本号CBS761MT01。

【ITS2 序列特征】获得 ITS2 序列1条，长度为250bp。序列特征如下：

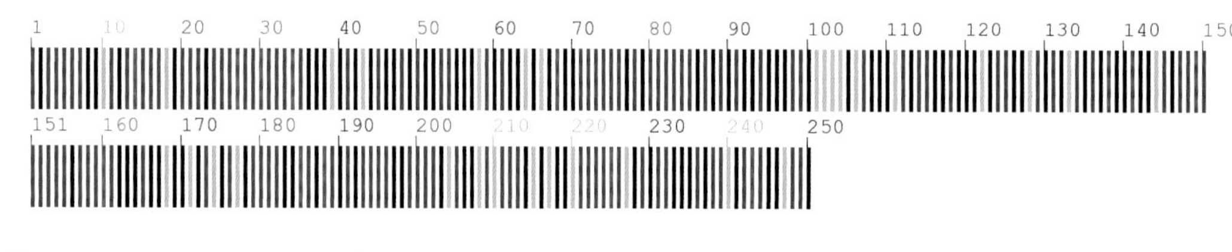

【*psbA-trnH* 序列特征】获得 *psbA-trnH* 序列1条，长度为404bp。序列特征如下：

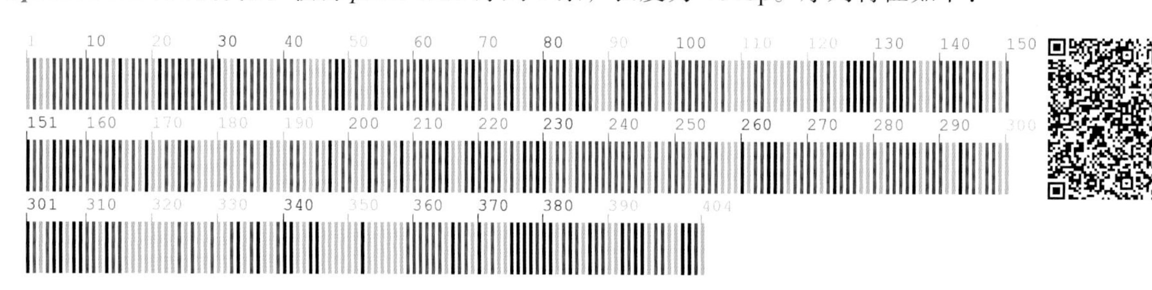

鸢尾科 Iridaceae

612 马蔺 **Iris lactea** Pall. var. **lactea**

【别　　名】马莲，马兰花，马莲子

【形态特征】多年生密丛草本。根状茎木质，植株基部及根状茎外面均密被残留的老叶纤维，须根细长而坚韧。叶基生，坚韧，条形或剑形。花茎下部具2～3枚茎生叶，上端着生2～4朵花；苞片3～5，狭长圆状披针形；花蓝色、淡蓝色或蓝紫色，外花被裂片倒披针形，先端尖，中部有黄色条纹，内花被裂片披针形，较小而直立；花药黄色，花丝白色；花柱分枝3，花瓣状，顶端2裂。蒴果长椭圆形。种子近球形。花期5～6月，果期8～9月。

【生　　境】生于干燥砂质草地、路边、山坡草地。

【药用价值】根、种子入药。根：清热解毒；种子：清热利湿，止血解毒。

【材料来源】吉林省通化市二道江区，共1份，样本号CBS763MT01。

【ITS2序列特征】获得ITS2序列1条，长度为267bp。序列特征如下：

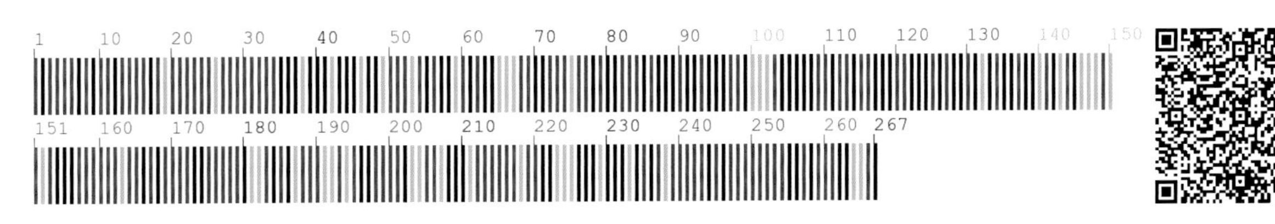

613 燕子花 **Iris laevigata** Fisch.

【别　　名】马兰花，钢笔水花

【形态特征】多年生草本。叶剑形或宽条形。花茎中、下部着生 2～3 枚茎生叶，顶端着生 2～4 朵花；苞片 3～5，膜质，披针形；花蓝紫色，外花被裂片倒卵形或椭圆形，中央下陷呈沟状，有 1 条黄色或白色斑纹，内花被裂片小，直立，倒披针形；雄蕊长约 3cm，花药白色；花柱分枝扁平，花瓣状。蒴果长圆柱形。种子扁平。花期 5～6 月，果期 7～8 月。

【生　　境】生于沼泽地、湿草甸以及河岸水边等阳光较为充足的地方。常聚生成片。

【药用价值】根茎入药。祛痰。

【材料来源】吉林省通化市集安市，共 3 份，样本号 CBS250MT01～03。

【*psbA-trnH* 序列特征】获得 *psbA-trnH* 序列 3 条，比对后长度为 622bp，有 1 处插入 / 缺失，为 45 位点。序列特征如下：

614 紫苞鸢尾 **Iris ruthenica** Ker Gawl.

【别　　名】细茎鸢尾，苏联鸢尾

【形态特征】多年生矮小草本。根状茎斜伸，外被暗褐色残留的老叶纤维。基生叶条形，先端长渐尖，基部鞘状；茎生叶2～3，短或退化为鳞片状抱茎。花茎纤细，短于叶，顶生1朵花；苞片2，膜质，披针形，先端渐尖，边缘带紫红色；花蓝紫色。蒴果近球形。花期4～5月，果期7～8月。

【生　　境】生于向阳草地或阳山坡。

【药用价值】根茎、种子入药。根茎：活血祛瘀，接骨，止痛；种子：解毒杀虫，驱虫。

【材料来源】吉林省通化市东昌区，共3份，样本号CBS129MT01～03。

【ITS2序列特征】获得ITS2序列3条，比对后长度为270bp，无变异位点。序列特征如下：

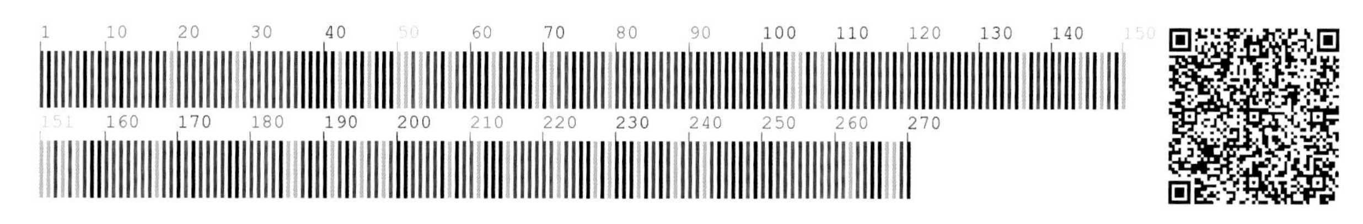

【*psbA-trnH*序列特征】获得*psbA-trnH*序列1条，长度为571bp。序列特征如下：

615 山鸢尾 **Iris setosa** Pall. ex Link

【别　　名】刚毛鸢尾，马兰花

【形态特征】多年生草本。叶剑形，基部鞘状。花茎上部有1～3个细长分枝，并有1～3枚茎生叶，分枝顶端着生1～2朵花；苞片3，膜质，披针形至卵圆形；花蓝紫色，花梗细，花被管短，上端喇叭形；外花被裂片广倒卵形，内花被裂片小，狭披针形，直立；雄蕊长约2cm，花药紫色；花柱分枝扁平，先端2裂，裂片近方形，子房圆柱形。蒴果长椭圆形。种子淡褐色。花期7～8月，果期8～9月。

【生　　境】生于湿草甸、沼泽地及林缘。

【药用价值】根茎入药。清热解毒，消肿止痛。

【材料来源】吉林省通化市二道江区，共1份，样本号 CBS762MT01。

【ITS2 序列特征】获得 ITS2 序列 1 条，长度为 264bp。序列特征如下：

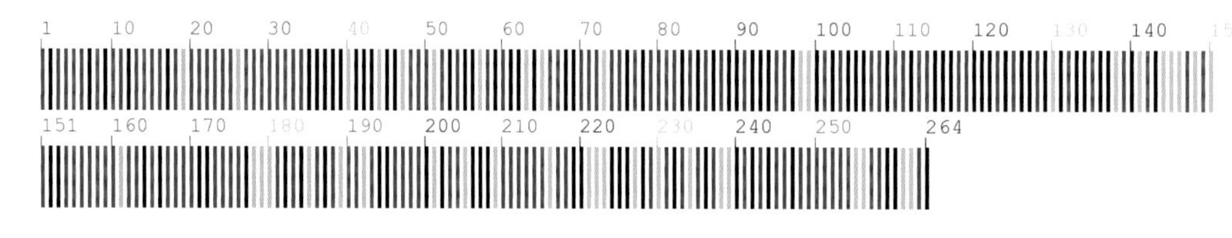

【*psbA-trnH* 序列特征】获得 *psbA-trnH* 序列 1 条，长度为 603bp。序列特征如下：

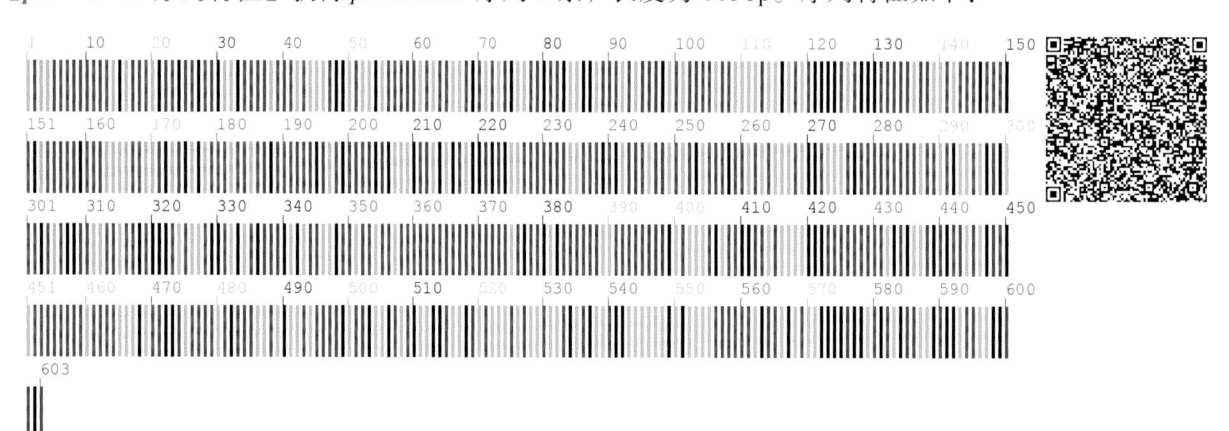

616 单花鸢尾 Iris uniflora Pall. ex Link

【别　　名】花菖蒲，紫花鸢尾，马兰花

【形态特征】多年生草本。根状茎斜伸。叶条形。花茎顶端着生 1 朵花；苞片 2，质硬，干膜质，先端钝，黄绿色，边缘略带红色；花蓝紫色。蒴果近球形。花期 5～6 月，果期 7～8 月。

【生　　境】生于山坡、林缘、林间草地及疏林下等处。

【药用价值】果实入药。清热解毒，利湿退黄，通便利尿。

【材料来源】吉林省通化市东昌区，共 3 份，样本号 CBS131MT01～03。

【ITS2 序列特征】获得 ITS2 序列 3 条，比对后长度为 270bp，无变异位点。序列特征如下：

【*psbA-trnH* 序列特征】获得 *psbA-trnH* 序列 3 条，比对后长度为 604bp，有 1 处插入 / 缺失，为 124 位点。序列特征如下：

灯心草科 Juncaceae

617 灯心草 **Juncus effusus** L.

【别　　名】灯草，水灯芯

【形态特征】多年生草本。茎直立，丛生，圆形，内充满乳白色髓。低出叶鞘状，红褐色或淡黄色。聚伞花序假侧生，花多数，密集或疏散；总苞圆柱状，直立；花被片 6，2 轮；雄蕊通常 3，稀 4 或 6，比花被短；子房 3 室，花柱不明显，柱头 3 裂。蒴果三棱状倒锥形，顶端微凹，黄褐色。种子多数，红褐色。花期 7～8 月，果期 8～9 月。

【生　　境】生于草甸、湿草地、沟边及林缘等处。常聚生成片。

【药用价值】茎髓入药。清心降火，利尿通淋。

【材料来源】吉林省通化市东昌区，共 3 份，样本号 CBS246MT01～03。

【ITS2 序列特征】获得 ITS2 序列 3 条，比对后长度为 223bp，无变异位点。序列特征如下：

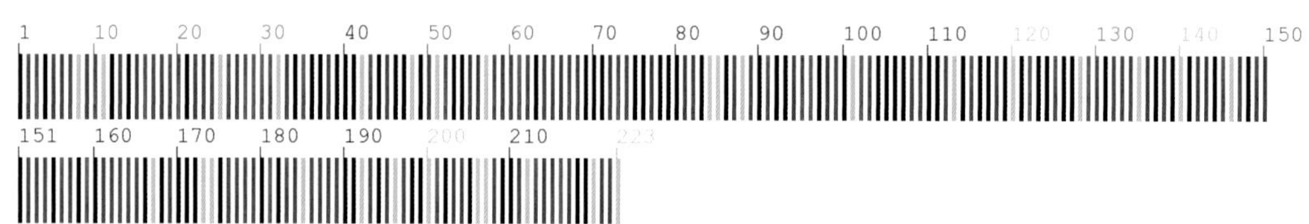

【*psbA-trnH* 序列特征】获得 *psbA-trnH* 序列 3 条，比对后长度为 656bp，无变异位点。序列特征如下：

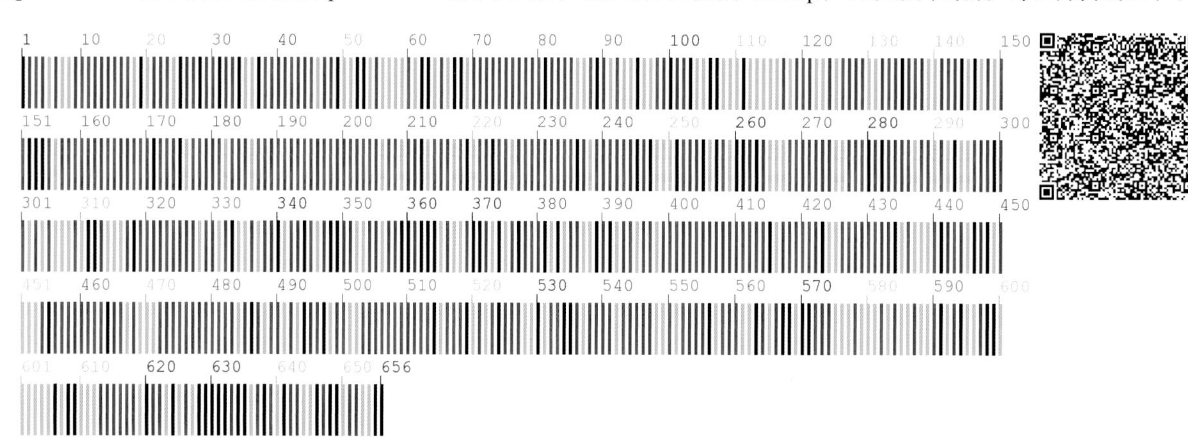

鸭跖草科 Commelinaceae

618 鸭跖草 **Commelina communis** L.

【别　　名】鸡舌草，鸭舌草，三角菜，蓝花菜

【形态特征】一年生草本。茎肉质，茎下部匍匐生根。叶互生，披针形至卵状披针形，基部狭圆成膜质鞘。总苞片佛焰苞状，心形，稍镰刀状弯曲，顶端短急尖；聚伞花序有花数朵，略伸出佛焰苞；萼片3，膜质；花瓣3，深蓝色，少有白色，有长爪，大小不一；雄蕊6，3枚能育者花丝长，3枚退化雄蕊顶端呈蝴蝶状，花丝无毛。蒴果椭圆形，2瓣裂。种子4粒，表面具不规则窝孔。花期7～8月，果期8～9月。

【生　　境】生于田野、路旁、沟边、林缘等较潮湿的地方。

【药用价值】全草入药。清热解毒，利水消肿。

【材料来源】吉林省通化市东昌区，共3份，样本号CBS347MT01～03。

【*psbA-trnH* 序列特征】获得 *psbA-trnH* 序列3条，比对后长度为1030bp，有1个变异位点，为73位点G-C变异；有2处插入/缺失，分别为97位点、168位点。序列特征如下：

谷精草科 Eriocaulaceae

619 宽叶谷精草 **Eriocaulon rockianum** var. **latifolium** W. L. Ma

【形态特征】一年生草本。叶条形，渐尖，丛生。花葶多数，扭转，具4～5棱；鞘状苞片，口部斜裂；花序熟时近球形，黑褐色；总苞片宽卵形到矩圆形；苞片倒卵形至倒披针形，无毛或边缘有少数毛。雄花：花萼佛焰苞状，顶端3浅裂，无毛或顶端有少数毛；花冠3裂，裂片锥形，各具1黑色腺体，无毛；雄蕊6，花药黑色。雌花：花萼佛焰苞状，3浅裂，无毛或边缘有个别毛；花瓣3；子房3室。种子倒卵形。花期7～8月，果期8～9月。

【生　　境】生于河滩水边及沼泽湿地中。

【药用价值】全草入药。疏散风热，明目退翳，清肝，祛风。

【材料来源】吉林省延边朝鲜族自治州安图县，共3份，样本号CBS913MT01～03。

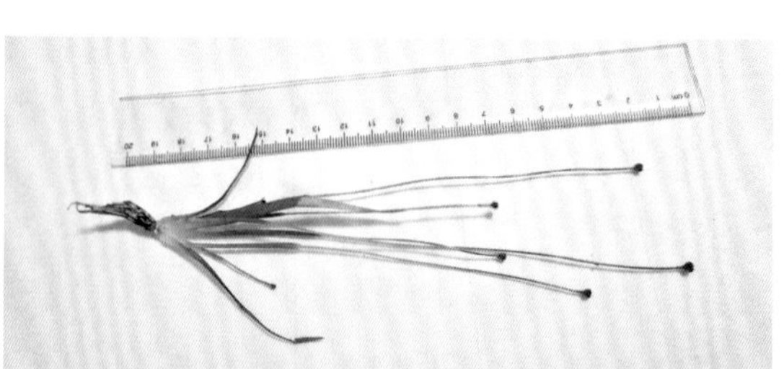

【ITS2 序列特征】获得 ITS2 序列 3 条，比对后长度为 269bp，无变异位点。序列特征如下：

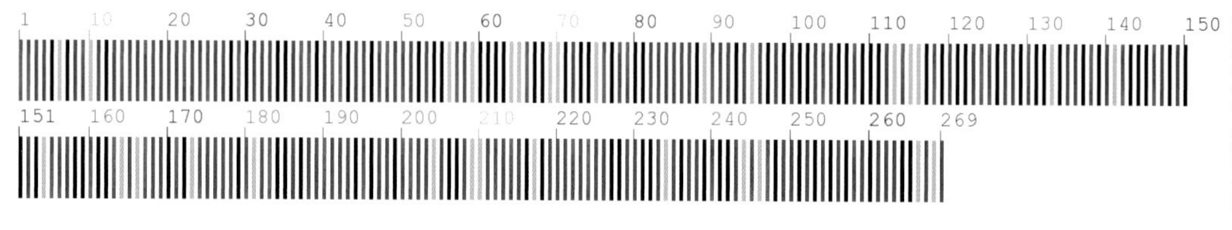

【*psbA-trnH* 序列特征】获得 *psbA-trnH* 序列 3 条，比对后长度为 508bp，无变异位点。序列特征如下：

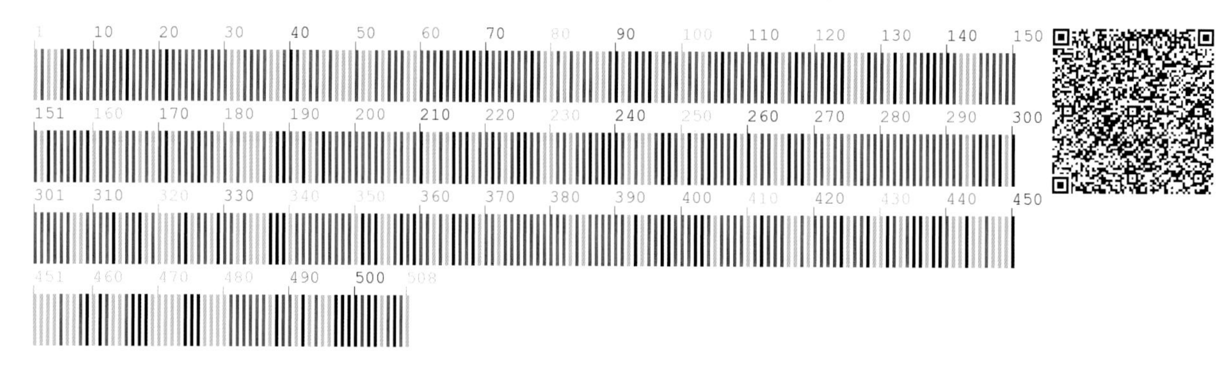

禾本科　Poaceae

620 看麦娘　**Alopecurus aequalis** Sobol.

【别　　名】褐蕊看麦娘

【形态特征】一年生丛生草本。秆少数，丛生。叶鞘光滑，通常短于节间，其内因常具分歧而松弛；叶舌膜质；叶扁平，质薄。圆锥花序圆柱状；小穗椭圆形或卵状矩圆形，含1朵小花；颖膜质，具3脉，脊上生有纤毛，侧脉下部无毛；外稃膜质或薄膜质，约在稃体下部1/4处伸出，隐藏或略伸出颖外，内稃缺；花药橙黄色。颖果长约1mm。花期6～7月，果期8～9月。

【生　　境】生于路边、沟边、湿地及水田梗上。常聚生成片。

【药用价值】全草入药。解毒消肿，利水消肿。

【材料来源】吉林省延边朝鲜族自治州和龙市，共3份，样本号CBS915MT01～03。

【ITS2序列特征】获得ITS2序列3条，比对后长度为221bp，无变异位点。序列特征如下：

【*psbA-trnH*序列特征】获得*psbA-trnH*序列3条，比对后长度为536bp，无变异位点。序列特征如下：

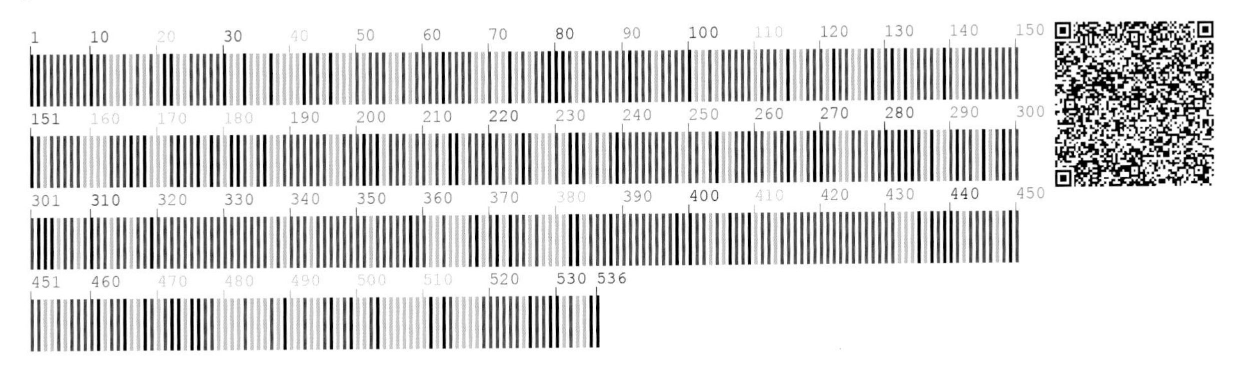

621 荩草 **Arthraxon hispidus** (Thunb.) Makino

【别　　名】马儿草，马草，绿竹

【形态特征】一年生丛生草本。茎基部倾斜或平卧，节部着土后即生根。叶鞘短于节间，生短硬疣毛；叶舌膜质，边缘具纤毛；叶卵状披针形，基部心形抱茎。总状花序 2～10 枚呈指状排列生于茎顶；小穗成对生于各节；第一外稃透明，膜质，第二外稃与之等长，近基部生一膝曲芒，伸出于颖外；雄蕊 2，花药黄色或紫色。颖果长圆形。花期 8～9 月，果期 9～10 月。

【生　　境】生于路边、沟边、湿地及水田埂上。常聚生成片。

【药用价值】全草入药。清热解毒，消炎，止咳定喘，杀虫。

【材料来源】吉林省通化市二道江区，共 3 份，样本号 CBS523MT01～03。

【**ITS2 序列特征**】获得 ITS2 序列 3 条，比对后长度为 233bp，无变异位点。序列特征如下：

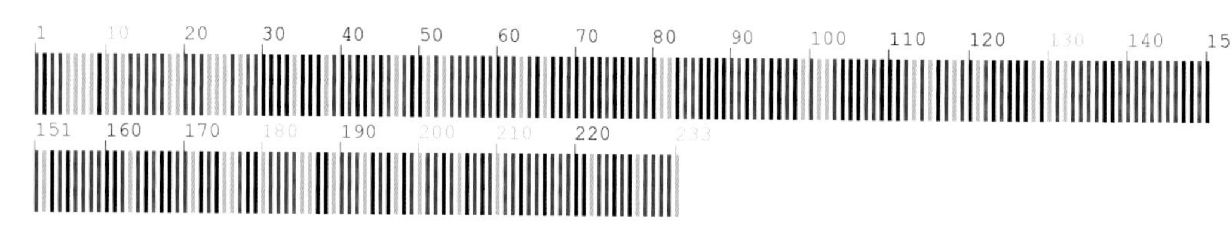

【*psbA-trnH* 序列特征】获得 *psbA-trnH* 序列 3 条，比对后长度为 646bp，无变异位点。序列特征如下：

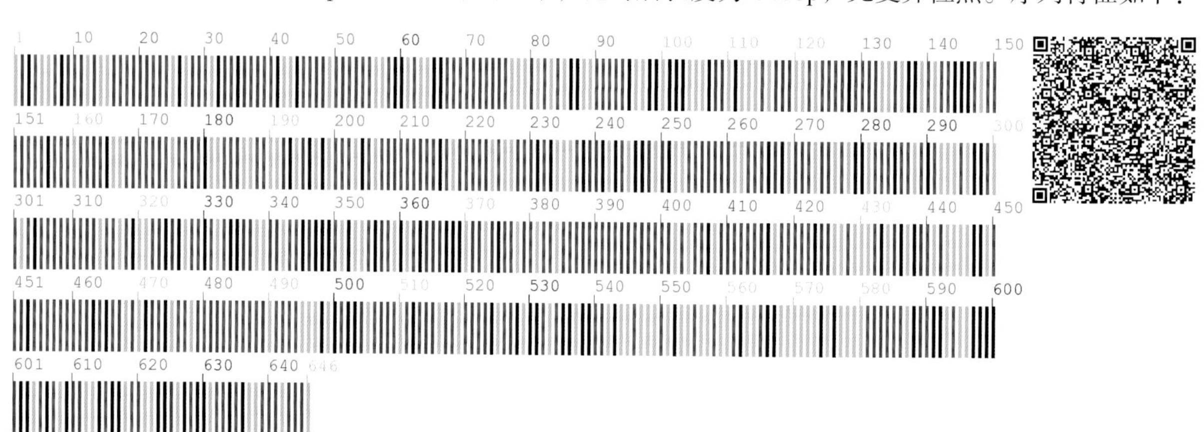

622 菵草 Beckmannia syzigachne (Steud.)

【别　　名】水稗子

【形态特征】一年生或二年生草本。叶鞘无毛，较节间为长；叶舌透明，膜质；叶扁平，两面粗糙。圆锥花序狭窄；小穗通常单生；内、外颖半圆形，泡状膨大，背面弯曲，稍革质，背部灰绿色，具淡色的横纹；内、外稃等长，外稃披针形，膜质，有5脉，常具伸出颖外的短尖头；花药黄色。花期7～8月，果期8～9月。

【生　　境】生于沟边、湿地及沼泽等处。常聚生成片。

【药用价值】全草入药。清热，利肠胃，益气。

【材料来源】吉林省通化市二道江区，共3份，样本号CBS771MT01～03。

【ITS2序列特征】获得ITS2序列3条，比对后长度为218bp，有2个变异位点，分别为68位点A-G变异、167位点C-G变异。序列特征如下：

【*psbA-trnH*序列特征】获得*psbA-trnH*序列3条，比对后长度为620bp，无变异位点。序列特征如下：

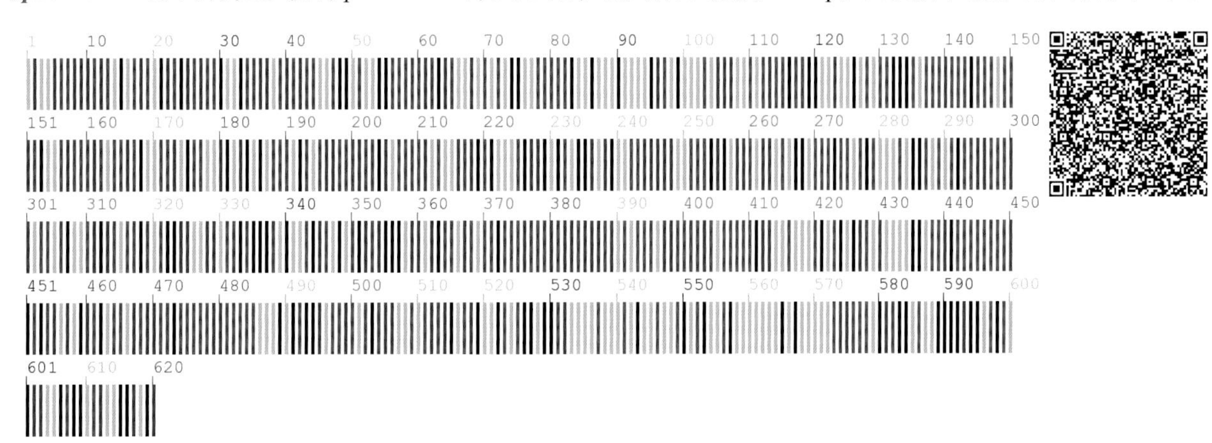

623 紫马唐 Digitaria violascens Link

【别　　名】大抓根草，鸡爪子草

【形态特征】一年生草本。秆疏丛生。叶鞘短于节间；叶线状披针形，粗糙，基部圆形。总状花序呈指状排列于茎顶；小穗椭圆形，小穗柄稍粗糙；第一颖不存在，第二颖稍短于小穗；第一外稃与小穗等长，脉间及边缘生柔毛；毛壁有小疣突，中脉两侧无毛或毛较少，第二外稃与小穗近等长，顶端尖，有纵行颗粒状粗糙，紫褐色，革质，有光泽。

【生　　境】生于路边、田野、田间等处。常聚生成片。

【药用价值】全草入药。调中，明耳目。

【材料来源】吉林省通化市二道江区，共 3 份，样本号 CBS769MT01～03。

【ITS2 序列特征】获得 ITS2 序列 3 条，比对后长度为 218bp，无变异位点。序列特征如下：

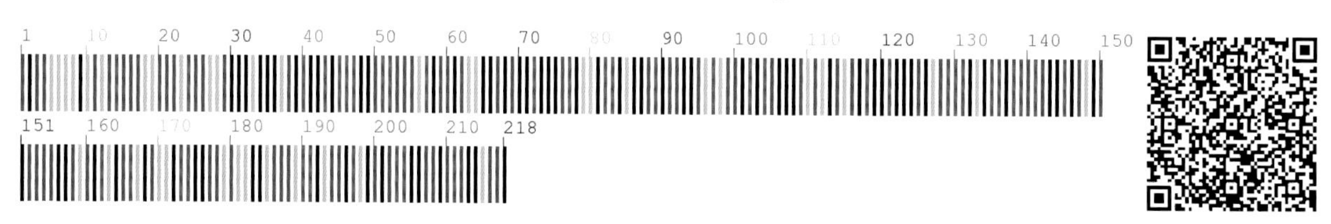

624 野黍 **Eriochloa villosa** (Thunb.) Kunth

【别　　名】稗米，水稗，水稗草，稗子

【形态特征】一年生草本。叶鞘无毛或被毛或鞘缘一侧被毛；叶舌具长约1mm的纤毛；叶扁平，表面具微毛，背面光滑，边缘粗糙。圆锥花序狭长，由4～8枚总状花序组成；总状花序密生柔毛，常排列于主轴一侧；小穗卵状椭圆形，小穗柄极短，密生长柔毛；第一颖微小，短于或长于基盘；第二颖与第一外稃皆为膜质，等长于小穗，均被细毛，前者具5～7脉，后者具5脉；第二外稃革质，稍短于小穗；雄蕊3；花柱分离。颖果卵圆形。花期7～8月，果期9～10月。

【生　　境】生于山坡和潮湿地等处。

【药用价值】全草入药。健脾和胃，明目。

【材料来源】辽宁省丹东市宽甸满族自治县，共3份，样本号CBS764MT01～03。

【ITS2序列特征】获得ITS2序列3条，比对后长度为220bp，无变异位点。序列特征如下：

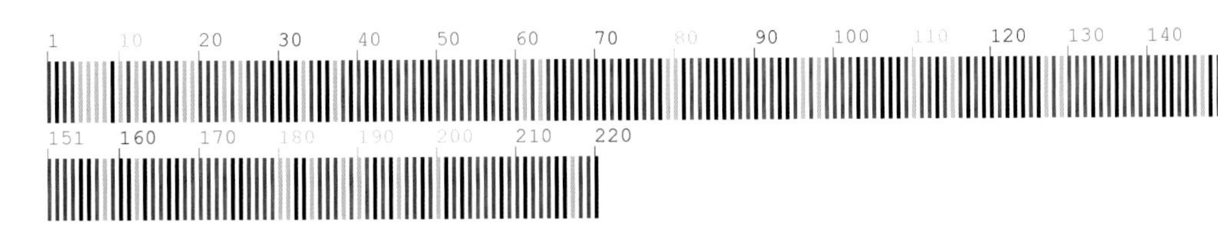

【*psbA-trnH*序列特征】获得*psbA-trnH*序列2条，比对后长度为617bp，无变异位点。序列特征如下：

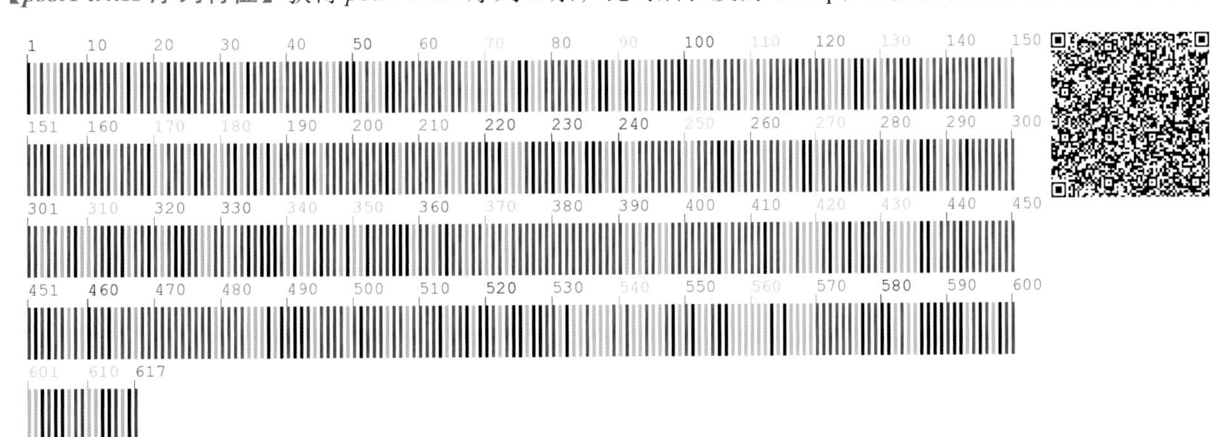

625 芒 **Miscanthus sinensis** Andersson

【别　　名】苫房草，狍羔子草，白尖草，大芒草

【形态特征】多年生苇状草本。叶鞘无毛，长于其节间；叶舌膜质；叶条形。圆锥花序直立，分枝较粗硬；小枝节间三棱形，边缘微粗糙；小穗披针形；第一颖顶具3～4脉；第二颖常具1脉；第一外稃长圆形，膜质；第二外稃明显短于第一外稃，先端2裂，裂片间具一芒，芒长9～10mm，棕色，膝曲，芒柱稍扭曲，第二内稃长约为其外稃的1/2；雄蕊3，稃褐色，先雌蕊而成熟；柱头羽状，长约2mm，紫褐色。颖果长圆形，暗紫色。花期8～9月，果期9～10月。

【生　　境】生于山地、丘陵及荒坡原野等处。成片生长。

【药用价值】根茎入药。清热解毒，利尿止渴，止咳。

【材料来源】吉林省通化市集安市，共3份，样本号 CBS914MT01～03。

【**ITS2 序列特征**】获得 ITS2 序列 3 条，比对后长度为 222bp，无变异位点。序列特征如下：

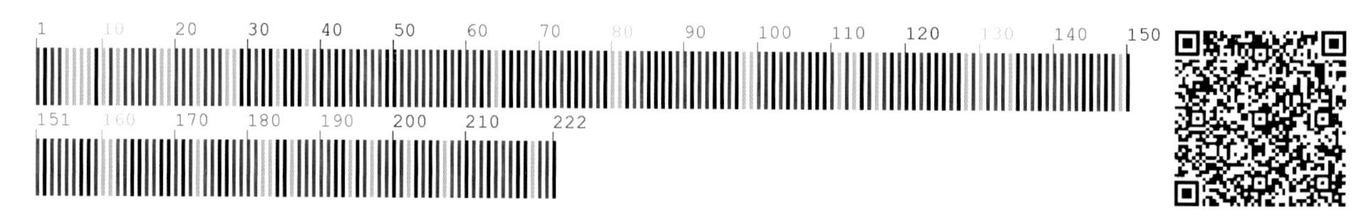

【*psbA-trnH* 序列特征】获得 *psbA-trnH* 序列 3 条，比对后长度为 537bp，无变异位点。序列特征如下：

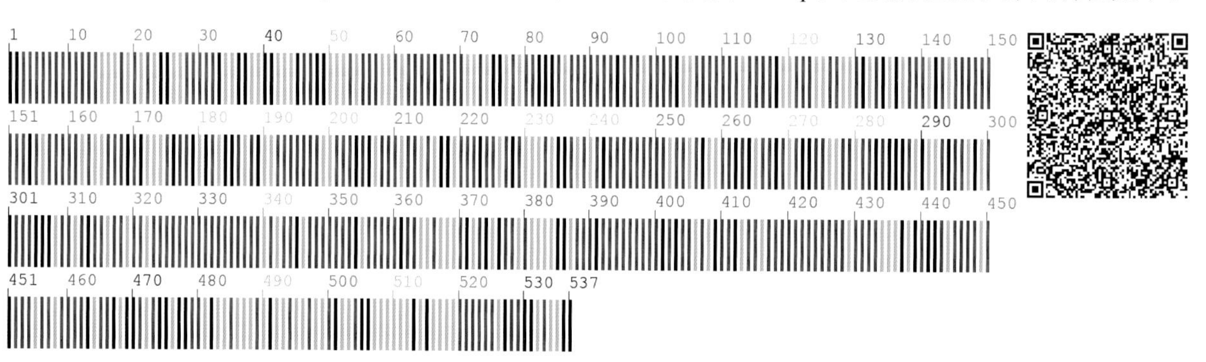

626 芦苇 **Phragmites australis** (Cav.) Trin. ex Steud.

【别　　名】苇子，芦

【形态特征】多年生水生草本。地下根状茎粗壮，横走，黄白色，节间中空，节上生须根。茎直立。叶鞘圆筒形，长于节间；叶舌具直立纤毛。圆锥花序长，微垂头，下部枝腋具长白柔毛，分枝斜上或微伸展；小穗狭披针形，带紫色至污黑紫色；颖具3脉，内、外稃均有3脉。

【生　　境】生于沟边、江河湖泽、池塘沟渠沿岸和低湿地。

【药用价值】根茎入药。清热生津，清胃止呕，清肺止咳。

【材料来源】吉林省通化市柳河县，共3份，样本号CBS938MT01～03。

【ITS2序列特征】获得ITS2序列3条，比对后长度为217bp，无变异位点。序列特征如下：

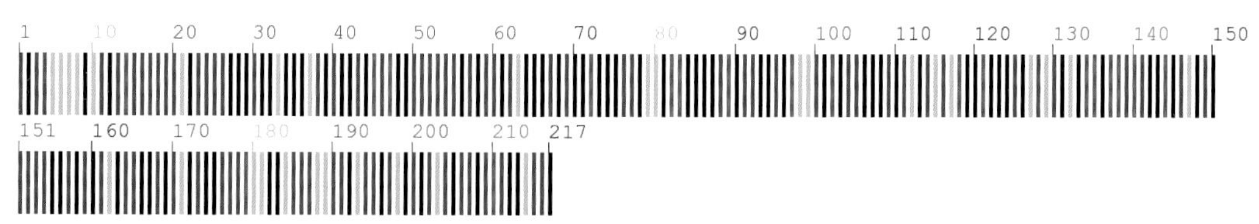

【*psbA-trnH*序列特征】获得*psbA-trnH*序列3条，比对后长度为534bp，无变异位点。序列特征如下：

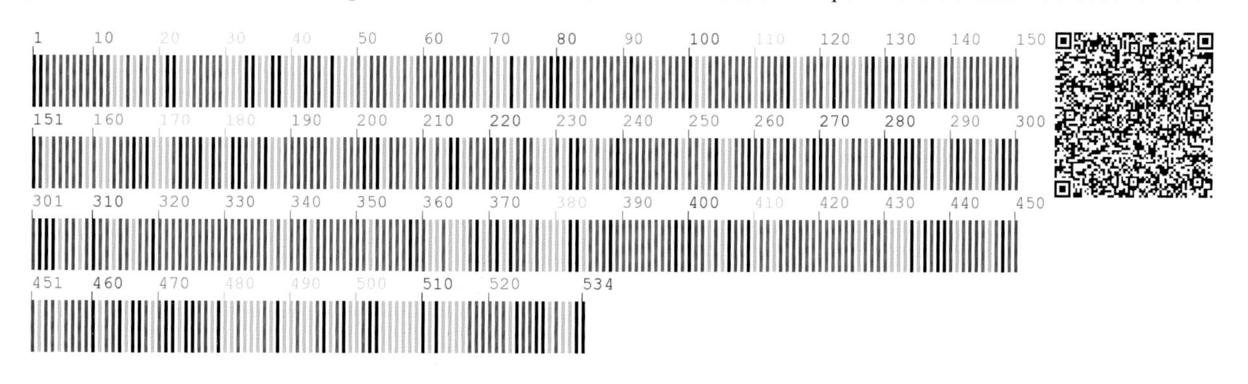

627 鹅观草 **Roegneria kamoji** Ohwi

【别　　名】弯鹅观草，弯穗鹅观草，垂穗鹅观草

【形态特征】多年生草本。秆丛生。叶鞘光滑，外侧边缘具长纤毛；叶舌截平；叶常扁平，光滑或稍粗糙。穗状花序长7～20cm，下垂；小穗绿色或带紫色；颖卵状披针形，渐尖，具长2～7mm的芒，具3～5条粗壮的脉，边缘膜质，第一颖长4～6mm，第二颖长5～9mm（芒不计）；外稃披针形，边缘宽膜质，无毛，具5脉；内稃稍长于或短于外稃，顶端钝，脊显著具翼，翼上有小纤毛；子房上端有毛。花期7～8月，果期8～9月。

【生　　境】生于山坡、林缘、路旁及湿润草地等处。

【药用价值】全草入药。清热，凉血，镇痛。

【材料来源】吉林省通化市二道江区，共2份，样本号CBS768MT01、CBS768MT02。

【ITS2 序列特征】获得ITS2序列2条，比对后长度为220bp，有1个变异位点，为36位点T-C变异。序列特征如下：

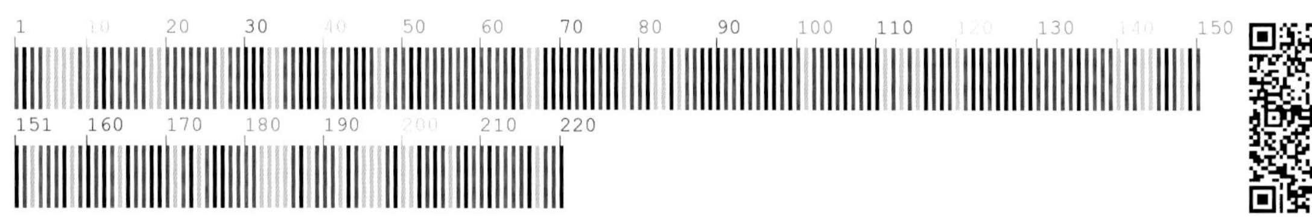

【*psbA-trnH* 序列特征】获得 *psbA-trnH* 序列2条，比对后长度为602bp，无变异位点。序列特征如下：

628　黄背草　**Themeda triandra** Forssk.

【形态特征】多年生簇生草本。叶鞘紧裹秆，背部具脊；叶舌坚纸质；叶线形。大型伪圆锥花序多回复出，由具佛焰苞的总状花序组成；下部总苞状小穗轮生于一平面，无柄，雄性，长圆状披针形；有柄小穗形似总苞状小穗，但较短，雄性或中性。第一颖背面上部常生瘤基毛，具多数脉，第一颖革质，背部圆形，顶端钝，第二颖与第一颖同质，两边为第一颖所包卷；第一外稃短于颖，第二外稃退化为芒的基部。颖果长圆形，胚线形，长为颖果的1/2。花期7～8月，果期8～9月。

【生　　境】生于干燥山坡、草地、路旁、林缘等处。

【药用价值】全草入药。活血调经，平肝潜阳。

【材料来源】辽宁省丹东市宽甸满族自治县，共3份，样本号CBS770MT01～03。

【ITS2序列特征】获得ITS2序列3条，比对后长度为222bp，无变异位点。序列特征如下：

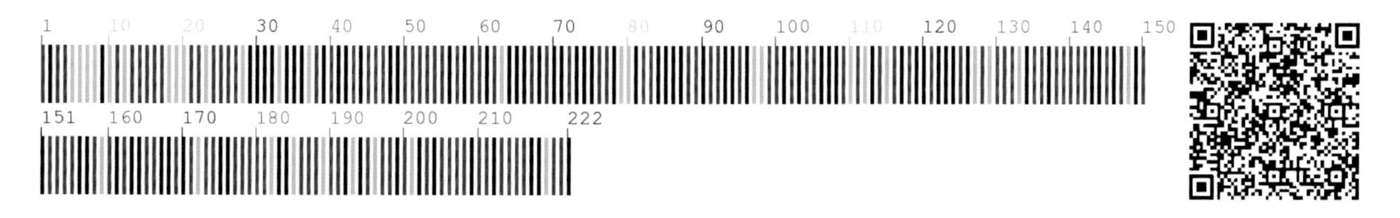

【*psbA-trnH*序列特征】获得*psbA-trnH*序列1条，长度为618bp。序列特征如下：

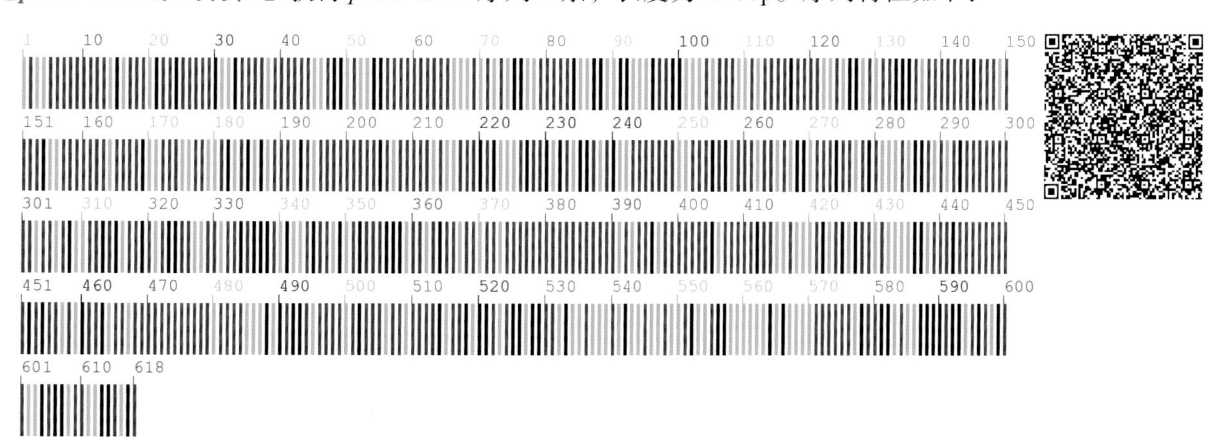

莎草科 Cyperaceae

629 水葱 **Schoenoplectus tabernaemontani** (C. C. Gmel.) Palla

【别　　名】水葱藨草，席子草，冲天草，三白草，小放牛

【形态特征】多年生水生草本。匍匐根状茎粗壮。秆高大，圆柱形，光滑，基部具 3～4 个叶鞘。叶线形。苞片 1；长侧枝的聚伞花序简单或复出，具 4～13 或更多个辐射枝；雄蕊 3，花药线形；花柱中等长，柱头 2，罕 3，长于花柱。小坚果倒卵形或椭圆形，双凸状，少有三棱形。花期 7～8 月，果期 8～9 月。

【生　　境】生于沼泽、湖边、池塘及浅水中。常形成单优势的大面积群落。

【药用价值】茎入药。渗湿利尿。

【材料来源】吉林省通化市二道江区，共 3 份，样本号 CBS237MT01～03。

【ITS2 序列特征】获得 ITS2 序列 3 条，比对后长度为 203bp，无变异位点。序列特征如下：

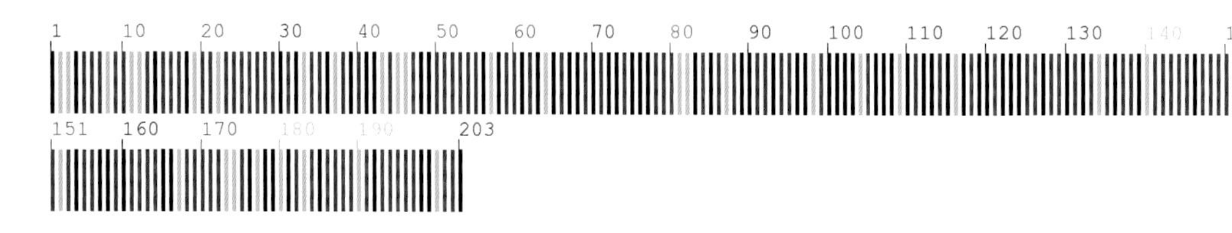

【*psbA-trnH* 序列特征】获得 *psbA-trnH* 序列 3 条，比对后长度为 795bp，无变异位点。序列特征如下：

天南星科 Araceae

630 东北南星 **Arisaema amurense** Maxim.

【别　　名】东北天南星，天老星，大头参，山苞米

【形态特征】多年生草本。叶 1，鸟足状分裂，裂片 5，倒卵形或倒卵状披针形、椭圆形。肉穗花序从叶鞘中抽出，花序矮于叶柄；佛焰苞长约 10cm，管部漏斗状，淡绿色；肉穗花序单性异株，雄花序长约 2cm，花疏，具花柄；雌花序短圆锥形，子房倒卵形，柱头大，盘状。浆果椭圆形，红色，花序轴落果后呈紫红色。花期 5～6 月，果期 9 月。

【生　　境】生于林间、林间空地、林缘、林下及沟谷。

【药用价值】块茎入药。散结消肿。

【材料来源】吉林省通化市东昌区，共 3 份，样本号 CBS165MT01～03。

【ITS2 序列特征】获得 ITS2 序列 3 条，比对后长度为 246bp，无变异位点。序列特征如下：

【*psbA-trnH* 序列特征】获得 *psbA-trnH* 序列 3 条，比对后长度为 758bp，无变异位点。序列特征如下：

631 紫苞东北天南星 **Arisaema amurense** Maxim. f. **violaceum** (Engler) Kitag.

【别　　名】东北天南星，天老星，大头参，山苞米

【形态特征】形态与生境与东北天南星相同，只是佛焰苞管部漏斗状，白绿色内部带紫色条纹。

【生　　境】生于林间空地、林缘、林下。

【药用价值】块茎入药。燥湿化痰，祛风定惊，消肿散结。

【材料来源】吉林省通化市通化县，共 3 份，样本号 CBS072MT01～03。

【ITS2 序列特征】获得 ITS2 序列 3 条，比对后长度为 246bp，有 1 个变异位点，为 105 位点 T-C 变异；有 1 处插入 / 缺失，为 38～40 位点。序列特征如下：

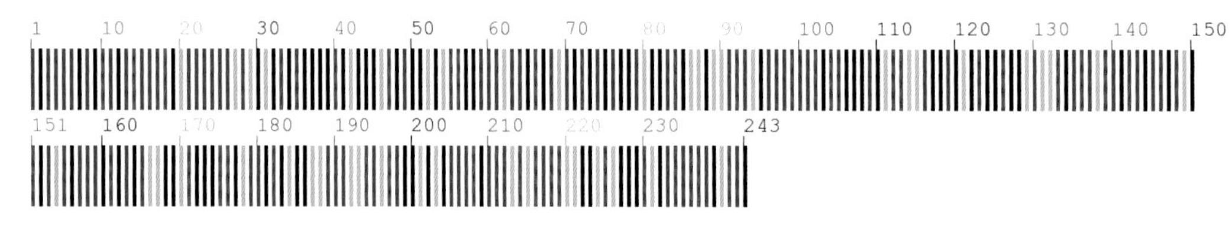

【*psbA-trnH* 序列特征】获得 *psbA-trnH* 序列 3 条，比对后长度为 820bp，无变异位点。序列特征如下：

632　细齿南星　Arisaema peninsulae Nakai

【别　　名】朝鲜天南星，天南星，天老星，大头参，山苞米

【形态特征】多年生草本。块茎扁球形，顶部生根。叶2，包茎，外鞘筒状，紫红色，杂以深紫色蛇皮样条纹，鸟足状分裂，裂片5～14，长椭圆形或倒卵状长圆形，两端渐狭。佛焰苞绿色，具白色条纹，圆筒形，喉部边缘斜截形，无耳；肉穗花序单性，雄花序花较密，雄蕊2～3，无柄；雌花密集，子房1室。浆果卵球形，红色。种子2～3，近球形，橘黄色，胚乳丰富。花期5～6月，果期8～9月。

【生　　境】生于林下、林缘及灌丛中。

【药用价值】块茎入药。祛风化痰，消肿止痛。

【材料来源】吉林省通化市通化县，共2份，样本号CBS173MT01、CBS173MT02。

【ITS2序列特征】获得ITS2序列2条，比对后长度为251bp，无变异位点。序列特征如下：

633 半夏 **Pinellia ternate** (Thunb.) Breitenb.

【别　　名】三叶半夏，狗芋头，裂刀菜，小天老星

【形态特征】多年生草本。块茎球形，下生须根。叶基生，叶柄基部有一珠芽；一年生者为单叶，心状箭形至椭圆状箭形，二至三年生者为3小叶的复叶，小叶椭圆形至披针形，中间小叶较大，两侧的较小，先端锐尖，基部楔形，全缘，光滑。肉穗花序；佛焰苞绿色或带紫色，下部筒状，长约2.5cm；雌花生于肉穗花序下部，贴生于佛焰苞，雄花位于上部，不贴生；顶端附属物鼠尾状；子房短，花柱明显。浆果卵状椭圆形，绿色。花期6～7月，果期7～8月。

【生　　境】生于田野、草地及灌丛中。

【药用价值】块茎入药。燥湿化痰，降逆止呕，消痞散结。

【材料来源】吉林省白山市长白朝鲜族自治县，共1份，样本号CBS780MT01。

【ITS2序列特征】获得ITS2序列1条，长度为253bp。序列特征如下：

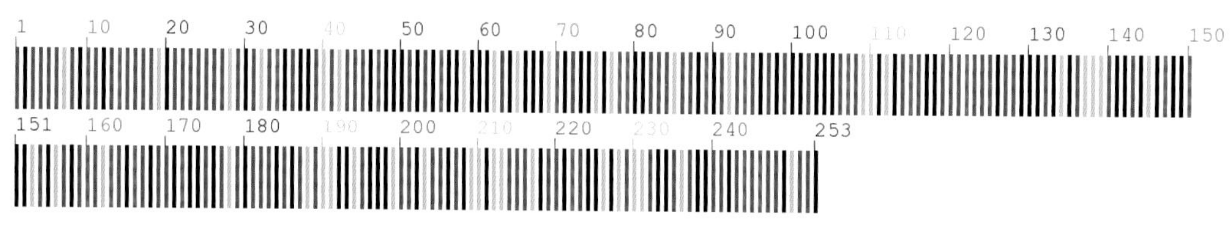

香蒲科　Typhaceae

634 黑三棱　**Sparganium stoloniferum** (Buch.-Ham. ex Graebn.) Buch.-Ham. ex Juz.

【别　　名】红蒲根，光三棱，去皮三棱

【形态特征】多年生水生或沼生草本。块茎膨大，比茎粗2～3倍。茎直立，挺水。叶剑形。圆锥花序开展，具3～7个侧枝，每个侧枝上着生7～11个雄性头状花序和1～2个雌性头状花序；花期雄性头状花序呈球形。果长6～9mm，倒圆锥形，上部通常膨大成冠状，具棱，褐色。花期6～7月，果期7～8月。

【生　　境】生于池塘、沼泽及潮湿的环境中。

【药用价值】块茎入药。破血行气，消积止痛。

【材料来源】吉林省白山市抚松县，共3份，样本号CBS916MT01～03。

【ITS2序列特征】获得ITS2序列3条，比对后长度为225bp，无变异位点。序列特征如下：

【*psbA-trnH*序列特征】获得*psbA-trnH*序列3条，比对后长度为645bp，无变异位点。序列特征如下：

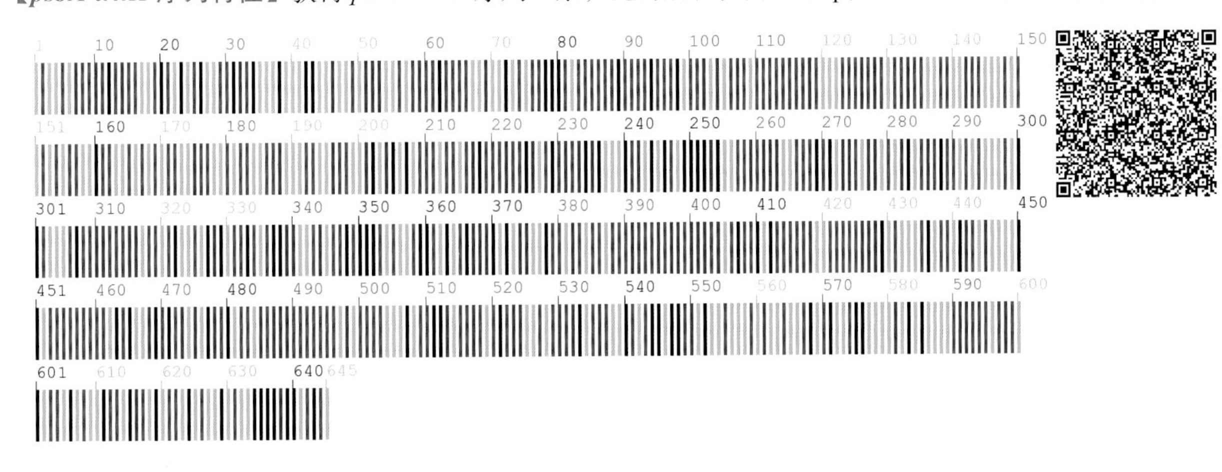

635 东方香蒲 **Typha orientalis** C. Presl

【别　　名】香蒲，蒲草

【形态特征】多年生水生或沼生草本。根状茎乳白色。叶条形，叶鞘抱茎。雌、雄花序紧密连接；雄花序长 2.7～9.2cm，花序轴具白色弯曲柔毛，雌花序长 4.5～15.2cm，花粉粒单一；孕性雌花柱头匙形，子房纺锤形至披针形，子房柄细弱，不孕雌花子房近于圆锥形，先端圆形，不发育柱头宿存。小坚果椭圆形至长椭圆形。

【生　　境】生于湖泊、池塘、沟渠、沼泽及河流缓流带。

【药用价值】花粉入药。止血，化瘀，通淋。

【材料来源】吉林省通化市柳河县，共 4 份，样本号 CBS944MT01～04。

【ITS2 序列特征】获得 ITS2 序列 2 条，比对后长度为 242bp，有 1 个变异位点，为 141 位点 G-T 变异。序列特征如下：

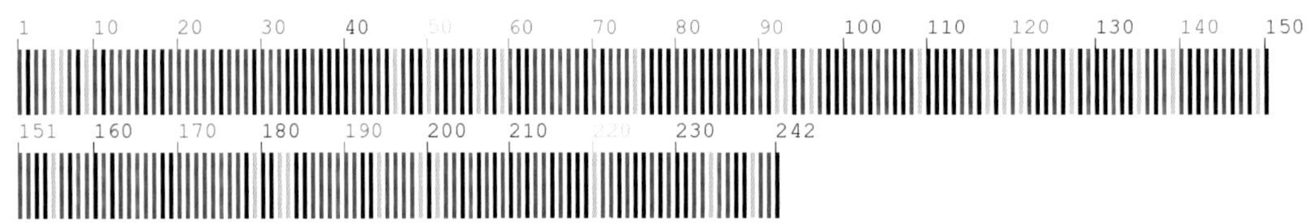

【*psbA-trnH* 序列特征】获得 *psbA-trnH* 序列 4 条，比对后长度为 622bp，无变异位点。序列特征如下：

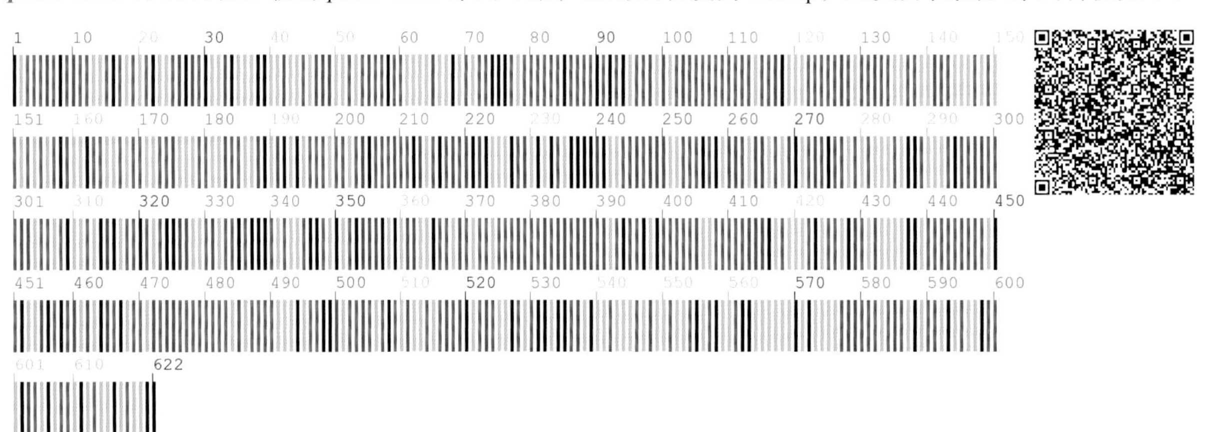

兰科 Orchidaceae

636 紫点杓兰 **Cypripedium guttatum** Sw.

【别　　名】斑点杓兰，小囊兰，小口袋花

【形态特征】多年生草本。根状茎纤细。茎被短柔毛，基部具鞘状叶，棕色。叶2，生于茎的中部偏上处，近对生或互生，卵状椭圆形或椭圆形，基部抱茎。苞片叶状，卵状披针形；花单生于茎顶，白色，带紫色斑点；中萼片卵状椭圆形，侧萼片狭椭圆形，比中萼片短，顶端2裂；唇瓣近球形，内折的侧裂片很小，囊口部也小；花瓣长瓢形，偏斜，顶端圆形或微缺，内面基部具毛；合蕊柱长约5mm；退化雄蕊矩圆形，先端截形或微凹，花药扁球形；子房密被短柔毛。蒴果纺锤形，长2～3cm。花期6～7月，果期8月。

【生　　境】生于林下、林间草甸、林缘及高山冻原带上。

【药用价值】根茎、花入药。镇静，解痉，止痛，解热，利尿。

【材料来源】吉林省延边朝鲜族自治州安图县，共3份，样本号CBS779MT01～03。

【ITS2序列特征】获得ITS2序列3条，比对后长度为271bp，无变异位点。序列特征如下：

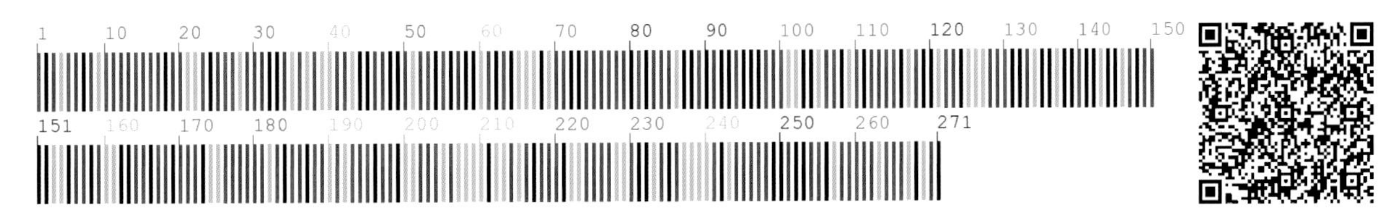

637 手参 **Gymnadenia conopsea** (L.) R. Br.

【别　　名】手掌参，虎掌参，手参掌参，阴阳草

【形态特征】多年生草本。具肉质肥厚块茎，掌状分裂。茎基部具2~3个叶鞘；中部以下具3~5枚叶，叶椭圆状卵形或倒卵状匙形。总状花序，花密生；花粉红色，中萼片宽卵形或卵状披针形；唇瓣宽倒卵形或菱形，先端3裂；花距细长，弧形弯曲；合蕊柱短，花药生于合蕊柱顶端。蒴果长圆形，无柄。花期6~7月，果期8~9月。

【生　　境】生于草甸、林缘草甸、灌丛林下和高山冻原带上。

【药用价值】块茎入药。收敛解毒，补益气血，生津止渴，祛瘀止血。

【材料来源】吉林省延边朝鲜族自治州安图县，共1份，样本号 CBS777MT01。

【ITS2 序列特征】获得 ITS2 序列 1 条，长度为 243bp。序列特征如下：

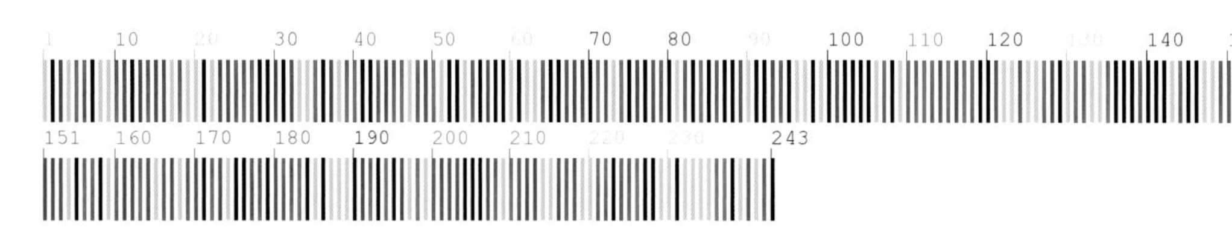

【*psbA-trnH* 序列特征】获得 *psbA-trnH* 序列 1 条，长度为 849bp。序列特征如下：

638 羊耳蒜　Liparis campylostalix Rchb. f.

【别　　名】曲唇羊耳蒜

【形态特征】多年生草本。假鳞茎卵形，外被白色的薄膜质鞘。叶2，卵形、卵状长圆形或近椭圆形，边缘皱波状或近全缘，基部收狭成鞘状柄。总状花序具数至10余朵花；苞片狭卵形；花梗和子房长8～10mm；花通常淡绿色，有时可变为粉红色或带紫红色；萼片线状披针形，先端略钝，具3脉，侧萼片稍斜歪；花瓣丝状，具1脉；唇瓣近倒卵形，先端具短尖，边缘稍有不明显的细齿或近全缘，基部逐渐变狭。蒴果倒卵状长圆形，果梗长5～9mm。花期6～8月，果期9～10月。

【生　　境】生于林下、林缘、向阳草地及湿草地等处。

【药用价值】全草入药。止血调经。

【材料来源】吉林省通化市二道江区，共2份，样本号CBS775MT01、CBS775MT02。

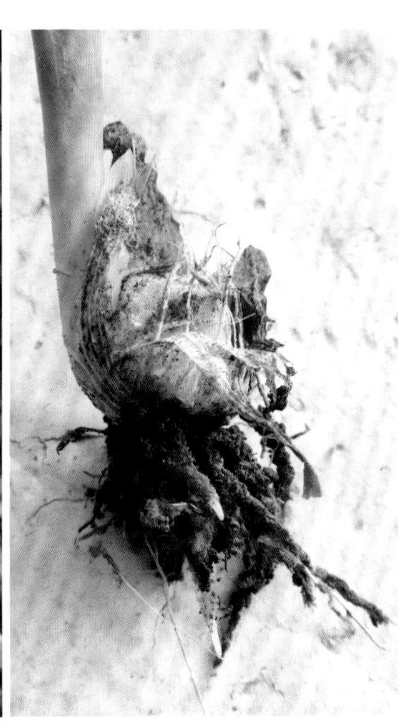

【*psbA-trnH* 序列特征】获得 *psbA-trnH* 序列2条，比对后长度为860bp，无变异位点。序列特征如下：

639 山兰 **Oreorchis patens** (Lindl.) Lindl.

【别　　名】小鸡兰，唇花山兰，冰球子，山芋头

【形态特征】多年生草本。根状茎匍匐，假鳞茎卵状椭圆形或球形，有明显节，多个连起呈珠状，顶端具1～2枚叶。叶披针形。总状花序，花疏生；花苞片狭披针形；花黄褐色，中萼片狭矩圆形，顶端略钝，侧萼片与中萼片相似，偏斜；花瓣镰状矩圆形；唇瓣白色带紫斑，3裂，中裂片倒卵形，向下楔形，前部边缘皱波状；合蕊柱细长；花粉块4，具花粉块柄和黏盘。蒴果长圆形。花期6～7月，果期7～8月。

【生　　境】生于林下和林缘等处。

【药用价值】假鳞茎入药。解毒行瘀，杀虫消痈。

【材料来源】吉林省通化市二道江区，共1份，样本号CBS139MT01。

【ITS2 序列特征】获得 ITS2 序列 1 条，长度为 255bp。序列特征如下：

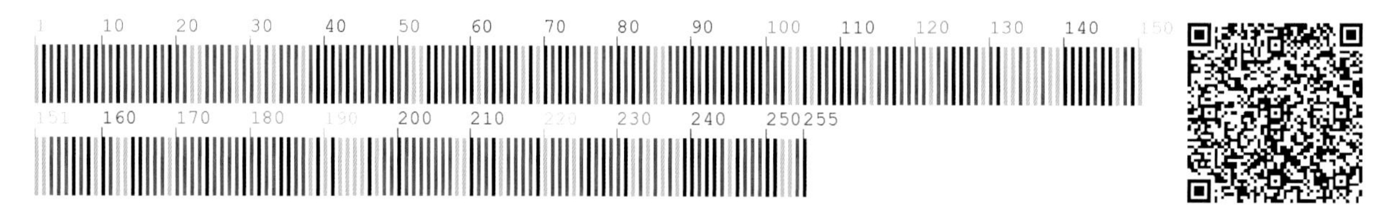

【*psbA-trnH* 序列特征】获得 *psbA-trnH* 序列 1 条，长度为 684bp。序列特征如下：

640 绶草 **Spiranthes sinensis** (Pers.) Ames

【别　　名】盘龙参，东北盘龙参，盘龙草，龙抱柱

【形态特征】多年生草本，高22～45cm。根肉质，数条簇生呈指状。茎挺直，叶生于近基部。叶3～5，条状披针形，茎上部具苞片状小叶。总状花序顶生，花密生似穗状，螺旋状扭曲；花苞片卵状披针形；花小，淡红色、紫红色或粉色，萼片相似，中萼片狭椭圆形，侧萼片披针形；花瓣与中萼片近等长；合蕊柱短；花药生于合蕊柱背面；花粉块2，黏盘长纺锤形，插生于蕊喙之间，蕊喙裂片狭长；柱头马蹄形，子房卵形，扭转，具腺毛。蒴果椭圆形，具3棱。花期7～8月，果期8～9月。

【生　　境】生于林下、林缘、路旁、草丛及湿地附近。

【药用价值】全草入药。清热解毒，滋阴益气，润肺止咳。

【材料来源】吉林省延边朝鲜族自治州和龙市，共2份，样本号CBS776MT01、CBS776MT02。

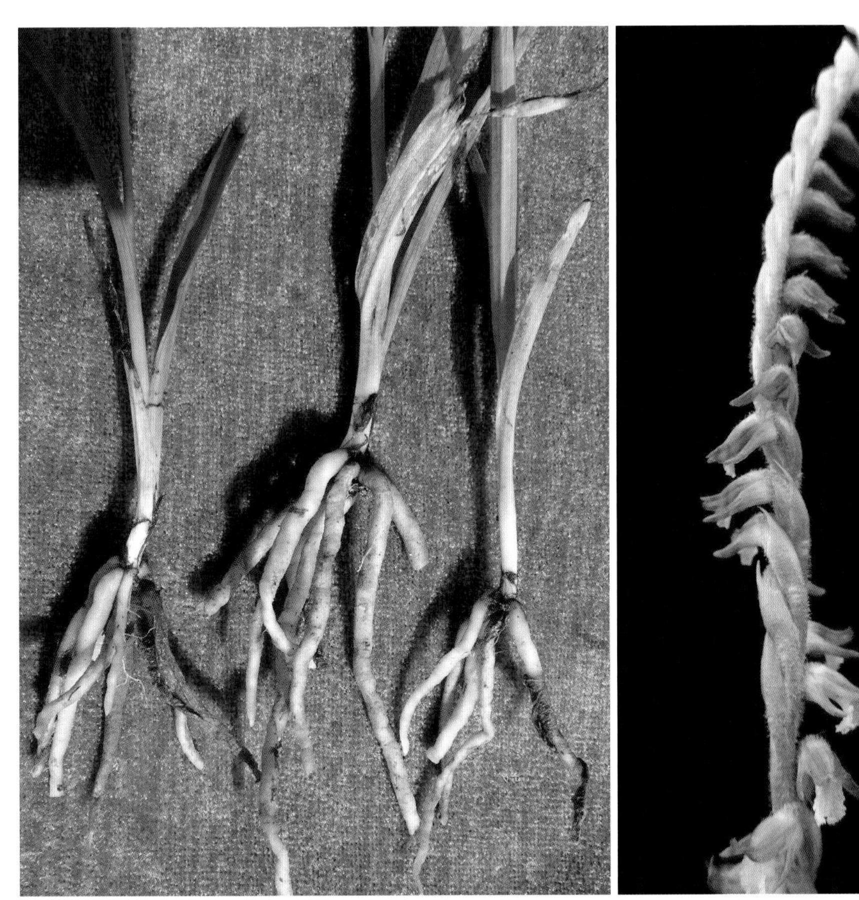

【ITS2序列特征】获得ITS2序列2条，比对后长度为260bp，有2个变异位点，分别为71位点A-G变异、186位点T-G变异。序列特征如下：

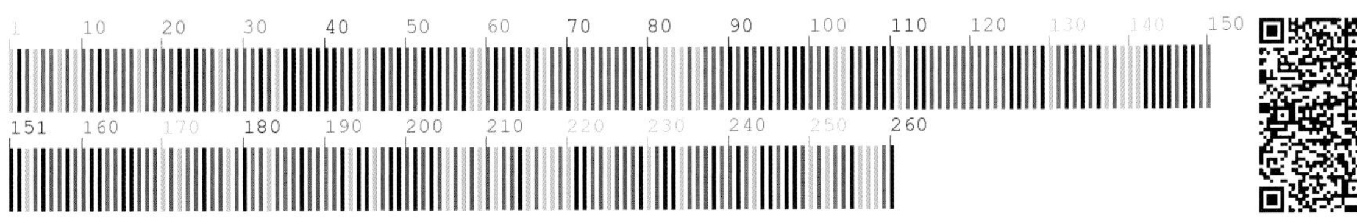

参 考 文 献

陈士林, 庞晓慧, 姚辉, 等. 2012. 中药DNA 条形码鉴定体系及研究方向. 世界科学技术, 13(5): 747-754.

陈士林, 姚辉, 宋经元, 等. 2007. 基于DNA barcoding（条形码）技术的中药材鉴定. 世界科学技术, 9(3): 7-12.

陈士林, 姚辉, 宋经元, 等. 2015. 中国药典中药材DNA 条形码标准序列. 北京: 科学出版社.

付佩云. 1995. 东北植物检索表. 北京: 科学出版社.

国家药典委员会. 2015. 中华人民共和国药典: 2015 年版. 北京: 中国医药科技出版社.

具诚, 高玮, 王魁颐. 1997. 吉林省生物种类与分布. 长春: 东北师范大学出版社: 19-287.

李文生. 1990. 吉林长白山国家级自然保护区管理局志. 延边: 吉林长白山国家级自然保护区管理局.

南京中医药大学. 2006. 中药大辞典. 上海: 上海科学技术出版社.

严仲铠, 李万林. 1997. 中国长白山药用植物彩色图志. 北京: 人民卫生出版社.

杨朝晖. 2014. 一扫条形码便知中草药真假优劣. 科技日报, 2014-08-30 [2019-12-29].

中国大百科全书总编辑委员会《中国地理》编辑委员会. 1998. 中国大百科全书　中国地理. 北京: 中国大百科全书出版社.

中国科学院中国植物志编辑委员会. 1995—2002. 中国植物志. 北京: 科学出版社.

周繇. 2010. 中国长白山植物资源志. 北京: 中国林业出版社: 1-226.

CBOL Plant Working Group. 2009. A DNA barcode for land plants. Proc Natl Acad Sci USA, 106: 12794-12797.

Chase M W, Fay M F. 2009. Barcoding of plants and fungi. Science, 325: 682-683.

Chen S L, Pang X H, Song J Y, et al. 2014. A renaissance in herbal medicine identification: from morphology to DNA. Biotechnol Adv, 32(7): 1237-1244.

China Plant BOL Group. 2011. Comparative analysis of a large dataset indicates that internal transcribed spacer (ITS) should be incorporated into the core barcode for seed plants. Proc Natl Acad Sci USA, 108(49): 19641-19646.

Coghlan L M, James H, Jayne H, et al. 2012. Deep sequencing of plant and animal DNA contained within traditional Chinese medicines reveals legality issues and health safety concerns. PLoS Genet, 8 (4): e1002657.

Gao T, Yao H, Song J Y, et al. 2010. Identification of medicinal plants in the family Fabaceae using a potential DNA barcode ITS2. J Ethnopharmacol, 130: 116-121.

Gregory T R. 2005. DNA barcoding does not compete with taxonomy. Nature, 434: 1067.

Hebert P D, Cywinska A, Ball S L, et al. 2003. Biological identifications through DNA barcodes. Proc R Soc Biol Sci Ser B, 270: 313-321.

Koetschan C, Forster F, Keller A, et al. 2010. The ITS2 Database Ⅲ-sequences and structures for phylogeny. Nucleic Acids Res, 38: D275-D279.

Lou S K, Wong K L, Li M, et al. 2010. An integrated web medicinal materials DNA database: MMDBD (Medicinal Materials DNA Barcode Database). BMC Genomics, 24(11): 402.

Miller S E. 2007. DNA barcoding and the renaissance of taxonomy. Proc Natl Acad Sci USA, 104: 4775-4776.

Schindel D E, Miller S E. 2005. DNA barcoding a useful tool for taxonomists. Nature, 435: 17.

中文名索引

E

F

G

H

拉丁名索引

A

B

C

D

E

F

G

M

N

O

P

Q

R

S

T

U

V

W

X

Z